The 18th National Conference on Structural Wind Engineering
The 4th National Forum on Wind Engineering for Graduate Students

第十八届全国结构风工程学术会议暨第四届全国风工程研究生论坛

论文集

中国土木工程学会桥梁及结构工程分会风工程委员会
中国空气动力学会风工程和工业空气动力学专业委员会 主编

二〇一七年八月十六日至十九日
中国 长沙

·长沙·

图书在版编目(CIP)数据

第十八届全国结构风工程学术会议暨第四届全国风工程研究生论坛论文集/中国土木工程学会桥梁及结构工程分会风工程委员会,中国空气动力学会风工程和工业空气动力学专业委员会主编.
--长沙:中南大学出版社,2017.8

ISBN 978-7-5487-2936-5

Ⅰ.①第… Ⅱ.①中… ②中… Ⅲ.①抗风结构—结构设计—文集
Ⅳ.①TU352.204-53

中国版本图书馆CIP数据核字(2017)第186825号

第十八届全国结构风工程学术会议暨
第四届全国风工程研究生论坛论文集
DISHIBAJIE QUANGUO JIEGOU FENGGONGCHENG XUESHU HUIYI JI
DISIJIE QUANGUO FENGGONGCHENG YANJIUSHENG LUNTAN LUNWENJI

中国土木工程学会桥梁及结构工程分会风工程委员会
中国空气动力学会风工程和工业空气动力学专业委员会 主编

□**责任编辑** 刘 辉 刘锦伟
□**责任印制** 易红卫
□**出版发行** 中南大学出版社
社址:长沙市麓山南路 邮编:410083
发行科电话:0731-88876770 传真:0731-88710482
□**印 装** 三仁包装有限公司

□**开 本** 880×1230 1/16 □**印张** 45 □**字数** 1515千字
□**版 次** 2017年8月第1版 □2017年8月第1次印刷
□**书 号** ISBN 978-7-5487-2936-5
□**定 价** 218.00元

图书出现印装问题,请与经销商调换

内容提要

本论文集分为“第十八届全国结构风工程学术会议”论文与“第四届全国风工程研究生论坛”论文两部分，前者按照大会特邀报告、边界层风特性与风环境、钝体空气动力学、高层与高耸结构抗风、大跨空间结构抗风、低矮房屋结构抗风、大跨度桥梁抗风、输电线塔抗风、特种结构抗风、计算风工程、风－车－桥耦合振动、其他风工程和空气动力学问题分类，后者的分类除无大会特邀报告一类外，增加了风洞及其试验技术一类，其余与前者的相同。论文集共收录339篇论文，其中包括第一部分学术论文130篇，第二部分学术论文209篇，全部论文反映了近两年来我国结构风工程研究的最新理念、成果与进展。

本书可供从事风工程研究的科研人员、高等院校相关专业师生和土木工程结构设计院所工程师参考。

第十八届全国结构风工程学术会议
暨
第四届全国风工程研究生论坛

主办单位：中国土木工程学会桥梁及结构工程分会风工程委员会
中国空气动力学会风工程和工业空气动力学专业委员会

承办单位：中南大学(土木工程学院、研究生院、铁道校区管委会)
同济大学土木工程防灾国家重点实验室

协办单位：湖南大学风工程与桥梁工程湖南省重点实验室
西南交通大学风工程四川省重点实验室
中国建筑科学研究院风工程研究中心
北京交通大学土木建筑工程学院
中国空气动力研究与发展中心空气动力学国家重点实验室
同济大学桥梁结构抗风技术交通行业重点实验室
高速铁路建造技术国家工程实验室
长沙理工大学土木与建筑学院
湖南科技大学土木工程学院

赞助单位：北京天诺基业科技有限公司
江苏东华测试技术股份有限公司
上海浦江缆索股份有限公司
长沙市鹏扬教学设备有限公司
南通蓝翔风洞设备有限公司
美国扫描阀公司
成都亚佳工程新技术开发有限公司
柳州欧维姆机械股份有限公司
绵阳六维科技有限责任公司
ATI INDUSTRIAL AUTOMATION
北京麦迪光流测控技术有限公司

会议学术委员会

会议组织委员会

主　　席： 何旭辉（中南大学）

副 主 席： 朱乐东（同济大学）　　杨旭东（中南大学）
华旭刚（湖南大学）　　韩　艳（长沙理工大学）
孙洪鑫（湖南科技大学）

秘　　书： 邹云峰（中南大学）　　操金鑫（同济大学）
徐　乐（同济大学）

委　　员： 王汉封（中南大学）　　敬海泉（中南大学）
黄东梅（中南大学）　　李玲瑶（中南大学）
赵　林（同济大学）　　朱　青（同济大学）
李寿英（湖南大学）　　刘志文（湖南大学）
牛华伟（湖南大学）　　回　忆（湖南大学）
董国朝（长沙理工大学）　　李春光（长沙理工大学）
胡　朋（长沙理工大学）　　陈伏彬（长沙理工大学）
李寿科（湖南科技大学）　　李　毅（湖南科技大学）
张明亮（湖南省第六工程有限公司）

研究生委员： 夏　青（同济大学）　　邹思敏（中南大学）
李　欢（中南大学）　　方东旭（中南大学）
赵诗宇（同济大学）　　钱　程（同济大学）
林思源（西南交通大学）　　杜　坤（北京交通大学）
李威霖（湖南大学）

前　言

自 1983 年 11 月在广东新会举行第一届会议以来，全国结构风工程学术会议至今已累计举行了十七届。为了适应我国风工程研究、教学和交流规模不断发展的新形势，自 2011 年 8 月举行的“第十五届全国结构风工程学术会议”起，同期召开了面向广大研究生的“全国风工程研究生论坛”。本次“第十八届全国结构风工程学术会议”暨“第四届全国风工程研究生论坛”，于 2017 年 8 月 16 日至 19 日在湖南省长沙市召开，是我国结构风工程界交流学术观点和理念、科研成果及其应用的又一次盛会。

“第十八届全国结构风工程学术会议”共征集学术论文 134 篇，录用 130 篇，其中包括 5 篇大会特邀报告。“第四届全国风工程研究生论坛”共征集学术论文 246 篇，录用 209 篇。全部录用论文反映了近两年来我国结构风工程研究的最新理念、成果与进展。收入论文集和光盘的论文按“全国结构风工程学术会议”和“全国风工程研究生论坛”分为两大部分，主题包括：边界层风特性与风环境、钝体空气动力学、高层与高耸结构抗风、大跨空间结构抗风、低矮房屋结构抗风、大跨度桥梁抗风、输电线塔抗风、特种结构抗风、计算风工程、风洞及其试验技术、风－车－桥耦合振动、其他风工程和空气动力学问题共 12 个，其中论文集仅收录所有录用论文的扩展摘要，并正式出版，而光盘则收录所有录用论文的全文(未正式出版)，供与会代表内部交流。

本次大会邀请了日本东京工业大学田村哲朗教授、同济大学朱乐东教授、浙江大学楼文娟教授、湖南大学华旭刚教授、石家庄铁道大学刘庆宽教授、西南交通大学李明水教授共六位国内外风工程领域著名学者作大会报告，内容涉及计算风工程、输电导线风效应、气动导纳理论、斜拉索风效应和控制、桥梁风致振动、钝体断面自激力测量技术共六个方面。

为全国风工程领域的工作人员和研究生提供一个能够充分交流各自成熟或非成熟的创新学术观点和理念以及最新研究成果的平台，是“全国结构风工程学术会议”和“全国风工程研究生论坛”一如既往的宗旨，因此，允许作者根据学术交流后的反馈结果对论文全文进行适当的修改后向相关学术期刊投稿。

本次会议得到了中国土木工程学会桥梁及结构工程分会、中国空气动力学会两个上级学会的大力支持和指导，也得到了许多单位委员和其他相关单位的热情赞助，借此致以衷心的感谢。

本论文集所收录的论文按作者原文排版，内容和文字均未变动。如有谬误，敬请谅解，欢迎批评指正。

中国土木工程学会桥梁及结构工程分会风工程委员会

中国空气动力学会风工程和工业空气动力学专业委员会

2017 年 8 月

目　录

第一部分　第十八届全国结构风工程学术会议

一、大会特邀报告

二、边界层风特性与风环境

三、钝体空气动力学

四、高层与高耸结构抗风

五、大跨空间结构抗风

六、低矮房屋结构抗风

七、大跨度桥梁抗风

八、输电线塔抗风

九、特种结构抗风

十、计算风工程

十一、风－车－桥耦合振动

十二、其他风工程和空气动力学问题

第二部分 第四届全国风工程研究生论坛

一、边界层风特性与风环境

二、钝体空气动力学

三、高层与高耸结构抗风

四、大跨空间结构抗风

五、低矮房屋结构抗风

六、大跨度桥梁抗风

七、输电线塔抗风

八、特种结构抗风

九、计算风工程

十、风洞及其试验技术

十一、风－车－桥耦合振动

十二、其他风工程和空气动力学问题

附　录

第一部分

第十八届全国
结构风工程学术会议

一、大会特邀报告

钝体断面非线性驰振自激力的高精度测量*

朱乐东[1,2,3]，高广中[4]，庄万律[1,2]

（1. 同济大学土木工程防灾国家重点实验室 上海 200092；2. 同济大学土木工程学院桥梁工程系 上海 200092；
3. 同济大学桥梁结构抗风技术交通行业重点实验室 上海 200092；4. 长安大学公路学院 陕西 西安 710064）

1 引言

对于某些质量小、阻尼低的钝体细长结构，在横向来流作用下容易发生所谓的“软驰振”现象[1-3,5]，即：当风速超过临界风速时，由于自激力的非线性特性，驰振位移幅值不会无限制发散，而是会收敛到一个稳态幅值、发生极限环振动现象，表现出自限幅特性[1]。软驰振实际发生的临界风速 U_c 一般低于按准定常理论估算的临界风速 U_g，且接近涡振理论起振风速 U_{VIV}，表现出明显的非定常和非线性特点[3,5]，因此，基于准定常方法、着眼于位移响应的传统研究方法不能反映驰振的真实特性，而直接对自激力进行测量和剖析则是深入细致地研究驰振非定常和非线性特性的最佳方法。本文以 3∶2 矩形断面为例，介绍作者所开展的基于弹簧悬挂节段模型同步测力测振试验的驰振自激力高精度测量和验证工作，探讨影响自激力高精度测量和验证结果可靠性的若干重要问题。

2 同步测力测振风洞试验概况

试验在同济大学 TJ-2 边界层风洞中进行。模型断面顺风向宽度 $B=0.15$ m、横风向高度 $D=0.1$ m，全长 $L=1.5$ m，总质量 $M_s=10.573$ kg（含弹簧的等效质量）。为了减小作用在天平上的惯性力、提高自激力测量的精度，模型采用“内部金属骨架 + 木板外衣 + 高密度泡沫塑料内衬”的结构。如图 1 所示，木板外衣分成 3 段，段间留约 1 mm 缝隙；中间测力段长 $l=0.7$ m，质量 $M_c=0.466$ kg；两边设置补偿段，以消除测力段模型端部三维流动，提高试验精度。中间测力段两端各安装一个专门研制的内置小型三分量动态测力天平[3,5]，天平位于骨架间的两个铝方管之间，并支撑在骨架横隔板上。中间测力段外衣支撑在两个天平上，并与内部构架保持严格不接触状态。

表 1 宽高比 3∶2 矩形断面节段模型风洞试验工况表

#	M_s/kg	f_0/Hz	ξ_0/%	S_c	U_{VIV}/(m·s^{-1})	U_g/(m·s^{-1})	U_g/U_{VIV}	Re_r/(10^3)
C1	10.573	3.550	0.111	8.05	3.26	1.73	0.5	21.71
C2	10.573	3.551	0.258	18.66	3.26	4.02	1.2	21.72
C3	10.573	3.548	0.364	26.33	3.26	5.66	1.7	21.71
C4	10.573	3.543	0.453	32.78	3.25	7.04	2.2	21.69
C5	10.573	3.538	0.561	40.56	3.25	8.71	2.7	21.67

注：①表中 f_0、ξ_0 分别为常数频率、阻尼比；② $S_c=4\pi M_s\xi_0/\rho D^2L$ 为 Scruton 数；③ $U_g=2S_cf_0D/a_g$ 为按准定常理论计算的驰振临界风速；④ $a_g=C_D+dC_L/d\alpha$，C_D 为阻力系数，C_L 升力系数，对于零度风攻角，试验测得的 3∶2 断面 $a_g=3.544$；⑤ U_{VIV} 表示涡激共振起振风速，按 $U_{VIV}=f_0D/S_t$ 计算；⑥ S_t 为 Strouhal 数，由静力风洞试验获得，零度风攻角时 3∶2 断面测得的 $S_t=0.109$；⑦ Re_r 表示涡激共振起振风速下对应的雷诺数。

本次试验在均匀流场（背景紊流度小于 0.5%）中进行，风速范围 2.0～18.0 m/s，部分试验工况和相应参数如表 1 所示。图 2 所示为试验所得的各工况下风致振动量纲为一的稳态振幅（$\beta=A_y/D$）随折减风速（$U^*=U/fD$）变化的关系。此宽高比 3∶2 的矩形断面发生了明显的“软驰振”现象，而且所有工况的驰振起

* 基金项目：国家自然科学基金面上项目（51478360），自然科学基金优秀国家重点实验室项目（51323013）

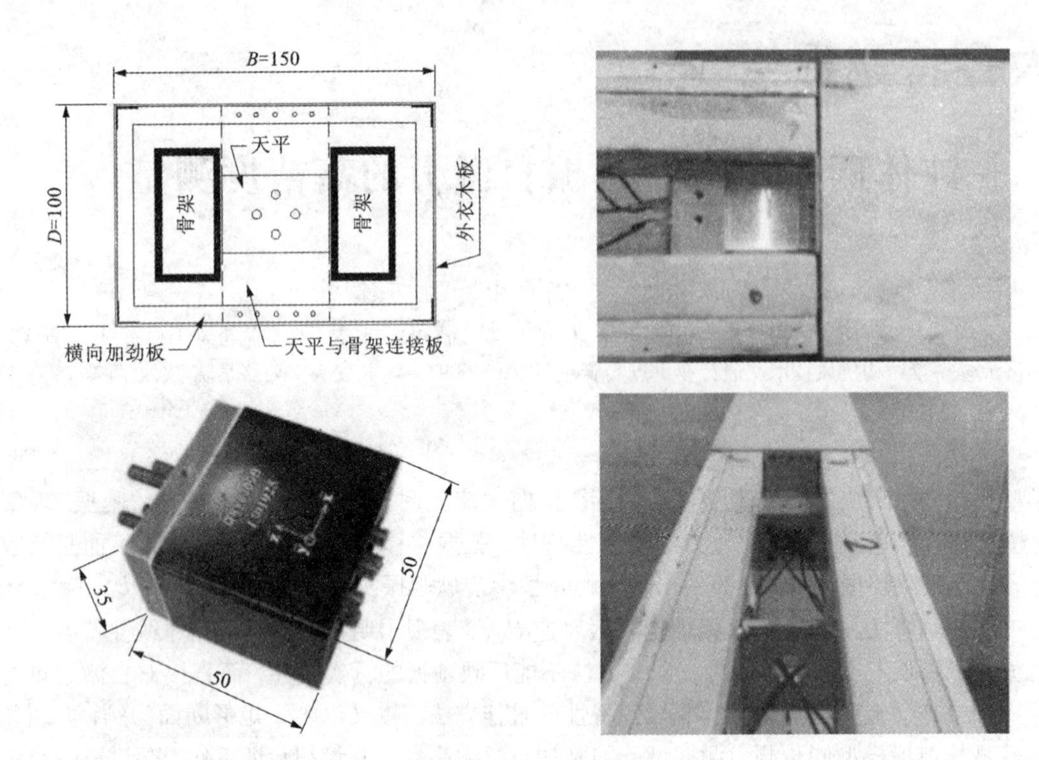

图1　内置天平安装示意图(单位：mm)

振风速均与涡振起振风速 U_{VIV} 基本一致，这与按驰振准定常理论估计的驰振临界风速 U_g(见表1)相去甚远，说明驰振的非定常特性不容忽视。此外，对于Scruton数 S_c 大于30的2个工况(C4、C5)，在 U^* 分别达到15.72和13.85时，驰振突然消失。对于其他3个 S_c 小于30的工况，当 U^* 达到21左右时，振幅接近了试验允许值。

节段模型在振动过程中，测力段外衣的受力如图3所示，则作用在模型外衣上的每延米风致自激力 f_{se} 可由下式确定：

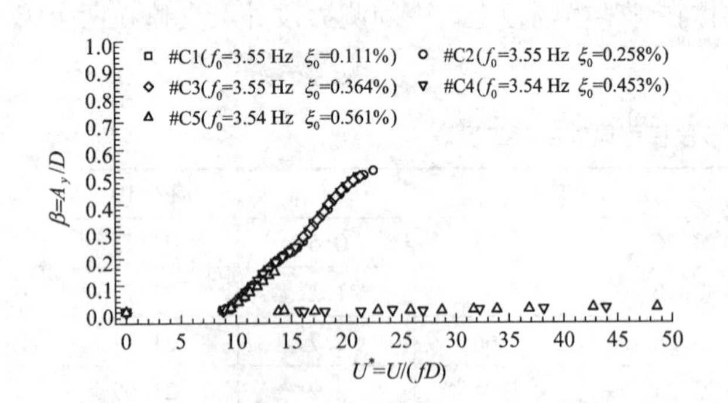

图2　节段模型驰稳态振幅随折减风速变化关系

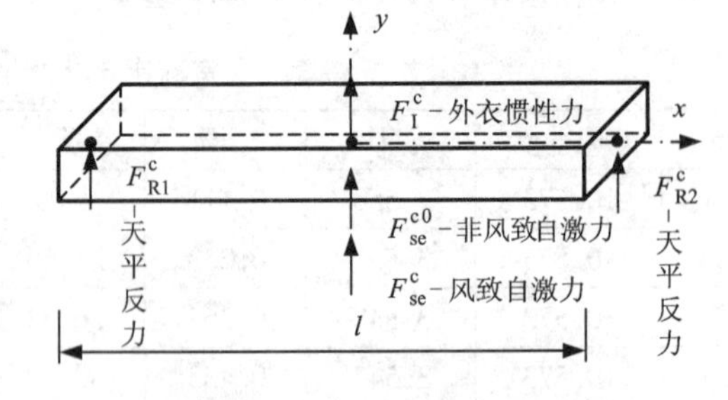

图3　测力段外衣受力示意图

$$f_{se}=\frac{F_{se}^{c}}{l}=\frac{F_{m}^{c}+M_{c}\ddot{y}-F_{se}^{c0}}{l}=f_{m}^{c}+m_{c}\ddot{y}-f_{se}^{0} \tag{1}$$

其中，F_m^c 为天平测得的作用在中央测力段外衣上的竖向动态力总和，沿竖向坐标轴 y 的正方向为正；$\ddot{y}$ 为节段模型加速度；每延米分布力用小写 f 表示；l 为测力外衣段长度；m_c 为中央测量段每延米质量；f_{se}^0 为作用在模型每延米上的非风致附加自激力；$f_m^c=F_m^c/l$ 为通过天平测到的作用在每延米测力段外衣上的总动态力。

3 非风致附加自激力及参数识别

非风致附加自激力由模型运动造成周边空气受迫振荡而产生，也是一种气弹效应，在无风和有风情况下都存在，并且与风洞试验段尺寸及模型的尺寸有关，尤其与风洞高度和模型宽度之比有很大关系。非风致附加自激力信号可由零风速条件下节段模型自由衰减振动的测力信号计算得到，此时风致自激力 f_{se} 等于 0，则由式(1)可得每延米非风致自激力：

$$f_{se}^{0}=F_{m}^{c0}/l+m_{c}\ddot{y}^{0}=f_{m}^{c0}+m_{c}\ddot{y}^{0}$$

其中，f_{m}^{c0} 为无风时中央测力段外衣上每延米总动态力；$\ddot{y}^{0}$ 为相应的节段模型初激励自由衰减振动加速度。

在模型的振动过程中 m_{a}^{0} 和 c_{a}^{0}(或 k_{a}^{0})随振幅的变化是缓慢的[3]，即节段模型系统是一个缓变的非线性系统，可以把 $m_{a}^{0}(\dot{y},y)$ 和 $c_{a}^{0}(\dot{y},y)$ 以及 $k_{a}^{0}(\dot{y},y)$ 表示为等效瞬时振幅 $a_{t}(\dot{y},y)$ 的函数，采用等效线性化方法进行建模。等效瞬时振幅 a_{t} 反映了振动系统在任意时刻的机械能大小，其定义为：

$$a_{t}(t)=\sqrt{y(t)^{2}+[\dot{y}(t)/(2\pi f_{0})]^{2}}$$

作者在文献[3]中详细推导了基于能量等效原理的非线性非风致附加阻尼和质量参数的识别方法，非风致附加气动阻尼比的计算公式为：

$$\xi_{a}^{0}(a_{t})=c_{a}^{0}(a_{t})/[2m_{s}\omega_{0}]=-P_{aD}^{0}(t)/[4\pi f_{0}E(a_{t})]$$

其中，$\xi_{a}^{0}(a_{t})$ 为非风致附加瞬幅阻尼比；$m_{s}=M_{s}/L$ 为节段模型系统每延米平均质量；$E(a_{t})$ 为每延米结构振动的瞬时机械能；$P_{aD}^{0}(t)$ 为无风时作用在振动模型上的每延米非风致附加气动阻尼力的瞬时功率。

图 4 给出了在#C1 工况某次试验测得的非风致附加阻尼比，可以看出：1)#C1 工况非风致附加阻尼呈现负阻尼特点，附加气动阻尼比的绝对值随振幅增加而缓慢增加，变化趋势呈现一定非线性特性；2)采用基于线性理论拟合得到的常数附加阻尼比 ξ_{a}^{0} 相当于实际瞬幅阻尼比的一个平均值，其在小振幅阶段大于实际附加阻尼比，而在大振幅阶段则小于附加阻尼比。

图 5 给出了#C1 工况的瞬幅附加质量 $m_{a}^{0}(a_{t})$ 的识别结果。从图 5 可知：1)#C1 工况非风致附加质量呈现随瞬态振幅增加而缓慢增加的特点，变化趋势呈现一定非线性；2)基于线性理论拟合的常数附加气动质量相当于瞬态附加气动质量的一个平均值，其在小振幅阶段大于实际附加气动质量，在大振幅阶段则小于实际附加气动质量，这是因为相对于小振幅情况，大振幅的情况周围受迫振荡的空气范围更大，受风洞边界的约束作用也更大。

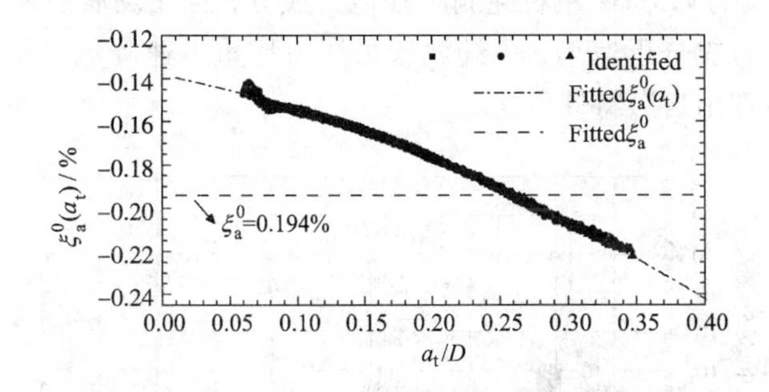

图 4 非风致附加气动阻尼比 $\xi_{a}^{0}(a_{t})$(#C1 工况)

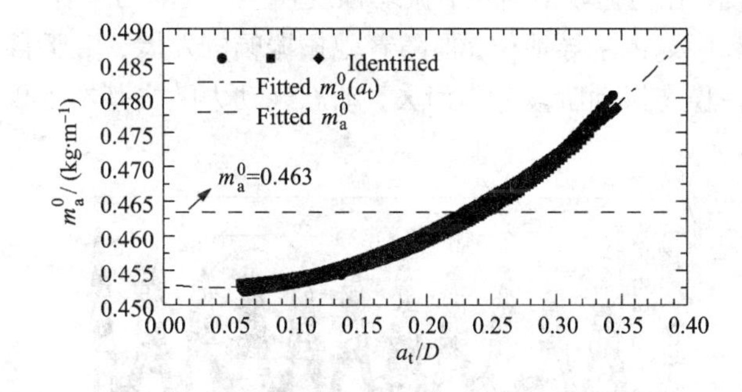

图 5 非风致附加气动质量 $m_{a}^{0}(a_{t})$(#C1 工况)

4 节段模型系统参数非线性特性

作者前期的研究结果表明[3-5]：实际的弹簧悬挂节段模型试验系统具有一定的非线性特性，因此，有必要先讨论弹簧悬挂节段模型系统结构阻尼和刚度参数的非线性特性对位移响应时程重构精度的影响，以确保实测自激力验证结果本身的可靠性。

采用作者在文献[4]提出的识别方法，通过零风速多次自由衰减振动试验识别得到#C1 工况的非线性结构频率 $f_{e}^{0}(a_{t})$ 和阻尼比 $\xi_{e}^{0}(a_{t})$ 分别如图 6 和图 7 所示。由图 6 可知：1)瞬幅等效频率随瞬时振幅的变化具有一定的非线性特性；2)瞬时等效频率随振幅的增加而缓慢减小，且变化幅度非常小，在 0.05～0.35D

幅值范围内，其变化幅度只有大约0.07%f_0；3）在小振幅下，实际频率略高于常数频率f_0，而在大振幅下则是略低于常数频率f_0。从图7可以看到：瞬幅阻尼比ξ_e^0(a)具有明显的非线性，随振幅的增加而缓慢增大，变化幅度约104%ξ_0。为了验证上述$f_e^0(a_t)$和$\xi_e^0(a_t)$识别的精度，可将其代入节段模型振动方程，利用NewMark－β法求解自由衰减振动位移时程，再与试验实测结果比较。结果显示：采用上述$f_e^0(a_t)$和$\xi_e^0(a_t)$计算的位移时程与试验结果符合得很好，两者的幅值和相位完全一致，而采用传统的常数阻尼和刚度参数重构的响应振幅和相位均与试验值存在明显的偏差。

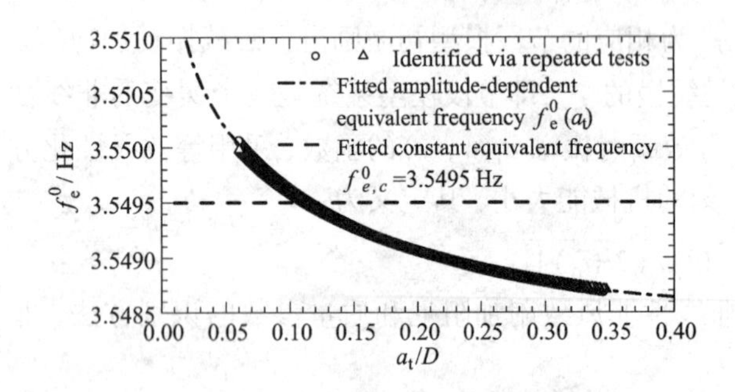

图6　瞬幅等效频率$f_e^0(a_t)$（#C1工况）

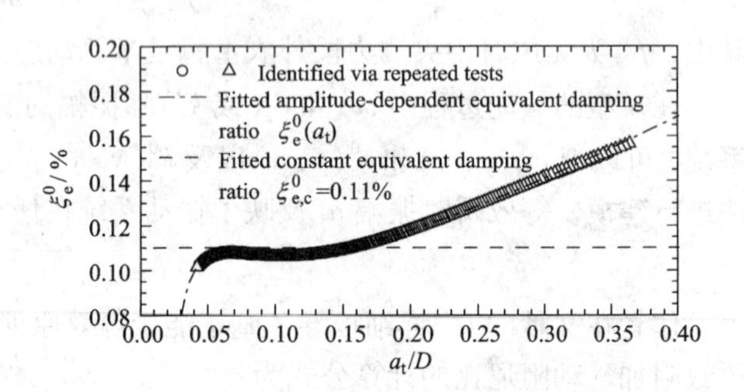

图7　瞬幅等效阻尼比$\xi_e^0(a_t)$（#C1工况）

5　非定常驰振自激力测量结果及验证

图8给出了#C1工况驰振稳定阶段每延米测力段外衣所受动态力中不同成分比较，其中，"□"符号为总动态力f_m^c，实线即为驰振自激力f_{se}，"○"为惯性力f_I^c，"△"为非风致附加自激力f_{se}^0。从图中可见：1）驰振自激力信号明显偏离简谐信号，说明其具有显著的非线性特性；2）由于内置天平测力方法显著降低了惯性力成分，测得的自激力占到了天平总动态力的12%左右，为提高自激力的测量精度创造了条件；3）虽然如此，惯性力仍然是动态力的主要成分，约占62.3%，而非风致附加自激力所占比重也不少，约为22.3%，超过了风致自激力所占比重，因此在自激力测量时必须要扣除其影响。

图9给出了#C1工况软驰振在稳态阶段自激力的幅值谱，由此可见：实测动态气动力频谱中存在明显的高次倍频成分，并随振幅的增加而增大。进一步考察实测自激力的幅值谱随时间的变化过程还可以发现，在驰振发展阶段，振动幅度较小，气动力中存在明显的7.7 Hz左右纯涡脱强迫力成分，且在发展前期和中期占主导地位，但随着驰振振幅的发展，由于自激力成分迅速增加，纯涡脱力所占比重迅速降低，并在稳态振动阶段基本消失，动态气动力随之基本上仅体现出自激特性。

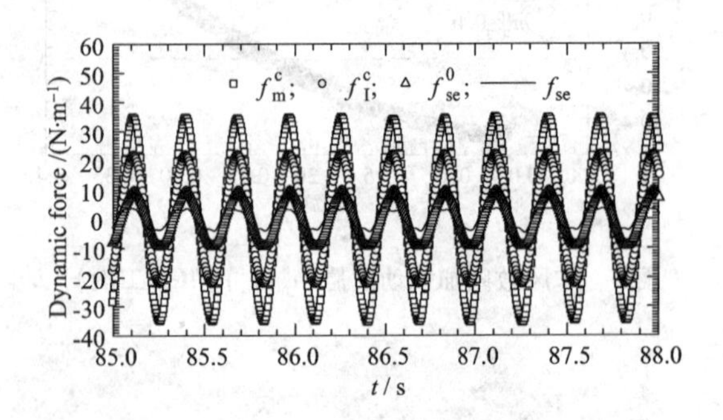

图8　驰振稳态阶段每延米测力段外衣所受动态力不同成分比较（#C1工况，U^*＝20.39）

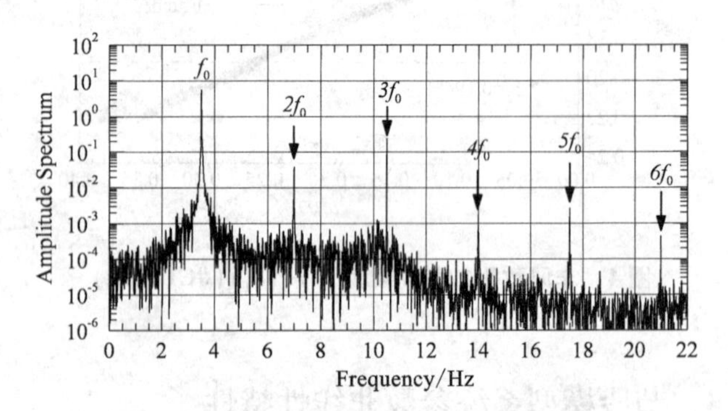

图9　振幅稳定阶段驰振自激力功率谱（#C1工况U^*＝20.39）

为检验上述非线性自激力测量结果的可靠性，可将测得的自激力时程$f_{se}(t)$直接作用于节段模型系统振动方程式的右端，构建如下驰振运动方程：

$$\ddot{y}(t)+4\pi\xi_e^0(a_t)f_e^0(a_t)\dot{y}(t)+[2\pi f_e^0(a_t)]^2y(t)=f_{se}(t) \tag{2}$$

然后采用 NewMark－β 法按逐步迭代的方法求解该运动方程，重构出节段模型系统的软驰振位移响应时程。以#C1 工况为例，图 10 给出了 $U^*=20.39$ 时基于实测自激力重构的节段模型系统软驰振位移响应时程和实测结果的比较。结果显示无论是幅值还是相位两者都吻合得很好，稳态阶段幅值误差小于 1%。表明采用本文方法和试验技术识别的非线性驰振自激力具有足够的可靠性，可以精确地再现软驰振“起振—发散—稳态振动”的整个过程。

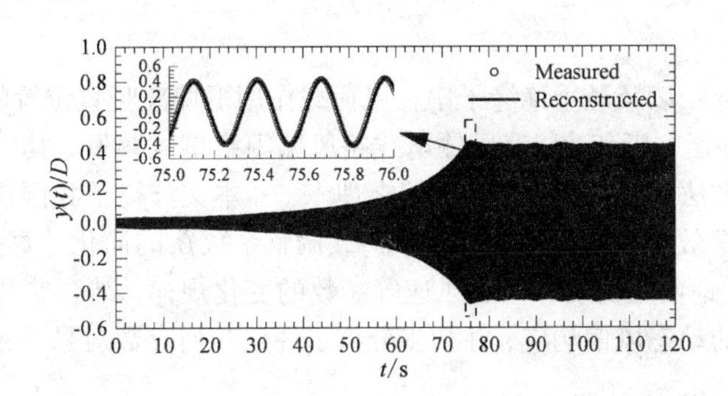

图 10　基于实测的自激力信号重构的驰振位移时程与试验结果对比（#C1 工况，$U^*=20.39$）

进一步对比发现，若忽略非风致附加自激力参数的非线性，会使重构的位移响应略小于实测值的位移响应，最大误差在 3% 左右。若忽略系统等效阻尼和刚度参数的非线性会导致重构的位移响应明显大于试验值的位移响应，最大误差可达 13%。因此，为了尽可能提高自激力验证的可靠性，需要考虑非风致附加自激力和节段模型振动系统的非线性特性。

6　结论

以 3:2 矩形断面为例，对影响矩形断面非线性驰振自激力测量及间接验证的精度和可靠性的若干关键问题进行了研究和探讨，获得了以下结论：1）在弹簧悬挂节段模型风洞试验中，采用内置天平测力法可以显著提高自激力在总动态力中的比重，但非风致附加自激力在总动态力中的比重仍可能超过风致自激力，从测得的总动态力中提取自激力时必须予以扣除。2）节段模型系统等效阻尼和刚度参数的非线性对驰振位移响应的重构精度有明显影响，因此在重构驰振位移时程时以验证自激力测量精度时必须加以考虑。

参考文献

[1] Mannini C, Marra A M, Bartoli G. VIV－galloping instability of rectangular cylinders: review and new experiments[J]. Journal of Wind Engineering and Industrial Aerodynamics, 2014, 132: 109－124.

[2] Parkinson G V. Phenomena and modeling of flow－induced vibrations of bluff bodies[J]. Progress in Aerospace Science, 1989, 26: 169－224.

[3] Gao G, Zhu L. Measurement and verification of unsteady galloping force on a rectangular 2: 1 cylinder[J]. Journal of Wind Engineering and Industrial Aerodynamics, 2016, 157: 76－94.

[4] Gao G, Zhu L. Nonlinearity of mechanical damping and stiffness of a spring－suspended sectional model system for wind tunnel tests[J]. Journal of Sound & Vibration, 2015, 355: 369－391.

[5] 高广中. 大跨度桥梁风致自激振动的非线性特性和机理研究[D]. 上海：同济大学，2016.

输电导线风荷载及风偏响应分析*

楼文娟
（浙江大学建筑工程学院结构工程研究所 浙江 杭州 310058）

1 引言

风偏指的是架空输电导线以及悬垂绝缘子串在风荷载作用下偏离竖直位置的现象，过于严重的风偏会引起闪络跳闸，导致线路停运。近年来，我国输电线路风偏闪络事故频发，其中一个主要原因在于我国输电线路设计的风荷载计算方法、风偏计算方法不够合理[1-2]。本文分析了我国现有输电导线设计风荷载计算方法的缺陷，基于 GLE 等效静力风荷载提出了风荷载调整系数β_c的简化计算方法，研究了风荷载调整系数随导线档距、悬挂高度、地面粗糙度和基本风速等参数的变化规律，结合非线性静力方法和线性动力方法计算了导线－绝缘子串的动态风偏响应，并初步分析了线路几何参数对悬垂绝缘子串风偏响应的影响。

2 现有输电导线设计风荷载计算方法缺陷

我国现行输电线路设计规范[3]中所采用的导线风荷载标准值计算式为：

$$W_X = \alpha W_0 \mu_z \mu_{sc} \beta_c d L_p B \sin^2\theta \tag{1}$$

其中，风压不均匀系数α是考虑到大档距导线上各点的平均风速可能不同时达到最大而采用的一个折减系数，规范给出的用于杆塔承载力设计以及塔头设计（风偏计算）时的风压不均匀系数α仅随设计基本风速的变化而变化，且用于风偏计算时的取值小于计算杆塔荷载所采用的值；而电气间隙校验时采用的风压不均匀系数α只与杆塔的水平档距有关。然而，风压不均匀系数是一个反映风场特性的参数，其取值不应随计算响应类别的变化而变化。

风荷载调整系数β_c则是考虑脉动风荷载的作用效应而引入的一个放大系数，引入该系数的目的是使结构在设计风荷载作用下的目标响应与实际风荷载作用下具有一定保证率的峰值响应一致，然而我国规范给出的β_c取值仅与基本风速$\dot{U}_{10}$和线路电压等级有关，且仅在$\dot{U}_{10} \geqslant 20$ m/s、计算 500 kV 以上线路的杆塔荷载时采用大于 1 的值，而在风偏计算时取$\beta_c = 1.0$，即忽略脉动风荷载的作用效应。这样的取值显然不能完全达到响应等效的目的。在很多情况下，尤其是在电压等级小于 500 kV 的线路的荷载计算和风偏计算中低估了β_c的取值。

设计风速的取值对导线风荷载计算也有重要影响。输电线路大多架设于山区，微地形下的风场与平坦地貌下的风场有很大差异，如纵向风速的加速效应显著[4]，同时产生上升气流[5]，使输电导线的垂直荷载减小，对风偏的影响更为不利。然而，我国现行输电线路设计规范对于山区输电线路，仅建议将附近平原地区的风速统计值提高 10% 作为其设计基本风速，且并未考虑上升气流的影响，这样的规定偏不安全。

3 基于等效静力风荷载的输电导线风荷载调整系数计算方法

实际上，输电线路设计中所采用的风荷载调整系数β_c应与建筑结构荷载规范中的风振系数具有相似的含义，因此应该采用等效静力风荷载的方法进行计算。考虑到高风速条件下导线的气动阻尼效应显著[6]，共振响应可以忽略不计，等效静力风荷载计算时只需要考虑平均分量和背景分量的组合。可采用阵风荷载包络线法（Gust loading envelope，GLE）[7]计算导线的等效静力风荷载。若认为导线风荷载满足准定常假设，则风荷载调整系数可近似表示为[8]：

$$\beta_c \approx 1 + 2 g_B B_{r0} I_{u,e} \tag{2}$$

式中：g_B 为背景响应峰值因子；B_{r0}为考虑脉动风荷载空间相关性的折减系数；$I_{u,e}$为导线有效高度处的湍流度。

* 基金项目：国家自然科学基金资助项目（51378468），国家电网公司重大科技指南项目（52170215000C）

以某四档等档距、无高差的1000 kV输电线路为例，以导线挂点的顺风向反力为等效目标，不同工况的风荷载调整系数计算结果如图1所示。可以看出，导线档距、悬挂高度以及地面粗糙度等因素对导线的风荷载调整系数均有不同程度的影响，然而我国输电线路设计规范并未有所体现。而基本风速对导线风荷载调整系数的影响并不明显，然而我国规范在不同基本风速基本工况下对风荷载调整系数的取值差异很大，这样的规定与实际情况不符。

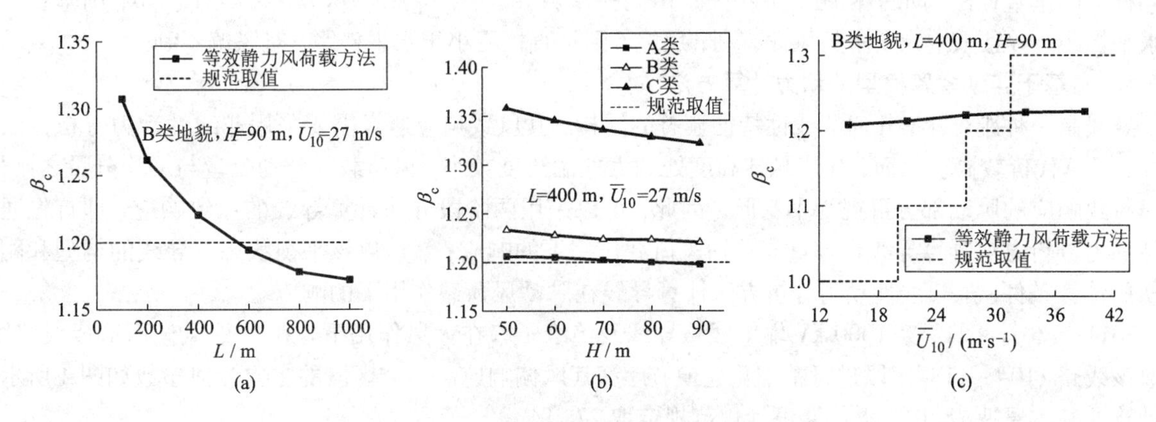

图1　不同工况下的导线风荷载调整系数

(a)随档距的变化；(b)随粗糙度和高度的变化；(c)随基本风速的变化

4　输电线路风偏计算方法

4.1　基于单摆模型的静力计算方法

目前国内外输电线路设计中大多采用如图2所示的单摆模型计算悬垂绝缘子串风偏角。该模型将悬垂绝缘子串近似视为荷载均匀分布的刚体直棒，绝缘子串自身受到水平风荷载 G_H 和自重 G_V 作用，下端受到导线传来的水平荷载 W_H 和竖向荷载 W_V 作用。若线路无转角，且风向垂直于导线档距方向，根据风偏状态下绝缘子串的力矩平衡条件，悬垂绝缘子串风偏角为：

$$\bar{\varphi} = \arctan\left(\frac{G_H/2 + W_H}{G_V/2 + W_V}\right) \tag{3}$$

$$W_H = p_H L_H,\ W_V = p_V L_V,\ L_H = \frac{L_1 + L_2}{2},\ L_V = L_H + \frac{T}{p_V}\left(\frac{h_1}{L_1} + \frac{h_2}{L_2}\right) \tag{4}$$

式中：p_H 和 p_V 分别为单位长度导线上的水平风荷载和自重；L_H 和 L_V 分别为计算杆塔的水平档距和垂直档距，如图3所示；h_1 和 h_2 分别为计算杆塔与相邻的两基杆塔导线悬挂点的高差；T 为有风状态下导线的张力。

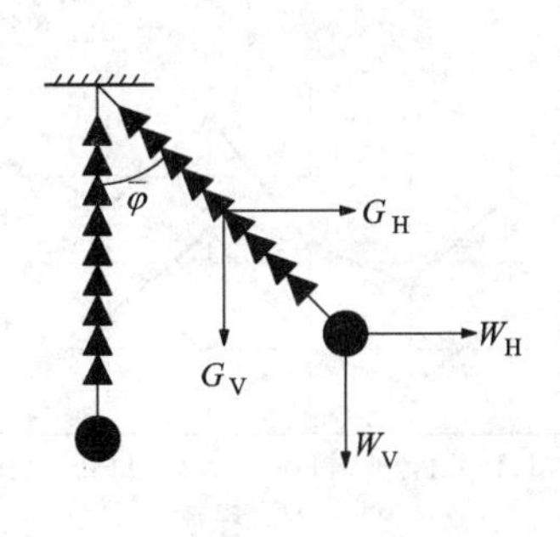

图2　单摆模型

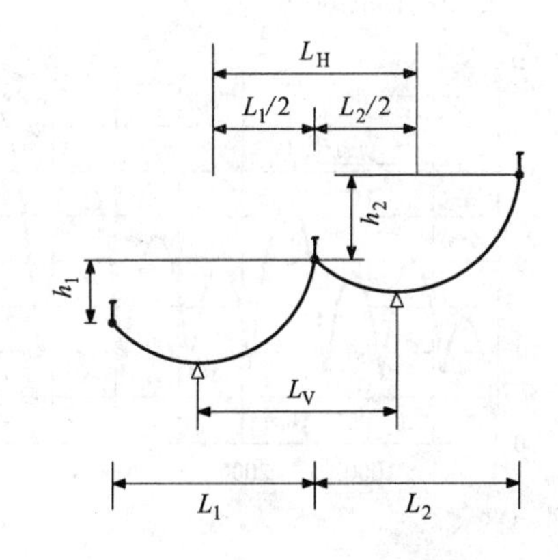

图3　水平档距与垂直档距

单摆模型受力关系明确，计算步骤简便，易于为工程设计人员所接受。然而，该模型用于定量计算悬垂绝缘子串风偏角时会有一定的误差。尽管如此，它仍可用于定性分析风偏角大小随线路结构参数的变化规律。从单摆模型的角度来看，悬垂绝缘子串风偏角大小由自身受到的以及导线传来的水平向风荷载和竖向的重力荷载的相对大小决定。在某一输电线路区段内，由于各档导线支座存在高差，因而各基杆塔分担的导线垂直荷载比例有很大差异，导致各悬垂绝缘子串的风偏角也不相同。由式(4)可知，同一耐张段内不同杆塔的垂直档距与水平档距的大小关系由高差系数 $\alpha_h = h_1/L_1 + h_2/L_2$ 决定。若 $\alpha_h > 0$，则垂直档距大于水平档距，对悬垂绝缘子串的风偏有利；反之，则垂直档距小于水平档距，对风偏不利。

4.2 基于连续多跨模型的动力计算方法

导线是一种刚度小、几何非线性特征显著的结构，其风致响应通常需要采用非线性动力分析方法进行计算，运算代价较高。然而，导线悬挂高度处的大气湍流度较小，风荷载的脉动分量与平均分量之比很小，导线风致响应的脉动部分可视为小变形。因此，可以采用两阶段方法计算导线的风致响应，即首先通过非线性静力分析方法计算导线在自重与平均风荷载作用下的响应，然后以该平衡状态下导线的构型和刚度作为初始计算条件，通过线性动力分析方法计算导线在脉动风荷载作用下的响应[9]。

2011 年 6 月 9 日，某 1000 kV 输电线路导线及绝缘子串在大风作用下发生严重风偏而造成线路跳闸。选取该线路 110#～118#区段进行精细化建模，计算其风偏响应。研究区段的主要几何参数如图 4 所示。风偏计算的基本风速 $\dot{U}_{10}$ 按输电线路设计规范规定取 27 m/s。

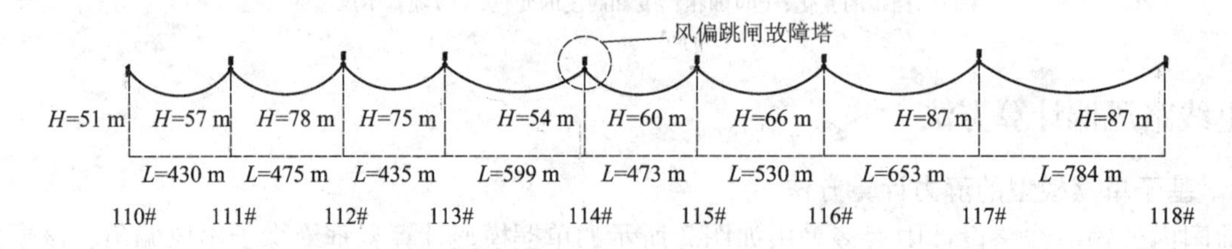

图 4 某 1000 kV 特高压输电线路 110#～118#区段几何参数

利用大型通用有限元软件 ANSYS 建立线路区段导线－绝缘子串模型，通过非线性静力分析计算其平均风偏响应，并对平均风偏状态下的导线作模态分析，得到各阶自振频率与振型。采用完全二次方结合法计算导线和绝缘子串的脉动风偏响应。

导线顺风向风偏位移平均值和均方根计算结果如图 5 所示。各点位移均方根与平均值相比很小，可见平均风荷载的作用效应占绝大部分。输电线路设计中更关注悬垂绝缘子串的风偏角。111#～117#各悬垂绝缘子串的平均风偏角及峰值风偏角如图 6 所示。结合图 4 所示的线路几何参数可知，在 111#～117#等各基杆塔中，仅有风偏跳闸故障塔 114#塔的导线悬挂点高度同时小于相邻的两基杆塔，可以直观判断，该塔具有较小的高差系数 α_h，从而风偏角较大。因此，该线路区段遭遇极端风气候时，风偏跳闸故障发生在 114#塔是有一定的内在原因的。

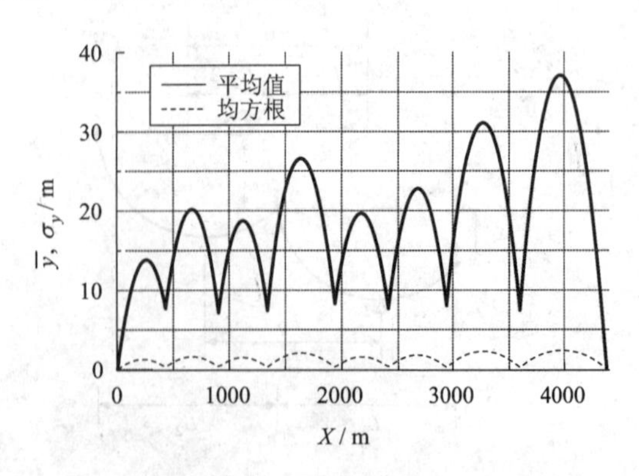

图 5 线路 110#～118#区段风偏水平位移

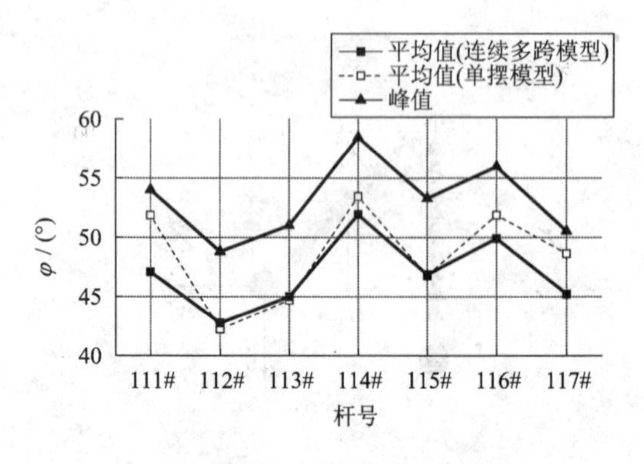

图 6 各基杆塔悬垂绝缘子串风偏角

5 结论

(1)基于等效静力风荷载计算的导线风荷载调整系数随档距增大而显著减小，随导线悬挂高度增大而有所减小，随地面粗糙度的增大而明显增大。档距和地面粗糙度变化对导线风荷载调整系数的影响非常明显，然而我国规范未有体现。

(2)平均风速变化对导线风荷载调整系数的影响并不显著，然而我国规范取值仅与基本风速有关，且不同基本风速工况的取值差异较大，这样的规定与实际情况不符。

(3)平均风荷载的作用效应占导线和悬垂绝缘子串风偏响应的绝大部分。

(4)悬垂绝缘子串的风偏角大小取决于所受到的水平荷载和垂直荷载的相对大小。当某档导线两端存在高差时，较低侧杆塔分担的导线垂直荷载比例较小，从而悬垂绝缘子串风偏角将较大。高差越大，该侧悬垂绝缘子串风偏角也越大。输电线路设计中应对线路几何参数变化对风偏响应的影响给予足够的重视。

参考文献

[1] 胡毅. 输电线路运行故障的分析与防治[J]. 高电压技术, 2007, 33(3): 1-8.

[2] 闵绚, 邵瑰玮, 文志科, 等. 国内外悬垂绝缘子串风偏设计参数对比与分析[J]. 电力建设, 2013, 34(4): 19-26.

[3] GB 50665—2011, 1000 kV 架空输电线路设计规范[S].

[4] 李正良, 孙毅, 魏奇科, 等. 山地平均风加速效应数值模拟[J]. 工程力学, 2010, 27(7): 32-37.

[5] 徐海巍, 楼文娟, 李天昊, 等. 微地形下输电线路跳线的风偏分析[J]. 浙江大学学报(工学版), 2017, 51(2): 264-272.

[6] Loredo-Souza A M, Davenport A G. The effects of high winds on transmission lines[J]. Journal of Wind Engineering and Industrial Aerodynamics, 1998, 74-76: 987-994.

[7] Chen X, Kareem A. Equivalent static wind loads on buildings: new model[J]. Journal of Structural Engineering, 2004, 130(10): 1425-1435.

[8] 楼文娟, 罗罡, 胡文侃. 输电线路等效静力风荷载与调整系数计算方法[J]. 浙江大学学报(工学版), 2016, 50(11): 2120-2127.

[9] Aboshosha H, Damatty A E. Dynamic response of transmission line conductors under downburst and synoptic winds[J]. Wind and Structures, 2015, 21(2): 241-272.

大跨径悬索桥颤振研究进展与展望*

华旭刚，陈政清

（湖南大学风工程试验研究中心 湖南 长沙 410082）

1　引言

1940 年，美国华盛顿州建成才四个月的主跨 853 m 的旧塔科马悬索桥在风速不到 20 m/s 的八级大风中发生强烈的风致振动，加劲梁在经历了 70 min 灾难性的大幅扭转振动后发生断裂破坏，震惊了桥梁工程界[1]。幸好有学者用摄影机记录了大桥在大风中从高阶竖向振动转为反对称大幅扭转振动直至坠毁的完整过程(见图 1)，从而确认这是一种风致扭转颤振现象。经空气动力学专家与桥梁工程专家的通力合作，逐步建立了桥梁的风致颤振理论，不但可以解释旧塔科马桥的坠毁原因，而且指导了后续桥梁的防颤振设计[2-5]。

图 1　旧塔科马悬索桥风致扭转颤振及风毁

桥梁颤振是一种发散性的自激振动，是结构振动与气动力相互作用的结果，它是现代大跨径桥梁抗风设计的首要任务。目前，桥梁颤振一般处理为动力稳定性问题：当风速超过某个临界值后，以扭转为主要特征的桥梁风致振动幅值会不断增加，直至结构发生破坏。桥梁颤振分析简化为确定颤振临界风速，而不需要预测振幅，它包含两大步骤。其一是建立反映气流与结构相互作用的自激力模型，如基于三分力系数的准定常自激力模型、基于颤振导数或阶跃函数的非定常自激力模型等。其二是建立计入自激力效应的动力学稳定线性特征方程，转化为某种特征值问题求解，可以方便快捷地得到系统出现负阻尼的颤振临界风速。基于这一思路，目前桥梁防颤振设计要求桥梁颤振检验风速必须小于颤振临界风速。

颤振分析线性理论及现行的颤振设防标准在大跨径桥梁抗风设计中发挥了重要作用，已经完全杜绝了桥梁发生颤振失稳的可能性。另一方面，由于这一设防标准没有考虑桥梁进入颤振后的真实状态，本质上是不允许桥梁发生颤振，这是一个非常高的要求。特大跨度悬索桥要满足这一要求，不仅需要大幅度增加建桥成本，而且是今后进一步提高桥梁跨径的主要制约因素。事实上，由于受桥梁断面自激力非线性、结构阻尼非线性等因素的影响，即使在某一风速下桥梁进入超临界状态后，振幅并不会无限增大而是稳定在一定的幅值。本文在简述线性颤振分析的基础上，对大跨径悬索桥的超临界颤振状态及设防标准问题进行了探讨，并以一简支梁气弹模型和悬索桥气弹模型对超临界颤振状态进行了初步理论与试验研究。

* 基金项目：国家自然科学基金项目(91215302，51422806)

2 悬索桥风致颤振线性分析方法

20 世纪 80 年代以前的桥梁颤振分析多是以机翼气动力理论或实测 Scanlan 线性自激气动力进行的二维颤振分析，无法计入多阶模态的影响。自 1985 年谢霁明和项海帆提出三维颤振分析的状态空间法以来，桥梁三维颤振分析得到了很大发展[3-6]，桥梁线性颤振分析特别是频域分析方法已极为成熟。本文仅以基于 ANSYS 中虚拟自激力单元的颤振分析技术进行简述，详细过程可参见文献[7]。

2.1 Scanlan 线性自激力模型

根据 Scanlan 自激气动力表达式，单位长度主梁上的气动力可以描述为振动位移的函数：

$$L_{se} = \frac{1}{2}\rho U^2 B[KH_1^* \dot{h}/U + KH_2^* B\dot{\alpha}/U + K^2 H_3^* \alpha + K^2 H_4^* h/B] \tag{1a}$$

$$M_{se} = \frac{1}{2}\rho U^2 B^2 [KA_1^* \dot{h}/U + KA_2^* B\dot{\alpha}/U + K^2 A_3^* \alpha + K^2 A_4^* h/B] \tag{1b}$$

式中：K 为折减频率；H_i^*，A_i^*（$i=1, 2, \cdots, 4$）为颤振导数。

将以上分布气动力荷载转化为作用于单元 e 两节点的集中荷载，得到：

$$F_{ae}^{e} = K_{ae}^{e} X^{e} + C_{ae}^{e} \dot{X}^{e} \tag{2}$$

式中：X^e 和 $\dot{X}^e$ 分别为单元 e 的节点位移和节点速度向量；K_{ae}^e 和 C_{ae}^e 分别为单元 e 的气动刚度和气动阻尼矩阵。气动力矩阵的具体表达式参见文献[7]

2.2 基于 Matrix27 单元的自激力模拟

图 2 给出了采用 Matrix27 单元来实现作用于单元 e 的自激力模拟，因此也称为虚拟自激力单元。在每个桥面主梁节点处添加 1 对 Matrix27 单元(包括一个刚度单元和一个阻尼单元)，该单元的一个节点为桥面节点 i 或 j，另一个节点固定。一个单元 Matrix27 只能模拟气动刚度或者气动阻尼，而不能同时模拟两者。例如，在节点 i 处，单元 e1 用于模拟气动刚度而单元 e3 用于模拟节点 i 处的气动阻尼，单元 e1 和 e3 共用节点 i 和 k。

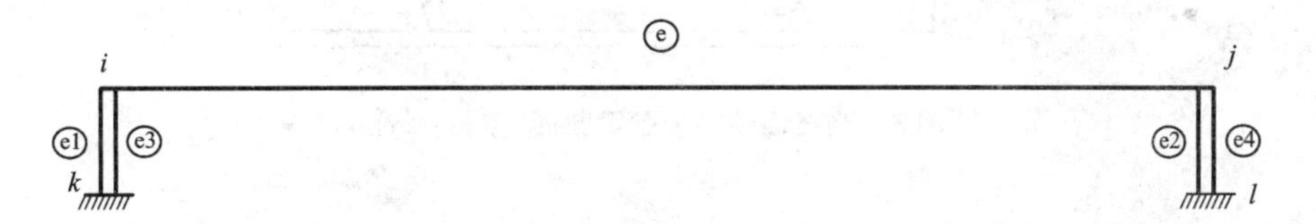

图 2 基于 Matrix27 的自激力模拟

2.3 颤振特征方程

通过单元气动力矩阵在局部与整体坐标系之间变换，最终得到桥梁的自激振动方程：

$$M\ddot{X} + (C - C_{ae})\dot{X} + (K - K_{ae})X = 0 \tag{3}$$

上式描述了桥梁在自激气动力作用下的参数化方程，其中风速和振动频率为系统参数，系统共有 n 对共轭特征值 $\lambda_j = \sigma_j \pm i\omega_j$。如果所有特征值的实部 σ 都小于零，系统是动力稳定的；如果存在至少一对特征值的实部大于零，系统动力是不稳定的。颤振的临界状态为在某风速下，系统有且只有一对特征值的实部为零。考虑到桥梁的最低颤振临界风速往往发生在低阶频率，所以一般只需要跟踪结构的低阶复特征值随风速的变化。

从线性颤振理论看出，颤振临界风速对应于结构风致振的动力学方程的线性稳定特征值，具有明确的数学意义和很大的安全储备；并且不要研究颤振后状态，完全建立在结构小振动的理论体系上，理论分析和风洞试验都很容易实现。

3 悬索桥超临界颤振及设防标准探讨

3.1 现行颤振设防没有考虑超临界颤振的真实状态

现行抗风设计规范的颤振设防规定是：

$$桥面颤振检验风速 < 颤振临界风速 \tag{4}$$

这一规定的内涵是：对于一座特定的桥梁，当风速超过颤振临界值后，以扭转为主要特征的桥梁风致振动幅值会不断增加，直至桥梁坠毁。如果所设计的桥梁满足式(4)，意味着该桥在设计寿命期内不会遇到超过颤振临界风速的大风，也就不会有发生颤振坠毁的危险。这一设防规定的优点是不需要处理复杂非线性气动弹性理论[8-9]。然而，这一颤振设防规定没有考虑桥梁进入颤振后的真实状态，本质上是不允许桥梁发生颤振，这是一个非常高的要求。特大跨度悬索桥要满足这一要求，不仅需要大幅度增加建桥成本，而且是今后进一步提高桥梁跨径的主要制约因素。我们可从世界已建和筹建的特大跨度桥梁的设计来说明这一点：

(1)日本明石海峡大桥为满足颤振设防要求，进行了多种断面选型和气动措施的研究，最后用14 m高的桁架再加上下稳定板才达到颤振临界风速大于78 m/s的要求(图3)。

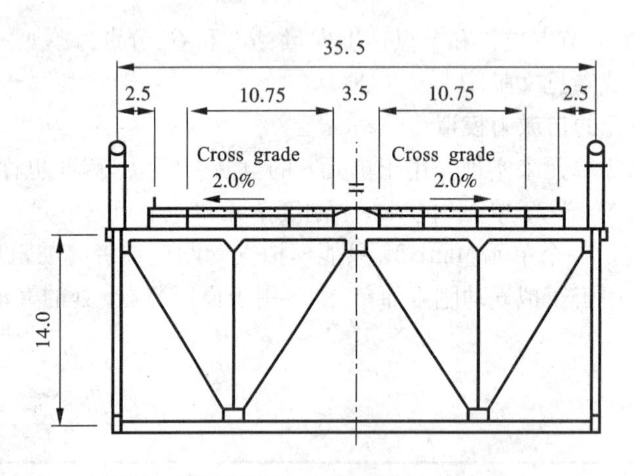

图3 明石海峡桥加劲梁断面(单位：m)

(2)中国西堠门大桥主桥为两跨连续钢箱梁悬索桥，公路四车道，主跨1650 m。为满足颤振设防要求，采用了分离双箱结构的加劲梁(图4)，使得全桥宽度为此增加了6 m，并且分离双箱结构有容易出现风致涡激振动的缺点。

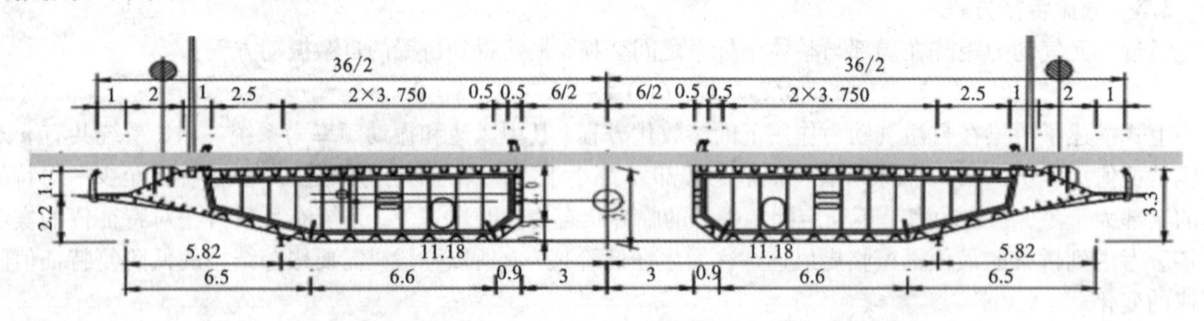

图4 西堠门桥加劲梁断面(单位：m)

(3)筹建中的意大利墨西拿海峡大桥全长3666 m，主跨3300 m，塔高382.6 m(由海平面计起)。为满足颤振设防要求，采用了分离三箱结构，使得桥宽达到61.8 m。而且每个单箱都是流线型断面设计(图5)。

可以设想，在今后海上大通道的建设中，如果遇到桥梁跨度更大，颤振临界风速比80 m/s更高的情况，现行颤振设防规定将对悬索桥的设计带来极大的困难，或者是成本的巨幅增加！面对这一困难问题，我们有必要重新审视1940年旧塔科马桥的坠毁过程，研究并深化我们对于颤振问题的认识。

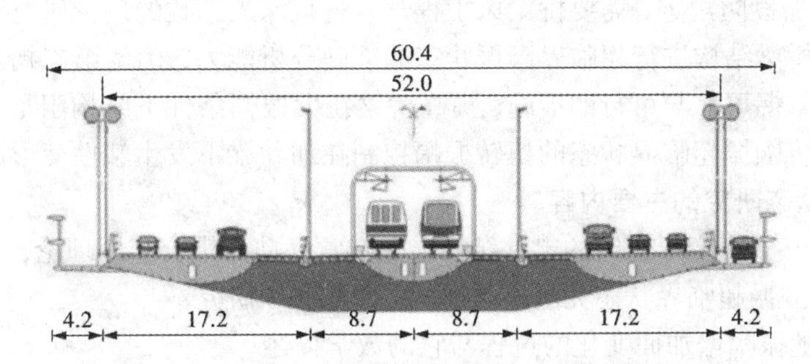

图 5　墨西拿桥加劲梁断面(单位: m)

3.2　开展超临界颤振状态研究的意义

现有颤振理论认为超过颤振临界风速后，桥梁扭转振动的振幅会快速并不断增加，直至桥梁坠毁。这一观点并不是依据事实，而是依据线性失稳理论的一般假定，与颤振后桥梁的真实状态并不一致！实际的桥梁结构在风速超过临界风速后，振动状态远比数学意义上的线性失稳要复杂得多。以旧塔科马桥颤振为例，八级大风持续了 3 个多小时，最后 1 个多小时，扭转振幅稳定在 19 度没有继续增加(图 6)，不幸后来跨中短吊杆疲劳断裂，才导致桥面坠毁。因此很早就有学者认为，如果没有短吊杆断裂这一因素，也许旧塔科马桥能躲过这一劫。

笔者认为，风速超过颤振临界风速以后，至少有如下两个因素会影响超临界颤振状态的振幅增长：

(1)当振幅增加后，结构阻尼也会增加，甚至进入大量耗能的弹塑性状态；

(2)振幅增大以后，气流产生的空气动力学荷载也在变化，气流与桥梁之间的能量交换的形式和比例都可能发生变化，也许有办法引导这一变化向对桥梁有利的方向发展。但目前对此完全没有研究。

因此，笔者在图 7 中提出了桥梁颤振过程中的两条风速 - 振幅曲线。第一条是按照线性失稳理论，风速大于颤振临界风速后，桥梁振幅会快速不断增加，直至桥梁坠毁，曲线只有一个拐点。第二条是考虑大振幅状态下的上述阻尼和气流变化因素，认为经过第一拐点后，振幅的增加不会那样快，并且有可能存在第二拐点。开展桥梁超临界颤振状态理论研究，就是希望能准确地定量预测桥梁超临界颤振状态的振幅随风速变化的真实曲线和桥梁对应的应力状态，特别是确定第二拐点是否存在或是否可以主动实现。如果能做到这一点，就可以有科学依据地将颤振设防标准风速由第一拐点移至第二拐点之后，大大降低特大跨度桥梁的设计要求与难度，为进一步增加特大跨度桥梁的跨径提供一个广阔的空间。

图 6　旧塔科马桥颤振最大振幅 19 度

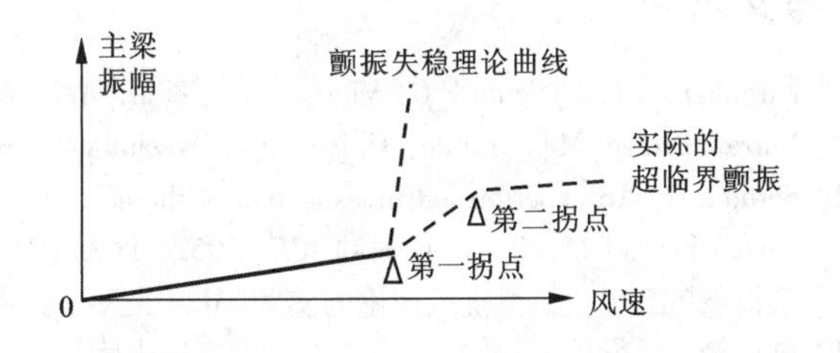

图 7　桥梁超临界颤振状态的风速 - 振幅曲线(推测)

3.3　按超临界颤振状态设防的可行性

风与地震不同，风可以准确预报和提前预报，而连续台风的可能性几乎没有，这些有利条件使得有可能按超临界颤振状态的风速 - 振幅曲线将颤振设防检验风速由图 7 中第一拐点移至第二拐点之后，只要能够保证当桥梁处于超临界颤振状态时，主结构足够安全，但允许若干非主结构部件在颤振超临界状态损坏但可快速修复。

要实现上述新的颤振设防规定，需要桥梁风工程学界进行深入细致的理论研究和技术开发工作。在理论上，要具备对特定的桥梁结构进行超临界颤振状态的准确分析能力，确定第二拐点位置与对应的桥梁应力状态；在技术上必须掌握可靠与可行的措施，提高桥梁在大振幅条件下结构阻尼，从而可以设计和控制颤振超临界状态，例如将颤振超临界状态的扭转振幅控制在加劲梁不发生塑性变形的限度以内。

3.4 颤振超临界状态研究的主要内容

现有的颤振理论是基于小变形假定的定常结构与非定常气动力耦合作用理论，只适用颤振临界状态以前的状态。上述假定对颤振超临界状态完全不再适应，因此必须研究：

(1)非定常气动力随振幅增加而变化的过程与它的数学描述；

(2)结构大变形、弹塑性与非线性空气动力荷载的三重非线性耦合的颤振全过程分析；

(3)与上述研究相应的实验模型与实验方法研究；

(4)结构阻尼随振幅增加的变化规律；

(5)增加结构阻尼的手段与优化设计；

(6)优化吊索形式及与加劲梁的连接方式，提高短吊索安全系数。

4 气弹模型超临界颤振试验研究

分别设计制作了一简支梁气弹模型和悬索桥气弹模型对超临界颤振状态进行了初步研究。简支梁为长2.4 m的Π形断面简支梁铝合金气弹模型，梁高2 cm，宽20 cm(图8)。图9所示为长7.0 m的悬索桥气弹模型。

图8 Π形断面简支梁气弹模型

图9 悬索桥气弹模型

参考文献

[1] Farquharson F B, Smith F C, Vincent G S, et al. Aerodynamic stability of suspension bridge with special reference to the Tacoma Narrow Bridge[M]. Seattle: University of Washington Press, 1950: 1 -56.

[2] Scruton C. An experimental investigation of the aerodynamic stability of suspension bridges with special reference to the proposed Severn bridge[J]. Proceedings of ICE, 1952, 1(2): 189 -222.

[3] 项海帆等. 现代桥梁抗风理论与实践[M]. 北京: 人民交通出版社, 2005.

[4] 陈政清. 桥梁风工程[M]. 北京: 人民交通出版社, 2005.

[5] 葛耀君. 大跨度悬索桥抗风[M]. 北京: 人民交通出版社, 2011.

[6] Miyata T. Historical view of long - span bridge aerodynamics[J]. Journal of Wind Engineering and Industrial Aerodynamics, 2011, 91: 1393 -1410.

[7] Hua X G, Chen Z Q, Ni Y Q, et al. Flutter analysis of long - span bridges using ANSYS[J]. Wind and Structures, 2007, 10(1): 61 -82.

[8] Hsu L. Analysis of critical and post - critical behavior of nonlinear dynamic systems by the normal form method: Part II—divergence and flutter[J]. Journal of Sound and Vibration, 1983, 89(2): 183 -194.

[9] Arena A, Lacarbonara W, Marzocca P. Post - critical behavior of suspension bridge under nonlinear aerodynamic loading[J]. Journal of Computational and Nonlinear Dynamics, ASME, 2016, 11: 011005.

斜拉索的风荷载与风致振动控制*

刘庆宽[1,2]，郑云飞[3]，马文勇[1,2]，刘小兵[1,2]
(1. 石家庄铁道大学风工程研究中心 河北 石家庄 050043；2. 河北省大型结构诊断与控制重点实验室 河北 石家庄 050043；
3. 石家庄铁道大学土木工程学院 河北 石家庄 050043)

1 引言

随着斜拉桥跨径的增大，斜拉索的气动力和风致振动问题日渐引起广泛的重视。从气动力方面考虑，大跨度斜拉桥斜拉索上的气动力占全桥气动力的很大比例，如苏通长江公路大桥在横桥向风的作用下，斜拉索上的气动力对主梁位移和内力的贡献占全桥气动力的60% ~70%[1]，准确的气动力计算，是进行静力验算(静力作用下桥梁内力和变形以及静力不稳定)和动力分析(驰振、抖振等)的基础，准确气动力计算对大桥设计具有重要意义。

目前的气动力计算是将斜拉索作为光滑表面圆柱体进行的，没有考虑斜拉索的各种真实表面状态，如新建桥梁的光滑表面、服役过程中风吹日晒、灰尘黏附和PE套老化等因素导致表面粗糙度变化、运输架设过程中造成的表面损伤、以及挤压和盘装等造成的非圆截面等因素对气动力的影响。

同时，包括风雨振在内的斜拉索风致振动问题广受关注，在斜拉索表面缠绕螺旋线是常用的抑振措施。螺旋线参数同抑振效果之间的关系、在良好抑制振效果的前提下，如何选择气动力小的螺旋线参数，都是在斜拉索设计中需要考虑的问题。

另外，雷诺数对具有圆形截面斜拉索的气动力和振动具有不可忽视的影响[2]，而目前的风洞试验能达到的雷诺数有限，基本是利用低雷诺数(大部分是亚临界雷诺数)的结果来表示实际斜拉索高雷诺数下的结果。考虑表面状态、螺旋线参数以及雷诺数影响下的气动力计算问题、高雷诺数下特殊的流场是否会导致振动的发生、振动与斜拉索参数的关系等，是值得关注的问题。

本研究围绕斜拉索在各种表面状态下(不同粗糙度/螺旋线/表面损伤、非圆断面等)的气动力、风致振动、雷诺数效应、风荷载计算、以及二维节段模型试验中端板的影响和选择原则等问题进行了综合研究。

2 风洞试验介绍

本系列研究的风洞试验在石家庄铁道大学风工程研究中心的STU－1风洞的高速试验段进行。该试验段的尺寸为2.2 m宽，2.0 m高，5.0 m长，空风洞最大风速大于或等于80 m/s。斜拉索模型由直径约120 mm的刚性有机玻璃管制成，中间贯穿具有足够刚度的钢管，固定在两端的高频测力天平上，模型两端安装补偿模型，在补偿模型靠近测力模型的边缘安装5倍模型直径的端板，端板和补偿模型的上的气动力不会传递到测力天平上，以此来保证测力模型周围的二维流场，模型安装如图1所示。模型区在40 m/s和65 m/s时的湍流度不大于0.16%。在模型表面包裹不同型号的工业砂纸以得到不同的表面粗糙度，通过缠绕螺旋线进行风雨振的抑振措施。每个斜拉索模型分别在模型两端、中间、1/4和3/4处等五个断面，每个断面的四个方向，利用游标卡尺测试其直径，得到平均直径，作为计算气动力系数的模型直径值。多处测试直径的目的除了获得准确的直径数值之外，也是为了保证模型圆度的均匀性，避免某个方向的明显偏差引起气动力的变化。测试结果表明模型直径在各个位置基本均衡分布，无某个方向的偏差。

模型表面粗糙度测试采用日本MITUTOYO公司生产的SJ－411表面粗糙度仪测试。该设备分辨率为0.01 mm，最大取样长度25 mm。

* 基金项目：国家自然科学基金(51378323，51308359，51108280)，国家重点实验室开放课题(SLDRCE12－MB－05)

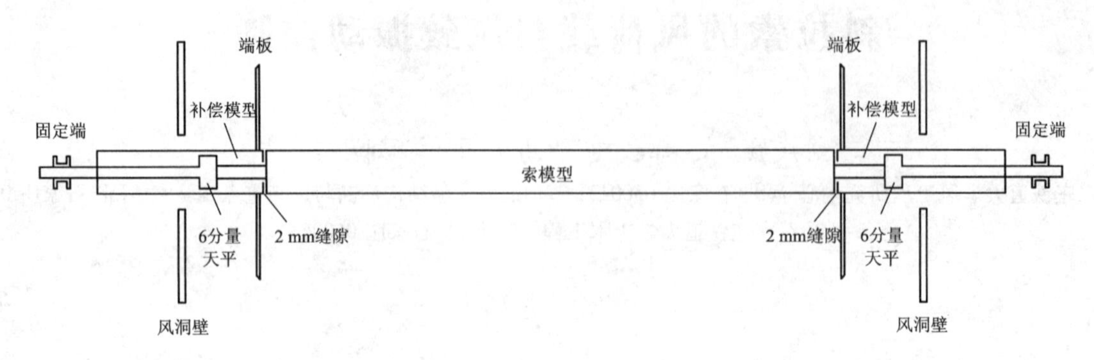

图 1　模型安装示意图

3　不同表面状态下斜拉索的气动力

3.1　表面粗糙度对气动力的影响

分别将不包裹砂纸和 7 根包裹不同目数工业砂纸的斜拉索模型作为测试对象，8 个模型的参数如表 1 所示。

表 1　斜拉索模型的参数

模型编号	表面砂纸/目	模型直径/mm	直径标准差/mm	表面粗糙度/mm		
				Pa	*Pq*	*Pz*
M1	无	120.133	0.108	0.51	0.61	2.01
M2	5000	120.391	0.068	5.36	6.56	26.52
M3	3000	120.398	0.063	5.84	7.07	29.92
M4	1200	120.556	0.153	5.98	7.32	34.73
M5	1000	120.464	0.094	6.30	7.82	37.83
M6	600	120.434	0.091	11.24	13.62	56.66
M7	100	120.596	0.189	41.06	51.22	207.51
M8	60	120.984	0.143	75.02	93.19	349.73

通过天平测力试验，获得了 8 根模型的气动力随雷诺数的变化情况，如图 2 所示。结果表明：表面粗糙度对气动力具有明显影响，随着粗糙度的增大，雷诺数效应随之减弱；不同粗糙度的斜拉索，最大风荷载对应的风速不同，计算方法也不同，实桥设计时应根据斜拉索的具体表面粗糙状态和设计风速，分别针对不同风速和斜拉索对应的雷诺数所在的区域，计算确定其最大风荷载的数值。

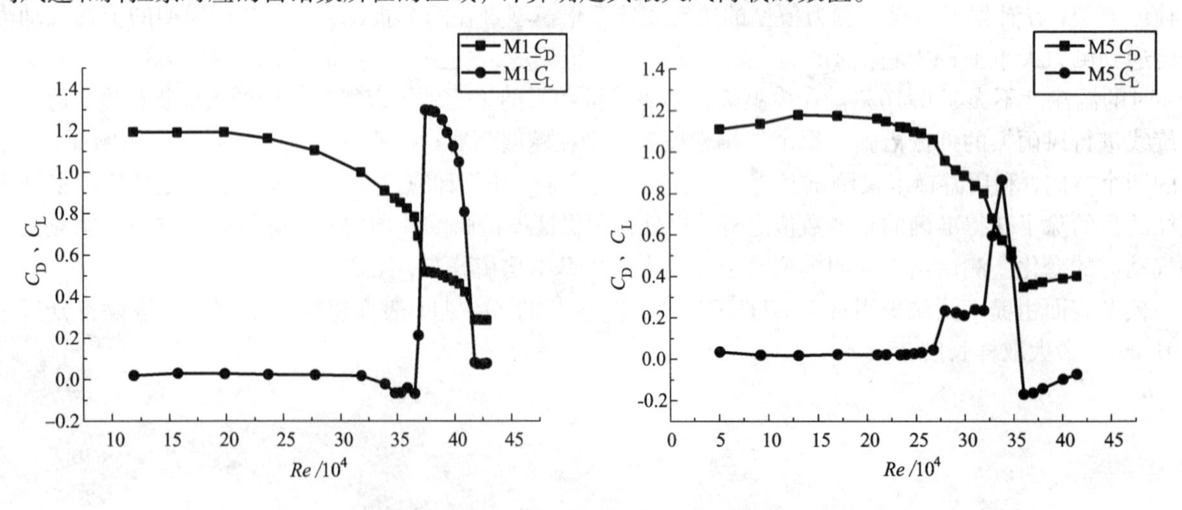

图 2　M1（左）和 M5（右）模型气动力系数

3.2 螺旋线对气动力的影响

通过天平测力风洞试验，对直径为120 mm的光滑斜拉索和分别缠绕25种螺旋线斜拉索模型进行测力试验，螺旋线的直径分别为0.89 mm、1.24 mm、1.71 mm、1.84 mm、2.35 mm，在斜拉索表面螺旋线的缠绕间距分别为6*D*、8*D*、10*D*、12*D*、14*D*，其中*D*为斜拉索的直径，采用的是双螺旋线按照同样的方向缠绕。利用螺旋线直径同斜拉索直径之比作为量纲为一的直径评价螺旋线直径的影响，利用缠绕间距同斜拉索的倍数评价缠绕间距的影响。

气动力随雷诺数的变化结果表明：缠绕螺旋线能减弱雷诺数效应；在超临界雷诺数区域，阻力系数分别随缠绕间距的增大、螺旋线直径的减小呈减小趋势；在具有抑振效果的螺旋线参数组合中，指明了根据设计风速对应的不同直径斜拉索的雷诺数，选取具有最小气动阻力的螺旋线参数的方法。其中螺旋线直径1.71 mm的斜拉索阻力系数如图3所示。

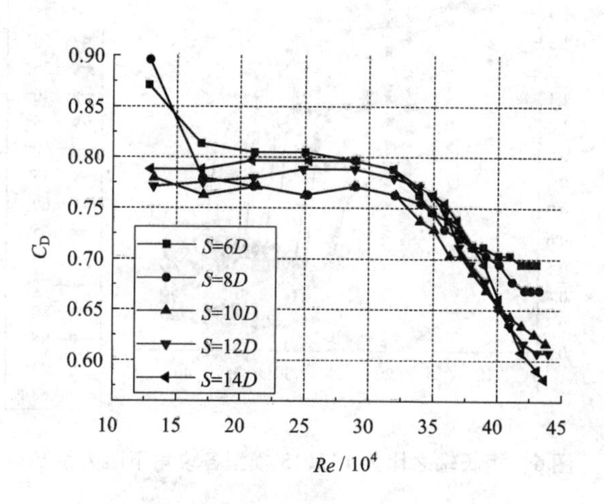

图3 1.71 mm螺旋线斜拉索的阻力系数

3.3 表面损伤对气动力的影响

分别设计加工了具有三种不同深度等边V型槽的模型，和表面小部分圆弧被摩擦掉形成平面的斜拉索模型，如图4所示，三种V型槽的深度*h*分别为0.5 mm、1.0 mm和2.0 mm。通过天平测力风洞试验，对上述四种具有表面损伤的斜拉索的气动力进行了测试，分析了划痕深度和位置对气动力的影响，结果表明：有无划痕以及划痕的位置，对亚临界、临界和超临界雷诺数区域的气动力系数大小和变化规律均有一定的影响。其中划痕深度为2.0 mm斜拉索的阻力系数随雷诺数的变化规律如图5所示。

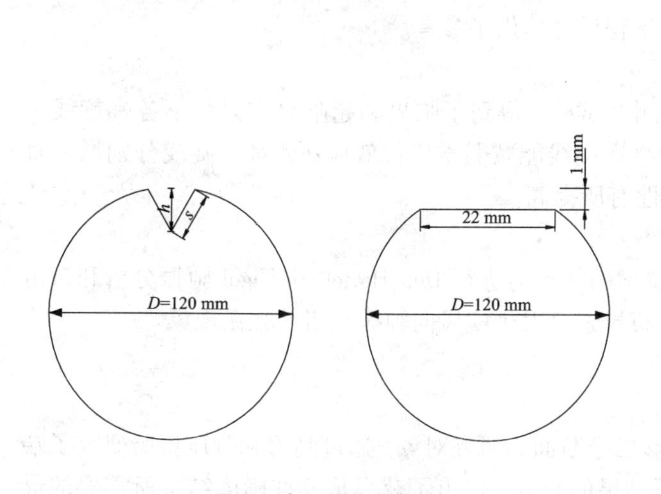

图4 表面损伤斜拉索

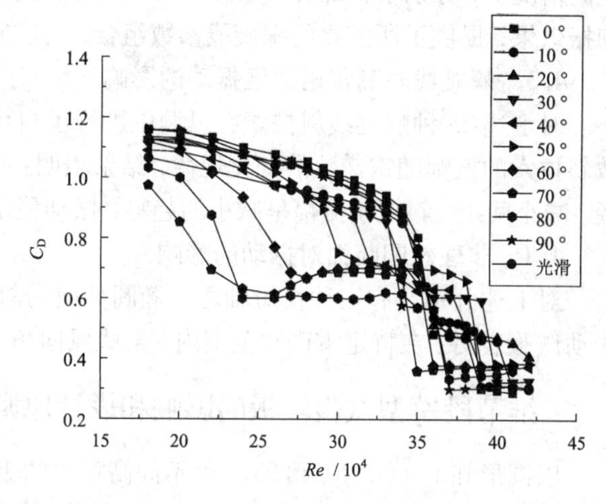

图5 2.0 mm划痕深度斜拉索的阻力系数

3.4 非理想圆断面对气动力的影响

通过天平测力试验，对长短轴之比分别为1.05∶1、1.1∶1、1.15∶1三种椭圆断面的斜拉索的气动力随雷诺数的变化规律进行了测试，结果表明：长短轴之比和风攻角两个参数对阻力系数、升力系数随雷诺数的变化规律具有明显的影响。部分结果如图6所示。

4 不同表面状态下斜拉索的风致振动与控制

4.1 表面粗糙度对振动的的影响

通过自由振动风洞试验，对上述8根不同粗糙度的斜拉索在高雷诺数区域的振动情况进行了测试，结果表明：表面粗糙度的增大对高雷诺数区域斜拉索的振动具有抑制作用；随着表面粗糙度的增加，雷诺数效应减弱，临界雷诺数的数值减小，斜拉索的稳定性提高。临界区振动振幅随表面粗糙度变化的拟合曲线如图7所示。

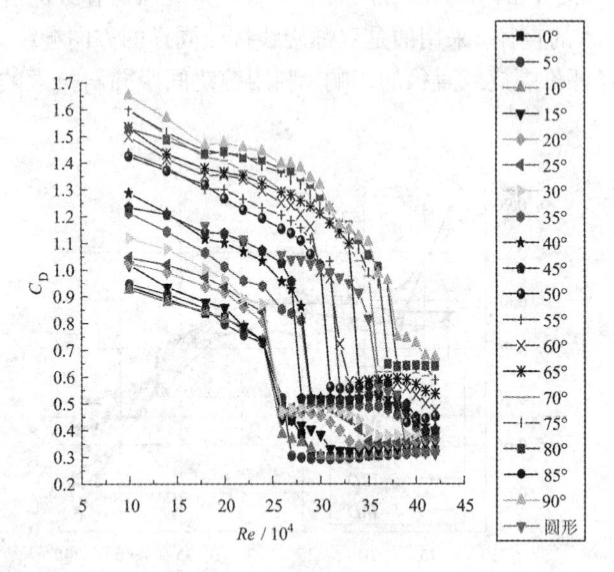

图6 短长轴之比为1∶1.15模型各攻角下阻力系数

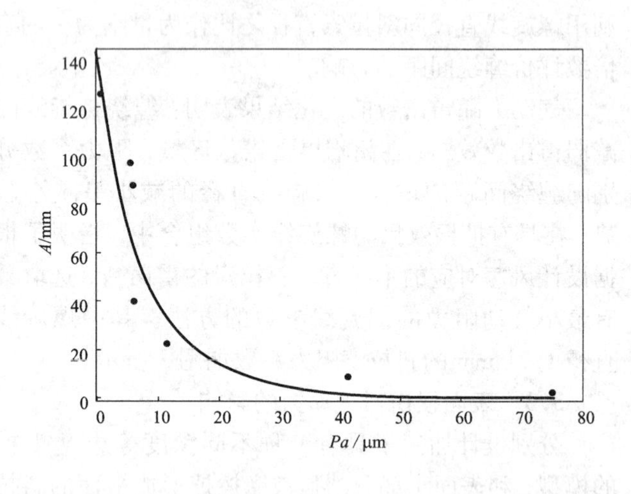

图7 短长轴之比为1∶1.15的斜拉索各攻角下阻力系数

4.2 螺旋线对风雨振的影响

针对直径分别为90~160 mm的四种斜拉索，分别缠绕0.7~3.0 mm直径的单螺旋线或双螺旋线，考察了螺旋线直径、缠绕方式、缠绕间距等参数对不同直径斜拉索风雨振的抑振效果，发现在斜拉索直径不变的情况下，分别增大螺旋线直径、减小螺旋线间距，能增强抑振效果；针对不同直径的斜拉索，为了达到抑振效果，提供了所需要的螺旋线参数组合，为实际工程设计提供了参考。

4.3 螺旋线对高雷诺数区振动的影响

对上述25种螺旋线斜拉索在风洞中进行了自由测振试验，得到了临界和超临界雷诺数下各螺旋线参数斜拉索的振幅随雷诺数的变化规律，结果表明：缠绕螺旋线能减弱雷诺数效应；针对螺旋线分别增大直径、减小间距，斜拉索振幅呈减小的趋势，振动稳定性有所提高。

4.4 非理想圆断面对振动的影响

对上述分别具有三种长短轴之比椭圆截面的斜拉索的气动力进行Den Hartog和Nigol驰振分析和自由振动试验表明：在特定雷诺数范围内，某些风向角下斜拉索会发生横风向驰振和扭转驰振现象。

5 二维节段模型试验端板的影响和设计原则

以圆形和1∶1、1∶5、1∶10三种不同高宽比的矩形二维断面为研究对象，通过测力和测压试验研究了端部补偿模型、不同端板尺寸对测力和模型各截面测压结果的影响，提出了获得足够准确度结果所需要的最小端板尺寸，以及端板尺寸不足时产生的测试误差及修正方法。

参考文献

[1] 裴岷山，张喜刚，朱斌，等. 斜拉桥的拉索纵桥向风荷载计算方法研究[J]. 中国工程科学，2009，11(3)：26-30.

[2] Matteoni G, Georgakis C T. Effects of bridge cable surface roughness and cross-sectional distortion on aerodynamic force coefficients[J]. Journal of Wind Engineering and Industrial Aerodynamics, 2012, 104-106: 176-187.

气动导纳——从翼型到钝体*

李明水[1,2]，廖海黎[1,2]，杨阳[1]
（1. 西南交通大学风工程试验研究中心 四川 成都 610031；2. 风工程四川省重点实验室 四川 成都 610031）

1 引言

对桥梁抖振精细化分析而言，气动导纳函数是一个至关重要的参数。气动导纳本质上是湍流各脉动分量（输入）与非定常气动力（输出）之间的气动传递函数，反映了流固作用系统中脉动风对抖振力的非定常效应，是准确描述桥梁非定常气动力的关键因素，也是决定脉动风作用下结构动力响应预测精度的重要因素。

目前关于翼型气动导纳的理论研究已较为成熟，相关的风洞试验方法也逐渐完善。但桥梁风工程所关心的钝体气动导纳尚没有建立较为完备的理论体系，相应的风洞试验识别方法也存在着一些不足。与翼型相比，复杂性和多变性是钝体断面的主要特点。由于直接求解紊流方程无论是理论方法还是数值方法都存在诸多困难，因而紊流作用下钝体气动导纳的识别一般是通过半理论半经验的途径（即首先建立非定常气动力的数学模型，然后由试验手段识别模型中未知的参数或函数）进行研究[1]。尽管20世纪80年代以来国内外学者对钝体气动导纳开展了大量研究工作，目前钝体气动导纳依然是桥梁抗风领域中没有完全认识清楚的问题，也是多年来桥梁风工程研究中的难点。

本文将围绕气动导纳研究的发展历程并结合气动导纳的研究现状，分别从翼型和钝体的角度阐述二维一波数气动导纳、二维二波数气动导纳以及二维一波数等效气动导纳等几个概念之间的联系与区别，并简要分析目前几种常见的钝体气动导纳风洞试验识别方法中面临的一些问题。

2 翼型气动导纳

2.1 翼型竖向气动导纳

气动导纳的概念最早来源于机翼理论中关于翼型在竖向阵风作用下的非定常气动力研究。20世纪30年代，Küssner、von Kármán 和 Sears 等人研究了竖向阵风下的翼型非定常气动力与阵风来流之间的气动传递关系。1938年，Sears[2]在其博士论文中对这些研究进行了总结并提出了著名的 Sears 函数。由于这一时期的理论分析只在二维平面上考虑竖向脉动风的纵向波数 k_1 的变化，因此 Sears 函数可以认为是一种所谓的二维一波数气动导纳。

1952年，Liepmann[3]基于谱分析法将二维一波数气动导纳引入至机翼在连续大气紊流作用下的非定常气动力谱表达式中：

$$S_L(k_1)=(2\pi\rho Ub)^2|\chi(k_1')|^2S_w(k_1) \tag{1}$$

式中，$k_1'(k_1'=bk_1)$ 为折减频率，$k_1(=2\pi f/U)$ 为纵向波数；f 为竖向脉动风纵向变化的自然频率；U 为平均风速；b 为半弦长；$|\chi|^2$ 为二维一波数气动导纳模的平方；S_L 为升力谱；S_w 为竖向脉动风谱。紊流中，式（1）的成立需引入一个重要的假设——片条假设，即流场沿展向无变化，机翼表面没有沿展向的横向流动，机翼上每一个断面的流固相互作用关系相同（即气动导纳沿展向不变）。然而，大气紊流是一个三维流场，沿机翼展向的横向流动也不可能忽略不计（尤其是对于中、小展弦比机翼）。相应地，各个断面的气动导纳沿展向也必然是变化的。因此，Liepmann[4]于1955年将翼型气动导纳的研究进一步拓展到二维二波数，即同时考虑纵向波数 k_1 的变化和沿展向的横向波数 k_2 的变化（相比展长和弦长，机翼厚度较小，紊流沿机翼厚度的变化即竖向波数 k_3 的变化可不予考虑，因此分析还是在二维平面上）。二波数力谱表达如下：

$$S_L(k_1,k_2)=(2\pi\rho Ub)^2|\chi(k_1',k_2')|^2S_w(k_1,k_2) \tag{2}$$

Liepmann 指出二维一波数气动导纳可视为二维二波数气动导纳在横向波数 $k_2=0$ 时的一个特解

* 基金项目：国家自然科学基金资助项目（51478402，51278435）

($|\chi(k_1', 0)|^2$)，但他没有给出二维二波数气动导纳的理论解。Hakkinen 和 Richardson[5] 对这一分析方法进行了尝试，考虑了紊流中风场沿展向的变化，但依然默认了每一个断面的气动力传递关系均可以用 Sears 函数表示。1970 年，Graham[6] 基于升力面理论给出了斜交正弦阵风作用下无限翼展机翼的二维二波数气动导纳的精确数值解，即所谓 Graham 函数，如图 1 所示。

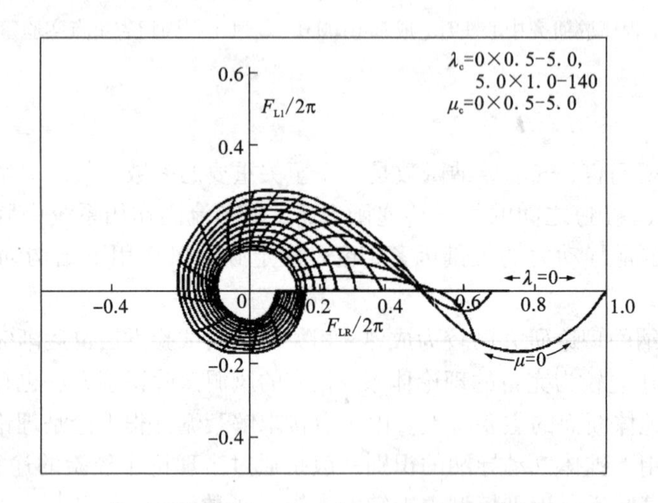

图 1　基于升力面理论的 Graham 函数数值解

随后，Filotas、Mugridge、Blake 等人基于一定简化给出了二维二波数气动导纳的近似闭合表达式。这些表达式可视为 Sears 函数与一个含 k_2 的修正函数的乘积。其中，Blake[7] 的近似闭合表达式与 Graham 函数更为接近，其表达式如下：

$$|\chi(k_1', k_2')|^2 = \frac{1}{1+2\pi k_1'}\left[\frac{1+3.2(2k_1')^{1/2}}{1+3.2(2k_1')^{1/2}+2.4(2k_2')^2}\right] \tag{3}$$

在紊流中直接识别 Graham 函数具有一定难度。为此，Jackson[8] 提出所谓等效气动导纳的概念以方便在紊流中进行间接识别。二维一波数等效气动导纳定义如下：

$$|A(\tilde{k}_1)|^2 = \frac{\int_{-\infty}^{\infty}|\chi(\tilde{k}_1, \tilde{k}_2)|^2\frac{\sin^2(b\tilde{k}_2/c)}{(b\tilde{k}_2/c)^2}S_w(k_1, k_2)\,\mathrm{d}k_2}{\int_{-\infty}^{\infty}S_w(k_1, k_2)\,\mathrm{d}k_2} \tag{4}$$

采用形如式(1)所示的一波数力谱表达式：

$$S_L(k_1) = (2\pi\rho Ub)^2|A(k_1')|^2 S_w(k_1) \tag{5}$$

可在紊流中直接识别出二维一波数等效气动导纳。观察式(4)，二维一波数等效气动导纳带含 k_2 的二波数风谱。二波数风谱表达式如下：

$$S_w(k_1, k_2) = \Phi_w(k_1, k_2)S_w(k_1) \tag{6}$$

其中 $\Phi_w(k_1, k_2)$ 为竖向脉动风的二波数相干函数，其表达式如下(假设紊流符合卡门谱)：

$$\Phi_{33}(k_1, k_2) = \frac{2\Gamma(4/3)}{\Gamma(5/6)}\sqrt{\pi}A_1^{5/3}\left\{\frac{[1+5/(3B_1)](2\pi k_2)^2+(1-1/B_1)A_1^2}{[(2\pi k_2)^2+A_1^2]^{7/3}}\right\} \tag{7a}$$

$$A_1 = \frac{C}{L}\sqrt{1+(2\pi/C)^2(Lk_1)^2} \tag{7b}$$

$$B_1 = 1+\frac{8}{3}(2\pi/C)^2(Lk_1)^2 \tag{7c}$$

$$C = \sqrt{\pi}\frac{\Gamma(5/6)}{\Gamma(1/3)} \tag{7d}$$

由式(6)～式(7)可以看出，二维一波数等效气动导纳内含风的相关性，换而言之，二维一波数等效气动导纳必然表现出强烈的风场依赖性。

由上述分析不难得出，在紊流中直接识别二维二波数气动导纳的关键是获取精确的二波数风谱与二波数力谱(或者说风的二波数相干函数以及力的二波数相干函数)。对于格栅紊流，基于均匀各向同性假设，可得到合适的风的二波数相干函数理论模型(Dryden 模型和 von Karman 模型)，难点是获取正确的力的二波数相干函数模型。力的相干函数经验模型主要有 Jakobsen 模型、Kimura 模型，Dryden 模型等。李少鹏与李明水[9]等提出了一种在格栅紊流中识别翼型二维二波数气动导纳的方法，并利用该方法直接识别了 Graham 函数。风洞试验识别结果如图 2 所示。

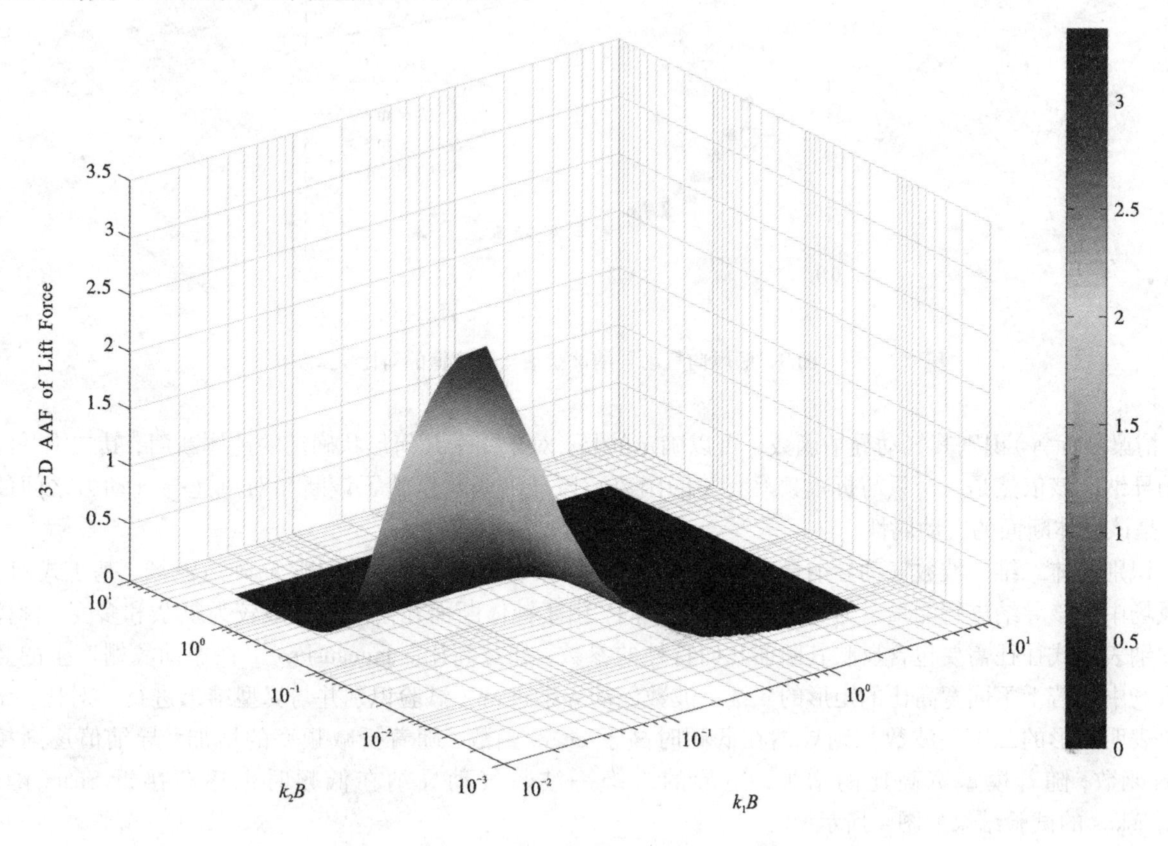

图 2 二维二波数气动导纳 $|\chi(k_1', k_2')|2$ 试验值

2.2 翼型顺风向气动导纳

小攻角下，紊流中顺风向分量脉动风对总体气动力的贡献远小于竖向分量脉动风的贡献。因此关于顺风向脉动风作用下的顺风向气动导纳的研究较少。二维薄翼在顺风向脉动风作用下的非定常理论最早由 Isaacs、Greenberg 等人于 20 世纪 40 年代建立，并推导了相应的非定常气动力表达式。但 Horlock[10] 指出 Isaacs 等人的理论仅考虑来流脉动在流经翼型表面时随时间的变化，而忽略了流体与结构之间的运动导致的来流脉动随翼型表面位置的变化。为此，Horlock 在其分析中参考 Sears 对来流脉动在翼型表面的定义，将来流脉动在翼型表面的流动考虑为随时间和位置变化的函数，并提出了顺风向气动导纳的薄翼理论解——Horlock 函数。其表达式如下：

$$H(k_1') = J_0(k_1') + 2iJ_1(k_1') + C(k_1')[J_0(k_1') - iJ_1(k_1')] = S(k_1') + J_1(k_1') - iJ_1(k_1') \tag{8}$$

其中，$S(k_1')$为 Sears 函数，$C(k_1')$为 Theodorsen 函数，$J_0(k_1')$、$J_1(k_1')$为第一类 Bessel 函数。

值得注意的是，Bearman、Hunt 等人发现顺风向脉动风在遇到结构断面时会发生一种所谓畸变(distorsion)的物理现象。由于这一现象的发生，与顺风向脉动风有关的气动力将部分消失或者完全消失(这取决于结构的断面形式)[11]。最近的研究结果表明[12]，在单独顺风向正弦阵风作用下，矩形的脉动升力随着频率的增加有较大程度的减少。随着折减频率的增加，矩形的顺风向气动导纳函数值显著小于 Horlock 函数，如图 3 所示，但二者的准定常极限值均趋近于 4。

3 钝体气动导纳

对于桥梁风工程所关心的钝体断面，其气动导纳无法基于势流理论进行推导，必须通过风洞试验进行识别。钝体的多变性与复杂性决定了实际工程中需要具体针对某类钝体断面(如矩形断面、流线型箱梁断

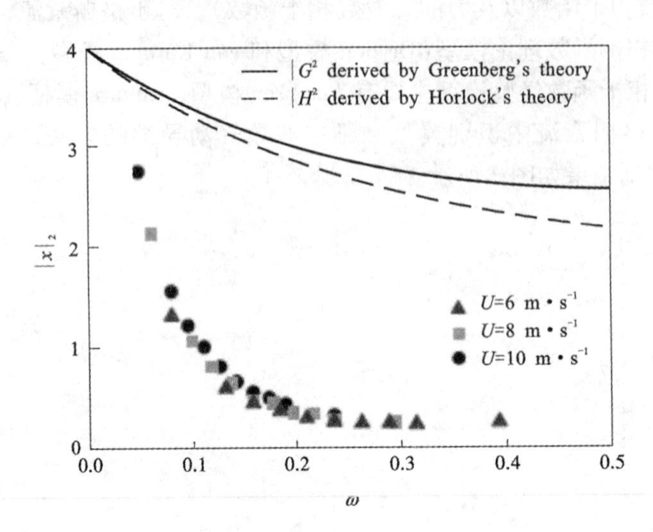

图 3 顺风向气动导纳试验值与理论值的对比

面、桁梁断面等）识别其气动导纳函数。可以确定的是，对于一个几何形状确定的钝体断面，其二维一波数气动导纳应该依然是一个只与折减频率有关的函数。该导纳函数反映了该断面对风速与气动力之间的传递，是该钝体断面的气动属性。

识别钝体二维一波数气动导纳最直接的方法是利用振动翼栅产生一个纯竖向阵风流场，基于式(1)在阵风场中对该导纳进行测量。与翼型气动导纳不同，由于钝体断面几何形状一般较为复杂和多变，钝体气动导纳表达式往往需要包含反映其断面几何特性的参数，如宽高比。Jancauskas[13]在振动翼栅产生的竖向阵风场中对若干不同宽高比的矩形的二维一波数气动导纳进行了试验识别并与翼型结果进行了对比，试验结果表明矩形的二维一波数气动导纳在低频时高于 Sears 函数，随着折减频率的增加，导纳值逐渐接近 Sears 函数；随着模型宽高比的增加，矩形的二维一波数气动导纳在低频时也逐渐接近 Sears 函数。Jancauskas 的试验结果如图 4 所示。

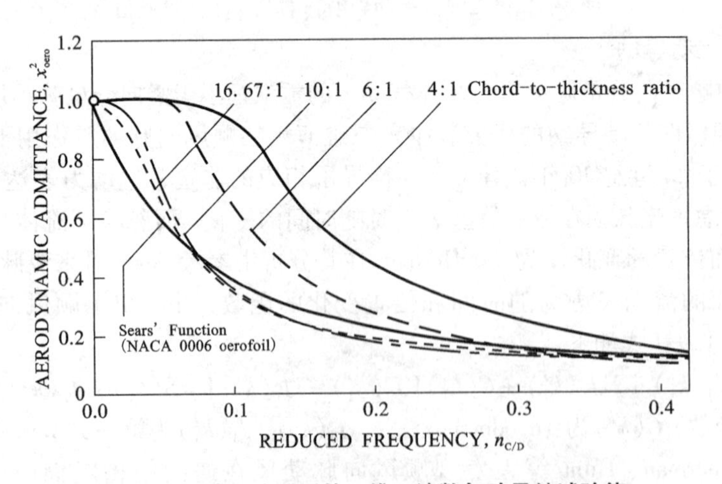

图 4 不同高宽比矩形的二维一波数气动导纳试验值

对于其他钝体断面如典型箱梁断面的二维一波数气动导纳，Diana[14]、朱乐东[15]、韩艳[16]等也分别在振动翼栅产生的阵风场中进行了识别，但所识别的结果并不一致。这一方法的难点在于如何尽量减小竖向阵风在风洞中的反射效应以获取较好的流场品质。

由于在阵风场中识别钝体二维一波数气动导纳存在试验技术上的限制，因而在紊流中识别二维一波数气动导纳是目前常见的方法。该类方法的代表有等效阶跃函数法、等效 Theodorsen 函数、互功率谱法、最小残差法。关于等效阶跃函数法和等效 Theodorsen 函数法的理论局限性，文献[17]做了较为详尽的阐述。

互功率谱法(与最小残差法类似)理论上可以一次识别六个复数形式的气动导纳函数[18]。该方法的困难在于如何在紊流中实现对脉动风速和力的同步同点测量,以获取准确的幅值与相位信息。

与机翼类似的,对于紊流中具有一定展长的钝体,也需要考虑紊流的展向变化以及沿钝体展长的横向流动对气动导纳的影响(依然忽略紊流在厚度方向的变化)。在此情况下,为了解抖振力的展向分布情况,识别钝体的二维二波数气动导纳是有必要的。正如上文所述,在紊流中直接识别钝体二维二波数气动导纳的关键是获取较为精确的风的相干函数以及力的相干函数。风的相干函数一般可基于均匀各向同性假设获得。但由于钝体断面形状复杂多变,力的相干函数并没有统一的理论表达式。最近,李少鹏和李明水[19]基于薄翼三维抖振力分析理论,提出了一个具有明确物理意义的力的双指数相干函数,并通过引入几个额外的参数将该相干函数拓展至复杂钝体断面。但这一方法面临的问题是获得的二维二波数导纳形式复杂,应用于抖振响应计算时需要对抖振力模型以及响应求解过程进行二波数拓展。

在紊流中识别钝体二维一波数等效气动导纳是目前较为普遍的一种识别方法。部分学者如 Larose[20]、马存明[21]等针对不同宽度的流线型箱梁断面进行了测压试验,提出了一些考虑积分尺度和模型特征尺寸影响的等效三维导纳经验模型(即二维一波数等效气动导纳)。但等效气动导纳没有反映钝体断面的本质属性,需要进一步研究如何使所识别的二维一波数等效气动导纳表达式在不同紊流场具有更好的适用性。

4 结论

本文分别从翼型和钝体的角度阐述了二维一波数气动导纳、二维二波数气动导纳以及二维一波数等效气动导纳这几个概念之间的联系与区别。围绕目前桥梁风工程中应用较广泛的几种钝体气动导纳及其识别方法进行了比较,并对于各自存在的问题进行了分析。目前关于翼型气动导纳的研究已取得了诸多进展,其理论和试验方法可以为桥梁风工程中对钝体气动导纳进行深入研究提供借鉴和参考。在今后的研究中,有必要针对几类工程中常见的桥梁钝体断面的气动导纳建立几种简单通用的表达形式以及合理可行的风洞试验识别方法,使之能够方便地应用于实桥的抖振计算。

参考文献

[1]李明水,贺德馨,王卫华,等. 翼型及钝体的气动导纳[J]. 空气动力学学报, 2005, 23(3): 374 -377.

[2]Sears W R. A Systematic Presentation of the Theory of Thin Airfoils in Non - uniform Motion[D]. Pasadena: California Institute of Technology, 1938.

[3]Liepmann H W. On the Application of Statistical Concepts to the Buffeting Problem[J]. Journal of the Aeronautical Sciences, 1952, 19(12).

[4]Liepmann H W. Extension of the Statistical Approach to Buffeting and Gust Response of Wings of Finite Span[J]. Journal of the Aeronautical Sciences, 1955, 22(3): 197 -200.

[5]Hakkinen R, Richardson A. Theoretical and Experimental Investigation of Random Gust Loads. Part I - Aerodynamic Transfer Function of a Simple Wing Configuration in Incompressible Flow[R]. NACA Tech. Rep. 3878.

[6]Graham J M R. Lifting Surface Theory for the Problem of An Arbitrarily Yawed Sinusoidal Gust Incident on a Thin Aerofoil in Incompressible Flow[J]. Aeronautical Quarterly, 1970, 21(3): 182 -198.

[7]Blake W K. Mechanics of flow - induced sound and vibration[M]. New York: Academic Press, 1986.

[8]Jackson R, Graham J M R, Maull D J. The Lift on a Wing in a Turbulent Flow[J]. Aeronautical Quarterly, 1973, 24(4): 182 - 198.

[9]Li S, Li M, Liao H. The lift on an aerofoil in grid - generated turbulence[J]. Journal of Fluid Mechanics, 2015, 771: 16 -35.

[10]Horlock J H. Fluctuating Lift Forces on Aerofoils Moving Through Transverse and Chordwise Gusts[J]. Journal of Basic Engineering, 1968, 90(4): 494.

[11]李明水. 连续大气湍流中大跨度桥梁的抖振响应[D]. 成都: 西南交通大学, 1993.

[12]Yang Y, Li M, Ma C, et al. Experimental investigation on the unsteady lift of an airfoil in a sinusoidal streamwise gust[J]. Physics of Fluids, 2017, 29(5): 284.

[13]Jancauskas E D, Melbourne W H. The aerodynamic admittance of two - dimensional rectangular section cylinders in smooth flow[J]. Journal of Wind Engineering & Industrial Aerodynamics, 1986, 23(1 -3): 395 -408.

[14]Diana G, Bruni S, Cigada A, et al. Complex aerodynamic admittance function role in buffeting response of a bridge deck[J].

Journal of Wind Engineering & Industrial Aerodynamics, 2002, 90(12 - 15): 2057 - 2072.

[15]朱乐东，李思翰，郭震山．基于振动翼栅脉动风场测力试验的桥梁断面气动导纳识别方法研究[C]//第十四届全国结构风工程学术会议，北京，2009.

[16]韩艳．桥梁结构复气动导纳函数与抖振精细化研究[D]．长沙：湖南大学，2007.

[17]张志田，陈政清．桥梁断面几种气动导纳模型的合理性剖析[J]．土木工程学报，2012(8)：104 - 113.

[18]赵林，葛耀君，李鹏飞．桥梁断面气动导纳互谱识别方法注记[J]．振动与冲击，2010，29(1)：81 - 87.

[19]Li S, Li M. The Lift Distribution on Rectangular Cylinder in Turbulence[J]. Journal of Fluid Mechanics, 2017.

[20]Larose G L. EXPERIMENTAL DETERMINATION OF THE AERODYNAMIC ADMITTANCE OF A BRIDGE DECK SEGMENT [J]. Journal of Fluids & Structures, 1999, 13(7): 1029 - 1040.

[21]马存明．流线箱型桥梁断面三维气动导纳研究[D]．成都：西南交通大学，2007.

二、边界层风特性与风环境

高层建筑狭管效应三维流场特征研究*

陈秋华，钱长照，胡海涛，陈昌萍
（厦门理工学院海西风工程研究中心 福建 厦门 361024）

1 引言

城市中高层建筑日益增多，高楼间的狭窄通道使得风力骤增，形成"狭管效应"，易造成飞坠事故，且高楼附近经常性地出现大风中行人行走困难、被风吹倒等现象，严重影响行人安全，成为新的城市灾害之一。高层建筑狭管效应与建筑的数量、间距等密切相关，而随着城市用地的日益紧张，土地供应成为了宝贵的都市资源，楼距成为了影响狭管效应的关键因素。现有研究针对并列或多栋高层建筑风压分布特征已具备一定的基础[1-3]，但针对其三维风场特征受楼间距的影响还未有定量的分析。为合理规避高层建筑狭管效应强风的危害，本文从双栋并排高层建筑楼间距对狭管效应的影响规律着手，通过数值模拟技术，分析其三维流场特性，从流速的空间分布探讨风场随间距的变化规律。

2 数值建模

本文建立双栋并排高层建筑模型，通过 Fluent 开展风场数值模拟，如图 1 所示，高度 H 设为 100 m，楼间距 D 分别取 $0.1H$，$0.3H$，$0.5H$，坐标系 xyz 原点位于楼距中心。计算域采用速度入口（Velocity inlet），沿 x 正向流入，根据我国建筑结构荷载规范[4]设置其速度梯度的指数率分布：

$$u = u_r (z/z_r)^{\alpha} \tag{1}$$

式中，z_r与u_r分别代表参考高度和该参考高度处的风速；z 与 u 分别代表任一高度和任一高度处的风速；α 为地面粗糙度指数，取 0.22。出口采用压力出口边界（Pressure outflow），建筑物表面和地面采用无滑移的壁面条件（Wall），计算域两侧及顶部采用对称边界（Symmetry）。采用适用于湍流场的 Realizable $k-\varepsilon$ 湍流模型进行数值计算。

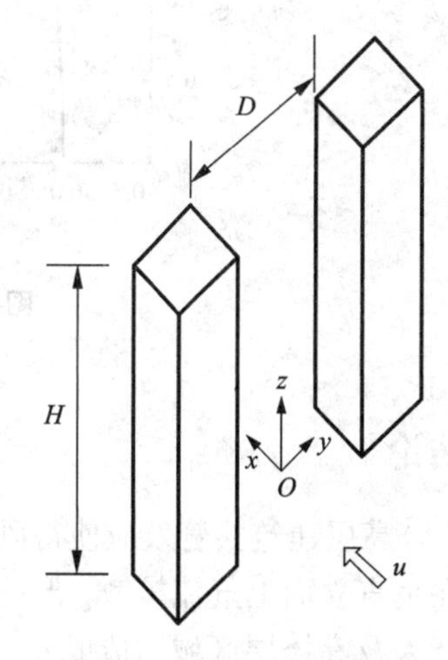

图 1　高层建筑模型示意图

3 结果分析

3.1 水平速度剖面分布

针对两栋高层建筑楼距中心面（$y=0$）上的速度分量 u_x 剖面随间距 D 的变化规律展开分析，如图 2 所示。①在 $x=0$ 处，来流流经两栋高层建筑之间，因建筑的遮挡使流道收缩，使得不同间距工况下 u_x 值均有增加，其中间距最小工况（$D=0.1H$）速度值增大最为显著，在接近建筑物顶部（$z=0.8H$）时速度比达 46.7%；②在 $x=H$ 处，来流开始向下游扩散，导致高层建筑尾流区出现速度衰减，如 $D=0.1H$ 工况下，在 $z=0.1H$ 至 H 的高度范围内，速度显著降低（$u_x/u_r=0.3$），其影响范围向上延伸至建筑顶部区域（$z=1.3H$）；③在 $x=3H$ 处，$D=0.3H$ 与 $0.5H$ 工况亦呈现速度衰减区，而 $D=0.1H$ 工况的水平向速度已有所恢复。

3.2 垂向速度剖面分布

水平向来流流经高层建筑楼间时，还形成了垂向速度分量 u_z，其速度剖面分布如图 3 所示。①在 $x=0$

* 基金项目：福建省中青年教师教育科研项目（JA15384），厦门理工学院高层次人才项目（YKJ14025R）

处，u_z沿高度方向的剖面呈现正负分区，下部气流开始加速俯冲向下，而上部气流则流向楼顶，并在楼顶处达到速度最大值，即高楼底部与顶部受加速气流影响，且间距越小，加速效应越明显，当$D=0.1H$时，高层建筑楼顶处速度比达到49%。②来流行至高层建筑的尾流区（如$x=H$处），速度的分流现象仍然存在但数值有所降低。

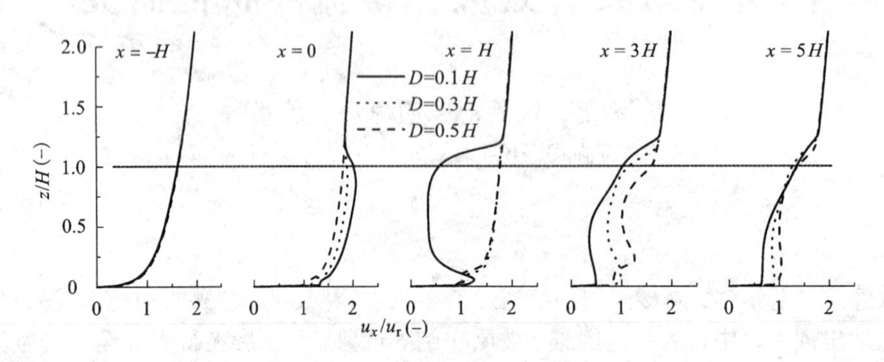

图2　不同间距下水平向速度u_x沿高度的剖面分布

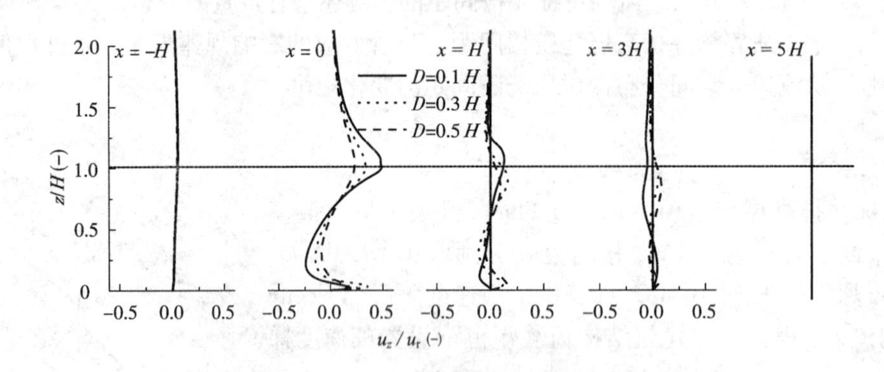

图3　不同间距下垂直向速度u_z沿高度的剖面分布

4　结论

（1）高层建筑狭管效应使得风流经建筑之间时，因建筑遮挡在楼距内气流收缩，使得水平向风速值增加，在垂直立面上气流扩散，形成向上与向下两股加速气流，间距越小，加速效应越大，对建筑低层构筑物、行人及高楼层区域均造成安全隐患。

（2）高层建筑楼间距对狭管效应的影响不呈线性规律，当楼间距持续增大，对风场特性所产生的影响较为有限。

参考文献

[1] 谢壮宁，朱剑波. 并列布置超高层建筑间的风压干扰效应[J]. 土木工程学报，2012(10)：23－30.
[2] 汤树勇，陈水福，唐锦春. 相邻高层建筑表面风压的数值模拟[J]. 计算力学学报，2004(02)：159－163.
[3] 韩宁，顾明. 两串列方形高层建筑局部风压干扰特性分析[J]. 土木建筑与环境工程，2011(05)：13－22.
[4] GB 50009—2012，建筑结构荷载规范[S].

青草背长江大桥桥位风场实测分析*

郭增伟，袁航，王小松，张俊波
（重庆交通大学山区桥梁与隧道工程国家重点实验室培育基地 重庆 400074）

1 引言

山区峡谷复杂的地形地貌又对风场影响极大，风向、风速时空差异明显，明显不同于平原地区季风、沿海地区台风的特性[1]。此外，我国现行的《公路桥梁抗风设计规范》中关于风场的研究成果，主要是在沿海和地势平坦地区取得的，难以涵盖和反映山区峡谷地带风场特性，因此关于山区峡谷大桥风致振动问题显得尤为突出。

2 山区风速现场实测分析

涪陵青草背长江大桥为主跨788 m的悬索桥，桥址处以山地、丘陵为主，为了对桥梁抗风安全性能进行及时有效评估，在桥梁主塔柱上安装WindMaster Pro超声风速仪（距离常水位58 m）以获取桥址处实时风速监测记录（图1），超声风速仪采样频率为20 Hz。

在对平均风速的定义阶段，国内外常采用选取固定时距对平均风速进行取值，忽略紊流对风速的影响，假定平均风速在时距内为稳定状态，而对于以龙卷风、下击暴流、台/飓风为代表的非平稳风速时间序列，如果仅以固定的统计时距计算平均风速将难以捕捉风速序列中风速或风向突然变换点或极值点，这将在一定程度上影响对该桥址处风场特性的准确分析，从而对对后续紊流特性及结构响应等计算出现较大偏差。罚函数对比法作为一种最优化问题方法，通过选取适宜的限制条件，函数自动在风速序列搜索获取最优解，从而捕捉到风速或风向突然变化点及其具体位置，并根据这些突然变化点的存在对其进行时间间隔上的划分。Lavielle[2-3]在2005年通过定义用于评价随机序列某一时间段内统计特性的改变幅度的对比函数，提出了用于评价随机序列统计参数（均值P-mean、方差P-variance、累积分布函数P-CDF）在某个时间段内是否发生突变的罚函数对比法，从而实现对随机序列中统计参数突变点的捕捉（图2）。

图1 青草背大桥及风速仪布置

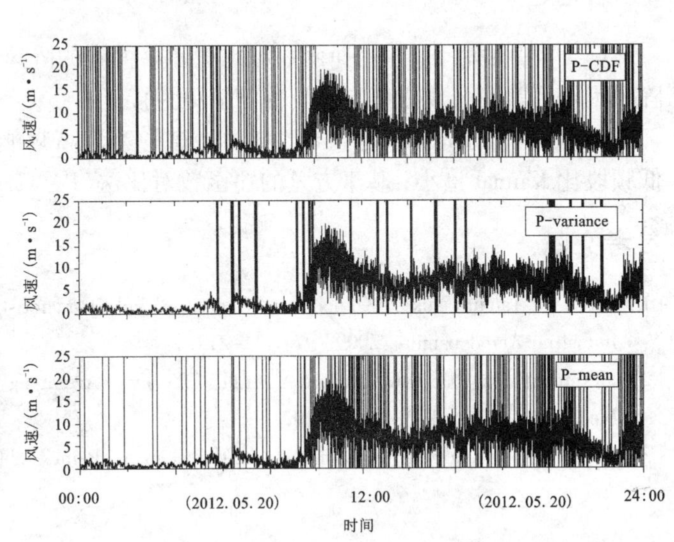

图2 罚函数对比法计算的风速时间序列的统计时距划分

* 基金项目：国家自然科学基金（51408087），重庆市基础与前沿研究计划项目（cstc2014jcyjA30009），桥梁工程结构动力学国家重点实验室开放基金（201501）

从图3给出的不同时刻的阵风因子不难发现基于P－variance方法计算所得阵风因子具有在变化时距下阵风因子包络线的特征，在一定条件下可取其值作为阵风因子的极值进行后续计算分析；采用变化时距计算所得的阵风因子随时间变化趋势较固定时距下的阵风因子更加平缓，也即说明基于变化时距计算所得的阵风因子对平均风速的依赖性有所减弱；同时值得注意的是采用罚函数对比法计算得到的可变时距下阵风因子极大值明显小于10 min固定时距下相应结果，且与《建筑结构荷载规范》(GB 50009—2012)中给出的阵风因子2.15更为接近，这体现了罚函数对比法在处理山区风速阵风因子时的优越性。

从图4给出的脉动风速风谱不难发现：在剔除平均风速后，不管采用什么处理方法，实测脉动风谱低频段比Kaimal谱小，而在高频段较Kaimal谱大；不同处理方法计算得到的顺风向风谱在高频段基本一致，而低频段相差较大；采用采用传统算法(FAI)、小波变换(DWT)以及基于均值的罚函数对比法(P－mean)得到的功率谱在低频段与Kaimal谱差别较大，而采用基于累积分布函数的罚函数对比法(P－CDF)和基于方差的罚函数对比法(P－variance)与Kaimal谱更为接近，尤其是P－variance方法，这说明P－variance方法对风速样本方差变化和脉动能量变化更为敏感。

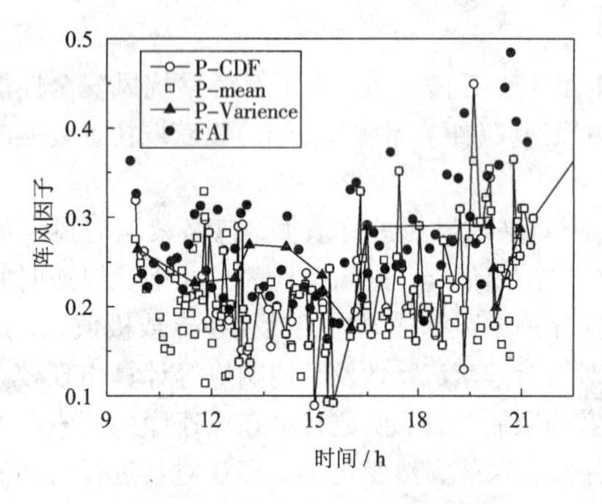

图3 不同时刻的阵风因子

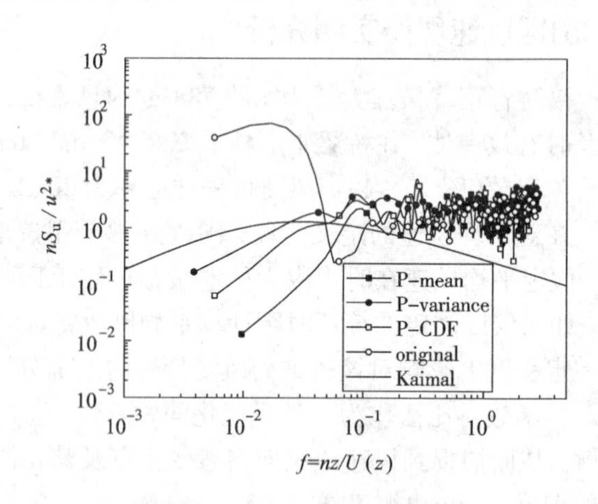

图4 脉动风速功率谱

3 结论

(1)可变时距下，采用罚函数对比法计算得到的阵风因子和紊流强度随时间变化更为平缓，且顺风向阵风因子和紊流强度极值与规范推荐值更为接近；

(2)山区复杂地形、地貌导致脉动风谱中紊流高频能量相对较大，脉动风速谱在高频段比Kaimal大，低频段比Kaimal谱小；基于方差的罚函数对比法(P－variance)计算得到的脉动风谱与Kaimal谱最为接近。

参考文献

[1] Cao S Y, Tamura Yukio, KikuchiNaoshi, et al. Wind Characteristics of A Strong Typhoon[J]. Journal of Wind Engineering and Industrial Aerodynamics, 2009, 97: 11－212.

[2] McCullough M, Dae K K, Kareem A, et al. Efficacy of Averaging Interval for Non－Stationary Winds[J]. Journal of Engineering Mechanics, 2014, 140(1): 1－19.

[3] Lavielle M. Using Penalized Contrasts for the Change－Point Problem[J]. Signal Process, 2005, 85(8): 1501－1510.

街区行人高度区通风效率数值模拟与评价*

胡婷莛[1]，Ryuichiro Yoshie[2]
(1. 同济大学绿色建筑及新能源研究中心 上海 200092;
2. Tokyo Polytechnic University Atsugi Kanagawa 243 - 0297 Japan)

1 引言

对于建筑高密度的大城市，改善城市通风效率不仅可以将城市的热量有效带出城市外部，降低城市热岛效应，而且还有利于污染物的稀释与扩散。因此，评价与改善城市通风效率越来越受到关注，成为国内外的研究热点。本文以上海某典型居民区为参考建立街区简化模型，在确保地块容积率(FAR)不变的前提下，设计多街区模型并计算和对比各街区的通风效率，研究各建筑参数对街区通风效率的影响。

2 计算模型

2.1 街区模型

以上海某典型居民区为参考建立街区简化模型(图1)，在保证 $FAR=2.3$ 的前提下，变化地块的建蔽率(BCR)、建筑高度(H)和建筑排列等参数设计了12个街区模型(表1)。所有模型中的楼房的面宽(48 m)和进深(12 m)保持一致。

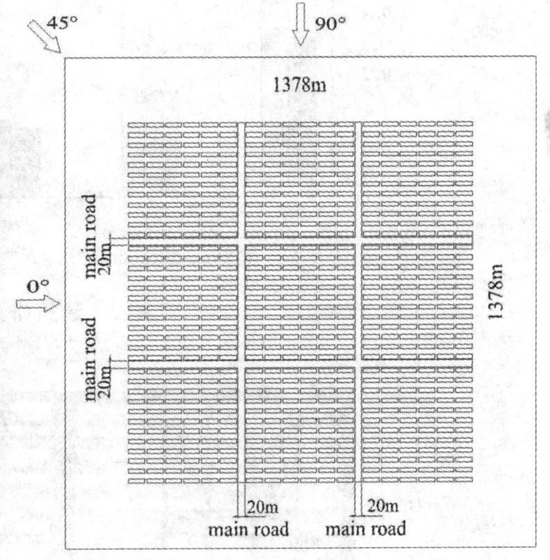

图1 上海典型居民区及简化模型

表1 街区模型的建筑参数

工况	楼高/m	建蔽率/%	排列方式	工况	楼高/m	建蔽率/%	排列方式
1	18	40	平行排列(A)	7	12、24	40	高楼和矮楼隔行排列(LH)
2	36	20	平行排列(A)9行×4列	8	18、54	20	高楼和矮楼隔行排列(LH)
3	36	20	平行排列(A)6行×6列	9	54、90	10	高楼和矮楼隔行排列(LH)
4	72	10	平行排列(A)	10	12、24	40	高楼和矮楼间隔排列(SH)
5	36	20	交错排列(S)	11	18、54	20	高楼和矮楼间隔排列(SH)
6	72	10	交错排列(S)	12	54、90	10	高楼和矮楼间隔排列(SH)

* 基金项目：国家自然科学基金青年科学基金项目(51508395)，上海市大气颗粒物污染防治重点实验室开放课题(FDLAP15002)，高密度人居环境生态与节能教育部重点实验室2016年自主开放基金项目

2.2　评价指标

采用两个指标：(1)风速比(VR_w)；(2)归一化的平均浓度 C^* 来评估城市街区行人高度区域的风环境。其中，(1)$VR_w = U/U_{ref}$，U 是计算的平均风速，U_{ref}是参考风速；(2)$C^* = (C \times U_{ref} \times W^2) / Q$，$C$ 是计算所得平均浓度，Q 是污染排放率，W 是建筑进深。

2.3　计算设置

对所有街区三个风向下的风场和浓度场进行模拟计算。每个模型(图1)中有九个相同的建筑群，选取中心建筑群行人高度区域(地上 0～2 m)作为目标区域。气体污染物从目标区域内均一发生。入流边界采用日本建筑学会 AIJ 的规范(Tominaga 等，2008)。

3　计算结果与讨论

按照表1所示的12种工况，分别研究了建蔽率、建筑排列和建筑高度变化等参数对街区风环境指标的影响。图2所示为相同建蔽率下平行排列和交错排列时的风速比和污染物浓°结果。在0°和45°的风向下，交错排列的风速比高于平行排列，而污染物浓度则低于平行排列。90°风向下的对比结果刚好相反。图3为90°风向下相同建蔽率采用不同建筑高度变化时的行人高度污染物浓度分布图。高楼和矮楼间隔排列时污染物浓度最低。

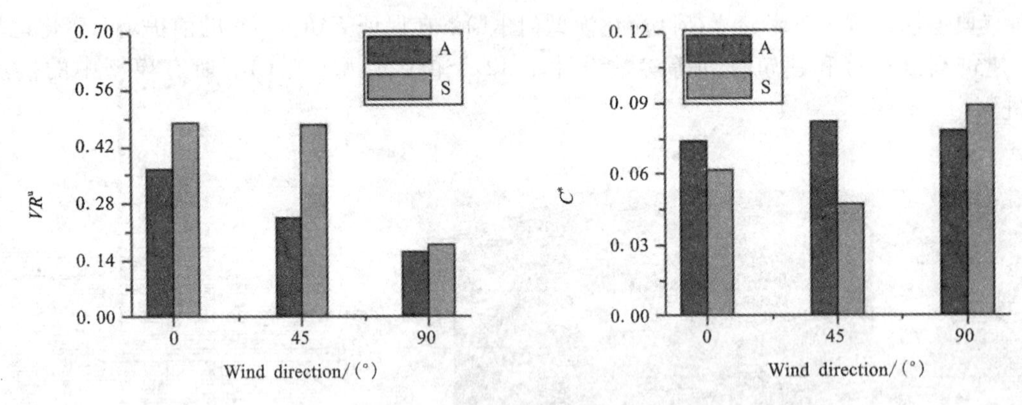

图2　建筑排列方式对通风效率指标的影响

图3　建筑物高度变化对 C^* 的影响(从左至右：工况 1、7、10)

4　结论

以上海某典型居民区为参考建立街区简化模型，采用数值模拟的方法研究了建蔽率、风道宽度、建筑排列形式、建筑高度变化等参数对行人高度通风效率指标的影响。

参考文献

[1] Tominaga Y, Mochida A, Yoshie R, et al. AIJ guidelines for practical applications of CFD to pedestrian wind environment around buildings[J]. Journal of Wind Engineering and Industrial Aerodynamics, 2009, 96: 1749－1761.

基于 Copula 函数的杭州地区多风向极值风速估计*

黄铭枫[1]，李强[1]，涂志斌[2]，楼文娟[1]
（1. 浙江大学建筑工程学院结构工程研究所 浙江 杭州 310058；2. 浙江水利水电学院建筑工程学院 浙江 杭州 310058）

1 引言

在建筑结构抗风设计领域，极值风速的概率统计方法已经获得了广泛的研究和应用。除极值风速外，风向也是风场特性的重要参数。由于各风向尤其是相邻风向的极值风速一般具有相关性，构造联合概率分布函数能够更为合理的考虑风速风向的相关关系。通过 Copula 函数建立多变量的联合分布概率模型已在金融等领域获得了大量的应用[1-2]，也已经在风工程中得到了初步的应用[3-5]。Zhang[3-4]等应用 Gaussian Copula 和 Gumbel Copula 函数来模拟多风向极值风速的联合分布并进行了概率风荷载效应评估。本文采用核密度 - 广义帕累托混合模型(简称 KP 模型)来模拟风速母体样本，提高了 Up - crossings 法估计极值风速边缘分布的准确性。讨论了不同 Copula 函数在多风向极值风速的联合分布模型构造中的适用性，并用赤池信息量准则(AIC)进行了拟合优度评价。以杭州地区的日最大风速数据和相应的风向记录为风速风向样本，采用最优的联合分布模型估计各风向角不同重现期下的极值风速，并与对应的全风向极值风速进行了对比。

2 极值风速边缘分布模拟：Up - crossings 法

采用 KP 模型来模拟各风向风速母体分布。根据 Up - crossings 法，年最大风速的概率分布模型 $F_{AM}(v)$ 可表示为：

$$F_{AM}(v) = \exp\{-N_{V_0}^{+}[1 - F_{GPD}(v)]\} \tag{1}$$

式中：$N_{V_0}^{+}$为风速随机过程 $V(t)$ 穿越尾部阈值 v_0 的年均穿越次数；$F_{GPD}(v)$ 为风速母体尾部数据($v > v_0$)的广义 Pareto 分布(GPD)。

3 多风向极值风速联合分布模拟

设 N 维极值风速变量 V_{d_1}，V_{d_2}，…，V_{d_N} 分别表示第 1，2，…，N 个方向的极值风速，$F_{V_{d_1}}(v_{d_1})$，…，$F_{V_{d_N}}(v_{d_N})$ 为 N 维极值风速变量的边缘分布函数，$F(v_{d_1}, \cdots, v_{d_N})$ 为联合分布函数。根据 Sklar 定理，存在一个 Copula 函数 $C(u_1, u_2, \cdots, u_N)$，$u_i = F_{V_{d_i}}(v_{d_i})$，$i = 1, 2, \cdots, N$，满足：

$$F(v_{d_1}, \cdots, v_{d_N}) = C(u_1, u_2, \cdots, u_N) \tag{2}$$

4 算例

本文以杭州地区的日最大风速数据(10 min 平均时距)和相应的风向记录(共 8 个方位)为风速风向样本。采用 AIC 准则选择 Copula 为最优 Copula 函数。图 1 所示为考虑风向相关性与不考虑风向相关性的 50 年一遇多风向极值风速估计值结果对比，其中也给出了不区分风向的全风向极值风速估计结果。通过比较全风向极值风速与多风向极值风速估计结果可以发现，考虑和不考虑风向相关性的全风向极值风速估计结果都明显小于杭州地区风向 1 和风向 8 下的极值风速估计值。由于风向 1 和风向 8 是杭州地区最大风速出现的方向，全风向极值风速估计结果偏于风险。

* 基金项目：国家自然科学基金资助项目(51578504)

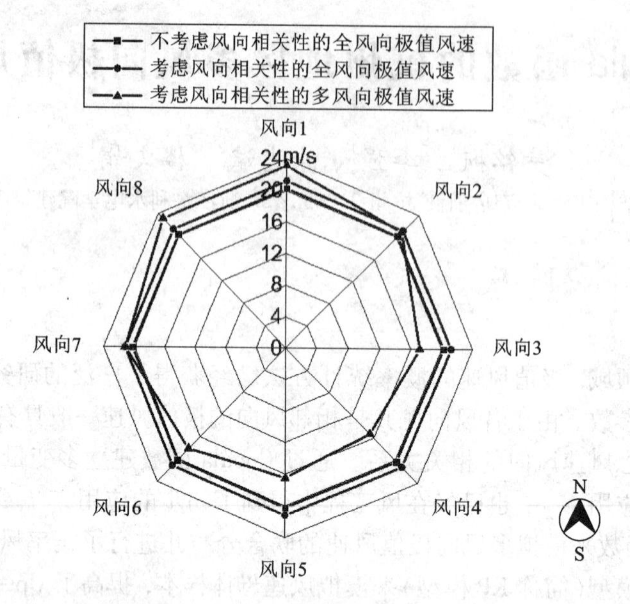

图1　考虑风向相关性与不考虑风向相关性的50年一遇极值风速对比

5　结论

利用本文方法完成了杭州地区多风向极值风速的估计，主要考虑了风向相关性的影响。主要结论如下：(1)采用KP模型可有效拟合风速母体的尾部分布；(2)多风向极值风速的联合概率分布可通过多维Copula函数构造，不同Copula函数的拟合优度可采用AIC准则来检验；(3)具有给定重现期的设计风速估计应考虑风向相关性的影响。在不考虑风向相关性的情况下容易给出偏于风险的极值风速估计值。采用本文方法，可有效估计考虑风向相关性的多风向极值风速，为结构抗风性能设计提供更为合理的依据。

参考文献

[1] 韦艳华，张世英. Copula理论及其在金融分析上的应用[M]. 北京：清华大学出版社，2008：1-40.

[2] Nelson R B. An Introduction to Copulas[M]. Berlin: Springer Series in Statistics, 2006.

[3] Zhang X, Chen X. Assessing probabilistic wind load effects via a multivariate extreme wind speed model: A unified framework to consider directionality and uncertainty[J]. Journal of Wind Engineering & Industrial Aerodynamics, 2015, 147: 30-42.

[4] Zhang X, Chen X. Influence of dependence of directional extreme wind speeds on wind load effects with various mean recurrence intervals[J]. Journal of Wind Engineering & Industrial Aerodynamics, 2016, 148: 45-56.

[5] 涂志斌，黄铭枫，楼文娟. 基于Copula函数的建筑动力风荷载相关性组合[J]. 浙江大学学报(工学版)，2014，48(8)：1370-1375.

一种考虑方向性的台风混合气候极值风速估算方法

全涌，王竞成，顾明
（同济大学土木工程防灾国家重点实验室 上海 200092）

1 引言

各风向极值风速的准确估计结果是准确估算建筑结构设计风荷载的重要条件之一。本文充分考虑了极值风速的方向性，提出了一种考虑方向性的台风混合气候极值风速的估算方法。利用 Monte Carlo 模拟得出的台风与良态风的风速样本，基于多元分布的 Sklar 定理与经验 Copula 函数，建立了各风向极值风速的联合概率分布模型，并利用该模型对上海地区的各风向的极值风速进行了估算，讨论了各风向极值风速之间的相关性对估算结果的影响。

2 基本方法

2.1 混合气候年极值风速样本的 Monte Carlo 模拟

本文基于 Xiao et al[1] 给出的台风关键参数概率分布信息，结合 Meng et al[2] 的风场模型，生成了台风气候下 B 类地貌 10 m 高度处 10 min 平均风速的年极值样本。参考当地的台风历史资料，将气象站的 10 min平均风速观测数据中有台风影响的风速数据剔除后，使用文献[3]的方法，建立多风向月极值风速联合概率分布模型，并从模型中进行采样。将生成的各风向月极值风速样本每12个月取一个最大值，作为良态风气候下该风向的年极值风速样本。将台风模拟和良态风模拟的结果分别保存为两个矩阵。将这两个矩阵的元素一一对应取较大的值，得到混合气候下年极值风速样本的矩阵。

2.2 多风向极值风速的预测方法

根据 Sklar 定理[4]，估计各风向极值风速的联合概率分布模型，可以分为两个步骤：

1）估计每个风向的极值风速的边缘分布函数；

2）建立考虑各风向极值风速之间相关性的 Copula 函数模型。

本文利用一维经验分布估计各个边缘分布函数，使用经验 Copula 函数作为 Copula 函数模型。结合 Sklar 定理[4]，估计得到各风向极值风速的联合概率分布模型：

$$F(v_1, v_2, \cdots, v_N) \approx \frac{1}{M}\sum_{m=1}^{M} I\left(p_{m1} \leqslant \frac{i_1}{M+1}, \cdots, p_{mN} \leqslant \frac{i_N}{M+1}\right) \tag{1}$$

for $\quad v_n^{(i_n)} \leqslant v_n < v_n^{(i_n+1)} \quad (n = 1, 2, \cdots, N)$

其中，v_n 表示第 n 个风向对应的边缘经验分布函数的自变量。$v_n^{(i_n)}$ 为将第 n 个风向的年极值风速样本从小到大排列（$v_n^{(1)} \leqslant v_n^{(2)} \leqslant \cdots \leqslant v_n^{(M)}$）后，第 i_n 个年极值风速样本，M 为年极值的样本量。P_{mn}（$m = 1, 2, \cdots, M$; $n = 1, 2, \cdots, N$）表示风向 n 上第 m 个年极值风速样本的边缘不超越概率值。$I(\cdot)$ 为示性函数，即当 $p_{m1} \leqslant i_1/(M+1), \cdots, p_{mN} \leqslant i_N/(M+1)$ 时，$I(\cdot) = 1$，反之为0。

3 计算结果

以上海地区为例，使用本文方法得出50年重现期下，多风向极值风速的预测结果，并与忽略各风向极值风速间相关性的估算结果以及不考虑风向的估算结果相比较，见图1。

可以看出三种方法得出的结果差别明显。忽略各风向极值风速间相关性的估算结果过于保守。传统设计时使用的不考虑风向的极值风速与本文方法得出的各风向极值风速相比，在台风较为盛行的东风方向偏于危险，偏西的风向却过于保守。

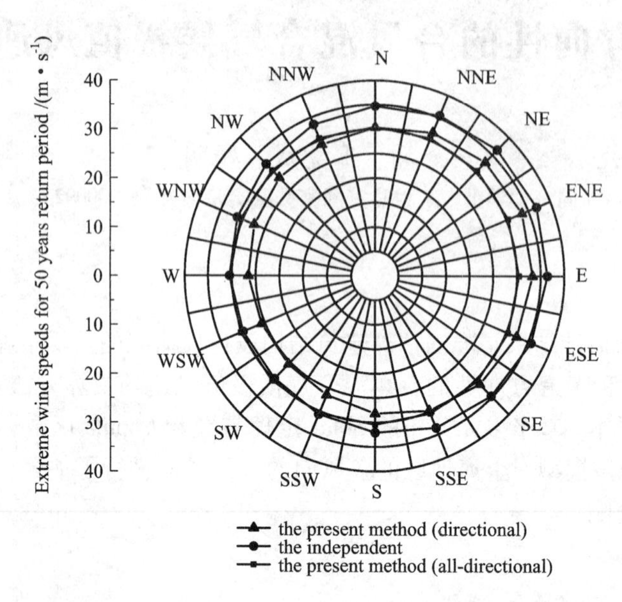

图 1 上海地区各风向极值风速及全风向极值风速预测结果(50 年重现期)

4 结论

对于受台风影响的区域，忽略各风向极值风速之间的相关性将导致极值风速估计结果偏于保守，可见各风向极值风速间的相关性不可忽略，本文方法能够得出充分考虑各风向极值风速间相关性的多风向极值风速预测值。不考虑风向的极值风速在部分风向过于保守，在台风较为盛行的风向甚至偏于危险，用其进行结构风荷载评估，可能导致不合理的设计。

参考文献

[1] Xiao Y F, Duan Z D, Xiao Y Q, et al. Typhoon wind hazard analysis for southeast China coastal regions[J]. Structural Safety, 2011, 33(4): 286 - 295.

[2] Meng Y, Matsui M, Hibi K. An analytical model for simulation of the wind field in a typhoon boundary layer[J]. Journal of Wind Engineering and Industrial Aerodynamics, 1995, 56(2 - 3): 291 - 310.

[3] 王竟成，基于 Copula 函数的多风向良态风极值风速分析方法研究[D]. 上海：同济大学土木工程学院，2016.

[4] Sklar M. Fonctions de Répartition A N Dimensions Et Leurs Marges[J]. Publ. inst. statist. univ. paris, 1960, 8: 229 - 231.

基于大涡模拟的城市冠层阻力系数分析*

沈炼[1,2]，韩艳[1]，蔡春声[1,3]，董国朝[1]，匡希龙[2]
(1. 长沙理工大学土木与建筑学院 湖南 长沙 410114；2. 长沙学院土木建筑工程系 湖南 长沙 410003；
3. 路易斯安那州立大学土木与环境工程系 美国路易斯安那州 巴吞鲁日 70803)

1 引言

目前，已有不少学者[1-2]对城市小区风环境的阻力问题进行了探索，如2006年，张楠[1]利用多孔介质模型模拟了长沙江滨区风环境，但其模型的孔隙率和压降选取主观因素较大，没有在水平和高度方向体现出差异，使得模拟结果与实际情况相比存在较大的偏差。Coceal 等[2]将城市冠层阻力模型用曳力等效，通过添加源项的方法将阻力模型加到动量方程中去，但该方法中阻力系数的近地面分布情况并没得到较好的处理。目前对实际城市小区数值模拟过程中阻力系数往往等效成一平均值，没有在高度方向体现出差异。因此，本文在考虑平均动能、湍动能、亚格子湍动能和耗散率等因素后，对建筑群沿高度方向的阻力系数进行修正，并将修正后的阻力模型通过自编程序的方法赋给了大涡模拟的控制方程，最后将数值模拟结果与现场实测数据进行了对比。

2 理论分析

2.1 修正冠层阻力模型

在城市冠层中，由于复杂建筑群、树木和广告牌等障碍物的拖曳作用，使得近地面风场在地表粗糙度影响下存在一定的阻力，可用 D_i 表示，可看作为在每个体积单元中的体力，它与速度的平方存在对应关系，可表示为：

$$D_i = \frac{|\overline{U}|\overline{U}_i}{L_c} \tag{1}$$

其中，U 为速度，L_c 为城市冠层的阻力长度。对实际冠层而言，在高度为 z 位置建筑物的阻力可表示为：

$$D(z) = \frac{1}{2}\rho U^2(z)c_d(z)A_f\mathrm{d}z/h \tag{2}$$

其中，A_f 为单元内建筑物的平均迎风面积，ρ 为空气密度，U 为风速大小，h 为建筑物平均高度，修正后的冠层阻力模型可表示为：

$$C_{\mathrm{Dmod}} = \frac{|U|}{U|U^2 + v_k^2 + v_{\varepsilon\mathrm{SGS}}^2 + q_{\mathrm{SGS}}^2|}\frac{\Delta P}{\rho N_{\mathrm{cube}}} \tag{3}$$

其中，v_k 为湍动能，$v_{\varepsilon\mathrm{SGS}}$ 为亚格子耗散，q_{SGS} 为亚格子湍动能。

2.2 修正阻力数值分析

为得到阻力系数的详细分布，以 Brown 的风洞试验为基准，对其进行 CFD 建模，示意图如图1所示。

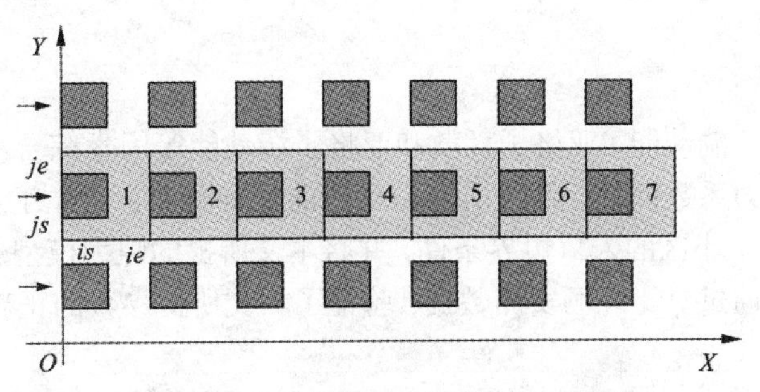

图1 阻力系数分析建筑群摆放示意图

* 基金项目：国家重点基础研究计划(973 计划)(2015CB057700)

通过对建筑物的不同高度和不同建筑密度的阻力系数进行分析，得到了阻力系数的拟合值，分别如图2和图3所示，得到的拟合公式分别如式(4)和式(5)所示。

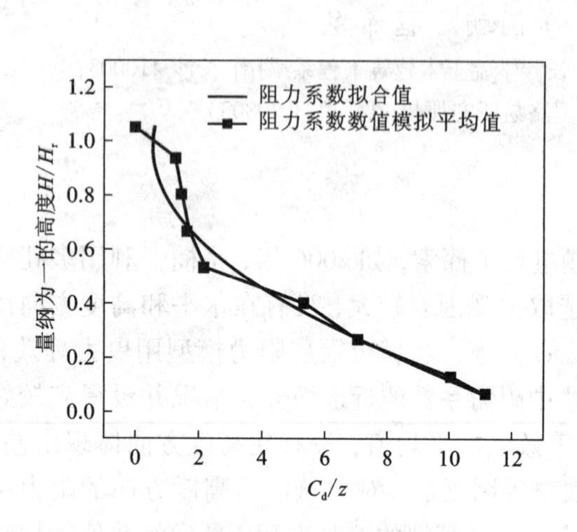

图2 沿高度方向阻力系数分布

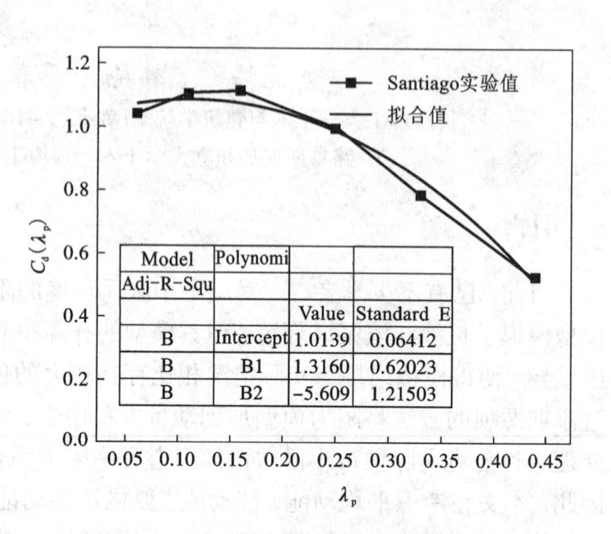

图3 不同建筑密度下的阻力系数分布

$$c_d(\lambda_p) = -5.6\lambda_p^2 + 1.31\lambda_p + 1.01 \quad (4)$$

$$c_d(z) = (-5.6\lambda_p^2 + 1.31\lambda_p + 1.01) \cdot (12.87z^2 - 25.25z + 12.92),\ 0 < z < 1 \quad (5)$$

3 数值验证

对梅溪湖小区建立CFD数值模型，并在实际小区中进行风速现场监测，将数值模拟结果与现场实测结果进行对比，如图4所示。

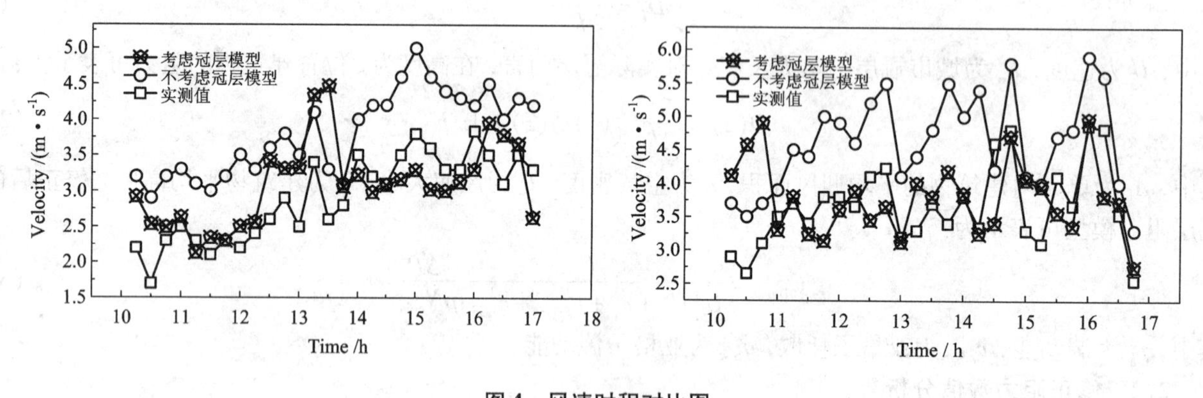

图4 风速时程对比图

4 结论

将大涡模拟的平均动能、湍动能、亚格子耗散和亚格子湍动能等因素综合考虑后对城市冠层阻力系数进行了分析，修正了传统阻力系数模型，得到了阻力系数的竖向分布；建立了梅溪湖国际新城CFD模型，利用多尺度耦合的方法得到了小区的入口边界条件，并将本文所提的阻力模型通过自编程序的方法赋给了大涡模拟的运动方程，最后通过对比现场实测数据，验证了本文所提参数的正确性。

参考文献

[1] 张楠. 基于多孔介质模型的城市滨江大道风环境数值模拟研究[D]. 长沙：中南大学，2005.

[2] Coceal O, Thomas T G, Castro I P, et al. Mean Flow and Turbulence Statistics Over Groups of Urban - like Cubical Obstacles [J]. Boundary - Layer Meteorology, 2006, 121(3): 491 - 519.

台风“布拉万”远端风场阵风特性分析*

王小松[1]，郭增伟[1]，袁航[1]，赵林[2]
（1. 重庆交通大学山区桥梁与隧道工程国家重点实验室培育基地 重庆 400074；
2. 同济大学土木工程防灾国家重点实验室 上海 200092）

1 引言

我国地处太平洋东岸，华南和东南沿海每年均会受到在西太平洋及南海生成的台风的袭扰，给当地带来巨大的经济损失及人员伤亡。为保证强\台风多发地区风敏感结构的安全，准确描述作用于其上的风荷载成为亟需解决的首要关键问题，而强\台风的大量实测和分析无疑是了解强风特性最直接、最有效的手段。我国在近些年虽然对入侵的台风进行一定的监测分析[10-16]，但是实测数据仍然相对较少，且台风具有地域性和强变异性[10]，因此导致对台风的研究不够系统不能以一整套完整的科学理论来指导实际工程。

2 风速现场实测分析

西堠门大桥是位于浙江省舟山市跨越金塘岛和册子岛之间海域的世界第二大跨径跨海悬索桥，为了对桥梁抗风安全性能进行及时有效评估，在桥梁上安装6个超声风速仪和2个螺旋桨风速仪用来获取风场特性，其中超声风速仪为英国Gill公司生产的WindMaster Pro，采用频率为32 Hz，安装于主跨1/4、1/2、3/4断面处距离桥面5 m的灯柱上（距离海平面62.6 m）。台风“布拉万”（Bolaven）于2012年8月22日05时在西北太平洋洋面上加强为台风，并以15 km/h左右的速度向西偏北方向移动，强度继续加强。使用矢量分解法并采用10 min为基本统计时距，对实测风速数据进行处理，得到8月27日0时至28日12时内平均风速及水平风向随时间变化曲线如图1所示。

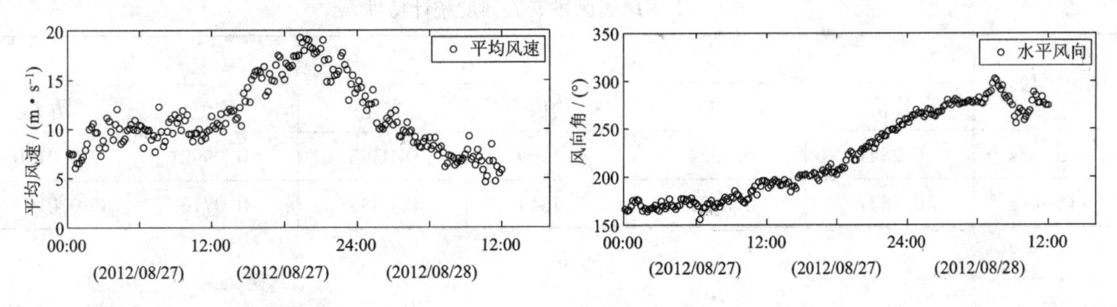

图1 台风“布拉万”平均风速和风向角随时间变化

为系统考察阵风因子随阵风计算时距的变化，图2给出了阵风计算时距为1 s、2 s、3 s、5 s、10 s、20 s、30 s、60 s、120 s、200 s和300 s条件下三个方向阵风因子的箱盒图，很明显三个方向阵风因子的极值、均值和方差随着阵风计算时距的增大而减小，且阵风因子极值下降速率明显大于均值的下降速率，表明阵风计算时距对阵风因子极值的影响更为显著；相同阵风计算时距条件下顺风向阵风因子的均值和方差最大，横风向次之，竖向阵风因子最小，表明顺风向风速脉动较其他两个方向更为强烈。

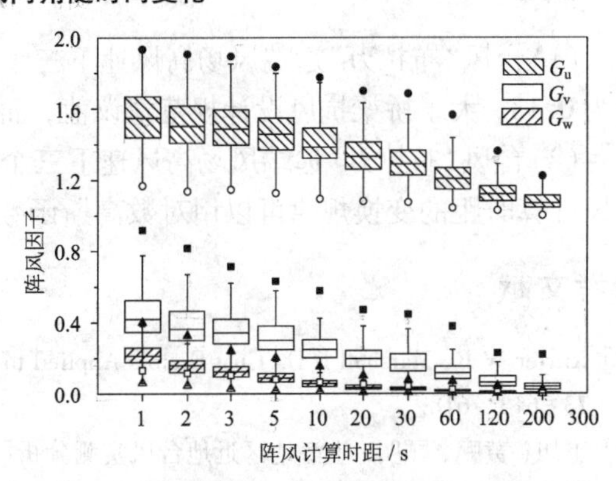

图2 三个方向阵风因子随阵风计算时距的变化

使用极值Ⅰ型分布拟合不同阵风时距条件下的阵风因

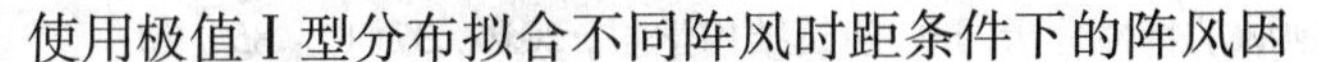

* 基金项目：国家自然科学基金（51408087），重庆市基础与前沿研究计划项目（cstc2014jcyjA30009），桥梁工程结构动力学国家重点实验室开放基金（201501）

子，置信水平取95%获得不同阵风时距下的阵风因子均值和极值（如图3），从中可以看出，阵风计算时距 $t_s=1$ s时，95%保证率条件下顺风向阵风因子均值为1.48，《建筑结构荷载规范》GB 50009—2012中对应于超声风速仪高度处阵风因子取值为1.48，两者完全一致；使用对数高斯分布函数可以很好地描述三个方向阵风因子随时间的变化规律。

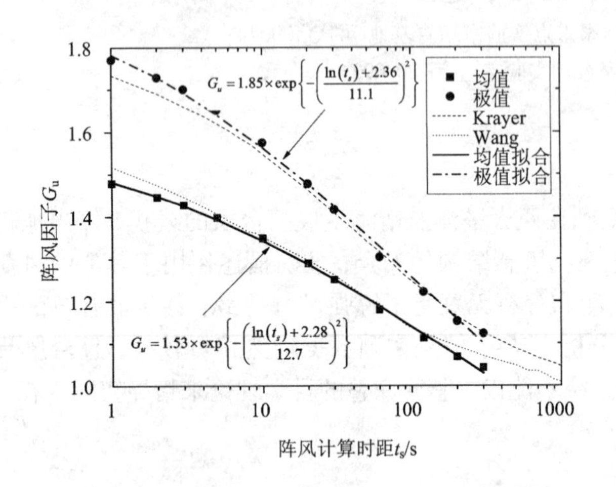

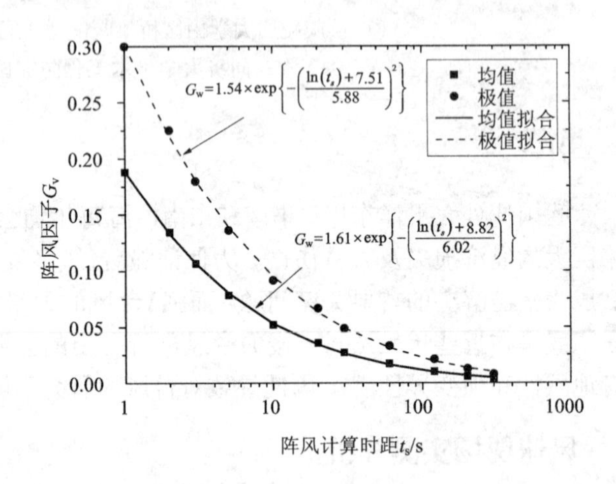

图3　阵风因子统计特征值随阵风时距的变化

以10 min平均风速 $U=15$ m/s为界将风速样本分为两段，并对两段样本内三个方向紊流强度进行统计分析结果如表1所示，显然台风“布拉万”远端风场顺风向紊流强度大于《公路桥梁抗风设计规范》（JTG T D60－01—2004）给出的相应于超声风速仪高度处紊流强度值上限值0.143，台风“布拉万”远端风场横风向和竖向风速相对脉动强度有超过10%的下降。

表1　不同风速区段紊流强度统计特性

风速区段	I_u		I_v		I_w	
	均值	方差	均值	方差	均值	方差
$U\leqslant15$ m/s	0.2841	0.0524	0.1999	0.0386	0.0990	0.0150
$U>15$ m/s	0.1837	0.0425	0.1344	0.0339	0.0716	0.0152

3　结论

（1）台风“布拉万”远端风场高风速下三个方向的紊流强度随平均风速的增大而减小，且顺风向紊流强度为0.18，大于桥梁抗风设计规范建议值，而横风向和竖向风速相对脉动强度均比桥梁抗风规范值小；

（2）台风“布拉万”远端风场高风速下三个方向阵风因子随阵风计算时距的增大而减小，且阵风因子随阵风计算时距的变换规律可以用对数高斯函数加以描述。

参考文献

[1] Krayer W R, Marshall R D. Gust Factors Applied to Hurricane Winds[J]. Buletin of the Americal Meteorological Society, 1992, 73: 613－618.

[2] 王旭，黄鹏，顾明. 上海地区近地台风实测分析[J]. 振动与冲击，2012，31(20)：84－89.

[3] 潘晶晶，赵林，冀春晓，等. 东南沿海登陆台风近地脉动特性分析[J]. 建筑结构学报，2016，37(1)：85－90.

琼州海峡大桥桥址台风风雨特征参数研究

孙洪鑫，王修勇，韩湘逸，李寿科
（湖南科技大学土木工程学院 湖南 湘潭 411201）

1 引言

近年来，随着我国国民经济的发展和沿海地区开发的不断深入，一批跨海大桥相继规划与建设。跨海大桥通常处于强（台）风区域，为了保证桥梁结构在风作用下安全运行，必须准确确定桥址处的风场特征，为桥梁抗风设计提供依据和参考。风场现场观测是获取桥址风特征参数最直接的手段，许多学者开展了相关研究。

为了获得琼州海峡大桥桥址的风、雨特征，2012 年在桥址设立了风雨观测站，已开展了几年的连续观测，获得了近十次台风记录，其中“启德”“海燕”“威马逊”三次台风中心恰好经过桥址处，本文主要根据这三次台风的风、雨监测数据，对风、雨特性参数及参数之间的关系开展研究。

2 观测系统与三次台风路径

在琼州海峡大桥桥址南岸、北岸各设一个观测站，南岸观测站地处澄迈县桥头镇玉包村一片沙滩上，设一高 65 m 的测风塔，在离地 10 m、20 m、40 m、60 m 处各安装一台英国 Gill 公司生产的超声风速仪和一台美国 R M YONG 公司生产的螺旋桨式风速仪，在塔工作平台上安装一台雨量计；北岸观测站建在航标塔上，共布置一台超声风速仪、一台螺旋桨式风速仪及一台雨量计。南岸观测站布置和地理位置如图 1 所示。2012 年观测系统建成后，已观测到十多次台风数据，其中“启德”“海燕”“威马逊”三次台风中心经过观测站。

图 1　琼州海峡大桥桥址观测站布置与位置图

3 风特征参数提取方法

基于风观测数据，分别获得了平均风速及风向、紊流度、阵风因子等单参数风特征。

4 风雨特征参数

基于“启德”“海燕”和“威马逊”三次台风全过程数据，以 10 min 平均风速大于 5 m/s 或小于 5 m/s 确定台风起始时间与结束时间。以“启德”为例，分别说明其风速、风向、雨量、风剖面、阵风因子、紊流度与风攻角等风特征参数的规律分析。瞬时风速、平均风速、风向玫瑰图及雨量如图 2 所示；阵风因子、紊流度与风攻角如图 3 所示。

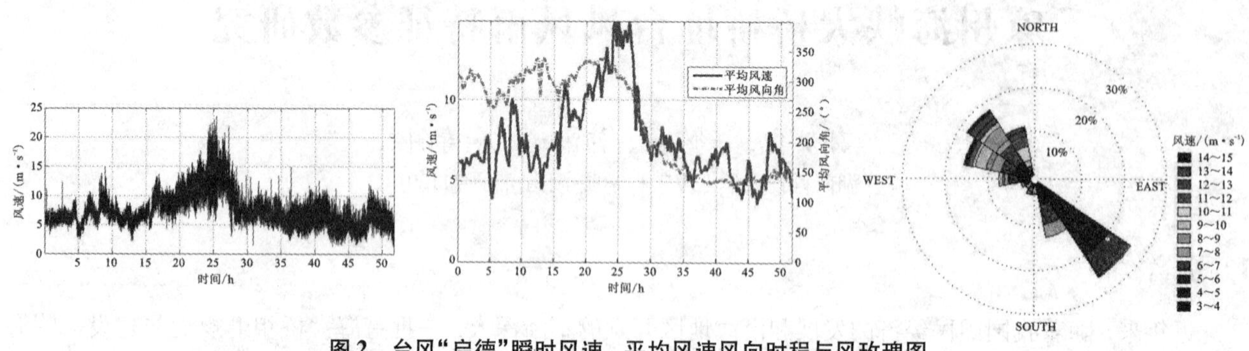

图 2 台风“启德”瞬时风速、平均风速风向时程与风玫瑰图

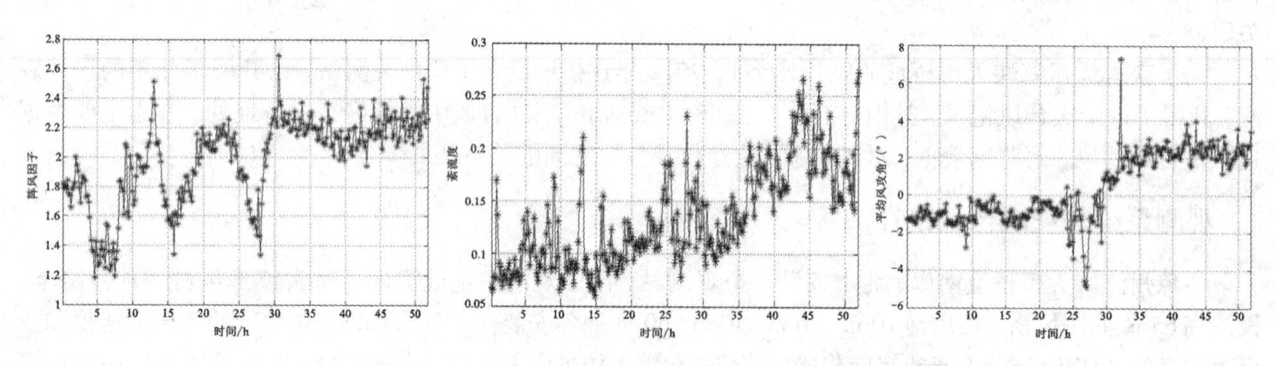

图 3 台风“启德” 阵风因子、紊流度与风攻角

5 相关性分析

基于风雨特性参数，分别对风剖面指数与平均风速关系、阵风因子与平均风速关系、紊流度与平均风速关系、风攻角与平均风速关系、纵、横向紊流度关系与纵、横向阵风因子关系进行了分析。

6 结论

根据登陆台风“启德”“海燕”“威马逊”10 m 高度三维实测风速，对桥梁抗风设计的主要风参数：风剖面、风攻角、紊流度、阵风因子及其相关性进行了分析，得出下列结论：

(1) A 类地貌条件下，风剖面指数 α 的均值为 0.07；B 类地貌条件下，风剖面指数 α 的均值为 0.1；C 类地貌条件下，风剖面指数 α 的均值为 0.15。

(2) 台风整个过境过程中的风参数，如紊流度、阵风因子、平均风攻角的统计概率模型基本符合两个正态分布的加权。

(3) 各向的紊流度及纵向阵风因子均随平均风速的增大而减小；在 B、C 地貌条件下风剖面指数 α 随平均风速的增大而减小；A、B 类地貌条件下，平均风攻角与平均风速负相关，C 类地貌条件下，平均风攻角与平均风速正相关；纵、横向紊流度呈正相关关系；纵、横向阵风因子呈负相关关系。

台风“海马”登陆过程近地脉动特性研究

姚博[1]，聂铭[1]，谢壮宁[2]，肖凯[1]
（1. 广东电网公司电力科学研究院 广东 广州 510080；2. 华南理工大学亚热带建筑科学国家重点实验室 广东 广州 510640）

1 引言

采用多普勒激光雷达 Windcube V2 对台风“海马”现场实测，获取台风中心登陆过程中 40～290 m 高度范围内的风速风向数据，识别台风“海马”眼壁强风区、台风中心等重点关注位置。基于参考风速和风向将风速数据分为若干组，分别研究了台风登陆前后不同地貌影响下平均风速剖面、风向剖面和湍流度剖面的变化特性。

2 平均风速和风向

台风登陆前后，不同高度处 10 min 平均风速和风向的时程曲线如图 1 所示。由图可知，风速时程呈“M”形曲线分布，平均风速在不同高度随时间的变化趋势一致且随高度增加风速变大，台风中心登陆时风向发生剧烈变化，台风登陆前后风向角转变超过 180°。

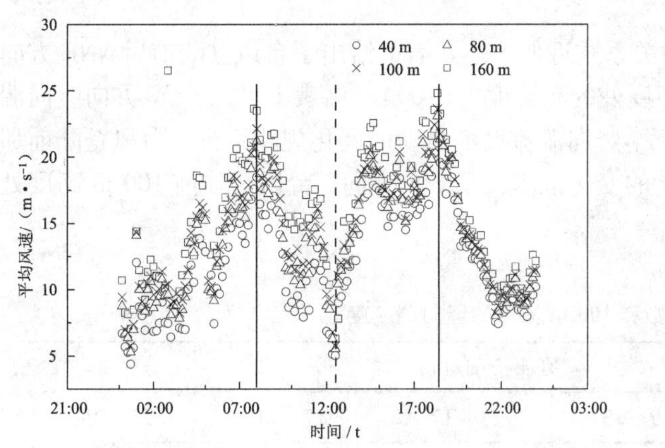

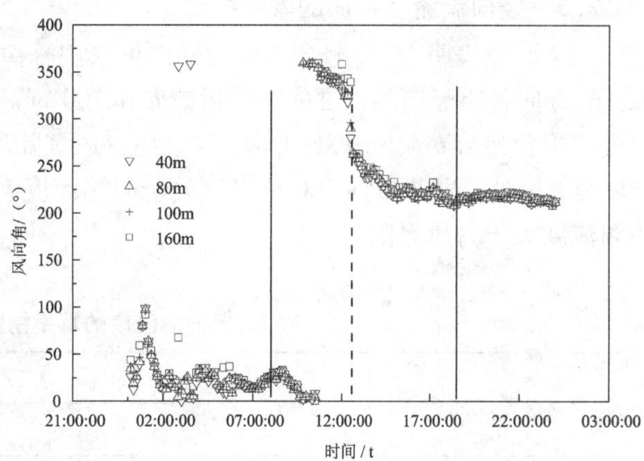

图 1 台风“海马”10 min 平均风速和风向时程变化

2.1 平均风速剖面

图 2 所示为台风登陆前后，NNE 和 SW 方向各组平均风速 $U(z)$ 剖面图和采用指数分布对风速剖面的拟合参数。由图可知，在高度较低的位置来自于 NNE 方向受山区地貌影响的气流其平均风速低于 SW 方向来自于海面的来流，风速剖面指数也大于海面来流；风速较低时不同参考方向的风速剖面指数差异较大，随着参考风速的增加风速剖面指数的差异逐渐减小。

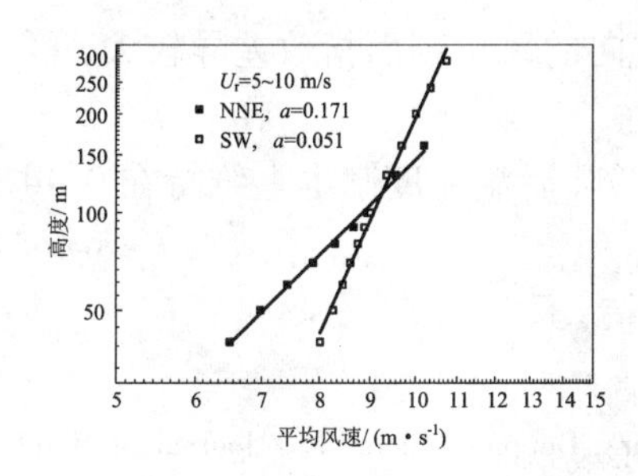

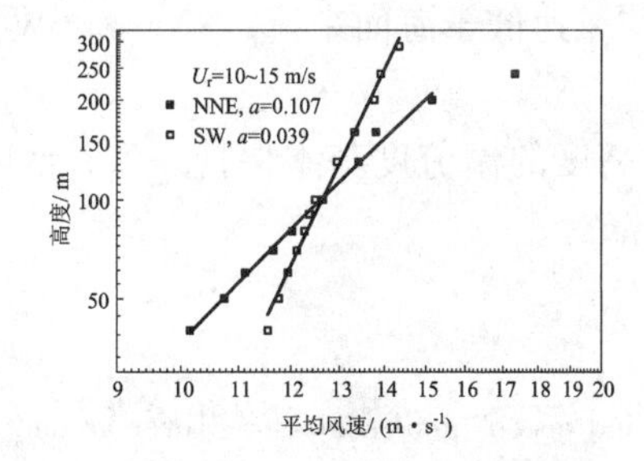

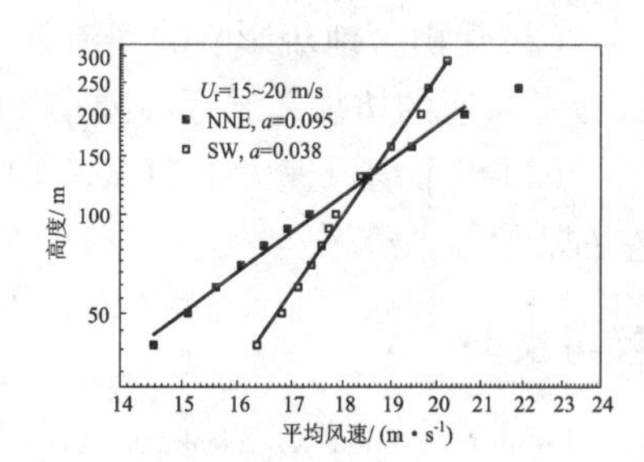

图 2 台风登陆前后 NNE 方向和 SW 方向平均风速剖面对比

2.2 湍流度

在台风登陆前后的 NNE 方向和 SW 方向，各个高度的纵向湍流度随平均风速的变化关系如图 3 所示。由图可知，在台风登陆前的 NNE 方向湍流度随着风速的增加有减小的趋势，并且当风速超过 21 m/s 各时各高度湍流度逐渐趋于一致；台风登陆后 SW 方向的湍流度基本维在 0.14 左右，显然湍流度的这种变化规律与台风登陆前有很大差别。

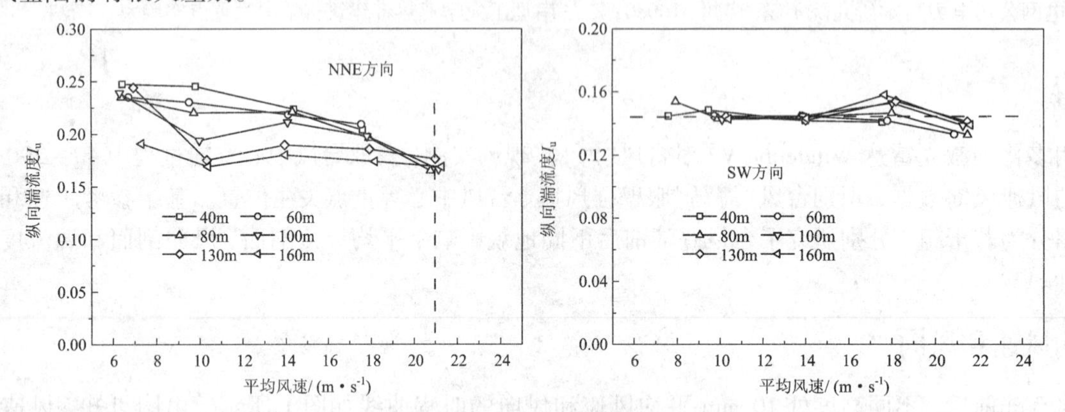

图 3　NNE 和 SW 参考风向纵向湍流度随平均风速的变化

2.3 竖向湍流度剖面的幂率拟合

相关研究表明[1-2]，竖向湍流度剖面可采用幂律关系式近似描述。表 1 给出了台风登陆前后 NNE 方向和 SW 方向各组竖向湍流度的拟合指数 b 和 100 m 高度处的湍流度 $I_w(100)$。由表 1 可知，SW 方向竖向湍流度的拟合参数 b 大于 NNE 方向，这表明台风登陆后，竖向湍流度沿高度的变化规律不再像台风登陆前那样明显；另外，NNE 方向 100 m 高度处竖向湍流度 I_w 的变化范围大于 SW 方向，台风登陆前 100 m 高度处的湍流度大于台风登陆后。

表 1　竖向湍流度的幂率指数和 100 m 高度的竖向湍流度

参考风向	参数	风速范围/(m·s^{-1})				
		5~9	9~13	13~17	17~21	21~25
NNE	b	-0.137	-0.121	-0.111	-0.091	-0.085
	$I_w(100)$	0.077	0.087	0.095	0.084	0.075
SW	b	-0.075	-0.061	-0.048	-0.046	-0.045
	$I_w(100)$	0.048	0.047	0.055	0.060	0.049

3 结论

(1)台风登陆前后风向转变约 180°，风速时程呈“M”形曲线分布。

(2)受山区地貌影响的气流其平均风速低于海面来流；NNE 和 SW 方向的风速剖面指数差异较大，随着参考风速的增加差异逐渐减小。

(3)当平均风速大于 21 m/s 时各高度的湍流度基本保持一致；台风登陆后湍流度基本上维持在 0.14 左右。

参考文献

[1] Tamura Y, Suda K, Sasaki A, et al. Wind speed profiles measured over ground using Doppler sodars[J]. Journal of Wind Engineering and Industrial Aerodynamics, 1999, 83(1): 83-93.

[2] Tamura Y, Suda K, Sasaki A, et al. Simultaneous measurements of wind speed profiles at two sites using Doppler sodars[J]. Journal of wind engineering and industrial aerodynamics, 2001, 89(3): 325-335.

北方村落风环境模拟及优化布局研究

张爱社[1]，高翠兰[2]
（1. 山东建筑大学土木工程学院 山东 济南 250101；2. 山东建筑大学交通工程学院 山东 济南 250101）

1 引言

这里的村落是指由众多居住房屋组成的集合，包括自然村和村庄区域。随着农村经济的不断发展，农民生活水平日益提高，改善农村居住条件与居住环境已成为农民普遍的首要选择[1-3]。另外，国家对新农村建设也提出了更高的要求。影响村落风环境的因素有很多，比如村落类型与布局、气候特点和地形地貌特征方面[4]。本文主要采用数值模拟方法讨论我国北方地区村落布局形式与风环境的关系，并提出改善风环境的村落形态优化策略。

2 村落风环境数值模拟理论与方法

2.1 村落模型的选择

在地形地貌、植被等条件确定后，村落布局就是影响室外风环境的重要因素。本文重点讨论组团布局方式和建筑间距对村落风环境的影响。北方地区村落布局多为南北向的并排排列。每排庭院之间由道路隔开，绝大多数建筑都具有良好的朝向。限于篇幅，本文仅选择并排排列的村落进行分析[5]，如图 1 所示。模型中前后排间距和左右排间距为变量。

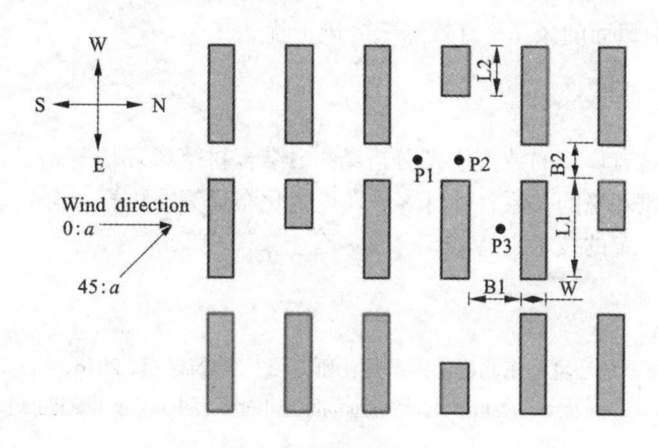

图 1　村落布局方式

2.2 村落室外风环境数值模拟方法

为研究村落风环境状况，采用计算流体软件 FLUENT 对不同参数布置的模型进行分析计算。根据气候条件，对计算工况进行了假定。北方地区冬季主导风向为西 - 北风范围，冬季平均风速为 2.6 m/s，本文选取冬季主导风向为北风、次主导风向为西北风的工况进行分析。

3 计算结果及分析

当风向为冬季主导风向北风时，村落最后排（最北端）建筑迎风面前的部分区域风速较低，而在居住单元的端部，由于流动分离，在建筑物的角部风速较大。最后排建筑背风面和其他前排建筑受到后排建筑的遮挡影响，整个区域的风速都比较小（图 2）。分析表明，这样对于北方冬天寒冷非潮湿地区易于形成较理想的室外风环境。当风向为次主导风向西北风时，巷道内的风速稍有增加，但整个区域的风速与主导风向相比变化不大。

随着相邻建筑间距的增加，上游建筑的遮挡影响将减弱，不利于改善冬季室外风环境。

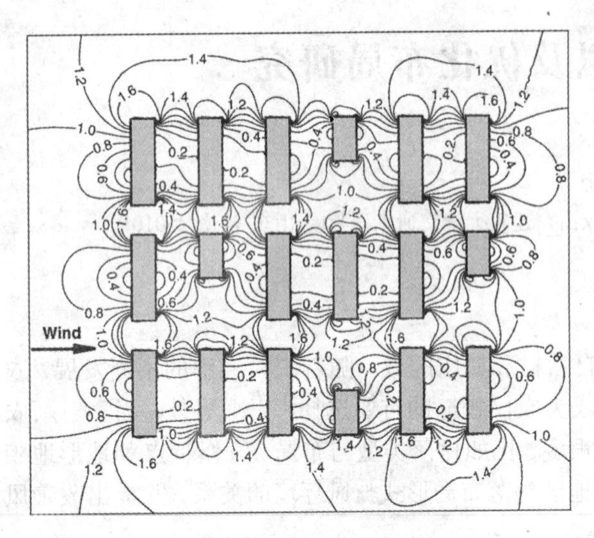

图2　冬季主导风向下的量纲为一的风速场

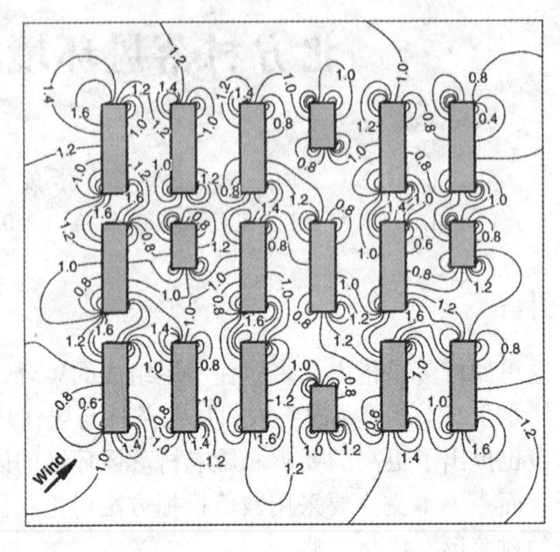

图3　冬季次主导风向下的量纲为一的风速场

4　村落风环境改善优化策略

对于冬季风速过大的情况，建议采用居住单元联排式组合布置。村落居住单元的建筑间距应综合考虑日照和通风效果来综合确定。对于新建村落规划布局，可适当增加组团之间的间距，村落形态布局宜采用南低北高的空间布局方式[6]。

树木具有很好的导风和挡风效果。沿冬季主导风向在建筑物的迎风面种植常绿乔木和灌木，能够有效地降低风速，减小建筑物迎风面的风压，有效降低冷风干扰。

5　结论

本文根据北方地区村落风环境的数值模拟分析结果，结合村落风环境舒适性和降低建筑能耗设计，探讨了村落空间布局形态与风环境的关系，对村落风环境优化布局策略进行了分析。研究成果能够为区域性新农村的规划和建设提供一定的技术支持。

参考文献

[1] 张欣宇，金虹. 基于改善冬季风环境的东北村落形态优化研究[J]. 建筑学报，2016，10：83－87.

[2] Omar S. A. Prediction of wind environment in different grouping patterns of housing blocks[J]. Energy and Buildings，2010，42：2061－2069.

[3] 王皎. 东北严寒地区村镇住宅院落风环境改善策略研究[D]. 哈尔滨：哈尔滨工业大学建筑学院，2015：31－39.

[4] 彭小云. 自然通风与建筑节能[J]. 工业建筑，2007，37(3)：5－9.

[5] Zhang A S，Gao C L，Zhang L. Numerical simulation of the wind field around different building arrangements[J]. Journal of Wind Engineering and Industrial Aerodynamics，2005(93)：891－904.

[6] 张爱社，顾明，张陵. 建筑群行人高度风环境的数值模拟[J]. 同济大学学报(自然科学版)，2007，35(8)：1030－1033.

基于超越阈值概率的某千米级摩天大楼行人风环境评估

郑朝荣[1,2]，李胤松[1,2]
（1. 哈尔滨工业大学结构工程灾变与控制教育部重点实验室 黑龙江 哈尔滨 150090；
2. 哈尔滨工业大学土木工程智能防灾减灾工业和信息化部重点实验室 黑龙江 哈尔滨 150090）

1 引言

由文献[1]可知，某千米级摩天大楼的室外平台可能存在严重的行人风环境问题。因此，本文基于该摩天大楼整体模型的最不利风环境平台上的行人高度风速比，分别采用基于 Lawson 标准[2]和荷兰国家标准 NEN 8100[3]的超越阈值概率法对其行人风环境进行定量地评估，并探讨不同挡风板高度与形式对平台行人“风舒适性”与“风安全性”的改善效果。最后，给出了室外平台的“风舒适性”与“风安全性”分区，为其建筑设计及进一步改善其风环境质量提供依据。

2 超越阈值概率评估方法

基于超越阈值概率的行人风环境评估，需要三方面的资料：当地气象资料、空气动力学特性以及风环境评估标准。图 1 给出了基于超越阈值概率的行人风环境评估流程。

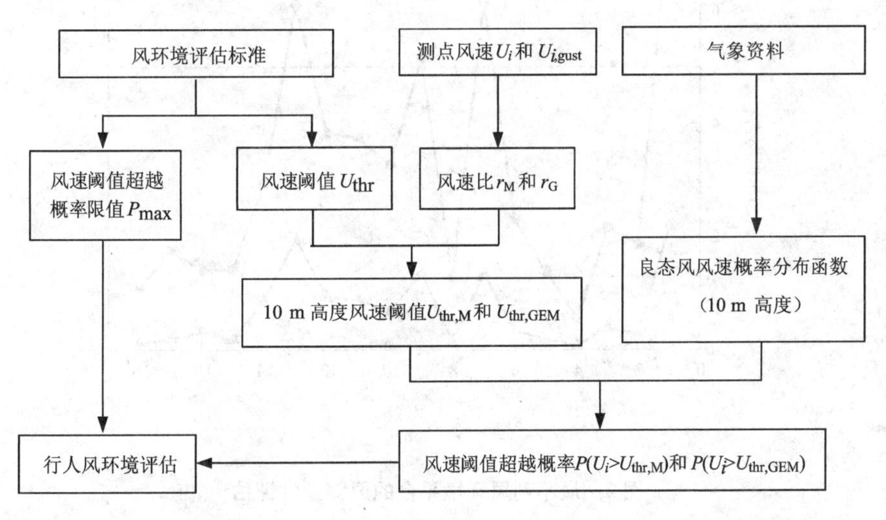

图 1 行人风环境评估流程

3 风环境评估结果分析

图 2 分别给出了 Lawson 标准和 NEN 8100 标准所得的摩天大楼最不利风环境平台上 18 个测点的舒适性评估结果，即“普通行走”和“快速行走”时的超越概率及其与超越概率限值的比较。

由图 2(a)可知，采用 Lawson 标准评估时，各测点的平均风速超过 10 m/s 的概率主要集中在 5% ~ 10%，最大值达到 19%，满足“快速行走”要求的区域约占最不利风环境平台面积的 22%；超过 8 m/s 的概率主要集中在 20% 附近，基本不满足“普通行走”的要求，行人风舒适性差。NEN 8100 标准评估时，各测点的超越概率值普遍达到 45%，远大于限值 10% 和 20%，平台上几乎所有区域都不满足“普通行走”和“快速行走”的要求，行人风舒适性很差。由图 2(b)可知，基于阵风等效小时平均风速评估的各测点的超越概率均小于 5%，满足“快速行走”的风舒适性要求。而少部分测点则不能满足“普通行走”的要求。

对比图 2(a)和图 2(b)的 Lawson 标准评估结果可知，基于小时平均风速的超越概率明显大于基于阵风等效小时平均风速的超越概率，说明平台行人高度的湍流度较小，风环境品质主要由平均风速控制。

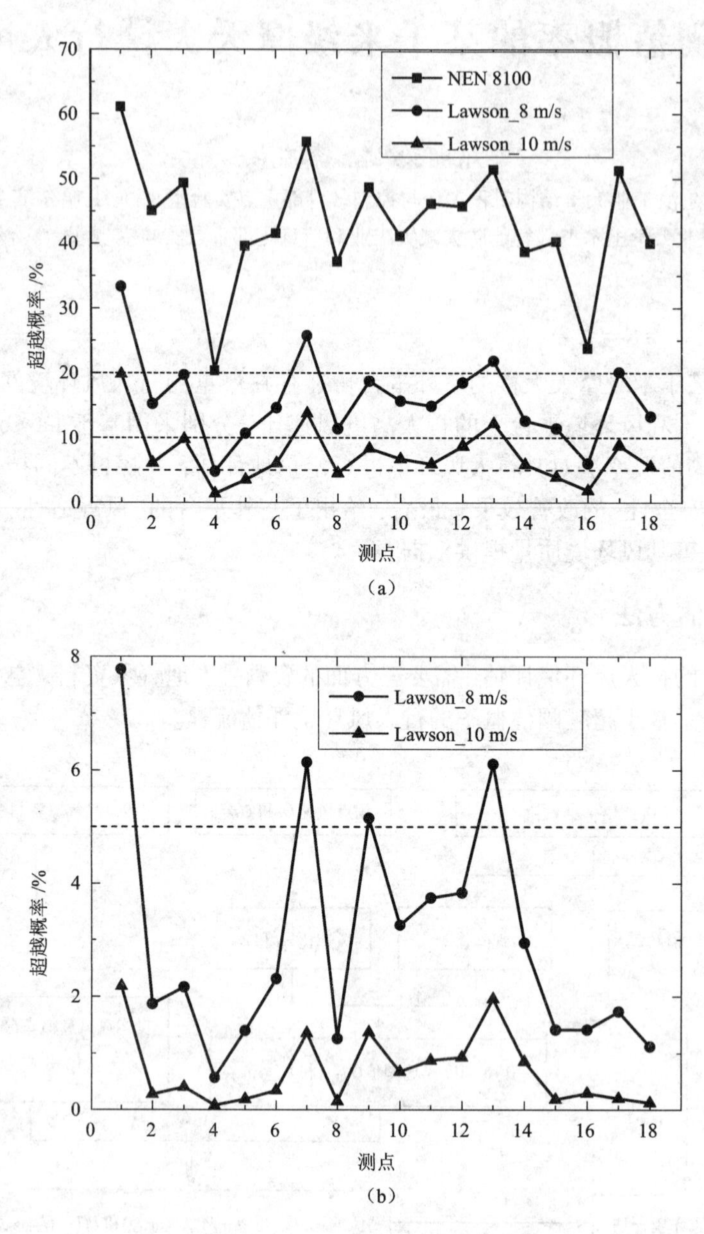

图 2　最不利风环境平台的风舒适性评估

(a)小时平均风速；(b)阵风等效小时平均风速

4　结论

本文采用超越阈值概率法评估了某千米级摩天大楼最不利风环境平台的行人风环境，详细比较了 Lawson 标准和 NEN 8100 标准的严格程度，并探讨了不同高度和形式的挡风板对行人“风舒适性”与“风安全性”的改善效果，最后给出了室外平台“风舒适性”与“风安全性”的实用分区。

参考文献

[1] 李胤松. 千米级摩天大楼连接平台行人风环境评估及改善措施研究[D]. 哈尔滨：哈尔滨工业大学，2016：28－82.

[2] Lawson T V. Building Aerodynamics[M]. London：Imperial College Press，2001.

[3] NEN 8100，Wind comfort and wind danger in the built environment[S]. Dutch standard，2006. (in Dutch)

通过相干脉冲多普勒激光雷达遥感风力以及风力工程应用

Ludovic Thobois, Jean - Pierre Cariou
(LEOSPHERE公司 法国)

风不仅仅是一种常见的自然现象，也是一种不可或缺的资源。关键在于如何更好的运用精准的设备来把控风向信息，使之为人类所用。近年来，风能产业，风力工程的发展迅猛，对于工业发展的推动起重要的作用。风及其引起的相关湍流对众多工业活动的安全性和效率有着直接的影响，如平均风、湍流和阵风等风力特征，不仅影响风能产业的效率，也对航空运输有影响。在建筑物设计阶段或港口运行阶段，必须考虑风力危害，以确保建筑物及周边设施的安全。然而，风场信息变幻莫测，如何对其进行精确高效率的探测与测量显得尤为重要。风能专家们也一直致力于开发快速，精准，高效率的测风设备，从更好的把控风场信息。

虽然在数字CFD(Computational Fluid Dynamics：计算流体动力学)工具的开发上取得的进展已经十分显著，可以充分利用对流层最底部的风力特征的潜力来更好地展开工业活动，更好地降低风险。但是CFD使用的测量技术仍然是非常基础的。伴随着风能产业，风力工程的大力发展，人们对测量工具的要求也不断的提高。激光雷达的出现，使得风场信息更够更好地为人类准确且详细地捕捉到，从而降低工业活动的危险性，优化对风能的利用。近二十年来在科学家们不懈的钻研下，新型的低成本、高效率的多普勒激光雷达(即LIDAR：Light Detection and Ranging，激光探测与测量的简称)技术已经得到良好的发展，并且日趋工业化。

本文第一部分针对相干脉冲多普勒激光雷达这一项业已验证的技术，通过图文分析简要介绍了其技术原理，在风力风向测量方面的对其性能展开研究，进行绩效评估，说明了其可提供准确和完备的风力风向测量的性能。在对流层高空间和时间分辨率的情况下，对应值为20 m和1 s时可以测出风力特征，在对流层中可精确至0.1 m/s，在感兴趣区半径可达10 km。本文接着简要介绍了在过去十年来的多次测试活动中，如何对激光雷达风廓线仪和扫描型激光雷达的计量性能进行了评估。通过对远程三维(3D)扫描WINDCUBE多普勒激光雷达的研究，论证了其如何在三维空间中提供了高分辨率的速度测量，从而被广泛认定为是风能中标准的遥感装置，为操作项目测量提供了所需的鲁棒性和准确性。同时，本文还针对扫描多普勒激光雷达与传统的地面测风杆(地平线以上116 m)准确性展开了比较，证实了扫描型多普勒激光雷达的风速测量的结果相当可靠，与传统测量别无二致。通过扫描型多普勒激光雷达进行一系列扫描，可以在5 min内测量感兴趣区的三维数据网格。文章最后通过挪威长桥工程风力监测实例，证明激光雷达技术能够较好的监测整个峡湾中心的风况，并且提供更详细的信息，从而说明激光雷达技术在风测领域发挥的重大作用。

本文研究总结了相干脉冲多普勒激光雷达这一技术在风力工程应用中的潜在价值及其前景。这种激光雷达技术这一技术已经通过众多的参考试验平台的测试，性能可靠。其在风力资源评估中的应用表明，该技术目前已经在风能领域得到广泛的应用，并且能够运用到更广泛的众多工业中。其可被应用在气象，环保，国防，机场等领域，有着十分广阔的潜力和发展前景。另外，该技术正在逐渐地替代旧标准的风力传感器和测风设备，从而帮助人们更好地，更快速地捕捉精确高效率的风场信息，使之得到更优质的利用，满足日益增长的不同领域的工业需求，降低工业风险。全光纤激光相干多普勒激光雷达技术，在近十年内都将是新的远程风力传感器的技术基石，其在其他领域的探索也在逐渐开展，将为风力工程开辟一片更为广阔的新天地。

三、钝体空气动力学

分离泡对方柱气动性能的作用机理*

杜晓庆[1,3]，李二东[1]，代钦[2,3]

（1. 上海大学土木工程系 上海 200444；2. 上海大学上海市应用数学和力学研究所 上海 200444；
3. 上海大学风工程和气动控制研究中心 上海 200444）

1 引言

方柱在建筑结构中有大量应用，方柱绕流获得广泛的关注和研究[1-2]。风攻角对方柱的气动性能和绕流流态起重要作用，当风攻角为 $9° \sim 11° < \alpha < 27° \sim 30°$时，在前缘角点处分离的剪切层会再附在方柱侧面上，形成单侧分离泡[1]。分离泡对方柱的气动性能有重大影响，然而受到研究条件的限制，以往对分离泡的非定常特性的研究很少。此外方柱的角部气动措施也会影响分离泡特性。本文采用大涡模拟方法，研究了风攻角和角部气动措施对方柱分离泡的影响规律，探讨了分离泡的瞬态动力特性及其对方柱气动性能的影响机制。

2 计算模型和计算参数

图 1 为方柱计算模型示意图，本文采用两种圆角半径：$R/B = 1/100$ 和 1/7。来流为均匀流，展向长度为 $2B$，雷诺数为 $Re = 2.2 \times 10^4$。为了选取合适的湍流模型和计算参数，在 0°风攻角下比较了亚格子尺度模型、周向网格数量、计算时间步、展向长度等参数对方柱气动性能和流场特性的影响，并与文献结果进行了比较和验证。最后选用大涡模拟湍流模型和 *WALE* 亚格子尺度模型，量纲为一的时间步为 0.025，近壁面网格确保 $y^+ \approx 1$。

3 结果与讨论

图 2 所示为方柱平均升力系数随风攻角的变化曲线，图中列出了文献[2]的风洞试验值进行比较。从图中可见，本文大涡模拟结果与试验值吻合较好，这也说明了本文计算模型的正确性。从本文结果可见：对于圆角半径很小（$R/B = 1/100$）的方柱，平均阻力系数和平均升力系数在临界风攻角为 12.5°时均达到最小值，并且这一临界风攻角会随着圆角半径的增大而减小。

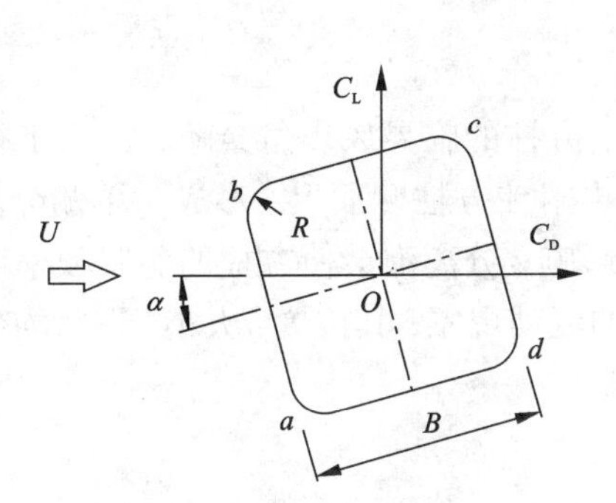

图 1 计算模型和参数定义

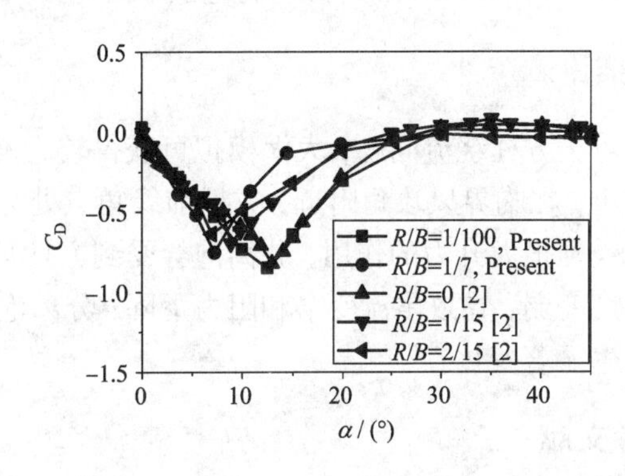

图 2 平均升力系数

* 基金项目：国家自然科学基金资助(51578330)，上海市自然科学基金(14ZR1416000)，上海市教委科研创新项目(14YZ004)

图3为角部$R/B=1/7$方柱在风攻角$\alpha=7.2°$和$30°$时的时间平均流线图和风压系数图，从图中可见，$\alpha=7.2°$时方柱上侧有附着在壁面上的回流区，回流区内受强负压作用。图4为$R/B=1/100$的方柱在$\alpha=12.5°$时的瞬态流场图，图4(a)对应升力系数达到最小值的时刻，而图4(b)为升力系数达到最大值的时刻。由涡量图和流线图可见，两个时刻均在方柱上侧发生了分离剪切层的再附现象，形成分离泡，而分离泡所在位置会出现强负压区，从而引发方柱受到很大的平均升力的作用。从放大的流线图可知，分离泡的位置、大小、形状均会在一个升力周期内发生很大的变化，这也说明分离泡具有非定常的流动特性。此外，从升力时程的功率谱可进一步发现，分离泡会使方柱的涡脱频率增大而涡脱强度变弱，导致尾流变窄，阻力下降。这也是导致方柱在$\alpha=12.5°$时升力系数和阻力系数均达到最小值的原因。

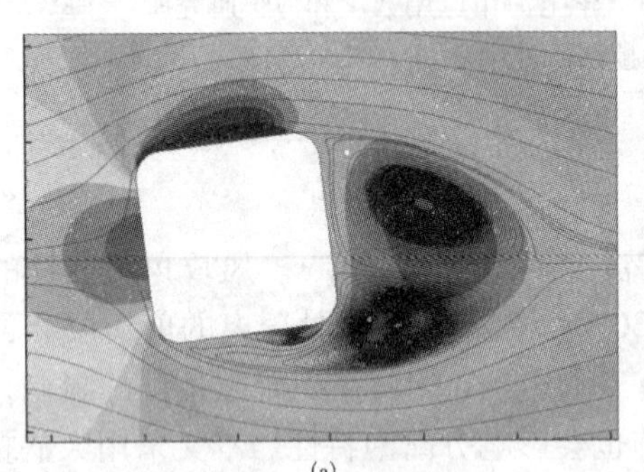
(a)

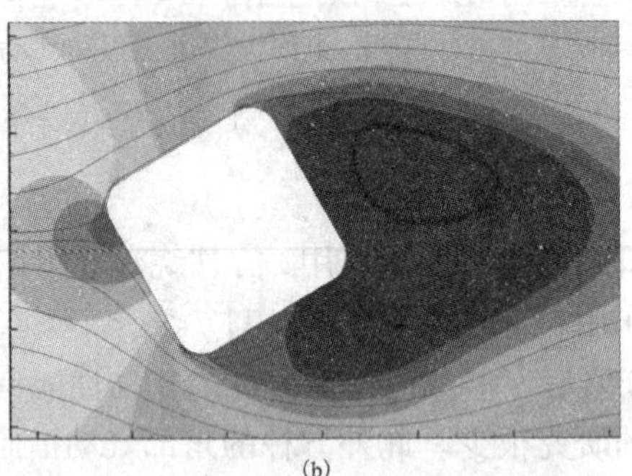
(b)

图3　平均流线和风压系数图($R/B=1/7$)

(a)$\alpha=7.2°$；(b)$\alpha=30°$

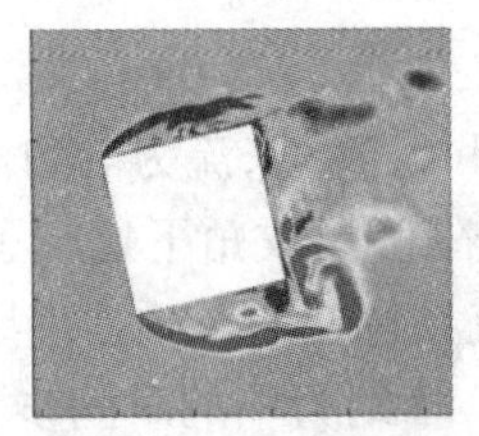

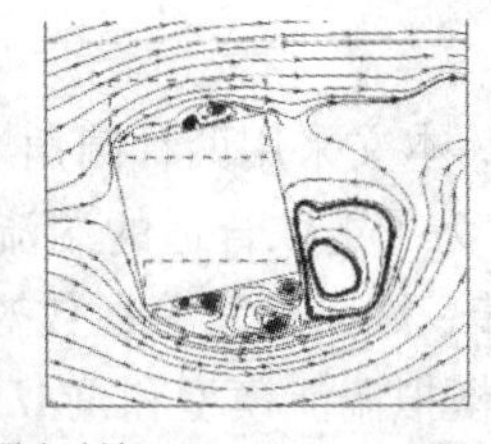
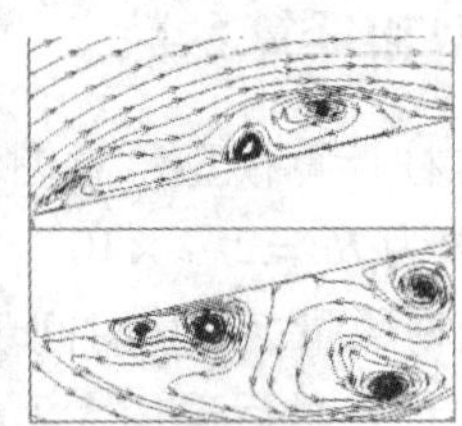

(a)升力最小时刻

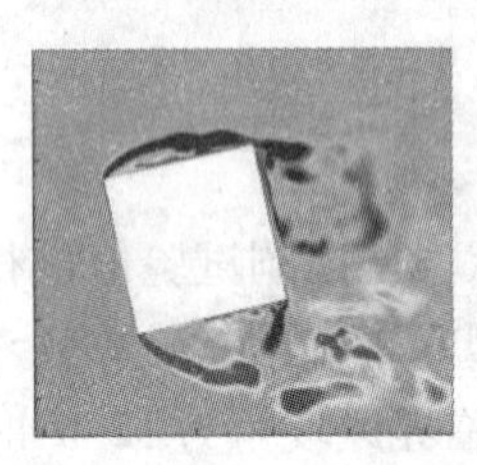

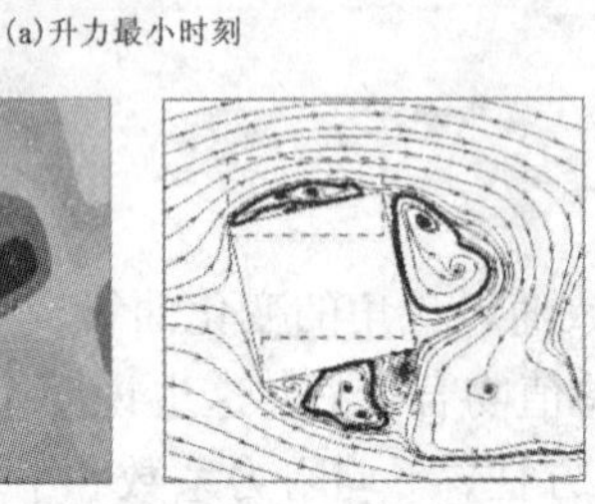
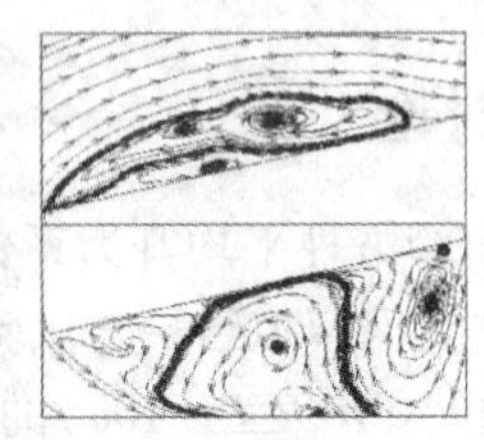

(b)升力最大时刻

图4　瞬时涡量图、风压系数、流线图和局部流线图($R/B=1/100$，$\alpha=12.5°$)

4　结论

对于方柱绕流问题，大涡模拟可获得较为准确的计算结果；方柱的临界风攻角会随着圆角半径的增大而减小；在临界风攻角附近，方柱前缘角点处分离的剪切层会再附在方柱侧面上，形成一单侧分离泡，使方柱受到很大升力的作用，分离泡会受到方柱角部气动措施的影响；分离泡会使方柱的涡脱频率增大而涡脱强度变弱，导致尾流变窄和阻力下降；分离泡是一种非定常的流动现象，其位置、大小、形状均会在随时间发生显著变化。

参考文献

[1] Yen S C, Yang C W. Flow patterns and vortex shedding behavior behind a squarecylinder[J]. Journal of Wind Engineering and Industrial Aerodynamics, 2011, 99(8): 868-878.

[2] Carassale L, Freda A, Marrè-Brunenghi M. Experimental investigation on the aerodynamic behavior of square cylinders with rounded corners[J]. Journal of Fluids and Structures, 2014, 44: 195-204.

分离式双箱梁绕流场雷诺数效应数值研究*

赖马树金[1,2]，姜超[2]，李惠[1,2]
(1.哈尔滨工业大学结构灾变与控制教育部重点实验室 黑龙江 哈尔滨 150090；2.哈尔滨工业大学土木工程学院 黑龙江 哈尔滨 150090)

1 引言

由于具有很好的抵抗横向风效应的能力，类流线型扁平式箱梁正越来越多地应用于大跨度桥梁的建设中，对于这种具有锐利边缘的钝体，流体将在迎风角点处发生边界层分离现象。传统理论认为由于具有固定的分离点，其周围的流场的雷诺数效应不显著。然而由于其近流线形的设计以及具有较大的宽高比，流体在迎风角点附近发生分离之后还会发生再附和再分离这一复杂的流体动力学现象。众所周知，流体在钝体表面的分离再附现象与雷诺数密切相关。因此类流线型扁平式箱梁具有对雷诺数敏感的气动外形。此外对于分离式双箱梁而言，空隙流体流动和尾流也具有明显的雷诺数效应。

2 数值计算简介

当流体流过分离式双箱梁时，在其前沿将发生复杂的流动分离再附现象并伴随剪切层湍流转捩，空隙与尾流处也将发生流体的失稳及湍流转捩。为了准确模拟这些复杂的非稳态流动现象，本研究采用 LES 进行数值模拟，并选取动态 Smagorinsky - Lilly 模型[[1-2]]为亚格子应力模型，其计算雷诺数范围 $Re=[2e2\quad 1e7]$（以箱梁高度为特征尺寸）。如图 1 所示，采用结构化网格进行空间离散，为了节省计算时间和计算资源，采用两种密度网格 A 和 B。网格 A 的单元总数为 280 万，计算雷诺数 $Re=[2e2\quad 1e4]$；网格 B 的单元总数为 1370 万，计算雷诺数 $Re=(1e4\quad 1e7]$。网格 A 的壁面第一层网格分辨率：$\Delta x/D\approx 2.25e-2$，$\Delta y/D\approx 2.30e-3$，$\Delta z/D\approx 4.56e-2$；网格 B 的壁面第一层网格分辨率：

$\Delta x/D\approx 1.16e-2$，$\Delta y/D\approx 1.14e-5$，$\Delta z/D\approx 4.56e-2$。当 $Re=1e4$ 和 $Re=1e7$ 时，平均 Yplus 分别为 0.56 和 0.48(图 2)。两种网格分别在 $Re=1e4$ 和 1e7 进行了网格无关性检验，均满足网格无关性要求。图 3 为数值计算压力分布与试验结果($Re=1e5$)的对比情况。由图可知，数值计算结果与试验结果符合得很好。

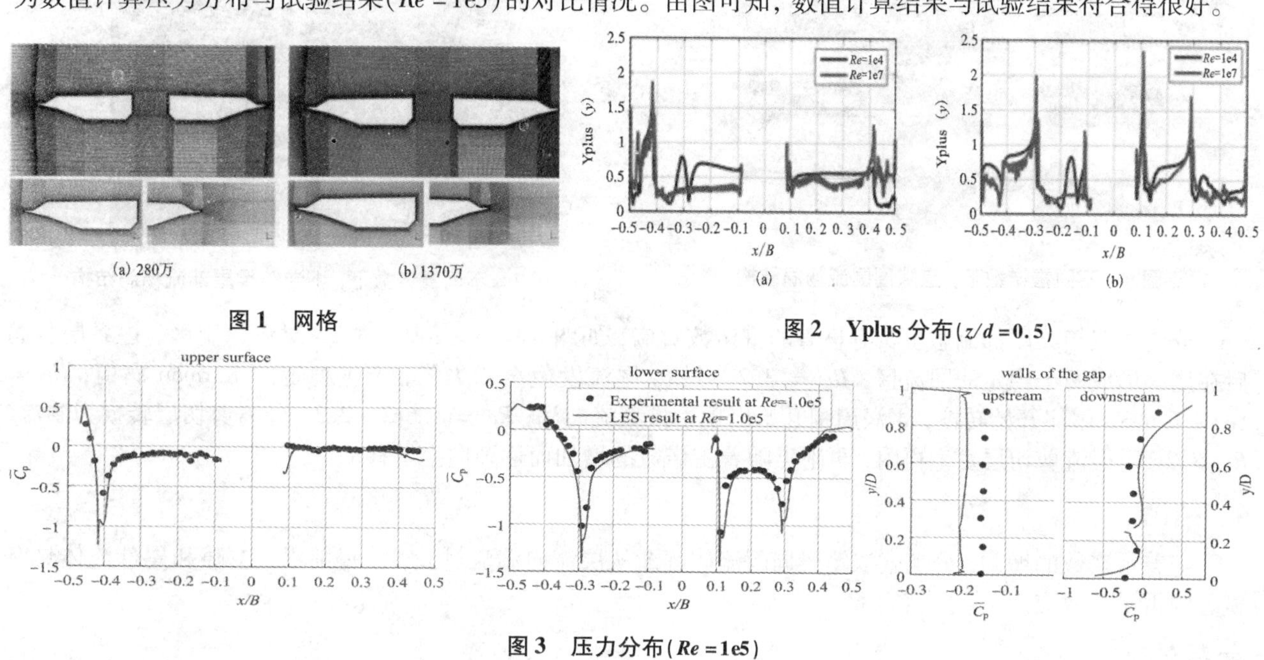

图 1 网格

图 2 Yplus 分布($z/d=0.5$)

图 3 压力分布($Re=1e5$)

* 基金项目：国家自然科学基金(51503138)

3　分离式双箱梁绕流场雷诺数效应

由于逆压力梯度的作用，流体在迎风角点附近发生分离。当1.5e3 < Re < 6e3 时，流体发生层流再附(图4)。分离泡长度随着雷诺数的增加而增加(图5)。当 Re≥6e3 时，流体发生湍流再附(图4)。随着雷诺数的增加，更多的层流转捩为湍流，也即分离剪切层湍流转捩点逐渐向上游靠近，使得再附点也逐渐向上游移动，分离泡逐渐减小(图5)。

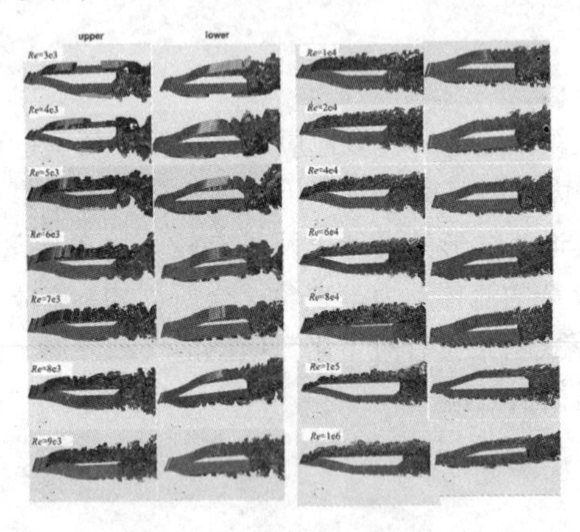

图4　不同雷诺数下的上游箱梁周围流场涡结构

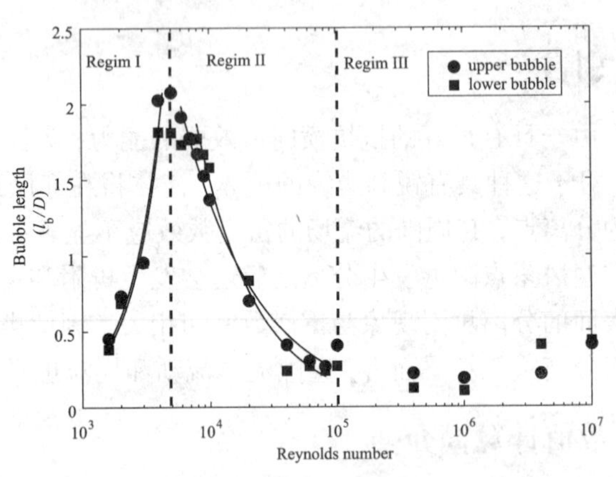

图5　分离泡长度随雷诺数的变化规律

分离式双箱梁空隙处的流态具有显著的雷诺数效应，如图6所示。Re <2e3，空隙流动为层流闭合空腔流；2e3≤Re <5e3，空隙流动为带自激振动的开口层流空腔流；5e3≤Re≤8e3，空隙处发生交替脱落旋涡，其流态为尾流模式；Re >8e3，空隙流动为开口湍流空腔流。

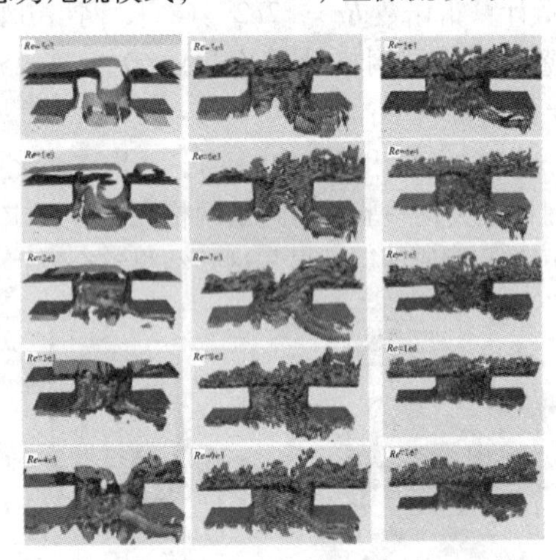

图6　不同雷诺数下，空隙周围流场涡结构

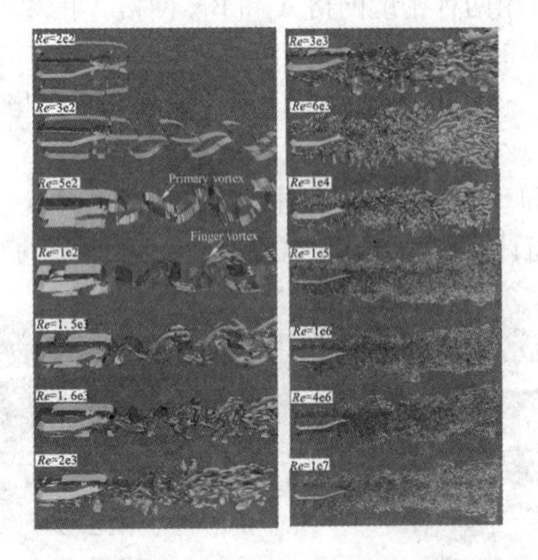

图7　不同雷诺数下，下游箱梁尾部流场涡结构

分离式双箱梁尾部流态也具有显著的雷诺数效应，如图6所示。Re < 3e2，层流稳定区，边界层分离后在尾部形成两个稳定的回流区；Re = 3e2 - 1e3，尾流发生全局失稳，产生稳定的 Karman 涡街；Re = 1e3 - 1.6e3，尾流开始转捩，主涡周围开始出现手指型流向涡；Re = 1.6e3 - 2e3，分离剪切层转换为湍流；Re > 2e3，层流剪切层发生再附，再附点随着雷诺数的增加而逐渐向上游移动。

4　结论

随着雷诺数的增加，分离式双箱梁周围流体逐渐从层流向湍流过渡，使得前沿、空隙和尾部流体具有显著的雷诺数效应。

参考文献

[1] Lilly D K. A proposed modification of the germane subgrid - scale closure model[J]. Physics of Fluids A: Fluid Dynamics, 1992, 4: 633 - 635.

[2] Germano M, Piomelli U, Moin P, et al. A dynamic subgrid - scale eddy viscosity model[J]. Physics of Fluids A: Fluid Dynamics, 1991, 3: 1760 - 1765.

光滑断面柱体临界雷诺数区气动力及振动特性*

马文勇[1,2]，刘庆宽[1,2]，黄伯城[2]，邓然然[2]，汪冠亚[2]
（1. 河北省大型结构健康诊断与控制重点实验室 河北 石家庄 050043；
2. 石家庄铁道大学土木工程学院 河北 石家庄 050043）

1 引言

对于类似于圆形断面的光滑柱体结构，其气动力受雷诺数的影响很大。以圆柱为例，在临界雷诺数区其阻力系数下降（常被称作阻力危机）、出现平均升力系数、规则旋涡脱落消失等特点。类似的现象也发生在准椭圆形[1]和椭圆形断面[2、3]。干索驰振的出现引发了对临界雷诺数可能诱发柱体大幅振动的激烈讨论[4]。干索驰振的机理目前有三种解释，三种机理的共识是临界雷诺数区的特定流动状态是产生这种振动的原因，因此对于临界雷诺数区的光滑断面的柱体气动力及振动特性的研究是解决该问题的关键。

本文通过刚性模型测压以及弹性悬挂模型同步测振测压试验，对椭圆形断面临界雷诺数下的气动力和振动进行研究。重点通过对比临界区振动与气动力的耦合效应、对比静态和动态气动力，分析临界雷诺数区振动的发生机理，为类似振动的预测提供建议。

2 试验概况

此次静态测试和气弹测试试验采用相同的模型。模型长 $L=2.9$ m，截面为以短轴 $D=180$ mm，长轴为 $1.5D$ 的椭圆形。模型采用有机玻璃制作，为减小端部流体分离对试验的不利影响，试验采用导流板和导流罩进行端部处理。在试验中，模型端部及与之的端杆、弹簧、激光位移计等均在导流板和导流罩围成的腔体中。模型端部采用上下两组刚度不同的弹簧支撑，通过调节弹簧的悬挂角度和悬挂点的距离调整模型的竖向与水平向振动频率比及扭转频率。

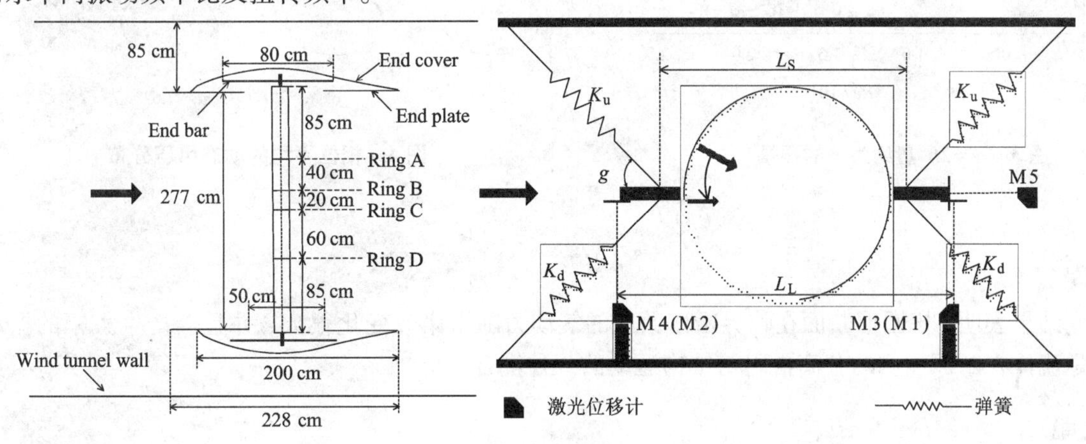

图1 试验概况

3 试验结果

图2给出了 $\alpha=26°$ 风向角下静态气动力随雷诺数的变化。图3所示为动态测试得到的量纲为一的振幅，其中结构在临界雷诺数区发生了大幅振动。图4所示为动态试验亚临界、临界和超临界三种状态下相位平均的分压分布随振动相位的变化。

* 基金项目：河北省教育厅科学技术研究优秀青年基金资助（YQ2014039），河北省自然科学基金（E2017210107）

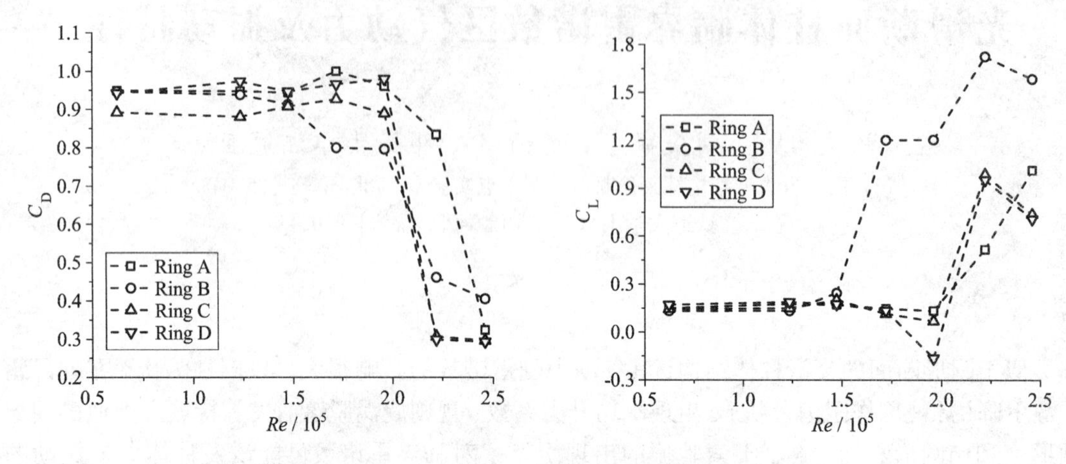

图2 $\alpha=26°$风向角下静态气动力系数随雷诺数的变化

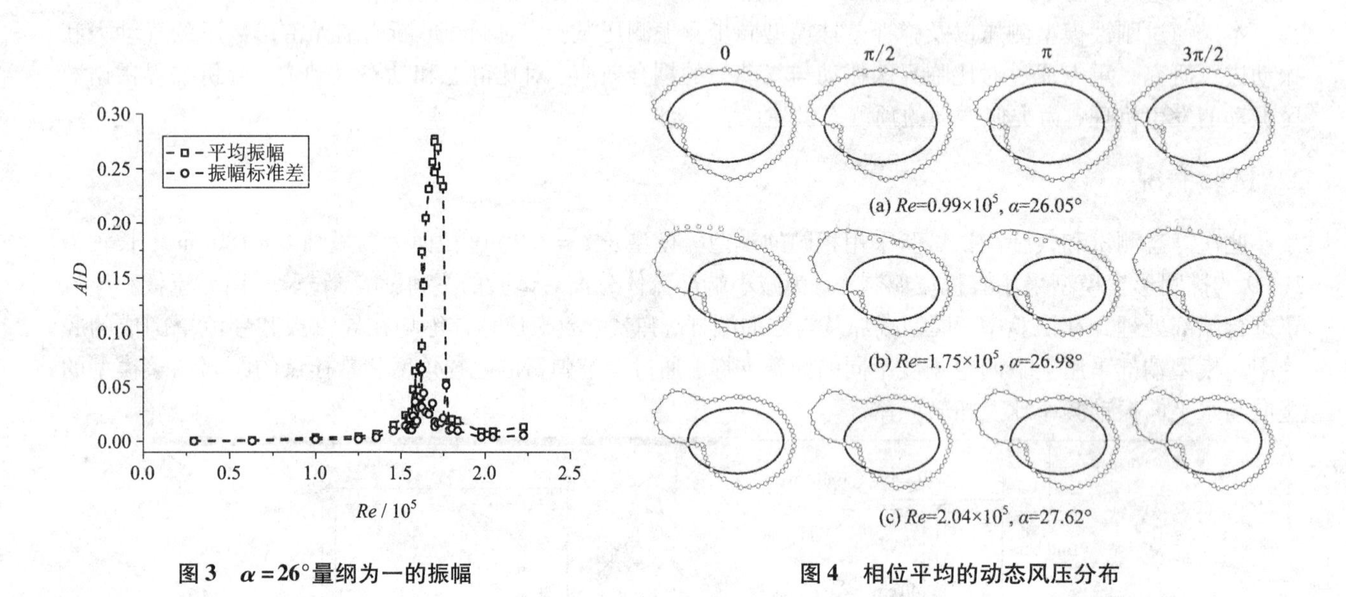

图3 $\alpha=26°$量纲为一的振幅

图4 相位平均的动态风压分布

4 结论

研究结果表明，椭圆形断面在临界雷诺数区的气动力随雷诺数变化很大，并且会产生大幅的振动，这种振动是流体在断面一侧的分离再附与结构运动的一种耦合效应。

参考文献

[1] Ma W Y, Q K Liu, X Q Du, et al. Effect of the Reynolds number on the aerodynamic forces and galloping instability of a cylinder with semi - elliptical cross sections[J]. Journal of Wind Engineering and Industrial Aerodynamics, 2015, 146: 71 - 80.

[2] 马文勇，袁欣欣，尉耀元，刘庆宽. 雷诺数对椭圆形断面气动力及驰振稳定性的影响[J]. 振动工程学报，2016，29(4)：730 - 736.

[3] Ma W, J H G Macdonald, Q Liu, et al. Galloping of an elliptical cylinder at critical Reynolds number and its quasi - steady prediction[J]. Journal of wind engineering and industrial aerodynamic, 2017(Under reviewing).

[4] Matsumoto M, T Yagi, H Hatsuda, et al. Dry galloping characteristics and its mechanism of inclined/yawed cables[J]. Journal of Wind Engineering and Industrial Aerodynamics, 2010, 98(6 - 7): 317 - 327.

典型曲面屋盖风荷载雷诺数效应试验研究*

孙瑛[1]，邱冶[2]，武岳[1]

（1. 哈尔滨工业大学结构工程灾变与控制教育部重点实验室 黑龙江 哈尔滨 150090；
2. 河海大学土木与交通学院 江苏 南京 210098）

1 引言

雷诺数效应一直是建筑工程抗风研究中的重要基础性问题。近年来，各种造型新颖的大跨度屋盖结构不断涌现，随着屋盖跨度的增加和质量轻型化，抗风设计要求更为精细化，越来越多的学者开始关注大跨度屋盖的雷诺数效应。众所周知，对于曲面屋盖结构，其气动参数随雷诺数变化显著，但至今尚无系统研究这种雷诺数效应的影响。大跨度屋盖结构大都处于大气边界层底层，其周围气流的绕流模式较为复杂，影响建筑雷诺数效应的因素诸多，主要包括屋盖几何特征、表面粗糙度和近地面高湍流度三个方面。针对不同长宽比和矢跨比柱面屋盖的雷诺数效应展开系统的风洞试验研究，通过分析模型气动参数随雷诺数的变化规律。同时以矢跨比1/4的球面屋盖作为研究对象，通过改变模型尺寸、变风速等手段在均匀流场及大气边界层湍流场下进行了变雷诺数风洞试验，探讨湍流场对雷诺数效应的影响。

2 柱面屋盖雷诺数效应风洞试验

首先对矢跨比为1/2、1/3和1/6的柱面屋盖进行动态同步测压试验，风洞试验模型和坐标系定义如图1所示，屋盖为有机玻璃板制成的刚性模型，具有足够的刚度和强度保证试验过程中不出现明显的振动。为减小风洞地板湍流边界层的干扰，试验模型均固定在高度为0.5 m的水平支撑板上，其厚度为0.02 m、宽度为2.4 m、长度为4.8 m。此外在木板迎风前缘同样做了30°倒角处理，避免来流在前缘突然发生分离。根据中雷诺数的定义，其大小主要取决于来流风速和特征尺寸，故本文通过调节试验风速和模型尺寸来改变雷诺数的研究范围。

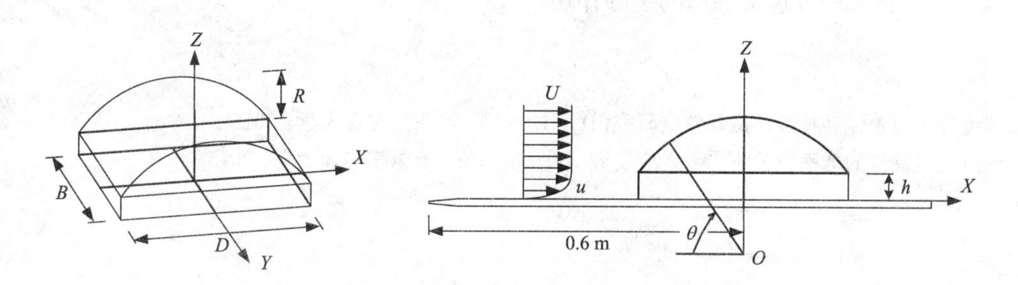

图1 柱面屋盖几何模型、坐标系定义

三种矢跨比屋盖模型的跨度D有0.2 m和0.6 m两种尺寸，分别称为小模型和中模型，其长宽比B/D均为1。以屋盖跨度作为特征尺寸，得到的雷诺数研究范围为$Re = 6.90 \times 10^4 \sim 8.28 \times 10^5$。为拓宽试验雷诺数的下限值，针对1/2矢跨比柱面屋盖还特别制作了跨度为1 m的大模型，获得的Re_{max}/Re_{min}约为20倍。空风洞中测得的来流湍流强度值为0.16%，流场整体性能良好。风洞试验模型的最大阻塞率为4.2%，无需对测量数据进行修正。风压测量采用美国Scanivalve扫描阀公司的DSM3400电子压力采集系统，对模块进行扫描测量，采样频率为625 Hz，采样时长为100 s。

* 基金项目：国家自然科学基金面上项目（51478155，51378147）

3 球面屋盖雷诺数效应风洞试验

本文应用三个不同尺度模型(0.2 m、0.6 m、1.33 m)与几种不同流场工况(1∶100 B类地貌、1∶200 B类地貌、1∶600 B类地貌、均匀流)进行组合，得到1/4矢跨比球面屋盖在不同流场不同雷诺数下的表面风荷载数据，为之后的系统分析奠定了基础。

试验在均匀流场下考察的雷诺数区间为 $8.3\times10^4\sim2.02\times10^6$。为了获得稳定的流场，最低风速设定为6 m/s；出于试验安全的角度考虑，最大风速限制在22 m/s，经计算三个模型挡风面积均不超过5%的最大阻塞度要求。

边界层湍流流场主要是运用被动模拟的方法，通过改变粗糙元、尖劈、格栅等被动模拟装置的组合、排列方式，达到在风洞中模拟不同缩尺比地貌湍流流场的目的。试验考察的雷诺数区间相应的变为 $9.66\times10^4\sim1.37\times10^6$。值得注意的是三个模型与来流湍流积分尺度的比值不同：0.2 m模型的跨度小于来流湍流积分尺度，而0.6 m、1.33 m模型的跨度均大于来流湍流积分尺度。因此可以通过试验结果对比，探讨湍流积分尺度对模型表面风荷载的影响。

4 数据分析及结论

不同长宽比柱面屋盖的雷诺数效应研究表明，随着长宽比的减小，即三维绕流效应的增加，转捩区间下限值有向高雷诺数范围转移的趋势。当长宽比 $B/D>4$ 时，模型跨中的流场呈二维特性，可忽略横风向剪切流的影响，雷诺数效应主要表现为气流沿顺风向的分离效应。1/2矢跨比柱面屋盖的转捩区间下限值 $Re_{cr}=4.14\times10^5$，在转捩区间($Re<Re_{cr}$)内，模型所受气动力随雷诺数变化显著，由横风向分离剪切流引起的旋涡脱落同样具有明显的雷诺数效应，包括Strouhal数、横风向旋涡脱落对脉动风压场的能量贡献等；随着屋盖矢跨比的减小，转捩区间下限值向低雷诺数范围转移；矢跨比 $R/D\leqslant1/6$ 柱面屋盖的雷诺数效应基本可忽略，类似于平屋盖的雷诺数效应问题，在屋盖前缘局部分离流的影响下分离边界层会直接过渡为湍流状态。

1/4矢跨比球面屋盖在均匀流场中的转捩区上限为 2.48×10^5，近地风湍流的存在使边界层分离发生了提前转捩。脉动风压系数随着雷诺数的变化相继呈现出“双峰值”和“单峰值”的分布特性，代表着屋盖表面由两种特征流动转成一种尺度旋涡的主导作用。

参考文献

[1] 邱冶. 大跨度柱面屋盖气动特性雷诺数效应研究[D]. 哈尔滨：哈尔滨工业大学，2015.
[2] 金秋. 考虑近地风湍流的球面屋盖雷诺数效应研究[D]. 哈尔滨：哈尔滨工业大学，2015.

上游结构形式对小圆柱涡激振动响应影响*

涂佳黄，杨枝龙，王志忠
（湘潭大学土木工程与力学学院 湖南 湘潭 411105）

1 引言

土木工程中的高层建筑群、桥塔与拉索及海洋工程中的平台立柱与输运管道等实际工程中都存在严重的尾激振动效应，其会威胁结构的安全与使用寿命。目前，各国学者们已经对钝体结构群的尾激振动问题开展了一些研究工作，并获得了不少成果[1-5]。本文对均匀来流作用下静止方/圆柱－双自由度小圆柱结构的尾激振动问题进行研究，并揭示尾激动力响应规律及其流场演化过程，不仅具有重要的科学意义，而且对工程应用具有显著的参考价值。

2 计算方法

本文所采用弱耦合分区算法的计算框架如下：(1)运用稳定化流体有限元方法求解流体控制方程可以获得 $t^{(n+1)}$ 时刻流场的速度与压力变量，从而得到流体作用于结构上的流体力 C_D 与 C_L；(2)然后把流体力代入结构运动控制方程运用 Newmark－β 求解得到 $t^{(n+1)}$ 时刻钝体结构动力响应($\ddot{x}$, $\dot{x}$)与($\ddot{y}$, $\dot{y}$)；(3)已知 $t^{(n+1)}$ 时刻钝体结构的速度与其他边界条件；基于拉普拉斯算法更新网格位置；(4)返回至第(1)步实施 $t^{(n+2)}$ 时刻计算；如此循环，直至该系统达到稳定状态。

3 问题描述

基于上述方法，对均匀来流作用下不同静止结构形式对双自由度小圆柱的尾激振动特性的影响进行了模拟计算。在计算中，选取雷诺数 $Re=120$(基于下游结构的尺寸)，流体特性属于层流范围内，可以假设成平面问题进行计算。计算域 x 与 y 尺寸分别为 $100D$ 与 $60D$，上游结构特征尺寸是小圆柱直径的 1.5 倍，即 $d/D=1.5$，距离为 $L=10D$(D 为下游结构特征尺寸)。固体参数如下：圆柱体的折合质量 $M_r=2.875$，折减速度 $U_r=3.0-20$，质量－弹簧－阻尼系统 x 与 y 两个方向自然频率比选取 $r=f_{nx}/f_{ny}=1.0$，$\xi=0$ 忽略阻尼效应。量纲为一的时间步长设置为 0.002。

4 计算结果分析

为了研究上游静止结构对下游双自由度小圆柱体流致动力响应的影响，选取了两种上游结构截面形式分别为方形与圆形。图 1 给出了静止方柱－双自由度小圆柱(SC)与静止圆柱－双自由度小圆柱(CC)两种工况下，下游小圆柱的运动轨迹及其流场分布的情况。由图可知，当上游静止结构为方形柱时，分离点是固定在方柱的左上角和左下角，圆柱体尾流区呈现为 2S 模式。然而，上游结构变为圆形柱时，分离点位置发生了变化，导致下游小圆柱体尾流特性从 2S 变为 2P 模式，且还有一排漩涡会出现在中间位置。另外，小圆柱体的运动轨迹也由双 8 字形变为普通 8 字形。同时，由于上游柱体的形状变化，对下游小圆柱的阻力和升力系数的影响也十分明显。

* 基金项目：国家自然科学基金青年项目(11602214)，湖南省自然科学基金青年项目(2016JJ3117)，湖南省教育厅资助科研项目(15C1318)

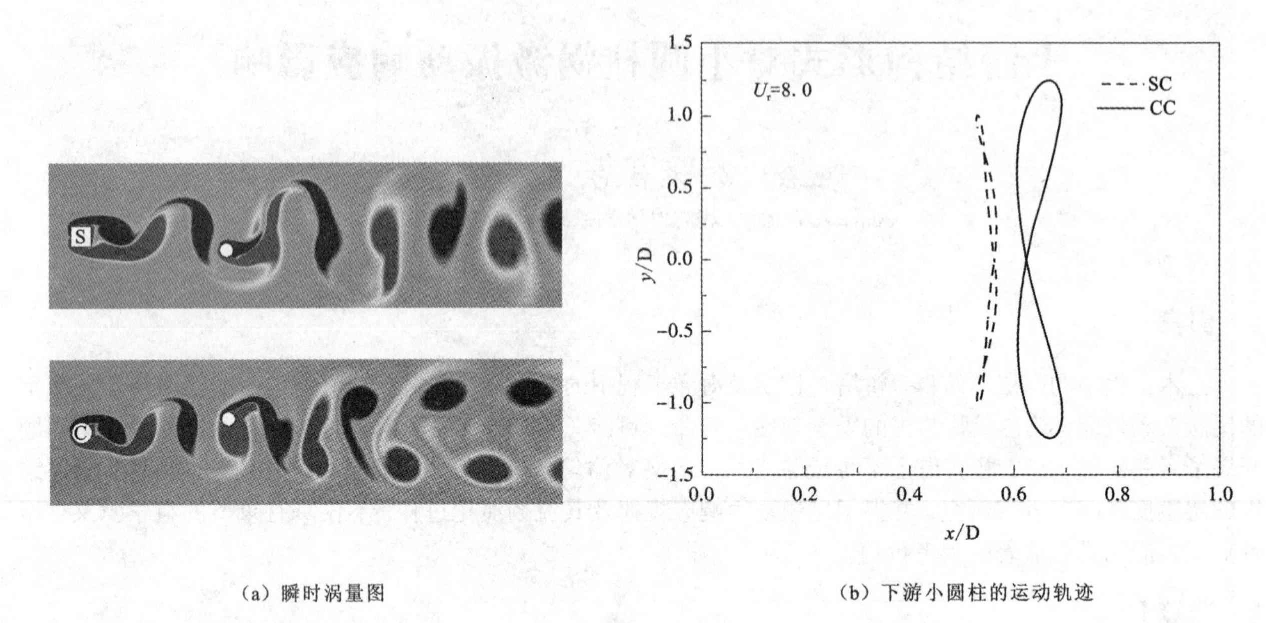

(a) 瞬时涡量图　　　　(b) 下游小圆柱的运动轨迹

图1　SC 与 CC 工况下，下游小圆柱尾流场特性与运动轨迹的情况($U_r = 8.0$)

5　结论

以土木工程中的高层建筑群与桥梁拉索、电气工程中的输电线路与海洋工程中的输运管道等为应用背景，采用四步半隐式 CBS - ALE 算法，研究了 $Re = 120$ 时，静止方/圆柱 - 双自由度小圆柱结构的尾激振动问题。研究发现：上游结构形式的改变，导致其尾流场特性发生变化，从而影响下游小圆柱的动力响应及其所受的流体力。

参考文献

[1] Borazjani I, Sotiropoulos F. Vortex - induced vibrations of two cylinders in tandem arrangement in the proximity - wake interference region[J]. Journal of Fluid Mechanics, 2009, 621: 321 - 364.

[2] Bao Y, Zhou D, Tu J. Flow interference between a stationary cylinder and an elastically mounted cylinder arranged in proximity [J]. Journal of Fluids and Structures, 2011, 27: 1425 - 1446.

[3] Han Z, Zhou D, Tu J. Wake - induced vibrations of a circular cylinder behind a stationary square cylinder using a semi - implicit characteristic - based split scheme[J]. Journal of Engineering Mechanics, 2014, 140: 04014059.

[4] Wang H, Yang W, Nguyen K D, et al. Wake - induced vibrations of an elastically mounted cylinder located downstream of a stationary larger cylinder at low Reynolds numbers[J]. Journal of Fluids and Structures, 2014, 50: 479 - 496.

[5] Zhao M, Cui Z, Kwok K, et al. Wake - induced vibration of a small cylinder in the wake of a large cylinder[J]. Ocean Engineering, 2016, 113: 75 - 89.

四、高层与高耸结构抗风

超大型冷却塔龙卷风荷载实验研究*

操金鑫[1,2,3]，曹曙阳[1,2,3]，赵林[1,2,3]，葛耀君[1,2,3]
（1. 同济大学土木工程防灾国家重点实验室 上海 200092；2. 同济大学土木工程学院桥梁工程系 上海 200092；
3. 同济大学桥梁结构抗风技术交通行业重点实验室 上海 200092）

1 引言

随着全球规模的气候变化，龙卷风等极端天气出现的频率越来越高，对于超大型冷却塔这类重要等级高的结构来说，如何保证其在龙卷风等极端天气条件下的结构抗风安全与稳定成为一个亟待解决的问题。其中，冷却塔结构在龙卷风作用下的风荷载模式是解决这一问题的前提。基于图 1 所示同济大学龙卷风模拟装置（Cao 等，2015），通过开展类龙卷风作用下的冷却塔结构刚性模型测压和测力实验，系统研究考虑龙卷风作用下冷却塔结构表面风压分布规律，内外压差荷载以及结构整体受力，对于我国超大型冷却塔建设具有重要指导意义。

图 1 龙卷风模拟装置

2 刚体模型测压实验

刚体模型测压实验几何缩尺比为 1∶1500，最大风速缩尺比为 1∶10。实验模型（图 2）外表面自上而下布置 6 层测点，每层沿环向布置 12 个测点，其中第二层测点位于冷却塔喉部；内表面在喉部布置 1 层测点，内外表面测点数为 84。模型雷诺数为 1.3×10^5。测压实验考虑了龙卷风模拟装置的导流板角度（决定气旋涡流比）、模型周边粗糙元密度（表征地表粗糙度）、结构与龙卷风涡核间的距离对结构表面风压分布的影响。

图 2 刚体测压模型

图 3 刚体测力模型

图 4 所示为光滑地表、龙卷风涡流比为 0.15 时最不利水平整体荷载发生时结构外表面各层风压环向分布结果，一方面所有风压系数均为负值（明显区别于良态风结果），另一方面，其沿环向呈现明显的数值变化，体现与良态风类似的气流绕经结构表面产生的气动作用效果。

* 基金项目：国家自然科学基金项目（51478358），中央高校基本科研业务费专项资金项目联合资助.

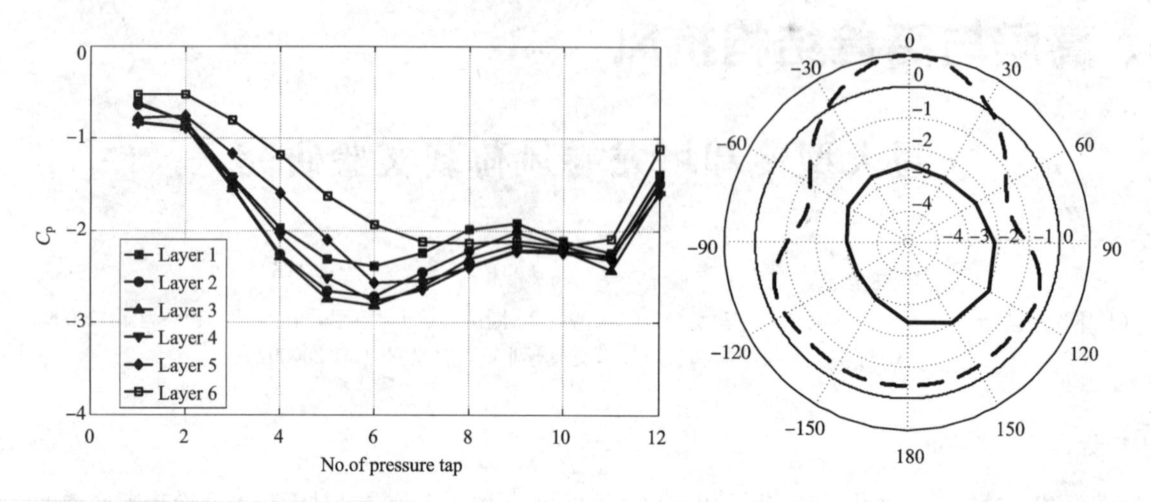

图4 最不利水平整体荷载时的壳体表面环向风压分布和喉部环向风压分布

3 刚体模型测力实验

刚体模型测力实验模型缩尺比和雷诺数与测压实验相同。模型采用铝材经车床切削加工，质量小、刚度大。主要实验参数也与测压实验相同。

测力天平采用 ATI 公司的 Nano43 F/T，该传感器的三个方向的力量程为 9 N，三个方向的力矩量程为 125 N · mm，测力精度为1%，测压信号采样频率为 300 Hz。该天平不仅可测水平合力及弯矩，还弥补了测压实验无法获取竖向吸力和结构整体扭矩的缺陷。

图 5 所示为光滑地表、龙卷风涡流比为 0.15 时结构整体水平合力和竖向力系数随结构距涡核中心距离变化的情况。其中，水平合力在结构处于龙卷风涡核半径处时最大，竖向合力则在涡核中心时最大。而在涡核半径以外，水平和竖向合力均随距离涡核中心增大而减小。

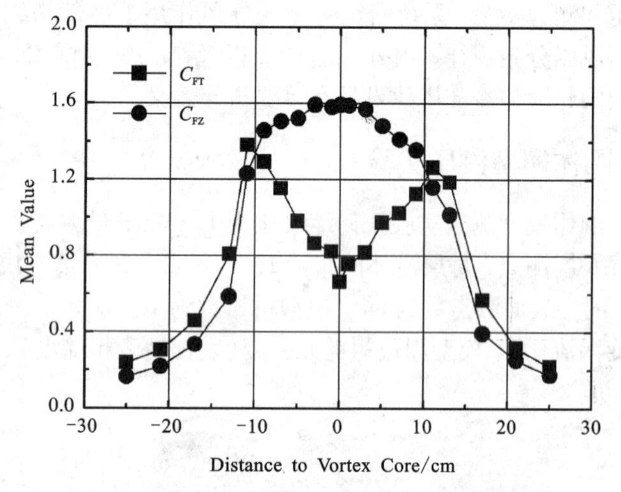

图5 结构整体水平和竖向荷载随结构距涡核中心距离的变化

4 结论

(1)冷却塔结构表面风压刚体模型测压实验表明：受龙卷风场气压降和气流对绕经冷却塔表面产生的气动作用影响，结构环向和沿高度方向表面风压分布均与常规风作用下的结果不同，其分布模型可简化为气压降作用模型和表面气动作用模型的共同作用。

(2)冷却塔结构整体受力刚体模型测力实验表明：结构水平方向合力(矩)的最不利位置出现在涡核半径附近，而竖向吸力最不利值发生在涡核中心处。

参考文献

[1] Cao S, Wang J, Cao J, et al. Experimental study of wind pressures acting on a cooling tower exposed to stationary tornado – like vortices[J]. Journal of Wind Engineering and Industrial Aerodynamics, 2015, 145: 75 – 86.

板式高层建筑脉动风场的数值与试验研究

陈水福，沈言
（浙江大学建筑工程学院结构工程研究所 浙江 杭州 310058）

1 引言

高层住宅是我国大中型城市中广泛采用的住宅形式。为了获得更好的通风、采光效果，高层住宅往往做成平面为狭长的板状形式。随着建筑高度的增加，特别是当采用对风更敏感的钢结构作为承重体系时，这类建筑的横风向风荷载及风致响应问题更为突出，有必要对其进行更深入的探索和研究。

本文以位于杭州湾的某板式住宅高层建筑群为工程背景，对这类板式建筑周围的脉动风场和风荷载进行了风洞试验和数值模拟研究。首先对该建筑群中的两幢典型建筑进行了刚性模型表面测压试验和高频动态天平基底测力试验，获得了建筑表面脉动风压的变化特性；然后对两建筑进行了考虑脉动风效应的大涡数值模拟，将模拟结果与风洞试验结果进行了比较，同时对脉动风压较大的楼层进行了三维绕流特性分析，尤其是侧风和尾流区域的分离、附着和漩涡脱落等涡流的分析，以探寻产生复杂横风向脉动风荷载的内在原因和机理。

2 试验与数值结果对比

分别对平面长宽比为2∶1、6∶1的板式高层建筑进行了缩尺比为1∶250的表面测压试验（SMPSS）和高频动态天平试验（HFFB），同时对其周围风场进行了大涡数值模拟。数值模拟时先用SST－k－ω模型进行定常计算，生成初始化流场，再用大涡模拟进行非定常计算。

图1给出了由风洞试验和数值模拟得到的0°风向角时建筑横风向基底弯矩功率谱的对比。该结果连同风荷载的时域和统计结果表明，数值模拟可以较好地反映这类建筑脉动风荷载的数值大小及沿高度的变化趋势，还能较好地反映脉动风荷载在频域上的能量分布特性。

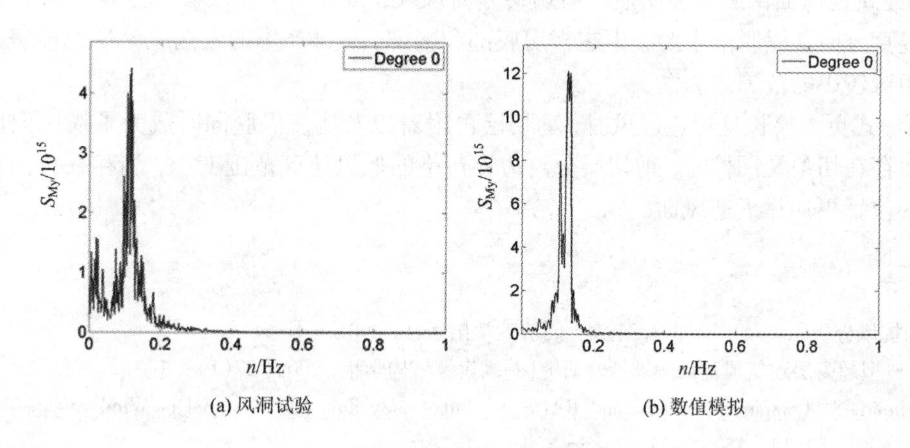

(a) 风洞试验　　(b) 数值模拟

图1 横风向基底弯矩功率谱对比

3 三维涡流特性分析

采用大涡数值模拟方法对建筑脉动风荷载达到极值的测试层（$0.2H$、$0.5H$和$0.9H$，H为楼房高）附近区域进行了绕流特性分析，侧重于横风区域中的分离流、附着流和漩涡脱落等涡流的分析，并研究了住宅截面长边复杂轮廓变化对漩涡脱落的影响。

图2给出了典型建筑在$0.5H$处的水平风速矢量图，可见在迎风面两侧存在明显的剪切层剥离现象，该剪切层延伸至建筑后方并形成交替的漩涡脱落，从而在建筑侧风面引起随时间按一定规律变化的脉动风

压。而在建筑物的底部和腰部，剪切层分离交替变化更加不对称，在建筑背侧形成的是宽度不固定的不规则漩涡脱落区域。在建筑物顶部，两侧剪切层分离更加稳定，建筑物背侧低风速区宽度保持在一个相对较窄的范围内。当建筑平面存在切角及凹槽时，由于两侧凹槽内气流回流撞击消耗了一定能量，一方面使得剪切层分离边界包络的低风速区范围变小；另一方面当存在再附着现象时，使得再附着点的位置更加靠近迎风面。

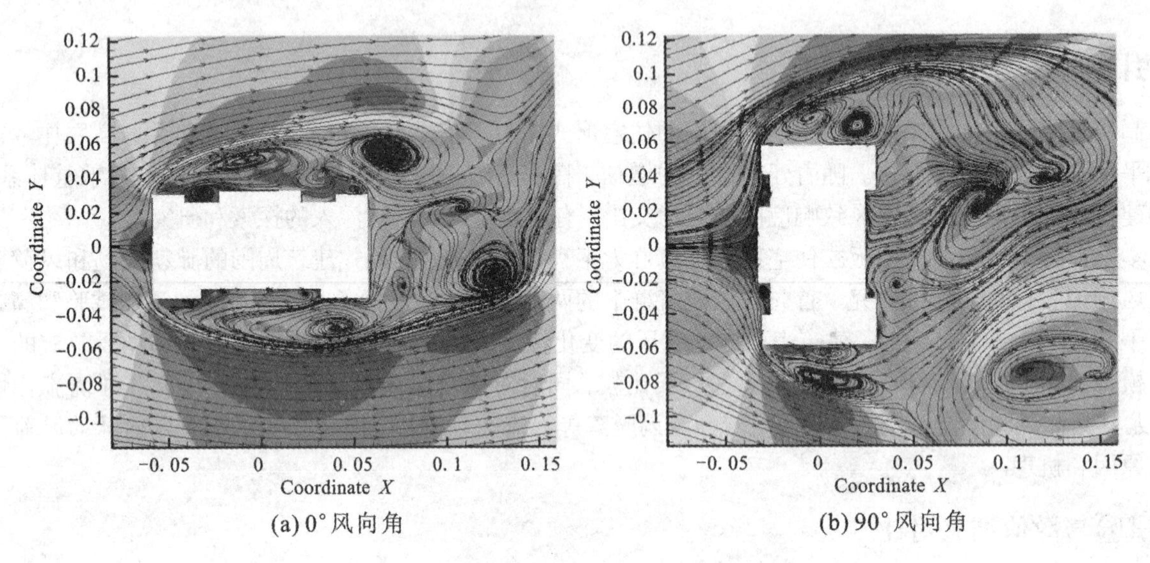

(a) 0°风向角　　(b) 90°风向角

图2　典型建筑0.5*H*处水平风速矢量图

4　结论

(1)大涡数值模拟的非定常结果能够较好地反映板式高层建筑顺风向和横风向脉动风荷载沿高度的变化规律。

(2)在板式建筑迎风面两侧存在明显的剪切层分离现象，该分离剪切层发展至建筑后方并形成交替的漩涡脱落。在竖直方向漩涡脱落主要集中在楼房底部和腰部，顶部产生的漩涡脱落受到楼房上方绕流空气的干扰在一个相对较小的范围内。

(3)当截面形式更为狭长且短边迎风时，剪切层再附着以及尾流涡脱同时成为了横风向脉动风压的产生原因。当截面存在切角及凹槽时，剪切层分离边界包络的低风速区范围变小，当存在再附着现象时还会使得再附着点的位置更加靠近迎风面。

参考文献

[1] 黄本才. 结构抗风分析原理及应用[M]. 上海：同济大学出版社，2001：64－98.

[2] 顾明，叶丰. 典型超高层建筑风荷载频域特性研究[J]. 建筑结构学报，2006，27(1)：30－36.

[3] Lubcke H, Schmidt S. Comparison of LES and RANS in bluff－body flows[J]. Journal of Wind Engineering and Industrial Aerodynamics, 2001, 89(14－15)：1471－1485.

[4] 秦云，张耀春，王春刚. 数值风洞模拟结构静力风荷载的可行性研究[J]. 哈尔滨工业大学学报，2004，26(12)：1593－1597.

风力发电塔筒极端作用下破坏的对比研究*

戴靠山[1,2]，赵志[1]
（1. 同济大学土木工程防灾国家重点实验室 上海 200092；2. 四川大学能源工程安全与灾害力学教育部重点实验室 四川 成都 610072）

1 引言

我国风电装机容量自2011年以来一直居世界第一位。但我国受台风影响严重，近年来发生了许多强风致风电塔破坏的事故[1]；另外随着部分风场建立在了地震多发区，风电塔在强震下也具有破坏的危险性[2]。风和地震虽然同为动力作用，但作用方式、频谱特性等性质均不同，因此风电塔的破坏规律也存在差异。本文对于某典型风电塔进行有限元建模，分别对于强风和强震进行时程分析，探讨风力发电塔在极端作用下破坏的规律性。

2 模型建立与外部输入

2.1 模型建立

有限元模型基于1.5 MW三叶片水平轴风电塔 Nordex S70 建立[2]。塔筒为近圆柱钢结构，总高度为61.8 m，轮毂高度为64.65 m，底部直径为4355 mm，顶部直径为2955 mm。钢材屈服应力为355 MPa，极限应力为470 MPa，极限应变为0.547。塔筒使用3D壳单元建立，塔底门洞使用梁单元建立。上部叶片和机舱分别简化为两个偏心质量点，集中质量分别为26.886 t和60 t。考虑在强风或强震下，风电塔处于停机工况，因此结构阻尼比设置为1%。

2.2 外部输入

使用风电塔风场生成软件 Turbsim 生成风速时程，为了更加精确地求得由于叶片气动效应引起的塔顶风荷载，使用风机设计软件 FAST 对该风电塔（包括叶片和机舱）建模并导出塔顶荷载作为 ABAQUS 中的顶部风荷载时程，塔身风荷载使用建筑荷载规范中的方法计算。湍流度为0.16，脉动风谱为 IEC Kaimal 谱，持时为300 s，时间步长为0.01 s。考虑设置为最不利入流方向，风荷载平行于风轮平面方向，桨距角为90°。考虑风的随机性，经过试算选用轮毂处平均风速为55 m/s的三组风荷载时程。由于风电塔的结构不对称可能产生扭转效应，因此使用三向地震动进行时程计算，选用 PEER 数据库中的三组适用于硬土场地的地震动记录，峰值加速度调幅为2.5g，时间步长为0.01 s。

3 结果分析

3.1 结构模态及外部输入频谱分析

经过模态分析，风电塔前三阶频率为0.49 Hz、4.34 Hz、12.06 Hz。对于风、地震两种荷载时程进行功率谱分析，由于风和地震荷载性质不同，将分析结果进行最大值归一化处理，使两者的频谱结果具有对比意义，分析结果如图1所示。可以看到，风速频谱能量在结构基本频率前分布较高，而地震频谱能量则在结构高阶频率左右也有较高分布，因此两种极端荷载下风电塔可能因和结构自振特性关联频段不同而存在不同的破坏规律。

3.2 非线性时程分析

极端作用下塔筒的破坏情况（限于篇幅仅取代表性破坏情况）及塔顶位移时程图如图2所示。在强风或强震下，塑性铰首先在底部产生，随后向上部发展。在强风下风电塔均破坏于底部，说明结构受基本模态控制，在强震下风电塔破坏于2/5（Kobe波）或2/3（El Centro波和Taft波）处，说明结构受高阶模态影响，以上结果与频谱分析结论对应。

* 基金项目：上海市国际合作项目（16510711300），能源工程安全与灾害力学教育部重点实验室开放基金（EES201603）

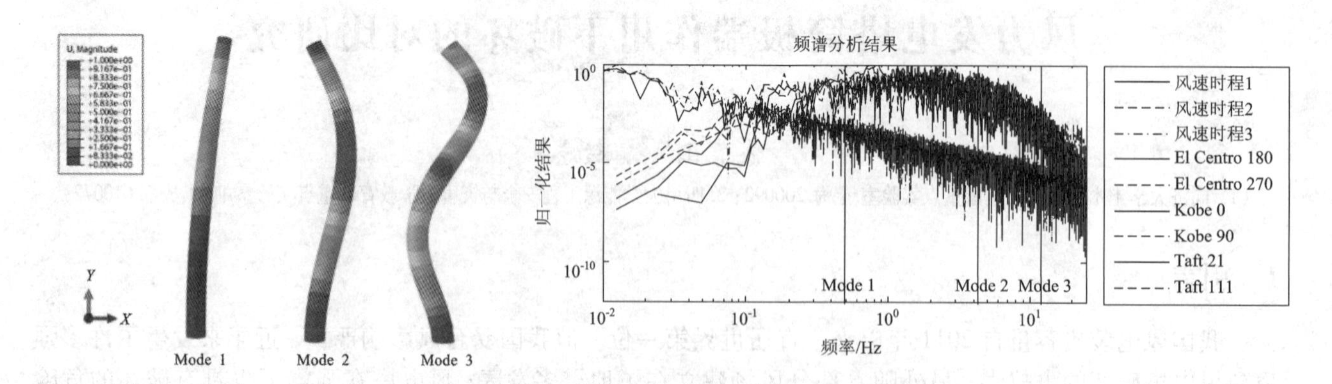

图1 结构模态及外部输入功率谱分析结果图

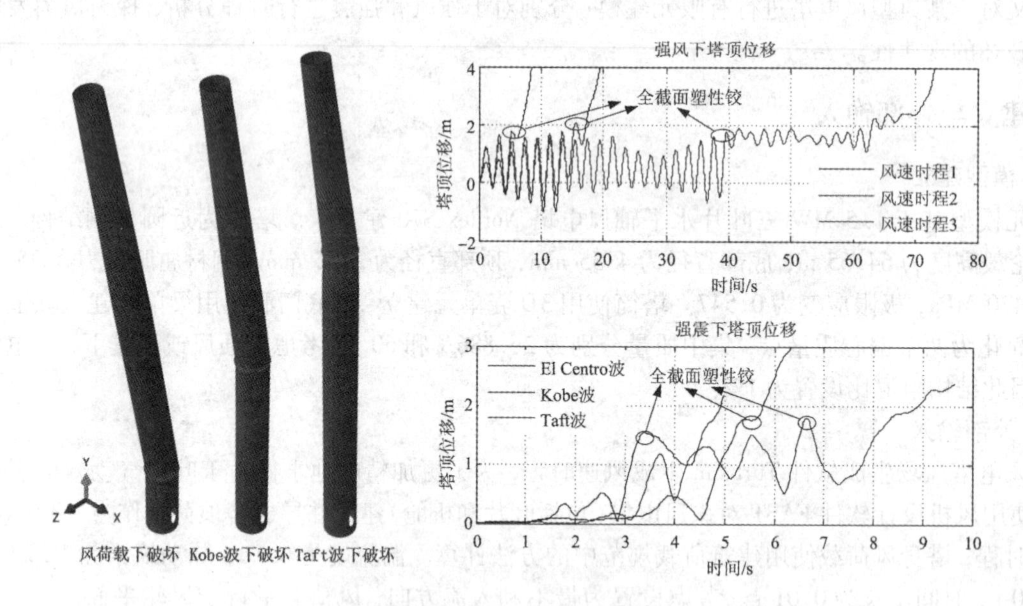

图2 塔筒破坏情况及塔顶位移时程图

4 结论

本文使用有限元非线性时程分析的方法对于风电塔在极端作用下破坏进行对比研究。研究表明，在极端作用下全截面塑性铰一旦形成即面临倒塔。随机风荷载对于塑性铰发生时间和倒塔历经时间有影响，不同天然地震动除此之外还可能导致不同破坏位置。强风下塔筒在底部破坏，受基本模态控制；强震下塔筒在中上部破坏，受高阶模态影响。

参考文献

[1] Chen X, Xu J Z. Structural failure analysis of wind turbines impacted by super typhoon Usagi[J]. Engineering Failure Analysis, 2016, 60: 391 -404.

[2] Sadowski A J, Camara A, Málaga - Chuquitaype C, et al. Seismic analysis of a tall metal wind turbine support tower[J]. Earthquake Engineering Structural Dynamics, 2017, 46: 201 -219.

雷暴冲击风下高层建筑风荷载特性试验

黄汉杰，严剑锋，岳庭瑞
（中国空气动力研究与发展中心低速所 四川 绵阳 621000）

1 引言

极端气象条件下建筑风荷载及抗风性能的研究一直是国内外风工程界关注的重要课题。雷暴冲击风（又称"下击暴流"）是一种常见的强对流特殊气象，是雷暴云中强烈下沉气流猛烈撞击地面并沿地表辐散流动造成的强低空风切变，其流场具有壁面射流的部分特征[1]。雷暴冲击风剖面与大气边界层风剖面区别很大。地表面扩散距离小于4 km的雷暴冲击风是一种普遍现象，其瞬间风力可超12级，是非台风地区极值风速形成的重要原因。雷暴冲击风在包括澳大利亚、美国、日本等国家和地区，造成了大量工程结构物的破坏，国内也时常有此类灾害性天气的报道。近几十年来，国内外学者对雷暴冲击风研究主要着重于风场特性方面，而对建筑结构风荷载的研究相对较少[2]。

2 试验概况

试验在气动中心低速所雷暴冲击风模拟装置进行。装置如图1所示，其主要技术指标为：喷口直径600 mm；喷口风速最大值28.3 m/s；喷口移动速度大于1.60 m/s；喷口相对高度600～2000 mm可任意调节，相当于喷口直径1.0～3.3倍。装置能够提供稳定的均匀射流，与冲击壁流模型相吻合，能有效模拟雷暴冲击风。圆截面的高层建筑测压模型高100 mm，直径50 mm，缩尺比为1∶1000，模型底部固定于工作平台上，表面测点沿圆周等角度分布在8个竖向剖面上，从下到上共8层。另有一个正方形截面建筑模型作为干扰模型，模型安装如图2所示。

图1 雷暴冲击风模拟装置

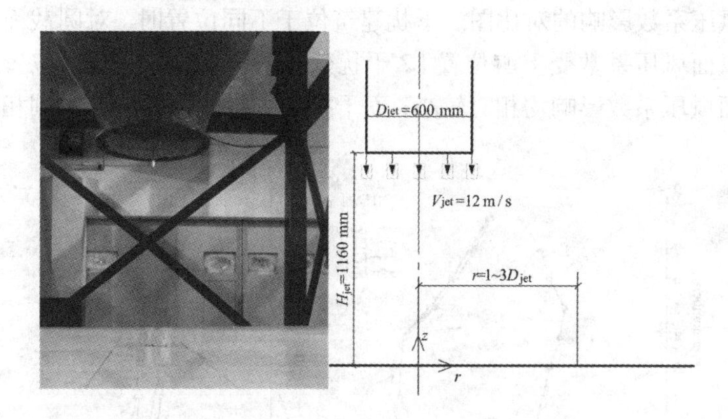

图2 模型安装照片及试验工况示意图

3 结果与分析

试验风向角为0°，图3给出了C1（迎风面）、A1（背风面）和A3（侧风面）各测点平均风压系数随模型距喷口径向距离变化（0.75～3.0D_{jet}）的对比图。随着径向距离r进一步增大，来流流场主要表现为近地面的径向水平流动，r大于0.75D_{jet}，在各径向位置，迎风面各点平均风压系数均为正值，其余几个面平均风压系数均为负压，其中侧风面的风压系数一直保持为最小值。迎风面平均风压系数随径向距离增大而减小。A1、A3的最小负值均出现在r为1.0D_{jet}附近，这和雷暴冲击风水平风速沿径向分布的大小规律一致。整体而言，各点脉动风压系数，特别是当r为1.0～2.0D_{jet}脉动风压系数值相比于其他位置有明显增加，说明各点受到近地面气流中湍流因素影响明显。各剖面测点平均风压系数沿层高变化的曲线形状在各径向位置处均较相似。迎风面C1平均风压系数沿层高先增大至最大值，在第2～3层之后开始减小。r为1.0～1.75D_{jet}时，C1剖面各点压力系数分布的曲线弯曲度最明显，该变化规律与同位置处雷暴冲击风径向水平风速沿高度方向的分布形式相似。迎风面脉动、峰值风压系数也存在类似随层高的变化规律，这说明建筑迎风面极值风压出现建筑下部，而常规大气边界层风场中高层建筑迎风面风压极值一般出现在靠近建筑顶部位置，两者存在明显差别。

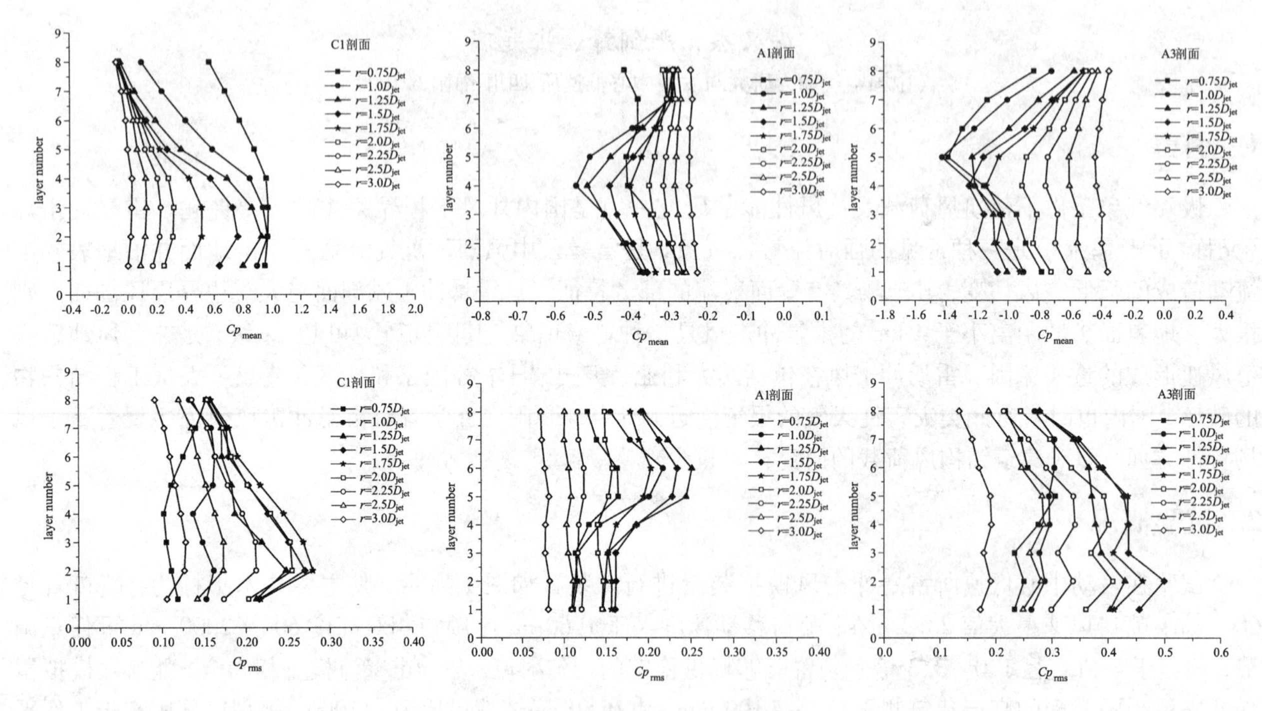

图 3 径向位置对风压系数的影响

图 4 为不同位置干扰建筑(下游 L1、上游 L2、侧面 L3，干扰建筑与圆截面建筑中心距 75 mm)对各面风压系数影响的对比图。干扰建筑位于不同位置时，对圆截面建筑表面风压分布的干扰效应各不相同；迎风面风压系数受上游位置 L2 干扰建筑的影响较大，其余位置的干扰影响则较小；各位置干扰建筑对背风面风压系数影响均相对较小；而干扰建筑对侧风面的影响则相对更明显。

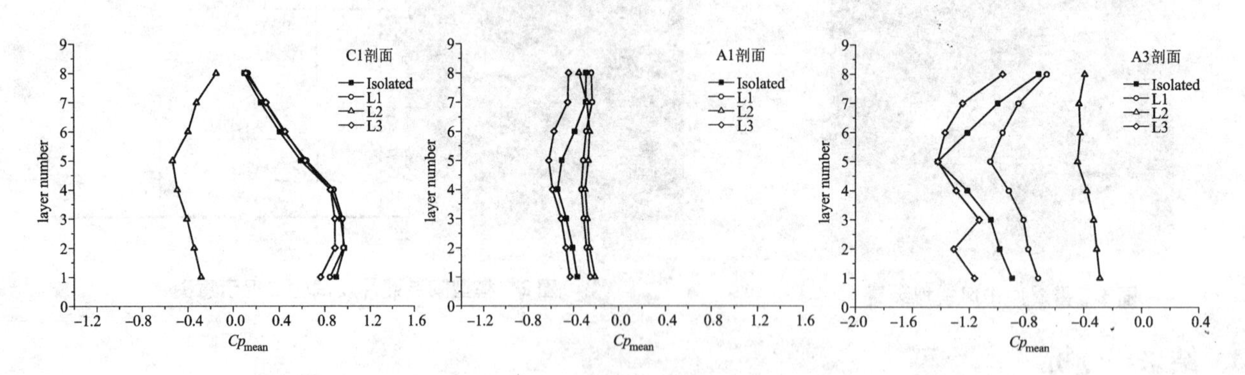

图 4 干扰建筑位置对风压系数的影响

($v = 28.3$ m/s, $r = 1.0D_{jet}$)

参考文献

[1] Fujita T T. The downburst: microburst and macroburst: report of projects NIMROD and JAWS[R]. 1985: Satellite and Mesometeorology Research Project, Dept. of the Geophysical Sciences, University of Chicago.

[2] 陈勇，崔碧琪，余世策，楼文娟，孙炳楠. 雷暴冲击风作用下球壳型屋面模型风压特性试验研究[J]. 建筑结构学报，2011，32(8)：26-33.

台风场湍流参数不确定性对高层建筑风效应影响分析

李利孝[1]，王金宝[2]，肖仪清[2]，宋丽莉[3]
（1. 深圳大学广东省滨海土木工程耐久性重点实验室 广东 深圳 518060；
2. 哈尔滨工业大学深圳研究生院 广东 深圳 518055；3. 中国气象局公共气象服务中心 北京 100081）

1 引言

现行结构抗风设计规范在估算结构风荷载时，假定描述流场运动特性的湍流参数，如湍流强度、积分尺度等为确定值，然而真实的流场参数却是服从特定概率分布的随机参数[1]。这种不确定的湍流参数作用于线弹性结构体系时，导致结构响应亦具有一定的随机性。从概率角度研究结构风荷载是目前风工程领域研究的一个热点问题[2]。本文将利用基于实测台风过程统计分析所得湍流参数的概率模型，通过 Copula 函数[3]构建湍流参数间的联合概率分布函数，基于该联合概率分布函数对一典型高层建筑进行风振分析，探讨台风场湍流参数的不确定性对高层建筑风效应的影响。

2 台风场湍流参数联合概率分布模型构建

2.1 基于 Frank Copula 函数的联合概率分布函数理论分析

根据湍流参数样本数据特点，边缘概率分布及负相关性等特点，根据藤 Copula 函数原理构建湍流参数联合概率密度函数 $f(I_u, L_u, g)$：

$$f(I_u, L_u, g)=f(L_u)\times f_{2|1}(I_u|L_u)\times f_{3|1,2}(g|I_u, L_u) \tag{1}$$

对式(1)条件概率密度函数 $f_{2|1}(I_u|L_u)$ 和 $f_{3|1,2}(g|I_u, L_u)$ 进行如下分解：

$$f_{2|1}(I_u|L_u)=\frac{f(I_u, L_u)}{f_1(L_u)}=c_{12}(F_1(I_u), F_2(L_u))\times f_2(I_u) \tag{2}$$

$$f_{3|1,2}(g|I_u, L_u)=c_{13|2}[F_{1|2}(I_u, L_u), F_{3|2}(g, L_u)]\times c_{23}[F(L_u), F(g)]\times f_3(g) \tag{3}$$

$$F_{1|2}(I_u, L_u)=\frac{\partial C[F(I_u), F(L_u)]}{\partial F(L_u)} \tag{4}$$

则湍流强度、湍流积分尺度和峰值因子间联合概率密度函数可表示为：

$$f(I_u, L_u, g)=f_1(I_u)f_2(L_u)f(g)c_{12}(\mathrm{u}, v|\theta_1)c_{23}(v, w|\theta_2)c_{13|2}[F_{1|2}(I_u, L_u), F_{3|2}(L_u, g)|\theta_3] \tag{5}$$

最后采用基于极大似然估计法对式(5)未知参数 θ_1、θ_2、θ_3 进行计算。

2.2 实测湍流参数间联合概率分布模型建立

基于实测影响广东省六次台风构建湍流参数（湍流强度、积分尺度和阵风因子）之间的联合概率分布模型，单个湍流参数的概率分布模型见文献[4]。通过上述方法构建的联合概率分布函数模拟重构得样本与实测样本有较好的一致性。图 1 所示为模拟样本之间的相关关系。实测湍流参数和模拟湍流参数间相关性矩阵如下所示：

$$\boldsymbol{X}=\begin{bmatrix}1 & -0.103 & 0.136\\ -0.103 & 1 & -0.167\\ 0.136 & -0.167 & 1\end{bmatrix}\qquad \boldsymbol{Y}=\begin{bmatrix}1 & -0.131 & 0.127\\ -0.131 & 1 & -0.165\\ 0.127 & -0.165 & 1\end{bmatrix}$$

式中，$\boldsymbol{X}$ 为实测湍流参数间相关性矩阵，$\boldsymbol{Y}$ 为模拟湍流参数间相关性矩阵。

3 湍流参数不确定性对高层建筑风效应响应分析

3.1 某典型高层建筑基本参数

选取某典型高层建筑进行风振响应分析，该建筑总重 551 t，正方形截面，宽为 37.7 m，高 157.7 m，体型系数为 1.30。基本自振周期为 4.2 s，阻尼比为 0.05，地区基本风压 0.55 kN/m^2。

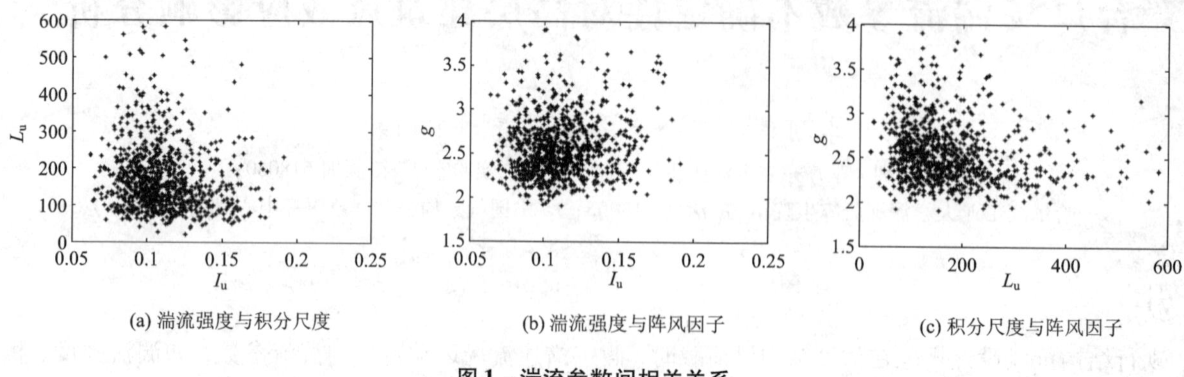

图 1　湍流参数间相关关系

3.2　结构顶点位移响应和加速度响应特性分析

基于本文所建立的联合概率分布模型，对各湍流参数进行模拟重采样 900 次，然后利用上述湍流参数分别计算结构的顶点位移和加速度响应，如图 2 所示，并与规范推荐值计算结果进行比较，发现规范结果具有 90% 概率保证率。

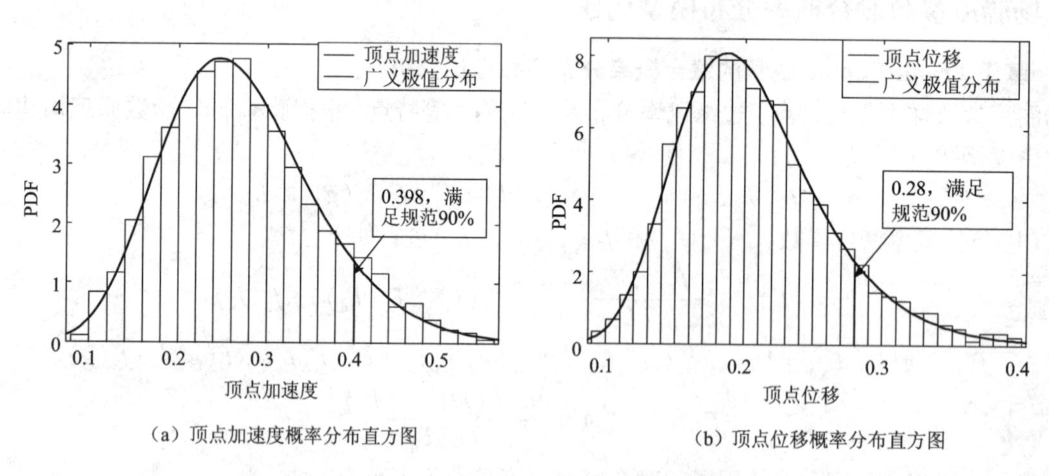

（a）顶点加速度概率分布直方图　　（b）顶点位移概率分布直方图

图 2　顶点加速度、位移概率分布直方图

4　结论

本文基于实测台风样本，建立了湍流参数的联合概率分布模型，基于该模型重采样了样本数据，对其有效性进行了验证，同时分析了湍流参数不确定性对某典型高层建筑顶点位移和加速度响应的影响，并与规范推荐值进行比较。

参考文献

[1] Li L, Kareem A, Xiao Y, et al. A comparative study of field measurements of the turbulence characteristics of typhoon and hurricane winds[J]. Journal of Wind Engineering and Industrial Aerodynamics, 2015, 140: 49 – 66.

[2] 吴迪. 大跨屋盖结构风效应不确定性及抗风设计方法研究[D]. 哈尔滨：哈尔滨工业大学, 2012.

[3] Joe H, Xu J J. The estimation method of inference functions for margins for multivariate models[D]. Columbia: University of British Columbia, 1996.

[4] 李利孝. 热带气旋边界层风场剖面和工程湍流特性研究[D]. 哈尔滨：哈尔滨工业大学, 2012.

基于电涡流 TMD 的太阳能热发电塔模型减振试验研究*

李寿英[1]，刘敏[1]，李红星[2]，陈政清[1]
(1. 湖南大学风工程与桥梁工程湖南省重点实验室 湖南 长沙 410083；2. 西北电力设计院 陕西 西安 710032)

1 引言

调谐质量阻尼器(Tuned Mass Damper，TMD)作为一类常用的消能减振装置已在高层及高耸结构的风振控制中得到广泛应用，如悉尼的 Centerpoint 电视塔、波士顿的 John Hancock 大厦、台北 101 大厦、广州新电视塔等均设置了 TMD 控制风致振动。然而传统 TMD 的阻尼元件通常采用黏滞阻尼器，存在漏油、维护困难且后期阻尼比难调节等缺点。为更好地满足工程结构的减振控制要求，近年来工程界开始将电涡流阻尼技术应用于 TMD，如上海中心大厦安装的摆式电涡流 TMD。与传统 TMD 相比，电涡流 TMD 无机械摩擦，无工作流体，维护简单，并可实现阻尼后期调节，简单可靠。然而，目前在国内外针对结构模型电涡流 TMD 减振试验却甚少开展。鉴于此，本文以某 243 m 高的圆形截面太阳能热发电塔为原型，设计了一个微型电涡流 TMD 减振器应用于该发电塔 1∶200 比例、阻尼比 0.7% 的气弹模型，进行风洞试验，评估了其减振效果，以期为原型结构及类似高耸结构的减振控制提供参考和依据。

2 微型电涡流 TMD 的设计

TMD 设计之前，首先要根据需要确定减振的响应量以及对减振响应量起主要贡献的模态阶数，从而进行 TMD 参数优化，确定 TMD 安装位置。然后再确定最优设置时 TMD 的频率比和阻尼比与质量比的关系。一般来说，质量比越大，减振效果越好，但过大的质量会带来施工困难、增加结构内力等缺点，因此通常取值为 1% ~5% 之间[1-2]。

基于原型结构有限元分析和动力相似理论及其气弹模型的前期风振响应试验研究，可知结构以一阶弯曲振动为主，对应的模型频率为 9.72 Hz。本文按质量比为 1% 确定微型电涡流 TMD 质量为 5 g，安装位置为结构顶部。由于气弹模型制作过程中，根据结构本身的特点，放松了 Froude 的模拟，若 TMD 按常见摆式设计则摆长不到 2 mm，制作安装中无法实现，因此最终设计采用悬臂梁形式。采用钢丝作悬臂梁，质量单元永磁体悬挂于梁的自由端，铝板作为导体板。通过改变钢丝的有效长度调节该 TMD 的频率，阻尼调节则通过改变永磁铁与铝板之间的气隙来实现。按频率比与阻尼比优化计算公式调试出该微型电涡流 TMD 针对所研究结构模型的频率和阻尼比分别为 9.77 Hz 和 6%。

3 气弹模型减振典型试验结果

按照 ASCE/SEI7 -10 中的 C 类地貌在湖南大学 HD -2 风洞高速段对气弹模型分别进行了多个风速下的光塔和加装 TMD 后两种情况的风振响应测试(图 1)。测试过程中同步记录顶部加速度响应，位移响应、基底力以及实时风速。

图 2 所示为模型安装 TMD 前后换算到实际结构之后的顶部加速度响应及基底剪力、弯矩根方差与均值对比，其中 X、Y 轴分别表示横风向、顺风向。

4 结论

以某发电塔为工程依托，设计了微型电涡流 TMD 并应用于其 1∶200 比例气弹模型风洞试验，该 TMD 可实现刚度与阻尼的完全分离，可调性强，结构模型加装 TMD 后，涡振现象得以有效抑制，响应峰值可减小 2/3 左右，验证了该 TMD 良好的减振效果。

---

* 基金项目：国家自然科学基金项目(51578234)，国家重点基础研究发展计划("973"计划)项目(2015CB057702)

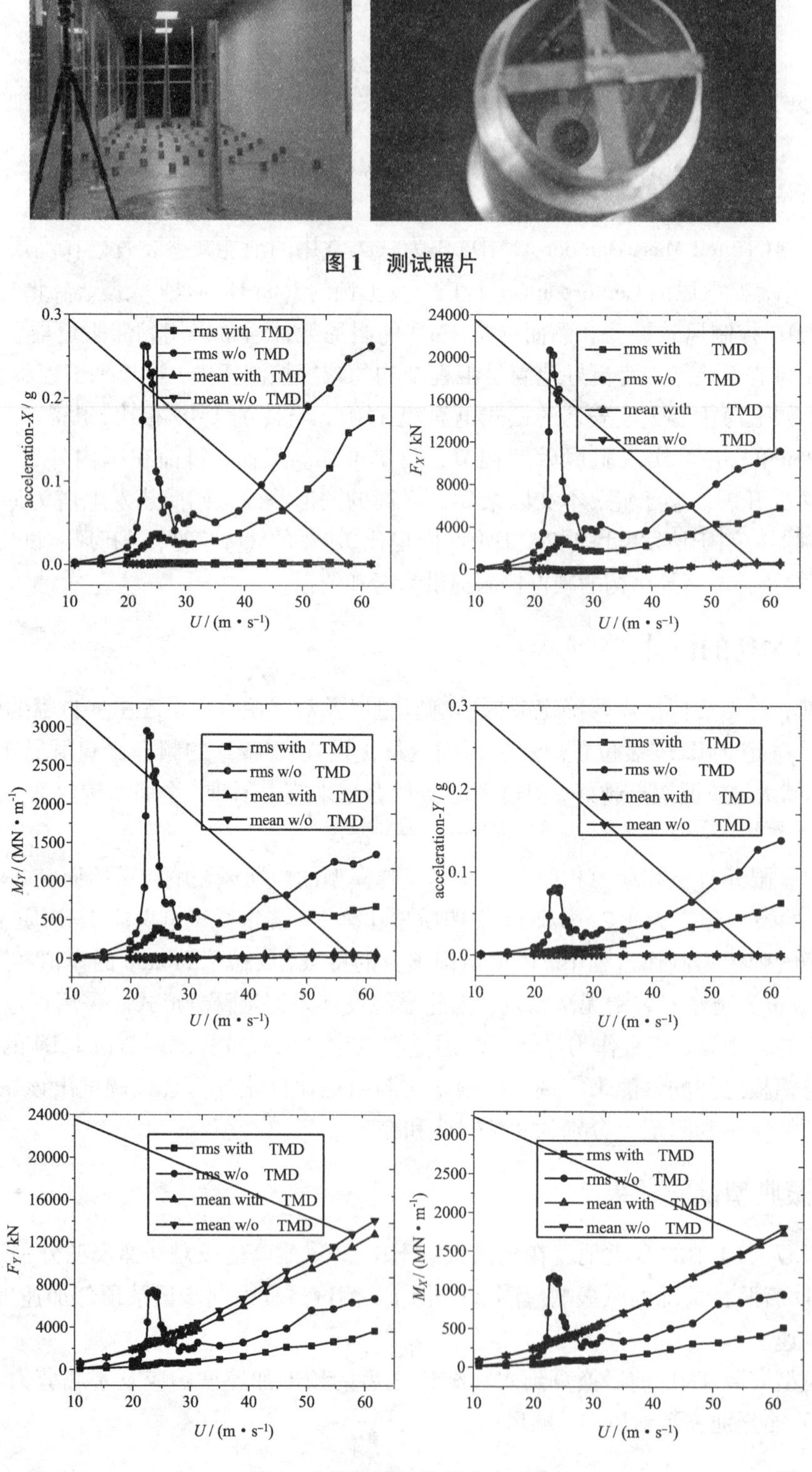

图1 测试照片

图2 安装 TMD 前后响应对比

参考文献

[1] Soong T T, Dargush G F. Passive energy dissipation systems in structural engineering[M]. New York: John Wiley&Sons, 1997: 227 – 240.

[2] 陈政清. 工程结构的风致振动、稳定与控制[M]. 北京: 科学出版社, 2013: 495 – 508.

高层建筑的台风风荷载对比研究

李孙伟[1]，裴正南[2]，陈纬柏[3]
（1. 清华大学深圳研究生院海洋科学与技术学部 广东 深圳 518055；2. 清华大学土木工程系 北京 100086；3. 香港天文台 香港）

1 引言

随着沿海地区人口密度的不断增长，台风灾害导致的财产损失持续增加[1]。台风边界层风剖线即平均风速随高度变化的曲线，是确定结构所受台风风荷载取值的一个重要模型。国外利用下放探空(Dropsonde)对台风风场观测研究结果显示距离地平/海平面500 m高度处存在一个激流层[2-4]，该位置台风风速达到最大值。由于最新的台风边界层风场研究成果指出了常规对数律或者指数率模型的不足，仍然使用规范给出的风剖线模型进行台风风荷载的估计将和实际情况产生一定程度的偏差。

2 平均风剖线模型对比分析

2.1 下放探空数据风剖线模型

Vickery等[4]根据1997—2003年期间观测到的台风风速剖线数据提出了适用于工程实际的台风边界层平均风剖线模型公式

$$U(z)=\frac{u_*}{k}\left[\ln\left(\frac{z}{z_0}\right)-a\left(\frac{z}{H^*}\right)^n\right] \tag{1}$$

式中：在对数律的基础上增加了一个修正项。该模型给出的风速随高度的变化规律主要取决于摩阻速度(u^*)、粗糙长度(z_0)以及边界层表征高度(H^*)。

2.2 平均风剖线模型对比分析

Vickery模型拟合结果显示台风边界层平均风剖线存在一个超梯度风速，在该位置处风速达到最大，这与现行规范采用的风剖线模型是存在差异的。本文研究表明香港规范得到风速高度变化曲线与Vickery模型结果相接近，中国规范由于指数取值偏保守在该范围内均大于Vickery模型结果。另外，当粗糙长度取值高于0.0200 m时，按照Vickery模型计算得到的风速变化系数结果在300 m以下范围，大部分都高于根据中国大陆和香港两地规范计算得出的结果。

3 某高层建筑结构数值模拟

3.1 计算模型

本文以深圳平安国际金融中心为例，建立刚性模型数值风洞，以不同参数对应Vickery模型风剖线为速度入口条件进行模拟，与按照中国规范计算结果进行比较。

3.2 数值模拟结果

模拟结果与规范计算风荷载曲线对比发现，对迎风面和背风面来说，建筑整体高度范围内根据中国规范A类地形条件计算得到的风荷载结果都是偏于保守的。根据D类地形条件计算结果在迎风面20～297 m高度区间存在规范计算结果对风荷载的低估。与按照规范A类地形计算结果对比，粗糙长度小于0.0400 m时，按照规范得到的结果都是偏于安全的。粗糙长度取值达到0.0400 m时，90～166 m高度区间出现规范计算结果对风荷载的低估。粗糙长度取值为0.0800 m时，整体高度范围均存在按照规范计算结果对风荷载低估的情况。与按照规范D类地形计算结果对比，近地高度范围普遍存在规范结果对风荷载低估的现象，并且随着粗糙长度取值增加，低估情况趋于严重。

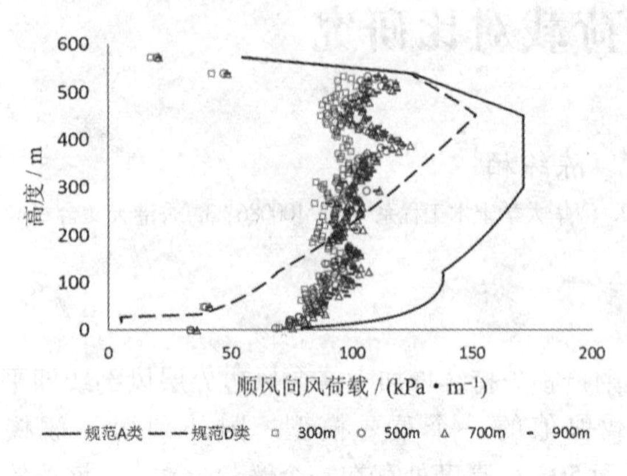

图 1　表征高度对风荷载影响

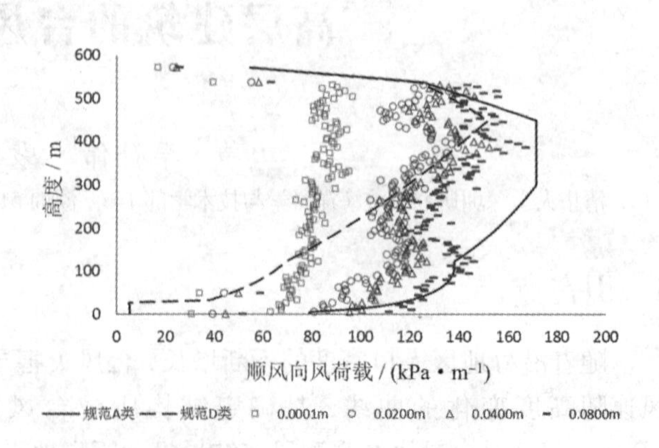

图 2　粗糙长度对风荷载影响

4　结论

Vickery 模型中边界层表征高度和粗糙长度是决定台风条件下风速随高度分布规律十分重要的两个参数。本文中对比研究发现，边界层表征高度取值影响主要体现在其取值高度及以上范围内，对近地范围风速分布规律影响极小。粗糙长度对风速分布的影响要更为显著，影响高度也更大。

参考文献

[1] Pielke R A, Gratz J, Landsea C W, et al. Normalized Hurricane Damage in the United States: 1900—2005[J]. Natural Hazards Review, 2008, 9(1): 621 - 631.

[2] Franklin J L, Black M L, Valde K. GPS Dropwindsonde Wind Profiles in Hurricanes and Their Operational Implications[J]. Weather & Forecasting, 2003, 18(1): 32 - 44.

[3] Kepert J. The dynamics of boundary layer jets within the tropical cyclone core. Part I: Linear theory[J]. Journal of the atmospheric sciences, 2001, 58(17): 2469 - 2484.

[4] Vickery P J, Wadhera D, Powell M D, et al. A Hurricane Boundary Layer and Wind Field Model for Use in Engineering Applications[J]. Journal of Applied Meteorology & Climatology, 2009, 48(2): 381 - 405.

大型钢结构冷却塔风荷载取值研究

牛华伟[1]，陈政清[1]，李红星[2]
（1. 湖南大学土木工程学院风工程与桥梁工程湖南省重点实验室 湖南 长沙 410082；
2. 中国电力工程顾问集团西北电力设计院 陕西 西安 710075）

1 引言

冷却塔是普遍用于火电厂与核电站中循环水冷却的重要构筑物，目前已建成的大型冷却塔基本是双曲线型的混凝土结构冷却塔。随着电站装机容量不断增加，冷却塔的高度也越来越大，目前国内建设的混凝土冷却塔最大高度已超过200 m，工程造价、施工难度和施工周期也随之增加[1-4]。与之相比，在西北地区空间冷塔建设中，由高耸空间网架支承的大型钢结构冷却塔逐步具备造价和施工周期上的优势。但是，本项目研究的钢结构冷却塔塔高为180 m，上塔筒直径为96 m，下部塔筒为截锥渐变段，实际结构的最下部设置有安装散热系统的平台。与传统的混凝土双曲线冷却塔不同，钢结构冷却塔的特点主要体现在两个方面：1)形状不同，钢结构冷却塔上部为等直径圆柱，下部塔筒为截锥形渐变段；2)外表面粗糙情况不同，钢结构塔外表面采用压型钢板蒙皮，具有比传统混凝土冷却塔大得多的等效粗糙度。然而，现有研究表明，塔体外形与表明粗糙度都会显著影响圆形截面冷却塔的风荷载特性[5-8]，因此需要在结构设计中对该类钢结构冷却塔进行专门研究。

2 单塔外表面风压分布荷载研究

2.1 外表面风压分布曲线

钢结构间接冷却塔外表面采用带凸肋的围护面板，其加劲肋的高度为29 mm，肋条间距为199 mm，表面等效粗糙度 $k/s=0.146$，而德国 VGB 规范采用 Niemann 等人的研究成果列出的有效粗糙度范围是0.006～0.1。因此，该钢结构冷却塔表面风压分布与现有混凝土壳体双曲线型冷却塔不同，它既有别于国内常见的光滑表面冷却塔结构，也因为其表面等效粗糙度 k/s 大于现有的任何大型混凝土冷却塔结构而与国外使用的带肋冷却塔不同，所以本文基于等效粗糙度圆柱在不同雷诺数下的风压分布模拟来得到目标风压曲线数据，试验模型和结果如图1所示。

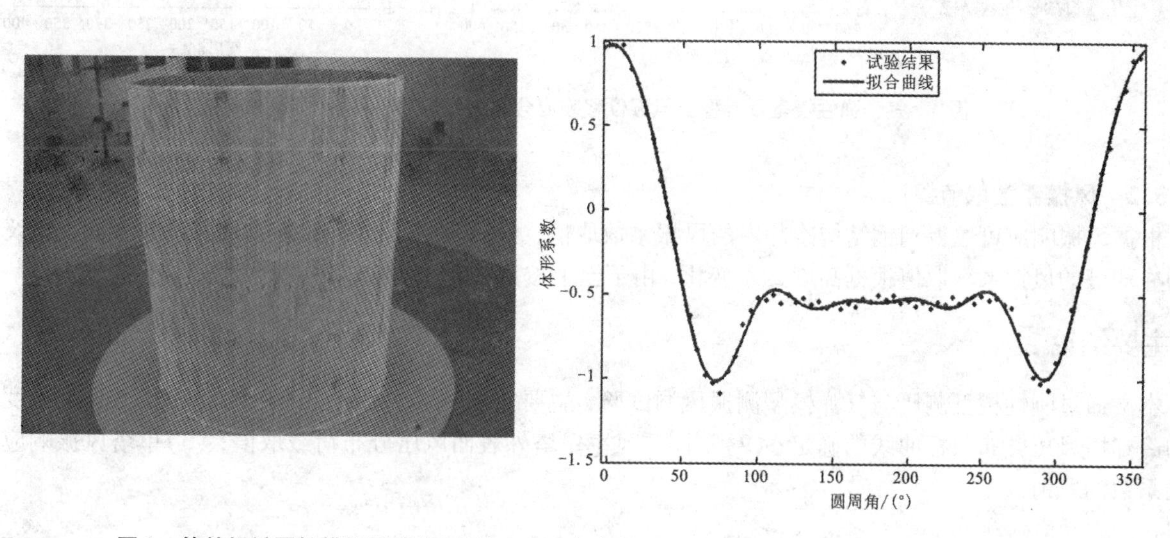

图1 等效粗糙圆柱模型照片(环向均布750条直径0.3 mm细线)与外表面风压分布目标曲线

2.2 外表面风压分布荷载测试

基于拟定的外表面风压分布目标曲线，通过风洞试验测试了不同透风率状态下单塔模型不同高度处的外表面风压分布曲线，模型及测试结果典型曲线如图2所示。

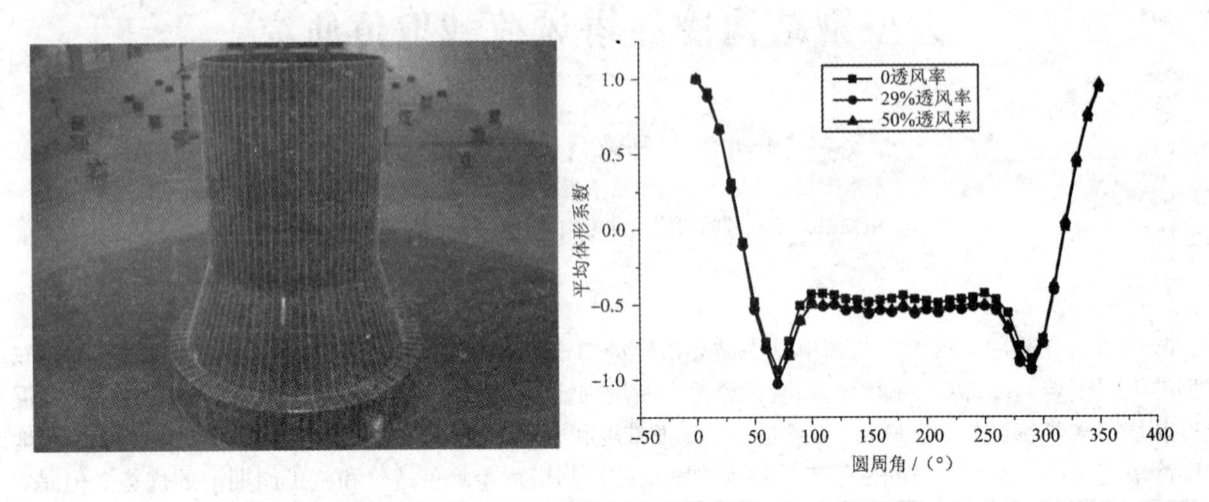

图2 单塔模型及外表面风压分布曲线测试结果(上部圆柱中间截面)

3 风振响应与风振系数研究

3.1 风振响应比较研究

通过气动弹性模型风洞试验测试了模型在不同高度下的位移响应，并与基于实测风压数据进行的响应分析结果进行了对比研究，如图3所示。

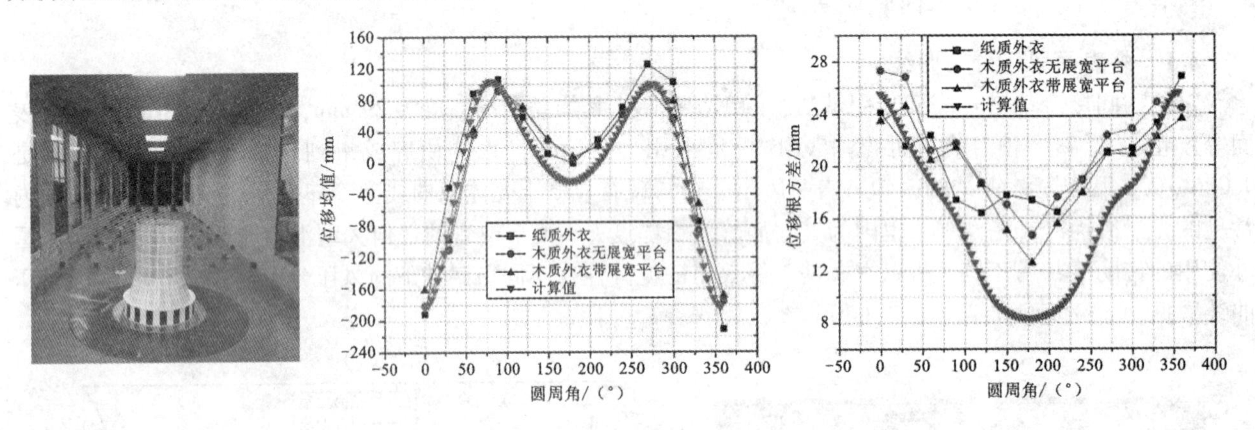

图3 气动弹性模型及典型的风振位移响应分布曲线(模型640 mm高度)

3.2 风振系数取值探讨

根据风振响应可以得到钢结构冷却塔的风振系数取值，分析表明不同高度处的风振系数不同，建议钢结构冷却塔的风振系数取值根据高度 z/H 变化，由下至上按照2.0至1.75不等分段取值。

4 主要结论

本文通过刚性模型测压与气弹模型测振风洞试验，主要完成三个方面的工作：(1)较大表面粗糙度钢结构冷却塔风压分布目标曲线的确定；(2)不同透风率单塔外表面风压分布荷载取值；(3)单塔风振响应与风振系数的取值。

参考文献

[1] 邹云峰，李寿英，牛华伟，等. 双曲冷却塔等效静力风荷载规范适应性研究[J]. 振动与冲击，2013，32(11)：100－105.
[2] 李鹏飞，赵林，葛耀君，等. 超大型冷却塔风荷载特性风洞试验研究[J]. 工程力学，2008，25(6)：60－67.

涡激共振下随机减量法识别气动阻尼的适用性讨论*

全涌，侯方超，顾明
（同济大学土木工程防灾国家重点实验室 上海 200092）

1 引言

随机减量法是基于白噪声输入假定从结构的振动响应信号中提取该结构的自由衰减振动信号的一种系统识别方法[1]。因其简单高效而被广泛应用于风洞试验和现场实测的系统参数识别。然而，很多情况下结构的激励力（如高层建筑的横风向气动力）并不满足白噪声输入假定，此时仍然采用随机减量法来识别其阻尼结果会如何呢？Spanos 和 Zeldin[2]就指出如果外力输入是非白噪声，那么随机减量特征信号就不是系统的振动反应。高层建筑横风向的激励是典型的非白噪声。本文通过 MATLAB 对一单自由度方形截面高层建筑的横风向随机振动进行数值模拟，研究了在横风向激励下随机减量法对气动阻尼识别的适用性。

2 数值模拟

首先采用 MATLAB 来模拟整个随机振动。为了方便之后对比风洞试验数据，此处的动力特性与风洞试验中的气动弹性模型一致。主要模拟步骤如下：

（1）气动力模拟。本文采用中国《建筑结构荷载规范》（GB 50009—2012）[3]建议的横风向广义力谱来生成不同的气动力输入。根据规范公式计算 A，B，C，D 四类不同地貌和不同风速下的风力谱 S_{Fi}，然后通过逆傅里叶变换将风力谱转换成荷载时程 $F(t)$。折减风速变化范围：$U_r=4.6-13.1$。采样频率设为 312.5 Hz，时程长度为 14 min。

（2）风振计算。基于气动弹性模型的结构动力特性（$m=0.225$ kg，$f_0=13$ Hz，$\xi_s=0.02$）和上一部分得到的气动力时程 $F(t)$，使用 Newmark $-\beta$ 逐步积分法计算结构的风振响应。为了便于分析，气动阻尼比按范围梯度变化考虑：$\xi_a=-0.015,\ -0.01,\ \cdots,\ 0.02$。忽略气动刚度力和气动惯性力，计算的随机振动方程模型可以简化成：$m\ddot{x}+2(\zeta_s+\zeta_a)w\dot{x}+mw^2x=F(t)$。

（3）阻尼识别。选取合适截取幅值和截取长度，用改进的随机减量法（正负幅值同时截取）[5]识别阻尼比。其中平均次数 $N>27000$，此时得到的阻尼比为总阻尼，由总阻尼减去结构阻尼可以得到气动阻尼。

3 识别结果

图 1 所示为 A 类和 D 类地貌下气动阻尼比识别值随折减风速的变化情况。由图可知，A 类地貌下，在低折减风速（$U_r=4\sim6$）时，气动阻尼比识别的结果非常准确。在涡激共振区（$U_r=8\sim12$）识别误差较大，识别结果会呈现一个明显的“V”字，谷底为临界折减风速。在临界风速时，正气动阻尼比识别非常大，负气动阻尼识别的绝对误差均在 0.002 以内。地貌从 A 类到 D 类，该区域的识别误差显著减小。表 1 给出了涡激共振时气动阻尼比识别的绝对误差。表中指标 χ 是输入气动力的带宽参数，该指标的计算方式如下：

$$\chi=\frac{f_2-f_1}{2f_0}$$

其中：f_1 和 f_2 为半功率点（即横风向气动力频谱峰 $1/\sqrt{2}$ 高度处对应的两个频率点）；f_0 为气动力谱峰值处频率。χ 数值越小说明频谱能量越聚集，窄带效应越显著，非白噪声特性越突出。χ 数值越大说明频谱越接近白噪声。A～D 类地貌下 χ 指标越来越大，其非白噪声特性越来越弱，导致其整体识别误差也整体呈现越来越小的趋势。

* 基金项目：国家自然科学基金面上项目（51278367）

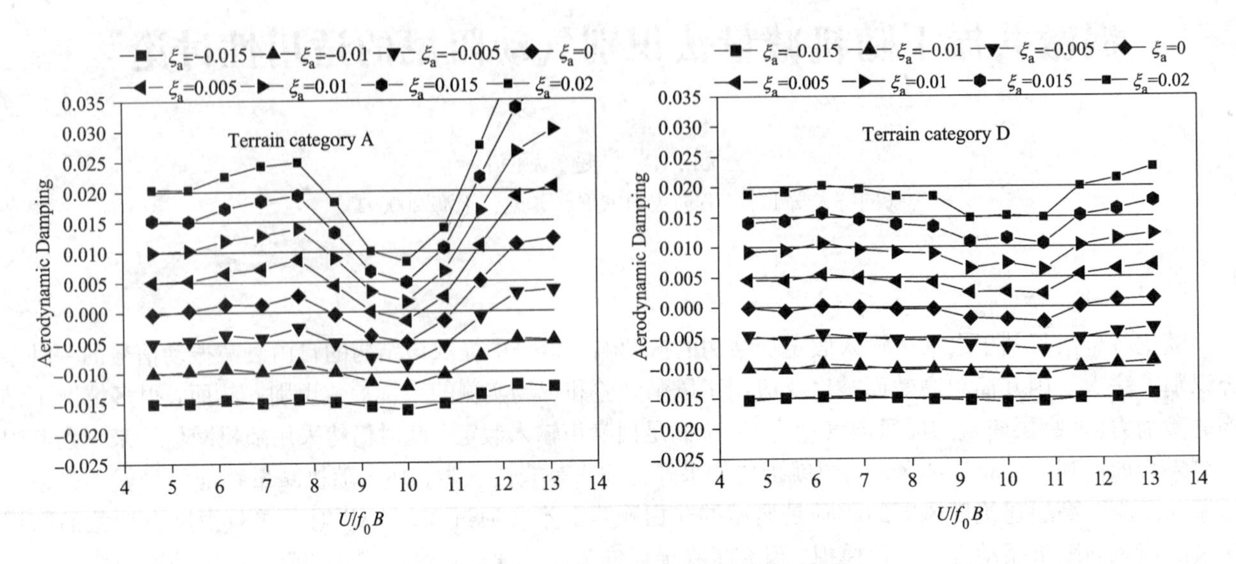

图1 A类和D类地貌下气动阻尼比识别结果

（注：对应颜色的水平线为对应真值）

表1 涡激共振临界风速时气动阻尼比识别绝对误差

风场	χ	气动阻尼比							
		-0.015	-0.01	-0.005	0	0.005	0.01	0.015	0.02
A	0.086	-0.0013	-0.0024	-0.0037	-0.0051	-0.0065	-0.0084	-0.0101	-0.0117
B	0.090	-0.0015	-0.0031	-0.0047	-0.0062	-0.008	-0.0101	-0.0123	-0.0142
C	0.113	-0.0008	-0.0017	-0.0026	-0.0039	-0.0055	-0.0071	-0.0083	-0.0098
D	0.199	-0.0007	-0.0011	-0.0016	-0.002	-0.0025	-0.0027	-0.0035	-0.0048

4 结论

本文基于数值模拟对随机减量方法识别横风向气动阻尼的适用性进行了详细的研究。结果表明：在低折减风速下，随机减量法对横风向阻尼识别比较准确，在涡激共振区，正的气动阻尼比误差较大，负的气动阻尼比误差在可以接受的范围。气动力谱的带宽参数χ会影响识别结果，χ值越大（越接近白噪声），RDT识别的精度也会越好。

参考文献

[1] John Christian Asmussen. Modal analysis based on the random decrement technique[D]. Denmark: University of Aalborg, 1997.

[2] Spanos P D, Zeldin B A. Generalized random decrement method for analysis of vibration data[J]. Journal of Vibration and Acoustics, 1998, 120(3): 806-813.

[3] GB 50009—2012，建筑结构荷载规范[S].

考虑结构间和结构内耦合的风致连体建筑动力特性*

宋杰，梁枢果
（武汉大学土木建筑工程学院 湖北 武汉 430072）

1 引言

近年来，由于城市化进程，大城市中的建筑间的距离越来越小，连体建筑的建筑形式越来越多。连体建筑的体型和高度一般都比较大，抗风设计尤其关键。以往关于连体建筑的研究中，多只考虑连体产生的连体间结构耦合的作用[1-3]。本文研究同时考虑连体间结构耦合和结构偏心产生的连体内结构耦合对于风致连体建筑动力特性的影响。

2 结构分析模型的建立

拟考虑的连体建筑如图1所示。结构间的耦合由连体的作用表示，结构内的耦合由建筑每层质心(O)和刚心(S)之间的偏心距来表示。每个建筑采用刚性横隔板假定，连体建筑的运动平衡方程可列为

$$[\boldsymbol{M}+\boldsymbol{M}_{\mathrm{L}}]\ddot{\boldsymbol{D}}+\boldsymbol{C}\dot{\boldsymbol{D}}+[\boldsymbol{K}+\boldsymbol{K}_{\mathrm{L}}]\boldsymbol{D}=\boldsymbol{F} \tag{1}$$

$$\boldsymbol{M}=\begin{bmatrix}\boldsymbol{M}_1 & \boldsymbol{0}\\ \boldsymbol{0} & \boldsymbol{M}_2\end{bmatrix}_{6\,\mathrm{m}\times 6\,\mathrm{m}},\quad \boldsymbol{C}=\begin{bmatrix}\boldsymbol{C}_1 & \boldsymbol{0}\\ \boldsymbol{0} & \boldsymbol{C}_2\end{bmatrix}_{6\,\mathrm{m}\times 6\,\mathrm{m}},\quad \boldsymbol{K}=\begin{bmatrix}\boldsymbol{K}_1 & \boldsymbol{0}\\ \boldsymbol{0} & \boldsymbol{K}_2\end{bmatrix}_{6\,\mathrm{m}\times 6\,\mathrm{m}} \tag{2}$$

$$\boldsymbol{M}_1=\begin{bmatrix}M_{1x} & 0 & 0\\ 0 & M_{1y} & 0\\ 0 & 0 & J_1\end{bmatrix}_{3\,\mathrm{m}\times 3\,\mathrm{m}},\quad \boldsymbol{M}_2=\begin{bmatrix}M_{2x} & 0 & 0\\ 0 & M_{2y} & 0\\ 0 & 0 & J_2\end{bmatrix}_{3\,\mathrm{m}\times 3\,\mathrm{m}},$$

$$\boldsymbol{K}_1=\begin{bmatrix}K_{1xx} & 0 & K_{1x\theta}\\ 0 & K_{1yy} & K_{1y\theta}\\ K_{1\theta x} & K_{1\theta y} & K_{1\theta\theta}\end{bmatrix}_{3\,\mathrm{m}\times 3\,\mathrm{m}},\quad \boldsymbol{K}_2=\begin{bmatrix}K_{2xx} & 0 & K_{2x\theta}\\ 0 & K_{2yy} & K_{2y\theta}\\ K_{2\theta x} & K_{2\theta y} & K_{2\theta\theta}\end{bmatrix}_{3\,\mathrm{m}\times 3\,\mathrm{m}} \tag{3}$$

其中，下标1和2分别表示塔楼1和塔楼2，$\boldsymbol{M}_L$和$\boldsymbol{K}_L$分别表示连体的作用产生的质量矩阵和刚度矩阵，详见文献[1]。由于结构偏心的存在，矩阵$\boldsymbol{K}_1$和$\boldsymbol{K}_2$的非对角线矩阵不为0，表示如下：

$$K_{1x\theta}=K_{1\theta x}=-e_{1y}K_{1xx}\quad K_{1y\theta}=K_{1\theta y}=e_{1x}K_{1yy} \tag{4}$$

$$K_{2x\theta}=K_{2\theta x}=-e_{2y}K_{2xx}\quad K_{2y\theta}=K_{2\theta y}=e_{2x}K_{2yy} \tag{5}$$

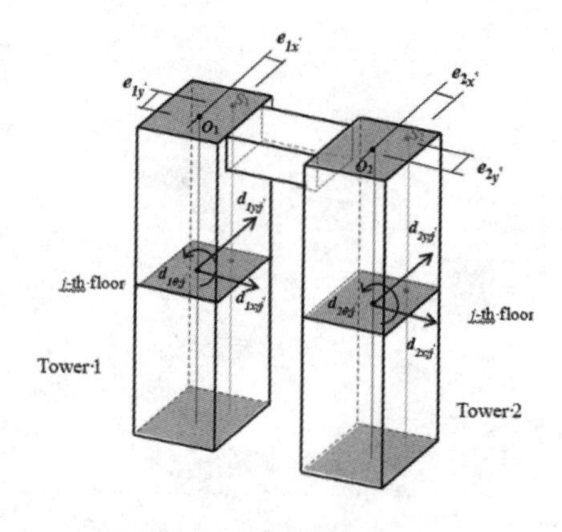

图1 连体建筑示意图

表1 四个不同偏心的工况

工况	偏心距
1	$e_{1x}=-e_{2x}$, $e_{1y}=e_{2y}=0$
2	$e_{1x}=e_{2x}$, $e_{1y}=e_{2y}=0$
3	$e_{1x}=e_{2x}=0$, $e_{1y}=e_{2y}$
4	$e_{1x}=e_{2x}=0$, $e_{1y}=-e_{2y}$

* 基金项目：国家自然科学基金(51608398)

两个塔楼和连体的结构特征矩阵都确定后，连体系统的模态参数就可以由相应的特征方程确定

$$([\boldsymbol{K}+\boldsymbol{K}_{\mathrm{L}}]-\omega^2[\boldsymbol{M}+\boldsymbol{M}_{\mathrm{L}}])\boldsymbol{\Phi}=0 \tag{6}$$

其中 ω 是结构频率，$\boldsymbol{\Phi}=\{\Phi_{1x},\Phi_{1y},\Phi_{1\theta},\Phi_{2x},\Phi_{2y},\Phi_{2\theta}\}^{\mathrm{T}}$是对应的模态，其中 Φ_{gs}是塔楼 g 在 s 方向上的模态。

3 模态分析及抗风性能分析

求解式(6)对应的特征方程，就可以连体建筑的模态参数。本文考虑四个典型的偏心工况，如表1所示。求解相应的特征值问题，就可以得到模态，限于篇幅，这里不给出详细的推导过程，仅给出工况1的结果，如图2所示。这样，运用表2的结果，就可以系统分析结构偏心对于连体建筑模态特征的影响。将风洞试验测得的风荷载加载到结构分析模型上，就可以分析评估结构偏心对于结构抗风性能的影响。限于篇幅，这里没有给出。

表2 工况1模态参数结果

频率方程	模态	方向	ω^2的阶数
$p_1=0$	$\Phi_{1x}=\Phi_{2x}$, $\Phi_{1y}=\Phi_{2y}=0$, $\Phi_{1\theta}=\Phi_{2\theta}=0$	x	1
$q_1=0$	$\Phi_{1x}=-\Phi_{2x}$, $\Phi_{1y}=\Phi_{2y}=0$, $\Phi_{1\theta}=\Phi_{2\theta}=0$	x	1
$(p_2p_3-K_{1y\theta}^2)=0$	$\Phi_{1x}=\Phi_{2x}=0$, $\Phi_{1y}=\Phi_{2y}\Phi_{1\theta}=-\Phi_{2\theta}$	$y-\theta$	2
$(p_4^2-q_2q_3)=0$	$\Phi_{1x}=\Phi_{2x}=0$, $\Phi_{1y}=-\Phi_{2y}$, $\Phi_{1\theta}=\Phi_{2\theta}$	$y-\theta$	2

4 结论

本文得到了一个可以考虑结构内结构耦合和结构间耦合的双塔连体建筑的结构分析模型，推导得到了偏心连体建筑模态参数的一般表达式，系统分析了偏心对于结构模态参数的影响，并得到了对于抗风设计有利的结构偏心布置方案。

参考文献

[1] Song J, Tse K. Dynamic characteristics of wind - excited linked twin buildings based on a 3 - dimensional analytical model[J]. Engineering Structures, 2014, 79: 169 - 81.

[2] Song J, Tse K, Tamura Y, Kareem A. Aerodynamics of closely spaced buildings: With application to linked buildings[J]. Journal of Wind Engineering and Industrial Aerodynamics, 2016, 149: 1 - 16.

[3] Tse K, Song J. Modal Analysis of a Linked Cantilever Flexible Building System[J]. Journal of Structural Engineering, 2015, 141: 04015008.

风荷载作用下内加劲风力机塔筒动力稳定性分析*

王法武，潘方树，程晔，柯世堂
（南京航空航天大学 江苏 南京 210016）

1　引言

大型风力机组的显著特点是风轮、机舱等部件放置在高耸细长的塔筒之上，此类结构具有阻尼小、自振频率低且分布密集等特点，属于典型的风敏感结构。

我国风能资源丰富，近年来风力发电技术发展迅速，风力机塔筒也朝着高耸化发展，其稳定性直接影响到整个风力机组的工作性能。目前国内外已有的风力机稳定性设计方法与研究大多将风荷载等效为静力荷载，通过线性分析及非线性分析得到其极限屈曲荷载[1]，并结合相关规范给出的经验公式验算塔筒稳定性[2]；相关学者针对风力机系统的风振响应进行了研究，采用谐波叠加法和叶素动量理论计算了风力机塔架与叶片在脉动风作用下的动力响应[3]；已有研究大多针对风力机塔筒静力稳定性与动力响应进行分析，并未全面考虑其在脉动风作用下的动力稳定性能，国内外专家针对结构的动力稳定性进行了大量研究，并提出多种结构动力稳定性判定准则，其中 B－R 准则在本质上与李雅普诺夫提出的基本动力稳定准则一致，且被广泛地应用于复杂结构动力稳定研究中。

鉴于此，本文基于卡门风谱模型计算了风力发电机组轮毂高度处 55 m/s 风速时程，并得到风力机塔筒在脉动风作用下的动力响应，根据 B－R 准则判定结构动力稳定的临界荷载。且针对塔筒尺寸增加导致其安装及运输不便等问题，对常规塔筒进行内加劲设计，以期在不改变整体尺寸的同时提高其动力稳定性能，研究了加劲肋参数变化对塔筒失稳模式及临界荷载的影响。

2　风力机塔筒动力稳定

基于 ABAQUS 软件平台，建立了某 5 MW 风力机塔筒的有限元模型，塔高 87.6 m，底部半径 3 m，顶部半径 1.935 m，风轮与机舱总质量为 3.13 kg，阻尼比取 0.025。图 1 给出了风力机塔筒在不同荷载作用下的响应时程，根据 B－R 准则确定风力机塔筒动力稳定的临界荷载，图 2 给出了 B－R 判定准则的理论曲线与实际曲线，图 3 所示为常规塔筒动力失稳模式。

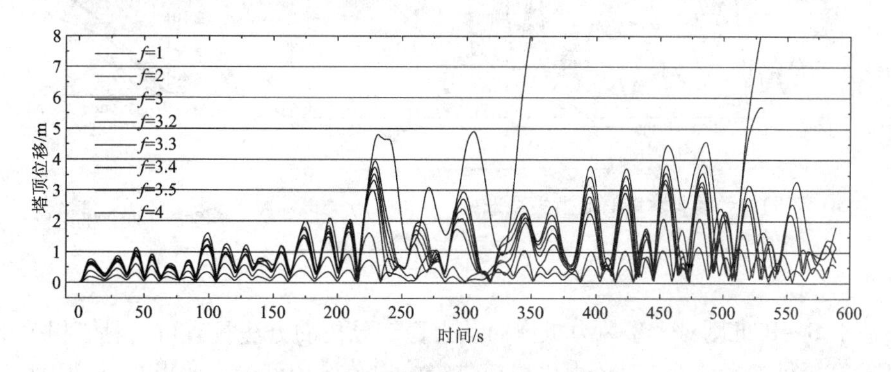

图 1　风力机常规塔筒塔顶位移时程曲线

3　内加劲塔筒动力稳定

对常规风力机塔筒进行内加劲设计，设置加劲肋 20 条，加劲肋为矩形截面，截面尺寸为 100 mm × 10 mm（高 × 宽）。研究表明，设置加劲肋后可在一定程度上提高塔筒动力稳定临界荷载，同时加劲肋的存

* 基金项目：江苏省自然科学基金（BK20130797）

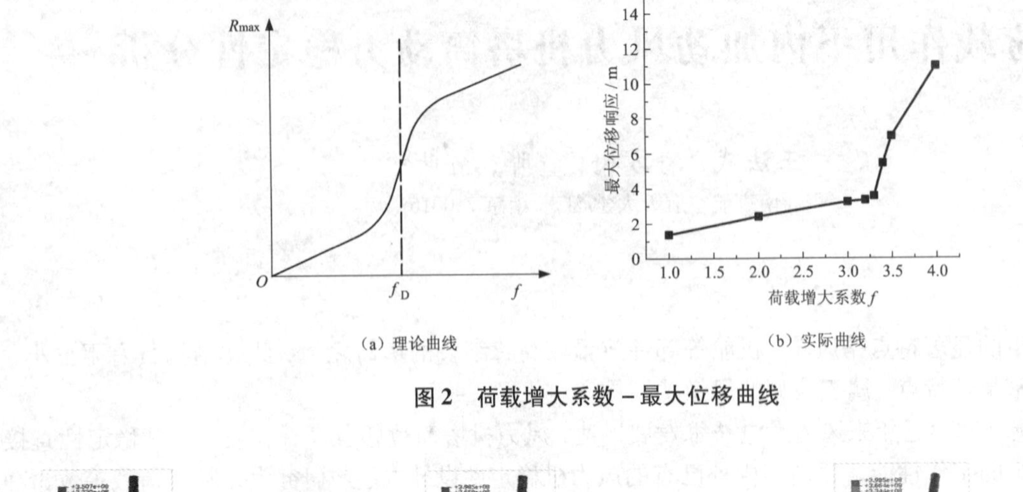

（a）理论曲线 （b）实际曲线

图 2 荷载增大系数 – 最大位移曲线

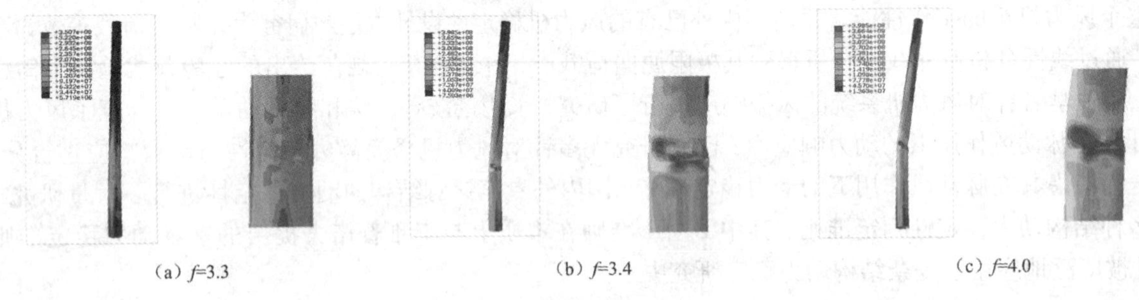

（a）f=3.3 （b）f=3.4 （c）f=4.0

图 3 风力机塔筒动力失稳应力云图

在会改变塔筒的失稳模式。在相同用钢量前提下，增加加劲肋数目可以更有效地提高塔筒稳定性，但会导致施工难度增大等问题。图 4 给出了加劲肋参数变化对塔筒失稳模式的影响，图 5 给出了不同加劲肋参数风力机塔筒动力稳定临界荷载。

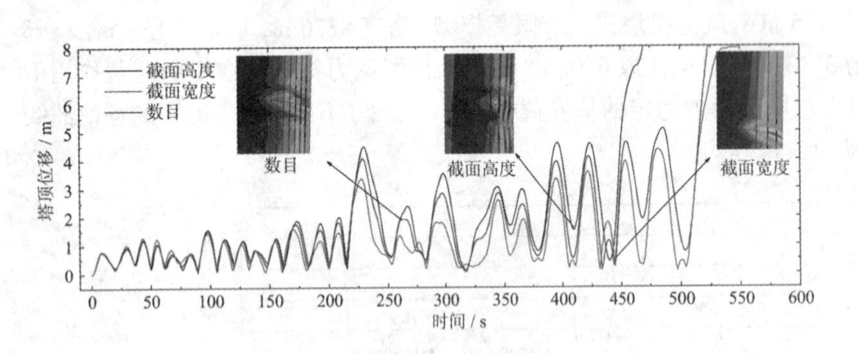

图 4 不同加劲肋参数塔筒动力失稳形式

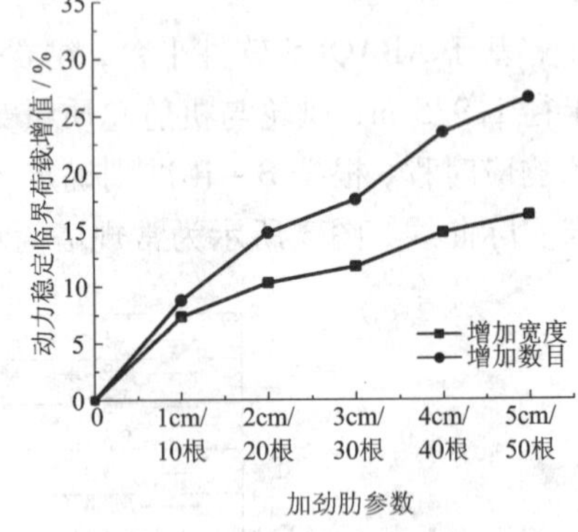

图 5 风力机塔筒动力稳定临界荷载

4 结论

研究表明，基于 B – R 准则对大型风力机塔筒动力稳定分析的方法具有可行性，相关结论可为大型风力机组的稳定性验算提供参考依据；对风力机塔筒进行内加劲设计可以有效提高其动力稳定性，加劲肋参数的变化会引起塔筒动力失稳模式的改变，加劲肋截面高度过大时，加劲肋先于塔筒筒壁失稳，而增大加劲肋截面宽度可以有效提高其局部稳定性。

参考文献

[1] Winterstetter T A, Schmidt H. Stability of circular cylindrical steel shells under combined loading[J]. Thin – Walled Structures, 2002, 40(10): 893 – 910.

[2] 赵世林，李德源，黄小华. 风力机塔筒在偏心载荷作用下的屈曲分析[J]. 太阳能学报，2010，31(7)：901 – 906.

[3] 柯世堂，王同光，曹九发，等. 考虑叶片旋转和离心力效应风力机塔架风振分析[J]. 太阳能学报，2015，36(1)：33 – 40.

高层建筑框剪体系基本振型简化模型及在风振计算中的应用

王国砚，张福寿
（同济大学航空航天与力学学院 上海 200092）

1　引言

高层建筑基本振型计算的复杂性给其风荷载和风振计算带来很大困难。为方便于计算，各国规范给出了相应的基本振型简化模型。例如，美国、日本以及欧洲国家主要采用幂函数形式 $\varphi_1=(z/H)^{\beta}$[1]；我国则采用正切函数形式，或者是荷载规范中表 G.0.3 的形式[2]。然而，不同高层建筑基本振型各不相同。有关文献研究表明，直接采用统一的振型表达式计算不同结构的风荷载时会产生一定的误差[3-4]。因此，本文基于框架剪力墙协同工作原理给出了控制高层建筑框架剪力墙结构基本振型形状的参数，对不同参数下的基本振型进行拟合分析，得出了能够更好反映实际结构基本振型的简化模型。

2　本文简化振型的提出

根据框架剪力墙协同工作原理，当只考虑墙的弯曲变形和等效框架杆的剪切变形时，高层建筑框架剪力墙结构（以下简称“框剪结构”）的自由振动微分方程为[5]：

$$EI\frac{\partial^4 y}{\partial z^4}-C_F\frac{\partial^2 y}{\partial z^2}+m\frac{\partial^2 y}{\partial t^2}=0 \tag{1}$$

式中，EI 为剪力墙的综合抗弯刚度，C_F为综合框架的剪切刚度，m 为连续化计算模型的线质量密度。引入刚度特征值 $\lambda=\sqrt{C_F H^2/EI}$，其中 H 为建筑总高度。

通过求解方程（1），根据框剪结构连续化计算模型的边界条件，可解得振型函数：

$$\varphi(z)=A_1\left[\mathrm{ch}k_1z/H+\frac{k_1\sin k_2-k_2\sin k_1}{k_2\mathrm{ch}k_1+\frac{k_1{}^2}{k_2}\cos k_2}\mathrm{sh}k_1z/H-\cos k_2z/H-\frac{k_1(k_1\sin k_2-k_2\sin k_1)}{k_2\left(k_2\mathrm{ch}k_1+\frac{k_1{}^2}{k_2}\cos k_2\right)}\sin k_2z/H\right] \tag{2}$$

其中，A_1为常系数，k_1、k_2为振型参数。令 $X=z/H$，并将振型（2）对 $\varphi(H)$归一化

$$\varphi_1(X)=\varphi(z)/\varphi(H)=\varphi(XH)/\varphi(H) \tag{3}$$

本文研究表明，k_1、k_2均与 λ 存在一一对应关系。因此，控制框剪结构振型形状的参数可归结到 λ 值这一参数上。只要 λ 值被确定，后续求解归一化振型就不再与结构的高度、质量等参数有关。

现对 λ 从 0 到 40 合理地取 15 个值，并据此确定相应的 k_1、k_2值；将 k_1、k_2值代入式（3）即可得到相应的 15 个框剪结构振型曲线。其中，当 λ 取$\sqrt{3}$时，所得振型恰好与规范[1]中表 G.0.3 给出的振型相吻合。

可以看出，式（2）给出的振型表达式十分复杂，不便于工程应用。因此，需要对其简化。为检验国外常用振型表达式的合理性，本文首先以式 $\varphi_1(X)=X^{\beta}$ 作为简化式，将β作为待定系数，依次对每一个 λ 值对应的振型曲线进行拟合。结果表明，整体吻合得不是很好。因此，本文基于相关文献给出的振型表达式，通过变形、组合、退化等处理后，给出如下振型表达式：

$$\varphi_1=1.6X^{\beta}-0.6X^3 \tag{4}$$

其中，β 值依据 λ 值按下式计算：

$$\beta(\lambda)=1.692+0.410\arctan(0.837-0.317\lambda) \tag{5}$$

由此，当框剪结构的 λ 值给定时，代入式（5）得出β值，再将β值代入式（4），可得到与实际结构基本振型十分吻合的简化振型。其中，当 $\lambda=0$、$\beta=1.95$ 时，所得振型可作为剪力墙结构基本振型的简化模型；当 $\lambda=40$、$\beta=1.08$ 时，所得振型可作为框架结构基本振型的简化模型。

3　工程算例

选取某框架剪力墙结构体系的超高层建筑，地面以上总高度为290.4 m，矩形截面，迎风面宽度 $B=57$ m，

刚度特征值 $\lambda=3.79$；通过有限元计算得出结构的顺风向前两阶自振周期为 $T_1=6.845$ s，$T_2=1.836$ s；结构的基本振型阻尼比取0.02，风荷载体型系数取1.4。结构建设场地为B类地貌，基本风压为 $w_0=0.5$ kN/m^2。

将λ值代入式(5)得到β，将其代入式(4)，得到本文计算的该结构简化基本振型。分别采用规范[1]中表G.0.3给出的振型和正切函数振型、线性振型、本文给出的振型，按荷载规范[1]计算该建筑顺风向风振的风荷载、底部总剪力和总弯矩，并与采用基于有限元法的结构基本振型计算的相应结果进行比较。结果表明，基于三种振型计算的基底剪力误差依次为1.2%、2.8%、1.7%、1.0%，沿高度变化的风荷载的最大误差依次为5%、17%、10%、3%。

4 结论

本文基于框剪协同工作原理，归纳出控制框剪结构基本振型形状的参数λ；通过对与不同λ值相对应的振型曲线族进行拟合，得出适合于高层建筑框架剪力墙、剪力墙以及框架结构体系的基本振型简化模型；将本文简化振型应用到某实际高层建筑的风振计算中。研究结果表明，运用本文简化振型进行高层建筑风振计算，能更为精确地反映风荷载沿建筑高度的分布情况，明显提高风荷载的计算精度。

参考文献

[1] European Committee for Standardization (CEN). Eurocode 1: Actions on structures -Part 1-4: General actions -wind actions[S]. EN 1991 - 1 - 4: 2005/ AC: 2010 (E). Europe: European Standard (Eurocode), European Committee for Standardization (CEN); 2010.

[2] GB 50009—2012 建筑结构荷载规范[S]. 北京：中国建筑工业出版社，2012：34 - 53.

[3] 梁枢果，李辉民，瞿伟廉. 高层建筑风荷载计算中的基本振型表达式分析[J]. 同济大学学报，2002，30(5)：578 - 582.

[4] 李永贵，李秋胜. 基本振型对高层建筑等效静力风荷载的影响分析[J]. 2016，6(01)：38 - 44.

[5] 张相庭. 高层建筑抗风抗震设计计算[M]. 上海：同济大学出版社，1997.

正六边形超高层建筑横风向风效应研究*

王磊[1,2]，梁枢果[2]，邹良浩[2]
（1. 河南理工大学土木工程学院 河南 焦作 454000；2. 武汉大学土木建筑工程学院 湖北 武汉 430072）

1　引言

目前，超高层建筑的数目和高度正在大幅度增加，超高层建筑的自振频率、阻尼、结构密度都越来越小。大量原型观测和风洞试验都已证实，当高柔结构的质量－阻尼参数较小、高宽比较大时，在强风作用下的横风向响应可能非常显著。从既有研究来看，方形、圆形等典型断面超高层建筑横风向风振的研究成果已比较丰富，但对六边形断面超高层建筑的研究还鲜有报道。从既有实际超高层建筑来看，采用六边形断面的超高层建筑不在少数。因而，对六边形断面超高层建筑横风向风振响应、气弹参数进行研究是有较大现实意义的，可为此类结构的抗风设计提供参考。

2　实验概况

研究对象为高宽比为10的正六边形超高层建筑，试验模型为多自由气弹模型(MDOF)。各模型自振参数见表1。由于模型横风向振动是以一阶振型占主导，表1中的频率为模型一阶平动频率。测试内容为模型顶部横风向风振位移。

图1　正六边形模型照片

表1　实验模型自振参数

工况	频率	质量	阻尼	*Sc* 数	风向角
1	9.00Hz	2.45 kg/m	1.11%	4.35	顶角迎风
2	7.75 Hz	3.05 kg/m	1.55%	7.57	顶角迎风
3	8.31Hz	2.69 kg/m	1.91%	8.22	顶角迎风
4	8.88 Hz	2.45 kg/m	1.75%	6.86	立面迎风
5	7.69 Hz	3.05 kg/m	1.54%	7.55	立面迎风
6	8.25 Hz	2.69 kg/m	1.05%	4.52	立面迎风

3　横风向风振响应

风向角定义图见图2。图3给出了模型顶部横风向风致位移响应均方根随折算风速的变化曲线，图4所示为工况1在 $V_r=8.1$ 时的一段横风向位移响应时程。根据既有文献结果，当顶角迎风时，六边形柱体的 S_t 数约为0.13，理论共振临界折算风速 V_r 约为8。从图3和图4可以看出，各工况横风向均方根位移响应在临界风速附近显著增大，且此时涡振位移时程简谐性很强，说明此种风向角下六边形模型的发生了显著的涡激共振现象。从这一风向角各立面的情况来看，来流在迎风面A的下游角点分离后会形成漩涡，漩涡流经的两个侧面B和两个背风侧面C都是对称的，极易造成共振现象。

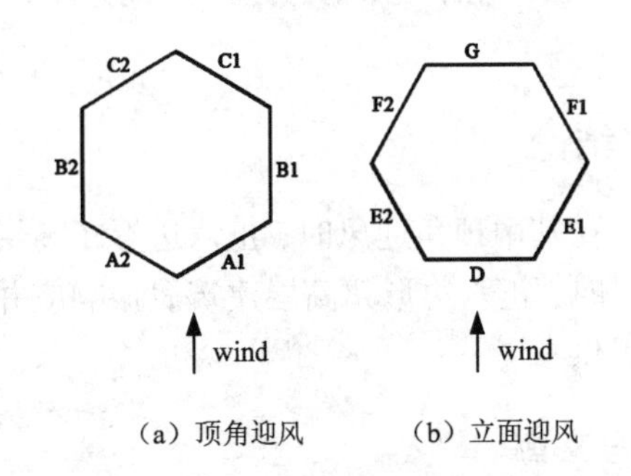

图2　风向角定义图

* 基金项目：国家自然科学基金(51173859)

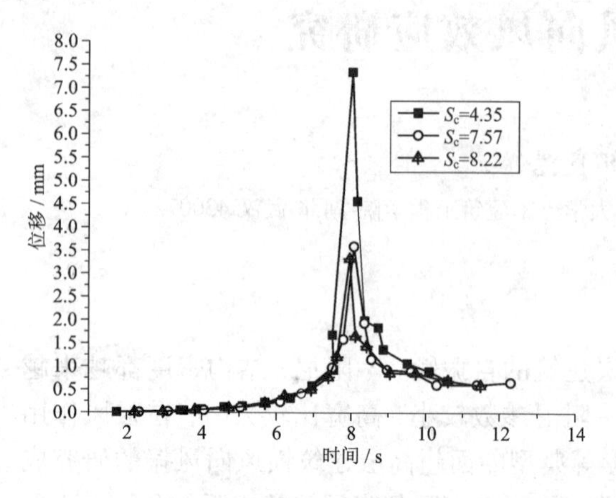

图 3 顶角迎风时的涡振响应均方根

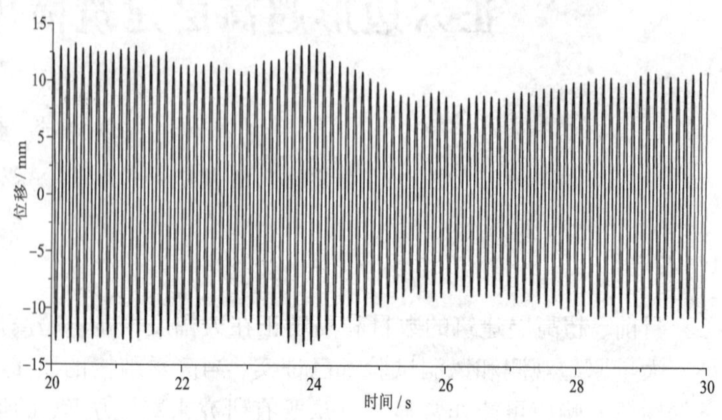

图 4 顶角迎风时的涡振响应时程(V_r =8.1)

图 5 所示为立面迎风时模型顶部加速度响应均方根统计结果，图 6 给出了工况 1 在 V_r =7.2 时的一段横风向风致响应时程。从图 5 和图 6 可以看出，当六边形柱体立面迎风时，横风向均方根加速度响应在临界风速附近没有明显增大，且在名义共振风速下涡振响应时程简谐性并不显著，说明此种风向角下六边形模型没有涡振现象发生。从这一风向角各立面的情况来看：立面 D 为迎风面，立面 E 介于迎风面和侧面之间，其风压系数很小，难以形成强烈的漩涡；最下游背风面 G 在横风向分力为 0，对横风向风振不起贡献；两个背风侧面 F 会有漩涡出现，但该面在横风向做风力分解后，有效施压面积并不大，因而难以使横风向出现显著涡振现象。

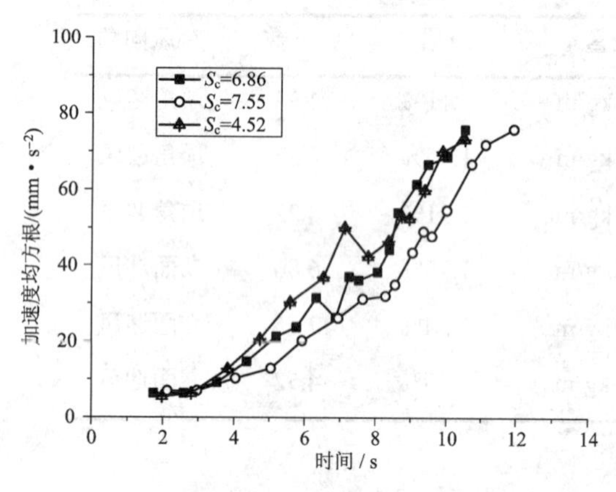

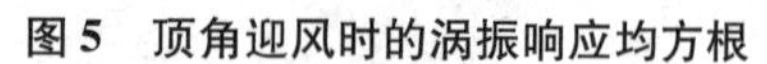
图 5 顶角迎风时的涡振响应均方根

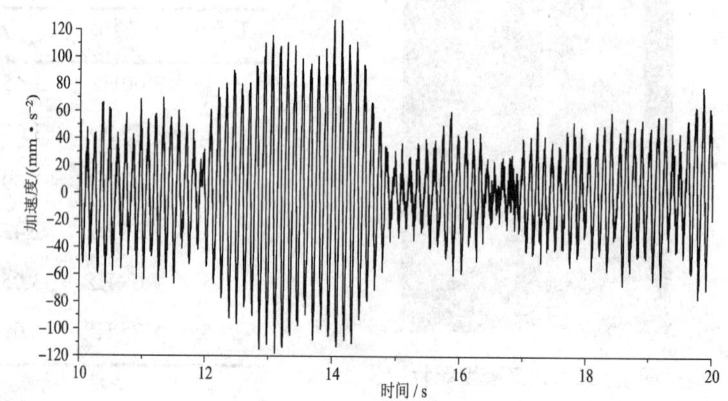

图 6 顶角迎风时的涡振响应时程(V_r =7.2)

4 结论

在其中顶角迎风时，正六边形超高层建筑可能在临界风速附近出现显著的涡振现象。当其中一个立面迎风时，正六边形超高层建筑涡振响应并不显著。相应的气动阻尼经验公式可为此类超高层建筑的抗风设计提供参考。

参考文献

[1] 全涌，顾明，黄鹏. 超高层建筑通用气动弹性模型设计[J]. 同济大学学报，2000，29(6)：112 - 116.
[2] 王磊，梁枢果，邹良浩. 某拟建 838 m 高楼多自由度气弹模型风洞试验研究[J]. 湖南大学学报，2015，42(1)：9 - 16.
[3] 王磊，梁枢果，邹良浩，等. 超高层建筑多自由度气弹模型的优势及制作方法[J]. 振动与冲击，2014，33(17)：25 - 31.
[5] 王磊，梁枢果，邹良浩，等. 超高层建筑涡振过程中体系振动频率[J]. 浙江大学学报，2014，48(5)：805 - 812

顶部带双向变摩擦摆 TMD 的高耸结构风振控制效益分析*

吴玖荣，李基敏，傅继阳
（广州大学淡江大学工程结构灾害与控制联合研究中心 广东 广州 510006）

1　引言

随着我国经济的高速发展，国内相继建造了各类高层建筑和高耸结构，这些结构具有轻质高强、柔细化、低阻尼等特点，因此风荷载对其影响更为显著。高层结构运用调谐质量阻尼器 TMD 来进行结构风振控制的工程例子已经屡见不鲜。而摩擦摆系统 FPS(Friction Pendulum System)是依靠在圆弧曲面滑道内滑动耗能的系统，它属于结构控制中的被动控制。早在 1985 年由美国的 Zayas[1] 提出，由于其造价低、易于维护且具有良好的自限、复位、摩擦耗能等性质，在高层建筑、桥梁工程基础隔震中广泛采用。

本文采用 FPS 与类似台北 101 的钟摆型 TMD 相结合，把 FPS 系统从基础底部调整至高层建筑的顶部，即 FPS 型 TMD 系统。通过对双向变摩擦摆 FPS - TMD 系统的力学特征进行相关研究的基础上，研究其在风荷载作用下的非线性动力行为，推导高耸结构设置此类新型 TMD 系统的风振控制动力方程及利用状态空间法求解该方程的方法。根据结构双向不同频率设计出不同曲率半径，并依据质量块离摩擦面中心处位移的大小来改变摩擦因数从而实现变摩擦。以广州新电视塔为例，在不同重现期设计风速作用下，主体结构有无设置此类被动控制系统时，通过对影响其风振控制效果的几个主要参数，如质量比、结构阻尼比、摩擦因数初始值等进行的风振响应参数化分析，以其顶层加速度和位移均方根的对比分析为主要研究内容，对顶部带双向变摩擦摆型 TMD 的高耸结构进行风振控制效益进行分析与研究。

2　顶部加装双向 FPS 型 TMD 的高耸结构风致响应时程动力分析

设高耸结构简化计算模型为 n 层，每层 2 个自由度，将 FPS - TMD 加装于该结构顶部，变为 $2n+2$ 个自由度系统，则系统运动方程表示为：

$$M\ddot{x}(t)+C\dot{x}(t)+Kx(t)=BF_r'(t)+BF_f(t)+E_1W(t) \tag{1}$$

利用状态空间法求解动力反应，将(1)式转换成连续时间系统下之状态空间方程式，在离散周期 Δt 下，状态空间方程式为：

$$\dot{z}[k+1]=A_d z[k]+B_d F_r'[k]+B_d F_f[k]+E_d W[k] \tag{2}$$

对于双向变摩擦摆 TMD，摩擦因数 μ 可表示为：

$$\mu[k]=\beta|h[k]|+H \tag{3}$$

其中：β 为摩擦因数变化率，H 是摩擦因数初始值；$h[k]$ 为 TMD 与主结构顶层的相对位移。当荷载 $W[k]$ 已知，由式(2)逐步迭代即可求解动力方程。

3　风振控制效率参数化分析

本文以广州新电视塔的多质点简化有限元模型为研究对象，将双向变摩擦摆 TMD 系统假设设置于结构主塔顶部，进行此类系统的风振控制效率分析。通过模拟得到 100 年和 10 年重现期的风荷载后，对其风振控制动力方程采用状态空间法求解。主要分析结果如下：

* 基金项目：国家自然科学基金面上项目(51378134，51578169)，广东省高等学校高层次人才项目

表1　100年重现期风速不同初始值结构顶层 x、y 方向位移均方根(m)

$H_{值}$	有 TMD (x/y)	无 TMD (x/y)	减振率 (x/y)
0.001	0.056/0.032	0.1030/0.0675	45% / 52.6%
0.005	0.0619/0.0378		39.9% / 44%
0.007	0.0653/0.0402		36.6% / 40.4%
0.01	0.0714/0.0446		30.6% /33.9%

4　结论

通过本文分析得到以下结论：

(1)双向变摩擦摆 TMD 系统，在不同的摩擦初始值 H 的情况下，对主结构的减振效果不一样，H 越小减振效果越好。

(2)双向变摩擦摆 TMD 系统，在不同重现期设计风速作用下控制效率接近。

(3)不同被动控制系统参数情况下具有不同的减振效果，通过选取合理的设计参数，如质量比、结构阻尼比、初始值 H 等，可以使得双向变摩擦摆 TMD 系统的控制效果达到最好，使主结构达到最佳减振效率。

参考文献

[1] ZAYAS V, LOW S S, MAHIN S A. A simple pendulum technique for achieving seismic isolation[J]. Earthquake Spectra, 1990, 6(2): 317 -331.

[2] CHUNG L L, WU L Y, LIEN K H, et al. Optimal design of friction pendulum tuned mass damper with varying friction coefficient [J]. Structural Control & Health Monitoring, 2013, 20(4): 544 -559.

[3] 钟立来, 吴赖云, 陈宣宏, 等. 摩擦钟摆型调谐质块阻器之优化研究[J]. 中国土木水利工程学刊, 2011, 23(1): 11 -23.

[4] 林廷翰. 双向摩擦钟摆型调谐质块阻尼器减振效益之研究[D]. 台湾: 台湾大学土木工程学研究所, 2009.

[5] 顾明, 黄鹏, 周晅毅, 等. 广州新电视塔模型测力风洞试验及风致响应研究 I: 风洞试验[J]. 土木工程学报, 2009, 42(7): 8213.

[6] CHEN W H, LU Z R, LIN W, et al. Theoretical and experimental modal analysis of Guangzhou New TV Tower[J]. Engineering Structures, 2011, 33(12): 3628 -3646.

考虑空间三维模态及振型修正的高耸结构风振响应分析*

吴玖荣，钟文坤，徐安
（广州大学淡江大学工程结构灾害与控制联合研究中心 广东 广州 510006）

1 引言

高频测力天平风洞试验是目前分析和确定建筑结构风荷载响应的有效手段之一，对于体型规则的结构，由于楼层的刚心与质心沿高度分布是均匀的，可假定结构的一阶振型近似为理想的线性振型。但随着经济的快速发展，人们对建筑结构的使用要求越来越高，从而使建筑结构的体型也越来越不规则，结构的基阶振型沿高度也不是线性变化的，故需对考虑振型修正影响后结构更加精准的风致响应计算方法。

对于振型的修正研究，大多数都是在高层建筑方面，对于格构式高耸结构的研究比较少，邹良浩等采用高频底座测力天平风洞试验，对通讯塔和输电塔考虑振型修正后的风致响应进行了研究，并且分析比较了振型修正与否对结构顶部风致加速度大小的影响。本文在对电视塔风洞试验数据的半刚性处理基础上，考虑空间三维模态、非直线振型及各方向气动荷载耦合对传统高频测力天平风致分析结果进行修正分析，忽略高阶振型的影响，分别计算了该电视塔模型在三个不同风向角下的风振响应，并把各自考虑上述各因素后的风致分析结果，与仅考虑一维直线振型且不考虑气动荷载耦合性计算结果进行了对比分析。

2 考虑振型修正后的高耸结构风致响应分析

设高耸结构的振型可近似表达成沿高度按指数分布的形式，即

$$\varphi(z) = \left(\frac{z}{h}\right)^{\beta} \tag{1}$$

在单方向振型线性假定的基础上，考虑振型修正对于电视塔等高耸结构基底弯矩响应影响较大，不可忽略。振型修正系数在此可以用实际振型的广义力谱与线性振型广义力谱的比值来加以表达，即：

$$\eta^2(n) = \frac{S_F(n)}{S_{F_1}(n)} = \frac{\int_0^h\int_0^h C_0(z_1,\, z_2,\, n)\varphi(z_1)\varphi(z_2)\mathrm{d}z_1\mathrm{d}z_2}{\int_0^h\int_0^h C_0(z_1,\, z_2,\, n)\left(\frac{z_1}{h}\right)\left(\frac{z_2}{h}\right)\mathrm{d}z_1\mathrm{d}z_2} \tag{2}$$

根据随机振动理论频域计算方法，对高耸结构风致振动响应只考虑基阶振型参与并忽略振型耦合的因素，可得到考虑振型修正后电视塔高度 z 处位移响应标准差：

$$\sigma_{1D}(z) = \eta_1^2\frac{\sigma\varphi_1(z)}{M_1^*}\sqrt{\int_0^{\infty}|H_i(in)|^2\frac{S_f(n)}{n}\mathrm{d}n} \tag{3}$$

考虑三维振型在各方向分量沿高度直线分布的假设，并假定高频测力天平基底各方向的气动弯矩值互不相关时，可得到考虑空间三维耦合振型对应的各模态广义荷载功率谱密度计算公式如下为：

$$S_{Fi}(n) = \left(\eta_{iy}^2\frac{1}{h^2}S_{Mx}(n) + \eta_{ix}^2\frac{1}{h^2}S_{My}(n) + \eta_{i\theta}^2\frac{1}{h^2}S_{M\theta}(n)\right) \tag{4}$$

在式(4) 基础上，引入 M_x、M_y、M_θ 之间的互功率谱来考虑气动荷载的耦合，可得：

$$S_{Fi}(n) = \eta_{iy}^2\frac{1}{h^2}S_{M_x}(n) + \eta_{ix}^2\frac{1}{h^2}S_{M_y}(n) + \eta_{i\theta}^2\frac{1}{h^2}S_{M_\theta}(n) + 2\eta_{ix}\eta_{iy}\frac{1}{h^2}S_{M_{xy}}(n) + 2\eta_{ix}\eta_{i\theta}\frac{1}{h^2}S_{M_{x\theta}}(n) + 2\eta_{iy}\eta_{i\theta}\frac{1}{h^2}S_{M_{y\theta}}(n) \tag{5}$$

* 基金项目：国家自然科学基金面上项目(51378134,51578169)，广东省高等学校高层次人才项目

3 风振响应结果分析

电视塔在0度风向角下顶部位移计算结果如表1所示。

表1 0度风向角响应/m

位移响应计算方法	位移大小/m		与直线振型假设计算的差值/%	
	X向	Y向	X向	Y向
一维直线振型假设	0.1465	0.0957	0	0
振型修正因子1a	0.1424	0.1017	-2.8%	6.3%
振型修正因子2a	0.1006	0.0661	-31.3%	-30.9%
振型修正因子3b	0.0978	0.0700	-33.2%	-26.9%

4 结论

通过本文分析，得到如下结论：

(1)电视塔考虑空间三维模态、非直线振型及各方向气动荷载耦合各因素，对传统高频测力天平风致分析结果进行修正后，在本文的三个风向角工况下得到的结论基本一致。

(2)由于本文的算例其前三阶振动模态均表现为空间三维振动模态的形式，考虑空间三维模态后，对本算例的风致响应计算结果进行修正后，与各方向均采用一维直线或非直线振型得到的风致响应结果相比，要减少将近30%，显然不考虑空间三维模态效应进行振型修正计算的结果偏于安全。

(3)考虑各方向气动荷载耦合相关性与否，对本算例的风致响应分析结果影响不大。

参考文献

[1] Boggs D W, Peterka J A. Aerodynamic model tests of tall buildings[J]. J. Eng. Mech., 1989, 115(3): 618-635.

[2] J D Holmes. Mode shape coreections for dynamaic response to wind[J]. Eng. Struct, 1987, 9: 210-212.

[3] Xu Y L, Kwok K C S. Mode shape corrections for wind tunnel tests of tall buildings[J]. EngineeringStructures, 1993, 15(5): 387-392.

[4] 邹良浩，梁枢果，吴海洋，徐金虎. 格构式塔架顺风向风振响应研究[C]//第十三届全国结构风工程学术会议论文集，228-234.

横风向风致响应的风速敏感性研究*

严亚林，陈凯，唐意
（中国建筑科学研究院 北京 100013）

1 引言

随着国内高层建筑技术的发展，建筑高度及数量都越来越大，高层建筑横风向风致响应问题也越来越明显[1]。

与顺风向风相比，横风向响应较大的情况只可能发生在横风向荷载谱的峰值附近，即结构自振频率的折算频率与横风向峰值频率较为接近或重合。折算频率与结构自振频率、建筑尺寸以及设计风速有关，矩形建筑折算频率一般在0.11左右。在大多数场地情况下，横风向荷载大于顺风向荷载的情况仅出现在折算频率小于0.2时[2]。工程建筑过程中，许多高层建筑在设计风速下的折算频率确实可能小于0.2，某些超高层的折算频率甚至非常接近0.11，由此会造成很大的横风向荷载。

随着高层建筑高度的增加，建筑的自振频率越来越低；而随着设计标准的变化，建筑所在地区基本风速有可能明显增加[3]，在这些条件下，结构的折算频率有可能小于0.11，即结构的折算频率低于横风向谱峰对应的折算频率；在这一情况下采用基本风速进行设计是否还能获得最大的横风向风致响应呢？本文对这一类情况进行探讨。

2 横风向风致响应计算方法

采用模态叠加法，横风向的各类风致响应均可表示成广义位移的表达式，因此只需获得高层建筑的广义位移即可获得横风向相关风致响应。结构广义位移响应方差为：

$$\sigma_q = \frac{1}{K^*}\sqrt{\int_0^\infty H(i\omega)^T S_{F^*}(\omega)H(i\omega)\mathrm{d}\omega} = k\frac{w_0}{K^*}\sqrt{\int_0^\infty S_{FL}(f)\mathrm{d}f} \approx k\frac{w_0}{K^*}\sqrt{1+\frac{\pi f S_{FL}(f)}{4\zeta}} \tag{1}$$

式中，ω 为圆频率；ω_1 为结构的第1阶自振圆频率；ζ 为阻尼比，i为虚数单位；$S_{F^*}(\omega)$ 为广义力功率谱；$S_{FL}(f)$ 为折算频率的广义力功率谱；w_0 为基本风压。

3 横风向风致响应的风速敏感性

3.1 风致响应随风速、自振周期变化

图1给出了对应基本风速折算频率为0.09的某项目风致倾覆弯矩响应随风速、自振周期变化情况。可以看出当1阶自振周期为9.8 s时，倾覆弯矩的最大响应明显发生在风速小于基本风速的位置。同样，当设计风速为基本风速时，倾覆弯矩的最大响应也并非随周期单调变化。

3.2 最大响应对应的设计风速

(1)对于折算频率高于横风向风荷载谱峰值频率的情况，最大响应对应的设计风速为基本风速。

(2)对于折算频率低于横风向风荷载谱峰值频率的情况，最大响应对应的设计风速小于基本风速，其取值为(1)式关于风速的导数为0的点。

4 结论

通过对高层建筑横风向风荷载基底响应随基本风压及结构1阶自振周期变化规律的研究，主要有以下结论：

(1)目前在建的部分高层建筑可能存在结构自振频率对应的折算频率低于横风向峰值频率的情况，这种情况下采用基本风压/风速进行结构响应计算无法获得横风向最大风致响应。

* 基金项目："十二五"国家科技支撑计划项目(2014BAL05B00)

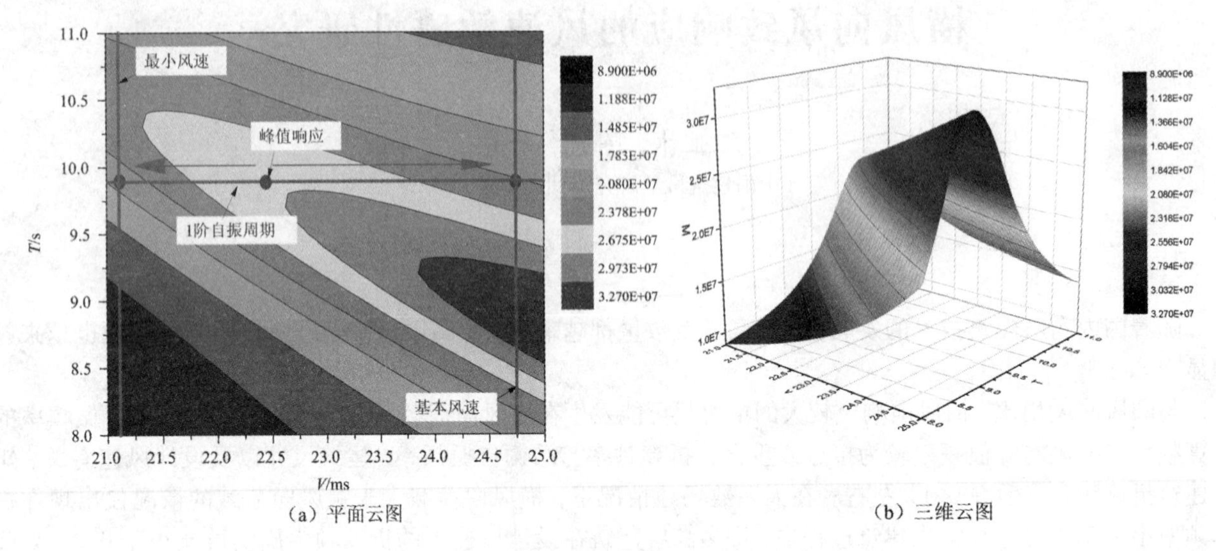

（a）平面云图　　（b）三维云图

图1　某项目横风向响应随风速、周期变化图

（2）当结构1阶自振频率折算频率高于横风向谱峰对应折算频率时，设计基准期内的横风向响应随风速单调递增，应采用基本风速计算结构横风向风致响应。

（3）当结构1阶自振频率折算频率小于横风向谱峰对应折算频率时，采用基本风速计算无法获得横风向最大响应，应对（1）式求取关于风速的导数来确定设计风速。

参考文献

[1] 谢霁明. 超高层建筑抗风设计的现状与展望[C]// 全国风工程研究生论坛，2011.
[2] 谢霁明，许振东. 横风向等效风荷载规范计算方法的改进[C] //第二十三届全国高层建筑结构学术会议论文，2014.
[3] 严亚林，唐意，金新阳. 超高层建筑横风向风振响应计算的响应谱法[J]. 土木工程学报，2015(S1)：82－87.
[4] ASCE 7－10 Minimum Design Loads for Buildings and Other Structures[S].

复合阻尼索结构减振性能试验研究

禹见达，唐伊人，彭临峰，王修勇，孙洪鑫
（湖南科技大学土木工程学院 湖南 湘潭 411201）

1 引言

对于高耸结构，如高耸的建筑结构、输电塔架的弯曲和扭转振动，其相对于地面会发生较大幅度的振动。但由于此类结构在靠近地面处振幅小，振幅较大的位置远离地面，阻尼器很难对这类高耸结构的振动进行有效的控制，目前一般采用调频质量阻尼器（TMD）减振。Peng Zhang 等[1]采用 TMD 对输电塔进行了振动控制研究；P J Carrato 等[2]采用 TMD 对 140 m 高的太阳能热发电的集热塔进行振动控制研究。TMD 虽然有诸多优点，但还是有一定的局限性，扩大阻尼器的应用范围，使阻尼器能直接对高耸结构或大悬臂施工桥梁进行减振的研究具有很好的工程实际价值。为此，作者发明了一种复合阻尼索[3]，可实现阻尼力长距离传送，利用阻尼器对高耸结构风致振动进行直接的减振控制，本文为此展开了试验研究。

2 复合阻尼索结构设计

复合阻尼索的减振原理如图 1 所示。其主要构件包括：主索、副索、阻尼器、吊杆和复位弹簧。主索及副索上端与结构连接，下端与地面锚碇连接。副索通过吊杆的弹性悬挂与主索连接，使主索在较小的轴向张拉力作用下就能实现主索各吊点及主索上、下锚固点在同一直线上，使得主索弦向刚度与直线状态下基本一致。副索保持较大的垂度，承担副索本身、吊杆、主索及阻尼器等全部重力，副索因垂度大，其张拉力同样较小。阻尼器与复位弹簧并联，其整体再与主索串联为一体。

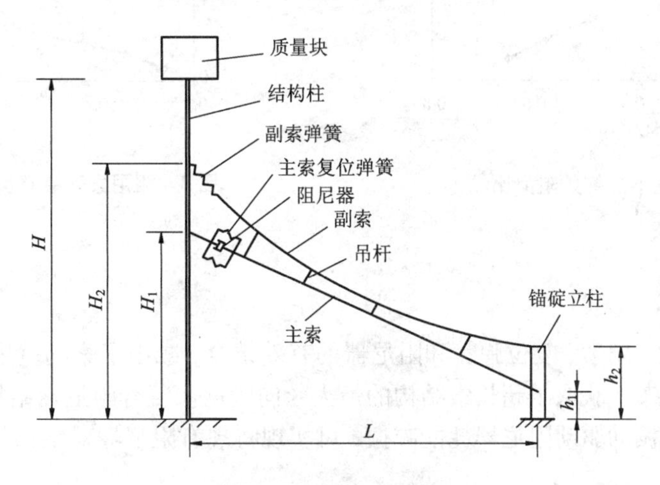

图 1 复合阻尼索结构减振原理图

3 复合阻尼索减振原理

当结构发生横向振动时，主索因弦向刚度远大于复位弹簧刚度，主索 - 复位弹簧体系的轴向变形主要发生在复位弹簧处，从而将相距很远的两点间的相对运动传递到相互接近的两点，再利用其相对运动驱动阻尼器对结构进行耗能减振。当主索拉力增大时，复位弹簧与阻尼器同时被拉伸；当主索拉力减小时，复位弹簧收缩，压缩阻尼器，只需要保证复位弹簧的预紧力大于最大阻尼力，就能实现主索一直处于拉伸状态，保证阻尼器的正常工作。

4　复合阻尼索模型试验

试验模型如图 1 所示，振动结构高 $H=3$ m，阻尼索跨度 $L=18$ m。采用人工激励法使结构发生振动，当结构振幅达到设定值后突然撤除激励，结构继续发生自由振动。采用激光位移计对结构同一位置振动位移进行测量，获取结构振动位移时程，以位移时程为依据计算结构等效阻尼比，以此作为减振效果依据。

试验通过在复合阻尼索的主索上均匀配重研究垂度对减振效果的影响。再相同的主索拉力下，按阻尼索配重分为 7 种工况，对每种工况进行了复合阻尼索和单阻尼索减振试验。由不同配重的单双索对比试验得出：(1)随着配重质量的增加，阻尼索的平均延米质量增大，垂度增大，其弦向刚度减小，阻尼索对结构的减振效果下降，附加等效阻尼比减小。(2)在相同的平均延米质量时，由于复合阻尼索可有效提高拉索的弦向刚度，复合阻尼索对结构的减振效果优于单阻尼索，结构减振的附加等效阻尼比与阻尼索延米质量如图 2 所示。

复合阻尼索主索安装于结构的高度 H_1 分别为 0.4 m，0.5 m，0.6 m，0.8 m，1.0 m，1.2 m，1.4 m，相应副索安装高度 $H_2-H_1=1.0$ m，其余参数相同，进行这 7 种工况下的复合阻尼索对结构减振的自由振动试验。实验结果如图 3 所示：对结构的一阶弯曲振动，复合阻尼索对结构的减振效果与主索安装高度直接相关，阻尼索的安装高度越高，其对结构减振所提供的附加等效阻尼比越大，减振效果越明显。

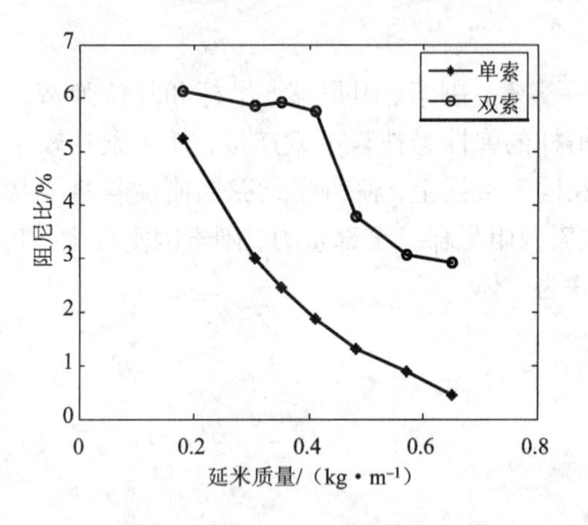

图 2　不同工况下的等效阻尼比

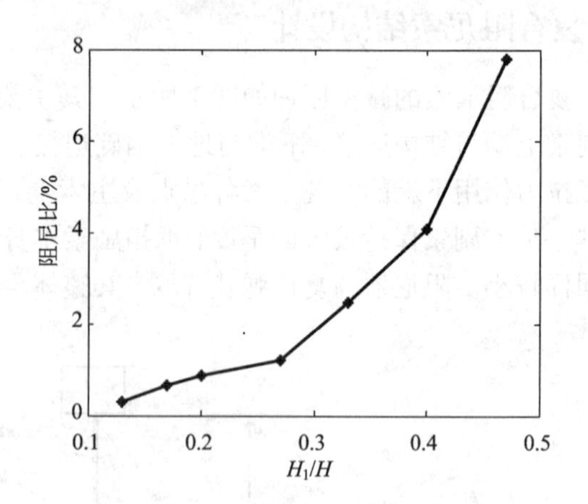

图 3　阻尼索安装高度与等效阻尼比关系

5　结论

复合阻尼索通过主索、副索、复位弹簧和阻尼器的有效结合，减小了索的垂度对索弦向刚度的削弱效应，在较小的轴向应力状态下获取了超长索结构的最大弦向刚度。复合阻尼索结构简单，可在远距离的两点间安装，并利用结构的振动驱动阻尼器耗能减振，可实现将现有阻尼器对结构的减振技术直接推广于高耸结构的减振控制。

参考文献

[1] Peng Zhang, Gangbing Song, Hong－Nan Li, You－Xin Lin. Seismic Control of Power Transmission Tower Using Pounding TMD [J]. Journal of Engineering Mechanics, 2013, 139(10): 1395－1406.

[2] P J Carrato, K Santamont. Tuned Mass Damper Control of Cross－Wind Excitation of a Solar Tower[J]. Structures Congress, 2012: 1463－1472.

[3] 禹见达，唐伊人，竹剡锋，等. 双索复合阻尼索[P]. 中国：201410694766.4，2016－02－17.

不同台风下高层建筑气动阻尼比综合对比分析*

张传雄[1,2]，李正农[1]，史文海[3]，潘月月[1]，王澈泉[1]，王艳茹[2]
（1. 湖南大学土木工程学院 湖南 长沙 410082；2. 温州大学瓯江学院建工学院 浙江 温州 325035；
3. 温州大学建筑工程学院 浙江 温州 325035）

1 引言

本文以温州市区某方形高层建筑为实验背景，在不同台风下进行气动阻尼比实测研究。实验楼地上 41 层，高 168 m，在台风环境激励下，实测获得其屋顶风场特性及结构风致振动响应，应用单输入多输出理论方法，通过数据分析得出其结构速度、加速度与平均风速的关系，进而研究气动阻尼比与流体运动和结构运动的相互联系。

2 原型实测及理论方法

在数年里影响温州的几次台风下，以实验楼实测获得的屋顶风向、风速，及各楼层的加速度、速度数据为样本，经 EMD 预处理，再运用 ERA－NExT 理论方法计算结构振型总阻尼比，风速小于 1.5 m/s 时，总阻尼比值趋于稳定，此时获得的总阻尼比即为结构阻尼比。计算正常风速下总阻尼比，二者相减即气动阻尼比。对以上计算结果进行综合分析，总结得出在不同的风向角下，气动阻尼比与来流速度及结构运动速度、加速度参数的关系规律，并根据文献[1]结论应用 3 次多项式拟合了经验公式，以期能为同类建筑的结构抗风设计提供参考。

3 风致振动及气动阻尼比分析

3.1 结构速度的均方根与平均风速

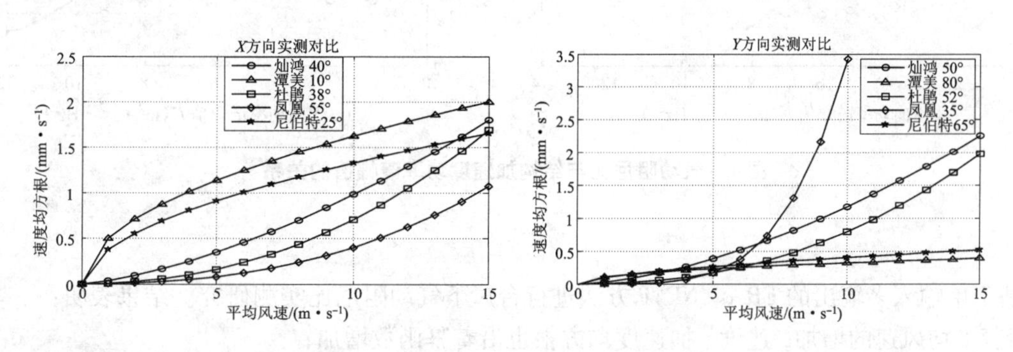

图 1 各台风下 X、Y 方向结构速度的均方根与平均风速的关系

3.2 气动阻尼比与折减风速

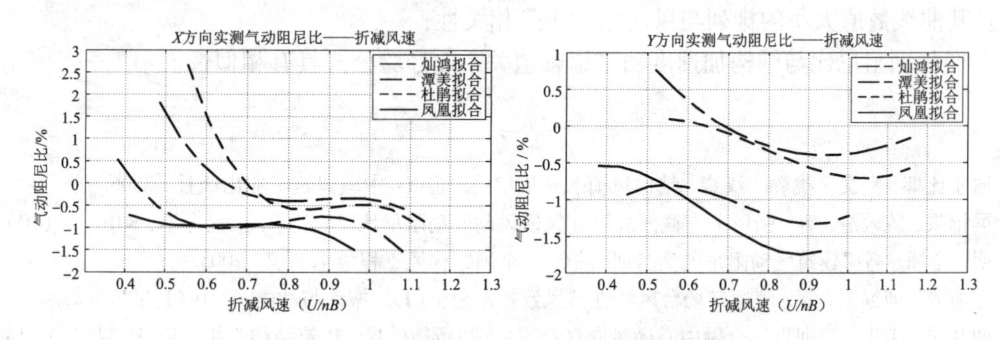

图 2 不同台风下气动阻尼比与折减风速的关系

* 基金项目：浙江省自然科学基金项目（LY12E08010），国家自然科学基金项目（51678455，51478366，51508419）

3.3 气动阻尼比和结构加速度均方根与幅值比值

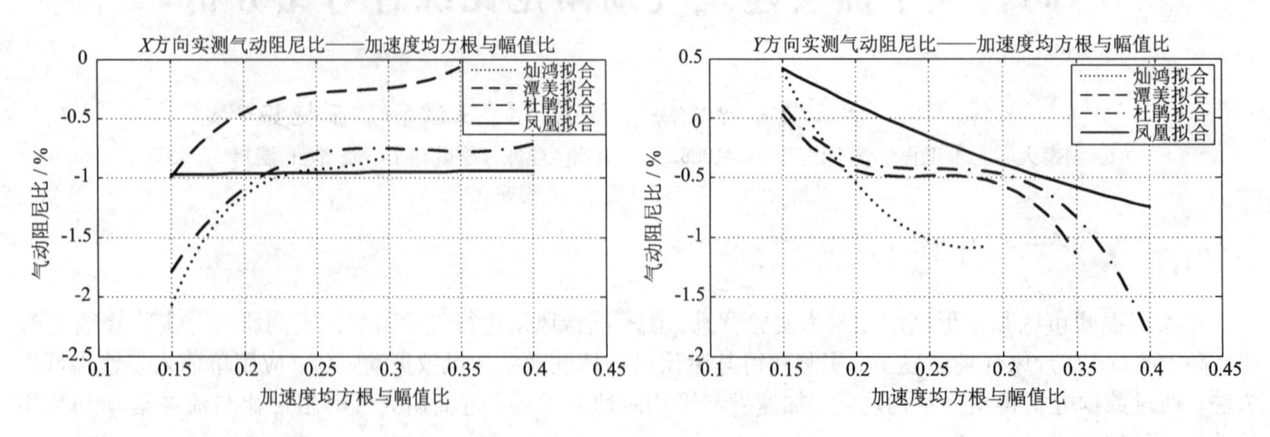

图3 不同台风下气动阻尼比和加速度均方根与幅值比值的关系

3.4 气动阻尼比与结构加速度功率谱幅值

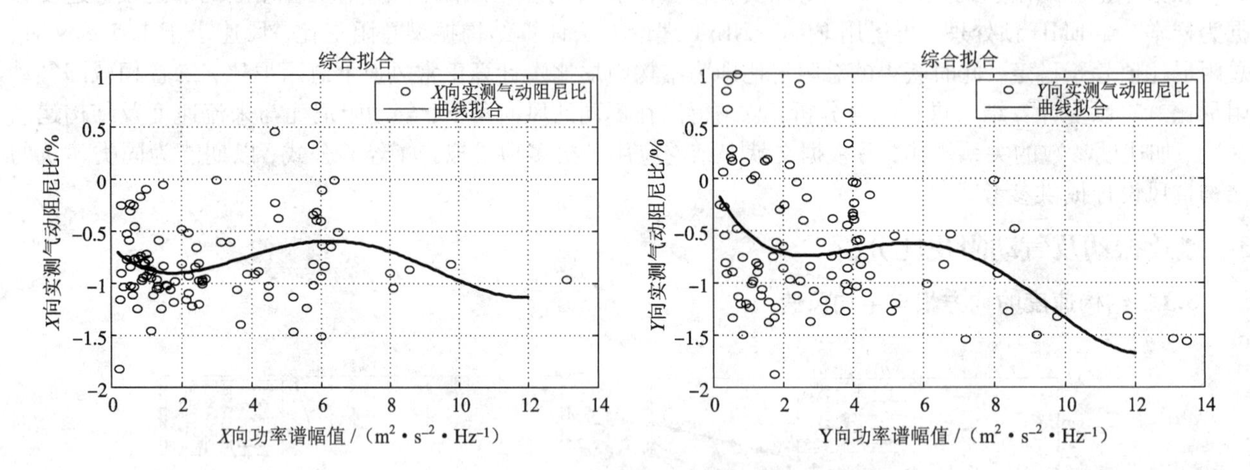

图4 气动阻尼比与结构加速度功率谱幅值的关系

4 结论

本文基于单输入多输出的 ERA－NExT 方法进行台风下气动阻尼比实测研究。结果表明：

(1)随着平均风速的增加，速度、加速度均方根也沿着幂函数增加；

(2)在小折减风速范围内(小于1.0 U/nB)，气动阻尼比与折减风速、加速度(速度)均方根与幅值比值的关系也不是纯粹单调的，而是分区间增减变化，虽然其区间范围稍有不同，但四个台风的变化规律都比较相似，而且其曲线数值大小的排列与风向角大小具相关性；

(3)X、Y 向气动阻尼比与结构加速度功率谱幅值关系的经验公式具有相似性。

参考文献

[1] 克莱斯. 迪尔比耶，斯文·奥勒·汉森. 结构风荷载作用[M]. 北京：中国建筑工业出版社，2006.

[2] 吴海洋，梁枢果，陈政清，等. 强风下方截面高层建筑横风向气动阻尼比研究[J]. 工程力学，2010，27(10)：96－103.

[3] 黄鹏，顾明，全涌. 高层建筑气动阻尼的实验研究[C]//全国结构风工程学术会议，2005.

[4] 吴玖荣，潘旭光，傅继阳，等. 利通广场台风特性与风致振动分析[J]. 振动与冲击，2014(1)：17－23.

[5] 李小康，谢壮宁，王湛. 深圳京基金融中心横风向气动阻尼试验研究[J]. 建筑结构学报，2013，34(12)：142－148.

设缝L形断面高层建筑风致响应研究

张建国
（厦门大学建筑与土木工程学院 福建 厦门 361005）

1 前言

L形断面是高层建筑常见的平面布置形式之一，在中高烈度地震设防区域，结构设计人员为满足抗震安全性的要求，有时会通过设置防震缝，将其分成互相分离的两规则部分分别进行设计。由于干扰效应的存在，各建筑在规范给定风向角下的风致响应并不一定是各风向角中的最大值。因此，如若直接按照现行荷载规范对设缝设计中的两分离部分进行体型系数和风振系数的取值，可能会使结构达不到安全性或者舒适性的要求。

上述设缝结构的风荷载特性及其风致响应，实质上是两相邻建筑或者双塔建筑相互干扰的特例。Huang[1]、Xie[2-4]等学者针对两栋和三栋高层建筑之间的风致干扰效应进行了大量的基底高频天平试验，给出了很多有意义的结论，得到了存在单栋施扰建筑和两栋施扰建筑时，受扰建筑的顺风向静力干扰因子、顺风向动力干扰因子和横风向动力干扰因子，并给出了具体的简化公式。

本文针对两个设缝L形断面高层建筑模型进行了B类地貌下的同步测压风洞试验，分别得到了不同风向角时四个分离规则矩形建筑的层三分力系数时程，在选取合理结构动力参数的基础上，计算得到了结构各自的顶部位移和加速度数值，针对两种响应随风向角的变化规律以及响应峰值对应的风向角进行了详细的分析。

2 风洞试验概况

试验选取的两个L形断面高层建筑模型的高度均为0.4 m，缩尺比为1∶500，图1为模型断面的示意图。命名各分离规则建筑分别为A、B、C、D。同时定义平行于各矩形长边的为X轴，平行于各矩形短边的为Y轴。

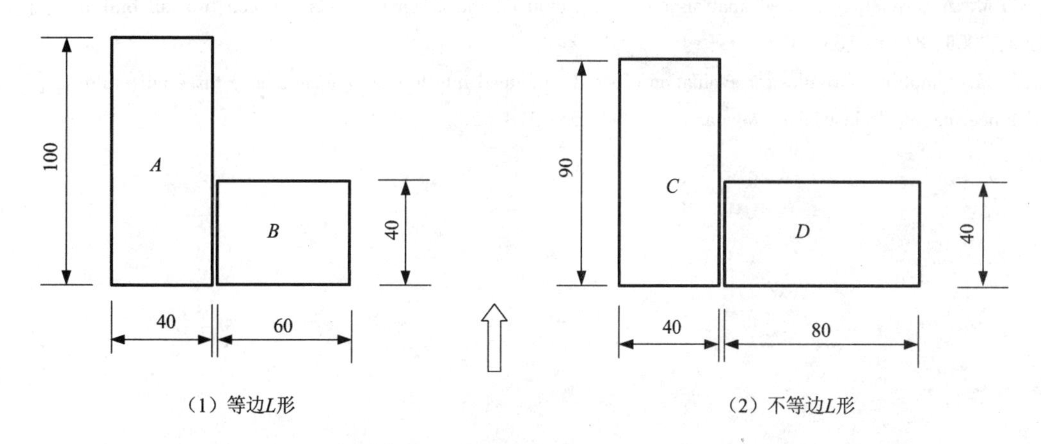

图1 L形高层建筑模型断面示意图(单位：mm)

3 设缝高层建筑结构的风致响应

选取适用于大量高层建筑的振型和频率结合风洞试验数据进行设缝各分离结构的风致响应，图2所示为A建筑X、Y轴的顶部位移响应，B建筑的响应不再赘述。

通过对A、B建筑X、Y轴顶部位移响应随风向角的变化规律进行分析，可以看出，静力响应的峰值和动力响应的峰值没有出现在同一个风向角下，这说明施扰建筑对受扰建筑的静力干扰效应和动力干扰效应

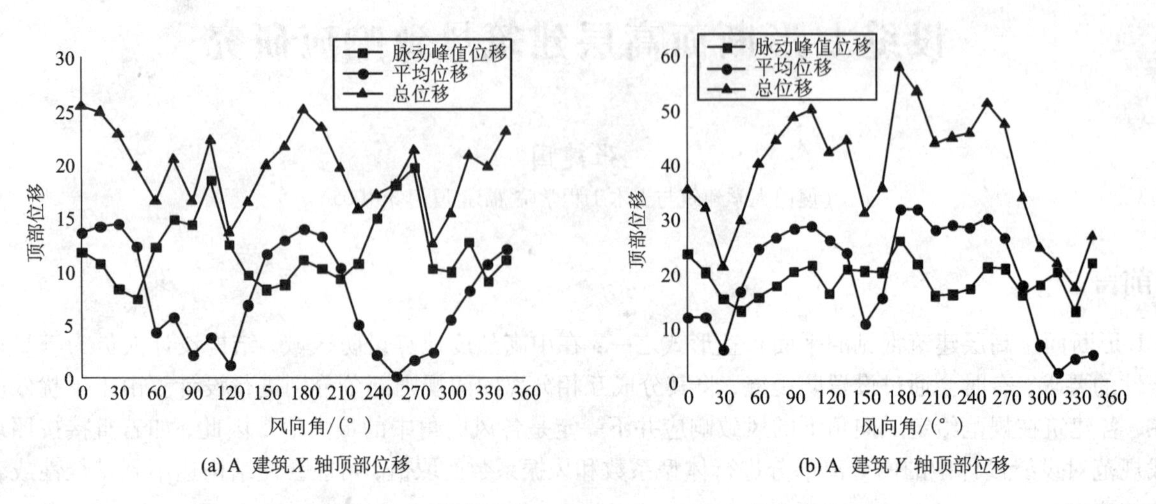

(a) A 建筑 X 轴顶部位移　　(b) A 建筑 Y 轴顶部位移

图 2　分离规则建筑的顶部位移($1/m_0m$)随方向角的变化规律

的机理是完全不同的。同时，各建筑的最大响应并没有出现在规范给定的风向角下，直接根据规范条文计算各分离结构的风致响应可能导致较大的误差。

4　结论

本文进行了两个 L 形高层建筑的表面测压风洞试验，在合理选取结构动力特性参数的基础上，计算了各分离结构的顶部位移和顶部加速度响应，指出施扰建筑对受扰建筑的静、动力干扰的机理是完全不同的，且各建筑的最大风致响应并未出现在规范给定的风向角下。

参考文献

[1] Huang P, Gu M. Experimental study on wind - induced dynamic interference effects between two tall buildings[J]. Wind and Structures, 2005, 8(3): 147 - 162.

[2] Xie Z, Gu M. Mean Interference effects among tall buildings[J]. Engineering Structures, 2004, 26(9): 1173 - 1183.

[3] Xie Z, Gu M. A correlation - based analysis on wind - induced interference effects between two tall buildings[J]. Wind and Structures, 2005, 8(3): 163 - 178.

[4] Xie Z, Gu M. Simplified formulas for evaluation of wind - induced interference effects among three tall buildings[J]. Journal of Wind Engineering and Industrial Aerodynamics, 2007, 95: 31 - 52.

冷却塔风振响应特征及等效静风荷载

张军锋[1,2]，赵林[2]，葛耀君[2]
（1. 郑州大学土木工程学院 河南 郑州 450001；
2. 同济大学土木工程防灾国家重点实验室 上海 200092）

1 引言

众所周知，风荷载是冷却塔的设计控制荷载，风荷载的动力作用作为冷却塔结构研究的关键问题之一，长期以来一直受到设计和研究人员的关注。以某大型冷却塔为例，经刚体模型风洞试验和结构动力响应计算，全面获得各响应的风致动力响应特征，并根据冷却塔的结构特性和设计原则，以配筋量而非传统的内力或位移为等效指标，给出了实际设计中的风振系数β取值。

本研究中的冷却塔塔高215 m，原型结构处B类场地，10 m高度基本风速$V_0=26.7$ m/s，塔顶风速$V_H=40$ m/s。刚体模型试验在同济大学TJ－3风洞中进行[1]，模型几何缩尺比$\lambda_L=1:200$，风速比$\lambda_V=1:4$，由此可得时间比$\lambda_t=1:50$。信号采样频率312.5 Hz，采样时长19.2 s。采用ANSYS进行结构计算，前100阶频率分布在0.763～2.903 Hz之间且频率基本随阶数线性增加。根据λ_t和λ_V将试验所得风压时程换算到原型结构进行动力计算，计算中不考虑非线性效应和自激励效应，计入前50阶模态进行计算，取模态阻尼比$\xi=1\%$。对于结构响应，以时程最值作为极值，并由此计算动力放大系数D。

2 计算结果及分析

图1给出了$h_S/H_S=0.19$高度位置子午向轴力F_Y的响应特征值（均值、跟方差、极大值和极小值）的环向分布，并且以相对值的形式给出以使其均分布在－1.0～1.0之间，同时还给出了D的环向分布。可以看出：在均值接近为零的位置D极为显著，这也给工程应用和等效风荷载分析都带来了障碍；整个环向，极值的最大值和均值的最大值位置重合，二而此处的D最小。上述特征对几乎所有位置的轴力和弯矩均适用。

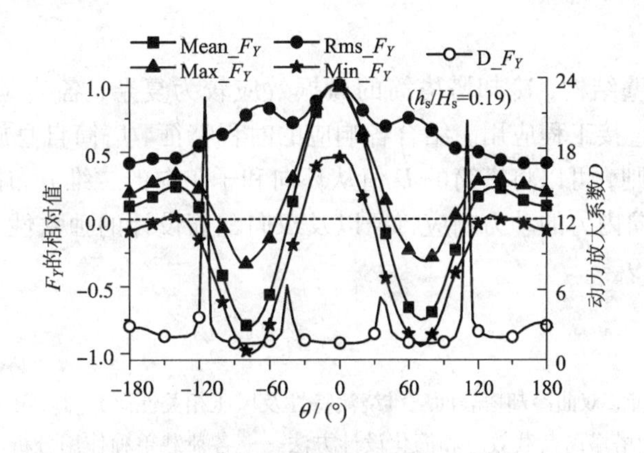

图1 F_Y的响应特征值和D的环向分布

冷却塔塔筒作为旋转轴对称结构，由于风和地震等荷载方向的任意性，在某个高度位置，塔筒整个环向的最不利内力可能出现在各个环向角度位置，因此设计中在一个高度位置仅取一组控制性荷载效应进行结构设计，并使此配筋计算结果用于整个圆周，也即配筋设计同样是旋转轴对称的。这就使得在配筋设计时，在一个确定的高度位置，仅需关注各响应时程极值的环向最大值即可。也即相当于整个环向仅需关注最不利的一个位置即可，各荷载效应在一个高度只需要一个D，D只沿子午向变化，这样就可以将二维（环向、子午向）问题转变为一维（仅子午向）问题。对于图1所示$h_S/H_S=0.19$高度位置F_Y，此D值可由时程极值的环向最大值除以均值的环向最大值得到，并且这两个值恰都位于迎风点$\theta=0°$位置。

图2给出了由此得到的D，但各内力的D相差很大，而我国规范采用风振系数β用于对静风荷载的放大，并对B类场地取$\beta=1.9$，相当于对所有响应取$D=1.9$。而塔筒的环向和子午向配筋设计是独立的，从图2可知，此取值对子午向受力偏保守但对环向受力偏不安全，因此在结构设计中需对这两个方向分别使用不同的风振系数。

在环向，塔筒的设计控制内力组合为拉弯组合，而M_X和$F_{X,T}$的D依然相差较大，为继续使用单一系数β并保证结构设计安全，以配筋量而非传统的内力为指标反算环向β。对一座177 m高的冷却塔取基本风压0.4 kPa进行配筋计算分析[2]，对环向内力统一取$D=3.2$所得环向配筋，在各个高度位置都已大于对M_X和F_X分别采用图2所示D值所得配筋(图3)。也即对B类地貌，环向配筋计算时可取$\beta=3.2$：虽然大幅提高了β，但环向配筋用量仅增加5.6%，这是因为风荷载效应在环向配筋计算中的权重远小于温度效应[2]。

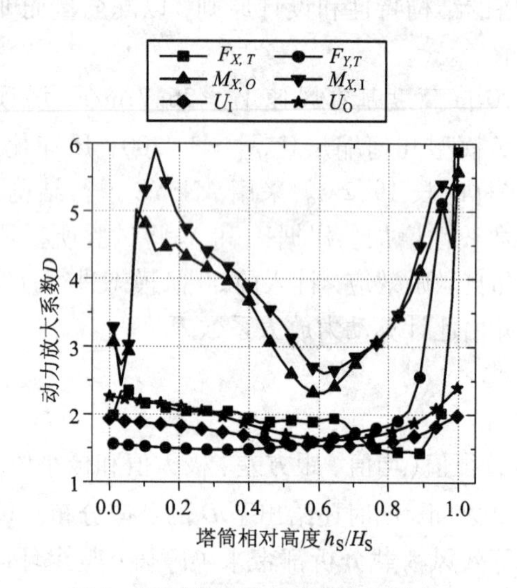

图2 不同内力的动力放大系数D

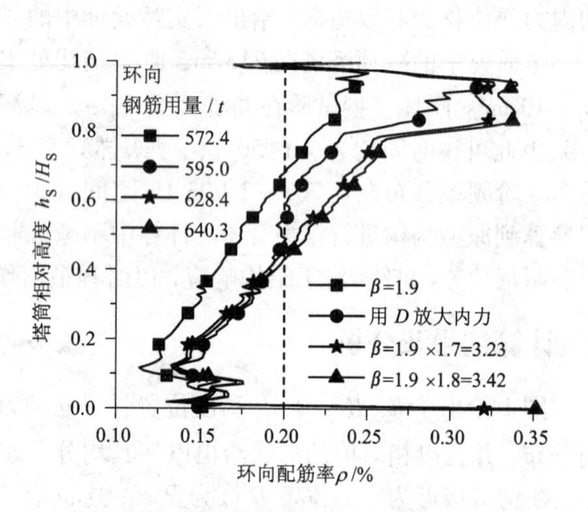

图3 不同方法所得环向配筋率

3 结论

作为典型的高耸空间薄壁结构，冷却塔塔筒的风振效应较为复杂，各响应的动力放大系数D极为离散，其空间二维分布也难以直接工程应用。结合各响应的时程特征、塔筒自身旋转轴对称结构特点以及同样旋转轴对称的配筋设计原则，可以将塔筒的D值从环向和子午向的二维分布简化为仅沿子午向的一维分布。另外，鉴于环向和子午向内力的动力响应特征以及双向配筋设计的独立性，在环向和子午向配筋计算时可分别取$\beta=3.2$和$\beta=1.9$。

参考文献

[1] 张军锋，葛耀君，赵林，柯世堂. 双曲冷却塔表面三维绕流特性及风压相关性研究[J]. 工程力学，2013，30(9)：234－242.

[2] 张军锋，丁玉玺，陈淮. 冷却塔塔筒荷载效应和简化设计方法——各荷载单独作用分析[J]. 防灾减灾工程学报(录用待发表).

冷却塔群配筋率指标风致干扰准则*

赵林，展艳艳，葛耀君
（同济大学土木工程防灾国家重点实验室 上海 200092）

1　引言

风荷载条件冷却塔群塔干扰效应为结构设计关键控制因素。为考虑群塔条件绕流形态改变引起的复杂三维风压分布形式及数值大小变化对结构内力及配筋的影响，现行国内外水工行业规范采用单一的群塔比例系数放大无干扰圆柱扰流简化的二维风压分布。为评价其精度、合理性和经济性，本项研究以某超大型冷却塔六塔典型布置为例，基于风洞试验、结构有限元分析和结构设计配筋方案，选择干扰效应明显的受扰塔作为研究对象，分析了塔筒不同高度处的平均风压、内力和位移分布规律并与单塔结果作对比，提出基于配筋包络的沿塔筒高度变化的分项群塔比例系数用于工程实践。

2　基本思路

本文在结构配筋层面进一步深入研究了群塔干扰效应，从某种意义上理解，配筋层面的衡量准则可以定义为此类干扰效应的精确解，为简化应用亦提出了基于配筋包络的沿塔高变化的分项群塔比例系数。研究分两个阶段：第一阶段进行刚体模型同步测压风洞试验，采集塔筒表面静、动态风压分布数据；第二阶段进行有限元数值计算，将试验所得风压数据作为荷载输入，求解各工况下的结构内力响应及设计配筋量。研究过程提出了复杂干扰条件以配筋率包络为准则的干扰效应比较原则。图1示意了主要研究思路和流程。

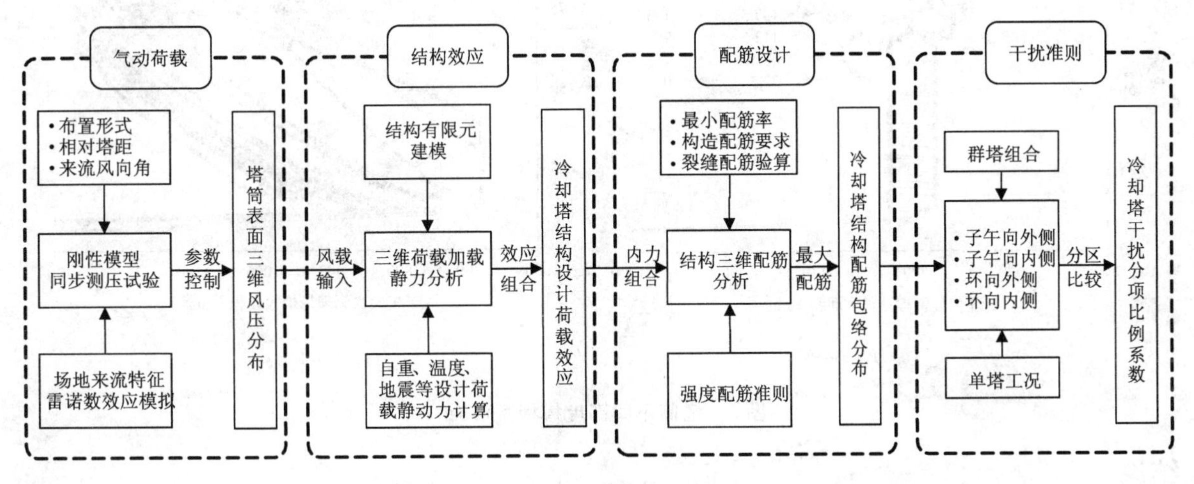

图1　研究工作流程图

3　试验与计算

干扰效应受冷却塔结构线型、尺寸、来流风向角和周围邻近建筑结构的布置形式等众多因素的影响，在试验过程中，考虑六塔矩形布置形式、特定塔间距和水平风向角，测定塔筒外表面风压分布。冷却塔分布形式及风向角定义如图2所示。六塔布置形式为矩形；双塔中心间距 L 与冷却塔底部直径 D 的比值 L/D 为1.75；设置风向角 β 变化范围为0°~360°，加载角度增量为22.5°，即水平风向角数目为16个；充分利用群塔布置方案的对称关系，被测塔数量为2座，分别记为 T_1 和 T_2。

* 基金项目：科技部国家重点基础研究计划（973计划，2013CB036300），国家自然科学基金项目（91215302，51178353和51222809），新世纪优秀人才支持计划

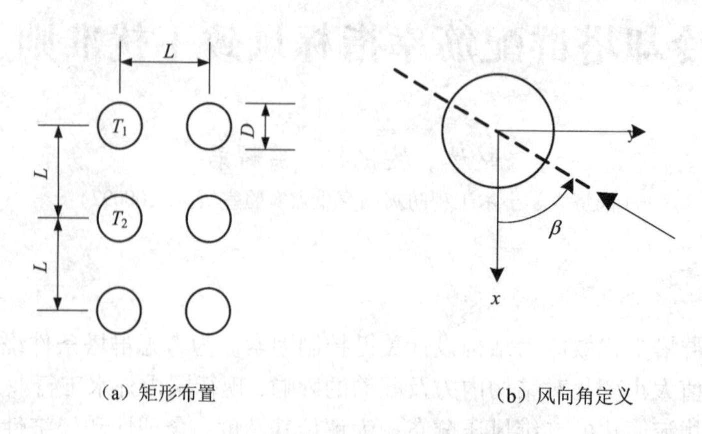

（a）矩形布置 （b）风向角定义

图2 冷却塔布置形式及风向角定义

选取 T_1 号塔作为研究对象，图3展示了该塔在16个风向角20种荷载组合条件下的不同塔筒高度处子午向外侧、子午向内侧最大配筋率及其包络线。计算分析过程采用实际的考虑干扰效应的塔筒表面三维风压荷载，相关包络曲线定义为实际工程冷却塔基于准确荷载加载条件真实内力作用下设计配筋分布情况。将其与单塔在实测塔筒表面三维分布风荷载作用条件下相应配筋数据作对比，可以获得基于配筋率比较指标的群塔干扰系数。

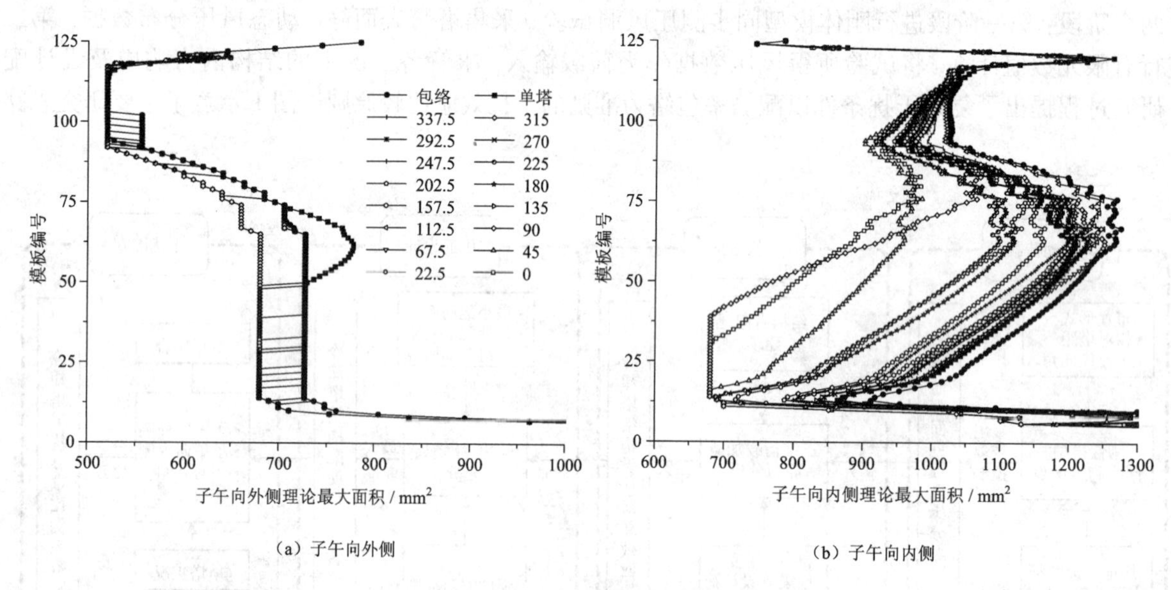

（a）子午向外侧 （b）子午向内侧

图3 塔筒不同高度模板配筋率

4 结论

基于荷载规范建议的单一群塔系数难于涵盖干扰效应导致的复杂三维风压分布变化，推荐基于配筋包络比选的在塔筒高度范围内变化的分项干扰系数作为工程应用群塔比例系数，可以兼顾结构设计过程的便捷、经济和合理性。

参考文献

[1] Zhao L, Chen X, Ke S T, et al. Aerodynamic and aero - elastic performances of super - large cooling towers[J]. Wind and Structures, 2014, 19(4): 443 -465.

[2] Zhao L, Chen X, Ge Y J. Investigations of adverse wind loads on a large cooling tower for the six - tower combination[J]. Applied Thermal Engineering, 2016, 105: 988 -999.

[3] Zhao L, Ge Y J. Wind loading characteristics of super - large cooling towers[J]. Wind and Structures, 2010, 13(3): 257 -273.

五、大跨空间结构抗风

膜结构附加气动力参数解析公式研究*

陈昭庆[1]，宋家乐[1]，陈慧如[1]，武岳[2]
(1. 东北电力大学建筑工程学院 吉林 长春 132012；2. 哈尔滨工业大学土木工程学院 黑龙江 哈尔滨 150090)

1 引言

通过引入气动声学和拟静态理论，推导了均匀来流中小振幅振动的开敞式单向张拉膜结构附加气动力参数附加质量和气动阻尼的解析表达式，并通过气弹模型试验验证了解析公式的有效性。

2 附加气动力参数解析公式推导

均匀流中小振幅振动的膜结构的运动方程可以用下式表示：

$$M_s \frac{\partial^2 y}{\partial t^2} + C_s \frac{\partial y}{\partial t} + K_s y = F_m(y, \frac{\partial y}{\partial t}, \frac{\partial^2 y}{\partial t^2}, t) \tag{1}$$

式中：y 为位移；t 为时间；M_s表示膜结构的质量；C_s表示结构阻尼；K_s表示结构刚度；$F_m(y, \partial y/\partial t, \partial^2 y/\partial t^2, t)$表示运动的膜面表面的风荷载，可以简化为气动声压 P_a和拟静态风压 P_w之和，前者由膜面振动过程中被挤压空气的反作用而形成，与来流水平运动无关，通过气动声学理论评估；后者由风荷载作用下膜面表面的拟静态风压引起，因膜面振动引起的结构瞬时形状的改变而变化，通过一周期内不同振动位置的模型的刚性模型风洞试验或 CFD 数值模拟结果进行评估。

2.1 结构振动挤压空气引起的气动力

以两端固定的二维张拉膜结构为例进行分析，假定膜面以单模态振动，膜面振动的过程中对一侧的空气造成了挤压，空气的挤压力反作用于膜面，形成了气动声压[1]，表达式为：

$$P_a = \frac{-\rho_{air}}{\sqrt{\left(\frac{2\pi}{\lambda_{s,n}}\right)^2 \left(1 - \frac{T}{(M_s + m_{a,n})c_0^2}\right)}} \frac{\partial^2 y}{\partial t^2} \tag{2}$$

对于膜结构，预张力 T 远小于 $M_s c_0^2$(如本文后面用到的验证模型，预张力 $T = 20 \sim 40$ N/m，结构质量 $M_s = 0.4133$ kg/m^2，声速 $c_0 = 340$ m/s)，因此，式(2)可以简化为：

$$P_a = \frac{-\lambda_{s,n}\rho_{air}}{2\pi} \frac{\partial^2 y}{\partial t^2} \tag{3}$$

2.2 结构形状变化引起的气动力

低风速均匀流中小幅振动的二维张拉膜结构，其拟静态风压 P_w等于每一时刻相应拟静态位置处模型上的平均风压系数，它随着膜面振动过程中膜面位置(用膜面位移方程控制)的改变而改变。

$$P_w = -\frac{1}{2}\rho_{air} U_0^2 \left(\frac{a_n}{y_0 \omega_{s,n}^2} \frac{\partial^2 y}{\partial t^2} + \frac{b_n}{y_0 \omega_{s,n}} \frac{\partial y}{\partial t} - a_0 \sin \frac{n\pi x}{l}\right) \tag{4}$$

因此，等式(1)可以简化为下式：

$$M_s \frac{\partial^2 y}{\partial t^2} + C_s \frac{\partial y}{\partial t} + K_s y = P_a(\frac{\partial^2 y}{\partial t^2}) + P_w(\frac{\partial y}{\partial t}, \frac{\partial^2 y}{\partial t^2}) \tag{5}$$

2.3 附加气动力参数附加质量与气动阻尼解析公式

将式(3)和(4)代入式(5)可得：

* 基金项目：东北电力大学博士科研启动基金(BSJXM—201627)

$$(M_s + m_{a,n})\frac{\partial^2 y}{\partial t^2} + (C_s + c_{a,n})\frac{\partial y}{\partial t} + K_s y = \frac{1}{2}\rho_{air}U_0^2 a_0 \sin\frac{n\pi x}{l} \tag{6}$$

其中：

$$m_{a,n} = \frac{\lambda_{s,n}\rho_{air}}{2\pi} + \frac{1}{2}\frac{\rho_{air}U_0^2 a_n}{y_0\omega_{s,n}^2}$$

$$c_{a,n} = \frac{1}{2}\frac{\rho_{air}U_0^2 b_n}{y_0\omega_{s,n}}$$

式中：$m_{a,n}$表示结构 n 阶模态的附加质量；$2\rho_{air}l/n\pi$ 和 $\rho_{air}U_{02}a_n/2y_0\omega_{s,n}^2$ 分别表示气动声压和拟静态风压引起的附加质量；$c_{a,n}$表示结构的气动阻尼。

3 验证结果

验证结果表明：附加质量解析公式的误差不超过 ±9.0%。一阶模态总阻尼比解析解与试验值在同一数量级范围内。

4 结论

通过引入气动声学和拟静态理论，推导了均匀来流中小振幅振动的开敞式单向张拉膜结构附加气动力参数的解析表达式，气动声压和拟静态风压引起的附加质量解析式为 $2\rho_{air}l/n\pi$ 和 $\rho_{air}U_{02}a_n/2y_0\omega_{s,n}^2$，气动阻尼解析式为 $\rho_{air}U_{02}b_n/2y_0\omega_{s,n}$。

参考文献

[1] Kukathasan S, Pellegrino S. Vibration of prestressed membrane structures in air[C]//Proceeding of the 43rd AIAA/ASME/ASCE/AHS/ASC Structures, Structural Dynamics, and Materials Conference and Exhibit. Denver, Colorado, Published by the American Institute of Aeronautics and Astronautics, Inc, 2002: 1-11.

基于最优准则法的双层网壳结构抗风优化*

黄友钦，陈波帆，傅继阳
（广州大学工程结构灾害与控制联合研究中心 广东 广州 510006）

1 引言

结构风灾调查表明[1]，低矮结构的破坏损失占结构风灾总损失的50%以上。近些年风灾发生日益频繁且其强度和破坏力也在增强，十分有必要深入研究大跨屋盖结构在风荷载下的安全性设计[2]。相较于传统设计，优化设计基于结构的安全性能和经济效益，通过建立数学模型和优化算法来更新结构设计参数，可实现节省材料用量的目标[3]。在结构优化算法中，最优准则法(Optimal Criterion Method，OC 法)具有收敛快、受设计变量数目和结构规模影响小等优点[4]，因而能高效地处理大型结构的优化设计问题，但目前应用 OC 法来分析大跨屋盖抗风优化的研究很少。

本文采用 OC 法对一实际双层柱面网壳进行优化计算，考虑压杆稳定约束，并用 Matlab 软件编制程序进行有限元分析和优化计算，讨论了目标函数、设计变量和优化前后结构的变化情况。

2 优化原理

用于研究的结构为一正放四角锥双层柱面网壳，包括2592个节点和10080个杆件单元。在应用 OC 法进行优化分析前，需先建立该结构优化计算的数学模型，并求解目标函数和压杆稳定约束条件关于设计变量的一阶导数。然后引入 Lagrange 乘子将有约束问题转化为无约束情况，构造 Lagrange 函数。对 Lagrange 函数应用 K－T 最优性条件以求得 Lagrange 函数最小值，进一步应用迭代递归算法进行求解。关于优化原理的详细描述请见论文全文。

3 结果分析

经过8次优化迭代计算后，目标函数、设计变量和压杆稳定性同时满足收敛要求。由表1可见，随着杆件截面积大幅度下降，优化后结构总重较优化前下降了32%。同时，优化后结构的压杆稳定性普遍比优化前大幅提升，从而使材料性能得到更加充分地发挥。对于杆件强度和节点位移而言，最大的应力强度绝对值在优化前为126 MPa，优化后提高为206 MPa，但仍小于钢材屈服强度235 MPa；节点在 x、y、z 方向上的最大位移绝对值在优化前分别为0.58 cm、7.82 cm、8.60 cm，优化后则分别提高为1.02 cm、12.36 cm、11.63 cm，也均小于规范中的位移限值20.60 cm。因此，若在双层网壳的 OC 法优化中仅考虑压杆稳定约束，不但能使优化后结构的受压杆件满足规范中的稳定要求，而且还能保证杆件的应力强度值、节点在各方向的位移均符合各自对应的规范要求，从而在一定程度上减少了优化计算量。

表1 优化前后的杆件截面积和结构总重

截面号	优化前面积/cm^2	优化后面积/cm^2	截面号	优化前面积/cm^2	优化后面积/cm^2
1	17.02	14.51	8	57.81	27.72
2	21.36	14.21	9	78.04	34.98
3	27.64	14.83	10	90.16	36.37
4	34.18	17.97	11	102.04	37.09
5	28.84	25.28	12	115.11	36.60
6	37.95	27.15	13	141.37	40.35
7	53.41	27.91	质量/kg	10.55×10^5	7.22×10^5

* 基金项目：国家自然科学基金(51578169，51208126)

4　结论

通过研究发现由本文方法进行优化后结构总质量降低了32%，材料力学性能得到了更加合理地利用。在双层网壳结构的抗风优化中若仅考虑压杆稳定约束，可能使结构的压杆稳定性、杆件强度和节点位移同时满足规范要求，从而可减少优化的工程计算量。

参考文献

[1] Kasperski M. Design wind loads for low - rise buildings: A critical review of wind load specifications for industrial buildings[J]. Journal of Wind Engineering and Industrial Aerodynamics, 1996, 61(2 - 3): 169 - 179.

[2] Stewart M G. Risk and economic viability of housing climate adaptation strategies for wind hazards in southeast Australia[J]. Mitigation and Adaptation Strategies for Global Change, 2015, 20(4): 601 - 622.

[3] 黄友钦，林俊宏，傅继阳，等. 多重约束下空间桁架结构抗风优化[J]. 应用数学和力学，2013，34(8)：824 - 834.

[4] 陈嘉源. 高层建筑在等效静力风荷载作用下的整体刚度抗风优化设计方法研究[D]. 广州：广州大学，2013.

大跨悬挑结构附面层吹气控制研究

刘红军，郭开元，林坤
（深圳风环境技术工程实验室，哈尔滨工业大学深圳研究生院 广东 深圳 518055）

1 引言

边界层流动控制策略可以在荷载施加到结构之前即对荷载进行控制，优化荷载对结构产生的效应，从根本上改善结构表面的风压分布。由于这种前置性，学术界越来越重视对于流动控制的研究。其中吹吸气控制策略被广泛应用于桥梁抑振、高层建筑横风向减振等建筑结构的各个领域[1-2]。但是目前采用的吹吸气策略通常在结构表面开口，且其吹吸气方向与结构表面有一定夹角，这给工程应用带来了不便[3]。已有研究表明[4]，沿结构表面对附面层进行吹气控制，也可以非常有效地实现边界层流场控制，且与以往垂直吹吸气方式相比，该方法在工程应用时更加方便。大跨悬挑结构属于典型的风敏感结构，其表面风压与边界层流场特性密切相关，采用附面层吹气的策略有望改善其表面风压的分布。本文首先提出附面层吹气控制策略，然后建立 CFD 数值模拟模型，研究不同吹气速度、吹气相对位置对大跨悬挑屋盖不同区域风压、升力系数等的控制效果，最终提出附面层吹气控制的最佳布置方案。

2 附面层吹气控制策略

大跨悬挑屋盖尺寸为 60 m×20 m×1.5 m，本文采用的吹气控制方案是在屋盖表面上最前缘的位置处设置附着型额外安装一个吹气口（高×长 = 0.05 m×0.1 m），吹气口宽度为 20 m，与屋盖宽度相同，如图 1 所示。该装置能够以不同速度进行吹气，实现对屋盖附面层流体的加速，从而消除大跨悬挑结构上的旋涡，达到降低大跨悬挑屋面表面风压的目的。相对于整个屋盖整体，该吹气口装置尺寸非常小，采用 CFD 数值仿真研究表明该附着型吹气装置对屋盖表面风压分布与涡的尺寸都几乎没有影响。

3 屋盖各区域控制效果分析

3.1 工况设计及屋盖不同区域的划分

本文定义吹气速度与旋涡上部势流区速度的比值为量纲为一的吹气参数，称为吹气速比。建立 CFD 模型，通过分析悬挑屋盖表面流场特性，将其分为前缘分离区、旋涡区、旋涡分离区三部分进行研究，各区域划分如图 2 所示。

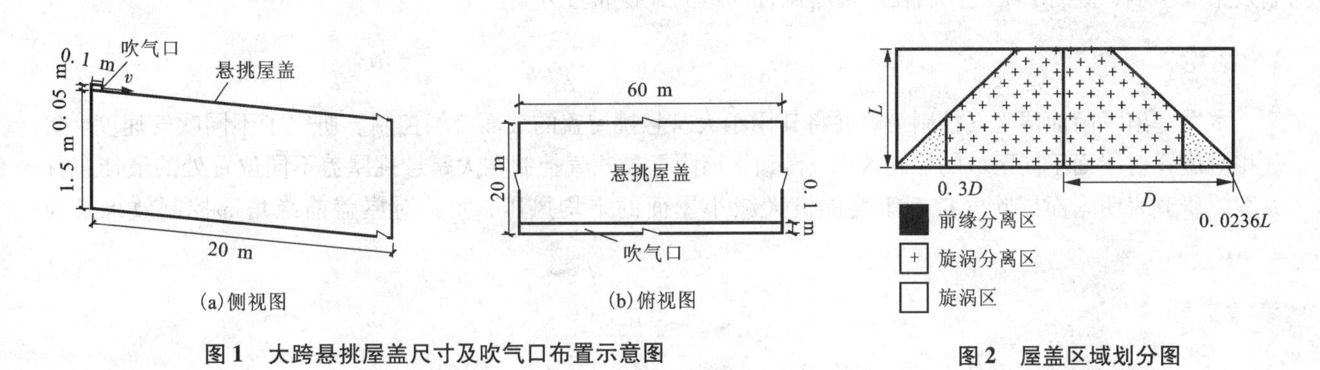

图 1 大跨悬挑屋盖尺寸及吹气口布置示意图

图 2 屋盖区域划分图

3.2 对不同区域控制效果的分析

对于前缘分离区而言，其区域内存在受形态改变引起的流动分离。此时采用附面层吹气不但无法阻止该区域内的流动分离，反而会给绕流的气流注入能量，使得分离效果更加明显，造成风压增加。随着吹气速比的增大，前缘分离区的风压随之增大，因此该区域内不适合采用附面层吹气控制进行减压。

对于旋涡区而言，随着吹气速比的不断增大，旋涡区风压绝对值的减幅不断变大。其中吹气速比为

6/6 时，风压值最大减幅约为 30%（从 121 Pa 到 90 Pa）。此时悬挑屋盖表面旋涡已经基本消失，如图 3 所示。由图 4(a)可以看到，升力系数随着吹气速比的增大而不断减小；且减小速率先增大后减小。吹气比为 6/6 比未控制的升力系数减小了 14%（从 1.5 到 1.29）。当吹气比大于 5/6 时，随着吹气速比的增加，该升力系数的改变趋于平缓。

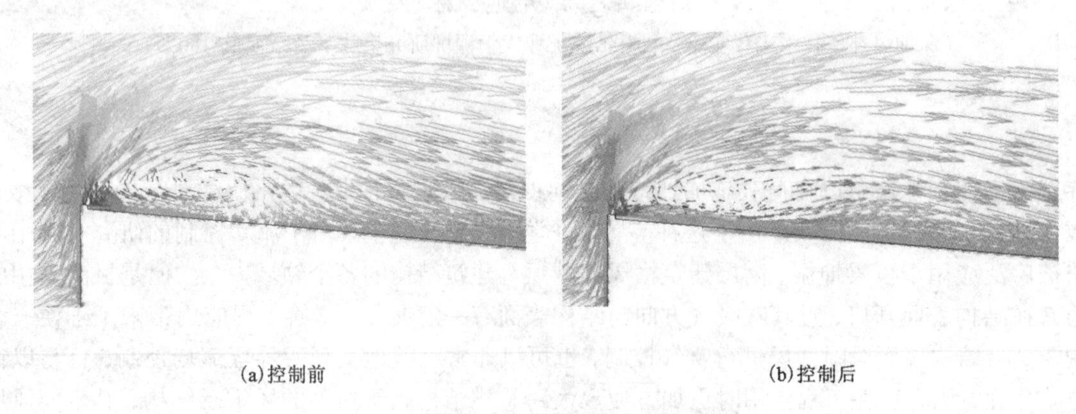

(a)控制前　　(b)控制后

图 3　旋涡区吹气控制前后速度矢量图

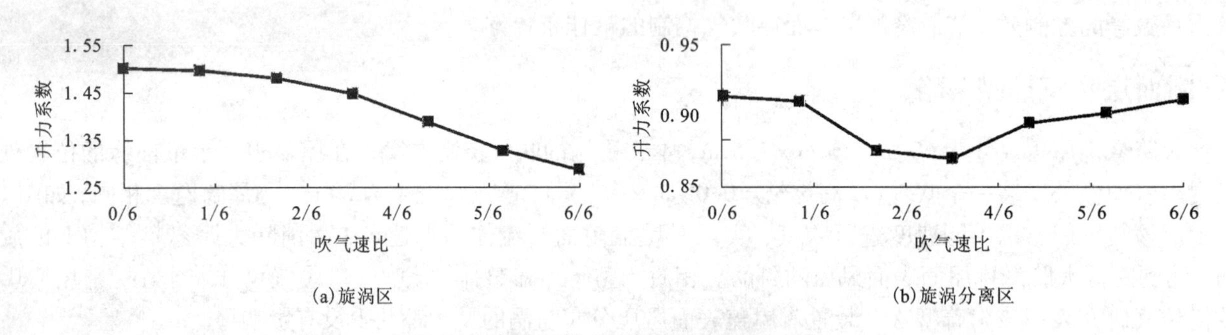

(a)旋涡区　　(b)旋涡分离区

图 4　屋盖表面升力系数随吹气比的改变

对于旋涡分离区而言，由图 4(b)可以看到，随吹气速比的增加升力系数呈先减小后增大的趋势，且在吹速比达到 3/6 时，升力系数达到最小值。升力系数减小是由于吹气减小了涡外层的速度，削弱了涡能量；而升力系数的增大，则是由于当吹气速度大于来流的能量时，交界点处产生了流动分离，形成小漩涡；该小漩涡的能量随吹气比的增加而增大，导致屋面负压的变大。除此之外，本文还研究了不同吹气位置对控制效果的影响，得到了吹气控制在悬挑屋盖各区域的最佳布置方案。

4　结论

本文提出了附面层吹气控制策略并将其用于大跨悬挑屋盖的表面流场控制。研究了不同吹气速度、吹气相对位置对屋面不同区域的控制效果，得到了该附面层吹气控制在大跨悬挑屋盖不同位置处的最佳布置方案。研究表明附面层吹气控制策略能极大减小屋面的平均风压，尤其对屋盖前缘角部控制效果最为显著。

参考文献

[1] 窦然. 大跨桥梁颤振与流动控制数值模拟[D]. 哈尔滨：哈尔滨工业大学，2015.

[2] 郑朝荣，张耀春. 高层建筑风荷载减阻的吹气方法数值研究[C]// 建筑结构学报创刊 30 周年纪念暨建筑结构基础理论与创新学术研讨会，2010：180 - 181.

[3] 冯畅达. 超高层建筑风荷载和风致响应的吹气控制研究[D]. 哈尔滨：哈尔滨工业大学，2014.

[4] Mitchell A M, Barberis D, Molton P, et al. Oscillation of Vortex Breakdown Location and Blowing Control of Time - Averaged Location[J]. Aiaa Journal, 2015, 38(5)：793 - 803.

曼型干式煤气柜风振机理研究*

刘欣鹏[1]，李正良[2]，晏致涛[1]，汪之松[2]
（1. 重庆科技学院建筑工程学院 重庆 401331；2. 重庆大学土木工程学院 重庆 400045）

1 引言

曼型干式煤气柜[1]是我国重要的工业建筑物，广泛应用于冶金、石化和市政等行业。作为大型空间薄壳结构[2]，煤气柜柜体为纵环加筋圆柱壳，柜顶和活塞均为径环加筋球壳结构。与传统高层混凝土结构主要关注抗震性能研究不同，煤气柜对风荷载更为敏感，在整个结构体系安装运行阶段风荷载是其主要的控制荷载。因此，煤气柜结构的风振机理研究就显得尤为重要了[3-4]。本文以国家自然科学基金项目“大型曼型干式煤气柜结构的抗风设计理论研究”为依托，重点对煤气柜结构表面气动风荷载及风振特性进行研究，为该类结构抗风设计提供可靠和有效的理论依据。

2 主要研究内容

根据煤气柜结构的特性，本文力图从刚性模型测压试验、结构气动弹性模型试验、有限元模拟及计算流体力学数值模拟等方面对其气动风荷载模型及风振机理进行全面的研究和探讨，总结了该类空间结构在强风作用下的风振特性。本文的主要研究工作如下：

综合考虑雷诺数及煤气柜表面粗糙度的影响[5-10]，提出了煤气柜表面风荷载体型系数的计算方法。通过煤气柜模型测压试验，详细研究了影响煤气柜柜体结构表面风压分布的影响参数，并拟合了煤气柜柜体结构的风压分布曲线。采用大涡模拟的方法[11-19]，对典型粗糙条件下的煤气柜结构进行数值模拟，将分析结果与试验结果进行了对比。最后详细分析了近壁面风力特性以及流场信息。

基于煤气柜动力特性分析结果，详细介绍了全结构气弹模型设计原则、设计思路、制作方法，对模型进行模态参数识别以保证模型整体满足试验要求[20]，并布置测点以测试整体结构在紊流场中的风致振动响应。在此基础上，通过改变风速、活塞位置及柜体角度等因素详细研究了煤气柜结构整体风振响应特点。

基于刚性测压试验结果，详细分析了煤气柜风压荷载谱的分布特性，提出了适合工程设计的风压荷载谱的计算方法。采用 CQC 法对煤气柜风振响应进行频域计算并与试验结果进行对比研究。另外，通过 POD 法对风洞试验数据进行加密，对曼型干式煤气柜结构进行风振响应时域分析，并分析风致响应分布规律。

3 结论

（1）当煤气柜雷诺数进入超临界区时，柜体表面风荷载趋于稳定，基本不随雷诺的改变而改变；粗糙度对最小负压系数以及来流分离角度影响显著，最小负压系数随粗糙度的增加从光滑壁面的 -2.3 增至 -0.65，分离点角度从 140°前移至 90°；煤气柜体型系数进行数值拟合结果与试验结果吻合很好，可以用于工程设计。

（2）活塞位置对结构整体位移响应影响非常明显。总体来说，对于位移响应均值，远离活塞测点位移均值随环向角度呈“三峰”分布，随着活塞位置的变化，离活塞位置较近的测点位移均值分布逐渐转为“双峰”型规律，且活塞附近的柜体部分的风振响应主要为整体振动。对于位移响应标准差而言，远离活塞测点位移标准差随圆周角增加而逐渐减小，在背风面负压稳定区域内位移响应标准差逐渐稳定。

（3）煤气柜表面风压谱进行划区域拟结果与试验结果相当接近，误差小于 10%，满足工程要求。煤气柜时域分析结果表明结构位移均值最大值发生在 0°子午线方向，分布高度受活塞位置影响显著，随着活塞

* 基金项目：国家自然科学基金（51278511）

逐渐向柜体中部移动，煤气柜中部空间逐渐被“箍紧”，结构振动形态逐渐趋向于高层结构的整体振动，位移均值最大值位于柜顶处。

参考文献

[1] 谷中秀. 新型干式煤气柜[M]. 北京：冶金工业出版社，2010.

[2] 沈世钊. 大跨空间结构的发展—回顾与展望[J]. 土木工程学报，1998(3)：5-14.

[3] 埃米尔·希缪，罗伯特·H·斯坎伦. 风对结构的作用-风工程导论[M]. 刘尚培，项海帆，谢霁明，译. 上海：同济大学出版社，1992.

[4] 张相庭. 结构风工程[M]. 北京：中国建筑工业出版社，2006.

[5] Schewe G. On the force fluctuations acting on a circular cylinder in cross flow from subcritical up to transcritical Reynolds numbers[J]. J Fluid Mech, 1983, 133: 265-85.

[6] Achenbach E. Distribution of local pressure and skin friction around a circular cylinder in cross-flow up to $Re=5\times10^6$[J]. Fluid Mesh, 1968, 34(4): 625-39.

[7] Achenbach E, Heinecke E. On vortex shedding from smooth and rough cylinders in the range of Reynolds numbers 6×10^3 to 5×10^6[J]. Journal of Fluid Mechanics, 1981: 109.

[8] Cheung J C K, Melbourne W H. Turbulence effects on some aerodynamic parameters of a circular cylinder at supercriticalnumbers [J]. Journal of Wind Engineering & Industrial Aerodynamics, 1983, 14(1-3): 399-410.

[9] Basu R I, Basu R I. Aerodynamic forces on structures of circular cross-section. Part 1. Model-scale data obtained under two-dimensional conditions in low-turbulence streams[J]. Journal of Wind Engineering & Industrial Aerodynamics, 1985, 21(3): 273-294.

[10] Basu R I. Aerodynamic forces on structures of circular cross-section. Part 2. The influence of turbulence and three-dimensional effects[J]. Journal of Wind Engineering & Industrial Aerodynamics, 1986, 24(1): 33-59.

[11] Smagorinsky J. General circulation experiments with the primitive equations[J]. MonthlyWeather Review, 1963, 93-99.

[12] Deardorff J W. A numerical study of three-dimensional turbulent channel flow at large Reynolds numbers[J]. Journal of Fluid Mechanics, 1970, 41: 453-480.

[13] Poimelli U, Ferziger J H, Moin P, et al. New approximation boundary conditions for large eddy simulation of wall boundary flows [J]. Physics of Fluids, 1989, 1: 1061-1068.

[14] Kim H J, Durbin P A. Investigation of the flow between a pair of cylinders in the flopping regime[J]. Journal of Fluid Mechanics, 1988, 196: 431-448.

[15] 苑明顺. 高雷诺数圆柱绕流的二维大涡模拟[J]. 水动力学研究与进展，1992，7(增)：614-622.

[16] 刘宁宇，陆夕云. 分层剪切湍流大涡模拟的一种动力亚格子尺度模型[J]. 中国科学辑，2000，30(2)：145-153.

[17] Beaudan P, Moin P. Numerical experiments on the flow past a circular cylinder at sub-critical Reynolds number[R]. Department of Mechanical Engineering. Stanford University, 1994.

[18] Mittal R, Moin P. Suitability of upwind-biased finite-difference schemes for large eddy simulation of turbulent flows[J]. American Institute of Aeronautics and Astronautics, 1997, 35: 1415.

[19] Kravchenko A G, Moin P. Numerical studies of flow over a circular cylinder at $Re_D=3900$[J]. Physics of fluids, 2000, 12 (2): 403-417.

[20] 余世策，楼文娟，孙炳楠. 大跨屋盖结构风洞试验模型的设计方法讨论[J]. 建筑结构学报，2005，26(4)：92-98.

风的方向性对大跨屋盖结构风效应影响研究*

罗楠[1,2]，梁张烽[1]，李志国[1,2]，廖海黎[1,2]
(1. 西南交通大学土木工程学院 四川 成都 610031；2. 西南交通大学风工程四川省重点实验室 四川 成都 610031)

1 引言

在评估结构的风荷载效应时，空气动力学效应的方向性已被公认[1-2]。一些研究进而将空气动力学效应和风的方向性相结合，研究了风的方向性对结构风效应的影响[3]。最近，张欣欣等在考虑风向相关性的基础上，得出了结构风效应计算更精确的计算方法[4]。部分规范也考虑了风的方向性对结构风效应的影响，比如：美国规范引入风向折减因子来考虑风的方向性对结构风效应的影响；澳大利亚规范则给出 8 个方向各自的设计风速来考虑风的方向性。大跨屋盖结构质量小、柔度大、阻尼小且模态密集。风振响应由多模态控制且设计需要考虑多个控制响应[5]。这些响应往往具有不同的方向性特征。本文详细讨论了某大跨屋盖结构典型响应的方向性特征，将其与风速模型相结合，得到了结构风效应更精确的计算方法。考虑到大跨屋盖结构由多个响应控制设计，给出了多个风荷载效应方向性的简化估计方法。

2 理论分析

2.1 极值风速模型

本研究采用的风速数据来自美国自动化表面观测系统(ASOS)，选用的站点为伊利诺伊州的芝加哥市，数据时间为 2000 年 1 月 1 日至 2016 年 4 月 30 日。基于多元极值理论，采用高斯连系方程获得多方向风速的联合累积分布函数(JCDF)：

$$H(v_1, v_2, \cdots, v_n) = G_n[\Phi^{-1}(u_1), \Phi^{-1}(u_2), \cdots, \Phi^{-1}(u_n)] = G_n(y_1, y_2, \cdots, y_n) \tag{1}$$

式中：$y_i = \Phi^{-1}(u_i) = \Phi^{-1}(\Psi_{V_i}(v_i))$ 是高斯变量；Φ 是标准高斯分布的累积分布函数；G_n 是多元高斯分布的 JCDF，其均值为 0，协方差矩阵为 $\sum_{ij} = \sum_{ji} = \rho_{ij}$，$\rho_{ij}$ 是 Y_i 和 Y_j 的相关系数。当 $\Psi_{V_i}(v_i)$ 为极值 Ⅰ 型分布时，不同风向下风速的相关系数由下式给出[4]：

$$r_{ij} = \frac{6}{\pi^2}\int_{-\infty}^{\infty}\int_{-\infty}^{\infty}\{-\ln[-\ln(\Phi(y_i))] - \gamma\}\{-\ln[-\ln(\Phi(y_j))] - \gamma\}\varphi(y_i, y_j; \rho_{ij})\mathrm{d}y_i\mathrm{d}y_j \tag{2}$$

式中：$\gamma = 0.5772$ 是欧拉常数；$\varphi(y_i, y_j; \rho_{ij})$ 是二元高斯分布的联合概率密度函数(JPDF)。

2.2 空气动力学效应的方向性

某空间钢桁架大跨屋盖结构长跨 167.5 m、短跨 141.7 m、高 29.90 m。屋盖结构和墙体采用弹性连接，同时与地面有四个固定连接点。屋盖的有限元模型见图 1，图中标出了 4 个典型的风效应节点。结构的空气动力学效应通常采用极值响应系数来表示，由于荷载的动力放大效应，该系数为平均风速的函数。本文假定极值响应系数与平均风速的关系为幂指数：

$$C_i(V_i) = V_i^{b_i}C_{\alpha i} \tag{3}$$

式中：$C_{\alpha i}$为与风速无关的响应系数，对于指定结构的指定方向是固定值；b_i 是幂指数。

典型节点的响应系数 $C_{\alpha i}$见图 2。这些节点代表了不同类型：(1)响应有两个主导方向但不相邻；(2)所有方向响应相当；(3)响应有三个主导方向且相邻；(4)响应只有 1 个主导方向。

2.3 极值响应

根据多方向风速的联合累积分布函数，年最大极值风荷载效应的累积分布函数可表示为：

$$\Psi_X(x) = H(v_{x1}, v_{x2}, \cdots, v_{xn}) = G_n(y_1, y_2, \cdots, y_n) \tag{4}$$

式中：v_{xi}是极值风效应对应的风速，可表示为：$v_{xi} = (2x/\rho C_{\alpha i})1/(b_{\alpha i}+2)$。对应于重现期 R 年的风荷载效

* 基金项目：大跨屋盖结构风场重构及等效静力风荷载研究(51408504)

应可以由 $\Psi_X(x)=1-1/R$ 给出。

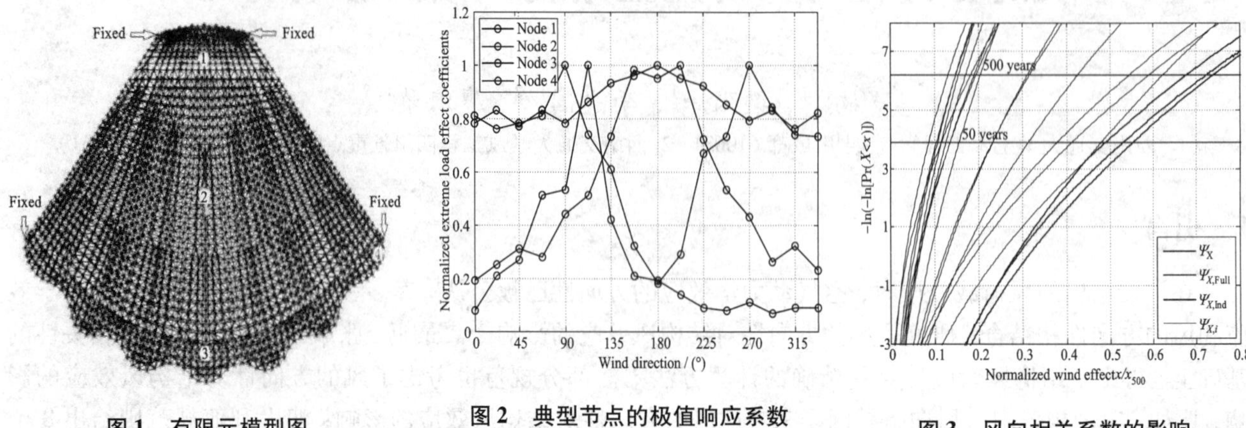

图 1　有限元模型图　　**图 2　典型节点的极值响应系数**　　**图 3　风向相关系数的影响**

为对比不同风向间相关系数对结构风效应的影响，图 3 给出了节点 3 在考虑风速全相关、风速独立和风向间的实际相关性 3 种情况下极值响应结果对比。可以看出，考虑实际风向间相关性的计算结果处于考虑全相关和独立的结果之间。实际结果与考虑全相关的结果差别较大，与考虑独立时更为接近。因此，假定各风向相互独立具有一定的合理性。当然，这种误差也并不是可以完全忽略，本文采用修正系数来处理这种情况：

$$\alpha_s = x_{\rho,\mathrm{R}} / x_{\mathrm{Ind},\mathrm{R}} \tag{5}$$

不同的响应具有不同的修正系数，理论上每个响应应该对应于一个修正系数。大跨屋盖结构由多个响应控制设计，使用并不方便，且各个修正系数差别并不大。因此，本文基于多元极值理论，采用统一的修正系数 α_u 给出多个风荷载效应方向性的简化估计方法：

$$Pr[X_1 < \alpha_u x_{\mathrm{Ind},1}, \cdots, X_n < \alpha_u x_{\mathrm{Ind},n}] = Pr[X_1 < \alpha_{s,1} x_{\mathrm{Ind},1}, \cdots, X_n < \alpha_{s,n} x_{\mathrm{Ind},n}] \tag{6}$$

3　结论

本文首先基于多元极值理论，采用高斯连系方程获得了多方向风速的联合累积分布模型，该模型考虑了风向相关性，得到了更合理的结果。其次，分析了某大跨屋盖结构典型节点空气动力效应的方向性，这些典型节点具有各自类型对应的方向性特征。再次，将空气动力效应和风向信息相结合，分析了风的方向性对大跨屋盖结构响应的影响。最后，考虑大跨屋盖结构由多个响应控制设计，给出了多个风荷载效应方向性的简化估计方法。

参考文献

[1] Simiu E, Heckert N A. Ultimate wind loads and direction effects in non hurricane and hurricane - prone regions[J]. Environmetrics, 1998, 9(4): 433 - 444.

[2] Laboy - Rodríguez S T, Gurley K R, Masters F J. Revisiting the directionality factor in ASCE 7[J]. J. Wind Eng. Ind. Aerodyn., 2014, 133: 225 - 233.

[3] Isyumov N, Ho E, Case P. Influence of wind directionality on wind loads and responses[J]. J. Wind Eng. Ind. Aerodyn., 2014, 133: 169 - 180.

[4] Zhang X, Chen X. Influence of dependence of directional extreme wind speeds on wind load effects with various mean recurrence intervals[J]. J. Wind Eng. Ind. Aerodyn., 2016, 148: 45 - 56.

[5] Tamura Y, Katsumura A. Universal equivalent static wind load for structures[C]// Proceedings of the Seventh International Colloquium on Bluff Body Aerodynamics and Applications. Shanghai, China, 2012: 383 - 392.

双目立体视觉技术及其在膜结构气弹试验中的应用展望

孙晓颖[1, 2]，吴杭姿[1, 2]，武岳[1, 2]
（1. 哈尔滨工业大学结构工程灾变与控制教育部重点试验室 黑龙江 哈尔滨 150090；
2. 哈尔滨工业大学土木工程智能防灾减灾工业与信息部重点试验室 黑龙江 哈尔滨 150090；
3. 哈尔滨工业大学土木工程学院 黑龙江 哈尔滨 150090）

1 引言

膜结构在大跨度建筑中应用广泛，但是轻质柔性，在风荷载的作用下会产生较大的变形和振动[1]，在强风作用下的破坏时有发生[2]，成为受风灾害最为严重的结构类型之一。在对膜结构的研究中，气弹模型风洞试验是目前研究膜结构气动弹性问题最为行之有效的方法。国内外学者 Kassem M 和 Novak M[3]、Zhang 和 Tamura[4]、顾明和朱川海[5]、武岳[6]、韩志惠[7]等均采用过相应的研究手段。

图 1 嘉兴平湖体育场事故

图 2 早期研究中使用的激光位移计[6]

在这些膜结构的气弹试验中，对于振动响应的测定，现有的试验观测系统，无论是加速度传感器还是激光位移计多为单点式，接触式测量系统，测量效率较低，且测量设备会对结构响应及流场造成一定程度的干扰。为了更加高效，更加精准的对膜结构气弹试验中的振动响应进行观测，本文综合现有的新兴的非接触式观测技术，着眼于双目立体视觉技术，旨在将双目立体视觉技术用于膜结构的气弹响应监测中。

2 正文

双目立体视觉技术基于人双眼成像的原理，利用两个不同方位的相机模拟人眼，然后获得两幅不同位置处数字图像，合成三维图像，获得各个像点的三维坐标，从而达到测物体变形，应变的目的。这种方法操作简单、精度较高且成本较低，是一种理想的实时非接触测量方法。双目立体视觉技术处理算法主要基于数字图像相关法，需要解决相机标定、特征点识别与匹配问题。在目前的算法研究中，主要是围绕需要研究的内容，结合计算机技术进行调整和完善，形成适合于自身研究的更为完善的观测技术。

双目立体视觉技术较早地被应用于航空航天领域，比较多的是对太阳帆布和飞行器进行研究。随着应用的进一步推广，土木工程领域也开始采用该技术，主要应用于桥梁工程、海洋平台等领域。随着技术的成熟，在膜结构研究中也逐渐开始引入该技术。这些应用除了验证了该技术测量结果的正确性，同时测量结果所展现的多维性和全局性，测量模式的实时性和非接触性体现了该系统独特的优越性。

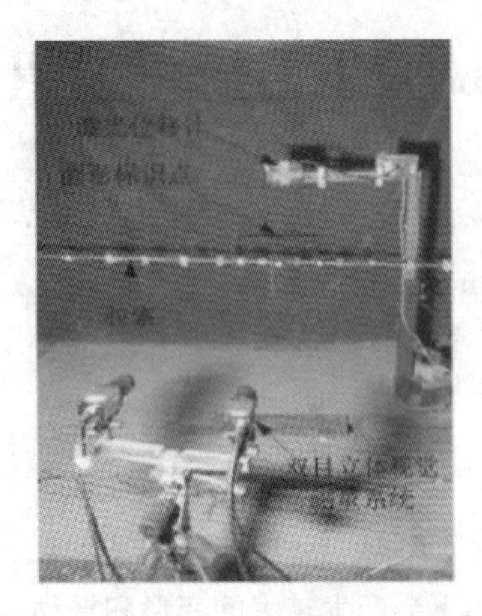

图3　二维桥梁拉索的振动试验[9]

图4　柔性薄板的三自由度振动监测[10]

图5　充气膜结构变形监测[11]

图6　平流层飞艇的气弹模型风洞试验

3　结论

将双目立体视觉技术用于建筑膜结构气弹试验动态位移的监测，弥补现有的观测技术问题具有很好的可实现性。

参考文献

[1] 沈世钊，武岳．薄膜结构风振响应中的流固耦合效应研究进展[J]．建筑科学与工程学报，2006，23(1)：1－9.

[2] 严慧，吕子正，韦国岐．膜结构的风损事故及防范[J]．建筑结构，2008，38(7)：113－116.

[3] Kassem M, Novak M. Wind－Induced response of hemispherical air－supported structures[J]. Journal of Wind Engineering and Industrial Aerodynamics, 1992, 41(1－3): 177－178.

[4] Zhang Z H, Tamura Y. Wind tunnel test on cable dome of Geigertype[J]. Journal of Computational and Nonlinear Dynamics, 2007, 2: 218－224.

[5] 顾明，朱川海．体育场主看台弧形挑篷气弹模型风洞试验和响应特性[J]．土木工程学报，2006，39(10)：54－59.

[6] 武岳．考虑流固耦合作用的索膜结构风致动力响应研究[D]．哈尔滨：哈尔滨工业大学，2003，49－76.

[7] 韩志惠．张拉膜结构气弹模型风洞试验及参数识别方法研究[D]．上海：同济大学，2012.

[8] 单宝华，申宇．基于双目视觉的拉索模型自由振动监测试验[J]．土木工程学报，2012，45(11)：105－111.

[9] 张春芳．基于双目立体视觉的大型柔性结构在轨振动测量研究[D]．哈尔滨：哈尔滨工业大学，2014.

[10] 赵兵．ETFE 薄膜材料性能与双层气枕结构试验研究[D]．上海：上海交通大学，2012，73－74.

基于平均风压和脉动风压双基向量的等效静风荷载确定方法*

武岳[1]，李悦[2]，吴晓同[1]
（1. 哈尔滨工业大学土木工程学院 黑龙江 哈尔滨 150090；2. 哈尔滨工业大学建筑设计研究院 黑龙江 哈尔滨 150090）

1 引言

现行荷载规范对等效静风荷载的确定是以平均风压作为基向量乘以风振系数来实现的。大量研究表明，该方法对于多振型参振特征明显的大跨屋盖结构可能会产生较大偏差。为此，本文提出了基于平均压和脉动风压双基向量的等效风荷载确定方法，并在此基础上通过参数分析，给出了平板网架、单层球面网壳和单层柱面网壳三种典型大跨屋盖结构形式的等效风荷载表达式。

2 方法提出

等效静风荷载的基本思想为，预先选定一些荷载分布形式作为基向量，通过影响线矩阵对目标进行拟合，得到各分布形式的组合系数，如公式(1)：

$$\{\hat{\boldsymbol{R}}\} = [\boldsymbol{I}_{\mathrm{R}}](\alpha_1\{\boldsymbol{F}_{\mathrm{e1}}\} + \alpha_2\{\boldsymbol{F}_{\mathrm{e2}}\} + \cdots + \alpha_{\mathrm{m}}\{\boldsymbol{F}_{\mathrm{em}}\}) \tag{1}$$

式中，$\{\hat{\boldsymbol{R}}\}$表示被等效的目标极值响应向量；$[\boldsymbol{I}_{\mathrm{R}}]$表示影响线矩阵；$\{\boldsymbol{F}_{\mathrm{ei}}\}$、$\alpha_i$ 分别为所选取的荷载基向量与对应拟合系数。

从物理意义上选取基向量，平均风响应采用平均风荷载拟合，而脉动风响应主要取决于脉动风荷载，因此可采用脉动风荷载均方差作为脉动风荷载拟合的基向量。在等效目标方面，本文采用位移极值响应等效、内力极值响应等效和支座反力极值等效三种方式，极值响应计算方式见式(2)

$$\begin{aligned}\{\hat{\boldsymbol{R}}_{\mathrm{u}}\} &= [\boldsymbol{I}_{\mathrm{u}}](\alpha_{\mathrm{u1}}\{\overline{\boldsymbol{F}_{\mathrm{w}}}\} + \alpha_{\mathrm{u2}}\{\sigma_{F_{\mathrm{w}}}\})\\ \{\hat{\boldsymbol{R}}_{\mathrm{r}}\} &= [\boldsymbol{I}_{\mathrm{r}}](\alpha_{\mathrm{r1}}\{\overline{\boldsymbol{F}_{\mathrm{w}}}\} + \alpha_{\mathrm{r2}}\{\sigma_{F_{\mathrm{w}}}\})\\ \{\hat{\boldsymbol{R}}_{\mathrm{e}}\} &= [\boldsymbol{I}_{\mathrm{e}}](\alpha_{\mathrm{e1}}\{\overline{\boldsymbol{F}_{\mathrm{w}}}\} + \alpha_{\mathrm{e2}}\{\sigma_{F_{\mathrm{w}}}\})\end{aligned} \tag{2}$$

式中，$[\boldsymbol{I}_{\mathrm{R}}]$表示影响线矩阵；$\{\overline{\boldsymbol{F}_{\mathrm{w}}}\}$、$\{\sigma_{F_{\mathrm{w}}}\}$分别为平均风荷载向量及脉动风荷载均方差向量；$\alpha_{\mathrm{u1}}$、$\alpha_{\mathrm{r1}}$、$\alpha_{\mathrm{e1}}$分别为三种等效目标下的平均风荷载系数；$\alpha_{\mathrm{u2}}$、$\alpha_{\mathrm{r2}}$、$\alpha_{\mathrm{r1}}$分别为三种等效目标下的脉动风荷载系数。

3 典型空间结构等效静风荷载分析

图 1 所示为平板网架结构等效静风荷载系数分布规律。由图可知，平板网架结构的结构基频、等效目标是影响其等效静风荷载系数的主要因素。当结构基频大于 1.5 Hz 时，三种等效目标下的平均风荷载系数及脉动风荷载系数随结构基频变化不大；当结构基频小于 1.5 Hz 时，三种等效目标下的平均风荷载系数及脉动风荷载系数随结构基频成线性变化。表 1 给出了利用本文方法所确定的平板网架等效静风荷载计算表。

4 结论

(1)屋盖结构的等效静风荷载以平均风压及脉动风压为基向量，符合工程特点，具有明确的物理意义和较好的计算精度。

(2)利用该方法统计分析得到平板网架、单层球面网壳、单层柱面网壳三种典型屋盖结构的等效静风荷载系数，便于工程应用。

* 基金项目：国家自然科学基金面上项目(51578186)

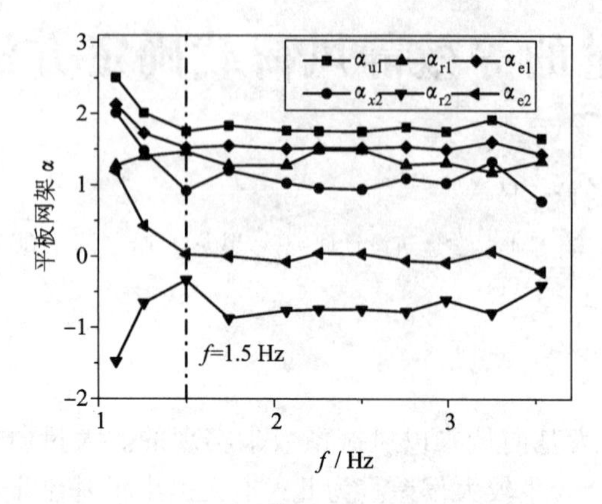

图 1　平板网架等效静风荷载系数分布

表 1　平板网架等效静风荷载计算表

等效静风荷载系数	$f<1.5$ Hz	$f>1.5$ Hz
α_{u1}	$-1.8f+4.5$	1.7
α_{r1}	$-3.8f+6.6$	1.2
α_{e1}	$-0.5f+0.8$	1.5
α_{u2}	$3.6f-5.3$	1.1
α_{r2}	$-1.5f+3.7$	-0.5
α_{e2}	$-2.8f+4.2$	0.1

参考文献

[1] GB 50009—2012，建筑结构荷载规范[S]. 北京：中国建筑工业出版社，2012.

[2] 王国砚. 基于等效风振力的结构风振内力计算[J]. 建筑结构，2004，34(7)：36-38.

[3] Davenport A G. Gust loading factors[J]. Journal of the Structural Division，ASCE，1967，93(3)：11-34.

[4] A Kasumura，Y Tamura，O Nakamura. Univesal wind load distribution simultaneously reproducing largest load effects in all subject members on large span cantilevered roof[J]. Wind Eng. Ind. Aerodyn，2007，95：1145-1165.

[5] 陈波. 大跨屋盖结构等效静风荷载精细化理论研究[D]. 哈尔滨：哈尔滨工业大学，2006.

[6] 吴迪，武岳，张建胜. 大跨屋盖结构多目标等效静风荷载分析方法[J]. 建筑结构学报，2011，04：17-23.

考虑幕墙开孔的大跨屋盖结构风洞试验研究

张明亮[1,4]，李秋胜[2]，陈伏彬[3]

(1. 湖南省第六工程有限公司 湖南 长沙 410015；2. 香港城市大学土木及建筑工程系 香港 999077；
3. 长沙理工大学土木与建筑学院 湖南 长沙 410114；4. 湖南大学土木工程学院 湖南 长沙 410082)

1 引言

对于大型公共建筑，风从幕墙门洞处突然涌入建筑物，室内脉动内压急剧变化使屋盖结构受内外压共同作用而容易遭受风致破坏；此外，当建筑在施工期间围护结构尚未全部完成时，建筑物处于局部敞开的状态，屋盖结构也会受到风荷载内外压的共同作用而处于比正常使用阶段更不利的状态，因此有必要在结构设计阶段考虑该类结构的内外压同时作用。

2 试验概况

昆明南站由于主站房在东南西北四立面处有大型入口门厅，其中东立面的幕墙(门厅)开洞率为3.25%，西立面的开洞率为3.25%，南立面的开洞率为5.23%，北立面的开洞率为5.23%。风洞试验时考虑四立面幕墙是否开洞分两种工况进行了试验，其中无立面开洞时定义为工况Ⅰ，有立面幕墙开洞时定义为工况Ⅱ。

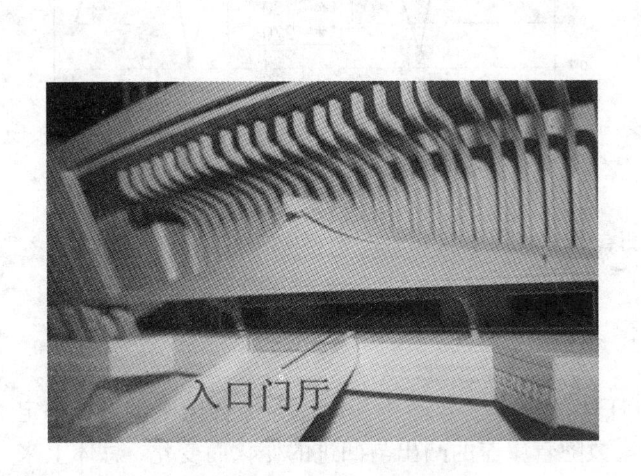

图1 立面幕墙开孔细部构造

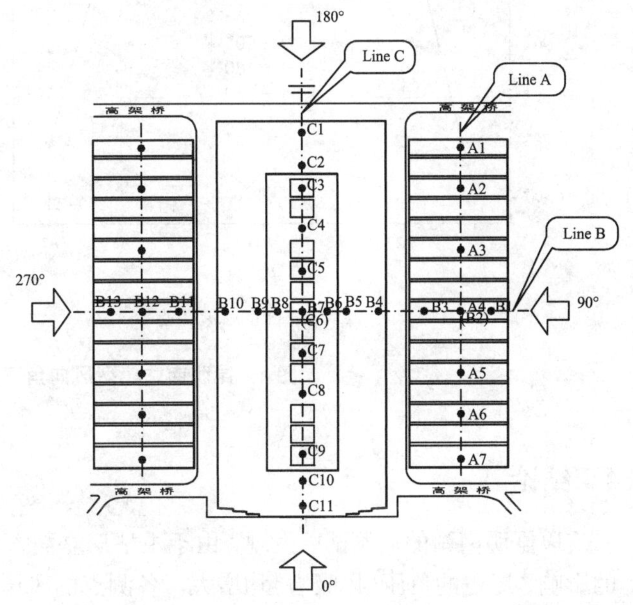

图2 风向角及典型测点布置图

3 风压分布的试验结果分析

图3为昆明南站全风向角下最大负平均风压系数分布图，从图中可以看出，两种工况下最大负风压系数均出现在主站房的屋檐区域；由于主站房、站台雨棚下面均为架空层，各风向角下对站台雨棚下表面的气流均起到了一定的“引流”作用，从而出现“上吸下吸”的现象，使得站台雨棚的综合风压系数有所减小，故在全风向角下站台雨棚的风压均相对较小。

图4为典型风向角下典型测点在工况Ⅰ的平均风压系数变化趋势图。由图4(a)可以发现，气流在站台雨棚在迎风屋檐处分离较为显著，负风压较大，而在中间区域，风压系数变化较小。从图4(b)可以看出，测点的风压系数基本上按照建筑平面对称轴(0°—180°风向角)对称分布。

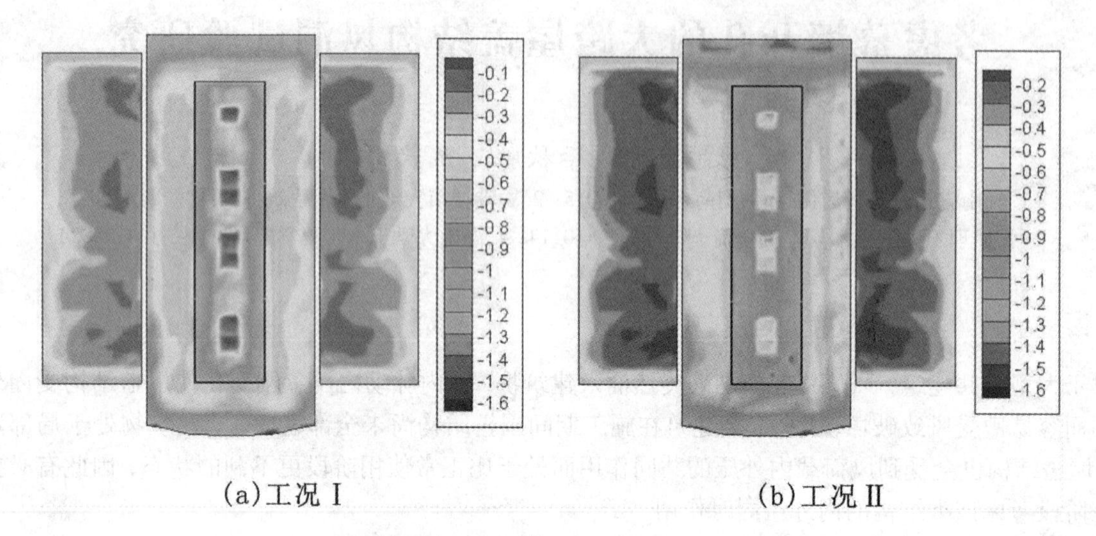

(a)工况Ⅰ　　　　(b)工况Ⅱ

图3　昆明南站全风向下最大负平均风压系数分布云图

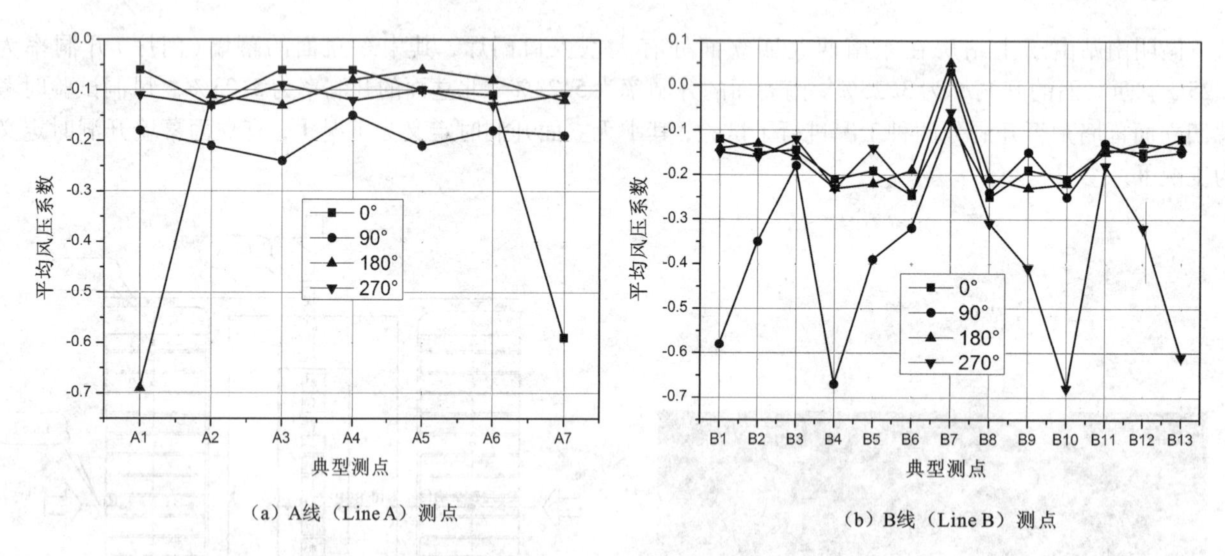

（a）A线（Line A）测点　　　　（b）B线（Line B）测点

图4　昆明南站典型风向角下测点平均风压系数变化曲线图

4　结论

以昆明南站的风洞试验发现：由于主站房立面入口门厅的开洞，风致内压对屋盖综合风压系数有一定的影响，屋盖的负压（风吸力）均增大。各测点的风压系数随着屋盖的凸出与凹进的变化而变化，总体上来看，凸出屋面特别是主站房迎风屋檐区域的风压系数较大，而凹进的下沉采光天窗处的风压较小。

参考文献

[1] GB 50009—2012，建筑结构荷载规范[S]．北京：中国建筑工业出版社，2012.
[2] 张明亮，李秋胜．鱼形屋盖结构风荷载特性的试验研究[J]．空间结构，2012，18(1)：58－65.
[3] 张明亮．考虑幕墙开孔的屋盖结构风洞试验及理论分析研究[D]．长沙：湖南大学，2013：63－65.

雪飘移对屋盖结构风致振动的影响*

周晅毅[1]，强生官[1]，彭雅颂[2]，顾明[1]
（1. 同济大学土木工程防灾国家重点实验室 上海 200092；2. 中衡设计集团股份有限公司 江苏 苏州 215000）

1 引言

寒冷地区的屋盖结构会同时遭受风荷载和雪荷载作用。屋面上的积雪在风作用下会发生飘移现象，改变其在屋面上的分布形状。屋面积雪分布形状的改变可能会影响屋面风荷载的分布，也可能会影响结构的动力特性，进而影响结构风致振动。目前荷载规范中考虑了风对雪荷载的迁移作用，但并未考虑雪荷载对风致振动的影响。本文以一个双坡屋盖为研究对象，通过两组气弹模型试验对比研究了雪飘移对屋盖结构风致振动的影响。

2 气弹模型试验介绍

本文设计了两组气弹模型试验。两组试验中使用相同的屋盖结构模型，唯一的区别在于对雪荷载的模拟。双坡屋盖模型的构件和尺寸如图1 所示，几何缩尺比为1∶30。考虑风吹雪的结构气弹试验中预先在屋面上均匀铺设2 cm 厚的细木粉模拟可迁移的雪颗粒，如图2 所示。而配重结构气弹试验中在屋面下方固定和木粉相同重量的均分布质量块模拟积雪重量，此模型在风洞试验中没有模拟雪质量迁移的过程。风吹雪的风洞试验模拟需要满足复杂的相似参数，本试验根据 Zhou et al[1] 总结的相似条件进行了设计。

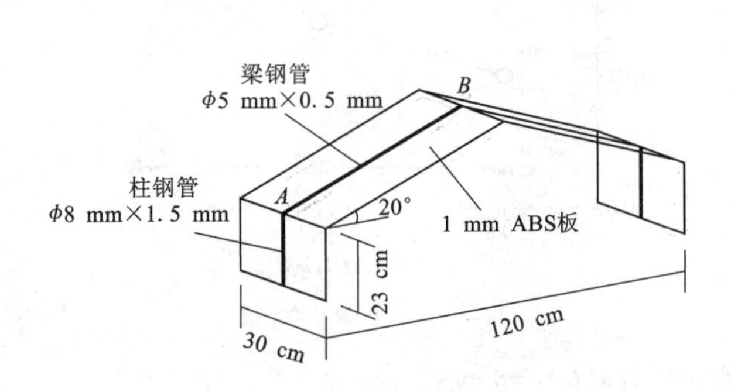

图1 屋盖模型的构件和尺寸

图2 试验模型照片

通过有限元软件分析了设计模型在考虑屋面积雪重量后的自振频率，并和敲击试验测量的配重模型结果做了对比，结果吻合较好。同时利用随机减量法[2-3]对模型阻尼进行了识别，结果约为2%，因此可认为所模拟原型的阻尼比为2%。

3 试验结果分析

试验在同济大学 TJ－1 直流式风洞的开口处进行。采用激光位移计测量了90 s 的柱顶水平位移和跨中竖向位移，测点位置分别如图1 中的 A 和 B 点所示。图3 显示了考虑风吹雪的结构气弹试验在模型柱顶高度处风速为5 m/s 时测得的位移时程，可以看出是一个非平稳的随机振动过程，随着时间的增加，结构位移绝对值减小。跨中竖向位移的非平稳性相对更加明显一些。颗粒运动应该是导致结构响应非平稳性的主要原因。但最终结构响应趋于稳定。

图4 为两组试验测得的跨中位置竖向位移统计值的比较。从图中可见，和配重结构气弹试验结果相

* 基金项目：国家自然科学基金面上项目（51478359）

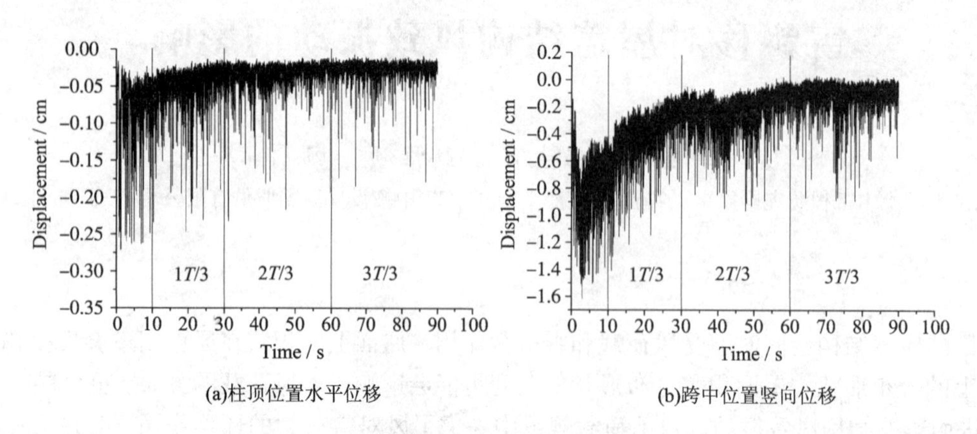

(a)柱顶位置水平位移　(b)跨中位置竖向位移

图3　考虑风吹雪的气弹模型试验位移响应时程

比，考虑风吹雪的结构气弹试验得到的均值绝对值和脉动均方根值都大很多，而且对风速变化也更加敏感。这些差异很可能是由于雪飘移运动改变了来流作用。另外，由于屋面雪和结构不是一个整体，风作用下雪和结构振动不同步运动可能导致雪提供了结构额外的激励。

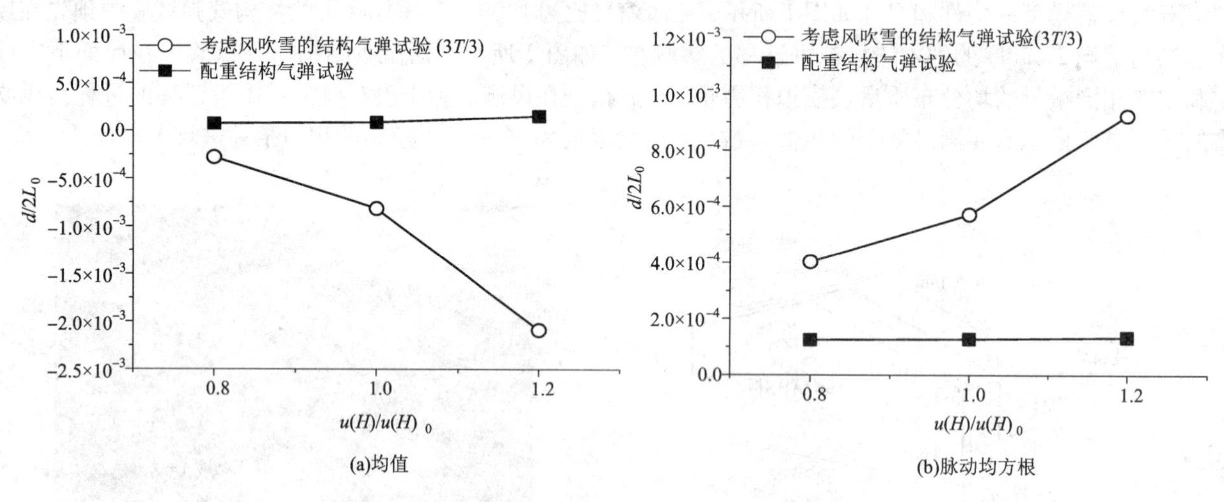

(a)均值　(b)脉动均方根

图4　跨中位置竖向位移统计值比较($u(H)_0$ = 5 m/s)

4　结论

本文通过对比两组风洞气弹模型试验测得的位移响应结果，研究了屋面雪飘移现象对结构风致振动的影响。得出主要结论如下：

（1）雪飘移影响下，屋盖结构在平稳来流作用下动力响应开始是一个非平稳过程，最终结构响应趋于稳定。

（2）雪飘移可显著增大结构风致响应，并使结构风致振动对风速变化更加敏感。这可能是由于雪飘移改变了来流作用，以及雪给了结构额外的激励。

参考文献

[1] Zhou X Y, Hu J H, Gu M. Wind tunnel test of snow loads on a stepped flat roof using different granular materials[J]. Natural Hazards, 2014, 74(3): 1629 - 1648.

[2] Jeary A P. Establishing non - linear damping characteristics of structures from non - stationary response time - histories[J]. Struct. Eng, 1992, 70(4): 61 - 66.

[3] Quan Y, Gu M, Tamura Y. Experimental evaluation of aerodynamic damping of square super high - rise buildings[J]. Journal of wind and structure, 2005, 8(5): 301 - 324.

六、低矮房屋结构抗风

基于数据库北美低矮房屋抗风非线性研究*

蔡春声[1]，和静[1]，潘芳[2]，Arindam Chowdhury[3]，Filmon Habte[3]

（1. Louisiana State University Baton Rouge LA 70803 USA；2. Southwest Research Institute San Antonio TX 78228 USA；3. Florida International University Miami FL 33181 USA）

1 引言

低层轻型木框架结构是北美地区最主要的房屋类型，然而它的抗风性能却不尽如人意。如图 1 所示，过去大量的研究主要集中在以下几个方面：利用更先进的实验仪器进行风压采集或风场模拟；忽略系统相互作用而对如屋顶结构或剪力墙等结构构件的研究；在线性范畴对结构整体系统的研究；以及以估算经济损失为目的而对房屋抗风性能的量化[1]。然而，这些研究对象的综合作用至今还不明确。比如，随时空变化的风载荷、数值模型的精度以及结构构件的承载力等是如何同时对结构系统产生影响的。本文首先总结了现阶段研究的进展和方向，然后针对北美低矮房屋抗风，探讨了对整体房屋模型可靠的模拟方法，应用实测动力风荷载数据库，对结构整体系统进行连续渐进破坏非线性研究，这对于低矮房屋的整体结构性能的深入研究以及对灾害的预测具有重要的工程意义和参考价值。

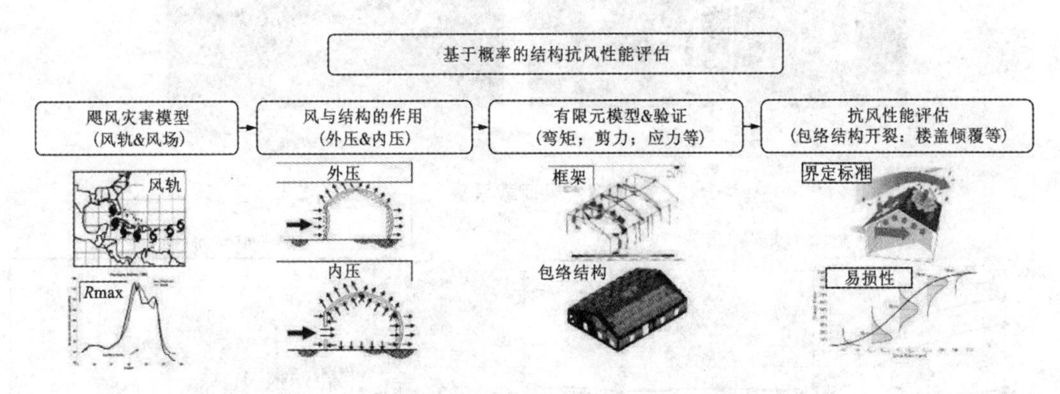

图 1　结构概率抗风性能评估流程图（包络结构的贡献）

2 研究内容

2.1 数值模拟方法

由于木结构构造的特殊性，在风荷载整体向上的作用力下，结构的安全性能主要取决于三个关键的连接点：屋面板与框架的连接，屋盖与墙体的连接，以及结构与基础的连接。这些连接点的力学行为是介于刚接和铰接连接的非线性行为。而模型的精度主要取决于对这些关键点的模拟，包括非线性本构关系的模拟以及自由度的选择。现有研究对轻型木结构各构件模拟的进展情况见图 2（a）。本研究汲取了以往公认的模拟方法（比如将行架的连接简化为铰接），并且为了最大程度反映真实的结构在飓风作用下的力学性能，在这些关键链接处对其所有自由度进行模拟，并施以实验测得的真实的非线性本构关系。图 2（b）为基于这种模拟方法的有限元模型（框架部分）。

---

* 基金项目：Progressive Failure Studies of Residential Houses towards Performance Based Hurricane Engineering，USANSF project（No. CMMI－1233991）

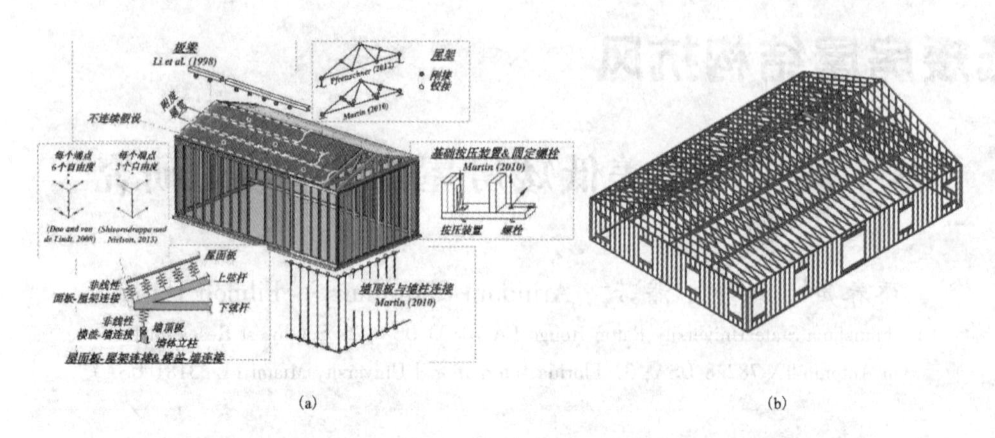

(a)　　　　　　　　　　　　　　　　(b)

图 2　过去有限元房屋模型对结构构件的建模方法以及应用本研究的建模方法建立的模型

2.2　风荷载的采集及模型验证

为了验证本研究所采用的建模方法以及采集风荷载信息为研究渐进破坏服务，两个风实验分别在 FIU 和 LSU 展开以建立风荷载数据库(图 3)，并对有限元模型进行验证(图 4)。然后对低矮房屋整体结构的抗风进行基于风荷载数据库的非线性研究。

(a) FIU风实验　　　　　　　　(b) LSU风洞实验

图 3　风荷载采集

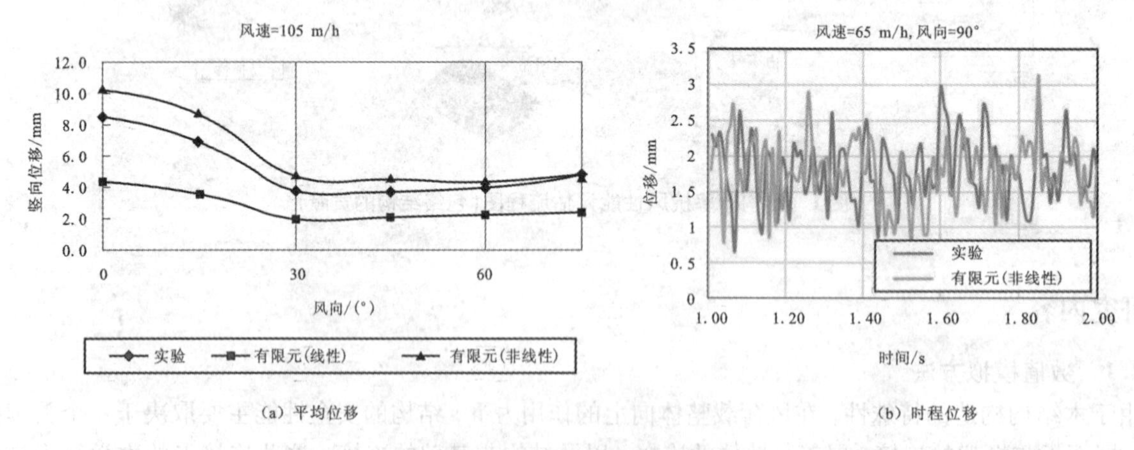

(a) 平均位移　　　　　　　　　　　　　　(b) 时程位移

图 4　模型验证结果(屋面板竖向位移)

3　结论

本课题总结了现阶段研究的进展和方向，综合了过去研究的成果，采用实测动力风荷载建立风荷载数据库，以及具有代表性的木结构数值模型对低矮房屋整体结构的抗风进行基于风荷载数据库的非线性研究。

参考文献

[1] Martin K G, Gupta R, Prevatt D O, Datin P L, van de Lindt J W. Modeling system effects and structural load paths in a wood - framed structure[J]. J. Archit. Eng., 2011, 17(4): 134 - 143.

三排一列平屋面建筑群风荷载干扰效应*

陈波[1]，杜坤[1]，张丽娜[1]，杨庆山[1,2]
（1. 北京交通大学结构风工程与城市风环境北京市重点实验室 北京 100044；2. 重庆大学土木工程学院 重庆 400015）

1 引言

随着我国经济的高速发展，大量的成片工业厂房正在兴建，厂房间的风荷载干扰效应明显，且由于其高度较低，受到建筑群体中其他同类建筑物的干扰影响更加显著，干扰效应影响因素较多，目前对低矮建筑群风荷载干扰效应的相关研究仍相对较少。

近年来，一些学者从建筑群的布置形式、建筑面积密度等方面对低矮建筑群的干扰效应进行了研究。Chang[1]研究不同建筑密度对屋面角部测压点干扰效应的影响，指出周围建筑物会引起风压缩减效应。Ahmad[2]研究了由多个四坡屋面建筑物组成的建筑群，发现屋面边坡区域的压力系数干扰因子达到1.7。全涌和顾明等[3]研究了周边建筑群对中心建筑物的影响，建筑群面积密度越大，中心建筑物最大负压区幅值越小。这些工作主要研究干扰效应对建筑群中心建筑物的影响，对建筑群其他位置建筑物（如边缘位置）所受影响关注较少。

除了研究表面风压干扰因子之外，研究建筑物之间的流动模式对认识风荷载干扰作用机理有很大的帮助。Morris[4]和Lee[5]提出近地面黏性边界层风场直接受地面各个粗糙元的局部气流影响，根据粗糙元的间距从大到小，其流动特征依次呈现为isolated roughness flow，wake interference flow和skimming flow三种流动模式。之后Hussain[6]采用风洞试验方法，对该理论进行了验证。本文引入上述三种流动模式概念，选取三排一列的典型建筑群布置形式，进行多个平屋面低矮建筑物的风压同步测量，对平屋面建筑群干扰效应中的流动模式及其对应的风压分布特征进行研究。

2 干扰效应试验方案及结果分析

对三排一列平屋面建筑群干扰效应进行研究，风洞实验在北京交通大学风洞实验室进行。三个试验模型均为48 cm×24 cm×12 cm的长方体平屋面建筑模型，各个模型均布置测压点，模型测点布置及建筑群布置如图1所示[7]。实验过程中考虑了0°至90°风向，建筑物间的净距变化范围为6 cm(0.5h)到168 cm(14h)，h为模型高度。

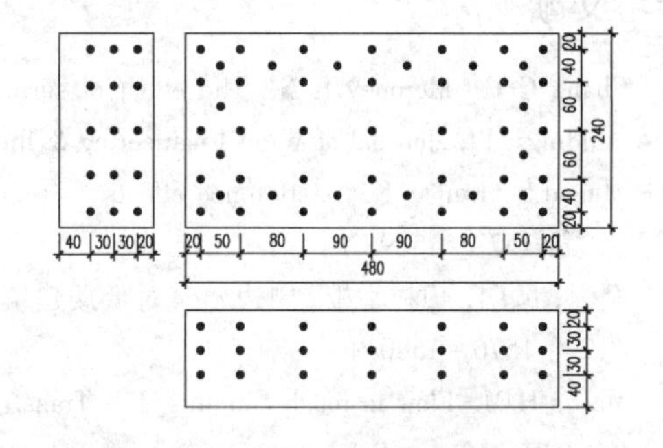

图1　模型测点布置及建筑群布置图

0°风向角下建筑群干扰效应较为显著，因此以该风向角下各建筑物的阻力系数、横风向升力系数、屋面升力系数随间距的变化规律，研究建筑间的流动模式。各模型阻力系数及屋面升力系数随建筑间距的变化情况如图2和图3所示。由0°风向角下各模型阻力系数随建筑间距的变化情况，确定建筑群间三种流动模式的典型间距范围，分别为0～2.5h（skimming flow），2.5～8h（wake interference flow）和大于8h（isolated roughness flow），其中h为建筑高度。各流动模式下，迎风前方建筑受到下游建筑的气动干扰影响较小；下游两建筑在三种流动模式下，阻力系数呈增大趋势，且增长幅度逐渐减小，屋面升力系数于skimming flow模式下变化较小，进入wake interference flow及isolated roughness flow模式后升力系数逐渐增大，且增长幅度基本保持不变。图4为建筑间净距30 cm(2.5 h)时，建筑各面平均风压系数分布图，可以看出前方建筑迎风墙面及屋面风压呈对称分布，两侧风面风压分布基本对称；中心及后方建筑，在干扰影响作用下，各墙面及屋面风压分布与前方建筑存在很大差异，迎风墙面及屋面风压分布不对称，屋面风压

* 基金项目：国家自然科学基金项目（51378059），北京市科技新星计划（Z151100000315051）

系数幅值明显小于单体建筑。

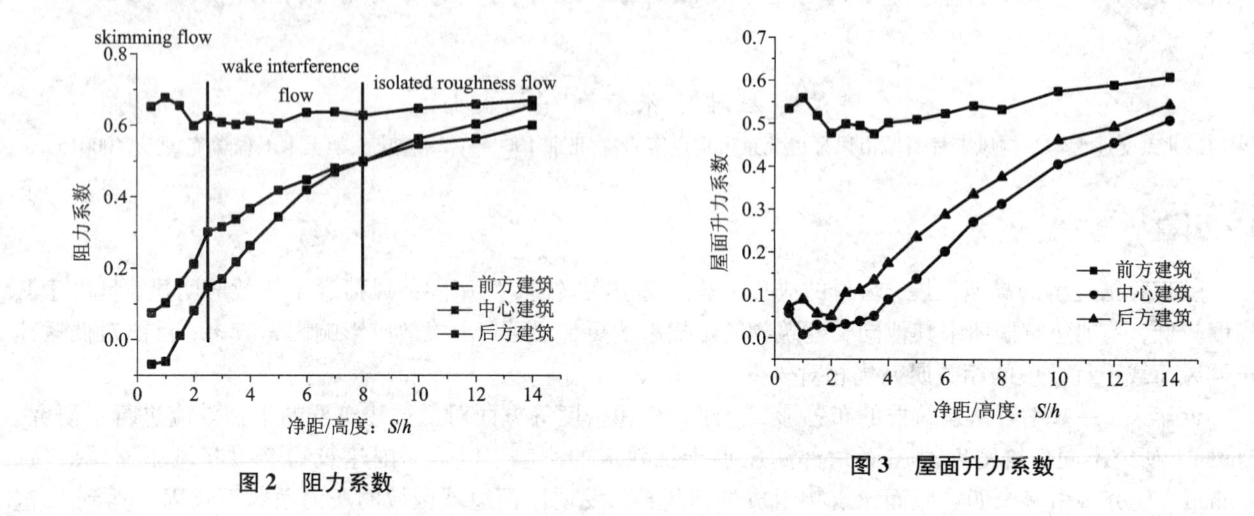

图2　阻力系数

图3　屋面升力系数

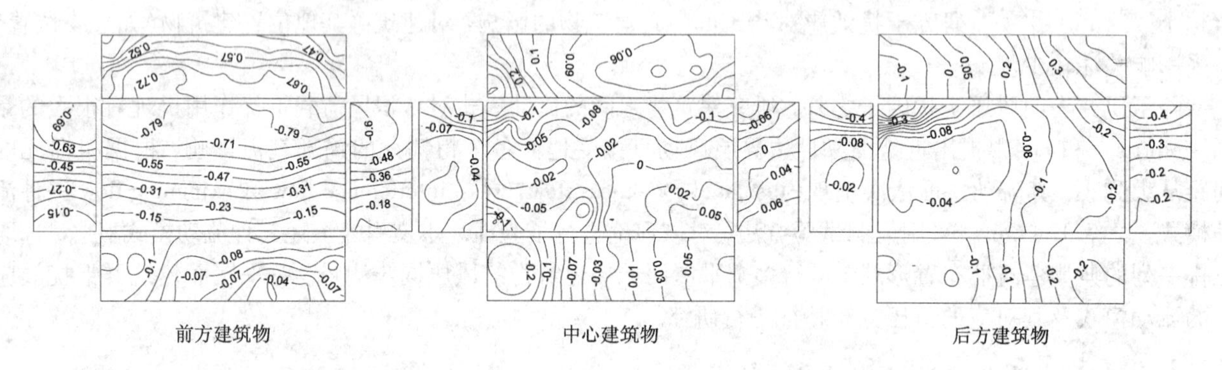

图4　净距30 cm(2.5 h)建筑各面平均风压系数分布图

参考文献

[1] Chang C H, Meroney R N. The effect of surroundings with different separation distances on surface pressures on low - rise buildings[J]. Journal of Wind Engineering & Industrial Aerodynamics, 2003, 91(8): 1039 - 1050.

[2] Ahmad S, Kumar K. Interference effects on wind loads on low - rise hip roofbuildings[J]. Engineering Structures, 2001, 23(12): 1577 - 1589.

[3] 全涌，顾明，田村幸雄. 周边建筑对低矮建筑平屋盖上风压的干扰效应[J]. 同济大学学报(自然科学版), 2009. 37(12): 1576 - 1580.

[4] Morris H M. Flow in rough conduits[J]. Trans. ASME., 1955, 120: 373 - 398.

[5] Lee B E, Soliman B F. An investigation of the forces on three dimensional bluff bodies in rough wall turbulent boundary layers[J]. Trans. ASME Journal of Fluid Eng, 1977, 99: 503 - 510.

[6] Hussain M, B E Lee. A wind tunnel study of the mean pressure forces acting on large groups of low - rise buildings[J]. Journal of Wind Engineering and Industrial Aerodynamics, 1980, 6: 207 - 225.

[7] 张丽娜. 平屋盖风荷载干扰效应的影响机理研究[D]. 北京：北京交通大学, 2015.

双坡屋顶内自然对流对高宽比的依赖分析

崔会敏
（石家庄铁道大学数理系 河北 石家庄 050043）

1 引言

建筑设计中经常使用双坡屋顶，其内部的空气层有隔热作用，能够提高顶层房间的热舒适度，并达到节能环保的目的。因此，对双坡屋顶内流动和传热的研究有着重要的工程实际意义，而相应的研究也受到越来越多的关注。先前研究者认为双坡屋面内流动和传热依赖于三个量纲为一的控制参数[1]，即瑞利数（Ra）、普朗特数（Pr）和坡屋面的高宽比（A）[2-3]。以前的研究将三维数值模拟结果与相应的实验进行对比，刻画了固定瑞利数下固定比率的坡屋面内瞬态流动过程，证实了纵向对流卷的存在，推导了主要量纲关系[4]；对固定高宽比的坡屋面内自然对流研究，给出了不同流态间演化的临界瑞利数，以及努赛尔数随瑞利数的变化规律。尽管已给出了三维数值模拟的一些结果，但显然坡屋面内的三维流动特征和传热对控制参数的依赖仍然不够全面，有待于进一步的深入研究。有鉴于此，本文开展了坡屋面高宽比 $A=0.1\sim1.5$ 范围内的三维数值模拟，以期观察和研究坡屋面内流动的三维特征以及对高宽比的依赖。

2 数值方法

本文采用三维数值模拟的方法研究坡屋面内的自然对流[4]，模型和计算域如图 1 所示。基于 Boussinesq 假设的三维量纲为一的控制方程组如下：

$$\frac{\partial u}{\partial x}+\frac{\partial v}{\partial y}+\frac{\partial w}{\partial z}=0 \tag{1}$$

$$\frac{\partial u}{\partial t}+u\frac{\partial u}{\partial x}+v\frac{\partial u}{\partial y}+w\frac{\partial u}{\partial z}=-\frac{\partial p}{\partial x}+\frac{Pr}{Ra^{1/2}}\left(\frac{\partial^2 u}{\partial x^2}+\frac{\partial^2 u}{\partial y^2}+\frac{\partial^2 u}{\partial z^2}\right) \tag{2}$$

$$\frac{\partial v}{\partial t}+u\frac{\partial v}{\partial x}+v\frac{\partial v}{\partial y}+w\frac{\partial v}{\partial z}=-\frac{\partial p}{\partial y}+\frac{Pr}{Ra^{1/2}}\left(\frac{\partial^2 v}{\partial x^2}+\frac{\partial^2 v}{\partial y^2}+\frac{\partial^2 v}{\partial z^2}\right)+PrT \tag{3}$$

$$\frac{\partial w}{\partial t}+u\frac{\partial w}{\partial x}+v\frac{\partial w}{\partial y}+w\frac{\partial w}{\partial z}=-\frac{\partial p}{\partial z}+\frac{Pr}{Ra^{1/2}}\left(\frac{\partial^2 w}{\partial x^2}+\frac{\partial^2 w}{\partial y^2}+\frac{\partial^2 w}{\partial z^2}\right) \tag{4}$$

$$\frac{\partial T}{\partial t}+u\frac{\partial T}{\partial x}+v\frac{\partial T}{\partial y}+w\frac{\partial T}{\partial z}=\frac{1}{Ra^{1/2}}\left(\frac{\partial^2 T}{\partial x^2}+\frac{\partial^2 T}{\partial y^2}+\frac{\partial^2 T}{\partial z^2}\right) \tag{5}$$

量纲为一的控制参数的定义为

$$Ra=\frac{g\beta(T_h-T_c)H^3}{\nu\kappa},\ Pr=\frac{\nu}{\kappa},\ A=\frac{H}{L}. \tag{6}$$

式中，t，x，y 和 z 分别为时间和空间坐标；u，v 和 w 为三个方向的速度；p 为压力；T 为温度；g 为重力加速度；β 为热膨胀系数；T_h 和 T_c 为腔体顶壁和底壁的温度；κ 为热扩散率；ν 为运动学黏性系数；H，L 和 W 分别为腔体的高、一半长和宽。

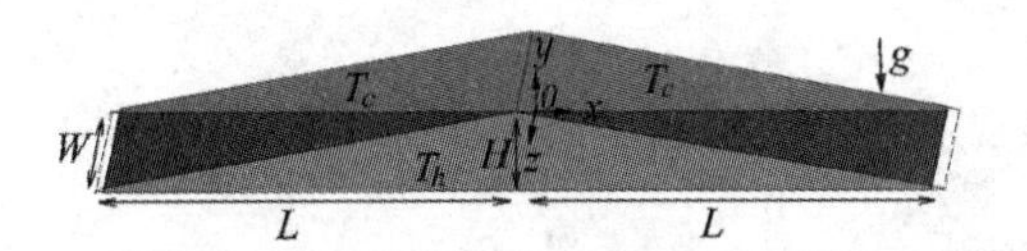

图 1 计算域

本文数值模拟中的普朗特数为 6.98，坡屋面的高宽比范围从 0.1 至 1.5。两个顶部斜壁施加突然冷却的边界条件（$T=T_c$），底部突然加热（T_h），垂直侧壁绝热（$\partial T/\partial y=0$），且所有壁面为无滑移条件（$u=v=$

$w = 0$)。流体的初始状态为等温静止($T = T_0$, u, v 和 $w = 0$)。

3 数值结果

不同高宽比腔内瞬态流场的演化过程，一般都经历了三个阶段，初始阶段、演化阶段和充分发展阶段。图2给出了不同高宽比腔体坡屋面斜壁面附近努赛尔数(Nu) 时间序列。从图中可见，演化阶段开始的时间随腔体高宽比的增加而提前；在固定瑞利数10^6下，小高宽比($A = 0.1, 0.2, 0.5$) 的腔体内流动呈现混沌状态，随着高宽比增大($A = 1$)，流动呈现规则振荡，高宽比继续增大($A = 1.2, 1.5$)，流动为定常状态；另外底面平均传热效果随高宽比增大而增加。

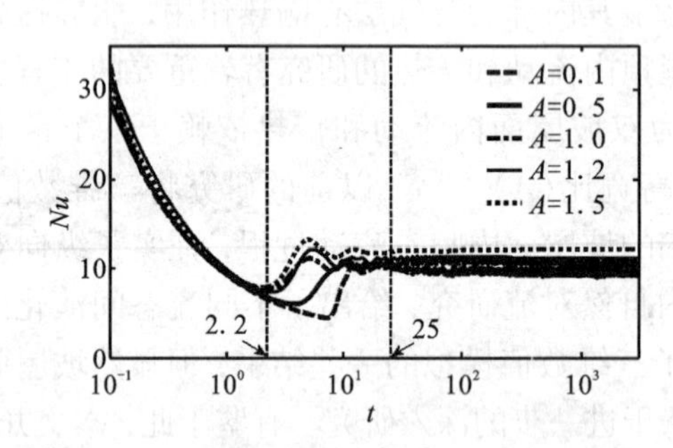

图2 $Ra = 10^6$ 工况不同高宽比的坡屋面底面平均努赛尔数时间序列

4 结论

本文数值模拟了不同高宽比的坡屋面在顶部冷却和底部加热条件下的流动。展示了不同高宽比($A = 0.1 \sim 1.5$)的坡屋面内瞬态流场变化过程，描述了坡屋面内充分发展阶段的流动特点，并给出了壁面努赛尔数时间序列对高宽比的依赖。

参考文献

[1] Probert S D, Thirst T J. Thermal insulation provided by triangularsectioned attic spaces[J]. Applied Energy, 1977, 3: 41 - 50.

[2] Flack R D, Konopnicki T T, Rooke J H. The measurement of natural convective heat transfer in triangular enclosures[J]. Journal of Heat Transfer, 1979, 101: 648 - 654.

[3] Saha S C, Khan M M K. A review of natural convection and heat transfer in attic - shaped space[J]. Energy and Building, 2011, 43: 2564 - 2571.

[4] Cui H, Xu F, Saha S C. A three - dimensional simulation of transient natural convection in a triangular cavity[J]. International Journal of Heat and Mass Transfer, 2015, 85: 1012 - 1022.

平坡屋面实验房近足尺模型风洞试验研究*

胡尚瑜[1]，李秋胜[2]

（1. 桂林理工大学广西岩土力学与工程重点实验室 广西 桂林 541004；2. 香港城市大学土木及建筑工程系 香港 999077）

1 引言

近年来美国 IBHS 研究中心和佛罗里达国际大学风工程中心通过研制多风扇系统的大型风洞实验室和“风墙”装置开展低矮房屋足尺或大比例尺模型风荷载实验研究，并通过开展 TTU 建筑原型(1∶1)模型风压风洞实验研究，以 TTU 现场实测结果为基准，评估新建风洞模拟的实验结果的适用性和准确性，屋面角部区域风压系数实验结果与现场实测结果仍存在一定的差距。鲜有开展台风风场低矮建筑风洞实验研究。本文基于台风风场平坡实验现场实测结果为基准，开展台风风场 1∶4 缩尺比例模型测压风洞试验研究，比较屋面角部区域风洞试验结果与现场实测结果的差异。

2 风洞实验

平坡型房屋屋面 6.0 m×4.0 m×4.0 m 模型，风洞实验风向角及屋面测点布置定义同现场实测原型房屋。近足尺模型测压风洞试验在西南交通大学风洞实验室进行，该风洞的试验断面的宽度为 22.5 m，高度为 3.6 m，长度为 36 m，最大风速可以达到 20 m/s。试验时采用的测压管路内径为 2.5 mm，长度为 150 mm。风洞实验风速 8 m/s，对应的实际风速与现场实测平均风速范围为 8 ~40 m/s，其风速比大约为 1∶4，时间比约为 1∶1，风洞试验模型采样时间为 600 s，相对应实测时间为 10 min。试验时采用的测压管路内径为 2.5 mm，长度为 400 mm，试验数据采样频率为 200 Hz。台风风场风洞模拟布置方式如图 1 所示。风场的平均风速剖面和湍流剖面与现场实测结果比较如图 2 所示，平均风速剖面风洞实验结果拟合风剖面 α 值为 0.16，与现场实测风剖面 α 值相一致。顺风向湍流强度的风洞实验值与现场实测值基本一致。风洞试验中，1.0 m 屋面高度的对应高流湍流强度大约为 25%，平均风速 8 ~10 m/s；顺风向湍流分量的脉动风速功率谱风洞实验值与实测脉动风速功率谱值比较分别如图 3 所示。从图 3 可以看出，在折减频率 $nz/U < 0.1$ 低频范围，风洞实验谱值远小于实测谱值，但大型边界层风洞模拟湍流积分尺度约为 1.02 m，略大于风洞实验模型屋面高度 1 m；在 $0.1 < nz/U < 4$ 区间频率范围，风洞实验值与实测值吻合较好，实测值大于风洞实验值；在 $4 < nz/U < 10$ 小湍流高频范围，由于实测风速仪频响限制，实测谱值下降相对更快，因而风洞实验值相对台风现场实测谱值要大。

图 1 1∶4 平坡屋面实验房风洞试验

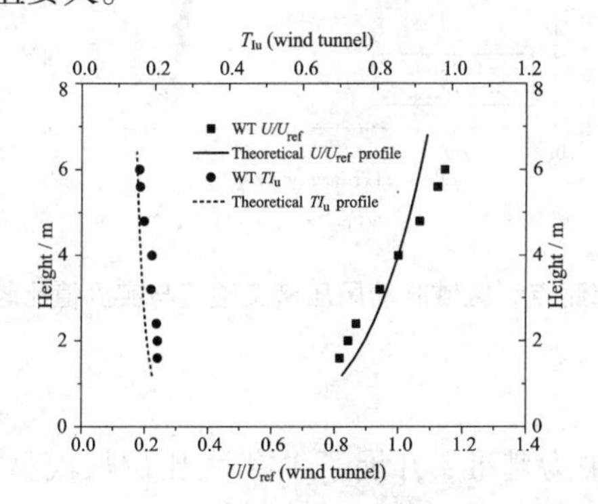

图 2 1∶4 模型比例近地风场特性

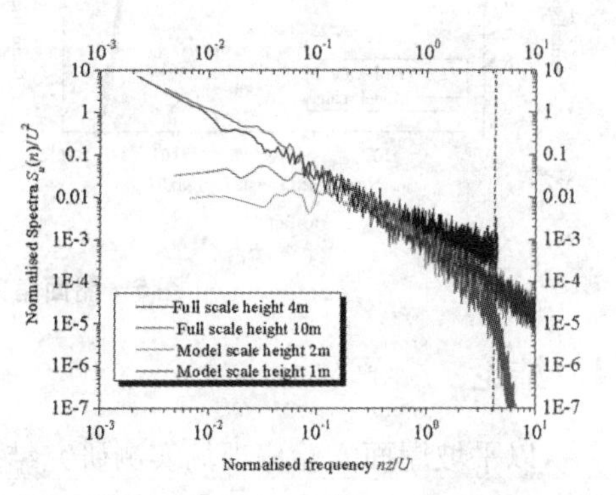

图 3 顺风向湍流脉动风速功率谱

* 基金项目：国家自然科学基金项目(51308140)，广西自然科学基金项目(2015GXNSFAA139251)

3　平坡屋面风洞试验与现场实测结果比较分析

屋面角部边缘测点 Tap12 测点的平均风压系数、峰值负压系数、脉动风压系数的风洞实验值和现场实测值比较分别如图 4(a)～(c)所示。从图 4(a)可知，在平均风向角 30°～60°范围内，平均风压系数(绝对值)与实测值相接近。从图 4(b)、(c)可知，测点 Tap21 的脉动风压系数与峰值负压系数具有相似结果，风洞实验值(绝对值)小于现场实测值。

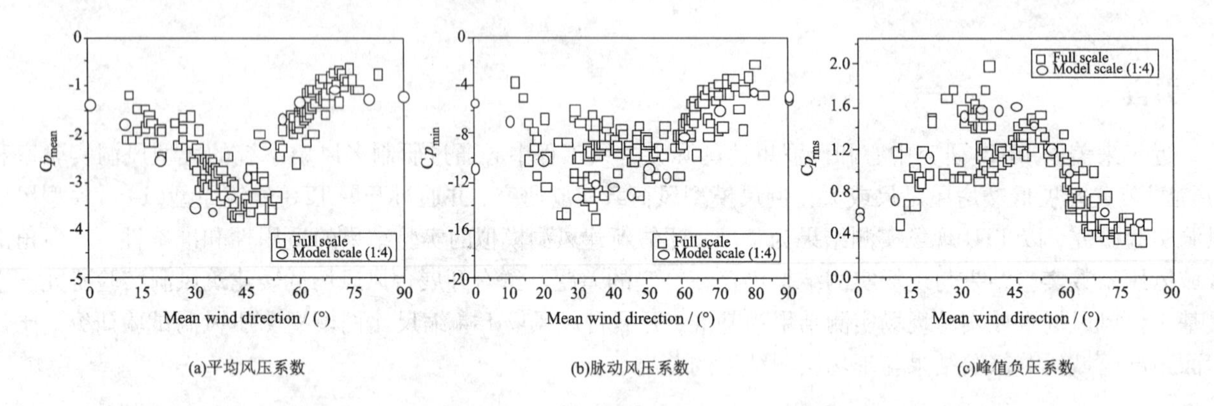

(a)平均风压系数　　(b)脉动风压系数　　(c)峰值负压系数

图 4　屋面角部测点 Tap12 风压系数实验值与实测值比较

原型实测 1∶4 屋面角部边缘测点 Tap11、Tap21 和角部区域Ⅲ脉动风压功率谱风洞实验结果和现场实测结果的比较分别如图 5(a)～(c)所示：在折减频率为 $nz/U<0.1$ 低频范围内，风洞实验脉动风压谱值远小于实测谱值，主要是因为边界层风洞实验模拟未能较好的模拟低频大尺度湍流造成的。在 $0.1<nz/U<2$ 范围内，风洞实验脉动风压谱与实测谱值相差不大，吻合较好；在 $2<nz/U<4$ 小尺度湍流高频范围内，原型实测脉动风压谱随着频率增大而瞬时衰减，风洞实验谱值大于现场实测值。进一步通过低频滤波方法对比分析了脉动风压在 $2<nz/U<10$ 小湍流频段范围，结果显示对脉动风压和峰值负压贡献和影响甚微，约占 2%。虽增大模型比例时可减少相应雷诺数失真效应和增加小尺度湍流，然而在斜向风作用下，锥形涡旋影响下角部边缘区域的峰值负压系数及脉动风压系数的风洞试验值与现场实测值的差异，主要由于常规风洞被动实验方法无法较好地模拟台风风场低频湍流。

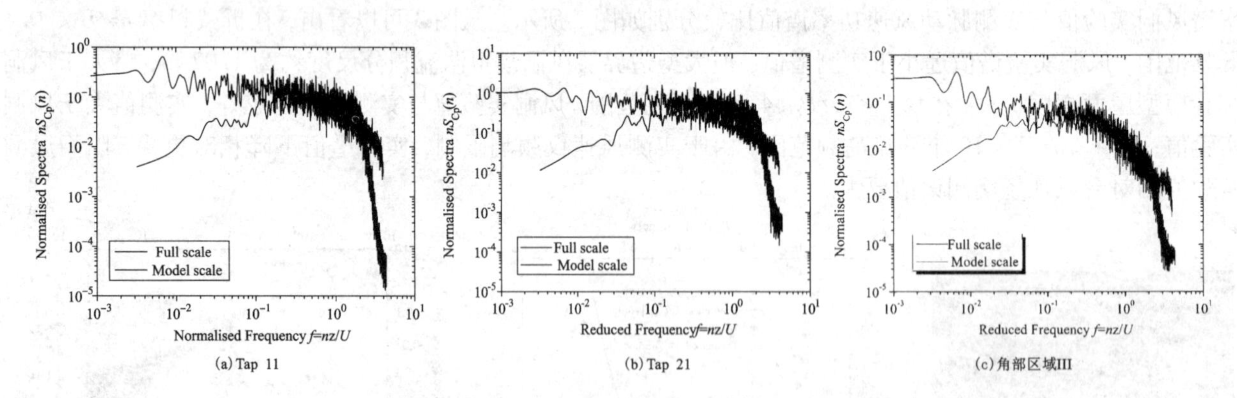

(a) Tap 11　　(b) Tap 21　　(c) 角部区域III

图 5　屋面角部测点和区域脉动风压谱实验值与实测值比较

4　结论

以平坡屋面实验房现场实测研究结果为基准，开展了 1∶4 大比例尺模型测压试验研究。研究结果表明：在斜向风作用下，锥形涡旋影响下角部边缘区域的峰值负压系数及脉动风压系数的风洞实验结果低估了其风压，主要由于常规风洞大比尺时低频湍流不匹配问题相对更为突出，虽增大模型比例时可减少相应雷诺数效应和增加小尺度湍流，但其效应对脉动风压及峰值压力风洞实验结果影响不大，差异主要由于低频湍流造成。因而低矮房屋风洞实验需确定合理的比例尺范围内，可通过研发主动湍流模拟装置，增加来流相应低频湍流分量来实现。

低矮建筑屋面风荷载实验研究*

李宏海，陈凯，唐意，岳煜斐，宋张凯，武林
（中国建筑科学研究院 北京 100013）

1 引言

通过对实际风致灾害的调查发现，风吸力作用足以将屋面覆盖物甚至整体屋盖吹走或者破坏，损伤情况十分严重[1]。我国现行的结构荷载规范[2]给出了典型屋盖结构的风荷载体形系数，但受限于规范制定时经济能力的制约和技术条件的困难，参考数据还不够完善。本文通过一系列的风洞实验，详细研究了单坡屋面和双坡屋面两种不同屋面结构形式的风压分布特征，给出了可用于工程设计和学术研究的风压系数参考值。

2 实验过程

此系列实验是在中国建筑科学研究院风洞实验室的高速试验段进行的。本文选择风向角和屋面坡度角为低矮建筑屋面风荷载分析的主要参数。通过风洞实验，分别确定单坡屋面和双坡屋面在不同工况条件下的屋面风荷载。对单坡屋面，风向角选择为：0°，90°和 180°；对双坡屋面，风向角选择为：0°，45°和 90°。屋面坡度角选择为：0°，3°，6°，9°，12°，15°，20°，25°，30°，45°和 60°。

实验模型如图 1 和图 2 所示。屋面尺寸为 300 mm × 450 mm，屋脊线高度为 300 mm。在屋盖上下表面布设 466 个风压测孔。通过调整屋面下方是否有围护墙体，实现实验模型在封闭式房屋建筑和开敞式房屋建筑等两种形式之间的切换。考虑结构对称性的特点，只在实验模型的右侧布置测压点。对每一点采集 12000 个数据，采样频率为 400 Hz，实验风速为 6 m/s。

(a)无围墙　(b)有围墙

图 1　单坡屋面房屋建筑的实验模型

(a)无围墙

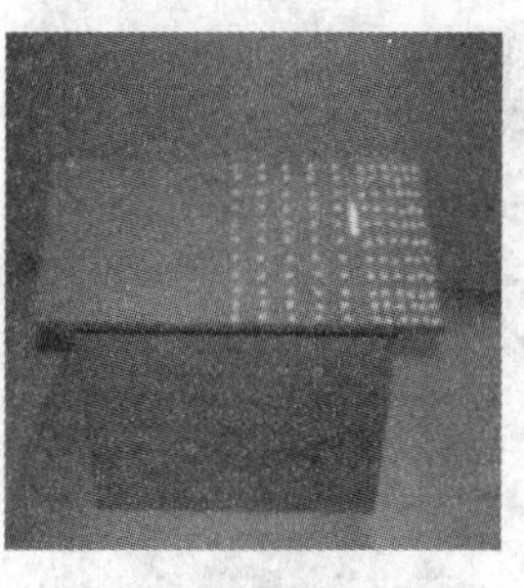

(b)有围墙

图 2　双坡屋面房屋建筑的实验模型

3 结果分析

3.1 平屋面实验结果

图 3 所示为在 0°风向角下平屋面建筑的风压分布情况。图 3(a)所示为开敞式结构，即在屋面下部不设置围护墙体，图 3(b)所示为封闭式结构，即在屋面下部设置围护墙体。云图分为三部分：上图为屋面上表面的风载结果，中图为屋面下表面的风荷载结果，下图为屋面上下表面风荷载的和，即屋面净风荷载的结果。开敞式房屋建筑的屋面风压系数绝对值较封闭式房屋建筑的绝对值较小。封闭式房屋建筑在迎风面的屋檐上出现风压净极值，大小为 -3.43。开敞式房屋建筑屋面净极值出现在迎风面两根柱形支撑前侧，大小约为 -2.53。

* 基金项目：“十二五”国家科技支撑计划项目（2014BAL05B00）

3.2　单坡屋面实验结果

图4所示为0°风向角时20°屋面角的单坡屋面的风压分布情况。可以看出在0°风向角下，开敞式房屋建筑的净风压主要为正压，极值出现在迎风面屋檐处，大小为3.31；封闭式房屋建筑则较为复杂，在迎风面屋檐处净风压为负，在两侧及背风面净风压为正，封闭区域的屋顶则表现为负压，极值为负压，出现在迎风面屋檐正中央，大小为-2.38。

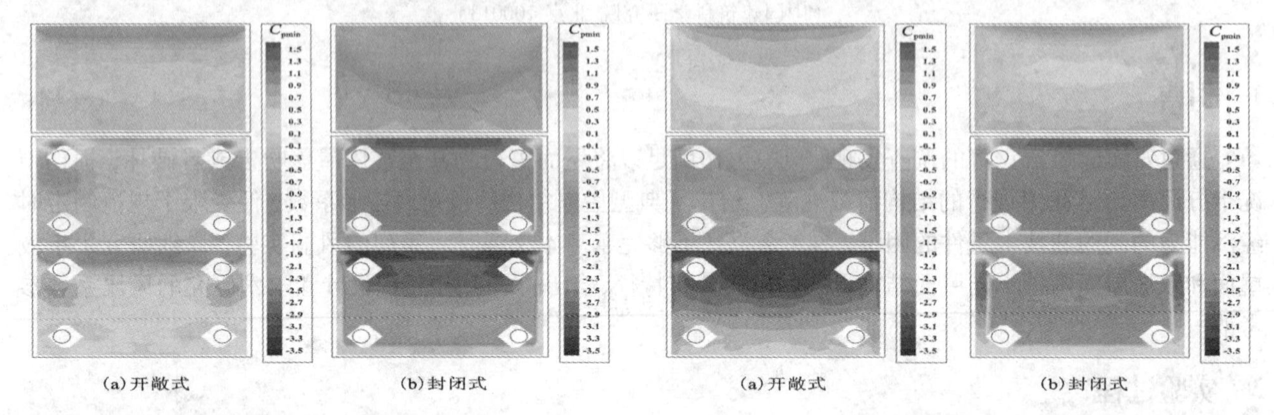

图3　平屋面建筑风压系数结果(风向角0°)　　　　图4　20°单坡屋面建筑风压系数结果(风向角0°)

3.3　双坡屋面实验结果

图5所示为0°风向角时30°屋面角的双坡屋面的风压分布情况。在0°风向角下开敞式房屋建筑的净风压在迎风面为正压，在背风面为负压，迎风面屋檐处出现正压极值1.94；封闭式房屋建筑在迎风面屋檐处净风压为负，在两侧净风压为正，封闭区域的屋顶则表现为负压，迎风面屋檐正中央出现负压极值-2.36。图6所示为在0°风向角时-30°屋面角的双坡屋面的风压分布情况。在0°风向角下开敞式房屋建筑的净风压在迎风面为负压，在背风面为正压，迎风面柱形支撑附近出现负压极值-2.81，背风面柱形右侧屋檐处出现正压极值1.7；封闭式房屋建筑在屋面上净风压大部分为负，极值出现在迎风面屋檐3/4处，大小为-2.75。

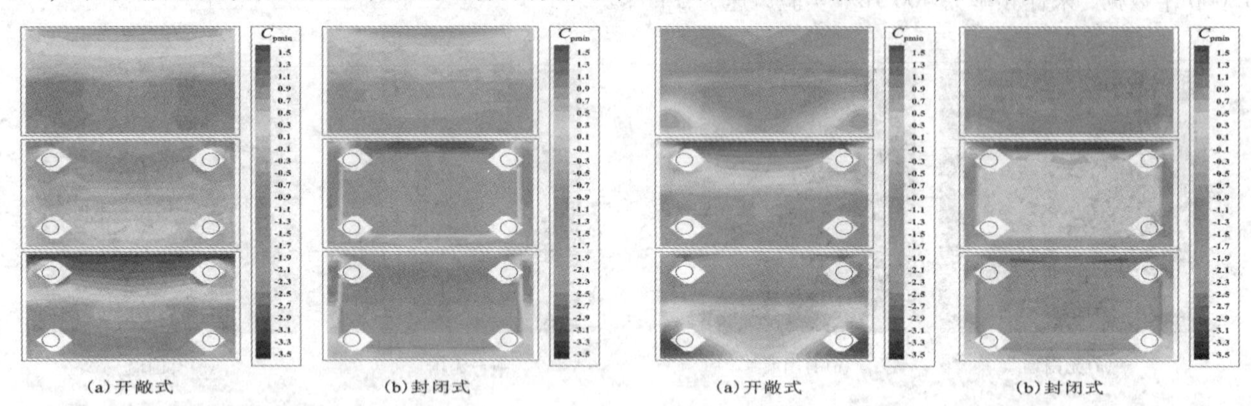

图5　30°双坡屋面建筑风压系数结果(风向角0°)　　　　图6　-30°双坡屋面建筑风压系数结果(风向角0°)

4　结论

根据以上结果分析，可以看到风压系数分布受屋面倾角、风向角及屋面形状的多重影响：(1)平面屋顶在各工况下风压系数极值均为负值；(2)单坡屋面房屋建筑和山型双坡屋面房屋建筑在0°风向角下屋面倾角较大时屋面风压极值为正压，其他工况下屋面极值均为负压，V型双坡屋面房屋建筑的风压系数极值均为负压。

参考文献

[1] A Kareem, T Kijewski. 7th US National Conference on Wind Engineering: A Summary of Papers[J]. Journal of Wind Engineering and Industrial Aerodynamics, 1996, 62: 81-129.

[2] GB 50009—2012, 建筑结构荷载规范[S]. 北京: 中国建筑工业出版社, 2012.

考虑建筑间干扰效应的双坡屋盖积雪分布模拟*

徐枫，周高照，肖仪清，欧进萍
（哈尔滨工业大学深圳研究生院 广东 深圳 518055）

1 引言

近年来我国的雪致建筑屋盖倒塌事件层出不穷，而我国规范给出的屋面外形较为简单，考虑的雪荷载不均匀分布主要基于以往设计经验和国外有关资料给出，缺乏数值模拟及实测验证，也没有考虑周边建筑干扰对积雪分布的影响。黄友钦[1]和李跃[2]对纵向边缘落地的单层柱面网壳表面积雪进行了模拟，韩国庆州市一度假村礼堂[3]由于其低矮造型和周边建筑的影响导致不均匀积雪发生倒塌。本文基于 Euler - Euler 方法，假定空气相和雪相均为连续相，运用 UDF 进行二次开发，采用计算流体力学软件 FLUENT 17.0 对单层柱面网壳的风致雪漂移进行了模拟，积雪侵蚀、沉积趋势与文献[1,2]结果一致，然后对屋面倾角分别为 20°和 30°的单跨双坡屋盖和双跨双坡屋盖表面积雪分布进行了模拟，并与规范值进行对比分析，最后分析了建筑间干扰效应对双坡屋盖积雪分布的影响。研究结果表明：双跨双坡屋盖背风面积雪分布系数超出我国规范要求；干扰建筑位于迎风面时，双坡屋盖迎风面会出现积雪沉积，导致积雪分布系数远大于无干扰时的结果并超出我国规范要求。

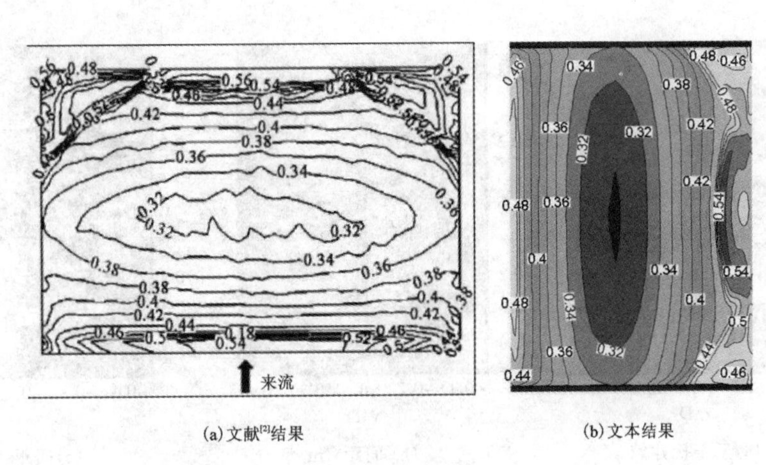

(a) 文献[2]结果　　(b) 文本结果

图 1 不均匀积雪荷载分布(kN/m²)

2 数值模拟

2.1 控制方程

空气相控制方程与雪相控制方程：

$$\frac{\partial\rho}{\partial t}+\frac{\partial(\rho u_i)}{\partial x_i}=0 \tag{1}$$

$$\frac{\partial}{\partial t}(\rho u_i)+\frac{\partial}{\partial x_i}(\rho u_i u_j)=-\frac{\partial p}{\partial x_i}+\frac{\partial}{\partial x_j}\left(\mu\frac{\partial u_i}{\partial x_j}-\rho\,\overline{u'_i u'_j}\right)+S_i \tag{2}$$

$$\frac{\partial(\rho_s f)}{\partial t}+\frac{\partial(\rho_s f u_j)}{\partial x_j}=\frac{\partial}{\partial x_j}\left[\mu_t\frac{\partial\rho_s f}{\partial x_j}\right]+\frac{\partial}{\partial x_j}\left[-\rho_s f u_{R,j}\right] \tag{3}$$

2.2 屋盖积雪模拟验证

本文对单层柱面网壳表面积雪进行了模拟，该网壳模型纵向跨度为 35 m，弧向跨度为 25 m，高度为 9.7 m，采用结构网格进行离散，第一层网格高度为 0.1 m，网格数量为 255 万。

* 基金项目：国家重点研发计划（2016YFC0701107），深圳市基础研究计划项目（JCYJ20150625142543453）

2.3 双坡屋盖积雪分布

本文以屋面倾角为20°和30°的双坡屋盖为研究对象，模拟了单跨双坡屋盖积雪分布，并与迎风面有干扰建筑(间距5 m、10 m)时的单坡屋盖积雪分布形式进行了对比(如图2所示)，计算域长宽高根据高度H的不同分别为450 m、220 m、80 m和450 m、220 m、100 m，计算域通过结构化网格离散，第一层网格高度为$H/200$，网格数量在300万至450万之间。图3给出了屋面倾角为20°时、有无建筑干扰时屋盖中心截面积雪分布系数与规范值的比较，结果显示有干扰建筑时单坡屋盖迎风面出现积雪沉积，且超出规范要求。图4所示为有无建筑干扰时双坡屋盖表面的积雪分布系数对比结果。

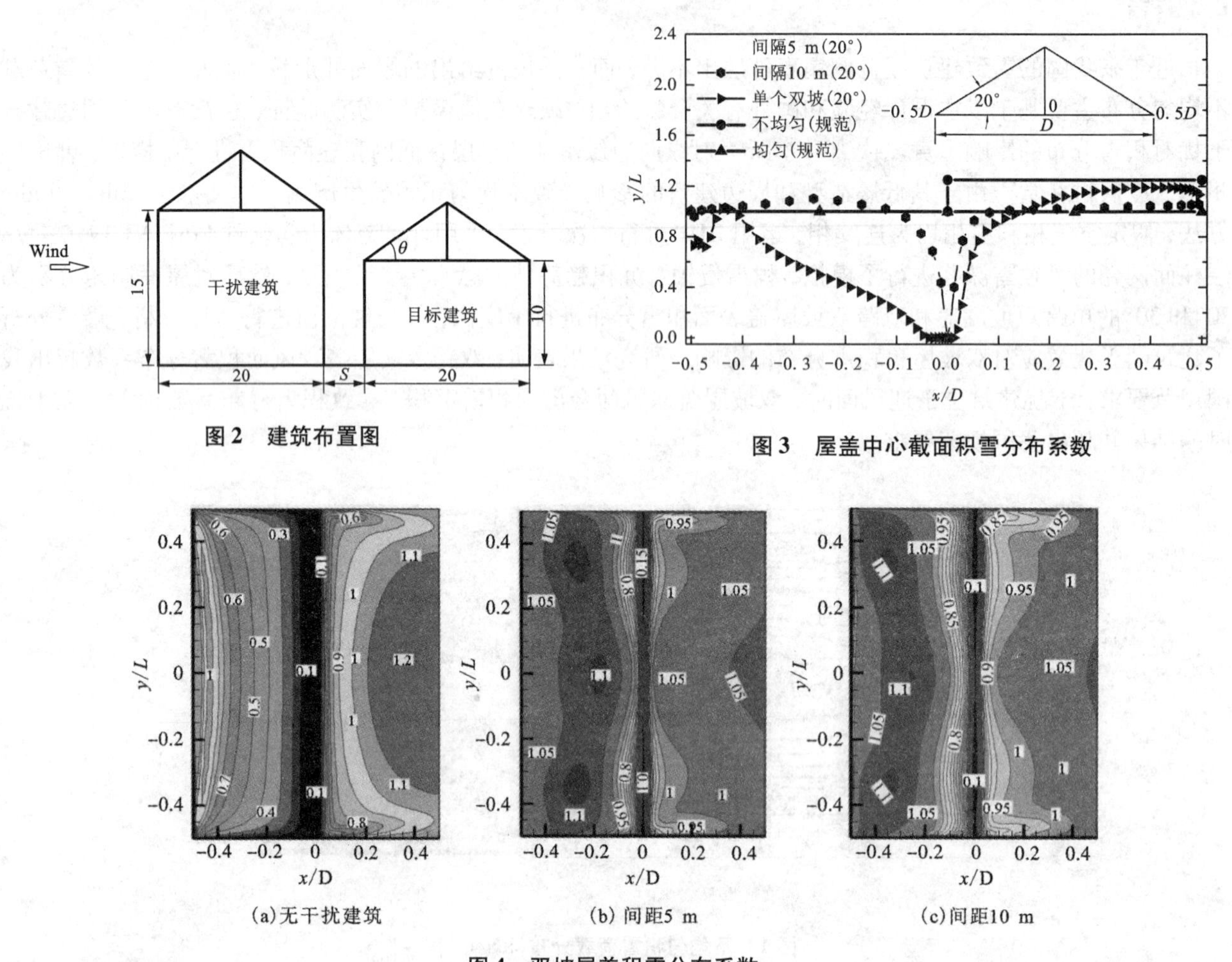

图2 建筑布置图

图3 屋盖中心截面积雪分布系数

图4 双坡屋盖积雪分布系数

3 结论

本文模拟了来流作用下单跨双坡屋盖、双跨双坡屋盖和考虑周边建筑干扰效应的双坡屋盖积雪分布，对积雪分布系数进行计算并与规范进行对比。结果显示单跨双坡屋盖迎风面发生积雪侵蚀，背风面发生积雪沉积，积雪分布系数处于我国规范要求之内；双跨双坡屋盖跨中出现大量积雪沉积，背风面积雪分布系数超出我国规范要求；建筑间干扰效应对双坡屋盖积雪分布影响较大，干扰建筑位于迎风面时，双坡屋盖迎风面会出现积雪沉积，导致积雪分布系数远大于无干扰时的结果并超出我国规范要求，干扰建筑位于背风面时，干扰效应对屋盖积雪分布影响很小，结构布置时可以将较高建筑布置在背风面以减小干扰效应的影响。

参考文献

[1] 黄友钦，顾明. 风雪耦合作用下单层柱面网壳的动力稳定[J]. 工程力学，2011(28)：210－217.
[2] 李跃，袁行飞. 大跨度球壳屋盖风致积雪数值模拟及雪荷载不均匀分布系数研究[J]. 建筑结构学报，2014(10)：130－136.
[3] 李方慧，孟凡，周晅毅. 典型低矮屋盖雪荷载分布特性实测研究[J]. 自然灾害学报，2016(01)：158－168.

我国低矮建筑围护构件风荷载的规范规定及修订建议

田玉基[1]，杨庆山[1]，范重[2]
（1. 北京交通大学土木学院 北京 100044；2. 中国建筑设计院有限公司 北京 100044）

我国第一本自主制定的较为完整的荷载规范是 TJ 9—74《工业与民用建筑结构荷载规范》，这本规范规定了建筑表面的平均风压计算公式，承重结构与围护构件的平均风压均采用相同的体型系数确定风荷载。在 1980 年代，我国科技工作者经过大量的实测、调查、研究，以 GBJ 68—84《建筑结构设计统一标准》为准则，基于极限状态设计方法制定了 GBJ 9—87《建筑结构荷载规范》。在这本荷载规范中，考虑了结构或构件的振动效应，规定了建筑表面的风压标准值计算公式；同时，规范给出了气流分离区(负压区)围护构件“局部风压体型系数”的部分数值；其中，确定围护构件风压标准值时，未明确说明风振系数的取值。

直至 2002 年，我国开始执行 GB 50009—2001《建筑结构荷载规范》，该规范明确规定了围护构件的风荷载标准值计算公式，围护构件的风压标准值等于局部风压体型系数、阵风系数与 10 min 平均速压的乘积。其中，局部风压体型系数按照外表面的正压区和负压区分别确定，正压区的局部风压体型系数按照承重结构的体型系数取值，负压区的局部风压体型系数按照墙面、屋面的位置分别取不同数值，同时规定了封闭式房屋的内压系数。在 GB 50009—2001(2006 修订版)中，增加了围护构件风荷载的面积折减系数。在 GB 50009—2012《建筑结构荷载规范》中，“局部风压体型系数”改称“风荷载局部体型系数”，修订了围护构件的局部体型系数的取值和面积折减系数的计算公式，增加了单、双坡房屋的墙面、屋面的局部体型系数取值。

从上述发展演变历史可以看出，我国规范 GB 50009—2012 关于围护构件的抗风设计理论落后于国外规范，特别是局部体型系数的规定过于笼统、简单，甚至不尽合理。不仅如此，作用在建筑物表面的风荷载具有时间-空间的变异性，围护构件的风荷载极值与构件受风面积、风向效应等因素存在密切关系，我国规范在这些方面的规定比较模糊，甚至没有规定。

围护构件的风荷载不仅与来流湍流特性(风速、风向，湍流强度、积分尺度等)有关，而且与来流-建筑表面的相互作用产生的建筑湍流特性(气流冲击、分离、旋涡脱落、再附等)有关。在来流湍流和建筑湍流的共同作用下，围护构件表面瞬时发生的风压极值是确定围护构件风压标准值的依据。围护构件的风荷载极值具有很大的变异性，其变异性不仅源自来流阵风风速、风向等参数的随机性，也源自气动力系数的随机性。由于围护构件的尺寸相对较小，并且风荷载极值具有显著的变异性，围护构件的风荷载“局部”特性显著，常常称为局部风荷载。

确定围护构件的局部风荷载标准值至少涉及 5 个方面的问题：①预测基本风速/速压及其阵风系数；②预测局部体型系数与风压标准值；③确定房屋的内压系数；④确定风速/风压的风向折减系数；⑤确定局部体型系数的面积折减系数。本文围绕上述 5 个问题，全面阐述了确定围护构件风荷载的基础理论，比较了国内外规范关于围护构件风荷载的相关规定，指出了我国现行规范在这些方面存在的不足，提出了改进和完善我国荷载规范风荷载条文的合理建议。

本文得到的结论及提出的建议如下：

(1)我国荷载规范中，台风地区的台风风速、季风风速的年最大值混杂在一起确定基本风速的方法可能低估了基本风速及基本风压。建议我国规范分开统计分析两种风气候的基本风速，再合并在一起，得到混合气候地区的基本风速。

(2)我国荷载规范中，来流风速的峰值因子取值过小，掩盖了气流流动的物理现象，并且明显小于国外规范的相应取值。建议我国规范提高峰值因子的取值至 3.5，同时对风荷载进行风向折减，建立我国荷载规范风荷载条文的坚实的理论基础。

(3)我国荷载规范中，围护构件的风荷载标准值采用“局部体型系数”表达，容易引起概念方面的误解；局部体型系数的规定过于笼统、简单，特别是气流分离区局部体型系数的规定不够完善。建议我国荷载规范在风洞试验的基础上，借鉴国外规范的相关规定，完善围护构件风荷载的规定。

(4)我国荷载规范中，规定了背景空隙和单面墙主导洞口情况下的内压系数的平均值，缺少多面墙开洞的内压系数，没有规定室内大空间对内压系数的影响。建议我国荷载规范借鉴国外荷载规范的规定，完善内压系数的相关规定。

(5)我国荷载规范中，没有明确规定风向折减系数。建议我国荷载规范开展风向效应的研究工作，以气象观测资料和典型体型建筑物的风洞试验结果为依据，并结合我国 GB 50153—2008《工程结构可靠性设计统一标准》的规定，合理制定我国各地区各方向的风向折减系数。

(6)我国荷载规范中，围护构件风荷载面积折减系数的规定可能存在物理含义不明确、不合理的问题。建议我国荷载规范开展围护构件风荷载面积折减系数方面的研究工作，以典型体型房屋的风洞试验数据为基础，研究墙面、屋面的分区域面积折减系数，制定面板、连接件、檩条等围护构件的风荷载面积折减系数。

气柱共振对开洞结构风致内压的影响*

余先锋，谢壮宁
（华南理工大学亚热带建筑科学国家重点实验室 广东 广州 510640）

1 引言

在风洞试验中，若要正确模拟开洞结构的风致内压，必须保证 Helmholtz 共振频率得到正确模拟。Holmes[1]引入 Helmholtz 共振器模型来研究风致内压，指出模型内部体积必须按原型与实验风速比的平方进行放大才能保证脉动内压的正确模拟。

2 内压风洞试验相似定律及体积补偿要求

徐海巍等[2]对两空间开洞结构风致内压控制方程组进行相似理论分析，得到内压模型风洞试验应满足 $\lambda_{V1}=\lambda_{V2}=\lambda_l^3/\lambda_u^2$ 其中，λ_{V1}、λ_{V2}分别为子空间 1、2 的模型与原型之间的体积缩尺比，λ_l和 λ_u分别为长度与风速缩尺比。即在进行内压风洞试验时，模型的内部体积须按设计风速与实验风速比的平方进行放大补偿。另外，Sharma 指出体积补偿箱必须是“深且窄”的[3]，不宜采用“浅且宽”的补偿方式。

3 气柱共振频率的计算

对于一端封闭、一端开启的等截面直管道，管道长度为 l，由平面波动方程、连续性方程可得管道的 1 阶气柱固有频率 f_1为：

$$f_1=a/(4l) \tag{1}$$

式中：a 为声速，取为 340 m/s，l 为管道长度。

4 内压风洞试验验证

4.1 风洞试验概况

模型测压试验是在华南理工大学风洞试验室进行的，大气边界层流场按《建筑结构荷载规范》(GB 50009—2012)模拟了 B 类地貌风场。试验模型按 Texas Tech University 实测房以 1∶25 缩尺制作而成，试验模型长 548 mm × 宽 364 mm × 高 160 mm，隔墙位于模型长度方向的中央，模型迎风墙面中央共有 4 种开洞尺寸，分别为 110 mm × 110 mm，80 mm × 80 mm，60 mm × 60 mm，40 mm × 40 mm；沿模型长度方向设置一隔墙，在隔墙中央开有一方孔，尺寸为 40 mm × 40 mm。在两个子空间的内墙面上各布置了 2 个内压测点。风洞中 40 cm 高度处的平均参考风速为 10 m/s，假定原型结构的设计风速为 30 m/s，故风速比为 3∶1，则补偿后的总体积须为原体积的 9 倍，而且补偿箱必须是“深且窄”的，记作模型 1。为作比较，还制作了一个相同的试验模型，但补偿后总体积为原体积的 2 倍，记作模型 2。

4.2 试验结果分析

对于模型 1 和 2，补偿后的总体积分别是原体积的 2 倍和 9 倍，当隔墙开洞尺寸均为 40 mm × 40 mm，迎风墙面开洞尺寸均为 80 mm × 40 mm 时两子空间内压系数功率谱如图 1 所示。从图中可知：(1)模型 1 的内压系数功率谱中均出现两个共振峰值，分别对应于开洞两空间结构的两个 Helmholtz 共振频率；内侧子空间 2 的低频共振峰能量明显高于外侧子空间 1，但子空间 2 的高频共振峰能量却低于子空间 1，这与文献[4]的结论是一致的。(2)模型 2 的内功系数功率谱上除了出现两阶 Helmholtz 共振峰之外，还出现了气柱共振峰值，气柱共振频率为 30 ~ 32 Hz，这与由式(1)求得的气柱共振频率理论解 $f_1=a/(4l)=30.4$ Hz 基本吻合，式中 a 为速 340 m/s，l 为气柱长度，文中 l 为 2 倍的补偿箱高度，即 2.8 m。

对比分析可知，模型 1 和模型 2 的风速比为 1.4∶1 与 3∶1，换算得到原型结构设的计风速约为 14 m/s

* 基金项目：国家自然科学基金(51408227)

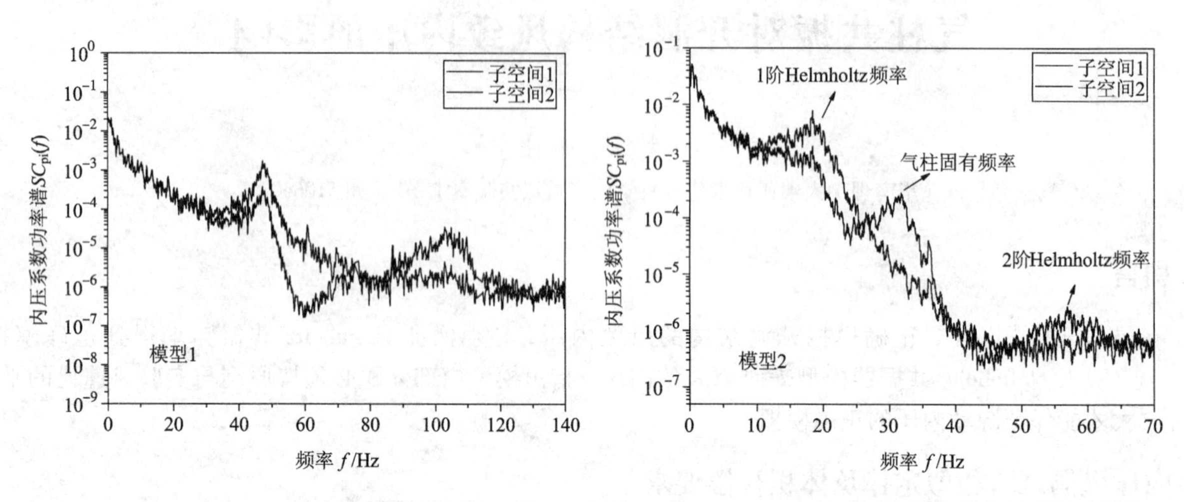

图1 不同补偿体积下的内压系数功率谱比较

和 30 m/s，模型 1 对应50 年重现期基本风压约为0.12 kPa，远低于大部分地区的基本风压值，而模型 2 约为0.6 kPa，此时的试验结果对大部分地区的开洞结构抗风设计均有参考价值，因此补偿体积 8 倍(总体积 9 倍)使得风速比达到3∶1，此时测得的风致内压是合理的且具有参考价值。然而，依据体积补偿箱必须是"深且窄"的原则进行模型内部容积补偿，则会出现气柱共振现象，从而使得脉动内压出现畸变，这与实际情况不符。

5 结论

对于内压风洞试验，首先要确定合理的风速比，使得换算后的原型结构设计风压可覆盖大部分地区的基本风压值。实验时，必须按结构设计风速与实验风速比值的平方进行模型体积补偿，且体积补偿箱须遵守"深且窄"的原则。对于连通的两空间或多空间结构，可通过式(1)估算 1 阶气柱共振频率，另外补偿体积箱不宜过于深长，以免出现气柱共振现象而影响内压的测量结果。

参考文献

[1] Holmes J D. Mean and fluctuating internal pressures induced by wind[C]// Proceedings of the 5th International Conference on Wind Engineering, Colorado State University, 1979.

[2] 徐海巍，余世策，楼文娟. 开孔双空腔结构风致内压动力特性的研究[J]. 工程力学，2013，30(12)：154－159.

[3] Sharma R N, Mason S, Driver P. Scaling methods for wind tunnel modelling of building internal pressures induced through openings[J]. Wind and Structures. 2010, 13(4): 363－374.

[4] Sharma R N. Internal pressure dynamics with internal partitioning[C]// Proceeding of the 11th International Conference on Wind Engineering, Lubbock Texas, 2003.

七、大跨度桥梁抗风

基于福州台风数据的斜拉桥抖振响应分析*

董锐[1,2]，李茂星[1]，赵林[2]，韦建刚[1]，刘祖军[3]
（1. 福州大学土木工程学院 福建 福州 350108；2. 同济大学土木工程防灾国家重点实验室 上海 200092；
3. 华北水利水电大学土木与交通学院 河南 郑州 450045）

1 引言

福建地处东南沿海，是我国台风的重灾区，每年都有大量的财产损失和人员伤亡。根据福建省气候公告2009—2015年的统计数据，平均每年有7.4次台风登陆或影响福建，年均直接经济损失约43.2亿元。由于台风在设计风速、风剖面、湍流度、湍流积分尺度、脉动风谱、脉动风空间相关性等方面与规范给出的良态风场有较大区别，有必要对台风多发区的大跨度桥梁风振响应进行研究。本文基于福州地区的台风资料，采用YanMeng模型对青州闽江大桥桥位处的台风风场进行数值模拟，进而利用极值Ⅰ型分布函数获得其设计风速；最后采用同时考虑自激力和抖振力的气动力模型对青州闽江大桥在台风和良态风作用下的抖振响应进行了比较分析。

2 工程背景及台风风场模拟

2.1 工程背景和有限元模型

本文选取福州地区的典型桥梁——青州闽江大桥作为研究对象。该桥为双塔双索面结合梁斜拉桥，塔、墩中心线处的跨径布置为250+605+250=1105 m。钢筋混凝土主塔采用A型，塔高175.5 m；Π型主梁宽29 m，中心梁高2.7 m，由两道工字形钢主梁和混凝土桥面板组成，为增加结构的整体刚度在主梁跨中设置一道工字形小纵梁。根据上述参数，采用ANSYS建立斜拉桥有限元模型(图1)，进行模态分析，获得结构的动力特性。

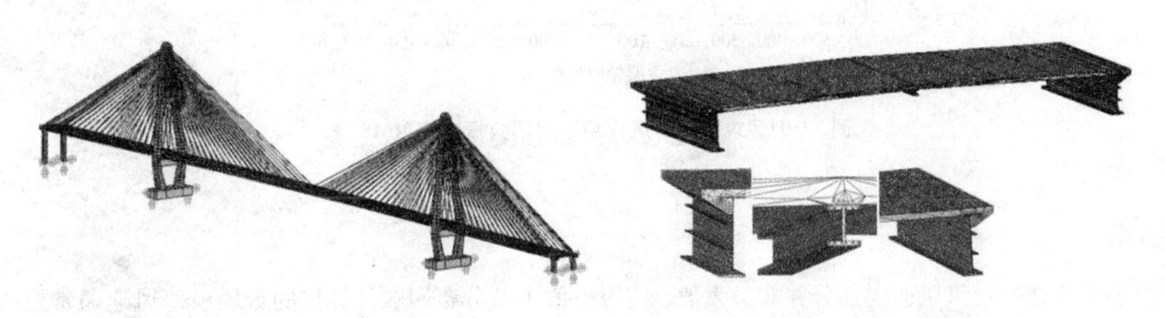

（a）整体有限元模型　　（b）标准主梁断面及细部有限元模型

图1　青州闽江大桥整体及主梁细部有限元模型

2.2 台风风场模拟

以青州闽江大桥(北纬25.99°，东经119.48°)桥位处为中心，按照300 km的影响半径，对《热带气旋年鉴》提供的1949—2015年间发生的台风数据进行整理，共得到153次对该桥有影响的台风数据。本文采用YanMeng台风模型对上述数据进行模拟，共获得1346个台风风速样本。在台风的数值模拟中，最大风速半径R_{max}和径向压力分布系数β是计算中的两个关键参数，本文采用赵林等[1]以上海、浙江等地台风实

* 基金项目：国家自然科学基金(51508107)，中国博士后科学基金(2016M590592)，同济大学桥梁结构抗风技术交通行业重点实验室开放基金(KLWRTBMC14-03)

测资料计算得到的表达式[1]，

$$E(\ln R_{\max}) = -38.36\Delta P^{0.02479} + 46.75 \tag{1}$$

$$\sigma(R_{\max}) = 10549.2\Delta P^{-1.5178} \tag{2}$$

$$\beta = -2.365 + 0.0573\Delta P + 0.0035R_{\max} \tag{3}$$

$$\beta = 0.4899 + 0.0178\Delta P \tag{4}$$

式中：$E(*)$和$\sigma(*)$分别代表参数的均值和方差；ΔP为台风中心压差。

采用极值Ⅰ型分布对153组台风风速样本进行统计，得到桥位处不同重现期的极值风速如表1所示。

表1 桥位处不同重现期的台风风场极值风速

重现期/年	10	50	100
极值风速/(m·s^{-1})	21.1	28.2	31.2

3 台风作用下的抖振响应

同时考虑作用在斜拉桥上的自激力和抖振力，采用频域方法计算得到主梁在台风作用下的抖振响应RMS值如图2所示。计算中，颤振导数、静力三分力系数及其变化率采用风洞实验结果，气动导纳采用Sears函数的Liepman简化表达式，脉动风谱选用VonKarman谱。

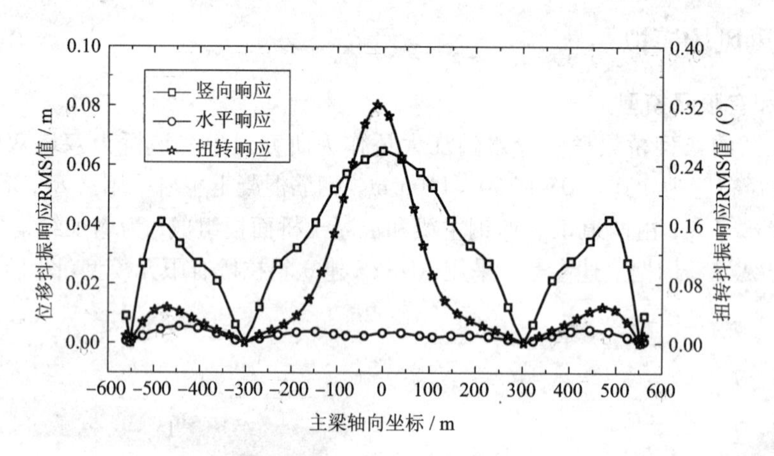

图2 0°风攻角时台风作用下主梁抖振响应RMS值

4 结论

由于桥位处的台风风速大部分并非最大值，使得极值Ⅰ型分布函数计算出的台风极值风速通常要小于规范值，台风极值风速样本的选取有待进一步研究。因为台风特异性强，脉动风实测数据少，参照VonKarman谱计算出的抖振响应通常要小于规范值，应加强对台风环境下脉动风谱的研究。

参考文献

[1] Zhao L, Lu A P, Zhu L D, et al. Radial pressure profile of typhoon field near ground surface observed by distributed meteorologic stations[J]. Journal of Wind Engineering and Industrial Aerodynamics, 2013, 122: 105-112.

大跨度桥梁抗风强健性及其颤振分析*

葛耀君，赵林，夏青
（同济大学土木工程防灾国家重点实验室 上海 200092）

1 引言

为了突出风灾的未曾遇见性和多灾害特性，将结构强健性的概念引入桥梁抗风设计与评价中是非常必要的。桥梁抗风强健性设计与评价一方面，可以将现有的基于容许应力法的安全系数和基于极限状态法的分项系数拓展到基于概率极限状态的失效概率或重现时间，使得抗风设计和评价更加科学和合理；另一方面，也可以将桥梁结构面临的抗震、抗风、抗火、防撞等多灾害作用下的抗灾设计和评价方法加以统一，使得桥梁结构抵抗多灾害的能力用同一个指标来衡量，即抵抗多大重现时间内的灾害，便于甄别和分析桥梁结构使用期内的最不利灾害或最不利灾害组合。

2 抗风强健性设计理论

基于 Knoll 和 Vogel 的定义，并结合桥梁抗风设计中需要考虑未曾遇见和超乎正常的最大风速，定义桥梁抗风强健性为：桥梁结构抵抗未曾遇见或超乎正常的最大风速的能力，并用设计风速 U_{ac} 的重现时间 T_m 来表示，即

$$T_m = \frac{1}{P_F} \tag{1}$$

式中：P_F 表示桥梁结构抗风的失效概率，可以按照下式计算：

$$P_F = P\{Z \leqslant 0\} \tag{2}$$

式中：Z 是安全域度随机函数，依赖于基本变量 U_{re} 和 U_{ac}。当 T_m 小于桥梁设计使用期限（譬如 100 年）时，抗风性能不足；当 T_m 大于桥梁设计使用期限时，抗风性能是安全的，而且直接表现为可以抵抗几百年甚至上千年一遇的风速。不仅评价指标非常直观，而且便于同其他灾害（例如抗震、抗火、抗撞等）统一评价指标——重现时间 T。作为桥梁抗风性能之一的颤振强健性，可以采用上述强健性定义的公式(1)和(2)来进行计算。为此，首先需要定义公式(2)中的安全域度函数：

$$Z = g(X_1, X_2, X_3, X_4) = g(C_f, U_f, C_b, U_b) = \frac{C_f}{C_b}U_f - U_b \tag{3}$$

式中：U_f 表示为桥梁颤振临界风速；C_f 是临界风速修正系数；U_b 表示为桥面设计基准风速；C_b 是设计风速修正系数，均为随机变量。采用等效中心点法和等效验算点法计算失效概率。

3 颤振强健性指标计算

桥梁颤振临界风速 U_f 假定其服从对数正态分布，并偏于安全地取均值和方差如下：

$$E[U_f] = \mu_{U_f};\ \sigma[U_f] = \sigma_{U_f} = 0.075\mu_{U_f} \tag{4}$$

式中：μ_{U_f} 表示基于风洞试验或数值分析的桥梁颤振临界风速均值。

假定临界风速修正系数 C_f 为均值 1.0、方差是均值的 5%，并服从正态分布，即

$$E[C_f] = \mu_{C_f} = 1.0;\ \sigma[C_f] = \sigma_{C_f} = 0.05 \tag{5}$$

桥面设计基准风速 U_b 服从极值 I 型分布，其分布函数可以表示为

$$F(U_b) = \exp\left[-\exp\left(-\frac{U_b - b}{a}\right)\right] \tag{6}$$

式中：a 和 b 分别表示偏差尺度和位置尺度、与均值和方差之间存在如下关系：

* 基金项目：特大跨桥梁全寿命灾变控制与性能设计的基础研究（973 计划，2013CB036300）

$$E[U_b]=\mu_{U_b}=0.5772a+b;\ \sigma[U_b]=\sigma_{U_b}=\frac{\pi}{\sqrt{6}}a \tag{7}$$

设计风速修正系数 C_b 主要考虑阵风因子的修正，假定其服从正态分布，且

$$E[C_b]=\mu_{C_b};\ \sigma[C_b]=\sigma_{C_b}=0.07\mu_{C_b} \tag{8}$$

式中：μ_{Cb} 可以按照《公路桥梁抗风设计规范》中的阵风因子取值。

4 重现时间分析算例

对现有的四座桥梁——上海南浦大桥、上海杨浦大桥、润扬长江大桥、舟山西堠门大桥和待建的四座桥梁——虎门二桥坭洲水道桥(1680 m跨度)、深中通道伶仃航道桥(1666 m跨度)、六横通道双屿门大桥(1756 m跨度)、印尼巽他海峡桥(2016 m跨度)，分别开展了颤振强健性评价。基于本文方法的桥梁颤振强健性分析结果表明：四座已建桥梁可以抵抗的设计风速的重现时间在386年到1096年之间，都明显大于设计使用期限100年，因此，不仅具有足够的设计安全度，而且具有抵抗300年一遇到1000年一遇最大风速的能力；四座待建桥梁除了虎门二桥坭洲水道桥之外，可以抵抗的设计风速的重现时间在239年到248年之间，虽然大于桥梁设计使用寿命100年，但是，桥梁结构的颤振强健性较低。

5 结论

大跨度桥梁抗风强健性包括强度、刚度和稳定三个方面的强健性，建议采用桥梁结构可以抵抗的最大风速的重现时间作为抗风强健性指标。针对桥梁抗风稳定中的颤振强健性评价问题，建立了用桥梁颤振临界风速、临界风速修正系数、桥面设计基准风速和设计风速修正系数等四个随机变量表示的颤振安全域度随机模型，提出了采用等效中心点法和等效验算点法来计算可靠指标和失效概率，并由失效概率推算设计风速的重现时间。

基于本文所建立的颤振强健性分析方法，对代表我国大跨度桥梁颤振稳定性的基本水准的四座已经建成的桥梁和代表国内外大跨度桥梁抗风挑战的四座将要建设的大跨度桥梁进行了颤振强健性分析。

抗风缆对大跨人行悬索桥非线性静风稳定的影响*

管青海[1]，赵方利[1]，刘磊[1]，李加武[2]，刘健新[2]
（1. 天津城建大学天津市土木建筑结构防护与加固重点实验室 天津 300384；
2. 长安大学风洞实验室 陕西 西安 710064）

1 引言

大跨人行悬索桥加劲梁结构轻窄，宽跨比极小，结构弯曲扭转频率较小，而且大多数修建在深切峡谷等易受强风影响地区，所以大跨人行悬索桥是典型的风敏感结构。主跨超过200 m的大跨人行悬索桥往往需要通过设置抗风缆结构措施，来增加结构系统刚度并提高抗风能力[1-2]。抗风缆对于大跨人行悬索桥的抗风性能，尤其是抗风缆对于大跨人行悬索桥的刚度贡献、以及对非线性静风稳定性的影响程度等方面研究较为欠缺。

2 主跨420 m人行悬索桥及其抗风缆

2.1 主跨420 m人行悬索桥概况

山东省费县天蒙景区人行悬索桥横跨143 m深度的山谷，大桥施工图设计采用跨径组合为(38 +420 +47.5 m)的双塔单跨悬索桥，矢跨比为1∶12，吊杆间距为3 m，加劲梁全宽4.0 m，为纵横型钢组合的板梁结构，上铺宽度2.4 m厚度0.1 m的混凝土桥面板，桥面板两端对称布置三角形风嘴，栏杆总高1.75 m，栏杆立柱间附有高透风率的钢丝网，图1给出了加劲梁标准横断面。

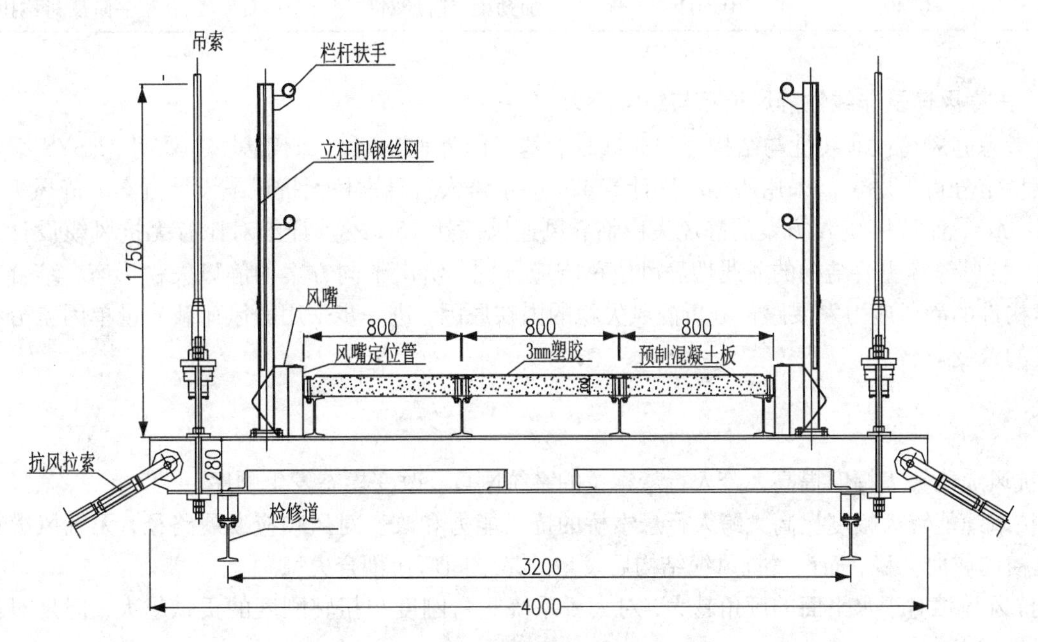

图1 加劲梁标准横断面(单位：mm)

2.2 抗风缆结构

为提高结构刚度与抗风能力，大桥施工图设计设置了倾角范围35°～53°连续变化的抗风缆，抗风拉索间距为6 m，抗风拉索一共有57对，由于地形的限制，抗风缆四个锚固端并不严格对称，抗风缆平面布置示意如图2所示。为了比较抗风缆不同布置方案的抗风能力，除了施工图设计的抗风缆基本布置A方案之

* 基金项目：天津市土木建筑结构防护与加固重点实验室开放课题基金(12030504)

外，另外还考虑了与加劲梁平行布置B方案以及与加劲梁垂直布置C方案的抗风缆设计。

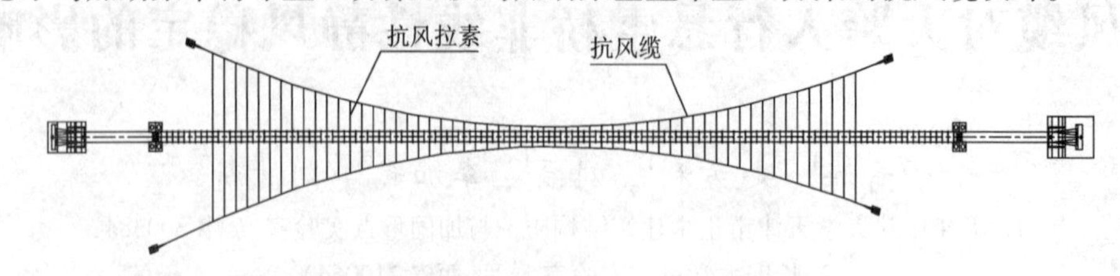

图2　抗风缆平面布置示意图

3　抗风缆对非线性静风稳定的影响

3.1　结构动力特性

首先基于ANSYS建立符合实际结构特点的有限元分析模型，并对无抗风缆设计与三种抗风缆设计方案进行结构动力特性分析，计算结果表明抗风缆可以大幅度提高大跨人行悬索桥总体系统刚度，改变模态发生顺序。表1给出了无抗风缆设计与抗风缆基本设计（A方案）前几阶重要模态的频率与振型对比。

表1　重要模态动力特性对比

阶次	频率/Hz		振型描述	
	无抗风缆	抗风缆A方案	无抗风缆	抗风缆A方案
1	0.0901	0.2354	加劲梁一阶正对称侧弯	加劲梁一阶反对称侧弯
3	0.1695	0.2579	加劲梁一阶反对称竖弯	加劲梁一阶反对称竖弯
7	0.2943	0.4547	加劲梁一阶反对称扭转	抗风缆振动
11	0.4099	0.5024	加劲梁二阶反对称扭转	加劲梁一阶反对称扭转

3.2　失稳风速及非线性静风位移与缆索应力

综合考虑静风荷载非线性与结构几何非线性，基于内外增量双重迭代法[3-4]采用ANSYS编制桥梁非线性静风稳定分析程序[5]。采用所编程序计算420 m主跨人行悬索桥无抗风缆设计方案的静风失稳临界风速仅为34 m/s，而抗风缆A方案的静风失稳临界风速则高达75 m/s。详细对比有无抗风缆设计方案加劲梁、主缆、抗风缆等主要结构的非线性静风位移响应异同，给出不同方案的静风失稳形态，结合主缆抗风缆等缆索构件的静风应力发展路径分析静风失稳的内在原因，进一步采用静风荷载分量单因素分析法确定静风失稳的致变荷载。

4　结论

（1）抗风缆能够大幅度提高大跨人行悬索桥的系统刚度，改变模态发生顺序。

（2）抗风缆能够大幅度提高大跨人行悬索桥的抗风能力和改变对风响应发展路径，无抗风缆设计方案发生的是横向屈曲失稳，而设置抗风缆结构后发生的是空间弯扭耦合失稳。

（3）抗风缆相对于水平面的倾角越大，对大桥系统竖弯刚度与扭转刚度的贡献越大，但是对侧弯刚度降低幅度也越大。

参考文献

[1] 管青海. 大跨加劲梁人行悬索桥风致稳定性研究[D]. 西安：长安大学公路学院，2016.

[2] 田口吉彦，岛田清明，大野克纪，等. もみじ谷大吊橋の構造特性および架设[J]. 川田技报，2000，19：29－34.

[3] 程进，肖汝诚，项海帆. 大跨径悬索桥非线性静风稳定性全过程分析[J]. 同济大学学报，2000，28(6)：717－720.

[4] Zhang Z T，Ge Y J，Yang Y X. Torsional stiffness degradation and aerostatic divergence of suspension bridge decks[J]. Journal of Fluids and Structures，2013，40：269－283.

[5] 薛晓峰，管青海，胡兆同，等. 大跨人行悬索桥非线性静风稳定性分析[J]. 振动与冲击，2014，33(4)：113－117.

基于影响面的随机车流作用下大跨度悬索桥风致应力响应分析*

韩艳，李凯，蔡春声
（1. 长沙理工大学桥梁工程安全控制省部共建教育部重点实验室 湖南 长沙 410114）

1 引言

桥梁作为交通线路的咽喉要道，在国民经济建设中起着非常重要的作用。桥梁带来了交通便利的同时也带来了车流量的飞速增长。随机车流荷载的不断增加给桥梁结构的安全性带来隐患。另外，为了满足21世纪经济发展需要，我国交通部规划了多个跨海工程，为了发展西部地区经济建设，正在筹建和已经建成了大量跨越深山峡谷的大跨度桥梁。这些地区桥梁均受强风频袭。在随机车流和风荷载联合作用下，桥梁结构将承受反复加载和卸载而使其局部或关键构件产生交变应力，从而产生疲劳损伤，长期疲劳损伤积累使结构退化进而导致桥梁整体结构失效。例如，已服役39年的美国Silver/Point Pleasant悬索桥在1967年突然倒塌，调查报告指出车辆和风荷载造成桥梁关键部件的疲劳损伤是事故发生的直接原因。而2007年8月1日，建成于1967年的美国明尼达州I-35W桥也因为局部应力超限而倒塌，造成了巨大损失。由此可见，大跨度桥梁在随机车辆荷载和风荷载引起的疲劳损伤是一个值得关注的问题，而桥梁局部构件的应力响应是桥梁疲劳分析的关键环节。但迄今为止，考虑随机车流和风联合作用对大跨度桥梁的局部应力分析的研究非常缺乏。

在过去十几年中，各国学者针对风-车-桥耦合系统开展了大量的研究。Y. L. Xu和W. H. Guo提出了一套风-车-桥耦合振动分析框架，用于分析脉动风作用下车辆通过斜拉桥梁时车辆及桥梁的响应；C. S. Cai和S. R. Chen提出了一套公路桥梁的风-车-桥耦合振动分析理论，计算分析了脉动风作用下车-桥的耦合振动响应；夏禾等对香港青马大桥在风和列车荷载同时作用下的振动特性进行了分析；李永乐等将侧向风、高速列车、大跨度桥梁作为一个相互作用、协调工作的耦合系统，发展了一种较为完善的风-车-桥系统非线性空间耦合分析模型；韩万水、陈艾荣建立了随机车流下的风-汽车-桥梁系统耦合振动分析理论；韩艳等建立了风-车-桥耦合振动精细化分析模型，考虑了气动力耦合和抖振力空间相关性对车桥系统动力响应的影响。但是目前的风-车-桥耦合振动研究多数针对桥梁结构的整体动力响应（如位移、加速度等）分析，并且大多数学者选择单个的三维车辆模型，或者仅仅考虑一个确定的车列荷载。近年来，虽少数研究者开始将研究重点转移到随机车流作用下桥梁振动响应分析，如Chen S. R.、韩万水、殷新锋等，但还未形成统一结论，且针对应力的分析较少。

随机车流中车辆数较多且类型复杂，如车辆均采用三维模型模拟，计算动应力时，则计算量将非常大。本文提出了一种基于影响面的简便且实用的随机车流下大跨度桥梁风致应力分析方法。首先应用ANSYS有限元软件计算获得关键构件关键节点应力的影响面，并拟合出影响面的函数形式；然后根据已编制的风-车-桥耦合振动分析程序和随机车流中各类车型的三维模型，获得各类车型单独作用下车桥耦合接触力，并将三维车辆模型作用等效转化为随机接触力作用在桥梁结构，从而获得随机车流作用下桥梁关键构件关键节点的应力响应。

2 大跨度悬索桥风致应力响应分析

2.1 有限元建模及影响面求解

采用ANSYS软件对大桥进行有限元建模，整体有限元模型如图1所示。通过计算分析可知，加劲梁钢桁架最大主应力位置为跨中位置，又进一步对跨中的钢桁架进行细化计算分析，最终确定了关键构件关键节点位置，如图2所示。

* 基金项目：国家重点基础研究计划（973计划）项目资助（2015CB057706），国家自然科学基金资助项目（51678079）

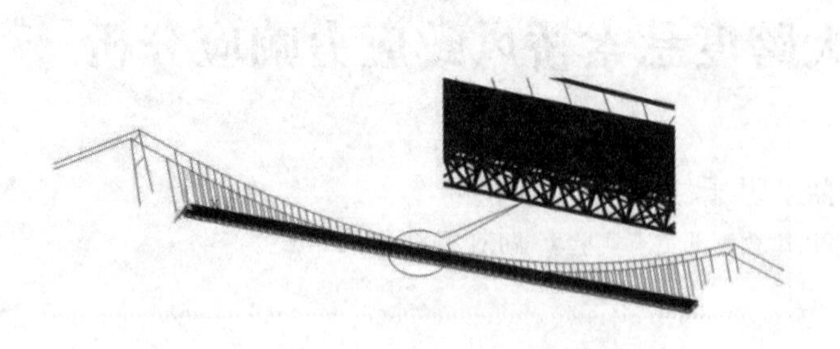

图1 有限元模型

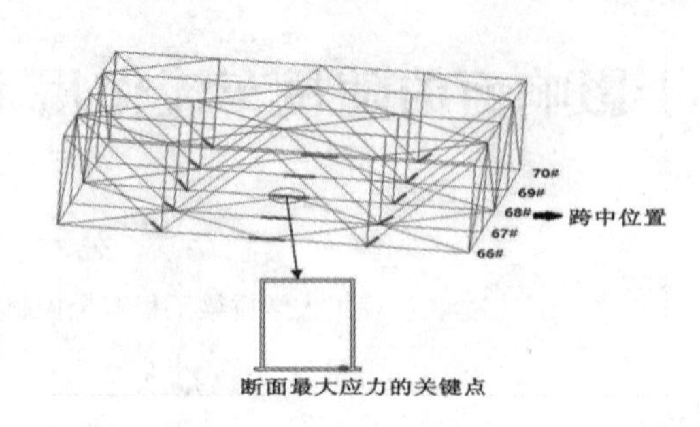

图2 最大主应力的位置

采用影响线加载法进行影响面的求解。选择跨中68#断面下弦杆的中间断面的下边缘点为研究对象，沿主梁横断面方向选择13个断面，然后分别沿桥纵方向对其竖向进行影响线加载，然后利用MATLAB采用多项式分段对13个断面的影响线进行曲面拟合。

2.2 随机车流模拟及车辆等效荷载

根据车型占有率、车质量概率统计、车速概率统计、间距概率统计等车辆数据库，结合吉茶高速24 h交通量特征，利用MATLAB采用蒙特卡罗方法抽样生成随机车流样本，如图3所示。基于风－车－桥耦合振动分析计算得到的车辆等效荷载如图4所示。

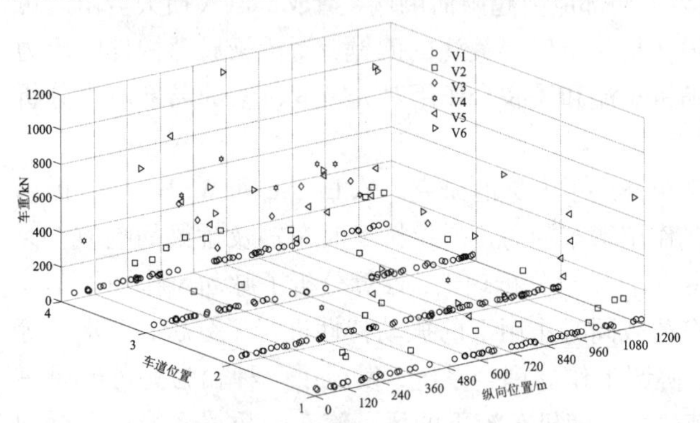

图3 随机车流样本图

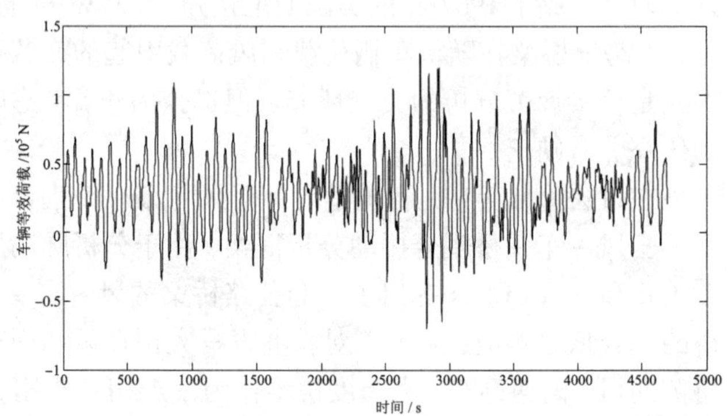

图4 车辆等效荷载

2.3 随机车流下大桥关键点风致应力求解

基于应力影响面函数，随机车流产生的Mise应力为：

$$S_v(t_m) = \sum_{i=1}^{n_{up}} \sum_{j=1}^{k_i} F_{ij}(y_{ij0} + vt_m)\delta_{ij}(x_{ij}, y_{ij0} + vt_m) + \sum_{i=1}^{n_{down}} \sum_{j=1}^{k_i} F_{ij}(y_{ij0} - vt_m)\delta_{ij}(x_{ij}, y_{ij0} - vt_m) \tag{1}$$

沿桥纵方向对影响面进行积分得到风荷载产生的Mise应力，表示为：

$$S_w(t_m) = \int_0^{L_{\text{deck}}} \delta_V(x_{\text{mid}}, y) L_w(t) \mathrm{d}y + \int_0^{L_{\text{deck}}} \delta_H(y) D_w(t) \mathrm{d}y + \int_0^{L_{\text{deck}}} \delta_M(y) M_w(t) \mathrm{d}y \tag{2}$$

3 结论

随机车流中车辆数较多且类型复杂，如车辆均采用三维模型模拟，计算动应力时，则计算量将非常大。本文提出了一种基于影响面的简便且实用的随机车流下大跨度桥梁风致应力分析方法，较好地解决了随机车流作用下桥梁风致应力响应难求解的问题。

参考文献

[1] 韩艳，胡揭玄，蔡春声，等. 横风作用下考虑车辆运动的车桥系统气动特性的数值模拟研究[J]. 工程力学，2013，30(2)：318－325.

[2] 韩艳，胡揭玄，蔡春声，等. 横风下车桥系统气动特性的风洞试验研究[J]. 振动工程学报，2014，27(1)：67－74.

[3] C S Cai, S R Chen. Framework of vehicle－bridge－wind dynamic analysis[J]. Journal of Wind Engineering and Industrial Aerodynamics，2004(92)：579－607.

[4] 韩万水，陈艾荣. 随机车流下的风－汽车－桥梁系统空间耦合振动研究[J]. 土木工程学报，2008，41(9)：97－102.

基于改进一次二阶距法的大跨径悬索桥非线性静风稳定可靠性分析

郝宪武[1]，胡晓斌[2]，罗娜[1]
（1. 长安大学公路学院 陕西 西安 710064；2. 甘肃省交通规划勘察设计院股份有限公司 甘肃 兰州 730030）

1 引言

随着悬索桥跨径的增大，静风荷载对其稳定性的影响已不可忽略。目前，工程界通常以静风失稳临界风速来评价结构的静风稳定性。然而，由于随机因素的存在，利用确定性的静风临界风速来评价大跨径悬索桥的静风稳定性并不合理。为此学者们引入概率性方法来解决这一问题[1-2]，随机有限元法虽然精度较高但求解繁琐；传统解析法虽然计算简便但精度较差。本文分析了 JC 法产生误差的原理，表明其对偏态分布随机变量当量化处理所引起的误差对大跨径悬索桥静风稳定问题的影响较大。为此，本文首先将这种随机变量当量对数正态化，再等价转化为正态分布，进而得到改进一次二阶矩法。该方法在保留传统解析法计算简便这一特点的基础上提高了计算精度，可以为悬索桥静风稳定问题的研究提供一种新思路。

2 悬索桥静风失稳可靠性分析

2.1 改进一次二阶矩法原理

传统 JC 法分析结构可靠性时，可能存在两类误差：如果结构功能函数非线性程度较高，利用 Taylor 级数线性化会带来第一类误差；另外，JC 法要求所有随机变量都服从正态分布，为满足这一前提，需要将非正态分布随机变量当量正态化，由此带来第二类误差。本文分析了随机变量偏态分布时第二类误差的发生原理。如图 1 所示，当量正态化的条件可以保证：当量化前验算点 x^* 处的分布函数值 $F(x^*)$ 与当量化后验算点 x' 处的分布函数值 $F(x')$ 相等，即：

$$S_A = S_B + S_C \tag{1}$$

式中：S 为分位点左侧概率密度函数曲线与横坐标轴所围的面积，即随机变量在分位点左侧取值的概率。

将偏态分布当量化为正态分布，正态分布的随机变量可以在$(-\infty, +\infty)$的区间内取值，而随机变量的实际取值区间是$(0, +\infty)$。所以正态化后随机变量在$(-\infty, 0)$的区间内取值是没有意义的，在这部分区间内取值的概率 S_B 也没有意义。于是，当量化后随机变量在其实际分布区间内于验算点 x' 左侧取值的概率为 S_C，而当量化前的这部分概率为 S_A。由式(1)知 $S_A \neq S_C$。所以，当量化前后随机变量小于验算点坐标的概率不同，由此带来第二类误差，且误差值随 S_B 的增大而增大。

据此原理采取新的当量化方式：先将偏态分布随机变量当量对数正态化（对数正态分布本身也是偏态

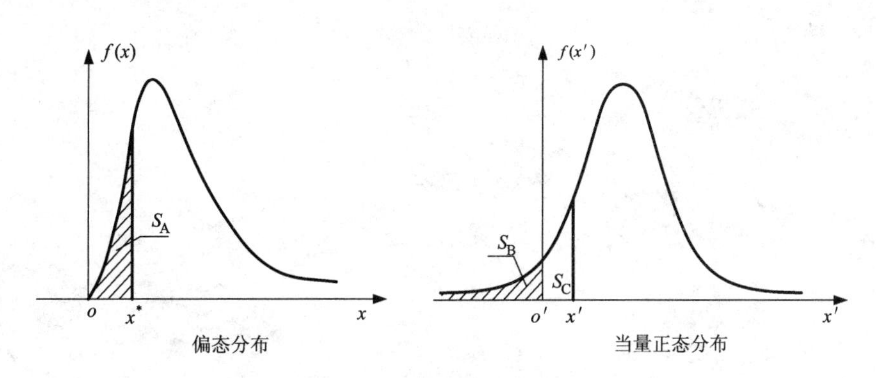

图 1 当量正态化前后概率密度函数分布图

分布，当量化后不存在S_B这部分概率），再等价转化为正态分布，从而消除第二类误差，得到改进一次二阶矩法。

2.2 结构静风失稳可靠性分析

本文采用增量内外双重迭代法求解结构静风失稳的临界风速。定义桥位极值风速达到临界风速的状态为悬索桥静风失稳的极限状态，依据超越极限理论建立极限状态方程。该方程以风速修正系数修正临界风速确定过程中随机风环境的影响[3-5]；以风速脉动系数修正桥位极值风速大数据拟合过程中不确定因素的影响[6-7]。

悬索桥的静风失稳形态可分为对称与不对称两种。云南某悬索桥发生对称失稳[8]，而江阴长江大桥发生不对称失稳[9-10]。本文依托这两个实例对比改进方法与传统方法的差异，表明改进方法可以提高结构失稳的可靠性指标。

3 结论

本文利用改进的一次二阶矩法分析悬索桥的静风失稳可靠度，得到如下结论：

（1）建立大跨径悬索桥静风失稳的极限状态方程，定义桥位风速达到结构静风失稳的临界风速为结构的失效状态，并利用修正系数修正风环境模拟中不确定性。

（2）分析说明传统 JC 法可能由于功能函数的线性化和随机变量的当量正态化而产生两类误差，且第二类误差对本文提出的极限状态方程的求解影响较大。

（3）修正了传统 JC 法的第二类误差，得到改进一次二阶矩法，用其进行悬索桥的静风稳定可靠性分析可以降低传统方法的保守程度。

参考文献

[1] 刘志文，陈艾荣，贺栓海. 风荷载作用下斜拉桥概率有限元分析[J]. 长安大学学报，2004，24(2)：53-57.
[2] 程进等. 悬索桥空气静力稳定性的随机分析[J]. 土木工程报，2004，37(4)：41-45.
[3] Davenport A G. the safety of long span bridges in typhoon winds[C]//Bridges into the 21st Century. Hong Kong. Irnpressions Design and printltd，1995：33-34.
[4] Davenport A G. Comparison of model and full-scale tests on bridges：Wind Tunnel Modeling for Civil Engireering Applicatlions[M]. Cambridge：Cambridge University Press，1982：619-636.
[5] 葛耀君，项海帆，H. Tanaka. 随机风荷载作用下的桥梁颤振可靠性分析[J]. 土木工程学报，2003，36(6)：42-46.
[6] 葛耀君. 桥梁结构颤振稳定的概率性评价[J]. 同济大学学报，2001，29(1)：70-74.
[7]《公路桥梁抗风设计规范》编写组. 公路桥梁抗风设计规范[S]. 公路桥梁抗风设计规范，2004.
[8] 戴礼勇. 大跨度公铁两用悬索桥静风稳定性研究[D]. 成都：西南交通大学，2010.
[9] J Cheng，J Jiang J，C Xiao R. Nonlinear aerostatic stability analysis of Jiang Yin suspension bridge[J]. Engineering Structures，2002，24(6)：773-781.
[10] 程进. 大跨径悬索桥静风稳定性的参数研究[J]. 公路交通科技，2001，18(2)：29-32.

基于电涡流调谐质量减振器的节段模型涡振控制试验研究*

黄智文，陈政清，华旭刚
（湖南大学风工程与桥梁工程湖南省重点实验室 湖南 长沙 410082）

1 引言

通过对已有的文献进行总结，可以把基于 TMD 的涡振控制理论和参数设计方法分为以下四类：(1)以结构—TMD 系统的模态阻尼比为指标的 TMD 设计方法[1]；(2)以 Scanlan 经验非线性涡激力模型为基础的 TMD 设计方法[2]；(3)以 Larsen 广义非线性涡激力模型为基础的 TMD 设计方法[3]；(4)以 Scanlan 经验线性涡激力模型为基础的 TMD 设计方法[4]。由于上述理论对非线性涡激力的简化方式不同，所以得到的 TMD 最优参数及控制效果也不一致。与理论研究相比，使用 TMD 进行桥梁涡振控制的试验研究非常少。1995 年，Larose 等[5]通过全桥气弹模型试验研究了 TMD 对大带东桥东、西引桥的涡振控制效果。2013 年，郭增伟等[4]开发了一个由圆柱形螺旋弹簧和水箱构成的 TMD 装置，并在节段模型风洞试验中验证了 TMD 的涡振控制效果。然而，依靠水箱提供的阻尼比可能具有较强的非线性，从而影响 TMD 的控制效果。

为了对上述基于 TMD 的涡振控制理论进行验证，本文设计了一个具有可调频率和阻尼的电涡流调谐质量减振器(ECTMD)，然后通过节段模型风洞试验研究了 ECTMD 对桥梁竖向涡振的控制效果，并结合试验结果对已有的涡振控制理论进行了讨论，研究结论对桥梁涡振控制中 TMD 的合理参数设计具有重要的指导意义。

2 弹性悬挂节段模型和 ECTMD 的设计参数

2.1 弹性悬挂节段模型的设计参数

弹性节段模型的参数设计以某开口断面主梁斜拉桥为背景，截面形状和尺寸如图 1 所示。

2.2 ECTMD 的设计参数

用于节段模型涡振控制的电涡流 TMD 的基本结构如图 2 所示，它主要由外框架、内框架、上螺旋弹簧、下螺旋弹簧、永磁体、铝板、导体板垫片以及质量块构成。通过不同弹簧的组合可以调节电涡流 TMD 的频率比，通过不同厚度的导体板垫片可以调节电涡流 TMD 的阻尼系数，由此一共得到 8 组电涡流 TMD，以研究了电涡流 TMD 的阻尼比和频率比对其涡振控制效果的影响。

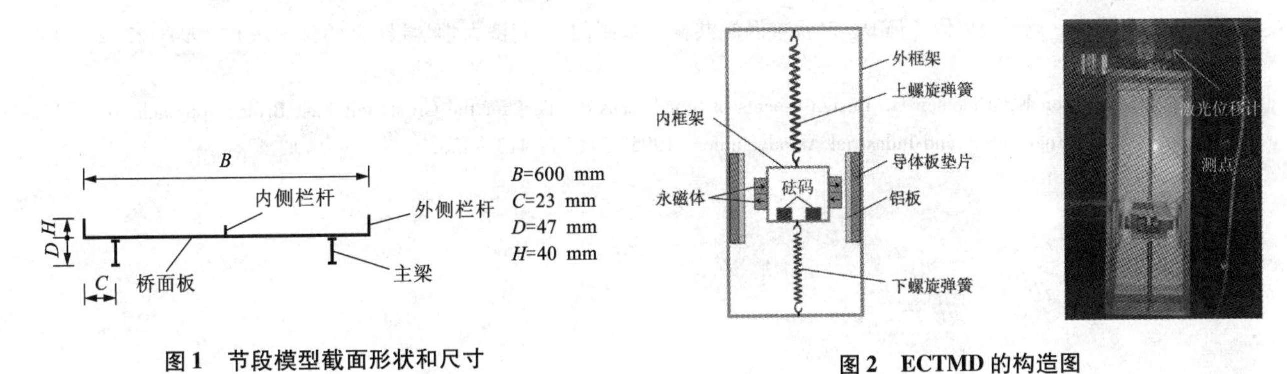

图 1 节段模型截面形状和尺寸

图 2 ECTMD 的构造图

* 基金项目：湖南省高校创新平台开放基金项目(801201017)，国家自然科学基金项目(51278189，51422806，91215302)

3　风洞试验结果及分析

图3和图4分别分析了ECTMD的阻尼比和频率比变化对节段模型量纲为一的位移风速曲线的影响。可以看到，当参数设计合理时，电涡流TMD几乎能够完全抑制节段模型的竖向涡激共振，而且电涡流TMD的控制效果对其自身频率和阻尼比的变化并不敏感。

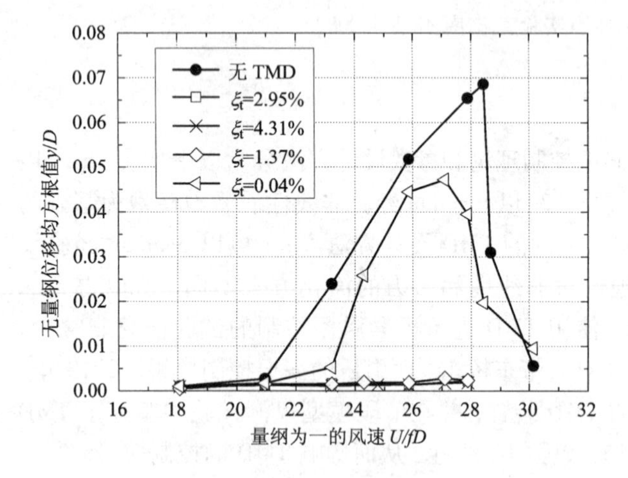

图3　量纲为一的位移风速曲线随TMD阻尼比的变化

$\mu_t=0.758$，$\alpha_t=1.005$

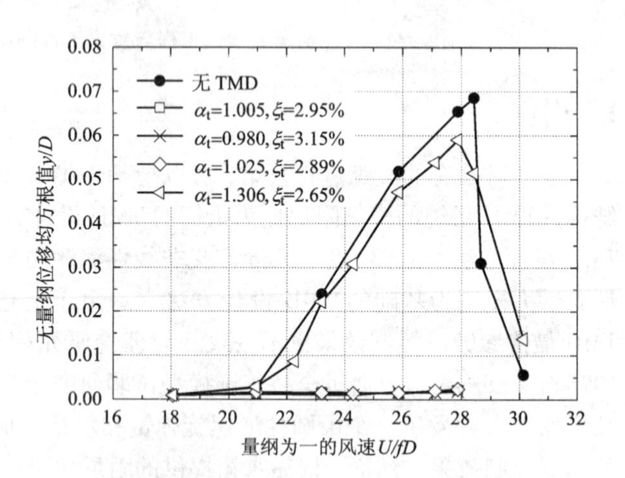

图4　量纲为一的位移风速曲线随TMD频率比的变化（$\mu_t=0.758$）

4　结论

当电涡流TMD的设计参数在合理范围时能够完全抑制桥梁节段模型的竖向涡振，而且控制效果对TMD自身的频率比和阻尼比并不敏感。定性地看，采用宽带简谐涡激力模型来分析TMD的振动控制效果是偏于保守的，而采用窄带简谐涡激力模型则可能得到不安全的设计参数。以Scanlan非线性涡激力模型为基础的系统稳定性分析能够很好地解释风洞试验结果，适合用于桥梁竖向涡振控制中TMD的参数优化设计。

参考文献

[1] Fujino Y, Yoshida Y. Wind - induced vibration and control of Trans - Tokyo Bay crossing bridge[J]. Journal of Structural Engineering, 2002, 128(8): 1012 - 1025.

[2] 项海帆，陈艾荣. 调质阻尼器（TMD）对桥梁涡激共振的抑制[J]. 同济大学学报(自然科学版), 1994, 22(2): 159 - 164.

[3] Larsen A, Svensson E, Andersen H. Design aspects of tuned mass dampers for the Great Belt East Bridge approach spans[J]. Journal of Wind Engineering and Industrial Aerodynamics, 1995, 54(2): 413 - 426.

基于计算机视觉技术测量风雨振中水线的位置及厚度*

敬海泉[1,2]，何旭辉[1,2]，蔡畅[1,2]

（1. 中南大学土木工程学院 湖南 长沙 410083；2. 高速铁路建造技术国家工程实验室 湖南 长沙 410083）

1 引言

随着斜拉桥跨度的增大，斜拉桥上的斜拉索变得越来越柔，容易在外荷载的激励下发生大幅振动。尤其在风雨联合作用下斜拉索极易发生大幅振动，这种振动与传统的风致振动有明显不同，具有限幅、限速、大振幅、低频率等特点，被称之为斜拉索风雨振[1-3]。

很多斜拉桥上的斜拉索都被观察到大幅风雨振，例如洞庭湖大桥、Meikonishi 桥、Ajigawa 桥、Faroe 和 Tenpohzan 桥、Koehlbrant 桥以及我国的杨浦大桥、南京长江二桥等。大幅振动对拉索的服役安全有重大威胁，极易对拉索及其附属设施造成严重危害，例如降低斜拉索使用寿命、引起拉索锚具疲劳破坏、损坏拉索抗腐蚀保护层、破坏阻尼器，严重时甚至会引起索的失效。因此，过去近三十年时间里，风雨振一直是风工程和桥梁工程的热点研究问题[4-6]。

学者们从现场实测、风洞试验、理论分析及数值模拟等方面已经对拉索风雨振现象进行了大量的研究，提出了很多拉索风雨振的机理。表面形成的两条水线、轴向流、拉索背面交替出现的旋转流、以及雷诺数效应等都被认为是可能导致拉索气动不稳定的原因，但是绝大多数学者都认为上水线才是风雨振的最主要原因。因此，过去的十年时间里，关于上水线的研究一直是风雨振研究中的热点。然而，由于水线具有尺寸小、厚度薄、对绕流流场极为敏感等特点，实验室内测量水线的位置、厚度依然是阻碍风雨振机理深入研究的一大难题。

本文基于计算机视觉测量技术提出了一种新的水线测量方法，并利用这种方法成功测量了风洞实验室内风雨振中水线的位置和宽度，分析了上水线的振动频率、振幅、平衡位置、厚度变化规律等。这种方法具有非接触、无干扰、多点测量、高性价比等优点，只需要一个普通数码相机就能测量拉索轴向所有截面上水线的位置和厚度。

2 风洞实验

本次风洞实验是在西南交通大学的 D－2 开口风洞完成，风洞最高风速 20 m/s，湍流度小于 3%，测量截面宽 1.34 m，高 1.54 m。风雨振实验过程中一个家用数码相机安装于拉索之上，当风雨振发生时相机与拉索一起振动并拍摄记录水线的运动状态以及拉索的振动状态。拉索倾斜角度 $\alpha=32°$，风场偏向角为 $\beta=35°$，有效风偏角为 29.1°。

拉索实验模型由钢管内芯加聚乙烯保护层组成，模型表面状态跟真实斜拉桥上的斜拉索一致。模型直径 160 mm，长 2.7 m，中间 2.0 m 为测量段，两边为过渡段。拉索总质量为 66.0 kg，自振频率为 1.27 Hz，阻尼比为 0.24%。

本次实验采用导入水线法模拟水线，用两根塑料引导水流在拉索上端，水流在风、重力及拉索的共同作用顺流而下形成水线，这种模拟方法能够成功再现风雨振现象。

3 风雨振中上水线的周向振动及厚度变化

图 1 所示为当风速为 12.0 m/s 时，拉索及上水线的位移时程。由此可见风雨振过程中上水线沿着拉索表面周期性振动，振动频率与拉索振动频率一致，而且几乎同步。图 2 为水线厚度随位置的变化规律，当拉索运动到最低点，同时上水线偏离拉索顶点最远时，水线最厚，当拉索运动到最高点，同时上水线运动到距离顶点最近时，水线最薄。

* 基金项目：风雨作用下高速铁路车－轨－桥时变系统横向稳定性基础理论研究（U1534206）

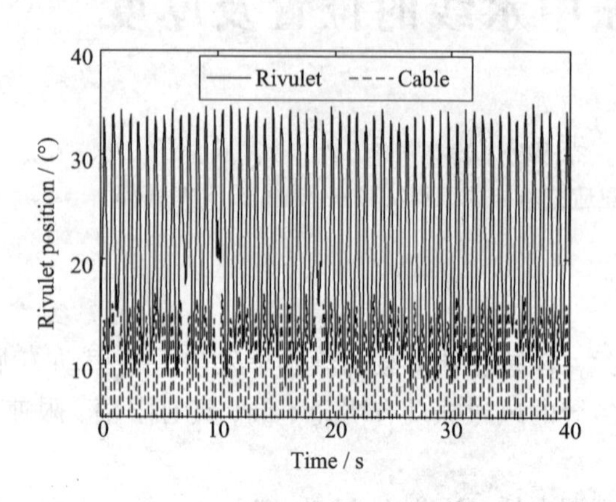

图1 上水线及拉索位移

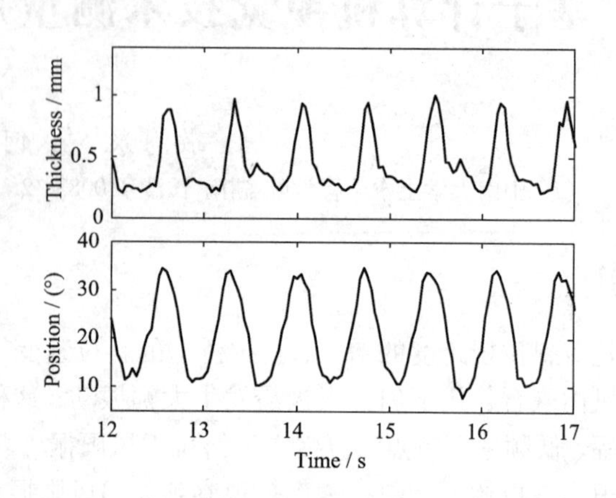

图2 上水线厚度和位置

4 结论

风雨振过程中上水线以拉索的振动频率周期性地在拉索表面周向振动，振动几乎与拉索振动同步；水线的厚度也随着水线的位置而周期性地变化，当水线偏离拉索顶点最远时水线最厚，当在拉索顶点附近时水线最薄。

参考文献

[1] Gu M, Du X Q. Experimental investigation of rain - wind - induced vibration of cables in cable - stayed bridges and its mitigation [J]. J. Wind Eng. Ind. Aerodyn., 2005, 93: 79 -95.

[2] He X H, Yu X D, Chen Z Q. Nonstationarity analysis in wind - rain - induced vibration of stay cables[J]. Journal of Civil Engineering and Management, 2012, 18(6): 821 -827.

[3] Hikami Y, Shiraishi N. Rain - wind induced vibrations of cables stayed bridges[J]. J. Wind Eng. Ind. Aerodyn., 1988, 29: 408 -418.

[4] Jing H Q, Xia Y, Li H, Xu Y L, Li Y L. Study on the role of rivulets in rain - wind induced cable vibration through wind tunnel testing[J]. J. Fluid Struct., 2015, 59: 316 -327.

[5] Jing H Q, Xia Y, Xu Y L, Li, Y L. Measurement of rivulets' movement and thickness on inclined cable through digital image processing[J]. Smart Structures and Systems, 2016, 18: 485 -500.

[6] Li S Y, Chen Z Q, Sun W, Li S. Experimental investigation on quasi - steady and unsteady self - excited aerodynamic forces on cable and rivulet[J]. Journal of Engineering Mechanics, 2016, 142(1): 06015004.

基于上水线形态的风雨振机理研究*

敬海泉[1,2]，何旭辉[1,2]，夏勇[3]
（1. 中南大学土木工程学院 湖南 长沙 410083；2. 高速铁路建造技术国家工程实验室 湖南 长沙 410083；
3. 香港理工大学土木与环境工程学院 香港 999077）

1 引言

随着斜拉桥跨度的增大，斜拉桥上的斜拉索变得越来越柔，容易在外荷载的激励下发生大幅振动。尤其在风雨联合作用下斜拉索极易发生大幅振动，这种振动与传统的风致振动有明显不同，具有限幅、限速、大振幅、低频率等特点，被称之为斜拉索风雨振[1-2]。风雨振对拉索及其附属设施造成严重危害，例如降低斜拉索使用寿命，引起拉索锚具疲劳破坏，损坏拉索抗腐蚀保护层，破坏阻尼器，严重时甚至会引起索的失效。因此，过去近三十年时间里，风雨振的机理一直是风工程和桥梁工程的热点研究问题[1-2]。

本文通过对风雨振中上水线的形状、大小及运动状态的观测，推断了水线对拉索绕流流场的干扰规律，并提出新的机理解释风雨振现象。

2 风洞实验

本次风洞实验是在西南交通大学的 D－2 开口风洞完成，风洞最高风速 20 m/s，湍流度小于 3%，测量截面宽 1.34 m，高 1.54 m。拉索倾斜角度 $\alpha=32°$，风场偏向角为 $\beta=35°$，有效风偏角为 29.1°。拉索实验模型由钢管内芯加聚乙烯保护层组成，模型表面状态跟真实斜拉桥上的斜拉索一致。模型直径 160 mm，长 2.7 m，中间 2.0 m 为测量段，两边为过渡段。拉索总质量为 66.0 kg，自振频率为 1.27 Hz，阻尼比为 0.24%。

本次实验采用导入水线法模拟水线，并在风雨振实验过程中将家用数码相机安装于拉索之上，当风雨振发生时相机与拉索一起振动并拍摄记录水线的状态。

3 风雨振中上水线的形态变化

图 1 所示为当风速为 12.0 m/s 时，拉索及上水线的位移时程。选择 t_1 到 t_5 时间段作为一个典型周期研究水线的形态变化规律（如图 2 所示）。在拉索由最低点向上运动的过程中，拉索表面的雨膜汇聚形成了一前一后两条水线。前面的水线十分清晰，凸起呈泡状，轮廓鲜明，后面的水线尺寸相对较小，但也清晰可见，两条水线间有明显的间隔距离，在两条水线的间隔区域明显观测到流场的再附现象。而在水线由最高位置往下运动的过程中，原有的水线扩散成水膜，紧贴着拉索表面逆时针滑动，观测到明显的流场分离现象。由此推测，在拉索上升过程中，逆时针偏转，上水线导致拉索上表面的流场再附，形成向上的荷载激励拉索振动，当拉索下降时，风攻角顺时针偏转拉索上表面流场分离，气动力消耗拉索能量。当气动力激励的能量与耗散的能量相等时拉索稳定振动。

* 基金项目：风雨作用下高速铁路车－轨－桥时变系统横向稳定性基础理论研究（U1534206）

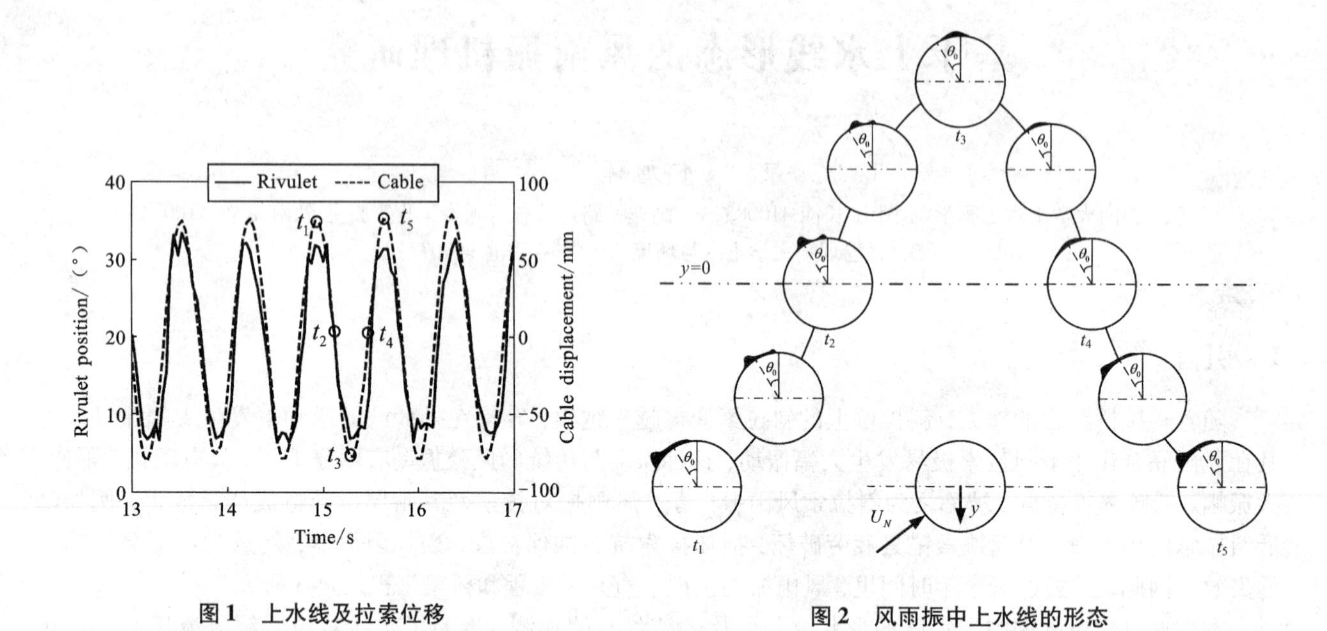

图1 上水线及拉索位移

图2 风雨振中上水线的形态

4 结论

通过对风雨振中上水线形态的变化，推测水线对拉索绕流流场的干扰规律，提出风雨振是由于上水线、绕流流场以及拉索的振动者互相耦合作用的结果，在拉索向上振动的过程中上水线导致拉索上表面流场再附是引起拉索大幅振动的主要原因。

参考文献

[1] Hikami Y, Shiraishi N. Rain - wind induced vibrations of cables stayed bridges[J]. J. Wind Eng. Ind. Aerodyn., 1988, 29, 408 - 418.

[2] Jing H Q, Xia Y, Li H, et al. Study on the role of rivulets in rain - wind induced cable vibration through wind tunnel testing[J]. J. Fluid Struct., 2015, 59: 316 - 327.

π型叠合梁斜拉桥涡振控制气动措施研究*

李春光，张记，晏聪，胡朋，韩艳
（长沙理工大学土木工程学院 湖南 长沙 410114）

1 引言

已有研究及工程实践表明，钝体主梁断面容易在低风速区间发生涡激共振。Irwin[1]针对π型开口断面，采取防风板的气动制涡效果进行了研究；张志田等针对开口斜拉桥的涡振在主梁下设下稳定板的气动制涡效果进行了研究[2]；董锐等通过风洞试验对斜拉桥π型开口断面主梁进行气动选型[3]；钱国伟等[4]研究更改防撞栏杆的形式，设置风嘴、水平隔流板等措施的制涡效果。

本文以某斜拉桥为工程背景，主跨为360 m，桥梁全宽26.6 m主梁采用叠合梁的钝体主梁断面。本文进行刚性节段模型试验；对比分析加水平、竖向稳定板、改变栏杆、防撞栏形式、设置风嘴等措施研究该类型斜拉桥主梁涡振性能。

2 风洞试验

2.1 试验布置

本试验刚体节段模型涡激振动试验在中南大学高速铁路建造技术国家工程实验室下属风洞实验室高速试验段完成。高速试验段宽3.0 m、高3 m、长15 m，风速范围2～90 m/s，湍流度小于0.5%。

图1 刚性节段模型风洞布置图

3 涡振气动措施优化

在不能满足气动稳定性要求或者不能接受的涡振振幅时，可以采用在主梁上安装风嘴、导流板、抑流板等附加装置，改变结构周围的流场状态以改善其空气动力性能，避免或推迟旋涡脱落的发生，达到抑振效果。本实验中根据以往研究结果，更改透风型防撞栏以增加桥面上方的透风率；在叠合梁主肋与桥面板连接的转角部位设置水平隔流板，从而削弱在该区域附近形成或经过旋涡；主梁底部设置三种不同形式的竖向稳定板；边主梁设置风嘴。通过以上气动优化措施来抑制涡激共振。

* 基金项目：国家重点基础研究规划(973计划)项目(2015CB057706)，国家自然科学基金资助项目(51208067，51278069，51478049)，湖南省重点学科创新项目(2013ZDXKC5)

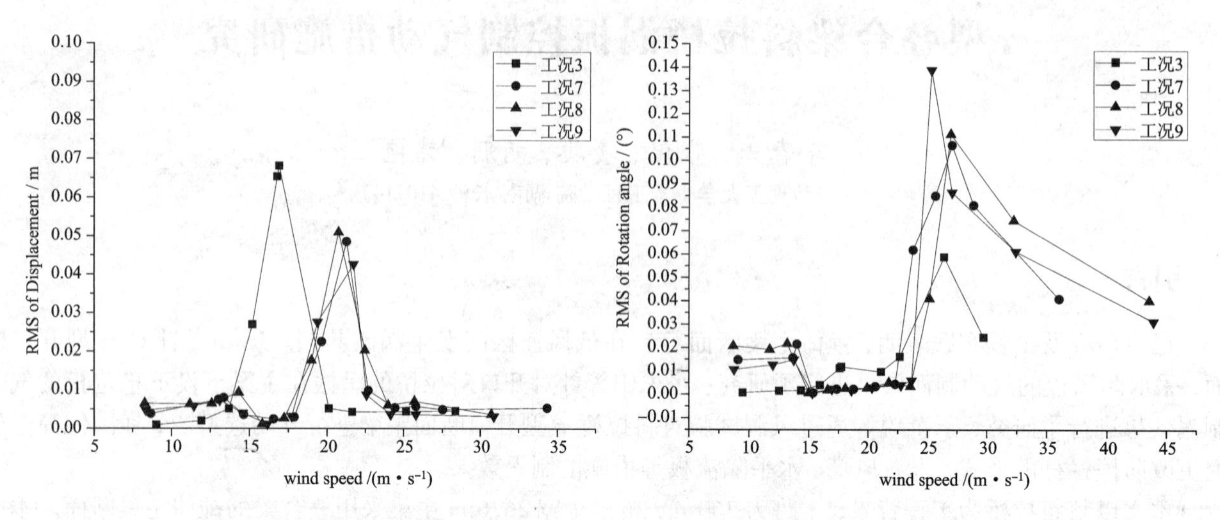

图2 设置竖向稳定板涡振竖弯及扭转振幅根方差随风速变化的曲线

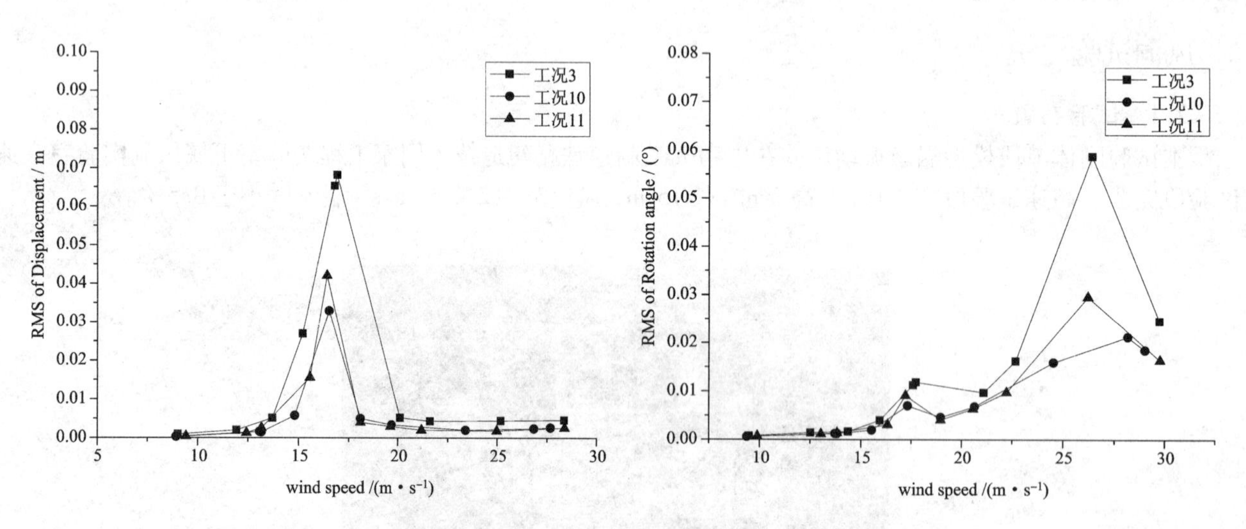

图3 设置抑流板涡振竖弯及扭转振幅根方差随风速变化的曲线

4 结论

本文针对 π 型叠合梁斜拉桥进行风洞测振试验，在最不利风攻角下采取相应的气动优化措施，对比设置水平、竖向稳定板、抑流板、风嘴、更换防撞栏等多种气动控制措施的涡振控制措施效果，得到结论如下：(1)加设抑流板的制涡效果优于在底部设置水平隔流板、透风防撞栏的气动措施。设置水平稳定板又优于透风防撞栏的气动措施，说明在桥断面上方采取制涡措施效果比在边主梁底部；(2)在边主梁两侧设置风嘴，引起气动外形的改变导致桥梁断面外部绕流的变化，达到制涡的目的。其制涡效果表现最明显，同比原设计方案振幅根方差减少超过了 70%。

参考文献

[1] Irwin P A. Bluff body aerodynamics in wind engineering[J]. Journal of Wind Engineering and Industrial Aerodynamics, 2008, 96(6): 701 - 712.

[2] 张志田，卿前志，肖玮，等. 开口截面斜拉桥涡激共振风洞试验及减振措施研究[J]. 湖南大学学报(自然科学版), 2011, 38(7): 1 - 5.

[3] 董锐，杨詠昕，葛耀君. 斜拉桥 π 型开口断面主梁气动选型风洞试验[J]. 哈尔滨工业大学学报, 2012, 10: 109 - 114.

[4] 钱国伟，曹丰产，葛耀君. π 型叠合梁斜拉桥涡振性能及气动控制措施研究[J]. 振动与冲击, 2015, 34(2): 176 - 181.

桥梁断面两波数三维气动导纳识别方法*

李少鹏[1,2]，李明水[3]，张亮亮[1,2]

（1. 重庆大学土木工程学院 重庆 400045；2. 重庆大学山地城镇建设与新技术教育部重点实验室 重庆 400045；
3. 西南交通大学风工程试验研究中心 四川 成都 610031）

1 引言

目前，已有大量学者针对桥梁断面三维气动导纳识别方法展开广泛研究，但是在该领域取得的进展依然有限[1-2]。为了深入研究紊流三维效应对于桥梁断面三维气动导纳函数的影响，本文基于 Ribner 三维气动张量分析理论，通过建立主梁抖振力空间相关性与三维气动导纳函数之间的数学关系，进而提出三维气动导纳实用识别方法。该方法的特点是仅需确定抖振力的空间相关性，即可直接得到桥梁断面三维气动导纳的闭合表达式，有效地简化了三维气动导纳的识别难度。此外，值得注意的是利用该模型可进一步研究主梁特征尺寸及紊流积分尺度对桥梁断面抖振力非定常特性的影响。本文以大跨度桥梁中常用的闭合流线型箱梁为例，基于风洞试验研究了抖振力的空间相关性，并给出了其三维导纳的数学表达式。本文的研究成果可以应用于其他线状细长结构的三维导纳识别工作。

2 理论模型

对于水平线状细长结构，当紊流积分尺度与结构断面特征尺寸接近时，需要考虑紊流的三维空间效应，则基于“片条假设”的传统一波数抖振力模型失效。基于三维薄翼抖振分析理论，可得具有明确物理意义的抖振力双指数相干函数模型[4]：

$$Coh_i(k_1,\ \Delta y)=\frac{\lambda_i\zeta_i\exp(-2\pi A_w\Delta y)-A_w\exp(-2\pi\lambda_i\zeta_i\Delta y)}{\lambda_i\zeta_i-A_w} \tag{1}$$

式中：$i=(L,\ M)$，分别表示升力和力矩；ζ_i 为与紊流三维效应有关的参数；λ_i 和 A_w 为三维导纳及竖向紊流的相关性衰减因子（decay parameter）。利用 Ribner 三维抖振分析方法，可得到三维导纳函数的闭合表达式：

$$|\chi_i(k_1,\ k_2)|^2=|\chi_i(k_1,\ 0)|^2\cdot|F_i(k_1,\ k_2)|^2 \tag{2}$$

$$|F_i(k_1,\ k_2)|^2=\frac{\lambda_i^2\zeta_i^2}{(\lambda_i\zeta_i)^2+k_2^2} \tag{3}$$

式中：$|\chi_i(k_1,\ 0)|^2$ 为断面二维气动导纳；$|F_i(k_1,\ k_2)|^2$ 为考虑紊流三维效应的展向修正项。

3 试验概况

本次试验在西南交通大学 XNJD－3 大型边界层风洞进行，通过某一特定流场中不同尺寸的节段模型测压试验来研究紊流积分尺度对于抖振力空间相关性的影响。针对图 1（a）所示的流线型箱梁（$B/D=9.33$），制作了三种不同缩尺比（$Gs=90,\ 75,\ 50$）的节段刚性模型。试验模型的长度均为 2.095 m，并在展向 0.820 m 范围内布置了 7 排测压孔，每排测压孔的数量为60个，断面测点布孔位置如图 1（a）所示。大尺度紊流场由尖塔被动方式模拟［图 1（b）］，尖塔置于模型上游 23 m 处。通过对三组试验数据进行深入的分析，即可识别式（1）中的紊流三维效应参数 ζ_i，进而可以得到流线型箱梁断面抖振力广义相干函数模型。将该模型带入三维导纳解析模型［式（2）－（3）］，进而直接识别桥梁断面两波数三维气动导纳函数（图 2）。

* 基金项目：国家自然科学基金项目（51608074，51478402，51578098），中央高校基本科研业务费专项资金项目（106112016CDJXY200004）

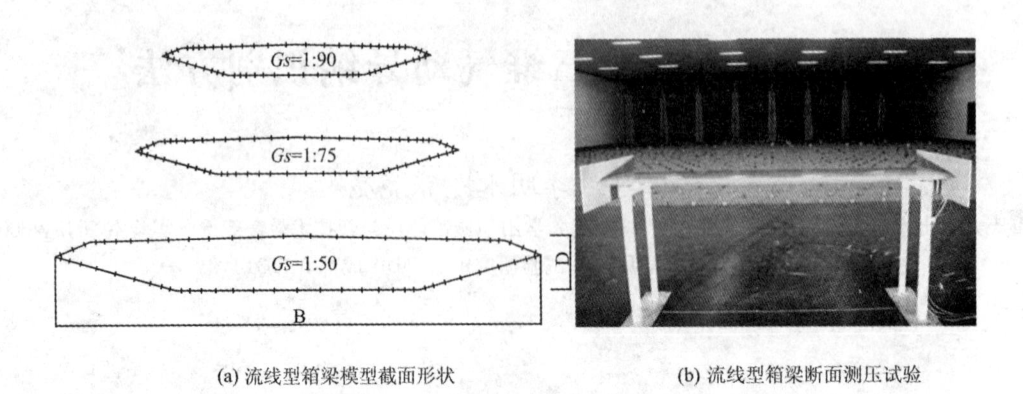

(a) 流线型箱梁模型截面形状　　　　(b) 流线型箱梁断面测压试验

图 1　流线型箱梁断面风洞测压试验研究

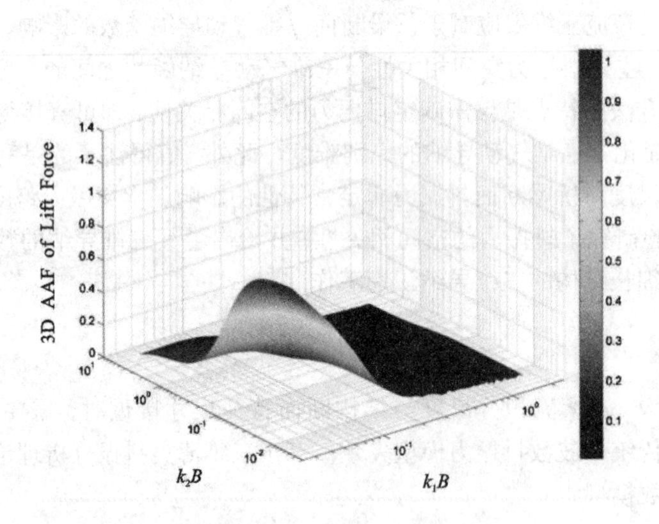

图 2　流线型箱梁断面风洞识别三维导纳函数

4　结论

本文给出了桥梁断面三维气动导纳的实用识别方法，利用该方法可以快速得到三维气动导纳的闭合表达式，而三维气动导纳的识别精度主要取决于主梁抖振力空间相关性的试验拟合结果，即，本文的工作将三维导纳识别的重点转移为桥梁断面抖振力相干函数模型的确定，大大简化了传统识别方法的工作量。

参考文献

[1] Hatanaka A, Tanaka H. Aerodynamic admittance functions of rectangular cylinders[J]. Journal of Wind Engineering and Industrial Aerodynamics, 2008, 96: 945 -953.

[2] 赵林，葛耀君，李鹏飞. 桥梁断面气动导纳互谱识别方法注记[J]. 振动与冲击，2010，29(1)：81 -87.

[3] Li S P, Li M S, Liao H L. The lift on an aerofoil in grid - generated turbulence[J]. Journal of Fluid Mechanics, 2015, 771: 16 -35.

[4] 李少鹏. 矩形和流线型箱梁断面抖振力特性研究[D]. 成都：西南交通大学，2015.

悬索桥猫道透风率对施工期尖顶型主缆驰振性能的影响*

李胜利，王超群，王东炜
（郑州大学土木工程学院 河南 郑州 450001）

1 引言

悬索桥猫道的透风率可能对施工期主缆的驰振性能产生影响。本文选取某大跨径悬索桥主缆施工期的两个工况，研究了猫道底网和侧网透风率对其驰振性能的影响。首先通过节段模型风洞试验得到选用不同透风率猫道时主缆在 -3° ~ +3°风攻角下的升力系数和阻力系数，然后基于登哈托准则得到主缆的驰振系数，进一步分析了猫道的透风率对主缆驰振性能的影响，得出了一些有意义的结论，为大跨径悬索桥的施工抗风提供理论参考。

2 风洞试验

某大跨径悬索桥的主缆由 169 根索股架设而成[1]，本文选取主缆施工过程中的两个典型工况[2]作为研究对象(图 1)。选取的侧网透风率分别为 30%、50% 和 85.6%，底网透风率分别为 30%、50% 和 84.2%。

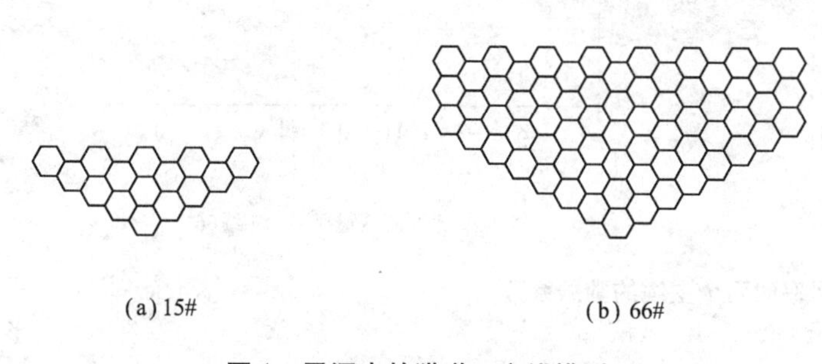

(a) 15#　　(b) 66#

图 1 风洞中的猫道 - 主缆模型

图 2 风洞中的猫道 - 主缆模型

风洞试验的主缆节段模型采用文献[3]的模型，模型缩尺比为 1∶4，模型长度为 1 m。猫道采用不锈钢管、铁丝网和木条等制作。试验方法、数据处理等均和文献[3]一致，试验风速为 15 m/s。通过风洞试验得到主缆的气动力系数，然后基于登哈托准则得到相应的驰振系数(图 3)。由图 3 可知，不同猫道底网和侧网透风率下主缆的驰振系数有较大差别，且在 0°风攻角附近，侧网透风率为 30% 时两个主缆的驰振系数相对较大，说明猫道的透风率对主缆的驰振系数有一定影响，可以考虑通过选择猫道的透风率来控制施工期主缆的驰振。

* 基金项目：国家自然科学基金资助项目(51208471)，河南省自然科学基金资助项目(162300410255)，郑州大学优秀青年教师发展基金(1421322059)，河南省交通运输厅科技项目(2016Y2-2)

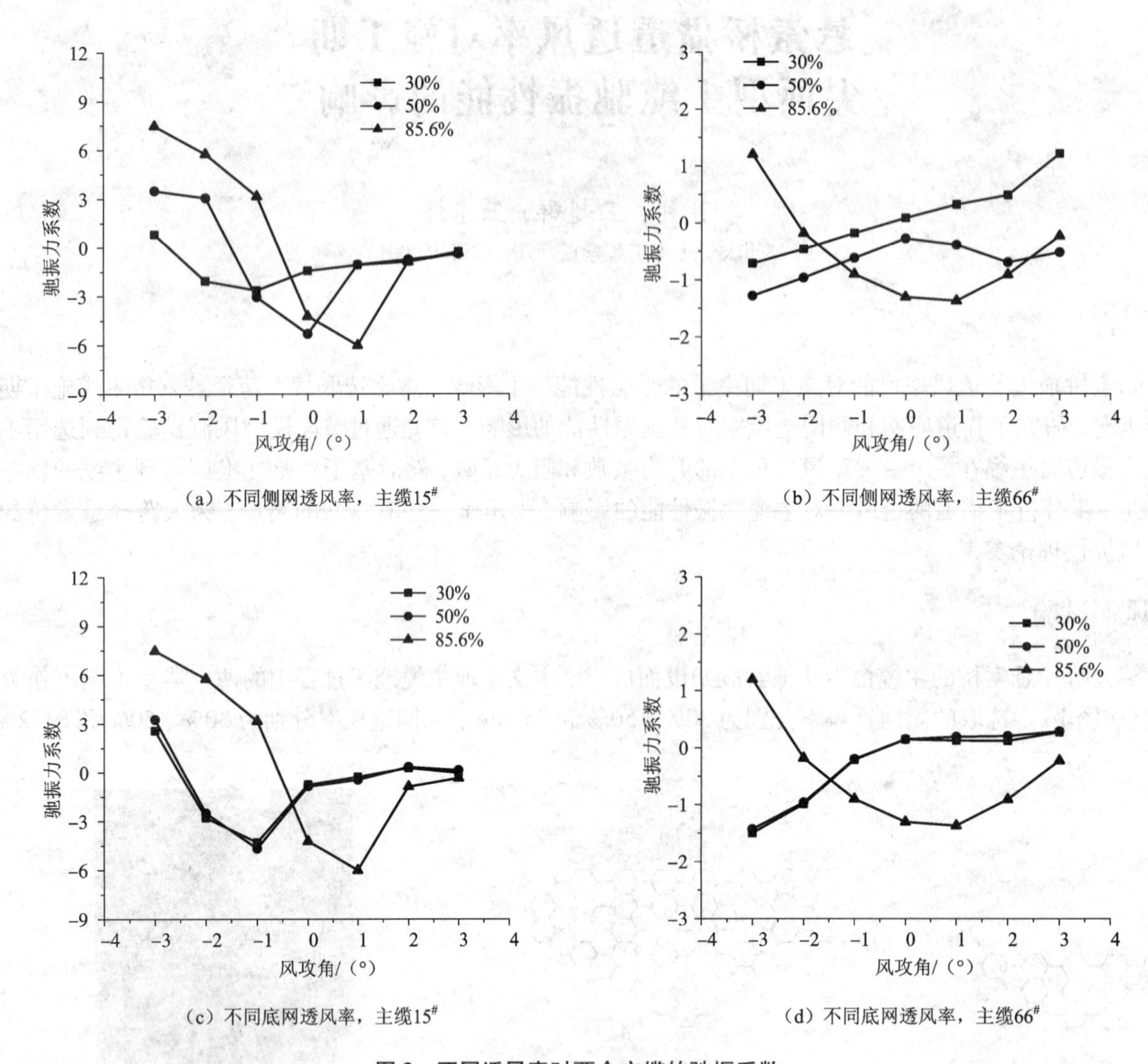

图3　不同透风率时两个主缆的驰振系数

3　结论

在 -3° ~ +3°风攻角范围内，猫道的透风率对悬索桥施工期主缆的驰振系数有一定影响，某些透风率的猫道在0°风攻角附近可以提高主缆的驰振系数。

参考文献

[1] 李胜利，王超群，王东炜，等. 大跨径悬索桥施工期尖顶型主缆驰振性能分析[J]. 振动与冲击，2015，22：154 - 160.

[2] Li S L, An Y H, Wang C Q. Aerodynamic influence of the catwalk's sectional dimension on steepled main cables in suspension bridges[C]// The 2016 World Congress on Advances in Civil, Environmental, and Materials Research (ACEM16)/The 2016 Structures Congress (Structures16). Jeju Island, Korea: Techno press, 2016.

[3] An Y H, Wang C Q, Li S L, et al. Galloping of steepled main cables in long - span suspension bridges during construction[J]. Wind and Structures, 2016, 23(6): 595 - 613.

斜拉索涡激振动的碰撞 TMD 控制试验研究*

刘敏，杨文瀚，陈文礼
（哈尔滨工业大学土木工程学院 黑龙江 哈尔滨 150090）

1 引言

调谐质量阻尼器（Tuned Mass Damper，TMD）作为应用最早的一种被动控制装置，主要应用于高层结构抗风并表现出较好的耗能减振效果。TMD 控制系统主要由惯性质量、刚度元件和阻尼元件等组成。TMD 通过动力吸振原理，通过其频率调节至结构振动频率，将结构振动的能量吸收到 TMD 系统中，并通过阻尼元件耗散系统的振动能量，从而减小结构在风荷载、中小地震、人行激励等动力作用下的振动响应，提高舒适性，降低结构的疲劳损伤[1-3]。本文提出将碰撞 TMD 应用于斜拉索涡激振动减振，并在质量块与斜拉索撞击处设置粘弹性材料层以吸收振动能量，并与钢材撞击面进行减振效果对比，分析黏弹性材料在碰撞 TMD 装置中耗能减振情况。

2 碰撞 TMD 控制斜拉索涡激振动的试验研究

2.1 试验模型建立

试验在哈尔滨工业大学土木工程学院风洞与浪槽联合试验室中进行。斜拉索试验模型直径为 66 mm，长度为 6.206 m，单位长度质量为 0.668 kg/m，倾角 25.5°；自振频率为 3.525 Hz，阻尼比为 0.0055。本试验所用到的碰撞 TMD 装置如图 1 示。碰撞 TMD 装置主要由碰撞质量块、悬臂梁、固定撞击面三部分组成，通过合理设计连接质量块的悬臂梁长度和刚度来调整 TMD 装置的自振频率，满足设计要求。

(a) 控制一阶涡激振动的碰撞TMD装置

(b) 控制二阶涡激振动的碰撞TMD装置

图 1 碰撞 TMD 装置实物图

2.2 试验工况

试验研究分别为斜拉索自由振动试验、碰撞 TMD 装置的频率测试以及斜拉索涡激振动风洞试验。对于一阶涡激振动控制工况（工况 C1），将根据斜拉索一阶涡激振动响应设计的碰撞 TMD 装置安装在斜拉索中点处，并根据碰撞材料的不同分为一阶黏弹性阻尼碰撞材料控制工况（工况 C1 – D）及一阶钢材碰撞材料控制工况（工况 C1 – S）。对于二阶涡激振动控制工况（工况 C2），将根据斜拉索二阶涡激振动响应设计的两个碰撞 TMD 装置分别安装在斜拉索上下四分之一索长处，同理将该工况细分为二阶黏弹性阻尼碰撞材料控制工况（工况 C2 – D）及二阶钢材碰撞材料控制工况（工况 C2 – S）。对于一阶与二阶涡激振动控制工况（工况 C3），分别将不同碰撞材料（工况 C3 – D、C3 – S）的三个碰撞 TMD 装置同时布置在斜拉索相应点

* 基金项目：国家自然科学基金面上项目(51678198)

处以观察同时安装时的控制情况。

2.3　试验结果分析

首先进行碰撞TMD装置自振频率和阻尼比参数识别的试验，可知用于控制斜拉索一阶与二阶涡激振动的碰撞TMD装置自振频率分别为3.021 Hz和6.042 Hz，其计算理论值分别为3.29 Hz和6.58 Hz，误差为8.17%。控制斜拉索一阶与二阶涡激振动的碰撞TMD装置阻尼比分别为0.12616和0.16183。对比不同工况下斜拉索发生涡激振动时的最大幅值可以发现，C1，C2和C3工况都可以有效抑制斜拉索一阶与三阶涡激振动，并且在同一安装工况下，黏弹性阻尼材料与钢材两种碰撞面材料对比控制效果差异明显。

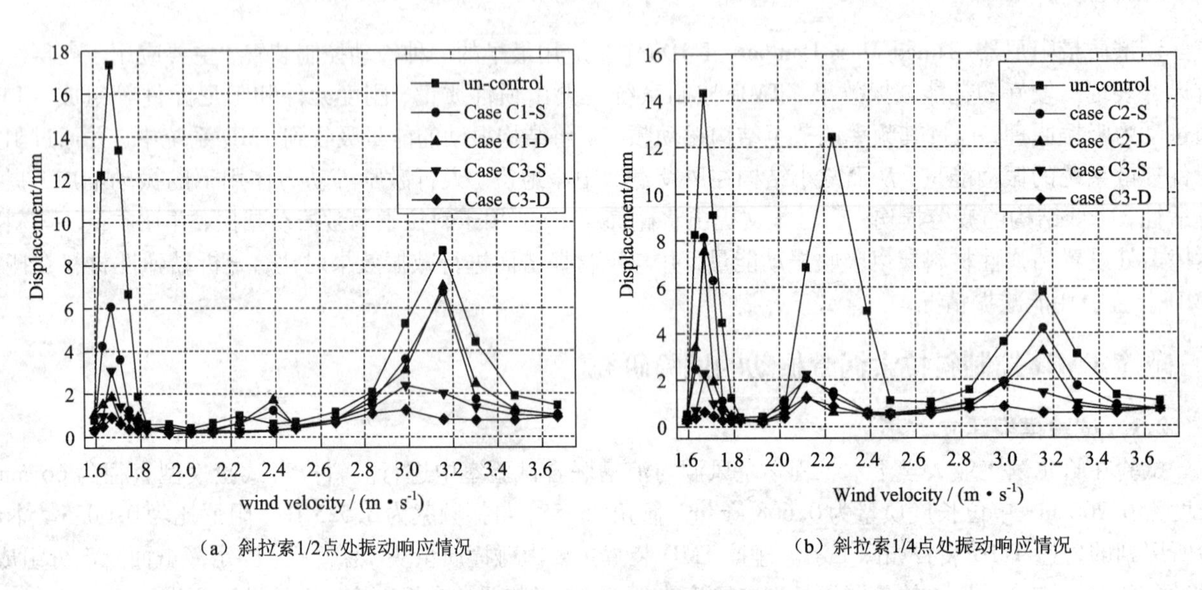

(a) 斜拉索1/2点处振动响应情况　　(b) 斜拉索1/4点处振动响应情况

图2　不同控制工况下斜拉索振动幅值曲线

3　结论

无论质量块碰撞的材料是钢材还是阻尼材料，碰撞TMD装置都对斜拉索振动有一定的控制效果。相同条件下，碰撞材料为阻尼材料的碰撞TMD装置因为阻尼材料的吸收耗能会有更好的减振效果。在斜拉索上安装控制两种模态的阻尼碰撞面碰撞TMD装置，控制效果达到最优，其一阶与二阶振动时位移幅值分别为无控情况下的0.05、0.17，同时为碰撞材料为钢材情况下的0.3、0.54。

参考文献

[1] Li K, Darby A P. An experimental investigation into the use of a buffered impact damper[J]. Journal of Sound and Vibration, 2005, 291(3-5): 844-860.

[2] Cheng C C, Wang J Y. Free vibration analysis of a resilient impact damper[J]. International Journal of Mechanical Sciences, 2003, 45(4): 589-604.

[3] Cheng J, Xu H. Inner mass impact damper for attenuating structure vibration[J]. International Journal of Solids and Structures, 2006, 43(17): 5355-5369.

分离双钝体箱梁三分力系数气动干扰试验研究*

刘小兵[1,3]，李少杰[2]，刘庆宽[1,3]

（1. 石家庄铁道大学大型结构健康诊断与控制研究所 河北 石家庄 050043；

2. 石家庄铁道大学土木工程学院 河北 石家庄 050043；

3. 河北省大型结构健康诊断与控制重点实验室 河北 石家庄 050043）

1 引言

三分力系数既是反映桥梁静风荷载的重要指标，也是分析桥梁气动问题的基础。为了准确获取三分力系数，研究者们通过风洞试验或数值模拟手段对不同断面外形的单箱梁进行了大量的研究，并形成了一些规范条文[1]。近年来，随着社会经济的不断发展，交通流量逐渐增大，具有上下行分离的双箱桥不时出现。这类桥梁的分离双箱梁一般采用相同的断面外形。由于间距不大，两分离箱梁之间存在气动干扰效应[2-6]。与单箱梁相比，分离双箱梁的三分力系数存在一定差异。针对近年来在分离双箱梁桥中经常采用的一类分离双钝体箱梁，基于节段模型测压风洞试验，详细测试了－10°～10°风攻角范围内分离双箱梁在15个不同间距下的三分力系数，并将结果与单箱梁的结果进行了对比，详细分析了气动干扰对三分力系数的影响。

2 风洞试验概况

图1所示为分离双钝体箱梁模型的尺寸及测点布置。表1所示为试验工况。

表1 试验工况

模型	风攻角	间距（D/B）	风速
分离双钝体箱梁	－10°～10°	0.025、0.05、0.075、0.1、0.2、0.3 0.4、0.6、0.8、1、2、3、4、5、6	6 m/s

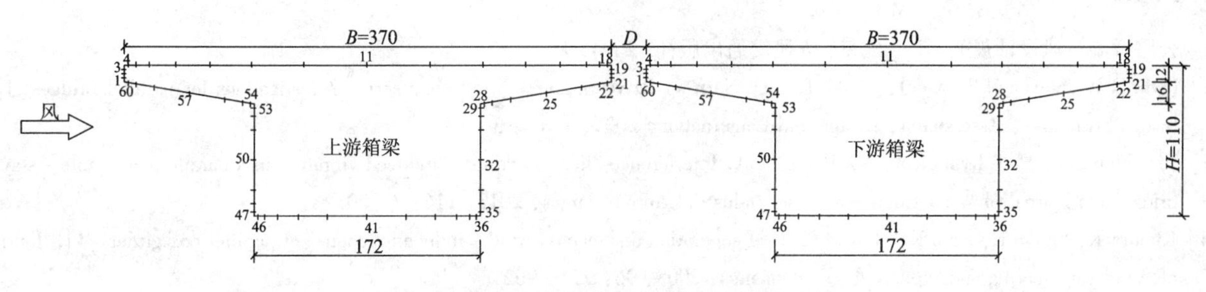

图1 分离双钝体箱梁模型的尺寸及测点布置

3 气动干扰试验结果

3.1 单箱梁的三分力系数

单箱梁的阻力系数变化比较平缓；与阻力系数相比，升力系数和扭矩系数的变化幅度相对较大，且规律比较相似，随着风攻角的增大，均呈现出先增大后减小的变化趋势，分别在0°风攻角和－4°风攻角时达

* 基金项目：国家自然科学基金项目（51308359），河北省高等学校科学技术研究基金项目（QN20131169，QN2015213）

到最大值。

3.2　分离双箱梁三分力系数的干扰效应

当 $D/B \geqslant 2$ 时，气动干扰对上游箱梁三分力系数的影响基本可以忽略。气动干扰对下游箱梁三分力系数的影响比较显著。定义三分力系数干扰因子为上下游箱梁三分力系数与单箱梁三分力系数的比值。图2所示为不同风攻角时下游箱梁阻力系数干扰因子随间距的变化曲线。

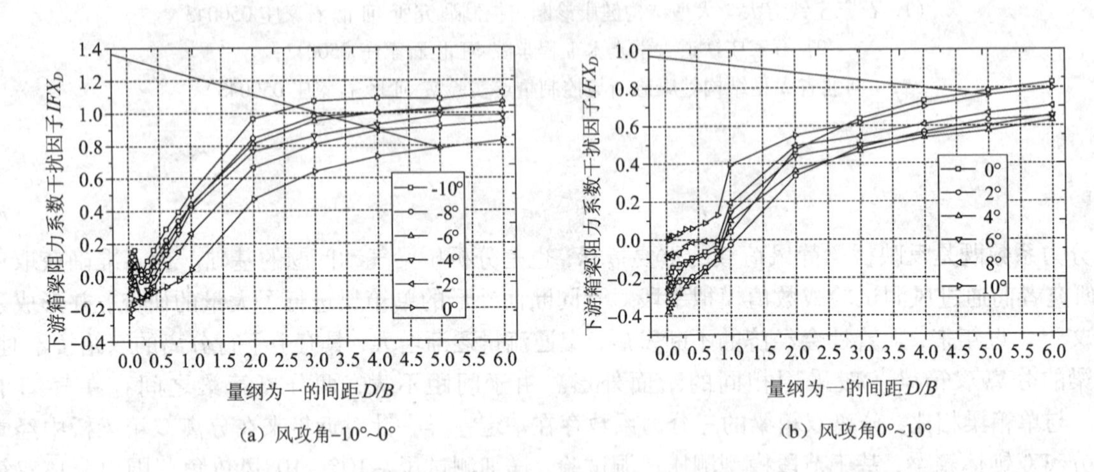

图2　不同风攻角时下游箱梁阻力系数干扰因子随间距的变化

4　结论

(1)当 $D/B \geqslant 2$ 时，气动干扰对上游箱梁三分力系数的影响基本可以忽略；当 $D/B < 2$ 时，上游箱梁阻力系数干扰因子、升力系数干扰因子和扭矩系数干扰因子的变化范围分别为0.86~1.35、-0.04~1.27和0.92~1.21。

(2)气动干扰对下游箱梁三分力系数的影响比较显著。对阻力系数和升力系数而言，这种影响主要表现为减小效应。对扭矩系数而言，影响形式与风攻角和间距有关，当攻角为-10°~2°，以及攻角为2°~10°且 $D/B < 4$ 时，这种影响表现为减小效应；当攻角为2°~10°且 $4 < D/B < 6$ 时，这种影响表现为增大效应。

参考文献

[1] 公路桥梁抗风设计规范[M]. 北京：人民交通出版社，2004，11.

[2] Irwin R A, Stoyanoff S, Xie J, et al. Tacoma Narrows 50 years later - wind engineering investigations for parallel bridges[J]. Bridge Structures: Assessment, Design and Construction, 2005, 1(1): 3-17.

[3] Ju-Won Seo, Ho-KyungKim, Jin Park, et al. Interference effect on vortex-induced vibration in a parallel twin cable-stayed bridge[J]. Journal of Wind Engineering and Industrial Aerodynamics, 2013, 116: 7-20.

[4] Kimura K, Shima K, Sano K, et al. Effects of seperation distance on wind-induced response of parallel box girders[J]. Journal of Wind Engineering and Industrial Aerodynamics, 2008, 96: 954-962.

[5] 朱乐东，周奇，郭震山，等. 箱形双幅桥气动干扰效应对颤振和涡振的影响[J]. 同济大学学报，2010，38(5)：632-638.

[6] 郭震山，孟晓亮，周奇，等. 既有桥梁对邻近新建桥梁三分力系数的气动干扰效应[J]. 工程力学，2010，27(9)：181-186.

闭口流线型箱梁断面非线性颤振特性与控制*

刘志文，谢普仁，王林凯，陈政清
（湖南大学风工程与桥梁工程湖南省重点实验室 湖南 长沙 410082）

1　引言

随着我国跨海工程建设进度的推进和桥梁跨度的进一步增大，风对桥梁的作用效应更为重要。大跨度桥梁在风荷载作用下桥面较大振幅所引起的气动力非定常效应和非线性效应较为显著，大跨度悬索桥在大振幅、大攻角下的非线性颤振特性、气动力非线性效应以及气动控制措施机理等问题均值得进一步研究。1940 年 Tacoma Narrows 桥风毁之前主梁发生了明显的反对称扭转振动现象，最大振幅达 30° ~ 35°[1]。国内外许多学者研究了振幅对桥梁颤振性能的影响[2]。Amandolese 等研究了平板两自由度耦合颤振的极限环振动现象，结果表明当风速超过颤振临界风速后平板断面发生了大幅极限环振动现象，气动力非线性效应对薄平板颤振响应具有重要影响[3]。朱乐东等分别对常用的全封闭箱梁断面、中央开槽箱梁断面、半封闭箱梁断面和双边肋断面的颤振现象和影响因素进行了节段模型试验研究。结果表明：此四种断面均有可能出现软颤振现象，软颤振表现为弯扭耦合自由度的单频振动特征[4]。本文以某大跨悬索桥初步设计方案为依托，采用节段模型风洞试验方法进行闭口流线型箱梁断面非线性颤振特性与控制研究。

2　主梁节段模型颤振稳定性试验研究结果

某主跨为 1660 m 的大跨度悬索桥整体钢箱梁初步设计方案采用宝石型混凝土桥塔，塔高 266 m，主梁宽 49.7 m（含风嘴、水平分离板），梁高 4.0 m，主梁原设计方案标准断面如图 1 所示。

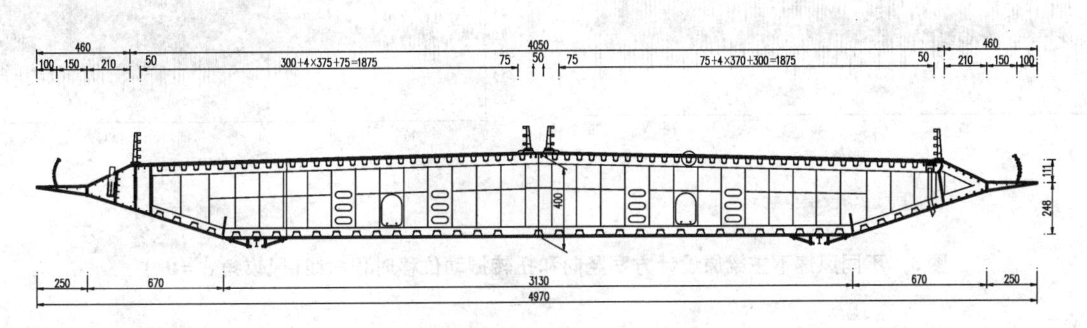

图 1　主梁原设计方案标准断面图（单位：cm）

主梁节段模型几何缩尺比为 $\lambda_L = 1/70$，在均匀流场分别进行了 0°，±3°，±5°攻角下原设计方案和增设中央稳定板（高度为 $H = 1.0$ m）后的主梁节段模型颤振稳定性试验，试验结果如图 2 所示。由图 2(a) 可知，主梁原设计方案在 0、+3°风攻角当风速分别超过某一值后主梁断面扭转位移根方差随风速的增加而增加，但并未发散，表现为软颤振现象；+5°风攻角时主梁断面在 65 ~ 80 m/s 附近出现了一个振幅较大的扭转涡振锁定区。由图 2(b) 可知，主梁增设中央稳定板后各攻角下的颤振临界风速均有不同程度的提高，0°风攻角颤振临界风速由原方案的 76.5 m 提高至 88.6 m/s，提高比例为 15.8%；且 +5°风攻角下的高风速扭转涡振振幅得到明显的减小。图 3 分别给出了主梁原设计方案风攻角为 0°时不同风速下竖向和扭转振动位移时程曲线。由图 3 可知，当风速达到某一值附近时主梁断面出现了弯扭耦合单频、振幅恒定的振动现象；随着风速的增大主梁断面则以更大的恒定振幅、弯扭耦合单频振动，表现为极限环振动特征，与文献[3-4]的试验现象相近。

* 基金项目：国家自然科学基金（51478180，51178181）

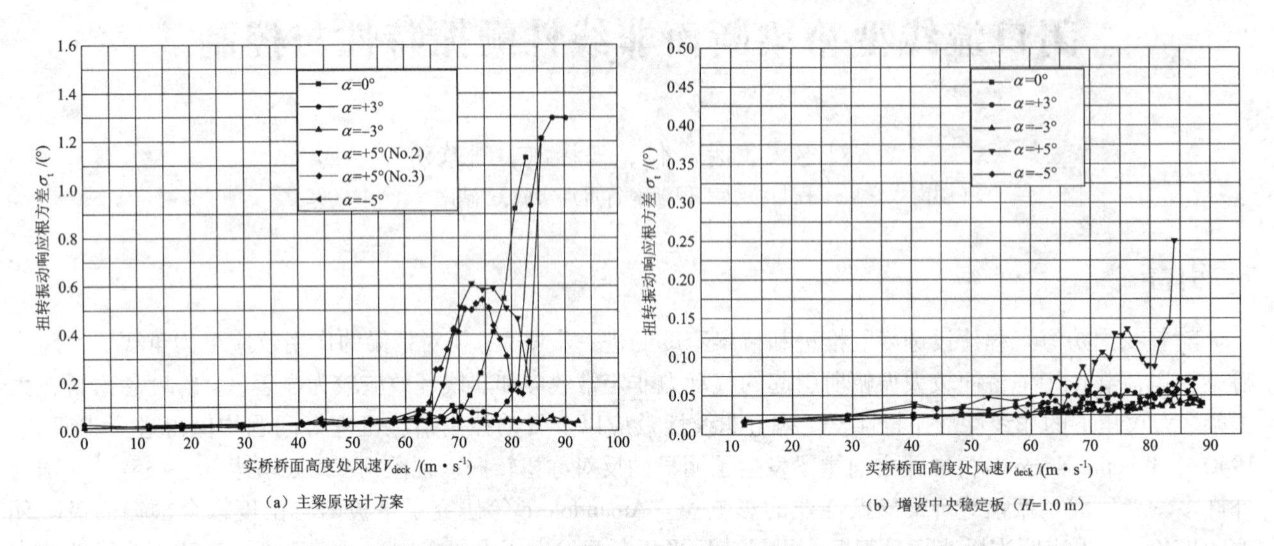

（a）主梁原设计方案　　（b）增设中央稳定板（H=1.0 m）

图 2　主梁断面原设计方案与增设中央稳定板后扭转振动响应试验结果

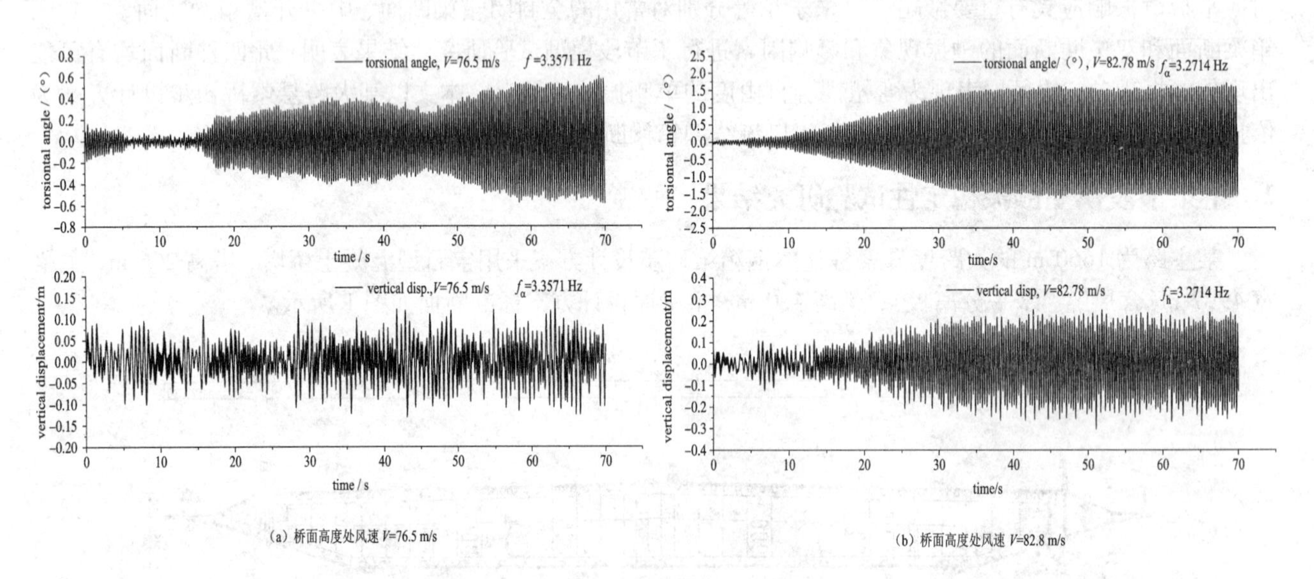

（a）桥面高度处风速 V=76.5 m/s　　（b）桥面高度处风速 V=82.8 m/s

图 3　不同风速下主梁原设计方案竖向和扭转振动位移时程曲线（风攻角 $\alpha=0°$）

3　结论

以某大跨悬索桥初步设计方案为依托，采用节段模型风洞试验方法进行闭口流线型箱梁断面非线性颤振特性与控制研究，研究表明：闭口流线型主梁断面采用“水平分离板 + 中央稳定板”的气动措施后，可显著提高其颤振稳定性，较仅采用水平分离板气动措施提高约 15.8%；闭口流线型主梁断面在接近颤振临界风速附近存在弯扭耦合单频、振幅恒定的极限环振动现象。

参考文献

[1] Larsen Allan, Larose Guy L., Dynamic wind effects on suspension and cable - stayed bridges[J]. Journal of Sound and Vibration, 2015, 334: 2 - 28.

[2] 廖海黎. 大跨度桥梁断面气动力研究[C]//第十五届全国结构风工程学术会议. 北京：人民交通出版社，2011：26 - 36.

[3] Amandolese X, Michelin S, Choquel M. Low speed flutter and limit cycle oscillations of a two - degree - of - freedom flat plate in a wind tunnel[J]. Journal of Fluids and Structures, 2013, 43: 244 - 255.

[4] 朱乐东，高广中. 典型桥梁断面软颤振现象及影响因素[J]. 同济大学学报（自然科学版），2015，43(9)：1289 - 1294.

强、弱非平稳风速对大跨桥梁抖振响应影响异同研究*

苏延文[1,2]，黄国庆[2]，曾永平[1]
（1. 中铁二院工程集团有限责任公司 四川 成都 610031；
2. 西南交通大学土木工程学院风工程试验研究中心 四川 成都 610031）

1 引言

随着现代桥梁结构跨度的逐渐增大，风与桥梁结构之间的相互作用变得越来越显著。虽然桥梁抖振响应不会产生灾难性的破坏，但是抖振响应分析是进行桥梁强度的设计、成桥后的维护与减振、环境模态参数识别以及风致疲劳等研究的基础。在过去的五十年间，对于平稳风速作用下大跨桥梁抖振响应的研究非常广泛。一般来说，假定当阵风中平稳部分的持时远大于桥梁结构的基本振动周期时，那么将这段风速简化处理为平稳随机过程进行抖振分析是合理的，否则将会引起计算结果的偏差。然而，实测风速资料表明[1]：非良态风荷载具有很强的非平稳特性，如台风、飓风、雷暴风、山区峡谷风等。由于非平稳风速与时间相关的特性，传统的平稳抖振分析理论并不适用于非平稳情形；此外，风速的非平稳强弱划分指标还未有研究。因此，有必要对大跨桥梁在强、弱非平稳风速作用下抖振响应的计算方法与异同进行研究。

本文以两组实测强、弱非平稳风速为例，将对某座大跨悬索桥抖振瞬态响应的计算方法以及影响异同进行研究。具体研究步骤为：首先，提出建立非平稳风场模型的精确方法；其次，在考虑非定常自激力的条件下采用虚拟激励法建立非平稳强风作用下时变风－桥梁系统耦合抖振响应的分析方法；最后，将所建立的计算方法应用于某座悬索桥的抖振响应分析中，并且对强、弱两组风速对大跨桥梁抖振响应的影响异同进行对比与总结。

2 理论框架

2.1 非平稳风速模型

精确的非平稳风场模型需要从三个方面进行考虑，即时变平均风速、与时间相关的强度包络函数以及脉动风速的时变功率谱。本小节将针对精确的非平稳风速模型进行研究。

2.2 风速非平稳强弱程度

目前，多数研究重点在辨识风速的非平稳性[2]，而对于风速非平稳强弱程度的研究涉及较少。本小节将提出一种区分指标来衡量风速非平稳强弱程度。

2.3 抖振随机响应计算

由于考虑平均风速的时变性以及非定常自激力的影响，桥梁气－弹体系被描述为与振动频率相关的时变系统。时不变系统的动力学求解问题则转化为复杂的时变系统的求解，这将对研究带来非常大的挑战。本小节将采用虚拟激励方法建立求解非平稳抖振随机响应的方法。

3 算例

3.1 实测风速

图1(a)～(b)所示分别为实测山区风速与台风非平稳样本。从图中可以观察到，两组风速的变化趋势基本一致，依次由“上升段”和“下降段”组成。然而，图1(a)中风速历经一次明显的上升与下降过程需要10 min，图1(b)中风速则需要50 h。

3.2 结果对比

根据本文第2小节所建立的非平稳风速作用下大跨桥梁结构抖振响应的理论框架，分别计算上述两组强、弱非平稳风速作用下悬索桥的抖振响应。图2所示为强非平稳风速作用下跨中抖振位移响应的时变功

* 基金项目：国家自然科学基金项目(51278433)

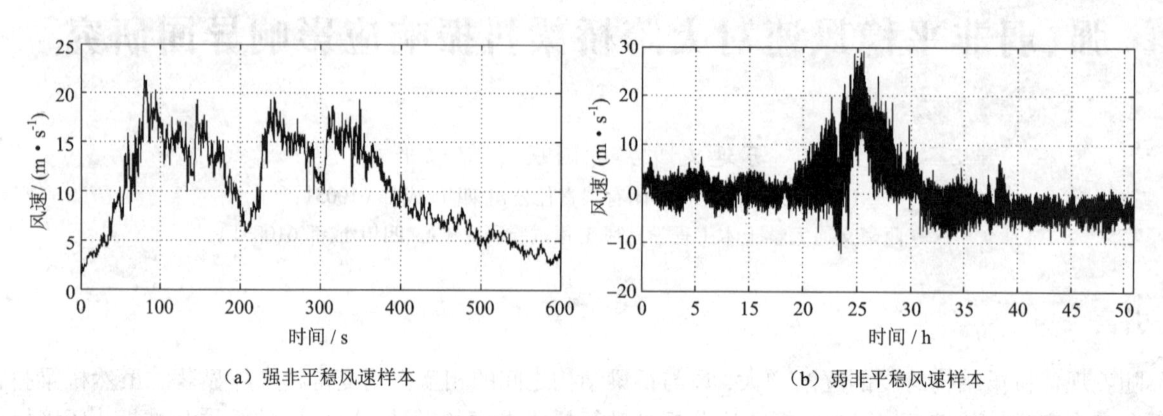

（a）强非平稳风速样本　　（b）弱非平稳风速样本

图1　实测风速样本

率谱，图3所示为弱非平稳风速作用下跨中抖振位移响应的时变功率谱。限于篇幅，仅以侧向抖振位移为例，图4所示为将两组强、弱风速分别按照非平稳处理以及常规10 min平稳处理后，计算得到的沿桥梁跨长分布的抖振位移均方值，表1列出了两种处理方式下最大侧向位移均方值的对比。

4　结论

本文提出了精确的非平稳风速模型，建立了非平稳风速作用下大跨桥梁抖振随机响应计算方法，详细比较了强、弱非平稳风速对大跨桥梁抖振响应的影响异同。研究结果表明：脉动风速的非平稳性越强（表现为强度包络线变化的快慢），主梁位移响应则越远离其稳定的状态；非平稳性较弱的风速可简化为平稳抖振理论进行分析；对于非平稳较强的风速来说，传统的平稳处理（10 min常值平均风速＋平稳脉动风速）将会低估桥梁的抖振响应。

参考文献

[1] Su Y, Huang G, Xu Y. Derivation of time－varying mean for non－stationary downburst winds[J]. Journal of Wind Engineering and Industrial Aerodynamics, 2015, 141: 39－48.

[2] Huang G, Su Y, Kareem A, et al. Time－frequency analysis of non－stationary processes based on multivariate empirical mode decomposition[J]. Journal of Engineering Mechanics (ASCE), 2016, 142(1): 04015065－1.

基于自激力非线性的二维三自由度桥梁耦合颤振分析方法*

唐煜[1]，郑史雄[2]
（1. 西南石油大学土木工程与建筑学院 四川 成都 610500；2. 西南交通大学土木工程学院 四川 成都 610031）

1 引言

目前，建立在Scanlan自激力模型基础上的经典线性颤振理论已经发展得十分成熟，工程中按照该理论计算得到的桥梁颤振临界风速，在过去几十年内经受住了大量试验的检验。不足的是，该理论无法对颤振发生的桥梁响应行为进行合理预测。本论文通过对桥梁颤振运动做基本假设，理论推导得到一种包含非线性效应的颤振自激力模型，并据此建立了一套二维三自由度桥梁非线性耦合颤振分析方法，可预测桥梁断面耦合颤振的响应振幅。

2 非线性耦合颤振分析方法

2.1 前提假设

假设：桥梁颤振发生时，系统按简谐方式运动，即颤振是同一频率的简谐竖向（侧向）和简谐扭转运动的耦合运动。

2.2 自激力的傅里叶级数展开

利用傅里叶级数的性质可证明：只要气动力是周期的，就可以拆分成许多不同频率的简谐气动力的叠加，且这些气动力频率之间满足单纯的整数倍关系。国内开展的模型强迫振动风洞试验结果中均观察到了这一现象[1-2]。

2.3 自激力做功特性

根据三角函数系的正交性可证明：当桥梁断面按单一频率的简谐方式运动，且由断面运动所引起的自激气动力成分具有整数倍的高次谐波分量时，在单个运动周期内，只有基频成分的滞后部分对断面运动做功，而高频成分对断面做功总量为零。

2.4 颤振非线性自激力

升力：

$$L=\frac{1}{2}\rho U^2(2B)\left[KH_1^*\frac{\dot{h}}{U}+KH_2^*\frac{B\dot{\alpha}}{U}+K^2H_3^*\alpha+K^2H_4^*\frac{h}{B}+KH_5^*\frac{\dot{p}}{U}+K^2H_6^*\frac{p}{B}\right] \tag{1}$$

侧向力：

$$P=\frac{1}{2}\rho U^2(2B)\left[KP_1^*\frac{\dot{h}}{U}+KP_2^*\frac{B\dot{\alpha}}{U}+K^2P_3^*\alpha+K^2P_4^*\frac{h}{B}+KP_5^*\frac{\dot{p}}{U}+K^2P_6^*\frac{p}{B}\right] \tag{2}$$

力矩：

$$M=\frac{1}{2}\rho U^2(2B^2)\left[KA_1^*\frac{\dot{h}}{U}+KA_2^*\frac{B\dot{\alpha}}{U}+K^2A_3^*\alpha+K^2A_4^*\frac{h}{B}+KA_5^*\frac{\dot{p}}{U}+K^2A_6^*\frac{p}{B}\right] \tag{3}$$

其中：H_1^*，H_4^*，P_1^*，P_4^*，A_1^*，A_4^* 是竖向运动振幅和折算风速的函数，H_2^*，H_3^*，P_2^*，P_3^*，A_2^*，A_3^* 是扭转运动振幅和折算风速的函数，H_5^*，H_6^*，P_5^*，P_6^*，A_5^*，A_6^* 是侧向运动振幅和折算风速的函数。在Scanlan的自激力模型中，颤振自激力大小与振幅（或振幅向量）线性相关，被称为线性自激力模型。而在本文的自激力模型中，颤振导数是振幅和折算风速（或频率）的二元函数，其自激力大小与振幅不是单纯的线性相关，是一种非线性的自激力模型。

* 基金项目：国家自然科学基金（51378443）

2.5　非线性颤振分步分析法

先将桥梁断面的颤振导数识别为振幅与折算风速的二元函数，再将 2.4 节中的非线性自激力模型代入 Matsumoto 颤振分步分析法[3]，通过增加振幅迭代，实现颤振响应振幅搜索求解，具体流程见图 1。以南京四桥的扁平箱梁断面为例，进行颤振响应分析，结果见图 2。

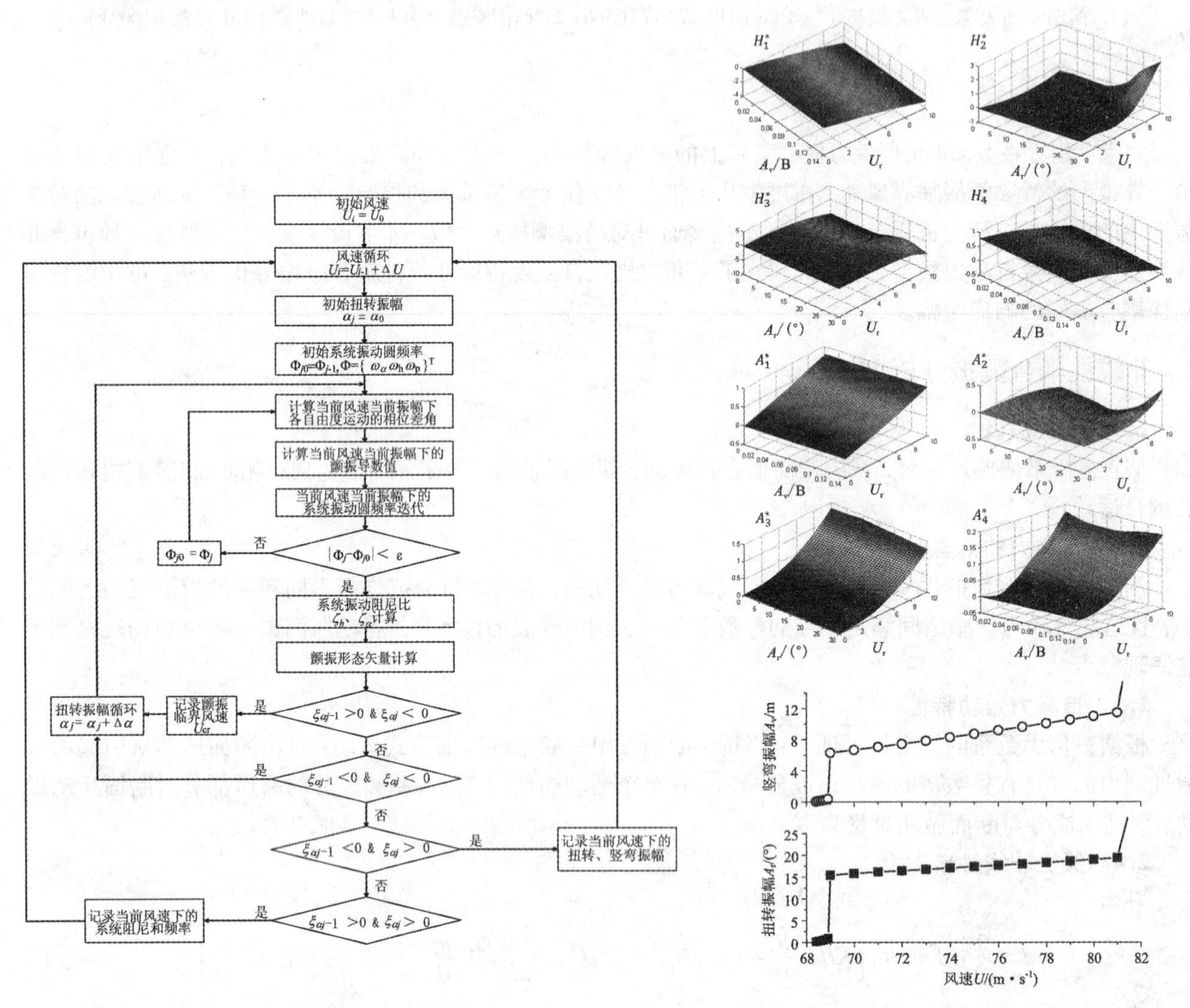

图 1　非线性颤振分步分析法流程图

图 2　南京四桥断面颤振导数与颤振响应

3　结论

本文在 Scanlan 经典颤振理论的基础上，通过理论推导，将颤振导数表达为折算风速和振幅的二元函数，并结合 Matsumoto 分步分析法，发展出一种考虑自激力非线性效应的二维三自由度桥梁耦合颤振分析方法。

参考文献

[1] 陈政清，于向东．大跨桥梁颤振自激力的强迫振动法研究[J]．土木工程学报，2002，35(5)：34－41.

[2] 王骑．大跨度桥梁断面非线性自激气动力与非线性气动稳定性研究[D]．成都：西南交通大学，2011.

[3] 项海帆．现代桥梁抗风理论与实践[M]．北京：人民交通出版社，2005.

台风作用下千米级斜拉桥性能评估*

王浩[1]，陶天友[1]，许福友[2]

（1. 东南大学混凝土及预应力混凝土教育部重点实验室 江苏 南京 210096；

2. 大连理工大学土木工程学院 辽宁 大连 116024）

1 引言

近年来，台风等强风灾害频发，我国东南沿海地区频繁受灾。然而，多座大跨度桥梁矗立在我国东南近海区域，且每年均可能受到台风的直接侵袭。对于大跨斜拉桥这一风敏感体系，其在台风作用下的性能状态备受关注[1]。国内外学者通过数值模拟、风洞试验等方式已在该方面开展了大量的研究工作，但由于风洞试验难以准确模拟全桥结构与实际台风场，因而其结果尚有待现场实测进行进一步验证。结构健康监测技术的发展使得准确把握台风作用下工程结构的性能状态成为可能，国内外学者借助健康监测系统（SHMS）对台风作用下的高层建筑结构也已开展了一些研究工作[2]。为此，本文基于苏通大桥的 SHMS[3] 开展台风作用下千米级斜拉桥性能评估，以期为千米级斜拉桥的数值模拟与风洞试验结果提供对比与参考。

2 台风特性

基于苏通桥址区所采集的“海葵”台风数据，开展了台风全过程风特性参数分析，主要包括：紊流强度、紊流积分尺度、阵风因子、功率谱密度等。其中，台风经过全过程风谱特征变化如图 1 所示。同时，图 1 也对相同时刻不同高度处的风谱模型进行了对比。在台风来临前与经过后，涡旋沿高度方向以大尺度为主，表现出明显的低频相关特征。而在台风经过过程中，不同高度处风谱的高频部分几乎重合，表明台风在该过程表现出明显的高频相关特征，也说明小尺度涡旋沿高度方向分布均匀。

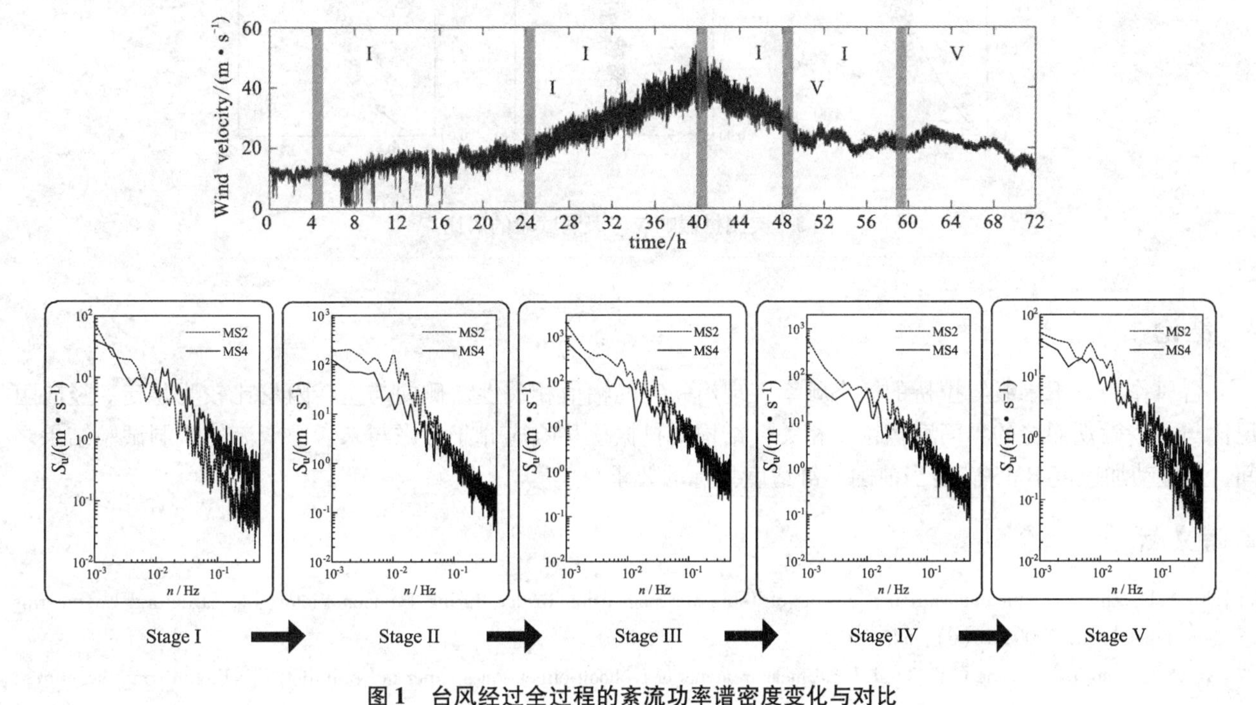

图 1　台风经过全过程的紊流功率谱密度变化与对比

* 基金项目：国家 973 计划青年科学家专题项目（2015CB060000），国家自然科学基金（51378111）

3 斜拉桥性能评估

为对千米级斜拉桥结构状态特征进行评估，采用随机减量法识别了该桥在台风过程中的模态频率与模态阻尼。为验证识别结构的准确性，采用两个断面的分析结构进行相互校核，结果如图 2 所示。

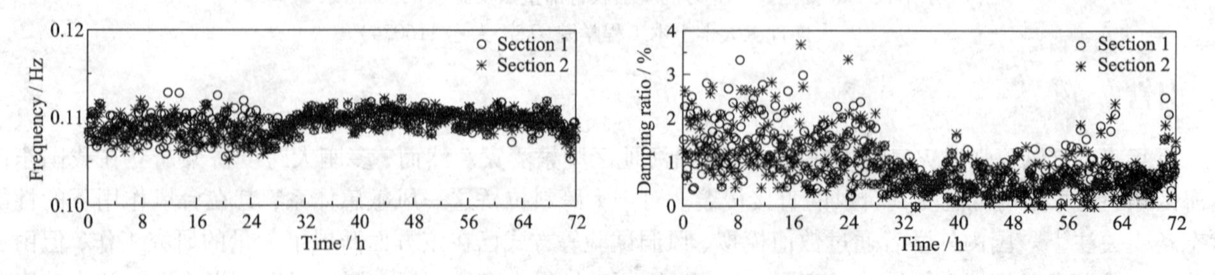

图 2 桥梁模态参数识别结果与对比

为进一步评估台风作用下主梁的振动状态，将主梁跨中实测抖振响应与风洞试验结果进行了对比，如图 3 所示。图中，WT1、WT2 分别为考虑和未考虑紊流的风洞试验结果。

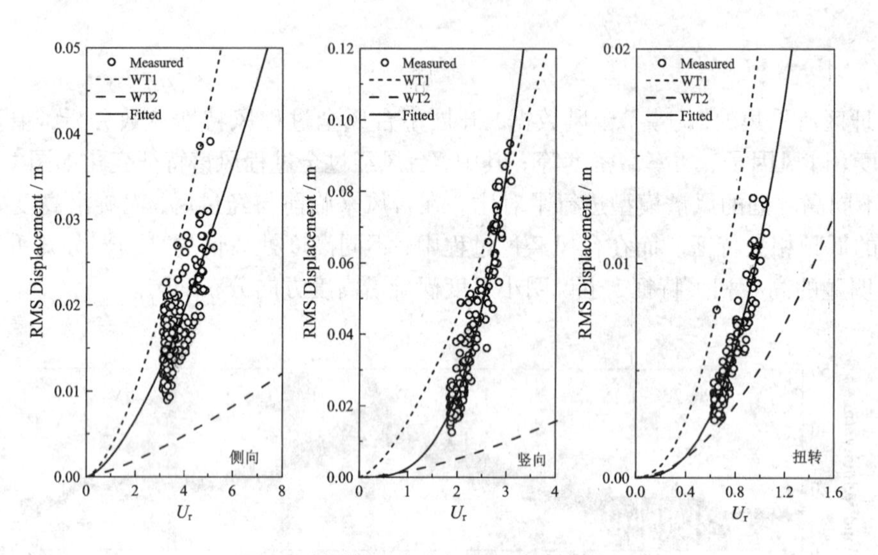

图 3 实测抖振响应与风洞试验的对比

4 结论

台风作用下千米级斜拉桥的模态频率表现出一定的幅值相关性。侧向与扭转阻尼比较为稳定，竖向阻尼比与主塔微观裂缝的界面摩擦密切相关。结构的抖振位移响应介于考虑与未考虑紊流的风洞试验结果之间，且振动加速度 RMS 满足当前国际舒适度指标的要求。

参考文献

[1] Xu Y L, Zhu L D. Fieldmeasurement results of Tsing Ma Suspension Bridge during Typhoon Victor[J]. Structural Engineering and Mechanics, 2000, 10(6): 545 - 559.

[2] Li Q S, Xiao Y Q, Wong C K, et al. Field measurements of typhoon effects on a super tall building[J]. Engineering Structures, 2004, 26: 233 - 244.

[3] Wang H, Tao T Y, Li A Q, et al. Structural health monitoring system for Sutong Cable - stayed bridge[J]. Smart Structures and Systems, 2016, 18(2): 317 - 334.

基于碰撞式 TMD 桥梁涡激振动的控制研究

王修勇，邬晨枫，陈宁，孙洪鑫
（湖南科技大学土木工程学院 湖南 湘潭 411201）

1 引言

涡激振动是大跨度桥梁在低风速下容易发生的灾害性风致振动，对大跨度桥梁而言，避免涡激共振或限制其振幅在可接受的范围之内具有十分重要的意义[1]。碰撞式调谐阻尼器(pounding tuned mass damper，简称 PTMD)是一种新型被动减振装置，在 TMD 基础上增加了一个限制 TMD 位移的挡板，并在挡板和质量块间设置了一层黏弹性材料，利用惯性力、碰撞力进行结构减振，是一种具有广泛应用前景的减振技术。

本文主要是建立在涡激力作用下 PTMD 控制的力学模型，并利用智能优化算法对力学模型做了仿真分析，通过研究 PTMD 在涡激力作用下的动力响应，对其减振性能进行了分析。

2 振动系统运动方程的建立

如图 1 所示，碰撞 TMD 装置在间隔质量块的一段距离处设置覆盖黏弹性材料的限位装置以限制质量块的运动。当桥梁发生涡激振动时，势必引起质量块发生相对运动，质量块会碰撞到一侧覆盖有黏弹性材料的挡板。主结构的能量转化为碰撞 TMD 的动能、势能以及质量块与黏弹性材料在碰撞过程中产生的热能，使得主体结构的动力响应大大减小。当作用在主体结构的涡激力采用 Scanlan 和 Simiu[2-3] 提出的经验线性模型时，由桥梁主结构和 PTMD 子结构组成的振动系统的运动方程可写为：

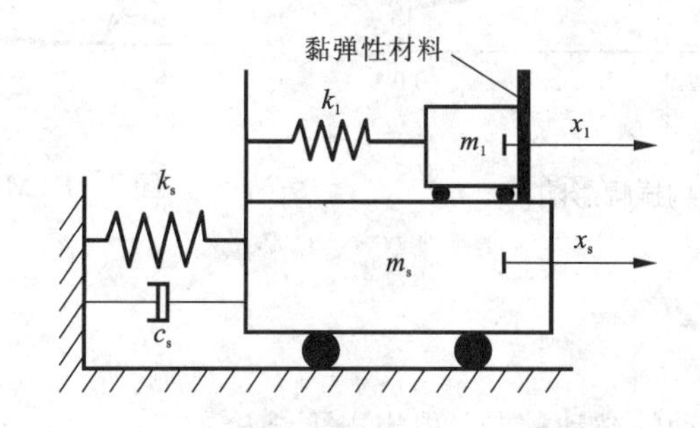

图 1　结构 - 碰撞 TMD 力学模型

$$m_s\ddot{x}_s+(c_s+c_1)\dot{x}_s+(k_s+k_1)x_s=\frac{1}{2}\rho U^2D\left(\frac{\dot{x}_s}{U}Y_1+\frac{x_s}{D}Y_2+C_L\sin(wt+\theta)\right)+c_1\dot{x}_1+k_1x_1-F(t) \tag{1}$$

$$m_1\ddot{x}_1+c_1\dot{x}_1+k_1x_1=F(t)+c_1\dot{x}_s+k_1x_s \tag{2}$$

其中：$F(t)$为碰撞力，其公式为：

$$\begin{cases} k\delta(t)n+\zeta\delta(t)n\dot{\delta}(t)\delta_{\max}\geqslant\delta(t)\geqslant 0,\ \dot{\delta}(t)\geqslant 0(\text{approachingperiod}) \\ f_e\left(\dfrac{\delta(t)-\delta_e}{\delta_{\max}-\delta_e}\right)\delta_{\max}>\delta(t)\geqslant\delta_e,\ \dot{\delta}(t)<0(\text{restitutionperiod}) \\ 0\delta_e>\delta(t)>0,\ \dot{\delta}(t)<0 \end{cases} \tag{3}$$

f_e是碰撞期间最大弹性力：

$$f_e=k\delta n_{\max} \tag{4}$$

式中：x_1、$\dot{x}_1$、$\ddot{x}_1$分别是 PTMD 相对于桥梁主结构的位移、速度、加速度时程；D 为模型高度；U 为来流风速；ρ 为来流密度；w 为漩涡脱落圆频率；Y_1、Y_2、C_L及 θ 为待识别的气动参数；Y_1、Y_2、C_L为关于 K 的函数；K 为漩涡脱落折算频率；k、ζ 分别是碰撞刚度系数和碰撞阻尼系数；n 是非线性指数；$\delta(t)$为碰撞时碰撞体与黏弹性材料之间的撞击位移；$\dot{\delta}(t)$是其撞击速度；$\delta_{\max}$是其产生的最大撞击位移；δ_e是碰撞体离开时黏弹性材料恢复后的残余变形。

3　结果分析

3.1　外部激励对主结构的影响

本文在建立好运动方程后根据运动方程式(1)～(4)进行 Matlab 龙格库塔方法数值仿真，对主结构发生自由振动时的无控状态、TMD 控制状态、无阻尼 TMD 控制及碰撞 TMD 控制状态频谱曲线进行对比。

如图 2 所示，当 PTMD 阻尼比一定，与主结构频率比一定时，对比无控状态下，虽然在最大振幅处 TMD 减振效果好于 PTMD，但是 PTMD 在外部激励频率变化下表现出良好的稳定性，整体振幅变化不大。

3.2　PTMD 在涡振区的控制效果

图 3 所示为桥梁在涡振区的振幅随风速的变化曲线。由图 3 可以看出，设置 PTMD 后，在整个涡振区风速范围内，桥梁的涡振振动都得到了有效地抑制。最优参数设计的 TMD 减振与 PTMD 差不多。可以反映出 PTMD 不仅与 TMD 减振效果相近，对于频率比对减振效果的影响也远小于 TMD 的。

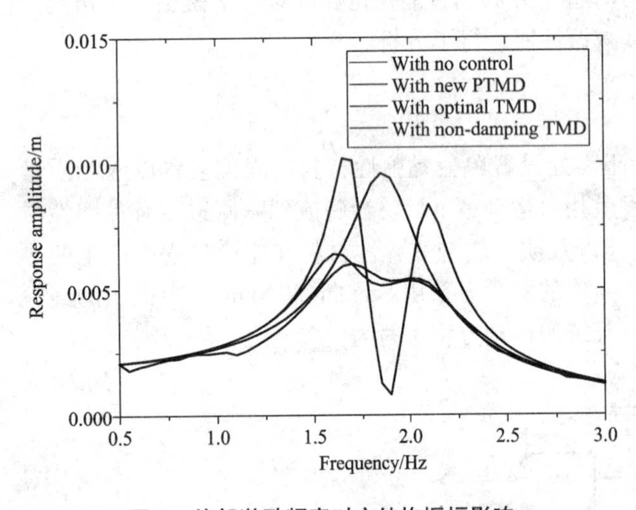

图 2　外部激励频率对主结构振幅影响

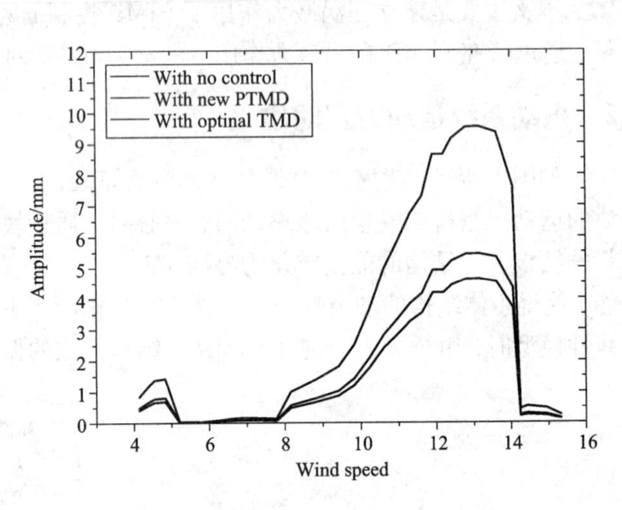

图 3　PTMD 在涡振区的控制效果

4　结论

研究了 PTMD 对桥梁涡激振动的被动控制，得出以下结论：

(1)在理论上，TMD 在外部激励频率很少范围内减振效果好于 PTMD，但就整体性而言，PTMD 适用于各个外部激励频率。而且减振效果变化不大，并且减振效果也能和 TMD 大致一样。

(2)质量比越大，控制率越高，但在工程运用中需考虑 PTMD 质量增加对桥梁的影响及经济性，应按照实际情况考虑合适的质量比。

参考文献

[1] 陈政清. 桥梁风工程[M]. 北京：人民交通出版社，2005，129.

[2] Simiu E, Scanlan R H. Wind Effects on Structures[M]. 2nd Ed. New York：John Wiley & Sons，1986.

[3] Ehsan F, Scanlan R H. Modeling spanwise correlation effects in the vortex－induced response of flexible bridges[J]. Journal of Wind Engineering and Industrial Aerodynamics，1990，36(2)：1105－1114.

长宽比对节段模型涡激振动的影响

温青[1,2]，华旭刚[2]，王修勇[1]

（1. 湖南科技大学土木工程学院 湖南 湘潭 411201；2. 湖南大学风工程与桥梁工程湖南省重点实验室 湖南 长沙 410028）

1 引言

长宽比是涡激振动节段模型试验设计的一个重要参数，虽然我国《公路桥梁抗风设计规范》对节段模型的长宽比进行了要求，但设计模型时，这个参数设计较为随意，而大量试验结果表明：不同长宽比的节段模型试验结果不一种，这其中有雷诺数效应，但是也不同排除长宽比效应[1]。鉴于此，通过设计不同长宽比的宽高比 5∶1 矩形断面节段模型弹性悬挂风洞试验，研究了长宽比对矩形断面涡激振动特征的影响。

2 风洞试验概况

涡激振动节段模型试验采用宽高比 5∶1 矩形断面刚性节段模型，各工况基本参数如表 1 所示。各测点截面及各截面风压测点布置如图 1 所示。风洞试验如图 2 所示，不同工况涡振振幅如图 3 所示。

表 1 涡振试验各工况基本参数

工况	D/mm	B/mm	L/mm	L/B	$m/(\mathrm{kg\cdot m^{-1}})$	f/Hz	ξ/%
C2611	60	300	1540	5.2	10	6.35	0.34～0.36
C1611	60	300	960	16	10	6.50	0.34～0.36
C0911	6	300	540	9	10	6.79	0.34～0.36

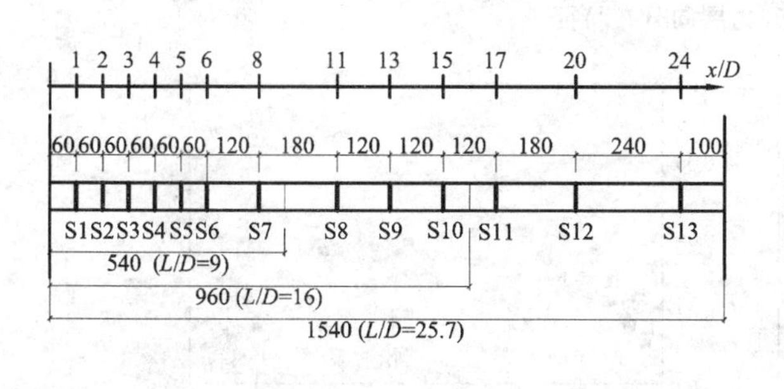

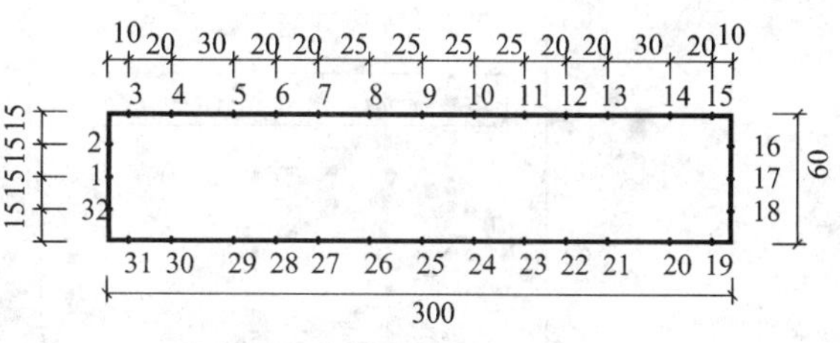

图 1 测点截面及各截面风压测点布置

图 2 风洞试验图

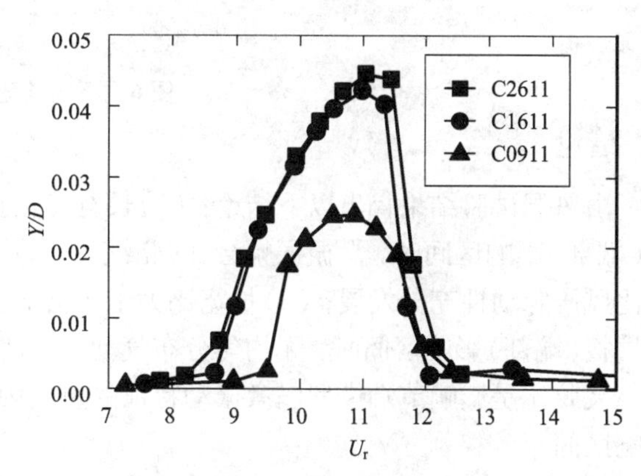

图 3 不同工况实测涡振振幅曲线

3　试验结果

不同长宽比中心截面的风压均值和标准差值如所图 4 示。C2611 工况 U1 和 U2 风速升力和力矩标准差展向分布如图 5 所示。U1 风速不同长宽比气动力展向分布特征如图 6 所示。

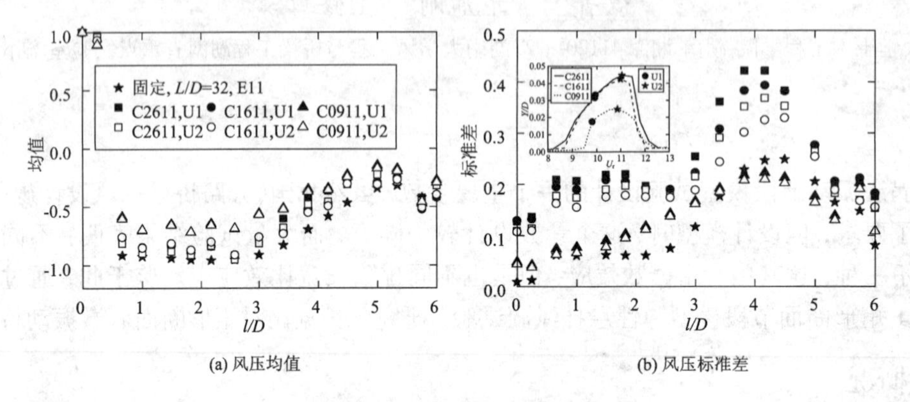

(a) 风压均值　　(b) 风压标准差

图 4　不同展弦比风压分布特征比较

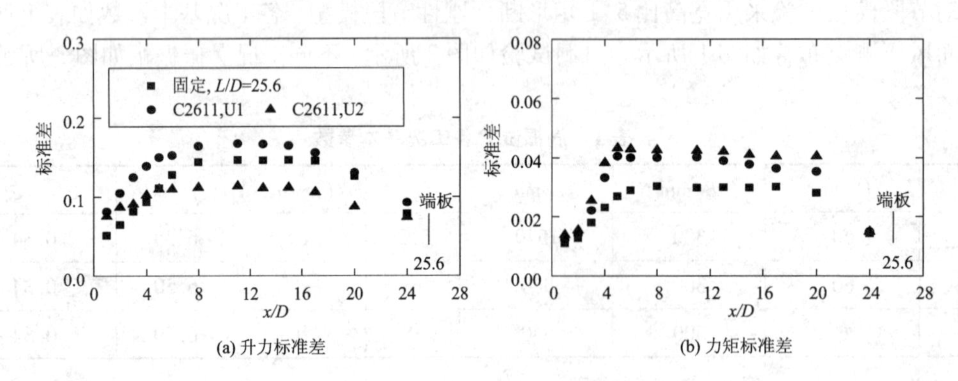

(a) 升力标准差　　(b) 力矩标准差

图 5　不同风速升力展向分布特征

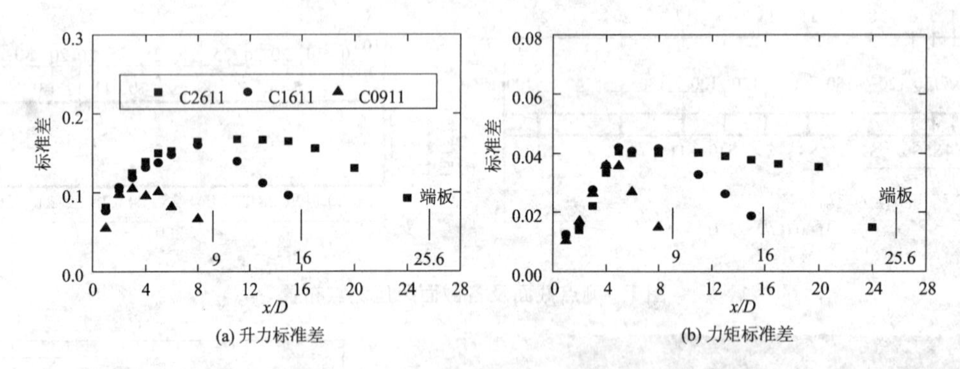

(a) 升力标准差　　(b) 力矩标准差

图 6　不同长宽比升力展向分布特征

4　结论

由风洞试验结果得出以下结论：(1) 长宽比会显著影响节段模型涡激振动特征，当长宽比小于 2 倍端板(端部)影响区间时，涡振振幅会加剧减小；(2) 大长宽比和小长宽比截面风压分布特征显著不同，大长宽比风压脉动性充分发展；(3) 长宽比大于 2 倍端板(端部)影响区间时，中间截面气动力均分分布，小于 2 倍端板(端部)影响区间时，无均匀分布气动力，且气动力会随着展弦比减小而加剧减小。

展弦比是影响节端模型涡激振动特征的重要因素，设计节段模型时展弦比至少要大于 2 倍端板(端部)影响区间。

参考文献

[1] Li H, Laima S, Jing H. Reynolds number effects on aerodynamic characteristics and vortex induced vibration of a twin - box girder[J]. Journal of Fluids and Structures, 2014, 50: 358 - 375.

台风作用下大跨桥梁动态响应分析*

武隽，刘焕举，徐鹏飞
（长安大学公路学院 陕西 西安 710064）

1 引言

随着桥梁理论计算和施工技术的发展，桥梁结构逐步趋向于大跨化、轻型化。大跨桥梁一般由于结构形式独特和地理位置关键，经常会成为人们识别位置的地标，且大跨桥梁承载着较大的交通量，一旦垮塌，会造成大量的人员伤亡和财产损失，产生恶劣的社会影响。台风是强灾害天气之一，台风风速较大，且风速变化较快，对处于台风频发区域的大跨桥梁，其安全性更应特别关注，保障大跨桥梁的安全运营，对大跨桥梁进行合理准确的安全评价十分必要。

风作用下桥梁响应分析一般采用建立的风－桥耦合振动分析系统，但目前建立的风－桥系统主要针对良态风。台风具有典型的非平稳性，平均风速具有时变性，良态风的风－桥系统中的风场模拟和风荷载处理部分都不能直接采用。传统的是假设台风为平稳随机过程，进行时域或频域的抖振分析，但已有研究表明台风具有典型的非平稳性[1]，所以此方法不适用。随着健康监测系统的发展[2]，一些研究基于实测响应对台风作用下的桥梁响应进行分析，但该方法花费大，受环境影响也较为显著。也有学者直接对桥梁响应进行模拟[3]，但是假设把桥梁响应视为时变平均响应和零均值的进化高斯随机过程，主要用于响应极值预测，对不同桥的跨径、桥型及桥梁部件等的不同，该方法的通用性值得商榷。在台风风场模拟研究成果的基础上，开展台风荷载处理研究，构建台风－桥分析框架，对台风作用下桥梁响应预测及评价十分必要。

本文首先构建三维台风风场模拟方法，并提出用于验证三维台风风场的进化谱。其次在台风模拟的基础上，引入台风荷载处理方法，形成台风荷载。再次，构建台风－桥分析系统。最后以某大跨斜拉桥为例，采用建立的分析系统，对台风作用下的桥梁动态响应进行分析。

2 台风－桥分析系统建立

2.1 台风风场建立

（1）时变平均风速的提取

针对目前的台风资料中，多是已知台风经过区域某测点多个时间间隔 T_0（T_0为 15 min，1 h 或 6 h 等）的平均风速点的情况，构筑允差为 0 的三次样条曲线，并把该样条曲线离散成 p 个足够短时间间隔 Δt 的时间序列，提取时变平均风速。

（2）脉动风速的模拟

针对台风的非平稳时变特性，首先通过更新风功率谱中的平均风速，获取时变风功率谱；然后把每个足够短时间间隔 Δt 内的脉动风速视为平稳随机过程，采用谐波合成法（韩老师 nonliner）对各时间间隔 Δt 内的脉动风速进行模拟，进而实现各时间间隔内的脉动风速模拟。

（3）进化谱

模拟台风风场的合理性可通过经非均匀调制函数调制的进化谱来进行验证，采用非均匀调制函数对经典风谱进行非均匀调制，获取台风进化谱，对模拟风场进行检验。

2.2 台风荷载形成

桥梁风荷载分为三部分：平均风产生的静风力，脉动风引起的抖振力及风、桥气动耦合导致的自激力。台风荷载处理过程中，主要仍沿用良态风荷载处理方法[2-3]。但由于台风风速是稳态的随机过程，台风平均风速具有时变性，变化量较大不容忽略，因此台风荷载处理过程中，对良态风荷载处理方法中的平均风速变量设为时变平均风速进行处理。

* 基金项目：国家自然科学基金（51408053），中国博士后特别资助（2015T80996），长安大学中央高校基金（310821171002）

2.3　台风－桥分析系统建立

在三维台风风场及台风荷载形成的基础上，以大型计算软件 MATLAB 和 ANSYS 为分析平台，建立台风－桥分析系统，其中自激力在 ANSYS 中以 Matrix27 矩阵的形式进行输入。

2.4　实例分析

选取某斜拉桥为例，该斜拉桥桥址位于杭州湾，台风灾害频发。大跨斜拉桥设计跨径为 908 m，为钻石型双塔空间双索面五跨连续钢箱梁斜拉桥，其中主桥索塔高 181.3 m。采用建立的分析系统对台风作用下桥梁响应进行分析。其中跨中位移时程如图 1 所示。

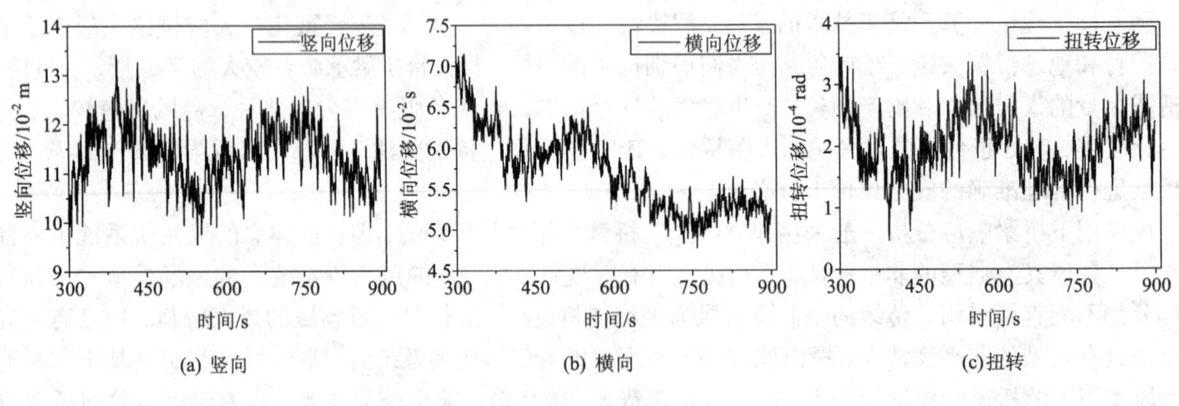

图 1　跨中位移时程

3　结论

建立了大跨桥梁三维台风风场模拟方法，并采用进化谱对模拟风场进行了验证，为非平稳台风模拟研究提供理论基础。在台风荷载形成的基础上，构建台风－桥分析系统，为台风作用下桥梁响应分析提供分析基础。

参考文献

[1] Li X L, Xiao Y Q, Kareem A, et al. Modeling typhoon wind power spectra near sea surface based on measurements in the south China sea[J]. Journal of Wind Engineering and Industrial Aerodynamics, 2012, (104－106): 565－576.

[2] Zhang W. Bridge fatigue damage assessment under vehicle and non－stationary hurricane wind[C]//The 12th Americas Conference on Wind Engineering, Washington, USA, 2013.

[3] Liang Hu, You－Lin Xu. Extreme value of typhoon－induced non－stationary buffeting response of long－span bridges[J]. Probabilistic Engineering Mechanics, 2014, 36: 19－27.

桥梁主梁风致自激振动的定常吸气流动控制*

辛大波[1]，张洪福[2]，欧进萍[2]

（1. 东北林业大学土木工程学院 黑龙江 哈尔滨 150040；2. 哈尔滨工业大学土木工程学院 黑龙江 哈尔滨 150090）

1 引言

颤振与涡振是桥梁主梁典型的风致振动，具有自激振动特性。桥梁颤振危害极大，可使桥梁发生坍塌破坏；涡激共振易引起结构疲劳，过大的振幅会影响结构行车安全。近年来，基于流动控制方式进行桥梁风致涡振、颤振抑制的研究逐渐成为热点，本文提出了基于定常吸气方式的桥梁风致涡振、颤振流动控制方法，以大贝尔特东桥（Great Belt East Bridge）节段模型为研究对象，通过试验与数值研究验证了定常吸气方法对于控制桥梁涡振、颤振的有效性，并初步揭示了该流动控制方法的机理。

2 主梁涡振与颤振定常吸气控制的试验研究

2.1 试验模型及环境

涡振与颤振试验模型均采用丹麦大贝尔特东桥，模型缩尺比分别为1∶40与1∶80。该试验在哈尔滨工业大学风洞与浪槽联合实验室小试验段中进行。涡振实验模型竖向频率为f_v = 5.25 Hz，竖向阻尼比为0.39%。颤振模型扭转频率为f = 6.8 Hz，扭转阻尼比为0.384%。为研究定常吸气位置对其控制效果的影响，七排纵向吸气孔设置在模型底面，分别对应七种吸气模式：K_1，K_2，K_3，K_4，K_5，K_6及K_7，具体位置如图1所示。吸气孔大小为10 mm，最大吸气流量为20 L/min。

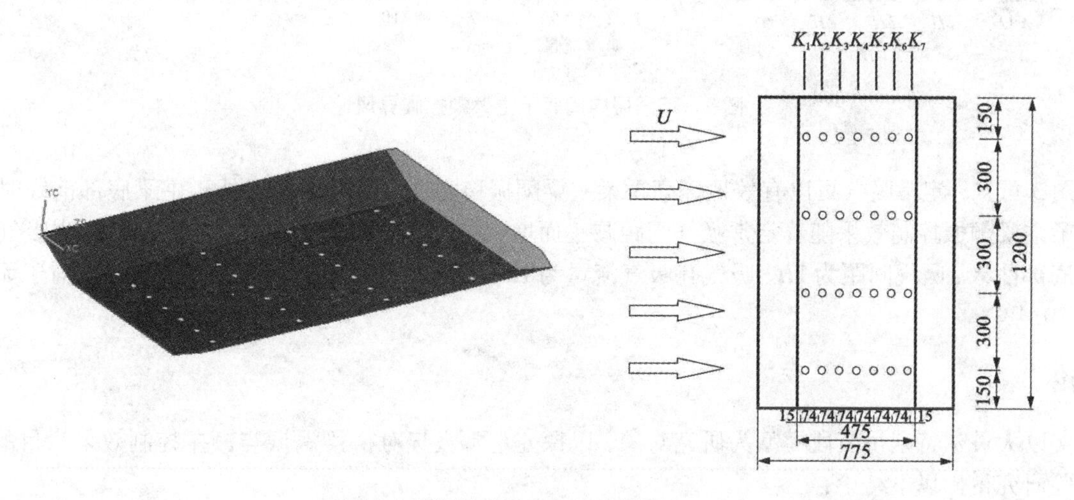

图1 桥梁模型及吸气孔布置图（mm）

2.2 试验结果及讨论

不同吸气模式下主梁竖向涡振的位移均方根值如图2所示，图中RMSd为竖向位移均方根值，U_r为折减风速。

由图2可知，主梁展向位置施加定常吸气可有效地降低涡激振动振幅，提高了主梁涡振的起振风速并减小了锁定区间。在桥梁模型底面并靠近尾流区施加定常吸气对涡振控制效果最佳。该控制方法的机理在于主梁尾部位置施加展向吸气激发了尾流的不稳定性，抑制了展向涡的生成及发展，从而削弱了涡振振幅。

* 基金项目：国家自然科学基金（51378163）

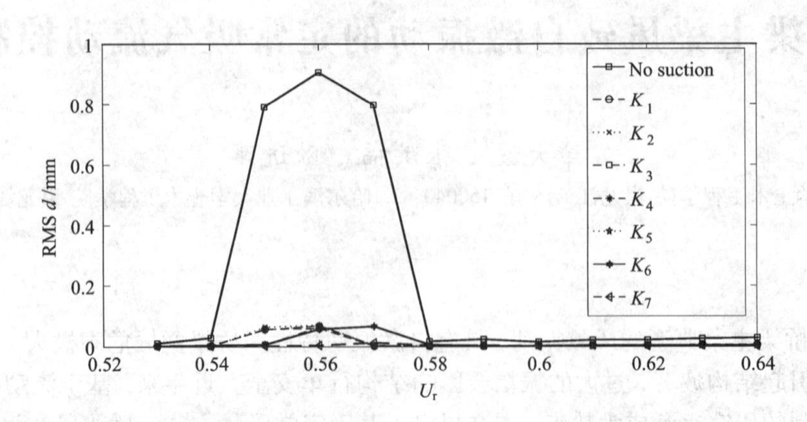

图 2　不同吸气模式下桥梁竖向涡振的加速度均方根值

不同展向间距、不同吸气流量与不同吸气位置下定常吸气对主梁颤振临界风速如图 3 所示，图中 H 为桥梁高度。

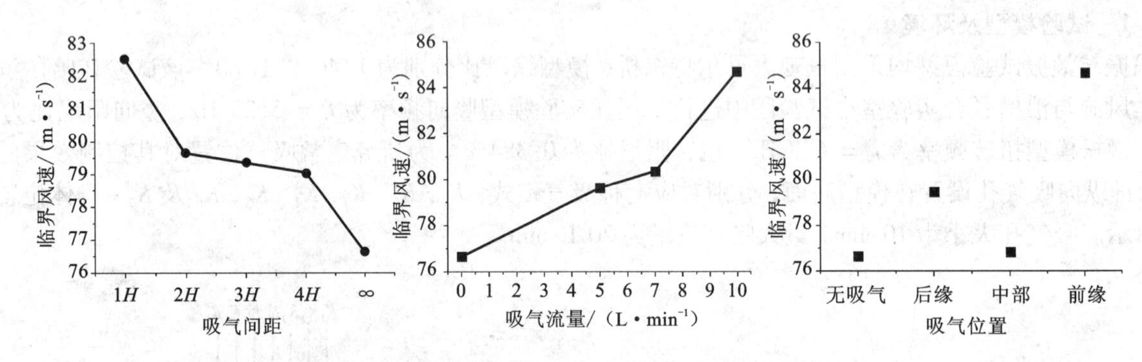

图 3　不同展向间距下主梁颤振临界风速

由图 3 可知，定常吸气可以有效地提高桥梁主梁颤振稳定性，当吸气位置处于主梁底部前缘时效果最好。桥梁主梁颤振控制效果随着定常吸气间距减小而增大，随吸气孔吸气流量增加而增加。当吸气位置处于主梁底部前缘、吸气间距为 1H、吸气孔吸气流量为 10 L/min 时，桥梁主梁颤振临界风速相对于无控状态提高了 10.4%。

3　结论

本文以大贝尔特东桥节段模型为研究对象，以探究定常吸气对桥梁涡振与颤振控制效果为目的，通过风洞试验研究得出以下结论：

(1)定常吸气可以有效地降低涡激振动竖向振动和扭转振动振幅，提高临界风速，减小锁定区间，且在模型尾部靠近分离点处施加定常吸气控制效果最为明显。

(2)定常吸气可以有效地提高桥梁主梁颤振稳定性，当吸气位置处于主梁底部前缘时效果最好，颤振抑制效果随着定常吸气间距减小而增大，随吸气孔吸气流量增加而增加。

参考文献

[1] C Rosario, T Nicola, A Giuseppe, K Anil. Dynamic characterization of complex bridge structures with passive control systems [J]. Structural Control and Health Monitoring, 2012, 19(4): 511-534.

[2] Larsen A, Walther J H. Aeroelastic analysis of bridge girder sections based on discrete vortex simulations[J]. Journal of Wind Engineering & Industrial Aerodynamics, 1997, 67/68: 253-265.

涡激振动强耦合特性模拟的数理模型及其应用*

许坤[1]，葛耀君[2]，赵林[2]，杜修力[1]
（1. 北京工业大学城市与工程安全减灾教育部重点实验室 北京 100124；
2. 同济大学土木工程防灾国家重点实验室 上海 200092）

1 引言

桥梁低风速条件下大振幅振动易引发行人和行车安全事故，并由此衍生结构疲劳损伤等安全隐患。现有涡激气动力理论框架仅能简单计入气动力的弱非定常和非线性效应，忽略了气动力的记忆效应。导致现有理论体系难以准确预测实际结构涡振性能，也无法考虑空间非均匀分布、时变等来流状况对涡振效应的影响，引发多起严重的桥梁抗风评估误判工程案例[1-2]。本文拓展利用新型多维卷积积分模型的数学记忆特性，并充分发挥该模型能够再现时变强非线性效应的特点，构建了涡振过程流体－结构间的强耦合关系。采用 CFD 手段实现了高精度涡激力模式参数辨识方法。建立了多维卷积积分与结构有限元耦合求解策略，实现了能够考虑真实来流特性影响的大跨度桥梁涡激振动三维全桥时域模拟。

2 流体－结构强耦合关系模拟

2.1 多维卷积模型

涡振过程结构运动与气动力间为典型单输入－单输出系统，系统输入为结构运动状态，输出为作用于结构的气动力。以竖向运动为例，量纲为一的升力可以用多维卷积模型表示为[3]：

$$C_L(s)=\int_0^s h_1(\tau)Y'(s-\tau)\mathrm{d}\tau+\int_0^s\int_0^s h_2(\tau_1,\tau_2)Y'(s-\tau_1)Y'(s-\tau_2)\mathrm{d}\tau_1\mathrm{d}\tau_2+\int_0^s\int_0^s\int_0^s h_3(\tau_1,\tau_2,\tau_3)Y'(s-\tau_1)Y'(s-\tau_2)Y'(s-\tau_3)\mathrm{d}\tau_1\mathrm{d}\tau_2\mathrm{d}\tau_3+\cdots \tag{1}$$

式中，第一项表示气动力中线性效应部分；第 $p(p\geqslant 2)$ 项表示气动力中 p 次非线性效应部分；τ 为气动力记忆持续时长；h 项为卷积模型内核项，表示结构运动与气动力间传递函数。

2.2 流体－结构强耦合关系模拟

卷积模型理论上可通过无限阶次展开近似任意非线性系统，并且由于卷积特性，可用来考虑气动力记忆效应。当采用上述模型模拟涡振过程时，必须准确获取描述结构运动与气动力间相互作用关系的内核项（结构运动与气动力间传递函数）。本文内核识别采用传统最小二乘方法，利用 CFD 手段获取典型桥梁断面不同折算风速和振幅单频振动条件下的结构运动速度及涡激力时程，利用上述结果建立系统输入和输出矩阵，通过矩阵运算获取各阶内核项。

基于内核识别结果模拟了不同运动状态（折算风速、振幅）结构所受涡激力的时程、频谱及滞回曲线，并和相同工况 CFD 结果进行了比较。多维卷积模型在时域、频域、相空间方面均能较好地再现原始 CFD 过程，表明多维卷积模型能够很好地模拟涡振过程流体－结构间的强耦合关系。锁定区某一风速下卷积模型模拟涡激力的频谱特性如图 1 所示。

3 三维全桥时域分析

采用多维卷积模型建立涡振过程流体－结构强耦合关系后，需将多维卷积模型与结构有限元结合以计算实际结构涡振性能。本文流体－结构方程耦合求解采用时间步长推进法（time marching approach），涡激力展向相干模型采用传统“修正函数”模型。利用三维时域模拟方法计算了西堠门桥固定风速及来流随时间缓慢变化条件下的结构振动响应，计算结果与文献记载的现场结果能够较好比对（图 2），验证了三维时

* 基金项目：国家重点基础研究发展计划（973 计划）（2013CB036300）

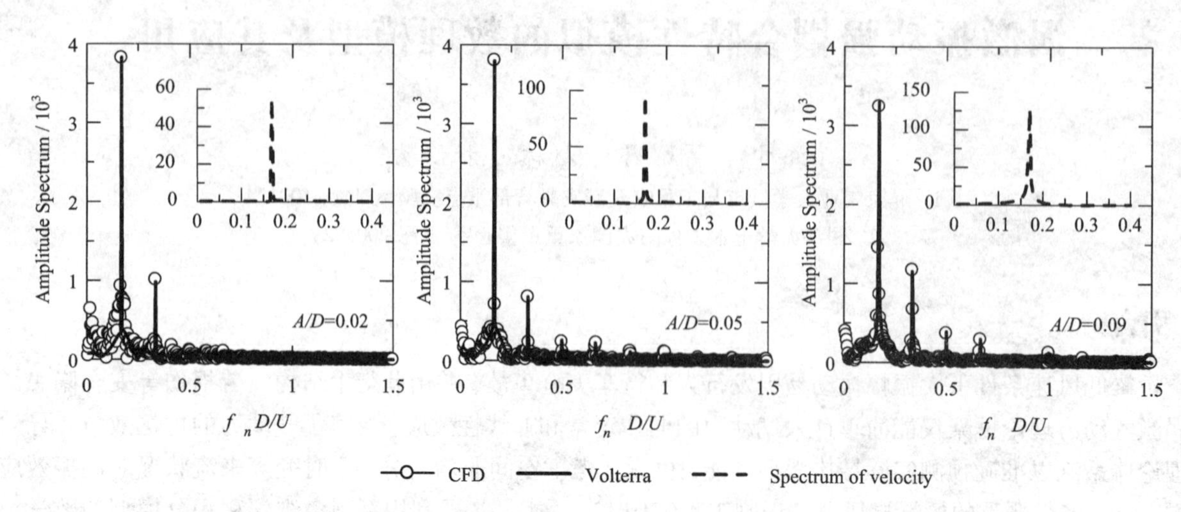

图 1 锁定区某一风速涡激力频谱特性模拟结果和原始 CFD 结果比较

域计算过程的可靠性。

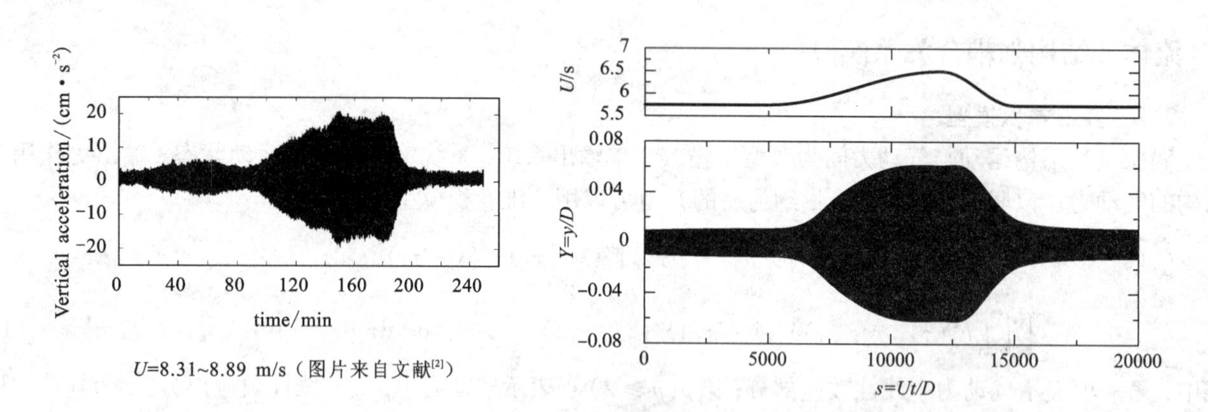

图 2 来流随时间缓慢变化情况下结构涡振响应计算结果(右侧)与现场实测结果(左侧)比较

4 结论

本文利用新型多维卷积积分模型，构建了涡振过程流体－结构间的强耦合关系，建立了多维卷积积分与结构有限元耦合求解策略，实现了能够考虑真实来流特性影响的大跨度桥梁涡激振动三维全桥时域模拟。多维卷积模拟结果与现场结果能够较好比对，验证了三维时域计算结果的可靠性。

参考文献

[1] Larsen A. Aerodynamic aspects of the final design of the 1624 m suspension bridge across the Great Belt[J]. Journal of Wind Engineering & Industrial Aerodynamics, 1993, 48(2): 261－285.

[2] Li H, Laima S, Ou J, et al. Investigation of vortex－induced vibration of a suspension bridge with two separated steel box girders based on field measurements[J]. Engineering Structures, 2011, 33(6): 1894－1907.

[3] Xu K, Zhao L, Ge Y, et al. Reduced－order modeling and calculation of vortex－induced vibration for large－span bridges[J]. Journal of Wind Engineering & Industrial Aerodynamics (under review), 2017.

风-桥非线性自激系统内共振现象*

张文明[1]，葛耀君[2]

（1. 东南大学土木工程学院 江苏 南京 210096；2. 同济大学土木工程防灾国家重点实验室 上海 200092）

1 引言

本文介绍在马鞍山长江公路大桥（主跨 2×1080 m 三塔悬索桥）全桥气弹模型风洞试验中发现的一种非线性颤振现象，包含了丰富的非线性效应，如振动模态转换、软颤振和内共振等，是难得一见的非线性振动案例。

2 非线性振动特征

2.1 振动模态转换

接近颤振临界风速时由两跨反对称扭转振动，经两跨交替扭转振动，过渡到两跨正对称扭转振动发散[1]。图 1 所示为在同济大学 TJ-3 风洞连续观测记录的成桥状态 0°风攻角主梁跨中的扭转位移信号，风洞试验风速为 6～6.2 m/s。

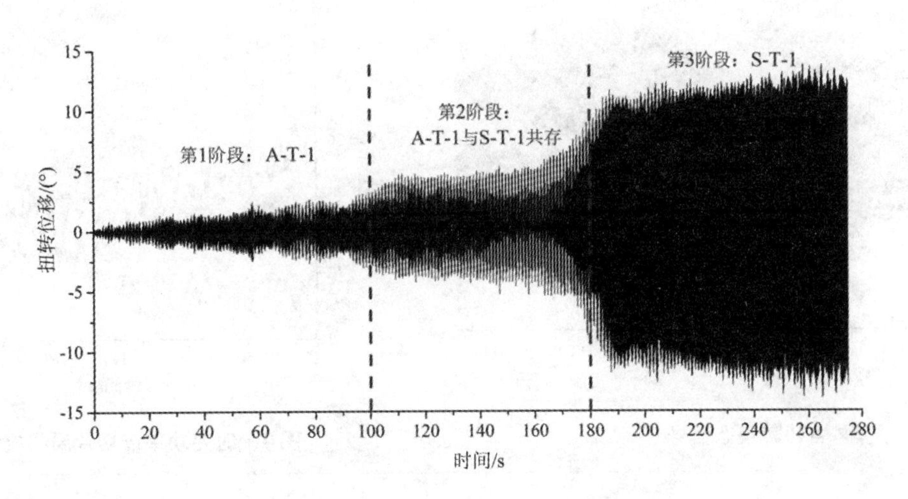

图 1 全桥气弹模型北跨跨中扭转信号

根据振动模态可将图 1 中的扭转信号划分为 3 个阶段：第 1 阶段振动模态为一阶反对称扭转（A-T-1[1]），第 2 阶段振动模态为一阶反对称扭转与一阶正对称扭转（S-T-1[1]）共存，第 3 阶段振动控制模态为 S-T-1。图 2 所示为采用小波变换方法计算获得的扭转信号时变功率谱及“切片”。

2.2 软颤振

在图 1 中第 100 s 和第 180 s 时刻左右，振幅突然增大，好像是发散的预兆。但是结构并没有发散，而是稳定在近似等振幅的极限环振荡。而且第 3 阶段是大振幅的极限环振荡，振幅约 13°。这一稳定极限环振荡是由自激力非线性引起的。

2.3 内共振

图 3 所示为通过滤波获得的各扭转模态信号。两个振动信号的幅值在波动中此消彼长，说明振动能量在 A-T-1 模态和 S-T-1 模态之间不断地传递。在传递过程中能量不断向 S-T-1 模态积聚，导致 A-T-1 模态不断衰减，S-T-1 模态振幅不断增大。图 4 所示为从图 2(b) 中截取的时变功率谱局部放大图。由图 4 可以看出，A-T-1 与 S-T-1 的时变功率谱幅值波动的相位相反。经分析发现，波动的频率恰好

* 基金项目：国家自然科学基金（51678148）

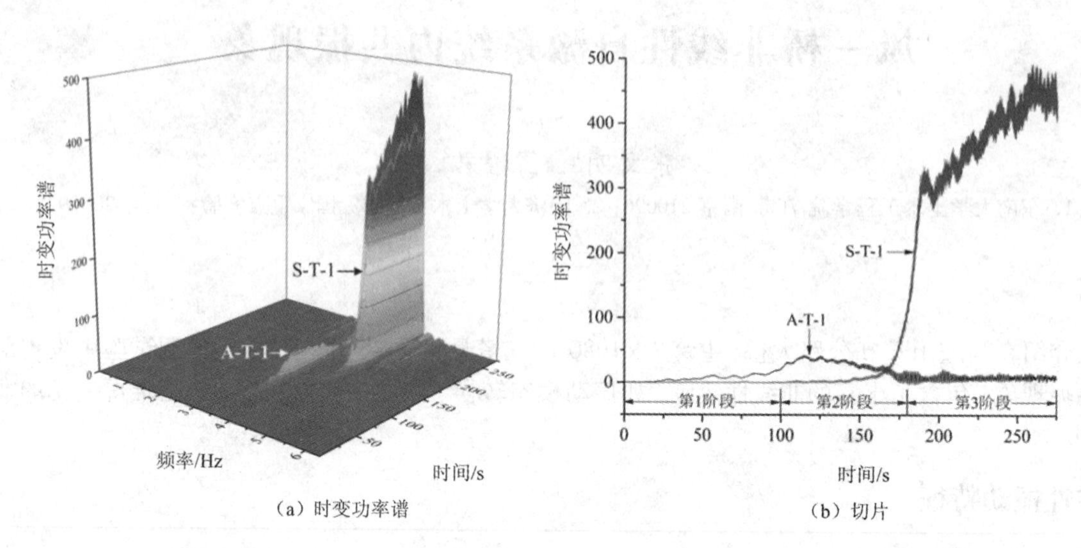

（a）时变功率谱 （b）切片

图2 扭转信号时变功率谱及切片

是全桥气弹模型一阶竖弯模态的频率。

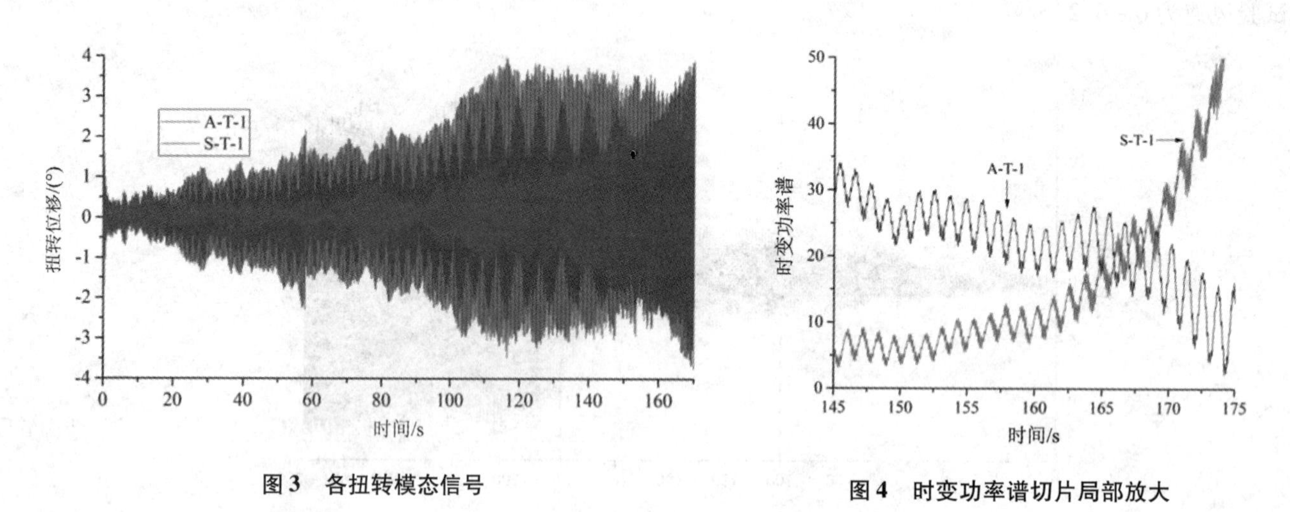

图3 各扭转模态信号 **图4 时变功率谱切片局部放大**

内共振是非线性系统特有的现象，而本桥振动系统的非线性来源主要是气动力非线性和几何非线性。在多自由度耦合非线性振动系统中，若存在正或负的整数 m_1，m_2，…，m_n使得系统的若干个固有频率 ω_1，ω_2，…，ω_n之间存在如下关系[2]时：$m_1\omega_1+m_2\omega_2+\cdots+m_n\omega_m=0$，就有可能发生模态相互作用，也称内共振。大量的理论和试验研究表明，内共振在多自由度非线性振动系统的模态之间建立了一个能量交换机制。

该桥一阶竖弯频率、A－T－1 频率和 S－T－1 频率之比近似满足 1∶4∶5 双重内共振关系。由于内共振，系统能量由 A－T－1 模态传递到 S－T－1 模态，竖弯模态可能起到了能量传递的媒介作用，最终发生了模态的跳跃现象。

3 结语

本文振动模态转换、软颤振和内共振等现象，有助于深化对风致非线性振动的认识。

参考文献

[1] Zhang W M, Ge Y J. Flutter mode transition of a double－main－span suspension bridge in full aeroelastic model testing[J]. Journal of Bridge Engineering, ASCE, 2014, 19(7).

[2] Nayfeh A H, Mook D T. 非线性振动(中译本)[M]. 北京：高等教育出版社，1990.

一种改进颤振导数模型

张欣[1]，赵林[2]
（1. 郑州大学土木工程学院 河南 郑州 450001；2. 同济大学土木工程学院 上海 200092）

1 引言

经典颤振导数模型[1]存在物理意义不明确的弱点。Zhang 和 Gao[2]提出的气弹偏心模型是对该物理意义模糊性的一种修正。但气弹偏心模型只能在特定的条件下使用，应用范围有限。本文提出了一种较为通用的，适用于多自由度节段模型试验的改进颤振导数模型，并进一步推导了该模型在自由振动工况下的辨识方程。与经典颤振导数模型的定义不同，该模型中每个颤振导数均只与单一折算频率的振动信号相关联，因此具有明确的物理意义；又与气弹偏心模型不同，该模型具有与经典模型相似的通用形式，不依赖于气弹系统的特殊性能，具有良好的适应性。同时，新模型中颤振导数的辨识过程较为简单直接，可以通过 Hilbert 变换基于控制方程两端的瞬时平衡关系得到，能够较好地反映出气弹振动系统的时变性。

2 经典颤振导数模型的弱点

经典颤振导数模型是基于 Theodorsen 颤振理论[3]建立的。理论上，Theodorsen 颤振方程只适用于简谐振动状态。这就意味着模型或者处于颤振状态，或者处于正弦激励下的受迫振动状态。由于存在势流假定，Theodorsen 方程是线性方程，可以基于上述第二种情况，将方程的结果通过频响函数的形式推广到一般振动状态。然而，桥梁节段均为钝体断面，该流固耦合系统不符合势流假定，其线性特征无从保证。因此，似乎可以说，在自由振动中，经典颤振导数模型只能在颤振状态下使用。

然而，目前的桥梁颤振分析方法均是在非颤振状态下通过风洞试验测定颤振导数，并通过数值计算的方法获得整桥的颤振风速。如 Zhang 和 Gao[2]所指出，这样的做法事实上会产生一些奇异性。主要的奇异性有两点，一是试验中颤振导数可能与双频信号相关联，会使得其物理意义变得模糊，二是在后续数值分析中颤振导数重组过程的物理意义亦不甚明确。

在桥梁抗风设计中，非颤振状态风洞试验是必要的，但是似乎并不能应用经典颤振导数模型。

有鉴于此，本文提出一种改进颤振导数模型，既能够适应非颤振状态下耦合特性测试试验，又能够克服经典颤振导数模型的弱点。

3 改进颤振导数模型

3.1 模型的定义

在节段模型的自由振动试验中，假设模型形心处的竖向位移为 $h = h_h + h_\alpha$，模型的扭转位移为 $\alpha = \alpha_h + \alpha_\alpha$，二者均可能为双频信号。其中 h_h 为竖向位移中对应于竖向自振频率的振动成分，为自由度主成分；h_α 为竖向位移中对应于扭转自振频率的振动成分，为自由度次成分，即耦联项(coupled term)；α_h 为扭转位移中对应于竖向自振频率的振动成分，为自由度次成分，即耦联项；α_α 为扭转位移中对应于扭转自振频率的振动成分，为自由度主成分。

在以上定义下，将经典气弹力表达式中的模型位移和速度项以各自的自振项替代：$h \to h_h$，$\alpha \to \alpha_\alpha$，即将相关时程中的耦联项作为间接项隐含在各自所对应的主成分作用之中。例如，认为 h_α 产生的气弹效应也源自 α_α，该作用可以包含在 α_α 的气弹效应之中，不必包含在 h 的气弹效应之中。其他以此类推。

经过推导可以得到如下方程：

$$C_{j,k} = (R_{j,k} + iI_{j,k}) \frac{Y_{j,k}}{Y_{k,k}} \tag{1}$$

其中：$j = \alpha, h$，$k = \alpha, h$ 为扭转和竖向自由度；$C_{j,k}$为气弹系数项，包含颤振导数；$R_{j,k}$和 $I_{j,k}$为实测系数项；$Y_{j,k}$和 $Y_{k,k}$为相应位移分量的 Hilbert 变换，为复数信号。以上物理量的具体定义请见论文全文。

3.2 模型的辨识方法

该模型的辨识方法可以采用文献[2, 4]中所述的 FM - EMD 方法。由于公式(1)是基于振动控制方程两端瞬时平衡关系等到的，辨识过程可以充分体现气弹系统的时变性或弱非线性。

3.3 气弹系统时变性的物理意义

基于试验结果，利用改进颤振导数模型讨论了桥梁节段气弹系统自由衰减振动的时变性，揭示了时变性的物理意义。指出在自由衰减振动时变性不可忽略的情况下，将衰减振动结果应用于颤振分析可能存在的逻辑风险。

4 结论

提出的改进颤振导数模型能够有效克服经典颤振导数模型的弱点。对颤振导数模型的修改将不可避免地对桥梁颤振试验和分析方法带来一定的影响，因此具有重要的理论意义，值得进一步研究。

参考文献

[1] Scanlan R H, Tomko J J. Airfoil and Bridge Deck Flutter Derivatives[J]. Journal of Engineering Mechanics, ASCE, 1971, 97 (6): 1717 - 1737.

[2] Zhang X, Gao D. A modification to the flutter derivative model[J]. J. Wind Eng. Ind. Aerodyn, 2014, 129: 40 - 48.

[3] Theodorsen T. General Theory of Aerodynamic Instability and Mechanization of Flutter[R]. NACA Rept, 1935: 496.

[4] Zhang X, Du X, Brownjohn J. Frequency Modulated Empirical Mode Decomposition Method for The Identification of Instantaneous Modal Parameters of Aeroelastic Systems[J]. J. Wind Eng. Ind. Aerodyn, 2012, 101: 43 - 52.

大跨度桥梁高阶涡振幅值3D修正效应研究*

周帅[1]，华旭刚[2]，谭立新[1]，李水生[1]，牛华伟[2]

（1. 中国建筑第五工程局有限公司 湖南 长沙 410004；2. 湖南大学土木工程学院 湖南 长沙 410082）

1 引言

大跨度桥梁主梁节段模型与实桥之间存在着振型、展向相关性等3D效应差异，需要考虑这些因素的修正才能根据节段模型风洞试验结果准确评估实桥的最大幅值。本文采用一种新型的多点弹性支撑气弹模型和1∶1节段模型开展对比风洞试验，将实测的气弹模型高阶涡振幅值与节段模型进行对比，定性和定量地研究3D修正效应的影响。

2 风洞试验模型及参数

2.1 风洞试验模型

多点弹性支撑气弹模型如图1所示，纵向长度8100 mm，矩形截面尺寸为240 mm×40 mm。根据气弹模型的几何参数和结构参数，按1∶1的原则设计制作节段模型，如图2所示。

图1 多点弹性支撑气弹模型

图2 1∶1节段模型

2.2 试验工况参数

选取气弹模型几何参数和5、6、7阶竖弯模态结构参数与相应的1∶1节段模型进行对比如表1所示。从表中可以看出，气弹模型与节段模型几何尺寸一致，固有频率、阻尼比、Scruton数以及Reynolds数等参数存在一定程度的偏差，但偏差范围均在5%以内。

表1 气弹模型与1∶1节段模型参数对比

模态	参数类型	符号	单位	气弹模型	1∶1节段模型	偏差
第5、6、7阶模态	长度	L	mm	8100	1530	—
	横风向尺寸	D	mm	40	40	0
	顺风向尺寸	B	mm	240	240	0
	试验风速	U	m/s	<6	<6	0
	等效质量	m	kg/m	3.10	3.25	4.73%
第5阶模态	横风向固有基频	f_5	Hz	5.86	5.90	0.68%
	阻尼比	ξ_5	—	0.0061	0.0058	-4.92%
	Scruton数	Sc_5	—	121	121	-0.42%
	Reynolds数	Re	—	6250	6293	0.69%
第6阶模态	横风向固有基频	f_6	Hz	6.74	6.84	1.48%
	阻尼比	ξ_6	—	0.0063	0.0061	-3.17%
	Scruton数	Sc_6	—	125	127	1.41%
	Reynolds数	Re	—	7189	7296	1.49%

* 基金项目：国家自然科学基金面上项目(51422806，51478181)

续表 1

模态	参数类型	符号	单位	气弹模型	1:1 节段模型	偏差
第 7 阶模态	横风向固有基频	f_7	Hz	7.86	8.15	3.69%
	阻尼比	ξ_7	—	0.0063	0.0062	-1.59%
	Scruton 数	Sc_7	—	125	129	3.07%
	Reynolds 数	Re	—	8383	8693	3.70%

3　试验结果对比

气弹模型 5、6、7 阶竖弯模态涡振锁定区间量纲为一的幅值响应曲线与 1:1 节段模型对比分别如图 4 ~ 6 所示，风洞试验实测值与理论模型估算值对比如表 2 所示。

表 2　气弹模型与节段模型最大涡振幅值换算系数对比

模态阶次	实测量纲为一的涡振幅值 1000 A/D	气弹模型与节段模型最大涡振幅值比值系数		
		实测值	Scanlan 经验线性模型估算值	Scanlan 经验非线性模型估算值
气弹模型第 5 阶模态	37.2	1.25	1.38	1.20
节段模型 S5	29.7			
气弹模型第 6 阶模态	41.1	1.32	1.24	1.15
节段模型 S6	31.2			
气弹模型第 7 阶模态	41.3	1.29	1.37	1.20
节段模型 S7	31.9			

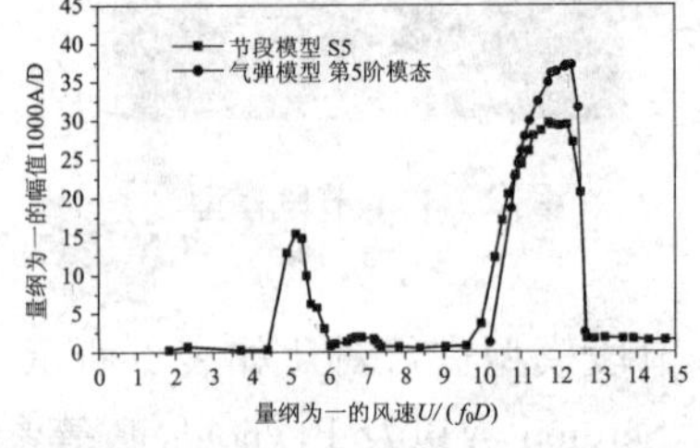

图 4　第 5 阶模态响应对比

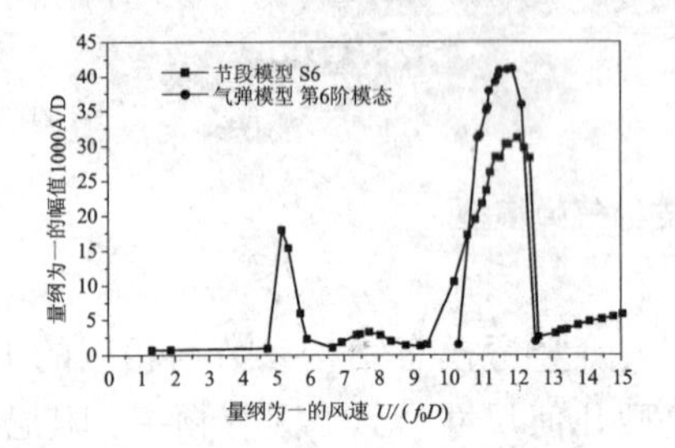

图 5　第 6 阶模态响应对比

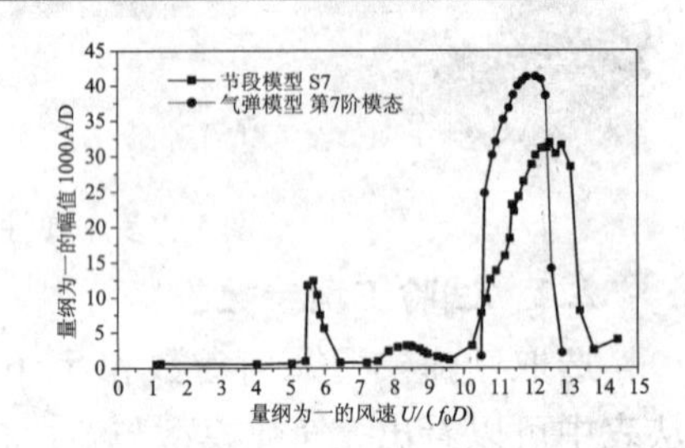

图 6　第 7 阶模态响应对比

4　结论

(1)开展多点弹性支撑气弹模型风洞试验实测了 5、6、7 阶竖弯模态涡振响应，按照 1:1 的缩尺比分别制作了节段模型并开展了对比风洞试验，对应不同的模态阶次，两者实测的涡振锁定区间在起振风速点、区间跨度上吻合良好。

(2)多点弹性支撑气弹模型与节段模型的质量、阻尼、Reynolds 数、Strouhal 数等参数相同，3D 效应是影响两者实测最大涡振幅值差异的主要原因。风洞试验实测结果显示，多点弹性支撑气弹模型高阶模态最大涡振幅值比 1:1 节段模型高约 30%。

(3)评估大跨度桥梁主梁的抗风性能，缩尺节段模型风洞试验是基本的研究手段。而在预测实桥最大涡振幅值的过程中，3D 效应的修正影响不容忽略，本文的研究结论表明该系数不能低于 1.3。

参考文献

[1] Ge Y J, Xiang H F. Recent development of bridge aerodynamics in China[J]. Journal of Wind Engineering and Industrial Aerodynamics, 2008, 96: 736 - 768.

[2] 张志田，陈政清. 桥梁节段与实桥涡激共振幅值的换算关系[J]. 土木工程学报，2011，44(7)：77 - 82.

[3] 朱乐东. 桥梁涡激共振试验节段模型质量系统模拟与振幅修正方法[J]. 工程力学，2005，10(5)：204 - 208.

[4] 陈文. 多点弹性支承连续梁多模态涡激振动特性研究[D]. 长沙：湖南大学，2013：59 - 77.

地面效应对近流线型断面气动性能的影响

周志勇，周为，毛文浩

（同济大学土木工程防灾国家重点实验室 上海 200092）

1 引言

当桥面接近地面时，地面使断面的绕流与远离地面时的情况不同，可以引用空气动力学中的概念，称这种现象为"地面效应"。目前为止，国内外学者针对桥梁结构的静风稳定性、涡激共振性能、颤振稳定性进行了诸多研究，但考虑地面效应对它们影响的研究则基本没有。现有的或在建的桥梁中，却存在不少离地高度较低的桥梁，例如深港通道桥等。可以预见，当桥梁离地较低时，由主梁和地面所形成的"通道"将对气流产生阻碍或者加速作用，而这种作用反过来又会对主梁的气动力产生影响，从而影响主桥结构的风致稳定性能。

本文基于风洞试验的方法，对存在地面效应的近流线型断面的静风稳定性、涡激共振性能、颤振稳定性颤振性能进行研究。通过节段模型测力、测振风洞试验获得近流线型断面在两类粗糙度地面、三种风攻角、四种离地高度下的断面静气动力系数、St 数、涡振锁定区间和最大振幅、气动导数、系统扭转阻尼比及颤振临界风速随离地高度的变化规律。

2 节段模型设计

试验模型长度 $L=1.2$ m，高度 $h=0.047$ m，宽度 $B=0.3647$ m，整个模型长宽比约为 3.3。模型断面设计如图 1 所示。模型离地高度布置如图 2 所示。紊流场下粗糙条布置和节段模型顺风向位置如图 3 所示。其中，模型的离地高度 H 为模型底面至地面（均匀流场）或粗糙条顶面（紊流场）的距离；粗糙条高度 $d=0.05B$，尺寸为 $0.018\ \text{m}\times0.018\ \text{m}\times2.4\ \text{m}$，中心间距 0.108 m，净距 $k=5d=0.9$ m，共 24 条。风洞试验在无地面粗糙条（均匀流场）和有地面粗糙条（紊流场）两种不同地面粗糙度及 6 个离地高度（$H/B=0.2$、$H/B=0.3$、$H/B=0.4$、$H/B=0.5$、$H/B=0.6$、$H/B=\infty$）情况下进行。图 4 给出了模型装置示意图。

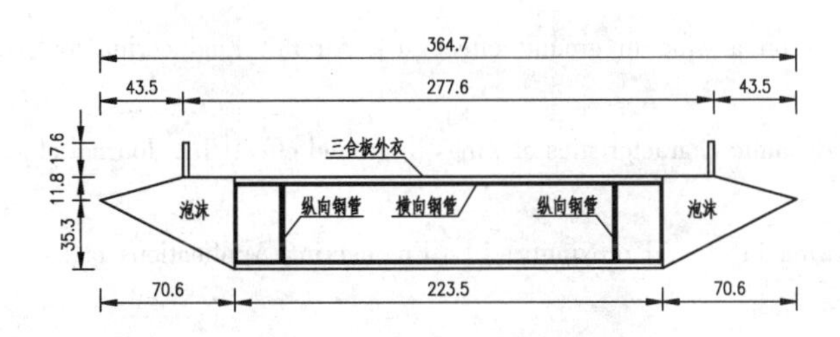

图 1 涡激振动节段模型断面图（单位：mm）

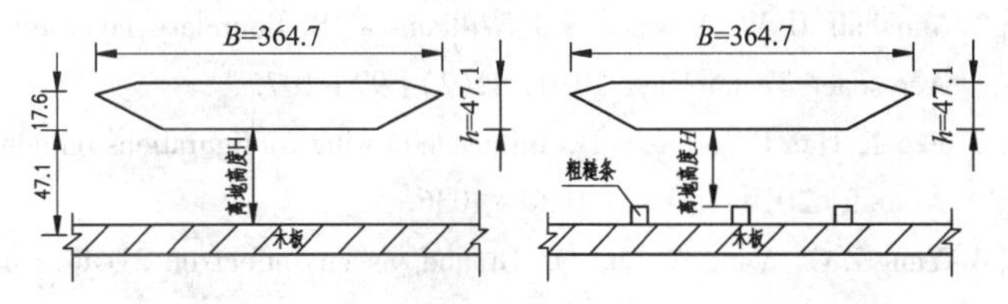

图 2 模型离地高度示意图（单位：mm）

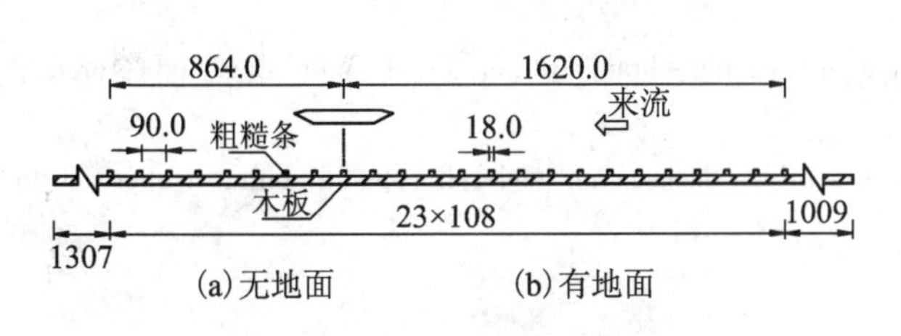

图 3 模型顺风向位置布置示意图（单位：mm）

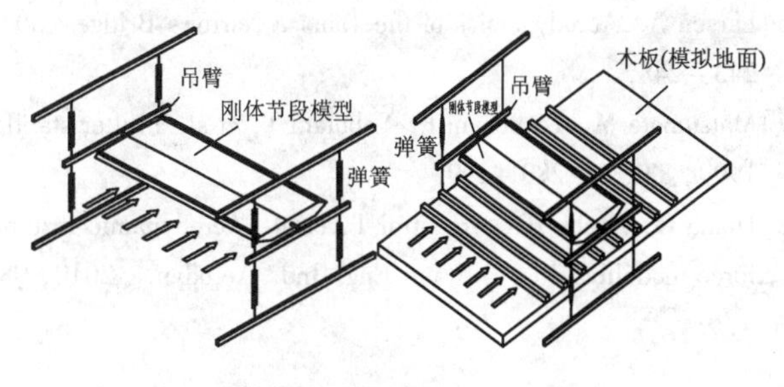

图 4 节段模型安装示意图

3　试验结果分析

3.1　三分力系数及 St 数随离地高度的变化

风洞试验结果显示：地面效应对升力系数和升力矩系数影响规律基本相同，对阻力系数的影响最明显；均匀流场中，阻力系数随着离地高度的增加，总体上呈递减的趋势，升力系数绝对值增大，说明随着离地高度的降低，结构所受的风荷载增大，地面效应对结构产生不利影响。

3.2　地面效应对涡激共振区间及最大振幅的影响

在均匀流场和紊流场中，不同离地高度和不同风攻角下的竖弯涡振位移结果表明：均匀流场情况下，地面效应对竖弯涡振锁定区间的大小基本没有影响，但能使竖弯涡振提前发生；紊流场情况下，湍流度增加能使涡振振幅减小，间接导致涡振区间缩小。断面距地面一定高度以上，地面粗糙度对涡振区间基本没有影响。

3.3　地面效应对颤振临界性能的影响

两种流场下，颤振临界风速随着离地高变化的趋势结果显示地面效应对近流线型断面颤振临界风速有显著影响：均匀流场中，离地高度与颤振临界风速之间主要成线性关系。紊流场中表现为非线性；无论地表粗糙度如何，地面效应对近流线型断面的颤振稳定性均会产生不利的影响。在进行桥梁颤振稳定性风洞试验时，应该充分考虑离地高度的影响情况。

4　结论

地面效应对升力系数和升力矩系数影响规律基本相同，对阻力系数的影响最明显；总体上使结构所受到的风荷载增大，对结构产生不利影响；均匀流场情况下，地面效应能使竖弯涡振提前发生；紊流场情况下，离地高度较小时，湍流度增加能使涡振振幅减小；均匀流场中，离地高度与颤振临界风速之间主要成线性关系。紊流场中由于流场复杂，表现为非线性。无论地表粗糙度如何，地面效应对近流线型断面的颤振稳定性均会产生不利的影响。

参考文献

[1] Yang M, Yang W, Yang Z G. Wind tunnel test of ground viscous effect on wing aerodynamics[J]. Acta Aerodynamica Sinica, 2015, 33(1): 82 – 86.

[2] Marshall D W, Newman S J, Williams C B. Boundary layer effects on a wing in ground effect[J]. Aircraft Engineering and Aerospace Technology, 2010, 82(2): 99 – 107.

[3] Lee J, Han C S, Bae C H. Influence of wing configurations on aerodynamic characteristics of wings in ground effect[J]. Journal of Aircraft, 2010, 47(3): 1030 – 1036.

[4] Yang Z G, Yang W, Jia Q. Ground viscous effect on 2D flow ofwing in ground proximity[J]. Engineering Applications of Co mputational Fluid Mechanics, 2010, 4(4): 521 – 529.

[5] Ge Y J, Zou X J. Aerodynamic stabilization of central stabilizers for box girder suspension bridges[J]. WIND & STRUCTURES, 2009, 12(4): 285 – 298.

[6] Larsen A. Aerodynamics of the Tamoca Narrows Bridge – 60 years later[J], Structural Engineering International, 2000, 10(4): 243 – 248.

[7] Matsumoto M, Yoshizumi F, Yabutani T, et al. Flutter stabilization and heaving – branch flutter[J]. J. Wind Eng. Ind. Aerod., 1999, 83(3): 289 – 299.

[8] Diana G, Rocchi D, Argentini T, et al. Aerodynamic instability of a bridge decksection model: linear and nonlinear approach to force modeling[J]. J. Wind Eng. Ind. Aerodyn., 2010, 98(6 – 7): 363 – 374.

扁平双边肋断面软颤振能量演化规律*

朱乐东[1,2,3]，张洵[1,3]，高广中[4]

（1. 同济大学土木工程防灾国家重点实验室 上海 200092；2. 同济大学桥梁结构抗风技术交通行业重点实验室 上海 200092；3. 同济大学桥梁工程系 上海 200092；4. 长安大学公路学院 陕西 西安 710064）

1 引言

扁平双边肋断面是桥梁工程中常见的钝体断面，作者前期通过风洞试验发现[1]，该类断面的颤振失稳表现为非线性的软颤振现象，并建立了非线性的颤振自激力模型。本文以荆沙大桥为工程背景，通过节段模型内置天平同步测力测振的风洞试验方法，进一步研究了该类断面软颤振过程中的能量演化规律。

2 软颤振非线性自激力模型和能量演化规律

在弹簧悬挂节段模型试验中，通过内置天平同步测振测力技术，测量在软颤振过程的非线性自激扭矩时程 $M_{se}(t)$，进而，拟合得到荆沙大桥的非线性颤振自激力模型：

$$M_{se}(\alpha,\dot{\alpha})=\rho U^2B^2\left[KA_2^*(K)\left(1+\varepsilon_{02}(K)\frac{B\dot{\alpha}}{U}+\varepsilon_{11}(K)\alpha+\varepsilon_{03}\left(\frac{B\dot{\alpha}}{U}\right)^2\right)\frac{B\dot{\alpha}}{U}+K^2A_3^*(K)(1+\varepsilon_{20}(K)\alpha+\varepsilon_{30}(K)\alpha^2)\alpha\right] \quad (1)$$

式中：ρ 为空气密度；U 为风速；B 为断面宽度；$K=f_tB/U$ 表示折算频率；A_2^*、ε_{02}、ε_{11}、ε_{03}、A_3^*、ε_{20}、ε_{30}为自激力参数。

根据各气动力项对气动阻尼和气动刚度的贡献，则可以分为三类：(1)气动阻尼项，包括 $\dot{\alpha}$ 和 $\dot{\alpha}^3$；(2)气动刚度项 α，α^3；(3)既不提供气动阻尼也不提供气动刚度的“纯气动力”项 $\dot{\alpha}^2$，α^2 和 $\dot{\alpha}\alpha$。自激力参数可通过“三步最小二乘法”识别得到，即分别拟合实测自激扭矩信号的瞬时累积功、累积无功时程，得到气动阻尼和气动刚度参数，然后，“纯气动力”项的参数，则通过拟合自激扭矩信号的残量得到。

图 1 显示了在软颤振过程中，各气动力项所做的功与实测自激扭矩做功的对比，可以发现，气动阻尼项所做的功与实测自激扭矩做功在每一个时刻都吻合良好，而气动刚度力项和“纯气动力项”所做的功则可以忽略不计，说明软颤振的能量演化与气动阻尼项密切相关。

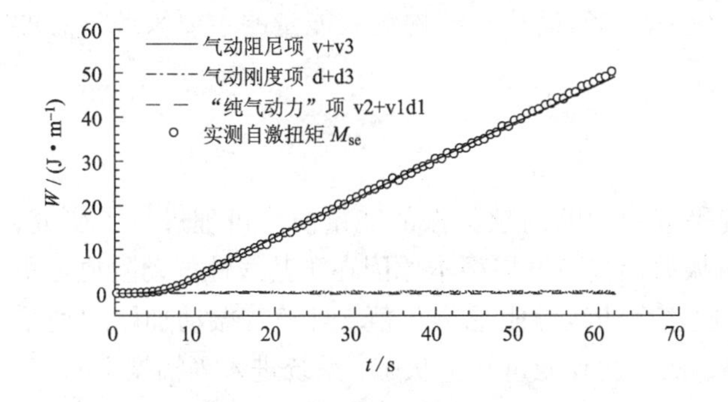

图 1 软颤振过程中不同自激力项的做功时程

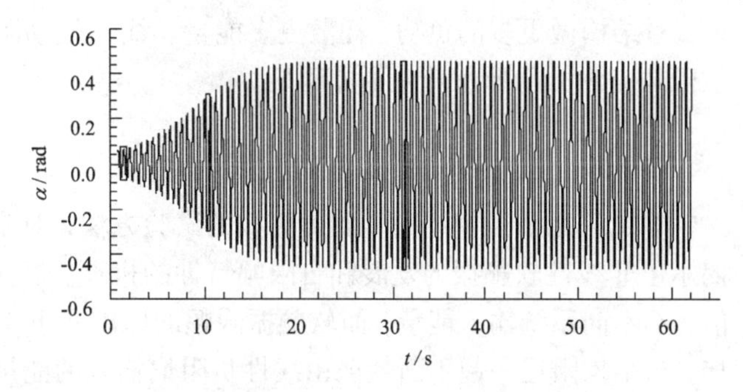

图 2 软颤振过程中的扭转角位移

图 3 为软颤振从小振幅发展到稳态振动过程中(图 2)的各自激力分量的滞回曲线。可以发现：(1) 在小振幅振动时[图 3(a)]，二阶非线性项 M_{v2}(速度 2 次)、M_{d2}(位移 2 次)、M_{v1d1}(速度和位移 1 次乘积)和三阶非线性项 M_{v3}(速度 3 次)、M_{d3}(位移 3 次)均非常小，线性气动刚度力项 M_d(位移一次)在这个过程中对结构所做的功为 0。线性气动阻尼力项 M_v(速度一次)在软颤振自激力中占据主导地位，表现为顺时针旋转的螺旋线，对结构输入能量(提供气动负阻尼)。(2) 振幅发展阶段[图 3(b)]，软颤振自激力的非线性

* 基金项目：国家自然科学基金面上项目(51478360)，科技部国家重点实验室基础研究资助项目(团队重点课题，SLDRCE15 – A – 03)

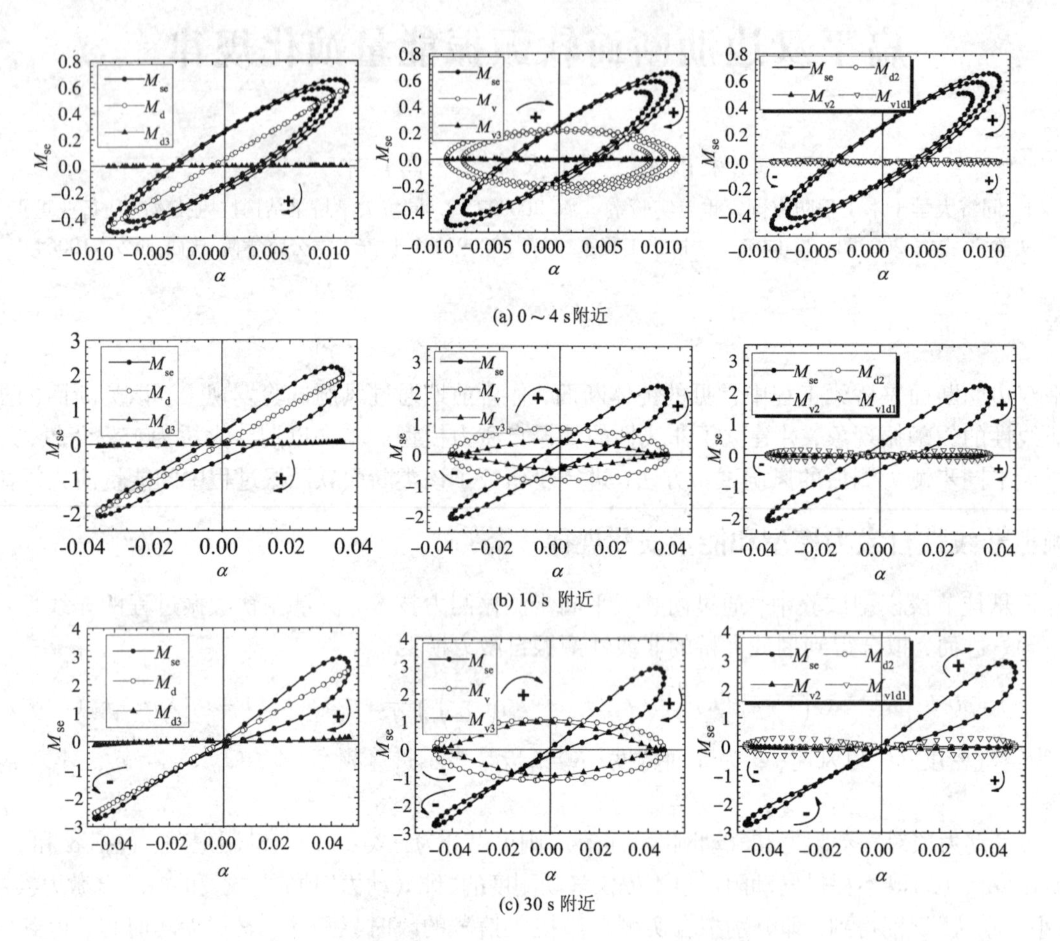

(a) 0～4 s 附近

(b) 10 s 附近

(c) 30 s 附近

图 3　扁平双边肋断面软颤振自激力分量的滞回曲线

特性已经开始体现出来。M_{v3}曲线呈现出两头尖，中间大的枣核形，曲线沿逆时针方向旋转，对结构做负功，耗散结构能量。总的软颤振自激力的形状稍有畸变。(3)在振幅稳定阶段[图 3(c)]。二阶非线性项M_{v2}、M_{d2}、M_{v1d1}和非线性刚度项M_{d3}所包围的总面积仍然为0，但是形状更加弯曲。M_{v3}曲线所包围的面积更多，对结构做更多的负功，耗散更多能量。线性气动阻尼力项M_v仍是对结构输入能量的主要来源。总的软颤振自激力的形状畸变更加明显。

3　结论

本文采用节段模型同步测力测振的试验方法，对扁平双边肋断面软颤振的能量演化机理进行了研究，揭示了非线性软颤振的发展和自限幅特性的机理。软颤振振幅快速发展根本原因在于其线性气动阻尼为负值，不断向系统输入能量；而软颤振限幅的原因在于 3 次速度非线性阻尼为正值，且随着振动加剧快速增加，与结构阻尼一起不断耗散由线性负阻尼输入的能量，从而达到能量平衡状态，系统进入等幅振动状态。

参考文献

[1] 高广中. 大跨度桥梁风致自激振动的非线性特性和机理研究[D]. 上海：同济大学，2016：188－193.

考虑紊流作用的中央开槽箱梁断面半经验竖向涡激力模型

朱青[1, 2, 5]，陈炳耀[3]，徐幼麟[4]，朱乐东[1, 2, 5]

（1. 同济大学土木工程防灾国家重点实验室 上海 200092；2. 同济大学土木工程学院桥梁工程系 上海 200092；
3. 深中通道管理中心 广东 中山 528454；4. 香港理工大学土木及环境工程系 香港 999077；
5. 同济大学桥梁结构抗风技术交通行业重点实验室 上海 200092）

1 引言

涡激共振(涡振)是大跨度桥梁常见的风致振动类型。中央开槽箱梁断面由于其卓越的抗颤振性能近年来逐渐成为大跨度桥梁经常采用的断面类型，然而该断面非常容易发生涡振。虽然涡振是一种限幅振动，但是频繁、大幅度的涡振会影响桥梁的正常使用，同时极易导致桥梁关键构件的疲劳破坏。因此，准确的涡振响应预测对于大跨度桥梁非常重要。

建立半经验的涡激力模型是常用大跨度桥梁分析方法中最重要的一环。现有的半经验涡激力模型都无法考虑紊流对涡激力的影响。而以往的研究表明，紊流对涡振响应的影响非常突出。通常认为，紊流会造成涡脱的耗散，从而减小涡脱的强度。而在实际桥梁所处的风环境中，紊流是必然存在的。因此，在涡激力模型中考虑紊流的影响是准确预测涡振响应的基础。

为了能够预测紊流场中的涡振响应，本文提出了一种能够考虑紊流影响的针对中央开槽箱梁断面的半经验单自由度竖向涡激力模型。通过弹簧悬挂同步测力测振试验识别模型中的参数，并通过不同结构阻尼下风洞试验对该模型进行交叉验证。

2 考虑紊流作用的涡激力模型

忽略了纯涡脱力的简化量纲为一的单自由度涡激力模型如式(1)所示[1]：

$$\dot{F}_{\mathrm{VI}} = m_{\mathrm{r}}[Y_1(1-\varepsilon\dot{\eta}^2)\dot{\eta} + Y_2\eta]$$

式中：$m_{\mathrm{r}}=\rho D^2/m$ 是质量系数；ρ 是空气密度；D 是断面高度；m 是每延米结构质量；Y_1，Y_2和 ε 是涡激力模型中有待通过风洞试验识别的参数。

在以上模型基础上，本文提出了能够考虑紊流影响的涡激力模型，如式(2)所示：

$$\dot{F}_{\mathrm{VI}} = m_{\mathrm{r}}[Y_1(1-\varepsilon_2\dot{\eta}^2-\varepsilon_{\mathrm{t}}w_{\mathrm{r}}^2)\dot{\eta} + Y_2\eta] \tag{2}$$

式中：$w_{\mathrm{r}}=w/U$ 是量纲为一的竖向紊流时程；w 是竖向紊流；U 是平均风速；ε_{t}是关于紊流项的待识别参数。

3 涡激力模型的验证

本文试验在同济大学 TJ－3 风洞进行。试验采用 1∶20 大比例弹簧悬挂节段模型。试验中同步测量了节段模型上的位移和受到的作用力，然后从合力时程中提取了涡激力时程，再通过参数拟合识别得到式(2)中的各项涡激力参数。

由试验数据识别得到的，由式(2)表达的涡激力可以较好地预测不同流场和不同结构阻尼工况下的最大涡振振幅，计算和试验结果对比如表 1 所示。

根据本文提出的涡激力模型可以进一步预测不同紊流度下的涡振振幅，预测结果如图 1 所示。涡振振幅随紊流度的增加而减小，较大的紊流度可以抑制涡振的发生。

表1　通过涡激力模型预测的涡振振幅与试验值的对比

试验工况	试验最大振幅/m	计算最大振幅/m	误差
1.7%紊流度+小阻尼	0.0105	0.0105	0.0%
3.8%紊流度+小阻尼	0.0098	0.0098	-0.1%
7.0%紊流度+小阻尼	0.0086	0.0083	-4.0%
1.7%紊流度+大阻尼	0.0063	0.0064	2.6%
3.8%紊流度+大阻尼	0.0040	0.0046	12.6%

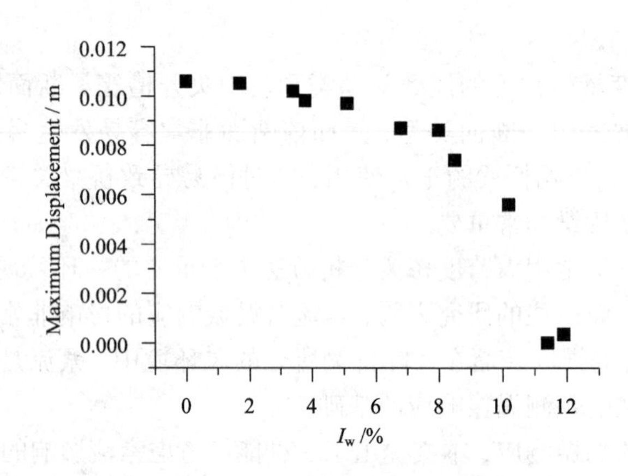

图1　涡振振幅随竖向紊流度的变化

4　结论

通过在均匀流场下的涡激力模型中加入紊流引起的非线性气动正阻尼项，本文提出了一种能够考虑紊流影响的半经验单自由度竖向涡激力模型。试验结果显示，该模型可以较好地预测不同流场和不同结构阻尼工况下的中央开槽箱梁断面大比例节段模型的最大涡振振幅。

采用该模型进行的涡振分析显示，稳态涡振振幅随紊流度与结构阻尼的增加而减小。随着紊流度的增加，涡振振幅关于紊流度增加而减小的速率也不断增大。当竖向紊流度达到约12%时，本文研究的西堠门大桥节段模型的涡振可以被完全抑制。

参考文献

[1] A simplified model of vortex - induced vertical force on bridge decksfor predicting stable amplitudes of vortex - induced vibrations [C]//The 2016 World Congress on Advances in Civil, Environmental, and Materials Research (ACEM16), Jeju island, Korea, 2016.

考虑模型制作误差导致棱角钝化的扁平箱梁气动特性研究*

祝志文[1,2]，蔡晶垚[1]，陈政清[1,2]

（1. 湖南大学土木工程学院 湖南 长沙 410082；2. 风工程与桥梁工程湖南省重点实验室 湖南 长沙 410082）

1 引言

扁平闭口钢箱梁因具有流线化的气动外形，是大跨度桥梁主梁的主要结构形式之一。无论是风洞试验还是数值模拟，扁平闭口钢箱梁截面通常被看成具有尖锐棱角的钝体，其非定常气动力在时域和频域呈现复杂的非定常特性。然而无论是实际桥梁加劲梁外形，还是风洞试验的节段模型外形，均不可能制作出如此理想的直边棱角，特别是加劲梁前后风嘴的尖端棱角。针对风洞节段模型的 R 规测量表明，加劲梁外形棱边存在不同程度的细尺度钝化。显然，这种不同程度的细尺度钝化在一定程度上改变了加劲梁的气动外形，可能导致加劲梁绕流形态的改变，从而可能影响其气动特性。因此研究加劲梁的气动特性，评价节段模型风洞试验和数值风洞的结果，需要评估加劲梁断面棱角细尺度钝化可能带来的影响。然而，这方面的研究，国内外均没有开展过。

2 研究对象和数值实现

采用丹麦大带东桥主跨钢箱梁。该加劲梁横断面全宽 31 m，桥轴线处梁高 4.4 m。本文 CFD 模拟采用与风洞实验一致的模型缩尺比，并采用二维模拟。且本文主要考虑的是加劲梁梁体棱角的钝化，因此 CFD 计算不考虑桥面栏杆和其他附属设施；以主梁宽度 B 定义的流动 Re 数在 $5.3\times10^4\sim8.5\times10^5$。棱角钝化如图 1 ~2 所示，图 3 所示为 CFD 分析采用的网格。

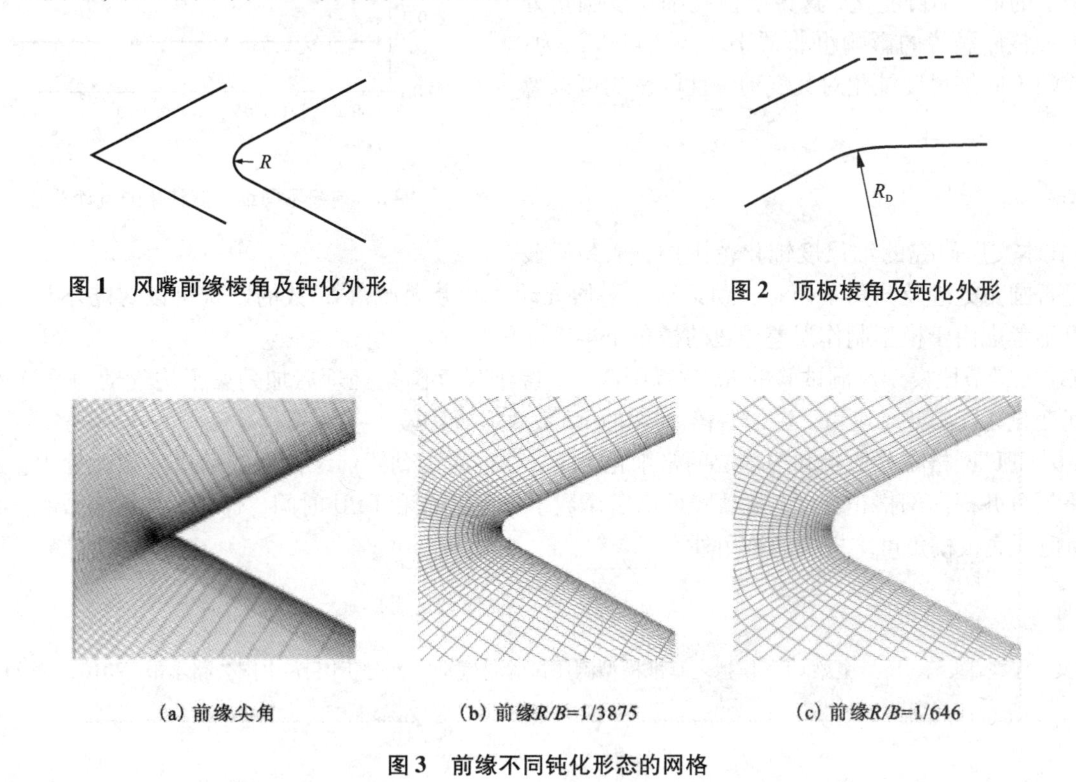

图 1 风嘴前缘棱角及钝化外形

图 2 顶板棱角及钝化外形

(a) 前缘尖角

(b) 前缘 R/B=1/3875

(c) 前缘 R/B=1/646

图 3 前缘不同钝化形态的网格

* 基金项目：国家重点基础研究发展计划(2015CB057701)，国家自然科学基金(51278191)，湖南省高校创新平台开放基金(13K016)

3　风嘴前缘不同钝化程度的气动特性

图 4 是加劲梁前缘尖端不同细尺度钝化后的流线图。可见前缘尖角时流动的分离点就在前缘点，分离点后是很大的回流区，随着前缘钝化半径的增大，流动分离点顺圆弧后移，且分离回流区逐渐减小，显示流动分离程度在降低。

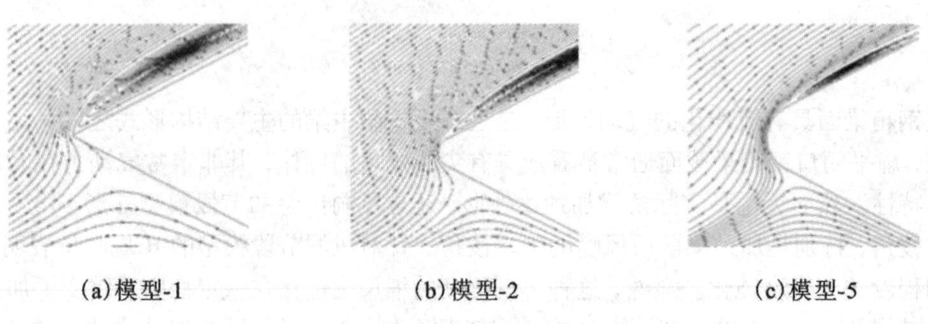

(a)模型-1　　(b)模型-2　　(c)模型-5

图 4　加劲梁前缘局部绕流流线

图 5 所示为计算得到的作用在不同钝化尺度模型上的平均气动阻力、升力和扭矩系数，以及漩涡脱落 St 数。可见加劲梁前缘不同细尺度钝化对平均气动力的影响非常小，也即细尺度钝化对加劲梁整体气动力的影响非常小。加劲梁前缘外形从尖角到细尺度圆弧，St 数有细微的变化，但随着细尺度圆弧半径的增大，St 数收敛到一个稳定的值，不再变化，这说明前端细尺度圆角处理对加劲梁整体涡脱的影响也非常小。因而可以认为，加劲梁前端不同细尺度钝化对其气动特性的影响可以忽略不计。

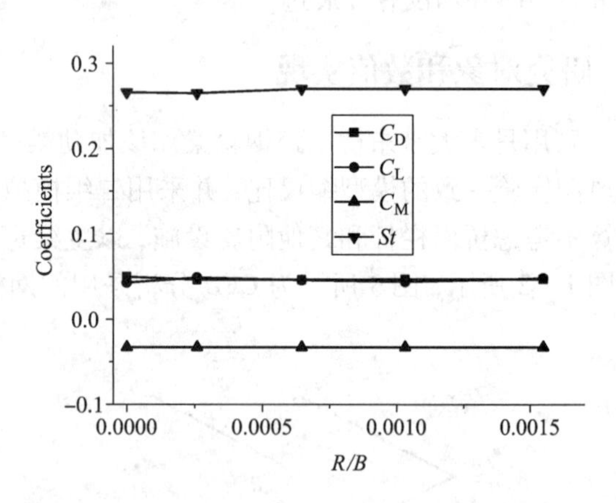

图 5　前缘不同细尺度钝化的气动参数

4　结论

(1)在本文所研究的细尺度钝化范围内，加劲梁截面棱角是否圆角处理及圆角半径对加劲梁整体平均气动力和漩涡脱落 St 数的影响可以忽略不计，因此风洞试验可不考虑由于模型制作误差导致的棱角小半径钝化影响。

(2)在桥梁节段模型风洞试验的 Re 数范围内，前缘细尺度圆角处理后加劲梁平均气动力系数不随 Re 数变化而变化，且典型风攻角下漩涡脱落 St 数的 Re 数效应较小。

(3)从 CFD 网格划分质量和边界层网格细化考虑，建议对加劲梁前缘作适当细尺度圆弧处理。有利于简化网格划分并提高网格正交性，显著降低高雷诺数下单元总数和 CPU 时间，有利于高雷诺数和三维绕流模拟，而但顶底板棱角可维持尖锐棱角外形。

参考文献

[1] 祝志文，陈魏，袁涛. 桥梁主梁 CFD 模拟之基准模型测压试验与气动特性分析[J]. 中国公路学报，2016，29(11)：49 – 56.

桥梁气动导纳的大涡模拟识别研究*

祝志文[1,2]，陈魏[1]，陈政清[1,2]
(1. 湖南大学土木工程学院 湖南 长沙 410082；2. 风工程与桥梁工程湖南省重点实验室 湖南 长沙 410082)

1 引言

桥梁气动导纳是湍流脉动风谱到作用在桥梁上抖振力谱的传递函数，实质上是一个度量作用在紊流场中桥梁断面上的气动力和相应的准定常气动力之间比例关系的系数，最先由 Sears[1] 提出，并由 Liepmann[2]应用到由竖向脉动风引起的机翼抖振问题研究中。对真实大气边界层紊流流动和桥梁断面的钝体性质，桥梁断面气动导纳不再有类似机翼的 Sears 理论解，而是与桥梁断面的形状、来流紊流特性和特征紊流等诸多因素有关，一般通过风洞试验并结合系统识别来确定。风洞试验存在试验费用高、紊流积分尺度小、衰减快和识别近似等问题。在 CFD 模拟中可合理生产制定特性的入口脉动风场，从而解决风洞试验中格栅紊流场存在的紊流积分尺度明显偏小、低频成分显著不足、高频成分过高的问题。

与真实的桥梁主梁断面相比，薄平板的物理模型相对简单，并有 Sears 函数进行对比。为考察用大涡模拟方法模拟气动导纳方法的正确性，本文采用 DSRFG 方法合成 LES 入口风场，对薄平板和扁平钢箱梁截面的气动导纳开展数值模拟，并基于非定常法识别气动导纳函数。识别结果与 Sears 函数的进行对比表明，本文 CFD 方法是可行的。

2 研究对象和数值实现

CFD 模拟以宽高比为 22.5∶1 的薄平板断面为研究对象。为方便计算域网格划分并提高网格正交性，薄平板两端采用圆角形式。图 1 给出了数值模拟计算域和边界条件设置，来流入口、上侧和下侧边界到主梁断面中心的距离均为 10B(B 为薄平板宽度)，下游出口边界到断面中心的距离为 20B，沿主梁轴线的计算域深度为 0.5B。计算域共划分为 737，726 个六面体网格，网格布置如图 2 所示。

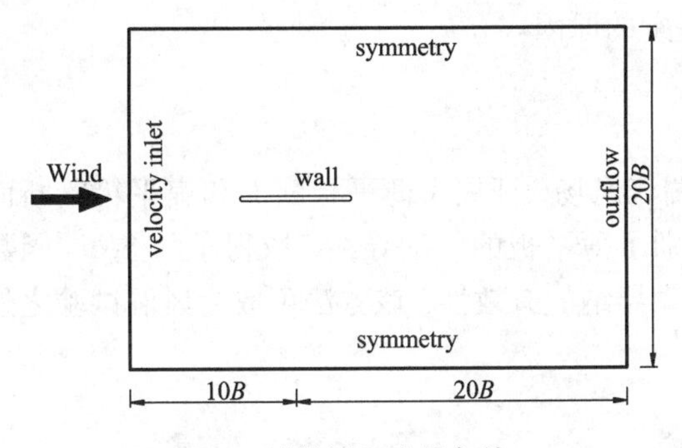

图 1 计算域和边界条件

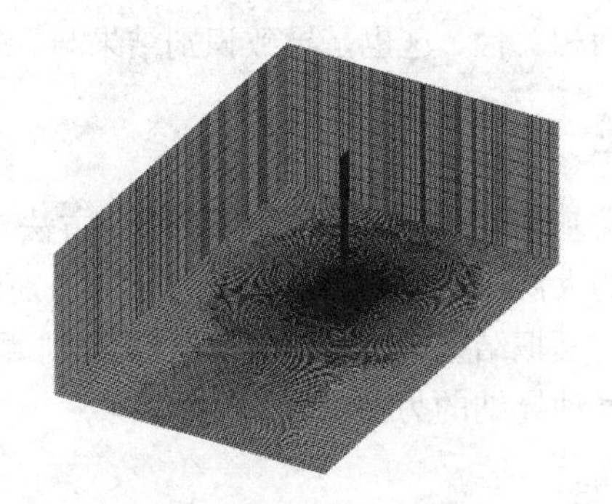

图 2 计算域网格布置图

本文以 von Karman 谱为目标谱，采用 UDF 编程将基于 DSRFG 方法生成的湍流风场赋给 LES 的入口边界，在受模型扰动小的位置布置监测点，用来提取来流脉动风速时程，通过监测薄平板断面的三分力获取抖振力时程。

3 结果与讨论

图 3 为识别的 0°攻角下薄平板的 6 个气动导纳函数随折算频率的变化情况与 Sears 函数的比较。其中，χ_{Lu}和χ_{Lw}、χ_{Du}和χ_{Dw}、χ_{Mu}和χ_{Mw}分别为与升力、阻力和扭矩相关的气动导纳函数。从图 3 可以看出，识别

* 基金项目：国家重点基础研究发展计划(2015CB057701)，国家自然科学基金(51278191)，湖南省研究生创新项目(521293361)

的气动导纳函数均与 Sears 函数有相似的变化趋势。在高折算频率范围内均与 Sears 函数吻合较好，而在低折算频率范围内则存在一定的偏差。

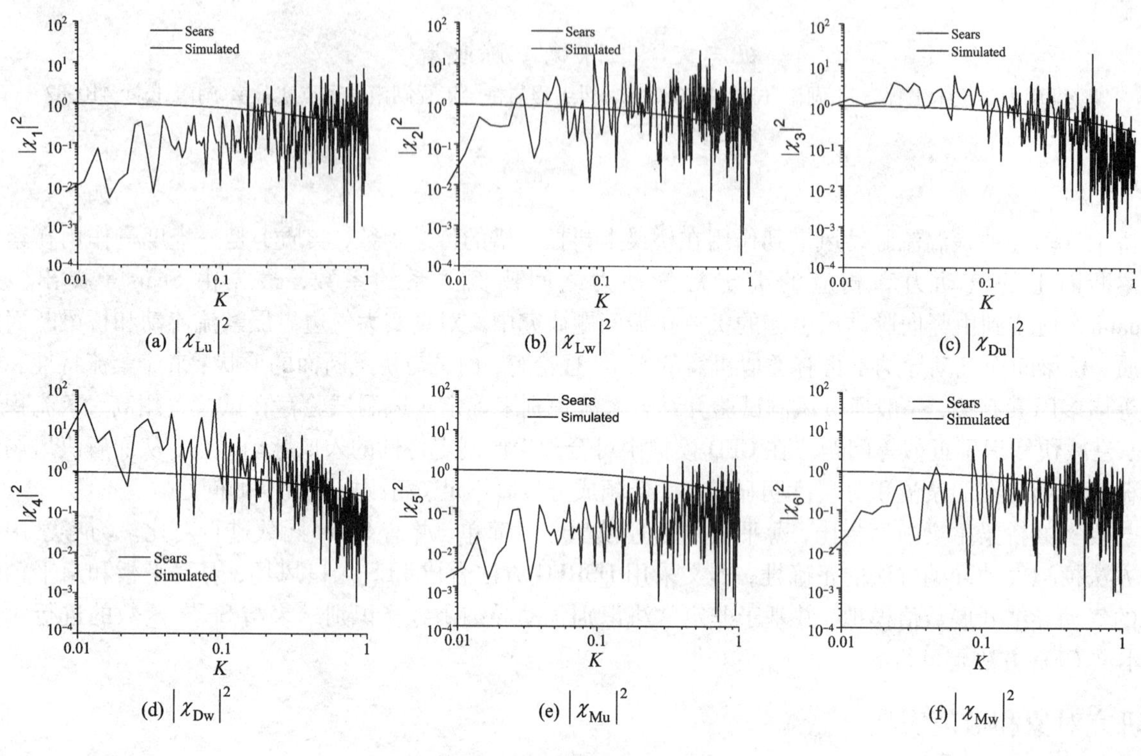

(a) $|\chi_{Lu}|^2$　(b) $|\chi_{Lw}|^2$　(c) $|\chi_{Du}|^2$

(d) $|\chi_{Dw}|^2$　(e) $|\chi_{Mu}|^2$　(f) $|\chi_{Mw}|^2$

图 3　薄平板气动导纳函数

CFD 模拟结果与 Sears 函数存在偏差的原因，可能是 Sears 函数是基于二维片条假设推导的，即假设脉动风在展向完全相关，忽略了湍流风场的空间相关性；同时 Sears 函数是基于无黏流假设推导的结果，这与黏性湍流流动的实际情况存在较大的差别。而在薄平板气动导纳的大涡模拟中，本文充分考虑了入口湍流场的空间相关性，这也是导致识别结果与 Sears 函数产生差别的原因。

4　结论

本文基于 CFD 方法，采用 DSRFG 方法合成 LES 入口湍流风场，开展了薄平板断面和扁平箱梁断面气动导纳的大涡模拟研究，基于气动导纳识别的非定常法识别了薄平板的气动导纳，取得了与 Sears 函数较为一致的模拟结果，表明了 CFD 方法识别薄平板断面的气动导纳的有效性，该方法可成为风洞试验之外获得桥梁气动导纳的另一途径。

参考文献

[1] Sears W R. Some Aspects of Non - Stationary Airfoil Theory and Its Practical Application[J]. Journal of the Aeronautical Sciences, 1941(8):104 - 108.

[2] Liepmann H W. On the Application of Statistical Concepts to the Buffeting Problem[J]. Journal of the Aeronautical Sciences, 1952, 19: 793 - 800.

八、输电线塔抗风

强风作用下输电导线的承载力特性研究*

陈波[1]，田利瑞[1]，龚晓芬[1]，张志强[2]，陶祥海[2]
（1. 武汉理工大学道路桥梁与结构工程湖北省重点实验室 湖北 武汉 430070；
2. 广东电网公司湛江供电局 广东 湛江 524037）

1 引言

输电塔线体系是重要的电力基础设施和生命线工程。作为一种典型的高柔结构，输电塔线体系在强台风作用下容易发生损伤破坏甚至倒塌，这将导致严重的社会经济损失和次生灾害。在强风灾害中输电导线多发损伤破坏甚至断裂灾害。输电导线的力学性能和强度设计关系到输电线路的安全性和可靠性，常规的输电导线设计一般不考虑导线内不同层的力学性能，以往有关导线设计计算方法没有考虑导线的分层特性而将其视为一个柔索。实际上，由于导线的材质、结构特点的复杂性，使得导线内部不同层、不同材料之间存在力学性能上的差异。本文建立了的输电导线细观力学模型并考察了其在强风作用下的承载力特性。文中首先建立了输电塔线体系的强台风荷载模型，进一步的考虑输电导线的挤压效应建立了导线分层细观力学模型。文中以沿海某实际输电塔线体系为工程背景，考察了在强台风作用下导线的细观承载力特点。

2 输电塔线体系的强台风荷载模型

台风期间输电线路所在地区的平均风剖面通常不能采用传统的指数率或者对数律来表示。由于演变谱函数可以反映台风的幅值以及风速谱的时变特性，因此非平稳台风脉动风 $u(t)$ 可通过演变谱 $S_{uu}(\omega, t)$ 进行描述。此演变谱函数可以利用对观测得到的台风风速时程进行拟合得到的经验函数进行描述。同理对近似可认为零均值的非平稳垂直向风速 $w(t)$ 也可利用经验演变谱函数 $S_{ww}(\omega, t)$ 进行描述。通过将此单点非平稳台风风场模型进行扩展，可得到用于大跨度输电线路非平稳风致响应分析的整个非平稳台风风场的非平稳向量。采用的经验演变谱函数是通过对在单点观测到的风速时程进行拟合得到。在风速时程中剔除了时变平均风速后剩下的脉动风速分量仍然具有时变特性。t 时刻的 $u(t)$ 的演变功率谱密度函数可表示为：

$$S_{uu}(\omega, t) = |A(\omega, t)|^2 \mu(\omega) \tag{1}$$

式中：$A(\omega, t)$ 为时间的渐变函数；$\mu(\omega)$ 为零均值的高斯正交增量过程。

3 输电导线细观力学模型

钢芯铝绞线从结构上可分为内层和外层；内层由单股或多股直线镀锌钢组成，主要承担结构的张力，外层由单股或多股铝绞线以一定的螺旋角缠绕于内层外侧，同时，相邻股层的缠绕方向相反，用来抵消由于同向缠绕产生的扭转效应，外层主要用来导电。钢芯铝绞线的示意图如图 1 所示。

绞线层间均匀分布的挤压力可依据弹性力学中球体接触的计算方法确定：

$$\frac{f_0/\sin\alpha_i}{E_0 A_0} = \frac{f_i/\sin\alpha_i}{E_i A_i} + \frac{\Delta R_i \cos^2\alpha_i}{R_i} \tag{2}$$

导线各层股线承受的纵向力值和等于导线整体所受的张拉力：

$$f_0 + \sum_{i=1}^{n} f_i n_i = f \tag{3}$$

* 基金项目：国家自然科学基金（51678463），南方电网公司科技项目（GDKJXM20161994（030800KK52160004）），武汉市青年科技晨光计划（2016070204010107）

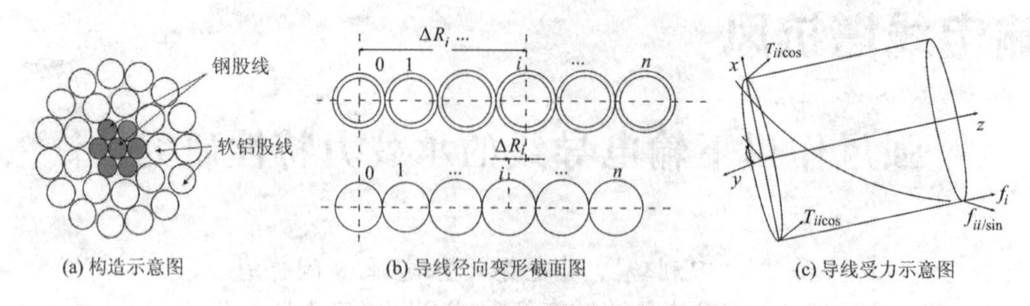

图 1　输电导线细观力学模型

式中：n_i 为导线第 i 层股线的根数；f 为导线承受的纵向力。通过联立上述公式及其他公式即可确定导线各层的内力。

图 2 和图 3 中 f_0, f_1, f_2, f_3, f_4 分别表示导线左悬挂点处中心层和外层单根股线的应力和张力。研究表明：在强风作用下各层单股线张力和应力时程曲线都具有类似的趋势。中心层和第 1 层单股线张力非常接近。第 2 ~ 4 层单股线的张力值基本相同，但与中心层和第 1 层张力值相差较大。由于各股层截面面积相差不大，所以各层应力值之间的关系与张力值基本相同。导线内张力和应力由内层到外层逐渐减小。

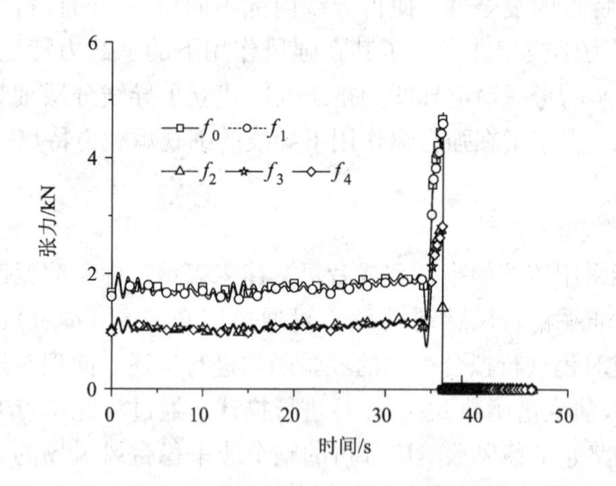

图 2　导线单根股线的张力时程曲线

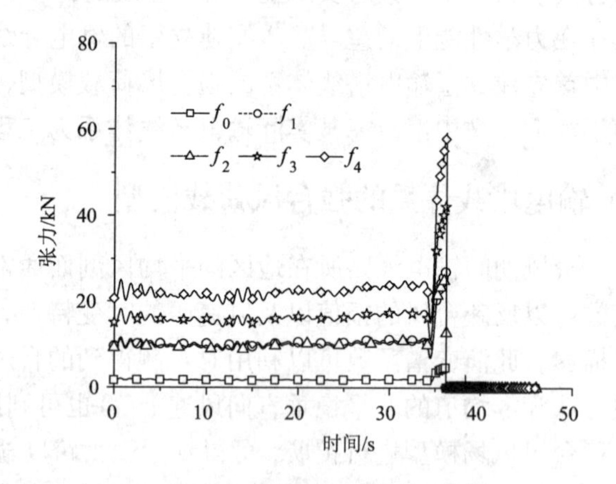

图 3　导线每层股线的张力时程曲线

4　结论

本文建立了的输电导线细观力学模型并考察了其在强风作用下的承载力特性。文中首先建立了输电塔线体系的强台风荷载模型，进一步地考虑输电导线的挤压效应，建立了导线分层细观力学模型。研究表明：在强风作用下各层单股线张力和应力时程曲线都具有类似的趋势，导线内张力和应力由内层到外层逐渐减小。

参考文献

[1] Chen B, Zheng J, Qu W L. Control of wind - induced response of transmission tower - line system by using magnetorheological dampers[J]. International Journal of Structural Stability and Dynamics, 2009, 9(4): 661 - 685.

[2] Chen B, Guo W H, Li P Y, et al. Dynamic responses and vibration control of the transmission tower - line system: a state - of - the - art - review [J]. The Scientific World Journal, 2014(3): 1 - 20.

沿海风区小根开细柔输电塔线体系动力特性实测研究*

陈波[1]，欧阳怡勤[1]，杨登[1]，张志强[2]，陶祥海[2]
(1. 武汉理工大学道路桥梁与结构工程湖北省重点实验室 湖北 武汉 430070；2. 广东电网公司湛江供电局 广东 湛江 524037)

1 引言

沿海强风地区多发输电杆塔倒塌破坏事故，这不可避免的造成重大经济损失和次生灾害。因此，研究强风作用下输电线路的防灾减灾问题具有重要科学价值和工程意义。开展输电塔线体系在强风作用下的性能评估必须掌握其动力特性等关键参数，而这些动力参数只有通过现场实测才能准确获得。输电塔线体系的动力特性测试相比于其他结构而言较为困难，国内外开展的针对输电塔线体系的动力特性时侧工作非常有限。由于输电塔线体系现场条件复杂，非电力人员不能登塔等限制，造成了输电塔线体系实测工作开展较少，相关的实测信息也远没有普通建筑和桥梁结构丰富。输电塔线体系是一种典型的大型工程结构体系，因此难以采用传统人工激励使其产生振动并进行模动力特性识别。输电塔线体系通常只能利用环境风荷载等环境激励对其进行模态测试和参数识别。随机子空间方法是目前基于环境激励的结构模态测试中较为先进可靠的方法。基于此，本文以广东沿海某发生过台风倒塔的小根开细柔输电杆塔为工程背景，通过现场实测研究了其动力特性的特点和规律，并与有限元分析结果进行了对比研究。

2 小根开细柔输电塔线体系模型

某 110 kV 干字型输电塔位于广东南部沿海地区，塔呼高为 15 m。塔腿高度相等，接腿高度为 2.28 m，横担以上高度为 9.5 m，塔总高度为 24.5 m。塔身平面形状为正方形，受地形限制底部根开仅为 2.1 m，塔高与根开比值高达 11.67，远远大于常规输电杆塔。因此是极为少见的位于强台风区的小根开高柔输电杆塔。该输电塔属直线塔，两端的导线挡距均为 150 m，夹角为 0°。输电线分为 4 层，最上层为两根地线，余下 3 层为导线。输电塔采用 Q235 角钢。图 1 为干字型输电杆塔的示意图。

3 小根开细柔输电塔线体系动力特性实测研究

在实际应用中须将输电塔线体系连续状态空间方程转换为离散状态空间方程：

$$\boldsymbol{x}_{k+1} = \boldsymbol{A}\boldsymbol{x}_k + \boldsymbol{B}\boldsymbol{u}_k;\ \boldsymbol{y}_k = \boldsymbol{C}\boldsymbol{x}_k + \boldsymbol{D}\boldsymbol{u}_k \tag{1}$$

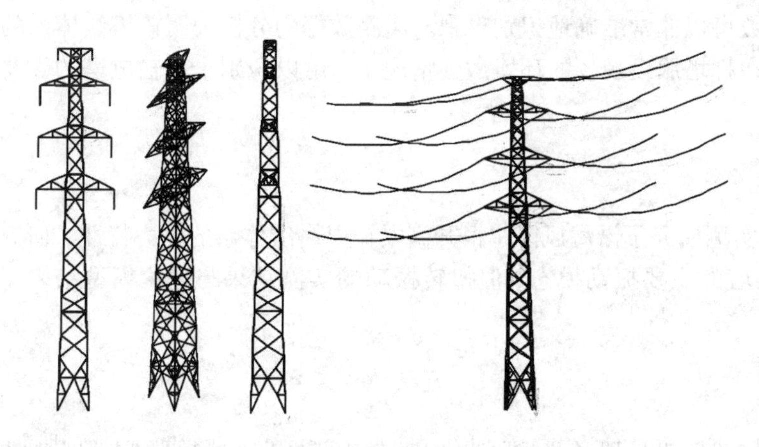

图 1 干字型输电塔线体系示意图

图 2 现场实测示意图

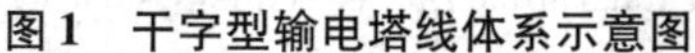

* 基金项目：国家自然科学基金(51678463)，南方电网公司科技项目(GDKJXM20161994(030800KK52160004))，武汉市青年科技晨光计划(2016070204010107)

式中：x_k为离散的时间状态向量；A 为离散的系统矩阵；B 为离散的输入矩阵；C 为离散输出矩阵；D 为传递矩阵。输电塔线体系的动力特性可由特征矩阵 A 的特征值和特征向量表示：

$$A = \Psi_c \Lambda_c \Psi_c^{-1} \tag{2}$$

式中：Λ_c为包含连续时间复特征值的对角矩阵；Ψ_c为连续时间特征向量矩阵。进一步进行特征值分解可得特征值的共轭对。

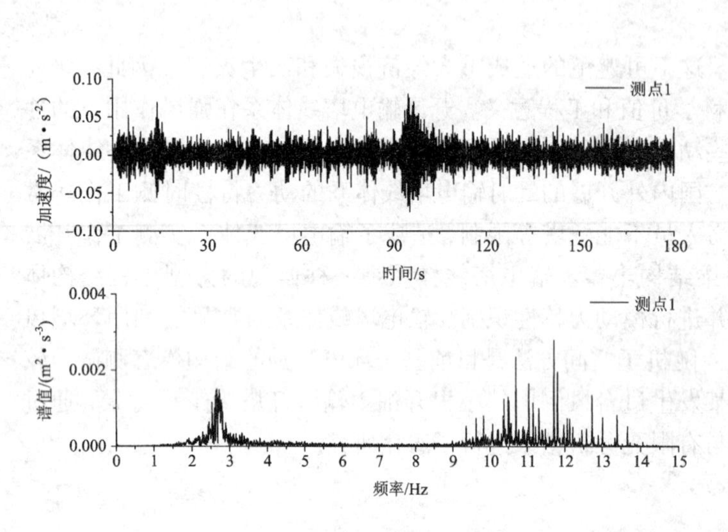

图 3 测点加速度响应及功率谱

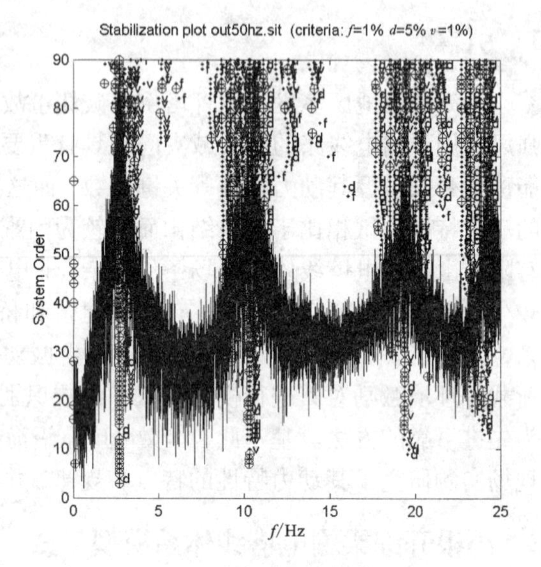

图 4 平面外各测点模态识别稳定图

表 1 实测频率与理论结果比较

频率阶次	1	2	3	4	5
理论结果	2.392	2.405	7.570	9.598	9.973
实测结果	2.460	2.540	10.720	9.210	9.120
差异/%	2.764	5.315	29.384	−4.213	−9.353

研究结果表明：稳定图中杆塔各阶模态的稳定轴较为明显，特别是杆塔低阶振动模态的稳定轴非常显著，因此杆塔的低阶模态阶次和模态参数可以非常准确地识别出来。实测数据的分析表明该塔线体系的试验结果充分，原始实测数据质量较高。在杆塔服役现场的环境激励情况下，足以识别出该输电塔的主要振动模态。

4 结论

本文采用随机子空间方法通过现场实测研究了沿海风区小根开高柔输电塔线体系的动力特性。研究结果表明在环境激励下足以识别出该输电塔的主要振动模态，但扭转振动的实测结果与理论模型结果差异较大。

参考文献

[1] Chen B, Zheng J, Qu W L. Control of wind - induced response of transmission tower - line system by using magnetorheological dampers[J]. International Journal of Structural Stability and Dynamics, 2009, 9(4): 661 - 685.

基于气弹模型的输电塔风振响应研究

黄啟明[1]，李庆祥[1]，罗啸宇[2]，左太辉[1]，张夏萍[1]，许伟[1]
（1. 广东省建筑科学研究院集团股份有限公司 广东 广州 510050；2. 广东电网公司广东省电力科学研究院 广东 广州 510050）

1 引言

本文以我国沿海地区某输电线路呼高 30 m 的直线塔为研究对象，设计缩尺比为 1∶30 的气弹模型，通过风洞试验对不同风速下输电塔风致振动加速度和位移响应进行研究，分析其风振响应特征。将依靠气弹模型风洞试验得到的风振系数与国内现行规范计算结果进行对比，对载规范计算输电塔风振系数的不足之处做了总结[1-3]。

2 气弹模型风洞试验

2.1 输电塔结构动力特性

本文研究的输电塔呼高 30 m，塔体高度 45.5 m。，采用 BEAM44 模拟各杆件，螺栓、脚钉和垫圈以质量单元（MASS21）形式添加于附近的各节点。建立结构有限元模型，得到的主要三阶振型频率如表 1 所示。

表 1 主要振型特性及自振频率

阶数	频率/Hz	振型特征
1	2.169	一阶横向弯曲振动
2	2.176	一阶纵向弯曲振动
3	7.705	一阶对称扭转振动

2.2 输电塔气弹模型设计与风洞试验

气弹模型几何缩尺比 $\lambda_L = 1/30$，模型主材采用铝材，采用铅块配重。在对应实际输电塔标高 45.5 m（塔顶）、36 m、25.6 m 和 12.8 m 处布置了 4 层共 10 个微型加速度传感器，在 45.5 m 和 36 m 高处布置布置一个位移传感器，制作完成的输电塔气弹模型如图 1 所示。

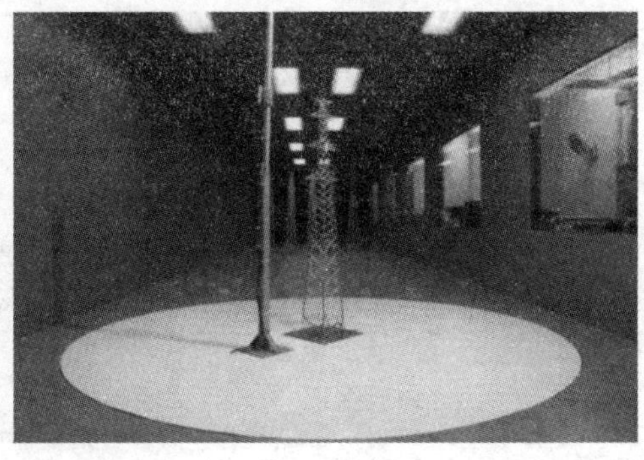

图 1 输电塔气动弹性模型

分别测试了 10 m/s、15 m/s、20 m/s、25 m/s、30 m/s、35 m/s 风速下输电塔顺线向和横线向的风振响应，输电塔顶部风振响应和加速度响应和位移响应如图 2 所示。

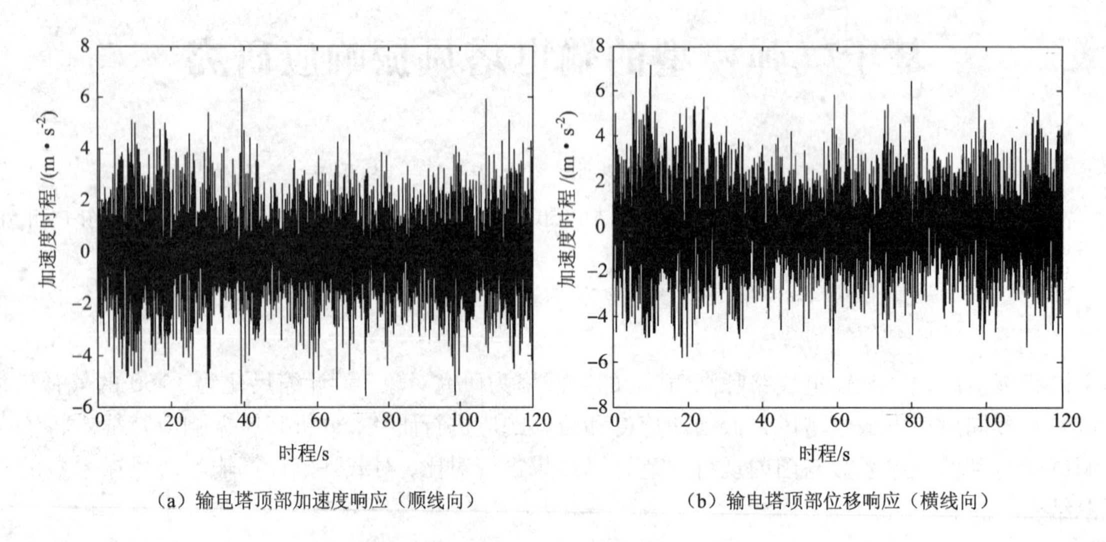

(a) 输电塔顶部加速度响应（顺线向）　　(b) 输电塔顶部位移响应（横线向）

图 2　输电塔均方根值和塔顶位移响应

将依靠气弹模型风洞试验结果以及按《建筑结构荷载规范》《高耸结构设计规范》计算得到的输电塔不同高度处风振系数进行比较。发现塔头以下部位，《高耸结构设计规范》和《建筑结构荷载规范》计算所得的风振系数比气弹模型结果大，气弹模型方法得到的风振系数在塔身上部与《建筑结构荷载规范》和《高耸结构设计规范》比较接近。

3　结论

本文依靠呼高 30 m，总高度 45.5 m 的输电塔为工程背景，精细制作缩尺比 1∶30 气弹模型，并详细模拟边界层地貌，充分考虑结构非线性、空间性和气动耦合效应，通过风洞试验研究输电塔在不同工况下的风致振动响应。得出以下结论：

(1)采用二力杆件铝材制作输电塔气弹模型，既能满足缩尺后质量要求又能满足局部杆件刚度和气动外形相似性，制作完成后的气弹模型的动力特性、阻尼比能很好地满足原型的相似比，验证了采用该方法制作气弹模型的可靠性和准确性；

(2)风振响应结果表明，结构的加速度响应随结构高度位置变化而增大，通过位移响应和加速度响应研究表明，输电塔的振动主要集中在低频率区域，以第一阶振型为主。

(3)将依靠气弹模型风洞试验得到的风振系数与按照《建筑结构荷载规范》和《高耸结构设计规范》计算得到的风振系数对比，发现《建筑结构荷载规范》中关于计算风振系数的公式中对于振型函数假定不适用塔顶部结构和质量分布与塔身不一致的输电塔。

参考文献

[1] 柳国环. 格构式输电塔及输电塔 - 线体系风振响应研究[D]. 大连：大连理工大学，2010：1 - 126.

[2] 梁枢果，邹良浩，韩银全，等. 输电塔线体系完全气弹模型风洞试验[J]. 土木工程学报，2010，43(5)：70 - 78.

[3] A G Davenport. The application of statistical concepts to the wind loading of structures[J]. Proc. Insyn of civ. Engrs，1961，19(4)：449 - 472.

台风作用下输电塔周风场实测与响应分析*

雷旭[1,2]，何宏明[1]，聂铭[1]，肖凯[1]，谢文平[1]，罗啸宇[1]，姚博[1]，苏成[2]
（1. 广东电网有限责任公司电力科学研究院 广东 广州 510080；2. 华南理工大学土木与交通学院 广东 广州 510641）

1 引言

格构式柔性输电塔是比较典型的风致动力响应敏感结构[1]，近年来的台风倒塔事件屡见不鲜。由于台风风场和塔体本身体型复杂，加之塔线耦合效应的影响，通过理论、实验和数值模拟难以获得准确的塔身动力响应，因此，针对台风作用下的输电塔位置小尺度风场特性及其动力响应的实测和分析对于掌握塔身受力和破坏机理则非常关键。国内外已有诸多学者开展大尺度台风风场以及高耸和低矮建筑的风致动力响应实测研究，但针对台风作用下输电塔周的小尺度风场特性分析和响应实测目前还涉及较少[1-3]，相关研究结论尚不完善，鉴于此，本文依据东南沿海某次台风下的输电塔周风场和响应实测数据进行了塔周台风风场特性参数和动力响应的细致分析，其研究结论可为类似工程问题提供参考。

2 工程背景

监测对象为110 kV 直线型猫头输电塔，塔周围为丘陵地形区，其位于30 m高度的山包顶部，塔高接近30 m，塔脚尺寸为4.21 m×3.28 m，塔身为变截面格构式角钢塔构造，塔头两侧分别悬挂了导线和地线，塔身构造和监测装置的布置如图1所示。监测装置中的风速仪采用螺旋桨式机械风速仪，在离塔脚高度9 m和15 m高度处各布置一个，另外在塔身和导线的部分位置安装了用于测试结构横、顺跨向响应的加速度传感器，各类信号最后由采集仪模块将数据汇总和存储。

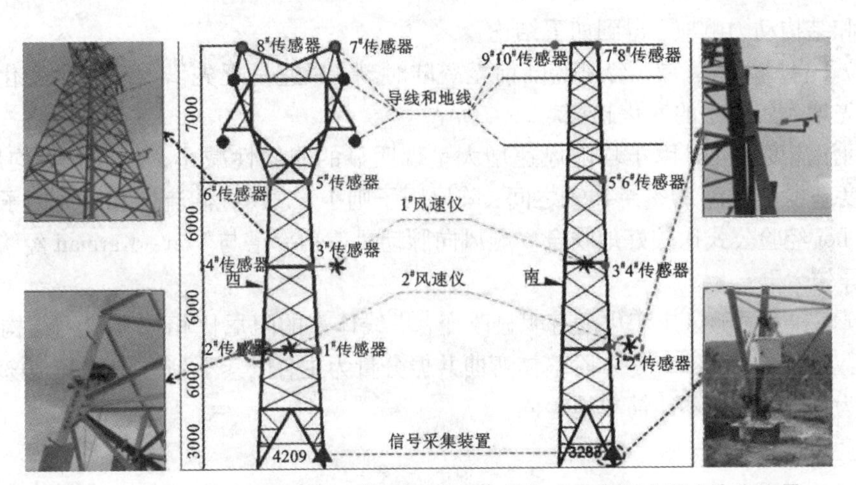

图1 110 kV 猫头型直线输电塔塔周风场和结构响应监测布置方案和实景

3 塔身部位风场特性和响应分析

图2和图3给出了部分风场特性参数和动力响应现场测试和分析结果。

4 结论

针对在东南沿海登陆的台风“海马”，在距离登陆中心45 km处选取位于丘陵地形区的山丘顶部（丘顶距地面30 m）塔高为30 m的110 kV 直线型输电塔为监测对象，通过安装其上的测试系统获取了塔身所处

* 基金项目：中国南方电网有限责任公司科技项目（GDKJQQ20153010）

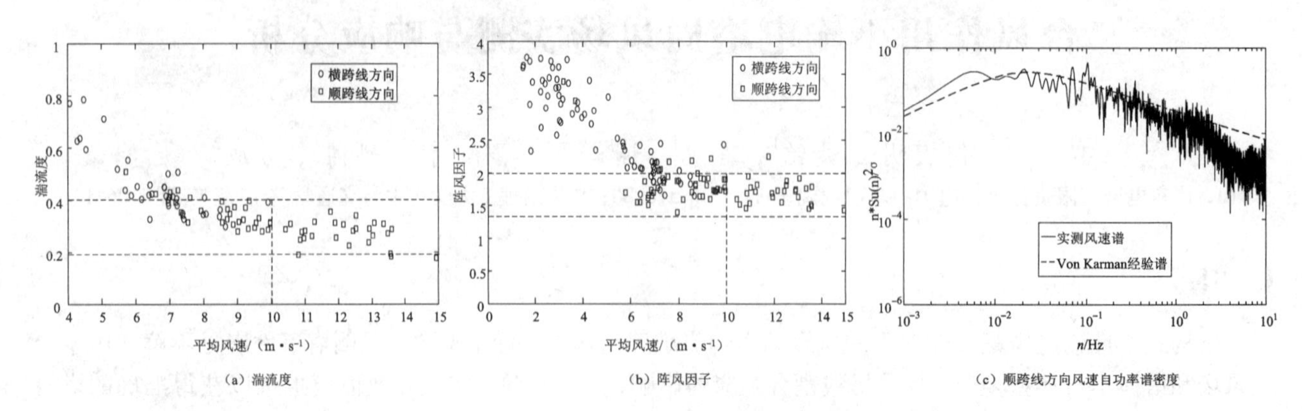

(a) 湍流度　　(b) 阵风因子　　(c) 顺跨线方向风速自功率谱密度

图 2　台风期间 1# 风速仪风速的湍流度、阵风因子和自功率谱密度

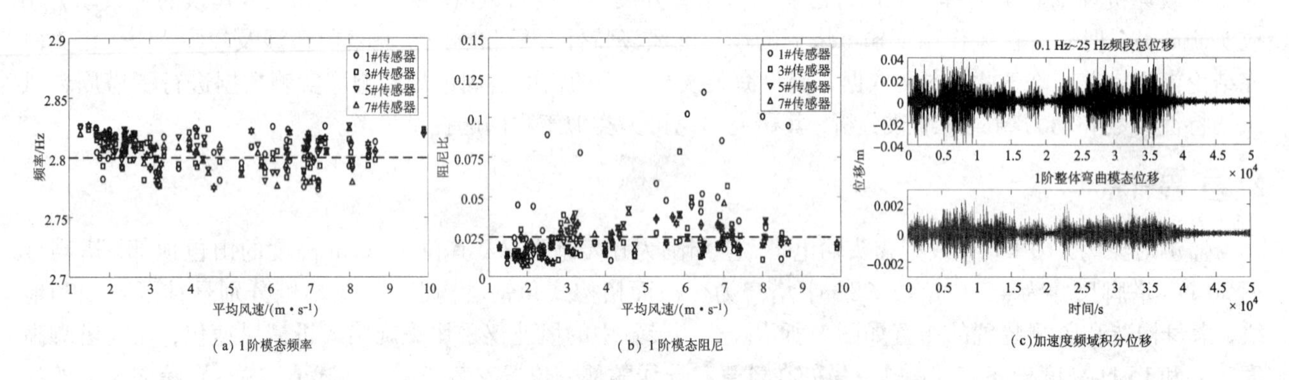

(a) 1 阶模态频率　　(b) 1 阶模态阻尼　　(c) 加速度频域积分位移

图 3　输电塔动力特性随风速的变化以及塔头实测位移计算

位置的风场信息和结构动力响应，得到如下结论：

(1) 监测点位于台风风眼区域，台风登陆前至登陆时刻，风速呈现先增大后减小变化趋势，登陆时刻至衰减同样呈现先增大后减小的变化趋势。

(2) 台风期间湍流度和阵风因子均随风速增大呈现明显的非线性减小，10 min 平均风速大于 10 m/s 后，顺风向湍流度基本稳定在 20% ~40% 之间，阵风因子则小于 2.0。湍流度和阵风因子关系的拟合曲线能和 Ishizaki 和 Choi 经验公式比较好地吻合。顺风向脉动风速功率谱与 Von - Karman 经验谱在低频段吻合较好，高频段差异较大。

(3) 结构的频率和阻尼随风速变化没有明显改变，塔线体系的阻尼比相较一般钢结构要大。频谱分析和位移积分表明：虽然加速度响应是 1 阶整体弯曲共振分量为主，但其不到总位移的 10%，表明塔身振动位移以背景分量为主导，两者不能简单地等同。

参考文献

[1] Paluch M J, Cappellari T T O, Riera J D. Experimental and numerical assessment of EPS wind action on long span transmission line conductors[J]. Journal of wind engineering and industrial aerodynamics, 2007, 95(7): 473 - 492.

[2] 李杰，阎启，谢强，等. 台风“韦帕”风场实测及风致输电塔振动响应[J]. 建筑科学与工程学报，2009，26(2)：1 - 8.

[3] 崔磊，何运祥，汪大海. 台风“海鸥”的风场实测与输电塔风振响应分析[J]. 防灾减灾工程学报，2016，36(6)：965 - 971.

雷暴风场下输电塔平均风振响应特性*

刘慕广，谢壮宁，石碧青
（华南理工大学土木与交通学院 广东 广州 510641）

1 引言

作为电力传输系统的主要基础设施，输电塔的高耸轻柔特性，受风荷载的影响较大，尤其是局部强风——龙卷风、雷暴风等，被认为是输电塔线体系倒塌的主要原因[1]。雷暴冲击风剖面的高度分布特征与《建筑结构荷载规范》[2]中常态风剖面存在明显不同，其最大风速出现在近地面附近。本文针对输电塔气弹模型的比例及高度特征，在常规边界层风洞中成功模拟出两类大比例雷暴冲击风剖面，并进一步分析了冲击风下输电塔的风振位移响应特性。

2 试验布置与试验参数

试验采用的输电塔原型为100 kV 双回路角钢塔，塔高89.6 m，呼高66 m，基底宽度为17.315 m，塔身顶部宽度为2.5 m，在塔顶段23.6 m 范围内设置有三层横担，如图1所示。

结合本文所研究输电塔的高度特征，成功在常规边界层风洞中模拟出两种类型的冲击风剖面，其最大风速位置分别处于中横担及塔身中部位置，分别定义为冲击风1和冲击风2，按最大风速归一化后的曲线如图2所示。同时，在风洞中同时利用尖塔和粗糙元模拟了《建筑结构荷载规范》[2]中的B类地貌，其剖面特征见图2。

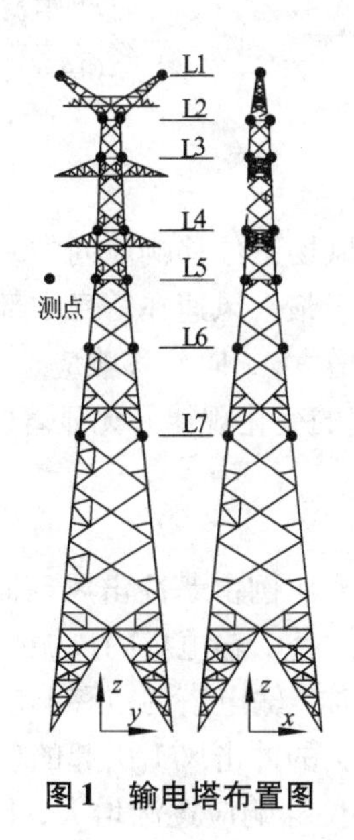

图1 输电塔布置图

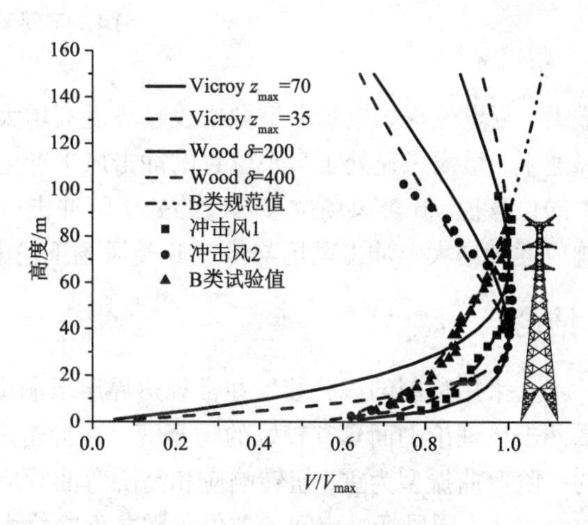

图2 试验风剖面

3 试验结果与讨论

图3给出了30°风向角时三组风场相近试验风速下输电塔模型 L_1 测点两个轴向的位移幅值谱曲线。由图中可见，不同类型冲击风场间的输电塔振动形态与常规B类风场并无显著区别，气弹模型的风致响应均主要以两个轴向的一阶弯曲振动为主，不同风场试验中均未激发出明显的扭转响应及高阶弯曲风振响应。

图4中给出了三个典型风向下测点层 L_1 处两个轴向平均位移响应随风速的变化。由图中可见，随风

* 基金项目：国家自然科学基金(51208213)，中央高校基本科研业务费专项资金(2015ZZ018)

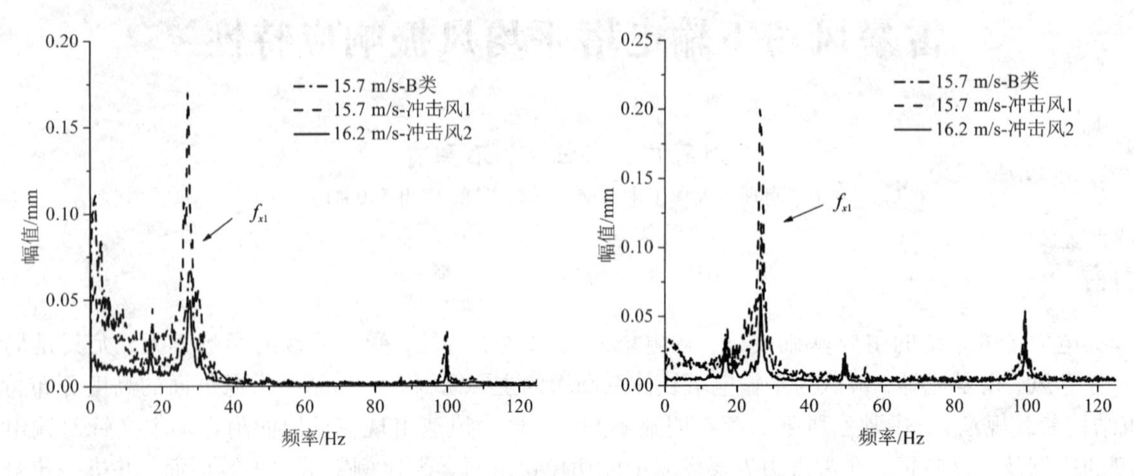

图3　不同风场下 L_1 测点位移谱($\beta=30°$)

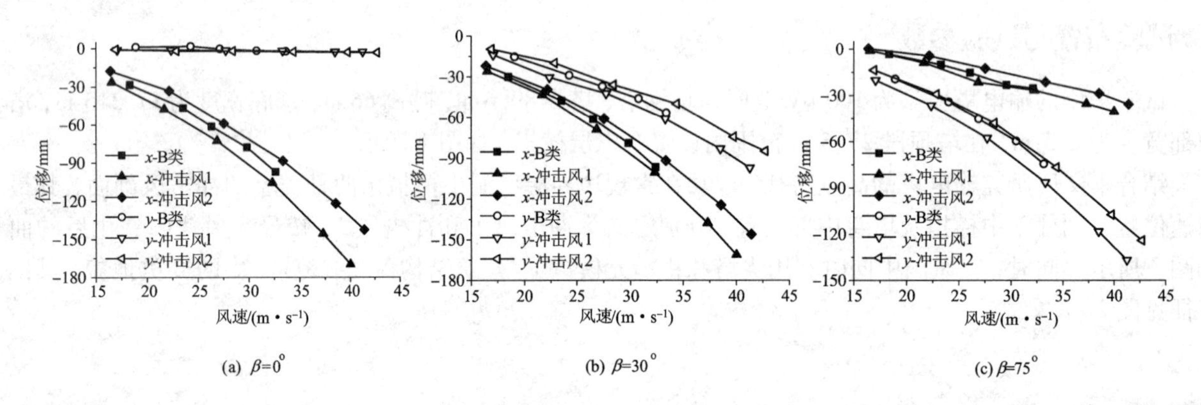

图4　不同风速 L_1 测点位移响应

速增大，测点位移响应基本呈抛物线趋势逐渐增大。且风速越大，三风场下位移响应间的差距也越大。相同风速下，最大风速处于塔头位置的冲击风1产生的位移响应明显高于最大风速在塔身中部的冲击风2所产生的位移值，B类风场位移响应约处于两冲击风场之间。随风向角增大，x 向位移响应逐渐减小，y 向位移响应逐渐增大。冲击风场与传统B类风场下输电塔平均位移随风速的变化规律并无显著区别。

4　结论

本文采用特制的试验装置在常规边界层风洞中实现了两类1∶50大比例雷暴冲击风剖面的模拟，且与雷暴冲击风理论剖面具有较好的吻合度。在冲击风场和常规边界层风场下，输电塔的风振响应均以两个方向的一阶弯曲振型为主，扭转响应和高阶弯曲响应不显著。随风速增加，输电塔的位移响应均呈抛物线趋势增大，且不同风场响应间的差值也随之不断增大。最大风速处于塔头的冲击风1引起的位移响应明显高于最大风速处于塔身中部的冲击风2响应值。随高度增加，输电塔的位移响应逐渐增大，且高度越高，位移随风速的增长率越大。B类风场的位移响应约处于两冲击风场间，且风速越大、测点高度越高这一特征越明显。

参考文献

[1] Dempsey D, White H. Winds wreak havoc on lines[J]. Transmission and Distribution World, 1996, 48(6): 32-37.
[2] GB 50009—2012，建筑结构荷载规范[S].

基于矩阵摄动法的覆冰导线多自由度耦合舞动激发机理研究*

楼文娟，余江，梁洪超
（浙江大学建筑工程学院结构工程研究所 浙江 杭州 310058）

1　引言

对于覆冰输电导线舞动运动方程，可采用 Hurwitz 判据等间接方法[1-2]判断其特征值实部的正负，进而判断舞动是否激发，但这种方法的问题在于无法得知各特征值具体数值。数值方法[3]能轻松求解出特征值，然而其不利于了解舞动激发机理。常规的基于局部基函数的导线舞动有限元方法亦无法求出气动刚度和气动阻尼项简洁表达式。综上所述，由于特征值求解的局限，现今对于舞动机理的认识依旧主要停留在单自由度的 Den Hartog 机理和 Nigol 机理。对于覆冰导线舞动的一般认识是，导线舞动频率将接近于低阶自振频率，即结构阻尼、气动阻尼和气动刚度项对特征频率的影响很小，若能全部或部分视为小量，则可以采用小参数摄动理论加以求解，此方法即矩阵特征值摄动方法。本文将采用矩阵特征值摄动法用以研究覆冰输电导线舞动问题，利用 Ляпунов（李雅普诺夫）一次近似理论推导出包含竖向、水平向（顺风向）和扭转向的三自由度体系特征值实部一阶摄动解，在此基础上分析舞动激发特性，提出覆冰分裂导线竖向－水平－扭转三自由度耦合的舞动稳定性判断条件式，并与风洞试验结果进行对比验证。

2　三自由度体系实部摄动解

覆冰输电导线舞动运动方程通常可表示为 $M\ddot{U}+C\dot{U}+F_s=F_W$，其中 M、C 分别为 $N\times N$ 质量、阻尼矩阵，C 为结构阻尼 C_ξ 和气动阻尼 C_a 之和，F_s 为结构反力，F_W 为风荷载。现有的舞动研究通常不考虑脉动风的影响，故对非线性荷载项进行泰勒展开取至一阶项并去除平均风荷载项以后，通常可表示为如下所示二阶常微分方程 $M\ddot{U}+C\dot{U}+KU=0$，其中 K 为结构刚度 K_s 和气动刚度 K_a 之和。对于三自由度运动体系，利用拉格朗日第二运动方程可以直接得到上述运动方程中的质量矩阵、结构刚度矩阵、风荷载。风荷载关于速度和位移项泰勒展开可以得到气动阻尼和气动刚度矩阵。A Luongo 和 G Piccardo 利用特征值摄动法对导线的竖向－水平顺风向二自由度体系给出了特征值非共振解和共振解[4]，现用同样的方法求解覆冰导线竖向－水平－扭转的离散特征值一阶摄动解，代入具体物理参数可得采用气动参数表示的特征值实部一阶摄动解公式：

$$Re(\lambda_y)=-\xi_y f_1-\frac{N\rho UD}{8\pi m\bar{f}_z}(C_L'+C_D)-\frac{\rho^2N^3U^3D^3C_L'C_M'/(64\,mJ\pi^3\bar{f}_z^{\,3})}{-\bar{f}_1^{\,2}+\bar{f}_3^{\,2}-\rho N^2U^2D^2C_M'/(8J\pi^2\bar{f}_z^{\,2})}\tag{1}$$

$$Re(\lambda_z)=-\xi_z f_2-\frac{N\rho UD}{4\,m\pi\bar{f}_z}C_D-\frac{\rho^2N^3U^3D^3C_D'C_M/(32\,mJ\pi^3\bar{f}_z^{\,3})}{-\bar{f}_2^{\,2}+\bar{f}_3^{\,2}-\rho N^2U^2D^2C_M'/(8J\pi^2\bar{f}_z^{\,2})}\tag{2}$$

$$Re(\lambda_\theta)=-\xi_\theta f_3-\frac{N\rho URD^2}{8J\pi\bar{f}_z}C_M'-\frac{\rho^2N^3U^3D^3C_L'C_M'/(64\,mJ\pi^3\bar{f}_z^{\,3})}{\bar{f}_1^{\,2}-\bar{f}_3^{\,2}+\dfrac{\rho N^2U^2D^2}{8J\pi^2\bar{f}_z^{\,2}}C_M'}-\frac{\rho^2N^3U^3D^3C_D'C_M/(32\,mJ\pi^3\bar{f}_z^{\,3})}{\bar{f}_2^{\,2}-\bar{f}_3^{\,2}+\dfrac{\rho N^2U^2D^2}{8J\pi^2\bar{f}_z^{\,2}}C_M'}\tag{3}$$

式中：$f_1=f_y/\bar{f}_z$、$f_2=f_z/\bar{f}_z$、$f_3=f_\theta/\bar{f}_z$、$\bar{f}_1=\bar{f}_y/\bar{f}_z$、$\bar{f}_2=1$、$\bar{f}_3=\bar{f}_\theta/\bar{f}_z$，$\bar{f}_y=\sqrt{k_y/m}/(2\pi)$、$\bar{f}_z=\sqrt{k_z/m}/(2\pi)$、$\bar{f}_\theta=\sqrt{(k_\theta+S_zg)/J}/(2\pi)$，$f_y$、$f_z$、$f_\theta$ 分别对应竖向 y、水平向 z、扭转向 θ 的自振频率；ξ_y、ξ_z、ξ_θ 分别为 y 向、z 向和扭转向结构阻尼比；m、J 分别为单位长度质量和转动惯量；N 为分裂数；ρ 为大气密度；U 为平均风速；D 为导线直径；R 为分裂导线外接圆半径；$C_L'=\partial C_L/\partial\alpha$，$C_D'=\partial C_D/\partial\alpha$，$C_M'=\partial C_M/\partial\alpha$ 均为导线气动力系

* 基金项目：国家自然科学基金（51678525）

数。

3 分裂导线节段气弹模型风洞试验

在浙江大学边界层风洞试验室(ZD－1)中，采用风洞内支架式竖向－扭转－水平三自由度频率可调的弹簧悬挂装置就真形D型覆冰截面六分裂、八分裂导线节段模型展开舞动风洞试验(如图1所示)。将风洞试验结果与提出的覆冰分裂导线竖向－水平－扭转三自由度耦合的舞动稳定性判断条件式进行了对比验证。

(a)六分裂

(b)八分裂

图1 覆冰分裂导线节段模型舞动风洞试验

4 覆冰导线舞动机理研究

一阶摄动解附加项涉及到覆冰导线自身物理特性、自振频率和气动力等诸多参数，以真形D型覆冰六分裂导线为例，重点研究竖向附加系数 $\kappa_y = C'_L C'_M / (C'_L + C_D)$ 以及两个扭转附加系数 $\kappa_{\theta 1} = -C'_L$、$\kappa_{\theta 2} = -2C'_D C_M / C'_M$ 在多自由度耦合舞动激发机理中的影响作用。

5 结论

本文应用矩阵摄动法推导了三自由度体系离散自振频率下特征值实部一阶摄动解，分析了覆冰导线多自由度耦合舞动激发机理，得到主要结论如下：①单纯应用Den Hartog和Nigol舞动机理将无法准确判断舞动激发特性；②相较于特征值单自由度解，三自由度运动体系的一阶摄动解将多出一至二个附加项；③对附加项系数 κ_y、$\kappa_{\theta 1}$、$\kappa_{\theta 2}$ 加以分析，表明摄动解与试验结果吻合且能较好地反映覆冰导线多自由度耦合舞动激发规律。

参考文献

[1] Yu P, Desai Y M, Shah A H, et al. Three－degree－of－freedom model for galloping. Part I: Formulation[J]. Journal of Engineering Mechanics, 1993, 119(12): 2404－2425.

[2] 杨伦. 覆冰输电线路舞动试验研究和非线性动力学分析[D]. 杭州：浙江大学，2014.

[3] 孙珍茂. 输电线路舞动分析及防舞技术研究[D]. 杭州：浙江大学建筑工程学院，2010.

[4] Luongo A, Piccardo G. Linear instability mechanisms for coupled translational galloping[J]. Journal of sound and vibration, 2005, 288(4): 1027－1047.

输电线风噪声问题的风洞试验研究*

沈国辉，张扬，余世策，孙炳楠，楼文娟
（浙江大学建筑工程学院 浙江 杭州 310058）

1 引言

输电线风噪声[1-2]是一种气动噪声，当风流经输电线时产生漩涡脱落，致使在周围空气中产生压力波动，形成风噪声。日本多条线路收到居民的“类似于飞机从头顶飞过的噪声”投诉，浙江某山区居民反映房屋上方新建线路存在“轰鸣声”，严重影响居民的生活。导线风噪声的主要声源为涡脱形成的偶极子声源和湍流区的四极子声源，声能分别同速度的六次和八次方成正比。在一般风速下，偶极子声源是输电风噪声的主要噪声能量来源，其性质与输电线材质和振动特性无关，而与输电线的外表面形状、直径和风速风向等有关。本文介绍浙江大学声学风洞的设计和建造，采用风洞试验方法研究输电线风噪声的产生机理和抑噪措施。

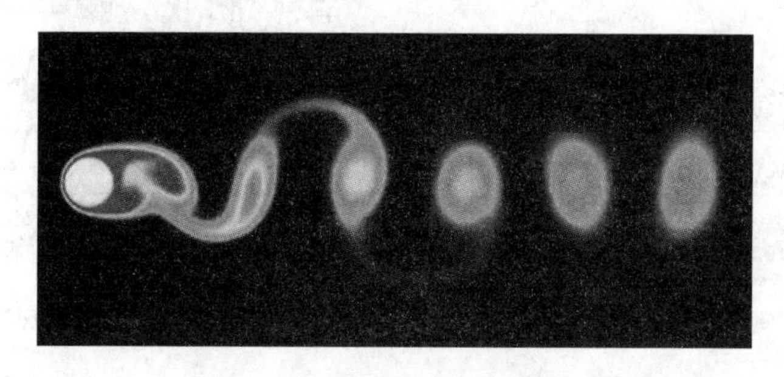

图1 圆柱绕流产生的卡门涡街

2 风洞试验研究

为进行风致噪声的风洞试验，研制了浙江大学声学风洞，气动轮廓图如图2所示。其为开口直流式，由动力段、扩散段、稳定段和消声段组成，试验段的半消声室尺寸为2.8 m×2.8 m×2.6 m，如图3所示。进风口尺寸为0.4 m×0.25 m，如图3所示。吸声尖劈的截止频率(99%的吸声系数)为200 Hz，实际测试发现在100 Hz以上有良好的降噪效果。经标定，风洞动压稳定性及湍流度均在0.5%以下，室内本底噪声小于25 dB(A)。试验分别针对光滑圆柱、地线和导线进行了试验，试验段如图2所示。

图4和图5所示分别为某地线和某导线在500 Hz内的声压级频谱。可以发现：1)输电线风噪声频谱类似于光滑圆柱风噪声频谱，在较高风速下出现明显尖峰，同时地线的尖峰对应卓越频率均大于导线卓越频率；2)两种输电线的噪声峰值声压级基本随风速的增加而呈线性增长，其中地线在风速增加到15 m/s后增速放缓，导线在5种风速下增长率基本保持不变；3)在风速为10 m/s时导线的风噪声峰值声压级大于地线风噪声峰值声压级。针对导线和地线进行缠绕扰流线后的风噪声测量，如图6所示。试验发现缠绕扰流线后产生的风噪声已无卓越频率，缠绕扰流线通过消减卓越频率处的风噪声而获得了显著的降噪效果。

* 基金项目：国家自然科学基金资助项目(51178425)，浙江省自然科学基金资助项目(Y16E080016)

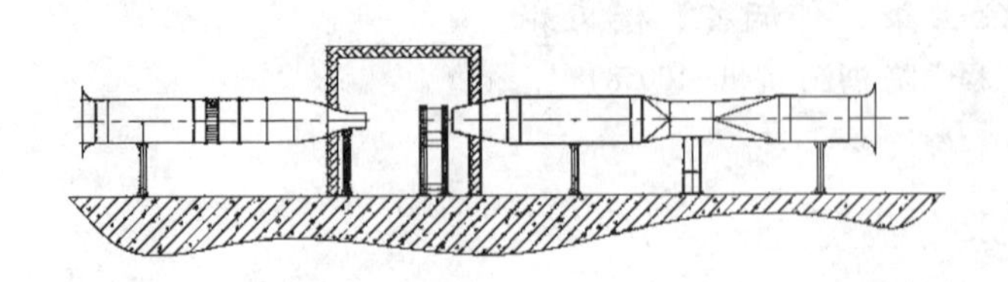

图 2　浙江大学声学风洞轮廓

图 3　试验段和尖劈

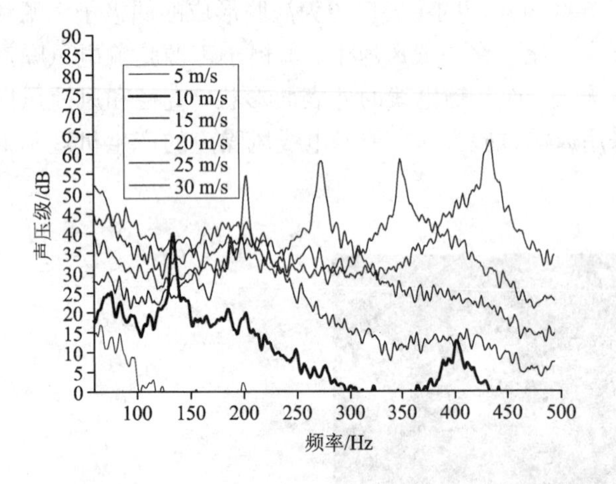

图 4　某地线风噪声声压级频

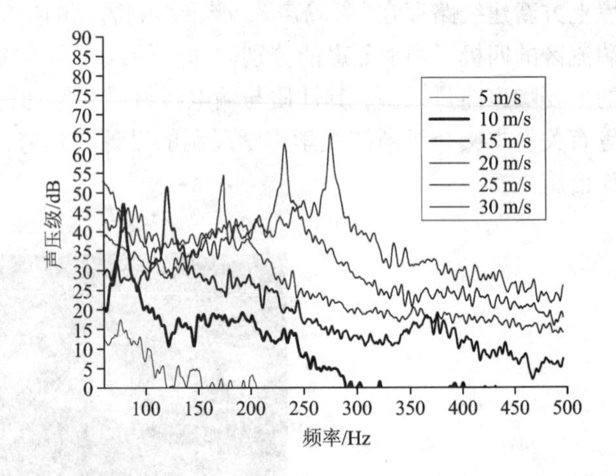

图 5　某导线风噪声声压级频谱

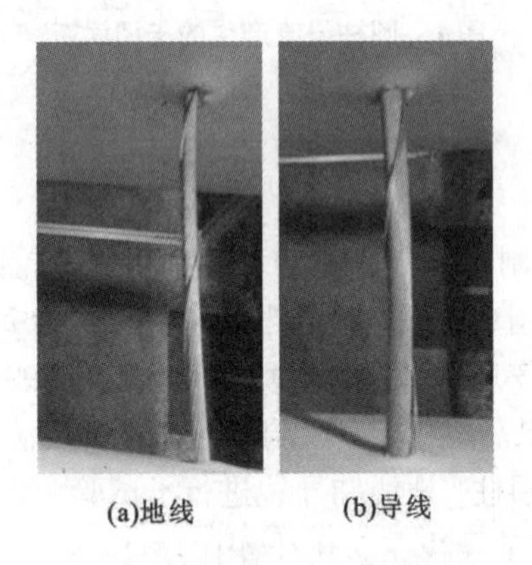

(a)地线　　(b)导线

图 6　地线和导线的抑噪措施

3　结论

本文研制的浙江大学声学风洞具有很好的声学特性，适用于进行输电线风噪声研究。圆柱风噪声的声学特性同圆柱漩涡脱落特性之间存在一致性。输电线风噪声的卓越频率随风速增大而增加。导线和地线在缠绕扰流线后均产生了可观的降噪效果。

参考文献

[1] Powell A. Theory of vortex sound[J]. The Journal of the acoustical society of America, 1964, 36(1): 177 - 195.

[2] Fujita H. The characteristics of the Aeolian tone radiated from two - dimensional cylinders[J]. Fluid Dynamics Research, 2010, 42: 015002.

输电线强风抖振响应的时/频域解析方法*

汪大海[1]，陈新中[2,3]，徐康[1]，向越[1]

（1. 武汉理工大学 上海 200092；2. 德克萨斯理工大学 Lubbock Texas USA；3. 西南交通大学 四川 成都 610031）

1 引言

高压输电线路是典型的风敏感结构。输电线抖振响应产生的端部的动张力荷载，是输电线支撑杆塔结构设计的控制荷载。大量风洞实验和实测均表明，输电线在强风荷载下的响应具有大位移非线性的特征[1-2]。对精确响应的预测往往需要通过时域的几何非线性的有限元方法解决。现有的计算的频域方法可近似计算出自重初始状态下线路的顺风向动张力响应[3-4]。并为国际上线路风荷载规范的基础计算理论所采用。

本文基于柔性索结构力学，首先推导了输电线在强风荷载下的非线性平均风的空间位移和端部张力解析解。以此风偏状态为初始状态，推导给出了空间位移和动张力响应的影响线函数解和模态表达式，最终给出响应的拟静力背景分量和模态共振分量的时域及频域的理论解析方法。并通过非线性时程的有限元方法进行了验证。讨论和分析了现有的频域计算理论优点及局限性。

2 理论框架

在强风荷载作用下，输电线的非线性抖振响应可分为两个阶段，平均风下的非线性的风偏状态和以风偏状态为初始状态的脉动风的抖振状态。

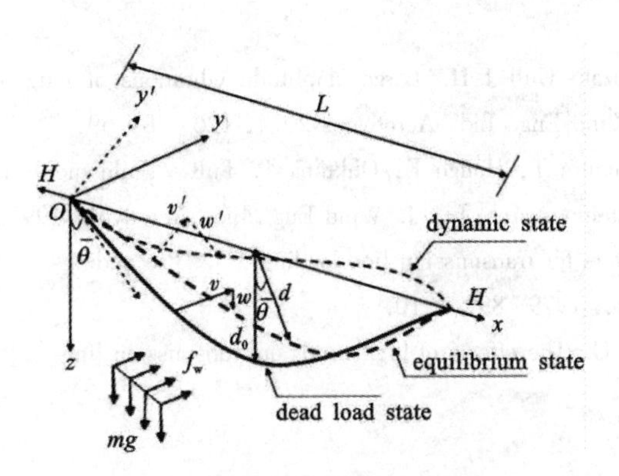

图 1 导线风振动力响应的构形

在平均风作用下，导线顺风向和横风向非线性静力平衡方程为

$$\bar{H}\frac{\mathrm{d}^2(y_0(x)+\bar{v}(x,t))}{\mathrm{d}x^2} = -mg;\ \bar{H}\frac{\mathrm{d}^2\bar{w}(x)}{\mathrm{d}x^2} = -\bar{f}_D(x) \tag{1}$$

式中非线性弦向张力可由变形协调方程整理为：

$$\bar{H}(t) - H_0 = \frac{EAL^2}{24}\left(\frac{q^2}{\bar{H}^2} - \frac{(mg)^2}{H_0^2}\right) \tag{2}$$

平均风偏$\bar{\theta}$状态下，导线的顺风向及弦向张力影响线函数分别为：

$$\mu_{T_y}(x_1) = 1 - \frac{x_1}{L};\ \mu_{T_x}(x_1) = \frac{x_1(L-x_1)}{\frac{2\bar{H}^2L}{EAq} + \frac{qL^3}{6\bar{H}}}\sin\bar{\theta};\ \bar{\theta} = \arctan\left(\frac{\bar{f}_D}{mg}\right) \tag{3}$$

* 基金项目：国家自然科学基金（51478373，51578434）

导线的模态动力位移和动张力响应可以表示为

$$v'(x,t) = \sum_i \varphi_{iv'}(x)\,q_{iv'}(t);\ w'(x,t) = \sum_i \varphi_{iw'}(x)\,q_{iw'}(t) \tag{4}$$

$$\varphi'_{iv'}(x)\,|_{x=0}\,q_{iv'}(t);\ T_{z'}(t) = \frac{4d}{L}T_x(t) \tag{5}$$

$$\Delta H_{i0} = \frac{qEA}{HL}\int_0^L \varphi_{iw'}(x)\,\mathrm{d}x;\ T_y(t) = T_{y'}(t)\cos\bar{\theta} + T_{z'}(t)\sin\bar{\theta};$$
$$T_z(t) = T_{y'}(t)\sin\bar{\theta} + T_{z'}(t)\cos\bar{\theta} \tag{6}$$

式中：$\varphi_{iw'}(x)$ 和 $\varphi_{iv'}(x)$ 分别为面内及面外模态$\varphi'_{iv'}(x) = \mathrm{d}\,\varphi_{iv'}/\mathrm{d}x$；$L$ 导线跨度；$q = \sqrt{(mg)^2 + f_{\bar{w}}^{\,2}}$ 是自重 mg 和平均风荷载$f_{\bar{w}}$ 的合力。对应的气动阻尼可以表示为：

$$\xi_{aiv'} = \rho C_D D V_z \cos(\bar{\theta})/(4\pi f_{iv'} m);\ \xi_{aiw'} = \rho\, C_D\, D V_z \sin(\bar{\theta})/(4\pi f_{iw'} m) \tag{7}$$

式中：ρ 是空气密度；C_D是阻力系数；D 是导线直径；V_z是计算高度的平均风速；$f_{iv'}$和$f_{iw'}$ 分别为面外及面内固有频率。

3　结论

非线性有限元计算的比较显示，本文提出的时频域理论方法可精确给出导线的空间风振动张力及位移响应。研究表明，相比于导线的初始自重状态，平均风作用下的大风偏状态下，导线的刚度会有明显的变化，其拟静力影响线函数、平面内外模态的动力特性，甚至气动阻尼均有明显的变化。此外，风偏导致顺风向的荷载不仅会作用于平面外，还会作用于平面内。现有的频域方法由于无法考虑上述风偏引起的非线性变化，故只能正确估算顺风向动张力荷载的背景分量。无法准确给出共振响应及动力位移响应，尤其是弦向动态及静态张力响应。

参考文献

[1] Hung P V H, Yamaguchi M, Isozaki Gull J H. Large amplitude vibrations of long - span transmission lines with bundled conductors in gusty wind[J]. J. Wind Eng. Ind. Aerodyne. 2014, 126: 48 - 59.

[2] Momomura Y, Marukawa H, Okamura T, Hongo E, Ohkuma T. Full - scale measurementsof wind - induced vibration of a transmission line system in a mountainous area[J]. J. Wind Eng. Ind. Aerodyne, 1997, 72: 241 - 252.

[3] Davenport A G. Gust response factors for transmission line loading[C]//Proceedings of theFifthInternationalConference on Wind Engineering, Fort Collins, Colorado, 1979, 899 - 910.

[4] Loredo - Souza A M, Davenport A G. The effects of high winds on transmission lines[J]. J. Wind Eng. Ind. Aerodyne, 1998, 74: 987 - 994.

输电杆塔结构 CFD 仿真分析计算参数研究

王飞[1]，翁兰溪[2]，李清华[1]，刘海锋[1]，黄耀[1]
（1. 中国电力科学研究院 北京 100055；2. 福建省电力勘察设计院 福建 福州 100142）

1 引言

输电塔是一种柔性很大的结构形式，而风荷载是输电线塔设计的控制荷载。风流经钝体的输电塔结构时产生复杂的气流分离和旋涡脱落，从而使输电塔的风效应问题十分复杂。目前针对输电塔的主要研究方法依然是风洞试验。但是风洞试验难以获得全流域的流场信息，并且在方案的初期设计评估阶段涉及到数目众多的初选方案，此时使用风洞试验的方法显然是不合理、不经济的。在这种情况下 CFD 就体现出了其优势，使用这种方法可以较为经济地对众多方案做初期的优化评估，为输电塔的设计输入提供参数取值和科学依据。

2 工程概况

在本研究中，以角钢塔塔身节段为研究对象，224CD – SZVS3 中 600 – 660 节段的各个组成构件为角钢，可以看到角钢与角钢的连接处的几何构造非常复杂，最长角钢构件的长度厚度比超过了 1000，这给后续的网格划分带来困难。CFD 仿真分析中需要较多参数，一些参数的选取对结果的正确性与计算的收敛性有着直接的影响，比如最小网格尺寸、计算域大小、入口条件等。为了合理地选取模拟参数，需要考察计算仿真结果对参数的敏感性，因此针对一些重要参数本研究做了系统性的分析。

3 计算域设置方法

计算域大小关系到计算域边界对模型区域的影响，计算域过小则边界对模型区域的影响过大，进而造成过大的仿真误差，而计算域过大会带来过多的网格数量直接影响了模型的计算效率。同时，为了实现在不重新建模的前提下改变风向角，在本研究中使用了 GGI（Generalized Grid Interface）。GGI 是一种耦合界面，用来连接多个不连续网格（non – conformal mesh）区域，通过 GGI 连接的区域的相邻界面上的网格线以及节点不能一一对应。

4 网格划分原则

网格是直接关系到计算结果的关键性因素，而对于最小网格尺寸，本研究的研究对象为由角钢组成的桁架体系，其壁厚在后续研究中将发现对于 CFD 数值模拟来说其尺寸已经充分小，壁面的 y^+ 值在所选用的湍流模型的合理范围内，故对于网格尺寸的选取将以壁厚或者圆管最小直径为依据确定，系统化的网格尺寸找寻工作在本研究中由于最小网格尺寸充分小而略去。

5 边界条件设置

对于入口边界条件，本研究考虑两种不同的类型，一种是湍流入口条件，一种是均一流入口条件。湍流入口条件中将给出风速剖面以及入口处的湍动能和湍流耗散率的分布；均一流入口条件将仅在入口处给出均一的风速剖面，并且不考虑入口湍动能以及湍流耗散率的影响。湍流入口条件更加符合实际情况，但是由于湍流从入口处一直延伸至出口，较均一流入口条件其计算时间长。入口的湍流条件对绕流的分离点影响较大，但是对于本研究的研究对象，其重要的气动特征为分离点明确，因此可以预见入口的湍流条件对本一那就的研究对象的气动力计算影响不大。

6 参数研究

通过对比不同计算区域大小的计算结果以及不同入口条件的计算结果，来确定合适的计算域大小以及合适的入口边界条件。本研究采用两种不同大小的计算域，小计算域的横向宽度为5L，大计算域的横向宽度为10L。分析比较不同计算域大小对本研究研究对象结果的影响以选取合理大小的计算域。

7 结论

(1)计算区域横向宽度为5L时已经足以满足计算要求。计算区域横向宽度大于5L时对计算模拟杆塔结构的气动力没有太大影响。

(2)通过试算并和试验结果相比较得到确定网格尺寸的如下参数：外围计算子域S网格最大尺寸为0.2L，网格最小尺寸为0.05L，内部计算子域$R2$ O型结构网格的最大网格尺寸为0.05L，最小网格尺寸为0.01L，内部计算子域$R1$四面体非结构化网格的最大网格尺寸为0.01L，最小网格尺寸为角钢最小壁厚。网格生长率统一使用1.2。以减少由于网格尺寸急剧变化而带来的数值误差

(3)对比发现均一来流条件情况下气动力的主要分量(F_y和M_x)与试验结果基本一致。也就是说气动力对来流是否为湍流并不敏感，使用均一来流条件即可以满足计算要求。

参考文献

[1] 祝贺，徐建源，秦力，等. 基于有限体积法的输电杆塔的风场数值模拟[J]. 中国电力(东北电力大学科研专栏)，2008，41(12)：60-63.

[2] 党会学，赵均海，张宏杰. 三角形格构式塔身杆件风荷载及流动干扰特性[J]. 力学季刊，2015，36(4)：740-748.

[3] 谢华平，何敏娟，马人乐. 基于CFD模拟的格构塔平均风荷载分析[J]. 中南大学学报(自然科学版)，2010，41(5)：1980-1986.

[4] 王福军. 计算流体动力学分析-CFD软件原理与应用[M]. 北京：清华大学出版社，2004.

[5] 埃米尔·希缪，罗伯特·H·斯坎伦. 风对结构的作用—风工程导论[M]. 刘尚培，项海帆，谢霁明，译. 上海：同济大学出版社，1992.

[6] John D，Anderson Jr. 计算流体力学入门[M]. 姚朝辉，周强，译. 北京：清华大学出版社，2010.

[7] 高歌，闫文辉，吴俊宏，等. 计算流体力学-典型算法与算例[M]. 北京：机械工业出版社，2015.

北极风电送出线路风环境及铁塔承载力状态评估*

张宏杰[1]，杨风利[1]，王飞[1]，宋丽莉[2]，全利红[2]
（1. 中国电力科学研究院 北京 100055；2. 中国气象局 北京 100081）

1 引言

为响应"一带一路"的发展战略，国家电网公司提出了"一极一道"能源发展战略，即在北极地区建造大型风力发电厂，在赤道建立大型太阳能发电厂。而在北极地区建立风电厂后，必须建设跨越整个西伯利亚高寒地区的输电线路，从而将清洁的风能源源不断的输送到电力需求端。在此背景下，中国电力科学研究院联合中国气象局开展了针对喀拉海、拉普捷夫海沿岸风环境特性研究，以此为基础对某型大跨越抗强风杆塔在北极风环境作用下的承载力状况进行了校核，为开展后续新型铁塔设计提供了指导建议。

2 喀拉海、拉普捷夫海沿岸风环境

采用大风天气系统和地形相似性最高的内蒙古地区气象资料对38个国际交换站的定时风速数据进行订正，而后基于极值I型分布函数对各站年最大风速序列进行拟合。最大风速出现在20744国际交换站附近，其50年、100年重现期风速分别达到了48.5 m/s和52.7 m/s，拉普捷夫海沿岸的21824国际交换站附近，其50年、100年重现期风速分别达到了37.1 m/s和40.3 m/s。喀拉海沿岸的23022国际交换站附近，其50年、100年重现期风速分别达到了34.3 m/s和36.7 m/s。

分析38个国际交换站记录的气温数据可知，最低气温－62.6℃出现在24266国际交换站附近，但因该站位于西伯利亚内陆地区，风速明显减小。而在21824国际交换站附近，其最低温度也达到了－49.3℃，平均气温也只有－14.8℃，其空气密度将比标准空气密度大大增加。

各站平均气压差异不大，与标准大气压十分接近，气压变化对空气密度影响不大。

地面高度喀拉海峡及其附近区域相对湿度为88%，80 m高度处相对湿度比地面还略有增加。此类湿度配合适当风速，十分利于铁塔及导线覆冰。

喀拉海和拉普捷夫海南部沿岸陆地平均风剖面指数大多为0.15～0.24，除喀拉海西侧海峡地区风剖面指数较大外，海岛和海域风廓线指数较小，基本上在0.09～0.15。

通过对模式分析结果中的湍流动能进行分析，可以获取不同高度处的湍流强度。规范规定[1]，在进行铁塔风荷载计算时，风荷载调整系数β_z需要基于10 m高度处湍流强度确定。

按照低概率风高概率冰原则进行大风工况下风速和覆冰厚度的选取，按照低概率冰、高概率风原则进行覆冰工况下风速和覆冰厚度的选取[2]。最不利气象条件按照表1取值。

表1 大风和覆冰工况下最不利气象条件

大风工况（低概率风高概率冰）				
100年重现期风速/(m·s^{-1})	覆冰厚度/mm	气温/℃	风剖面指数α	10 m高度湍流强度
40.3	10	－49.3	0.15	0.1715
覆冰工况（低概率冰高概率风）				
100年重现期覆冰/mm	对应风速/(m·s^{-1})	气温/℃	风剖面指数α	10 m高度湍流强度
20	21	－12.2	0.15	0.1715

* 基金项目：国家电网公司科技项目（极端环境条件下强风区输电线路风荷载特性和铁塔结构研究），国家自然科学基金项目（51508537）

3 抗强风大跨越杆塔承载力校核计算

大风工况和覆冰工况下铁塔主材应力比沿塔身分布分别如图 1、图 2 所示。

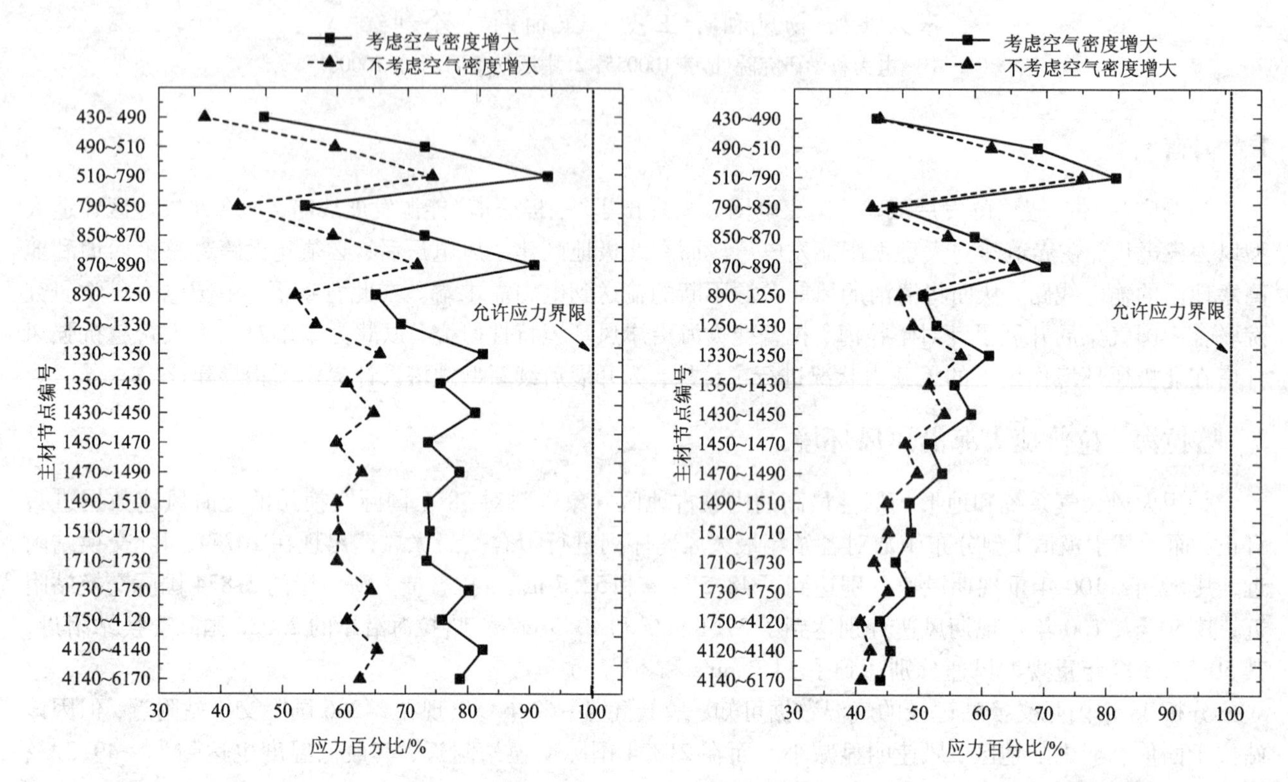

图 1 大风工况下铁塔主材应力比沿塔身分布

图 2 覆冰工况下铁塔主材应力比沿塔身分布

4 结论

本文所取得的主要研究成果包括：

(1)北极新地岛附近最大 100 年重现期风速 52.7 m/s，喀拉海沿岸最大 100 年重现期风速 36.7 m/s，拉普捷夫海沿岸最大 100 年重现期风速 40.3 m/s。因新地岛不适宜建造吉瓦级风电站，故选用拉普捷夫海沿岸 100 年重现期风速 40.3 m/s 作为设计基本风速。

(2)与基本风速对应的极值低温达到了 -49.3℃，受此影响空气密度和基本风压将增大 1.28 倍，气压与标准大气压基本一致，沿岸地区湿度在 80% 以上，覆冰既有可能发生。

(3)大风工况下，考虑喀拉海、拉普捷夫海沿岸高寒(低温)、高湿覆冰的影响后，所校核大跨越铁塔主材最大应力比达到了 92.9%，增大为原应力比的 1.25 倍，其他安全储备不足杆塔在这一地区可能无法使用，需要重新进行塔型规划、主辅材设计。

(4)北极地区环境恶劣，气象数据缺乏，在这一地区建设输电线路，可参考经验较少。本文研究给出的环境荷载参数及与现行规范设计相衔接的方法提供了参考范例。

参考文献

[1] 国家电网公司. 北极风电开发与全球互联电网展望专题一：北极地区环境特点及风电资源评估[R]. 北京，国网总师办，2015.

[2] DLT 5440—2009，重覆冰架空输电线路设计技术规程[S]. 中华人民共和国国家能源局，2009.

格构式输电塔塔身多天平同步测力风洞试验研究*

周奇[1]，黄阳[1]，张宏杰[2]
（1. 汕头大学风洞实验室 广东 汕头 515063；2. 中国电力科学研究院 北京 100055）

1　引言

高压、特高压输电塔塔身高、塔距大、质量轻、刚度柔，属于对风荷载十分敏感的结构物，输电线路抗风设计是国际国内风工程界长期关注且至今未能解决好的重大研究课题。经过几十年的国内外学者相关研究，目前已经取得了一些阶段性成果[1-3]。但是现有研究一般都是基于水平风荷载而开展，对于竖向风荷载考虑较少，然而台风、雷暴、龙卷风等非良态气候强风一般都带有一定成分的竖向风[4]，因此，本文采用多台微型高频动态天平同步测力方法和特制的模型支架系统，对水平风和竖向风共同作用下的输电塔塔身结构的风荷载进行了风洞试验研究，以期获得竖向风荷载对输电塔设计风荷载的影响大小和规律。

2　风洞试验介绍

本文以某格构式圆管输电塔为研究对象，铁塔高85.5 m，塔身的平面为正方形。本文以输电塔塔身段为试验对象，试验模型几何缩尺比为1∶25，模型由上补偿段、测试段和下补偿段组成，总高度为1.512 m。为了能在风洞里同时模拟不同风偏角和不同风攻角下的风荷载，本次试验设计了一个包含内框架和外框架的模型支撑系统。测力系统由四个参数相似的独立高频动态天平，数据采集仪和计算机组成。高频动态天平采用美国ATI公司生产的微型动态天平，天平外形为圆柱体，直径为4 cm，高度为1.22 cm，质量为50 g。

3　竖向风对输电塔塔身风荷载的影响

图1为不同风攻角作用下输电塔塔身阻力和升力系数随风偏角变化的试验结果(其他结果略)。从图中可以观察到：①不同风偏角下风攻角对平均气动力系数的影响大小不同。②不同风偏角下平均气动力系数随风攻角的变化具有一定的对称性。③在一定的风偏角范围内，气动力系数随风攻角的变化规律较为接近。④平均气动力矩系数随风偏角的变化规律与对应的平均气动力系数随风偏角的变化规律保持一致。

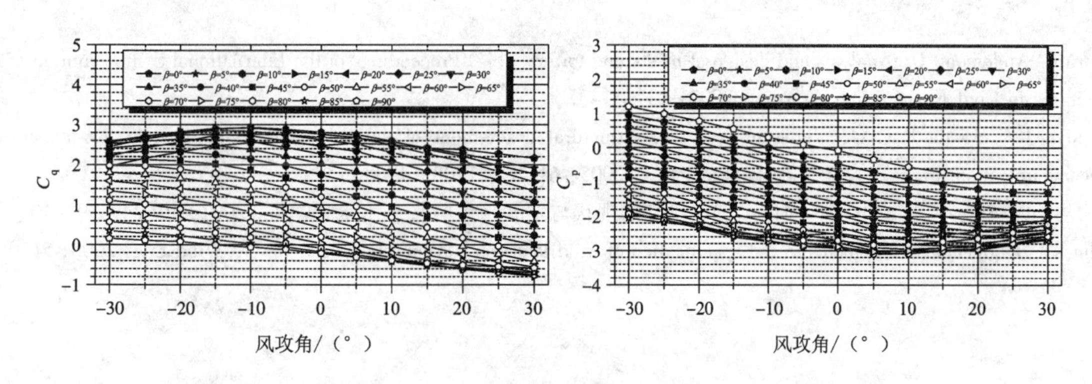

图1　不同风攻角下塔身阻力和升力系数随风偏角变化曲线(其他结果略)

表2所示为风攻角对输电塔塔身六分力系数影响的偏差计算结果。考虑到当气动力系数太小时相对偏差可能会太大，为避免引起误解，表格中给出的是绝对偏差。以0°风攻角的测试结果为对比对象，分析其最大偏差率和最小偏差率。从表中可以看出，相比于0°风攻角下测试结果，平均气动阻力系数的最大偏差率为38.67%，最小偏差率为0.86%；平均气动升力系数的最大偏差率为－87.61%，最小偏差率为

* 基金项目：国家自然科学青年基金(51508537)

4.96%；平均气动轴力系数的最大偏差率为 -237.1%，最小偏差率为 1.9%；平均气动摇摆力矩系数的最大偏差率为 -50.4%，最小偏差率为 27.64%；平均气动俯仰力矩系数的最大偏差率为 -89.55%，最小偏差率为 6.32%；平均气动俯仰力矩系数的最大偏差率为 -194.7%，最小偏差率为 15.3%。综述所示，在 -30° ~30°范围内，风攻角对输电塔六分力系数的最小相对偏差率能够接近于 30%，而最大相对偏差率更是能够接近于 200%。由此可见，风攻角对输电塔六分力系数的影响十分显著，当有竖向风作用时输电塔风荷载计算中有必要考虑风攻角对气动力系数的影响。

表 1　风攻角对六分力系数影响偏差计算结果

绝对偏差	C_q	C_p	C_h	C_{Mq}	C_{Mp}	C_{Mh}
0°偏角	2.4841	-2.7058	1.6179	0.0123	-0.3021	0.0438
最小偏差	0.0214	-0.1341	0.0308	0.0034	-0.0191	0.0067
百分比	0.86%	4.96%	1.90%	27.64%	6.32%	15.30%
0°偏角	2.0278	-1.8134	0.6618	0.2770	-0.1953	0.0872
最大偏差	0.7842	1.5887	-1.5691	-0.1396	0.1749	-0.1698
百分比	38.67%	-87.61%	-237.1%	-50.40%	-89.55%	-194.7%

4　结论

本文采用多台微型动态天平同步测力的方法对格构式输电塔不同风攻角和风偏角作用下的平均气动六分力系数进行考察。通过试验研究获得主要结论如下：不同风偏角下风攻角对输电塔塔身六分力系数的影响大小不同，但一定的风偏角范围内，平均气动力系数随风攻角的变化具有相似的变化规律。此外，平均气动力矩系数随风偏角的变化规律与对应的平均气动力系数随风偏角的变化规律基本一致。风攻角对输电塔塔身风荷载具有明显的影响，风攻角作用下对输电塔六分力系数的最小相对偏差率能够接近于 30%，而最大相对偏差率能够接近于 200%。对于来流风具有竖向风荷载分量时，风攻角对输电塔塔身六分力系数不可忽略。

参考文献

[1] Støttrup - Andersen. U. Analysis and design of masts and towers[C]//Proceedings of the International Symposium on Lightweight Structures in Civil Engineering, Warsaw, 2002: 137 - 143.

[2] da Silva J G S, da P C G, Vellasco S, et al. Structural assessment of current steel design models for transmission and telecommunication towers[J]. J. Constr. Steel Res, 2005, 61(8): 1108 - 1134.

[3] 李宏男，白海峰. 高压输电塔 - 线体系抗灾研究的现状与发展趋势[J]. 土木工程学报，2007，40(2)：39 - 46.

[4] Holmes J D. Recent developments in the specification of wind loads on transmission lines[J]. J. Wind Eng, 2008, 5(1): 8 - 18.

九、特种结构抗风

树状结构风荷载试验研究*

陈伏彬[1]，吴颖[2,4]，李秋胜[3]，张建仁[1]，张明亮[5]，林立[6]

(1. 长沙理工大学土木与建筑学院 湖南 长沙 410114；2. 湖南大学土木工程学院 湖南 长沙 410082；
3. 香港城市大学建筑学与土木工程学系 香港 999077；4. 湖南轻工纺织设计院 湖南 长沙 410082；
5. 湖南省第六工程有限公司 湖南 长沙 410015；6. 厦门理工学院土木工程与建筑学院 福建 厦门 361024)

1 引言

本文以华发艺术馆中庭内建的6棵造型新颖的树状结构(以下简称为生态树)为研究对象，通过采用3D打印技术，精确模拟生态树复杂的树枝与树冠结构，基于模型测压试验，精细研究树冠的风压分布情况，研究成果可为其风荷载设计提供依据，同时可为其他类似工程提供参考。

2 试验概况

风洞试验在湖南大学建筑安全与节能教育部重点实验室的大气边界层风洞实验室中进行。试验过程中采用二元尖塔和粗糙元模拟大气边界层平均风速和湍流度强度分布。考虑艺术馆周围的地形地貌特点，一面临海，一面紧靠城市筑群，参考《建筑结构荷载规范》，确定艺术馆临海一侧按A类地貌模拟，紧靠城市建筑群一侧按B类地貌模拟，粗糙度指数分别取为 $\alpha=0.12$ 和 $\alpha=0.15$，试验中取参考点高度位置为0.6 m，试验风速确定为10 m/s。

3 结果分析

3.1 单体与群体风压分布情况比较

单体和群体情况下1号生态树树冠的平均风压系数无论从分布规律或是数值大小都较为接近，这可能是由于1号生态树所处位置在0°风向角下所受附近生态树和艺术馆主楼的干扰较小。从脉动风压系数方面来看，附近的生态树和艺术馆主楼虽然未对1号生态树树冠部分的平均风压系数造成很大的影响，却使得1号生态树附近气流的流通出现了较大的分离和波动，从而导致其脉动风压系数的增大。而3号生态树由于其所处位置，在0°风向角时处于背风面，且其树高度较小，受附近2、5、6号生态树的“阻挡效应”明显，这点体现在群体工况下的平均风压系数值较单体工况下的平均风压值小而变化规律也更为平稳，群体工况下的脉动风压系数与单体工况下的脉动风压系数较为接近且群体工况下大部分测点都略小于单体工况下的脉动风压系数值。相对于1、3号生态树而言，5号生态树树冠风压系数值受附近生态树干扰较大，其平均风压系数和脉动风压系数值都出现了明显增大。

3.2 群体情况下平均风压特性

2号生态树树冠部分的平均风压系数的极值情况在0°、180°和90°、270°风向下都较为接近；在0°、180°风向角下2号生态树树冠部分的平均风压系数的极值在 $-0.40\sim0.05$ 之间，在90°、270°风向角下2号生态树树冠部分的平均风压系数的极值在 $-0.25\sim0.25$ 之间；这可能是由于2号生态树比附近的生态树高，在0°、180°和90°、270°风向下生态树树冠受附近生态树和艺术馆主楼的干扰较小。此外，在0°、90°、180°、270°四个风向角下，2号生态树树冠的迎风处都出现了明显的气流分离，这点在体现在树冠迎风处主

* 基金项目：国家自然科学基金资助项目(51408062，51478405，51541809)，湖南省创新平台与人才计划项目(2015RS4050)，中国博士后基金(2015M572238)，湖南省教育厅项目(15C0054)，长沙理工大学土木工程湖南省优势特色重点学科创新性项目，福建省建筑产业现代化闽台科技合作基地开放基金

要由负压控制的，而在树冠背风处分离明显减小，有些区域由于气流附着出现正风压。

4 结论

通过对生态树结构风洞测压试验分析结果可知：

(1)生态树树冠部分的风压分布情况受艺术馆主楼及附近生态树的干扰影响较大，边缘区域有较大负风压，而局部出现正风压，在实际设计过程对这种干扰影响应予以考虑。

(2)复杂树状结构因其建筑外形独特，树冠部分表面风压分布情况复杂，很难从现行的建筑荷载规范或理论中确定其风荷载情况，利用风洞试验手段来确定其表面的风压分布情况是十分必要的。

参考文献

[1] GB 50009—2012，建筑结构荷载规范[S]. 北京：中国建筑工业出版社，2012.

[2] Armitt J. Wind loading on cooling towers[J]. J. Struct. Div, 1980, 106(ST3): 623 - 641.

[3] Taniike Y. Interference mechanism for enhanced wind forces on neighboring tall building[J]. Journal of Wind Engineering and Industrial Aerodynamics, 1992, 41 - 44: 1073 - 1083.

[4] 黄鹏，顾明. 高层建筑静风荷载的干扰效应研究[J]. 建筑结构学报，2002，23(5)：67 - 72.

[5] 顾明，叶丰，张建国. 典型超高层建筑风荷载幅值特性研究 [J]. 建筑结构学报，2006，27(1)：24 - 29.

[6] Lam K M, Leung M Y H, Zhao J G. Interference effects on wind loading of a row of closely spaced tall building[J]. Journal of Wind Engineering and Industrial Aerodynamics, 2008, 96: 562 - 583.

[7] 张敏，楼文娟，何鸽俊，等. 群体高层建筑风荷载干扰效应的数值模拟[J]. 工程力学，2008，25(1)：179 - 185.

[8] 李永贵，李秋胜. 某高层建筑结构风致响应干扰效应研究 [J]. 建筑结构，2011，41(10)：139 - 142.

[9] 朱银银，樊友川，王旭，等. 半球形干煤棚表面风荷载与干扰效应数值风洞研究[J]. 工业建筑，2013，43(2)：117 - 127.

[10] 卢春玲，李秋胜，黄生洪，等. 大跨度复杂屋盖结构风荷载大涡模拟[J]. 土木工程学报，2011，44(1)：1 - 9.

[11] 卢春玲，李秋胜，黄生洪，等. 大跨度屋盖风荷载的大涡模拟研究[J]. 湖南大学学报(自然科学版)，2010，37(10)：7 - 12.

[12] 陈伏彬，吕记斌，李秋胜，等. 前方建筑队高层建筑风压分布的干扰效应研究[J]. 工业建筑，2015，45(9)：50 - 53.

三柱型半潜式风机基础的等效静风浪荷载*

李朝[1]，彭爱贤[1]，肖仪清[1]，周盛涛[1]，宋晓萍[2]
（1. 哈尔滨工业大学深圳研究生院 广东 深圳 518055；2. 湘电风能有限公司 湖南 湘潭 411102）

1 引言

海洋石油工业中半潜式平台多为四柱布局，其结构设计荷载一般仅由波浪控制，且相关规范推荐采用设计波方法来确定。考虑到轴对称稳性及节省材料，三柱型半潜式基础已被广泛应用于承载海上浮式风机。但针对这种结构型式的设计荷载研究还较少，不仅传统的设计波方法不能直接套用，风机荷载对基础结构的作用也不能忽视。由于风机结构细长且头重脚轻，在风浪联合作用环境下，漂浮基础的运动也将放大结构风荷载的作用。因此，本文将在考虑波浪及风荷载相关性的前提下，针对一种 5MW 风机自主设计的三柱型半潜式风机基础，阐述波浪及风引起的随机动力荷载的等效静力计算方法。首先，对三柱型基础结构的特征剖面进行全面搜索，得到了 11 个特征荷载；其次，在 FAST 软件中模拟风浪联合条件下浮式风机系统，考虑了基础运动对风机塔筒基底剪力和弯矩的影响，进而得到风机传递给基础的阵风荷载因子。结果表明，半潜式风机基础结构在风浪联合作用下的阵风荷载因子显著大于固定式基础结构的阵风荷载因子。

2 风浪联合环境条件

通过对目标海域波浪的有义波高及周期观测数据的统计，绘制波浪散布图，并建立波高及周期的联合分布函数。进而可通过有限观测样本的数据推算 50 年重现期下的波高及周期。此外，考虑风浪的相关性，建立波高、周期与风速的经验关系。

3 等效波浪荷载计算

类似于风工程中等效静风荷载的概念，等效设计波方法将随机的不规则波浪引起的动力荷载用等效的规则波浪(波高、周期、浪向和相位)引起的静力荷载代替。本文将采用基于长期预报的等效设计波法，其实质是一种谱分析方法，具体步骤可归纳如下：

(1)与短期预报设计波法一样，计算各特征荷载的 *RAO*。如图 1 所示，本文依据三柱型基础的特点，共选定了 10 个平行于中横剖面的剖面以及 10 个平行于中纵剖面的剖面。这些截面位于结构构件的连接的薄弱位置；

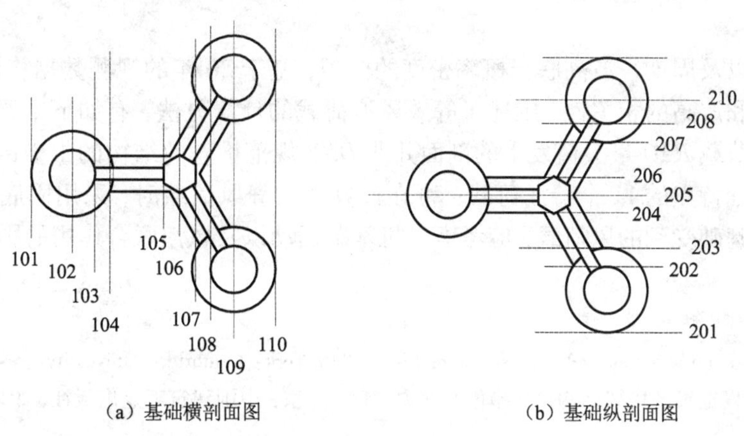

(a) 基础横剖面图　　(b) 基础纵剖面图

图 1　基础特征载荷的验算截面

* 基金项目：深圳市海外高层次人才技术创新项目(KQJSCX20160226201838)

(2)重复短期预报设计波法中的步骤，计算每一个短期海况下的响应荷载的分布。

(3)结合波浪散布图，求每一个特征荷载的长期概率分布。

(4)根据重现期50年，可以得到在这个重现期内的循环个数 N，超越概率对应的荷载即为该重现期下特征荷载的长期预报值[1]。

(5)等效设计波的波幅等于最大长期预报值荷载 R_{max} 与 RAO_{max} 最大值的比值，而周期、浪向角以及相位取 RAO_{max} 对应的值。

4　等效风荷载计算

利用FAST软件，基于上文中得到的规则设计波工况，同时生成设计波对应平均风速的脉动风速场，联合两种荷载作用，分别模拟了基础不固定(风浪联合)、基础不固定(仅风)、基础固定(仅风)三种工况下塔筒底部的剪力和弯矩。将各工况下的基底弯矩阵风荷载因子绘于图2中。可以看到，固底式风机的阵风荷载因子约为1.6，始终小于风机设计指南[2]中推荐的1.8。但基础不固定且只作用风荷载时，阵风荷载因子约为1.8左右，随着风速的增加逐渐大于1.8，这表明基础的自由运动对基底剪力和弯矩有放大效应。当基础不固定且受风浪同时作用时，阵风荷载因子全部大于2，且随着设计波对基础运动的影响不同，阵风荷载因子变化幅度较大。

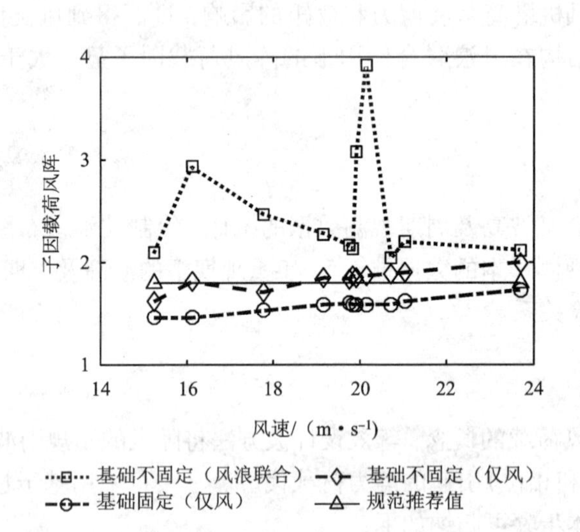

图2　阵风荷载因子的对比

5　结论

本文建立了风速以及周期与波高联合概率密度的模型，基于20年的观测数据将波浪散布图扩展至50年。利用风速与周期和波高的相关性，阐述了等效风浪荷载的计算方法，有如下主要结论：1)三柱型半潜式基础结构的各特征荷载 *RAO* 最大值发生的剖面并非 *DNV* 规范推荐的结构的中横剖面和中纵剖面，本文得到了符合该类型基础特点的11个特征荷载；2)在计算等效静风荷载时，采用固底基础规范推荐的阵风荷载因子将严重低估基础受到的风荷载，应考虑风机基础运动以及风浪联合作用的影响。

参考文献

[1] Faltinsen O M. Sea lods on ships and offshore structures[M]. New York: Cambridge University Press, 2006: 199－217.

[2] 日本土木学会. 风力发电设备塔架结构设计指南及解说[M]. 北京: 中国建筑工业出版社, 2014.

单坡光伏车棚屋面风压特性试验研究*

李寿科，张雪，王修勇，禹见达，孙洪鑫
（湖南科技大学土木工程学院 湖南 湘潭 411201）

1 引言

对于光伏系统的抗风研究国内外主要集中在民居建筑屋面光伏系统和地面光伏系统[1-6]，光伏车棚屋面的抗风研究却较少涉及。风荷载为光伏车棚屋面结构设计的控制性荷载之一，是整个支撑系统结构抗风设计和局部围护结构抗风设计所必须考虑的重要因素。光伏车棚屋面采用四面开敞式布置，以单坡屋面形式为主，停车棚屋面的结构抗风设计可以通过类比一些四面开敞式单坡顶盖的风洞试验数据和国家规范进行。光伏车棚屋面为适用于更大的发电量需要，较未安装光伏组件的车棚屋面具有更大的屋面倾角，在我国的强/台风区域倾角多采用20°～30°倾角，国内外文献对于此类大屋面倾角结构的整体风荷载特性和局部风荷载特性的风洞试验研究较少，也没有给出用于围护结构设计的局部体型系数和极值风荷载取值方法。本文制作了缩尺比为1∶50的四面开敞式单坡光伏车棚屋面，考虑屋面的倾角为20°和30°，进行刚性模型测压风洞试验，研究屋面的整体体型系数，以及局部分块体型系数的分布规律，与当今规范进行对比研究，给出光伏车棚屋面的整体体型系数和局部风荷载设计建议取值，为补充相关规范和标准提供参考。

2 刚性模型测压风洞试验概况

本次试验是在湖南科技大学的大气边界层风洞中进行。制作了几何缩尺比为1∶50的不同屋面倾角θ（20°和30°）的单坡四面开敞式光伏车棚屋面刚性测压模型，模型照片和模型几何尺寸定义图，尺寸参数取值如图1所示。

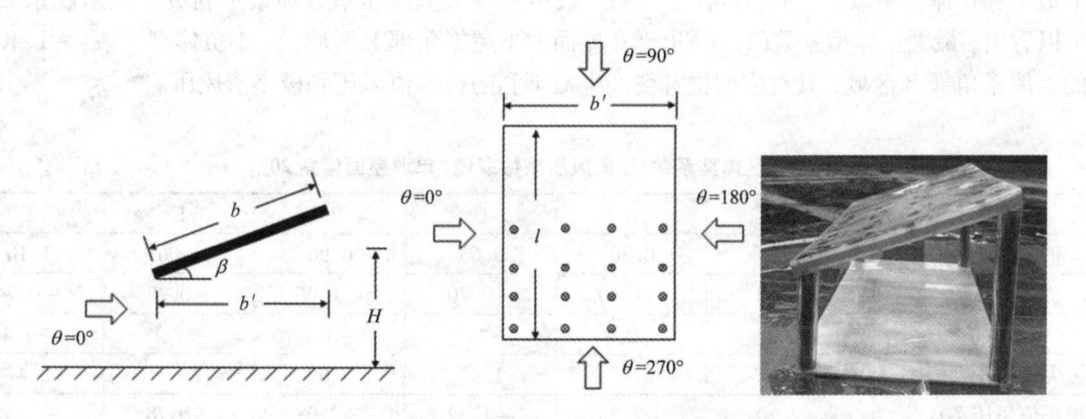

图1 光伏车棚屋面照片和模型尺寸参数、风向角定义及测点布置图

3 试验结果

图2给出了单坡车棚屋面($\beta=20°$、$\beta=30°$)的整体体型系数随风向角的变化规律。表1给出了单坡车棚屋面($\beta=20°$、$\beta=30°$)的整体体型系数与《建筑结构荷载规范》GB 50009—2012的单坡顶盖体型系数比较。

* 基金项目：国家自然科学基金资助（51508184），湖南省教育厅创新平台开放基金资助（17K034），湖南省自然科学基金资助（2016JJ3063）

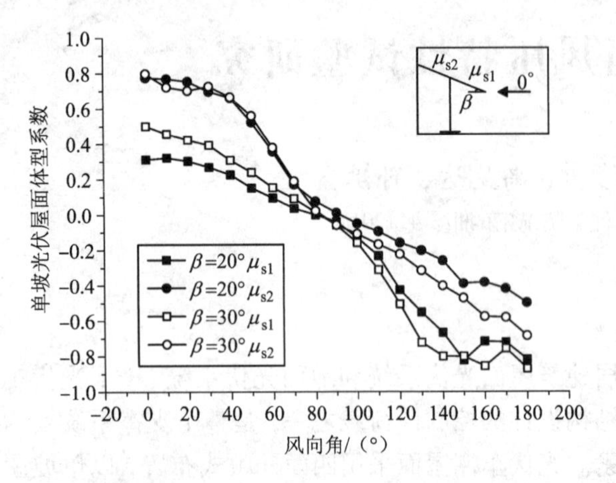

图2　单坡车棚屋面（$\beta=20°$、$\beta=30°$）体型系数随风向角的变化

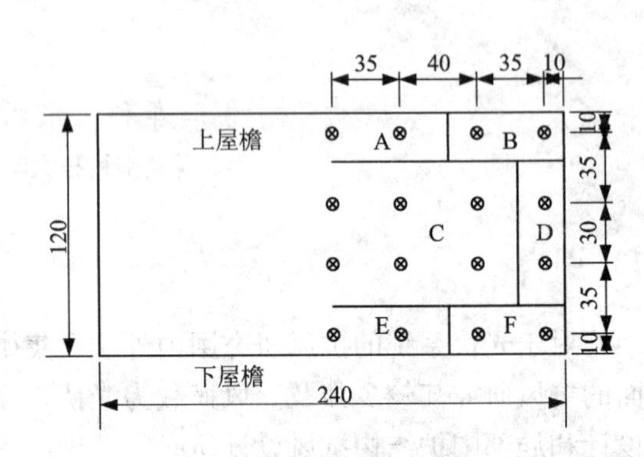

图3　单坡车棚屋面体型系数分区

表1　单坡屋面整体体型系数试验值与规范值对比

内容	β	0°风向角		180°风向角	
		μ_{s1}	μ_{s2}	μ_{s1}	μ_{s2}
规范值	20°	1.35	0.55	-1.35	-0.55
试验值	20°	0.8	0.3	-0.8	-0.5
规范值	30°	1.4	0.6	-1.4	-0.6
试验值	30°	0.8	0.5	-0.9	-0.7

3.1　局部分块风荷载设计建议取值

参照《建筑结构荷载规范》GB 50009—2012 中屋面分区方式。表2给出了倾角为20°时单坡停车棚屋面全风向下最不利正体型系数、最不利负体型系数、最不利极大值风压系数和最不利极小值风压系数结果。由表2可以看出，最大正体型系数（1.10）出现在屋面的下屋檐角部F区域，最小负体型系数（-1.40）出现在屋面的上屋檐角部B区域，其对应的位置会产生最不利的极大值风压和极小值风压。

表2　分区体型系数/极值风压系数取值（单坡屋面倾角20°）

分区	A	B	C	D	E	F
正体型系数	0.23	0.30	0.63	0.96	1.06	1.10
负体型系数	-1.10	-1.40	-0.70	-1.06	-0.28	-0.74
规范取值	-1.8	-2.4	-1.1	-1.1	-1.1	-1.1
极大值风压系数	0.65	0.85	1.42	2.09	2.17	2.47
极小值风压系数	-2.20	-2.75	-1.32	-2.08	-0.78	-1.65

4　结论

垂直风向为单坡车棚屋面的整体体型系数最不利风向，单坡车棚屋面的整体体型系数试验值比规范取值小30%左右，随屋面坡角β的增大，整个屋面承受的平均风荷载增加。单坡车棚屋面局部分块负体型系数试验值小于规范给出的封闭式单坡屋面局部分块体型系数，试验得到的风荷载正体型系数在屋面边缘和下屋檐位置亦较大，可达1.21。

参考文献

[1] Cao J, Yoshida A, Saha P K, et al. Wind loading characteristics of solar arrays mounted on flat roofs[J]. Journal of Wind Engineering & Industrial Aerodynamics, 2013, 123(4): 214-225.

覆面施工脚手架风荷载特性研究*

王峰[1]，田村幸雄[2]
（1. 长安大学 陕西 西安 710064；2. 北京交通大学 北京 100044）

1 引言

随着社会的进步和城市"绿色施工"发展的需求，土木工程施工脚手架普遍使用施工安全网。考虑到施工安全、防尘和防噪声等因素，许多国家开始使用防尘、降噪效果好的帆布网或者防噪声板等来进行围挡施工，这不但增大了施工脚手架的挡风率，同时也导致作用在施工脚手架上的风荷载显著增大。调查研究结果表明，大约10%的施工脚手架倒塌事故是风引起的。然而，施工脚手架抗风设计的重要性往往被设计者忽略。作为一种施工临时结构，一旦发生风致破坏，引起的人员伤亡和经济损失同样不可忽视。对于这样广泛应用的土木工程结构而言，脚手架风荷载研究已经成为一个不可忽视的重要课题。

2 风洞试验

本文的风洞试验数据在东京工艺大学风洞实验室采集完成，试验以中等高度矩形建筑物为原型，几何缩尺比为1∶75。试验模型模拟了施工时采用100%挡风率覆面结构的脚手架和附着建筑物，使用亚克力薄板模拟脚手架覆面结构并布置双面测压孔，完成了风洞测压试验。试验中考虑了附着建筑开孔率、脚手架布置型式、来流风向角和周边建筑物等多个试验参数，系统地研究了作用在覆面施工脚手架上的风荷载特性，讨论了脚手架风荷载的合理计算方法。

图1 覆面施工脚手架风洞试验

3 结果分析

本文根据风洞试验结果计算了作用在脚手架上的平均风力系数，将试验所得最大负平均风力系数（所有建筑开孔率和所有风向角下）与中国、日本和英国脚手架规范建议值进行了对比。对于不同的脚手架布置型式（如一字型、槽型和全包围型），最大负平均风力系数有较大的变化，其中槽型布置脚手架的负平均最大风力系数最大，并且超过了中国、日本和英国脚手架规范设计建议值。

* 基金项目：日本文部省资助 Global Center of Excellence Program 项目（2008 - 2012），中央高校基本科研业务费专项资金项目（310821161019）

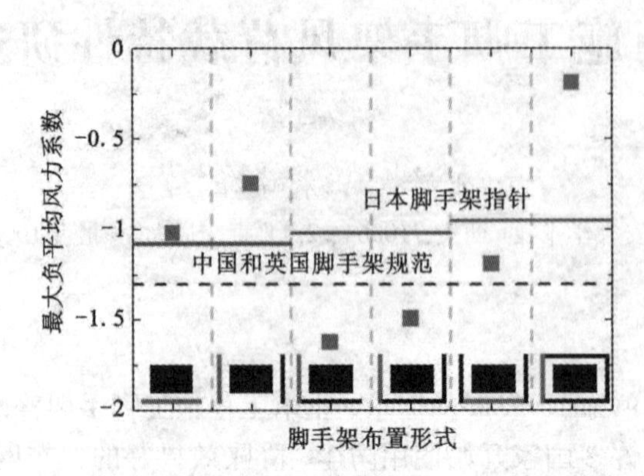

图 2 不同布置型式脚手架最大负平均风力系数与规范建议值对比

4 结论

(1)附着建筑物的开孔率对脚手架覆面结构外表面的风压大小和分布几乎没有影响，对内表面的风压大小和分布影响非常明显，尤其是槽型布置的脚手架系统。因此，附着建筑物的开孔率不同会改变脚手架平均风力系数的大小。

(2)不论是哪种脚手架布置型式，最大局部极值风压总是出现在脚手架覆面结构的顶部和两侧，因此在进行抗风设计时，应重点考虑该区域的加固和补强。

(3)根据分析结果，目前现行的脚手架规范中，风荷载建议计算值在某些工况时低估了风力系数的大小。此外，周边建筑物的风干扰效应也可能会导致作用在覆面施工脚手架上风荷载的增大。

参考文献

[1] Ohdo K, Takanashi S, Hino Y, Saito K. Measurement of wind load acting on the scaffolds[R]. Specific Research Reports of the National Institute of Industrial Safety, NIIS - SRR - NO. 31, 2005(In Japanese).

[2] Irtaza H, Beale R G, Godley M H R. A wind - tunnel investigation into the pressure distribution around sheet - clad scaffolds [J]. Journal of Wind Engineering and Industrial Aerodynamics, 2012, 103: 86 - 95.

[3] Feng Wang, Yukio Tamura, Akihito Yoshida. Wind loads on clad scaffolding with different arrangements and building opening ratios[J]. Journal of Wind Engineering & Industrial Aerodynamics, 2013, 120: 37 - 50.

塔式太阳能定日镜阵风系数风洞实验研究*

吴卫祥[1]，李正农[2]
（1. 湖南城市学院土木工程学院 湖南 益阳 413000；
2. 湖南大学建筑安全与节能教育部重点实验室 湖南 长沙 410082）

1 引言

定日镜是塔式太阳能热发电站的重要组成部分，其由支撑、横梁、立柱和镜面板等组成(参见图1、2)。为将太阳光更有效地反射到吸热塔上，实际工程中常采用玻璃面板。玻璃板直接暴露于大气中，且镜面板随太阳高度角变化而变化，受来流作用，除需要考虑结构整体的安全性外，镜面板的安全需要予以特别的关注。按照我国规范的规定，镜面板可参照维护结构进行设计，仅需乘以考虑风压脉动作用的阵风系数。

2 风洞试验

定日镜测压实验是在湖南大学 HD－3 风洞中进行。实验模型缩尺比为 1∶30，采用图 1 所示的测点布置方式，采用如图 2 所示(水平角 θ 和仰角 β)模式对工况进行记录和分析。阵风系数 β_{gz} 可按式(1)得到：

$$\beta_{gz}=\max\left(\frac{C_{p,\max}}{C_{p,\text{mean}}},\frac{C_{p,\min}}{C_{p,\text{mean}}}\right) \tag{1}$$

式中：$C_{p,\text{mean}}$ 为平均风压系数；$C_{p,\max}$、$C_{p,\min}$ 分别为极大风压系数、极小风压系数，按照我国规范规定峰因子 g 取 2.5 的峰值因子法得到。

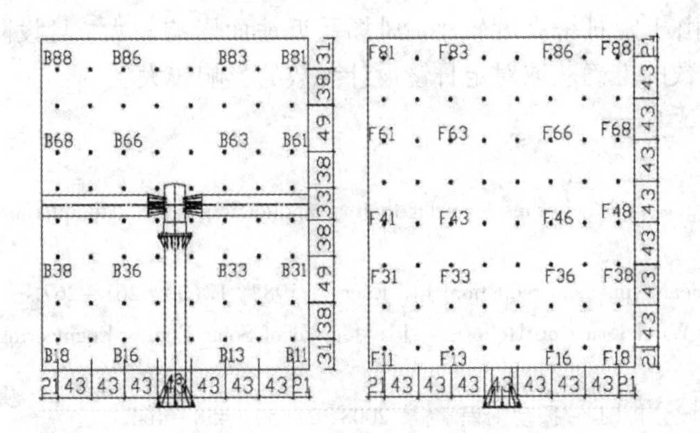

图1 测点布置图(左为背面，右为正面，单位：mm)

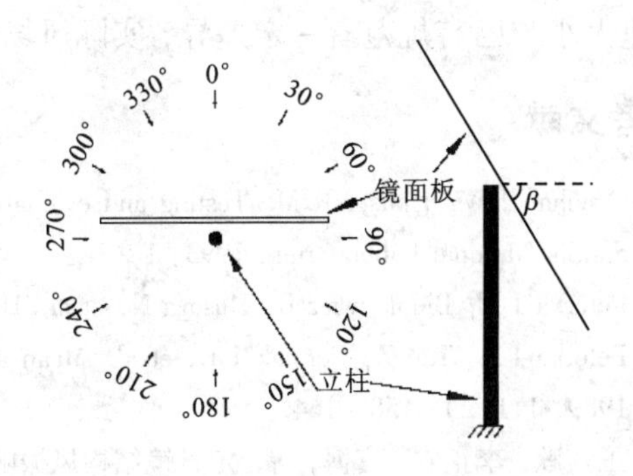

图2 水平角(θ)和仰角(β)示意图

3 阵风系数

3.1 部分工况阵风系数

以 000－90、120－60 工况为例，结果见图3。由图可以看出，000－90 工况时 β_{gz} 分布较均匀；120－60 工况 β_{gz} 左侧最小为 1.81，右侧中部的 β_{gz} 值最大可超过 100。其原因在于该工况时右侧平均风压系数 $C_{p,\text{mean}}$ 值较小，如 $B(F)58$ 测点的 $C_{p,\text{mean}}$ 值仅 －0.0023，因而 β_{gz} 明显偏大。

3.2 阵风系数包络结果

由于定日镜工况众多，同一位置不同工况下 β_{gz} 结果有很大的变化。为便于设计取值，分别取各种工况下所有测点 $C_{p,\text{mean}}$ 的最大值和最小值带入式(1)中的 $C_{p,\text{mean}}$ 进行计算，得到阵风系数的包络结果见图4。可以看出：阵风系数随高度增大呈减小的趋势，β_{gz} 的最大值为 1.96，考虑到制作方面的便利，综合推荐该型定日镜的 β_{gz} 设计值为 1.96。

* 基金项目：国家自然科学基金(51278190)，湖南省教育厅一般项目(16C0306)

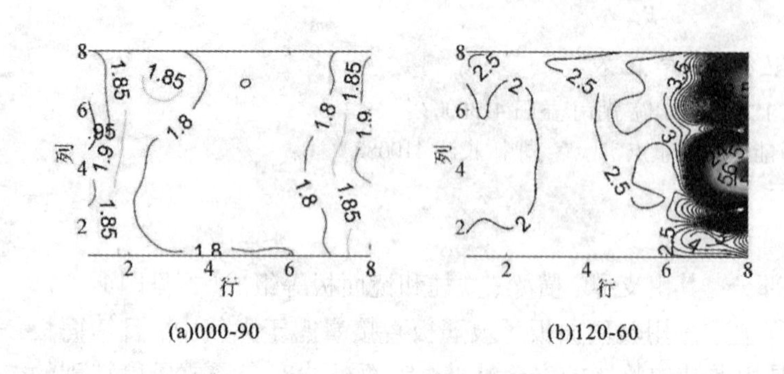

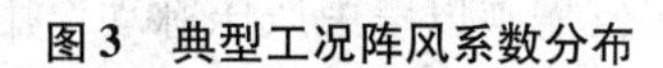
图3　典型工况阵风系数分布

1.62	1.47	1.32	1.26	1.26	1.34	1.47	1.61
1.70	1.55	1.48	1.39	1.40	1.45	1.51	1.68
1.64	1.55	1.46	1.31	1.34	1.44	1.57	1.60
1.69	1.56	1.48	1.34	1.37	1.48	1.55	1.66
1.71	1.55	1.47	1.34	1.37	1.46	1.53	1.70
1.78	1.67	1.56	1.47	1.44	1.51	1.65	1.77
1.96	1.79	1.69	1.62	1.61	1.67	1.81	1.95
1.95	1.92	1.86	1.72	1.72	1.87	1.90	1.96

图4　阵风系数包络图

我国规范规定：B类粗糙度场地在10 m高度范围内β_{gz}均为1.70，对比本次实验的定日镜阵风系数结果可以看出：定日镜β_{gz}值较规范规定值偏大。其原因是实际风场的湍流度较我国规范规定偏大。由此也可以看出：由于定日镜最大高度往往在10 m左右，因而实际风场特性参数、风压分布特性参数的获取对定日镜设计参数的合理确定极为重要。

4　结论

(1)基于定日镜测压风洞实验结果获得了适合我国规范设计采用的阵风系数β_{gz}推荐值。

(2)定日镜实验结果与规范推荐值对比表明：由于定日镜高度较小，风场受近地面影响较大，且设防风速大小与已有规范有一定差异，实际风场特性参数的准确获取对定日镜设计参数的影响较大。

参考文献

[1] Strachan J W, Houser R M. Testing and evaluation of large - area heliostats for solar thermal applications[R]. Albuquerque: Sandia National Laboratories, 1993: 1 - 8.

[2] Peterka J A, Bienkiewicz B, Hosoya N, et al. Heliostat mean wind load reduction[J]. Energy, 1987, 12(3): 261 - 267.

[3] Peterka J A, Tan Z, Cermak J E, et al. Mean and Peak Wind Loads on Heliostats[J]. Journal of Solar Energy Engineering, 1989, 111(2): 158 - 164.

[4] 王莺歌，李正农，宫博，等. 定日镜结构风振响应的时域分析[J]. 振动工程学报，2008，21(5)：458 - 464.

[5] 宫博，李正农，王莺歌，等. 太阳能定日镜结构风载体型系数风洞试验研究[J]. 湖南大学学报(自然科学版)，2008，35(9)：6 - 9.

[6] 李正农，吴卫祥，王志峰. 北京郊外近地面风场特性实测研究[J]. 建筑结构学报，2013，34(9)：82 - 90.

[7] GB 50009—2012，建筑结构荷载规范[S].

风浪作用下半潜式海洋平台动力响应分析*

周岱[1,2,3]，马晋[1]，韩兆龙[1]
（1. 上海交通大学船舶海洋与建筑工程学院 上海 200240；2. 高新船舶与深海开发装备协同创新中心 上海 200240；3. 上海交通大学海洋工程国家重点实验室 上海 200240）

1 引言

半潜式海洋平台深水作业经受海洋风、波浪等环境荷载的作用，会引发平台结构的损伤甚至破坏[1]。本文建立了风浪联合作用模型，并提出高效率高精度的混合模拟方法，运用 ANSYS Parametric Design Language (APDL) 和 AQWA 分析软件，研究风浪联合作用下半潜式海洋平台结构动力响应和运动响应。

2 半潜式海洋平台模型

以第六代半潜式海洋平台为对象，该类平台结构主要由上部采油塔架、甲板、立柱、浮体和横撑等组成。图 1 为半潜式海洋平台的有限元模型以及动力响应分析风浪荷载作用工况示意图。

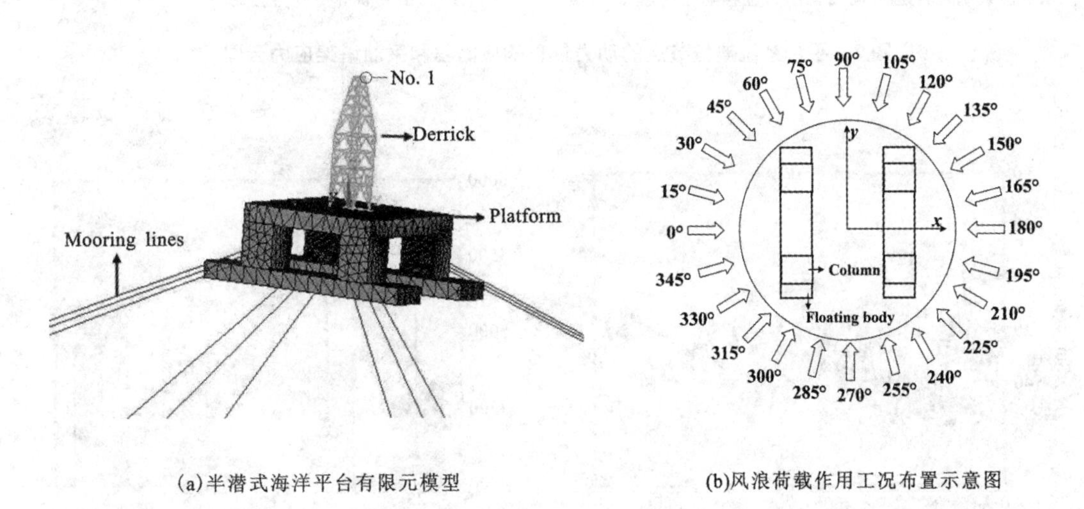

(a)半潜式海洋平台有限元模型　　(b)风浪荷载作用工况布置示意图

图 1　半潜式海洋平台的有限元模型以及动力响应分析风浪荷载作用工况示意图

3 海洋风、波浪作用的模型

3.1 风、浪模型

依据风生浪的物理机制和 Stokes 波浪理论，建立海洋风与波浪的能量传递关系，即：

$$E_{(i)} = \frac{1}{2}\beta\rho_1 \hat{U}^2\ (ik)^2 \hat{c} A^2(i) \tag{1}$$

其中，$E_{(i)}$ 为各阶传递的能量；β 为能量传递系数；ρ_1 为空气密度；$\hat{U}$ 为修正后的气流摩擦速度；i 为阶数；k 为波数；$\hat{c}$ 为相速度；A 为振幅。

假设海洋随机风、浪是平稳随机高斯过程且给定风功率谱密度函数，由此推导获得波浪功率谱密度函数，即为风浪联合作用模型。

3.2 海洋风、波浪的混合模拟方法

引入小波分析理论方法，即对风、波浪功率谱在频域上开设连续窗口，并识别能量集中与能量分散的

* 基金项目：国家自然基金(51679139，51278297)，国家自然基金重大项目(51490674)，上海市领军人才计划(20)，教育部高校博士点专项科研基金(20130073110096)

子部。对能量集中的子部，运用谐波叠加法生成时间序列；对能量分散的子部，运用线性滤波法生成时间序列，并进行线性叠加，由此得到海洋风、波浪的时间序列。

4　数值计算与分析

运用 ANSYS APDL 和 AQWA 软件分析半潜式平台在风浪作用下的结构动力响应和运动响应。图 2 为平台系统典型节点的动力位移响应时程和采油塔架应力云图，图 3 所示为平台的运动学响应时程。

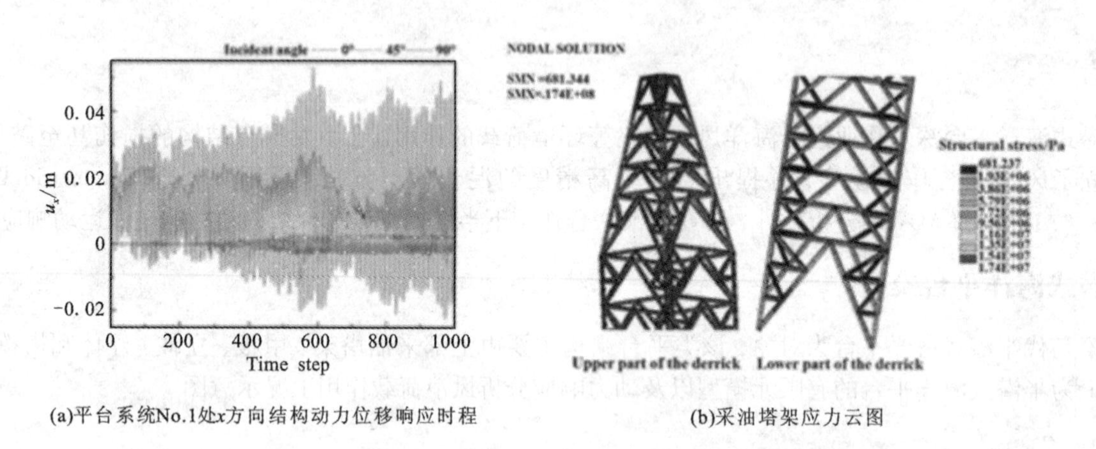

(a)平台系统No.1处x方向结构动力位移响应时程　　(b)采油塔架应力云图

图 2　平台系统典型节点的动力位移响应时程和采油塔架应力云图

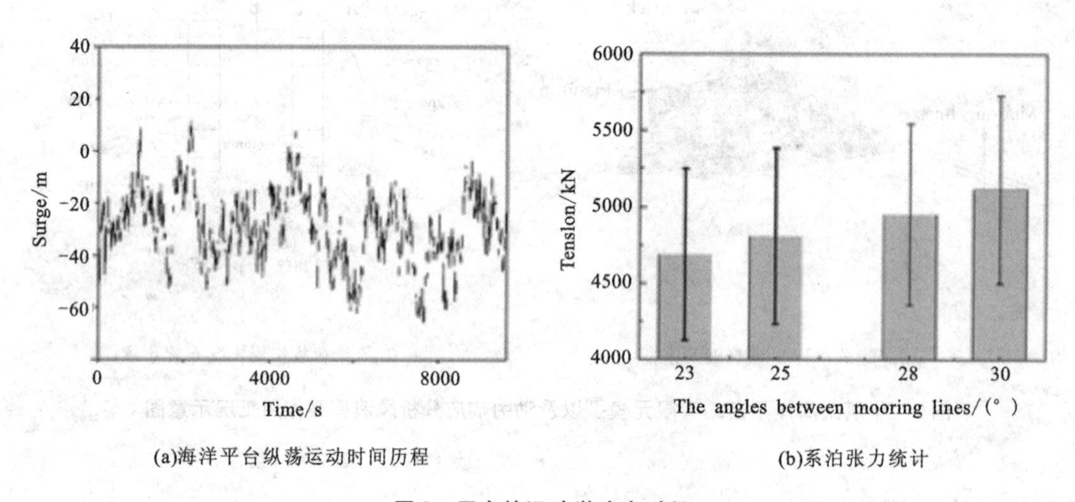

(a)海洋平台纵荡运动时间历程　　(b)系泊张力统计

图 3　平台的运动学响应时程

5　结论

本文建立了风浪联合作用模型，提出高精度高效率的风浪作用的混合模拟方法，运用 ANSYS 软件分析了风浪联合作用下半潜式海洋平台结构系统的动力学响应和平台整体的运动学响应。结果表明半潜式海洋平台抗风浪能力强，在强风浪状态下结构安全、平台稳定。

参考文献

[1] Gomathinayagam S, Vendhan C P, Shanmugasundaram J. Dynamic effects of wind loads on offshore deck structures - A critical evaluation of provisions and practices[J]. Journal of Wind Engineering and Industrial Aerodynamics, 2000, 84(3): 345 - 367.

槽式聚光镜的风洞测力实验研究*

邹琼[1]，李正农[2]，吴红华[2]
（1. 湘潭大学土木工程与力学学院 湖南 湘潭 411105；2. 湖南大学建筑安全与节能教育部重点实验室 湖南 长沙 410082）

1 引言

槽式聚光镜在使用过程中必须保证入射太阳光经反射始终准确地投向目标点，但大部分槽式聚光镜系统都位于较为空旷的戈壁等区域，且其镜面迎风面积大、刚度低，故风荷载是其结构设计最重要的控制荷载。目前已对槽式聚光镜组系统进行了风洞测压试验，获得了其风压分布及脉动特性[1-2]，本文对槽式聚光镜模型进行了天平测力实验，获得了槽式聚光镜各方向的平均风力（力矩）系数随竖向仰角和水平风向角的变化规律和特征（本文中的风力/力矩系数均为平均风力/力矩系数）。此外，本文通过对130种工况下风力（力矩）系数数据的进一步分析，分别提取出了六个方向平均风力（力矩）系数最大值及对应的最不利工况，为后续进行槽式聚光镜结构设计或者优化分析提供计算依据。

2 实验概况

2.1 实验设备和模型

本次测力实验在湖南大学 HD－3 风洞实验室进行，采用的设备是45E12A4型六分量高频动态天平。镜面及镜面支撑、主梁材料采用轻质 ABS 塑料，立柱采用高强轻质木材，为了提高槽式聚光镜整体刚度，将两个立柱固定在一块高强度轻质的铝板上。模型缩尺比为1∶15，槽式聚光镜的各构件尺寸及细节与测压试验模型[1]一致，聚光镜测力实验模型如图1所示。

2.2 试验工况

在进行测力实验时，聚光镜模型水平风向角 θ 在 0°～180°之间以15°为增量顺时针逐渐增加；镜面竖向仰角 β 在0°～90°之间以10°为增量变化；当镜面竖向仰角为0°时镜面切线与地面垂直，工况数合计为130个工况；测力实验采样频率取为333 Hz，每个分量的采样数据点长度为11000个，采样时间为33 s，风场模拟、实验风速、参考点高度等实验参数均与测压试验一致。测力实验的体轴坐标系定义及天平所测得六个方向的力（力矩）如图2所示。

图1 槽式聚光镜测力实验模型

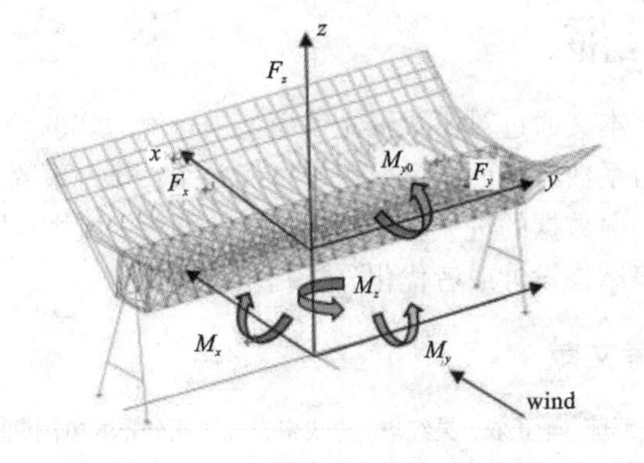

图2 测力实验六分力坐标示意图

3 风力系数分析

3.1 风力系数变化规律

图3给出了三个主要风力系数随竖向仰角和水平风向角的变化曲线图。阻力系数 C_{Fx} 在风向角 0°～

* 基金项目：国家自然科学基金项目（51278190）

90°之间随风向角的逐渐增大而减小，阻力系数随仰角的增大而减小，可以看出阻力系数与镜面的迎风面积成正比关系，阻力系数随镜面迎风面积减小而减小。升力系数 C_{Fz} 与 z 轴方向的有效受风面积及迎风面结构形式有关，凹形面迎风且受风面积越大，则升力系数越大。当仰角为60°，风向角0°时，认为在 z 轴方向的有效受风面积在四个仰角工况中达到最大值，故此时升力系数最大。基底倾覆力矩系数的变化规律类似于阻力系数的变化规律，与镜面的迎风面积成正比关系，随镜面迎风面积减小而减小。

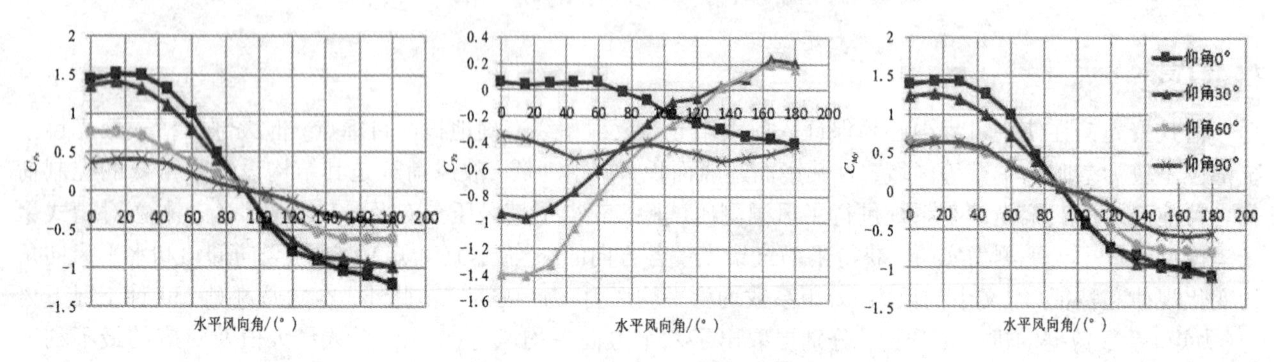

图3　风力系数的变化规律曲线图

3.2　风力系数最大值

通过对槽式聚光镜测力实验的130种工况实验数据进一步分析，提取出了各风力系数最大值及相应的最不利工况，如表1所示。阻力系数、升力系数及基底倾覆力矩系数的最大值均出现在风向角0°，而侧向力系数、侧向力矩系数、方位力矩系数最大值相对来说很小。

表1　风力(力矩)系数最大值及对应工况

	max$\|C_{Fx}\|$	max$\|C_{Fy}\|$	max$\|C_{Fz}\|$	max$\|C_{Mx}\|$	max$\|C_{My}\|$	max$\|C_{Mz}\|$
仰角 β/(°)	10	60	50	60	10	20
风向角 θ/(°)	0	135	0	135	0	45
值	1.55	0.18	1.43	0.30	1.46	0.10

4　结论

本文通过对槽式聚光镜模型进行测力实验获得了其平均风力(力矩)系数随仰角和风向角的变化规律，阻力系数与镜面迎风面积成正比关系，升力系数与 z 轴方向的受风面积及迎风面结构形式有关。通过对所有工况数据的进一步分析，提取出了六个风力(力矩)系数最大值及对应的最不利工况，为后续进行槽式聚光镜结构设计或者优化分析提供计算依据。

参考文献

[1] 邹琼，李正农，吴红华. 槽式聚光镜风压分布的风洞试验与分析研究[J]. 地震工程与工程振动，2014，34(6)：227－235.

[2] Zou Q, Li Z, Wu H, et al. Wind pressure distribution on trough concentrator and fluctuating wind pressure characteristics[J]. Solar Energy, 2015, 120: 464－478.

[3] 宫博. 定日镜和幕墙结构的抗风性能研究[D]. 长沙：湖南大学土木工程学院，2012：12－150.

十、计算风工程

运动龙卷风冲击高层建筑数值模拟*

黄生洪，王新
（中国科学技术大学工程科学学院 安徽 合肥 230026）

1 引言

龙卷风具有较强的破坏力，是抗风减灾工程重要的防范对象之一。近年来，随着地球环境的恶化，龙卷风袭击大型城市的灾害时有发生，针对高层建筑的研究开始受到重视。目前对龙卷风动态冲击高层结构的研究还比较少，特别是现行建筑设计规范仍没有针对龙卷风给出结构设计及安全方面的具体要求和方法，迫切需要从理论模拟及实验等多方面开展研究。本文首先建立了动态运动龙卷风的数值风场模型，应用大涡模拟(LES)方法开展了龙卷风动态冲击高层建筑的非定常过程模拟，对其漩涡演化及对高层建筑的冲击风荷载特性开展了初步研究，并与实验室尺度下的荷载特征进行了比较研究，进一步搞清了龙卷风冲击不同尺度和形状的高层建筑流场差异和荷载产生机理。

2 数值方法及验证

本文采用的准稳态龙卷风数值模型是基于 Wen 提出的应用半经验公式所描述的龙卷风风场模型，而动态龙卷风数值模型则是在此基础上叠加一个平移运动速度。采用如图 1 所示计算模型，即通过设定一个按理论模型运动的驱动区驱动龙卷风运动。

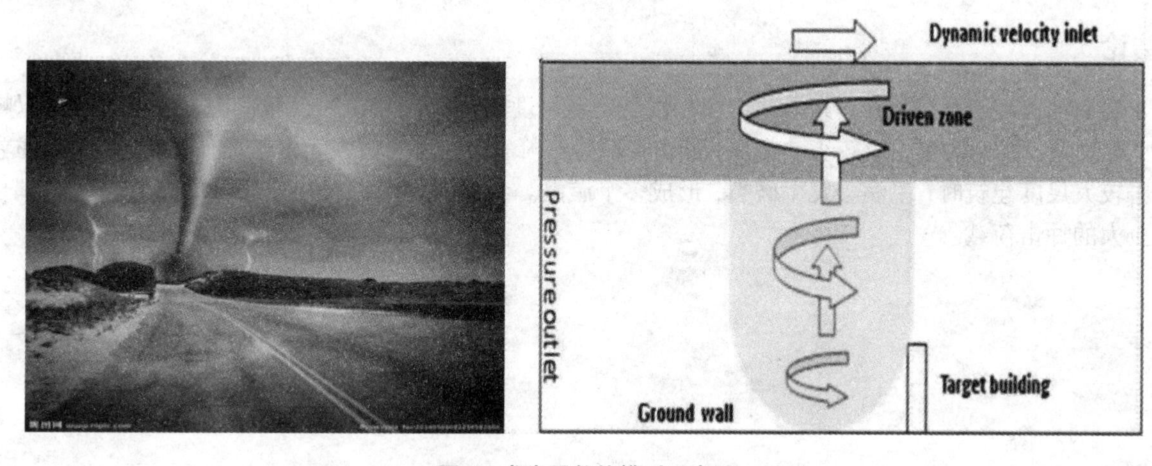

图 1 龙卷风数值模型示意图

3 主要结果

从风场分布特征方面验证了应用大涡模拟方法模拟龙卷风的可靠性，并在此基础上研究了动态龙卷风在实验尺寸及全尺寸条件下对建筑模型以不同速度和涡核直径冲击的载荷响应特性。计算模拟得到明显的湍流脉动响应特征，峰值响应的位置及大小均与实验结果吻合较好。并发现模型周围沿建筑高度方向形成尺寸大小不一、复杂的二次涡，这些涡与建筑形成较强的耦合效应，导致建筑表面压力分布的不规则性。

* 基金项目：国家自然科学基金(51378484)

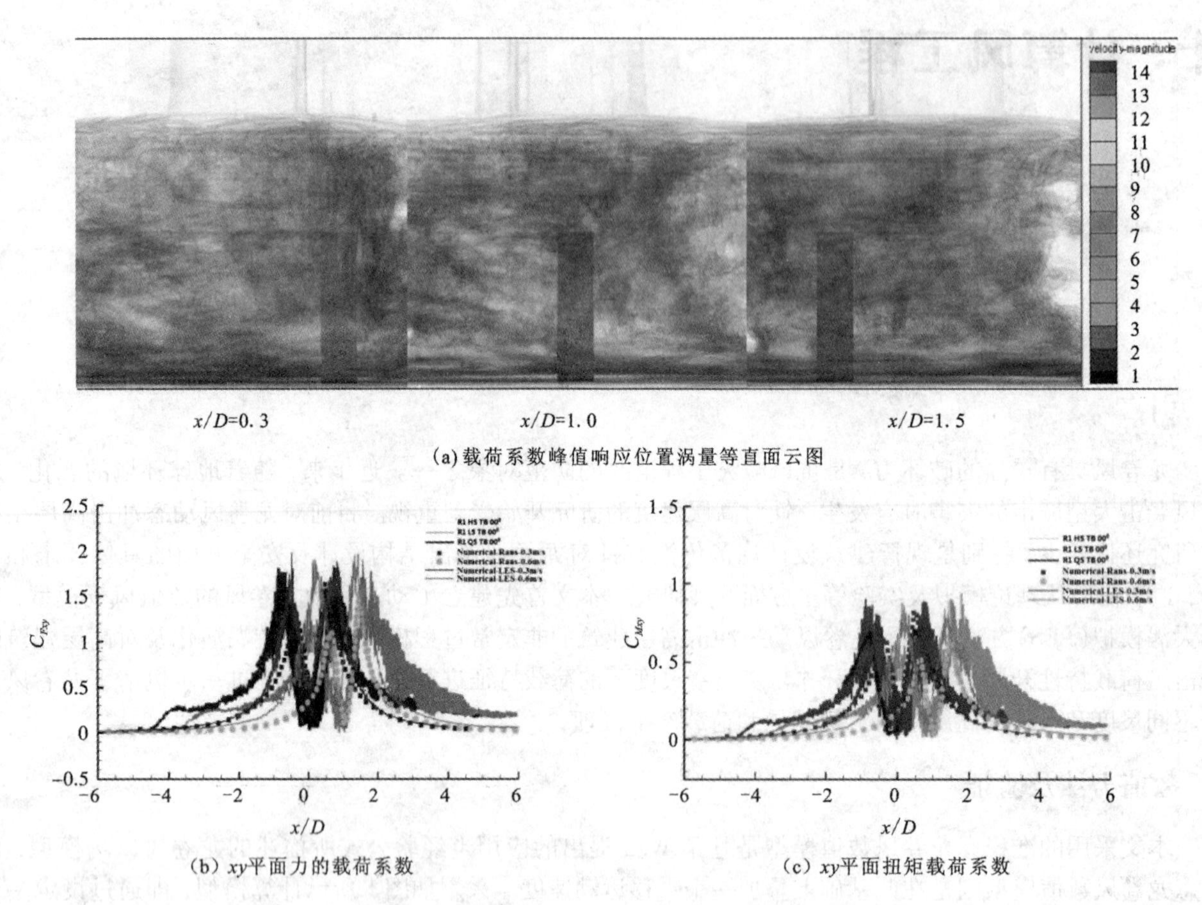

(a) 载荷系数峰值响应位置涡量等直面云图

(b) xy平面力的载荷系数

(c) xy平面扭矩载荷系数

图2 动态冲击过程中的风场及平面内的载荷系数响应

4 结论

龙卷风动态冲击高层建筑，其荷载响应特性与建筑尺度有关。当建筑尺度较小时，冲击荷载呈双峰特征，冲击效应和时变效应相对较小。相反，冲击荷载呈多峰特征，时变性强，冲击效应明显。同时，龙卷风在冲击较大尺度建筑时，主涡会发生破裂，形成多个漩涡。多漩涡之间以及与建筑尾涡相互作用和耦合将导致更大的冲击荷载。

非稳态数值风洞中大涡模拟的滤波效应研究*

金钊，陈鹏，高键，徐田雨，陈勇
（中国建筑东北设计研究院有限公司 辽宁 沈阳 110006）

1 引言

应用非稳态数值风洞技术对建筑周围的风场与建筑风荷载进行分析是计算风工程界关注的热点之一。湍流风生成方法是非稳态数值风洞技术的重要研究方向，目前已取得了不少研究成果。以往的研究多是针对入口处人工生成湍流风场的功率谱、空间相关性、平均风速、湍流强度剖面与目标的一致程度，以及风场生成算法的速度、适应性等，而对湍流风场进入计算域后的变化规律的研究并不多。本文采用大涡模拟方法研究了大气边界层湍流风生成算法 DSRFG 生成的湍流风场各项特征在计算域中的演变情况，并考察网格划分方式对滤波效应的影响。

2 研究方法概述

为了排除其他因素的干扰，单纯研究湍流风场的衰减规律，本文计算模型均为长方体无障碍的空计算域，划分为六面体网格。在每个 Case 中，入口平面各处的平均风速、湍流强度、风速谱以及空间相关性均相同，不随空间位置变化，计算结果提取自计算域顺风向中心线处。湍流风生成采用 DSRFG[1] 方法；目标谱采用 Karman 谱；空间相关性采用文献[2] 中的公式。生成风速时程的平均风速与湍流强度见表 1，与目标谱和相关函数的对比见图 1。

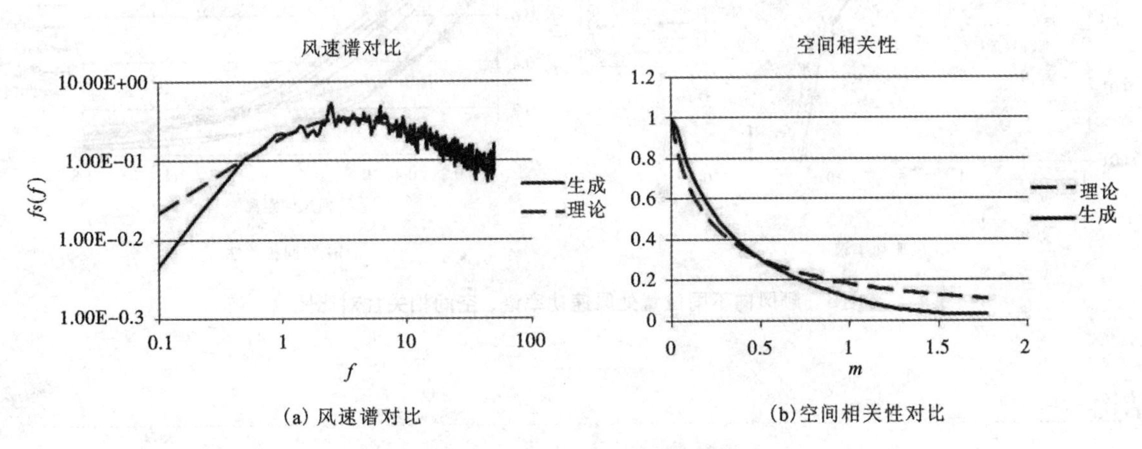

(a) 风速谱对比 (b)空间相关性对比

图 1 生成风速谱、空间相关性与目标对比

表 1 生成风场特征与目标对比

	生成	目标
平均风速	14.0003 m/s	14.0 m/s
湍流强度	0.129	0.14（截断值 0.132）

3 结果与讨论

图 2 给出了相同特征的湍流风在不同计算域长度下湍流强度的损失趋势。由图可以看出湍流强度一直

* 基金项目：中国建筑股份有限公司科研基金（CSCEC－2015－Z－39）

在衰减，并没有达到稳定的状态。

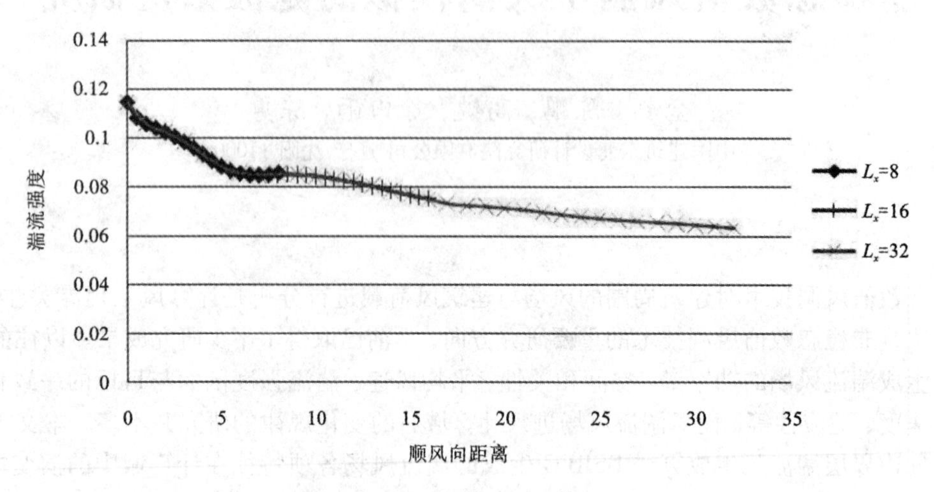

图2 顺风向湍流强度衰减趋势图

图3 给出了顺风向不同位置处风速功率谱、空间相关性与目标的对比，可以看出高频部分衰减非常快，低频部分也存在衰减。而且滤波效应还会使空间相关性逐渐增大。

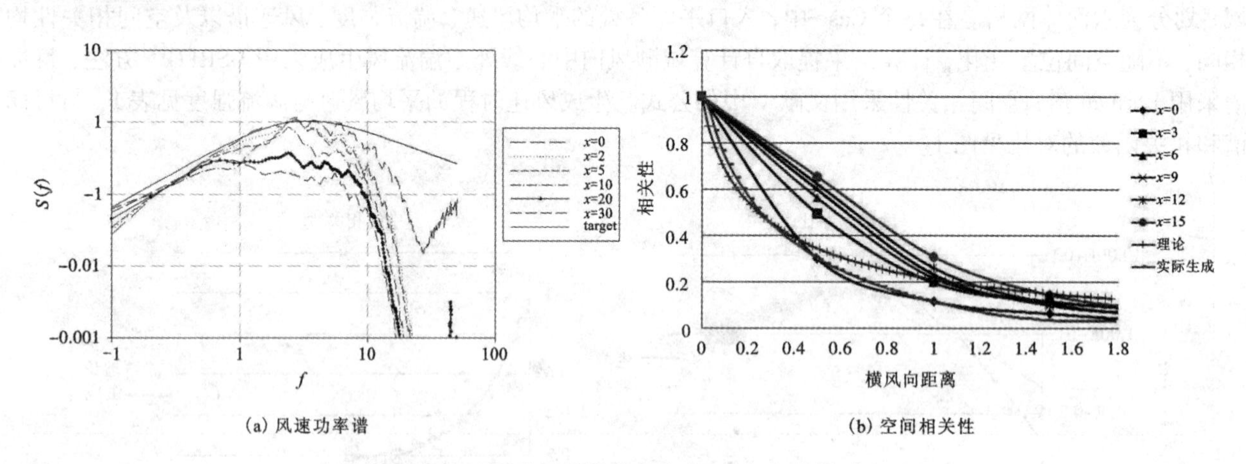

(a) 风速功率谱 (b) 空间相关性

图3 顺风向不同位置处风速功率谱、空间相关性对比图

4 结论

本文研究了大涡模拟的滤波效应对 DSRFG 方法生成湍流风场的影响。分析了风速功率谱、湍流强度、横风向空间相关性沿顺风向的变化，揭示三者之间的联系；探讨了不同网格尺寸以及网格的长宽比对滤波效应的影响，为来流区域网格的划分提供优化依据。

参考文献

[1] S H Huang, Q S Li, J R Wu. A general inflow turbulence generator for large eddy simulation[J]. Journal of Wind Engineering and Industrial Aerodynamics, 2010, 98: 600 - 617.

[2] Hemon P, Santi F. Simulation of a spatially correlated turbulent velocity field using biorthogonal decomposition[J]. Journal of Wind Engineering and Industrial Aerodynamics, 2007, 95 (1): 21 - 29.

龙卷风涡破裂结构流场 CFD 解析与动力学特征*

刘震卿，李秋明，张冲，熊世树
（华中科技大学土木工程与力学学院 湖北 武汉 430074）

1 引言

对于龙卷风这一具有强对流特征的流场结构已开展诸多研究，研究主要针对龙卷风内部平均流场与脉动风场。发现了龙卷风内近地强入流、涡核低气压、类似于 Ekman 螺线的风向变化等流场特征。找到了影响龙卷风涡核结构的关键性参数：涡旋比（swirl ratio）。随着涡旋转比的增加龙卷风将依次经历单核涡（single celled vortex）、涡破裂（vortex breakdown）、涡触地（vortex touchdown）、双核涡（two celled vortex）以及多核涡（multi celled vortex）这五种涡旋结构。并发现在高雷诺区，涡旋比是影响龙卷风结构的唯一参数，而在低雷诺区，雷诺数与涡旋比将同时影响龙卷风结构。在以往的研究中已清楚单核涡呈层流特征而双核涡与多核涡呈强湍流特征，而涡破裂与涡触地这两种状态处于层流与湍流过渡区，动力学特点更为复杂。石原孟和刘震卿[1]针对涡触地状态开展了详细研究，使用雷诺平均方法推导了圆柱坐标系下的动力学平衡方程，分析了单位控制体受力特点，并通过频谱分析与流场可视化技术发现了涡旋结构整体组织化旋转，得出此组织化旋转是近地涡核中心强湍流比原因的结论。而刘震卿等[2]针对各不同龙卷风形态做系统性研究时，发现最大湍流发生在涡破裂阶段，以竖向湍流比为例，见图1，涡破裂阶段竖向湍流比远大于单核涡、涡触地以及多核涡，预示涡破裂阶段湍流动力学结构具有明显特征。

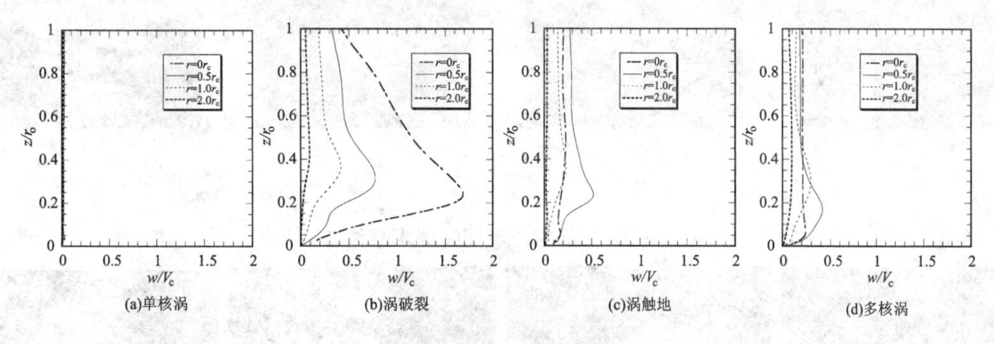

图1 竖向湍流比分布

2 瞬态风场

图2所示为四个观测点处径向风速归一化频谱曲线，其中频率 n 使用 $V_c/2\pi r_c$ 归一化，以清楚比较各频率运动与龙卷风自身的旋转。在 $z=0.1h$ 时，可见频谱曲线存在三个峰值，其对应的归一化频率依次为0.011，0.08，和0.95，分别对应低频、中频、与龙卷风自身旋转的高频运动。低频运动谱值随着高度的增加而降低，而中频运动的谱值峰值最大出现在 $z=0.2h$ 处。在 $z=0.4h$ 处中频运动几乎消失。竖向风速频谱曲线见图3，可以发现这时低频运动相对中频运动强度大大减弱，在各高度处主要运动形式以中频运动为主，此中频运动最大强度同样发生在 $z=0.2h$ 处，此后随着高度的增加强度逐渐减弱。

虽然明确了在涡破裂这种龙卷风结构中低频、中频以及高频运动的存在，但是还不清楚低频运动与中频运动所对应的运动形态。为此分别对低频运动与中频运动取四各特征时间点并通过流场可视化技术研究对应时刻流场结构。对于低频运动绘制 $z=0.1h$ 水平切面涡量分布，见图4。可见龙卷风的涡核中心并不固定，而是随着时间的变化做周期性的旋转，正是由于这种旋转造成了径向风速的低频变化。对于中频运动通过 DPM 技术可视化对应时刻流场烟雾粒子云，见图5。可以发现龙卷风涡泡在竖直方向也并非固定，

* 基金项目：国家学基金青年科学基金项目（51608220），国家重点研发计划（2016YFE0127900），博士后科学基金（2016M600594），华中科技大学自主创新基金（2017KFYXJJ141）

而是存在周期性地上下振动，当涡核移动到某一点时，其竖向风速降低至零附近，而当涡核上升，底部上升气流移动到此点时，其竖向风将有较大增速，因此，可知由于涡核的上下振动带来了风速的中频变化。也正是由于此中频运动的存在导致在驻点附近竖向风速的强脉动。

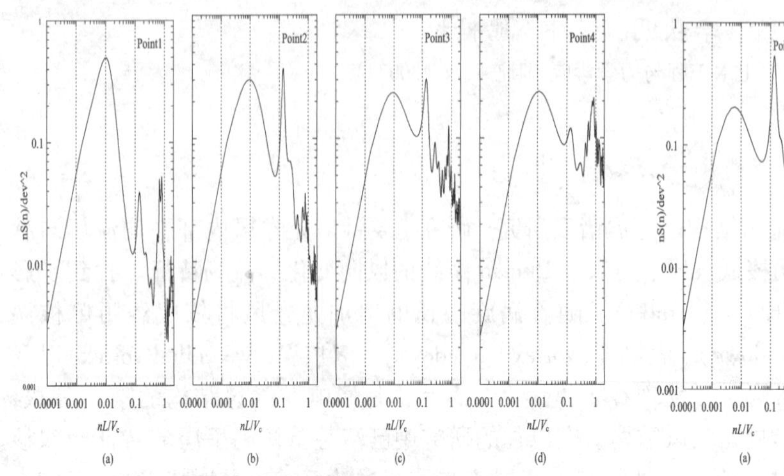

图 2 观测点处切向风速谱曲线

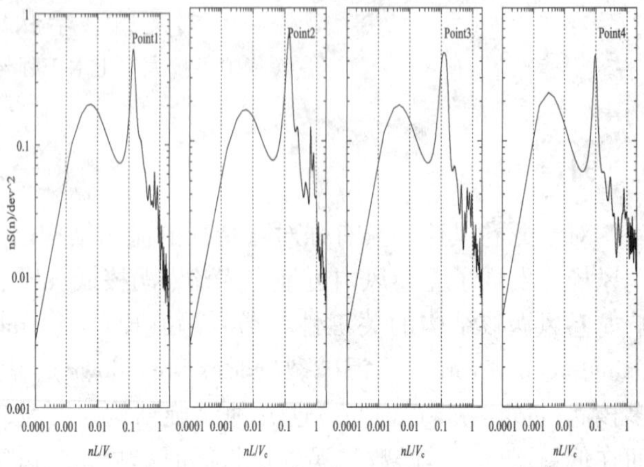

图 3 观测点处竖向风速谱曲线

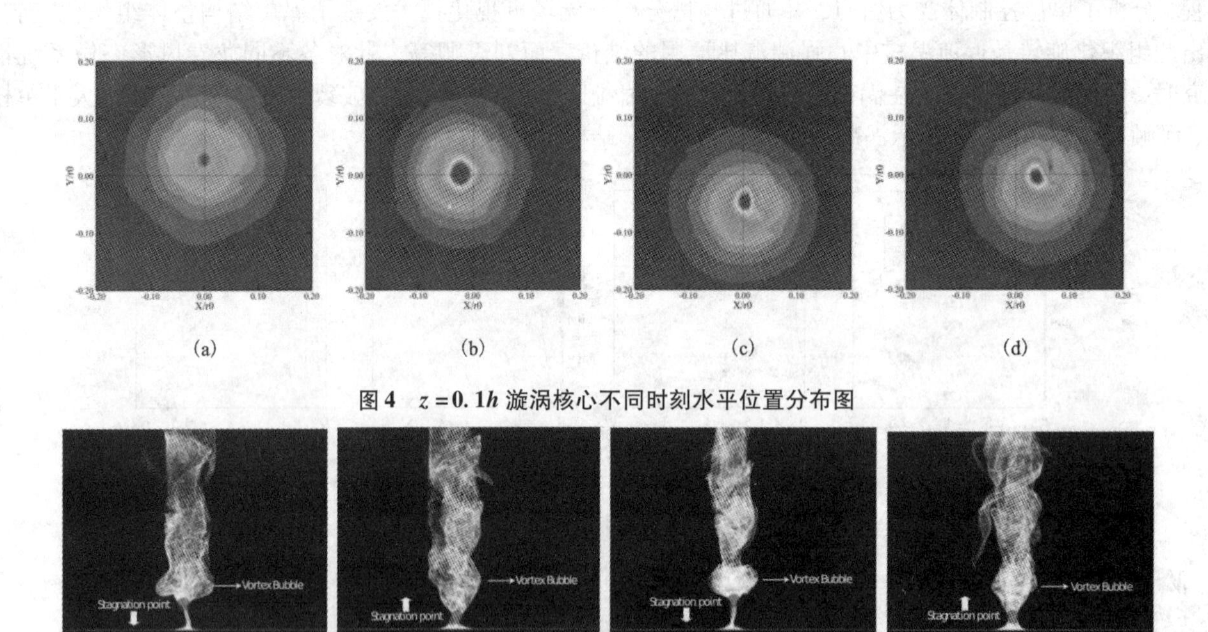

(a) (b) (c) (d)

图 4 $z=0.1h$ 漩涡核心不同时刻水平位置分布图

(a) 1/2 period (b) 2/2 period (c) 3/2 period (d) 4/2 period

图 5 涡破裂阶段 DPM 流场结构可视化

3 结论

龙卷风的涡核中心并不固定，而是随着时间的变化做周期性的旋转，正是由于这种旋转造成了径向风速的低频变化龙卷风涡泡在竖直方向也并非固定而是存在周期性的上下振动。

参考文献

[1] Ishihara T, Liu Z. Numerical study on dynamics of a tornado - like vortex with touching down by using the LES turbulence model [J]. Wind & Structures An International Journal, 2014, 19(1): 89 - 111.

[2] Liu Z, Ishihara T. Numerical study of turbulent flow fields and the similarity of tornado vortices using large - eddy simulations [J]. Journal of Wind Engineering & Industrial Aerodynamics, 2015, 145: 42 - 60.

风阻效应对建筑立面风驱雨分布影响特性的研究*

王辉[1,2]，陈雨生[1]，孙建平[1]

（1. 合肥工业大学土木与水利工程学院 安徽 合肥 230009；
2. 华南理工大学亚热带建筑科学国家重点实验室 广东 广州 510640）

1 引言

风驱雨(WDR)为雨滴受风力驱动斜向飘落的现象，是建筑表面最重要的水分来源之一，与建筑的耐久性和温湿性能密切相关[1]。雨滴与建筑壁面碰撞后形成墙面径流，并向内渗透，在建筑物理层面易对建筑产生不良影响[2]。研究掌握降雨过程中建筑立面的 WDR 雨量分布特性是深入研究上述问题的重要基础。目前，已有建筑 WDR 研究主要针对特定立面尺寸的建筑[3-4]，极少有研究考虑立面尺寸变化时风阻效应对建筑 WDR 分布的影响，仅 2006 年 Blocken[5] 等针对四种特定立面尺寸建筑进行风阻效应的研究，表明风阻效应是建筑 WDR 分布的重要影响因素。从提高模拟预测的精度以及改善现有预测模型的角度，有必要对风阻效应以及尺寸改变下风阻效应的变化对建筑立面 WDR 的影响开展系统研究。

以矩形断面平屋面建筑为对象，本文采用基于欧拉多相流模型的 CFD 方法[6-7]，考虑迎风面尺寸变化，模拟雨滴轨迹及迎风面 WDR 抓取率分布，分析风阻效应。同时，结合 ISO 半经验模型，对比分析模拟结果与 ISO 预测值，为完善模型能反映风阻效应影响提出合理化建议。

2 风阻效应影响分析

风阻效应(Wind－Blocking Effect)[8]：建筑或构筑物的存在对建筑迎风面前部风场的阻塞干扰作用。针对 WDR 的风阻效应是指建筑对 WDR 场的干扰使 WDR 雨强发生变化。

以处于 C 类地貌的多(高)层平屋面建筑为对象，考虑建筑迎风面尺寸的变化(共 16 种工况)，对风向垂直于建筑立面的 WDR 场进行模拟，并对比模拟结果与 ISO 模型预测值。图 1 和图 2 分别给出了建筑迎风面竖直中线、竖直边线处 WDR 雨强沿高度方向分布的模拟值及 ISO 半经验模型预测值。结果表明，随

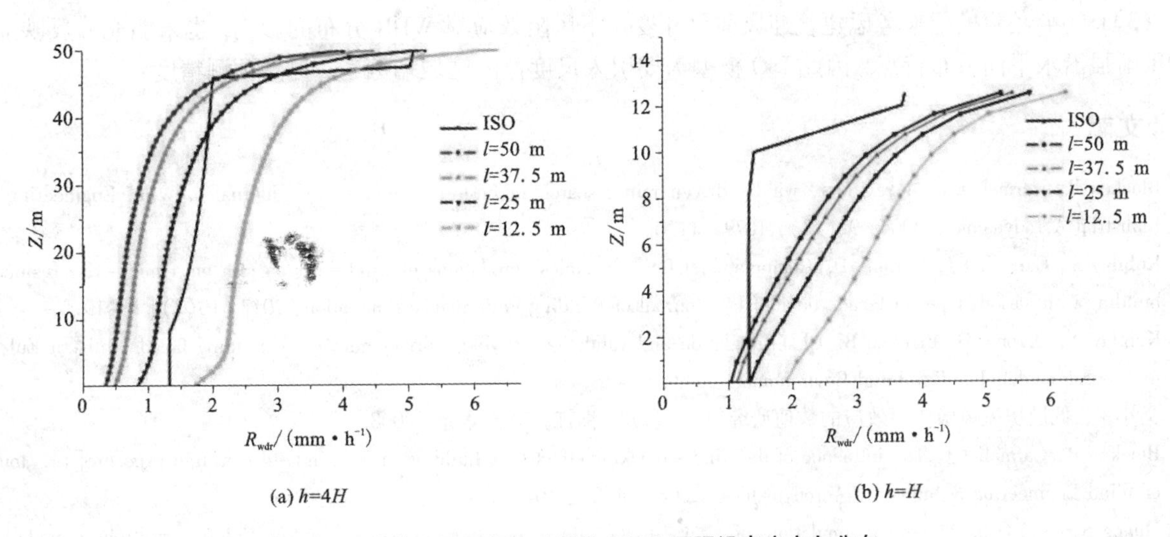

图 1　建筑迎风面竖直中线处 WDR 雨强沿高度方向分布

* 基金项目：亚热带建筑科学国家重点实验室开放课题(2016ZB08)，教育部留学回国人员科研启动基金(教外司留[2011]1568 号)，安徽省自然科学基金(11040606M116)

建筑迎风面尺寸的变化，风阻效应将对立面 WDR 雨强产生不同程度的影响，而 ISO 模型未考虑这种影响，导致其对 WDR 雨强的预测值与数值模拟结果存在较大差异；ISO 模型仅考虑了迎风面 WDR 雨强沿建筑高度方向的变化，但未充分考虑其沿水平方向分布的显著差异，导致立面边线位置的 ISO 模型预测值与数值模拟结果偏差更大。

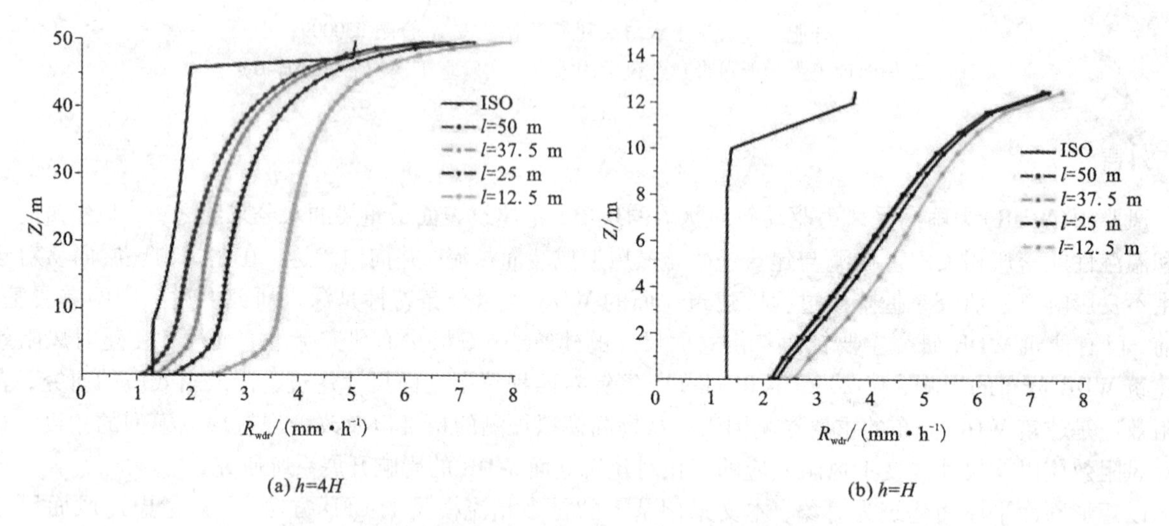

图 2　建筑迎风面竖直边线处 WDR 雨强沿高度方向分布

3　结论

（1）风阻效应对建筑迎风面 WDR 雨强有显著影响。当建筑立面尺寸较小时（如低窄建筑），迎风面前区流场受阻塞扰动较小，立面 WDR 雨强受风阻效应影响小，此时可出现较大 WDR 雨强；随着建筑立面尺寸增大（高度和宽度增加），迎风面前区流场阻塞扰动逐渐增强，风阻效应逐渐增大，将显著影响建筑迎风面 WDR 分布，导致整体 WDR 雨强出现减小趋势。

（2）建筑迎风面 WDR 雨强沿水平方向分布有明显变化，从立面竖直中线向立面竖直边线方向逐渐增大，而 ISO 模型仅考虑其沿高度方向的变化，缺乏考虑分布的水平差异性。

（3）ISO 半经验模型未考虑建筑迎风面尺寸变化下风阻效应对 WDR 分布的影响，也未能充分反映立面 WDR 雨强沿水平向分布特点，因此 ISO 模型需要引入尺度性的区域墙因子，提高预测精度。

参考文献

[1] Blocken B, Carmeliet J. A review of wind - driven rain research in building science[J]. Journal of Wind Engineering and Industrial Aerodynamics, 2004, 92(13): 1079 - 1130.

[2] Kubilay A, Carmeliet J, Derome D. Computational fluid dynamics simulations of wind - driven rain on a mid - rise residential building with various types of facade details[J]. Journal of Building Performance Simulation, 2017, 10(2): 1 - 19.

[3] Kubilay A, Derome D, Blocken B. CFD simulation and validation of wind - driven rain on a building facade with an Eulerian multiphase model[J]. Build and Environment, 2013, 61: 69 - 81.

[4] 吴小平. 低层房屋风雨作用效应的数值研究[D]. 杭州：浙江大学土木系，2008.

[5] Blocken B, Carmeliet J. The influence of the wind - blocking effect by a building on its wind - driven rain exposure[J]. Journal of Wind Engineering & Industrial Aerodynamics, 2006, 94(2): 101 - 127.

[6] Huang S H, Li Q S. Numerical simulations of wind - driven rain on building envelopes based on Eulerian multiphase model[J]. Journal of Wind Engineering & Industrial Aerodynamics, 2010, 98(12): 843 - 857.

[7] 王辉，陈雨生，曹洪明，等. 组合布局对建筑立面风驱雨分布影响特性的数值分析[J]. 土木工程学报，2016, 49(12): 27 - 34.

[8] Blocken B, Dezsö G, Beeck J V, et al. Comparison of calculation models for wind - driven rain deposition on building facades.[J]. Atmospheric Environment, 2010, 44(14): 1714 - 1725.

数值模拟自由振动方法识别桥梁颤振导数*

许福友，张占彪
（大连理工大学桥梁与隧道技术国家地方联合工程实验室 辽宁 大连 116024）

1　引言

桥梁主梁断面的颤振导数是大跨桥梁进行颤抖振分析的重要参数，通常采用刚性节段模型通过风洞试验自由振动方法，风洞试验强迫振动方法或数值模拟强迫振动方法识别。到目前为止，就作者所了解的，未见有相关文献采用数值模拟自由振动方法识别颤振导数。本文首次对此进行尝试，并通过平板、流线型和钝体桥梁断面验证该方法的精度和适用性。

2　数值模拟方法简介

本文采用二维 URANS 模型，基于有限体积法的 Ansys Fluent 14.0 求解器进行流场计算。由于风洞试验来流中不可避免地会有湍流成分的存在，因此在风速入口处设置 0.5% 的湍流度，湍流模型采用 SSTk－ω 模型，迭代算法采用 SIMPLEC，在断面近壁处采用壁面函数。流固耦合采用弱耦合方法，流体和断面运动采用 4 阶龙格－库塔方法。采用初始脉冲激励方法获得不同工况条件下断面振动响应。根据模型模态参数、尺寸、（折算）风速、不同时刻的位移、速度、气动力时程，即可仿照强迫振动数值模拟方法来识别桥梁断面颤振导数。

3　典型桥梁断面

本文研究三种典型断面：理想平板（宽度 450 mm）、流线型和钝体断面（图 1）。

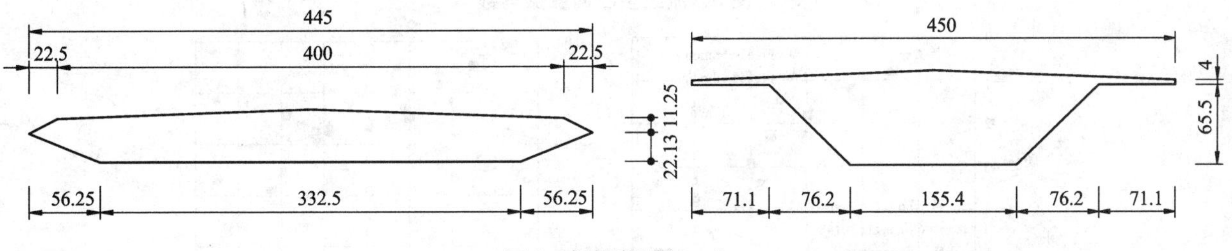

图 1　桥梁断面（mm）

三个断面近壁首层网格高度统一为 0.05 mm，时间步长统一采用 0.001 s。竖弯和扭转方向的初始激励分别为 1 cm 和 2°，是断面开始自由振动时的位置相对于平衡位置（即静风位移）的位移，而不是绝对位移。三个断面网格数量分别为 77917，81439 和 68299。

表 1　模型参数

断面	$m/(\mathrm{kg\cdot m^{-1}})$	$I/(\mathrm{kg\cdot m^2\cdot m^{-1}})$	$\omega_{h0}/(\mathrm{rad\cdot s^{-1}})$	$\omega_{\alpha0}/(\mathrm{rad\cdot s^{-1}})$	ξ_{h0}	$\xi_{\alpha0}$
零厚度平板	9.46	0.1853	1.627	2.973	0	0
流线型	3.925	0.1844	1.72	3.61	0.005	0.005
钝体	5.449	0.096	3.055	5.953	0.0024	0.0018

* 基金项目：国家自然科学基金（51478087）

4 结果分析

利用本文自由振动数值模拟方法，获得该平板颤振临界风速和颤振频率分别为14.3 m/s和2.17 Hz。利用复模态方法计算颤振临界风速和颤振频率结果分别为14.2 m/s和2.22 Hz，模拟精度接近完美。图2、图3、图4分别为三种断面颤振导数识别结果，并与其他方法进行对比(限于篇幅，仅给出某些颤振导数)。详细分析见全文。

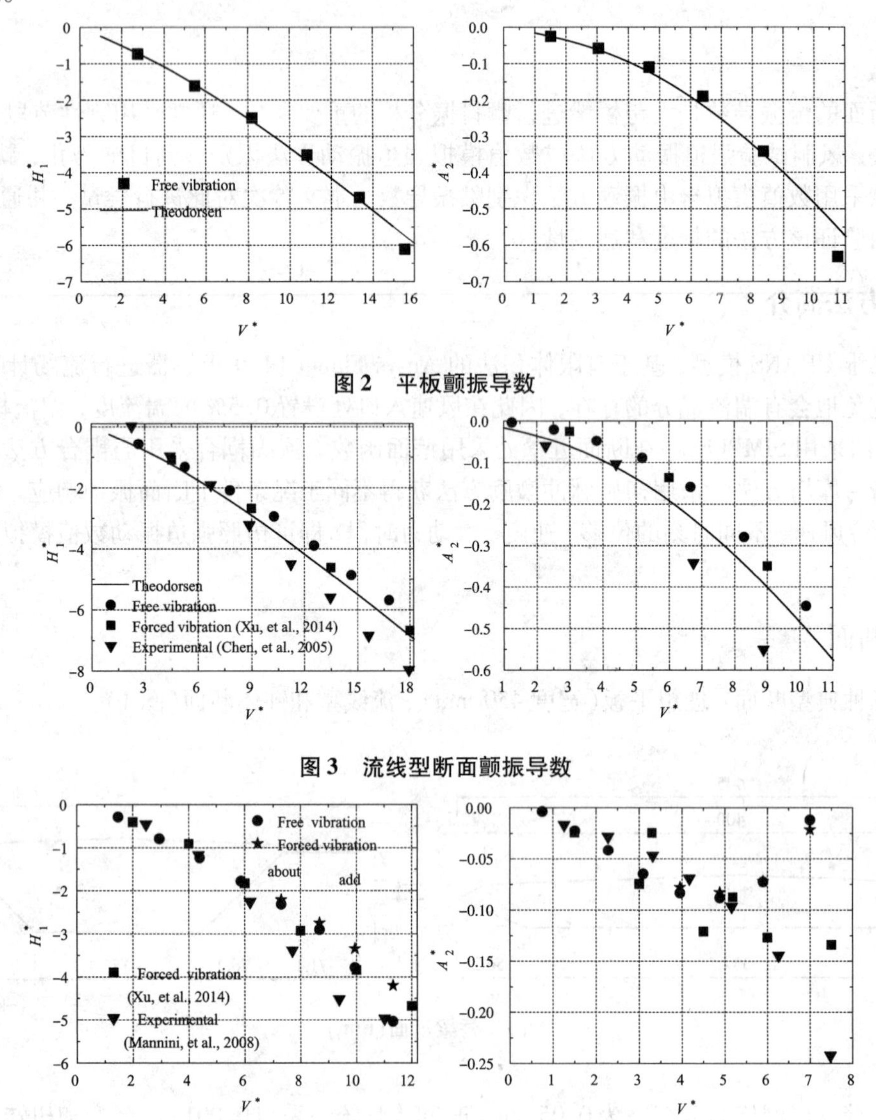

图2 平板颤振导数

图3 流线型断面颤振导数

图4 钝体断面颤振导数

5 结论

数值模拟自由振动方法是识别桥梁断面颤振导数的一种有效方法，其精度由三种断面验证可以保证。相对风洞试验自由振动和强迫振动方法及数值模拟强迫振动方法在某些方面具有独特优势，详见全文。

参考文献

[1] Chen Z, Yu X, Yang G, et al. Wind - induced self - excited loads on bridges[J]. Journal of Structural Engineering, 2005, 131(12), 1783 - 1793.

[2] Xu F Y, Ying X Y, Zhang Z. Three - degree - of - freedom coupled numerical technique for extracting 18 aerodynamic derivatives of bridge decks[J]. Journal of Structural Engineering, 2014, 140(11): 04014085.

[3] Mannini C, Bartoli G. Investigation on the dependence of bridge deck flutter derivatives on steady angle of attack[C]// Proceedings of BBAA VI. July, Milano, Italy, 2008, 1 - 14.

复杂山地风场数值模拟验证研究*

闫渤文[1]，鄢乔[1]，刘康康[1]，晏致涛[1, 2]
（1. 重庆大学山地城镇建设教育部重点实验室土木工程学院 重庆 400030；2. 重庆科技学院建筑工程学院 重庆 404100）

1 引言

能源危机和高油价的出现，对气候变化的忧虑，还有不断增加的政府支持，都在推动可再生能源的立法，激励和加速商业化进程。目前，风电是世界上技术最成熟、基本实现商业化且最具发展潜力的新兴可再生能源技术。根据我国2014年发布的《中国风电发展路线图2050》，目前制约我国风电发展的关键技术问题之一是改善风能资源评估标准和技术，建立山地风电场风能资源评估的规范化数值计算标准和方法[1]。

随着高性能计算机的快速发展和数值计算方法的不断进步，更加复杂的非线性模型越来越多地用于复杂山地条件下的风场模拟。非线性模型中最主要的就是CFD技术，因此，学者们开展了广泛的线性模型和非线性模型对比研究，结果表明CFD技术在坡度较陡或者有较大高差的复杂山地情况下能够更加准确地模拟风场特性[2]。雷诺平均模型(Reynolds Averaged Navier - Stokes Equations，简称RANS)是目前CFD技术在山地风场模拟中最广泛应用的非线性模型，被证明可以准确地模拟复杂山地情况下的平均风场。另一方面，复杂山地风场的数值模拟的准确性和可靠性需要结合大量并且可靠的现场实测数据进行模型验证。

因此，本文结合现场实测和风洞试验，开展了复杂山地风场数值模拟的验证研究。首先，本文基于香港某具有复杂山地地形的离岸岛屿，结合香港天文台的长期实测数据，开展了缩尺比为1∶400的风洞试验研究，建立了进行数值模拟验证的数据库。然后，基于本文建立的数据库，对多种数值模拟模型，在平均风场模拟的准确性方面开展了一系列的对比验证研究。

2 数值模拟

针对复杂山地建模过程中面临的高差变化明显、曲面形状不连续等问题，结合逆向建模技术(converse modelling techniques)，收集典型山地地形的GIS数据，构建三维山地坐标点云，建立高精度的DEM模型，应用高阶连续(大于4阶)的数字模型重构算法建立高阶连续光滑的山地模型(如图1所示)。另一方面，基于网格光顺和分块划分技术，生成了高精度的结构化网格(如图2所示)。

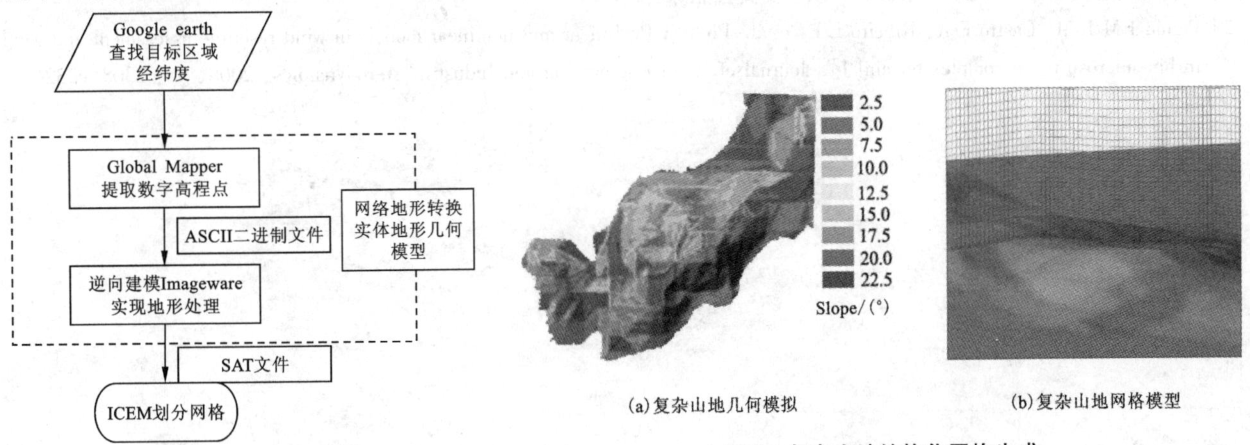

图1 复杂山地建模流程

(a)复杂山地几何模拟 (b)复杂山地网格模型

图2 复杂山地结构化网格生成

* 基金项目：国家自然科学基金资助项目(51608075)，中央高校基本科研业务费(106112016CDJXY200010)，Environment and Conservation Fund (ECF) of Hong Kong (9211097)

3 结果分析和讨论

图3对比了基于RNS $k-\varepsilon$ 湍流模型的数值模拟结果以及风洞试验与现场实测结果，可以看出修正过的RNG模型的模拟结果和风洞试验结果在全风向角下都基本一致，但在风向角0°~90°的范围内，数值模拟和风洞试验都和现场实测有一点偏差，这是由于受风洞实验室试验段空间所限，在东北方向的局部山地区域在数值模拟和风洞试验中没有考虑。

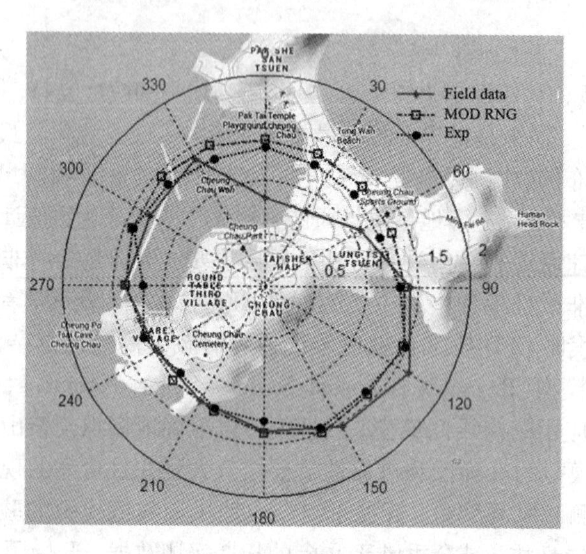

图3 RANS模拟结果与风洞试验和现场实测结果对比

4 结论

本文结合现场实测和风洞试验对数值模拟方法在复杂山地风场模拟方面的准确性和有效性进行了验证研究。结果表明，基于RANS模型的数值模拟方法能够较好地再现复杂山地风场的平均风分布特征。

参考文献

[1]《中国风电发展路线图》，国家发展和改革委员会能源所，2014.

[2] Palma J M L M, Castro F A, Ribeiro L F, et al. Pinto A P. Linear and nonlinear models in wind resource assessment and wind turbinemicrositing in complex terrain[J]. Journal of Wind Engineering and Industrial Aerodynamics, 2008, 96: 2308-2326.

基于浸入边界方法的二维桥梁断面绕流模拟研究*

杨青[1]，曹曙阳[2]
（1. 常州工学院常州市建设工程结构与材料性能研究重点实验室 江苏 常州 213032；
2. 同济大学土木工程防灾国家重点实验室 上海 200092）

1 引言

大跨度桥梁为典型风敏感结构，一直是风工程学者的研究重点。传统 CFD 技术在模拟桥梁节段绕流时，为精确构造其边角特征，需采用贴体网格技术，网格生成负担较重，尤其涉及到振动桥梁绕流计算时，更需在每一时间步重新划分网格，计算耗费较高。相比之下，浸入边界算法[1]利用力源拟化边界的思想，直接可在静止网格体系中实现振动边界再现，略去网格再生步骤，能够显著减轻计算负担。本文基于浸入边界算法核心概念，展开静止及竖向强迫振动二维桥梁断面的绕流研究，分别研究其三分力系数在静止工况下随风攻角的变化规律，以及不同竖向振动频率和振幅工况下桥梁断面的气动特征，以丰富其研究应用。

2 数值模型

2.1 浸入边界算法控制方程

浸入边界方法控制方程可表达为：

$$\frac{\partial u_i}{\partial x_i}=0 \tag{1}$$

$$\frac{\partial u_i}{\partial t}+\frac{\partial u_i u_j}{\partial x_j}=-\frac{1}{\rho}\frac{\partial P}{\partial x_i}+\nu\frac{\partial^2 u_i}{\partial x_j \partial x_j}+\frac{1}{\rho}F_i \tag{2}$$

式中：u_i、u_j 为流体速度；ρ 为流体密度；P 为压力；ν 为流体运动黏性系数；F_i 即为边界力源，施加边界点上，本文采用反馈力源表达式[2]。

2.2 振动边界实现技术

针对振动边界，本文数值模型首先设计出定位模块，根据物体振动轨迹计算出某一瞬时边界点的运动坐标，其次依据插值方法迅速确定边界点周围的速度定义点，利用边界插值函数获得边界点处流动参数以构造边界力源，最后再将边界力源分配到周围速度网格定义点上，以参与该瞬时流场的整体计算，进而实现对运动边界的拟化。

3 数值模拟结果

3.1 静止二维桥梁断面绕流

为验证本文程序的可靠性，首先利用该动态程序模拟 $Re=10^3$，$A=0$ 静止桥梁节段绕流。

图 1(a) 中桥梁边界为图形后处理软件 Tecplot 通过设置速度之和 Velcoity Magnitude 为 10^{-5} 而勾勒出的速度边界。图中来流速度矢量在桥梁边界发生的流动分离，也更好地证明了本次桥梁断面模拟的正确性。断面内由于边界封闭较好，无速度矢量存在。结合图 1(b) 绕流涡量图分析，可以看出此时 0°攻角下大海带桥由于其相对平滑的造型，不存在剧烈的流动分离和涡脱。迎风面处流动分离尺度并不大，断面上下表面的流动几乎都紧贴着壁面，边界层很薄，这也解释了此次模拟在近壁面区域加密格子的处理方式。

3.2 振动二维桥梁断面绕流

由图 2～3 可以看出，振动状态下断面气动力系数变化范围也大致符合静止状态大海带东桥气动力文献数据($<C_D>$：0.05～0.1；$<C_L>$：-0.34～0.1)。图 2 中阻力系数变化曲线表明，不同竖向振幅下的

* 基金项目：国家自然科学基金项目(51478358)资助项目，常州工学院科研基金项目(YN1614)

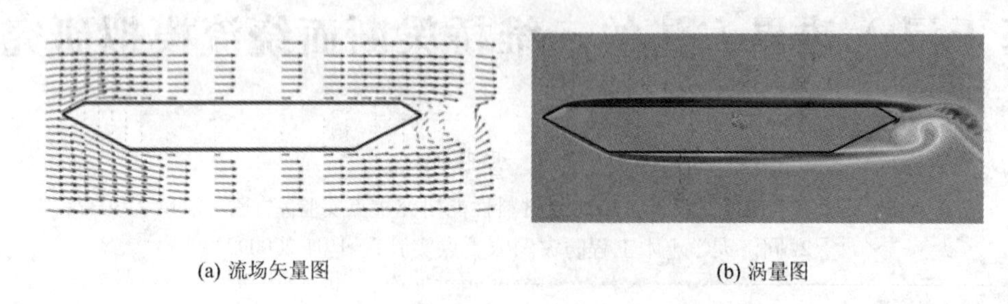

(a) 流场矢量图 (b) 涡量图

图1 0°攻角大海带东桥主桥绕流矢量及涡量图

桥梁断面均在自然涡脱频率处($S_{tn}=0.15$)产生峰值，这同此前柱体阻力系数随振动频率变化的特征相同，进一步明确了竖向强迫振动物体在此类运动轨迹下的气动力特性。此后随着振动频率的增大，阻力系数出现下降趋势，振幅越大下降趋势越明显。

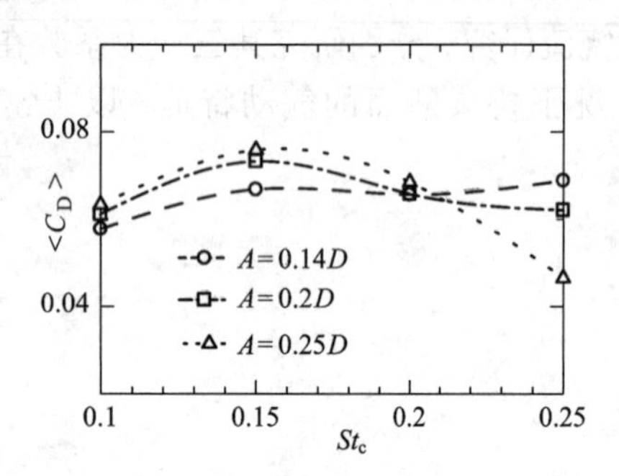

图2 阻力系数变化曲线

($St_c=0.1\sim0.25$; $A=0.14\sim0.25D$)

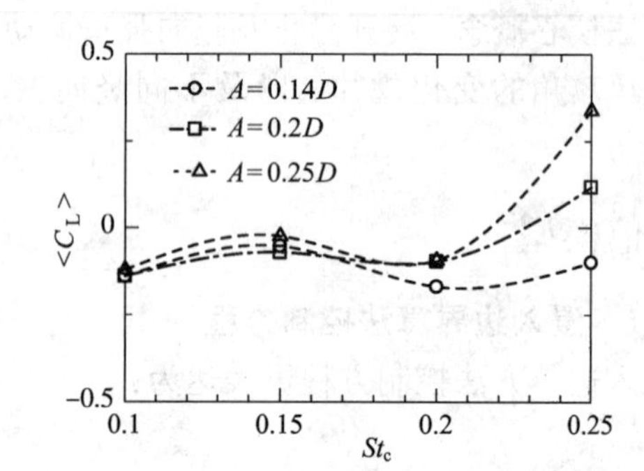

图3 升力系数变化曲线

($St_c=0.1\sim0.25$; $A=0.14\sim0.25D$)

4 结论

本文利用浸入边界方法模拟所得桥梁节段绕流，符合同类文献结果。针对强迫振动桥梁节段的绕流研究表明，不同振幅下的桥梁断面阻力系数均在自然涡脱频率处产生峰值，桥梁断面升力系数则在此处均出现归零效应，且振幅越大，归零效应愈明显。

参考文献

[1] Peskin C S. The immersed boundary method[J]. Acta - numerica, 2002(11): 479 - 517.

[2] Goldstein D, Handler R, Sirovich L. Modeling a no - slip flow boundary with an external force field[J]. Journal of Computational Physics, 1993, 105(2): 354 - 366.

标准建筑模型的大涡模拟比较研究*

杨易，余远林，谢壮宁

（华南理工大学亚热带建筑科学国家重点实验室 广东 广州 510641）

1 引言

随着计算风工程（Computational Wind Engineering, CWE）的发展，大涡模拟（Large Eddy Simulation, LES）在建筑风效应的模拟中得到越来越广泛的应用。在 LES 中，准确模拟入口湍流风场的重要性一直被研究者强调。如何生成一个能够同时满足大气边界层湍流场的无源性、空间相关性和功率谱特性的湍流入口一直是 LES 研究的一个关键问题，也是近年来国际风工程领域的研究热点。不同的入口湍流生成方法可归纳为以下三类[1-3]：(1)前导数据库法；(2)循环法；(3)合成湍流法。本文在前人研究的基础上，提出一种改进的入口湍流生成方法—窄带合成法（narrow band synthesis random flow generation, NSRFG），理论上满足大气边界层湍流的无源性、空间相关性和功率谱特性等要求。通过模拟典型大气边界层入口湍流的数值算例，以及 CAARC（Commonwealth Advisory Aeronautical Research Council）标准建筑模型绕流的数值模拟研究，验证了该方法的正确性、有效性和适用性。同时与国际上最新提出的 CDRFG 方法[1]进行了横向比较，以表明改进方法具有计算效率更高、结果更准确的优势。

2 改进的湍流合成方法

针对以往方法的不足，本文对合成 LES 入流湍流的“谐波单元”时程表达式进行重新构造，使各参数的取值具备明确的理论依据。通过对空间分布和空间相关性的准确模拟，由单点扩展到三维空间，从而构造出满足大气边界层湍流特征的脉动风速场，实现对 LES 入口湍流速度场更精确高效地模拟。基于湍流合成方法的改进 LES 脉动风速场表达式如式(1)所示：

$$u_i(x,\ t) = \sum_{n=1}^{N} p_{i,\ n}\sin(k_{j,\ n}\cdot \tilde{x}_{j,\ n} + 2\pi f_n t + \varphi_n) \tag{1}$$

其中：u_i 为 i 方向的速度（$i=1, 2, 3$ 分别代表顺风向，横风向和垂直方向速度）；$\tilde{x}_{j,\ n}=\dfrac{x_j}{L_{j,\ n}}$，$j=1, 2, 3$ 分别代表 x，y，z 方向；$x=\{x,\ y,\ z\}$ 为空间坐标向量；$p_{i,\ n}=\sqrt{2S_i(f_n)\Delta f}$，为 $S_i(i=1, 2, 3)$ 为顺风向，横风向和垂直方向三个方向上的风速谱；N 为功率谱离散数目；$f_n=\dfrac{2n-1}{2}\Delta f$，$\Delta f$ 为带宽；$\varphi_n\sim U(0,\ 2\pi)$。

采用 NSRFG 方法生成 1 m 高度处的一段风速时程，把相应的湍流特征参数（湍流强度 I，湍流积分尺度 L 和平均风速 U_{av}）代入求出目标功率谱，并与目标谱比较，所生成的脉动风速时程功率谱与目标谱一致，故其功率谱特性符合大气边界层湍流的要求。

3 标准建筑模型的结果比较

基于 NSRFG 方法通过编程与商用 CFD 软件包 FLUENT 链接进行 CAARC 标模绕流场的模拟计算，并与华南理工大学风洞试验（图 1）结果进行对比，图 2 为 CAARC 建筑模型 LES 计算得到的中剖面速度云图。

图 3 给出了 NSRFG 方法和 CDRFG 方法[1]得到的基底弯矩功率谱与风洞试验结果的对比。可见，与 CDRFG 方法相比，采用 NSRFG 方法与大涡模拟结合计算得到的各方向的基底弯矩功率谱与风洞试验结果更吻合，在顺风向和横风向上都更接近于风洞试验数据，且 NSRFG 方法的计算效率比 CDRFG 方法提高 1 倍。

* 基金项目：国家自然科学基金（51478194）

图1　CAARC标准建筑模型风洞试验

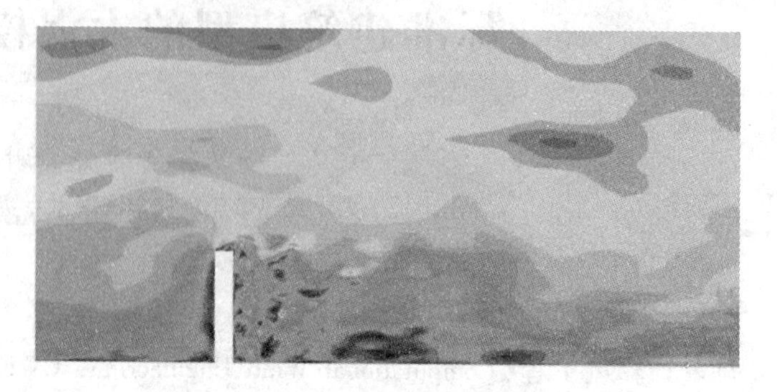

图2　CAARC模型LES中剖面速度云图

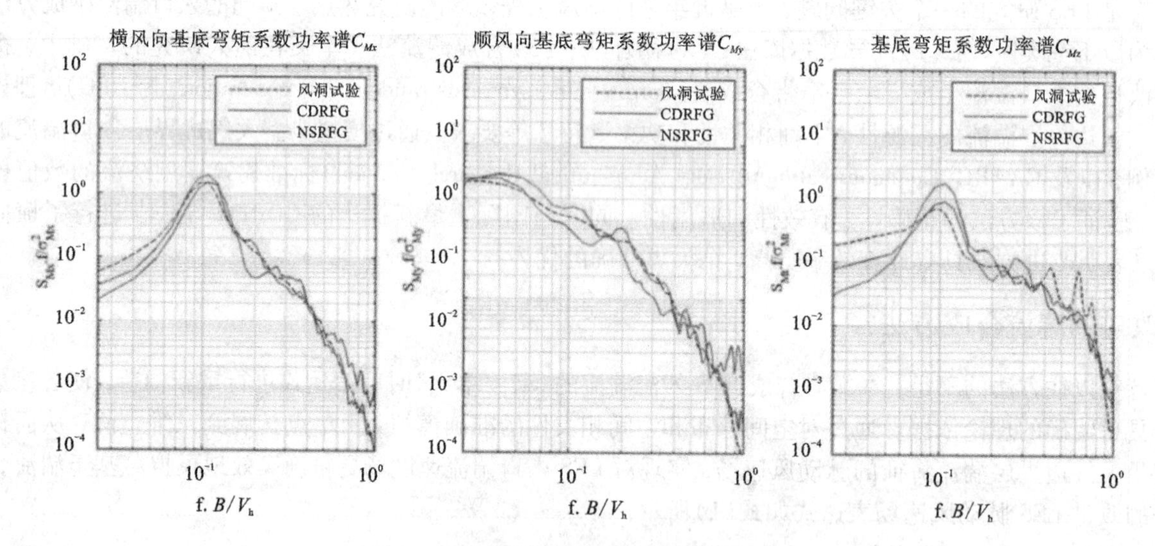

图3　标准建筑模型基底弯矩功率谱比较

4　结论

本文介绍了一种新的改进的LES湍流入口生成方法—NSRFG方法，对湍流风场本身以及CAARC标准建筑模型绕流进行了大涡模拟研究，并与风洞试验结果进行了对比，对其正确性和适用性进行了检验和验证。与目前国际上新提出的CDRFG方法比较，NSRFG方法具有模拟精度和计算效率更高的优点。

参考文献

[1] Haitham Aboshosha, Ahmed Elshaer, Girma T Bitsuamlak, Ashraf El Damatty. Consistent inflow turbulence generator for LES evaluation of wind - induced responses for tall buildings[J]. Journal of Wind Engineering and Industrial Aerodynamics, 2015, 142: 198 - 216.

[2] S H Huang, Q S Li, J R Wu. A general inflow turbulence generator for large eddy simulation[J]. Journal of Wind Engineering and Industrial Aerodynamics, 2010, 98: 600 - 617.

[3] Smirnov R, Shi S, Celik I. Random flow generation technique for large eddy simulations and particle - dynamics modeling[J]. Journal of Fluids Engineering, 2001, 123: 359 - 371.

双塔楼高层建筑非定常绕流大涡模拟*

郑德乾[1,2]，唐意[3]，顾明[2]，刘超赛[1]，张宏伟[1]
（1. 河南工业大学土木建筑学院 河南 郑州 450001；2. 同济大学土木工程防灾国家重点实验室 上海 200092；
3. 中国建筑科学研究院 北京 100013）

1 引言

群体建筑的风荷载和群体高层建筑的干扰效应一直是高层建筑抗风研究中的复杂关键问题之一[1-3]。本文通过对某科技园双塔楼方形断面高层建筑的非定常绕流大涡模拟，研究分析了结构表面平均和脉动风压，以及周围流场分布规律。

2 大涡模拟方法及参数

某科技园双塔楼方形截面高层建筑尺寸如图 1(a)所示，图中 $D_1 \times H_1 = 45.6\ \mathrm{m} \times 116.2\ \mathrm{m}$，$D_2 \times H_2 = 35.4\ \mathrm{m} \times 89.2\ \mathrm{m}$，$L = 15.7\ \mathrm{m}$，$H_3 = 23.5\ \mathrm{m}$。计算域大小如图 1(b)所示，采用区域分块非均匀结构化网格离散，近壁面处网格加密，网格总数 592 万，近壁面最小网格尺度为 $H_1/1200$，对应壁面 $y^+ < 5.0$。采用速度入口边界条件，入流脉动的合成采用基于大气边界层自保持边界条件[4]的改进的谱生成法[5]，其他位置的边界条件设置如图 1(b)所示。采用 1∶500 缩尺 B 类风场计算，分别进行了 0°、45°风向角的大涡模拟计算，风向角定义如图 1(a)所示。

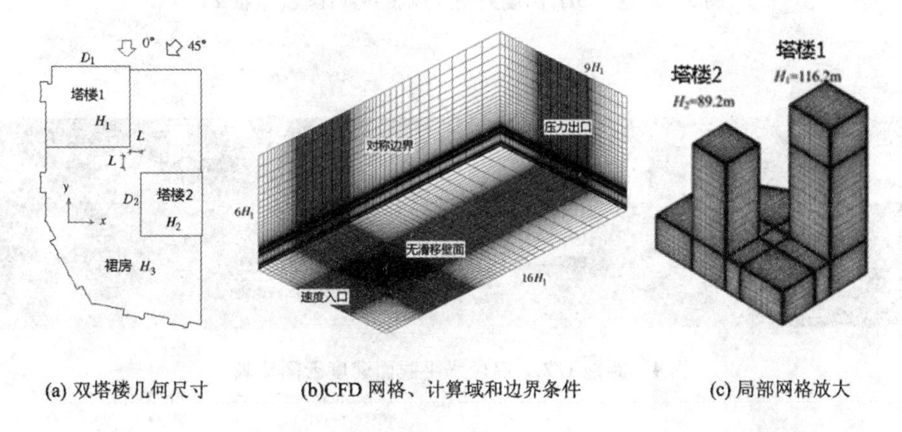

(a) 双塔楼几何尺寸　(b)CFD 网格、计算域和边界条件　(c) 局部网格放大

图 1　双塔楼方形截面高层建筑几何尺寸、CFD 网格和计算域示意图

3 结果与讨论

3.1 风压系数

两塔楼距地 $2/3H_1$ 高度处测点风压系数比较分别如图 2 和图 3 所示，图中风压系数均以 1 号塔楼高度 H_1 处来流平均风速量纲为一的化。

3.2 速度场

图 4 为 0°和 45°风向角时距地 $1/2H_1$ 高度水平截面平均和脉动风速云图比较。

* 基金项目：国家自然科学基金青年科学基金项目(51408196)，河南省教育厅自然科学项目(14A560020)

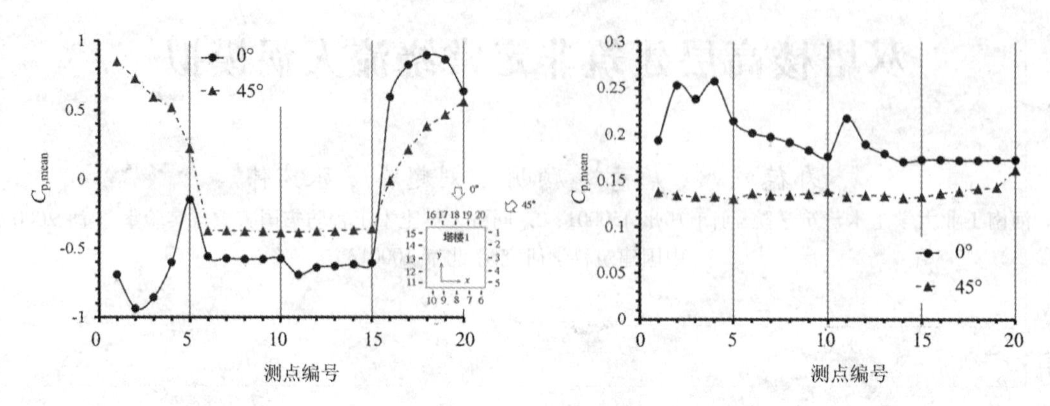

图2　距地 $2/3H_1$ 高度处测点风压系数比较(塔楼1)

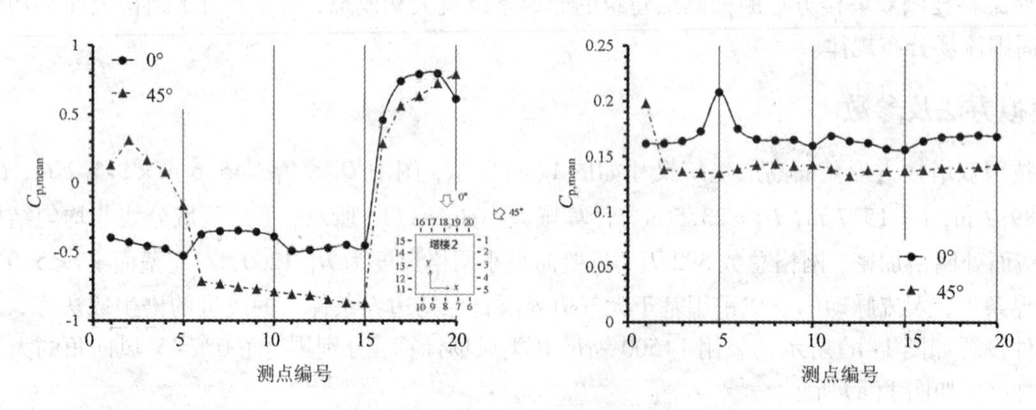

图3　距地 $2/3H_1$ 高度处测点风压系数比较(塔楼2)

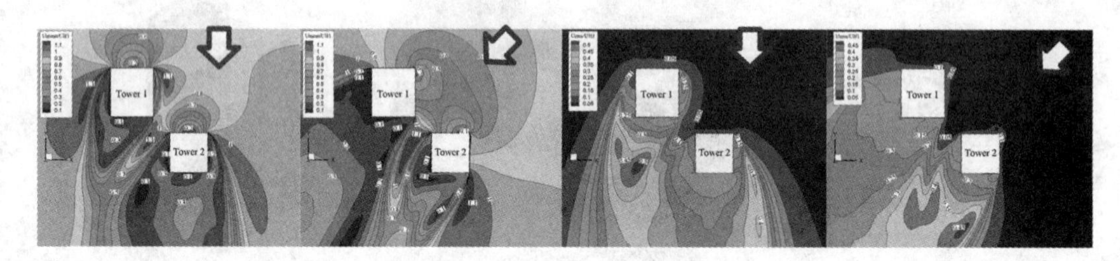

图4　距地 $1/2H_1$ 高度水平截面速度云图比较

4　结论

本文采用大涡模拟方法，研究了风向角对某科技园双塔楼方形断面高层建筑的风压和周围速度场分布的影响，以进一步了解高层建筑干扰机理。

参考文献

[1] 余先锋，谢壮宁，顾明．群体高层建筑风致干扰效应研究进展[J]．建筑结构学报，2015，36(3)：1－11.

[2] 马文勇，袁欣欣，刘庆宽，等．任意排列两方形断面高层建筑风致干扰机理研究[J]．建筑结构学报，2014，35(12)：149－154.

[3] 谢壮宁，顾明．任意排列双柱体的风致干扰效应[J]．土木工程学报，2005，38(10)：32－38.

[4] Yang Y，Gu M，Chen S，Jin X. New inflow boundary conditions for modelling the neutral equilibrium atmospheric boundary layer in computational wind engineering [J]. Journal of Wind Engineering and Industrial Aerodynamics，2009，97(2)：88－95.

[5] Zheng D Q，Zhang A S，Gu M. Improvement of inflow boundary condition in large eddy simulation of flow around tall building [J]. Engineering Applications of Computational Fluid Mechanics，2012，6(4)：633－647.

湍流风场输运的高精度大涡模拟*

祝国旺，黄生洪
（中国科学技术大学工程科学学院 安徽 合肥 230026）

1 引言

实际的风场均有一定的湍流强度条件及功率谱特征，且存在一定的湍流结构，因此，在计算风工程中，需要产生满足相应湍流强度、功率谱特征及湍流结构的随机风速场，并将其精确作用于建筑结构上。这对评估不同特性风场对建筑结构的荷载及效应差异非常重要。然而，目前，风工程研究中普遍采用 CFD 软件以 2 阶精度为主。较大的数值黏性使得边界输入的满足特定目标要求的湍流脉动风场在输运过程中大部分被耗散掉，难以获得精确的数值结果。本文采用高阶通量重构算法（High - Order Flux Reconstruction Numerical Schemes），结合作者研发的满足 karman 谱的入口边界湍流生成算法（DSRFG），开展了湍流风场输运的高精度大涡模拟研究。对数值格式精度、计算网格大小等因素对湍流输运过程中功率谱的精确保持特性进行了深入的评估。

2 数值方法及模型

本文采用了基于高阶通量重构算法（High - Order Flux Reconstruction Numerical Schemes）的大涡模拟程序，数值精度可以达到 7 阶以上，且数值耗散小，可以计算从低速到高速较宽范围内的湍流流动。边界湍流采用作者自主开发的 DSRFG 方法，与现有方法相比，该方法基于严格的理论推导，能产生满足任意形式功率谱及各向异性的湍流脉动风速场，可调空间关联性、通用性，能够严格满足流体连续性条件，从而保证了大涡模拟计算的稳定性，易于并行化处理等。算例模型为一 0.3 m×0.3 m×1.0 m 区域。网格尺度为 10×10×20，对比了不同阶数的湍流输运结果。

3 主要结果

图 1(a)、(b)、(c)分别是数值格式阶数为 2、3 和 6 时，基于 Q 准则的涡量等值面图。图 2 所示为对于同一网格的不同阶数的出口处速度能量谱的对比，input 为入口频谱，output_o1 到 output_o7 分别代表 2 阶到 8 阶的出口速度频谱。

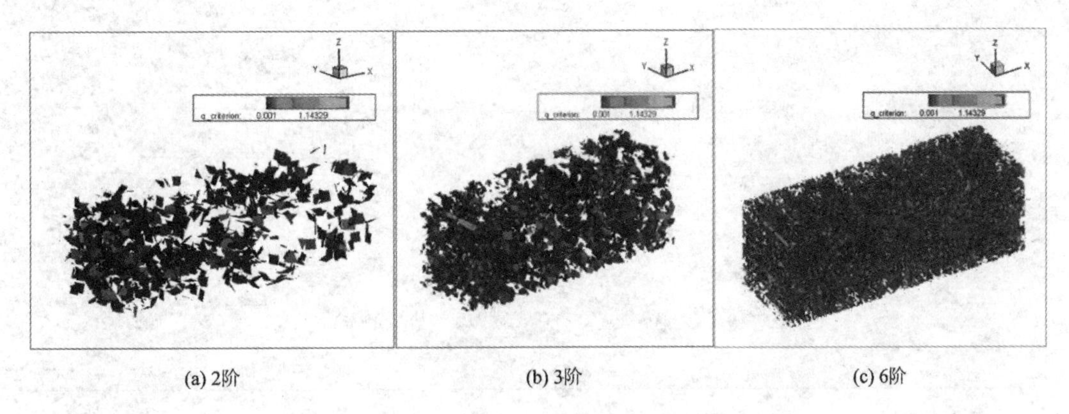

(a) 2阶 (b) 3阶 (c) 6阶

图 1 基于 Q 准则的涡量等值面图

从图上可以看出，对于较粗的网格尺度，如果提高计算阶数，仍能在出口处得到与入口速度能量谱匹

* 基金项目：国家自然科学基金（51378484）

配度较好的结果。并且随着阶数的增加，出口处的能量谱的保持性越好。以上结果证明了在粗网格下，采用高阶通量重构算法的大涡模拟对高精度湍流风场输运模拟是可靠和准确的。

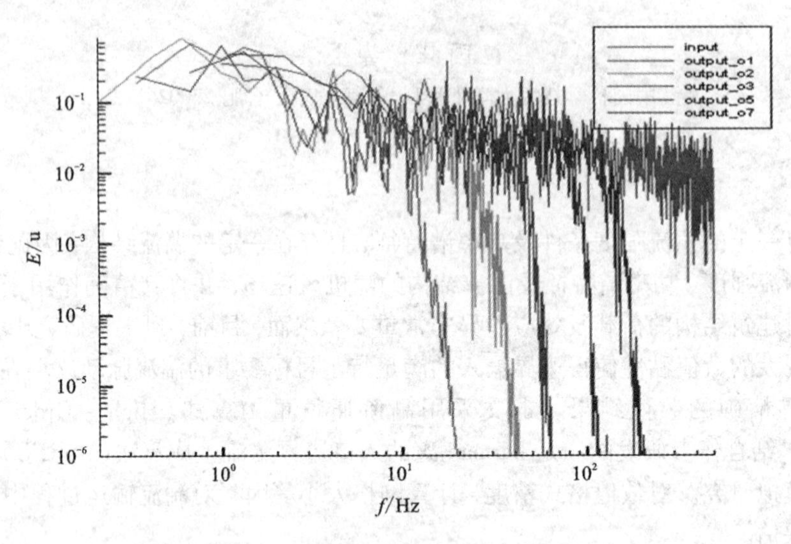

图 2　不同阶数出口处速度功率谱对比

4　结论

高阶通量重构算法具有数值精度高且低耗散性的特点。通过构造合适的大涡模拟过滤模型，可在较粗的网格体系下，对湍流风场进行高精度输运。在计算域内较精确地保持边界输入的湍流强度、功率谱及湍流结构特征。

十一、风－车－桥耦合振动

横风作用下典型车辆－桥梁系统气动参数数值模拟研究

陈浩[1]，盛捷[1]，王雷[1]，韩艳[2]

（1. 广东省交通规划设计研究院股份有限公司 广东 广州 510507；
2. 长沙理工大学桥梁工程安全控制省部共建教育部重点实验室 湖南 长沙 410114）

1 引言

随着我国交通基础设施建设的快速发展，跨越峡谷、江河、湖海的大跨度桥梁逐渐增多，风对大跨度桥梁结构的作用也越加明显。在横风作用下，车辆的存在也会改变桥梁断面整体的气动外形，从而影响桥梁的气动力，此外，车辆位于桥梁上，桥梁断面的几何形状也会影响车辆的气动力，也就是说，车辆和桥梁间存在着相互的气动影响。因此，为保障车辆的行车安全性和舒适性要求及桥梁的正常使用，研究风－车－桥系统的相互作用十分必要。

车辆和桥梁气动力参数的准确识别是风－车－桥耦合振动研究的前提。李永乐等[1]在这方面进行了大量研究，他们通过节段模型风洞试验测试了列车－桥梁断面的气动参数和桥梁影响下的列车的气动参数，考虑了列车和桥梁间相互气动影响。但他们的研究是针对铁路桥梁的，且风洞试验周期长，费用高。

随着计算机技术的快速发展，采用数值计算的方法来分析车辆和桥梁气动特性成为可能。何旭辉等[2]采用 Fluent 研究了横风作用下高速列车－32 m 简支梁桥系统，结果表明：桥上列车比平坦地面上列车的气动安全性差，且列车在桥梁迎风侧比在背风侧时更危险，但该研究仅针对列车与简支梁桥系统。韩艳等[3-4]采用数值计算和风洞试验方法对风－车－桥藕合系统的车辆和桥梁气动特性进行了研究，研究结果发现，车辆和桥梁间的相互气动干扰对车辆和桥梁的气动力有较大的影响，不容忽视，但是该研究仅针对一种客车－桥梁系统进行讨论，不具有普遍规律。

基于上述研究现状，本文以风－车－桥系统为研究对象，采用数值模拟方法，研究侧风作用下 MIRA 阶背式小车和某型号重型半挂式箱型货车静止在桥面时，在不同风偏角、风攻角、车道位置时，车辆与桥梁系统气动特性。计算分析了两种车型和桥梁组成的车桥系统中车辆与桥梁气动力参数的变化情况。计算结果表明：车辆类型和车辆车道分布对桥梁的气动力有较大的影响，风攻角和车道位置对车辆气动力均有不同程度影响。

2 数值模拟

2.1 计算域及边界条件

为了确保流动与边界的独立性和湍流尾流的充分发展，计算域上游入口距主梁截面为 $20H$（H 为主梁断面的高度），下游出口距主梁断面为 $54H$；在满足阻塞率小于 5% 的前提下及计算机能够承受的范围内上下壁面高为 $20H$，展向距离为 $20H$，计算域如图 1 所示。入口采用速度入口边界条件；出口采用压力出口边界条件，相对压力选为零；上下壁面采用自由滑移壁面条件；前后侧壁面采用对称边界条件；主梁表面采用无滑移壁面边界条件。为了精确计算流体的分离，根据 $y^+ = 1$ 计算第一层网格高度，近壁面采用较小的网格增长因子 1.1；在主梁断面 $10H$ 距离的尾流区域，网格进行适当加密，网格增长因子为 1.2；在距离主梁断面 $10H$ 区域外，流场变量变化缓慢，网格采用较大的增长因子 1.3，网格划分如图 2 所示。

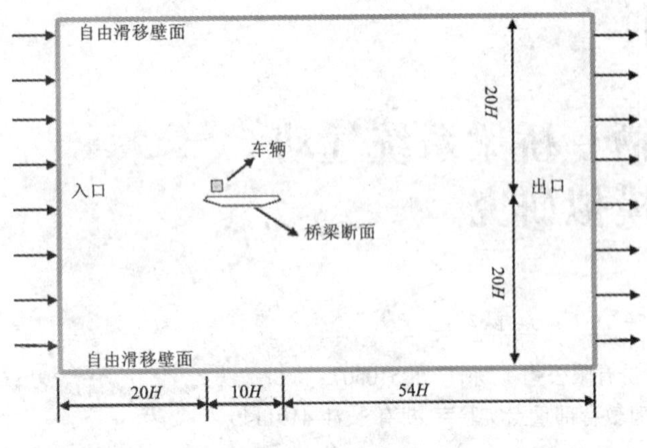

图1 车－桥梁计算域示意图

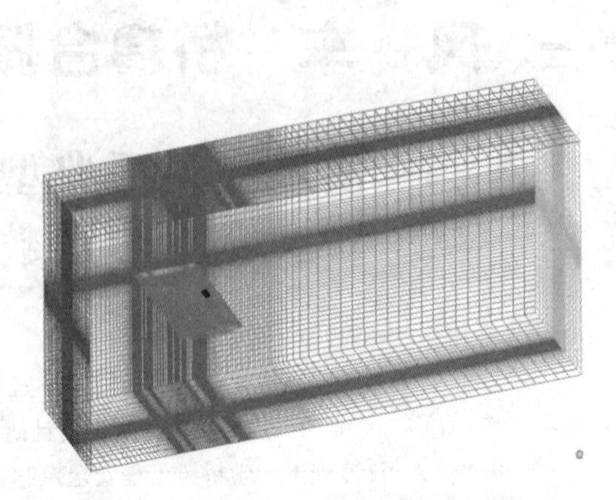

图2 小车位于第六车道时0°风攻角车桥系统网格划图

2.2 计算工况简介

车辆静止时各个工况模拟条件表1所示。

表1 静车时各个工况的模拟

工况	模型	攻角/(°)	风速/($m \cdot s^{-1}$)	偏角/(°)
1	单桥	-5，-3，0，+3，+5	10	90
2	MIRA 小车－桥(车位于第一车道)	-5，-3，0，+3，+5	10	90
3	MIRA 小车－桥(车位于第六车道)	-5，-3，0，+3，+5	10	90
4	重型卡车－桥(车位于第一车道)	-5，-3，0，+3，+5	10	90
5	重型卡车－桥(车位于第六车道)	-5，-3，0，+3，+5	10	90

3 结论

(1)不同车型静止在桥面对桥梁气动参数影响不同，重型卡车对桥梁三分力系数的影响明显大于MIRA小车。对于升力系数和力矩系数，车辆对桥梁气动参数的影响随着风攻角增大而减小。而对于阻力系数，车辆对桥梁气动参数的影响随风攻角变化没有明显规律。

(2)无论是MIRA小车还是重型卡车，车辆车道位置分布变化对桥梁三分力有一定影响。对于两种车型，车辆位于第一车道时桥梁断面的阻力系数都略微大于车辆位于第六车道时，而力矩系数正好相反。而升力系数则明显与风攻角有关，在负攻角时车辆位于第一车道时桥梁断面升力系数大于车辆第六车辆时。

(3)桥面车道位置变化对MIRA小车和重型卡车气动力参数均有不同程度影响。从第一车道变化到第六车道，MIRA小车侧向力系数下降显著而重型卡车侧向力系数反而略有增加。除重型卡车的翻滚力矩系数变化较小外，MIRA小车和重型卡车的其他气动力参数均变化较大。

参考文献

[1] 李永乐，廖海黎. 强士中车桥系统气动特性的节段模型风洞实验研究[J]. 铁道学报，2004，26(3)：71－76.
[2] 赖慧蕊，何旭辉，冉瑞飞，等. 横风作用下高速列车－32 m简支梁桥系统气动性能三维数值模拟[J]. 铁道科学与工程学报，2014，11(2)：21－27.
[3] 韩艳，胡揭玄，蔡春声，等. 横风作用下考虑车辆运动的车桥系统气动特性的数值模拟研究[J]. 工程力学，2013，30(2)：318－325.
[4] 韩艳，胡揭玄，蔡春声，等. 横风下车桥系统气动特性的风洞试验研究[J]. 振动工程学报，2014，27(1)：67－74.

桥面典型车辆气动特性及车辆间挡风效应的数值模拟研究*

陈浩[1]，王雷[1]，韩艳[2]
（1. 广东省交通规划设计研究院股份有限公司 广东 广州 510507；
2. 长沙理工大学桥梁工程安全控制省部共建教育部重点实验室 湖南 长沙 410114）

1 引言

随着交通建设的进一步推进，自然气候对交通安全的影响程度日益加深。横风是不良天气中影响道路交通安全的重要部分。横风产生的影响主要体现在气动升力和侧向气动力，诱发车辆的侧滑、侧翻等事故，且多发生于桥梁路段。例如，2004 年 8 月，广州虎门大桥上狂风掀翻了 7 辆空载货车；2005 年 9 月，台风“泰利”将行驶于福建境内闽江入海口上的一座大型桥梁上的三辆大货车先后吹翻；2008 年 12 月，郑州黄河公路大桥上两辆货车被大风吹翻。究其原因主要是由于大跨度桥梁通常位于强(台)风多发地区，且桥面高度的风速大于常规气象站观测风速。故对风环境下桥梁上行车的行驶安全性评价至关重要。

C J Baker[1-2]对车辆气动特性进行了大量的研究，对各种不同外型的车辆模型进行了风洞试验研究，得到了典型车辆的气动力经验公式，但其研究没有考虑车辆与桥梁之间的相互气动影响，对评价车辆行驶在桥梁上的安全性具有一定的局限性。韩艳等[3-4]采用数值计算方法对风－车－桥耦合系统的车辆和桥梁气动特性进行了研究，研究结果发现，车辆和桥梁间的相互气动干扰对车辆和桥梁的气动力有较大的影响，但是该研究仅针对一种客车－桥梁系统进行讨论，不具有普遍规律。T. Argentini[5]，李永乐[6]等通过数值模拟研究了桥塔的挡风效应，讨论了车辆通过桥塔处车辆气动力的变化规律，然而目前鲜有文献研究大型车辆在桥面上对小车的挡风作用。

基于上述研究现状，本文将研究侧风作用下 MIRA（Motor Industry Research Association）阶背式小车（世界著名的经典汽车模型）和某重型半挂式箱型货车分别位于桥面不同车道位置时车辆气动特性的变化情况；并进一步研究了横风作用下桥面上重型卡车与 MIRA 小车之间的挡风效应随着车辆相对位置的变化情况。

2 数值模拟

2.1 计算工况简介

车辆静止时各个工况模拟条件如表 1 所示。其中工况 1 仅用于数值模拟正确性检验。工况 7 重型卡车遮挡 MIRA 小车相对位置有：(a) MIRA 小车车头平齐卡车车尾，(b) MIRA 小车车尾平齐卡车车尾，(c) MIRA小车位于卡车中心处，(d) MIRA 小车车头平齐卡车车头，(e) MIRA 小车车尾平齐卡车车头，如图 1 所示。

表 1 车辆静止时各个模拟工况

工况	模型	车辆位置	攻角/(°)	风速/($m \cdot s^{-1}$)	偏角/(°)
1	MIRA 小车	位于地面	0	10	90
2	MIRA 小车	位于桥面第一车道	0	10	0, 15, 30, 45, 60, 75, 90
3	MIRA 小车	位于桥面第六车道	0	10	0, 15, 30, 45, 60, 75, 90
4	重型卡车	位于桥面第一车道	0	10	0, 15, 30, 45, 60, 75, 90
5	重型卡车	位于桥面第六车道	0	10	0, 15, 30, 45, 60, 75, 90
6	重型卡车－MIRA 小车	卡车位于第一车道，小车位于第二车道	0	$10\sqrt{2}$	45

* 基金项目：国家重点基础研究计划(973)项目(2015CB057706)

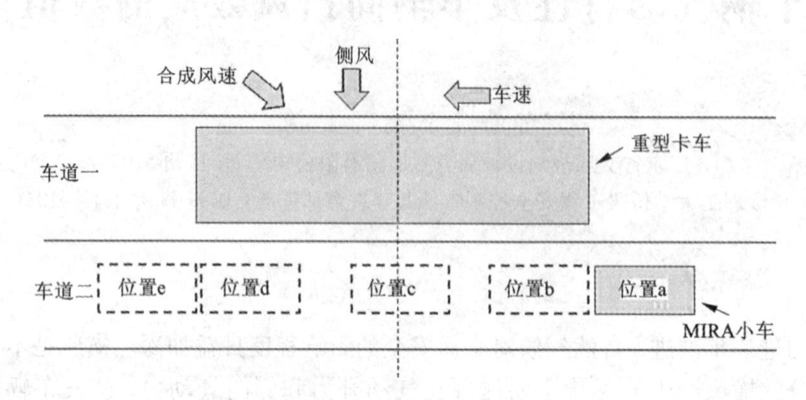

图1　工况6车辆相对位置示意图

3　结论

本文基于CFD仿真平台，模拟计算了不同工况下MIRA小车和重型卡车典型车辆在横风作用下的气动特性，分析研究了车型、车道位置以及车辆间的挡风效应对车辆气动力系数的影响，得出以下结论：

(1)在横风作用下，桥面不同车型气动力参数随风偏角变化趋势基本一致，而车辆类型对车辆气动力参数影响较大。

(2)在横风作用下，不同桥面车道上MIRA小车和重型卡车的气动参数随风偏角变化趋势基本一致，而车道变化对MIRA小车和重型卡车气动参数影响较大。

(3)重型卡车挡风作用明显，相对位置变化对MIRA小车和重型卡车气动参数都有影响，且MIRA小车在重型卡车的遮挡下气动参数变化较显著。它们的气动参数影响程度与它们的相对位置有明显关系。

参考文献

[1] Baker C J, Robinson C G. The assessment of wind tunnel testing techniques for ground vehicles in cross winds[J]. Journal of Wind Engineering and Industrial Aerodynamic, 1986, 24: 227 - 251.

[2] N D Humphreys, C J Baker. Forces on Vehicles in Cross Winds from Moving Model Tests[J]. Journal of Wind Engineering and Industrial Aerodynamics, 1992, 41 - 44: 2673 - 2684.

[3] 韩艳，胡揭玄，蔡春声，等. 横风下车桥系统气动特性的风洞试验研究[J]. 振动工程学报, 2014, 27(1): 67 - 74.

[4] 韩艳，胡揭玄，蔡春声，等. 横风作用下考虑车辆运动的车桥系统气动特性的数值模拟研究[J]. 工程力学, 2013, 30(2): 318 - 325.

[5] T Argentini, E Ozkan, D Rocchi, et al. Cross - wind effects on a vehicle crossing the wake of a bridge pylon[J]. Journal of Wind Engineering and Industrial Aerodynamics, 2011, 99: 734 - 740.

[6] 李永乐，陈宁，蔡宪棠，等. 桥塔遮风效应对风 - 车 - 桥耦合振动的影响[J]. 西南交通大学学报, 2010, 45(6): 875 - 887.

侧风环境下桥上大型拖挂车辆的行车安全性分析*

陈宁[1]，李永乐[2]，王修勇[1]
（1.湖南科技大学土木工程学院 湖南 湘潭 411201；2.西南交通大学桥梁工程系 四川 成都 610031）

1 引言

近年来桥上车辆在侧风下的行车安全性问题日益引起重视。李永乐等[1]建立了风－汽车－桥耦合振动分析模型，在公路车辆行车安全性方面开展了积极探索。于群力[2]等通过计算或桥位观察风速，采用静力平衡的简化方法对车辆行驶的临界风速进行探讨。上述研究中要么在风—车—桥耦合振动的基础上直接采用 Baker 的事故评价标准，评估方法过于保守；要么直接基于静力简化方法，无法考虑车体振动对车辆行车安全性的影响。

本研究中，考虑大型拖挂车辆在鞍座的约束特性，推导了 24 独立自由度的四轴拖挂车动力学分析模型，在风－汽车－桥耦合振动分析的基础上，提出了在评估车辆侧倾动力学稳定平衡时考虑车体振动的影响，提高车辆侧倾安全评估准确性。分析了风速、车速及路况条件等因素对车辆动力响应及给定车速情况下车辆行车临界风速。

2 风－汽车－桥系统分析模型

风－汽车－桥系统的动力学方程表示为：

$$M_b\ddot{u}_b + C_b\dot{u}_b + K_b u_b = f_{bg} + f_{vb} + f_{stb} + f_{bub} \tag{1a}$$

$$M_v\ddot{u}_v + C_v\dot{u}_v + K_v u_v = f_{vg} + f_{bv} + f_{stv} + f_{buv} \tag{1b}$$

式中：下标 b、v 代表桥梁和车辆；f_{bv}、f_{vb} 表示车桥系统间的相互作用力；f_{bg}、f_{vg} 表示桥梁和车辆的自重；f_{stb}、f_{bub} 表示作用于桥梁上的静风力和抖振力；f_{stv}、f_{buv} 表示作用于车辆上的静风力和抖振力。

基于风－汽车－桥耦合结构，获得车体的振动加速度响应，车辆侧倾稳定平衡条件为

$$\frac{1}{2}M_v gB - (F_S + M_v\ddot{Y}_v(t))h_v - \frac{1}{2}(F_L - M_v\ddot{Z}_v(t))B - (M_x + I_x\ddot{\varphi}_v(t)) \geqslant 0 \tag{2}$$

3 实例分析

3.1 路况的影响

车辆以 90 km/h 车速沿不同路况条行驶时，倾覆力矩最大值随风速的变化情况如图 1 所示，车辆在 20 m/s风速下沿不同路况行驶，倾覆力矩最大值随车速的变化情况如图 2 所示，将风速由 15 m/s 至35 m/s 按2.5 m/s 变化，车速由 50 km/h 至 90 km/h 按 10 km/h 变化，分别进行风－汽车－桥耦合振动分析，根据最大倾覆力矩随风速和车速的变化情况，得到不同路况情况下车辆的侧倾临界风速如表 1 所示。

表 1 车辆行车临界风速

车速 /（km·h^{-1}）	路况				不考虑车体振动影响
	好（路面）	非常好	好	一般	
50	32.5	32.5	30.0	27.5	42.0
60	30.0	30.0	27.5	25.0	41.0
70	27.5	27.5	25.0	22.5	40.0
80	25.0	27.5	22.5	17.5	38.5
90	22.5	25.0	20.0	<15.0	37.0

* 基金项目：国家自然科学基金青年项目（51608193），国家重点基础研究发展计划（973 计划）项目（2015CB057702），湖南省教育厅一般项目（16C0645）

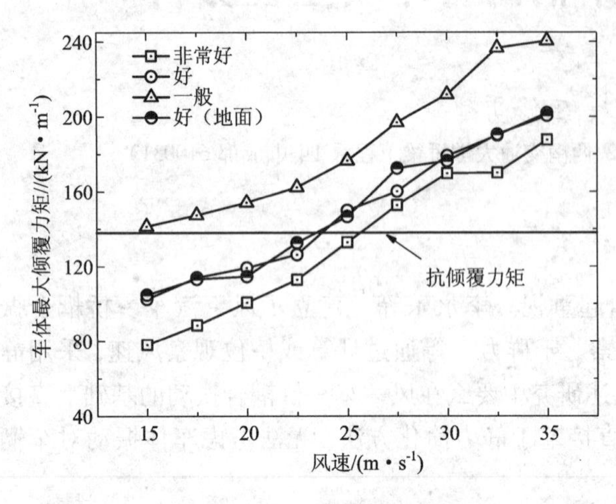

图1　车辆侧倾力矩随风速变化

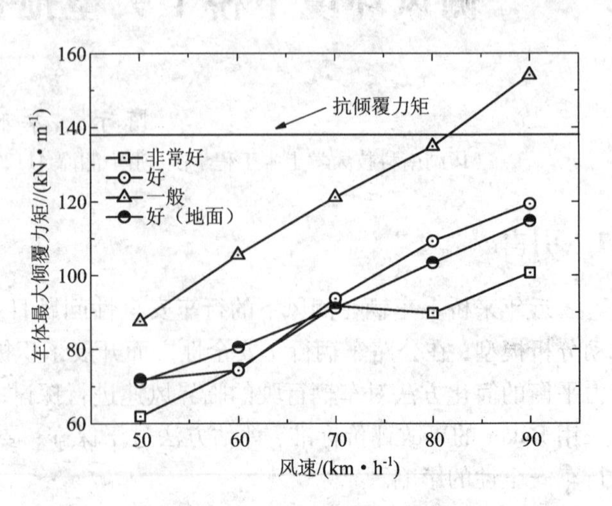

图2　车辆侧倾力矩随车速变化

4　结论

本文建立了24独立自由度四轴拖挂车辆动力学分析模型，在风－汽车－桥耦合振动分析的基础上，建立了考虑车体瞬时惯性力影响的侧倾安全评估标准，分析了风速、车速及路况条件对车辆动力响应及行车安全性的影响，可得如下结论：

(1)车辆倾覆力矩随着风速和车速的增加而增大，由于受车体在横向和竖向振动特性的影响，车辆的倾覆力矩存在较为强烈的波动，给定风速或车速情况下，倾覆力矩最大值与最小值之间差值巨大，表明车辆的倾覆力矩强烈的受到车体振动响应的影响。

(2)给定风速或车速情况下，车辆的最大倾覆力矩基本上随着路况的变差而逐渐增大，表明桥面路况的恶化会对车辆的行车安全性造成不利的影响。车辆的侧倾临界风速随着路况的变差及车速的增大而逐渐的降低，采用动力稳定平衡方法获得的车辆的侧倾临界风速远低于不考虑车体振动的情况。

参考文献

[1] 李永乐，赵凯，陈宁，等. 风－汽车－桥梁系统耦合振动及行车安全性分析[J]. 工程力学，2012(05)：206－212.

[2] 于群力，陈徐均，江召兵，等. 不发生侧滑为指标的跨海大桥安全行车风速分析[J]. 解放军理工大学学报(自然科学版)，2008，9(4)：373－377.

风－车－桥研究现状及发展方向*

韩万水，刘焕举，赵越

（长安大学公路学院 陕西 西安 710064）

1 引言

随着桥梁建设技术和计算方法的发展，桥梁建设呈现出大跨化、轻型化的发展趋势。轻柔的大跨桥梁结构对风作用十分敏感，因此在风环境下，桥梁及桥上行驶车辆的安全性和舒适性引起了越来越多的关注，风－车－桥耦合振动研究具有十分重要的理论意义和实用价值。

风环境下，车辆(汽车或列车)行驶于大跨桥梁时，风、车、桥三者相互作用，构成风－车－桥耦合振动系统。三者耦合作用表现为：①路面(轨道)不平顺产生车辆与柔性大跨桥梁之间的车－桥耦合作用。路面不平顺主要由路面本身、静风荷载产生的桥梁横向位移、脉动风荷载产生的抖振等作用导致；②车－桥间的气动干扰。车辆在桥面上的存在及行驶会改变桥道处的风场，使得桥梁和车辆的风荷载由于彼此存在发生改变。③自激力。自激力的存在是三者相互耦合的结果。自激力是风与桥梁气动耦合产生的，车辆行驶于桥梁上，时刻改变桥梁气动特性，且车辆风荷载由于桥梁运动也在时刻变化，三者相互耦合。

本文从风－车－桥分析系统、气动干扰及评价准则三个方面，系统归纳和总结了其主要成果；同时，指出目前风－车－桥耦合振动研究工作中尚存的有待进一步完善的问题，并就如何进一步开展上述领域的研究作了初步探讨。

2 风－车－桥分析系统

风－车－桥系统耦合振动研究大体分为两部分，风－列车－桥系统耦合振动和风－汽车－桥系统耦合振动。其中风－列车－桥系统耦合振动研究开始较早，取得的成果也较为丰富。

早期的风－列车－桥系统耦合振动研究[1]，基于当时的理论研究和数值模拟水平，建立了初步的风－列车－桥分析框架。但这些研究存在风场三维模拟、风荷载的计算过于简化、未考虑自激力的影响或随机风荷载仅作为输入激励、系统非线性及气动干扰等的一个方面或几个方面考虑不足。

随着风洞实验室的建设使用和风－车－桥理论研究的推进，风－列车－桥分析框架在考虑车桥间气动干扰、系统非线性、灾害模拟分析等方面进一步精细化，并基于建立的精细分析系统，对抗风设施、系统非线性及列车走行安全性等方面进行了研究。

风－汽车－桥较风－列车－桥发展稍晚，在研究中很多借鉴了后者的成果，因此风－汽车－桥梁分析系统建立时，多已建立了三维风场，桥梁模型也多采用单主梁和梁格法建立。风－列车－桥梁中的车辆元素固定，但风－汽车－桥梁中的车辆元素的车辆特性、运行规则、驾驶员反应等方面较列车方面较为复杂。

研究初期[2]大都基于单个车辆或者简单车队建立了风－车－桥分析系统，实际的公路交通流是一个复杂的随机运动过程。最初风－车－桥分析系统中随机车流模拟多采用宏观方法进行模拟，随着元胞自动机的引入，随机车流模拟由宏观时代进入微观时代，基于微观交通流模拟的风－车－桥分析系统随之建立[3]。

随着三维风场和交通流模拟技术的突破，风－汽车－桥梁分析系统，逐步实现了精细化分析，但桥梁因素一直未有较大改进，目前仍主要采用单主梁模型，这也限制着风－桥耦合研究的发展。基于梁格或实体桥梁精细有限元模型的风－车－桥耦合关系及相应分析系统的建立时未来研究方向。

3 气动干扰

最初的风－车－桥分析系统建立时，是采用静态风洞试验的方法分别获取车辆和桥梁的气动力系数，

* 基金项目：国家自然科学基金项目(51278064)

输入分析系统进行分析，没有考虑气动干扰的影响。为了进一步精细，采取静态风洞试验的方法，获取桥上有车时的气动力系数，输入分析系统进行分析。随着计算流体的发展，基于动网格的动态仿真方法被用于气动干扰的数值模拟。但上述研究模拟精确度仍待进一步研究。开展精确动态风洞试验设计和数值风洞计算研究有待进一步开展。

4 评价准则

对车辆而言，风致车辆事故通常有三种类型：侧翻事故、偏转事故和侧滑事故。Baker 对三种车辆事故进行了量化[4]，后续研究者多依据此量化指标对风环境下车辆安全性和舒适性进行了评价。但这些评价准则主要集中于车辆系统的评价，对于风和交通荷载联合作用下的正常运营状态和具有代表性的极端最不利情况下的评价指标和评价准则的研究几乎属于空白。

5 结论

近年来，随着交通事业和桥梁结构的发展，桥梁的动力响应和行车安全性及舒适性越来越引起人们关心，因此关于风环境下桥梁在移动汽车荷载作用下的研究受到桥梁工程师的广泛关注。随着计算机技术和数值分析理论的发展，以及广大桥梁研究者的不断探索与努力，风 - 车 - 桥耦合振动研究必将日益走向完善和成熟。本文简要回顾了风 - 车 - 桥分析系统、气动干扰和评价准则，系统归纳和总结了其主要成果；同时，对今后该领域的发展趋势作了初步探讨，供有关研究者参考。

参考文献

[1] 夏禾，阎贵平，陈英俊. 列车 - 斜拉桥系统在风载作用下的动力响应[J]. 北方交通大学学报，1995，19(2)：131 - 136.

[2] Cai C S, Chen S R. Framework of vehicle - bridge - wind dynamic analysis[J]. Journal of Wind Engineering and Industrial Aerodynamics, 2004, 92(7): 579 - 607.

[3] 韩万水，武隽，马麟，等. 基于微观交通流模型的风 - 车 - 桥系统高真实度模拟[J]. 中国公路学报，2015，28(11)：37 - 45.

[4] Baker C J. The quantification of accident risk for road vehicles in cross winds[J]. Journal of Wind Engineering & Industrial Aerodynamics, 1999, 52: 93 - 107.

侧风环境下桥塔尾流区域行车瞬态气动力机理研究*

马麟
(河海大学土木系 江苏 南京 210098)

1 引言

21世纪桥梁工程步入了建设跨海联岛工程的新时期，为了避免深水基础和海下施工的诸多困难，长大桥梁成为跨海工程的有力竞争者，与此同时也带来了桥位处大风频袭所导致的风对通行车辆的影响问题。由于跨海大桥桥面高程大、风速大，其行车的安全性和舒适性问题较为突出。侧风环境下车辆穿过桥塔背风面时，其气动力遭遇大幅度的变化，甚至遭遇异号的气动力。围绕跨海大桥在强风环境下的行车安全问题，研究侧风环境下桥塔尾流区域行车瞬态气动力的规律和机理，具有重要的理论意义和工程应用价值。

近年来，车辆经过桥塔尾流区时的瞬态气动力和行车安全问题得到了关注。Charuvisit et al. [1]采用动态模型试验测得了强侧风作用下汽车穿过桥塔尾流区时行车的气动力。Charuvisit et al. [2]进一步研究了风障对桥塔尾流区域行车气动力的影响。Rocchi et al. [3]采用试验测得的桥塔尾流区域车辆气动力研究了气动力变化对车辆行驶安全性的影响。

尽管实验和数值模拟在车辆侧向气动力和气动干扰研究方面已经取得了很多的成果，但目前多研究气动力变化规律及影响因素，较少探讨瞬态气动力机理和气动干扰的机理。考虑到计算流体可以方便地获取流速和气压分布及变化等信息，本文以计算流体为分析手段，采用大涡模拟和动网格方法研究侧风环境下桥塔尾流区域车辆气动力变化规律和机理。

2 桥塔尾流区域车辆瞬态气动力机理分析

以苏通长江公路大桥为工程实例，以箱式货车为分析对象，研究侧风环境下桥塔尾流区域车辆气动力规律和机理。为了获得高质量的网格，忽略对车辆气动性能影响不大而对网格质量影响很大的细部构造。考虑到普通计算机的运算能力，本文采用了1/20缩尺比模型，计算模型的雷诺数在3×10^5以上。通过定义合适的最小、最大网格尺寸和网格增长率，将网格数控制在百万数量级，且固壁面外第一层网格的y^+值控制在500以内，使得近似的壁面函数适用。通过设置合理的动网格参数和时间步长，保证网格更新的质量。设车速为20 m/s，侧风为10 m/s，计算时间步设置为0.0002 s，计算所得车辆穿过桥塔尾流区域时的气动力如图1所示，尾流区域流速矢量分布如图2所示。

车辆侧向力系数在其进入桥塔尾流区域后陡然下跌，在桥塔背风面跌至低谷。桥塔背风面形成回流的区域，当车辆在迎风侧最外侧车道行驶并穿过回流区域时，车辆在桥塔背风面将遭遇负的侧向气动力和偏航力矩。且车辆的穿行破坏了桥塔尾流区原来的回流结构，使得原本参与到回流中的侧风不再改变风向，而是直接作用到车辆迎风侧，因此，车辆在驶出桥塔尾流区时，将遭遇比它进入桥塔尾流区之前更大的气动力。这解释了车辆在驶出桥塔背风面时最易翻车。当车辆在迎风侧内侧车道或在桥面背风侧外侧车道行驶时，其气动力亦在桥塔背风面跌至低谷，但此时车辆与桥塔背面的回流结构互不影响，不会出现气动力正负号的变化和气动力的抬升现象，其行驶的气动安全性较迎风侧最外侧车道的车辆好。

3 结论

侧风环境下车辆与桥塔尾流区域的回流相互作用，一方面导致车辆侧向气动力在桥塔背面跌至低谷，另一方面，车辆的穿行破坏了尾流区域的回流，导致车辆驶离桥塔时其侧向气动力迅速抬升，并高于进入桥塔时的气动力。

---

* 基金项目：国家自然科学基金(51108154)

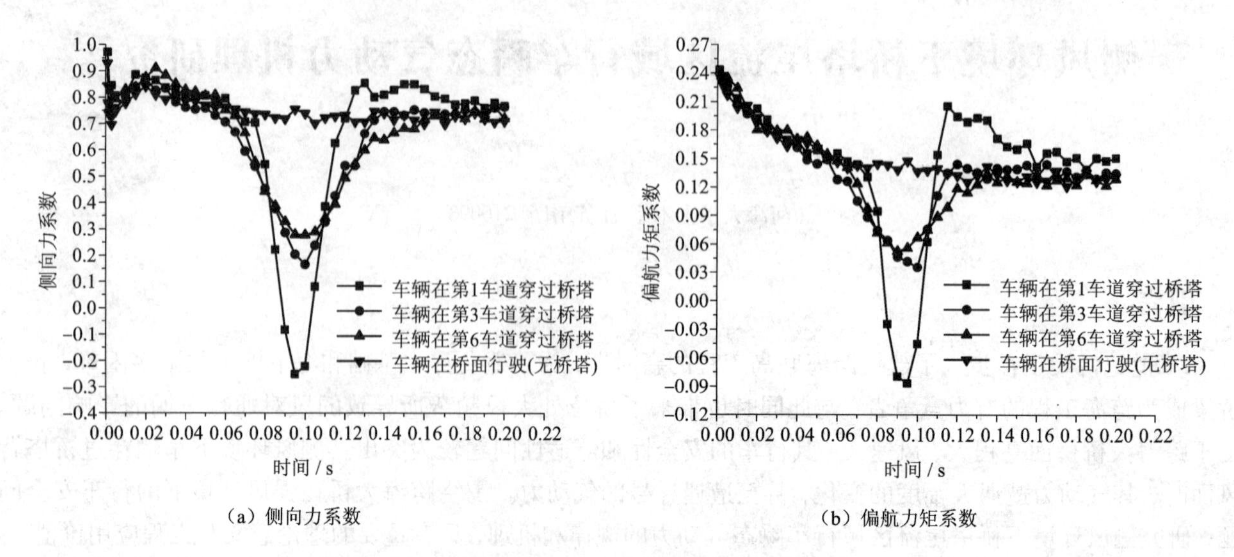

(a) 侧向力系数 (b) 偏航力矩系数

图1 桥塔尾流区域移动车辆模型气动力系数

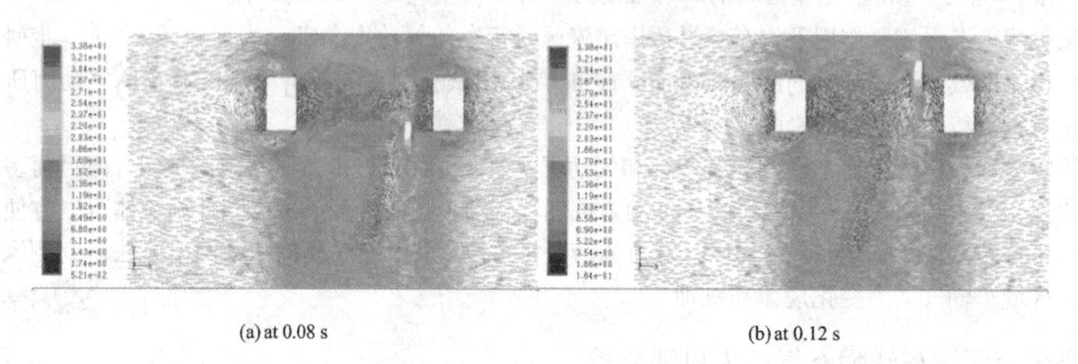

(a) at 0.08 s (b) at 0.12 s

图2 桥塔尾流区域流速矢量分布图(单位: m/s)

参考文献

[1] Charuvisit S, Kimura K, Fujino Y. Experimental and semi - analytical studies on the aerodynamic forces acting on a vehicle passing through the wake of a bridge tower in cross wind[J]. Journal of Wind Engineering and Industrial Aerodynamics, 2004, 92: 740 - 780.

[2] Charuvisit S, Kimura K, Fujino Y. Effects of wind barrier on a vehicle passing in the wake of a bridge tower in cross wind and its response[J]. Journal of Wind Engineering and Industrial Aerodynamics, 2004, 92: 609 - 639.

[3] Rocchi D, Rosa L, Sabbioni E, et al. A numerical - experimental methodology for simulating the aerodynamic forces acting on a moving vehicle passing through the wake of a bridge tower under cross wind[J]. Journal of Wind Engineering and Industrial Aerodynamics, 2012, 104 - 106(3): 256 - 265.

风车联合作用下高墩大跨桥的动力响应特征*

武隽，徐鹏飞，丁彬元
（长安大学公路学院 陕西 西安 710064）

1 引言

我国西北地区地形复杂，崇山峻岭比比皆是，为了跨越这些特殊地形，高墩大跨连续刚构桥得到了设计者的青睐，此类桥梁具有结构形式简单、受力明确、经济效益高等优点。然而在工程实践中发现，这种桥型在实际服役期间通常会出现主梁裂缝增加、跨中持续下挠等普遍性问题，严重影响了结构的正常使用性能[1]。高墩大跨桥通常跨越深谷，桥梁桥面一般距山谷谷底的高度都较高。对于高墩支撑桥梁，一般都会具有较柔的结构刚度，对自然风的敏感性也会有所提升。

车辆荷载和风荷载都属于高墩大跨桥使用期间最常见的荷载形式。目前关于大跨桥梁在随机车流和风荷载作用下的研究主要针对大跨缆索承重桥，对于高墩大跨连续刚构桥开展较少[1-2]，风车荷载对高墩大跨桥的动力效应特征有待于进一步的研究。

本文首先构建高墩大跨桥的风车桥分析系统，引入微观车流随机模拟模型，采用等效动力轮载法对风车桥系统进行分析，以一座典型高墩大跨桥为例对风车荷载的动力效应特征进行讨论。

2 高墩大跨桥的风车桥耦合系统

2.1 微观随机车流模型

元胞自动机车流模型是典型的微观随机车流模型，在风车桥研究中也有应用[3]。本文在常规模型的基础上提出了一种精细化元胞自动机交通流模型（CA－Pro 模型）。CA－Pro 模型与常规 CA 模型相比，最大特点就在于不同车型的车辆各自可以占据不同数量的元胞，从而模拟的随机车流可以体现出不同车型车长的差异性。

图 1 CA－Pro 微观车流模型

2.2 等效动力轮载法

在风车桥系统中，假设同一辆车各个车轮处的荷载均作用在车辆的重心位置上，则该车在桥上的等效动力轮压荷载可以描述为[2]：

$$EDWL_j^i(t) = \sum_{i=1}^{n_a}(EDWL_{jL}^i + EDWL_{jR}^i) = \sum_{i=1}^{n_a}(K_{vlL}^i \overline{Y}_{vlL}^i + C_{vlL}^i \overleftarrow{Y}_{vlL}^i + K_{vlR}^i \overline{Y}_{vlR}^i + C_{vlR}^i \overleftarrow{Y}_{vlR}^i) \tag{1}$$

当桥上的每一辆车的等效动力轮压荷载都按照公式(1)来表示，则桥上所有车辆总的等效动力轮压荷载可以叠加起来，视为桥梁所受的外力作用。

2.3 风车荷载动力效应计算

选取某高墩大跨桥为例，对其在风荷载、车流荷载、风车荷载作用下的动力效应进行分析，部分结果如图 2 和图 3 所示。

* 基金项目：国家自然科学基金(51408053)，中国博士后特别资助(2015T80996)，长安大学中央高校基金(310821171002)

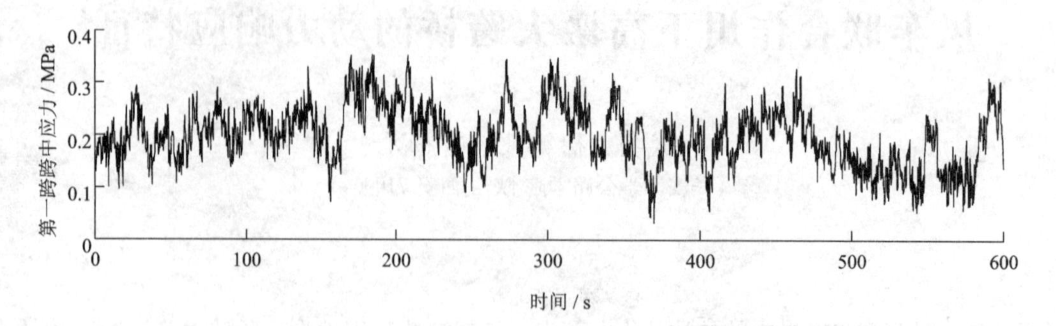

图2　第一跨跨中混凝土顶板上翼缘应力(仅风荷载作用)

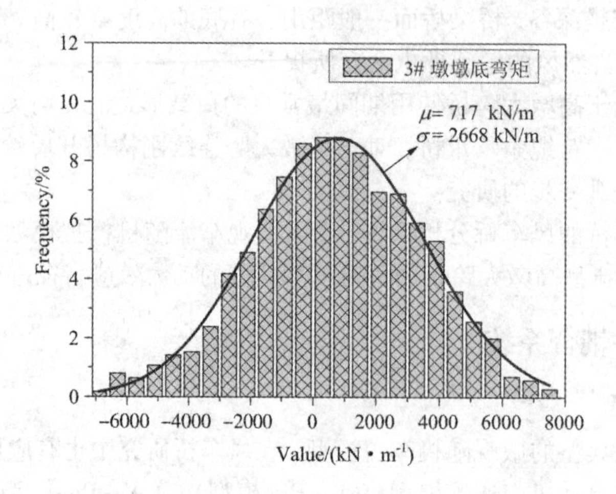

图3　密集车流运行状态下桥梁响应分布

3　结论

基于微观随机车流模型和等效动力轮载法，建立了高墩大跨桥的风车桥耦合分析系统，对于不同车流和风荷载状态下的桥梁动力效应进行研究，为高墩大跨桥的安全维护，动力疲劳研究提供理论基础。

参考文献

[1] 叶征伟. 山区高墩大跨连续刚构桥风环境及荷载研究[D]. 杭州：浙江大学，2012.

[2] Chen S R, Cai C S. Equivalent wheel load approach for slender cable - stayed bridge fatigue assessment under traffic and wind: feasibility study. J Bridge Eng ASCE, 2007, 12(6): 755 - 64.

[3] Nagel K, Wolf D E, Wagner P, et al. Two - lane Traffic Rules for Cellular Automata: A Systematic Approach[J]. Physical Review E., 1998, 58(2): 1425 - 1437.

基于空气动力学的桥梁风屏障选型研究*

张田[1]，杜飞[1]，王少钦[2]
(1. 大连海事大学道路与桥梁工程研究所 辽宁 大连 116026；2. 北京建筑大学理学院 北京 100044)

1 引言

在我国的新疆地区和沿海地区，强风频繁出现，两地的最大基本平均风速均超过 40 m/s。强风作用导致的公路和铁路交通翻车事故时有发生，造成巨大灾难[1]。日本新干线经验证明，设置挡风墙，在同样风速的情况下，可以减少停运次数，降低风对列车的影响[2]。因此，为了确保列车的安全运营和乘车的舒适性，在线路或桥梁上设置风屏障是一种十分有效的措施，可通过数值模拟和风洞试验研究来评价挡风结构的防风效果。

目前的研究主要关注风致大跨桥梁振动，包括强风导致的大跨度桥梁抖振、颤振、涡激振动和风雨振等内容[3]，以及强风环境下列车气动性能和行车安全性研究[4-5]，而对强风经过桥梁或路堤防风结构后流场的变化及防风屏障防风效果的研究较少[6]。本文采用 CFD 方法，借助流体计算软件平台数值模拟研究桥上风屏障的防风特性及不同开孔率、不同高度的防风屏障对风速场大小的影响。

2 防风效果评价准则

风屏障的防风效果可用桥面等效风速与来流风速的比值，即局部风速折减系数 λ 来表示：

$$\lambda = V_{eq}/V \tag{1}$$

式中：V 为桥面高度来流风速。

上述指标是对风屏障结构整体防风效果的评价，若仅对距离桥面某一高度处特征点的减风效果进行评价，可以用局部防护系数 I 来表示某特征点处的防护效果，定义为：

$$I = 1 - |u(x, z)|^2/V^2 \tag{2}$$

式中：$u(x, z)$ 为特征点处局部风速，V 为桥面高度来流风速；当 $I<0$ 时表示区域内流速加快。

3 工程实例计算及分析

针对新建兰新第二双线铁路沿线采用的简支箱形梁和 T 形梁，在其上安装不同挡风屏障后桥面风速分布进行研究。设定了如下几种工况：对箱形梁，屏障高度选择 3 m、4 m、7 m；对 T 形梁，屏障高度选择 4 m 和 7 m、双侧半封闭及全封闭情况；所有工况风攻角均为 0°。

基于大型商用流场数值计算软件，采用有限体积法对方程求解。采用非结构网格生成技术对计算区域进行离散，并可生成混合网格，其自适应功能非常强，且能根据需要对网格进行细分和粗化；采用 RNG $k-\varepsilon$ 湍流模型计算桥上挡风结构的流场分布。

经计算可得，箱形梁上安装风屏障可以有效减小屏障后桥面风速，且防风效果与开孔率和屏障高度关系密切，随着开孔率的增加，桥面防护区域内的风速增加；线路左线中心线的风速比右线中心线处风速大，而且左线风速呈现明显的波动变化趋势，这是由于左线离屏障近，孔洞对风速影响明显。采用 3 m 高风屏障时，即使开孔率很低，桥面高度超过 3 m 范围时，风速急剧加大。对 T 形梁，可得出与箱形梁类似的结论。

风速折减系数随开孔率增加而增加，而区域局部防风系数随开孔率的增加而减小，当屏障高度接近或大于防护高度时，开孔率的影响大于高度的影响；当屏障高度远小于防护高度时，屏障高度的影响大于开孔率的影响。开孔率相同时，屏障高度的增加增大了区域局部防护系数，而使防护区域面积增大，结果绘制于图 1 和图 2 中。

* 基金项目：国家自然科学基金(51608087，U1434205)，中央高校基本科研业务费专项资金资助(3132017020)

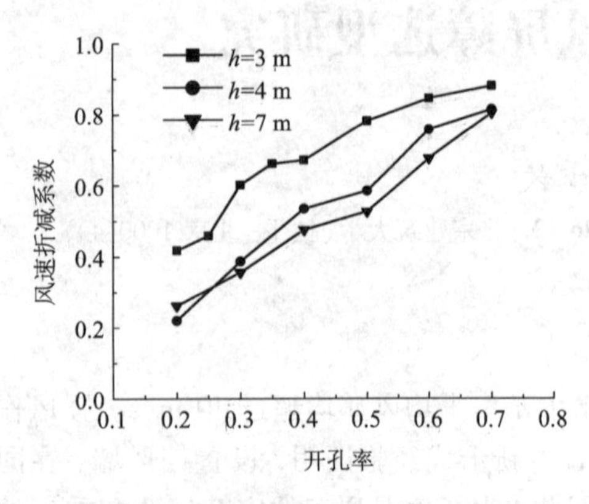

图1　箱形梁的风速折减系数(左线)

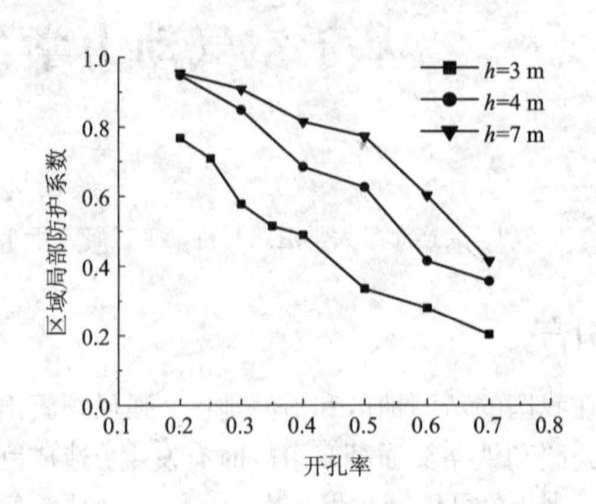

图2　箱形梁的区域局部防护系数

4　结论

基于计算流体力学软件采用 RNGk－ε 湍流模型能够合理地模拟桥上设置风屏障之后流场的绕流问题。针对兰新线几种典型桥梁风屏障的分析结果，得出如下结论：

(1)安装风屏障可以有效减小屏障后桥面风速，且防风效果与开孔率和屏障高度关系密切，随着开孔率的增加，桥面防护区域内的风速增加；采用4 m 和7 m 高风屏障，开孔率为0.4 和0.6 时，在某一高度范围内，风速接近常数值，而且屏障高度越大，风速值接近常数的高度范围也越大；

(2)风屏障的高度选择与所要求的防护高度及防护区域有关，当防护高度确定时，防风效果主要取决于开孔率，若需要增大防护区域，则防护效果主要取决于屏障高度。对于双线铁路桥，当防护高度为5 m 时，采用4 m 或7 m 高风屏障及0.4 开孔率，区域局部防护系数均可达到0.7 以上；若采用20% 开孔率，区域局部防护系数均可达到0.95 左右；

(3)对于桥梁只有一个主导风向时，即桥梁不是双侧受风情况时，则没有必要采用双侧半封闭屏障或全封闭屏障，适宜高度的单侧风屏障就可以达到要求的减风效果。

参考文献

[1] 钱征宇. 西北地区铁路大风灾害及其防治对策[J]. 中国铁路，2009，3：1－4，14.

[2] Noguchi T，Fujii T. Minimizing the effect of natural disasters [J]. Japan Railway & Transport Review，2000，23：52－59.

[3] 项海帆. 现代桥梁抗风理论与实践[M]. 北京：人民交通出版社，2005：157－295.

[4] Salvatori L，Spinelli P. Effects of structural nonlinearity and along－span wind coherence on suspension bridge aerodynamics：Some numerical simulation results[J]. Journal of Wind Engineering and Industrial Aerodynamics，2006，94：415－430.

[5] 任尊松，徐宇工，王璐雷，等. 强侧风对高速列车运行安全性影响研究[J]. 铁道学报，2006，28(6)：46－50.

[6] Lorenzo Procino，Hrvoje Kozma，et al. Wind barriers on bridges：the effect of wall porosity [J]. Bluff Bodies Aerodynamics & Applications，2008：20－24.

风浪车桥空间耦合振动特征分析*

张伟[1]，朱金[1]，吴梦雪[2]，C S Cai[3]
（1. University of Connecticut CT 06269 USA；2. 西南石油大学 四川 成都 610500；
3. Louisiana State University LA USA 70803）

1 引言

随着沿海地区经济的快速发展和对日益增长的交通量的需求，以及相应施工设计经验的累计，大跨桥梁的建设已经从以往的跨越大江大河，延伸到跨越大江大河的入海口段以及海峡和海湾，比如东海大桥，杭州湾大桥，港珠澳大桥和琼州海峡大桥等已建在建或筹建的大跨度沿海桥梁。与常规跨越江河的桥梁相比，沿海大跨桥梁通常会面对非常复杂的极端海洋环境比如季节性台风，区域暴风，和相应的洪水和海浪。再加上桥上可能的车流作用，形成了复杂的风－浪－车－桥耦合动力作用系统，增加了对桥梁振动特性分析的难度。因此，研究极端海洋环境下车辆、风浪同时或分项组合共同作用下的沿海大跨度桥梁的动力特性以及损伤状态对于保证桥梁的安全运营和国民经济建设具有重要的意义。

2 风－浪－车－桥耦合振动分析方程

桥梁模型、车辆模型、车－桥相互作用、风－桥相互作用、风－车相互作用以及波浪－桥相互作用共同构成了风－浪－车－桥耦合振动分析模型，系统动力学方程可表达为，

$$\boldsymbol{M}_{\mathrm{v}}^{i}\ddot{\boldsymbol{d}}_{\mathrm{v}}^{i}+\boldsymbol{C}_{\mathrm{v}}^{i}\dot{\boldsymbol{d}}_{\mathrm{v}}^{i}+\boldsymbol{K}_{\mathrm{v}}\boldsymbol{d}_{\mathrm{v}}^{i}=\boldsymbol{F}_{\mathrm{vG}}^{i}+\boldsymbol{F}_{\mathrm{vw}}^{i}+\boldsymbol{F}_{\mathrm{bv}}^{i} \tag{1}$$

$$\boldsymbol{M}_{\mathrm{b}}\ddot{\boldsymbol{d}}_{\mathrm{b}}+\boldsymbol{C}_{\mathrm{b}}\dot{\boldsymbol{d}}_{\mathrm{b}}+\boldsymbol{K}_{\mathrm{b}}\boldsymbol{d}_{\mathrm{b}}=\sum_{i=1}^{n}\boldsymbol{F}_{\mathrm{vb}}^{i}+\boldsymbol{F}_{\mathrm{bw}}+\boldsymbol{F}_{\mathrm{bwave}} \tag{2}$$

式中：$i(i=1,2,\cdots,n)$ 为第 i 辆车；下表 $\boldsymbol{b}$ 和 $\boldsymbol{v}$ 表示桥梁子系统和车辆子系统；$\boldsymbol{M}$、$\boldsymbol{C}$、$\boldsymbol{K}$ 分别为质量矩阵、阻尼矩阵和刚度矩阵；$\boldsymbol{d}$、$\dot{\boldsymbol{d}}$、$\ddot{\boldsymbol{d}}$ 分别为位移、速度和加速度向量；$\boldsymbol{F}_{\mathrm{vG}}^{i}$ 为第 i 辆车的自重；$\boldsymbol{F}_{\mathrm{bv}}^{i}$ 为桥梁对第 i 辆车的作用力，$\boldsymbol{F}_{\mathrm{vb}}^{i}$ 为第 i 辆车对桥梁的作用力，两者之间构成作用力与反作用力对；$\boldsymbol{F}_{\mathrm{bw}}$ 和 $\boldsymbol{F}_{\mathrm{bwave}}$ 为桥梁受到的风荷载和波浪荷载。

为了提高计算效率，本文采用分离迭代法[1]来求解风－浪－车－桥耦合振动方程，即分别建立车辆和桥梁系统的动力学方程，在每一个时间步内，分别求解各自的运动方程，通过迭代来满足车辆和桥梁系统之间的耦合关系。

3 工程概况及部分计算结果

本文以某大跨斜拉桥为例，研究了风、浪和车辆的不同荷载组合对结构振动响应的影响。该桥设计方案为主跨 700 m 的钢－混凝土混合梁公路斜拉桥。限于篇幅，本摘要仅给出桥梁在风、浪荷载作用下的桥梁结构响应。

图 1(a) 给出了在侧风和侧向波浪荷载共同作用下主梁跨中的横向和竖向位移响应，其中风速取值为 $U=20$ m/s，桩基础处波浪浪高和周期为 4.7 m 和 7.0 s。为了对比研究，图 1(a) 还给出了风荷载或波浪荷载单独作用下的结构响应。由图 1(a) 可以看出主梁的竖向振动主要由侧风引起，侧向波浪荷载不能有效地激励主梁的竖向振动。与竖向位移不同，单独的侧向波浪荷载可以引起主梁的侧向振动，且与由风荷载单独作用下的侧向位移量级相当。如图 1(b) 所示，同样的规律也在桥塔的塔顶位移中体现，限于篇幅，不再赘述。

为了进一步研究风、浪荷载作用下桥梁结构动力响应的规律，图 2(a) 和 (b) 分别给出了跨中竖向和横向位移的响应谱。由图 2(a) 所示，风荷载单独作用或风、浪荷载共同作用下的跨中竖向位移的响应谱基本

* 基金项目：美国国家自然基金项目(NSF Grant CMMI－1537121)

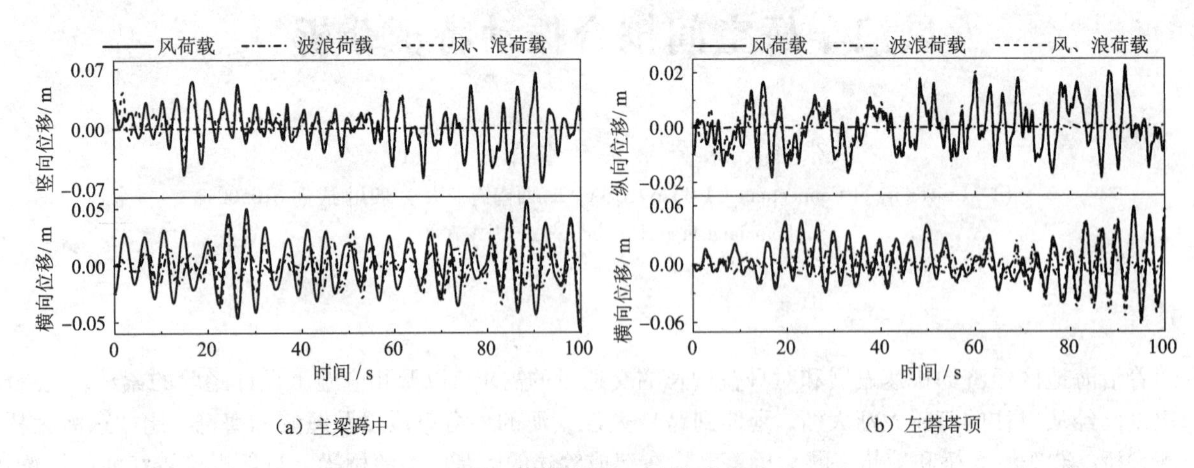

（a）主梁跨中 （b）左塔塔顶

图 1 风、浪荷载作用下桥梁位移响应

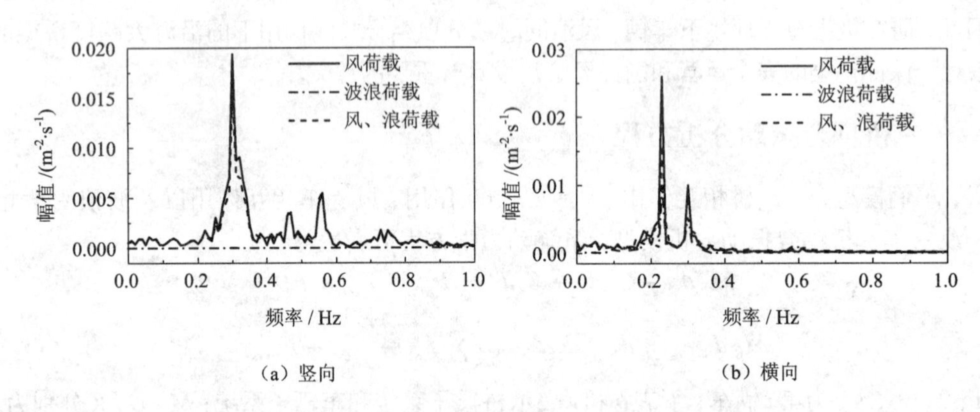

（a）竖向 （b）横向

图 2 主梁跨中在风、浪荷载作用下的响应谱

重合且有三个极值：分别对应于0.296 Hz、0.458 Hz和0.561 Hz，即主梁的一阶、二阶和三阶的竖向模态。而波浪荷载单独作用下的竖向位移的响应谱可以忽略。由图2(b)所示，侧向波浪荷载可以引起主梁的侧向振动，且对应的响应谱的极值出现在0.231 Hz和0.295 Hz，即主梁的一阶侧弯、主梁和主塔的一阶侧弯模态。因此，图1的桥梁动力响应分析结论和图2的响应谱分析结论基本一致。

4 结论

通过风、浪荷载作用下的桥梁动力响应及对应的响应谱研究结果表明，侧向波浪荷载能有效地激励桥梁结构的横向振动。

参考文献

[1] 李永乐. 风－车－桥系统非线性空间耦合振动研究[D]. 成都：西南交通大学，2003.

十二、其他风工程和空气动力学问题

12×10 阵列多风扇主动控制风洞设计与研发*

操金鑫[1,2,3]，曹曙阳[1,2,3]，葛耀君[1,2,3]
（1. 同济大学土木工程防灾国家重点实验室 上海 200092；2. 同济大学土木工程学院桥梁工程系 上海 200092；
3. 同济大学桥梁结构抗风技术交通行业重点实验室 上海 200092）

1 引言

随着结构抗风理论向精细化发展，尤其是传统准定常理论无法适应自然界灾害风非定常、强切变、强加减速特性的作用要求，风工程界开始讨论用主动控制的方法来实现对大气边界层湍流特性，尤其是非良态气流的准确模拟。主动风洞通过对气流的主动控制，实现对非平稳随机过程的模拟，以研究风对结构的非定常、瞬时作用。

2 设计参数

作为国内首座多风扇主动控制风洞，同济大学土木工程防灾国家重点实验室风洞试验室新建的多风扇主动控制风洞通过控制 120 台小型轴流风机的转速主动控制气流方向速度变化，主动模拟大气边界层中的复杂风速变化。该风洞可模拟定常流、单频/多频风速变化和具有频谱特性的风速变化，用于进行常规定常风洞中难以实现的风洞试验。

图 1 所示风洞断面尺寸为：宽 1.5 m，高 1.8 m，长 10 m，风洞为开口式断面，试验断面由多个可拼装的试验段组成，以便根据风洞试验要求插入可视化装置、强迫振动装置等。

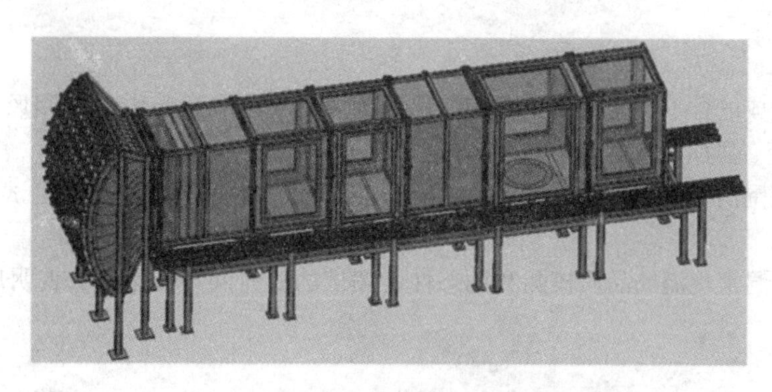

图 1　同济大学多风扇主动控制风洞效果图

3 性能指标

3.1 常规性能

该风洞虽然由 120 台风扇组成，在安装阻尼网的状态下，仍然具有较好的动压稳定性、方向场均匀性、湍流度、轴向静压梯度等流场均匀性品质，仅速度场均匀性指标略低至 2%。在未安装阻尼网的状态下，除方向场指标基本未变外，其他动压稳定性、速度场均匀性、湍流度等流场均匀性品质指标明显降低[1]。

3.2 动态性能

基于多风扇主动控制功能要求，进行了水平轴向及垂直轴向风速响应线性度测试、对应单风扇及两相

* 基金项目：国家重点基础研究发展计划项目（2013CB036300），国家自然科学基金优秀重点实验室项目（51323013）

邻风扇间局部区域内风速分布特性测试、风速频率响应测试[2]。

(1)在风机沿风洞水平横向方向及垂直方向线性输入条件下，除试验段靠近洞壁处外，风速响应沿试验段水平横向方向及垂直方向均具有较好的线性，但不同行之间及不同列之间存在一定的偏差，总体上线性偏差在3%以内，个别点最大偏差约在7%。

(2)在全部风机同转速输入条件下，对应单风扇及两相邻风扇间拓扑投影局部区域内，具有较好的风速响应均匀性，风速不均匀性≤3%。

(3)在试验段不同组装状态、不同截面位置及不同风机转速下，风速响应幅值均呈现随输入频率增大而减小的特征。其中，在$f \leqslant 0.1$ Hz时，振幅及波形基本保持不变；在0.2 Hz$\leqslant f \leqslant 1.5$ Hz时，振幅随频率增大快速衰减，波形失真逐渐增大；在$f \geqslant 3.0$ Hz时，响应振幅急剧衰减，出现严重相移和波形严重失真。图2给出了风速响应幅值随频率的变化规律，其结果显示，在高频段的频响性能指标优于宫崎大学同类风洞的结果[3]。

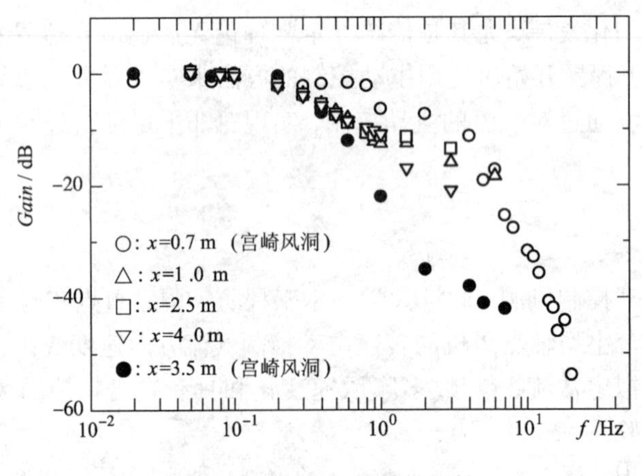

图2 风洞断面频响特性比较

4 结论

(1)同济大学新建成的含120个风扇主动控制风洞为国内首个多风扇主动控制风洞，可模拟自然界灾害风高湍流度、强切变、强加减速特性。

(2)在额定功率范围内，动力系统和控制系统工作正常，TJ-6风洞可以在满足试验要求的条件下投入使用。

(3)通过TJ-6风洞常规流场品质校测和动态性能测试的长时间连续运转，表明风机及其控制系统工作稳定，运行正常。

参考文献

[1] 刘庆宽. 同济大学TJ-6多风扇主动控制风洞流场校测报告[R]. 石家庄铁道大学, 2016.

[2] Cao S, Nishi A, Hirano K, et al. An actively controlled wind tunnel and its application to the reproduction of the atmospheric boundary layer[J]. Boundary-Layer Meteorology, 2001, 101: 61-76.

强风下风力发电机基础环松动原因分析*

李宇，付曜，王阳
（长安大学公路学院 陕西 西安 710064）

1 引言

我国目前针对风机基础设计的规范尚不完善，设计中一般借鉴建筑、电力等行业的相关规范，这就造成强风作用下风电机组基础设计或保守或不安全，个别已建风电场风电机组基础在极端工况时甚至出现基础倾倒破坏的情况，经济损失较大。因此，针对风机基础环松动原因分析及其加固措施的研究势在必行。

2 风力发电机的动力特性计算

风机是典型的塔式结构，正常运行时，塔筒在低紊流、低风速下会发生涡激振动。为了研究风机基础法兰环松动的原因(图 1)，本文首先分析风机振动特性。在保证其质量和刚度与实际结构一致的前提下进行了一定的简化，其建模的具体步骤如下：采用 Solid95 单元来模拟风机基础的圆台段和底段；Solid65 单元来模拟风机基础的顶段；Beam188 单元来模拟风机的塔筒；Beam4 单元来模拟刚臂和风机叶片；MASS21 单元来分别模拟机舱、发电机、轮毂的质量。风机的有限元模型如图 2 所示。

图 1 风机法兰基础松动

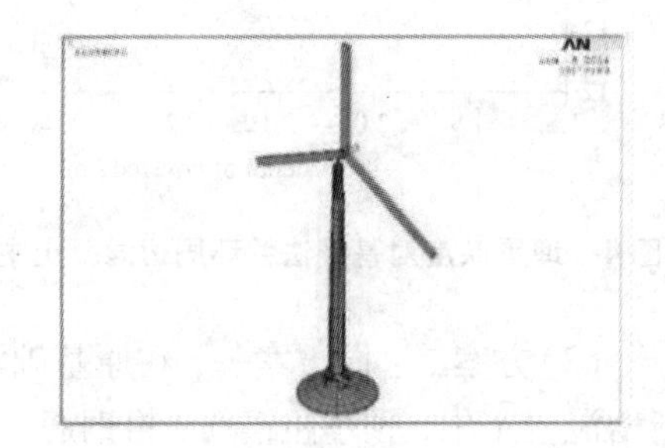

图 2 有限元模型

3 强风下基础法兰环应力分析

不同荷载工况下，基础法兰环周边混凝土三维主压应力的云图见图 3，计算结果汇总见表 1，从中可以看出：在工况 1 和工况 10 的荷载作用下，基础法兰环周边混凝土的抗压强度不能满足要求，会有裂缝出现，进而导致风机基础环的松动。

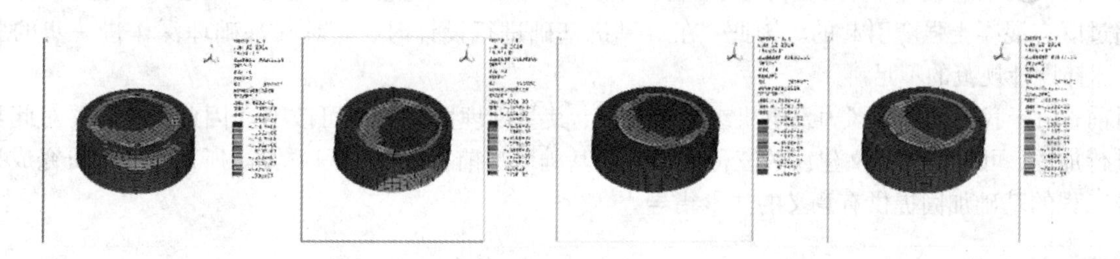

图 3 基础法兰环周边混凝土三维主压应力

* 基金项目：国家自然科学基金资助项目(51408042)

3.1 基础环埋置深度的影响

从图4可以看出：混凝土基础环埋深从1.86 m增加到2.50 m后，混凝土最大主压应力从20.6 MPa减少到了12.9 MPa。可见，增加基础埋深能够明显减少混凝土的最大主应力。

4 加固方案及其验算

针对以上风机基础环松动的验算结果，本文提出了三种加固方案以供参考。

(1)方案一：在原基础混凝土周边径向新增高标号混凝土，并在原基础混凝土顶部增加高标号混凝土，以增加法兰的埋置深度。在新增混凝土与原混凝土基础结合处预埋竖向预应力粗钢筋，在新增混凝土顶部高度处与法兰焊接水平环形钢板，作为预应力粗钢筋的锚固台座。新增混凝土标号为C50。加固后的基础环混凝土主压应力如图5所示。

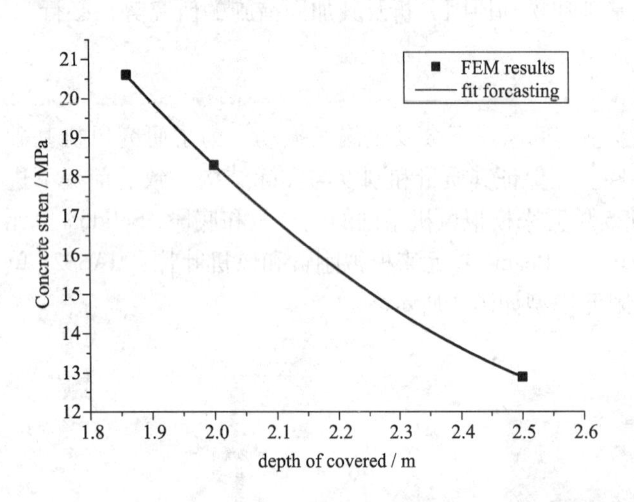

图4 埋置深度对基础法兰环周边混凝土主压应力的影响

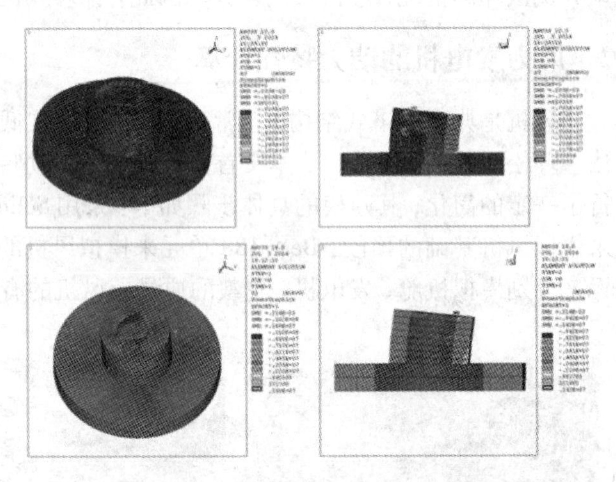

图5 加固后的基础环混凝土主压应力

(2)方案二：同方案一，在原基础混凝土周围新增高标号混凝土，并在原基础顶部增加新混凝土。在新增混凝土中，预埋粗钢筋，粗钢筋与法兰钢板焊接。与方案一不同的是，通过水平构造筋及焊接至法兰表面的粗钢筋用于增加法兰与混凝土间整体性。

(3)方案三：新增混凝土与方案二类似，钢筋部分设置有所不同。在法兰周边焊接环向的斜向下的裙板，并将径向钢筋与裙板焊接，将径向钢筋向下斜置，并与新增混凝土的竖向构造钢筋焊接。

5 结论

根据计算分析可知，强风下风机基础法兰环周边混凝土应力随着基础埋置深度的增加而逐渐减小。而目前许多已建风电场风电机组基础在极端工况时出现基础松动、甚至倾倒破坏的情况，这主要是因为作用于风机塔筒的复杂荷载(风致振动、风机运行振动)的叠加导致埋置深度不足的风机基础法兰环周边混凝土应力超过既有混凝土强度引起的。因此，在对风机基础进行设计时，应对其基础埋深作进一步的验算分析，以弥补设计规范的不足。

目前，由于我国的许多风力发电机组已经建成，其基础埋置深度不可改变。因此，如果要对此类风机基础进行加固，可以采用本文建议的三种在不改变基础埋深前提下的加固方案。所以，本文研究成果可以为同类工程的基础加固提供有意义的技术指导。

参考文献

[1] 吴志钧. 风电场建筑物的地基基础[M]. 中国计划出版社，2009.
[2] FD 003—2007，风电机组地基基础设计规定[S]. 北京：中国水利水电出版社，2008.
[3] GB 50007—2002，建筑地基基础设计规范[S]. 北京：中国建筑业出版社，2002.
[4] GB 50135—2006，高耸结构设计规范[S]. 北京：中国计划出版社，2007.
[5] GB 50009—2001，建筑结构荷载规范[S]. 北京：中国建筑工业出版社，2002.
[6] GB 50010—2010，混凝土结构设计规范[S]. 北京：中国计划出版社，2010.

超强台风“莫兰蒂”影响下玻璃幕墙灾损调查及分析*

林立[1]，夏丹丹[1]，陈昌萍[1]，王亚平[2]，黄传炳[3]
（1. 厦门理工学院土木工程与建筑学院 福建 厦门 361024；2. 厦门市工程检测中心有限公司 福建 厦门 361024；
3. 厦门市建设工程施工图审查所 福建 厦门 361024）

1 引言

2016 年 9 月 15 日 3 点厦门市受到 1614 号超强台风“莫兰蒂”的正面袭击，造成重大经济损失。厦门市地处东南沿海，高层超高层临海建筑众多，而玻璃幕墙作为主要的围护结构型式，在本次台风作用下出现大范围的严重破坏。本研究基于灾后即时开展的应急灾害普查结果，总结此次台风造成的玻璃幕墙破坏形式、规模及类型等，通过结构试验和风环境数值模拟，研究幕墙破坏原因及规律，分析环境、设计、施工、材料等因素对玻璃幕墙抗风能力的影响，建议临海建筑幕墙设计荷载取值、风环境优化及施工改进措施。

2 台风“莫兰蒂”简介

1614 号超强台风“莫兰蒂”中心位于福建省漳浦县东南大约 405 km 的海面上，中心附近最大风力有 17 级，记录瞬时最大风速为 64.2 m/s，登录路径如图 1 所示，于 15 日 3 点 05 分在厦门翔安沿海登陆。根据厦门市气象台记录，风速时程曲线(2 min 和 10 min 平均风速)如图 2 所示。

图 1 台风登陆线路示意图

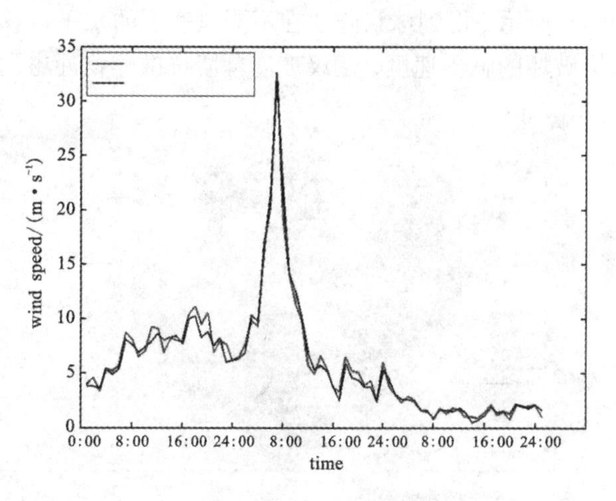

图 2 台风风速时程曲线

3 厦门市玻璃幕墙灾损调查

此次台风致使厦门市约 4 万 m^2 玻璃幕墙破坏，主要集中在位于台风涡旋区的五缘湾及杏林湾区域，破坏形式主要有玻璃板块破碎，开启扇掉落、五金件失效等形式，高层建筑呈现破坏集中现象，如图 3 所示。

4 幕墙抗风压试验分析

根据灾损调研情况，此次台风最大风力 17 级，建筑表面风压在 -8000 ~ 6600 Pa，造成大量开启扇的破损。本研究针对典型破坏进行抗风压试验分析，采用含三根立柱及一个可启扇的单元式玻璃幕墙试件进行试验，分析其抗风压性能，测点布置如图 4 所示。结果表明，在负压增至 6286 Pa 时，开启扇锁点滑脱，玻

* 基金项目：福建省自然科学基金(2016J01270)，福建省建筑产业现代化闽台科技合作基地，201614# 台风对厦门市玻璃幕墙影响情况分析研究

璃破损。在台风达到15级及以上时，玻璃幕墙存在较高的破损风险，在地方玻璃幕墙规程的改进中，重视开启扇的抗负压设计。

图3 玻璃幕墙破坏示意图

图4 试验测点布置图

5 区域风环境模拟

强风荷载是多台风区高层建筑设计的控制荷载之一，然而城市密集建筑物之间的干扰改变周围局部风场。本研究针对某高级写字楼群，进行区域风环境模拟分析，建筑群分布得不恰当会产生“狭管效应”以及相邻建筑物之间的导风作用等不利现象，造成局部风压增强(如图5)，导致玻璃幕墙结构产生集中破坏。

6 携碎物致损

台风携碎物的冲击力及波动压力作用致使玻璃幕墙破损。以此次台风玻璃碎物颗粒做数值分析，模型如图6所示，得到球状碎片在不同风速下的水平位移和水平速度。得到不同高度下玻璃碎物可能导致围护结构破坏的临界速度，建议玻璃幕墙抗携碎物冲击的防护设计。

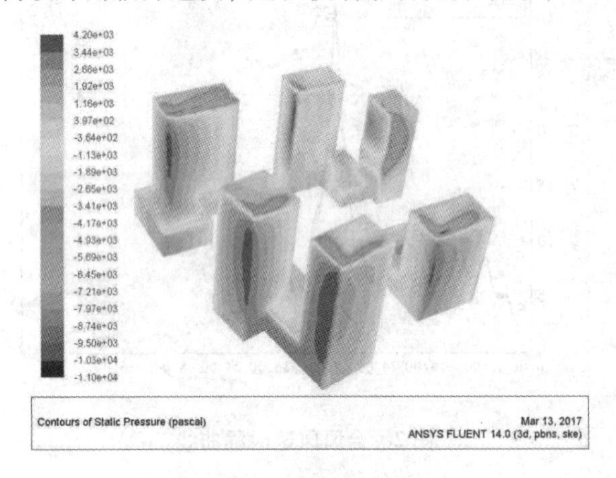

图5 模拟风压分布图

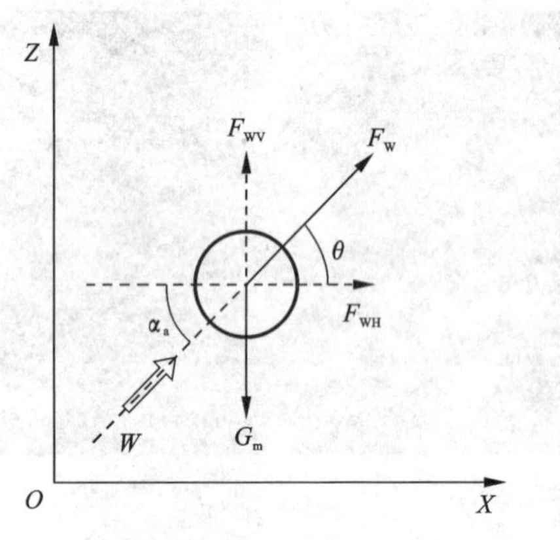

图6 球状飞行受力及风攻角示意图

7 破坏原因及分析结论

基于本研究分析结果显示，本次台风导致的大范围玻璃幕墙破坏，与以下因素有关：区域风环境变化导致局部风压远远超过设计风压；材料自身的抗冲击能力不足；台风携碎物产生冲击力过大。玻璃幕墙设计时应充分考虑以上因素，改善玻璃幕墙抗风防灾能力。

参考文献

[1] 宋芳芳. 几类风灾易损建筑台风损伤估计与预测[D]. 深圳哈尔滨工业大学深圳研究院.

[2] K Klemm, W Marks. Multicriteria Optimistion of the building arrangement with application of numerical simulation[J]. Building and Environment, 2000(35): 537-544.

[3] A Zhang, C Gao, L Zhang. Numerical simulation of the wind field around different building arrangements[J]. Journal of Wind Engineering and Industrial Aerodynamics, 2005(12): 891-904.

[4] 谢壮宁，顾明，倪振华. 任意排列三个高层建筑间顺风向动力干扰效应的试验研究[J]. 工程力学, 2005(5), 136-141.

远场地貌类别规范比较与工程应用建议*

张正维[1]，杜平[2]，Andrew Allsop[2]

（1. 奥雅纳工程咨询（上海）有限公司 上海 200031；2. Ove Arup & Partners International Limited London）

1 引言

来流风场模拟是判断风洞试验结果是否可信的关键因素。正确的来流风场模拟一般包括远场地貌分析与近场（项目周边地形与周边建筑）模拟。近场模拟范围取决于风洞断面尺寸与阻塞比，一般易于解决，而合理的远场地貌分析相比更难。对于远场地貌分析，一般是基于各个国家规范的定性判断或者基于 ESDU（Engineering Sciences Data Unit）进行定量分析。国家规范一般定性地把远场地貌简单地分为 3 ~6 类，采用对数率或指数律的平均风剖面。国家规范的定性分类可满足简单地貌，而对于复杂远场地貌只能偏保守地判断，从而增大风洞试验结果的不确定性。ESDU 工程数据库可以定量给出复杂地貌下的来流风场信息，风速剖面是采用对数率，理论上更完善。但是该工具是基于 20 世纪 80 年代前西方国家的实测风场信息，绝大部分数据高度都低于 200 m，同时西方国家人口密度较小，高层建筑与超高层建筑分布以及城市规模都与我国差别较大。ESDU 的分析结果能否适合于我国城市化很高的东南部沿海地区，需要进行合理判断分析，特别是地貌粗糙度指数的判定与超过梯度风高度后风速分布的合理性。为了了解规范定性规定与 ESDU 结果的对我国项目的适用性，将我国规范与各国规范（ASCE/SEI 7 -10，AS/NZS 1170.2：2011，AIJ 2004，NBC 2005，ISO 4354：2009，与 BS EN 1991 -1 -1 -4：2005）中的远场地貌类别进行比较，分析 ESDU 模型中相关参数对远场地貌的影响，分析了我国规范中可能存在的问题，进而对 ESDU 在我国风工程应用中给出建议，可用于指导实际项目的风工程应用。

2 比较分析

对于不同的风剖面经验公式，影响风速剖面与湍流强度剖面的参数主要参数是不同的。对于指数律，参数主要为 α 指数、零平面高度 z_b 与梯度风高度 z_G；对于对数率，有地面粗糙度 z_0 与最小高度系数 z_{min}。目前，我国规范 GB 50009—2012、日本规范 AIJ 2004、美国规范 ASCE/SEI 7 -10 与加拿大 NBC 2005 给出指数律的风速剖面与湍流强度剖面；澳大利亚/新西兰规范 AS/NZS 1170.2：2011 与 BS EN 1991 -1 -1 -4：2005 给出了对数率的风剖面，且适用高度都不超过 200 m；ISO 4354：2009 同时给出了指数律与对数律的风剖面公式。针对不同规范典型地貌的描述，可以看出不同国家的相同地貌的判断标准是不同的，经验公式得到的平均风速剖面与湍流强度剖面也是不同，最终的阵风剖面也是不同的。图 1 给出了 GB 50009—2012、AIJ 2004、ISO 4354：2009 与 ESDU 在 3 s 统计时距下针对开阔地貌 10 m 处 10 min 平均风速的阵风剖面指数，从图中可以看出我国规范的梯度风高度处的阵风指数随着地面粗糙度增大而增大，这与边界层理论是相驳的，主要是我国规范的平均风剖面、湍流强度剖面与阵风因子不协调导致的。在实际工程应用中需要采用 ESDU 工具来避免我国规范风剖面规定的不协调性。

3 主要结论

（1）我国规范的梯度风高度处的阵风指数随着地面粗糙度增大而增大，这与边界层理论是相驳的，建议在实际工程应用中需要采用 ESDU 工具来避免我国规范风剖面规定中存在的不协调性；

（2）阵风剖面考虑了平均风速、湍流强度与阵风因子的综合影响，且不同规范在梯度风高度处相互接近，建议实际风洞试验以阵风风速最为参考风速消除试验风场与规范不同而导致的不确定性。对于台风区工程项目建议基于台风模拟得到的梯度风高度处阵风风速作为参考风速；在非台风区，由于一般没有梯度风高度处的阵风风速信息，建议基于实际风气候分析得到 10 m 高度处的参考风速作为参考风速。

---

* 基金项目：奥雅纳全球研究基金 -高层建筑风荷载数据库（078357 -21）

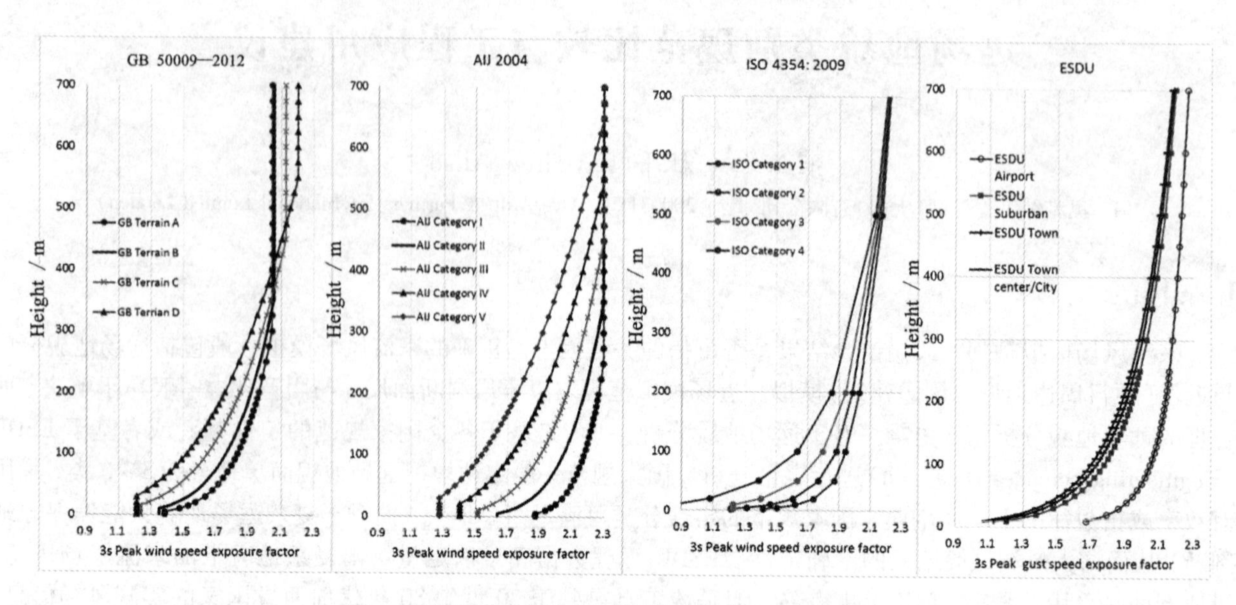

图1　不同规范典型地貌下的阵风剖面(3 s统计时距)

参考文献

[1] GB 50009—2012, 建筑结构荷载规范[S].

[2] American Society of Civil Engineers, ASCE, 2010. Minimum design loads for buildings and other structures[R]. SEI/ASCE 7 - 10. American Society of Civil Engineers.

[3] BS EN 1991 - 1 - 1 - 4: 2005, Eurocode 1: Actions on structures[S].

[4] Engineering Sciences Data Unit, ESDU, 1993. Data Item 82026. Strong winds in the atmospheric boundary layer. Part 1: hourly - mean wind speeds. Engineering Sciences Data Unit.

[5] ISO: FDIS 4354: 2009(E), Wind Actions on Structures[S].

[6] Zheng - wei ZHANG, Alex To. COMPARATIVE STUDY OF ALONG - WIND AND ACROSS - WIND LOADS ON TALL BUILDINGS WITH DIFFERENT CODES [C]//Proceeding of the 14th International Symposium on Structural Engineering, Beijing, China, ISSE14, 2016: 723 - 728.

第二部分

第四届全国
风工程研究生论坛

一、边界层风特性与风环境

福建沿海登陆台风的平均风特性*

陈锴[1,2]，林立[1]，卓卫东[2]，王淮峰[1]，胡海涛[1]
（1. 厦门理工大学土木工程与建筑学院 福建 厦门 361024；2. 福州大学土木工程学院 福建 福州 350116）

1 引言

我国多台风区涵盖了人口最密集和经济最发达的沿海城市，近数十年来，大量高层建筑和大跨结构不断涌现，周期性的强风作用主导了沿海地区的设计风荷载[1-2]。据统计，福建省在2012—2016年期间，对地区造成影响或直接登陆的台风高达36个，平均每年有7.2个不同规模的台风导致地方受灾。2016年9月15日，1614号台风“莫兰蒂”正面登陆厦门，中心风力达到17级，记录瞬时最大风速64.2 m/s为自新中国成立以来登陆闽南地区的最强台风，致使厦门及周边地区大量结构物损毁，岛内外交通瘫痪，市政园林树木损毁严重的有64万株，经济损失102亿元。“莫兰蒂”也因此在台风委员会第49次届会上被除名[3]。本文采用台风影响范围内三处距台风中心不同距离的沿海测风塔，实测台风“莫兰蒂”登陆过程的风速风向，研究台风近地边界层的平均风特性，为考虑极端气候的地区风荷载取值提供参考。

2 台风实测数据统计与分析

2016年第14号台风“莫兰蒂”于9月10时太平洋洋面上生成，于9月15日3时凌晨登陆福建省厦门市翔安区，台风“莫兰蒂”路径如图1所示。在强台风“莫兰蒂”实测期间内，福建省沿海区域惠安、福清、霞浦等地的观测塔同步记录了强台风不同高度的风速风向数据，如图2所示。这里仅以距离台风中心最近的惠安县走马埭测风塔的观测记录为例对台风气候下的平均风特性进行分析说明。

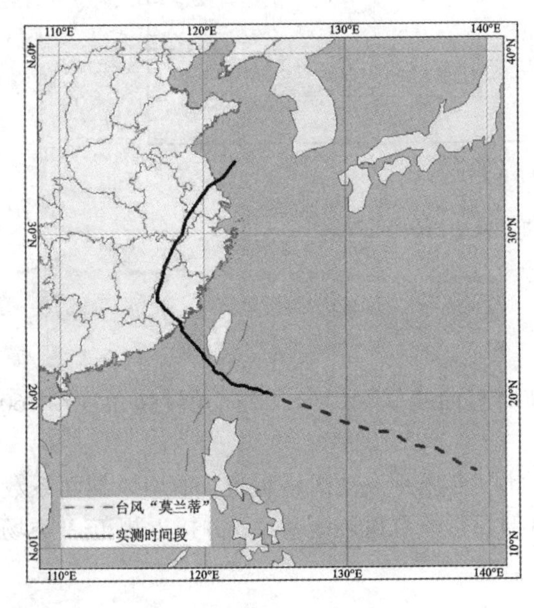

图1 台风“莫兰蒂”路径

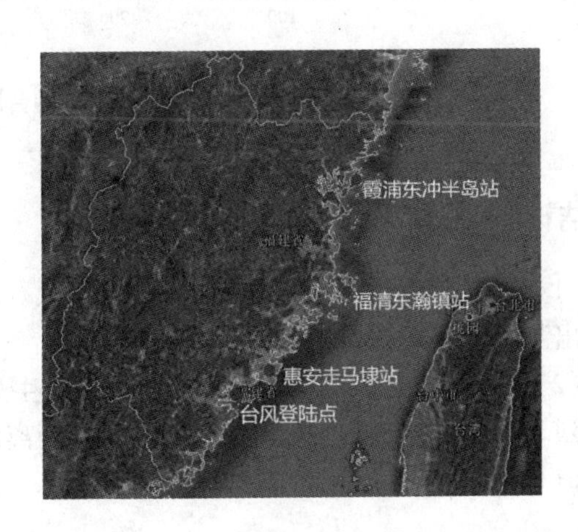

图2 测风站台位置

* 基金项目：福建省自然科学基金(2016J01270)，福建省建筑产业现代化闽台科技合作基地，201614#台风对厦门市玻璃幕墙影响情况的分析研究。

惠安县走马埭测风塔距离台风登陆点中心约为86.3 km，周边地貌开阔无阻碍，气象要素变化规律明显，风速风向采样为每10 min输出一组数据，测风设备分别布置在10 m、50 m和70 m处。

图3和图4分别为台风“莫兰蒂”的平均风速时程和平均风向时程。台风登陆时，平均风速从25 m/s下降到10 m/s，而后回升至22 m/s，并保持持续下降趋势，风速时程曲线呈明显的“M”形，70 m处平均风速最大值为29 m/s。从图3可以看出台风登陆后风力快速减弱直至消亡，几近静风状态，风向角度变化幅度大，以工程抗风需求为重点，考察9月14日0时至16日0时大风状态下的风向角变化规律，可以发现台风登陆前后，平均风向角从20°增大到180°，风向角转换角度约160°，表现出历经台风中心附近的影响特征。

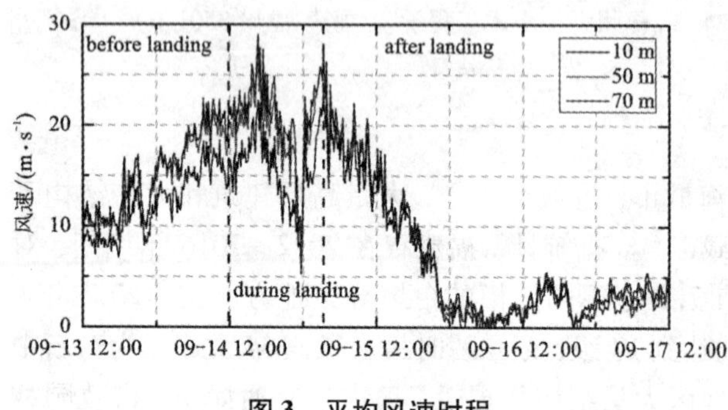

图3 平均风速时程

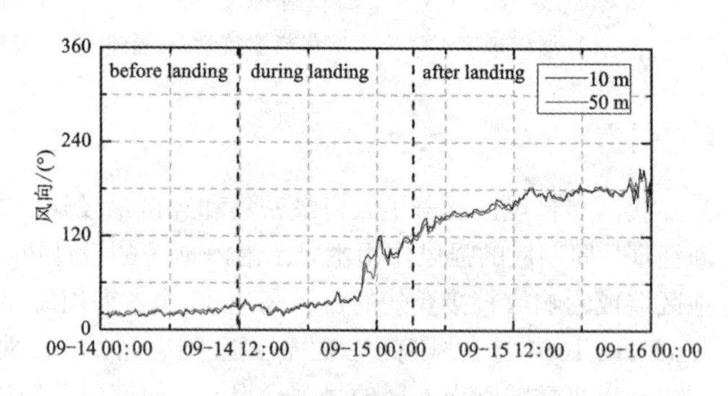

图4 平均风向时程

对走马埭测风站台塔高范围内的测风记录按指数律进行拟合，选取台风登陆前及登陆期间10 m高度10 min平均风速大于10 m/s作为强风样本进行分析。图5为风剖面系数随测风塔与台风中心距离之间的变化关系。从图中可以看出，台风中心距离测风塔较近时，风剖面系数受台风登陆状态影响变化剧烈，随台风中心与测风塔距离的增加，风剖面系数取值逐渐减小，当二者间距离超过400 km时，受台风影响较小，此时实测和拟合结果均接近建筑荷载规范给定的A类场地参考值0.12。

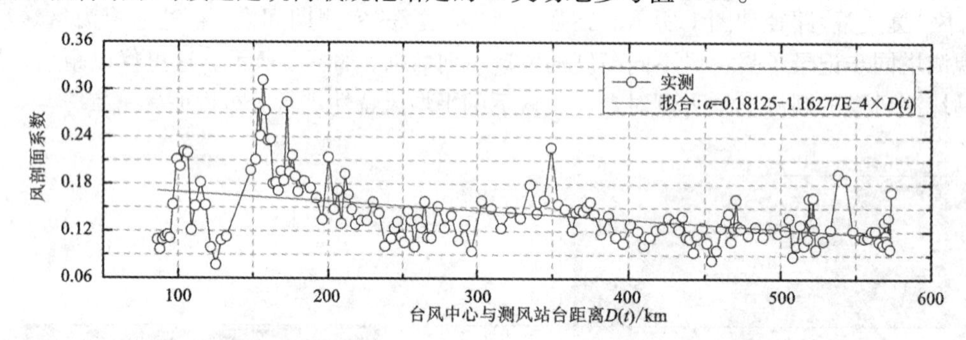

图5 风剖面系数随台风中心与测风站台距离的变化关系

3 结论

(1)强台风“莫兰蒂”风力由强减弱，台风登陆时，风速时程曲线呈“M”形，风向角转换角度约160°，表现出测风塔历经台风中心附近的影响特征。

(2)台风过境时，平均风速和平均风向产生显著变化，此时台风距离测风塔最近，平均风剖面系数变化剧烈。强风风场下，随台风中心与测风塔距离的增加，风剖面系数取值逐渐减小，并接近规范A类场地参考值0.12。

参考文献

[1] 赵林，潘晶晶，梁旭东，等. 台风边缘/中心区域经历平坦地貌时平均风剖面特性[J]. 土木工程学报，2016，49(8)：45-52.

[2] Cao S, Tamura Y, Kikuchi N, et al. Wind characteristics of a strong typhoon[J]. Journal of Wind Engineering and Industrial Aerodynamics, 2009, 97(1): 11-21.

[3] 厦门市建研院. 201614#台风对厦门市玻璃幕墙影响情况的分析研究[R]. 厦门市建研院，2017：1-4.

基于 MEMD 的多变量非平稳风速相关性研究

邓莹，李春祥
（上海大学土木工程系 上海 200444）

1 引言

非平稳极端风，包括台风、下击暴流和龙卷风，是大跨度桥梁等结构的主要破坏因素。下击暴流风速在短时间内出现较大的变化，具有较强的非平稳性。因此，需要使用时频技术来分析下击暴流风速。希尔伯特黄变换(HHT)[1]具有无需进行基函数的选择，并能有效地分析非平稳、非线性信号的优点，而被学者们广泛运用于非平稳风速研究。当前，国内外对多变量非平稳风速的时频相关性研究很少，而传统的时域相关性并不一定符合或充分揭示出非平稳风速间的间歇相关性。为多变量非平稳风速时频分析、模拟和预测的相关性研究及其验证提供参考，本文使用经验模态分解(EMD)和多变量经验模态分解(MEMD)对多变量下击暴流风速进行分解。基于 EMD 和 MEMD[2]的分解结果，探究模态混叠现象对多变量非平稳风速间歇相关性的影响规律。

2 基于 MEMD 的尺度谱

尺度谱[3]定义为信号 $x_j(t)$ 的各阶 IMFs 瞬时幅值的平方。第 m 阶 IMF 的尺度谱为：

$$s_{jj}^{\mathrm{m}}(t)=a_{j\mathrm{m}}^{2}(t) \tag{2}$$

尺度谱揭示了信号中各个单组分分量在时间尺度上的能量谱演化过程。为了得到不同变量信号间的相关性，则定义信号 $x_j(t)$ 和 $x_k(t)$ 的互谱[3]：

$$s_{jk}^{\mathrm{m}}(t)=a_{j\mathrm{m}}(t)\,a_{k\mathrm{m}}(t) \tag{3}$$

尺度谱仅展现了信号不同 IMFs 的能量谱，并没有充分显示出信号的时频特性。EMD、EEMD 和 MEMD 结合 HT 可以对信号同时进行频率调制和幅值调制，时间、频率和能量的关系式 $H(\omega,\ t)$ 便可得到 Hilbert 谱，即瞬时频率谱。

3 多变量下击暴流的间歇相关性

本文选取距离地面 2 m、4 m 和 15 m 高度所测得的下击暴流风速数据[6]，运用 EMD 分别分解各个变量的风速，并与 MEMD 直接分解多变量风速的结果进行对比。

图 1 给出了多变量下击暴流脉动风速的互尺度谱。通过三个高度脉动风速间的间歇相关性分析，表明不同高度间的时频域间歇相关性分布相似，并随着风速间距离的增加而减弱，其中 2 m 与 4 m 风速的间歇相关性最强，且相关性的强弱差距主要体现在风速间歇性较强的部分，即 0.082 ~ 0.343 Hz。由图 1 可知，使用 EMD 分解间歇性较强的下击暴流风速时，将出现模态混叠问题而引起 IMFs 失真。在三次样条插值函数拟合包络线的过程中，脉动部分存在突变和分布不均的信号会出现拟合过冲现象，导致脉动部分的能量比实际值过大。因此，EMD 的模态混叠导致间歇相关性的局部失真。

4 结论

不同高度非平稳下击暴流风速的间歇相关性随着距离的增加而减弱，其相关性主要集中在风速脉动突变时间段的高阶模态。而且，多变量风速脉动的相关性在低阶模态的差别较为明显。对间歇性较强的下击暴流风速，EMD 的模态混叠效应将使 IMF 的幅值出现紊乱，导致能量增大，因而影响间歇相关性的分析。总体上，EMD 得到的间歇相关性大于 MEMD 的结果。MEMD 能够有效地抑制 EMD 的模态混叠现象，增强分解过程的稳定性，更符合瞬时频率的概念，能够更好地进行非平稳风速的分解。

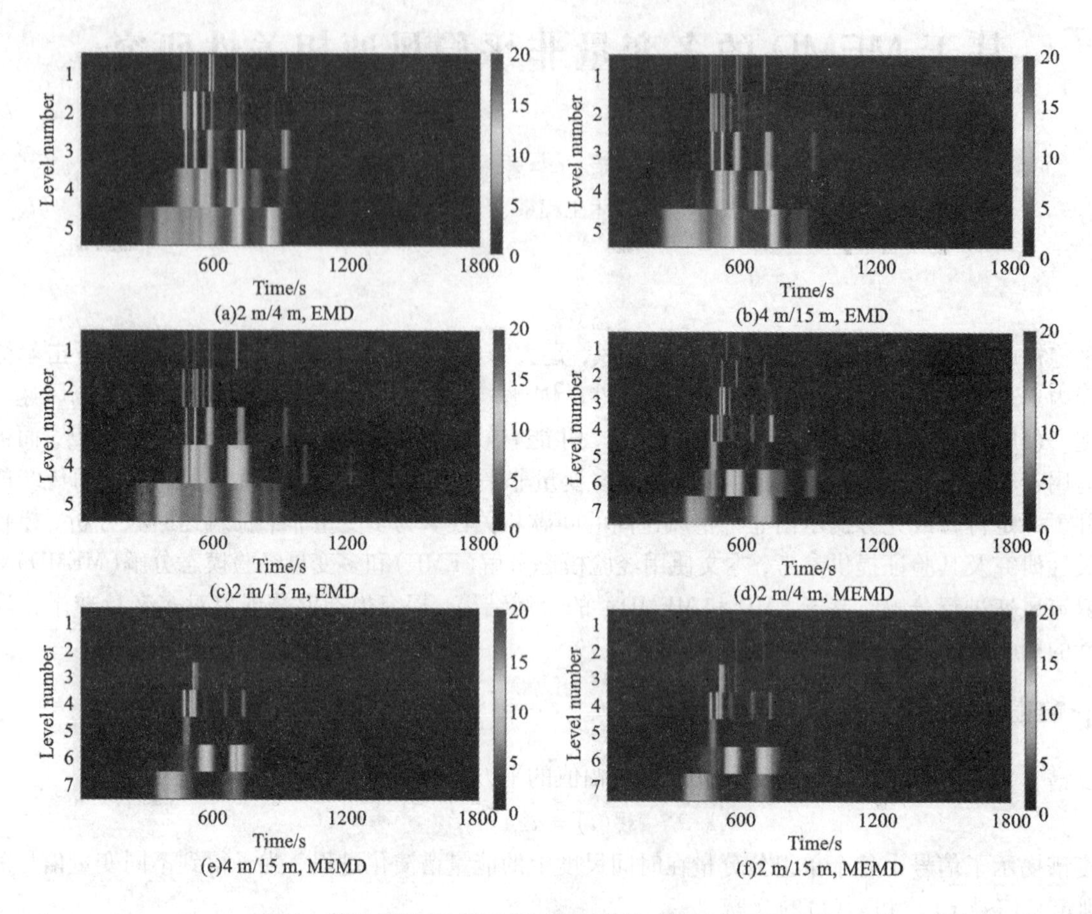

图 1　基于 MEMD 得到的下击暴流脉动风速的互尺度谱

参考文献

[1] Huang N E, Shen Z, Long S R, et al. The empirical mode decomposition and the Hilbert spectrum for non – linear and non – stationary time series analysis[J]. Proceedings of the Royal Society A, 1998, 454(1971): 903 –995.

[2] Rehman N, Mandic D P. Multivariate empirical mode decomposition[J]. Proceedings of the Royal Society A, 2010, 466(2117): 1291 –1302.

[3] Huang Guoqing, Su Yanwen, Kareem A, et al. Time – frequency analysis of nonstationary process based on multivariate empirical mode decomposition[J]. ASCE Journal of Engineering Mechanics, 2016, 142(1): 04015065.

[4] Gast K D, Schroeder J L. Supercell rear – flank downdraft as sampled in the 2002 thunderstorm outflow experiment[C]//11th Internet Conference on Wind Engineering (CD – ROM), Texas Tech University, Lubbock, TX, 2003: 2233 –2240.

考虑温度梯度的高纬度地区复杂地形风场的 WRF 和 CFD 数值模拟*

董浩天，曹曙阳，葛耀君
（同济大学土木工程学院 上海 200092）

1 引言

高纬寒冷地区复杂地形风场数值模拟必须考虑温度效应和冰、雪过程等的影响，比中低纬度模拟更复杂。风工程中一般采用的 CFD 方法需提供场址的风速观测、地形和地貌资料作为边界和初始条件；计算结果的网格相关性大，计算时间长但精度高；难以模拟温度和冰雪影响。Weather Research and Forecasting model（WRF）中尺度气象模式[1]可采用全球实时气象模拟和观测作为初始和边界条件，高精度卫星高程和地貌作为近地层信息输入，对特定场址的风、温度场进行实时模拟。两种方法在高纬寒冷地区的比较与结合研究较少。本文首先由二维山温度成层流比较了 WRF 和 CFD 方法，之后通过高纬度地区复杂地形风场模拟评估了 WRF 的准确性，并针对高纬地区特点提出了改进方法。

2 WRF 与 CFD 模拟二维山温度成层流对比

相比于 CFD 模拟，WRF 在网格和时间上有以下特点。①空间尺度大，WRF 的双向反馈嵌套网格最外层水平尺度为 10^3 km，而最内层格子水平尺度 10^3 m。②时间尺度长，计算速度快；而 WRF 为了保证计算速度和稳定性引入了较多的数值黏性，在湍流模拟的精度上不如 CFD；如图 1 所示的线性温度梯度稳定成层流越过二维孤立山模拟中（三维计算），WRF 没能很好再现背风坡的涡。③高度方向采用压力定义的贴体坐标 η

$$\eta = (p_h - p_{ht})/(p_{hs} - p_{ht}) \tag{1}$$

其中 p_h，p_{hs}和 p_{ht}分别为模型高度、地表和顶部边界的静力平衡气压；高度方向 WRF 可以覆盖整个对流层和部分平流层，结合边界层模式可再现真实的边界层高度，再加上较大的水平尺度，WRF 可以较好的模拟越过小山的大气重力波在水平和竖直方向的传播，如图 1 所示。

3 高纬度地区风速时程 WRF 模拟

相较于中低纬度地区，高纬严寒地区风场模拟需考虑冰雪覆盖、边界层高度降低、极昼极夜和极涡等影响；WRF 模式已被证明适用于北极地区气象模拟[2]。WRF 中的 Noah 陆面模式可以再现冰雪的凝结、降水、融化和地-气热传输等过程[3]；但在边界层风速的模拟上没能考虑积雪覆盖对风速的影响。如图 2 左图所示，WRF（蓝线）相对于现场实测风速（黑线）具有很大的偏差。通过在地貌信息中引入积雪变化可以得到较好的风速模拟结果（红线）。此外如图 2 右所示，在频谱上 WRF 风速模拟结果高频成分缺失明显，这是受到其湍流计算方法的局限。

4 结论

WRF 作为一种中尺度气象模式，具有初始和边界条件不依赖场地观测，计算速度快，空间尺度大等特点，可以较好地模拟考虑温度效应的复杂地形风场；但也有湍流模拟精度低和高频风速成分缺失等缺点。针对高纬度严寒地区，本文通过实时修正地表积雪覆盖改进了风速时程模拟结果。对于更高精度的风场模拟需求，则需要采用 WRF-CFD 结合的方法，以 WRF 输出作为 CFD 风场模拟的初始和边界条件，并在 CFD 计算中计入温度效应。

* 基金项目：国家重点基础研究发展计划（973 计划）（2013CB036300）

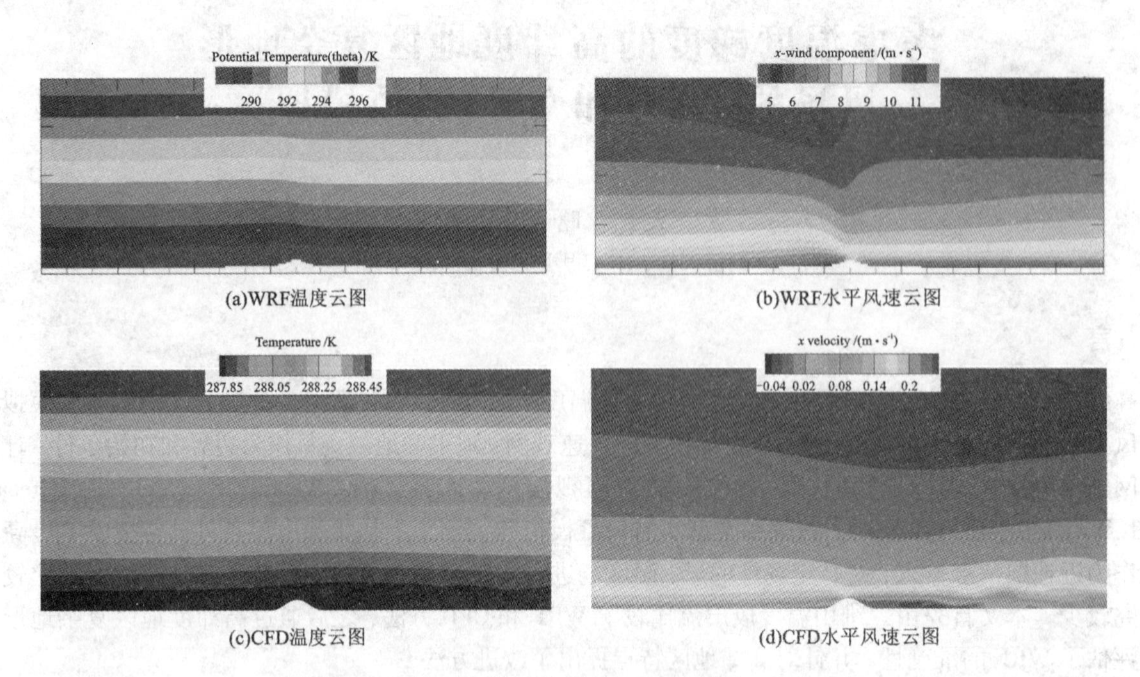

图 1　WRF 和 CFD 模拟稳定温度成层流越过二维山对比

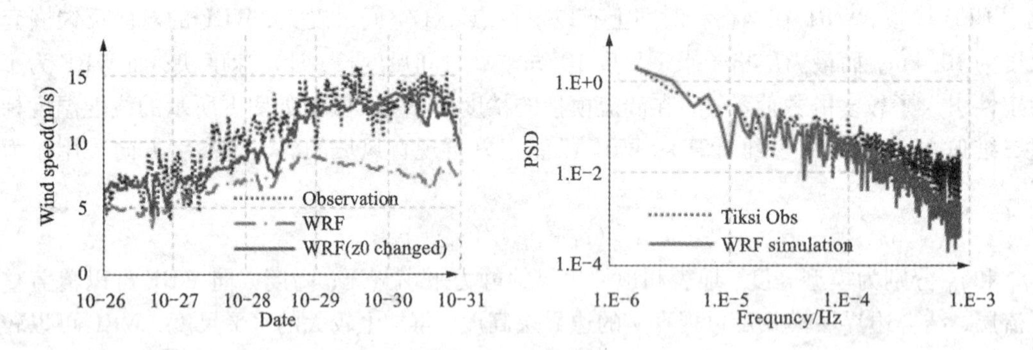

图 2　WRF 模拟高纬度地区复杂地形风场：风速时程和频谱同现场实测比较

参考文献

[1] SKAMAROCK W C, KLEMP J B. A time – splitnonhydrostatic atmospheric model for weather research and forecasting applications [J]. Journal of Computational Physics, 2008, 227, 3465 – 3485.

[2] CASSANO J J, HIGGINS M E, SEEFELDT M W. Performance of the Weather Research and Forecasting Model for Month – Long Pan – Arctic Simulations[J]. Monthly Weather Review, 2011, 139, 3469 – 3488.

[3] Tewari M, Chen F, Wang W, et al. Implementation and verification of the unified NOAH land surface model in the WRF model [C]//Conference on Weather Analysis and Forecasting/ Conference on Numerical Weather Prediction, 2004: 11 – 15.

场参数概率相关的台风工程解析模型构建和应用*

方根深，赵林，曹曙阳，葛耀君
（同济大学土木工程防灾国家重点实验室 上海 200092）

1 引言

台风是风工程领域研究的主要荷载对象之一，现有的工程台风模型，气压场径向分布梯度未考虑随高度的异化；风速场求解分为平板模型和三维模型，前者将动量方程垂直平均，取边界层高度为常数，通过梯度高度风速乘以一个经验折减系数获得边界层风速，这种经验处理过于简化。后者直接求解台风风场的控制方程，能在一定计算精度内反映台风风场三维结构。本文考虑台风气压场随高度的异化和近地面湍流黏性系数的优化，建立台风三维风场工程解析模型，以克服传统应用中在风剖面模拟方面的不足，精细化分析台风风场结构特点与工程应用需求。

2 台风三维气压场分布模式

Holland 模式是基于海平面实测结果的统计模型，而真实的气压场是随高度变化的：

$$p(r,z)=\{p_{c0}+\Delta p_0\exp[-(R_{\max,0}/r)^{\beta_0}]\}(1-g\kappa z/R_d\theta_v)^{1/\kappa} \tag{1}$$

式中，下标 0 表示在海平面的值，p_{c0}为海平面中心大气压(hPa)，$\Delta p_0=p_a-p_{c0}$为中心压差，g 为重力加速度(m/s^2)，$\kappa=R/c_p$，c_p为质量定压热容[J/(kg·K)]，R 为普适气体常数[J/(K·mol)]，θ_v为未饱和湿空气的虚位温(K)，R_d为干燥气体的比气体常数。

3 台风三维工程解析模型

3.1 基本控制方程

结合湍流梯度输送理论和尺度分析，移动台风柱坐标(r, θ, z)下连续方程和动量方程：

$$\frac{1}{r}\frac{\partial u}{\partial r}+\frac{1}{r}\frac{\partial v}{\partial \theta}+\frac{\partial w}{\partial z}=0 \tag{2}$$

$$\partial V/\partial t+V\cdot\nabla V=-\nabla P/\rho_a-f(k\times V)+gk+K\partial^2V/\partial z^2 \tag{3}$$

式中，风速 $V=(u,v,w)$(m/s)；f 为科氏力系数；k 为竖向单位向量；K 为涡流黏性系数。

3.2 自由大气梯度层

台风移动方向 θ_0，在自由大气梯度层的风速为(u_g, v_g, w_g)，由式(2)~(3)可得梯度风速：

$$v_g=[c\cos(\theta-\theta_0)-fr]/2+\sqrt{[c\cos(\theta-\theta_0)-fr]^2/4+(r/\rho)\partial p_g/\partial r} \tag{4}$$

$$u_g=-1/r\int_0^r \partial v_g/\partial\theta \mathrm{d}r \tag{5}$$

3.3 边界层轴对称线性模型

边界层内水平方向风速可由梯度风速和摩擦衰减速度(u_d, v_d)叠加得到，轴对称($\partial V/\partial\theta=0$)定常($\partial V/\partial t=0$)台风线性化运动方程为：

$$\xi_g v_d=K\frac{\partial^2 u_d}{\partial z^2} \tag{6}$$

$$\xi_{ag} u_d=K\frac{\partial^2 v_d}{\partial z^2} \tag{7}$$

式中，$\xi_g=2v_g/r+f$ 为梯度层绝对角速度，$\xi_{ag}=\partial v_g/\partial r+v_g/r+f$ 为梯度层绝对涡量的竖向分量。定义参数：

---

* 基金项目：科技部国家重点基础研究计划(973 计划，2013CB036300)，国家自然科学基金重点项目(91215302，51178353，51222809)，新世纪优秀人才支持计划联合资助

$\lambda=\sqrt[4]{\xi_g\xi_{ag}}/\sqrt{2K}$，$\eta=\sqrt{\xi_g/\xi_{ag}}$，上述方程可以求得解析解：

$$v_d=e^{-\lambda z'}[D_1\cos(\lambda z')+D_2\sin(\lambda z')] \tag{8}$$

$$u_d=e^{-\lambda z'}\eta[D_1\sin(\lambda z')-D_2\cos(\lambda z')] \tag{9}$$

式中参数 D_1 和 D_2 可由滑移边界条件确定。

在近地面层（普朗特边界层）采用混合长理论对湍流黏性系数 K 进行迭代优化取值，可获得其空间分布拟合函数：

$$K=A\exp[-(R_{max,0}/r)^B](R_{max,0}/r)^C \tag{10}$$

$$A=[(0.00004\Delta p_0^3+0.00613\Delta p_0^2-0.274380\Delta p_0+4.12771)z_0+0.00015\Delta p_0^2+0.02115\Delta p_0-0.01558]z \tag{11}$$

$$B=(-0.00008\Delta p_0^2+0.00971\Delta p_0-0.34206)z_0+0.00023\Delta p_0^2-0.01817\Delta p_0+0.87390 \tag{12}$$

$$C=(-0.00023\Delta p_0^2+0.02708\Delta p_0-0.64660)z_0+0.00033\Delta p_0^2-0.03562\Delta p_0+1.76777 \tag{13}$$

当高度大于 100 m 时，不同半径位置处取 100 m 高度处计算得到的 K 值。

4 风场模型验证

结合台风麦莎（Matsa0509）和卡努（Khanun0515）在东海塘观测站点观测风速数据，采用风剖面指数率进行了幂指数 α 的时变过程模拟，如图 1 所示，Meng 模型在近地面幂指数几乎为 0，而本文模型很好地再现了剖面的时变过程。

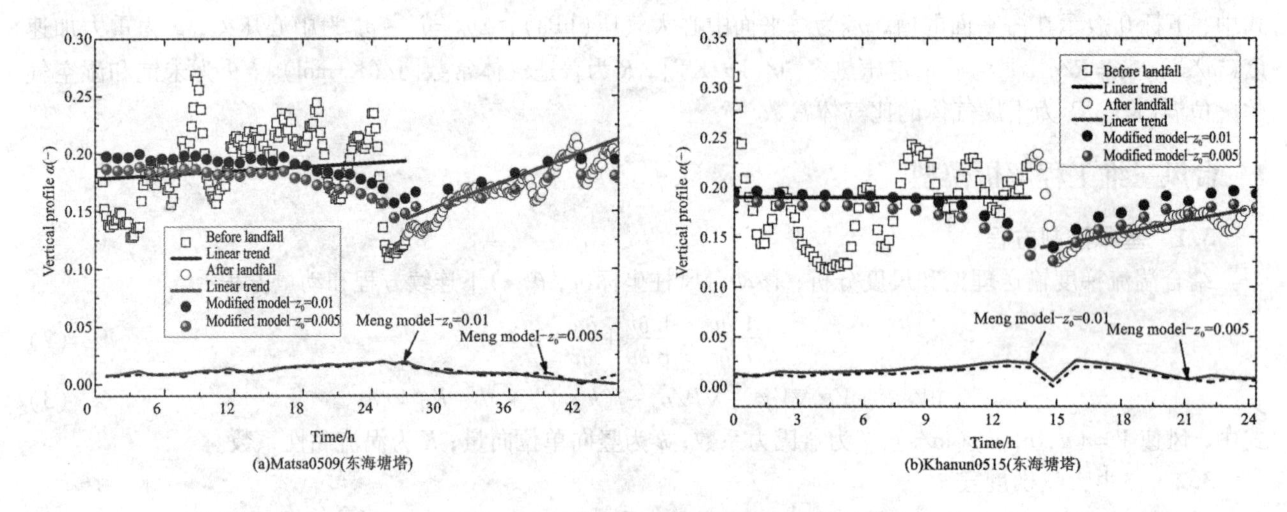

图 1 风剖面幂指数时变过程模拟

5 结论

基于考虑多场参数概率相关台风近地面气压场模型，构建了气压场随高度异化的三维分布模型，并求解了梯度层和边界层风速场的解析算式，对近地面湍流黏性系数进行了优化求解，建立了场参数概率相关的台风工程解析模型，很好地再现了台风风剖面和风速时变过程。

参考文献

[1] Kepert J. The dynamics of boundary layer jets within the Tropical Cyclone Core. Part I: Linear Theory[J]. Journal of the Atmospheric Sciences, 2001, 58: 2469-2484.

川藏铁路藏木桥桥址区风特性试验研究*

李璘[1,2]，何旭辉[1,2]，邹云峰[1,2]，陈克坚[3]，曾永平[3]，周帅[3]
（1. 中南大学土木工程学院 湖南 长沙 410083；2. 高速铁路建造技术国家工程实验室 湖南 长沙 410083；
3. 中国中铁二院工程集团有限责任公司 四川 成都 610031）

1 引言

准确了解桥址区风特性是进行桥梁抗风设计研究的基础。然而，现行相关规范描述风场特性的数学模型通常仅适用平坦地形，尚不足以描述复杂地形的风环境。因此，本文采用风洞试验的方法对藏木桥桥址区这种典型的深切峡谷地形的风场特性进行了研究。研究成果可为类似的工程设计和规范相关条款修订提供依据与支撑。

2 工程背景及缩尺模型

藏木大桥为主跨430 m的中承式钢管混凝土拱桥，跨度为(39.6 + 32 + 430 + 28 + 32.6) m，如图1所示。桥面设计标高距藏木水电站蓄水前水面约140 m，峡谷走向与桥位横向夹角约为20°。藏木大桥两岸自然坡度为15° ~ 75°，横剖面呈“V”形，山顶高度最高达5000 m以上，与河谷的高差大于2000 m。

图1 藏木大桥

地形范围是在设计院提供的桥址区地形的等高线图上，以跨中为圆心，10 km为直径所截取到的区域，地形模型的缩尺比采用1/1000。山体模型采用高密度泡沫材料由数控雕刻机按等高线图精密加工而成，如图2所示。

图2 地形模型

3 部分试验结果

试验在中南大学风洞实验室低速段进行。风速测点布置在1/4跨(1#测点)、跨中(2#测点)、3/4跨(3#测点)和拉萨侧边跨(4#测点)位置，并可沿高度方向变化。来流为8 m/s的均匀流，风向角考虑了沿峡谷走向正负20°范围内共14个风向角，共计14个工况。数据的处理主要包括平均风速、风剖面指数、风速放大系数、风攻角、阵风因子、紊流度、紊流积分尺度和脉动风功率谱。部分试验结果如图3所示。

4 结论

(1)风特性参数随测点位置的变化规律：风速放大系数和紊流积分尺度在跨中最大，越靠近边跨越小；紊流度则是在跨中最小，越靠近边跨越大。

风特性参数随来流方向的变化规律：在来流方向接近峡谷方向时风速放大系数和紊流积分尺度最小、紊流度最大，在来流方向接近横桥向时风速放大系数和紊流积分尺度最大、紊流度最小。

(3)风特性参数的相关性：紊流度与平均风速为高度线性负相关；阵风因子与紊流度呈高度线性正相关；阵风因子与平均风速呈高度线性负相关；紊流积分尺度与平均风速呈高度线性正相关；紊流积分尺度与紊流度和阵风因子呈高度线性负相关。

* 基金项目：国家自然基金资助项目(51508580，51508574，U153420035)，中南大学“创新驱动计划”项目(2015CX006)

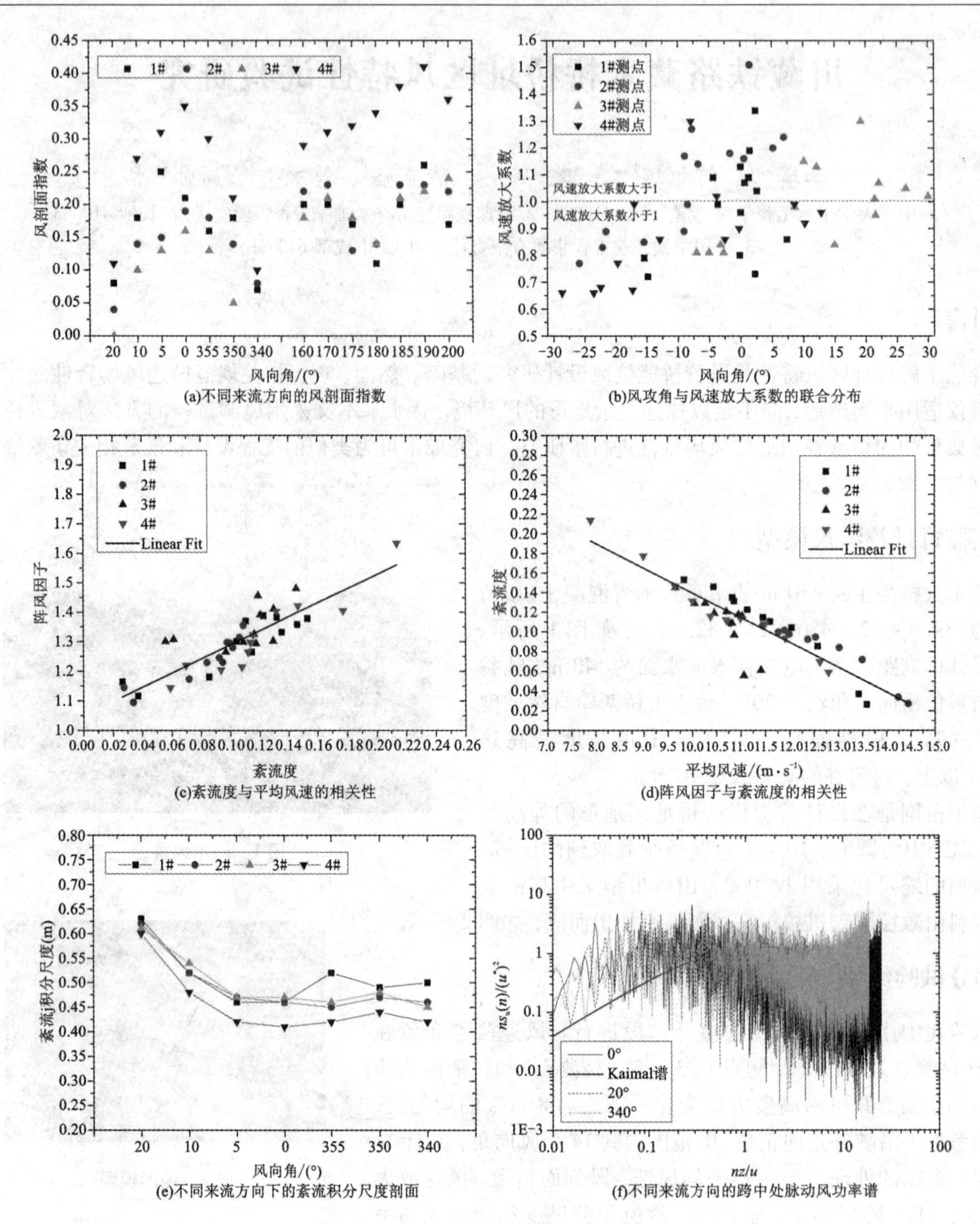

图3 各测点桥面高度处部分测试结果

(4)风特性参数试验值与规范值差异：最大风剖面指数约为0.41，超过了D类地貌，部分风剖面不符合指数律分布；当风速放大系数大于1时，风攻角主要分布在$-10°\sim13°$范围中，超出规范范围；紊流度在顺风向、横风向和竖直平面方向的比值为1:0.80:0.72，与规范不同；不同来流方向下，桥面高度处的紊流度、阵风因子、紊流积分尺度值均超出了规范值；脉动风功率谱的大体形状与Kaimal谱一致，但低频处较Kaimal谱高，高频处较Kaimal谱低。

参考文献

[1] JTG/T D60-01—2004，公路桥梁抗风规范[S].北京：人民交通出版社，2004.

[2] 胡朋.深切峡谷桥址区风特性风洞试验及CFD研究[D].成都：西南交通大学土木工程学院，2009.

[3] 朱乐东，周成，陈伟.坝陵河峡谷脉动风特性实测研究[J].山东建筑大学学报，2011，26(1)：27-34.

[4] GB 50009—2012，建筑结构荷载规范[S].北京：中国建筑工业出版社，2012.

考虑楼梯通风影响下的建筑群风环境模拟

刘翔[1]，陈秋华[2]，钱长照[2]，陈昌萍[2]
(1. 厦门大学建筑与土木工程学院 福建 厦门 361000；2. 厦门理工学院海西风工程研究中心 福建 厦门 361000)

1 引言

随着城市空间的迅速扩张，城市通风能力越来越得到人们的重视，尤其是拥有高密度建筑群的大城市，其通风能力的不足可能会恶化热岛效应、雾霾与空气污染等城市病，不利于人们的身心健康。粗糙度长度 Z_0 及建筑迎风面积指数 λ_f 作为表征地表对风阻力的重要参数，已被众多学者用来分析评估城市的通风效应。本文在考虑建筑楼梯的通风条件下，模拟分析了不同形式的建筑群风环境及其相应的 λ_f 影响。

2 计算模型

以长宽高分别为 25 m、15 m、20 m 的建筑单体为标准，设置了 3 组共 12 个 6×6 建筑群模拟算例。第一组建筑间距及建筑尺寸不变，楼梯通风口位置发生变化；第二组建筑尺寸不变，逐渐增加建筑间距最后由阵列式建筑布局变为交错式；第三组建筑布局及建筑间距不变，逐渐降低建筑高度并增加楼梯宽度。各算例网格划分全部为结构化网格，最少的有 80 万个单元，最多的有 180 万，采用标准 $k-\varepsilon$ 湍流模型。几何模型与网格划分示意图分别如图 1、图 2 所示。

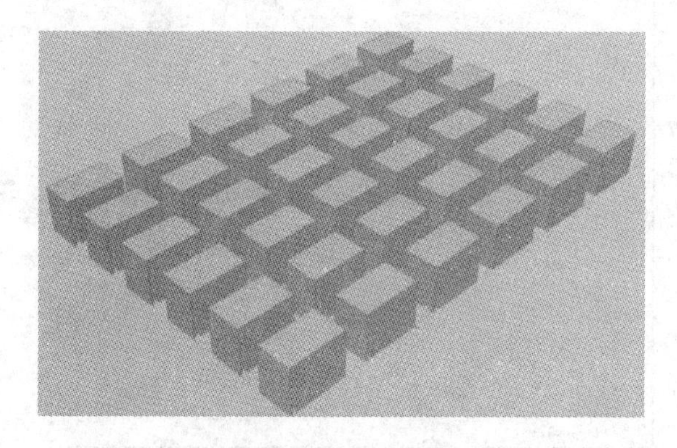

图 1 几何模型

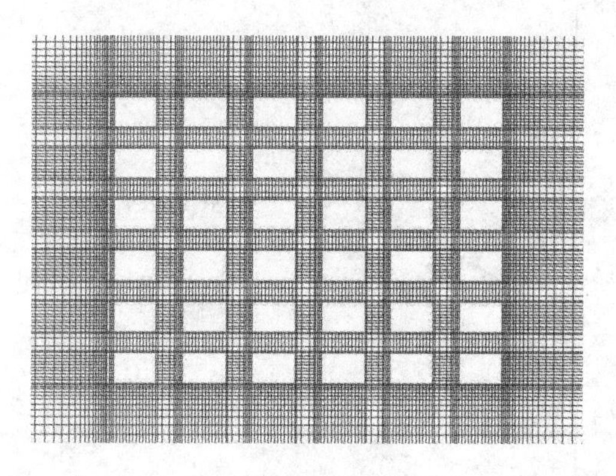

图 2 网格划分

3 模拟结果与主要结论

3.1 较低建筑间距(街谷形状因子为 2)时不同楼梯位置的影响

在较低建筑间距时，楼梯口的通风效应可在一定程度上改善各建筑背风面尾流区的静风问题，如图 3 所示，尤其是第一、二排迎风建筑，再往后楼梯的通风影响能力逐渐消弱。因峡谷效应的存在楼梯口下风区位置处可能存在较大风速值，楼梯口的不同位置可缓解不同侧的静风问题，建筑背风面竖直方向上的涡也得到一定减弱。

3.2 逐渐增大建筑间距(街谷形状因子由 2 降至 0.5)

随着建筑间距的增加，建筑下风区静风区域减小，楼梯通风作用重要性减弱，如图 4 所示。建筑区域内的 $z=2$ m 平面面积加权平均速度值 $\bar{v}$ 与 a_f、a_f' 呈负相关，R^2 值相差很小($a_f=\sqrt{\lambda_f}$，$a_f'=\sqrt{\lambda_f'}$，其中 λ_f 为不考虑楼梯通风时的建筑迎风面积指数，λ_f' 为减去楼梯孔口面积后的实际迎风面积指数)。

3.3 逐渐降低建筑高度并增加楼梯宽度

建筑布局与建筑间距不变，楼梯口对下风区静风问题的缓解能力逐渐增强，$\bar{v}$ 与 a_f、a_f' 呈正相关，与 a_f' 的 R^2 值大于前者，如图 5 所示。随着楼梯孔口率的增加，λ_f' 影响整体风环境的效应显现。

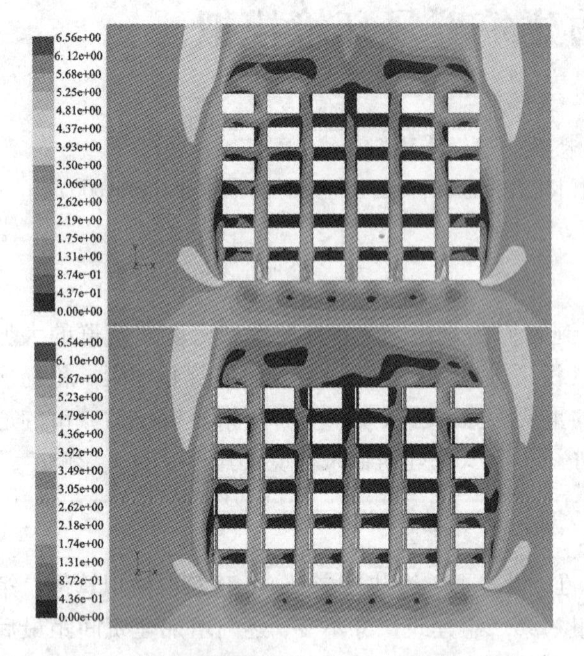

图3　建筑间距较近时 $z=2$ m 平面风速云图

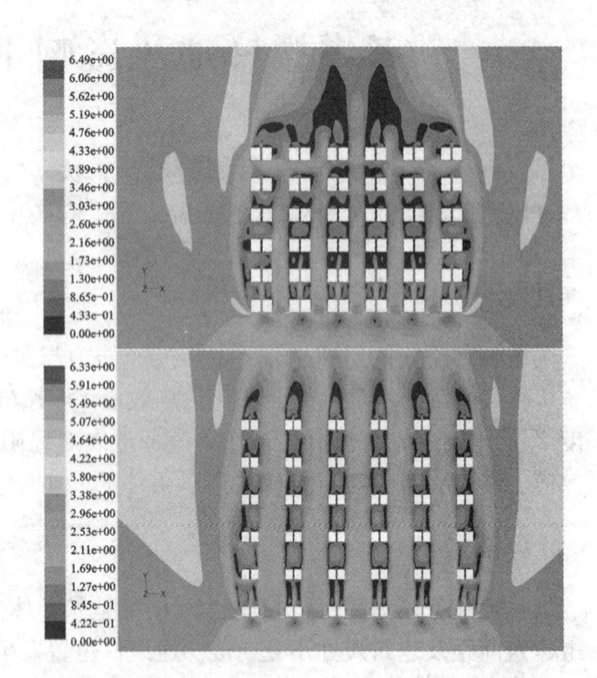

图4　建筑间距增加时 $z=2$ m 平面风速云图

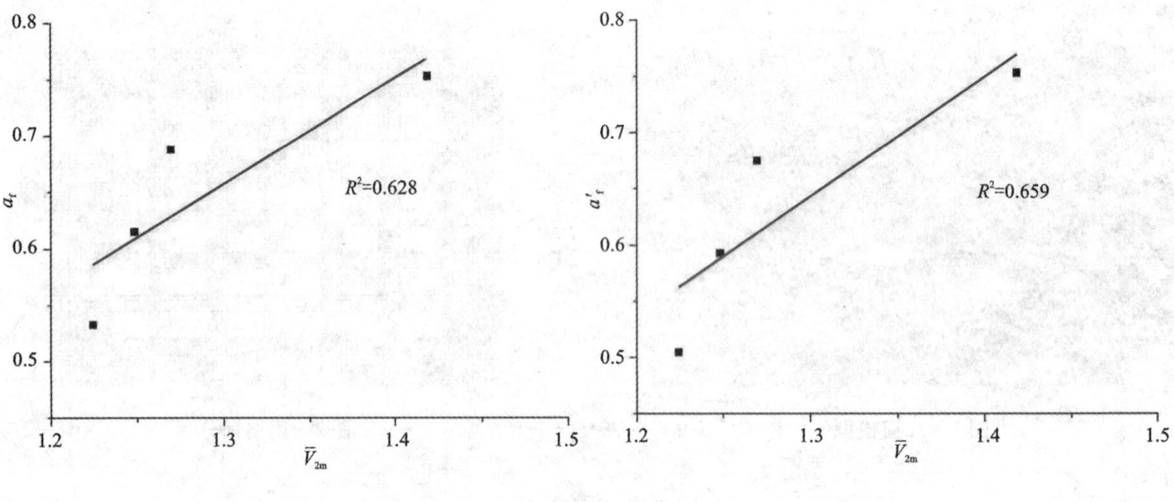

图5　相关性分析图

参考文献

[1] Edward Ng, Chao Yuan, Liang Chen, et al. Improving the wind environment in high－density cities by understanding urban morphology and surface roughness: A study in Hong Kong[J]. Landscape and Urban Planning, 2011, 101 (1): 59－74.

[2] Gál T, Unger J. Detection of ventilation paths using high－resolution roughness parameter mapping in a large urban area[J]. Build. Environ., 2008, 44 (1): 198－206.

[3] 顾兆林，张云伟. 城市与建筑风环境的大涡模拟方法及其应用[M]. 北京：科学出版社，2014：135－147.

高层建筑行人风环境的影响研究*

罗凯文，杨易，谢壮宁
（华南理工大学亚热带建筑科学国家重点实验室 广东 广州 510641）

1 引言

近年来，我国城镇化的快速发展和科学技术的迅速提高，极大地扩大了城市对高层建筑的需求，但是高层建筑会增大局部地区风速和引起紊乱，造成不良风环境问题。Portsmouth 市的一位老太太在 16 层大厦的拐角处被强风刮倒，200 m 的京广中心附近行人屡被大风吹倒[1]，还有致使高层玻璃被强风破坏而跌落砸到行人的险境。此外，对行人风环境的考虑不当会造成气流死角，使污染物不能得到有效扩散，还能加剧某些病毒的扩散与传播；而且过大的风速会增加建筑的冷热负荷，加重建筑能耗。行人风环境问题已成为严重影响城镇人居环境的瓶颈之一，也是近年来风工程界一直研究的热点问题。

2 试验概况

为了研究建筑高度和来流风向角对城市行人高度风环境的影响，本文采用 AIJ(Architectural Institute Of Japan)提出的城市建筑模型进行实验研究，平面示意图如图 1 所示。图 1 中心建筑实际尺寸为 25 m × 25 m × H，根据 H 的不同设计了 14 组模型；周围建筑物的实际尺寸 40 m × 40 m × 10 m。为了更加全面地研究中心建筑高度对行人高度风环境的影响，及考虑到建筑模型的对称性，在中心建筑周边行人高度处布置了 33 个测点，如图 2 所示。

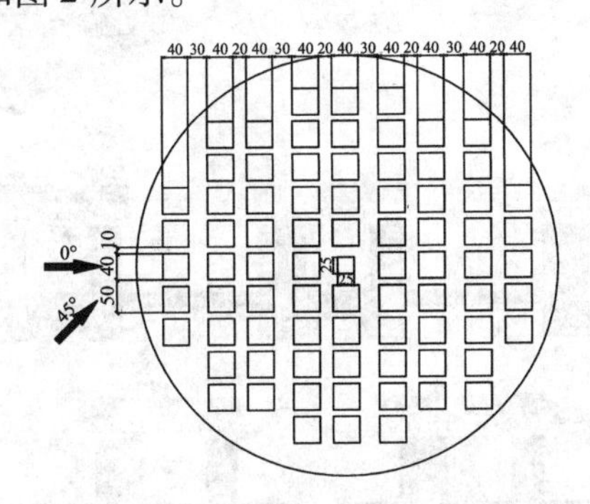

图 1 风环境实验平面示意图

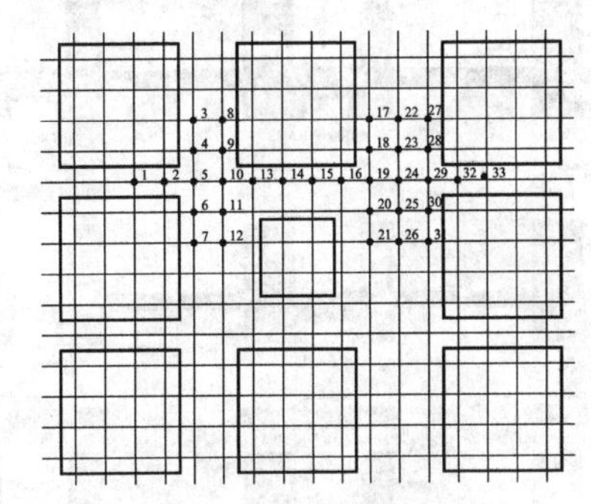

图 2 测点平面布置图

高层建筑行人风环境实验模型在华南理工大学风洞实验室进行试验。实验采用 1∶300 模型缩尺，B 类地貌，指数 α 为 0.15，参考高度为 300 m，参考风速为 11.3 m/s，风洞模拟风谱如图 3 所示。行人高度风环境结果是通过实际 1.5 m 高度处建筑周边的平均风速分布表示，行人高度风速的测量采用实验室改进的欧文风速探头（自制），探头安装高度为 5 mm。

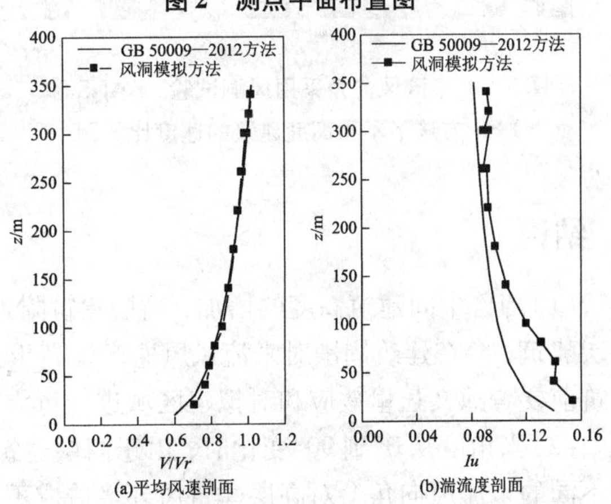

图 3 规范规定的风场参数和风洞模拟风谱

3 试验结果

试验结果以速度比（Wind speed ratio）R 来衡量行人风环境，R 定义如下：

* 基金项目：国家自然科学基金项目（51478194）

$$R = V/V_{0.005} \tag{1}$$

V 为风环境探头得到的风速，$V_{0.005}$ 为风洞实验室中 0.005 m 高度处未受干扰时的风速。

风洞实验和数值模拟结果如图 4、图 5 和图 6 所示。

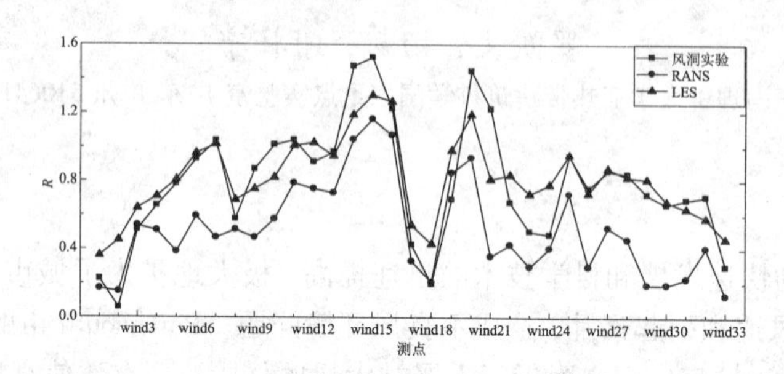

图 4　采用风洞实验和 CFD 技术在 0°来流风向角建筑高度为 100 m 时的各测点风速比值

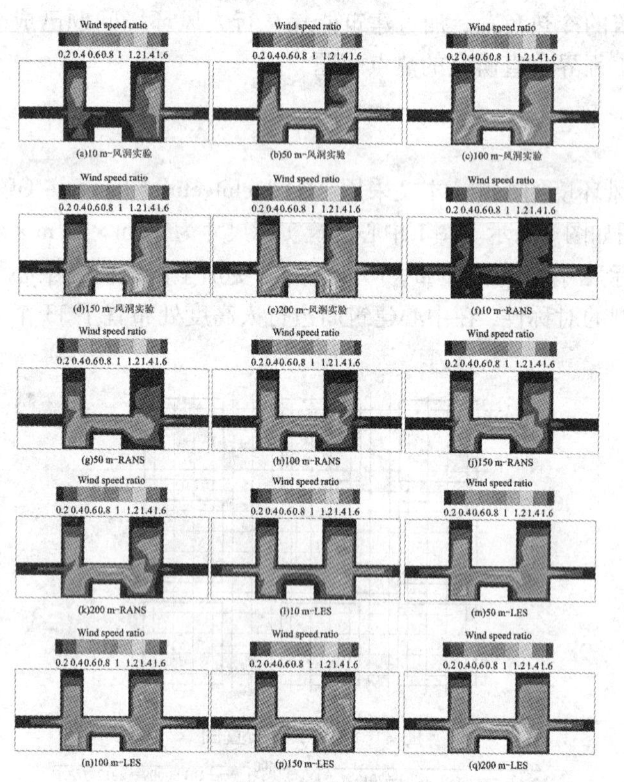

图 5　0°来流风向角采用风洞试验、RANS 和 LES 方法下不同高度建筑的速度比云图

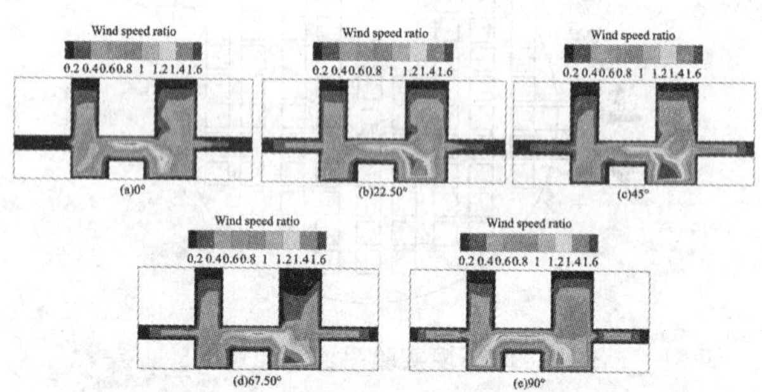

图 6　建筑高度为 100 m 时采用风洞试验的不同来流风向角下的风速比云图

4　结论

（1）随着中间建筑高度的增加，高层建筑附近的行人高度风速逐渐增加，尤其是高度超过 100 m 的超高层建筑，会在建筑周围对来流风风速产生高于 1.5 倍的加速，且有继续增大的趋势，所以对新建超高层建筑前要考虑文丘里效应和对拟建区域进行行人风环境的评估。

（2）当角度从 0°到 90°变化时，由于高层建筑背风面漩涡的脱落，会在建筑背风面出现大加速比区域，且不同的来流风向角会对高层建筑风环境造成不同的影响，当来流风向角为 45°时，会出现最为明显的高加速比区域。所以对于群体建筑设计时，要考虑主导风向对高层建筑周边行人风环境的影响。

（3）风洞实验和 CFD 技术都能够预测高层建筑行人风环境的分布规律，但风洞实验结果相比，LES 对于预测高层建筑行人风环境较 RANS 更为准确，各测点误差平均值为 20%，而 RANS 误差平均值约为 40%。另外 LES 较 RANS 能更好地处理风绕建筑物的湍流、分离流等复杂流动。

高原河谷桥位区风场特性研究

宋佳玲，汤陈皓，李加武
（长安大学 陕西 西安 710064）

1 引言

对于坐落于高原河谷地带的大跨度桥梁而言，由于地形地貌复杂，海拔高差较大，现有的规范中风特性参数模型很可能不适用于这类桥梁的抗风设计；同时，相对于平坦地区，山区的风场特性有较大的不同，而桥位区附近的气象站资料一般也不能完全反映此处风场的特点[1]。因此对高原河谷区桥位处风场特性研究是桥梁结构抗风领域中的一个重要问题。本文以位于云贵高原西北、金沙江河谷深切割地带的某一桥梁为例，以桥位区等高线为研究出发点，研究该区域风场特性。

2 研究方法

本文主要以风洞试验为主，并结合数值模拟，对高原河谷桥位区风场特性进行研究。

2.1 风洞试验

试验模拟大桥周边 325 m 范围内的地形，模型比例为 1∶260，直径 2.5 m，模型外侧用斜坡板模拟地形的渐变。地形试验在长安大学 CA－01 风洞中进行，试验主要测试了沿该桥纵向布置的五个测点的 0°和 180°的风压，测点位置示意图如图 1 所示，其中红色线条表示桥位，黄色圆点表示试验的测点。试验风速为 12 m/s 的均匀流场。

图 1 测点位置及攻角示意图

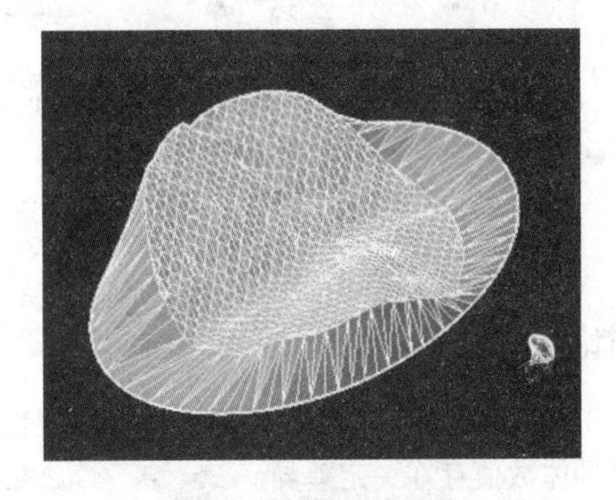

图 2 数值模拟地形图

2.2 数值模拟

为了能和风洞试验进行更加有效的对比，数值模拟亦采用缩尺模型，根据桥位区的地形等高线文件，结合 Sketch Up 和 AutoCAD 软件生成地形曲面（图 2），再导入 ICEM 进行网格编辑，生成四面体网格，在 CFD 中采用 Realizable $k-\varepsilon$ 湍流模型进行计算，提取与风洞试验测点相同坐标处的数据进行处理分析。

3 试验结果

3.1 风洞试验结果

假设试验风速即为梯度风高度处风速，得到测点各高度处风速与梯度风高度处风速的相对值通过该相对值与高度的关系分布拟合风剖面如图 3 所示。

3.2 数值模拟结果

计算结束后输出与风洞实验测点对应位置处的风速数据，并得到结果如图 4 所示。

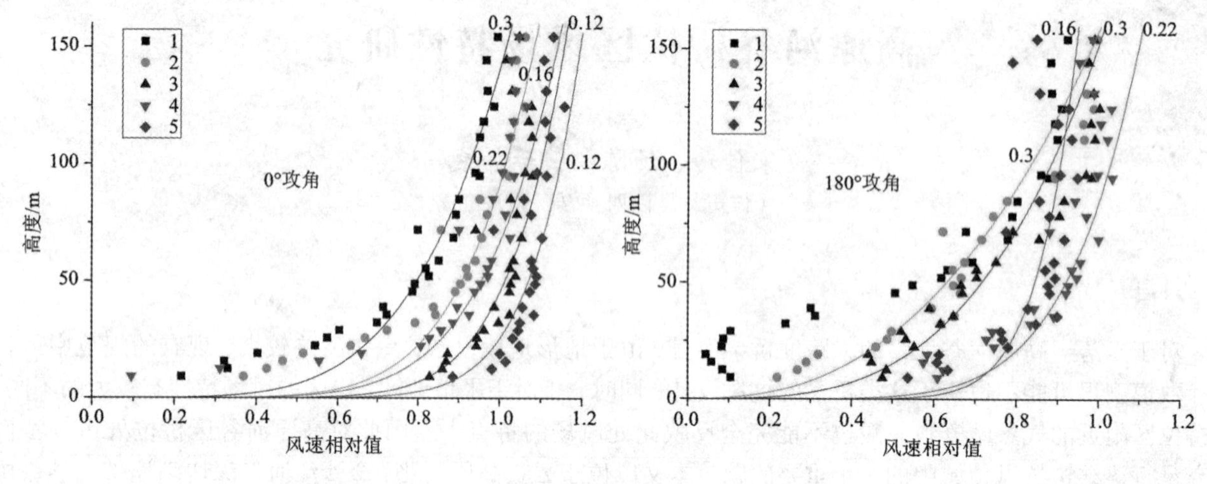

图3　拟合风剖面

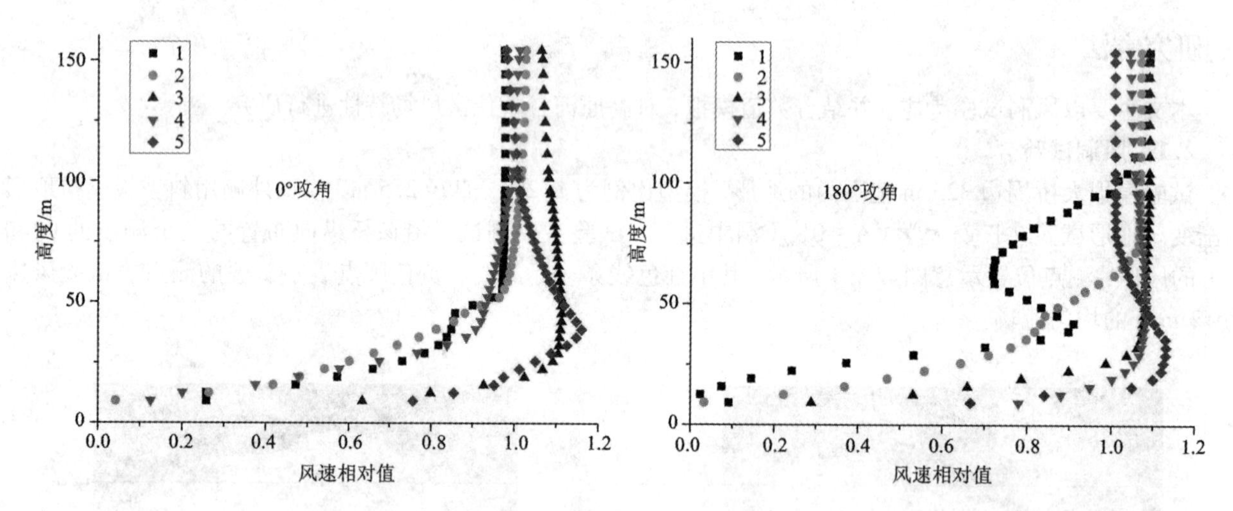

图4　速度相对值与高度的关系

4　结论

（1）由于风洞试验和数值模拟的自身局限性，地形试验结果和CFD计算结果的结果虽在变化趋势上相同，但具体数值存在一定差异。

（2）高原河谷地区风环境复杂，顺着河谷的来流方向风速虽随高度的增大而增大，但不完全符合指数分布，紊流强度均随高度的增加而减小，越接近谷底紊流强度越大。

（3）深切河谷对风场有加速效应，但该效应大小受地形影响。

（4）风剖面受来流方向影响较大，同一测点不同攻角下拟合的风剖面指数不同，河谷底部测点在0°攻角下大致符合指数分布，在180°攻角下呈近似“S”形分布。

参考文献

[1] 徐洪涛，何勇，廖海黎，等.山区峡谷大跨度桥梁桥址风场试验[J].公路交通科技，2009，28(7)：84-89.

[2] 胡朋.深切峡谷桥址区风特性风洞试验及CFD研究[D].成都：西南交通大学土木工程学院，2013.

[3] Magnago R，Moraes O，Acevedo O. Turbulence velocity spectra dependence on the mean wind at the bottom of a valley[J]. PhysicaA，2009，388(9)：1908-1916.

[4] JTG/T D60-01—2004，公路桥梁抗风设计规范[S].北京：人民交通出版社，2004.

[5] 张玥，周敉，胡兆同，等.内陆区复杂地形桥位的风参数量测及识别[J].广西大学学报，2014，39(4)：876-885.

[6] 李永乐，胡朋，蔡宪棠，等.紧邻高陡山体桥址区风特性数值模拟研究[J].空气动力学学报，2011，29(6)：770-776.

基于 HHS 的非平稳风速时频状态表征*

陶天友[1]，王浩[1]，Ahsan Kareem[2]，姚程渊[1]
(1. 东南大学混凝土及预应力混凝土教育部重点实验室 江苏 南京 210096；
2. Department of Civil & Environmental Engineering & Earth Science University of Notre Dame USA 46566)

1 引言

已有现场实测表明：台风、龙卷风等极端气候条件具有明显的非平稳特性，具体表现为时变均值、时变方差、时变频率等特点[1]。非平稳特征的引入使得以传统傅里叶变换为基础的信号分析理论在此类风环境中不再适用。为此，风速非平稳性研究逐渐由频域拓展至时频域内，小波变换、Hilbert 变换等也成为了非平稳风速的主流分析手段。对于非平稳风速，目前可采用式(1)所述形式进行表达：

$$U(t) = \tilde{U}(t) + A(t) \times u^*(t) \tag{1}$$

式中，$U(t)$为非平稳风速时程，$\tilde{U}(t)$为时变平均风速，$A(t)$为脉动风速的幅值调制函数，$u^*(t)$为脉动风速。

时频谱是描述非平稳风速在时频域内的能量分布状态，因其在传统傅里叶谱的基础上引入了时间分量，因而可以表达每一时刻不同频率分量的蕴能状态。小波变换与 Hilbert 变换是进行时频谱估计的典型代表，通过小波分解或者经验模式分解(EMD)可以较好地将非平稳风速分解为多个不同频带时程的叠加，从而可以较好地提取式(1)所述的时变平均风速。在此基础上，可进一步开展非平稳脉动风速的时频谱估计。然而，小波变换、Hilbert 变换以多分量叠加为基础，这对于频率调制信号分析十分有效。但对于存在幅值调制的非平稳脉动风速而言，幅值调制函数的时频状态难以在时频谱中得以体现。为此，本文引入 Holo - Hilbert 谱(HHS)，将传统时频风谱模型拓展为高阶时频风谱模型，以进一步诠释非平稳风速的频率调制与幅值调制特征。

2 HHS 分析理论简介

非平稳风速时程可通过小波分解或 EMD 表达为多个单分量的和，且每个分量经过 Hilbert 变换后发生 90°相位翻转，从而使非平稳风速存在如下表达形式[2]：

$$U(t) = \mathrm{Re}\sum_{j=1}^{N} a_j(t) \cdot \mathrm{e}^{\mathrm{i}\int \omega_j(t)\mathrm{d}t} \tag{2}$$

式中，Re 表示取实部；$a_j(t)$为瞬时幅值；$\omega_j(t)$为瞬时频率。

由式(2)即可获得非平稳风速的 Hilbert 时频谱，具体表示为 $H(\omega, t) = a_j(t)\delta[\omega - \omega_j(t)]$。为进一步考虑幅值调制，提取瞬时幅值并进行 Hilbert - Huang 变换，从而获得各分量的调幅状态，并将 Hilbert 时频谱拓展为四维状态。若进一步进行分解，则形成高阶时频谱，亦称为 Holo - Hilbert 谱[3]。高阶谱的具体求解过程见图 1。

3 台风非平稳风速 HHS 分析

以 2012 年的海葵台风为例，开展台风风平稳风速的时频状态表征。海葵台风的典型风速时程如图 2 所示。通过图 1 所示 HHS 求解过程，将 Hilbert 时频谱拓展为四维，调制函数的时频表达如图 3(a)所示。同时，图 3(b)也列出了该风速时程的 Hilbert 时频谱。

* 基金项目：国家 973 计划青年科学家专题项目(2015CB060000)，国家自然科学基金(51378111)

$$U(t) = \mathrm{Re}\sum_{j=1}^{N} \boxed{a_j(t)} \cdot \mathrm{e}^{\mathrm{i}\int \omega_j(t)\mathrm{d}t} \longrightarrow H(\omega,\ t)$$

$$\downarrow$$

$$\mathrm{Re}\sum_{j=1}^{L_1} \boxed{a_{jk}(t)} \cdot \mathrm{e}^{\mathrm{i}\int \omega_{jk}(t)\mathrm{d}t} \longrightarrow H(\Omega_1,\ \omega,\ t)$$

$$\downarrow$$

$$\mathrm{Re}\sum_{j=1}^{L_2} \boxed{a_{jkl}(t)} \cdot \mathrm{e}^{\mathrm{i}\int \omega_{jkl}(t)\mathrm{d}t} \longrightarrow H(\Omega_1,\ \Omega_2,\ \omega,\ t)$$

$$\downarrow$$

$$\cdots$$

图 1　高阶时频谱求解过程

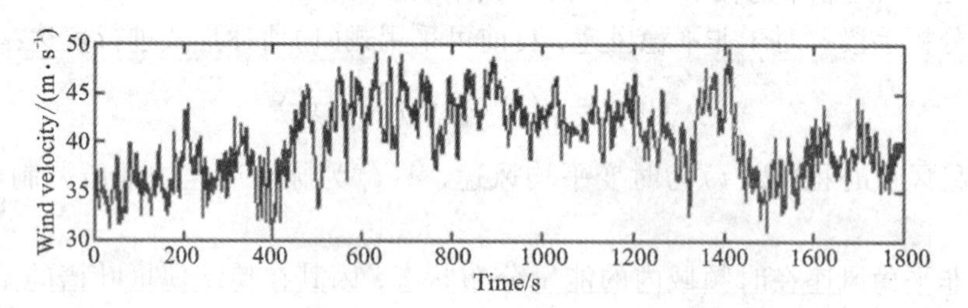

图 2　台风“海葵”典型风速时程

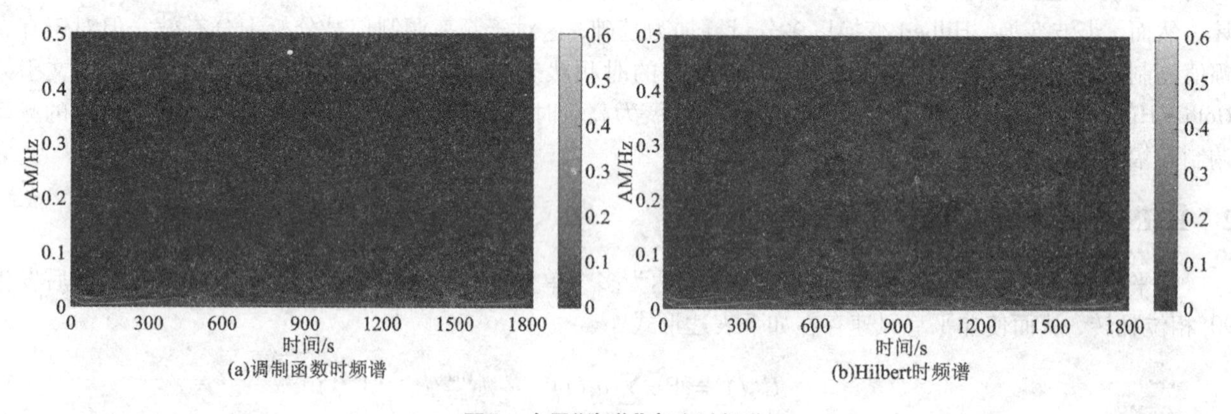

图 3　台风“海葵”高阶时频谱

4　结论

高阶时频谱可完整描述非平稳风速的幅值调制特征，通过高阶边际谱可准确确定幅值调制的具体频率或频带范围；幅值频率与载体频率的尺度谱可表征非平稳风速在各频率处的幅值调制状态。

参考文献

[1] Tao T Y, Wang H, Wu T. Comparative study of the wind characteristics of a strong wind event based on stationary and nonstationary models[J]. ASCE Journal of Structural Engineering, 2017, 43(5): 04016230.

[2] Kijewski－Correa T, Kareem A. Efficacy of Hilbert and Wavelet Transforms for time－frequency analysis[J]. ASCE Journal of Engineering Mechanics, 2006, 132(10): 1037－1049.

[3] Huang N E, Hu K, Yang A C C, et al. On Holo－Hilbert spectral analysis: a full informational spectral representation for nonlinear and non－stationary data[J]. Philosophical Transactions of The Royal Society A Mathematical Physical and Engineering Sciences, 2016, 374(2065): 20150206.

基于中尺度模式的某近海风电场台风风场数值模拟*

王义凡，黄铭枫，楼文娟
（浙江大学结构工程研究所 浙江 杭州 310058）

1 引言

我国是台风灾害多发国家，基本上每年都有台风和超强台风在我国沿海登陆，严重威胁近海风力机组结构安全。风力机系统在台风作用下的破坏事故时有发生，如2003年台风“杜鹃”、2006年超强台风“桑美”以及2013年超强台风“天兔”等分别给广东省红海湾和浙江省苍南鹤顶山的风电场造成严重的工程破坏[1]。因此，如何深入分析台风影响下我国近海工程尺度风场特性如台风风廓线、湍流特性以及风谱特性等有利于研究近海大型风机结构的台风风致动力灾变机制。随着计算机性能的提高以及国内外越来越多研究证实了利用中尺度气象数值模式实现高精度地形降尺度风场模拟的可行性[2]，在土木工程领域引进气象学领域的中尺度数值计算模式来研究台风影响下的近地面风场特性能克服传统简化台风风场模型的不足[3]，模拟出更真实的三维台风风场结构和台风的移动演化规律。

本文利用全球中尺度再分析气象数据，基于非静力中尺度气象数值模式WRF的多重网格嵌套方案对浙江省舟山市六横岛的风电场区域进行风场降尺度数值模拟。该方案仅考虑历史上对舟山市六横岛附近风场影响最大的1509号台风“灿鸿”，先模拟出与观测值接近的台风移动路径和强度并分析不同尺度的三维台风风场结构，然后从工程应用角度分析风力机组位置的水平风场结构，风力机位置的风速风向以及风廓线的变化规律。

2 WRF模式计算条件设置及结果

2.1 算例设置

WRF模式作为新一代中尺度气象数值模式，其动力框架基于非静力平衡的欧拉大气运动方程组，垂直方向为地形追随气压坐标，水平方向采用变量交错的Arakawa C网格离散方案，时间积分采用三阶Runge-Kutta方案的离散方式。该模式以中尺度气象分析数据和真实客观的地理信息作为输入，同时综合考虑大气复杂物理过程，可通过动力降尺度方法模拟局部区域中真实大气环境的三维风速、温度、气压和湿度等气象要素。

考虑到一般海上风力发电机机组间距为1 km以及计算成本，本文设计五层嵌套网格，水平网格精度依次为24.3 km、8.1 km、2.7 km、0.9 km、0.3 km，网格中心位于浙江省舟山市六横岛。为了模拟边界层高度内的台风风场，垂直方向划分36层并在离地1 km范围内加密成13层，同时计算区域顶部气压设置为50 hPa。该方案最外层24.3 km精度网格包括了中国东南沿海在内的绝大部分西北太平洋区域，目的是为了尽可能地再现影响台风发展的大气环境，最内层300 m精度网格可用于精细化模拟舟山市六横岛的风电场附近的风场特性。根据中国气象局台风最佳路径数据统计，过境舟山市六横岛的台风有7918号和1509号两个台风。其中1509号台风“灿鸿”接近六横岛时近中心最大风速达到42 m/s，1509号台风“灿鸿”移动路径如图1所示。本文的WRF算例仅对台风“灿鸿”进行模拟。

2.2 模拟结果

从台风路径和强度模拟结果（图1）可以看出，WRF模式的模拟效果较为理想，基本再现出台风的移动方向和移动速度，最大路径误差控制在50 km以内。模拟初始6个小时内，台风海面最低气压偏大20 hPa左右，近中心最大风速模拟偏大；模拟后期两个强度指标的误差逐渐减小，基本再现了台风强度的变化趋势。对比不同嵌套网格的近地面风场，WRF模式不仅可以模拟出中尺度台风结构与大气环流的相互作用，还可以充分考虑实际地形地貌对近地面风场特性的影响，实现不同尺度风场的模拟再现。近地面风力机位

* 基金项目：国家自然科学基金项目（51578504）

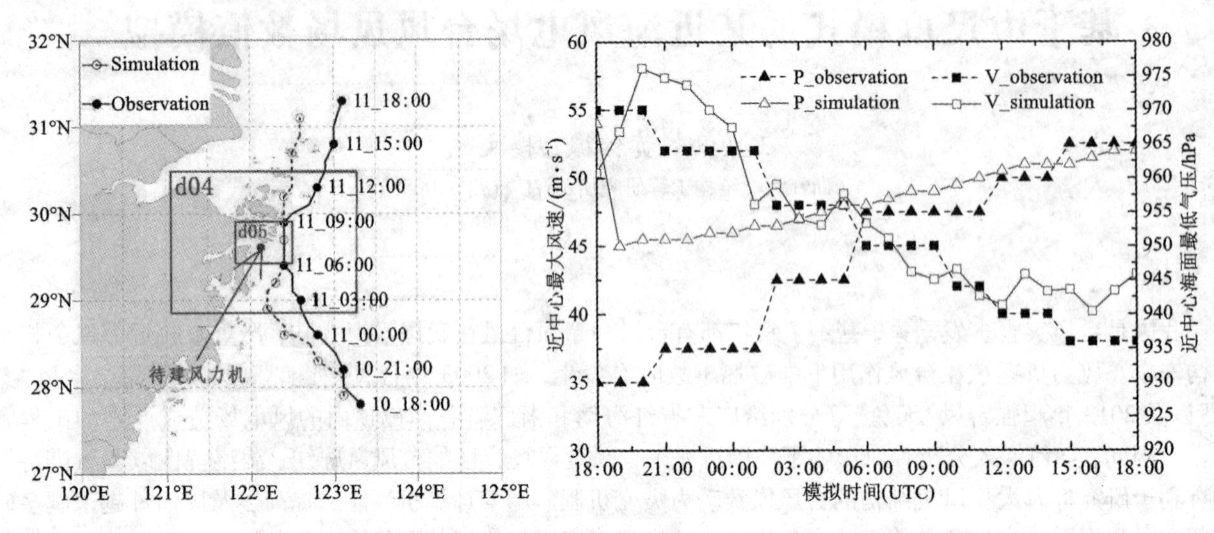

图1 台风“灿鸿”模拟和实测的路径和强度

置的风场同时受小尺度局部地形和中尺度台风强度的影响，而高空中的风场主要受台风强度影响。待建风力机位置不同高度处的风向变化趋势类似，均受台风的移动路径影响。

3 结论

本文采用中尺度数值模式 WRF 有效模拟得到了更为真实的台风结构，并通过利用最新地形数据，考虑了风电场局部地形地貌对台风风场结构的影响，从而实现了对我国东南某沿海风电场的多尺度台风风场特性模拟。通过利用气象学领域的 WRF 模式并从工程应用角度分析台风风场特性可以初步得出如下结论：①WRF 模式可以有效地模拟台风路径，但是由于 FNL 数据未能包含高精度台风结构导致模拟的强度偏小；②近地面台风风场结构受地形地貌影响呈现出较大的非对称性，而利用 WRF 模式 300 m 网格精度计算域和高精度地形数据可以有效模拟出局部地形小尺度强风环境。

参考文献

[1] 王力雨，许移庆. 台风对风电场破坏及台风特性初探[J]. 风能，2012(5)：76－81.

[2] Prasad K B R R H, Srinivas C V, Rao T N, et al. Performance of WRF in simulating terrain induced flows and atmospheric boundary layer characteristics over the tropical station Gadanki[J]. Atmospheric Research, 2016, 185: 101－117.

[3] Tang X, Ou J P. Engineering Characteristics Analysis of Typhoon Wind Field Based on a Mesoscale Model[M]. Computational Structural Engineering, 2009: 505－520.

基于广义谱和小波的苏通大桥实测台风演变功率谱*

徐梓栋，王浩，茅建校，邹仲钦
（东南大学混凝土及预应力混凝土结构教育部重点实验室 江苏 南京 210096）

1 引言

已有研究表明大跨度桥梁桥址区实测台风风速数据表现出非平稳特性[1]，基于平稳随机过程假设的台风脉动风速谱不能准确描述脉动风的非平稳特性，有必要对大跨度桥梁桥址区台风演变功率谱（Evolutionary Power Spectral Density，EPSD）开展研究。本文对苏通大桥结构健康监测系统（Structural Health Monitoring System，SHMS）所测台风数据开展台风 EPSD 分析。针对非正交小波在 Spanos – Filla 框架下估计台风 EPSD 的不足，引入正交的广义谐和小波[2]（Generalized Harmonic Wavelets，GHW）对苏通大桥实测台风演变功率谱开展分析，因 GHW 系数计算过程引入了快速傅里叶变换（Fast Fourier Transform，FFT），且权系数求解方程组中系数矩阵为对角阵，故台风 EPSD 计算效率得到提升。实测台风演变功率谱分析结果表明，基于 Spanos – Tratskas 框架估计台风 EPSD 较 Spanos – Filla 框架而言计算效率有所提升，并可以克服因小波系数选取不当造成的 EPSD 数值计算困难[3]；脉动风速功率谱具有明显的时变特征，且总体上低频区含能较高而高频区含能较低。

2 基于广义谐和小波的实测台风演变功率谱分析

广义谐和小波是一种非二进正交小波，其在频域内紧支且不重叠[2]。由于 GHW 频域表达式的不重叠特征，可以避开卷积计算而通过 FFT 和逆 FFT 高效计算出小波系数，提高了 EPSD 估计效率。

考虑主梁为主要受风构件之一，本文选择主梁跨中风速仪（FS4）所记录 2011 年 Meari 台风 6 月 26 日 05：00—06：00 时段及 2014 年 Matmo 台风 7 月 24 日 16：00—17：00 时段为典型实测风速数据开展分析，每段数据长度为 3600 个。对所选数据利用矢量分解法处理后[4]，得到顺风向脉动风速时程如图 1 所示。

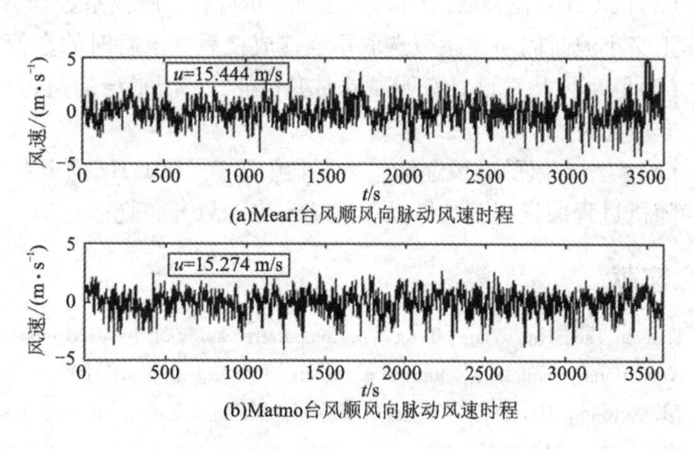

图 1 实测顺风向脉动风速时程

依据游程检验法对所选脉动风数据进行平稳性检验[5]，结果见表 1。

表 1 脉动风速平稳性检验

样本	正次数	负次数	游程数	检验统计量	检验结果
Meari	44	46	34	–2.541	非平稳
Matmo	47	43	36	–2.105	非平稳

基于 GHW 小波对所选台风脉动风数据开展了 EPSD 分析[6]，结果见图 2。

* 基金项目：国家重点基础研究计划（973 计划）青年科学家专题（2015CB060000），国家自然科学基金（51378111）

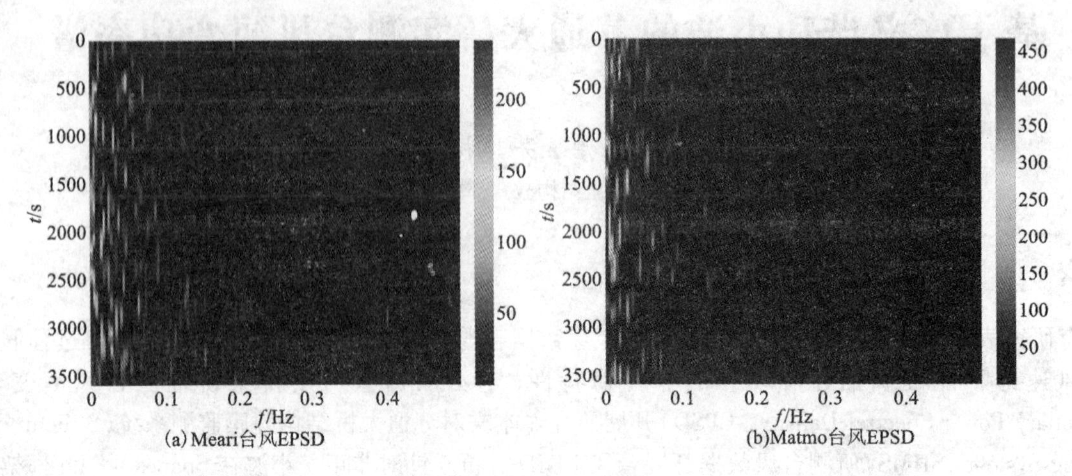

图 2　实测台风 EPSD

由图 2 可知，实测台风脉动风速功率谱具有明显的时变特征，基于平稳随机过程假设的台风脉动风速谱不能准确描述脉动风非平稳特性。从能量分布上来看，脉动风速能量主要集中在低频部分。

3　结论

(1)基于 GHW 对实测台风风速数据进行 EPSD 估计是可行的，较非正交小波而言，采用 GHW 开展实测台风 EPSD 计算可提升计算效率。

(2)因 GHW 在频域内的紧支性与不重叠性，使权系数求解方程组中系数矩阵退化为对角阵，克服了采用非正交小波时因小波系数选取不当造成权系数求解时的数值困难。

(3)脉动风功率谱具有明显的时变特征，基于平稳随机过程假设的台风脉动风速谱并不能准确描述脉动风非平稳特性。

(4)实测台风脉动风速能量主要集中于 0 ~ 0.1 Hz 的低频段内，高频部分能量分布较低，与传统基于平稳随机过程假设得到的脉动风速功率谱能量分布规律近似。

参考文献

[1] Tianyou Tao, Hao Wang, Teng Wu. Comparative study of the wind characteristics of a strong wind event based on stationary and nonstationary models[J]. Journal of Structural Engineering, 10.1061/(ASCE)ST.1943 - 541X.0001725, 04016230.

[2] DE Newland. Harmonic Wavelet Analysis[J]. Proceedings of the royal society a mathematical physical & engineering science, 1993, 443: 203 - 225.

[3] 孔凡，李杰. 非平稳随机过程功率谱密度估计的小波方法[J]. 振动工程学报，2013，26(3)：418 - 428.

[4] 王浩，邓稳平，焦常科等. 苏通大桥凤凰台风现场实测分析[J]. 振动工程学报，2011，24(1)：36 - 40.

[5] 杨位钦，顾岚. 时间序列分析与动态数据建模[M]. 北京：北京理工大学出版社，1988.

[6] Pol D Spanos, Jale Tezcan, Petros Tratskas. Stochastic processes evolutionary spectrum estimation via harmonic wavelets[J]. Computer methods in applied mechanics & engineering, 2005, 194(12 - 16): 1367 - 1383.

采用激光雷达对城市风场特性的实测研究*

杨淳，全涌，顾明
（同济大学土木工程防灾国家重点实验室 上海 200092）

1 引言

风场特性是研究建筑结构风荷载的前提和基础。激光雷达作为新兴的测风方法，已逐渐得到发展。目前已有 Tamura[1] 和 Thomas[2] 等许多研究者对风场特性展开了实测研究，但针对高层建筑密集的城市中心区域风场特性研究还并不充分。本文利用 Windcube s100 激光雷达，对上海市同济大学四平路校区上空的风场特性进行了实测研究，将各高度处风速的平均值作为参考风速对数据进行分组，分别研究了平均风速剖面和平均风向剖面的变化规律，得到了一些有参考意义的信息。

2 试验仪器和观测位置

本次实测仪器所使用的是由法国 LEOSPHERE 公司推出的新型 Windcube 100s 激光雷达风廓线仪。

Windcub 激光雷达利用光的多普勒效应，通过发射一定波长的脉冲信号并收集返回的多普勒频移来获得精准的实时风场数据。其测量范围为 50 m ~ 3.5 km，最大采样频率为 1 Hz，风速测量精度达为 0.5 m/s，最大风速可达 30 m/s，风向测量精度为 0.1°，工作环境的温度湿度范围分别为 -25 ~ 40℃和 10% ~ 100%（室温）。它拥有四种测量模式，在风廓线测量（DBS）模式下，雷达以 θ 的角度（通常为 15°）向上做圆锥扫描，通过观测四个方向（0°、90°、180°和 270°）的径向风速和扫描圆锥角 θ，来得到 u、v 和 w 三个方向上的风速。

根据使用环境条件布置于同济大学土木工程学院大楼 B 楼楼顶的平台上。该大楼位于上海市杨浦区西部同济大学本校区，周边建筑密集，是具有较强代表性的中国城市地貌类型。

3 实测数据分析

实验数据来自 1 月 10 日、13 日、16 日和 20 日下午共计 14 h，并按照 10 min 的时距划分样本，平均风剖面采用算术平均法，平均风向剖面采用矢量平均法。

3.1 平均风速及风向时程

图 1 所示为 2017 年 1 月 20 日观测数据在 100 m 和 300 m 高度处的风速风向时程。由图 1 可知，平均风速和风向角在不同高度随时间的变化具有较高的一致性，其中各高度最大瞬时平均风速均超过 22 m/s，且高度大处反映的湍流度比高度低处小。

3.2 平均风速剖面

采用间隔 4 m/s 的方法将参考风速分为若干组，并分别研究各组风速剖面和风向剖面的变化。下图 2 左为不同参考风速下的平均风速剖面和拟合风剖面指数。由图可知，指数形式对近地风速剖面适用性强，同一地貌不同风速得到的风剖面指数不同，风速较低时，风速剖面指数较小，随着参考风速的增加风速剖面指数逐渐增大。

3.3 平均风向剖面

图 2 右为 2017 年 1 月 20 日的实测数据在不同参考风速下平均风向沿高度的变化关系。由图可知，风向角随高度的增加而变大且表现为沿顺时针方向的转动，风速越大转动越明显。风向角沿高度变化范围约为 30°，这种转动特性与 Ekman 螺旋转动相似。

4 结论

采用 Windcube s100 激光雷达对同济周边风场进行现场实测，基于参考风速和风向，研究了典型城市

* 基金项目：国家自然科学基金（51278367）

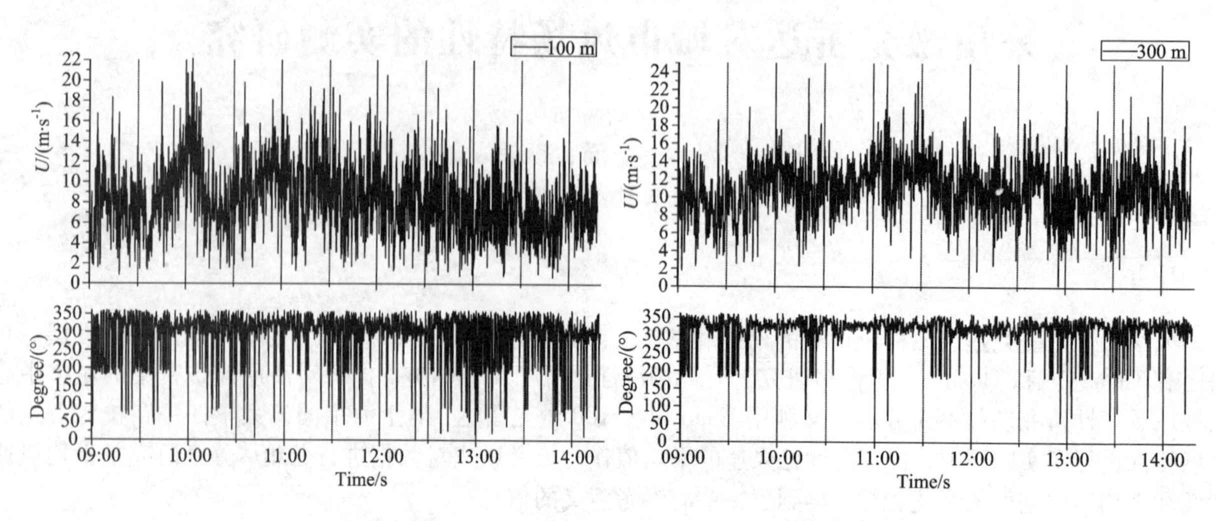

图 1 2017 年 1 月 20 日观测的 100 m 和 300 m 处风速风向时程

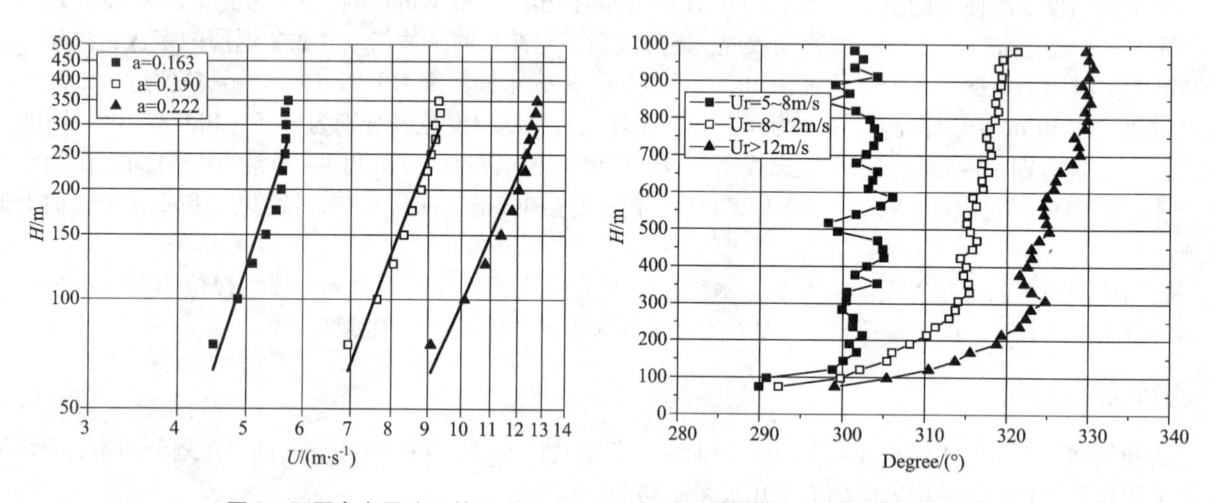

图 2 不同参考风速下的平均风速剖面、拟合风剖面指数和平均风向角剖面

中心地貌下的平均风速剖面、风剖面指数和平均风向剖面，并得到如下结论：①平均风速和风向角在不同高度随时间的变化趋势均具有较高的一致性；②指数率可以较好地拟合近地平均风剖面，且随着参考风速的增加，风速剖面指数也逐渐增大；③风向角随高度的增加表现为沿顺时针方向的转动，变化范围约为30°，且风速越大，风向角变化也越大。

参考文献

[1] Tamura Y, Suda K, Sasaki A, et al. Simultaneous measurements of wind speed profiles at two sites using Doppler sodars[J]. Journal of wind engineering and industrial aerodynamics, 2001, 89(3): 325 - 335.

[2] Thomas P, Vogt S. Variances of the vertical and horizontal wind measured by tower instruments and SODAR[J]. Applied Physics B Photophysics and Laser Chemistry, 1993, 57(1): 19 - 26.

台风路径随机模拟及其工程应用*

杨绪南[1]，赵林[1]，宋丽莉[2]，葛耀君[1]
（1. 同济大学土木工程防灾国家重点实验室 上海 200092；2. 中国气象局公共气象服务中心 北京 100081）

1 引言

台风每年频繁登陆我国东南沿海地区，严重影响了人民的生命财产安全。目前的建筑荷载规范未对台风条件设计风参数作相应的规定，使台风风环境及其结构致灾特性研究的重要性日益凸显。利用台风路径随机模拟推演台风登陆概率是土木工程结构设计荷载分析的先决条件。该方法能够有效模拟未来若干年内台风的登陆概率，在工程领域有很大的参考价值。

Vickery 与 Emanuel 分别采用递推算法与马尔科夫链实现台风路径随机模拟，Vickery 模型隐藏了模型参数物理表达，且未能说明各项参数的含义；Emanuel 马尔科夫链模型概念上具有合理性，但存在预测路径发散性较大的不足。更多类似台风路径随机模拟均基于北大西洋实测数据，无法反映具有台风地域性质差异的西北太平洋台风发生、发展特点。西北太平洋地区的台风路径随机模拟研究较少，相关工作亟待展开。

本文基于 1945 年至 2015 年 71 年的台风实测数据，通过数值模拟的手段，建立考虑多步记忆效应的台风路径随机模型。该模型能够为台风条件设计风参数的确定提供参考。

2 台风路径随机模拟算法的实现过程

2.1 历史台风实测数据

本文采用了 1945 年至 2015 年共 1591 条台风实测数据（参见图 1）。台风实测数据记录包括 1 ~6 h 间隔台风中心定位（经度和纬度）、中心强度、最大风圈半径等参数。相关数据涵盖了东南亚区域至我国北方渤海湾区域，共计 48725 个时刻台风记录。

2.2 路径随机模拟算法

西北太平洋地区的台风路径具有地域共性特点：起源于西北太平洋东南海域，向西北方向移动，在靠近大陆时转向高纬度地区或登陆我国东南部、南部。据此假定不同区域与台风的移动具有一定的相关性。基于该假定，用经纬度将西北太平洋地区网格化，单个网格按地域经纬度坐标定义为 1°×1°，研究不同网格内台风移动路径特性，实现台风路径随机模拟。

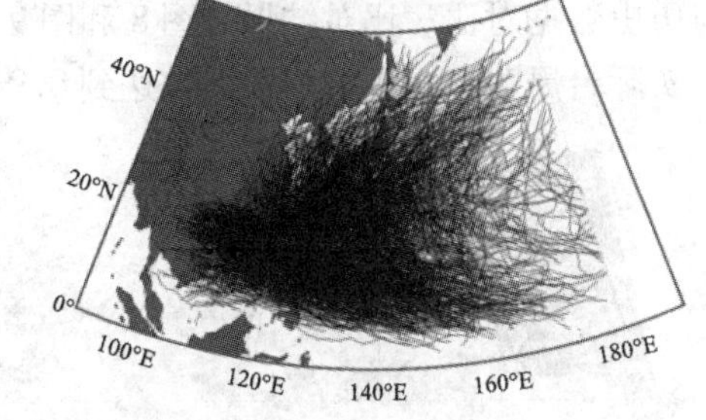

图 1 西北太平洋历史台风路径

利用行进方向与移速两项指标考察台风的移动。定义每 6 h 为一个时间步，每个时间步行进的距离为步长，连续两个时间步行进方向之间的夹角为转角，如图 2 所示。采用转角模拟行进方向；采用步长模拟台风整体移速。

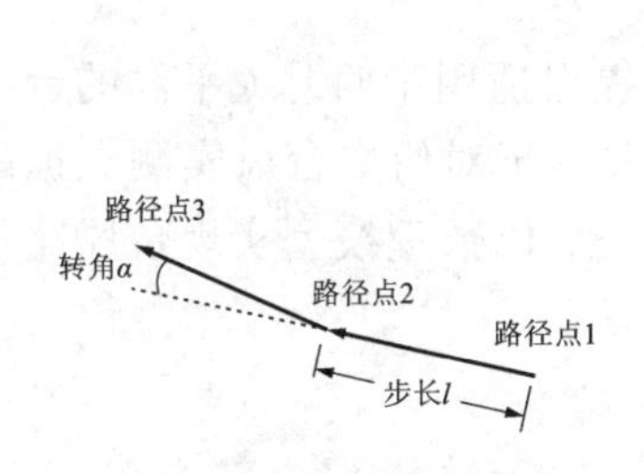

图 2 转角与步长定义图示

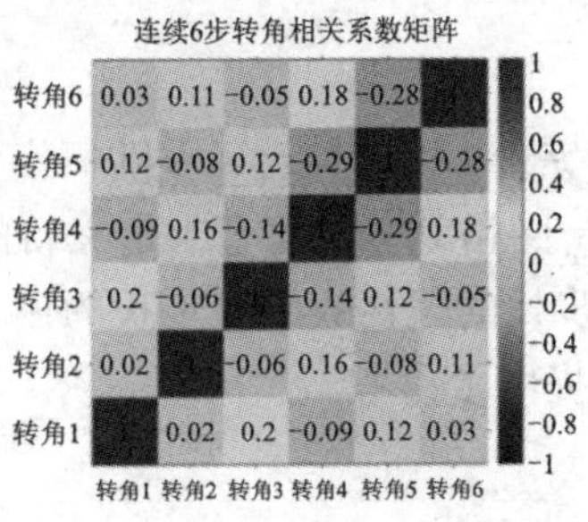

图 3 连续 6 步转角相关性分析

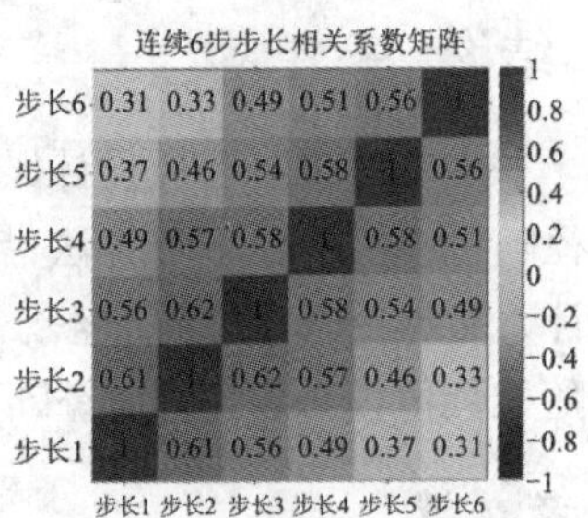

图 4 连续 6 步步长相关性分析

* 基金项目：科技部国家重点基础研究计划（973 计划，2013CB036300），国家自然科学基金项目（91215302，51178353，51222809），新世纪优秀人才支持计划联合资助

研究连续6个时间步的转角的相关性与连续6个时间步的步长的相关性发现，连续6步的转角的相关性较弱，连续6步的步长的相关性较强，如图3和图4所示。

对单个网格区域进行转角与步长的统计特性分析发现，采用t location - scale分布和伽马分布分别对转角与步长进行拟合，具有较好的拟合性，如图5和图6所示。

台风在路径点 n 时的转角与步长可由下式获得：

$$\alpha_n = f_1(La,\ Lo) \tag{1}$$

$$l_n = f_2(La,\ Lo,\ l_{n-1},\ \cdots,\ l_{n-k}) \tag{2}$$

式中：α_n、l_n、l_{n-1} 及 l_{n-k} 分别代表台风在路径点 n 时的下一步的转角、下一步的步长、前第一步的步长以及前第 k 步的步长，La 与 Lo 分别代表台风在路径点 n 时的纬度与经度。f_1 表示考虑经纬度及转角正态分布特性，采用实测数据拟合参数的转角随机模拟函数；f_2 表示考虑经纬度、步长伽马分布特性及步长记忆效应，采用实测数据拟合参数的步长随机模拟函数。

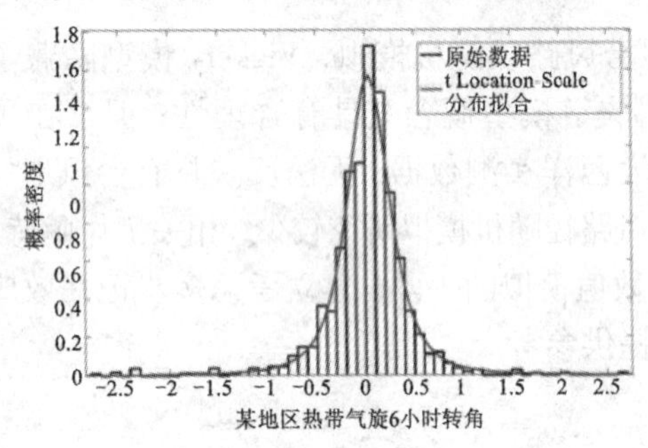

图5　某区域台风转角分布分析

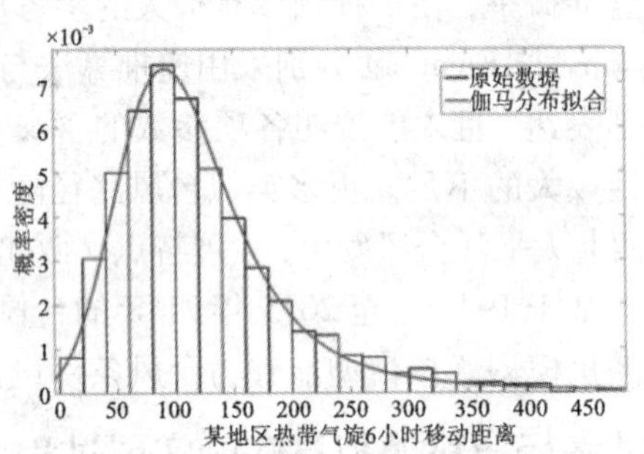

图6　某区域台风步长分布分析

2.3　路径随机模拟算法验证

选取某一局部区域进行台风路径随机模拟，如图7所示。计算若干个不同区域台风路径点落点概率，并与历史数据对比。比对结果如图8和图9所示。多次随机模拟的结果显示，该局部区域模拟台风落点概率与实际台风落点概率的相关系数达到0.9100以上，表明该算法具有较好的可信度。

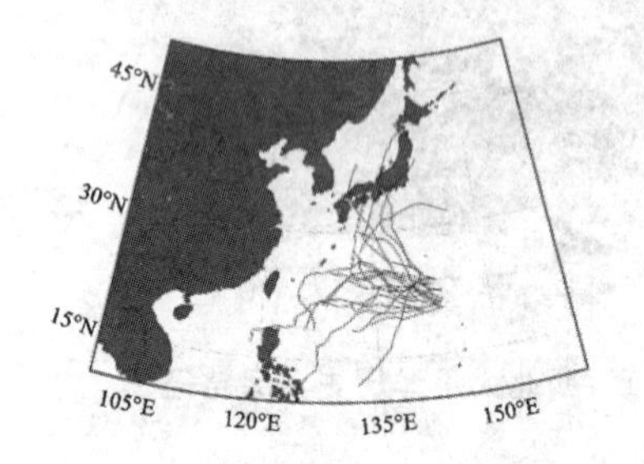

图7　局部区域台风路径随机模拟

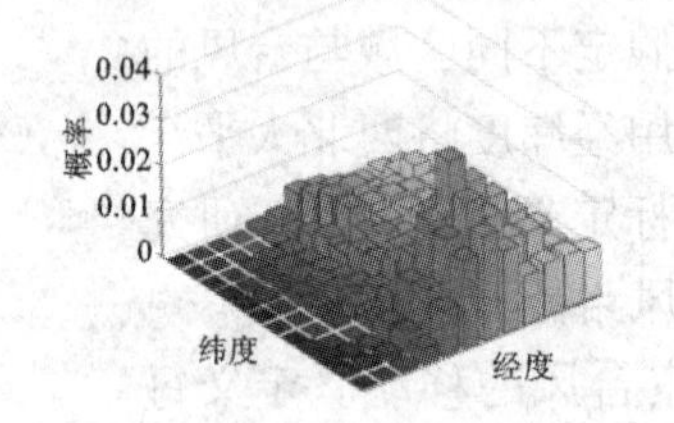

图8　某区域历史台风落点概率

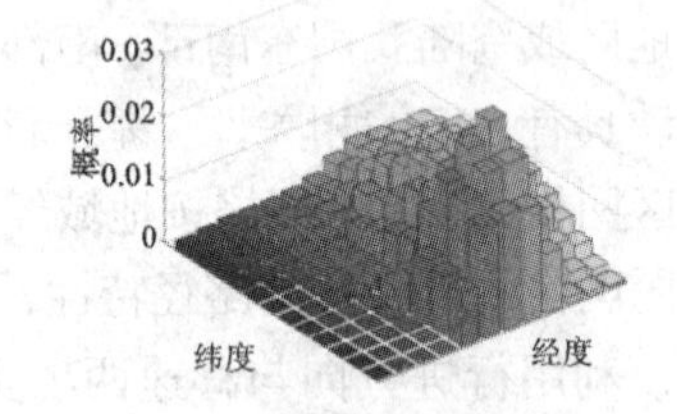

图9　某区域模拟台风落点概率

3　结论

本文针对现有台风设计风参数的不完善，以计算台风登陆概率为目的，提出适用于西北太平洋的台风路径随机模拟算法。该算法借鉴Vickery网格划分的思想，定义新的参数，并基于对历史台风实测数据的统计，发现台风转角的正态分布特性、步长的记忆效应及步长的伽马分布特性，以数理模型实现台风路径的随机数值模拟，为台风登陆概率模型提供了参考。

参考文献

[1] Vickery P J, Skerlj P F, Twisdale L A. simulation of hurricane risk in the U. S. using Empirical track model[J]. Struct. Eng., 2000, 126(10): 1222 - 1237.

[2] EmanuelK, Ravela S, Vivant E, et al. A statistical deterministic approach to hurricane risk assessment[J]. BULLETIN OF THE AMERICAN METEOROLOGICAL SOCIETY, 2006, 54: 1620 - 1636.

[3] 中国气象局. 1949—2015热带气旋年鉴[R]. 气象出版社.

基于萤火虫算法优化 LSSVM 的台风风速预测*

张浩怡，李春祥
（上海大学土木工程系 上海 200444）

1 引言

最小二乘支持向量机(Least square support vector machines, LSSVM)已作为一种新颖的人工智能技术应用于工程风速预测[1-2]。由于参数选择对 LSSVM 的预测性能有很大影响，参数寻优因而是 LSSVM 风速预测的关键问题。为减小参数选择对 LSSVM 预测性能的影响，一些学者提出了使用粒子群优化(Particle swarm optimization, PSO)算法[3]、人工鱼群(Artificial fish swarm, AFS)优化算法[4]等来优化选择 LSSVM 的参数，形成 PSO-LSSVM 和 AFS-LSSVM。萤火虫算法(Firefly algorithm, FA)[5]是继 PSO 算法、AFS 优化算法之后又一种新颖的群体智能优化算法，具有设置参数少、易实现、收敛精度高等优点。因此，本文提出基于萤火虫算法(FA)优化最小二乘支持向量机(FA-LSSVM)，以寻找高性能风速预测算法。

2 FA-LSSVM 台风风速预测

2.1 最小二乘支持向量机(LSSVM)

对一个给定训练集$\{(x_i, y_i) | i=1, 2, \cdots, n\}$，$x_i \in \boldsymbol{R}^n$ 为 n 维输入数据，$y_i \in \boldsymbol{R}^n$ 为一维输出数据。通过映射函数将在原输入空间中的非线性回归转化为在高维特征空间中的线性回归：

$$f(x) = \boldsymbol{\omega}^{\mathrm{T}}\varphi(x) + b \tag{1}$$

式中：$\varphi(x)$为非线性映射函数，$\boldsymbol{\omega} = [\omega_1, \cdots, \omega_n]^{\mathrm{T}}$ 为权向量，b 为偏置。

2.2 萤火虫算法

萤火虫算法(Firefly Algorithm, FA)是由剑桥大学 Yang 教授在 2008 年提出的一种新颖仿生智能优化算法[7]。FA 是通过模拟萤火虫觅食、择偶等习性而产生因发光相互吸引和移动的行为来解决最优问题。在 FA 中，萤火虫彼此吸引的原因取决于两个因素：自身亮度和吸引度。亮度小的萤火虫被亮度大的萤火虫所吸引，而向其移动，并更新自身位置。萤火虫的发光亮度取决于自身所处位置的目标值，亮度越高所表示的目标值越小，吸引其他萤火虫的能力也越强。若发光亮度相同，则萤火虫各自随机移动。

2.3 数值验证

使用 EMD，将台风“天鹅”的 1500 个原始风速数据分解成不同频率段的风速信号，从而降低了风速序列的非平稳性。在 1500 个实测风速数据中，前 1200 个数据组成训练集，后 300 个数据组成测试集使用 AF-LSSVM 对分解后的台风风速进行预测，得到基于 FA-LSSVM 的实测台风风速预测结果。为比较，同时给出 PSO-LSSVM 和 AFS-LSSVM 的预测结果，预测结果如图 1、表 1 所示。

表 1 测试集的预测性能指标、LSSVM 最优参数和耗时

预测模型	MAE	RMSE	$[\gamma, \sigma]$	耗时 t/s
FA-LSSVM	0.5873	0.7362	[996.68, 335.89]	893
AFS-LSSVM	0.7168	0.8543	[946.97, 344.12]	1436
PSO-LSSVM	0.8839	1.0634	[935.32, 364.53]	765

* 基金项目：国家自然科学基金(51378304)

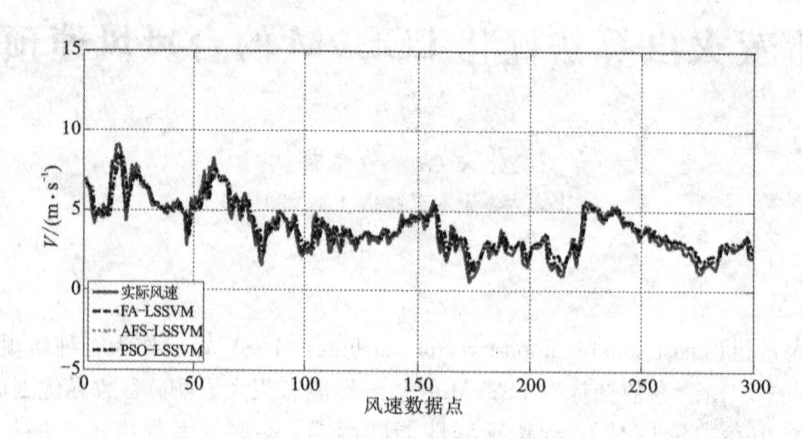

图1 FA－LSSVM、PSO－LSSVM 和 AFS－LSSVM 的台风风速预测值

3 结论

通过实测台风风速预测验证，发现 FA－LSSVM 比 PSO－LSSVM 和 AFS－LSSVM 具有更高的预测精度；FA－LSSVM 的收敛速度比 AFS－LSSVM 快，而且训练的耗时较短。因此，FA－LSSVM 是高性能的台风风速预测算法，具有工程推广价值。

参考文献

[1] Suykens J A K, Vandewalle J. Least squares support vector machine classifiers[J]. Neural Processing, 1999, 9(3): 293－300.

[2] Oh Y S, Lee H, Lee J G, et al. Twin－roll strip casting of iron－base amorphous alloys[J]. Materials Transactions, 2007, 48(7): 1584－1588.

[3] 李春祥，迟恩楠，何亮，等. 基于时变 ARMA 和 EMD－PSO－LSSVM 算法的非平稳下击暴流风速预测[J]. 振动与冲击, 2016, 35(17): 33－38, 51.

[4] Mehdi Neshat, GhodratSepidnam, Mehdi Sargolzaei, et al. Artificial fish swarm algorithm: a s urvey of the state－of－the－art, hybridization, combinatiorial and indicative applications[J]. Artificial Intelligence Review, 2014, 42: 965－997.

[5] Yang Xinshe. Nature－inspired matheuristic algorithms [M]. UK: Lunvier Press, 2008.

基于高斯混合分布的风速风向联合概率分布建模方法*

赵震坤，全涌，顾明
（同济大学土木工程防灾国家重点实验室 上海 200092）

1 引言

风速风向联合概率分布是风能资源评估、结构风振疲劳分析、行人风环境评估等多个方面研究的基础，其传统分析方法一般是各风向分别拟合一个概率分布模型[1]，但这种方法产生的模型较为复杂，不利于实际使用。本文以 Offset Elliptical Gaussian（OEN）方法[2]为基础，采用了更为简洁的概率模型，并解决了初值选取、高斯分布个数确定等问题，提出了一整套建立风速风向联合概率分布的方法，而且开发了一套程序将整个过程自动化，具有较好的准确性与实用性。

2 概率模型

本文使用混合高斯模型（Gaussian Mixture Model，GMM）作为风速风向联合分布的概率模型，其核心假设可描述如下：

（1）来自于某种气候的风速矢量（包括风速大小和方向）可以分解为相互正交的 x，y 分量，其概率密度函数服从 2 维高斯分布，可用下式描述：

$$f_{X,Y}(x,y)=\frac{1}{2\pi\sigma_x\sigma_y\sqrt{1-\rho^2}}\exp\left\{\frac{-1}{2(1-\rho^2)}\left[\frac{(x-\mu_x)^2}{\sigma_x^2}-2\rho\frac{(x-\mu_x)(y-\mu_y)}{\sigma_x\sigma_y}+\frac{(y-\mu_y)^2}{\sigma_y^2}\right]\right\} \tag{1}$$

式中：μ_x，μ_y 是 x，y 的均值；σ_x，σ_y 是 x，y 的方差；ρ 是 x，y 的相关系数

（2）对于一个具体的地点，风气候可能由 n 个这样的单一风气候组成，因此其风速矢量的概率密度分布函数 f 为多个高斯分布的和：

$$f=f_1p_1+f_2p_2+f_3p_3+\cdots+f_np_n \tag{2}$$

$$p_1+p_2+p_3+\cdots+p_n=1 \tag{3}$$

式中：f 为总概率密度函数，f_i 为组成该地区风气候的第 i 种风气候的 2 维高斯分布的概率密度函数，其表达式如等式(1)所示，p_i 是相应占的比例，n 为单一风气候的个数。

简而言之，即一个地点的风速矢量的概率分布可由多个 2 维高斯分布叠加而成。

3 方法与结果

基于 GMM 模型，本文设计了一套详细的建模方法，基本步骤如下。

（1）数据预处理。对风速数据进行系统性的处理，包括对常见错误数据剔除，将风速数据方向上进行重新分布等，减小误差、数据记录等因素对后续计算的影响。

（2）建模计算。包括自动选取初值、计算经验分布等，减少了人工干预，更为简洁实用。

（3）结果检验。基于 R^2，$K-S$ 统计量等多个拟合优度参数，并分风向进行对比，并利用交叉检验，客观考量使用高斯分布数量的效果，从多方面验证结果的准确性。

本文对中国、美国、英国、德国多个地点的风速数据进行了计算，结果如图 1 所示，左侧为经验分布，右侧为 GMM 建模结果。可以发现 GMM 和经验分布相当接近，说明了本方法具有较好的拟合效果，而且对不同的风速特征均有较好的适用性。

另外，本文还开发了基于 Python 和 Jupyter Notebook 的开源程序，对本文大部分内容进行了自动化，计算速度快，能方便的显示过程中的各项计算结果，保障了本方法的实用性。

* 基金项目：国家自然科学基金面上项目(51278367)

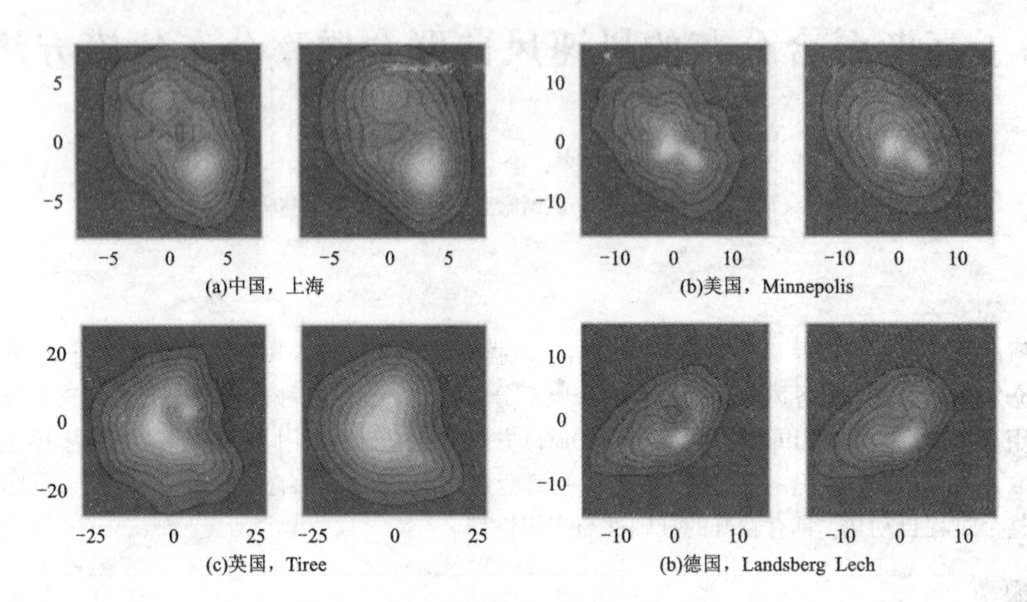

图 1 各地点建模结果比较

4 结论

本文提出了一整套建立风速风向联合概率分布的方法，包括：(1)简洁易用的 GMM 模型；(2)一套详细的建模方法，包括了初值选取和高斯分布数量的选择等细节；(3)一套基于多拟合优度参数和分风向对比的检验过程。此外，还开发了一个程序，包括数据预处理、建模过程和结果检验等整个过程，保障了本方法的实用性。使用多个气象站的观测数据进行了计算，拟合效果良好，显示了该方法较好的准确性和实用性。

参考文献

[1] Isyumov N, Ho E, Case P. Influence of wind directionality on wind loads and responses[J]. Journal of Wind Engineering and Industrial Aerodynamics, 2014, 133: 169 - 180.

[2] Harris R I, Cook N J. The parent wind speed distribution: Why Weibull? [J]. Journal of Wind Engineering and Industrial Aerodynamics, 2014, 131: 72 - 87.

二、钝体空气动力学

索端激励与风雨激励共同作用下斜拉索振动特性研究

曾庆宇，李寿英，陈政清
（湖南大学土木工程学院 湖南 长沙 410082）

1 引言

斜拉索是斜拉桥的关键构件，考虑到斜拉索的柔性、相对较小的质量和较低的阻尼，在风荷载、风雨共同作用以及索端部激励作用下斜拉索极易发生振动。斜拉索振动可分为两大类：风致振动和非风致振动。风致振动包括涡激共振、驰振、尾流驰振、风雨激振等；非风致振动主要指参数振动和内共振。在特定条件下，风致振动中的风雨激振与非风致振动可能同时发生。本文采用数值方法，首先分别研究了风雨激励和索端激励单独一种激励作用下斜拉索振动特性，然后分析两种激励同时作用下斜拉索振动特性。

2 计算模型

斜拉索模型如图1所示，本文借鉴李寿英[1]第三章中的斜拉索运动微分方程，推导方程时保留其中的高阶项；基于李寿英[1]第五章中的水线运动微分方程，水线受力分析时增加水线沿面外的惯性力；利用有限差分法和四阶龙格库塔法求解斜拉索面内、面外和水线运动方程。以南京长江二桥A20拉索为例进行分析，假设该拉索面内、面外阻尼比均为0.1%，水线的参数与李寿英[1]中的一致，索端激励以正弦位移激励来模拟。

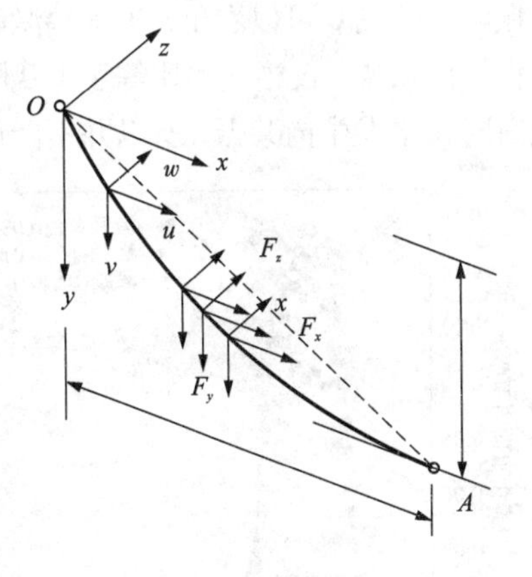

图1 斜拉索模型

3 索端激励作用下斜拉索振动特性

图2所示为斜拉索中点面内振幅随频率比Ω/ω_1（Ω位索端激励频率，ω_1为斜拉索一阶模态频率）的变化曲线。从图中可以看出，面内索端激励幅值等于0.02 m和0.03 m时，面内索端激励频率等于一阶模态频率2.01倍时，斜拉索中点面内均有很大振幅，此时斜拉索发生参数共振。当面内索端激励幅值减小到0.01 m时，斜拉索振幅很小，未发生参数共振。

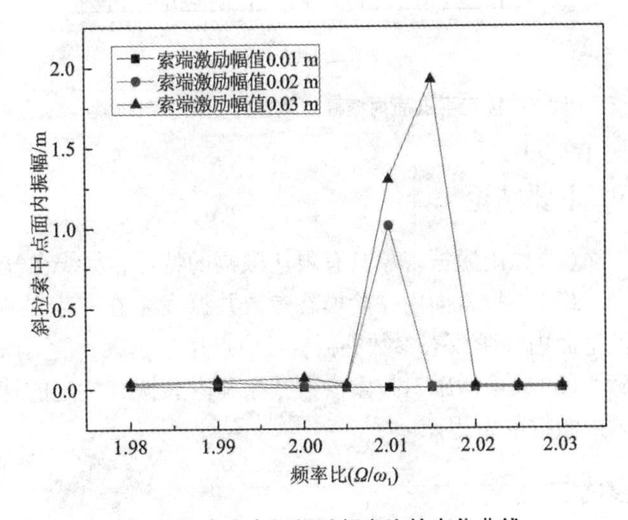

图2 斜拉索中点振幅随频率比的变化曲线

4 风雨激励作用下斜拉索振动特性

图3为斜拉索中点面内、面外振幅随桥面处风速的变化曲线，图4所示为桥面处风速等于7.04 m/s时，斜拉索中点处水线的位移时程。从图3可以看出当斜拉索发生风雨激振时，面内、面外均具有限幅和限速的特征，且面内振幅大幅面外振幅。发生风雨激振时水线运动较为剧烈，大部分斜拉索截面均形成水线，且大部分水线在斜拉索气动升力突降区运动。

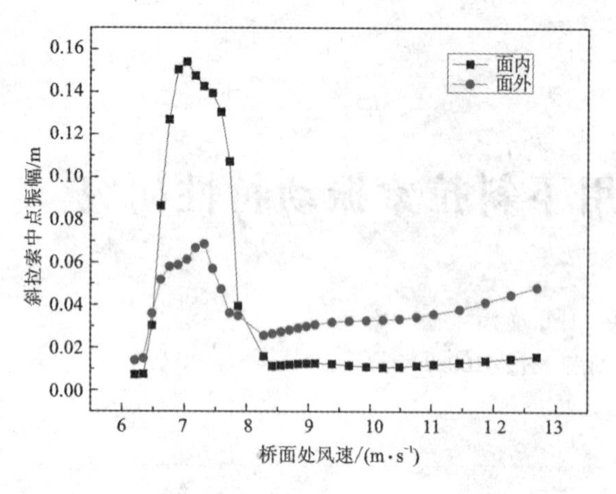

图3 斜拉索中点振幅随桥面处风速的变化曲线

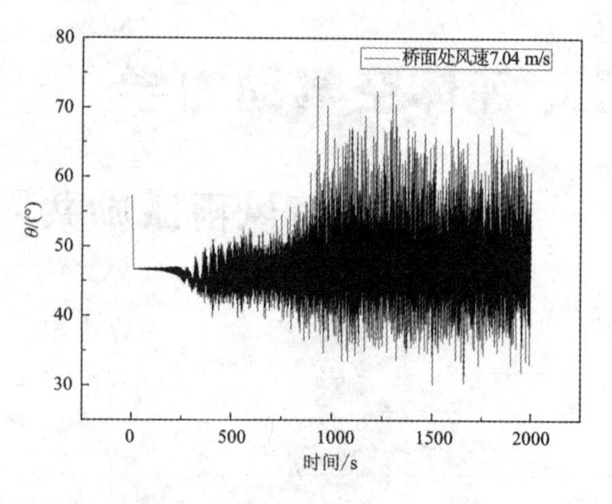

图4 斜拉索中点处水线位移时程

5 风雨激励与索端激励同时作用下斜拉索振动特性

图5表示风雨激励与索端激励同时作用下拉索中点面内振幅随风速的变化关系，图6表示斜拉索中点面内振幅随频率比的变化曲线。从图5中发现当频率比较小(为0.1)，激励幅值为0.01 m和0.03 m情况下，拉索振动与风雨激振一样，具有限速限幅的特征，只是振幅小于风雨激振的振幅，说明索端激励会减小风雨激振的振幅。从图6可以看出，当索端激励和风雨激励同时作用时，大部分频率比下拉索的振幅小于仅有风雨激励作用的振幅，仅当频率比等于1.0附近时拉索振幅大于单独风雨激励作用下的振幅，原因是频率比为1.0左右时拉索发生内共振，所以并不能说明频率比为1.0左右时，索端激励增大了风雨激振的振幅。

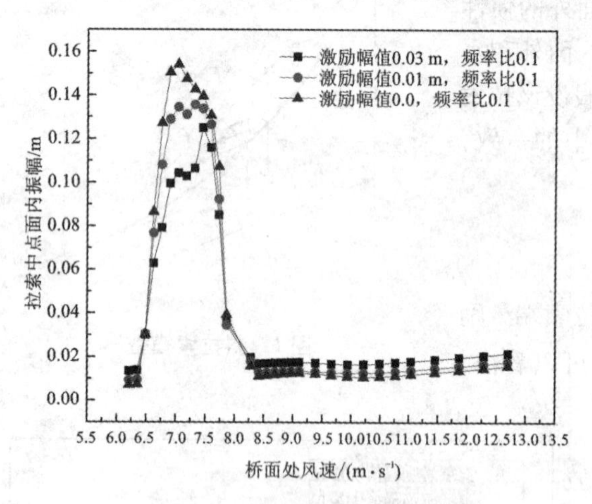

图5 拉索中点面内振幅随风速的变化关系拉索

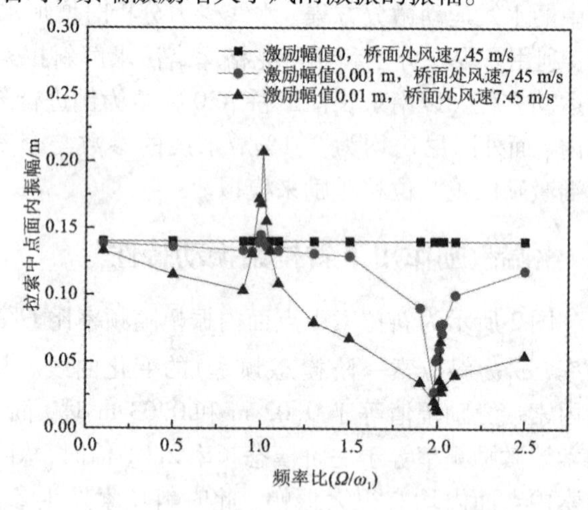

图6 中点面内振幅随频率比的变化曲线

6 主要结论

(1)风雨激振现象具有限速限幅的特征，水线在气动力突降区运动，拉索发生大幅振动；

(2)斜拉索面内一阶模态参数共振发生在一定的频率比范围，激励幅值越大，频率比范围越宽，越易发生面内一阶模态参数共振，且中点振幅越大；

(3)风雨激励对拉索参数共振和内共振有一定的抑制作用，索端激励会减小风雨激振的振幅甚至抑制风雨激振的发生。

参考文献

[1] 李寿英. 斜拉桥拉索风雨激振机理及其控制理论研究[D]. 上海：同济大学航空航天与力学学院，2005.

[2] 李永乐，向活跃，何向东，等. 索端激励对斜拉索风-雨致振动性能的影响[J]，工程力学，2012，29(10)：218-224.

宽高比3:2修角矩形断面驰振的试验研究*

陈修煜[1,2]，朱乐东[1,2,3]，庄万律[1,2]
（1.同济大学土木工程学院桥梁工程系 上海 200092；2.同济大学土木工程防灾国家重点实验室 上海 200092；
3.同济大学桥梁结构抗风技术交通行业重点实验室 上海 200092）

1 引言

驰振是指钝体结构在风的作用下沿其横风向平移自由度上的自激发散振动，并通常在具有宽高比较小的近似矩形、D字形等严重钝体断面的细长结构上发生。随着研究的深入，不同于发散性“硬驰振”的“软驰振”现象在不同时期被不同的学者所观察到。软驰振发生后表现出稳态振幅振动，且稳态振幅又随着风速的增大而增大，除此之外，软驰振发生风速与按照准定常理论计算的结果相差较大。本文以宽高比(B:D)3:2的不同修角(切角或凹角)矩形断面为试验对象，设计了弹簧悬挂刚体节段模型，通过风洞测振试验获得了均匀流场中不同折减风速情况下的驰振稳态振幅曲线，得到了不同修角矩形断面驰振起振风速，研究了不同修角形式与尺寸对驰振振幅大小以及其随折减风速变化情况的影响。

2 宽高比3:2修角矩形断面风洞试验概况

本文的驰振研究时采用弹簧悬挂刚体节段模型，试验在同济大学TJ-2风洞产生的均匀流场中进行。试验中均将模型拉至初始平衡位置进行释放，待振动稳定时，采集模型振动稳态振幅数据。

模型设计参数为：全长$L=1.5$ m、顺风向宽度$B=0.15$ m、横风向高度$D=0.1$ m，固有频率$f=3.54$ Hz，零风速时节段模型系统阻尼比约为0.1%。试验模型如图1所示。凹角与切角边长D_T取为横风向高度D的1/4，1/5，3/20和1/10，除此之外，亦进行矩形断面模型试验与之形成对比。修角措施示意图如图2所示。

图1 宽高比3:2修角矩形断面风洞试验模型(左为凹角，右为切角)

稳态振幅判断依据为试验观察5分钟时间内振幅不随时间发生衰减或增大，且与初始位移激励后稳定振动振幅相同。图3给出了不同修角尺寸的凹角和切角矩形断面的非线性驰振稳定振幅随折减风速的变化曲线。结果显示：不同工况驰振起振点与各自的涡振起振点基本一致，而且对于某些工况，当折减风速达到一定值时，振动突然减弱甚至消失，这主要是由于自激力的非线性所造成。此外，驰振与涡振现象有时是无法区分的，许多学者把这种现象称为驰振和涡振的耦合，但事实上研究表明涡激力中纯涡脱强迫力对涡振幅值的影响可以忽略，涡振本质上也是自激振动，因此应把涡振和驰振统一为非线性自激振动进行研究。

* 基金项目：国家自然科学基金面上项目(51478360)，自然科学基金优秀国家重点实验室项目(51323013)

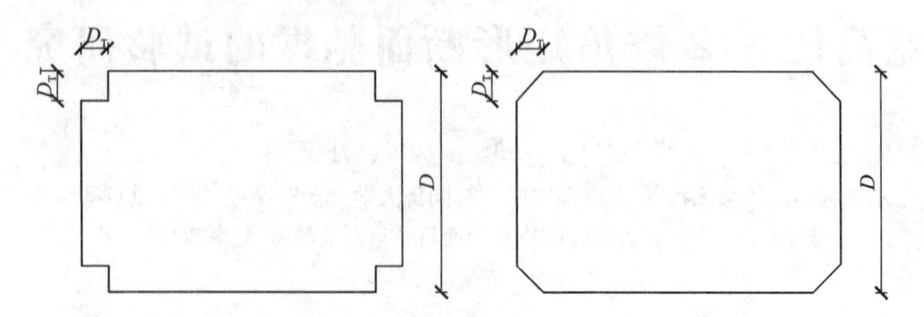

图2 宽高比3:2修角矩形断面修角尺寸示意图(左为凹角，右为切角)

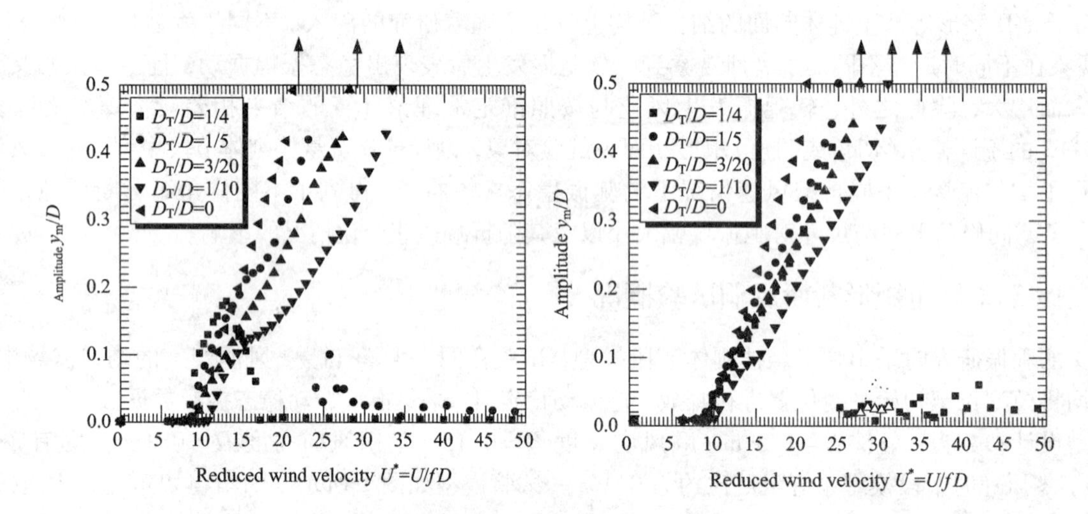

图3 不同折减风速下模型稳态振幅变化曲线(左为凹角，右为切角)

注：受弹簧线性范围约束，量纲为一的振幅超过0.5视为振动发散

3 结论

不同修角形式(切角与凹角)矩形断面驰振起振点均与各自的涡振起振点基本一致。

对于凹角矩形断面，小尺寸凹角($D_T/D<1/5$)虽然能明显减小稳态振动幅值，但是不能抑制驰振振幅随风速增大而发散。大尺寸凹角($D_T/D=1/4$ 和 1/5)则能够抑制住驰振振幅的发散。

对于切角矩形断面，大尺寸切角(1/4)能够抑制住驰振振幅的发散，但是随着切角尺寸的减小，1/5 切角断面的抗驰振性能甚至会差于更小的切角尺寸。即切角尺寸的增加对驰振的抑制作用呈现先变弱后变强的情况。

针对矩形断面而言，总体来看凹角对驰振的抑制效果要好于切角，且1/4凹角矩形效果最好。

参考文献

[1] Scruton C. On the wind - excited oscillations of stacks, towers and masts[C]//Wind Effects on Buildings and Structures: Proceedings of the Conference Held at the National Physical Laboratory, Teddington, UK, HMSO, London, 1963: 798 - 837.

[2] 王继全.矩形柱体驰振非定常效应研究[D].上海：同济大学，2011.

[3] C Mannini, A M Marra, G Bartoli. VIV - galloping instability of rectangular cylinders: review and new experiments[J]. Journal of Wind Engineering and Industrial Aerodynamics, 2014, 132: 109 - 124.

方形断面结构驰振气动力特性试验研究

邓然然[1]，马文勇[2,3]，刘庆宽[2,3]，刘小兵[2,3]
(1. 石家庄铁道大学土木工程学院 河北 石家庄 050043；
2. 石家庄铁道大学大型结构健康诊断与控制研究所 河北 石家庄 050043；
3. 河北省大型结构健康诊断与控制实验室 河北 石家庄 050043)

1 引言

驰振是一种发生细长结构上、以横风向为主的风致大幅振动，是一种气动失稳的流固耦合现象。目前，还无法从数学上系统描述流固耦合的过程，也没有稳定的数值求解方法，因此需要根据流固耦合特点将其简化为诸如涡激共振、驰振及颤振等不同振动类型分别进行研究[1-2]。本文针对方形断面细长结构做了静态模型测压试验以及弹性支撑模型测振、测压试验，分析了方形断面结构的静态气动力特性，驰振响应。

2 模型及试验介绍

试验在石家庄铁道大学 STDU－1 风洞实验室低速试验段内进行，试验模型为边长 $B=180$ mm 的方形断面，其长度为长 $L=2900$ mm。模型的外表面是由 ABS 板制成的，为增加其整体刚度在模型中间设置直径为 50 mm、长度为 3100 mm 的空心钢管。

试验风向角 α 范围为 0°～45°，由于方形断面结构易发生驰振的风向角约为 $\alpha=0°\sim20°$之间[3]，为了更准确地拟合 C_L曲线、得到比较准确的驰振力系数从而更准确地预测发生驰振的临界风速，在做静态试验时将 0°～20°范围内的风向角细化为 2°间隔，在 20°～45°范围内间隔 5°。

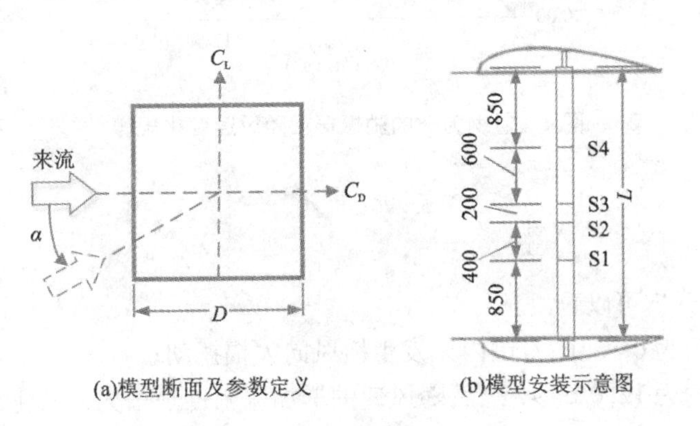

图 1 模型及试验参数定义

3 静态其动力特性

通过对模型进行静态试验，得到了方形断面的静态气动力特性，图 2 为不同风向角下的升力系数以及阻力系数，图 3 为 DenHartog 驰振系数随风向角的变化规律，由图可知风向角在 0°～16°易发生横风向大幅振动。结构的质量 $m=26.1$ kg，弹性模型的阻尼比$\zeta=0.613\%$，自振频率 $f=2.98$ Hz，空气密度 $\rho=1.225$ kg/m^3。

4 驰振响应

在进行弹性支承模型测压、测振试验时限制了结构的水平位移，在此认为结构只发生竖向振动。本文针对 10°风向角下结构的竖向单边量纲为一的振幅 Ae 进行分析，由图 4 可以看出，结构在风速为12 m/s 以后发生大幅竖向振动，驰振临界风速为 12.0 m/s，之后随着风速的增加结构的单边振幅也随之单调增加，在风速为 15 m/s 时，量纲为一的振幅为 0.22。

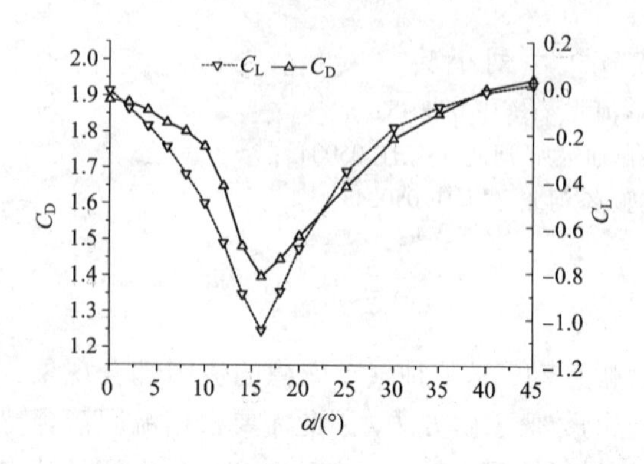

图 2　平均升阻力系数随风向角变化曲线

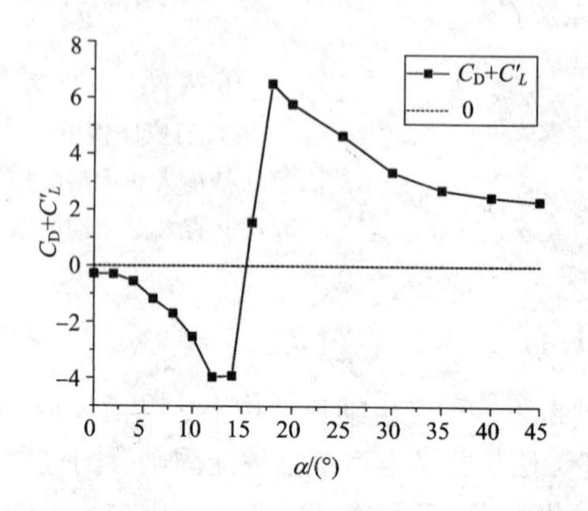

图 3　Den Hartog 驰振系数随风向角变化曲线

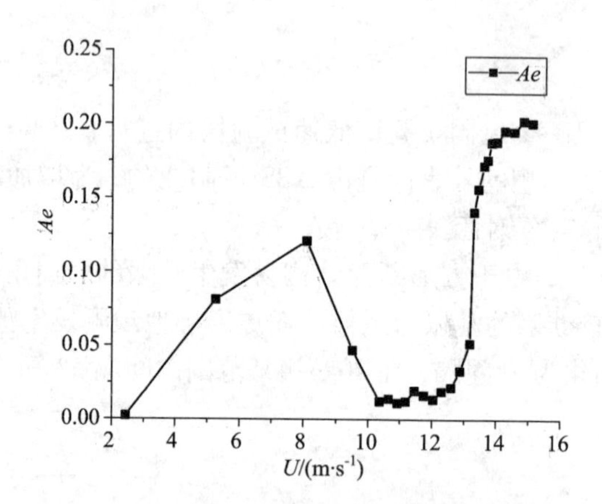

图 4　量纲为一的驰振振幅随风速变化规律

5　结论

通过对实验结果进行分析可以看出：

(1)方形断面在风向角为 0° ~16°范围内易发生横风向大幅振动；

(2)驰振的临界风速约为 12.0 m/s，之后随风速的增加振幅逐渐增大，风速在 15 m/s 时驰振单边量纲为一的振幅为 0.22。

参考文献

[1] Pa¨1doussis M P, Price S J, Langre E D. Fluid – Structure Interactions Cross – Flow – Induced Instabilities[M]. USA: Cambridge University Press, 2011.

[2] R D Blevins. Flow – induced Vibration[M]. Second ed. New York: Van Nostrand Reinhold, 1990.

[3] Gustavo A, Eusebio V, Jose M. An analysis on the dependence on cross section geometry of galloping stability of two – dimensional bodies having either biconvex or rhomboidal cross sections[J]. European Journal of Mechanics, 2009, 28: 324 – 328.

不同切角率方柱的气动力与涡脱特性研究*

邓燕华[1]，祝志文[1,2]，陈政清[1,2]
（1. 湖南大学土木工程学院 湖南 长沙 410082；2. 风工程与桥梁工程湖南省重点实验室 湖南 长沙 410082）

1 引言

许多建筑物设计为方形，若在角部进行圆形、凹角或切角处理，不但能增加建筑物的艺术效果，而且能降低风致响应[1]。Yoichi Yamagishi 等[2]采用 RNGk－ε 湍流模型对切角率为 0.033、0.1、0.167 方柱进行数值模拟，得到了斯托哈数和阻力系数的变化规律，并采用油膜法研究了其绕流特性。本文通过 CFD 模拟，研究了不同切角率的二维方柱气动特性变化规律及其涡脱特性，从而找到最佳切角率，为今后工程设计提供依据。

2 计算模型及网格划分

边长 $B=100$ mm，切边长为 L，定义切角率 $\alpha=L/B$；来流风速 $U=8.76$ m/s，雷诺数 $Re=6\times10^4$，湍流强度为 0.5%。定义模型几何 x 轴与来流风速的夹角 α 为风向角。保持风向角不变，顺时针在$\alpha=(0°\sim45°)$范围内按每工况 5°旋转，见图 1。流域设置及网格划分见图 2 和图 3。

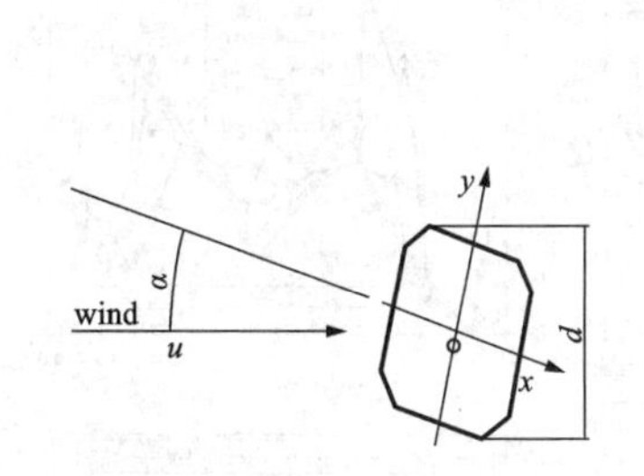

图 1 方柱和风向示意图

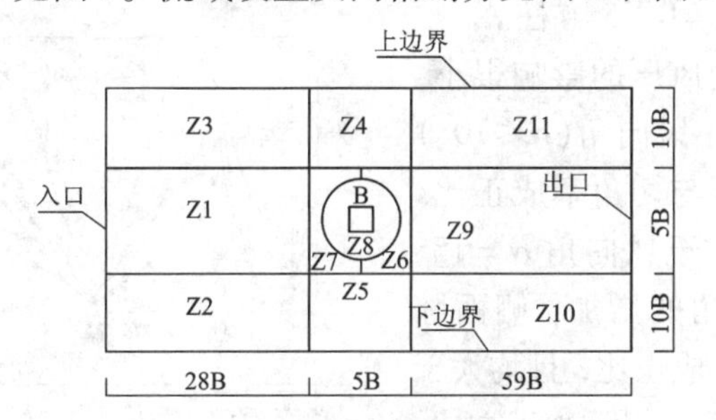

图 2 网格区域划分

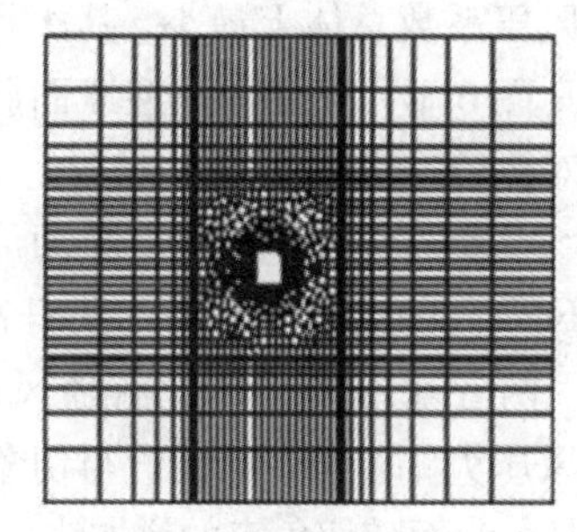

图 3 壁面网格划分

3 计算结果与分析

3.1 模拟结果与文献结果比较

切角方柱绕流的文献较少，且有些文献给出的数据不全，将计算值与文献[2]比较，见图 1。不难发现，$\alpha=10\%$ 时，小风向角（$\alpha\leqslant5°$）时的计算结果比试验值偏高约 10%；随 α 增大两者逐渐趋于一致；$\alpha\geqslant20°$ 后前者再次偏高，表现较强的脉动性，至 $\alpha=35°$时两者最大偏差约 10%。切角率 $\alpha=0.15$ 时在风向角 $\alpha=5°$附近出现最小值，而文献[3]$\alpha=0.167$ 试验结果在 $\alpha=10°$附近出现最小值，随 α 增大两者差值逐渐缩小，至 $\alpha=30°$后模拟结果逐渐偏大，至 $\alpha=45°$时两者之差最大达到 8%。数值模拟结果，后者为三维试验结果，这与文献[3]的结论一致。

3.2 其他切角方形截面模拟结果

验证（$\alpha=0.1$ 和 $\alpha=0.15$）模拟结果正确后，用相同的方法获得了其他方柱的气动特性，并将模拟结果进行了比较，以研究切角率对气动特性的影响，见图 5。

图 4 显示，小风向角时，切角使升力脉动系数降低，大风向角时反而增高，且切角率越大，升力脉动系数越大。原因是在小方向角下，切角降低了角部来流分离，增加其附着性，随风向角的增加，流体分离性和涡脱性增强，导致升力脉动性增强。其次，切角能降低阻力的脉动性，且角率越大，降幅越大；风向角越大，表现越明显。再次，切角导致斯托哈数增大，且风向角越小，增幅越显著。

* 基金项目：国家重点基础研究发展计划（2015CB057701），国家自然科学基金（51278191），湖南省高校创新平台开放基金（13K016）

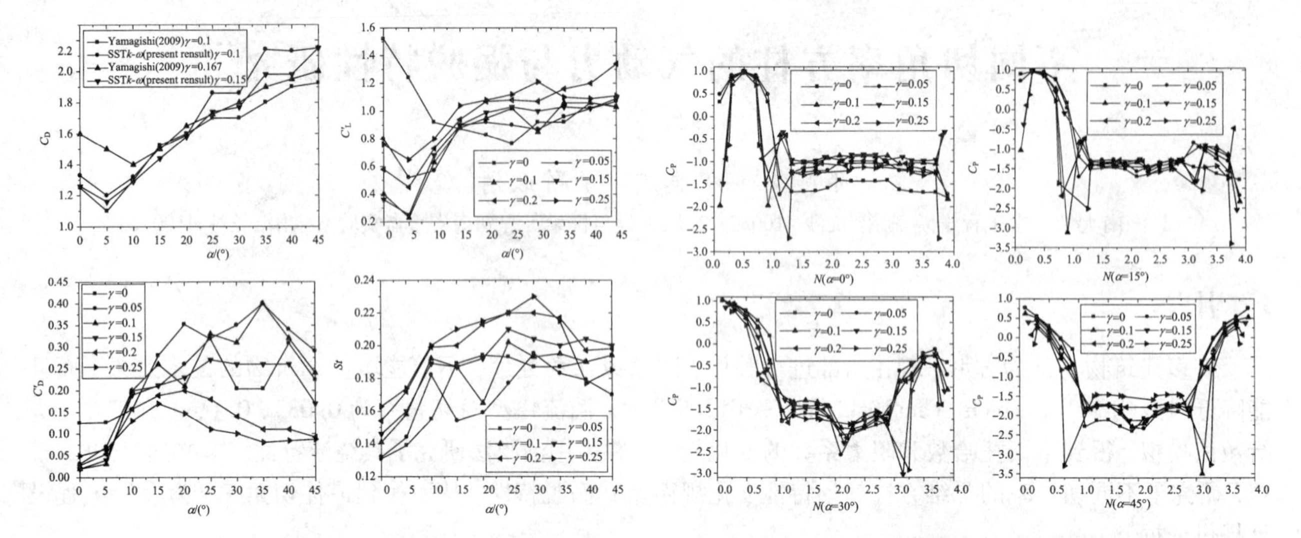

图4　从左至右依次为：C_D 模拟值与文献比较，C_L'、C_D'和 St 与切角率的相关性

图5　从左至右依次为风向角分别为0°、15°、30°、45°风压系数与切角率的相关性

图5中可以看出，切角率对迎风面风压影响微弱，但背面风压系数与其成反比，且均较方柱小；风向角越大，差距越明显。当风向角($\alpha \leqslant 30°$)时，侧面风压系数与切角率成正比，且风向角越小差异越明显；当风向角($\alpha > 30°$)时，风压系数与切角率成反比，但不同切角率的方柱差距小，所以切角率 $\alpha = 0.1$ 的方柱风压系数总体上最小，其次是 $\alpha = 0.15$ 方柱。

图6显示，切角对迎风面脉动风压的影响很小，但对侧面和背面的影响较显著。小风向角($\alpha \leqslant 10°$)时，后者值均大于前者，脉动风压与切角率成正比。随风向角的增大，前者不断升高，至风向角 $\alpha = 15°$ 时，两者基本持平。此后随风向角的增加，侧面脉动风压大幅上升，脉动值与切角率成正比，且均大于方柱，背面随切角率的增加快速下降，且均小于方柱。

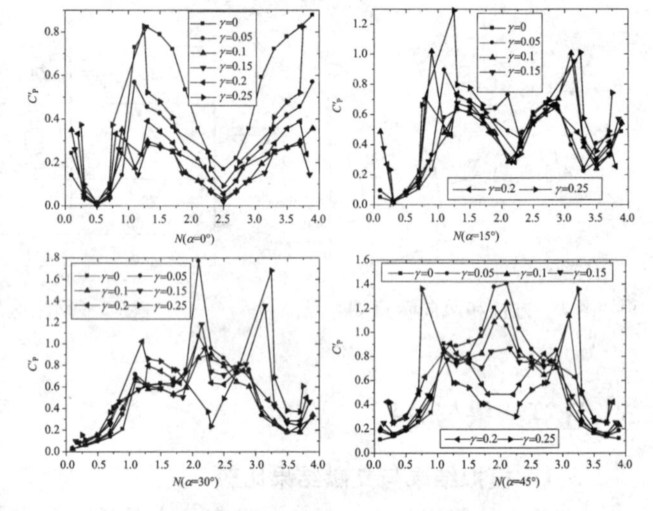

图6　从左至右依次为风向角分别为0°、15°、30°、45°风压脉动系数与切角率的相关性

4　结论

基于 SST$k-\omega$ 湍流模型对不同切角率方柱的气动力与涡脱特性进行了研究，得到下列结论：

(1)与方柱相比，切角能降低阻力系数平均值和均方根，两者最大降幅约30%，且受角率的影响不明显；切角导致升力系数均方根降低和斯托罗哈数增大，且两者受角率的影响显著，前者切角率0.1~0.15时值最小，0.2~0.25时值最大，后者切角率越大其值越大。

(2)切角对迎风面风压的影响很小，但对侧面和背面风压的影响显著；切角能降低风压系数平均值和脉动值，且受切角率的影响较显著，值得注意的是并非角率越大降幅越大，总体上，$\alpha = 0.1$ 的风压系数最小，其次是 $\alpha = 0.15$。

3)总体上随风向角的增大，所有模型的风压系数均逐渐降低，不同模型的风压值逐渐趋于一致，切角处会出现较大风压。升力系数均方根和斯托罗哈数均出现增大，且风向角大于30°时，各模型值逐渐趋于一致。

参考文献

[1] Irwin P A. Bluff body aerodynamics in wind engineering[J]. Journal of Wind Engineering and Industrial Aerodynamics, 2008, 96(6): 701-712.

[2] Yoichi Yamagishi, Shigeo Kimura, Makoto Oki, et al. EFFECT OF CORNER CUTOFFS ON FLOW CHARACTERISTICS AROUND A SQUARE CYLINDER[C]//FLUCOME2009 10TH International Conference on Fluid control, Measurements, and Visualization, Moscow, Russia, 2009.

来流风向角对列车头车气动特性的影响*

贺俊[1,2]，何旭辉[1,2]，邹云峰[1,2]，刘雄杰[1,2]
(1.中南大学土木工程学院 湖南 长沙 410075；2.高速铁路建造技术国家工程实验室 湖南 长沙 410075)

1 引言

列车在高速运行的过程中，由于列车运行时的列车风以及自然风的存在，列车会受到风荷载的作用[1]。并且自然风具有时空多变性[2-3]、桥梁会改变列车周围的绕流特性[4-5]以及隧道对列车绕流的影响，同时不同的研究方法对气动力结果也存在一定的影响，所以列车气动力特性一直是列车动力学研究的重点。

2 风洞试验简介

2.1 试验模型及装置

风洞试验在中南大学"高速铁路建造技术国家工程实验室"的高速铁路风洞实验室的高速段进行。试验列车模型选取高速铁路CRH380型列车头车模型，模型比例为1∶15。模型采用3D制作而成，模型具有足够刚度以保证列车模型在试验过程中不会变形。模型共布置13个风压测点断面，共计285个测点。列车模型测点布置如图1所示。

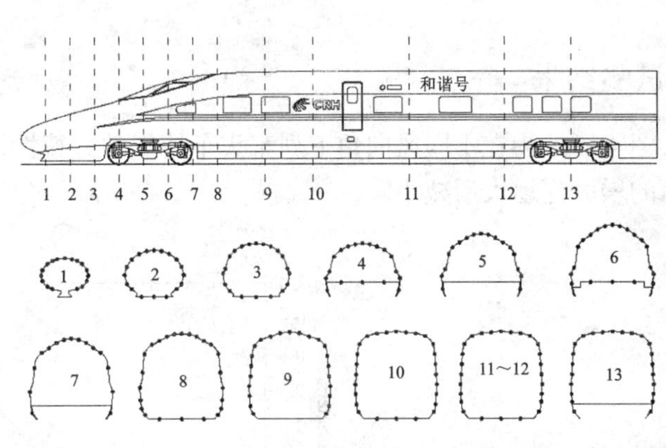

图1 列车模型测压点布置

为了保证列车在均匀流中进行试验而不受风洞壁的影响，利用铝合金型材搭建高0.5 m的试验平台，试验布置如图2所示。利用风洞实验室高速段转盘对列车模型的风向角进行调节，风向角的布置方式如图3所示。

图2 风洞试验布置图图

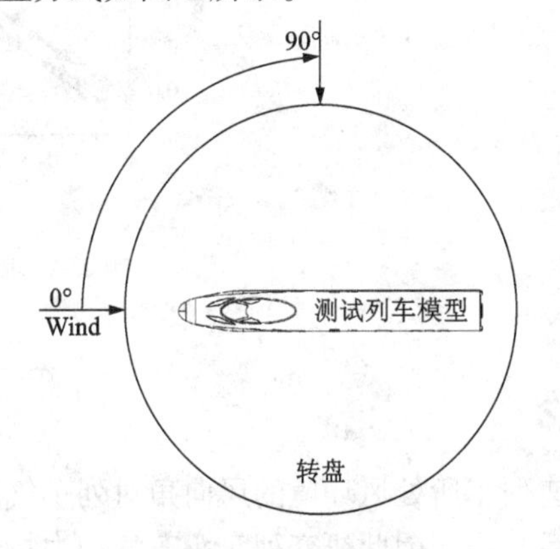

图3 风洞试验列车模型风向角布置图

2.2 试验工况

试验利用压力扫描阀对列车表面的压力分布进行测试，采样频率为312.5 Hz，采样时间为32 s，采样点数为10000。列车气动力测试风向角工况如表1所示。

* 基金项目：国家自然基金资助项目(51508580，51508574，U153420035)，中南大学"创新驱动计划"项目(2015CX006)

表 1　列车气动力测试风向角工况

列车速度/(km·h⁻¹)	横风风速/(m·s⁻¹)	合成风向角/(°)
—	0	0
300	5	4
300	10	7
300	15	10
300	20	14
300	25	17
300	30	20
300	35	23
—	—	60
0	—	90

3　试验结果

图 4 所示为在不同风向角下列车头车的气动力特性，从图中可以看出，列车头车的三分力系数随着风向角的增大先增大后减小。

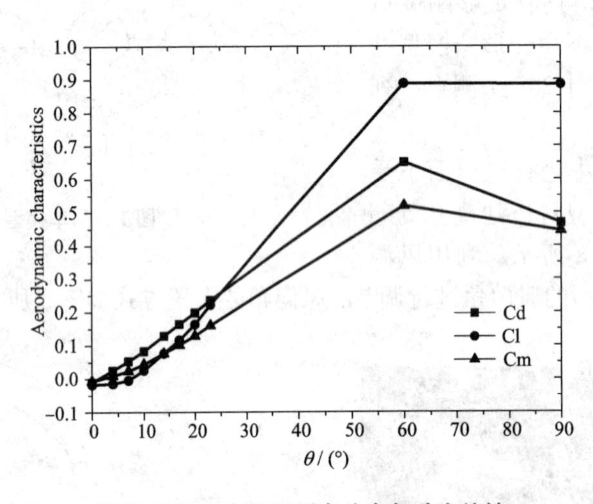

图 4　不同风向角下列车头车气动力特性

4　结论

高速列车所处风环境的风向角对列车气动特性影响较大，随着风向角的增大，列车头车的气动力系数先增大后减小。因此研究列车头车气动力特性时需考虑风向角。

参考文献

[1] 何旭辉，邹云峰，周佳，等. 运行车辆风环境参数对其气动特性与临界风速的影响[J]. 铁道学报，2015，(05)：15－20.

[2] 苗秀娟. 瞬态风荷载下的列车运行安全性研究[D]. 长沙：中南大学，2012.

[3] 赵杨. 突变风实验模拟与荷载特性研究[D]. 哈尔滨：哈尔滨工业大学，2010.

[4] 李永乐. 风—车—桥系统非线性空间耦合振动研究[D]. 成都：西南交通大学，2003.

[5] He X H, Zou Y F, Wang H F, et al. Aerodynamic characteristics of a trailing rail vehicles on viaduct based on still wind tunnel experiments[J]. Journal of Wind Engineering & Industrial Aerodynamics, 2014, 135: 22－33.

风向角对D形断面柱体静态气动力特性影响研究

黄伯城[1]，马文勇[1,2]，卢金玉[1]，岳光强[1]

（1. 石家庄铁道大学土木工程学院 河北 石家庄 050043；2. 河北省大型结构健康诊断与控制实验室 河北 石家庄 050043）

1 引言

驰振是一种发生在细长结构上的、以横风向为主的大幅振动，从断面形式上来看，常常发生在非圆形断面上，如导线覆冰改变其形状，形成椭圆形[1]，新月形[2]或类似D形断面[3]，其中D形断面常常被用来研究覆冰导线的气动力特性，本文采用刚性模型测压试验研究风向角对D形断面柱体静态气动力特性的影响，为以后实际工程中抑制驰振提供借鉴。

2 试验概况

本试验在石家庄铁道大学STDU－1风洞实验室低速试验段内进行，低速试验段截面尺寸为4.4 m×3.0 m×24.0 m，试验段中心区域速度场不均匀性小于0.5%，背景湍流度小于0.5%。

试验模型采用亚格力材料制作，如图2－1(a)所示，模型直径D=200 mm、长度2 m，沿模型周向布置4圈测点，距离模型中心为D、D、2D，每圈测点包含54个测点。

如图2－1(b)所示，试验风向角定义来流垂直直线段由半圆侧吹响直线侧为$\alpha=0°$，以逆时针为正。在本试验中，试验风向角范围$\alpha=0°\sim180°$，风向角间隔为10°。

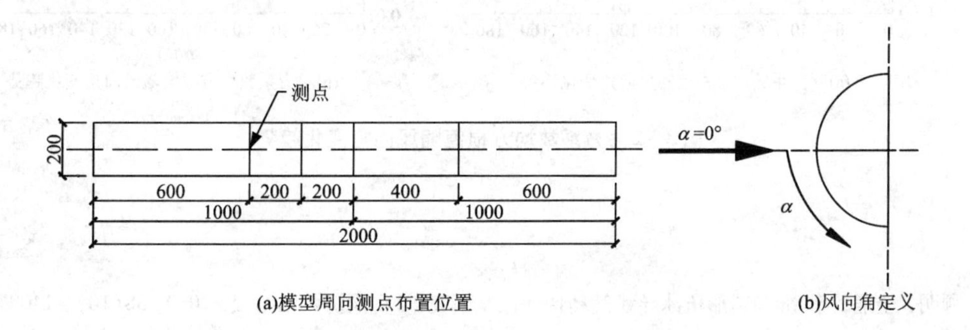

图2－1 模型周向测点布置位置及风向角定义

3 静态气动力特性分析

图3－1给出了平均升力系数及平均阻力系数随风向角的变化规律，可以看出：当风由断面半圆侧吹向直线侧时（$\alpha=0°\sim90°$），平均力系数随风向角的变化比较温和，当风由断面直线侧吹向半圆侧时（$\alpha=90°\sim180°$），平均力系数随风向角发生剧烈变化。

如图3－2给出平均升力系数均方根及平均阻力系数均方根随风向角的变化曲线，从中可以看出，风向角的变化对升力系数均方根值有较大影响，并且变化较剧烈；但对阻力系数均方根值基本没有影响。

4 结论

本文以D形断面柱体为研究对象，通过刚性节段模型测压试验方法，研究了D形断面柱体静态气动力特性随风向角的变化规律，得到主要结论是：风向角的变化对D形断面柱体气动参数影响较为明显；且模型在风向角130°～180°时可能会发生气动失稳现象。

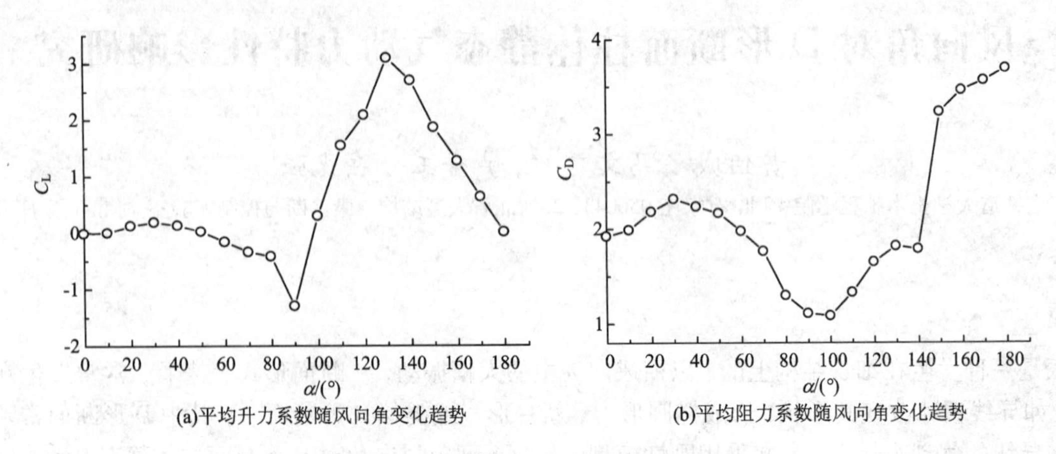

图3-1　力系数随风向角的变化规律

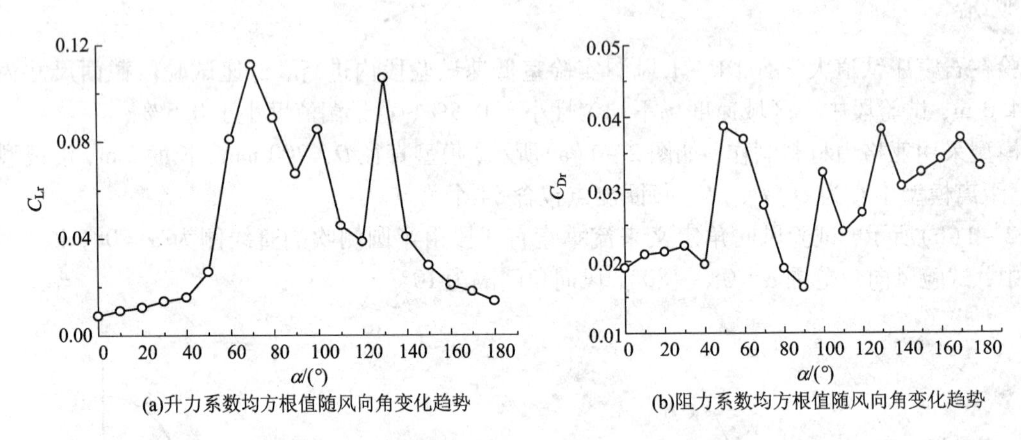

图3-2　力系数均方根值随风向角变化趋势

参考文献

[1] 马文勇，顾明，全涌，等. 准椭圆形覆冰导线气动特性试验研究［J］. 同济大学学报，2010，38(10)：1409-1413.

[2] 李寿英，黄韬，叶继红. 覆冰斜拉索驰振稳定性的理论研究［J］. 振动与冲击，2013，32(1)：122-127.

[3] Van Dyke P, Laneville A, Galloping of a single conductor covered with a D-section on a high-voltage overhead test line［J］. Journal of Wind Engineering and Industrial Aerodynamics, 2008, 96(6-7)：1141-1151.

V型双柱绕流的互致干扰效应研究*

姜超，赖马树金，李惠
（哈尔滨工业大学土木工程学院 黑龙江 哈尔滨 150090）

1 引言

多柱体结构绕流问题，在高层建筑群、海洋立管、热交换器管束、桥墩等实际工程中广泛存在，涉及了大多数流动的常见现象，如流动分流、剪切层干扰、准周期涡脱、间隙流动、不稳定性、涡街相互作用、不同流动模态等，因而其受到广泛关注。

目前，对多柱体结构在不同参数(截面形式、布置方式、雷诺数及间距比、柱体数量)下的绕流场特征及流场稳定性研究较为充分[1-2]，然而，还存在以下主要问题：一是，数值研究多基于二维模拟，不能准确预测流场的三维特性；二是，研究对象主要集中于等间距的二维柱体结构，对于实际工程中存在的变间距三维双柱体结构(如V型桥塔)研究较少。可以预测，由于间距比沿着柱体轴向不断变化，即使同一雷诺数下也存在多种流态模式，其湍流涡结构三维效应加强，与等间距双柱体结构的流场特征存在较大差异。

因此，本文对V型双柱绕流场展开数值研究，有利于进一步揭示柱体之间气动干扰效应机理。

2 数值模拟

2.1 数值方法

为较好预测V型双柱体结构复杂的绕流场特征，采用大涡模拟(LES)对NS方程进行空间滤波，对于大尺度涡结构直接求解，对小尺度涡结构采用Dynamic Smagorinsky - Lilly亚格子模型[3]进行模化。

NS方程中非线性对流项采用中心差分和迎风格式的混合稳定格式，以及欧拉向后时间差分格式。采用压强隐式分裂算法(PISO)对压力进行多次修正，并使用多重网格算法(AMG)对离散后的代数方程进行求解，使用套迭代技术，通过粗网格校正消除低频误差、细网格松弛消除高频误差，提高解的精度及加快收敛速度。

计算网格为多面体网格，整个计算域的入口、出口边界距离柱体表面分别为15D、35D，双柱间距以45°连续变化至最大15D。采用速度入口以及无反射对流出口边界条件。

2.2 方法验证

采用相同算法及网格方法，对单方柱结构在$Re=2.74\times10^3$(2.2×10^4)进行数值计算，以验证算法及网格的可靠性。计算得到的气动阻力、St分别为1.92(2.18)、0.124(0.131)与Atsushi Okajima[4-5]等人的实验和数值结果2.0±0.3(2.13)、0.125±0.03(0.133)吻合较好。

3 结论

在低雷诺数范围内，同一雷诺数下同时存在多种流动模式，相应气动力含有多频域成分：以$Re=10^2$为例(图1)，量纲为一的间距比$T^*<1.8$时，流动表现为单柱体模式；$1.8<T^*<4.0$时，流动间歇性偏向一侧柱体，为偏流模式；$4.0<T^*<8.0$时，呈现反相位流动，尾涡在远处相互融合；$T^*>8.0$以后，流场之间相互干扰不再明显，最大受扰间距近似为等间距双柱体二维结构($Re=59\sim158$，$T^*=3.5$[6])的2倍，同时，不存在后者中常见的同相位流动模式。可以看出：V型双柱三维结构绕流的相互干扰效应比传统等间距双柱体二维结构更为显著。

与不同流动模式相对应，随着间距比不断增加，尾流速度分布(图2)分别呈现出单V型、W型、双V型等形式，速度亏损趋势逐渐减弱，尾流范围相应增大。

由于沿着柱体轴向的间距比不同，流场受干扰的程度不一，使得即使在较低雷诺数下涡核结构仍然很

* 基金项目：国家自然科学基金重点项目(51503138)

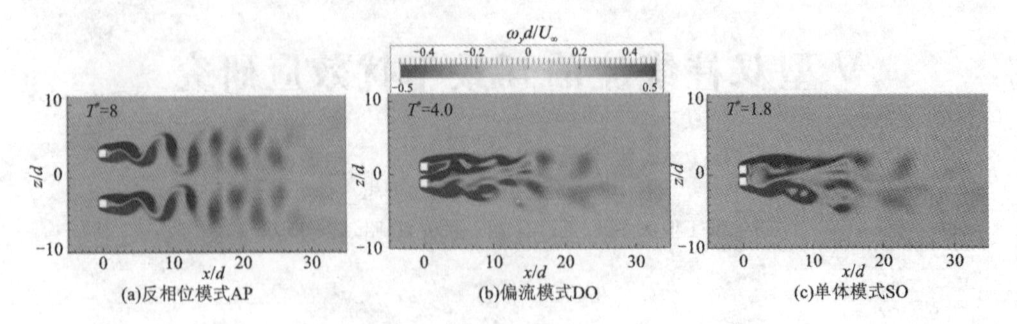

图1 不同间距比下的 V 型双柱体展向涡量($\mathrm{Re}=10^2$)

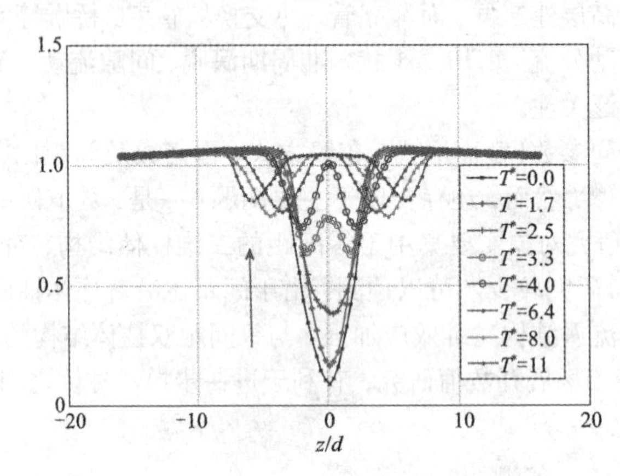

图2 尾流中速度分布($Re=10^2$)

难保持轴向平行(图3),在间距比较小的位置涡结构更早进入不稳定状态,形成形态复杂的二次涡结构。随着雷诺数增加,辫状涡等形成的柱状涡系整体性沿柱体轴向倾斜分布,且趋势越来越明显。这与传统等间距双柱体存在较大差异。

对双柱间距以不同角度变化、不同布置方式(如串列)时的绕流场特征有待进一步研究。

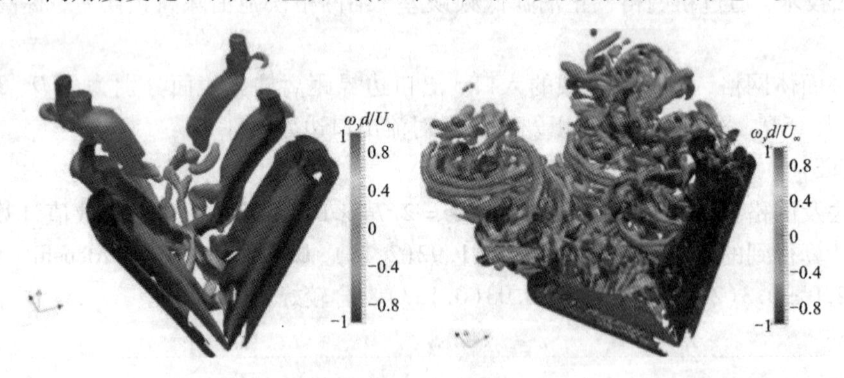

图3 基于 λ_2 准则的涡核结构(左: $Re=10^2$, 右: $Re=10^3$)

参考文献

[1] Zdravkovich M M. Review of flow interference between two circular cylinders in various arrangements[J]. Trans. ASME J. Fluid Eng., 1977, 99(4): 618-633.

[2] Mizushima J, Hatsuda G. Nonlinear interactions between the two wakes behind a pair of square cylinders [J]. J. Fluid Mech., 2014, 759: 295-320.

[3] Lilly D K. A proposed modification of the germane subgrid-scale closure method [J]. Phys. Fluids., 1992, 4: 633-635.

[4] Atsushi Okajima. Strouhal numbers of rectangular cylinders[J]. J. Fluid Mech., 1982, 123: 379-398.

[5] Davis R W, Moore E F. A numerical study of vortex shedding from rectangles[J]. J. Fluid Mech., 1982, 116: 475-506.

[6] Sangmo Kang. Characteristics of flow over two circular cylinders in a side-by-side arrangement at low Reynolds [J]. Phys. Fluids., 2003, 15: 2486-2497.

不同风攻角下薄平板颤振导数测试及验证*

李郁林[1]，王骑[1,2]，廖海黎[1,2]，张靖[1]
(1.西南交通大学桥梁系 四川 成都 610031；2.风工程四川省重点实验室 四川 成都 610031)

1 引言

颤振导数是表征桥梁断面气动自激力特性的重要参数，也是评估结构颤振稳定性的重要参数。不同风攻角下桥梁断面的颤振导数是不同的，从而导致了不同的颤振风速。早在 1971 年 Scanlan[1] 提出颤振导数概念以来，颤振导数的识别技术也伴随着发展起来。陈政清[2] 基于强迫振动风洞试验提出了颤振导数的时域识别方法和频域识别方法；许福友[3] 研究了薄平板宽度、质量和频率等参数对颤振导数的影响。以上研究成果均能够较好的识别平板在0°风攻角下的颤振导数，同时也研究了振幅等参数对于识别精度的影响，但没有涉及平板在有攻角条件下颤振导数的研究。本文以薄平板为研究对象，采用强迫振动风洞试验测试技术，在0°、3°、5°、7°攻角条件下对其颤振导数进行了详细测试和分析。最后，分别采用耦合颤振计算和自由振动风洞试验获得了薄平板模型在不同攻角下的颤振临界风速，两者误差小于5%，验证了颤振导数的准确性，使其可为大跨度桥梁考虑附加风攻角影响后的颤振计算提供准确气动参数。

2 研究方法和技术

2.1 强迫振动试验

测试采用的平板模型长 1.1 m、宽 0.4 m、厚 0.01 m，宽高比 40:1，满足工程意义上的薄平板尺寸。为了减小模型自身惯性力并保证刚度，该模型采样碳纤维板制作，质量仅 2.2 kg。强迫振动装置驱动模型在0°、3°、5°、7°攻角下分别作单自由度竖向振动和单自由度扭转振动，试验时竖向振动振幅 10 mm，扭转2°，振动频率均为 2.5 Hz，折算风速范围 4 ~ 18。测试设备和模型如图 1 所示。

2.3 自由振动试验

为了验证强迫振动装置所测得颤振导数的准确性，设计了自由振动颤振试验，获得同一个模型在不同风攻角下的实际颤振风速，并和由颤振导数计算的颤振风速进行对比。风攻角仍然为0°、3°、5°、7°攻角下。采用传统的弹簧悬挂节段模型系统，如图 2 所示。试验中设置了三种扭弯比(1.1、1.4、1.6)，并分别获得了对应的模型颤振风速，其目的是为了验证由实测颤振导数计算的颤振风速的非偶然正确性。

图 1 强迫振动风洞试验

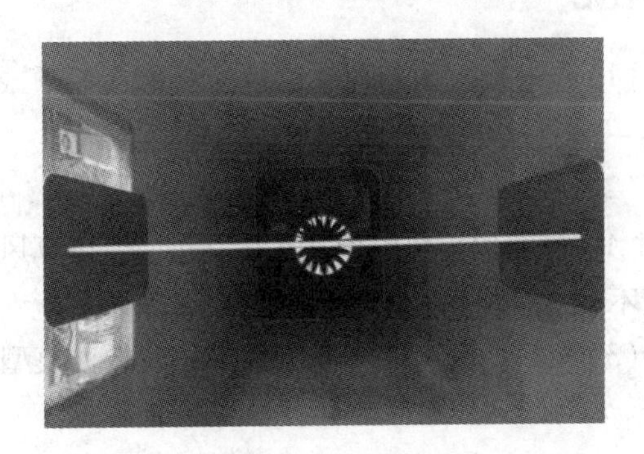

图 2 弹簧悬挂自由振动风洞试验

* 基金项目：国家自然科学基金项目(51308478，51678508)

3 颤振导数测试结果

3.1 薄平板模型在0°、3°、5°、7°风攻角下的颤振导数

调整1、2作动器的绝对位移，使得薄平板分别处于0°、3°、5°、7°攻角，驱动模型分别作单自由度竖向和扭转运动，测试获得的不同攻角下的4关键个颤振导数如图。

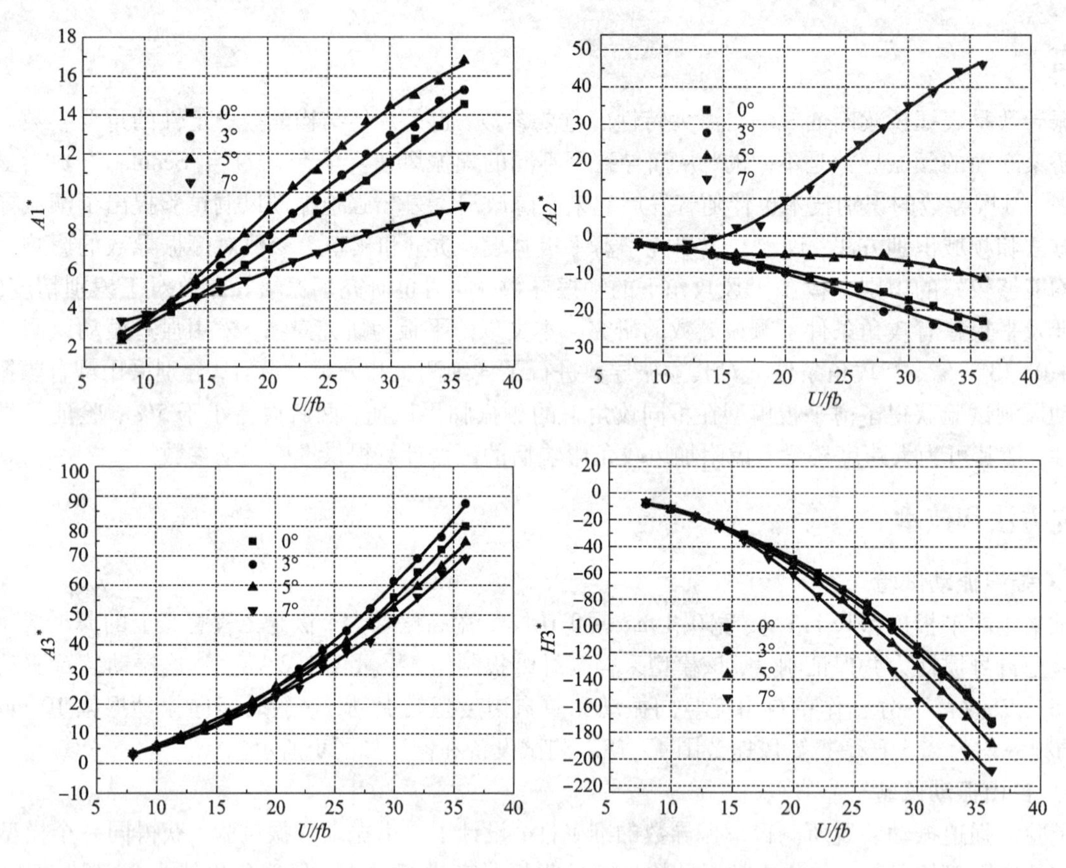

图3 不同攻角(0°、3°、5°、7°)下薄平板的颤振导数

4 结论

(1)薄平板模型和理想平板的四个关键颤振导数保持一致，其他四个非关键导数除 H_1^* 外，均与理论值存在一定的差异。

(2)颤振导数 A_2^* 在0°、3°和5°下为负值，且随着攻角增加绝对值减小，在7°攻角下，当折算风速小于15时 A_2^* 虽然仍为负值但接近于0值，当折算风速大于15时转为为正值；其他颤振导数在0°、3°和5°下的改变不如 A_2^* 显著，但在7°攻角下有显著变化。

(3)颤振计算和风洞试验获得的薄平板模型在不同攻角下的颤振临界风速对比结果表明，两者误差小于5%，测试的颤振导数具有很高的准确性。

参考文献

[1] Scanlan R H, Tomko J J. Airfoil and bridges deck flutter derivatives[J]. J. Eng. Mech. Div., 1971, 97(6): 1717 - 1733.
[2] 陈政清，于向东. 大跨桥梁颤振自激力的强迫振动法研究[J]. 土木工程学报，2002，35(5)：34 - 41.
[3] 许福友，陈艾荣. 平板颤振导数的参数弹性研究[J]. 工程力学，2006，23(7)：60 - 64.

竖向和扭转运动状态下宽高比为5:1的矩形断面气动性能试验研究*

林思源[1,2]，廖海黎[1,2]，王骑[1,2]，熊龙[1,2]
（1.西南交通大学桥梁工程系 四川 成都 610031；2.风工程四川省重点实验室 四川 成都 610031）

1 引言

宽高比为5∶1的矩形断面作为经典的钝体断面，特别是近年来在BARC（a Benchmark on the Aerodynamics of a Rectangular 5∶1 Cylinder）框架下，研究者通过风洞试验或数值模拟的手段从气动力系数、气动力沿横断面的分布、气动力的相关性以及流场对宽高比为5∶1的矩形断面气动性能进行了大量研究[1]。然而上述研究采用风洞试验手段时，由于实验条件所限，强迫振动状态下的矩形断面气动性能少有报道。本文使用强迫振动装置，分别在竖向和扭转单自由度运动状态下测量了模型表面的压力分布，获取气动力的频谱后，仅在大振幅扭转运动状态下观察到自激力的高次谐波分量。通过进一步分析表面压力的变化规律，研究了振幅等因素对该矩形断面气动性能的影响。

2 试验概况

本次试验在西南交通大学XNJD－1工业风洞高速试验段进行，试验段尺寸为2.4 m(W)×2 m(H)×16 m(L)，风速范围为1.0～45.0 m/s（紊流度：$I<0.5\%$）。试验模型采用5∶1的矩形断面，模型采用铝制骨架，表面安装有机玻璃，宽度500 mm，高度100 mm，长度1500 mm。模型安装在自行研发的强迫振动装置上，如图1所示。在模型中部700 mm范围内布置7排测压孔，每排测压孔的数量为60个，断面测压孔布置如图2所示。为便于进一步研究，测压断面采用纵向不等间距分布的方式布置。试验时，使模型在多个振幅和折算风速下分别进行单自由度竖向和扭转的正弦运动，运动的平均风攻角为0°。

图1 强迫振动装置

试验过程中，使用激光位移传感器和DMS－3400电子压力扫描阀同步采集模型运动的位移信号与表面压力信号，采样频率为128 Hz，各工况采样时长32 s。

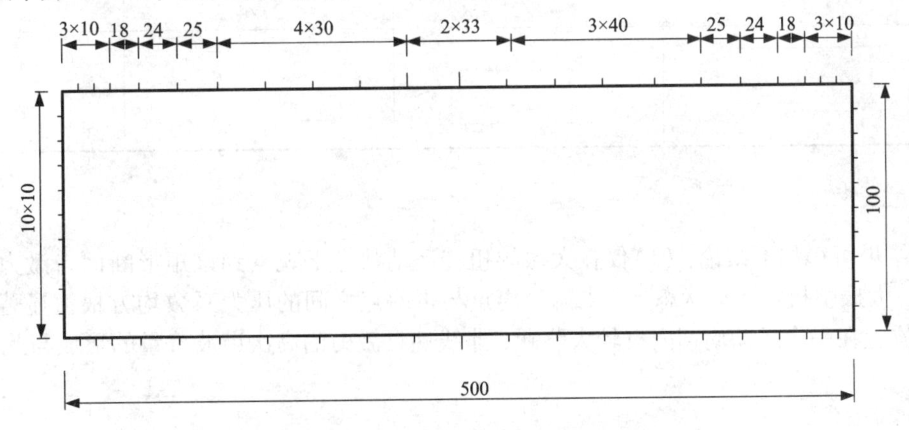

图2 矩形断面测压孔布置（单位：mm）

* 基金项目：国家自然科学基金（51378442，51678508）

3 典型试验结果

图 3 和图 4 所示分别是矩形断面在折算风速 $U_r = 14$ 时，在不同振幅情况下，竖向和扭转运动时的升力系数和力矩系数功率谱。图 5 和图 6 所示为不同运动状态下矩形断面上表面压力系数平均值和均方根值的分布情况。表 1 所示为模型在扭转振幅为 14°时一个运动周期内表面压力系数平均值和均方根值的变化。根据相关文献[2]，可以通过压力系数的平均值和均方根值的分布间接研究气流分离区再附点(Reattachment Point)的位置。图 7 为一个运动周期内上表面再附点位置随时间变化的曲线。

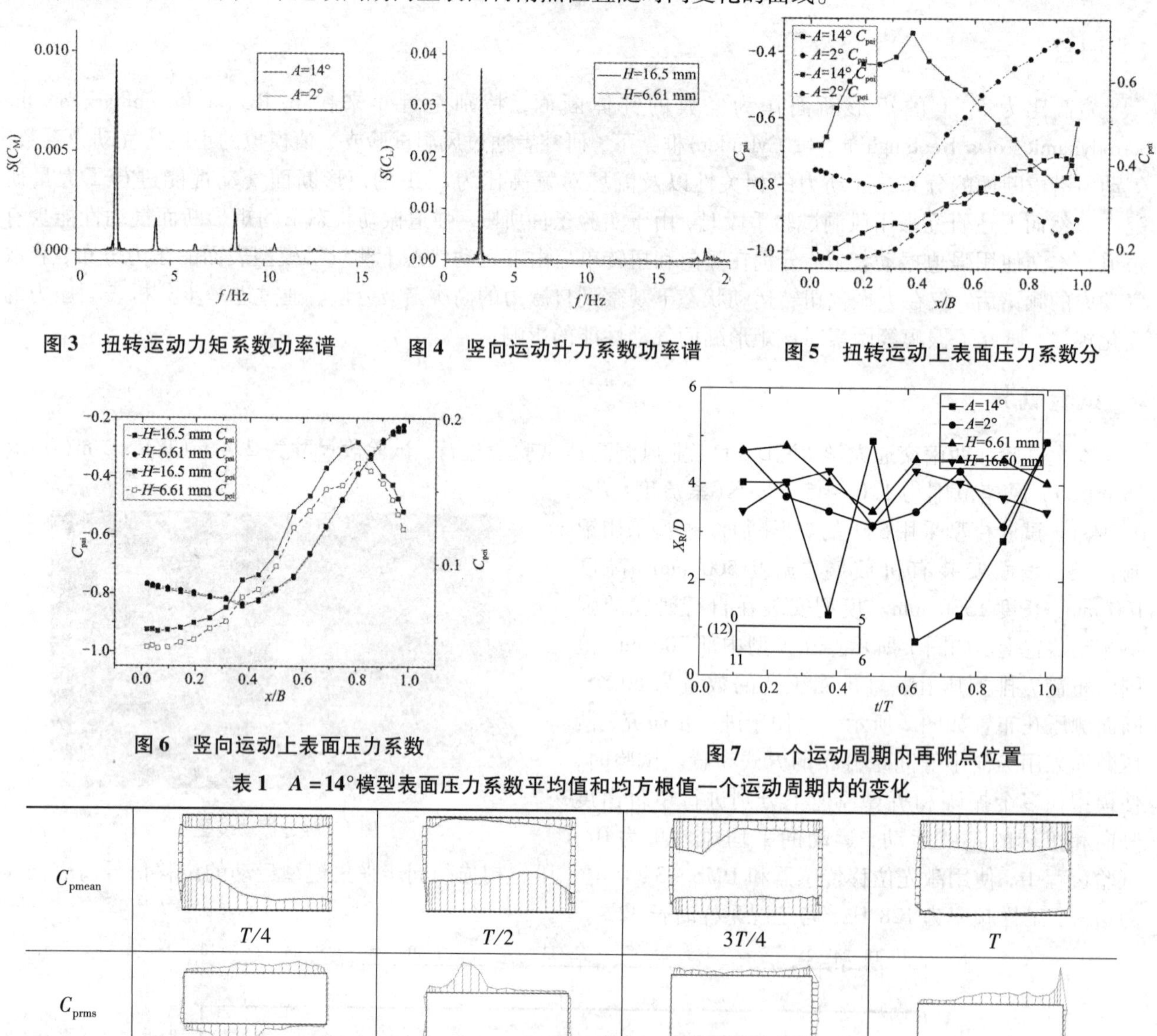

图 3 扭转运动力矩系数功率谱

图 4 竖向运动升力系数功率谱

图 5 扭转运动上表面压力系数分

图 6 竖向运动上表面压力系数

图 7 一个运动周期内再附点位置

表 1 $A = 14°$模型表面压力系数平均值和均方根值一个运动周期内的变化

C_{pmean}	$T/4$	$T/2$	$3T/4$	T
C_{prms}				

4 结论

分析试验结果可得如下结论：(1)仅在大振幅扭转运动状态下观察到该矩形断面自激力的非线性高次谐波效应。(2)大振幅扭转运动状态下，来流分离点与再附点之间的压力系数均方根值显著大于小振幅情况，且再附点位置在一个运动周期内有较大跳跃，非线性自激力的高次谐波分量的形成与此密切相关。

参考文献

[1] Bruno L, Salvetti M V, Ricciardelli F. Benchmark on the Aerodynamics of a Rectangular 5 : 1 Cylinder: An overview after the first four years of activity[J]. Journal of Wind Engineering & Industrial Aerodynamics, 2014, 126(1): 87 – 106.

[2] Matsumoto M, Shirato H, Araki K, et al. Spanwise Coherence Characteristics of Surface Pressure Field on 2 – D Bluff Bodies[J]. Journal of Wind Engineering &Industrial Aerodynamics, 2001, 91(1): 155 – 63.

矩形柱体气动性能的流场机理研究*

林伟群[1]，张盛华[1]，杜晓庆[1,3]，代钦[2,3]

（1. 上海大学土木工程系 上海 200444；2. 上海大学上海市应用数学和力学研究所 上海 200444；
3. 上海大学风工程和气动控制研究中心 上海 200444）

1 引言

矩形截面结构在土木工程中有大量应用，因而矩形柱绕流获得广泛关注[1-2]。宽厚比对矩形柱的气动性能和绕流流态起重要作用。研究表明，当宽厚比 $B/D>2.5$ 时，在前缘角点处分离的剪切层会再附在矩形柱侧面。以往针对不同宽厚比矩形柱流场特性的研究较少。本文采用 SST $k-\omega$ 湍流模型研究了四种宽厚比的矩形柱绕流问题，研究了表面风压、流场结构和气动力之间的内在关系，探讨了矩形柱气动性能的流场作用。

2 计算模型和计算参数

本文采用四种宽厚比的矩形柱体，分别为 $B/D=1$，2，3，4。来流为均匀来流，风攻角为0°，雷诺数为 $Re=2.2\times10^4$（根据矩形柱厚度 D 和来流风速计算得到）。计算采用 SST $k-\omega$ 湍流模型，该模型综合利用了标准 $k-\varepsilon$ 模型适合剪切层模拟而 $k-\omega$ 模型适合近壁区模拟的优点。计算域采用结构化网格，网格在靠近矩形柱体处加密，第一层网格高度为 $0.001D$，近壁面网格增长率为1.08。

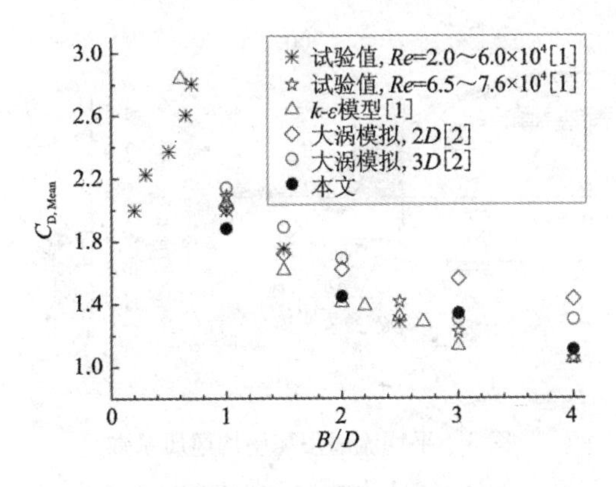

图1 不同宽厚比矩形柱体的平均阻力系数

3 结果与讨论

图1所示为不同宽厚比矩形柱体的平均阻力系数，图中列出了文献[1-2]进行比较。从图中可见，本文 SST $k-\omega$ 模型模拟结果与之前的文献值吻合较好，这也说明了本文计算模型的正确性；平均阻力系数会随着宽厚比 B/D 的增大而减小。

图2为三种不同宽厚比的矩形柱绕的瞬时涡量图，从图中可见，相较于其他宽厚比，$B/D=2$ 矩形柱尾流脱落的旋涡被拉长，交替脱落的旋涡间距离也较大，导致了 $B/D=2$ 的 St 数最小。

图3为宽厚比 $B/D=2$，3时，矩形柱体绕流的平均流线图以及平均风压系数图。从平均流线图中可见，$B/D=2$ 时，分离的剪切层并没有再附到矩形柱的侧面上，侧面后缘有一个很小的旋涡；当 $B/D=3$ 时，从前缘角点分离的剪切层会再附到了矩形柱侧面。从平均风压系数图中可见，$B/D=2$ 时，矩形柱的侧面

* 基金：国家自然科学基金资助（51578330），上海市自然科学基金（14ZR1416000），上海市教委科研创新项目（14YZ004）

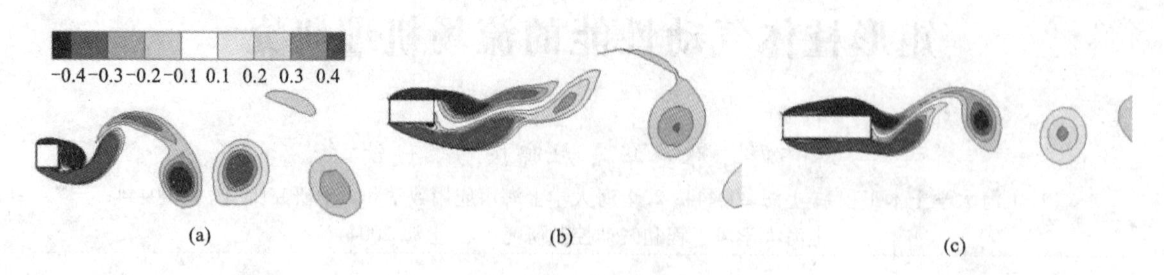

图 2 瞬时涡量图(升力最大时刻)

(a)$B/D=1$; (b)$B/D=2$; (c)$B/D=4$

不存在压力恢复区(负压逐步减小的区域), 但 $B/D=3$ 的矩形柱侧面存在明显的压力恢复区。对比四种宽厚比的矩形柱体, 可以看到尾流宽度随着宽厚比的增加而减小。这主要是因为随着宽厚比的增大, 在前角分离的剪切层越来越靠近矩形柱侧面, 并发生剪切层再附的现象, 从而导致模型背风面负压绝对值减小, 平均阻力系数下降。

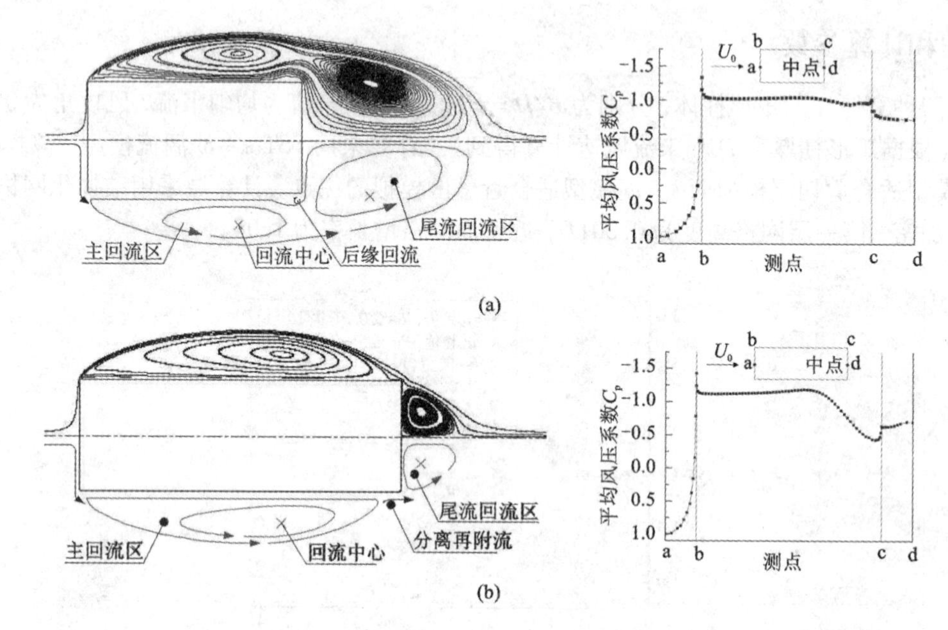

图 3 平均流线图和平均风压系数

(a)$B/D=2$; (b)$B/D=3$

4 结论

对于矩形柱绕流问题, 采用 SST $k-\omega$ 模型模拟可获得较为准确平均气动性能; 宽厚比 $B/D=1$ 和 2 的矩形柱侧面不存在压力恢复区, 也没有分离剪切层再附现象; $B/D=3$ 和 4 的矩形柱侧面存在压力恢复区, 会发生分离剪切层的再附现象, 再附现象使尾流宽度变窄, 导致平均阻力系数随着宽厚比的增大而减小; $B/D=2$ 的矩形柱在一侧分离的剪切层在背风面回流后与另一侧分离的剪切层相互作用, 形成一个旋涡, 抑制了脱落旋涡的速度, 导致 St 数最小。

参考文献

[1] Shimada K, Ishihara T. Application of a modified $k-\varepsilon$ model to the prediction of aerodynamic characteristics of rectangular cross-section cylinders[J]. Journal of Fluids and Structures, 2002, 16: 465-485.

[2] Yu D, Kareem A. Parametric study of flow around rectangular prisms using LES[J]. Journal of Wind Engineering and Industrial Aerodynamics, 1998, 77&78: 653-662.

展弦比对 5∶1 矩形断面节段模型气动力的影响*

温青，曹利景，华旭刚
（湖南大学风工程与桥梁工程湖南省重点实验室 湖南 长沙 410028）

1 引言

节段模型试验是风洞试验的一种重要方法，该方法已经广泛应用于圆柱、方柱、矩形柱和桥梁主梁等结构的风致振动分析及振动控制措施的研究[1]。模型的展弦比或长宽比是节段模型设计的重要参数[2]。作用在模型上的有效气动总力会随着模型增长而减小[3]，在一些节段模型涡激振动试验中，不同展弦比的节段模型得到了不同涡激振振幅[4]，这其中有雷诺数效应的原因，但也不能排除不同展弦比的原因。本文通过宽高比 5∶1 矩形断面不同展弦比固定模型进行风洞试验[5]，研究了展弦比对模型表面风压分布、气动力展向分布和气动力频率特征的影响。本次研究结果为合理确定展弦比提供参考。

2 试验模型与设计

试验模型采用宽高比 5∶1 的矩形断面刚性节段模型，模型高 $D=60$（mm）、宽 $B=300$（mm）、长 $L=1920$（mm）。模型最大展弦比 $L/D=32$，两侧设置端板，尺寸采用宽 1020（$6D+B+6D$）（mm）、高540（$4D+D+4D$）（mm）。在展向变间距布置了 14 测压截面，每个测压截面 32 个测压点。测点截面展向布置及截面风压测点布置如图 1 所示。

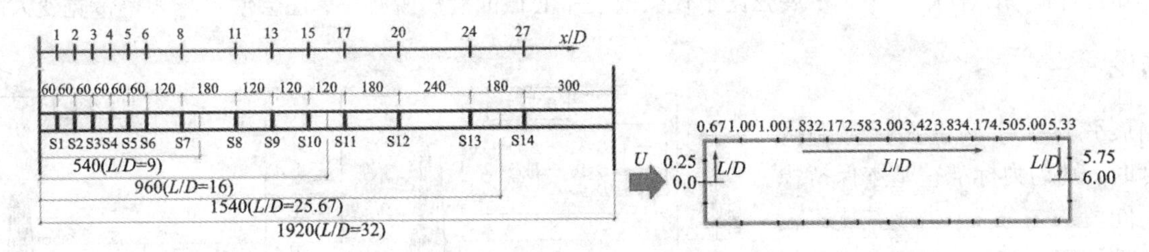

图 1 试验模型和测点布置

展弦比的改变通过移动一侧端板实现，试验中共分析了五种展弦比工况，编号为 L32、L26、L16、L12 和 L09，对应展弦比 L/D 分别为 32、25.6、16、12 和 9。

3 展弦比效应分析

3.1 表面风压分布

不同展弦比中心截面以及 $L/D=32$ 时相应截面的风压均值和标准差特征如图 2 所示。由图可知：展弦比对节段模型中心截面表面风压均值影响很小，对表面风压标准差影响较大；小展弦比端板影响区间内截面风压标准差小于大展弦比端板影响区间内相同截面风压标准差，展弦比减小会加剧端板影响区间内截面风压标准差减小。

3.2 气动力均方根分布

不同展弦比气动升力和力矩标准差展向分布特征如图 3 所示。随着展弦比减小，气动升力和力矩标准差均呈现减小趋势。当展弦比大于 16 时，随着展弦比增大，气动力标准差基本保持稳定且中间段为均匀分布；当展弦比不大于 16 时，气动力标准差呈现尖角状分布且中间段无均匀分布，中心截面最大，向两边迅速减小。

* 基金项目：国家自然科学基金资助项目（51278189）

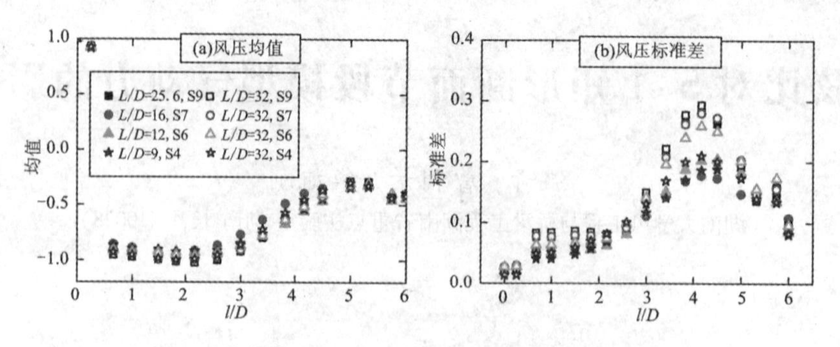

图2　不同间距与长间距风压分布特征对比($U=8$ m/s)

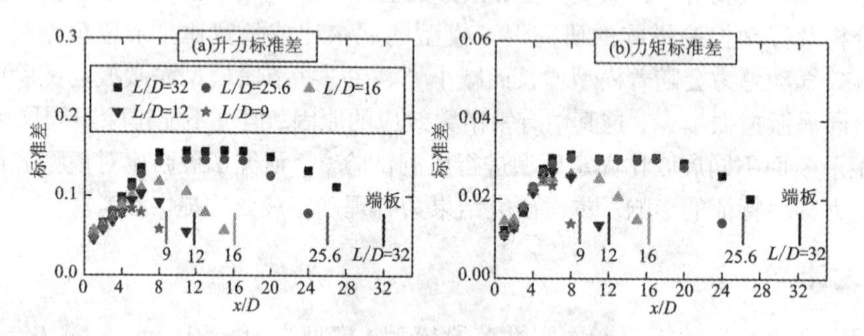

图3　不同展弦比升力和力矩标准差展向分布特征($U=8$ m/s)

3.3　气动力功率谱特征

当展弦比很大时，端板不影响中间截面旋涡脱落频率。不同展弦比中心截面气动力功率谱如图4所示。由图可知：当展弦比不大于16时，展弦比不仅会改变中心截面旋涡脱频率，还会使卓越频率带宽变大。

4　结论

当展弦比大于两倍端板影响区间长度时，气动力标准差基本保持稳定且中间段均匀分布；当展弦比不大于两倍端板影响区间，表面风压及气动力标准差减小，减小展弦比会加剧标准差减小；展弦比不仅改变旋涡脱频率特征，还会使卓越频率的带宽变大，使能量分散。

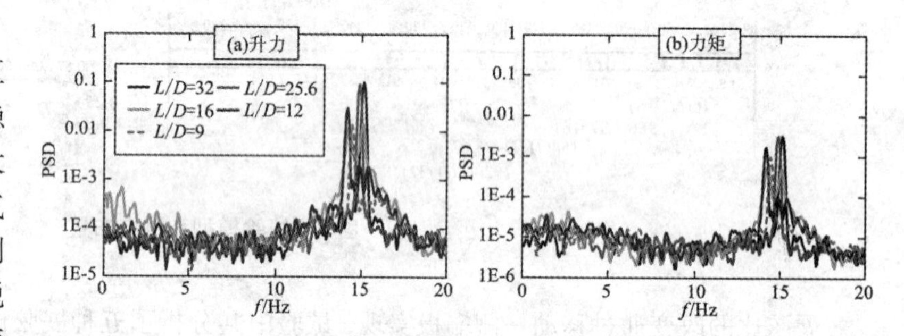

图4　不同展弦比中间截面功率谱($U=8$ m/s)

我国《公路桥梁抗风设计规范》对模型的长宽比要求：①开口试验段：大于3；②闭口试验段：大于2。而本试验的试验段为闭口试验段，展弦比16对应长宽比为3.2，大于规范要求，但模型上气动力仍然显著受长宽比影响。因此，规范中对长宽比的要求有待进一步验证。

参考文献

[1] Goswami I, Scanlan R, Jones N. Vortex - Induced Vibration of Circular Cylinders. I: Experimental Data[J]. Journal of Engineering Mechanics, 1993, 119(11): 2270 -2287.

[2] Szepessy S, Bearman P W. Aspect ratio and end plate effects on vortex shedding from a circular cylinder[J]. Journal of Fluid Mechanics, 1992, 234: 191 -217.

[3] Norberg C. Fluctuating lift on a circular cylinder: review and new measurements[J]. Journal of Fluids and Structures, 2003, 17(1): 57 -96.

[4] Hansen S O, Srouji R G, Isaksen B, et al. Vortex - induced vibrations of streamlined single box girder bridge decks[C]//14th International Conference on Wind Engineering, 2015.

[5] Bruno L, Salvetti M V, Ricciardelli F. Benchmark on the Aerodynamics of a Rectangular 5:1 Cylinder: An overview after the first four years of activity[J]. Journal of Wind Engineering and Industrial Aerodynamics, 2014, 126: 87 -106.

正弦突变紊流场中矩形断面脉动压力的非定常特性研究*

吴波[1,2]，张亮亮[1,2]，李少鹏[1,2]
(1.重庆大学土木工程学院 重庆 400045；2.山地城镇建设安全与防灾协同创新中心 重庆 400045)

1 引言

作为一种典型的钝体断面，矩形气动性能的研究将为其他结构的气动性能研究提供参考。目前，国内外研究者对于矩形断面已进行了许多研究，但大部分均在均匀流条件下进行，而在自然条件中的大气存在脉动流速成分。Armstrong 等[1]发现，对均匀流场施加扰动后，漩涡强度和脱落频率均会增加。Griffin 和 Hallzai[2]发现流场受到扰动后，流速和升力的脉动值均会增大。可见，研究脉动来流作用下的钝体绕流情况具有重要意义。但目前少量关于脉动风的研究均是针对机翼、风力机叶片之类的流线型结构。本文针对宽高比为5:1 的经典矩形断面，研究其在频率 0.1 Hz≤f≤30 Hz 的正弦脉动风作用下的流场特性，并与均匀流下的脉动风场进行对比，探讨脉动风频率对其的影响规律。

2 数值计算与验证

2.1 求解与工况设置

数值计算基于 Ansys Fluent 15.0，湍流模型为 SST $k-\omega$，压力 - 速度耦合选用 SIMPLEC 算法，空间离散格式为有界中心差分，时间离散格式为有界二阶隐式。时间步长经试算[3]，取为 0.0005 s。

入口来流速度函数定义为：

$$u(t)=u_{\infty}+\Delta u\sin(2\pi f_e t) \tag{1}$$

其中，u_{∞}为均匀流风速(10 m/s)，Δu 为脉动幅值(2 m/s)，f_e为脉动风频率，本文取f_e = 0.1 Hz、0.3 ~ 3.0 Hz(Δ = 0.3 Hz)、5 Hz、7 Hz、10 Hz、20 Hz、30 Hz。相应地，以矩形宽度 B 计算的 Re = 268000 ~ 402000。

2.2 计算域与网格划分

矩形断面 B/D = 0.5/0.1，计算域上下边界为对称边界，入口为速度条件，出口为压力条件，断面附壁为无滑移壁面，如图 1 所示。划分结构化网格，其中附壁层以边界层网格进行加密，y^+值小于 1。

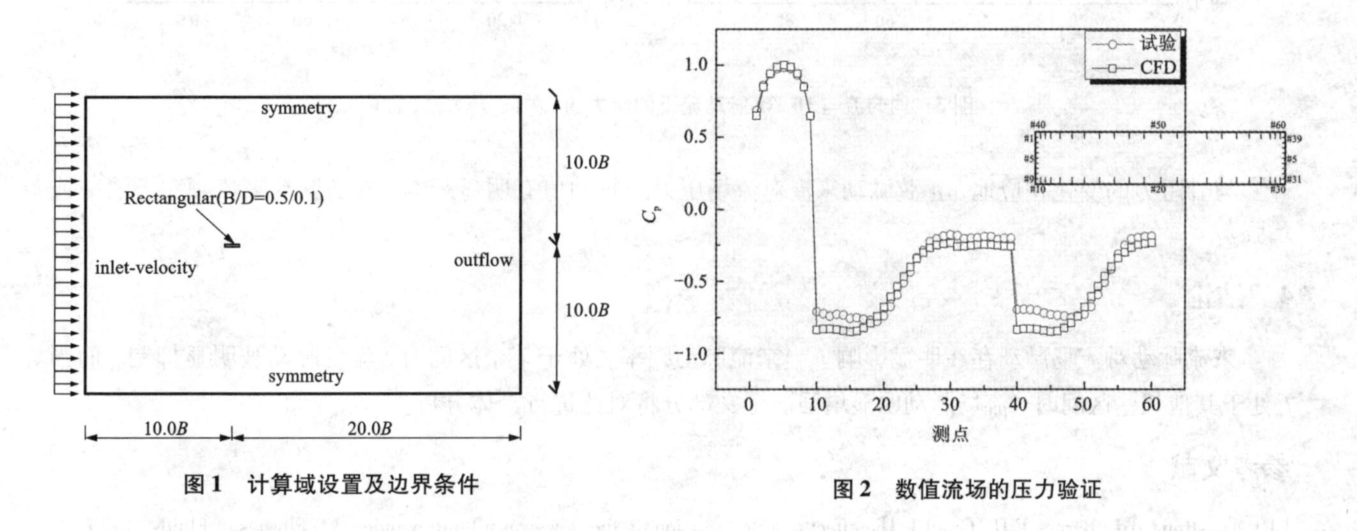

图 1 计算域设置及边界条件

图 2 数值流场的压力验证

2.3 数值流场验证

图 2 给出了均匀流来流下(u = 10 m/s)各个测点压力系数的计算值与风洞测试值的对比，二者吻合很

* 基金项目：国家自然科学基金(51578098，51608074)

好。表1 列出了静态流场参数的试验值与计算值对比，各项计算误差很小，证明数值计算精度高，流场可信。

表1　静态流场参数的试验值与计算值对比

参数	S_t	C_d	RMS. C_d	C_l	RMS. C_l
风洞试验	0.111	1.029	—	0	—
CFD(均匀流)	0.113	1.071	0.002	0	0.141
CFD(f_e = 10 Hz)	0.016	1.087	0.234	0.005	0.119

3　流场畸变

f_e = 10 Hz 脉动流下的升、阻力均值与均匀流相比无明显变化，但阻力脉动值明显升高（表1），其频谱出现“倍频”现象（图3），最大卓越频率与 f_e 一致。升力谱也存在“倍频”现象，其最大卓越频率1.6 Hz（S_t = 0.016），仅为均匀流下漩涡脱落频率 f_s 的 1/10。相应地，升力脉动值有所降低。此外，初步研究发现，当 f_e 位于（$1/3 \sim 1/2 f_s$）区间时，周期性的漩涡脱落基本消失。而在其他一些频率区间内，漩涡脱落强度明显增加，可能是由于脉动风频率与漩涡脱落频率间存在“锁定”现象。

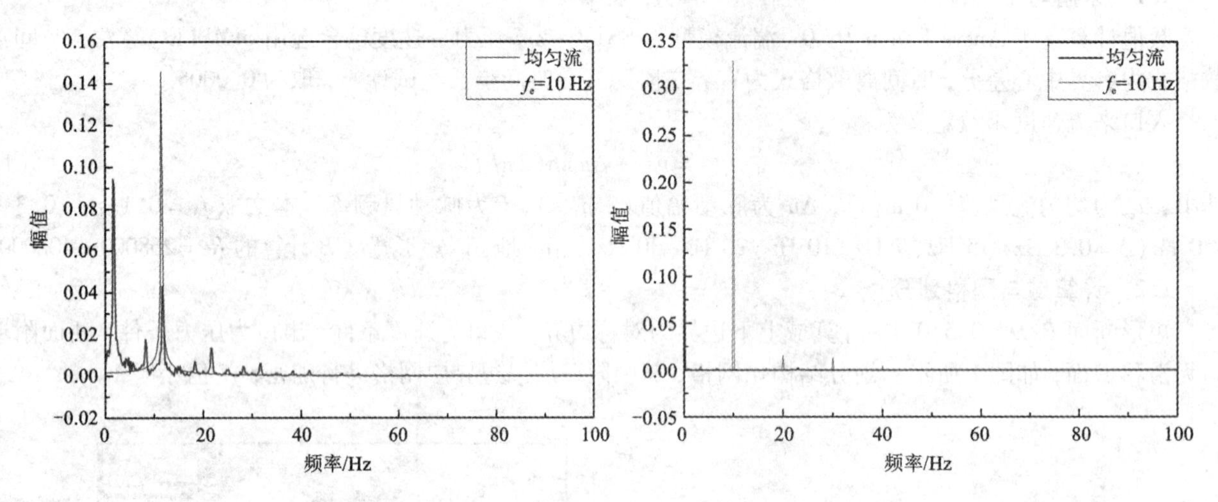

图3　均匀流与10 Hz 脉动流下的阻力谱（左）、升力谱（右）

与升阻力的变化相应地，正弦脉动来流对流场压力的脉动值有明显影响，其随脉动来流频率 f_e 消减或增强。

4　结论

来流脉动对流场脉动存在明显影响。当来流脉动频率 f_e 处于某个区间时，流场脉动被明显抑制；而当 f_e 处于其他某些区间时，流场脉动明显增强。全文部分将对此进行具体分析。

参考文献

[1] Armstrong B J, Barnes F H, Grant I. The effect of a perturbation on the flow over a bluff cylinder[J]. Physics of Fluids, 1986, 29(7): 2095－2102.

[2] Griffin O M, M S Hall. Review—Vortex Shedding Lock－on and Flow Control in Bluff Body Wakes[J]. Journal of Fluids Engineering, 1991, 113(4): 526－537.

[3] 祝志文. 基于二维模型计算扁平箱梁漩涡脱落的可行性分析[J]. 中国公路学报, 2015, 28(06): 24－33.

悬索桥吊索双索股尾流驰振机理研究*

肖春云，邓羊晨，李寿英，陈政清
（湖南大学风工程试验研究中心 湖南 长沙 410082）

1 引言

大跨度悬索桥吊索质量轻、频率低、阻尼小，极易在风荷载的作用下发生大幅振动。日本明石海峡大桥[1]、丹麦大海带东桥[2]和我国西堠门大桥[3]上均有类似报道。本文针对吊索双索股之间的气动干扰进行研究。通过风洞试验测得不同位置处尾流索股平均阻力系数 C_D 和平均升力系数 C_L。其次，基于准定常理论建立尾流索股运动控制方程，并采用 Runge - Kutta 数值法求解方程，得到了尾流索股尾流驰振响应。最后，采用能量分析法研究了尾流驰振的失稳机理。

2 索股测力风洞试验

试验在湖南大学风工程试验研究中心 HD - 2 风洞试验室的高速试验段进行，采用湖南大学自主研制的强迫振动装置对吊索进行测力。图 1(a)和(b)分别给出了尾流索股平均阻力系数 C_D 和平均升力系数 C_L 的三维空间分布曲面图，从图中可以看出，尾流索股的平均气动力系数在空间上具有良好的连续性和对称性。

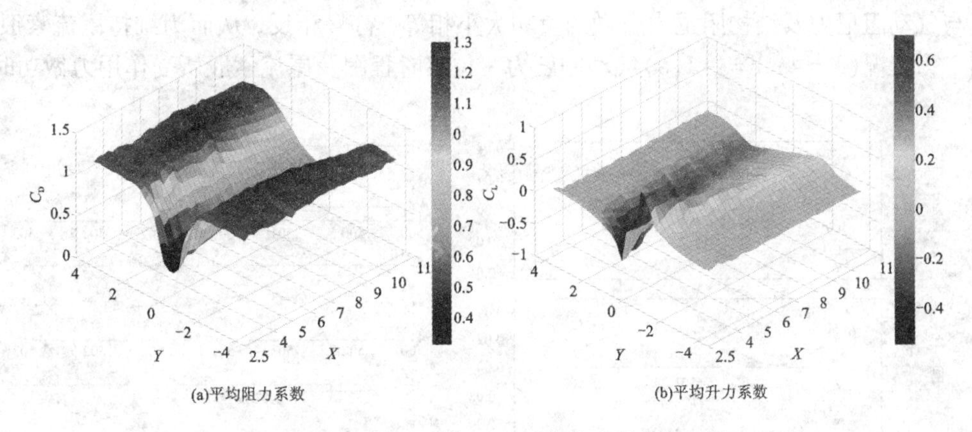

图 1 尾流索股平均气动力系数的空间分布规律

3 尾流驰振响应分析

基于准定常理论，建立悬索桥吊索尾流驰振理论分析模型。采用 Runge - Kutta 方法分析了尾流索股的响应。结果表明：①在尾流中心线上侧，尾流索股按顺时针方向运动；在尾流中心线下侧，尾流索股按逆时针方向运动。②在尾流驰振失稳区域上，索股的响应频率显著降低，表现出了显著的气动负刚度效应。③结构固有频率对索股尾流驰振影响显著。当结构两个方向上的频率相等且同时增加到一定程度时，可以有效抑制尾流驰振的发生；两个方向频率存在频率差对尾流驰振有抑制作用。图 2 为工况($X = 5.5$，$Y = 1.3$)尾流索尾流驰振股响应图。

4 尾流驰振机理研究

基于准定常理论，对尾流索股上的气动刚度力和气动阻尼力进行分离识别，进而采用能量分析法研究了尾流驰振失稳机理。结果表明：在同一个运动周期轨迹不同的区段上，气动刚度力的功率有正有负，但

* 基金项目：国家自然科学基金项目(51578234)，国家重点基础研究发展计划(973 计划，2015CB057702)

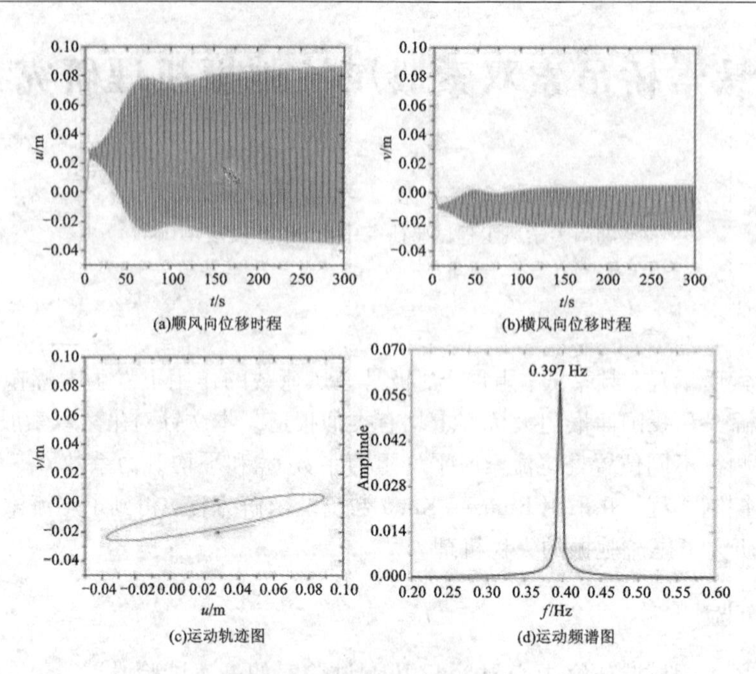

图2 尾流索股响应图($X=5.5$, $Y=1.3$)

在一个周期上所做的总功总为正。气动阻尼力所做的功总是为负。在一个运动周期上，气动刚度力所积累的正功总是与气动阻尼力及结构阻尼力所做的负功大小相等，符号相反，从而为维持尾流索股极限环运动的稳定。图3为工况($X=4$, $Y=-1.8$)气动刚度力-位移时程图及尾流索股所受作用力做功时程图

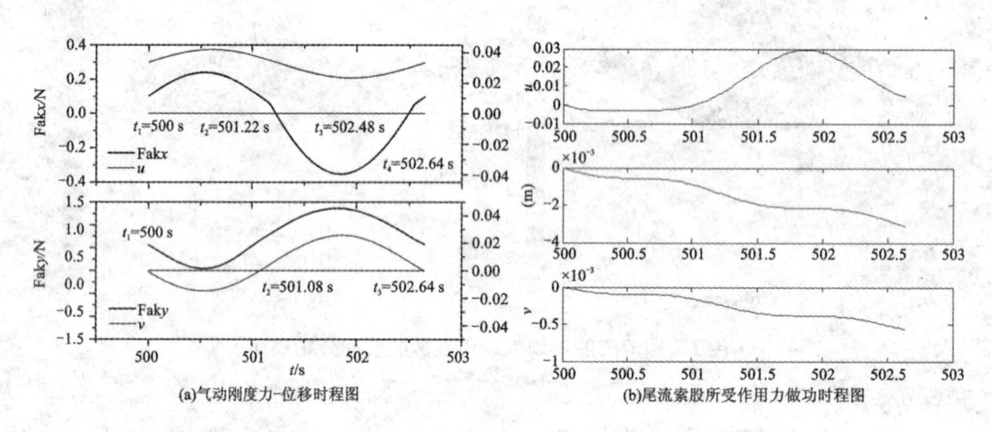

图3 气动刚度力-位移时程图及尾流索股所受作用力做功时程图($X=4$, $Y=-1.8$)

5 结论

(1)尾流索股的平均气动力系数在空间上具有良好的连续性和对称性。

(2)在尾流中心线上侧，尾流索股按顺时针方向运动；反之，尾流索股按逆时针方向运动。结构固有频率对索股尾流驰振影响显著。

(3)尾流驰振主要由气动刚度引发，即气动刚度力所做正功抵消其他因素所做负功之和是吊索结构发生尾流驰振的根本原因。

参考文献

[1] Laursen E, Bitsch N, Andersen J E. Analysis and Mitigation of Large Amplitude Cable Vibrations at the Great Belt East Bridge [C]//In: Operation, Maintenance and Rehabilitation of Large Infrastructure Projects, Bridges and Tunnels . Copenhagen: IABSE, 2006: 64-71.

[2] Fujino Y, Kimura K, Tanaka H. Wind Resistant Design of Bridges in Japan[M]. Tokyo: Springer Japan, 2012: 177-182.

[3] 陈政清，雷旭，华旭刚，等. 大跨度悬索桥吊索减振技术研究与应用[J]. 湖南大学学报, 2016, 43(1), 1-10.

串列双方柱气动性能的流场机理研究*

许汉林[1]，田新新[1]，杜晓庆[1,3]，代钦[2,3]
(1. 上海大学土木工程系 上海 200072；2. 上海大学上海市应用数学和力学研究所 上海 200072；
3. 上海大学风工程和气动控制研究中心 上海 200072)

1 引言

高层建筑通常以建筑群的形式出现，研究双方柱绕流有助于理解建筑群之间的干扰机理。受上游方柱尾流影响，下游方柱周围流场和气动性能和单方柱有显著差异[1]。Sakamoto 对两串列方柱做了试验研究，观察到存在某一临界间距 S/B(S 为两方柱中心距离，B 为方柱边长)，在临界间距附近，方柱的平均阻力系数和 St 数会发生突变[2]。但是以往对气动力突变的流场机理研究较少。本文采用 SST $k-\omega$ 湍流模型，研究了四种不同间距串列双方柱的绕流场特性，重点分析了串列双方柱的三种流态结构及其对方柱气动性能的作用机理。

2 计算模型和计算参数

图 1 为串列双方柱计算模型示意图，本文采用五种不同间距比 S/B，分别为 1.2、1.5、2、3 和 4。来流为均匀来流，计算雷诺数为 $Re=2.2\times10^4$(根据方柱边长和来流风速计算得到)。方柱近壁面网格保证 $y^+\approx1$。计算域采用速度入口边界条件，自由出口边界，展向采用周期性边界条件，方柱表面均采用无滑移壁面边界条件。

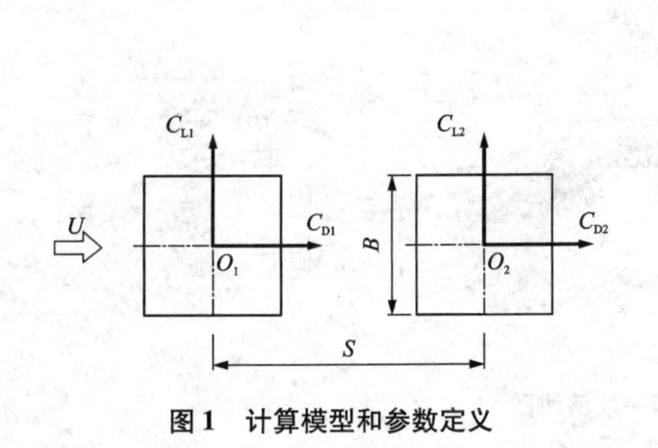

图 1 计算模型和参数定义

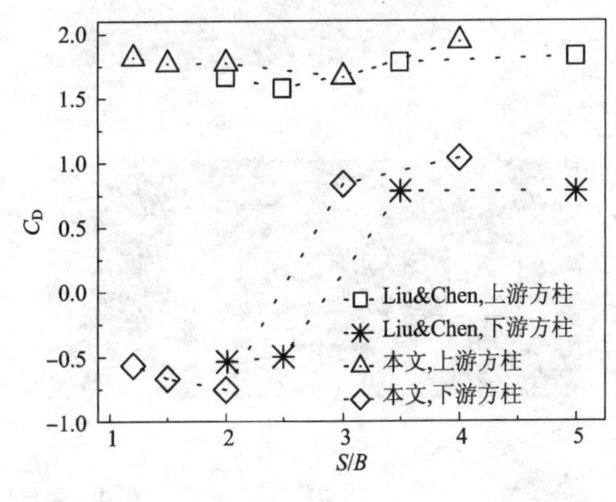

图 2 平均阻力系数

3 结果与分析

图 2 为方柱平均阻力系数随间距比的变化，图中列出了文献[1]的风洞试验值进行比较。从图中可见，本文数值模拟结果与试验值吻合较好，说明本文计算模型的正确性。从本文结果可见：对于串列方柱，平均阻力系数在 S/B 为 2 到 3.5 之间会发生突变，这说明绕流场流态也发生了改变。值得注意的是，S/B 为 1.2、1.5 和 2 时下游方柱的平均阻力系数均为负值。

图 3 为各间距时上、下游方柱的平均风压系数分布。对于上游方柱[图 3(a)]，间距对其表面风压影响相对较小。对于下游方柱[图 3(b)]，当 $S/B=1.2$ 和 2 时，下游方柱迎风面均受到强负压作用，且负压的绝对值大于背风面，这也导致下游方柱受到负阻力的作用；当 S/B 为 4 时，迎风面的负压减弱，而背风面的负压强，从而导致下游圆柱的阻力为正值。

* 基金项目：国家自然科学基金资助(51578330)，上海市自然科学基金(14ZR1416000)，上海市教委科研创新项目(14YZ004)

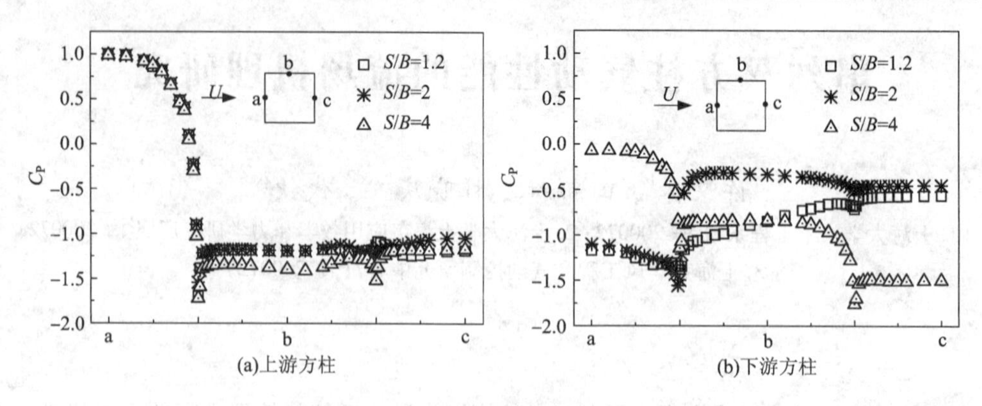

(a)上游方柱　(b)下游方柱

图3　平均压力系数图

图4为 $S/B=2$ 和4时的平均的风压系数和流线图。$S/B=1.2$ 时，下游方柱完全被上游方柱的分离剪切层包裹，两个方柱就像一个钝体。$S/B=2$ 时，从上游方柱前角分离的剪切层会再附到下游方柱上下表面，在两个方柱间隙中形成两个回流区，并造成局部流场的强负压区；当 $S/B=4$ 时，上游方柱的尾流中会形成上下交替出现的旋涡，这些充分发展的涡与下游方柱发生复杂的相互作用，导致下游方柱的涡脱强度增大，两个方柱的近尾流中均出现强负压区。

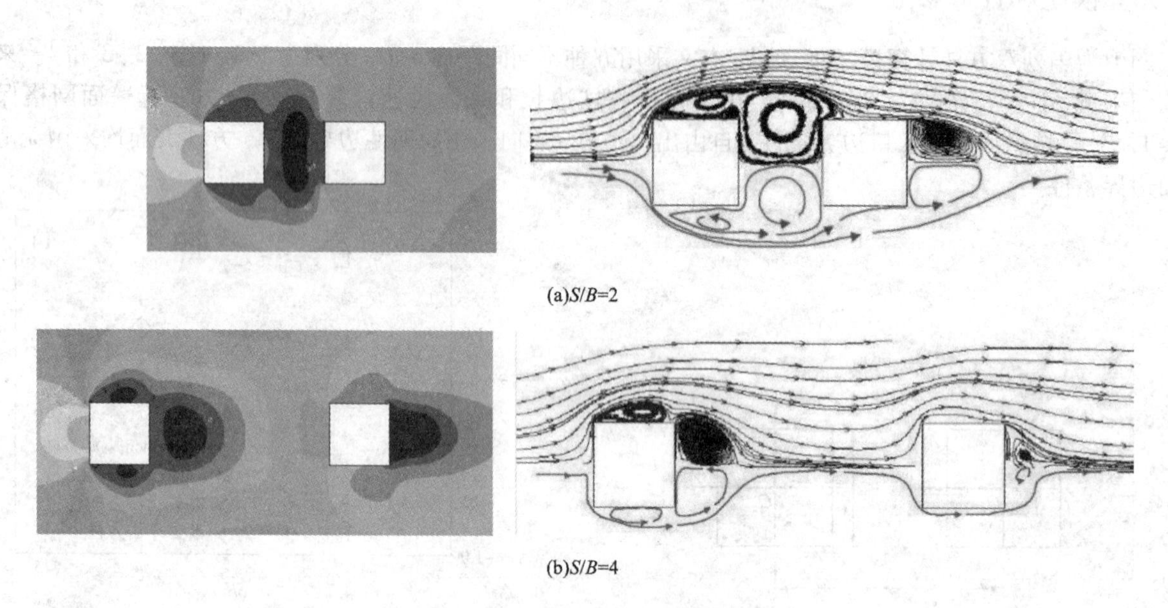

(a)$S/B=2$

(b)$S/B=4$

图4　平均风压系数和平均流线图

4　结论

本文以两串列方柱为研究对象，采用数值模拟方法研究了两串列方柱的三种流场流态及其对方柱气动性能的作用机理。当 $S/B=1.2$、1.5和2时，下游方柱平均阻力为负值；$S/B=1.2$ 时，下游方柱完全被上游方柱的分离剪切层包裹，两个方柱就像一个钝体。$S/B=1.5$ 和2时，在上游方柱上分离的剪切层会再附在下游方柱的侧面；当 $S/B=3$ 和4时，两方柱尾流中都会形成规则的涡街，上、下游方柱的涡会发生复杂的相互作用。

参考文献

[1] Liu C H, Chen J M. Observations of hysteresis in flow around two square cylinders in a tandem arrangement[J]. Journal of Wind Engineering and Industrial Aerodynamics, 2002, 90(9): 1019 - 1050.

[2] Sakamoto H, Hainu H, Obata Y. Fluctuating forces acting on two square prisms in a tandem arrangement[J]. Journal of Wind Engineering and Industrial Aerodynamics, 1987, 26(1): 85 - 103.

悬索桥吊索尾流驰振非定常气动自激力的试验研究

严杰韬, 黄君, 李寿英, 陈政清
(湖南大学风工程与桥梁工程湖南省重点实验室 湖南 长沙 410082)

1 引言

大跨度悬索桥中常采用一个吊点并列两根或多根索股的并列吊索形式，下游索股在上游索股的尾流干扰下常会发生尾流驰振现象。尾流索股的气动力是进行尾流驰振理论分析的关键所在。已有的关于尾流驰振现象的研究大都基于准定常假定的计算分析结果，不能很好地体现气动力和气动刚度以及气动阻尼的关系。Yagi 和 Arima 等[1] 虽然考虑了非定常气动力模型，但仅考虑一个自由度方向，不符合尾流索股实际运动情况。

本文采用强迫振动装置进行了测力风洞试验，得到了竖向和横向振动状况下尾流索股的气动力及位移时程，识别了尾流索股两个方向上的 8 个气动导数。同时，研究了非定常气动力模型得到的尾流索股气动力，并与试验直接测得气动力结果进行比较，验证了其精度。

2 风洞试验概况

风洞试验在湖南大学风工程试验研究中心 HD－2 风洞的高速试验段进行，采用湖南大学自主研制的强迫振动装置对尾流索股进行测力并以此来识别其气动导数。通过可移动支架移动上游圆柱的位置来调节两根圆柱之间的空间位置。在横风向和顺风向分别安置位移计，如图 1 所示。

错列双吊索的空间位置定义如图 2 所示，定义量纲为一的坐标 X 和 Y：$X=x/D$，$Y=y/D$，式中 D 为吊索直径。

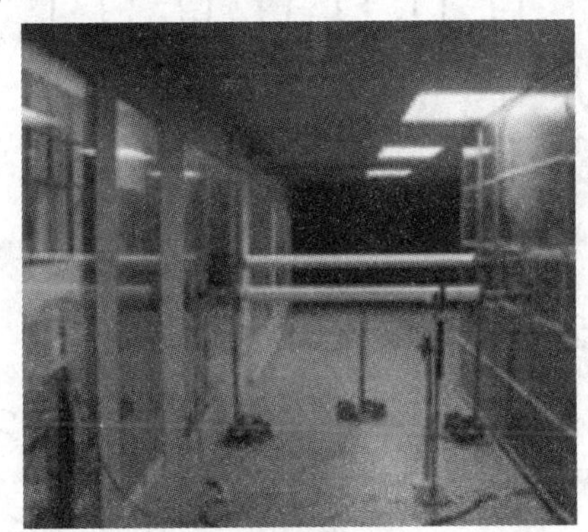
图 1 试验模型布置示意图

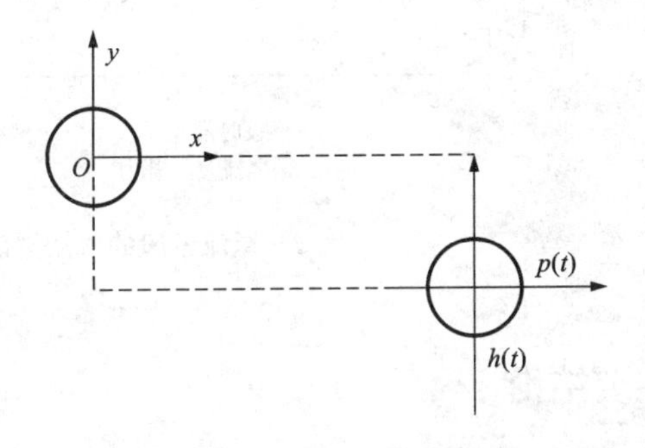

图 2 双圆柱测力系统坐标定义

试验在均匀流场中进行，试验风速为 2～15 m/s。考虑到悬索桥吊索的实际间距以及非线性数值模拟研究得到的结果[2]，选取了 7 个试验工况，具体参数为 $X=4D$、$6D$、$9D$ 和 $Y=-1.5D$、$-1.8D$、$-2D$、$-2.1D$，振幅 $A_X=8$ mm、12 mm、20 mm，$A_Y=12$、16、20 mm，运动频率取为 0.38 Hz，相位差 $\Delta\varphi=156.99$、160.43、168.45。

3 气动导数识别方法[3]

尾流索股的气动自激力(包括升力与阻力)可采用 8 个气动导数表示：

$$L=\rho U^2 D\left[K_h H_1^* \frac{\dot{h}}{U}+K_h^2 H_4^* \frac{h}{D}+K_p H_5^* \frac{\dot{p}}{U}+K_p^2 H_6^* \frac{p}{D}\right] \tag{1}$$

$$D=\rho U^2 D\left[K_p P_1^* \frac{\dot{p}}{U}+K_p^2 P_4^* \frac{p}{D}+K_h P_5^* \frac{\dot{h}}{U}+K_h^2 P_6^* \frac{h}{D}\right] \tag{2}$$

本文通过强迫振动时域识别法，根据最小二乘原理拟合得到 8 个气动导数。

4 气动导数识别结果

由 8 个气动导数的图像(限于篇幅，图像未列出且只列出部分结果)来看，影响横向气动力的气动导数 H_4^*、H_6^* * 主要表现为正值，引起横风向运动的气动负刚度，对尾流索股的横风向气动不稳定性起作用，而气动导数 H_1^*、H_5^*、P_1^*、P_4^*、P_5^* 和 P_6^* 也会在个别工况下表现为正值，造成尾流索股气动负刚度或气动负阻尼，引起尾流索股两个方向耦合运动的气动不稳定性。这说明无论尾流索股的主运动方向是横风向还是顺风向，在发生尾流驰振现象的风速范围内，不同工况下前后索股的间距不同，而气动导数 H_4^*、H_6^* 在运动中始终提供的气动负刚度是引起尾流索股不稳定振动的重要因素，而气动阻尼对尾流索股的运动主要起到抑制作用，8 个气动导数共同影响尾流索股的运动轨迹形状。

5 气动自激力比较

将计算所得的气动导数代入公式(1)和(2)，可以得到尾流索股做稳定极限环运动时所受的气动自激力(简称为拟合值)。图 3 给出了尾流索股气动自激力的拟合值和试验值的比较，从图 3 中可以看出，通过气动导数得到的拉索和水线的气动自激力与试验值几乎完全一致。因此，通过非定常理论来进行尾流驰振理论研究这种方法是可行的，通过非定常方法得到的气动导数可以方便进一步进行尾流索股气动力组成成分气动刚度力和气动阻尼力的研究。

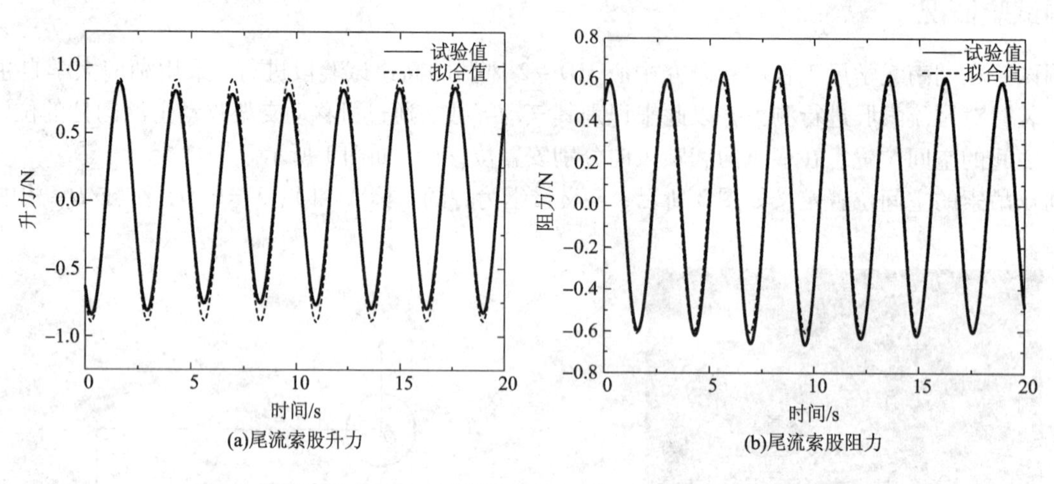

图 3 尾流索股的气动力时程比较($U=10$ m/s, $X=4$, $Y=-1.5$)

6 主要结论

(1)尾流索股的 8 个气动导数共同影响尾流索股的运动轨迹，无论尾流索股以横风向运动还是顺风向运动为主，气动导数 H_4^*、H_6^* 都为较大正值，始终引起气动负刚度。

(2)通过气动导数拟合得到的尾流索股的气动自激力与风洞试验中直接测得的尾流索股气动力吻合得很好，要进行更为精细化的尾流弛振理论研究，可以采用气动导数来获得尾流索股的气动刚度力和气动阻尼力来进行进一步分析。

参考文献

[1] Tomomi Yagi, Masashi Arima, Shinya Araki, et al. Investigation on wake - induced instabilities of parallel circular cylinders based on unsteady aerodynamic forces[C]//14th International Conference on Wind Engineering - Porto Alegre, Brazil, 2015.

[2] 肖春云. 悬索桥吊索双索股之间尾流驰振理论及试验研究[D]. 长沙：湖南大学，2016.

[3] Niu Huawei, Chen Zhengqing, Hua Xugang. Development of the 3 - DOF forced vibration device to measure the aerodynamic forces on section models, Proc[C]//the 13th International Conference on Wind Engineering, Amstedam, July, 2011.

基于悬链线型的拉索风雨激振理论模型及振动特性分析*

严宁，杨雄伟，李瞰
（广西科技大学土木建筑工程学院 广西 柳州 545006）

1 引言

随着拉索长度的增加，悬链线型比抛物线型更接近拉索实际状态，本文即以悬链静态线型为基础，考虑水线与拉索表面之间的粘滞线性阻尼力和库伦阻尼力[1]，建立推导运动水线连续弹性拉索风雨激振理论模型，分析拉索风雨激振的振动特性。

2 运动水线连续弹性拉索风雨激振理论模型

将悬链线型表达式[2]代入拉索轴向应变表达式[1]中，经推导得到拉索振动微分方程如下：

$$\ddot{q}_n(t)+2\xi_n\omega_{cn}\dot{q}_n(t)+\omega_{cn}^2 q_n(t)+\chi_{cn}q_n^2(t)+\vartheta_{cn}q_n^3(t)+p_{ckn}(t)=\frac{2}{M_c L}\int_0^L F_y\sin\frac{n\pi x}{L}\mathrm{d}x \tag{1}$$

$$\left.\begin{aligned}
&\xi_n=\frac{C_y}{2M_c\omega_n},\ \omega_n^2=\omega_{0n}^2(1+\eta_{sn}+\eta_{tn}+\eta_{kn}),\ \omega_{0n}^2=\frac{T_0 n^2\pi^2}{M_c L^2},\ \eta_{sn}=\frac{n^2\pi^2 EI}{T_0 L^2}\\
&\eta_{tn}=\frac{2EA}{T_0}\frac{T_2^2}{(4T_2^2+n^2\pi^2)^2}\left[\mathrm{e}^{T_2}(1-\mathrm{e}^{-2T_2}\cos n\pi)+\mathrm{e}^{-T_2}(1-\mathrm{e}^{2T_2}\cos n\pi)\right]^2\\
&\eta_{kn}=\frac{EA}{T_0 L}\sum_N\frac{k\pi T_2}{4T_2^2+k^2\pi^2}\left[\mathrm{e}^{T_2}(1-\mathrm{e}^{-2T_2}\cos k\pi)+\mathrm{e}^{-T_2}(1-\mathrm{e}^{2T_2}\cos k\pi)\right]q_k(t)+\\
&\frac{EA}{4T_0L^2}\sum_N k^2\pi^2 q_k^2(t),\qquad \vartheta_n=\frac{EAn^4\pi^4}{4M_cL^4}\\
&\chi_n=\frac{3EAn^3\pi^3}{2M_cL^3}\frac{T_2}{4T_2^2+n^2\pi^2}\left[\mathrm{e}^{T_2}(1-\mathrm{e}^{-2T_2}\cos n\pi)+\mathrm{e}^{-T_2}(1-\mathrm{e}^{2T_2}\cos n\pi)\right]\\
&p_{kn}(t)=\frac{2EAn\pi}{M_cL}\frac{T_2}{4T_2^2+n^2\pi^2}\left[\mathrm{e}^{T_2}(1-\mathrm{e}^{-2T_2}\cos n\pi)+\mathrm{e}^{-T_2}(1-\mathrm{e}^{2T_2}\cos n\pi)\right]\times\\
&\left[\frac{T_2}{L}\sum_N\frac{k\pi}{4T_2^2+k^2\pi^2}\left[\mathrm{e}^{T_2}(1-\mathrm{e}^{-2T_2}\cos k\pi)+\mathrm{e}^{-T_2}(1-\mathrm{e}^{2T_2}\cos k\pi)\right]q_k(t)+\frac{1}{4}\sum_N\frac{k^2\pi^2}{L^2}q_k^2(t)\right]
\end{aligned}\right\} \tag{2}$$

拉索单元上水线振动方程[1]如下：

$$mR\frac{\partial^2\theta}{\partial t^2}+c_r R\frac{\partial\theta}{\partial t}+\mathrm{sgn}\left(\frac{\partial\theta}{\partial t}\right)F_0=-f_\tau+m\left(g\cos\alpha-\frac{\partial^2\theta}{\partial t^2}\right)\cos(\theta_0-\theta) \tag{3}$$

式中：$T_2=\dfrac{M_cLg}{2\cos\alpha}$；$\eta_{tn}$ 为拉索垂度第 n 阶模态自振频率的影响系数；其他符号含义与文献[1]中相同。

3 不同线型对拉索自振频率的影响

分别以本文建立的基于悬链线型的拉索风雨激振理论模型和文献[1]中建立的基于抛物线型的拉索风雨激振理论模型对洞庭湖大桥 S19 号索进行计算。结果显示，模态阶数为偶数时，垂度项影响系数都为 0，因此自振频率完全相同，奇数阶模态自振频率如表 1 所示。

* 基金项目：国家自然科学基金（51368008），广西科技大学创新团队（2015）

表1 拉索各奇数阶模态自振频率计算值

模态阶数		1	3	5	7	9
拉索各阶模态自振频率计算值/Hz	悬链线型	0.7045	2.0534	3.4230	4.7958	6.1726
	抛物线型	0.6956	2.0530	3.4229	4.7958	6.1726

从表1中可以看出，拉索自由振动理论模型采用不同的线型时，拉索奇数阶模态自振频率有一定差异，且模态阶数越低，差异越大。但整体来说，两者具有较高的一致性。

4 拉索振动特性

分别以洞庭湖大桥 S19 号索和白沙洲大桥 C24 号索为例，两根拉索长度分别为 182.04 m 和 331.0136 m，其他参数虽略有差别，但对拉索自振频率影响相对较小。对拉索和水线的振动微分方程进行求解，考虑风剖面的影响，以桥面高度处的风速 U_d 为基准，风速每隔0.1 m/s 为一个工况。通过现场实测，洞庭湖大桥桥址风速取值为6 ~20 m/s，白沙洲大桥桥址处10 min 最大平均风速为19.1 m/s。计算结果表明，若只考虑面内振动，拉索发生大幅振动时，主要参振模态是第1阶模态，因此拉索在 $x/L=1/2$ 截面处的振幅最大。

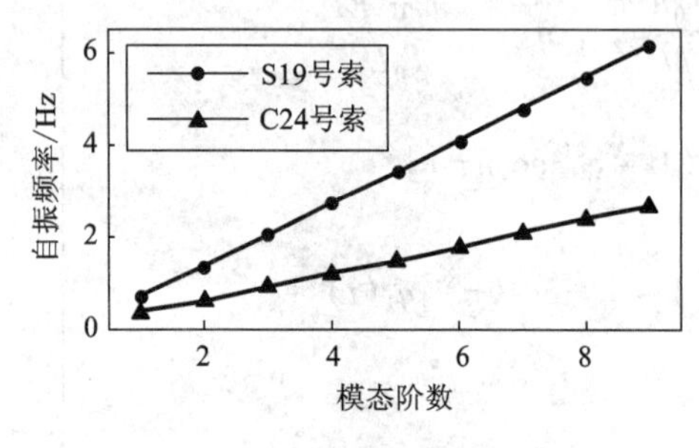

图1 拉索各阶模态自振频率

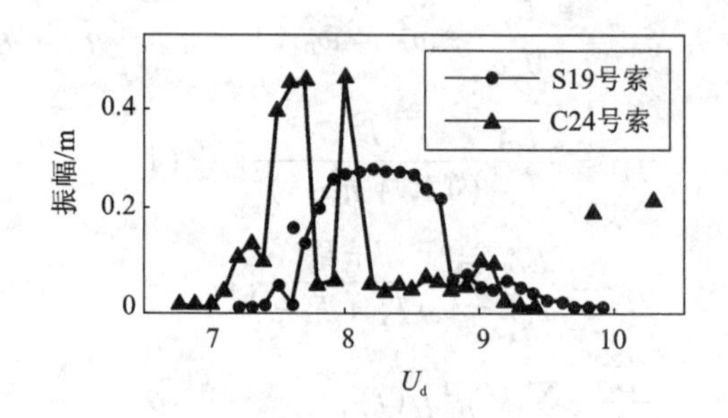

图2 拉索 $x/L=1/2$ 截面处振幅

5 结论

研究结果表明：拉索采用不同的线型对拉索的振动特性有一定影响；拉索长度不同，风雨激振特性也不同，S19 号索和 C24 号索最大振幅分别为 0.2811 m 和 0.4642 m，发生风雨激振的风速范围分别是 7.2 ~9.9 m/s 和 6.8 ~9.4 m/s；拉索风雨激振有“限幅”、“限速”的特点。

参考文献

[1] 李暾. 拉索风雨激振理论模型研究及其振动特性分析[D]. 长沙：湖南大学土木工程学院，2013.
[2] 李国强，顾明，孙利民. 拉索振动、动力检测与振动控制理论[M]. 北京：科学出版社，2014.

1:5 矩形顺风向气动导纳函数风洞试验研究*

杨阳[1]，李明水[1,2]，廖海黎[1,2]
(1. 西南交通大学风工程试验研究中心 四川 成都 610031；2. 风工程四川省重点实验室 四川 成都 610031)

1 引言

处于大气湍流中的结构因受来流脉动风影响，其抖振力表现出较强的非定常特性。现有抖振力模型中竖向脉动风对应的气动导纳函数一般取薄翼理论解即 Sears 函数作为理论参考进行研究，而纵向脉动风对应的顺风向气动导纳函数缺乏可靠的理论参考[1]。二维薄翼在纵向脉动风作用下的非定常理论最早由 Isaacs[2]、Greenberg[3]等人建立。Horlock[4]指出 Isaacs 等人的理论实质上仅考虑了来流脉动在流经翼型表面时随时间的变化，而忽略了流体与结构之间的运动导致的来流脉动随翼型表面位置的变化。因此 Horlock 在其后的分析中将来流脉动在翼型表面的流动考虑为时间和位置变量的函数，并提出了一个新的顺风向气动导纳函数——Horlock 函数。但需要指出的是上述理论均引入了二维平板薄翼、不可压缩无黏流、表面流动为贴体流动、尾涡始终处于后缘直线等假设。由于钝体中分离流的存在，以上假设显然不能完全适用。故有必要对顺风向脉动风作用下的钝体气动导纳函数进行试验研究。本文基于多风扇主动控制风洞技术产生的单频正弦阵风场，对 1:5 矩形结构顺风向气动导纳函数进行了试验研究。

2 气动导纳函数的薄翼理论解

纵向周期阵风作用下，二维平板薄翼的非定常升力表达式如下所示[4]

$$L_{un}=2\pi\alpha\rho UbuH(\omega) \tag{1}$$

其中气动导纳函数为

$$H(\omega)=S(\omega)+J_0(\omega)+\mathrm{i}J_1(\omega) \tag{2}$$

式中，$S(\omega)$为 Sears 函数；$J_0(\omega)$、$J_1(\omega)$为第一类贝塞尔函数。

3 风洞试验

3.1 试验装置

本文试验在同济大学多风扇主动控制风洞(TJ-6)中进行。如图 1 所示，该风洞为开口直流风洞，试验段尺寸为 1.8 m(高)×1.5 m(宽)×10 m(长)。阵风流场由安装于风洞前端的紊流发生器产生。该紊流发生器由 12×10 个小风扇组成多风扇阵列，每个风扇可单独控制其旋转频率，以此产生频率不同的顺风向正弦周期阵风。试验模型为 1:5 矩形结构，截面高 0.1 m，宽 0.5 m，模型展长为 1.3 m。模型两端均设置端板以减小端部效应。矩形模型安装在距离蜂窝网下游的 1.2 m 位置处，如图 2 所示。矩形表面压力的测量采用 DMS3400 电子压力扫描阀。流场风速的测量采用 TFI Cobra Probe。压力与风速的采集时间均为 60 s，采集频率均为 256Hz。对各个测压点的表面压力进行坐标分解，并沿模型表面进行积分，可得模型所受升力。试验工况设置为：平均风速 U 分别为 6 m/s、8 m/s 和 10 m/s，雷诺数 Re 分别为 198000、265000 和 331000，阵风激发频率范围为 0.3 Hz≤f≤1.2 Hz，折减频率范围为 0.047≤ω≤0.314，阵风幅值 u_0 为 2 m/s，试验攻角 α 分别为 1°、3°和 5°。

3.2 试验结果

折减频率通过改变平均风速或者改变阵风频率获得。由图 3 可以看出，尽管试验气动导纳值与理论值的准定常极限都趋于 4，且在低频时较为接近。但随着折减频率的增加，气动导纳试验值的衰减速率显著快于理论解。两者在高频时的差距显著增大。顺风向矩形气动导纳与二维薄翼理论解之间存在较大差异。

* 基金项目：国家自然科学基金(51478402,51278435)

图1　多风扇主动控制风洞

图2　安装于风洞中的1:5矩形模型

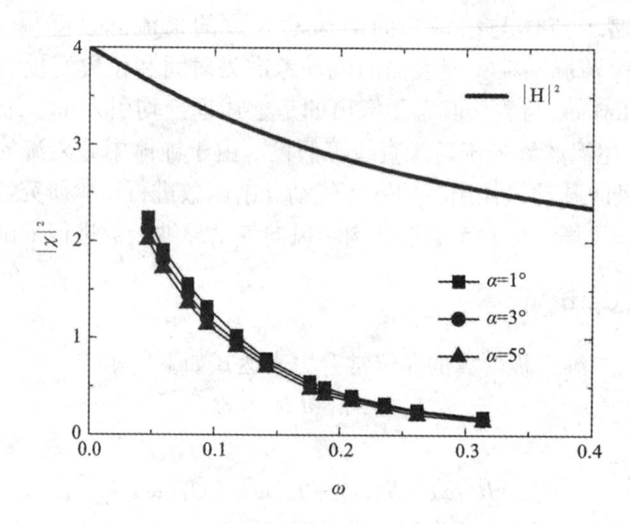

图3　气动导纳函数 $|\chi|^2$ 随攻角 α 的变化

4　结论

基于非定常薄翼理论推导的顺风向气动导纳薄翼理论解随折减频率增加显著大于顺风向矩形气动导纳试验值。因此使用顺风向气动导纳薄翼理论解时进行参照时，需注意这些理论解的局限性，并注意区别与实际情况的差异性。

参考文献

[1] 李明水. 连续大气湍流中大跨度桥梁的抖振响应[D]. 成都：西南交通大学，1993.

[2] Isaacs, Rufus. Airfoil Theory for Flows of VariableVelocity[J]. J. Aero Sci., 1945, 12(1): 113－117.

[3] Greenberg J M. Airfoil in sinusoidal motion in a pulsatingstream[J]. NACA Tech Rep., 1947: 1326.

[4] Horlock J H. Fluctuating Lift Forces on Aerofoils Moving Through Transverse and ChordwiseGusts[J]. J. Basic Eng., 1968, 90(4): 494.

典型箱梁断面非平稳运动条件气动力效应*

展艳艳，赵诗宇，赵林，葛耀君
（同济大学土木工程防灾国家重点实验室 上海 200092）

1 引言

失稳性颤/驰/涡振及随机抖振是结构风致振动的主要形式。对于典型钝体桥梁断面，气动导数和气动力特性的研究是进行桥梁结构风致响应预测的基础，而强迫振动是研究气动力的有效手段。本文通过自主研发的随机作动强迫振动装置研究典型桥梁断面非稳态气动力特性并对气动导数进行参数化分析。该强迫振动装置能够实现单自由度振动及任意两自由度和三自由度耦合振动，在每一自由度上均可实现平稳和非平稳的运动形式；结合 Scanlan 自激力表达式，运用三自由度耦合时域法识别气动导数；进行节段模型测力风洞试验，改变断面形式、振动频率、振幅和对稳态振动形态，进行气动力特性和气动导数参数化研究。

2 强迫振动装置

参与研制了同济大学新型三维强迫振动装置(样机)。该装置采用直线电机驱动、微米级光栅反馈控制，能够实现多种指定路径(单频、多频、变振幅、变频率等)振动行为模拟，为本项目物理风洞试验提供了强有力的保障。装置总重 1 t，6 个独立的直线电机分别控制 6 个运动自由度，竖向及侧向振幅为 ±50 mm，扭转振幅为 ±360°，振幅及频率均可连续变化。

图 1 新型三维强迫振动装置调试及细部构造

使用不同频率和幅值位移时程检验装置的精确性和同步性，校测过程中使用 6 个激光位移计测量和记录实际位移时程。在 25 个测试时程中，两侧运动不同步误差可控制在 5% 以内。代表性时变幅值、时变频率和多频耦合位移时程如图 2 所示，由图 2 可见实际位移时程与输入信号在频率及幅值上吻合良好，即强迫振动装置具有较好的准确性及同步性。

3 时域法气动导数识别数值验证

根据 Theodorsen 理论解，给出气动导数在不同风速下的设定值，利用三自由度耦合时域法对气动导数进行识别。经数值仿真验证，三自由度耦合时域法在简谐、时变频率和时变幅值运动形式下均可准确识别气动导数值，其中代表性气动参数 A_2^* 和 H_4^* 在不同风速下设定值与识别值的对比如图 3 所示。由图 3 可知，在不施加噪声信号的情况下，气动导数假定值和识别值吻合良好，说明三自由强迫振动时域法及所编制的程序准确可行。

为验证识别方法可以用于非稳态运动非线性气动力的参数识别，在风速大小确定的情况下构造气动参数 A_2^*、H_4^* 与强迫振动频率 f 之间的函数关系为 $A_2^* = a_2 + b_2 \cdot f_a + c_2 \cdot f_a^2$，$H_4^* = a_4 + b_4 \cdot f_h + c_4 \cdot f_h^2$。设定强迫振动时程 $h = h_m \cdot \sin(2 \cdot \pi \cdot f_h \cdot t + \varphi_{0h})$、$a = a_m \cdot \sin(2 \cdot \pi \cdot f_a \cdot t + \varphi_{0a})$，其中 $f_h = 0.1 \cdot t$、$f_a = 0.15 \cdot t$。利用最小二乘法得到频率与气动导数的假定关系曲线和二者识别关系曲线对比如图 4 所示，二者吻合良好，说明本方法可以用于识别非稳态非线性气动导数的识别。

* 基金项目：科技部国家重点基础研究计划(973 计划，2013CB036300)，国家自然科学基金项目(91215302，51178353 和 51222809)，新世纪优秀人才支持计划联合资助

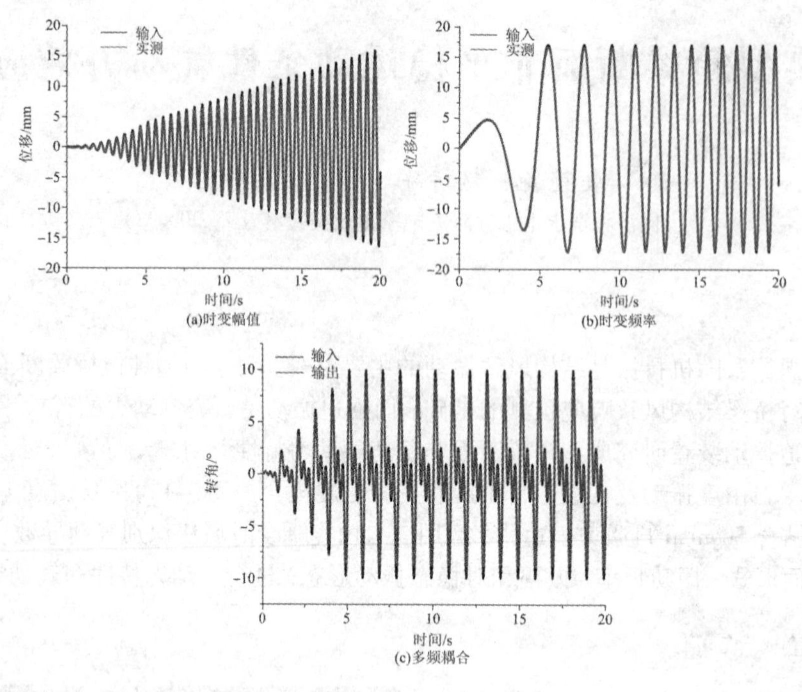

图 2 实际运动时程与目标时程对比

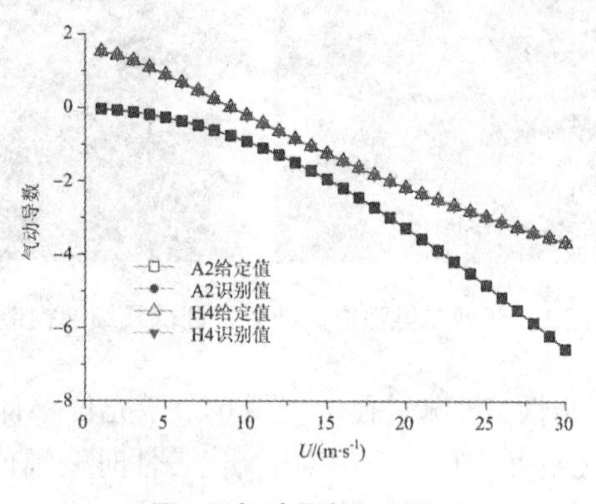

图 3 气动导数识别值

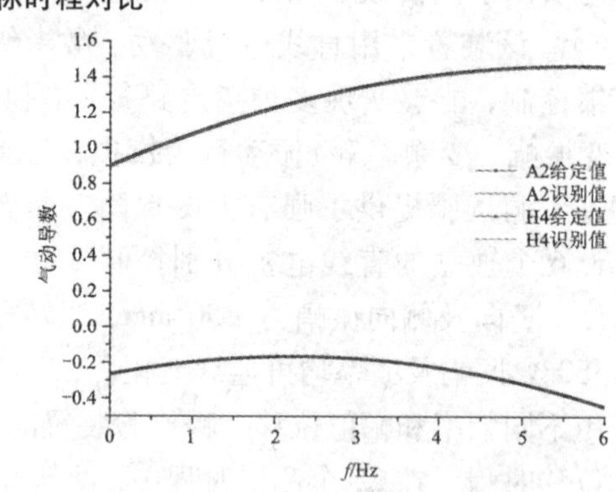

图 4 假定非线性气动导数识别

4 结论

本文涉及的强迫振动装置可以实现频率和振幅的连续实时变化，能够保证各自由运动的精确控制和左右两侧位移时程的同步性；通过数值仿真验证的方法证明了根据时域法所编制气动参数识别程序的可行性和准确性。下一阶段研究工作拟利用现有新型三维强迫振动装置，对典型流线型断面和钝体断面(见图5)气动参数和气动力特性进行参数化研究和大变形非线性变化、非稳变化对于导数影响的研究。

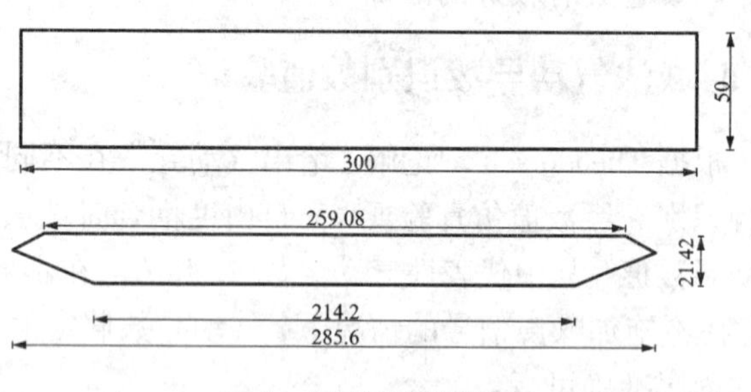

图 5 拟研究桥梁断面

参考文献

[1] Niu H W, Chen Z Q, Liu M G, et al. Development of the 3 – DOF forced vibration device to measure the aerodynamic forces on section models[C]//Proceedings of the 13th International Conference on Wind Engineering, Amsterdam, The Netherlands, 2011.

[2] Diana G, Resta F, Zasso A, et al. Forced motion and free motion aeroelastic tests on a new concept dynamometric section model of the Messina suspension bridge[J]. Journal of Wind Engineering & Industrial Aerodynamics, 2004, 92(6): 441 – 462.

[3] Lin Huang, Haili Liao. Nonlinear aerodynamic forces on the flat plate in large amplitude oscillation[J]. International Journal of Applied Mechanics, 2013, 5(5): 544 – 563.

典型车－桥系统气动力的雷诺数效应*

张兵[1,2]，何旭辉[1,2]，周佳[1,2]

（1. 中南大学土木工程学院 湖南 长沙 410075；2. 高速铁路建造技术国家工程实验室 湖南 长沙 410075）

1 引言

随着高铁桥梁的不断发展，各类典型断面气动力的雷诺数效应需要进行研究总结，目前对于车－桥组合系统的雷诺数效应的研究非常少[1-2]，由于风洞尺寸和风速的限制，学者均采用较低的风速和较小的缩尺比模型，在低雷诺数范围内进行研究，得出车－桥系统的气动力受雷诺数影响较小。既有高铁动车组愈加流线的外形可能会使列车气动力的雷诺数效应进一步加剧，因此有必要在大雷诺数范围内对车－桥系统气动力的雷诺数效应进行系统的研究，以完善和总结车－桥系统气动力的变化规律。本文在满足风洞断面阻塞率的情况下选择最大比例车桥模型，在风洞和模型允许范围内最大程度的增加风速（高速段风速范围0～94 m/s），在相对较大雷诺数范围内研究车桥气动力随雷诺数的变化规律，即使不能达到实际车桥雷诺数，但是也能够反映雷诺数效应对不同的气动力的影响趋势，从一定程度上拓宽以往试验的雷诺数效应曲线。

2 试验结果及分析

本文试验列车采用CRH2型高速动车组，桥梁采用32 m典型高速铁路简支梁，试验在中南大学风洞高速试验段进行。研究了简支梁单桥、列车和典型车桥组合在均匀流作用下气动力特性的雷诺数效应。车桥组合工况见表1。

表1 车桥组合工况表

<table>
<tr><th>工况编号</th><th colspan="2">测试列车位置组合</th><th>工况编号</th><th colspan="2">测试列车位置组合</th></tr>
<tr><td>1</td><td colspan="2">无车</td><td>8</td><td rowspan="6">背风侧</td><td>单车背风侧</td></tr>
<tr><td>2</td><td rowspan="6">迎风侧</td><td>单车迎风侧</td><td>9</td><td>测试头车＋干扰头车（交会前）</td></tr>
<tr><td>3</td><td>测试头车＋干扰头车（交会前）</td><td>10</td><td>测试头车＋干扰头车（交会中）</td></tr>
<tr><td>4</td><td>测试头车＋干扰头车（交会中）</td><td>11</td><td>测试头车＋干扰中车（交会中）</td></tr>
<tr><td>5</td><td>测试头车＋干扰中车（交会中）</td><td>12</td><td>测试头车＋干扰尾车（交会中）</td></tr>
<tr><td>6</td><td>测试头车＋干扰尾车（交会中）</td><td>13</td><td>测试头车＋干扰尾车（交会后）</td></tr>
<tr><td>7</td><td>测试头车＋干扰尾车（交会后）</td><td>14</td><td colspan="2">单车</td></tr>
</table>

图1分别给出了雷诺数在典型车桥组合下对车头和车身气动力的影响。迎风侧车头、车身的气动力系数对雷诺数的敏感程度明显高于背风侧工况，伴随着背风侧干扰列车与迎风侧测试列车交会的过程（工况4～工况6），气动力系数也随着雷诺数的变化程度增加，而背风侧测试列车的气动力较为稳定，基本不随雷诺数改变。可以明显的看出，桥梁在单体存在时，其各气动力系数基本不随雷诺数发生改变，当桥梁上有列车干扰时，在 $Re < 1.5 \times 10^5$ 的范围内阻力系数随雷诺数的增加而显著降低，之后趋于稳定，升力系数较之阻力系数变化幅度较小。各车桥组合工况下桥梁的气动力随雷诺数的变化规律基本一致。

3 结论

（1）在 $Re = 4.7 \times 10^4 \sim 2.8 \times 10^5$ 的范围内对典型车桥组合工况（Case4）进行气动力分析，并发现列车在

* 基金项目：国家自然基金资助项目（51508580，51508574，U153420035），中南大学“创新驱动计划”项目（2015CX006）

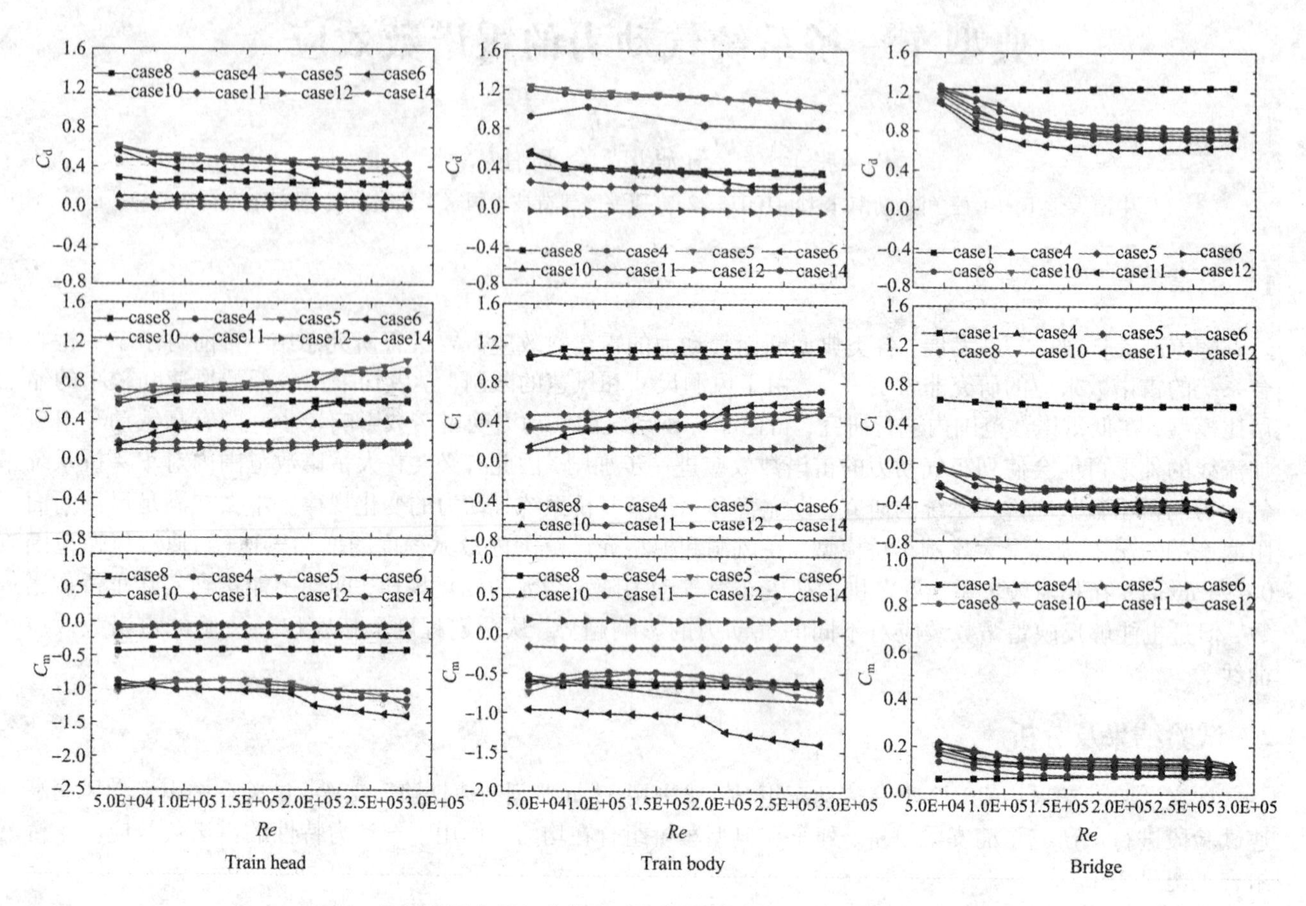

图 1 不同典型车桥组合状态下雷诺数对列车和桥梁气动力的影响

整个雷诺数范围内阻力均随雷诺数的增加而降低，升力增大，但变化幅度都相对较小；桥梁在 $Re < 1.5 \times 10^5$ 范围内阻力降低显著，最大降幅达 45%，同时说明了桥梁由于列车的干扰存在对雷诺数变得十分敏感。

（2）对迎风侧与背风侧测试列车与干扰列车交会的各工况进行分析，研究发现迎风侧列车的气动力对雷诺数的敏感程度高于背风侧工况，迎风侧列车气动力随雷诺数的增加而降低，背风侧基本没有变化。

参考文献

[1] 李永乐，向活跃，侯光阳，等. 车桥组合状态下 CRH2 客车横风气动特性研究[J]. 空气动力学学报，2013，31(5)：579 - 582.

[2] 郭文华，张佳文，项超群. 桥梁对高速列车气动特性影响的风洞试验研究[J]. 中南大学学报(自然科学版)，2015，08：3151 - 3159.

近壁面圆柱体气动力雷诺数效应*

张明超[1]，王汉封[1,2]，彭思[1]
(1. 中南大学土木工程学院 湖南 长沙 410075；2. 中南大学高速铁路建造技术国家工程实验室 湖南 长沙 410075)

1 引言

近壁圆柱绕流问题广泛存在于海洋工程、交通工程等领域，在理论研究和实际应用中都有重要的意义[1-4]。对于圆柱等具有曲面的钝体，在临界区内，C_d 值会在雷诺数某段区间内急剧下降，我们将该现象称为"阻力突降"[2]。而近壁圆柱的气动力和尾流特性又会受间隙比 G/D、壁面边界层厚度 δ 等影响，其中 G 为圆柱距平面间距，D 为圆柱直径。在薄边界层低雷诺数下，当 $G/D<0.3$ 时，涡脱受到壁面抑制，且不具有周期性[3]；当 $0.3<G/D<0.6$ 时，有周期性漩涡脱落，此间隙下，壁面对圆柱尾流结构影响较小；当 $G/D>0.6\sim1.0$ 时，有周期性漩涡脱落，且壁面效应可以完全忽略。壁面边界层厚度增大，抑制涡旋脱落的临界间隙也会随之变大[4]。

前人在圆柱发生"阻力突降"现象和近壁圆柱尾流结构问题上做了大量探讨。但 G/D 是否会影响阻力突降现象的发生，圆柱表面边界层发生分离的位置是否与 G/D 有关等问题仍不清楚。本试验以平板上方 $D=200$ mm 的圆柱为研究对象，通过风洞试验研究了 G/D 对圆柱气动力雷诺数效应的影响规律。

2 主要研究方法和内容

2.1 实验装置

实验是在双实验段回流式风洞中完成的，实验模型如图 1 所示。实验安装的平板长 2.4 m，宽2 m，厚 0.012 m，为防止流动分离，平板前缘加工成光滑弧形。圆柱轴线处，平板表面边界层厚度 $\delta=20$ mm，约 $0.1D$。将直径 $D=0.2$ m 的圆柱平行于平板固定于两侧壁之间，与平板间的间隙上下可调。圆柱轴线垂直来流速度方向，轴心距离平板前缘 0.9 m 处。圆柱表面每 10°布置一个压力测点，沿圆周共计 36 个测点。试验中风速范围为 15~36 m/s，对应的雷诺数为 $1.9\times10^5\sim4.5\times10^5$，涵盖了亚临界、临界和超临界区间。

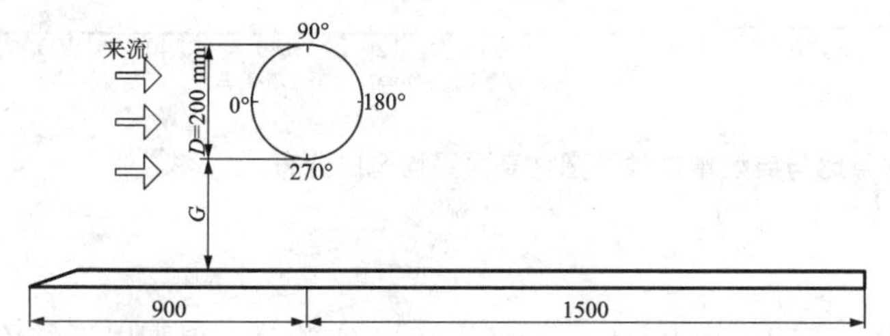

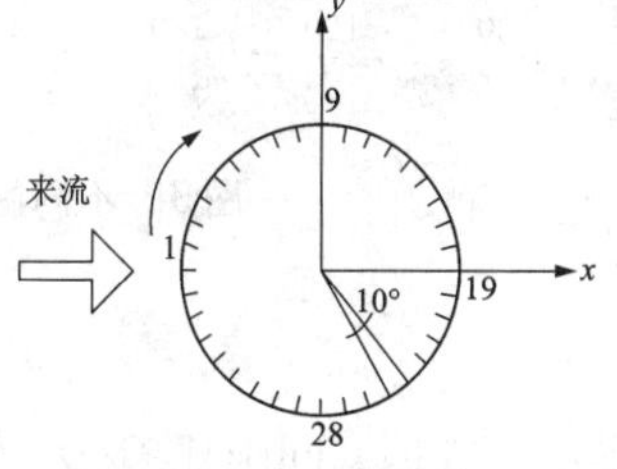

图 1 实验模型

2.2 结果与讨论

图 2 给出了 $G/D=0\sim2.0$ 时，C_d 随雷诺数 Re 的变化规律。当 $G/D>0.05$ 时，C_d-Re 曲线明显分为 3 个区域：$Re<3.0\times10^5$的亚临界区，C_d 值基本不变；$3.0\times10^5<Re<3.48\times10^5$的临界区，$C_d$ 随 Re 增大而急剧减小，这是在临界区内发生了阻力突降现象；$Re>3.48\times10^5$的超临界区，C_d 随 Re 增大稍有增大。当 $G/D=0.05$、0 时，C_d 随 Re 的增大而几乎不变，其值分别约为 0.7 和 0.5，这表明当 G/D 足够小时，在临界区内随 Re 变大，圆柱表面没有发生流动状态的变化，也没有发生阻力突降的现象。

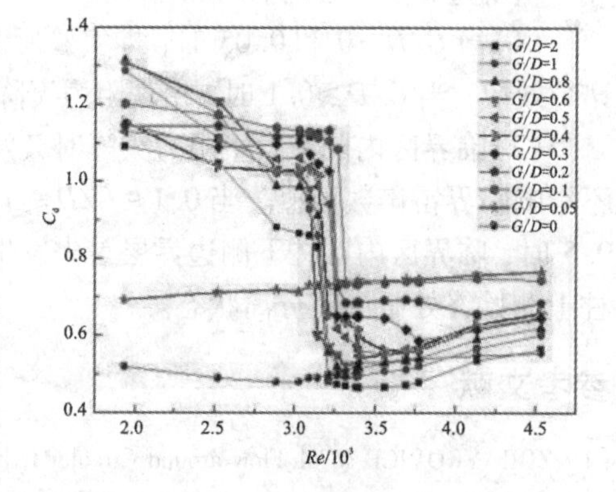

图 2 时均阻力系数

* 基金项目：国家自然科学基金(11472312)

结果表明，当 $G/D \geqslant 0.1$ 时，“阻力突降”现象的发生不受 G/D 影响；当 $G/D \leqslant 0.05$ 时，“阻力突降”现象在临界区内未发生。

本试验讨论了平板对圆柱表面风压分布的影响。根据圆柱表面上下侧流动状态的转变特征，将 G/D 划分为4种情况进行讨论：(1)当 $G/D=2.0$、1.0、0.8、0.6、0.5 时，在临界区范围内，圆柱表面下侧的边界层先发生湍流分离，如图3(a)所示。(2)当 $G/D=0.4$、0.3、0.2、0.1 时，在临界区范围内，圆柱表面上侧的边界层先发生湍流分离，如图3(b)所示。(3)当 $G/D=0.05$ 时，圆柱表面上下侧的边界层均处于湍流分离状态，如图3(c)所示。(4)当 $G/D=0$ 时，圆柱表面上侧的边界层始终处于湍流分离状态，如图3(d)所示。

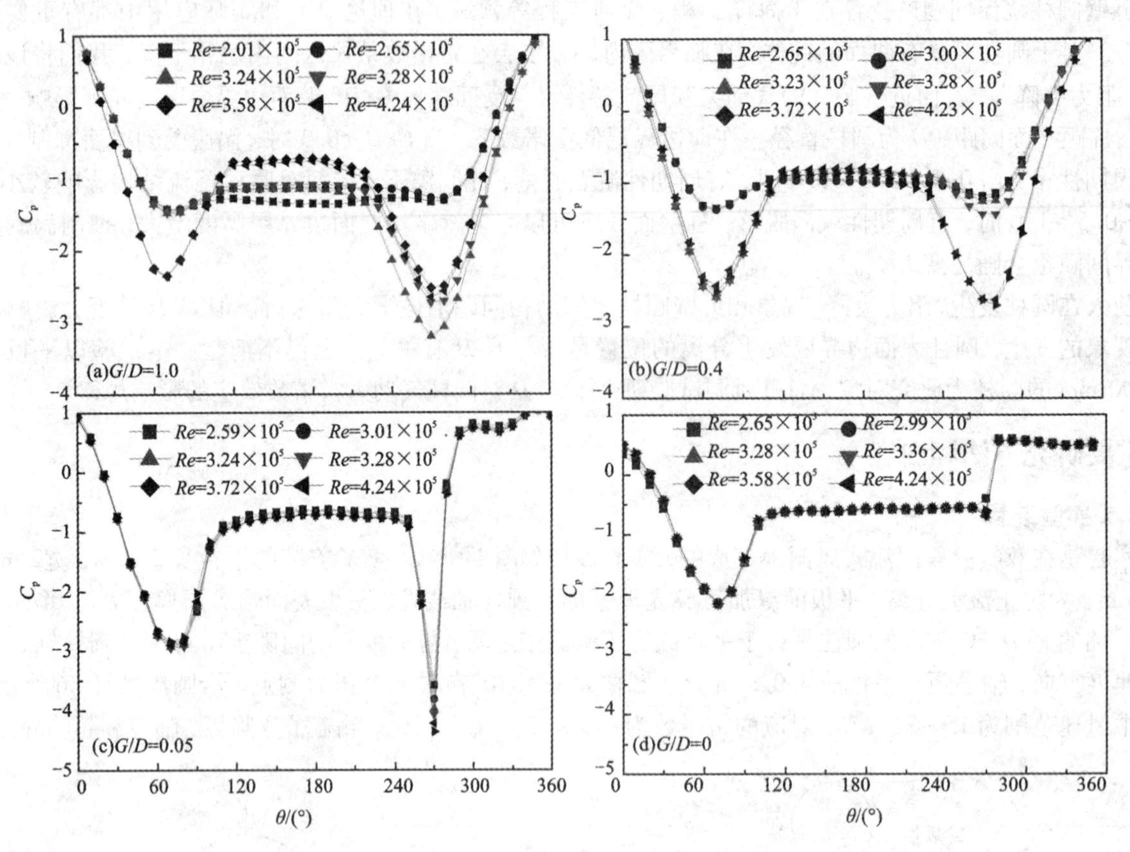

图3 不同间隙比与典型雷诺数下圆柱表面平均风压分布

3 结论

当薄边界层存在时，间隙比 $G/D=0\sim2$，$Re=1.9\times10^5\sim4.5\times10^5$，实验分析得到以下结论：

(1)当 $G/D=0$ 和 0.05 时，本实验所测雷诺数范围内未发现圆柱阻力突降现象，即其气动力无明显雷诺数效应；当 $G/D \geqslant 0.1$ 时，出现阻力突降现象，圆柱气动力出现明显雷诺数效应。

(2)临界区内圆柱发生阻力突降时其两侧分离流转变规律在不同 G/D 条件下表现出不同特性，但 G/D 不影响临界雷诺数数值。当 $0.1 \leqslant G/D \leqslant 0.4$ 时，临界区内圆柱上侧边界层首先发生湍流转变；而 $G/D \geqslant 0.5$ 时，临界区内圆柱下侧边界层首先发生湍流转变。而当 $G/D=0.05$ 和 0 时，在本实验雷诺数范围内圆柱上侧始终处于湍流分离状态。

参考文献

[1] ZDRAVKOVICH M M. Flow around Circular Cylinders; Vol. I Fundamentals[J]. Journal of Mechanics, 1997, 350(1): 377-378.

[2] 刘庆宽，邵奇，郑云飞，等. 雷诺数对圆柱气动力和流场影响的实验研究[J]. 实验流体力学，2016，30(4)：7-13.

[3] BEARMAN P W, M M Zdravkovich. Flow around a circular cylinder near a plane boundary[J]. Journal of Mechanics, 1978, 89(01): 33-47.

[4] 余攀登，赵广慧，王飞. 高雷诺数下近壁圆柱绕流数值模拟与分析[J]. 海洋石油，2012(02)：102-105.

典型箱梁断面在涡黏湍流场中的气动参数研究*

张显雄，张志田
（湖南大学风工程试验研究中心 湖南 长沙 410082）

1 引言

限于对湍流的认识，当前对湍流问题数值模拟的应用还比较混乱，由此凸显了关于湍流涡黏模型应用于桥梁风工程领域的两个基本问题：一是湍流涡黏模型的计算结果能够对真实流动现象做出何种程度的合理解释；二是湍流涡黏模型能否全面地涵盖桥梁抗风领域的各种流动问题。本文采用 Realizable $k-\varepsilon$ 与 SST $k-\omega$ 两种湍流涡黏模型数值模拟了薄平板(Thin Plate)与流线型箱梁(Streamlined Box)、分离式双箱梁(Segregated Twin Box)以及两类典型桥梁断面在高 Re 数下的气动性能，并根据 Scanlan 气动自激力模式求解了气动导数，通过不同形状的桥梁断面在不同湍流涡黏模型下的计算结果，分析了各自的特点。

2 基本理论与计算方法

Shih 建立的与物理湍流流动相一致的 Realizable $k-\varepsilon$ 湍流模型[11]，该模型可以在数学上对 Reynolds 应力提供一定的约束作用。k 和 ε 的输运方程如下：

$$\frac{\partial}{\partial t}(\rho k)+\frac{\partial}{\partial x_j}(\rho k\overline{u_j})=\frac{\partial}{\partial x_j}\left[\left(\mu+\frac{\mu_t}{\sigma_k}\right)\frac{\partial k}{\partial x_j}\right]+G_k-\rho\varepsilon \tag{5}$$

$$\frac{\partial}{\partial t}(\rho\varepsilon)+\frac{\partial}{\partial x_j}(\rho\varepsilon\overline{u_j})=\frac{\partial}{\partial x_j}\left[\left(\mu+\frac{\mu_t}{\sigma_\varepsilon}\right)\frac{\partial\varepsilon}{\partial x_j}\right]+\rho C_1S\varepsilon-\rho C_2\frac{\varepsilon^2}{k+\sqrt{\nu\varepsilon}} \tag{6}$$

Menter 建立了分区剪应力输运湍流模型 SST $k-\omega$[12]。在该模型中，k 和 ω 的输运方程为：

$$\frac{\partial}{\partial t}(\rho k)+\frac{\partial}{\partial x_i}(\rho k\overline{u_i})=\frac{\partial}{\partial x_j}\left(\Gamma_k\frac{\partial k}{\partial x_j}\right)+G_k-Y_k \tag{8}$$

$$\frac{\partial}{\partial t}(\rho\omega)+\frac{\partial}{\partial x_j}(\rho\omega\overline{u_j})=\frac{\partial}{\partial x_j}\left(\Gamma_\omega\frac{\partial\omega}{\partial x_j}\right)+G_\omega-Y_\omega+D_\omega \tag{9}$$

Realizable $k-\varepsilon$ 湍流涡黏模型中与雷诺应力有关的量满足某些特定的数学限制，对于钝体桥梁断面绕流可能出现的强流线弯曲、漩涡、流动分离等现象有较好的预测，但其在计算静态流动区域时不能提供自然的湍流黏度；而对于 SST $k-\omega$ 湍流涡黏模型，在典型桥梁断面的尾流区以及近壁区流动模拟均有较好的表现。本文采用了两种典型的箱梁桥梁断面，从静定绕流以及动态绕流两方面研究了 Realizable $k-\varepsilon$ 与 SST $k-\omega$ 湍流涡黏模型在桥梁风工程中的适应性；并结合平板理论，论证了两者在模拟桥梁断面绕流时的精准程度。

3 静定绕流场特性

在本文模拟的雷诺下，平板断面绕流的阻力系数理论值为0.00435。本文结果表明，SST $k-\omega$ 湍流涡黏模型模拟的平板阻力平均值比 Realizable $k-\varepsilon$ 湍流涡黏模型更优。对于桥梁断面，分离式双箱梁断面的平均阻力远大于流线型箱梁断面，但其 St 数较流线型断面要小；SST $k-\omega$ 湍流涡黏模型的模拟结果整体较 Realizable $k-\varepsilon$ 湍流涡黏模型要大，但 Realizable $k-\varepsilon$ 湍流涡黏模型模拟的 St 数与试验值[13, 14]吻合较好。本文在模拟过程中发现 SST $k-\omega$ 湍流涡黏模型对时间步长以及网格离散较为敏感，只有在较小的时间步长及较细密的网格状态下才能模拟出非定常的涡脱流动，而 Realizable $k-\varepsilon$ 湍流涡黏模型对不同离散程度的网格适应性较好。

* 基金项目：国家自然科学基金资助项目(51578233)

4 气动导数分析

综合对比 Realizable $k-\varepsilon$ 与 SST $k-\omega$ 湍流涡黏模型模拟的薄平板各项气动导数结果，表明 Realizable $k-\varepsilon$ 与 SST $k-\omega$ 湍流涡黏模型在模拟高度流线化物体的外部绕流时具有相同的精度。

综合分析各项气动导数的结果可知，对于流线型箱梁的外部绕流模拟，两者对气动升力矩模拟精度基本相同，而 SST $k-\omega$ 模拟的气动升力结果稍优于 Realizable $k-\varepsilon$ 湍流涡黏模型。

由气动导数结果可知，Realizable $k-\varepsilon$ 与 SST $k-\omega$ 湍流涡黏模型在模拟具有明显钝体性质且伴有气动干扰效应的桥梁断面外部流动时，两种湍流模型的模拟结果之间的差异随流场的复杂程度提高而增大，从模拟结果与试验结果相比较的角度来看，两种湍流模型的差异主要体现在气动升力的模拟。

5 结论

(1) Realizable $k-\varepsilon$ 湍流涡黏模型具有比 SST $k-\omega$ 湍流涡黏模型更好的桥梁断面涡脱捕捉能力，因而 Realizable $k-\varepsilon$ 湍流涡黏模型计算的涡脱频率要优于 SST $k-\omega$ 湍流涡黏模型；

(2) 对于流线化非常明显的薄板断面，Realizable $k-\varepsilon$ 与 SST $k-\omega$ 湍流涡黏模型模拟的气动力精度基本相同；

(3) 对于钝体性质不明显的流线型箱梁断面，SST $k-\omega$ 湍流涡黏模型在气动力模拟方面稍优于 Realizable $k-\varepsilon$ 与湍流涡黏模型；

(4) 对于钝体性质明显且伴有气动干扰效应的分离式双箱梁断面，Realizable $k-\varepsilon$ 与 SST $k-\omega$ 湍流涡黏模型模拟气动力的差异随流场的复杂程度提升而增大，二者对壁面附近的流动模拟均存在不足。

参考文献

[1] 张志田，张显雄，陈政清. 桥梁气动力 CFD 模拟中湍流模型的应用现状[J]. 工程力学，2016，33(6)：1-8.

[2] 李永乐，安伟胜，李翠娟，等. 基于 CFD 的分离式三箱主梁气动优化研究[J]. 土木工程学报，2013，46(1)：61-68.

[3] 祝志文. 基于二维 RANS 模型计算扁平箱梁漩涡脱落的可行性分析[J]. 中国公路学报，2015，28(6)：24-33.

[4] 李黎，叶醒，李素杰，等. 基于 CFD 的双幅桥梁气动干扰效应数值仿真[J]. 湖北工业大学学报，2013，28(2)：9-14.

[5] 韩艳，陈浩，胡朋，等. 基于 CFD 的流线型桥梁断面阻力系数测压结果修正研究[J]. 铁道科学与工程学报，2016，13(1)：96-102.

[6] Šarkić A, Höffer R, Brčić S. Numerical simulations and experimental validations of force coefficients and flutter derivatives of a bridge deck [J]. Journal of Wind Engineering and Industrial Aerodynamics, 2015, 144: 172-182

桁架梁两波数气动导纳部分影响因素研究*

钟应子[1,2]，李明水[1,2]
（1.西南交通大学风工程试验中心 四川 成都 610031；2.风工程四川省重点实验室 四川 成都 610031）

1 引言

桁架梁是大跨桥梁常采用的断面形式，随着大跨桥梁建设的增加，桁架梁的抖振响应研究需求也在逐步精细化。在桥梁抖振响应计算中，气动导纳作为脉动风速到桥梁上的非定常气动力的传递函数，对计算结果的准确性起到了至关重要的影响。传统的气动导纳采用 Sears 函数或直接取 1。但 Sears 函数是全相关正弦突风流场中，无厚度机翼断面的气动导纳。桁架梁作为钝体结构，直接采用 Sears 函数得到的响应结果显然与实际有一定差异。将气动导纳直接取 1 则更加忽略了脉动风速到抖振力在不同频率的重分布。为了研究桥梁断面的抖振力，Davenport 首先引入气动导纳形式，给出了矩形截面与桁架梁的气动导纳公式。随后 Holmes、Walsh 和 Wyatt、Larose、陈政清、华旭刚、李明水、葛耀军、赵林、项海帆、顾明等学者先后对包括矩形断面、流线型箱梁断面、双边主梁断面等常见桥梁断面形式的气动导纳进行了研究。在这些研究的基础上，气动导纳的影响因素也逐渐进入学者们的研究范围。常见的气动导纳影响因素目前归纳有断面气动外形、紊流强度、积分尺度、雷诺数等。其中，针对影响气动导纳的桥梁气动外形因素，如栏杆、攻角等，葛耀军、赵林、张亮亮、郑史雄、祝志文等学者进行了探索。

值得注意的是，上述研究均为一波数气动导纳，亦即包含了展向分布信息的三维导纳，气动导纳的展向分布信息并未从中剥离出来，无法直观观察。而直接分离空间相关性的桥梁气动导纳研究，如马存明、李少鹏等学者针对矩形断面、流线型箱梁断面等的研究，对桥梁的气动外形影响没有进行进一步细化。本文利用李明水和钟应子提出的桁架梁两波数气动导纳直接识别方法，针对来流攻角、栏杆透风率对桁架梁两波数气动导纳的影响进行研究，为桁架梁抖振时域非平稳响应研究提供基础。

2 两波数气动导纳识别方法

李明水和钟应子提出了利用对两段相同桁架梁节段模型进行同步测力，结合均匀紊流风场测量，直接得到桁架梁节段的两波数气动导纳函数：

$$|\chi_L(k_1,k_2)|^2_{eq}=\frac{2S_{Lg}(k_1)\int_0^\infty Coh_L(k_1,\Delta y)\cos(2\pi k_2\Delta y)\,d\Delta y}{4c^2\,\mathrm{sinc}^2(2\pi k_2 c)(\rho Ub)^2[4C_L^2S_u(k_1,k_2)+(C'_L+C_D)^2S_w(k_1,k_2)]} \tag{1}$$

3 均匀紊流桁架梁节段模型测力试验

3.1 试验设备

试验在西南交通大学工业风洞（XNJD－1）第二试验段中进行，风洞截面尺寸 2.4 m（宽）×2 m（高）。均匀紊流利用格栅产生。紊流场测量采用三维脉动风速测量仪（Cobra Probe），测量频率256 Hz。抖振力同步测量采用高频动态天平（Nano17），基于西南交通大学风工程试验中心自主研发的同步测量程序，测量频率 1000 Hz。桁架梁刚性节间模型选取一座大跨板桁结合梁悬索桥为原型，实桥主梁高 7 m，宽 27 m，每节段长 15.2 m。节间模型缩尺比为 1∶77，共制作了 10 个节间。主桁架杆件用玻璃纤维杆制作，其他部件用塑料板整体雕刻。在不影响三分力系数与模型周围气流的前提下，于节间模型下方设置一道钢横梁，横梁迎风与背风侧倒角，在每个节间下方设置一个截面为翼形的钢支撑杆，以固定模型和安装天平，支撑杆高度与模型高度相等。

* 基金项目：国家自然科学基金（51478402），贵州省科技厅重大科技专项（（2015）6001）

3.2　试验工况

来流攻角由大到小分别设置为 +5°、+3°、0°、-3°、-5°。

栏杆透风率由大到小分别设置为 100%(施工态)、73%(原栏杆)、55%(原栏杆部分封隔)与 36%(原栏杆部分封隔)。

3.3　试验结果

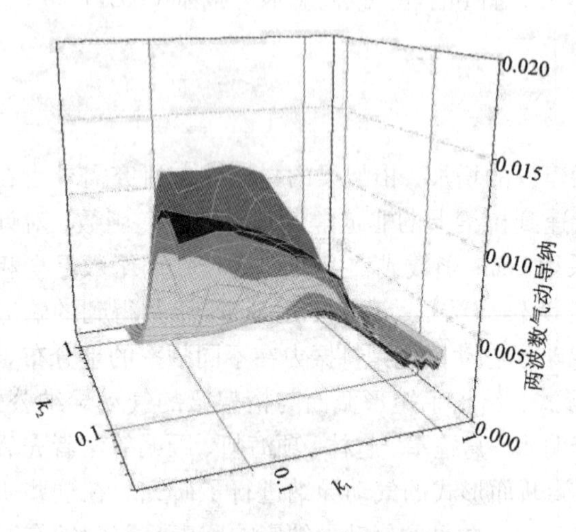

图 1　不同透风率下两波数升力气动导纳

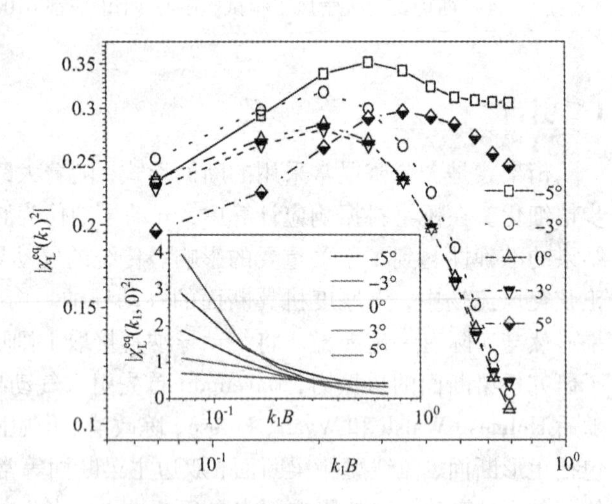

图 2　不同攻角下一波数升力气动导纳，内嵌图为二维升力气动导纳(k_2 = 0)

4　结论

桁架梁栏杆透风率越高，两波数气动导纳越低；两波数导纳受栏杆透风率影响的主要原因为升力相干函数的差异，受升力谱影响相对较小。来流攻角越大，两波数气动导纳越低；而大攻角下，两波数气动导纳受力谱和升力相干函数的共同影响。

参考文献

[1] 李少鹏，李明水，马存明. 矩形断面抖振力展向相关性的试验研究[J]. 工程力学，2016(01)：39-46.

[2] 潘韬，张敏，葛耀君，等. 典型桥梁断面的二维抖振响应分析[J]. 武汉理工大学学报(交通科学与工程版)，2015(03)：537-541，546.

[3] 张冠华，赵林，葛耀君. 流线型闭口箱梁断面风荷载空间相关性试验研究[J]. 振动与冲击，2012(02)：76-80，114.

[4] 张志田，陈政清. 桥梁断面几种气动导纳模型的合理性剖析[J]. 土木工程学报，2012(08)：104-113.

三、高层与高耸结构抗风

大气边界层中双烟囱对风荷载空间分布的干扰效应*

曾加东[1]，李明水[1,2]，李志国[1,2]
（1. 西南交通大学风工程试验研究中心 四川 成都 610031；2. 风工程四川省重点实验室 四川 成都 610031）

1 引言

高烟囱是火力发电厂的标准性建筑，主要用于烟气排放。随着大规模和超大规模的火力发电厂的建设，烟囱的建设规模也相应的增大，其常采用的塔架式烟囱结构正逐步向高耸、轻柔、多排布置的方向发展。大型高耸烟囱结构的柔度大、阻尼小、基频低，在大气边界层中很容易发生风致振动，风荷载已经成为该类结构的控制荷载之一。特别是在群体布置的烟囱之间，可能会产生显著的气动干扰效应，对高耸烟囱的结构抗风设计会产生不利的影响。

2 试验概况

本次试验在西南交通大学 XNJD－1 工业风洞进行，试验段尺寸为 2.0 m（宽）×2.4 m（高），风速范围为 0.5～45 m/s。试验模型高 1.25 m，在高度方向上共布置 8 层测点，每层测点均为 18 个。为保证测量频率能够达到 256 Hz，试验时扫描阀固定于模型内部。测压试验分为单烟囱超临界流动模拟和双烟囱干扰效应两个部分。

3 边界层中烟囱超临界流动模拟

在进行烟囱试验中，除要满足几何相似条件外，还应满足相应的力学相似条件，即风洞中模型的雷诺数与实际结构的雷诺数应保持一致[2]。当烟囱的几何尺寸缩小一定的缩尺比后，为保持雷诺数一致，则需要风洞中的试验风速提高很多倍，在一般的工业风洞中这是很难实现的。因此，为了使风洞中圆柱绕流特性与实际结构一致，常通过在圆柱表面粘贴砂粒、贴条、刻线等增加表面粗糙度[3]。

通过大量的测试，选择 200 号铜版纸，烟囱表面相对粗糙度为 $3.2\times10^{-4}\sim4.8\times10^{-4}$。其中单烟囱粗糙表面的平均压力系数和平均阻力系数如图 1 和图 2 所示，可知在当前风场中，烟囱绕流已经达到了超临界区，满足模拟要求。

4 双烟囱相互干扰作用

本文的主要目的是研究双烟囱在不同排列及干扰间距时，对烟囱风荷载的干扰效应。干扰间距取两个烟囱中心间距与平均直径之比，$L/D\in[2,6]$，斜列时，风偏角范围为 0°～180°，每间距 45°进行一次测量。当两烟囱串列时，且受扰烟囱在下游方向，烟囱 D 截面的平均风压系数和阻力系数如图 3 和图 4 所示。当受扰烟囱分别在上游和下游时，顺风向脉动风荷载沿竖向的相关系数如图 5 所示。

5 结论

经过以上分析，可得到以下主要结论：①改变圆柱表面粗糙度能有效模拟自然大气边界层中烟囱的绕流情况；②双烟囱干扰效应会对烟囱风荷载取值及空间结构产生影响，在某些干扰情况下，会导致风荷载放大，引起强烈的风致振动效应。

* 基金项目：国家自然科学基金项目（51278433）

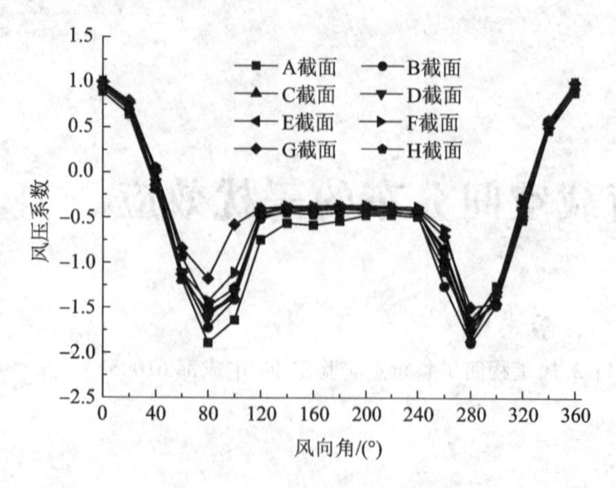

图 1 各测压点平均风压系数

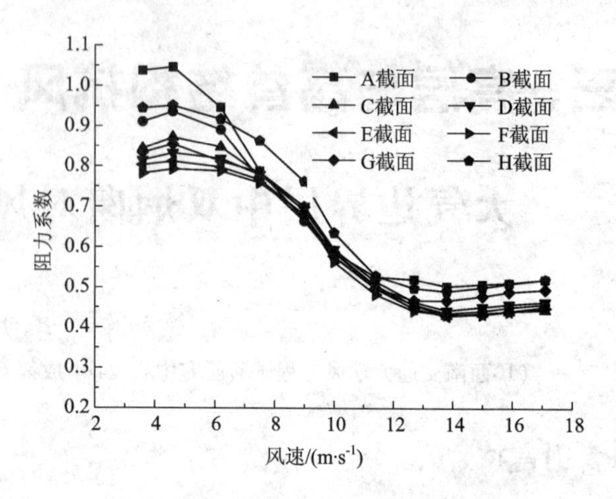

图 2 不同风速下各截面平均阻力系数

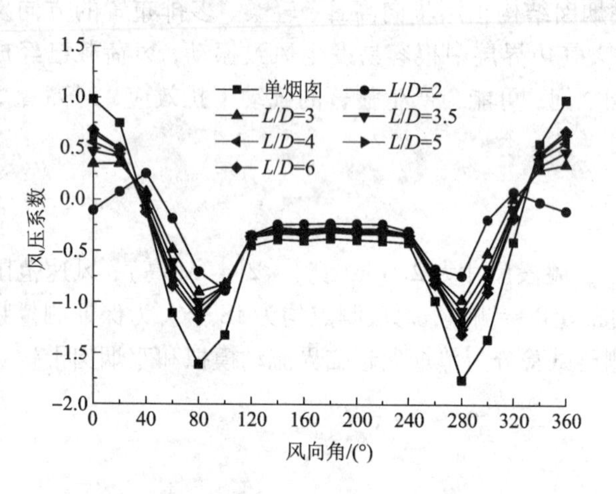

图 3 串列下风向不同间距风压系数

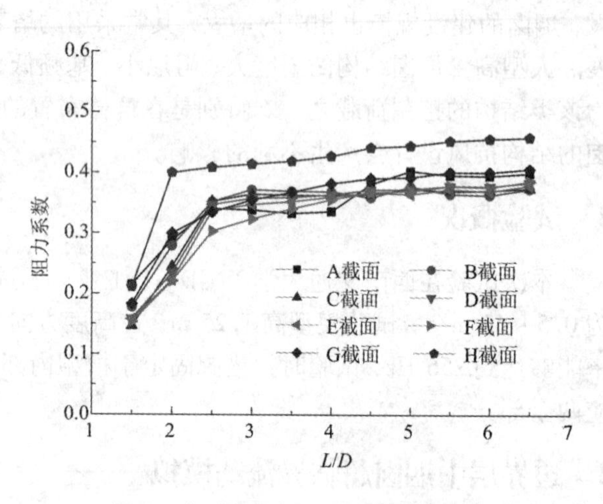

图 4 串列下风向不同间距阻力系数

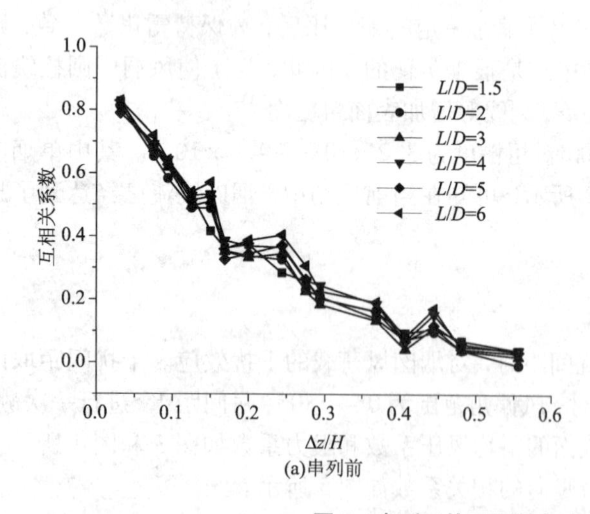

(a)串列前

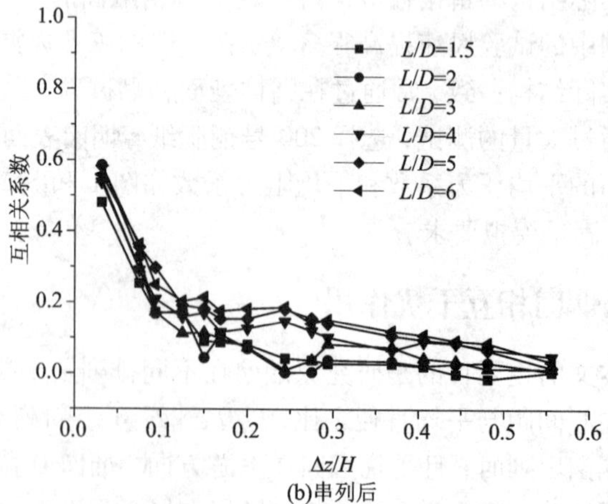

(b)串列后

图 5 串列干扰下顺风向脉动风荷载竖向互相关系数

参考文献

[1] GB 50051—2002，烟囱设计规范[S].

[2] Liu Y, So R M C, Lau Y L, et al. Numerical studies of two side - by - side elastic cylinders in a cross - flow[J]. Journal of Fluids and Structures, 2001, 15(7): 1009 - 1030.

[3] 李会知，樊友景，吴义章，等. 不同粗糙表面的圆柱风压分布试验研究[J]. 工程力学，2002，19(2)：129 - 132.

椭圆形截面超高层建筑风振响应相关性研究*

董帅，王钦华
（汕头大学土木与环境工程系 广东 汕头 515063）

1 引言

超高层建筑三个方向上基底弯矩风振响应的相关性随着风向角而变化[1]，本文首先简要介绍了结构风振响应[2]计算方法，然后对一栋椭圆形截面高层建筑风振响应进行相关性的分析，本文结果将为该类截面高层建筑等效静力风荷载三个方向等效静力风荷载的组合提供重要参考。

2 风振响应相关性分析

2.1 响应时程最大值统计的方法

由风洞实验获得了建筑表面测点的气动力时程，根据相似理论计算结构原型节点上的气动力时程，由结构动力学知识求出风致基底弯矩和基地扭矩响应时程。结构的坐标轴和风洞试验时的风向角如图1所示。本文中以600 s为时间间隔，对每一段基底弯矩和扭矩的时程进行了分析，得到600 s内一个方向弯矩绝对值取最大时，其他两个方向弯矩的取值，并求得此时刻弯矩与其弯矩绝对值最大值的比值。限于篇幅，图2以0°时的一段时程进行了说明，图3对0~90°的情况进行了多段时程的统计分析，得到当弯矩 M_x 绝对值取最大时的计算结果。

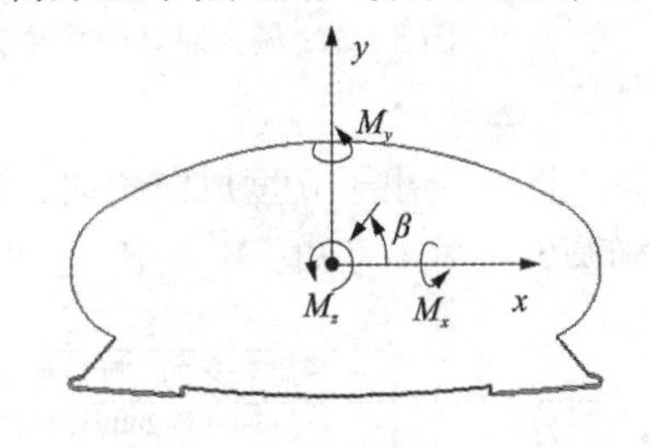

图1 参考坐标系

从图2和图3的时程分析中我们可以看出，在0度时，M_x 和 M_z 之间的相关性 ρ_{xz} 要比 M_x 和 M_y 之间 ρ_{xy} 要大，即 $\rho_{xy} < \rho_{xz}$。这是因为此时结构的扭转响应大部分由横风向气动力引起，而顺风向气动力和横风向气动力相关性较小。

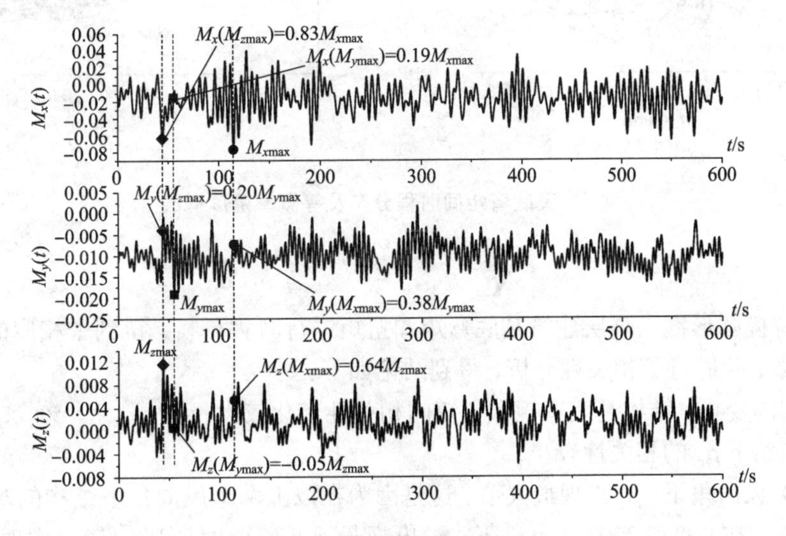

图2 弯矩时程最大值分析

2.2 基底弯矩响应的相关系数

图4给出了结构 x、y 方向基底弯矩和基底扭矩之间的相关系数 ρ_{xy}、ρ_{xz} 和 ρ_{yz}。由图4可以看出：M_x 和 M_y 之间的相关性 ρ_{xy} 均小于 ρ_{xz} 和 ρ_{yz}；在0°和180°风向角下，ρ_{xz} 出现最大值，这是因为在以上两个风向角下

* 基金项目：国家自然科学基金（51208291），广东省高等学校优秀青年教师培养计划（Yq2013071）

结构的基底扭转响应大部分由横风向气动力引起；在90度和270度风向角下，ρ_{xz}出现最小值，此时顺风向气动力对结构扭转响应贡献较小。

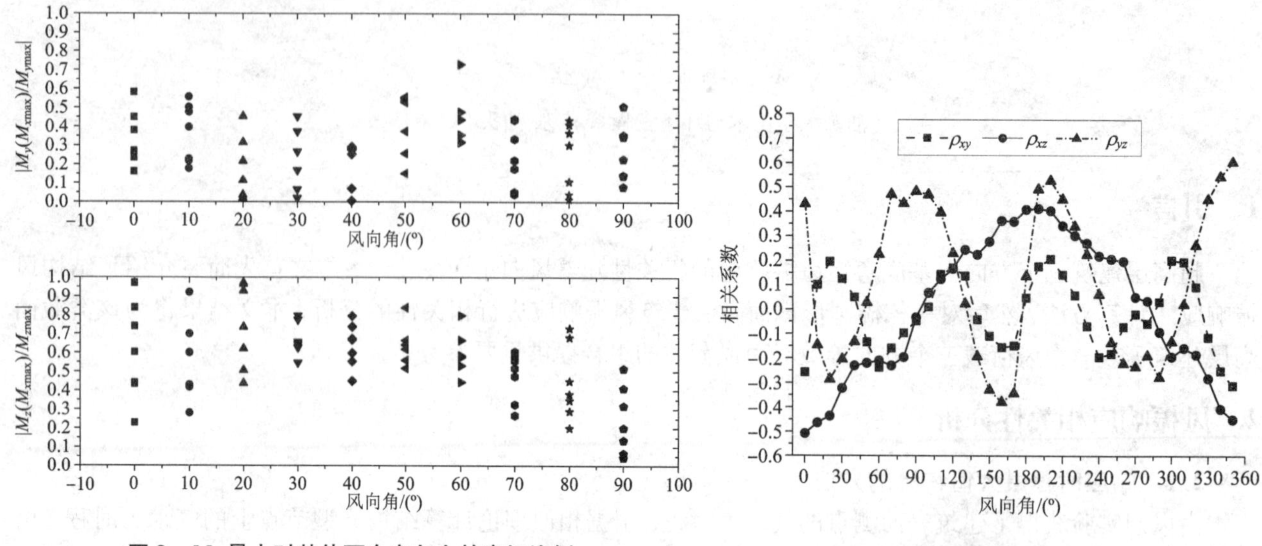

图3 M_x 最大时其他两个方向上的弯矩比例

图4 相关系数随风向角的变化

图5给出了0度风向角时，结构基底弯矩 M_x-M_z 和 M_x-M_y 间的时程轨迹曲线和相应的等概率密度椭圆，由图5可知：M_x-M_z 之间的相关性大于 M_x-M_y 之间的相关性。

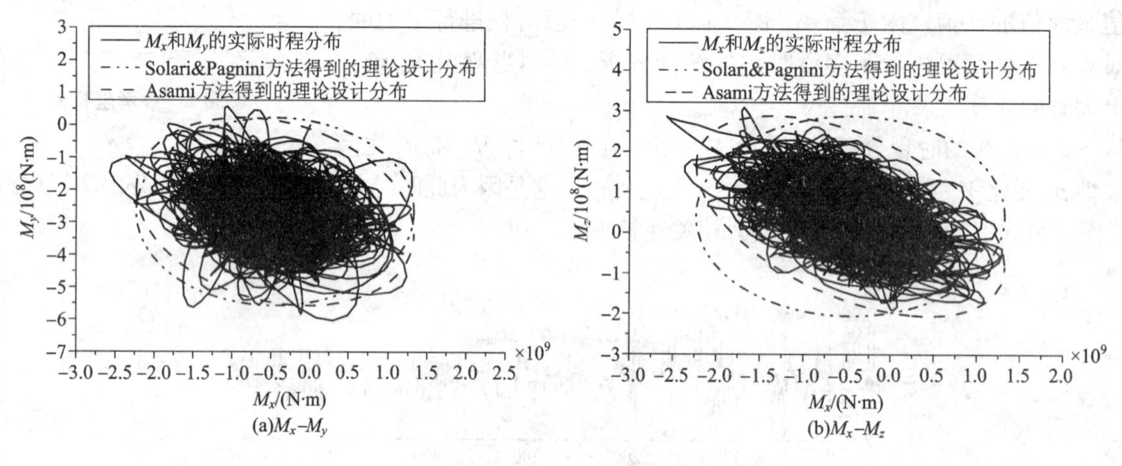

图5 基底弯矩间时程分布及等概率密度椭圆

3 结论

本文通过对一栋椭圆形截面高层建筑基底弯矩和扭矩进行时程分析，得到了相应的结构基底弯矩、基底扭矩间的相关系数，并进行了相关性分析，得到结论如下：

(1)随着风向角的变化，结构基底弯矩和扭矩间相关性变化较大；

(2)在所有风向角下 ρ_{xy} 的相关性较小；

(3)在0°和180°风向角下，ρ_{xz}出现最大值，这是因为在以上两个风向角下结构的基底扭转响应大部分由横风向气动力引起；在90°和270°风向角下，ρ_{xz}出现最小值，此时顺风向气动力对结构扭转响应贡献较小。

参考文献

[1] Tamura Y, H Kikuchi, K Hibi. Quasi - static wind load combinations for low - and middle - rise buildings[J]. Journal of Wind Engineering & Industrial Aerodynamics, 2003, 91(12 - 15): 1613 - 1625.

[2] 全涌，陈斌，顾明. 大高宽比方形截面高层建筑的横风向风荷载及风致响应研究[J]. 建筑结构，2010(02): 89 - 92.

复杂山形及塔群干扰对特大型冷却塔风振系数的影响研究*

杜凌云，柯世堂

（南京航空航天大学土木工程系 江苏 南京 210016）

1 引言

为与火/核电产业的迅速发展趋势相匹配，超过现行规范[1] 190 m 高度限值的超大型冷却塔陆续兴建，布置形式由单塔逐渐向双塔、四塔及群塔组合形式发展，且所处地形愈加复杂多样，塔群组合与周边环境对冷却塔结构风振系数的影响不容小视。然而规范仅给出单塔单一整体风振系数推荐取值，将其直接应用于复杂山地和塔群下冷却塔的结构抗风设计不尽合理，故系统研究复杂山地和塔群干扰下的冷却塔风振系数取值具有重要的理论和工程意义。

鉴于此，本文以某在建 210 m 高特大型冷却塔为工程背景，进行单塔及两组干扰工况的测压风洞试验，分析并筛选出最不利来流及布置工况，着重探讨最不利工况下复杂山地环境及群塔施扰效应对结构风振系数的影响程度，并将不同响应目标下风振系数计算结果与单塔风振系数进行对比，主要结论可为此类典型地貌下特大型冷却塔的抗风设计提供参考。

2 工程概况

本试验结构原型采用内陆某在建大型间接空冷塔，塔高 210 m，喉部标高 157.5 m，中面直径 110.37 m，进风口标高 32.5 m，塔底直径 180 m。塔筒分段等厚，最大厚度 2 m，最小厚度 0.37 m。双塔采用东西方向平行布置，四塔组合采用典型的斜 L 形布置（如图 1 和 2 所示），各塔中心距均为冷却塔塔底直径的 1.5 倍（规范规定的最小塔间距）。电厂周边山体环绕塔群，且山顶高达 135 m，与冷却塔喉部高度接近，从理论上可能存在显著的山地干扰效应。

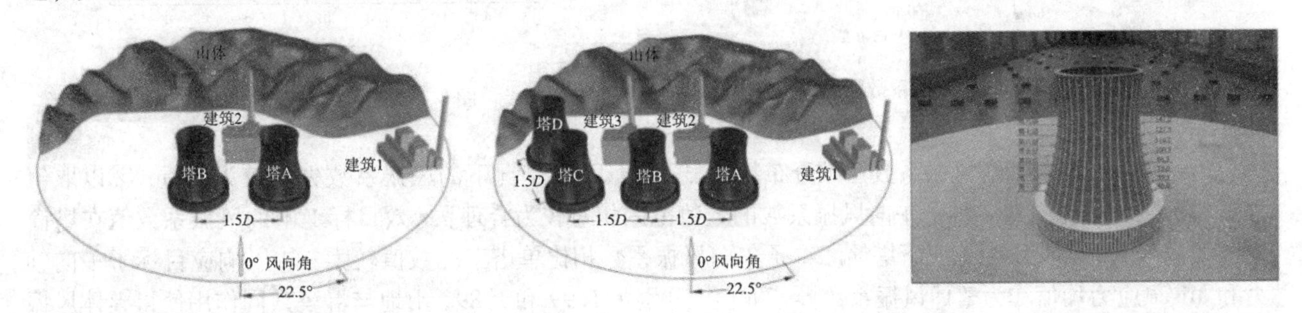

图 1 复杂山地 + 双塔组合平面布置示意图 **图 2 复杂山地 + 四塔组合平面布置示意图** **图 3 表面测点子午向布置示意图**

3 风洞试验与结果分析

刚体测压模型按 1∶400 缩尺比制作，在塔筒外表面沿子午向和环向布置 12 × 36 = 432 个测点。图 3 和图 4 分别给出了子午向测点布置模型示意图及山地与四塔组合风洞试验示意图。

通过调整试验风速和改变表面粗糙度的方法来补偿物理模型缩尺导致的雷诺数不匹配问题，比较确定采用表面贴粗糙纸带（沿圆周均匀分布二三间隔宽 5 mm，共计 36 条）和来流风速 10 m/s 手段模拟效果最好。图 5 将冷却塔喉部断面体型系数与规范推荐曲线进行对比，可知试验曲线与各国规范趋势较为吻合，数值与中国规范最为接近。

* 基金项目：江苏省优秀青年基金项目（BK20160083），国家自然科学基金（51208254），博士后科学基金（2013M530255 和 1202006B）

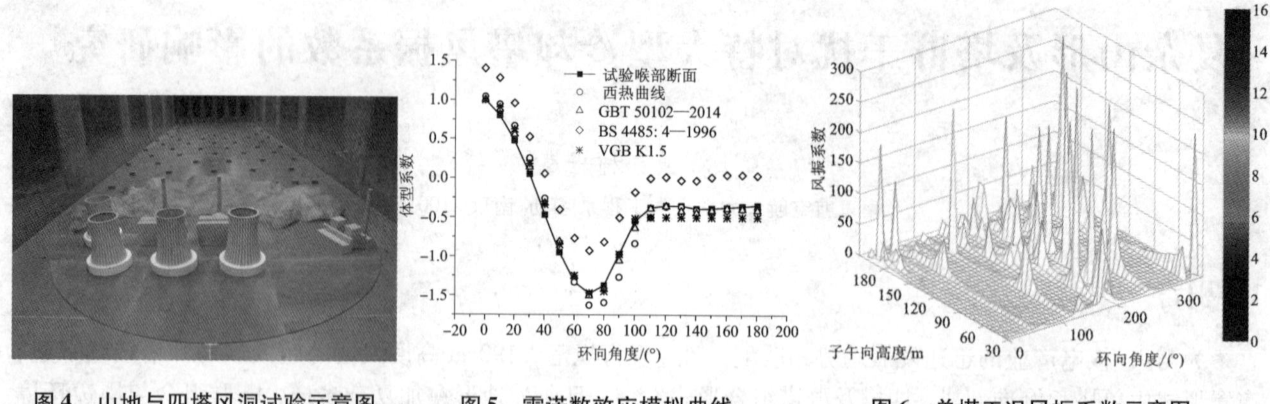

图4 山地与四塔风洞试验示意图　　图5 雷诺数效应模拟曲线　　图6 单塔工况风振系数示意图

4 风振响应与风振系数

以30%的透风率考虑百叶窗工作开启状态[2]，结构阻尼比[3]取为5%。图6～8分别给出了单塔和最不利工况下节点风振系数三维分布图及以塔筒247.5°(0°)子午线和平均响应绝对值的最大值(分别简称为等效目标1和2)两种取值等效目标的二维风振系数对比曲线。

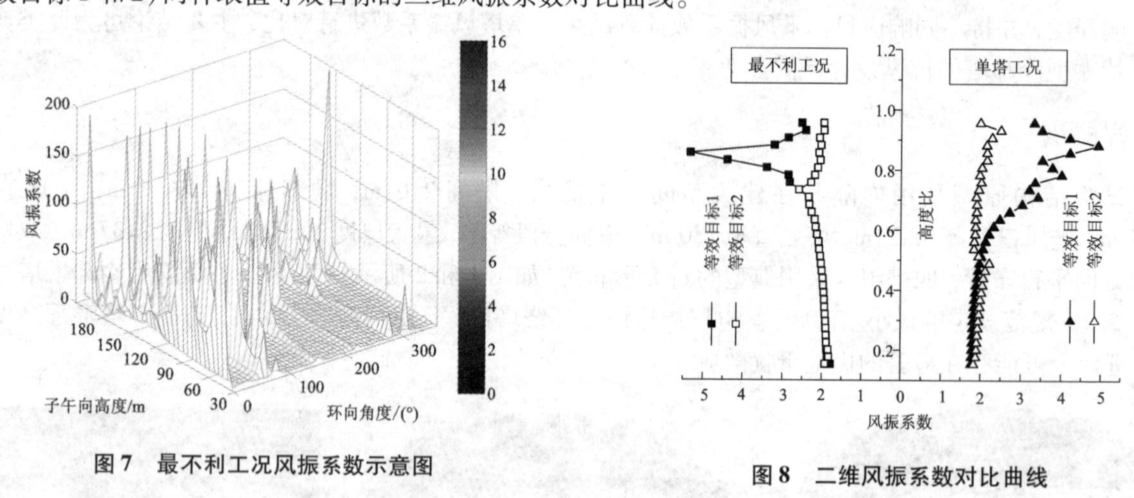

图7 最不利工况风振系数示意图　　图8 二维风振系数对比曲线

由图可知，①冷却塔风振系数三维分布特征显著，最不利工况下的风振系数失真较为严重；②以取值等效目标2为依据选定二维子午向风振系数的数值范围相对较为合理，等效目标1下的风振系数值在塔筒上部偏离较大；③最不利工况下塔筒二维子午向风振系数相比单塔工况数值较大；④以响应目标子午向轴力和Mises应力均值作为整体风振系数推荐取值，分别为1.99和1.89，山地与群塔共同作用使得整体风振系数相对单塔增大了5.29%。

5 结论

本文通过风洞试验和有限元方法研究了复杂山地环境下群塔干扰效应及其对风振系数的影响。结果表明：最不利工况发生在247.5°来流角下双塔与山地组合布置的塔A，干扰因子为1.586；塔群与山地的共同作用使得冷却塔三维风振系数脉动性增强，以等效目标2的二维风振系数沿子午向高度分布最为稳定；推荐复杂山地与塔群共同干扰下的整体风振系数取为1.99，相对规范B类地貌推荐取值1.9和单塔工况计算值1.89分别增大了4.74%和5.29%。

参考文献

[1] GB/T 50102—2014，工业循环水冷却设计规范[S].

[2] KeS T, Liang J, Zhao L, et al. Influence of ventilation rate on the aerodynamic interference for two IDCTs by CFD[J]. Wind and Structures, An International Journal, 2015, 20(3): 449-468.

[3] JGJ 3—2010，高层建筑混凝土结构技术规程[S].

高层建筑气动干扰效应风洞试验研究*

郜阳，全涌，顾明
（同济大学土木工程防灾国家重点实验室 上海 200092）

1 引言

随着我国城市化的发展，高层建筑的数量也在急剧增加，并且多以高层建筑群的形式出现。因此研究周边建筑对目标建筑风荷载的影响是十分必要的。余先锋等[1]对等高双柱的风压分布以及响应的干扰效应进行了系统的风洞试验研究。本文在均匀低湍流风洞中，对带有周边建筑模型的方形截面柱进行风洞同步测压试验。试验选取五种典型的布置工况，对试验结果分析，详细讨论了各工况的风压分布规律、气动力特性等。

2 试验概况

本试验为刚性模型同步测压试验，在均匀低湍流度风场中进行，对应的湍流度约为1%。试验数据的采样时间为28.8 s，采样频率为312.5 Hz。本试验模型为方形截面建筑，宽为158 mm，高为948 mm，高宽比为6∶1。周边建筑模型与目标建筑尺寸一致。模型表面布置15层测点，每一层布置28个测点，一共布置420个测点，测点布置图见图1。本试验共选取5种布置工况，分别是：单目标建筑、双柱并列布置、双柱串列布置、三柱并列布置、三柱串列布置，固定间距为4倍目标建筑宽度。详细布置方式如图2所示。

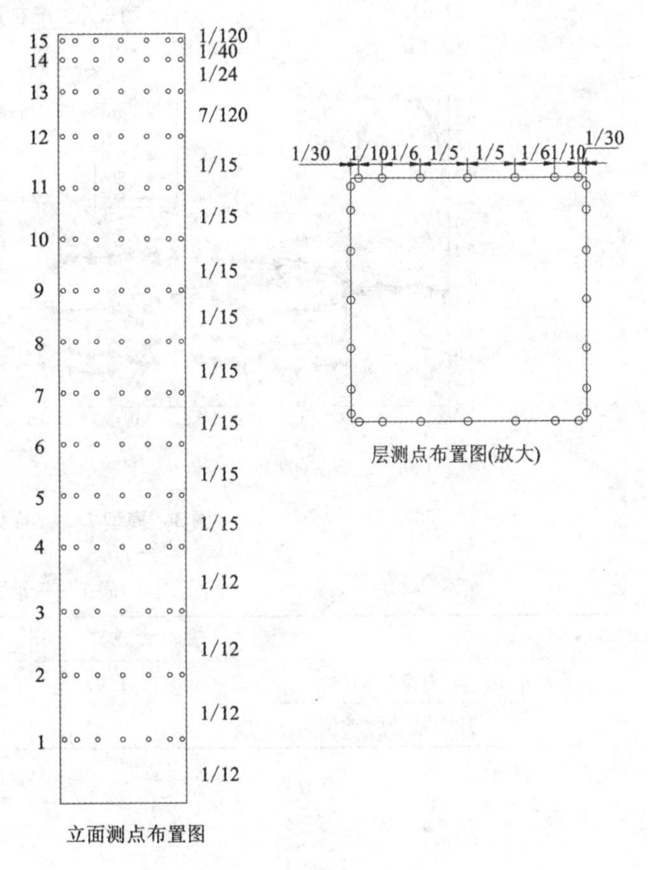

图1 测点布置示意图

测点 i 的风压系数时程 $C_P(i, t)$ 定义为：

$$C_P(i, t)=\frac{P_i-P_\infty}{\rho V^2/2} \quad (1)$$

式中：P_i 为测点 i 的风压时程；P_∞ 为来流静压；ρ 和 V 分别为空气密度以及来流风速。作用在模型上的气动力是用过对模型表面的风压积分得到。

3 试验结果分析

3.1 平均分压系数分布

图3所示为各工况下模型2/3高度处的平均风压系数以及脉动风压系数分布。可以看出，周边建筑的存在对风压系数的分布有显著的影响。

3.2 整体气动力

对模型表面的测点风压进行积分，可以得到模型的升力系数以及阻力系数，见表1。Sakamoto[2]通过试验发现：建筑在串列布置下，某些位置下游建筑的平均阻力基本为零，甚至平均阻力为负值。

* 基金项目：国家自然科学基金研究计划重点项目(90715040，91215302)

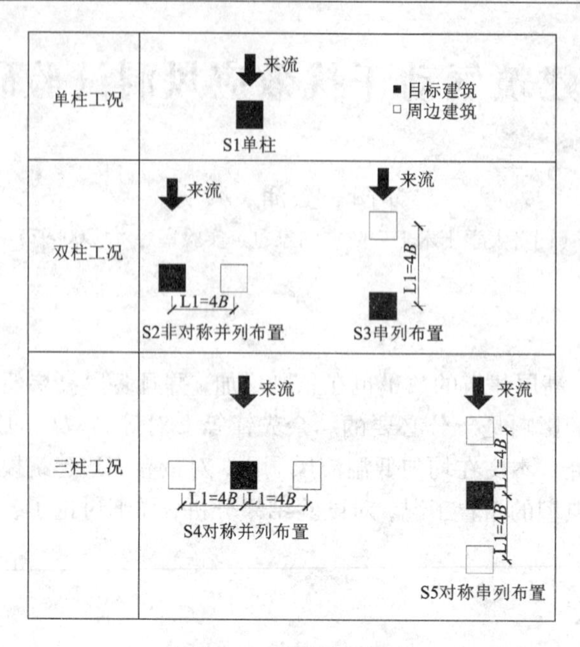

图2　工况布置示意图

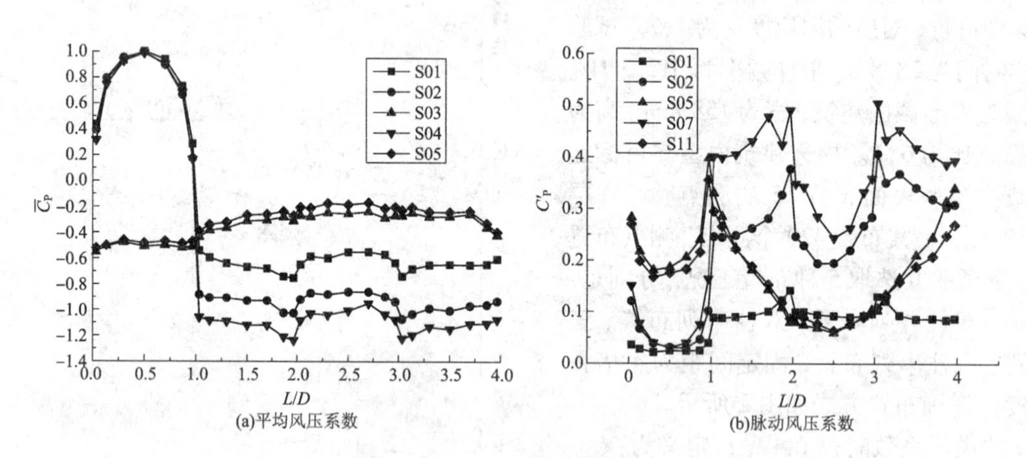

图3　模型2/3高度处风压系数分布

表1　气动力比较

工况	S01	S02	S03	S04	S05
阻力系数均值	1.43	1.66	0.008	1.77	-0.11
升力系数脉动值	0.11	0.45	0.17	0.61	0.17

4　结论

周边建筑存在于模型前方时，由于遮挡效应，使得目标建筑的A面出现吸力，但随着建筑高度增加，吸力逐渐减小，最终变成压力。对于其他三个面，并列布置工况的由于峡谷效应使得模型表面的风压减小；而串列布置的工况由于目标建筑处于上游建筑的尾流区使得模型表面的风压增加。串列布置的周边建筑使得目标建筑的平均阻力显著下降，甚至出现负值；而并列布置使得目标建筑的脉动升力有显著增加。

参考文献

[1] Yu X, Xie Z, Zhu J, et al. Interference effects on wind pressure distribution between two high - rise buildings[J]. Journal of Wind Engineering and Industrial Aerodynamics, 2015, 142: 188 - 197.

[2] Sakamoto H, Haniu H. Aerodynamic forces acting on two square prisms placed vertically in a turbulent boundary layer[J]. Journal of Wind Engineering & Industrial Aerodynamics, 1988, 31(1): 41 - 66.

光电站吸热塔气动阻尼比识别*

黄景辉[1]，刘敏[1]，李寿英[1]，回忆[1]，李红星[2]，陈政清[1]
（1. 湖南大学土木工程学院 湖南 长沙 410083；2. 西北电力设计研究院 陕西 西安 710000）

1　引言

光电站吸热塔是典型的高耸结构，高耸结构在来流风作用下同时存在顺风向和横风向振动，当结构在横风向产生涡激振动时，结构的横风向风振有时会占主要地位。已有试验结果表明本文研究的吸热塔在设计风速下的位移值超过规范值的40%左右，而且，该结构的涡振临界风速小于设计风速，且涡振区响应起控制作用。为此，在已有吸热塔气弹模型的基础上，运用随机减量法[1]和广义卡尔曼滤波法[2]，在不同结构阻尼比(0.7%和1%)下对涡振区的气动阻尼进行识别，以对吸热塔的设计和响应分析提供参考依据。

2　气动阻尼识别

2.1　项目背景

Noor III 光电站吸热塔(图1)位于非洲摩洛哥，底面以上高度243 m，圆形截面，外径从底面的23 m变化到顶部的20 m。0～200 m 高度范围内为混凝土结构，壁厚从底部的800 mm，变化到顶部的450 mm，200～243 m 高度范围内为钢结构，为目前全球规模最大的太阳能光热电站。根据实际结构参数和相似准则制作了吸热塔气弹模型。(图2)

图1　Noor III 150 兆吸热塔

图2　吸热塔气弹模型

2.2　气动阻尼识别结果

运用随机减量法和广义卡尔曼滤波法对气动阻尼进行识别，将结果进行了对比验证。风速6 m/s，结构阻尼比0.7%下的随机减量识别结果如图3所示，识别出的总阻尼比为0.13%，此工况下用广义卡尔曼滤波法识别出的总阻尼比为0.16%。不同风速下两种方法的总阻尼比识别结果如图4，两种方法的识别结果可以较好地相互验证。

3　结论

(1)本文以已有的光热电站吸热塔气弹模型为基础，进行了不同结构阻尼比下的风洞试验，获得了长持续时间(15 min)的结构顶部加速度时程，采用随机减量法和卡尔曼滤波法识别了不同结构阻尼比下的气动阻尼，两者的结果吻合较好，可以为吸热塔的设计提供较好的参考依据。

* 基金项目：国家自然科学基金项目(51578234)，国家重点基础研究发展计划(2015CB057702)

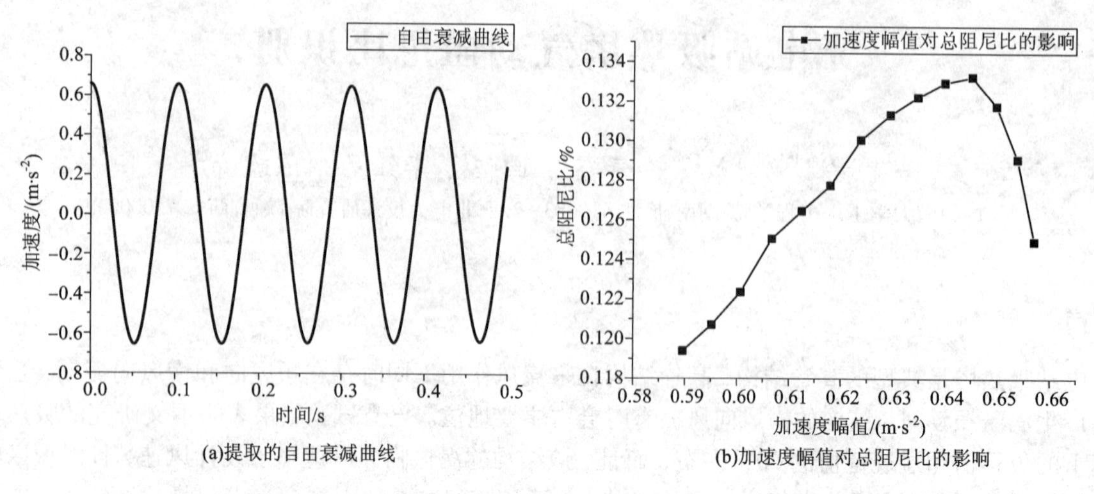

(a)提取的自由衰减曲线 (b)加速度幅值对总阻尼比的影响

图3 风速6 m/s，结构阻尼比0.7%时的随机减量法识别结果

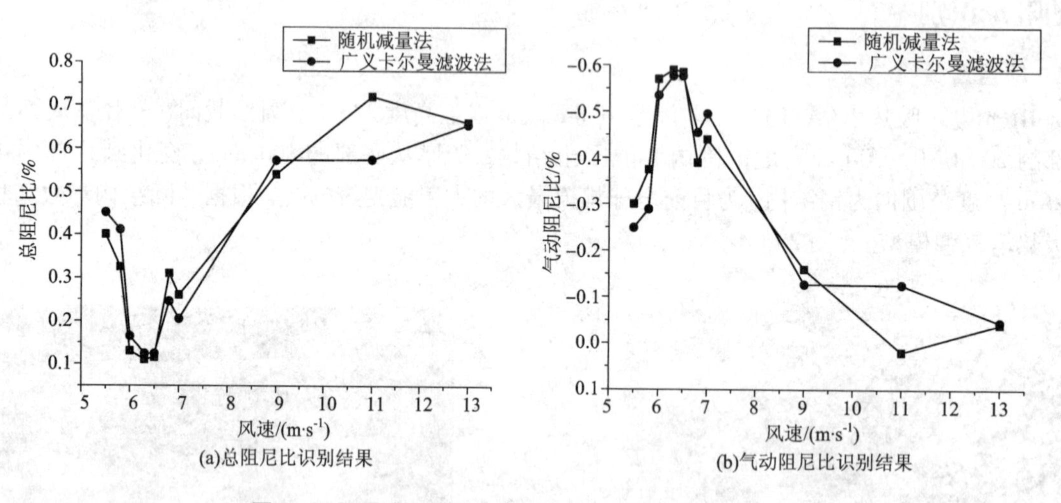

(a)总阻尼比识别结果 (b)气动阻尼比识别结果

图4 不同风速下阻尼比识别结果(结构阻尼比0.7%)

(2)从不同加速度幅值处识别的总阻尼比有如下规律：总阻尼比随着加速度幅值的增大先增大后减小。

(3)气动阻尼比的识别结果总体上有如下规律：随着风速的增大，气动阻尼比先减小后增大。在涡振临界风速(6.5 m/s)下气动阻尼比为负的最小，可以解释涡振区横风向响应起控制作用的原因。

参考文献

[1] 全涌，顾明. 方形断面高层建筑的气动阻尼研究[J]. 工程力学，2004，21(1)：26－30.

[2] Pan S，Xiao D，Xing S，et al. A general extended Kalman filter for simultaneous estimation of system and unknown inputs[J]. Engineering Structures，2016，109：85－98.

风力机塔筒荷载简化计算方法对比*

金静，王法武，柯世堂，程晔
（南京航空航天大学土木工程系 江苏 南京 210016）

1 引言

随着风力发电机组装机容量的不断增加，风力机塔筒也朝着高耸化方向发展。风力机运行在复杂的自然环境中，所受荷载情况非常复杂。在风力发电机组的运行中，塔筒作为风力发电机组的主要承重结构，其安全可靠性是决定风力机正常运行的关键因素之一。塔筒所受荷载非常复杂，目前我国还没有统一的风力发电塔筒荷载作用的计算方法，主要借鉴国外的规范进行设计。风力机主要由叶轮、机舱和塔筒组成，各个组成部分的材料、设计及制造都有很大差异，对于风力机塔筒部分的设计，为了要满足刚度、强度和稳定性等要求，风力机塔筒所受荷载如何计算至关重要。

本文分析研究了风力机塔筒的荷载作用特点，利用 GH Bladed 软件、简化公式和根据日本土木学会编制的《风力发电设备塔架结构设计指南及解说》[1]（下面简称日本规范）这三种方法计算某 5MW 级风力机塔筒所受荷载，对比分析了额定风速和极限风速下塔筒底部荷载，为塔筒的结构设计提供了参考依据。

2 GH bladed 软件计算

GH Bladed 软件是一个整合的计算仿真软件，它适用于陆地和海上的多种尺寸和形式的水平轴风力机，用于设计和认证所需的性能和荷载计算。通过其图形界面控制的工具栏，可以对风力机各个部分（包括转子、叶片、驱动传动系统、发电系统、控制系统、机舱和塔架）的设计参数进行设定，进而可以计算风力机组的载荷。

因为不同的自然风环境，不同的叶片翼型截面特性和桨距角，以及不同的风轮转速、偏航等情况，风力机所受的气动载荷均不同，而这些载荷最终逐级传递给塔筒，此外还有偏航产生的力矩、机舱的自重及塔筒本身承受的风压等，故要搞清塔筒所受的载荷需全面考虑风力机各部件所受的载荷以及载荷传递情况。由于作用在叶轮上的空气动力是风力机最主要的动力来源，也是各个零部件的主要荷载来源。GH Bladed 软件提供的叶轮空气动力学模型是基于叶素理论和动量理论的结合，得出叶轮上的荷载，然后向其他坐标系转化求出其他荷载。空气动力荷载主要考虑了叶轮转速、平均风速、湍流强度、空气密度和风力机组零部件气动外形及其相互影响等因素。荷载的计算还和外部条件有关，主要考虑地貌地形、气象条件。气象条件主要包括风速、风向、入流角、阵风和紊流的影响。

根据 GB/T 31519—2015 台风型风力发电机组规范[2]，综合考虑上述因素的影响，在 GH Bladed 软件中对台风状态下的各种工况进行了定义，计算出塔顶荷载。

3 简化公式计算

风力机塔筒所承受的荷载除塔筒自重外，主要有机舱和风轮的重力，来自风轮的气动荷载和作用在塔筒上的风荷载。通过风轮和机舱传递给塔筒的荷载可简化为沿三个坐标轴方向的集中力和和力矩，根据有关资料介绍[3-4]，得出上述力和力矩的简化公式如下。

（1）气动荷载：

$$F_{x1} = \frac{4}{9}\rho V_d^2 \pi R^2 \tag{1}$$

$$F_{x2} = 0.5 C_t V_s^2 A \tag{2}$$

式中，F_{x1}、F_{x2}分别为切出风速和极限风速下的轴向推力（N）；ρ 为空气密度（kg/m^3）；V_d 切出风速（m/s）；R

* 基金项目：江苏省自然科学基金（BK20130797）

为风轮半径(m)；C_t为阻力系数；V_s为极限风速(m/s)；A为机舱及风轮在与风向垂直的平面内的投影面积(m^2)。

(2)由于风轮和机舱质量引起的垂直力、风向变化引起的偏转力、偏转力矩及由风荷载在机舱侧壁引起的力矩等简化公式详见文献[3]。

4　日本规范计算

日本规范分别给出了暴风时的最大风荷载和发电时的最大风荷载的计算方法。计算风力机上作用的暴风时的风荷载时，假设风力机处于静止状态，基于等效静力法，通过风轮、机舱、塔架上作用的平均风荷载和阵风因子的乘积求得。阵风荷载因子包含了脉动风的空间相关的尺寸效应和反映结构物的振动特性和脉动风的频谱特性的共振效应。发电时的最大风荷载可通过各风速下的发电平均风荷载乘以各风速对应的阵风荷载因子来计算。塔架作用的风荷载是在假设风轮固定及机舱为刚性的基础上，由叶轮、机舱、塔架作用的平均风荷载乘以考虑了塔架第1阶振动模态和结构阻尼的阵风荷载因子来计算。发电时的阵风荷载因子的评估式中包含了峰值因子，共振分量和非共振分量的比值以及尺寸折减系数。塔架作用的顺风向和横风向的剪力以及弯矩，是在风轮和机舱的风荷载上加上塔架作用的风力积分后的风荷载来计算。

5　结论

本文分别用GH Bladed软件、简化公式和日本规范三种方法对风力机塔筒顶部荷载进行计算。因各参数取值原则的差异，导致三种方法计算结果有一些差异，研究发现：

GH Bladed软件综合考虑了外部环境，控制系统等将叶轮和塔筒作为整体来分析，能有效考虑各因素的动态变化。简化公式建立在叶素动量理论的基础上对风力机塔筒顶部荷载作了简化计算，考虑得较为简单。日本规范综合考虑了各种因素的影响，其结果与实际较为接近。通过对比三种塔筒荷载的简化计算方法，为风力机塔筒荷载提供了更为合理的计算方法，同时为塔架的结构设计提供了参考依据。

参考文献

[1] 土木工学会.风力发电设备塔架结构设计指南及解说[M].北京：中国建筑工业出版社，2014.

[2] GB/T 31519.1—2015，台风型风力发电机组[S].北京：中国标准出版社，2015.

[3] 童跃.水平轴风力机塔架载荷及振动的有限元分析[D].兰州：兰州理工大学，2011.

[4] 赵文涛，曹平周，陈建锋.风力发电钢塔筒的荷载计算方法和荷载组合研究[J].特种结构，2010(04)：73-76.

基于高频测力天平风洞试验的高层及高耸结构广义荷载与风振响应分析

李峰[1]，邹良浩[1]，梁枢果[1]，汤怀强[1]，陈寅[2]
（1. 武汉大学土木建筑工程学院 湖北 武汉 430072；2. 中国电力工程顾问集团中南电力设计院有限公司 湖北 武汉 430071）

1 引言

本文针对各轴向不耦合的对称高层及高耸结构，以振型修正方法为基础，基于随机振动理论，以修正广义荷载谱的方式，利用线性(常数型)振型广义荷载谱，推导了结构横向和扭转向高阶振型广义荷载谱，并以三种典型的格构式高耸结构为例进行了结构顺风向和横风向风振响应评估，通过将计算结果与气弹模型风洞试验结果对照，分析了振型修正对结构风振响应的影响以及高阶振型对结构风振响应的贡献，同时也验证了本文推导的高阶振型广义荷载谱的准确性。

2 高阶振型广义荷载谱推导

本文假定风荷载为平稳随机荷载，采用频域法，同时，假定归一化荷载谱 $S(\omega)$ 沿高不变，采用振型修正因子，利用线性(常数型)振型广义荷载谱，以修正荷载谱的方法，推导了结构实际各阶振型广义荷载谱。结构各阶振型广义荷载谱如下：

$$S_j^*(\omega)=\frac{\sum_{i=1}^{N}\sum_{K=1}^{N}[V(z_i)^2A(z_i)][V(z_k)^2A(z_k)]R(z_i,z_k,\omega)\varphi_j(z_i)\varphi_j(z_k)}{\sum_{i=1}^{N}\sum_{K=1}^{N}[V(z_i)^2A(z_i)][V(z_k)^2A(z_k)]R(z_i,z_k,\omega)\frac{z_i}{H}\frac{z_k}{H}}S_{\mathrm{L}}^*(\omega) \tag{1}$$

由扭转向常数振型广义荷载谱推导得到结构扭转向各阶振型广义荷载谱如下：

$$S_j^*(\omega)=\frac{\sum_{i=1}^{N}\sum_{K=1}^{N}[V(z_i)^2A(z_i)B(z_i)][V(z_k)^2A(z_k)B(z_k)]R(z_i,z_k,\omega)\varphi_j(z_i)\varphi_j(z_k)}{\sum_{i=1}^{N}\sum_{K=1}^{N}[V(z_i)^2A(z_i)B(z_i)][V(z_k)^2A(z_k)B(z_i)]R(z_i,z_k,\omega)}S_{\mathrm{C}}^*(\omega) \tag{2}$$

式中，j 为振型数，z_i 为第 i 自由度的高度，H 为结构总高度，$V(z_i)$ 为 z_i 高度平均风速，$A(z_i)$ 为 z_i 分担的迎风面积(对格构式高耸结构为实际面积)，$\varphi_j(z_i)$ 为第 j 阶振型，$R(z_i, z_k, \omega)$ 为z_i 和 z_k 高度的相干函数，$S_{\mathrm{L}}^*(\omega)$ 为线性振型广义荷载谱，$S_{\mathrm{C}}^*(\omega)$ 为扭转向常数型振型广义荷载谱。

3 格构式高耸结构气弹模型风洞试验

本次试验以三种典型的格构式高耸结构(通讯塔、输电塔和电视塔)为原型，设计制作气弹模型，模型如图 1 所示。试验在同济大学 TJ－2 水平回流式边界层风洞试验室进行。

(a)通讯塔

(b)输电塔

(c)电视塔

图 1 格构式塔架气动弹性模型

4 风振响应计算与比较

本文利用上述风洞试验得到的结构顶部加速度时程，联合采用 EMD 分解、小波分析、RDT 技术和 Hilbert 变换进行结构总阻尼的识别[1]，以三个典型格构式高耸结构气弹模型的顺风向与横风向加速度响应为目标进行了风振响应分析。结构频率和结构阻尼比由试验自由振动敲击试验得到，振型由有限元计算得到，线性振型广义荷载谱参考文献[2]提供的公式。其结果如图2，图3所示。图中，ED表示实验结果；S12表示不考虑气动阻尼，由前二阶振型叠加得到的加速度均方根响应；EL表示考虑气动阻尼，由线性振型计算得到；E1表示考虑气动阻尼，由第一阶振型计算得到；E12表示考虑气动阻尼，由前二阶振型叠加计算得到。

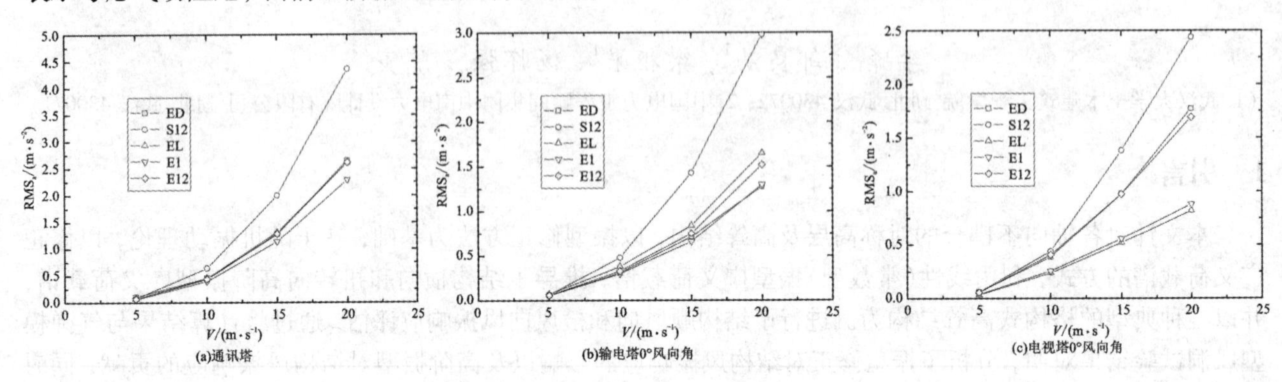

图2　顺风向加速度均方根响应

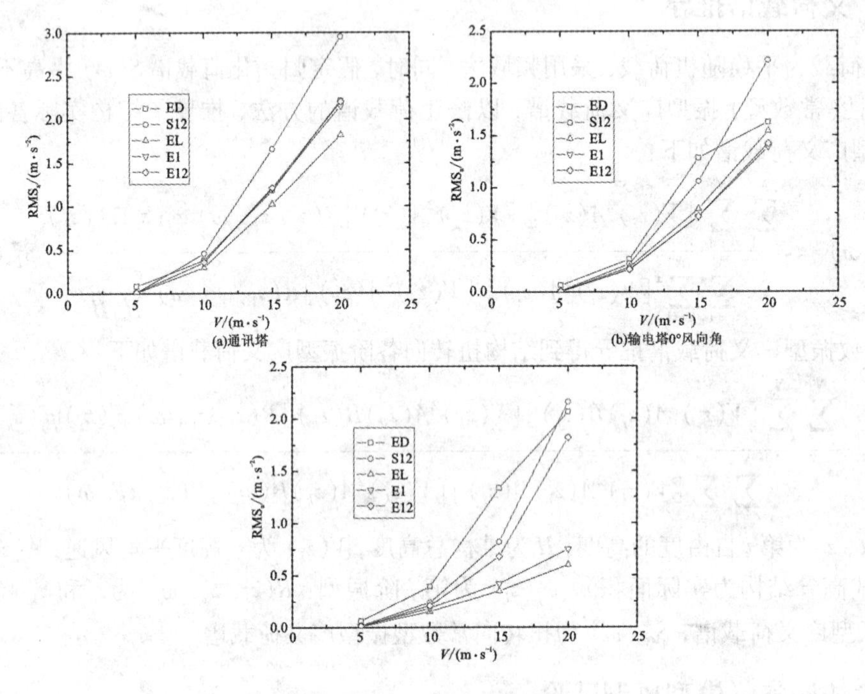

图3　横风向加速度均方根响应

5　结论

本文推导得到了结构实际各阶振型广义荷载谱，计算分析了三种典型的格构式高耸结构气弹模型加速度均方根响应，通过将计算结果与试验结果比较，主要结论如下：

(1)当考虑气动阻尼比时，采用本文得到的各阶振型广义荷载谱计算得到的结果与气弹模型风洞试验结果较接近，验证了本计算方法的准确性。

(2)气动阻尼比对格构式高耸结构风振响应的贡献十分显著，不考虑气动阻尼比的影响，会高估结构的风振响应，使得结构设计趋于保守。

(3)当高耸结构较高，频率较低时，高阶振型对结构风振响应的贡献不可忽视。

参考文献

[1] 邹良浩，梁枢果. 基于气弹模型风洞试验的输电塔气动阻尼研究[J]. 振动、测试与诊断，2015，35(2)：268－275，398.

[2] 梁枢果，邹良浩，赵林，等. 格构式塔架动力风荷载解析模型[J]. 同济大学学报(自然科学版)，2008，36(2)：166－171.

参考风速对简化高层建筑模型气动力量纲一化的影响*

李石清[1]，王汉封[1]，罗元隆[2]
（1. 中南大学土木工程学院 湖南 长沙 410083；2. 淡江大学土木工程系 台湾 台北 25137）

1 引言

超高层建筑可视为一端固定于地面，另一端为自由端的有限长钝体。对于处于湍流大气边界层内的高耸结构，由于其高度方向上风速并不均匀，选择不同位置的风速作为参考风速，显然会对量纲一化气动力的结果讨论带来影响。若采用梯度风速[1-2] U_g量纲一作为参考风速，可能会低估模型风压系数与气动力系数，所以也有文献采用模型顶部高度风速[3-6] U_h作为参考风速。但不同参考风速对于湍流边界层中气动力系数和气动力特性的影响尚不明确。为获得参考风速对高层建筑模型量纲一气动力的影响，本文通过风洞试验系统地测量了处于台湾《建筑物耐风设计规范及解说》[7]中的A、C两类地貌中的高宽比为5的简化高层建筑模型的气动力，并运用POD方法进行了深入的研究，详细地对比并总结了U_g与U_h作为参考风速对模型量纲一气动力的影响规律。

2 主要研究方法和内容

（1）实验介绍。

本实验在中国台湾淡江大学风工程研究中心Ⅰ号边界层风洞内进行。该风洞试验段长15 m、宽2.2 m、高2.0 m，风速范围1～28 m/s，湍流度小于1%。实验所用简化高层建筑模型为一正方形截面棱柱，高$H=500$ mm，宽$d=100$ mm，高宽比$H/d=5$。

（2）实验内容。

本实验测量了两种工况下模型表面的压力P，先得出了实际升力F_L的情况，在不同量纲一方式下，计算了$\overline{C_d}$、C_d'与C_l'，对比了不同参考风速下气动力系数的绝对数值和相对大小趋势，并取不同量纲一方式下的C_p进行POD分析，讨论了参考风速对于模型量纲为一的化气动力和POD分析的影响。图1给出了不同量纲一方式下的$\overline{C_d}$、C_d'与C_l'，由图可知不同量纲一速度参数下，升力脉动值的大小趋势发生了变化甚至反转，这说明量纲一的速度参数的选择对于气动力描述有影响，且可能使不同边界层中气动力趋势的描述出现较大差异。

3 结论

（1）从瞬时气动力看，高湍流度边界层中升力波动较小，周期性也较弱。

（2）参考风速对模型气动力量纲一化的影响体现在不同的量纲一方式决定了C_p值的大小，对于$\overline{C_d}$、C_l'与C_d'等系数数值影响显著，导致采用U_g、U_h这两种不同的量纲一的参数描述气动力可得不同甚至相反的结果。

（3）无论采用哪种量纲一的参考风速，POD分析定性结果类似，即采用U_g、U_h这两种不同的量纲一的参数对于POD分析无影响。体现为无论采用哪种量纲一的速度参数，POD分析体现的升力脉动强弱趋势与F_L保持一致。

* 基金项目：国家自然科学基金（11472312）

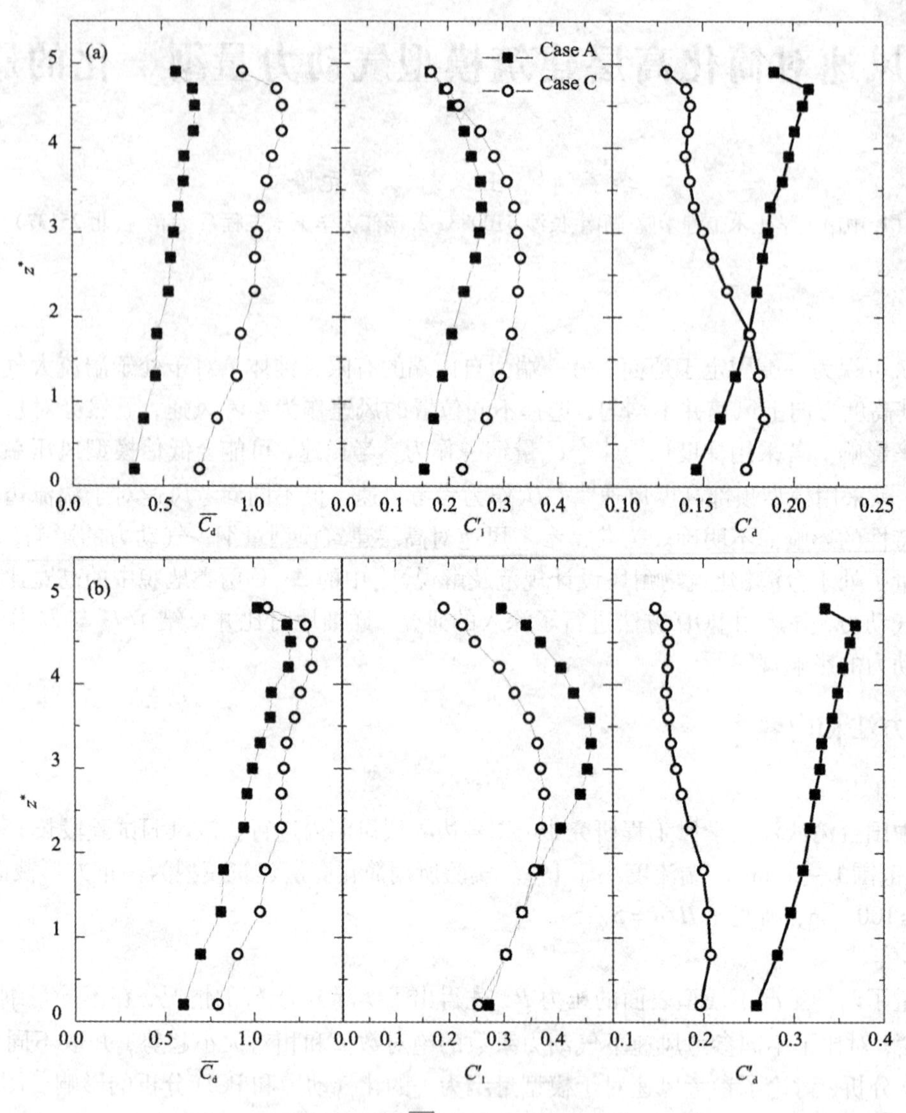

图1 不同参考风速下$\overline{C_d}$、C'_l与C'_d值，(a) U_g；(b) U_h

参考文献

[1] Sarode R S, Gai S L, Ramesh C K. Flow around circular - and square - section models of finite height in a turbulent shear flow [J]. Journal of Wind Engineering & Industrial Aerodynamics, 1981, 8(3): 223 -230.

[2] Mcclean J F, Sumner D. Aerodynamic Forces and Vortex Shedding for Surface - Mounted Finite Square Prisms and the Effects of Aspect Ratio and Incidence Angle[J]. American Society of Mechanical Engineers, 2012: 951 -960.

[3] 黄鹏，顾明，全涌. 高层建筑标准模型风洞测压和测力试验研究[J]. 力学季刊，2008，29(4)：627 -633.

[4] 王汉封，杨帆，邹超. 边界条件对有限长正方形棱柱气动力的影响[J]. 振动与冲击. 2016(05)：39 -46.

[5] 李毅，李秋胜，李永贵，等. CAARC 高层建筑标准模型风洞试验研究[J]. 工业建筑，2013(S1)：222 -226.

[6] Kareem A, Cermak J E. Pressure fluctuations on a square building model in boundary - layer flows [J]. Journal of Wind Engineering & Industrial Aerodynamics, 1984, 16(1): 17 -41.

[7] 台湾建筑物耐风设计规范及解说[S]. 台北，2007.

太阳能热发电塔气弹模型制作方法和风洞试验研究*

刘敏[1]，李寿英[1]，李红星[2]，陈政清[1]
（1. 湖南大学风工程与桥梁工程湖南省重点实验室 湖南 长沙 410083；2. 西北电力设计院 陕西 西安 710032）

1 引言

某圆形截面太阳能热发电塔地面以上高度243 m，底部外径23 m，顶部外径20 m，0～200 m高为混凝土结构，200～243 m高为钢结构。为准确获得其风致响应，本文在目标阻尼不超过0.7%的前提下[1]，基于动力相似理论设计制作了该发电塔1∶200比例多自由度气弹模型，对模型频率、阻尼、振型等参数模拟取得良好效果，尤其第一阶阻尼比低至0.3%左右，解决了阻尼调节难题。最后对该模型进行了不同阻尼比下的风致响应测试，可为类似结构的多自由度气弹模型制作与抗风研究提供参考和依据。

2 模型制作简介

模型整体设计构思采用芯梁和外衣分别模拟结构刚度与气动外形，由于顶部钢结构刚度突变，基于有限元模拟分析，为便于加工和后续试验研究，该部分直接采用外衣形式模拟刚度、气动外形和质量分布。试验模型外观及总体结构如图1所示，包括骨架、外衣、底座和配重。混凝土部分骨架由芯梁和圆盘构成，用于模拟结构弯曲刚度和连接外衣。外衣采用铝合金实心棒材加工，模拟气动外形，沿高度分为六层，通过螺丝连接在圆盘外侧，层与层间留设2 mm间距。底座用于将模型固定在风洞底面测力天平，与芯梁、圆盘采用铝合金材料一体化制作。配重采用密度较大的铜材机加工制作，用于补充不足的质量。所有几何尺寸精度由数控车床精加工保证，模型最小尺寸为0.8 mm。

图1 模型总体外观构造图

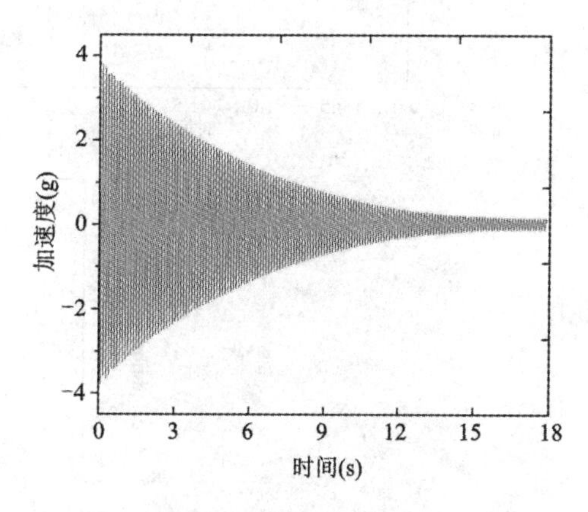

图2 模型顶部加速度时程衰减曲线

模型制作完成后首先识别了其阻尼比、频率和振型参数。从图2可得结构的一阶阻尼比在0.30%左右。图3给出了模型前3阶振型识别结果并与ANSYS有限元计算结果进行了对比，可见与理论振型吻合较好，模型频率与目标值间存在一定偏差，可调整风速比来修正频率比，完全不会影响试验要求。

3 风洞试验及典型试验结果简介

通过改变模型外衣段间缝隙的连接材料及参数分别调试了阻尼比为0.7%、1.0%、1.5%以及2%四种情况，在湖南大学HD－2风洞高速段按ASCE/SEI7－10中C类地貌调试的流场进行了测试[2]。测试风速远超过设计风速41 m/s（换算后）。记录了顶部加速度响应，位移响应、基底力以及实时风速。图4给出了阻尼比为0.7%时模型的局部时程曲线及换算到实际结构后不同风速下顶部加速度响应的根方差值与均

* 基金项目：国家自然科学基金项目（51578234），国家重点基础研究发展计划（973计划）项目（2015CB057702）

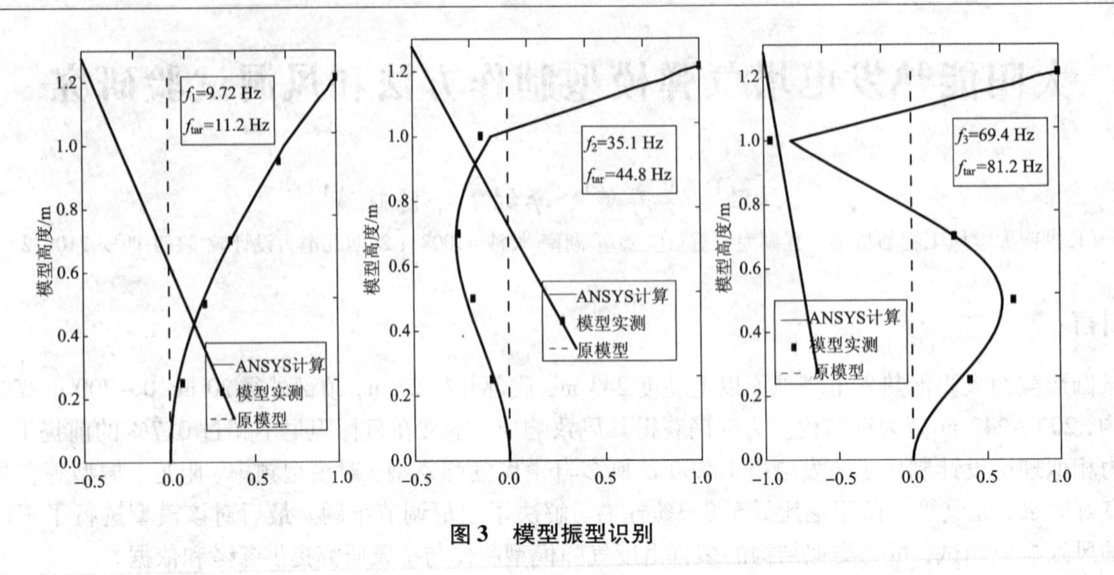

图3　模型振型识别

值，其中 X、Y 轴分别表示横风向、顺风向。可知，该结构在设计风速范围内产生了典型的涡激共振，横风向尤其显著，且涡振临界风速远小于设计风速。

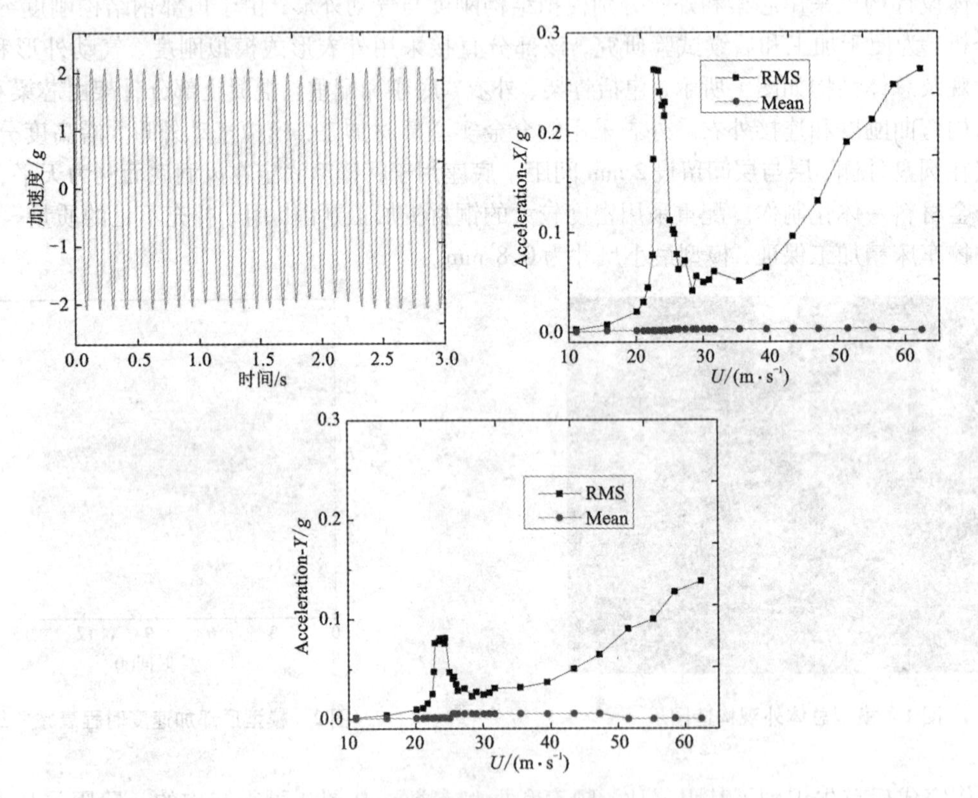

图4　模型局部时程曲线及结构顶部加速度响应

4　结论

通过动力特性标定试验验证了模型与原型结构主要振动模态的一致性，第一阶阻尼比低至0.3%左右，解决了阻尼调节难题。该模型风致响应测试结果表明，当阻尼比为0.7%时，原结构在风速为23.2 m/s时会产生显著的涡激共振，响应远超过设计风速响应值。此外，该结构风振响应对阻尼比非常敏感，当阻尼比增至1%及更大时，响应峰值迅速减少。

参考文献

[1] Naoki Satake, Ken－ichi Suda, et al. Damping Evaluation Using Full－Scale Data of Buildings in Japan[J]. Journal of Structural Engineering, 2003, 129(4): 470－477.

基于气弹模型试验的千米级摩天大楼涡激共振特性研究*

刘昭[1,2]，郑朝荣[1,2]，武岳[1,2]

（1. 哈尔滨工业大学结构工程灾变与控制教育部重点实验室 黑龙江 哈尔滨 150090；
2. 哈尔滨工业大学土木工程智能防灾减灾工业和信息化部重点实验室 黑龙江 哈尔滨 150090）

1 引言

近年来，越来越多的超高层建筑不断涌现出来，并朝向千米量级发展。一般而言，该类建筑属于风敏感结构，风荷载会成为其主要控制荷载，因此，掌握结构在风荷载作用下的风振特性、尤其是其涡激共振机理，从而防止超高层建筑发生共振破坏显得尤为重要。气弹模型测振试验是研究结构与风之间相互作用的重要工具，然而，目前大多采用该方法对一些结构形式简单的类矩形截面柱体进行基础性、机理性的研究。然而，当今超高层建筑往往期望通过合理的外形降低风致响应，其造型已变的愈发新颖，因此，基于上述类矩形截面柱状模型得到的结论已难以指导当代高层建筑的设计。多塔连体式结构是可供超高层建筑采用的结构体系之一，本文对拟建于大连的四塔连体式千米级超高层建筑进行了气弹模型风洞试验研究。给出了其在几个典型风向角下的位移响应，分析了结构在发生涡激共振时的气动阻尼变化规律。并进一步基于其位移频谱特性对涡激共振机理做了深入探讨，确定了该大楼的临界风速及共振“锁定范围”。通过本文研究，可为该四塔连体式千米摩天大楼的抗风设计提供依据，同时也可提升对超高层建筑气弹现象的认识。

2 风洞试验及结果分析

基于相似理论确定了四塔连体式千米级摩天大楼的气弹模型的参数。为满足风洞阻塞率的要求(小于5%)，模型几何缩尺比取为1∶600；时间缩尺比取为1∶72.88，速度缩尺比取为1∶8.23。其他相似参数可由上述三种相似比确定。考虑到超高层建筑的振型比较稀疏、低阶振型起主导作用以及该建筑的结构动力特性的复杂性，在制作气弹模型时力求保证其前3阶频率与振型与原型建筑吻合良好。基于等效结构方法设计制作了四塔连体式千米级摩天大楼的气弹模型，即采用骨架+外衣板+配重质量块+基座板的组合结构来实现与实际结构的等效。气弹模型的详细设计、制作与安装过程参考文献[1]。采用锤击法与环境风激励法对模型的模态参数进行了识别，表1给出了其与原型建筑及理想模型的频率对比情况。

图1~2给出了模型平均位移与均方根位移随折算风速的变化规律。由图可知，由于模型的对称性，横风向平均位移几乎不随风速变化，而顺风向平均位移随风速的增加而增加；在发生涡激共振时，横风向均方根位移可达顺风向位移的3倍左右；此外，顺风向均方根位移也出现了先增大后减小的趋势，这可能是因为该四塔连体建筑在顺、横风向出现了较为强烈的气动耦合现象。图3给出了模型气动阻尼比随折算风速的变化规律。由图可知，在较低折算风速范围内，气动阻尼比几乎接近于0。然而，当发生涡激共振时，横风向气动阻尼比急剧下降，变为负气动阻尼；与此同时，顺风向气动阻尼比也呈现出了相同的规律，这也很好地对应了顺风向均方根位移的先增大后减小的规律。

表1 实际结构与气弹模型的模态参数对比

模态	原型建筑频率/Hz	理想模型频率/Hz	气弹模型频率/Hz		气弹模型阻尼比/%	
			锤击法	环境风激励法	锤击法	环境风激励法
一阶	0.0750	5.466	5.157	5.276	1.63	1.54
二阶	0.0750	5.466	5.104	5.142	1.99	1.98
三阶	0.0892	6.500	6.500	6.481	1.03	0.57

* 基金项目：中国建筑股份有限公司科研基金(CSCEC-2010-Z-01-02)，国家自然科学基金(51108142)，中国博士后第五批特别资助项目(2013T60377)

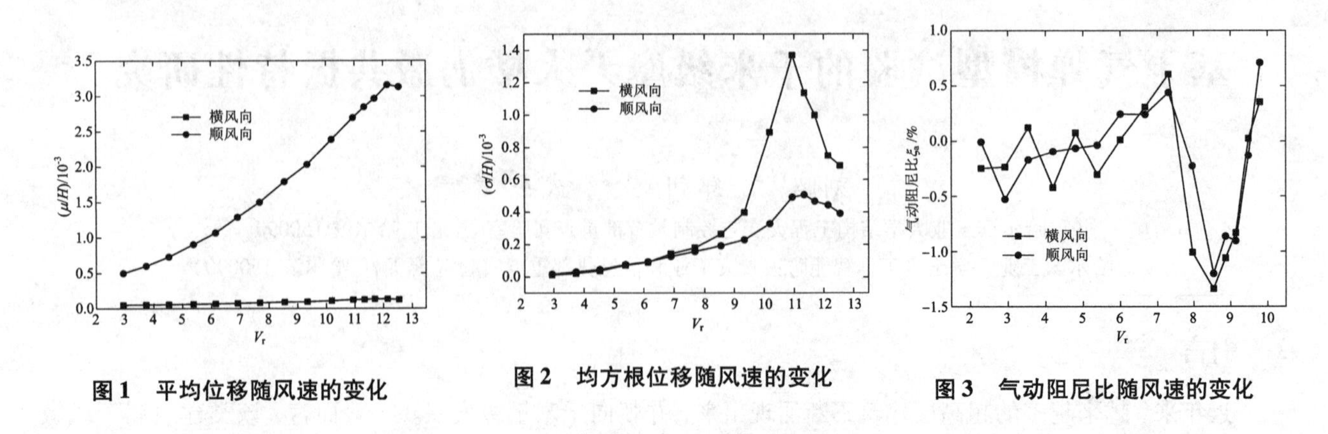

图 1　平均位移随风速的变化　　图 2　均方根位移随风速的变化　　图 3　气动阻尼比随风速的变化

图 4 ~ 6 给出了涡激共振发生前、发生时及发生后三个典型时期的横风向位移功率谱。通过研究其频谱特性发现，在小于临界风速 10.19 之前，功率谱中可以观察到两个明显的谱峰，一个对应于结构自振频率，一个对应于涡脱频率；随着折算风速的增大，涡脱频率逐渐向自振频率靠近，并在 10.19 ~ 11.7 的范围内发生“锁定”现象；当折算风速增至 12.15 时，两频率最终发生分离。该“锁定”段很好的对应了模型位移及气动阻尼比的变化规律。

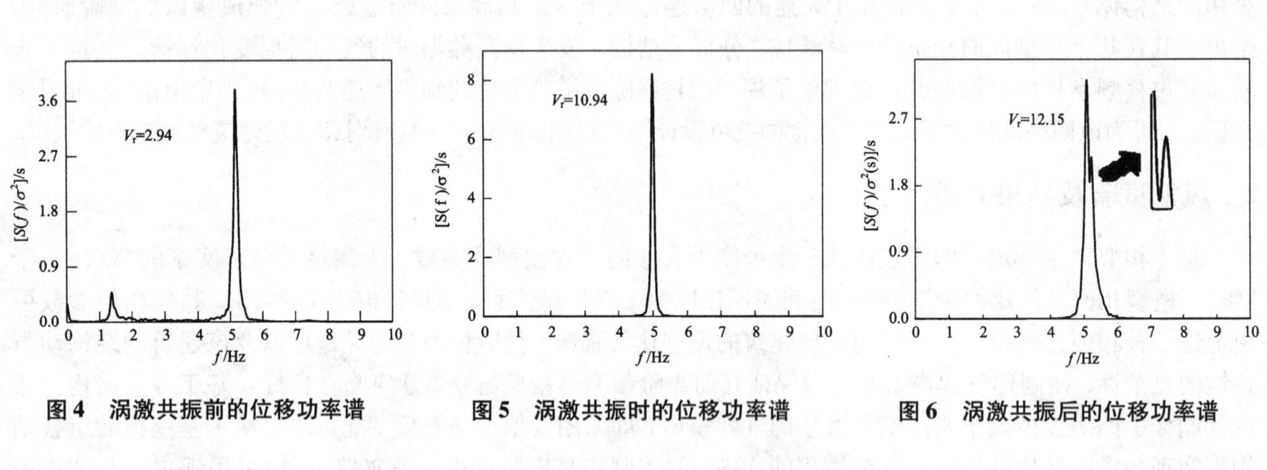

图 4　涡激共振前的位移功率谱　　图 5　涡激共振时的位移功率谱　　图 6　涡激共振后的位移功率谱

3　结论

本文通过气弹模型试验研究了四塔连体式千米级摩天大楼的涡激共振特性，结果表明：该类建筑的顺、横风向的均方根位移、气动阻尼比均会受到涡激共振的影响；该建筑的涡激共振的锁定区可确定为 10.19 ~ 11.7。

参考文献

[1] 郑朝荣，史新东，武岳，等. 千米级摩天大楼气弹模型制作方法与风致响应研究[J]. 建筑结构学报，2016，37(S1)：25 - 32.

[2] Quan Y, Gu M, Tamura Y. Experimental evaluation of aerodynamic damping of square super high - rise buildings[J]. Wind and Structures, 2005, 8(5): 309 - 324.

顶部吸气对高层建筑模型气动力的影响*

彭思[1]，王汉封[1,2]，李石清[1]
（1. 中南大学土木工程学院 湖南 长沙 410075；2. 高速铁路建造技术国家工程实验室 湖南 长沙 410075）

1 引言

近年来如何改善高层建筑抗风性能成为了热门话题。针对高层建筑的气动优化措施分为被动控制和主动控制[1]。主动控制方法常见的措施是吹、吸气方法[2-6]，有关研究表明，气流越过有限长棱柱体顶部形成下扫流并产生涡流，对钝体的气动力特性有很大影响[7]。能否通过对下扫流施加影响达到流动控制的目的仍有待实验验证。本文通过风洞试验，在高层建筑简化模型顶部施加定常吸气，研究吸气对模型气动力的影响。

2 实验介绍

试验在一小型直流式风洞内进行。风洞实验段截面尺寸：450 mm × 450 mm，被测高层建筑简化为高宽比 5 的正方形截面棱柱。图 1(a)给出了模型示意图与坐标系的定义。试验中自由来流风速 $U_\infty = 9.8$ m/s，$Re = 2.74 \times 10^4$。模型 $0.4d$ 以上处于均匀来流中。通过流量计监测吸气流量，依据狭缝面积估算狭缝吸气速度 U，定义吸气系数 $Q = U/U_\infty$。研究了 $Q = 0 \sim 4$ 范围内顶部吸气对模型气动力的影响。在风速 1.12 m/s 条件下观察顶部分离流，见图 2(c)。

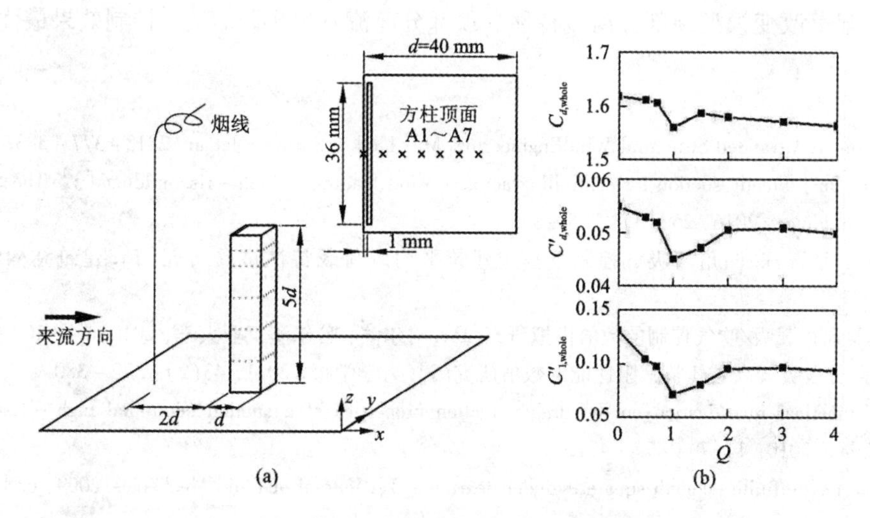

图 1 模型示意图及模型总气动力系数

(a)模型设计及安装，坐标系原点为方柱底面中心；

(b)$Q = 0 \sim 4$ 模型总体受到的时均阻力系数 $C_{d,\,whole}$，脉动阻力系数 $C'_{d,\,whole}$ 和脉动升力系数 $C'_{l,\,whole}$

3 结果分析

根据测压点代表的面积计算 $Q = 0 \sim 4$ 范围内模型总体受到的时均阻力系数 $C_{d,\,whole}$，脉动阻力系数 $C'_{d,\,whole}$ 和脉动升力系数 $C'_{l,\,whole}$，见图 1(b)。在 $Q = 1$ 时控制效果最佳，$C_{d,\,whole}$ $C'_{d,\,whole}$ 和 $C'_{l,\,whole}$ 分别减小了 3.60%，17.85%，和 45.57%. 可见顶部吸气减阻效果并不明显，但能显著抑制脉动阻力与脉动升力。用时频分析方法着重分析了 $Q = 0$，1 和 3 总体的脉动阻力与脉动升力系数的时程值，见图 2(a) ~ (b)。图中表明顶部吸气没有改变涡脱频率，但抑制了类似卡门涡街的涡脱模态。流动显示结果表明：$Q = 1$ 时，模型顶

* 基金项目：国家自然科学基金(11472312)

部流动分离被明显削弱，并在顶面后部发生再附着；而当 $Q=3$ 时，流动分离被完全抑制，且顶面上的边界层也基本消失。

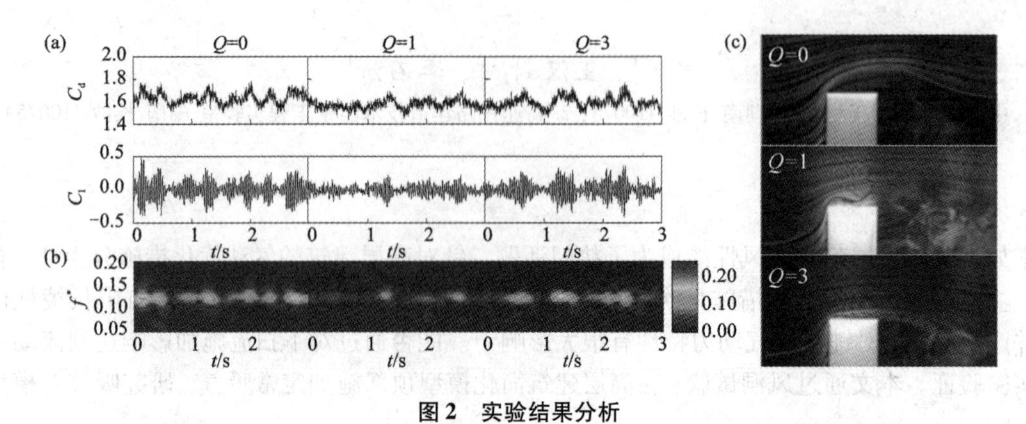

图 2 实验结果分析

(a) $Q=0$，1 和 3 时对应的模型总体受到的脉动阻力系数 $C'_{\mathrm{d,\ whole}}$ 和脉动升力系数在 0 ~ 3 s 的时程值；

(b) 方柱在 $Q=0$，1 和 3 下 0 ~ 3 s 间的时频谱；(c) $Q=0$，1 和 3 的情况下，方柱顶部流动显示

4 结论

风洞试验研究得到如下结论：

(1) 顶部狭缝吸气能够略微减小模型时均阻力，显著抑制模型脉动阻力与脉动升力。

(2) 顶部吸气可削弱模型展向旋涡脱落，但并未改变其涡脱落频率。

(3) 顶部吸气显著改变模型顶部分离流特性。顶部分离流发生再附着时，控制效果最优。

参考文献

[1] Tamura Y, Kareem A. Advanced Structural WindEngineering[M]. 1 ed.: Springer Japan, 2013: 377 - 383.

[2] Zhang H, Xin D, Ou J. Steady suction for controlling across - wind loading of high - risebuildings[J]. The Structural Design of Tall and Special Buildings, 2016, 25(15): 785 - 800.

[3] 郑朝荣，张继同，张智栋. 凹角与吸气控制下高层建筑平均风荷载特性试验研究[J]. 建筑结构学报，2016(10): 125 - 131.

[4] 郑朝荣. 高层建筑风荷载吸/吹气控制的数值模拟研究[D]. 哈尔滨：哈尔滨工业大学，2010: 64 - 102

[5] 郑朝荣，张耀春. 分段吸气高层建筑减阻性能的数值研究[J]. 力学学报，2011, 43(2): 372 - 380.

[6] Zheng C Z Y. Numerical investigation on the drag reduction properties of a suction controlled high - risebuilding[J]. Acta Serodynamica Sinica, 2010, 11(7): 477 - 487.

[7] Wang H F, Zhou Y. The finite - length square cylinder nearwake[J]. Journal of Fluid Mechanics. 2009, 638: 453 - 490.

不同风场下高层建筑平均风压的阻塞效应试验研究

谭文俊，李永贵，李茂杰，刘思嘉，张明月，张明亮
（湖南科技大学土木工程学院 湖南 湘潭 411201）

1　引言

风洞试验是研究结构风工程的重要手段之一，模型风洞试验以洞壁为边界，而实际结构在大气中是无边界的，在有界的风洞中模拟无界大气中的流场，必然会伴随洞壁干扰问题，造成建筑气动力和流场方面的差别。风洞边界对模型绕流流场的横向约束称为“实体阻塞”，对模型尾流流场的横向约束称为“尾流阻塞”。上述这两种洞壁干扰即为阻塞效应[1]。

关于建筑模型风洞试验阻塞效应虽然有一定的研究，但至今并没有一个风工程界普遍认可的矩形高层建筑风洞试验阻塞效应的理论及修正方法[2]。本文以5组不同缩尺比的单体矩形高层建筑模型为试验对象，在两种不同湍流强度的风场下研究了模型表面平均风压特性。对比了各模型迎风面、侧面、背风面的平均风压系数。在Peitzman[3]方法的基础上，引入阻塞效应调整因子提出了适用于本试验的平均风压系数阻塞效应修正公式，对试验结果进行修正。修正结果表明，此修正方法能很好地适用于本试验结果。

2　风洞试验概况

试验在湖南科技大学大气边界层风洞试验室中完成。该风洞试验段长21 m，宽4 m，高3 m。风洞试验模型采用5种缩尺比，阻塞度变化范围为3.1%～10.9%，模型尺寸见表1。为研究来流湍流度的影响，各模型分别在湍流强度为0.4%的均匀流以及湍流度为10.8%的高湍流度气流中进行试验。这一高湍流度风场是利用在试验段入口截面设置水平木板格栅的办法获得。水平棒栅由从上到下等间距分布的等宽度水平木板组成，调节板距可以在模型区得到所需要的湍流度。本文仅在0°风向角（模型宽面迎风）的情况下进行数据分析。

表1　模型尺寸

缩尺比	模型编号	高/mm	宽/mm	厚/mm	阻塞度/%
1:150	M1	1219.2	304.8	203.2	3.1
1:125	M2	1463	365.8	243.8	4.5
1:105	M3	1741.7	435.4	290.3	6.3
1:90	M4	2032	508	338.7	8.6
1:80	M5	2286	571.5	381	10.9

3　主要研究方法和内容

3.1　阻塞比对阻塞效应影响分析

对阻塞比不同的5组刚性建筑模型在不同湍流度的风场中进行了测压试验，对同一种风场下模型所有测点的平均风压系数结果进行了对比分析，主要研究了阻塞比对模型表面平均风压特性的影响。通过对比发现，在低湍流均匀风场下的试验结果与文献[4]中试验结果一致。

3.2　来流特性对阻塞效应影响分析

来流特性对结构风效应有决定性作用，文献[5－6]指出，在风洞实验条件下，湍流尺度效应对试验结果的影响可忽略，湍流强度对试验结果影响较大。本实验采用两类风场，以湍流强度为变量，对5组模型

阻塞效应进行风洞试验分析研究。通过对试验数据处理分析了屋面所有测点的平均风压系数，然后对比在两种不同湍流强度下的5组模型，分析湍流强度对模型阻塞效应的影响程度。本试验结果显示高湍流度风场下与低湍流度风场下平均风压系数分布的分布规律相似。

3.3　不同湍流强度的风场下阻塞效应修正公式对比分析

基于 Peitzman 方法下，低湍流度风场下单体矩形高层建筑的平均风压阻塞效应修正公式已经有学者[4]提出，公式如(1)所示，但对于高湍流度风场下的研究鲜有涉及，所以利用公式(1)本试验在高湍流气流下对模型各个面测点的数据最小二乘拟合，得到相应的调整因子 k，并对各测点平均风压系数修正，比较实验结果，修正结果较为满意。

$$q = q_{\mathrm{u}} \frac{1}{\left(1 - k\dfrac{S}{A}\right)^2} \tag{1}$$

式中，q 为经过阻塞度修正后的模型处的动压力；q_{u} 为空风洞流经模型处的动压力；$\frac{S}{A}$为阻塞比；k 为修正因子。

4　结论

(1)同种风场下，阻塞效应对模型迎风面平均风压系数的影响较小，阻塞比的不同并没有显著引起迎风面压力分布的变化，阻塞比的增大使模型侧面背风面和顶面平均风压系数降低较为显著，但各模型平均风压系数曲线升降规律较为一致。

(2)来流湍流增大将会降低阻塞效应对平均风压系数的影响，湍流度增大对迎风面阻塞效应影响较小，但湍流度增大对矩形建筑模型侧面、背面阻塞效应影响较大。

(3)基于本试验两种风场的试验数据，提出单体矩形高层建筑模型表面平均风压的阻塞效应修正公式，修正结果较为满意。

参考文献

[1] 程厚梅. 风洞实验干扰与修正[M]. 北京：国防工业出版社，2003.

[2] 王磊，梁枢果，邹良浩，等. 阻塞效应对高层建筑风洞试验的影响分析[J]. 实验力学，2013，28(2)：261.

[3] Peitzman F W. Low speed wind tunnel investigation to develop high attitude wall correction in the Northrop 7 × 10 – foot low speed wind tunnel[R]. NOR 78 – 20，1978.

[4] 黄剑，顾明. 矩形高层建筑平均风压的风洞阻塞效应试验研究[J]. 空气动力学学报，2015，33(3)：414.

[5] Nakamura Y，Ohya Y. The effectsof turbulence intensity and scale on the mean flow past square rods[J]. Journal of Wind Engineering and Industrial Aerodynamics，1983，22(1/3)：421.

[6] Laneville A . Turbulence and blockage effects on two dimensional rectangulaim cylinders[J]. Journal of Wind Engineering and Industrial Aerodynamics，1990，33(1/2)；11.

圆形断面高耸结构涡激共振研究

汪冠亚[1]，马文勇[1,2]，袁欣欣[1]
（1. 石家庄铁道大学土木工程学院 河北 石家庄 050043；
2. 河北省大型结构健康诊断与控制实验室 河北 石家庄 050043）

1 引言

圆形断面是高耸建筑中常见的截面形式之一，这类结构在风荷载的作用下易发生横风向的涡激共振。而且圆形截面涡激共振研究也是涡激共振研究最典型的实例之一，能典型的反应涡激共振流固耦合的现象。在工程应用中如桥塔、烟囱、拉锁等都容易发生横风向涡激共振的破坏。因此本文对横风向涡激共振的研究有很大的意义。

当均匀气体绕过钝体结构时，其惯性力会减小从而在其表面会形成一个逆压梯度。由于产生的逆压梯度的产生会使气体产生分离，从而在结构的后面会产生一些交替脱落的漩涡，当漩涡脱落的频率和结构自振的频率达到一致时，结构就会发生横风向的涡激共振。现如今对涡激共振的研究大多数进行的是数值模拟[1]或者是对一些桥梁断面的研究，对高耸结构的涡激共振研究相对较少。

研究涡激振动的主要参数包括：斯托罗哈数、漩涡脱落的频率、振幅、升力系数和阻力系数等[2]。因此本文在风洞实验室悬挂圆柱模型进行同步测压、测振试验的基础之上从以上参数着手展开对涡激振动的分析，对涡激共振有了更深一步的研究。

2 实验概况

本试验在石家庄铁道大学风工程研究中心大气边界层风洞中进行，此风洞有两个试验段：高速试验段和低速试验段，本试验在低速试验段进行。试验采用弹性悬挂刚性模型测压测振试验。试验的原模型为圆形断面的烟囱试验的模型与原模型的刚度相似。如图 1 为模型示意图，模型为长 2.9 m、直径 0.27 m 的圆柱，其中 A、B、C、D 表示四圈测点。图 2 为测点的布置图，每圈布置 50 个测点，q_i 为第 i 个测点的风向角。

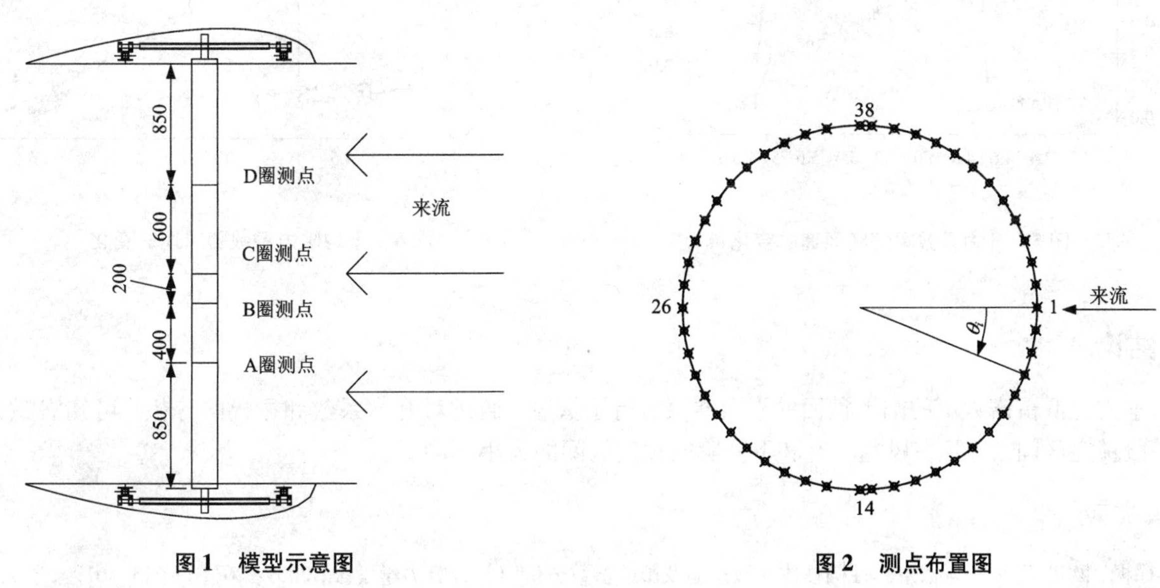

图 1 模型示意图　　图 2 测点布置图

3 试验结果

试验结果如图 3 ~6 所示。从图 3 可以看出，在一定的亚临界雷诺数范围内，随着雷诺数的增加斯托罗哈数不再保持不变。从图 4 可以看出当风速增加时，振幅的最大值出现在共振区的中间部位，当风速下降时振幅的最大值与风速增加时振幅最大值出现在同一风速处，并且风速下降时的峰值小于风速增加时的峰值。

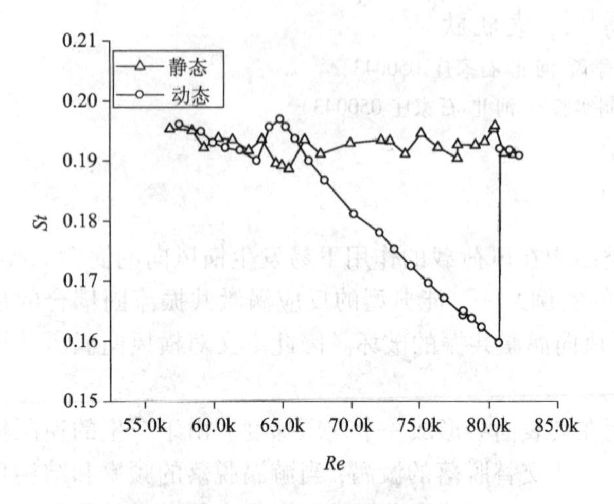

图 3 斯托罗哈数随雷诺数的变化

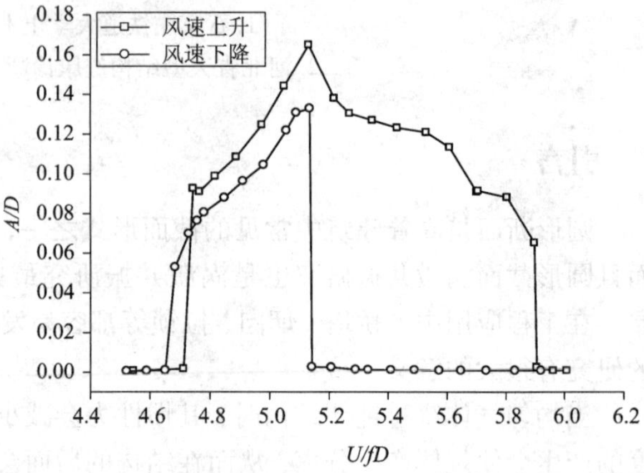

图 4 振幅随风速的变化

从图 5 可以看出，升力系数的幅值在一定的风速范围出现了锁定现象，且最大值出现在锁定区的中心附近。从图 6 中可以看出当结构处于静止状态时，其表面的平均阻力系数为定值；当结构发生涡激共振时其表面的平均阻力系数不再是定值，而是在涡激共振锁定区出现了大幅增大的现象。

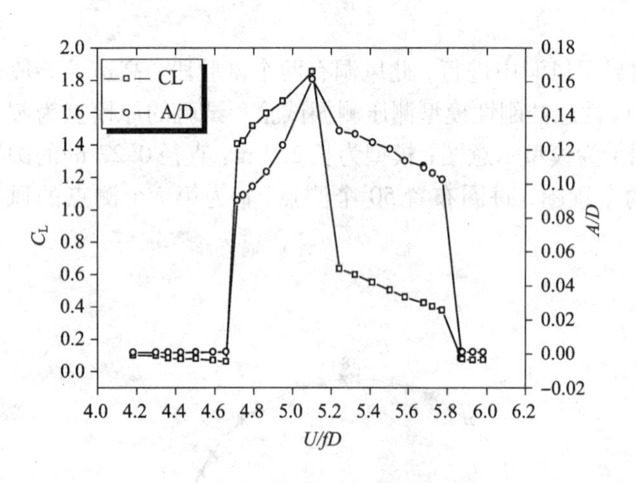

图 5 升力系数幅值随风速的变化

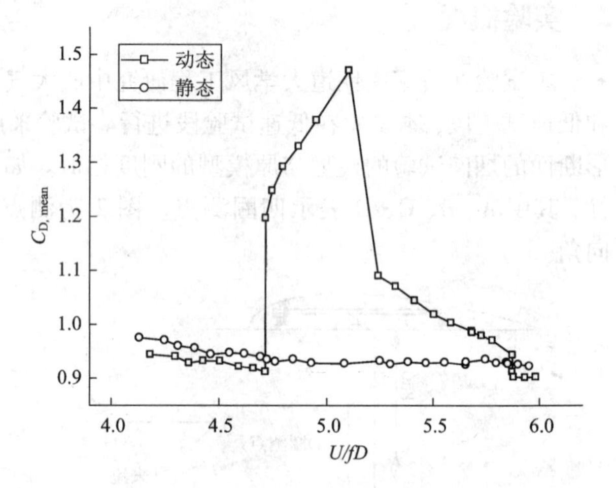

图 6 平均阻力系数随风速的变化

4 结论

本文对低雷诺数下的圆形截面的涡激共振进行了探讨，通过对升力系数和振幅的分析，可知涡激共振有一段锁定区间，并且在风速上升和下降阶段锁定区间的大小不同。

参考文献

[1] 徐枫，欧进萍. 低雷诺数下弹性圆柱体涡激振动及影响参数分析[J]. 计算力学学报，2009，26(5)：613 - 619

[2] 谷家扬，杨琛，朱新耀，等. 质量比对圆柱涡激特性的影响研究[J]. 振动与冲击，2016，35(4)：134 - 140.

基于数值模拟的带凹角矩形截面高层建筑体型系数研究

王昊，王国砚，张建
（同济大学航空航天与力学学院 上海 200092）

1 引言

对矩形截面高层建筑的角部进行切角或凹角等处理是一种重要的抗风气动措施[1]。《建筑结构荷载规范》[2]（以下简称“规范”）中给出了十字形截面建筑的各立面体型系数。但已有研究表明[3]，目前工程中常见的体型系数取值并不十分准确，尤其在角部区域误差可能较大。本文基于 CFD 技术，通过计算某带凹角矩形截面高层建筑的平均风荷载，研究了该类建筑的体型系数分布特性及对风荷载的影响。在典型风向角下，将数值模拟得到的建筑各区域体型系数与规范中的矩形和十字形截面进行比较，并计算了顺风向风荷载大小。同时，本文还以各体型系数的计算结果为基础，讨论了平均体型系数的计算公式，并分析了参考面积的大小对局部体型系数的影响。

2 数值模拟计算

2.1 计算模型与网格划分

本文首先建立了 CFD 计算模型，并计算了 36 个风向角下的工况。其中，在 20°风向角附近该建筑的较宽立面为迎风面，110°风向角附近则是较窄立面为迎风面。为了与规范进行对比，本文主要选取 20°与 110°两个工况进行分析。

2.2 数据处理方法

计算结果为该建筑各立面上每个网格单元形心处的平均净风压值。首先以式（1）计算各单元处的体型系数：

$$\mu_{si} = \frac{P_i}{\frac{1}{2}\rho U_z^2} \tag{1}$$

式中，P_i 为 i 单元处的平均净风压，ρ 为空气密度，U_z 为均匀来流在 i 单元形心高度处的风速。再采用式（2）[4]求得该分区面的平均体型系数（以下简称“分区体型系数”）：

$$\mu_s = \frac{\sum \mu_{si} A_i}{\sum A_i} \tag{2}$$

式中：A_i 为 i 单元或 i 分区的面积。基于得到的平均体型系数可计算某处的风荷载大小。

3 结果分析

3.1 体型系数分布特性

选取塔楼三分之二高度附近的分区体型系数值与规范进行比较。结果表明，各个较大主立面上的分区体型系数与规范中的十字形截面相似，且接近于矩形截面的体型系数值；而在凹角处，则出现了较大的负体型系数，规范中相应位置处为正值。分析出现上述结果的原因，是在凹角处产生了剧烈的局部涡脱，且远强于再附产生的正压效应。

3.2 本文计算风荷载大小与规范取值的比较

计算建筑塔楼某层处的顺风向风荷载，并与规范取值结果对比。发现由于角部迎风面的体型系数减小较多，导致整个迎风投影面上的平均体型系数减小，因而计算出的顺风向风荷载也明显减小。

4 关于平均和局部体型系数计算方法的讨论

4.1 平均体型系数计算方法

本文通过荷载等效原理给出了另一种平均体型系数计算式：

$$\mu_s = \frac{\sum \mu_{si}\mu_{zi}A_i}{\mu_z A} \tag{3}$$

式中，μ_{zi} 为 i 单元或 i 分区处的风压高度变化系数，A 为该区域总面积即 $\sum A_i$。本文通过讨论认为：两种计算方式不一定等价；采用式(2)计算平均体型系数，需按式(4)给出相应的风压高度变化系数；而采用式(3)计算，则需要统一 μ_z 的取值。

$$\mu_z = \frac{\sum \mu_{si}\mu_{zi}A_i}{\sum \mu_{si}A_i} \tag{4}$$

4.2 参考面积对局部体型系数的影响

为了给围护结构的设计提供参考，本文同时计算了局部体型系数值。通过给出不同参考面积下局部体型系数的变化曲线，发现随着选取面积的增大，局部体型系数的取值会逐渐减小，过大或过小的参考面积均不利于工程实践。因此，在工程设计中，对于局部体型系数应明确对“局部”的定义，并给出合适的参考面积大小。

5 结论

本文得出如下结论：(1)凹角会在局部区域内引起旋涡的分离脱落，导致凹角处的体型系数出现负值；(2)由于边角处体型系数的减小，因而整个迎风投影面上的平均体型系数减小，使得计算出的结构顺风向风荷载降低；(3)平均体型系数的计算方法值得进一步的讨论；(4)在计算局部体型系数时，应明确对“局部”的定义，并给出合适的参考面积大小。

参考文献

[1] 张正维. 高层建筑风荷载特性及抗风气动措施研究[D]. 上海：同济大学土木工程学院，2012：38－42.
[2] GB 50009—2012，建筑结构荷载规范[S]. 北京：中国建筑工业出版社，2012.
[3] 汪小娣，沈金，楼文娟. 高层建筑边角凹凸对体型系数分布的影响[J]. 浙江大学学报(工学版)，2012，46(01)：20－26.
[4] 张相庭. 工程结构风荷载理论和抗风计算手册[M]. 北京：同济大学出版社，1990.

典型四塔组合大型冷却塔群风荷载干扰效应试验研究*

王浩[1]，柯世堂[1]，赵林[2]，葛耀君[2]
（1. 南京航空航天大学土木工程系 江苏 南京 210016；2. 同济大学土木工程防灾国家重点实验室 上海 200092）

1 引言

群塔干扰是导致大型冷却塔风毁最重要的因素，而四塔组合是冷却塔群最常见的组合形式之一[1-2]。国内外现有冷却塔规范[3-4]均没有明确给出不同群塔组合形式下的干扰效应量化方式，已有研究[5-10]大多基于特定工程的塔群组合方案进行探讨分析，但并未针对不同主流四塔组合形式的干扰效应进行对比分析和方案优化，不能形成可直接用于指导四塔组合形式选择和工程设计的规律性成果。因此，亟需针对多种常见四塔组合方案系统开展干扰效应的定量和定性研究。

鉴于此，以在建世界最高特大型冷却塔为工程背景，系统进行了串列、矩形、菱形、L形和斜L型等常见典型四塔组合工况下的刚体测压试验。采用数理统计和频谱分析等方法提炼出不同四塔组合形式对冷却塔群风致静力、动力和极值干扰因子的影响规律，揭示了常见四塔组合形式下冷却塔群的干扰效应和作用机理，最终基于非线性最小二乘法提出了不同四塔组合形式考虑风向的干扰因子简化计算公式。主要结论可为此类大型冷却塔群四塔组合布置方案提供科学依据。

2 风洞试验

2.1 工程背景

该在建冷却塔塔高 220 m，底部直径 185 m，风洞试验模型缩尺比为 1∶450，沿子午向和环向布置 12 × 36 = 432 个测点。试验风场按《建筑结构荷载规范》中的 B 类地貌模拟[11]。

2.2 雷诺数效应模拟

测试了多种粗糙度工况和试验风速，最终确定 10 m/s 风速下粘贴 4 层纸带效果较好。

2.3 试验工况

试验共包括 6 类群塔布置方案，各工况风向角间隔 22.5°，具体布置如图 1 所示。

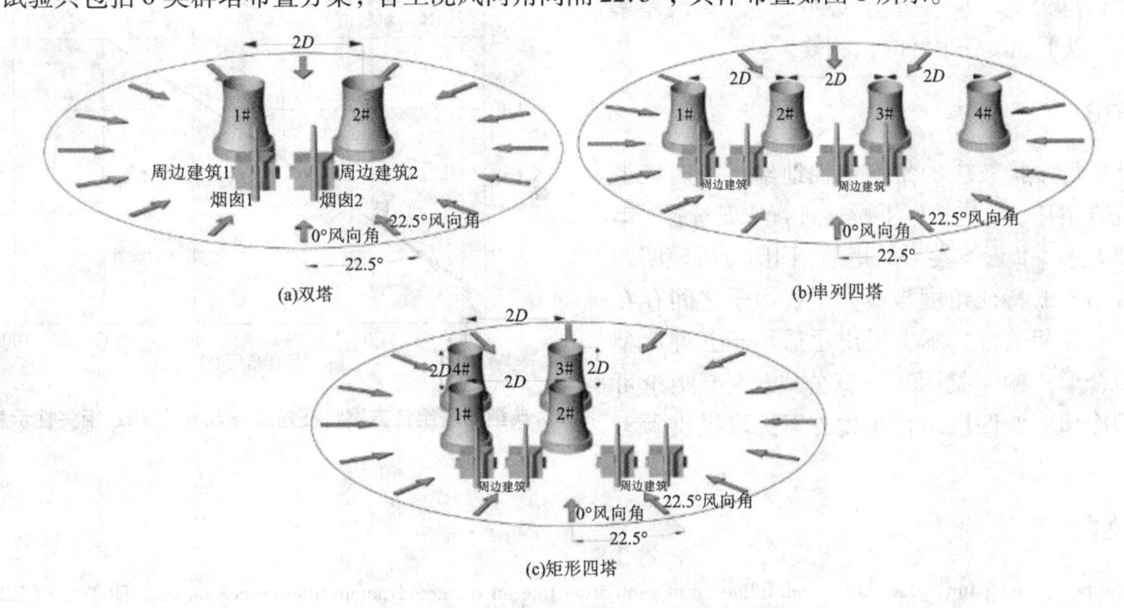

图 1 双塔及五种四塔组合工况布置示意图

* 基金项目：江苏省优秀青年基金项目(BK20160083)，国家自然科学基金(51208254)，博士后科学基金(2013M530255 和 1202006B)

3 试验结果

3.1 典型四塔组合最不利干扰效应

干扰效应研究中通常采用干扰因子评估周边构筑物对受扰建筑的干扰效应，本文采取合力系数计算相应的静力（*MIF* 如式 1）、动力和极值干扰因子。表 1 给出了不同方案塔群最大 *MIF*、*DIF* 和 *EIF* 及其位置信息。不同四塔组合最不利干扰效应主要发生于 2#塔，定性地给出四塔布置方案建议，应按以下顺序进行方案选择：串列 > 斜 L 形 > L 形 > 菱形 > 矩形。

$$MIF = \frac{G(C_{\text{Tmean}})}{S(C_{\text{Tmean}})} \tag{1}$$

表 1　各布置形式下最不利工况干扰因子列表

布置方案	*MIF*			*DIF*			*EIF*		
	数值	塔号	风向/(°)	数值	塔号	风向/(°)	数值	塔号	风向/(°)
双塔	1.16	1#	157	1.54	2#	247.5	1.26	2#	247.5
串列四塔	1.31	3#	337.5	1.76	2#	247.5	1.27	3#	0
矩形四塔	1.24	2#	315	2.03	2#	247.5	1.43	2#	247.5
菱形四塔	1.16	2#	247.5	1.77	2#	247.5	1.37	2#	247.5
L 形四塔	1.20	2#	45	2.05	2#	112.5	1.33	2#	112.5
斜 L 形四塔	1.32	2#	315	1.86	2#	247.5	1.29	2#	315

3.2 典型四塔组合干扰因子估算方法

定义 1#塔和 2#塔的中心点与 3#塔和 4#塔的中心点连线相对 X 轴的夹角为四塔组合形式的特征角度 α（绝对值）。相关分析表明四塔组合冷却塔最大 *EIF* 与特征角度 α 之间在良好的线性相关性，如图 2 所示。

基于非线性最小二乘法原理，以风向角 θ 为目标函数，拟合给出典型四塔方案考虑风向的干扰因子估算公式。误差分析表明拟合公式误差率均在 5% 以下，具有很好的预测效果。

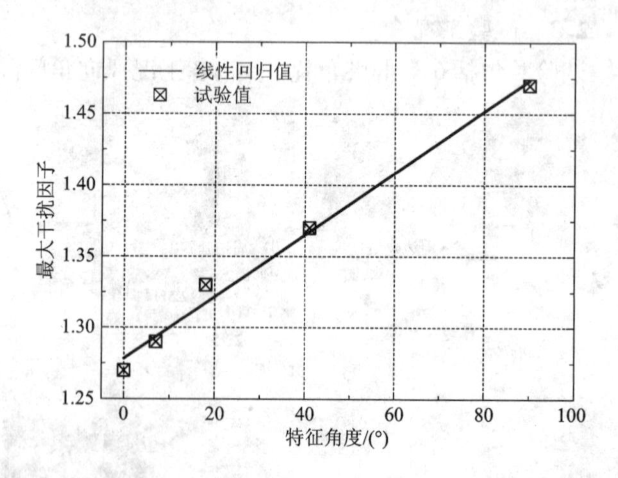

图 2　典型四塔组合方案特征角度 α 与最大 *EIF* 相关性示意图

4 结论

从塔群干扰效应的角度定性地给出了四塔组合布置方案建议，应按以下顺序进行方案选择：串列 > 斜 L 形 > L 形 > 菱形 > 矩形，回归分析表明四塔组合形式的特征角度与最大干扰因子之间存在良好的线性相关性。本文提出了适用于五种典型四塔组合形式的干扰因子估算公式，主要结论可为大型冷却塔群四塔组合布置方案选取提供参考依据。

参考文献

[1] KeShitang, Liang Jun, Zhao Lin, et al. Influence of ventilation rate on the aerodynamic interference for two IDCTs by CFD[J]. Wind and Structures, An International Journal, 2015, 20(3): 449-468.

高层建筑烟囱效应的实测与模拟研究*

王葵，万腾骏，杨易，谢壮宁
（华南理工大学亚热带建筑科学国家重点实验室 广东 广州 510641）

1 引言

极端条件下烟囱效应对高层建筑电梯正常使用和能耗影响十分明显，现场实测是分析评估建筑烟囱效应最直接的手段。烟囱效应强度除受室内外环境温差形成的热压影响外，室外风速（风压）条件也将影响室内压差分布特性，通常情况下这二者将同时作用，国内[1-2]学者结合风洞试验和数值模拟已经做了一些研究。本文对中国哈尔滨地区某高层住宅的烟囱效应问题进行了冬季现场实测，分析了两栋建筑电梯压差分布特性。并以一栋超高层建筑为例，综合采用多区域网络模型和风洞试验方法，研究冬季温差和风压联合作用下，电梯井内外压差分布规律，以及考虑渗透性较大的避难层在风压和热压联合作用时对内部电梯压差分布的影响。

2 高层住宅烟囱效应的实测研究

图 1 所示分别为寒冷的冬季中国哈尔滨地区某楼盘 A、B 两栋平面布置相同高层住宅在防火门关闭和开启时电梯的压差分布特性，图中显示在建筑的负一层容易发生较严重的烟囱效应问题。

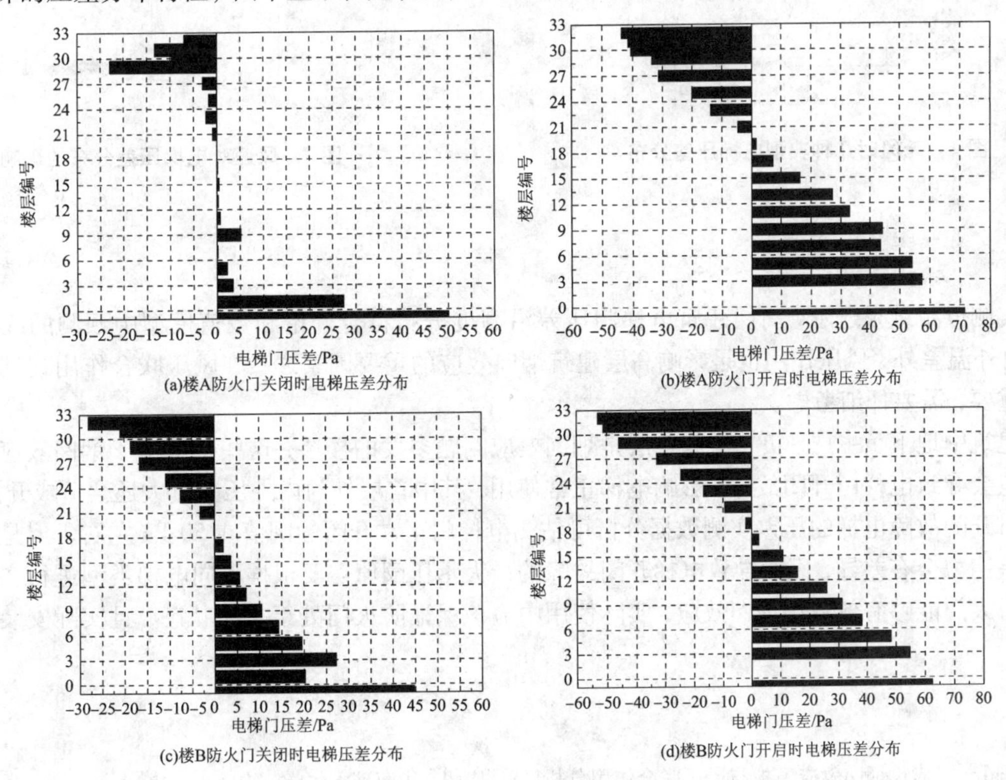

图 1 哈尔滨两栋高层住宅电梯压差实测分布

3 超高层建筑烟囱效应的数值模拟

图 2、图 3 所示为宁波冬季某超高层写字楼几个典型电梯烟囱效应的数值模拟结果，建筑第 52 层考虑避难层百叶，烟囱效应模拟工况以及门窗结构参数如表 1 所示。

* 基金项目：国家自然科学基金资助项目（51478194）

表1 用于该建筑烟囱效应模拟分析的构件气密性参数和工况

工况参数	建筑构件	气密性数据(等效渗透面积模型)
冬季(室外温度-1.5℃,室内温度24℃,风向NNW)	双开门	$EqlA_{10}$120 cm²/扇
	单开门	$EqlA_{10}$70 cm²/扇
	电梯门	$EqlA_{10}$325 cm²/扇
	大厅旋转门	$EqlA_{10}$28.56 cm²/扇
	4级幕墙	$q_A=0.5\ m^3/(m\cdot h)$

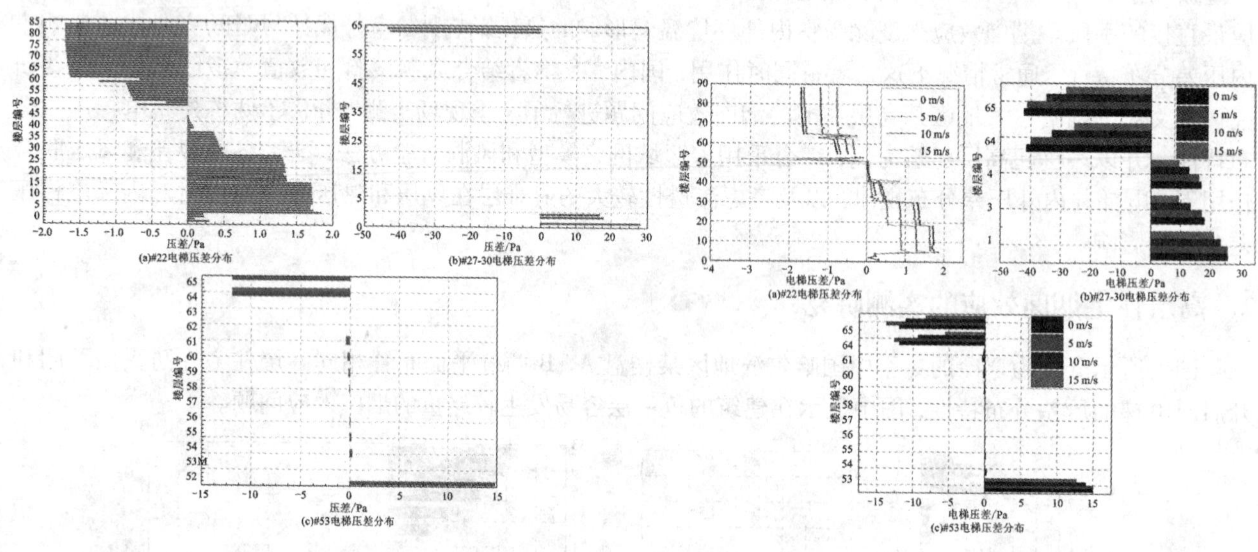

图2 无风时几种典型电梯压差分布

图3 风速对电梯压差分布的影响

4 结论

现场实测分析结果显示,高层建筑电梯门压差沿高度分布符合理论和数值模型中预测的线性变化规律;除室内外温差外,风压作用也是影响高层建筑烟囱效应的重要因素之一,风压联合作用在烟囱效应问题中非常重要,需要仔细考虑。

高层建筑中地下负一层、负二层和首层是烟囱效应问题多发的楼层,这些楼层由于烟囱效应产生过大的内外压差会导致电梯门开闭故障,影响电梯正常使用,其中首层外门内外压差过大还会造成开门费力。

通过对开闭故障电梯的压差实测数据分析可估测电梯门正常开闭的阀值在50 Pa左右。但是不同类型电梯抗压差能力会有差异,因而导致电梯开闭故障的最大承压阈值需要根据不同电梯类型进行实测统计总结规律。防火门能够有效减小烟囱效应,实际使用中应该保证防火门处于关闭状态,且实际安装需要保证气密性。

参考文献

[1] 殷华斌. 超高层建筑烟囱效应模拟与风压联合作用分析[D]. 广州:华南理工大学,2015.

[2] Yi Yang, Huabin Yin, Zhuangning Xie. Evaluation of the stack effect on the elevator shaft of high-rise building[C]//14th international conference on wind engineering. Porto Alegre, Brazil, 2015.

[3] Lovatt J E, Wilson A G. Stack effect in tall buildings[J]. Fuel & Energy, 1994, 36(4): 289-289.

[4] Jo J H, Lim J H, Song S Y, et al. Characteristics of pressure distribution and solution to the problems caused by stack effect in high-rise residential buildings[J]. Building & Environment, 2007, 42(1): 263-277.

冷却塔风荷载与结构选型优化策略*

王志男，梁誉文，赵林，葛耀君
（同济大学土木工程防灾国家重点实验室 上海 200092）

1 引言

大型冷却塔结构于风荷载作用较为敏感。考虑冷却塔群塔干扰效应的冷却塔结构设计优化，通常宜包括两个环节：首先需要确定复杂干扰条件下，哪一种风荷载作用模式为最不利荷载模式；在此基础之上，优化最不利荷载条件下整体结构刚度协调分配，进而获得优化的结构构件尺寸。受困于气动力荷载作用的多样性和整体结构优化算法的复杂性，即风荷载众多抗风设计等效准则，缺少统一的想法和理念，且结果差异明显；此外，冷却塔结构优化设计同样受风荷载主导。目前学者的研究[1]多以结构效应（内力或位移效应）为优化目标，存在优化目标准则的非唯一性，难于明确多种优化策略的经济性指标；常用优化过程仅聚焦于上部结构塔筒线形和结构尺寸的优化，忽略下部结构对整体结构性能的影响。针对上述问题，本文定义内力组合加权效应（配筋量）和经济造价为综合效应指标，并实施了冷却塔抗风设计的分阶段优化设计策略。

2 经济评价指标及分阶段优化策略

研究工作思路如下：

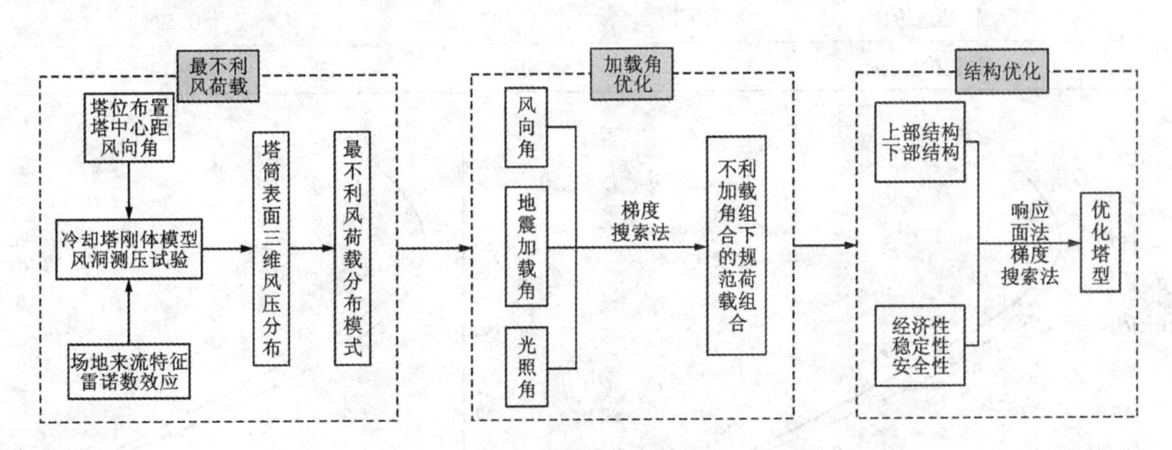

图1 研究工作流程图

对典型六塔组合，根据多种群塔比例系数[2]最大值及出现的频率、塔位布置形式、塔相对位置，可得3种试验风荷载分布模式（其中一种见图2、图3）。

将三种试验风荷载分布模式与规范模式对称风压一起用于结构优化设计。优化涉及荷载加载角优化与结构优化。前者目标为找到最不利加载角；后者目标为找到最经济的塔型方案，以总造价（即经济指标）主导优化过程，同时以钢筋造价比和稳定系数兼顾安全性和稳定性。优化算法为响应面法与梯度搜索法的结合。以下以上文提到的六塔试验的冷却塔为例说明优化过程，荷载组合取水工规范规定的工况，基本风压取0.45 kPa，地震烈度为8°。荷载加载角优化时，利用冷却塔在结构及约束上具有中心对称性，风向角保持不变，地震加载角和光照角取值间隔为15°。经过优化，最不利加载角组合为：风向角315°，地震加载角0°，光照角180°。针对各风荷载分布模式，利用敏感度分析结果，经过多次优化，得到推荐塔型。对几种风荷载分布模式下的推荐塔型交叉对比，得到优化塔型，与初始塔型对比见表1、图4、5。可见优化塔型在

* 基金项目：超大型冷却塔动态风压实测与干扰效应风洞试验研究（50978203）

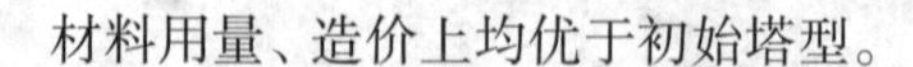

材料用量、造价上均优于初始塔型。

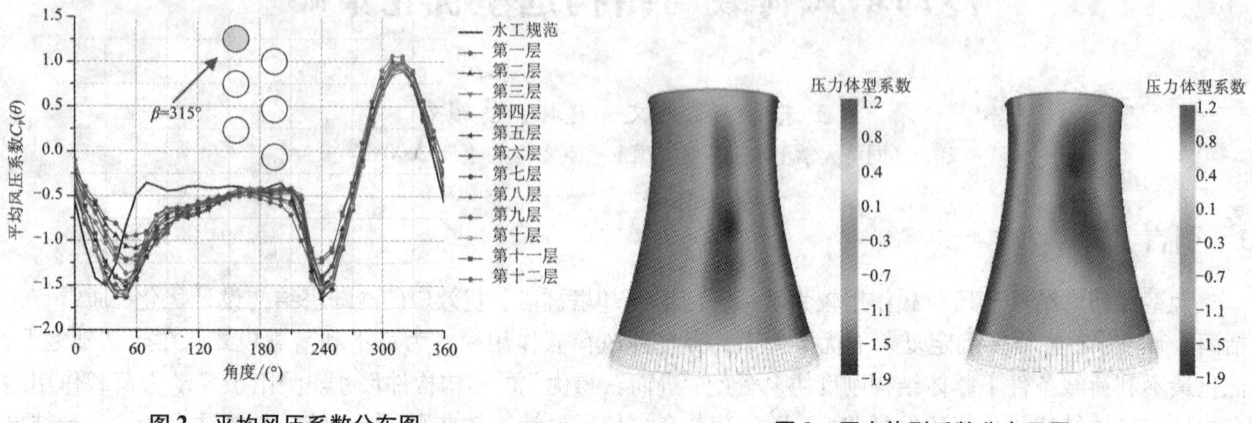

图 2　平均风压系数分布图　　　　**图 3　压力体型系数分布云图**

表 1　优化结果

指标	优化塔型	初始塔型
整体稳定系数	13.81	14.77
最小局部稳定系数	5.06	6.47
用钢量/t	5006	6358
用砼量/m^3	29208	34107
钢筋造价比	0.507	0.528
总造价/万元	2962	3613

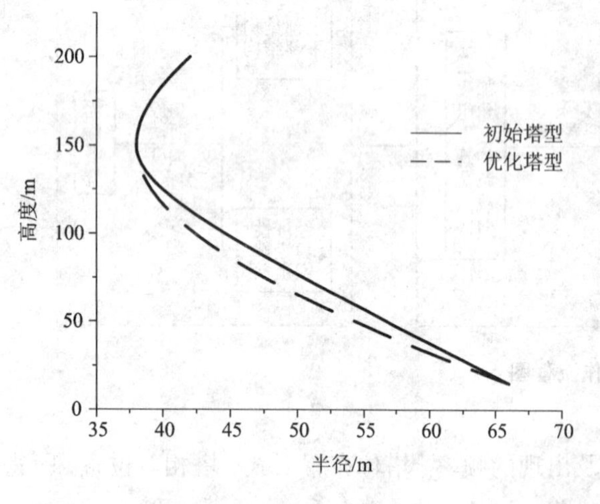

图 4　半径随高度变化图

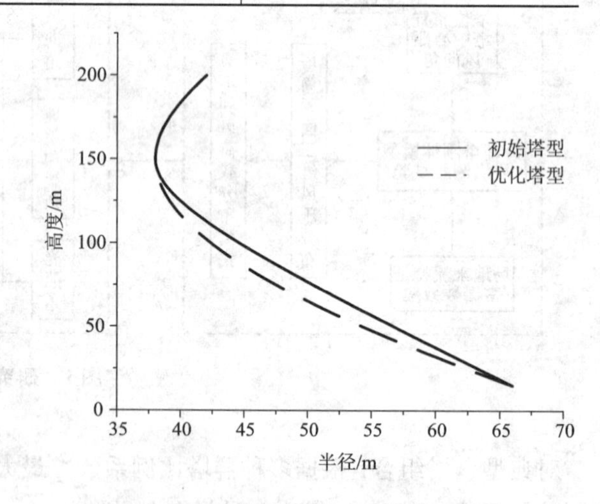

图 5　壁厚随高度变化图

3　结论

本文定义经济性指标为综合效应指标，并实施了冷却塔抗风设计的分阶段设计策略：首先确定复杂干扰条件下最不利风荷载分布模式；然后进行加载角优化，得到最不利加载角下的规范规定荷载组合工况；最后进行结构优化设计，得到经济性、安全性、稳定性均能得到优化的塔型。

参考文献

[1] Uysal H, Gul R, Uzman U. Optimum shape design of shell structures[J]. Engineering Structures, 2007, 29(1): 80 - 87.

[2] 展艳艳. 大型冷却塔群塔组合(六塔双列)风致干扰准则综合评价[J]. 工程力学. (已录用待发表)

变截面钢管避雷针涡激振动控制研究

吴拓[1]，王峰[1]，李加武[1]，白桦[1]，杨风利[2]，张宏杰[2]
(1. 长安大学风洞实验室 陕西 西安 7100642；2. 中国电力科学研究院 北京 100085)

1 引言

变截面钢管避雷针因其风载体形系数较小、受力性能好等优点，在变电站应用越来越广泛，并已经逐步取代了传统的桁架式避雷针[1]。我国的西北地区风环境特殊，根据甘肃敦煌变电站、新疆烟墩变电站和达坂城变电站发生的几次钢管避雷针倾倒事故分析，发现横风向的涡激共振导致钢管避雷针底部法兰盘连接螺栓发生疲劳开裂，并最终导致钢管避雷针的整体倾倒[2]。目前，国内外学者针对钢管避雷针的横风向涡激振动研究还相对较少。

本文设计了三种不同长细比(158，213，240)的变截面钢管避雷针气弹模型进行风洞试验研究，试验模型的长细比范围涵盖变电站钢管避雷针大部分类型。通过风洞试验发现了钢管避雷针的涡激振动现象，研究了不同长细比钢管避雷针涡激振动风速区间和加速度幅值的影响。设计了多种气动措施，并在风洞试验中进行了验证。

2 风洞试验研究

根据中国电力科学研究院提供的钢管避雷针图纸，选取达坂城 750 kV 变电站钢管避雷针(长细比 158)，达坂城 500 kV 变电站钢管避雷针(长细比 213)和达坂城 330 kV 变电站钢管避雷针(长细比 240)作为典型代表设计气弹模型进行涡激振动特性风洞试验研究，所有试验工况均在在长安大学风洞实验室进行。

图 1 无措施钢管避雷针(长细比 158)

图 2 双股螺旋线措施(长细比 213)

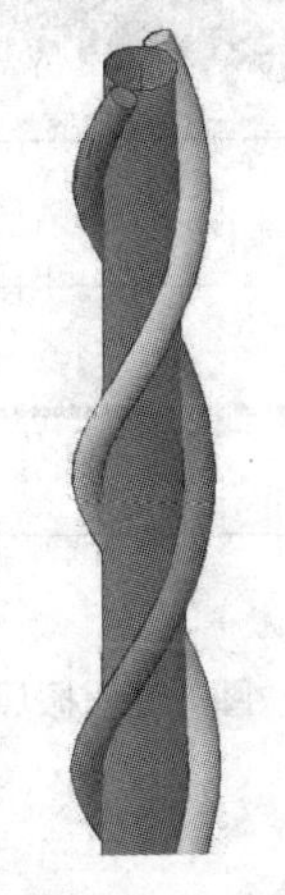

图 3 双股螺旋线大样

表 1 钢管避雷针涡激振动风速区间及最大涡振幅值

型号	长细比	一阶频率	二阶频率	三阶频率	涡振风速区间/(m·s^{-2})	涡振阶次	最大幅值/(m·s^{-2})
750 kV	158	1.2701	2.7048	8.8879	7~12	二阶	2
500 kV	213	1.0367	2.9722	7.9980	15~23	三阶	10
330 kV	240	0.7668	2.6851	7.2405	10~15	三阶	3

试验结果表明三个不同长细比避雷针均发生了涡激振动振动，说明横风向涡激振动确实存在于钢管避

雷针结构，针对钢管避雷针涡激振动问题展开研究具有一定的科学意义。

3　抑振措施研究

根据文献资料学习，本文采用螺旋线、螺旋竖条等气动措施进行风洞实验研究，其中螺旋线措施选取变截面钢管避雷针中间高度处直径为计算直径 D，抑振措施螺旋线直径为 δ，选取量纲为一的参数 φ（螺旋线直径与钢管避雷针计算直径比值，$\varphi=\delta/D$）为螺旋线相对直径。螺旋线直径和螺旋线股数对钢管避雷针抑振效果在风洞试验中进行了验证。试验结果表明 $\varphi=0.20$ - 三股螺旋线抑振效果最佳。

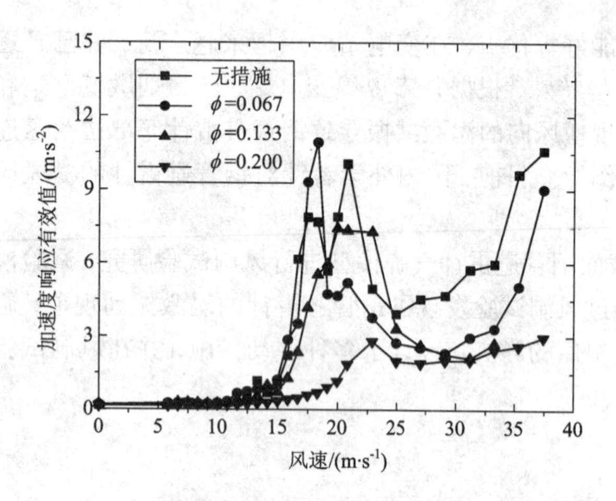

图4　仅改变螺旋线相对直径（长细比213）

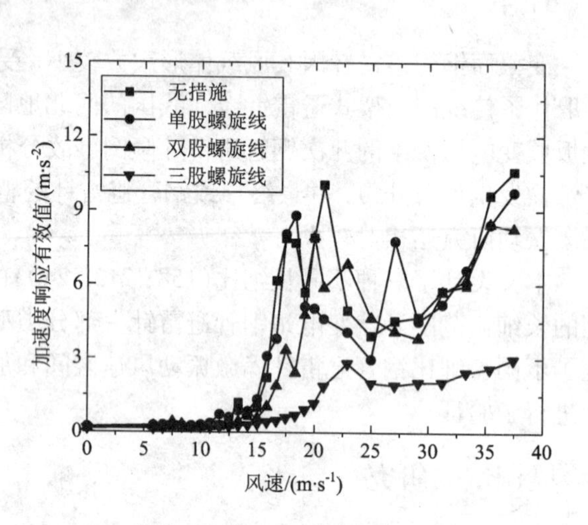

图5　仅改变螺旋线股数（长细比213）

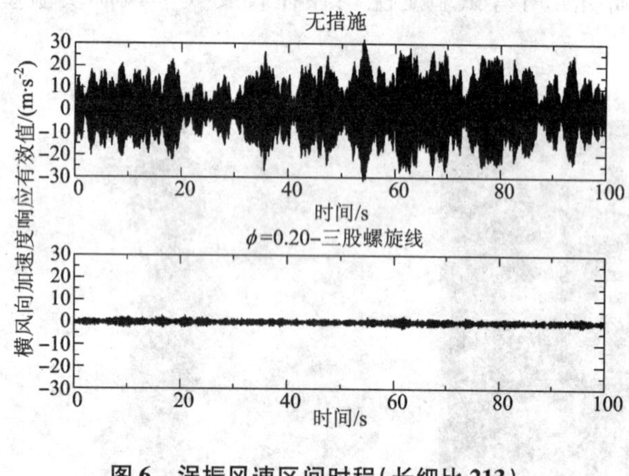

图6　涡振风速区间时程（长细比213）

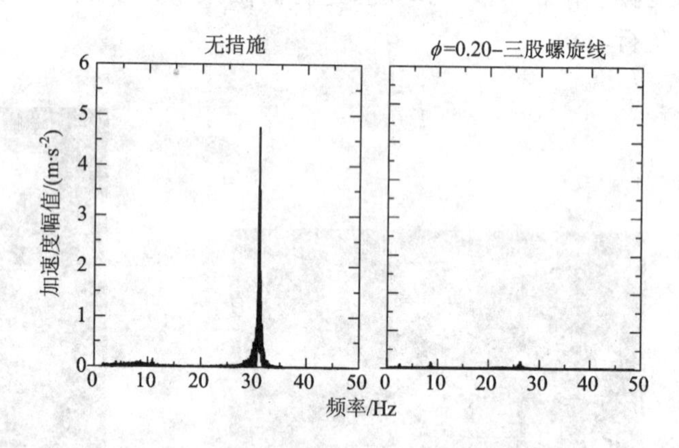

图7　涡振风速区间频谱分析（长细比213）

4　结论

（1）现有变截面钢管避雷针结构中可能存在风致涡激振动现象，由此造成的疲劳损害是避雷针塌落事故的一个重要原因。

（2）与达坂城500 kV变截面钢管避雷针相比，长细比158和长细比240钢管避雷针适当减小了涡激振动幅值和推迟了涡振风速区间。

（3）三股螺旋线对变截面钢管避雷针抑振效果较好，且螺旋线相对直径 $\varphi=0.20$ 时抑振效果明显。

参考文献

[1] 陶春，吴必华. 浅谈单杆式钢管避雷针的设计[J]. 电力建设，2004，25(10)：28－29.

[2] 王肇民. 高耸结构控制[M]. 上海：同济大学出版社，1978.

某 240 m 超高景观烟囱抗风性能分析

杨威，梁枢果，邹良浩，宋杰
（武汉大学土木建筑工程学院 湖北 武汉 430072）

1 引言

随着人民生活水平的提高，传统工业烟囱外观造型与现代化城市环境的格格不入的矛盾越来越受到人们的关注，传统的圆形截面混凝土烟囱已经不能与现代城市的城市环境相融合，超高混凝土景观烟囱应运而生。超高混凝土景观烟囱与传统圆形混凝土烟囱相比，其结构特点不仅低频、高柔，而且结构形式各异，超高景观烟囱的风荷载显然不能套用基于传统烟囱的设计规范，应该通过风洞试验来确定．。本文作者针对某 240 m 高、外观为类矩形截面烟囱进行风洞试验研究，该烟囱修建于广东陆丰市海边，风场为 A 类，设计风压为 1 kN/m^2。并首先通过刚性模型测压确定烟囱结构的三维气动力，进而通过双向强迫振动试验确定烟囱的气弹参数，然后基于随机振动理论对其抗风性能进行分析，与现行规范所得结果进行对比。对比、分析两种方法得到的风致响应、风振系数和等效风荷载的差异以及气动阻尼对结构风致响应的影响，为类似工程结构提供设计参考。

2 试验概况

本试验在武汉大学 WD－1 风洞试验室中进行。该风洞试验段长×宽×高＝16 m×3.2 m×2.1 m，试验风场模拟了 1/200 的 A 类风场，风场的平均风剖面及紊流度均与我国规范[1]要求一致，图 1 给出了 A 类风场平均风剖面、紊流度剖面。

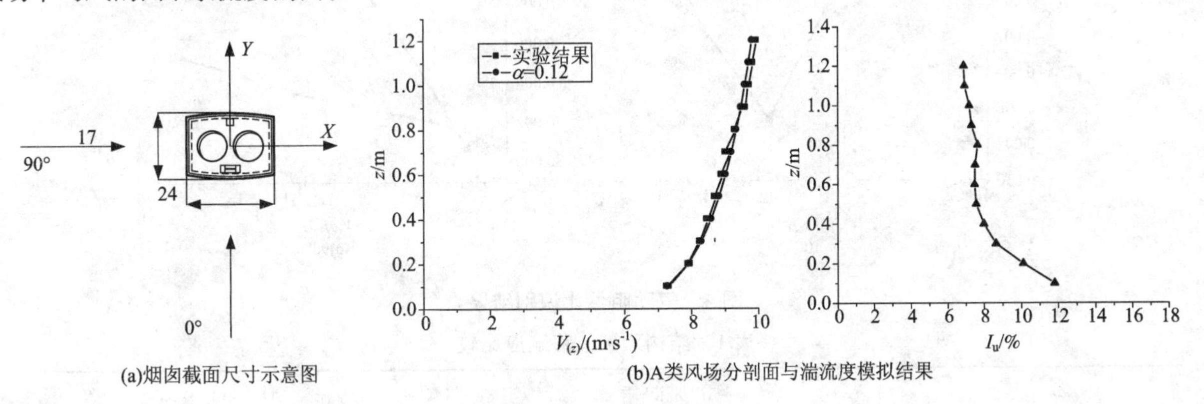

(a)烟囱截面尺寸示意图　(b)A类风场分剖面与湍流度模拟结果

图 1　结构尺寸与风场模拟图

3 结构特性

该烟囱高 240 m，为双钢内筒的多管式钢筋混凝土烟囱。由于该结构高宽比较大，其自振频率比较低。其一阶振型自振频率仅为 0.28 Hz，以 Y 轴向一阶平动为主；第二阶振型自振频率为 0.34 Hz，以 X 轴向一阶平动为主；第三、第四阶振型分别以 Y 轴向、X 轴向二阶平动为主，第五、第六阶振型以扭转向振动为主。动力响应计算分别考虑了每个方向的二阶振型的贡献。

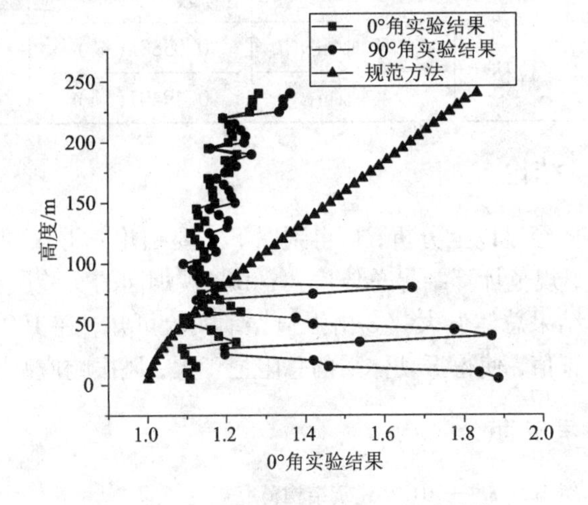

图 2　0°、90°风向角风振系数沿高分布

4 抗风性能分析

4.1 风振系数和等效风荷载

由图2可以看出，风振系数规范值总体大于实验值。由图3可以看出，顺风向等效风荷载在长边、短边迎风时实验值均总体小于规范值，但短边迎风时与规范结果差距较小。

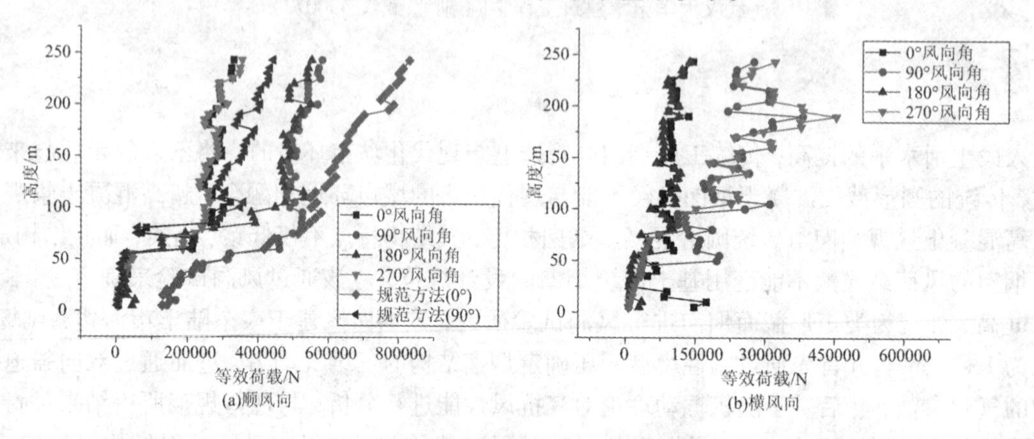

图3 等效风荷载

4.2 强迫振动实验分析

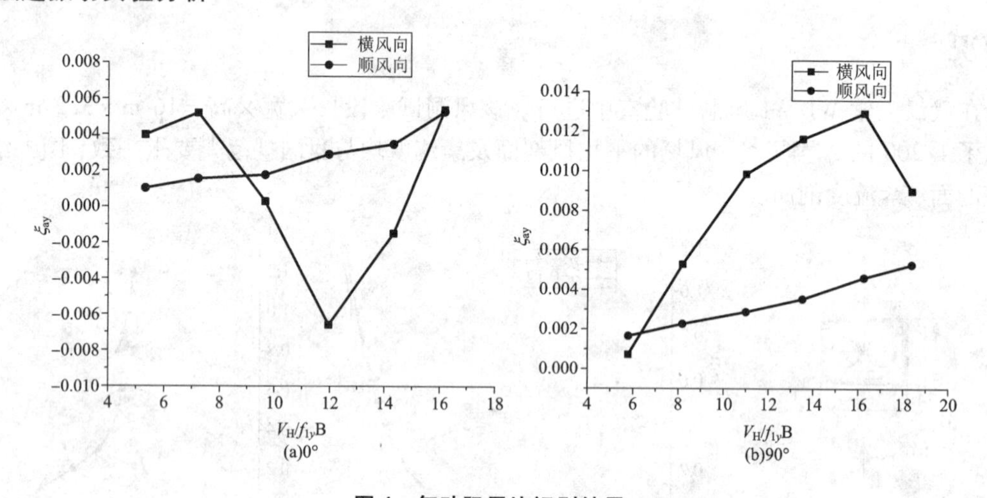

图4 气动阻尼比识别结果

表1 结构顶部位移响应比较

		0°风向角		90°风向角	
		不考虑气动弹性效应	考虑气动弹性效应	不考虑气动弹性效应	考虑气动弹性效应
位移	X轴/m	0.05885(横)	0.0572(顺)	0.16820(顺)	0.15716(顺)
	Y轴/m	0.49407(顺)	0.48163(顺)	0.14635(横)	0.14448(横)

5 结论

经过以上分析，可得到以下主要结论：①景观烟囱的实验所得风振系数与规范计算所得结果差异较大，规范计算结果总体偏大；②景观烟囱的实验所得等效风荷载与规范计算所得结果差异较小，但规范计算结果总体偏大。③由强迫振动实验可知，在100年重现期极值风速作用下在0°、90°风向角气动阻尼都是正值，使得振动体系的总阻尼正大，风振响应减小。

参考文献

[1] GB 50009—2012，建筑结构荷载规范[S].

[2] 汤卓，王雪，束磊，等.210 m高异形烟囱横风向动力响应研究[J].建筑结构，2010(2)：100-102.

表面粗糙度对方形建筑风荷载的影响分析*

袁珂，回忆，宋族栏
（湖南大学风工程试验研究中心 湖南 长沙 410082）

1 引言

随着建筑高度纪录的不断刷新，高层建筑及其围护结构的抗风性能越来越被重视，玻璃幕墙直接承受风压后的安全性问题和高层建筑顶部运动带来的适用性问题更是一直以来被结构风工程研究者所关注。根据钝体周围绕流的特性，高层建筑表面会产生典型的“漩涡脱落”现象，并且建筑迎风面的风压梯度会产生强烈的下切气流，增强地面风速，严重影响建筑风环境[1]。目前使用最普遍且有效的措施是通过改变建筑气动外形来改善绕流的特性，Tanaka[2]等人研究了不同截面形状和扭转体建筑的风荷载效应，谢壮宁[3]等人则研究了角区敞开的局部气动措施对高层建筑抗风效果的影响。改变建筑外形的措施虽然有效，但必然会牺牲一部分建筑使用面积，这就产生了成本控制方面的问题，如何在成本和安全之间找到一个合适的平衡点至关重要。Maruta[4]等人做了不同表面粗糙度对风压极值影响的研究，本文在其基础上，在边界层风洞中进行一系列同步测压试验，研究探讨粗糙度沿高度分布的不同位置对建筑物表面风压分布及层风力的影响。

2 风洞试验模型

风洞试验在湖南大学 HD—2 边界层风洞进行，以 GB 50009—2012 规范为参考，用格栅、粗糙元、尖劈等装置模拟 D 类地貌风场，实验模拟装置及模型如图 1 所示，风速 12 m/s，模型长 × 宽 × 高为 100 mm × 100 mm × 500 mm，模型缩尺比为 1∶300，模型表面设 15 层共计 300 个测压孔，应用电子扫描阀测量风压值。表面粗糙度以外伸横隔板尺寸来模拟，模型中上部共开槽 12 层，用来安装横隔板，本次实验设置固定粗糙度即横隔板外伸尺寸与建筑横截面宽度尺寸比值为 1/10，以横隔板间距作为控制变量，定义为“密集度”。共设 5 组试验，其中实验组 1 为对比组，粗糙度为 0（即无横隔板）；实验组 2 ~ 5 横隔板间距从 2 ~ 8 cm，以 2 cm 为梯度递进。由于是对称结构，本次试验风向角取 0° ~ 45°，以 5°为一个梯度。

图 1 风洞试验装置及模型

3 试验数据处理及结果

对风洞试验所得风压时程数据进行处理，得到风压系数，以 0°风向角为例，绘制各立面风压系数均值分布云图，并将几种工况进行对比分析，如图 2 所示。对风压系数进行积分求和处理，可得各测点层的风力系数时程，如图 3 所示对各工况风力系数求标准差并进行对比。

* 基金项目：国家自然科学基金（51408207）

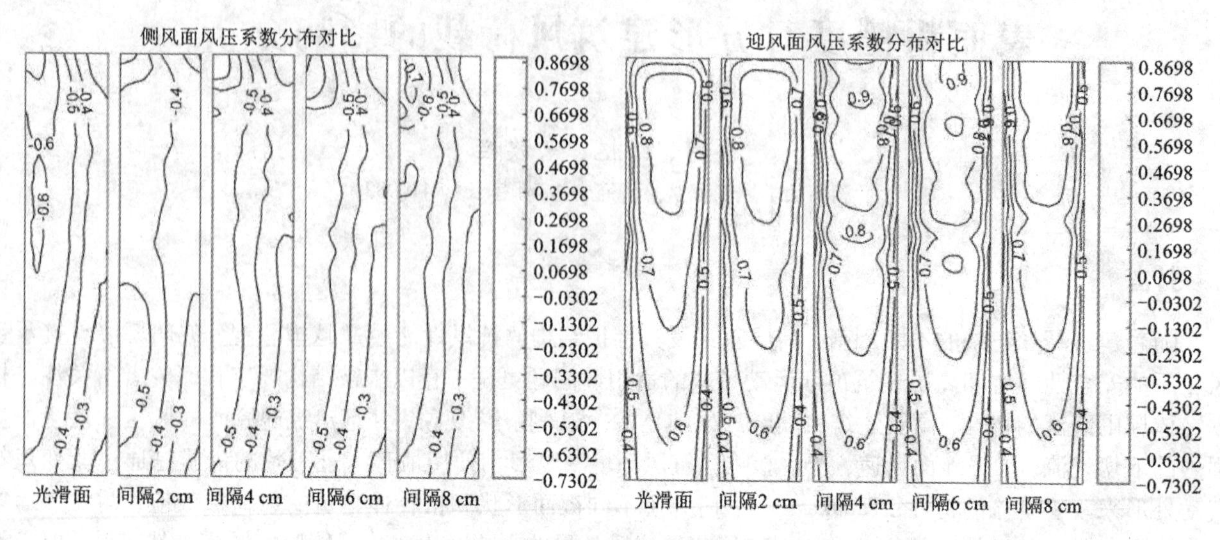

图2 各工况风压系数云图对比

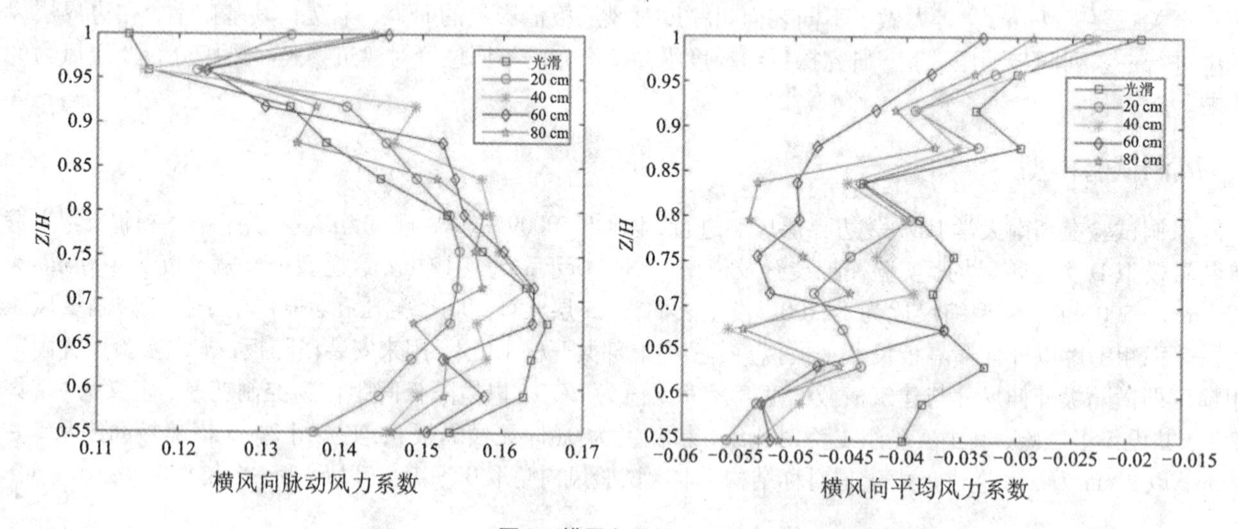

图3 横风向层风力系数

4 结论

(1)表面粗糙度对迎风面具有不利影响，但对侧风面有利，且表面越粗糙，对上部角区的负压减小作用越明显。

(2)粗糙度能够减小横风向层风力系数平均值，却不能减小横风向层风力系数脉动值，甚至对建筑上部有不利影响，这是由于试验所用的连续薄板增强了各测点之间的相关性。

参考文献

[1] J D Holmes. Wind Loading of Structures[M]. 全涌，李加武，顾明，译. 北京：机械工业出版社，2015：58-67.

[2] H Tanaka, Y Tamura, Y C Kim. Aerodynamic Characteristics of Super Tall Buildings with Unconventional Configurations[J]. Wind Engineers, 2013, 38(3)：306-311.

[3] 邓挺，谢壮宁，李佳，等. 强风作用楔形超高层建筑的局部气动抗风措施研究[J]. 建筑结构学报，2014，35(5)：142-150.

[4] E Maruta, M Kanda, J Sato. Effects on Surface Roughness for Wind Pressure on Glass and Cladding of Buildings [J]. Journal of Wind Engineering and Industrial Aerodynamics, 1998, 74-76：651-663.

基本振型简化模型对高层建筑风振计算的影响

张福寿，王国砚
（同济大学航空航天与力学学院 上海 200092）

1 引言

由于高层建筑频率的稀疏性，通常只需考虑其一阶振型来分析顺风向等效静风荷载。对此，我国风荷载规范[11]给出了两类简化振型：一是采用正切函数形式：

$$\varphi_1=\tan\left[\frac{\pi}{4}(z/H)^{0.7}\right] \tag{1}$$

二是对框架剪力墙结构当弯剪均起主要作用时依据弯剪梁理论计算的振型，如荷载规范[1]中表 G.0.3 所示。梁枢果[2]认为采用下式更能体现实际高层建筑振型上剪下弯的特点：

$$\varphi_1=\sin\left[\frac{\pi}{2}(z/H)^{1.8}\right] \tag{2}$$

美国[3]、日本[4]等国家则普遍采用如下形式：

$$\varphi_1=(z/H)^{\beta} \tag{3}$$

本文基于常见典型高层建筑实际基本振型数据，给出一种能更好反映实际高层建筑基本振型的简化模型。分析结果表明，本文给出的基本振型简化模型与实际结构的振型吻合很好。

2 本文的基本振型简化模型

本文收集了 10 组由有限元软件计算到的实际高层基本振型，高度在 60 m 至 300 m 之间。经对比发现，不同结构体系基本振型之间存在一定的差异，且基本都呈现上弯下剪的特点，采用式(1)、式(3)确实反映不了这一特点，而式(2)对于偏弯的建筑也存在一定的偏差。因此，本文对实际结构的振型曲线族采用以 β 为待定系数的非线性拟合，得出如下简化振型模型：

$$\varphi_1=1.5\,(z/H)^{\beta}-0.5\,(z/H)^{3} \tag{4}$$

其中振型指数 β 可由结构前两阶平动周期按下式确定：

$$\beta=15.150\,(T_1/T_2-2.95)^{0.015}-13.508 \tag{5}$$

振型指数的范围为 0.9 到 2.0 之间。计算结果表明，根据周期比反推的振型指数值与直接拟合得到的振型指数差别很小。

3 不同简化振型对高层建筑风振计算结果的影响

依次选取偏弯型、弯剪型、偏剪型三栋横截面规则的高层建筑，其工程概况如下表所示：

表1 三栋高层建筑的基本信息

算例编号	结构体系	高度/m	迎风面宽度/m	前两阶周期/s		基本风压/kPa	体型系数	地貌类型
1	剪力墙	200.7	19.4	3.278	0.704	0.55	1.4	B
2	框架核心筒	180.3	52.0	4.710	1.434	0.60	1.38	C
3	框架	60.96	18.29	3.069	1.020	0.60	1.4	B

其中阻尼比统一取 0.04，将前两阶周期比值代入式(5)得出 β 值，再将其代入式(4)，即可得到不同结构的一阶振型简化模型。分别选用实际结构振型、荷载规范[1]中表 G.0.3 给出的振型、式(1)和式(2)给出的振型、线性振型[即式(3)中 β 取 1]，以及本文给出的振型，按我国荷载规范[1]计算上述建筑沿顺风

向等效静风荷载、底部总剪力和总弯矩(限于篇幅，在此仅给出基底剪力的结果)。

表2 风致基底剪力的计算结果和偏差

振型形式	算例一		算例二		算例三	
	基底剪力/kN	误差/%	基底剪力/kN	误差/%	基底剪力/kN	误差/%
真实振型	7420	—	15710	—	1960	—
规范[1]查表	7396	-0.32	15233	-3.04	1839	-6.19
式(1)	7679	3.49	15950	1.53	1950	-0.50
式(2)	7426	0.08	15307	-2.56	1848	-5.72
线性振型	7607	2.52	15775	0.42	1920	-2.03
本文提出的	7407	-0.17	15634	-0.48	1958	-0.10

4 结论

以上分析表明，采用本文给出的振型简化模型能够更好地反映实际结构的振型形式。对三栋高层建筑风致响应对比分析表明，选用其他的基本振型简化模型所得到的基底剪力与采用高层建筑实际振型计算得到的基底剪力最大误差可达6.19%；对于基底弯矩，误差都不是很大；对等效静力风荷载分布的影响则很明显，误差可达到15%以上。而采用本文的振型简化模型，计算结果误差都很小，能够更好地反映高层建筑等效静力风荷载分布情况。

参考文献

[1] GB 50009—2012，建筑结构荷载规范[S].北京：中国建筑工业出版社，2012：34-53

[2] 梁枢果，李辉民，瞿伟廉.高层建筑风荷载计算中的基本振型表达式分析[J].同济大学学报，2002，30(5)：578-582.

[3] American Society of Civil Engineers (ASCE). Minimumdesign loads for buildings and other structures[S]. Reston (VA): ASCE; 2010.

[4] Architectural Institute of Japan (AIJ). RLBrecommendations for loads on buildings[S]. Tokyo (Japan): Structural Standards Committee, Architectural Institute of Japan, 2004.

[5] 李永贵，李秋胜.基本振型对高层建筑等效静力风荷载的影响分析[J].地震工程与工程振动，2016，6(01)：38-44.

基于 HFFB 试验的耦合气动荷载识别方法的研究及应用*

张乐乐，谢壮宁

（华南理工大学亚热带建筑科学国家重点实验室 广东 广州 510641）

1 引言

高频底座力天平（HFFB）技术被广泛应用于超高层建筑的抗风试验研究，其最重要的优点之一是根据一次吹风的结果可以计算结构原型在不同风速的风振响应。可计算的风速范围取决于测量信号的有效带宽 f_B，通常要求模型质量尽可能小以保证天平－模型系统（BMS）的具有足够的刚度以保证其有足够高的频率[1]。在应用中，对于高度超过500 m或建筑高宽比大于10的试验，为保证高信噪比和能够模拟建筑立面的基本细节，模型的缩尺比不宜取太大，由此会导致模型质量偏高；这些因素会导致高频要求难以得到满足而直接导致 BMS 频率偏低，使得 f_B 偏低而影响所测气动力的可用性，因而需要对测得的荷载谱进行修正。

本文将二阶盲辨识（SOBI）方法[2]引入到 BMS 模态参数的识别中，在实现模态有效分离后，在模态坐标下，结合气动力的特征采用拟合的方法识别了考虑 WSI 效应的固有频率和模态阻尼比，并进而消除了模态耦合系统的动力放大作用，得到了真实的气动荷载谱。将该方法应用于某一528 m 超高层建筑的气动荷载识别，证明了所提出方法的有效性和优越性。

2 基本方法介绍

设混合模型为

$$x(t) = \boldsymbol{\Phi} q(t) \tag{1}$$

式中，$x(t)$、$\boldsymbol{\Phi}$ 和 $q(t)$ 分别为观测信号、混合矩阵、源信号。源信号 $q(t)$ 通过混合系统得到观测信号。首先对 $x(t)$ 进行白化，白化矩阵 $\boldsymbol{W}$ 为

$$\boldsymbol{W} = \boldsymbol{D}^{-1/2}\boldsymbol{E}^{\mathrm{T}} \tag{2}$$

其中，$\boldsymbol{D}$ 和 $\boldsymbol{E}$ 分别为 $x(t)$ 的协方差矩阵进行特征值分解得到的对角阵特征值和相应的特征向量矩阵。得到白化后信号

$$z(t) = \boldsymbol{W}x(t) = \boldsymbol{W\Phi}q(t) \tag{3}$$

寻找正交矩阵 $\boldsymbol{V}$ 满足 $R_{\mathrm{q}}(\tau) = \boldsymbol{V}^{\mathrm{T}}R_{\mathrm{z}}(\tau)\boldsymbol{V}$，对 $R_{\mathrm{z}}(\tau)$ 进行联合对角化逼近。进而得到

$$\boldsymbol{\Phi} = \boldsymbol{W}^{-1}\boldsymbol{V},\ \boldsymbol{B} = \boldsymbol{\Phi}^{-1} = \boldsymbol{V}^{\mathrm{T}}\boldsymbol{W} \tag{4}$$

并由此对观测信号进行分离得到源信号

$$q(t) = \boldsymbol{B}x(t) \tag{5}$$

可采用联合近似对角化算法[3]（Joint approximate diagonalization，JAD）求解正交矩阵 $\boldsymbol{V}$。根据模态响应的功率谱密度可以采用局部拟合方法识别出相应的 f_i 和 ζ_i。认为模态气动力通常在固有频率附近和频率的指数幂成正比。对于给定的离散功率谱密度 $S_{q_i}(f)$，令：

$$\delta(f_i,\zeta_i,\alpha_i,k_i) = \sum_{l=n_1}^{n_2}\left(\ln k_i(l\Delta f)^{\alpha_i} - \ln\frac{S_{q_i}(l\Delta f)}{|h_i(l\Delta f)|^2}\right)^2 \tag{6}$$

式中，Δf 为频率间隔，$(n_1\Delta f, n_2\Delta f)$ 为参加拟合的频率范围，通过求以上残差最小可以得到 f_i、ζ_i、α_i 和 k_i。根据以上方法得到的模态参数，可以得到以下修正后的模型基底气动力的功率谱密度矩阵 $S_{x_r}(f)$ 为：

$$S_{x_r}(f) = \boldsymbol{\Phi h}^{-1}(f)\boldsymbol{B}S_x(f)\boldsymbol{B}^{\mathrm{T}}(h^{-1}(f))^{\mathrm{H}}\boldsymbol{\Phi}^{\mathrm{T}} \tag{7}$$

式中，$h(f)$ 为各主坐标的频率响应函数 $h_i(f)$ 构成的复对角矩阵，上标 H 表示矩阵的 Hermite 转置。

* 基金项目：国家自然科学基金项目（51278204）

3　应用实例

将以上方法应用于 528 m 的超高层建筑南宁东盟创客城的 HFFB 试验研究中。图 1 和图 2 所示分别为 280°风向角修正前后的分离信号和测量物理信号功率谱密度的比较。由图可见：SOBI 方法可以有效实现对混合信号分离，再次表明了 SOBI 方法的有效性；模态坐标和物理坐标的谱修正效果良好，说明参数识别的准确性和方法的有效性。

4　结论

（1）SOBI 方法具有良好的分离效果，有效地将高频底座力天平的耦合信号进行分离；

（2）结合符合实际气动力特征的参数拟合识别方法有助于提高拟合的抗干扰能力和参数识别的精度，可以有效地对耦合的气动荷载实现跨共振频率的信号修正；

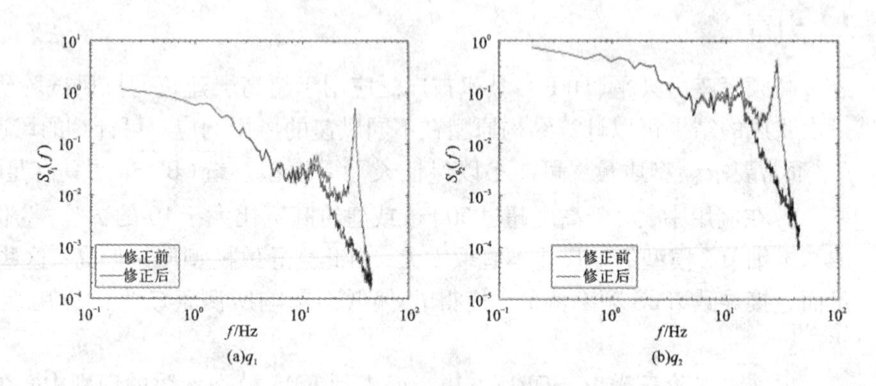

图 1　模态坐标功率谱修正前后对比

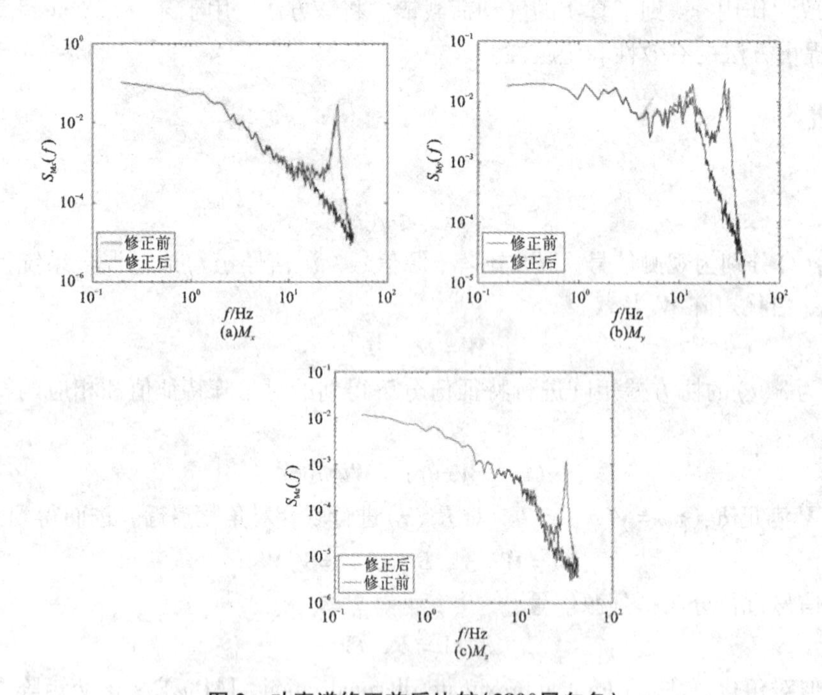

图 2　功率谱修正前后比较（280°风向角）

（3）将本文方法应用于某 528 m 超高层建筑的 HFFB 试验的信号修正，在信号分离和修正效果方面均明显优于已有方法，这显示本文方法的有效性。

参考文献

[1] Tschanz T, Davenport A G. The base balance technique for the determination of dynamic wind loads[J]. Journal of Wind Engineering & Industrial Aerodynamics, 1983, 13(1): 429 - 439.

[2] Mcneill S I, Zimmerman D C. A framework for blind modal identification using joint approximate diagonalization[J]. Mechanical Systems and Signal Processing, 2008, 22(7): 1526 - 1548.

[3] Shi X. Joint Approximate Diagonalization Method[M]. Berlin: Springer Berlin Heidelberg, 2011: 175 - 204.

某框架-核心筒超高层结构施工阶段风振响应分析*

张洛，靳海芬，刘丰宁，何政
（大连理工大学土木工程学院 辽宁 大连 116024）

1 引言

框架-核心筒体系的超高层建筑施工期间，为了施工组织的便利性，核心筒比外框架领先施工达十几层之多。此时，核心筒浇筑的混凝土强度未发展完全，筒体与外框架尚未形成完整的抗侧力体系。因此，必须考虑施工阶段结构在风及其他荷载作用下的不利受力状态，以确保施工安全。本文以某框架-核心筒体系超高层[1]为例，考虑混凝土收缩徐变与边界条件的时变性，利用AR法生成人工风速时程，分析其在不同施工阶段下的风振响应。然后，针对不同的危险施工工况，通过分析确定最不利工况。最后，以风荷载为控制荷载，确定最不利工况下核心筒安全施工最大领先层数。

2 施工阶段风振响应分析

2.1 施工阶段的有限元模型

按照施工的顺序，分别建立了9个不同施工阶段的有限元模型，图1列举出了其中5个阶段。同时，根据核心筒混凝土浇筑的时间进度，采用欧洲规范提出的早龄期混凝土强度模型[2]，对其强度进行折减。据统计，目前世界上已建成超高层施工期一般为6~8年，因此基本风压取10年一遇比较合理[3-4]，考虑其竖向相关性，基于AR法生成人工风速时程。从图2可以看出，本文中所用的脉动风模拟谱与目标谱吻合较好，说明生成的脉动风速时程是合理的。

2.2 危险施工工况

当超高层施工至较高楼层，且核心筒领先外框架层数较多时，施工风险较大。本文分析了表1列出的施工阶段中10种危险施工子工况。工况A表示核心筒施工楼层114层，而外围框架仅施工至98层，工况B表示核心筒施工至128层，外框仅施工至98层。工况A和B分别结合塔吊荷载细分为5种子工况。限于篇幅，此处不详细列出各子工况的工作状态。

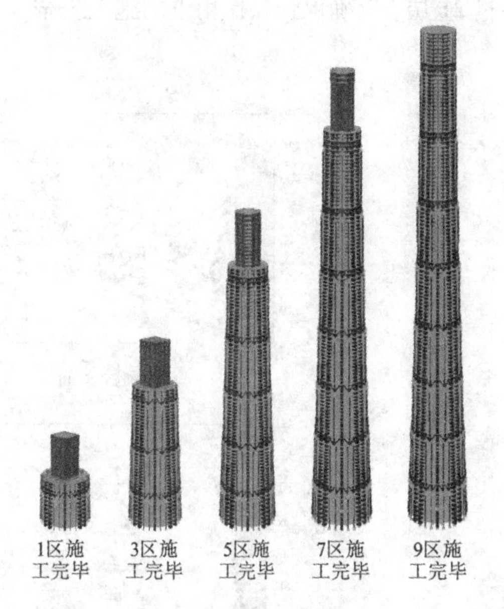

图1 不同施工阶段计算模型

3 分析结果

图3(a)给出了9个施工阶段风振层间位移角，均满足规范限值。随着楼层高度的增加，其顶层位移随着增大，顶点最大加速度响应出现在施工阶段7，为3.33 cm/s^2。图3(b)显示，随着领先层数超过21层，最大层间位移角会超过限值1/800，因此建议领先不超过21层。图3(c)与图3(d)所示分别是危险工况A与B的风振响应，最大层间位移角均显示在工况A-4和工况B-4。其中表1中给出工况B-4的最大水平变形达到721.8 mm，比未考虑塔吊的工况B-5响应明显要大，因此塔吊对结构的风振响应不容忽视。最终确定子工况B-4，即10级风、塔吊不工作状态为最危险子工况，应做好相关防护准备。

* 基金项目：国家重点研发计划(2016YFC0802002)，国家自然科学基金重大研究计划-集成项目(91315301)

表1　各危险施工子工况编号及其最大水平变形(mm)

工况	风荷载	塔吊荷载	水平变形	工况	风荷载	塔吊荷载	水平变形
A-1	6 级风	塔吊工况 1	30.6	B-1	6 级风	塔吊工况 1	157.7
A-2	6 级风	塔吊工况 2	109.8	B-2	6 级风	塔吊工况 2	178.8
A-3	6 级风	塔吊工况 3	94.6	B-3	6 级风	塔吊工况 3	157.7
A-4	10 级风	不工作状态	478.7	B-4	10 级风	不工作状态	721.8
A-5	10 级风	不考虑塔吊	391.8	B-5	10 级风	不考虑塔吊	658.6

4　结论

本文通过对框架-核心筒体系超高层施工风振响应分析，可以得到如下结论：施工阶段的响应与竣工后的风振响应有明显区别，因此有必要进行验算，且塔吊对结构的响应不容忽视；通过分析10个危险施工子工况，确定了最危险工况为B-4，此时层间位移角为1/550，接近规范限值，最大水平位移达到721.8 mm，施工时要做好相关措施；此外，在危险工况下，核心筒领先施工层数不要超过21层，以确保强风作用下的施工安全。

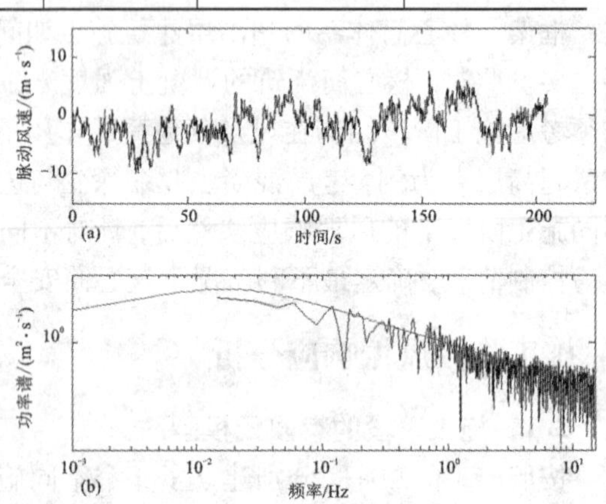

图2　(a)脉动风速时程；(b)模拟谱与目标谱对照

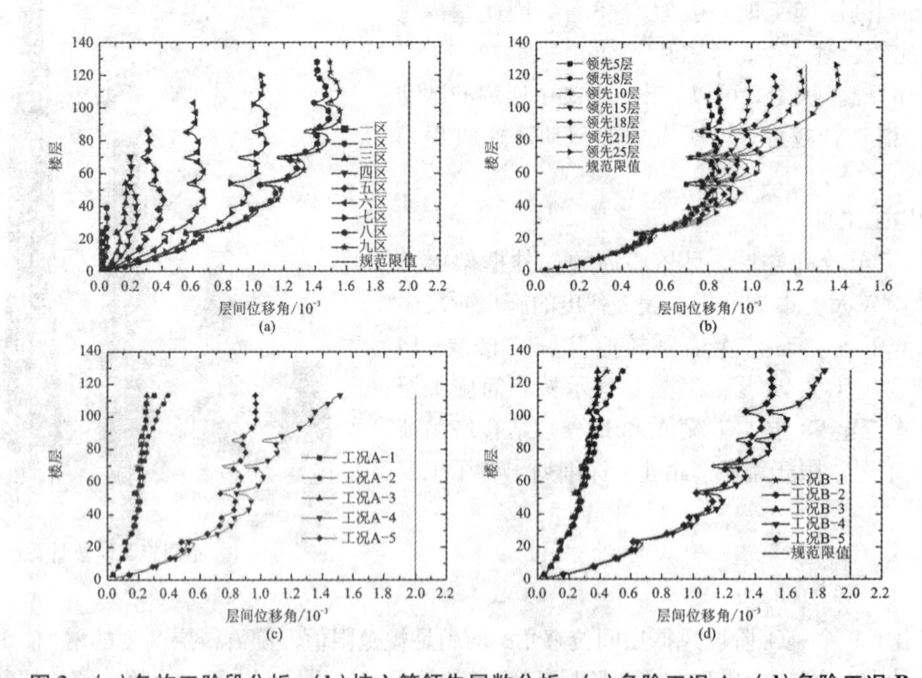

图3　(a)各施工阶段分析；(b)核心筒领先层数分析；(c)危险工况A；(d)危险工况B

参考文献

[1] 吕西林，姜淳，蒋欢军. 超高层建筑结构 benchmark 模型及其地震反应分析[J]. 结构工程师，2015(4)：100-107.

[2] 贡金鑫，车轶，李荣庆. 混凝土结构设计：按欧洲规范[M]. 北京：中国建筑工业出版社，2009.

[3] 周红波，黄誉. 超高层建筑在极端台风气候下结构及施工安全风险分析及控制研究[J]. 土木工程学报，2014(7)：126-135.

[4] Deodatis G, Shinozuka M. Auto - Regressive Model for Nonstationary Stochastic Processes[J]. Journal of Engineering Mechanics, 1988, 114(11): 1995-2012.

高耸化工塔风致振动被动吹气控制的试验研究

张润涛[1]，陈文礼[2]，苏恩龙[3]

（1. 哈尔滨工业大学土木工程学院 黑龙江 哈尔滨 150090；2. 哈尔滨工业大学土木工程学院 黑龙江 哈尔滨 150090；
3. 中国能源建设集团黑龙江省电力设计院有限公司 黑龙江 哈尔滨 150000）

1 引言

石油化工行业封闭式高耸结构，如乙烯提馏塔等化工塔，高度较高，而水平抗侧刚度较小，结构非常柔，易发生横风向涡激振动。现阶段用于减小高层/高耸结构的风效应的方法主要分为两类：阻尼控制与气动效应控制。阻尼器对高层建筑风振控制的理论分析和设计方法已比较完善，Yang 和 Samali[1] 等学者在这方面做了大量的研究。Chen[2] 等学者通过行波壁、旋涡生成器、螺旋线肋条等气动控制手段减小结构风致振动，取得了很好的效果。本文提出利用套环抑制化工塔风致振动的被动吹气控制方法。文中通过风洞试验验证了套环控制方法的有效性，并探究了套环布置间距对控制效果的影响。

2 高耸化工塔风荷载的套环控制研究

2.1 试验设计

本文试验以大庆三聚能源净化有限公司抽提蒸馏塔为原型，采用 1∶200 的缩尺比，设计并制作了高度为 $H=400$ mm，塔身直径为 $D=32$ mm 的化工塔模型。套环高度为 10 mm，内径为 32 mm，可以紧固地套在塔身外表面。套环上均匀地布置 24 个气孔，每个气孔高度为 5 mm，宽度约为 2.4 mm，套环内部气腔的厚度为 2 mm。套环及化工塔模型见图 1。

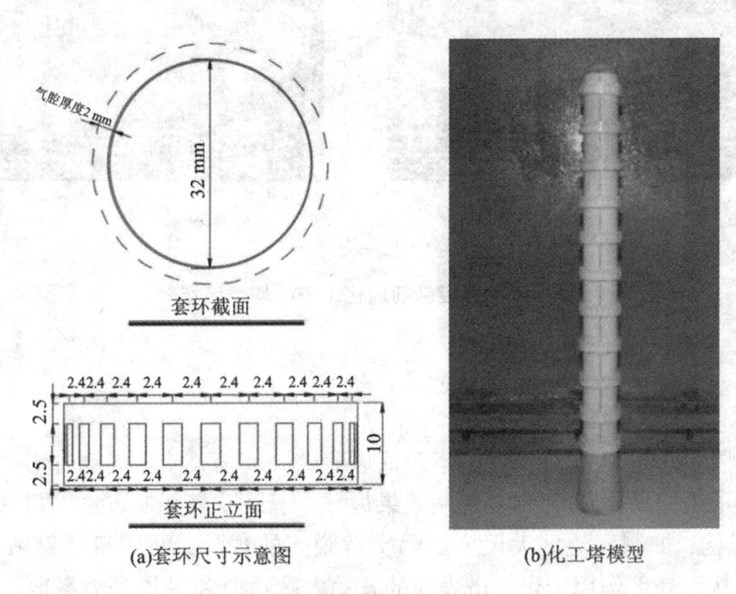

图 1 套环设计及化工塔模型

2.2 套环间距对高耸化工塔风致振动控制效果的影响

试验时改变套环在化工塔模型上的布置间距 S，用六分力天平测得模型在 10 m/s 风速下的气动力进行分析。为了方便地比较套环的控制效果，定义气动力减小系数 $f=C_{controlled}/C_{uncontrolled}$，其中 C 为阻力系数平均值 C_d_mean 或升力系数均方根值 C_l_rms。图 2 表示不同套环间距下，气动力减小系数的变化情况。

结果表明，化工塔模型气动力减小系数随套环间距的变化大致分为三个阶段。$0.5 \leqslant S/D \leqslant 1$ 时，升力系数均方根值减小的幅度最大，但阻力系数平均值明显增大。$1.25 \leqslant S/D \leqslant 5$ 工况下，升力系数均方根值有明显的减小，均减小了 50% 左右，阻力系数平均值最多时减小了 3%。$S/D=10$ 时，升力系数均方根值减小了36.57%，阻力系数平均值基本与无控工况相同。因此，被动吹气套环能显著减小化工塔横风向升力，对化工塔的横风向振动有明显的控制效果，且其控制效果与套环间距有关。$1 \leqslant S/D \leqslant 5$ 时，套环既能很好地抑制化工塔横风向涡激振动，又不会使化工塔顺风向阻力明显增大。

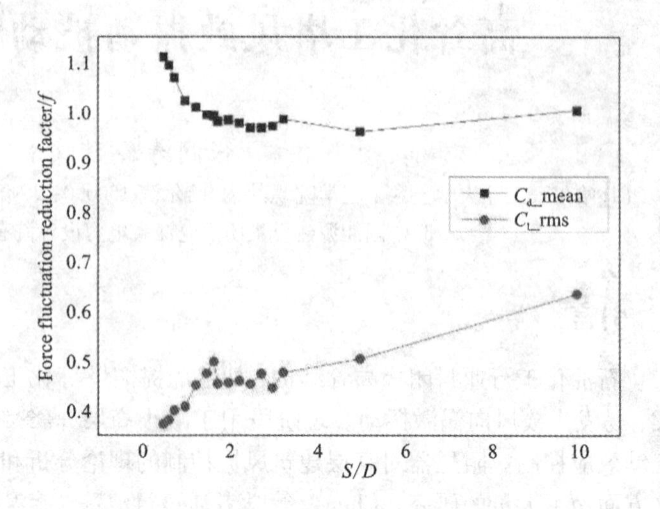

图2　化工塔模型气动力减小系数随套环间距的变化

2.3　基于套环控制的高耸化工塔绕流场特征

下文基于 Particle Image Velocimetry (PIV) 测速技术，研究套环控制前后化工塔周围风场空间结构的变化规律。如图3所示，无控工况下，化工塔模型尾流中形成对称分布的大尺度漩涡，受旋涡脱落的影响，旋涡后方约2D范围内的流场湍动能非常大，尾迹振荡十分明显。安装套环后，化工塔尾流中大尺度旋涡脱落现象已不明显，取而代之的是两侧剪切流平行地向下游移动。由于没有强旋涡的出现，此时尾流的湍动能很小。说明套环对化工塔尾迹振荡起到了很好的控制效果。

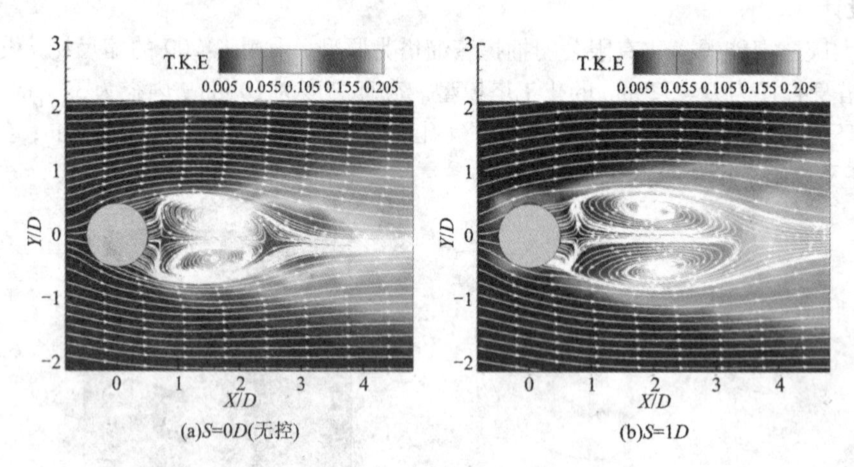

图3　套环控制前后化工塔平均绕流场

3　结论

被动套环吹气控制方法可以大幅降低化工塔表面风荷载脉动值，减小气动升力系数，但对阻力系数的控制效果不明显。套环间距 $1 \leqslant S/D \leqslant 5$ 时，控制效果最好。套环吹气控制方法的机理为：安装套环可以改变化工塔绕流场空间结构，抑制尾流区大尺度旋涡交替脱落的现象，使塔身两侧剪切流平行的向下游流动，流场湍动能减小，从而降低作用于化工塔表面的气动力脉动值和平均升力系数。该方法减小了尾流旋涡引起的流场能量耗散，抑制了分离区静压的降低，但也增大了迎风面受到的风荷载，因此对顺流向阻力没有很好的控制效果。

参考文献

[1] Yang J N, Samali B. Control of tall buildings in along-wind motion[J]. Journal of Structural Engineering, 1983, 109: 50-68.

[2] Chen W L, Xu F, Liu Y, et al. An experimental study on suppression of vortex shedding from a circular cylinder by using a travelling wave wall[J]. Journal of Fluid and Structures, 2017.

基于风振响应识别结构频率与阻尼的极点对称模态分解方法*

赵斌，封周权，陈政清
（湖南大学风工程试验研究中心 湖南 长沙 410082）

1 引言

准确预测桥梁结构或者高层结构在强风或者地震作用下的反应，需要获知结构的诸如自振频率和阻尼比等动力特性信息。这些信息一般是针对结构的动力响应数据进行数据分析得到的。目前，盛行的数据分析方法有经典的傅里叶变换方法，小波变换方法以及热门的希尔伯特－黄变换方法。

近年，王金良等人在希尔伯特－黄变换方法的基础上提出了一种数据分析的新方法——极点对称模态分解方法（Extreme－point Symmetric Mode Decomposition，简称 ESMD）[1]。本文以一个十层剪切框架结构为例，首先得到了在风荷载作用下顶层的加速度反应时程，针对反应时程数据信息进行功率谱分析，根据从功率谱中读出的频率信息再针对原始数据进行滤波处理。进而应用 ESMD 方法对滤波后的原始数据进行模态分解，得到前五阶模态数据。然后应用随机减量技术对每阶模态数据进行处理，得到每阶模态的自由衰减曲线，据此可最终得出所需的模态频率以及阻尼[2]。

2 极点对称模态分解方法

极点对称模态分解方法（简称 ESMD）的筛选过程采用的是若干条内部插值曲线，本文选择分解效果最佳的奇－偶型极点对称，即应用两条内部插值曲线的 ESMD_II 方法。

ESMD 方法由两部分组成：第一部分是模态分解，可产生数个模态与一条最佳自适应全局均线；第二部分是时－频分析，涉及瞬时频率的“直接插值法”与总能量变化等问题。本文应用了 ESMD 方法的第一部分，对风荷载响应进行了模态分解。

3 随机减量技术

随机减量技术（Random Decrement Technique，简称 RDT）的核心是利用在随机激励下系统的响应信号构造一个系统的自由振荡信号，即系统的一个齐次解。在随机激励满足零均值的 Gauss 分布情况下，这种构造能够保证得到一个系统的自由振荡信号。

4 风荷载作用下结构响应的数值模拟

本文应用谐波合成法模拟了一个平稳随机过程的脉动风场，以此作为风荷载作用在十层剪切框架上，作用持续时间为 10 min，采样时间间隔为 0.02 s。用 Matlab 计算得到顶层的加速度反应时程，对此数据信息再加上 2% 的噪声，并以叠加噪声后的结果作为风振响应原始数据以备后续分析。

5 风振响应数据分析

第一步，针对风振响应原始数据进行功率谱分析，即可得到结构前几阶频率的大致范围，并可以此为依据对原始数据进行滤波处理，以有利于模态分解的进行。原始数据功率谱如图 1 所示；第二步，根据上步得到的功率谱，可以读出前 5 个峰所对应的频率，然后在 MATLAB 中应用带通滤波器，针对各频率设置特定的带宽以对原始数据进行滤波，得到前 5 阶频率对应的经过滤波后的 5 组数据；第三步，对上一步得到的经过滤波后的 5 组数据分别应用 ESMD 方法进行模态分解，并分别取出模态分解后所得到的第一个模态的数据。这是 5 组具有明晰频率信息的的数据；第四步，应用随机减量技术对上步得到的模态数据进行

* 基金项目：湖南省高校创新平台开放基金项目（103578），中央高校基本科研业务费（531107050913）

处理，即可得到一条结构在阻尼作用下按一定频率振动的自由振动衰减曲线。以结构第一阶频率对应的自由振动衰减曲线为例示于图2；第五步，由上步得到的自由振动衰减曲线根据频率的物理意义计算出各阶自振频率，并应用自由振动衰减法计算出结构各阶阻尼比。将结果与理论值对比如表1所示。

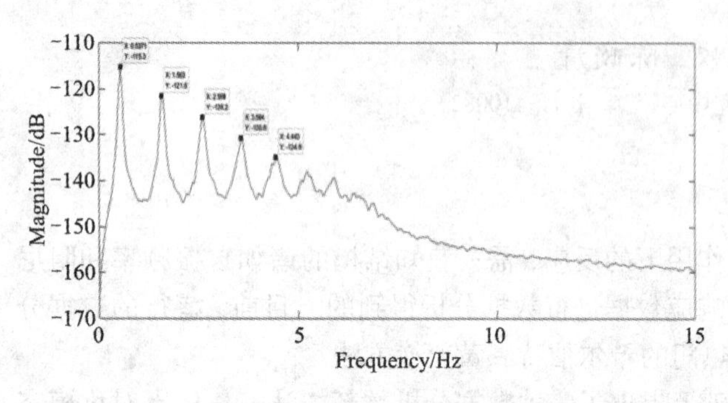

图1　风振响应原始数据功率谱

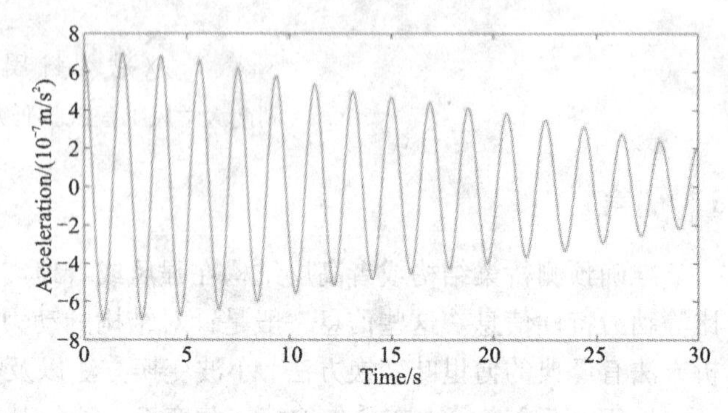

图2　结构第一阶频率对应自由振动衰减曲线

表1　基于风振响应识别十层剪切框架结构频率和阻尼比的结果与理论值对比

阶数	频率/Hz		阻尼比	
	理论值	识别值	理论值	识别值
1	0.532	0.537	0.0100	0.0107
2	1.584	1.563	0.0100	0.0101
3	2.600	2.588	0.0138	0.0133
4	3.559	3.564	0.0179	0.0174
5	4.438	4.443	0.0218	0.0203

6　结论

本文介绍了应用结构风振响应识别结构自振频率以及阻尼比的方法。在实践中该方法仅需要一个加速度传感器以得到加速度时程数据。这在估计结构模态参数的实践中将会是有用的。本文对比了用上述介绍的方法识别的结果同理论值的对比，结果显示了足够的精确程度。

参考文献

[1] J L Wang, Z J Li. Extreme - Point Symmetric Mode Decomposition Method for Data Analysis[J]. Advances in Adaptive Data Analysis, 2013, 5(3): 1350015 - 1 - 1350015 - 36.

[2] Z Feng, W Shen, Z Q Chen. Consistent Multilevel RDT - ERA for Output - Only AmbientModal Identication of Structures[J]. International Journal of Structural Stability and Dynamics, 2017, 17(9): 1750106 - 1 - 1750106 - 20.

大型钢结构冷却塔风致响应共振分量及其效应*

赵诗宇，陈讷郁，赵林，葛耀君
（同济大学土木工程防灾国家重点实验室 上海 200092）

1 引言

冷却塔属超高、薄壳大跨空间结构，对于风荷载非常敏感。为简化分析，对于风致行为响应共振分量较小的冷却塔，可以采用准静态计算方法。然而，随冷却塔大型化发展，以上的简化可能因共振分量占比提高而失效，因此风振响应的共振分量占比多寡，成为冷却塔抗风领域的重要问题。Niemann[1]认为，即使对于超高冷却塔，共振响应仍然很小；邹云峰[2]在冷却塔气弹模型实验中认定单塔的总风致动力响应中以背景响应占主导地位，共振响应占比大多在5%以下；许林汕[3]和柯世堂[4]得到共振分量占比超过50%的结论，但他们的结果对应于实塔设计基准风速141 m/s、126 m/s，如此高风速下结果对指导实际工程意义有限。

本文针对大型钢结构冷却塔结构，尝试在合理设计风速条件下，比较特定风速比条件下时间比效应对于共振分量变化趋势，进而利用改变时间比的方式对单塔情况下超高雷诺数斯托拉哈数模拟不足问题进行算法修正。

2 时间比的影响及斯托拉哈数修正

本文基于刚性测压实验开展有限元时程响应分析。在测压实验中，往往只对高雷诺数下环向分布平均风压进行模拟，而斯托拉哈数往往难以兼顾。斯托拉哈数的模拟不足导致风荷载的特性与高雷诺数情况下不符，利用相似准则换算后的风压时程仍然保留了该问题。

试验中利用测压实验升力系数时程频谱计算得到斯托拉哈数为0.14；根据某电厂冷却塔(166 m)130 m高处脉动风分离点压力系数谱识别特征频率，以此计算得到斯托拉哈数为0.23。以此值为模拟目标，对风速时程的转换中采用的时间比进行修正。

冷却塔结构的风振模拟无需考虑 F_r 数的影响，一般以量纲为一的准则直接进行两组数据的转换，几何缩尺比固定为 λ_L，根据风洞与实际情况中对应高度的风速确定风速比 λ_V，利用公式(1)可得到时间比。为了对不足的斯托拉哈数进行补偿，将公式(1)修改为公式(2)。

$$\lambda_t = \frac{\lambda_L}{\lambda_V} \tag{1}$$

$$\lambda_t = \frac{\lambda_L}{\lambda_V} \times \frac{S_{t,\ \text{prototype}}}{S_{t,\ \text{model}}} \tag{2}$$

3 冷却塔刚性测压实验及有限元计算

本文的风压信号来自刚性测压试验，在同济大学TJ-3风洞完成。测试对象塔为钢结构冷却塔，外包钢制蒙皮，塔高216.3 m，模型缩尺比为1∶200。本次分析针对单塔结果，B类流场，外侧测压点沿冷却塔高度方向布置12层，内侧布置4层，沿环向每隔10°均匀布置。

经计算发现，风振主导的振型为前六阶。其中结构前两阶频率为1.289 Hz，振型特征为两个环向谐波、两个竖向谐波；第三、四阶频率为1.373 Hz，振型特征为侧倾；第五、六阶频率为1.614 Hz，振型特征为两个环向谐波，三个竖向谐波。对于钢结构塔，设定阻尼比为0.5%。风速比为1∶5，按量纲为一的准则换算时间比为1∶40.0，修正 *St* 数后时间比降为1∶24.3，补充对照工况时间比1∶65.7。限于篇幅，只列出

* 基金项目：科技部国家重点基础研究计划(973计划，编号2013CB036300)，国家自然科学基金项目(91215302，51178353，51222809)，新世纪优秀人才支持计划联合资助

核心结果。

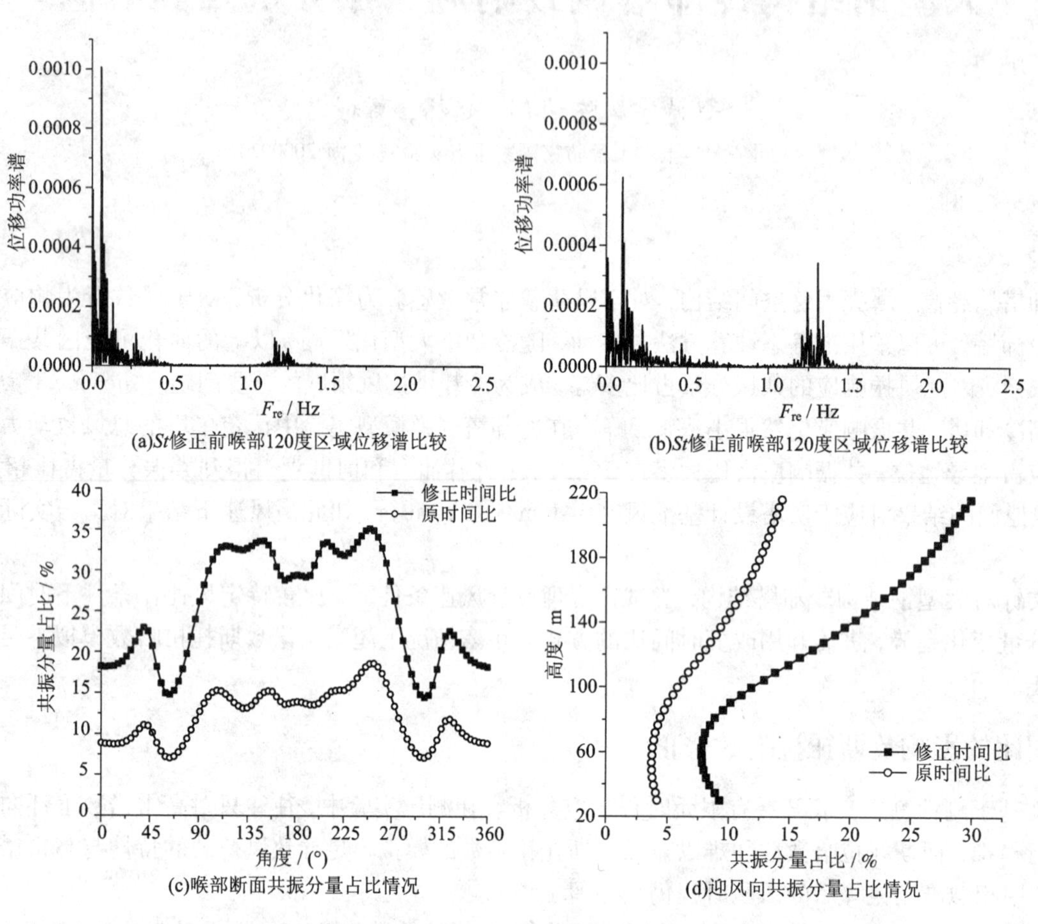

图1 不同时间比下典型测点位移谱及共振分量占比

4 结论

在风洞中无法实现对高雷诺数下冷却塔结构风致振动的完全模拟，更多地强调平均风压效应的模拟，忽略了脉动风压的分布，更是完全忽视了脉动荷载潜在引起共振激励的斯托拉哈数的准确模拟。根据分析，得到以下结论：低雷诺数试验模型条件模拟高雷诺数效应，应对高、低雷诺下的气动特性如斯托拉哈数等进行评估，并对试验结果或转换时间比等参数进行修正；对试验模拟不足的斯托拉哈数修正后，结构风振的位移均值和背景响应标准差均保持不变，只有共振分量增大，各关键点处的共振分量占比均提高一倍及以上，风振系数最多提高6.88%。综上，在风洞试验中模拟超高雷诺数下的冷却塔风振响应过程，除了关注平均风压分布等特征，还应重视对 *St* 的补偿，否则将低估共振分量，为工程设计带来隐患！

参考文献

[1] H J Niemann. Wind Effects on Cooling Tower Shells[J]. Journal of the Structural Division, 1980, 106(3): 643 - 661.
[2] 邹云峰. 巨型冷却塔的风效应及其风洞试验方法研究[D]. 长沙：湖南大学，2013.
[3] 许林汕，赵林，葛耀君. 超大型冷却塔随机风振响应分析[J]. 振动与冲击，2009，28(4)：180 - 184，193.
[4] 柯世堂，赵林，葛耀君，等. 大型双曲冷却塔气弹模型风洞试验和响应特性[J]. 建筑结构学报，2010，31(2)：61 - 68.

多目标等效的高层建筑等效静力风荷载

庄佳坤，张建国
（厦门大学建筑与土木工程学院 福建 厦门 361005）

1 前言

Davenport[1]提出的阵风荷载因子（GLF）法将等效静力风荷载表示为平均荷载与阵风荷载因子的乘积，张相庭[2]用平均风荷载与一阶模态惯性力（IWL）的和来表示等效静力风荷载，Zhou 和 Gu[3-4]将等效静力风荷载与风致响应对应起来，将其分成平均、背景和共振三个分量并进行组合表达。

本文避开三分量和模态分解的思路，提出了直接采用弹性恢复力的概念来确定等效静力风荷载的思路。该方法首先根据已知的结构风致动态位移响应矩阵求得结构的动态恢复力矩阵，然后分别给出了三种高层建筑等效静力风荷载的表述方法。理论推导和算例结果证明，三种表述方法概念清楚，计算简单，可得到精确率高或者偏于安全的响应结果。

2 原理与公式

设高层建筑风致振动位移响应功率谱密度函数矩阵为$[S_Y(\omega)]_{N\times N}$，结构的整体刚度矩阵为$[K]_{N\times N}$，则式（1）成立：

$$[S_S(\omega)]_{N\times N}=[K]^{\mathrm{T}}_{N\times N}[S_Y(\omega)]_{N\times N}[K]_{N\times N} \tag{1}$$

可据此得到三种对应于动态响应的等效静力风荷载的表述方法，如式（2）～（5）所示：

$$F_k = g\sqrt{\int_0^\infty s_{\mathrm{skk}}(\omega)\mathrm{d}\omega} \quad （方法1） \tag{2}$$

$$F_k = g\frac{\sum_{m=1}^{N}\int_0^\infty s_{\mathrm{skm}}(\omega)\mathrm{d}\omega\times h_m}{\sigma_{\mathrm{M}}\sqrt{\int_0^\infty s_{\mathrm{skk}}(\omega)\mathrm{d}\omega}}\times\sqrt{\int_0^\infty s_{\mathrm{skk}}(\omega)\mathrm{d}\omega} \quad （方法2） \tag{3}$$

$$[S_{\mathrm{A}}(\omega)]_{2N\times 2N}=[R]_{2N\times N}[S_{\mathrm{s}}(\omega)]_{N\times N}[R]^{\mathrm{T}}_{N\times 2N} \tag{4}$$

$$g[\sigma_{\mathrm{A}}]_{2N\times 1}=[R]_{2N\times N}[\tilde{F}]_{N\times 1} \quad （方法3） \tag{5}$$

其中，$[S_S(\omega)]_{N\times N}$为结构顺风向的动态弹性恢复力功率谱密度函数矩阵，其中对角线元素$s_{\mathrm{skk}}(\omega)$为第k层脉动恢复力的自功率谱，非对角线元素$s_{\mathrm{skm}}(\omega)$为第k，m两层脉动恢复力的互功率谱。定义向量$A=\{Q;M\}$，其中Q为层动态剪力向量，M为层动态弯矩向量，$[A(\omega)]_{2N\times 2N}$为高层建筑顺风向各层剪力和弯矩动态响应的功率谱密度函数矩阵，$[R]_{2N\times N}$为影响系数矩阵。可由矩阵$[A(\omega)]_{2N\times 2N}$的对角线元素求得各层动态剪力和弯矩的根方差值，但它们并非全相关的。其中，g为峰值因子，可取为2.5，$[\sigma_{\mathrm{A}}]_{2N\times 1}$为各层动态剪力和弯矩的根方差，可由$[A(\omega)]_{2N\times 2N}$求积分得到，$[\tilde{F}]_{N\times 1}$为对应于动态响应的等效静力风荷载。

式（2）为弹性恢复力全相关假设得到的等效静力风荷载表述，式（3）为对应于基底弯矩单目标的等效静力风荷载，式（5）为超定方程，可求得$[\tilde{F}]_{N\times 1}$最小二乘法意义下的最优解，为对应于各层剪力和弯矩多目标的等效静力风荷载。

3 算例

如本文第2节所述，某实际高层建筑的等效静力风荷载其如图1所示。

根据图2所示各种等效静力风荷载的分布规律，本文进一步求得结构顺风向和横风向上各层剪力和弯矩的设计标准值，求得的层剪力和层弯矩在各高度处与风洞试验结果相吻合或偏于安全。

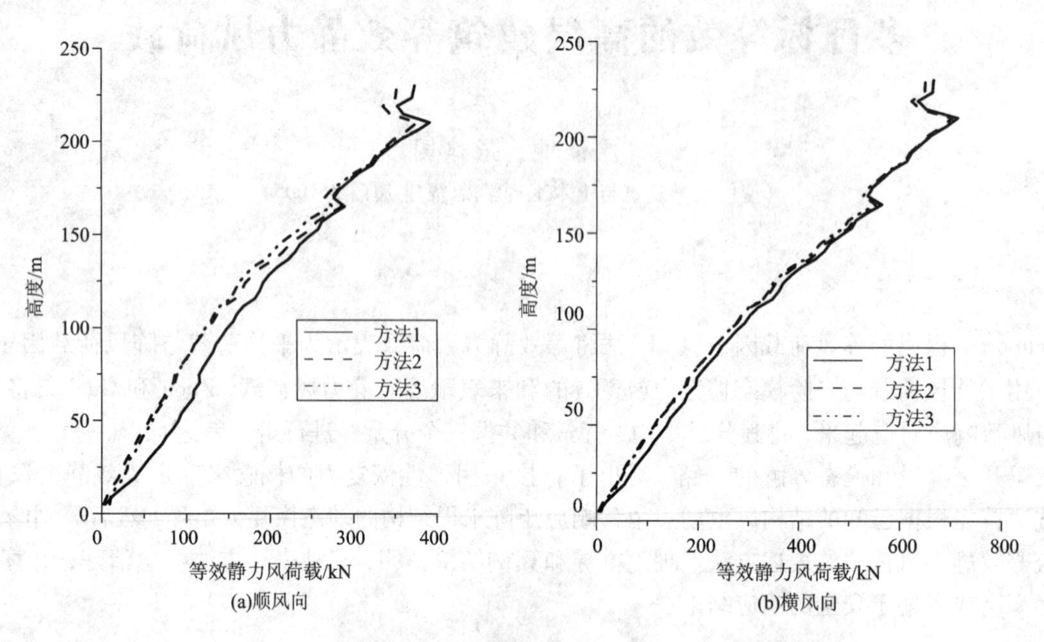

图1　高层建筑等效静力风荷载沿高度的分布规律

参考文献

[1] G Davenport. Gust Loading Factors [J]. Journal of Structural Division, 1967, 93(3): 11 - 34.

[2] 张相庭. 工程结构风荷载理论和抗风计算手册[M]. 上海：同济大学出版社，1990.

[3] Zhou Y, Gu M, Xiang H F. Alongwind Static Equivalent Wind Loads and Responses of Tall Buildings. Part Ⅰ: Unfavorable Distributions of Static Equivalent Wind Loads[J]. Journal of Wind Engineering and Industrial Aerodynamics, 1999, 79(s1 - 2): 135 - 150.

[4] Zhou Y, Gu M, Xiang H F. Alongwind Static Equivalent Wind Loads and Responses of Tall Buildings. Part Ⅱ: Effects of Mode Shapes[J]. Journal of Wind Engineering and Industrial Aerodynamics, 1999, 79(s1 - 2): 151 - 158.

四、大跨空间结构抗风

长春东收费站膜结构屋盖风致积雪分布研究*

何日劲[1]，孙晓颖[1,2]，武岳[1,2]
(1. 哈尔滨工业大学土木工程学院 黑龙江 哈尔滨 150090；
2. 哈尔滨工业大学结构工程灾变与控制教育部重点实验室 黑龙江 哈尔滨 150090)

1 引言

近年来雪灾事故频发，导致的结构倒塌事故屡见不鲜。调查研究表明，整体雪压过大以及积雪的局部不均匀分布是事故的主要原因[1]。大跨空间结构尤其是膜结构对雪荷载比较敏感，屋盖上的积雪在风力作用下发生复杂的风雪漂移运动，从而造成大跨度屋盖表面积雪的不均匀分布，正确选取雪荷载对大跨空间结构设计至关重要[2]。本文基于商业计算流体力学软件 FLUENT 建立了风雪两相流的数值模型，对长春东收费站膜结构罩棚积雪分布进行了模拟，并分析了其在不均匀雪荷载下的受力性能。该膜结构跨度 188 m，顶部高度 18 m，建筑外形呈对称的双曲抛物面。结构形式为桅杆支撑式张拉索膜结构，十分轻柔，雪荷载是其结构设计的控制荷载之一。

2 风致雪漂移数值模拟方法

基于两相流理论中的欧拉－欧拉方法，采用 FLUENT 中的 Mixture 多相流模型分别建立风雪混合相的 N－S 方程以及单独雪相的连续性方程求解风雪流。由于风致雪漂移的瞬态 CFD 模拟十分耗时，且实际中这一过程常常持续数小时甚至数天，因此本文和之前的大多数研究者[4]一样采用稳态模拟。结合 Naaim (1998)[4]提出的积雪的沉积与侵蚀模型可计算积雪的沉积侵蚀量 q_s，假设积雪初始深度为 h_0，风作用在积雪上的时间为 Δt，那么经过时间后积雪厚度变为 h：

$$h = h_0 + \frac{q_s}{\rho_s}\Delta t \tag{1}$$

利用前面建立的数值模拟方法，对四种风向角下膜结构罩棚上的积雪分布形式进行了模拟，假定初始时刻积雪均匀分布厚度为 0.3 m(对应于荷载规范中规定的长春市参考雪压 0.45 kN/m^2)，风作用在积雪上的时间为 12 h，获得了不同风向角下的积雪分布(图 1)，结果显示积雪在风里作用下呈现明显的不均匀分布形式。

3 不均匀雪荷载对结构受力影响

将数值模拟得到的不均匀雪荷载加在膜结构罩棚上，对其在风致不均匀雪荷载下的静力响应进行了有限元分析，同时考虑了均匀分布雪荷载(0.45 kN/m^2)和半跨雪荷载的工况作为对比。基于 ANSYS 平台，拉索采用只拉 LINK10 单元模拟，膜采用 SHELL41 单元模拟，经过找形、荷载分析，不同工况下的膜面位移如图 2 所示，结果表明不均匀雪荷载会对结构受力产生不利影响，设计中必须考虑。

4 结论

通过对膜结构罩棚积雪分布的数值模拟，表明风向角对积雪分布规律影响很大，0°、30°、60°三种风向角下膜面积雪全部发生侵蚀，而 90°风向角下，膜面积雪主要发生沉积，最大积雪分布系数达 1.25。对于本工程而言，不均匀雪荷载对结构静力性能的影响更为不利，在设计中必须予以考虑。

---

* 基金项目：国家自然科学基金面上项目(51678192)

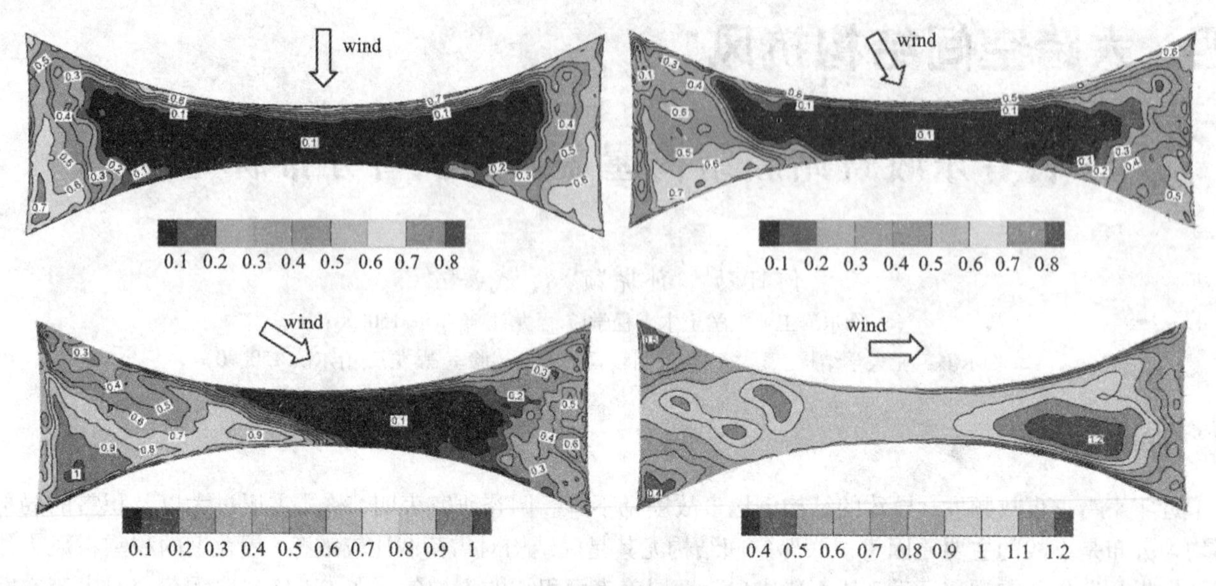

图1 四种风向角下的积雪分布系数

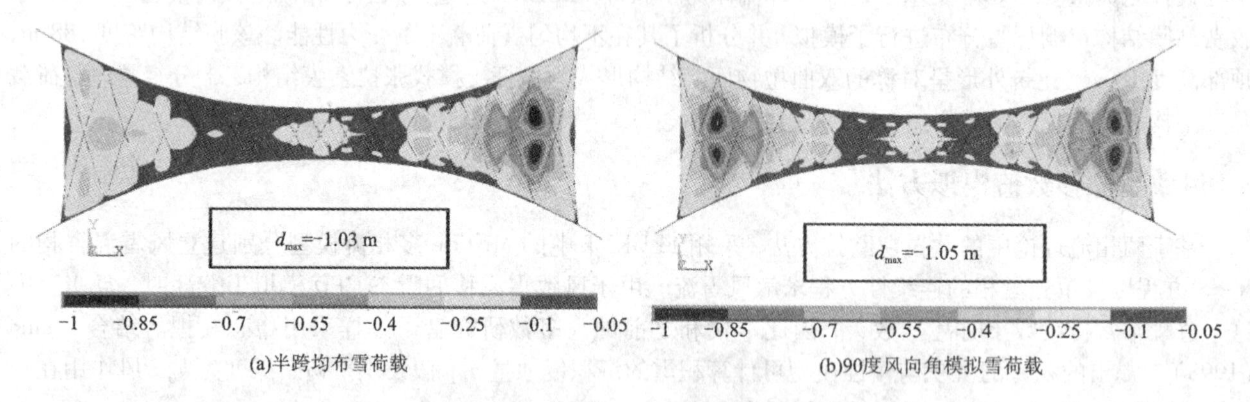

(a)半跨均布雪荷载 (b)90度风向角模拟雪荷载

图2 不同工况下的膜面位移对比

参考文献

[1] 王元清, 胡宗文, 石永久, 等. 门式刚架轻型房屋钢结构雪灾事故分析与反思[J]. 土木工程学报, 2009(03): 65－70.

[2] 孙晓颖, 洪财滨, 武岳, 等. 建筑物周边风致雪漂移的数值模拟研究[J]. 工程力学, 2014(04): 141－146.

[3] Tominaga Y, Okaze T, Mochida A. CFD modeling of snowdrift around a building: An overview of models and evaluation of a new approach [J]. Building and Environment, 2011, 46(4): 899－910.

[4] Naaim M, Naaim－Bouvet F, Hugo M. Numerical simulation of drifting snow: erosion and deposition models [J]. Annuals of Glaciology, 1998, 26: 191－196.

不同估算方法对大跨度屋盖极值负压估算结果的比较*

黄浩昌，谢壮宁
（华南理工大学亚热带建筑科学国家重点实验室 广东 广州 510641）

1 引言

超高层建筑和大跨度空间结构的蓬勃发展，使风荷载引起了结构设计人员的高度关注。据了解，按目前规范设计的建筑结构主体结构在风荷载下具有足够的可靠度。然而围护结构在风作用下的破坏现象很常见，此类问题显示出现行规范在围护结构设计方面的不完善。由于风的作用是随机过程，难以准确算出脉动风的具体大小，给结构抗风研究带来了一定的不确定性。为达经济、安全的目的，建筑结构在风荷载的作用下，极值风压的估算尤其重要。极值风压估算方法有多种，如阵风系数法、峰值分段平均法、Cook&Mayne 方法、峰值因子法、改进的峰值因子法、Sadek - Simiu 方法等[1]。本文采用前三种方法对各典型大跨度工程项目风洞试验数据加以处理，并对不同极值风压估算方法的结果进行了对比分析。

2 方法介绍

（1）阵风系数法为我国规范[2]采用的方法，用平均风压乘以阵风系数的方法来考虑脉动风的影响。

（2）峰值分段平均法是将长度为 T_1 的风压数据分成若干段时间长度为 T_2 的子段，统计各个子段的最值，再对得到的各个子段风压最值作算术平均就可以得到极值风压。当子段数足够多的时候，峰值分段平均法是一种较理想的估算极值风压的方法。公式如下，其中 $\widehat{C}_p$ 为全段风压数据的极值风压系数，$\widehat{C}_{p,i}$ 为各子段的风压系数最值。

$$\widehat{C}_p = \frac{1}{n}\sum_{i=1}^{n}\widehat{C}_{p,i} \tag{1}$$

（3）Cook&Mayne 方法[3, 4]假定极值风压系数的极值分布符合极值Ⅰ型分布，公式如下：

$$\widehat{C}_{p,\max}（或\ \widehat{C}_{p,\min}）= U_{C_p} + 1.4/a_{C_p} \tag{2}$$

式中，U_{C_p} 和 a_{C_p} 分别为风压系数极值分布的位置参数和尺度参数。

3 结果比对

表 1 中列出了其中 4 个大跨度屋盖项目的计算数据。每个项目各选取了 1 个某风向角下极值负压较大的测点（位置见论文全文），阵风系数由地貌和测点高度查《建筑结构荷载规范》所得。

由上表可知，现行规范中阵风系数法（峰值因子 $g=2.5$）算得极值负压绝对值相比其他方法明显偏小，如喀什体育中心用 Cook&Mayne 方法算得结果比阵风系数法（$g=2.5$）大了 55.76%。在这些负压比较高的测点，即使提高峰值因子到 3.5，阵风系数法所得极值负压绝对值依然普遍不及峰值分段平均法和 Cook&Mayne 方法，其中通常以 Cook&Mayne 方法结果为最高值。在大量数据结果对比过程中也容易发现，高度相同，平均风压大的测点，极值风压却不一定大，显示出阵风系数法的不足。

* 基金项目：国家自然科学基金（51408227）

表1 不同极值风压估算方法的结果比较

项目及地貌	计算方法	对应测点	平均风压/kPa	阵风系数 β_{gz}	极值负压/kPa	与阵风系数法($g=2.5$)比
澳门北安码头(A类)	阵风系数法($g=2.5$)	C178	-5.20	1.54	-8.01	+0.00%
	阵风系数法($g=3.5$)			1.76	-9.13	+14.03%
	峰值分段平均				-9.82	+22.63%
	Cook&Mayne				-10.86	+35.61%
增城大剧院(B类)	阵风系数法($g=2.5$)	R16	-1.96	1.63	-3.19	+0.00%
	阵风系数法($g=3.5$)			1.88	-3.69	+15.46%
	峰值分段平均				-4.15	+29.90%
	Cook&Mayne				-4.46	+39.60%
南海博物馆(A类)	阵风系数法($g=2.5$)	S228	-6.82	1.51	-10.30	+0.00%
	阵风系数法($g=3.5$)			1.71	-11.69	+13.51%
	峰值分段平均				-11.56	+12.25%
	Cook&Mayne				-11.91	+15.65%
喀什体育中心(B类)	阵风系数法($g=2.5$)	A8	-2.56	1.62	-4.12	+0.00%
	阵风系数法($g=3.5$)			1.85	-4.75	+15.16%
	峰值分段平均				-5.77	+39.99%
	Cook&Mayne				-6.42	+55.76%

4 结论

(1)按现行荷载规范的方法，峰值因子取为2.5，可能会得到偏于不安全的结果；

(2)当峰值因子 g 取3.5时，阵风系数法计算结果一般比规范方法($g=2.5$)高13.5%左右。相比于其他两种方法的结果，此方法结果有大有小，并不能形成较好的包络；

(3)一般极值负压绝对值对比：Cook&Mayne方法 > 峰值分段平均法 > 阵风系数法($g=2.5$)。

参考文献

[1] 石碧青，谢壮宁，倪振华. 围护结构峰值风压估计方法研究[C]//中国土木工程学会桥梁与结构工程分会风工程委员会，第十三届全国结构风工程学术会议，大连，2007：7.

[2] GB 50009—2012，建筑结构荷载规范[S]. 北京：中国建筑工业出版社，2012.

[3] N J Cook, J R Mayne. A novel working approach to the assessment of wind loads for equivalent static design[J]. J. lnd . Aerodyn, 1979(4)：149 - 164.

[4] N J Cook, J R Mayne. A refined working approach to the assessment of wind loads for equivalent static design[J]. J. Wind Eng. lnd. Aerodyn, 1980(6)：125 - 137.

“窄管效应”对大跨度屋面风荷载的影响*

鲁鹏，周晅毅，顾明
（同济大学土木工程防灾国家重点实验室 上海 200092）

1　引言

随着经济的发展、科技的进步，大跨建筑外形日益多样化，各种形状特殊、结构新颖的大跨屋面结构不断涌现。由于大跨屋面结构具有质量小、柔性大、阻尼小等特性，风荷载是其结构设计的主要控制荷载之一。尤其是带有悬挑端的结构，其悬挑端的表面风压受周边建筑的影响较大。本文以某大跨屋面建筑为背景，对该建筑的“窄管效应”进行了风洞刚性模型测压实验，并用数值模拟的方法分析了主体大跨结构在有无周边建筑的情况下的表面压力分布。

2　刚性模型测压实验

某建筑的大跨屋面东西方向长约 180 m，南北方向长约 160 m，屋盖上表面高度为 40 m，屋盖四周伸出约 26 m 的悬挑端。工程所处地区为 A 类地面粗糙度。实验模型比例尺确定为 1/250，共布置 400 多个测点。主要周边建筑为大跨屋面结构东西方向两侧南北方向长 400 m，东西方向长 160 m，高为 25 m 的大跨平屋盖建筑（如图 1）。“窄管效应”指建筑在面对两栋大型建筑之间的狭窄空隙时，空隙之间的风会因为汇聚效应而增大，导致建筑所受的风荷载增大。本文中的大跨屋面处于两侧的大跨平屋盖建筑的空隙之间，会受到“窄管效应”的影响。

当风向正对大跨屋面时，大跨屋面正前方无干扰建筑，造成“窄管效应”的干扰建筑在大跨屋面横风向两侧。由图 2 可知，此时屋盖上悬挑端迎风侧（中间区域）的体型系数为 -1.87（上下表面合力）。

图 1　大跨屋面及周边建筑

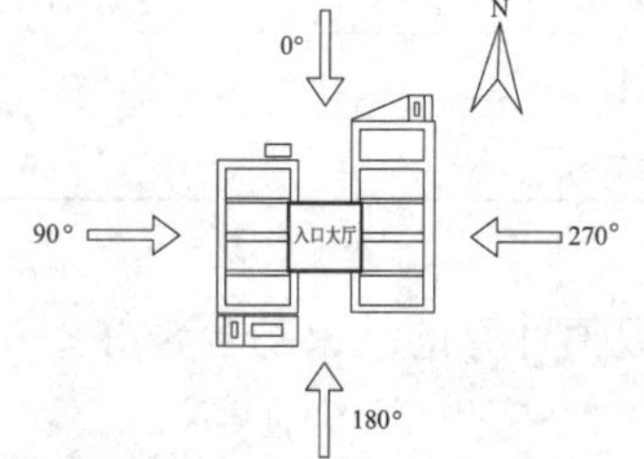

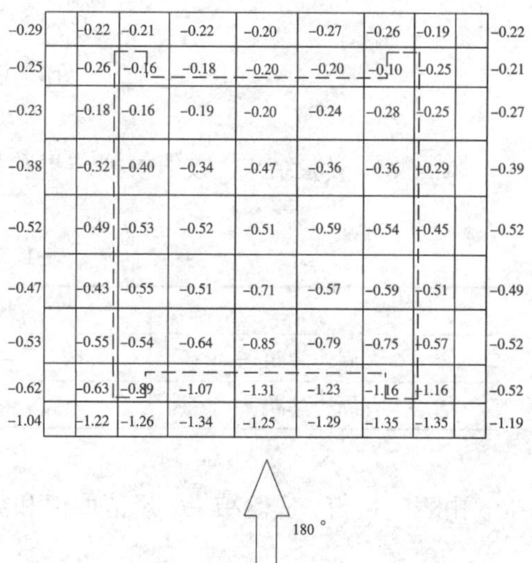

图 2　180°风向角下屋盖上表面分块体型系数

将实验结果与中国规范《建筑结构荷载规范》（GB 50009—2012）中得到的体型系数相比较，规范中在没有周边建筑影响的情况下此类建筑屋盖悬挑端迎风侧的体型系数为 -1.4。由于存在两侧干扰建筑的“窄管效应”，大跨屋面悬挑端迎风侧的体型系数增大明显。

* 基金项目：国家自然科学基金面上项目（51478359）

3 数值模拟分析

为了对大跨屋面结构在“窄管效应”有无周边建筑的情况下表面风压分布进行对比分析，本文进行了两次数值建模，一次为单独的带有悬挑端的大跨屋面，一次为添加了两侧周边建筑的带有悬挑端的大跨屋面，两次数值模拟的流域及流场不变。

有周边建筑构成“窄管效应”时，模型尺寸为 $L \times B \times H = 360\ \text{m} \times 540\ \text{m} \times 40\ \text{m}$，模型上游来流区域为5L，下游尾流区为$10L$，计算域高度为$10H$，计算域宽度为$9B$，模型如图3(b)所示。单独的带有悬挑端的大跨屋面尺寸为 $L \times B \times H = 180\ \text{m} \times 180\ \text{m} \times 40\ \text{m}$，其中迎风面的悬挑端长20 m，如图3(a)所示。为了便于计算，对建筑模型进行了一定的简化。计算域采用非均匀结构化网格划分方法，在大跨屋面模型附近，采用较密网格布置，在远离模型的位置采用较为稀疏的网格布置，网格伸展率不超过1.1。

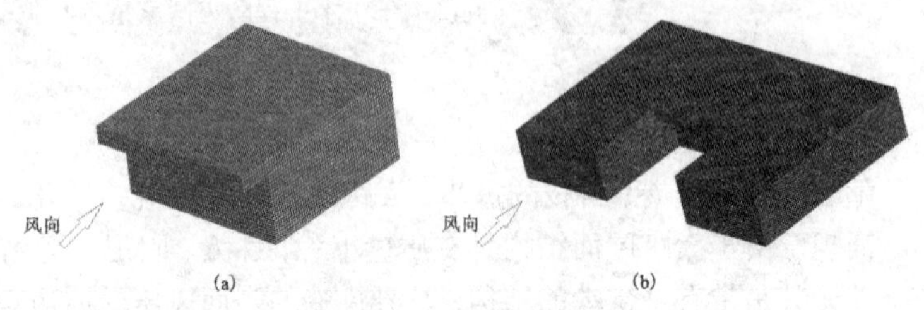

图3 网格划分示意图

由计算结果可知，当无周边建筑时，大跨结构迎风面的悬挑端的风压系数为 -1.46，如图4(b)所示。有周边建筑(“窄管效应”)时，大跨结构迎风面的悬挑端的风压系数为 -1.93，如图4(d)所示。

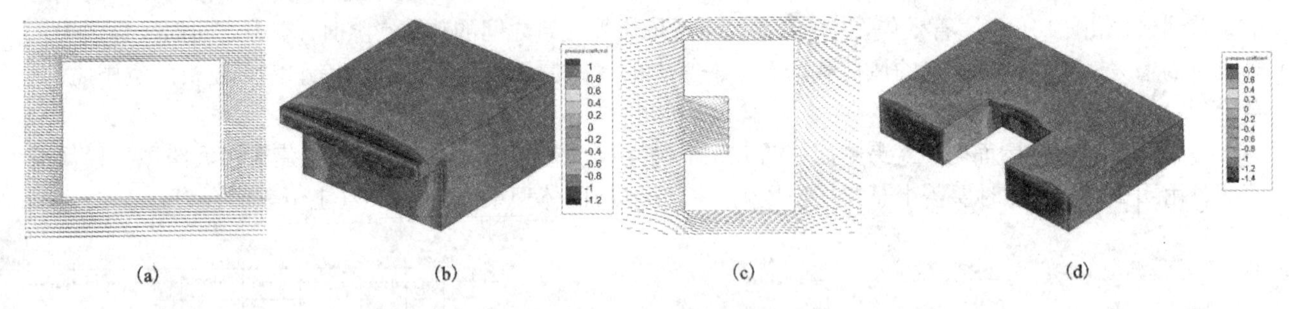

图4 模型表面风速矢量图和风压系数图

风洞测压实验结果、数值模拟结果和规范中所给参考值比较如表1所示。

表1 结构表面迎风侧悬挑端风压系数

	规范	风洞试验	数值模拟
无周边建筑	-1.4		-1.46
有周边建筑		-1.87	-1.93

由表1可得，实验结果、规范取值和数值计算的结果吻合较好。

4 结论

对于大跨屋面结构，周边建筑的“窄管效应”会增大迎风面悬挑端的风荷载，“窄管效应”会使气流在周边干扰建筑之间的空隙汇聚，导致风荷载的增大。风洞测压实验的结果与规范和数值模拟的数据相对比，验证了结果有效性。

参考文献

[1] 周晅毅. 大跨度屋盖结构风荷载及风致响应研究[D]. 上海：同济大学，2004.
[2] 顾明，杨伟，黄鹏，罗攀. TTU标准风压数值模拟及试验对比[J]. 同济大学学报(自然科学版)，2006 (34)：1563-1567.
[3] GB 50009—2012，建筑结构荷载规范[S].

基于POD的大跨干煤棚非高斯风压场高效模拟*

孙轩涛，黄铭枫，冯鹤
（浙江大学结构工程研究所 浙江 杭州 310058）

1 引言

与高斯过程相比，非高斯随机过程的峰值速度更大，从而对结构产生更不利的效应，因此对非高斯风荷载的研究具有重大的现实意义。静态转换法（Static Transformation Methods）是非高斯风压模拟最常用的方法，许多学者选用了多种变种函数用于非高斯风压时程的模拟。Masters[1]等改进了Hermit多项式变换函数，并用以模拟非高斯风压时程。此方法较为简单，且具有较高的精度。Huang[2]等根据Masters的理论，基于Hermit多项式变换和Deodatis的谱修正方法[3]进行了非高斯风压时程的模拟。本文对Huang等人提出的单点非高斯风压模拟方法进行改进，并与本征正交分解法相结合，提出了一种新的非高斯风压场模拟方法。以浙江苍南大跨开敞式干煤棚网架风洞试验为案例，通过分析测点脉动风压的模拟结果，对本文提出的非高斯风压场模拟方法进行了评价。

2 非高斯风压场模拟理论

2.1 Hermite变换关系

由Winterstein[4]提出的基于Hermite矩的变换公式是标准高斯过程与非高斯过程之间的转换关系式。其中Hermite矩正逆变换关系式如下：

$$x=\kappa[u+h_3(u^2-1)+h_4(u^3-3u)];\ \gamma_4>3 \tag{1}$$

$$u=x-h_3(x^2-1)-h_4(x^3-3x);\ \gamma_4<3 \tag{2}$$

式中：$\kappa=(1+2h_3^2+6h_4^2)^{-1/2}\approx 1$，$h_3=\dfrac{\gamma_3}{4+2\sqrt{1+1.5(\gamma_4-3)}}$，$h_4=\dfrac{\sqrt{1+1.5(\gamma_4-3)}-1}{18}$，$x$表示非高斯随机变量，$u$表示高斯随机变量，$\gamma_3$为偏度，$\gamma_4$为峰度。

2.2 谐波叠加法

谐波叠加法（WAWS）是模拟稳态高斯过程的标准算法，具有完善的理论和较高的精度。它是以离散的频谱来逼近目标脉动风速谱的随机过程，通过傅里叶变换，将随机过程分解为一系列不同的幅值和频率的谐波来求解。

2.3 POD基本原理

脉动风压场可以采用本征正交分解法进行分析，该方法将结构表面脉动风压场分解为仅依赖时间的主坐标和仅随空间变化的本征模态的组合。

2.4 非高斯风压场模拟算法

通过风洞测压试验，获取风压场，计算得到目标零均值风压场并进行本征正交分解。根据各阶本征向量本征值大小，选取模拟的前N阶主坐标时程及对应的本征向量。对选取后的前N阶POD主坐标时程通过Hermite矩阵转化为高斯过程进行模拟并修正，最后将模拟得到的主坐标时程与原本征向量组合形成模拟零均值风压场。

3 苍南大跨开敞式干煤棚网架算例分析

3.1 试验布置

试验在浙江大学ZD－1边界层风洞中进行，模拟了A类地貌。干煤棚原型纵向与跨度方向均为112

* 基金项目：国家自然科学基金项目(51578504)

m，总高度43.0 m，模型缩尺比1∶100。风洞试验中脉动风压测量采样频率为625 Hz。

3.2 模拟结果对比

代表性测点D3脉动风压模拟值与目标值的时程和功率谱密度对比见图1，结果较吻合。

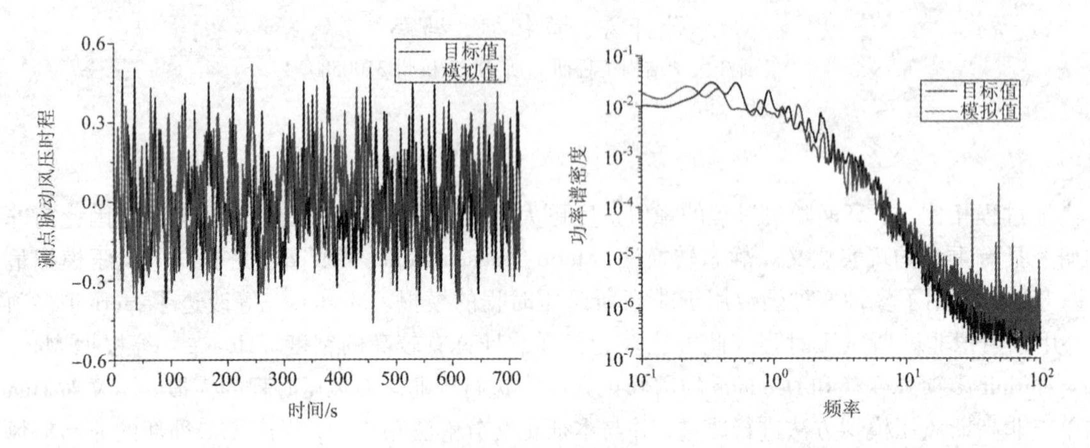

图1 某测点脉动风压模拟值与目标值的时程和功率谱密度对比

4 结论

模拟结果表明，采用本文提出的方法计算所得的各阶主坐标时程模拟值与目标值的功率谱密度比较吻合，时程数据波动也在合理范围内。模拟主坐标时程的高阶统计量与目标值也相差较小，主坐标模拟结果较为理想。测点模拟脉动风压时程在自功率谱密度和与相邻测点的互功率谱密度方面均与目标值差别不大，但在高阶统计量上与目标值吻合程度较低。模拟脉动风压场非高斯特性弱于目标脉动风压场，需进一步研究。

参考文献

[1] Masters F, Gurley K R. Non - Gaussian Simulation: Cumulative Distribution Function Map - Based Spectral Correction[J]. Journal of Engineering Mechanics - ASCE, 2003, 129(12): 1418 - 1428.

[2] Huang M F, Lou W J, Pan X T, et al. Hermite extreme value estimation of non - Gaussian wind load process on a long - span roof structure[J]. J. Struct. Eng., 2013, 140(9): 04014061.

[3] Deodatis G, Micaletti R C. Simulation of Highly Skewed Non - Gaussian Stochastic Processes[J]. Journal of Engineering Mechanics - ASCE, 2001, 127(12): 1284 - 1295.

[4] Win TErstein S R. Nonlinear vibration models for extremes and fatigue[J]. Journal of Engineering Mechanics, 1988, 114(10): 1772 - 1790.

基于模拟滤波器的大跨屋盖结构风振响应快速算法*

苏宁[1]，孙瑛[1,2]，武岳[1,2]
（1. 哈尔滨工业大学土木工程学院 黑龙江 哈尔滨 150090
2. 哈尔滨工业大学结构工程灾变与控制教育部重点实验室 黑龙江 哈尔滨 150090）

1　引言

风振响应分析是结构抗风设计的重要环节，对于大型复杂结构，采用动力时程分析方法需要消耗大量计算时间和资源。而频域方法对于复杂结构(如大跨度屋盖结构)虽然计算效率较高，但精度较低。荷载谱模型是频域计算的重要参数。在波浪荷载方面，Spanos[1]将JONSWAP波浪谱转化为模拟滤波器的有理式形式用于单自由度结构的响应分析，还给出了在该形式的金井清(Kanai－Tajimi)地震动谱下的双自由度结构响应解析解[2]。可见，若将风荷载谱进行合理近似，得到复杂结构的风振响应解析解是可能的，将极大地提高计算效率。

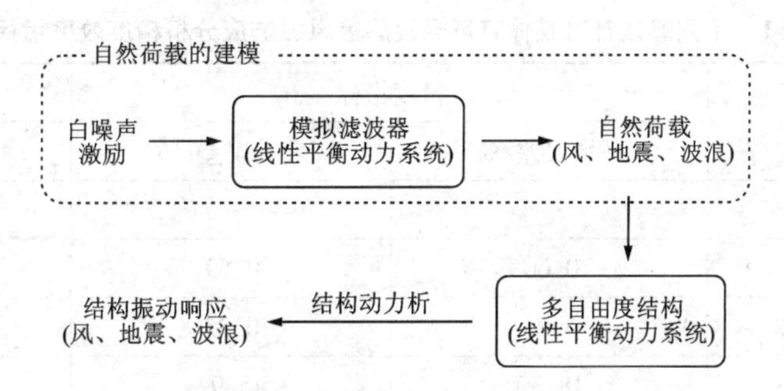

图1　本文采用的自然荷载(风荷载)建模的基本思想

基于上述思想，如图1所示，本文首先将风荷载谱进行模拟滤波器建模，结合随机振动分析，得到该频域积分的解析解，进而得到风振响应的快速算法；最后，通过某体育场悬挑屋盖结构的风振响应分析，将本文方法与传统的时域及频域计算结果对比，发现该方法的效率较时域方法大为提高，且能考虑高阶振型和振型耦合效应，精度能够满足工程设计要求。

2　风荷载谱的模拟滤波器模型

通过文献[3]对大跨屋盖表面风压的自功率谱函数的统计，将屋盖上节点 a 风压自功率谱函数 $S_{p_{aa}}(\omega)$ 简化表示为：

$$S_{p_{aa}}(\omega)=\sigma_{p_a}^2\cdot\frac{2}{\pi}\cdot\frac{\omega_{ma}}{\omega^2+\omega_{ma}^2} \tag{1}$$

式中，σ_{p_a} 为节点 a 脉动风压均方根，ω_{ma} 节点 a 脉动风压的峰值圆频率。

针对节点 a、b 风压力互功率谱，一般采用相干函数 $\mathrm{Coh}_{ab}(\omega)$ 进行描述，如式(2)所示：

$$\mathrm{Coh}_{ab}(\omega)\triangleq\frac{S_{p_{ab}}(\omega)}{\sqrt{S_{p_{aa}}(\omega)S_{p_{bb}}(\omega)}}=\exp\left(-k_c\frac{\omega D_{ab}}{2\pi U}\right)\approx\left[1+\left(k_c\cdot\frac{\omega D_{ab}}{4U}\right)^2\right]^{-1} \tag{2}$$

式中，k_c 为相干指数，D_{ab} 为量节点的距离，U 为来流参考风速。

* 基金项目：国家自然科学基金面上项目(51478155，51378147)

3　风振响应分析算法及其验证

根据随机振动理论及振型分解法，第 i、j 自由度的风振位移响应协方差 $\sigma_{x_ix_j}$ 为

$$\sigma_{x_ix_j} = \sum_{l=1}^{N}\sum_{k=1}^{N}\sum_{r=1}^{N}\sum_{q=1}^{N}\sum_{b=1}^{M}\sum_{a=1}^{M}\varphi_{ik}\varphi_{kq}R_{qa}\sigma_{abkl}R_{br}\varphi_{rl}\varphi_{lj} \tag{3}$$

$$\begin{aligned}\sigma_{abkl} &= \mathrm{Re}\left[\int_0^{\infty}\frac{S_{p_a}(\omega)\cdot S_{p_a}(\omega)\cdot \mathrm{Coh}_{ab}(\omega)}{(-\omega^2+2i\xi_{nk}\omega_{nk}\omega+\omega_{nk}^2)(-\omega^2+2i\xi_{nl}\omega_{nl}\omega+\omega_{nl}^2)}\mathrm{d}\omega\right]\\ &= \frac{2}{\pi}\sigma_{p_a}\sigma_{p_b}\sqrt{\omega_{ma}\omega_{mb}}\cdot\\ &\int_0^{\infty}\frac{[(\omega^2-\omega_{nk}^2)(\omega^2-\omega_{nl}^2)+4\xi_{nk}\xi_{nl}\omega_{nk}\omega_{nl}\omega^2]\cdot(\omega^2+\omega_{ma}\omega_{mb})}{[(\omega^2-\omega_{nk}^2)^2+4\xi_{nk}^2\omega_{nk}^2\omega^2]\cdot[(\omega^2-\omega_{nl}^2)^2+4\xi_{nl}^2\omega_{nl}^2\omega^2]\cdot(\omega_{ma}^2+\omega^2)\cdot(\omega_{mb}^2+\omega^2)\cdot\left[1+\left(\frac{k_cD_{ab}}{4U}\omega\right)^2\right]}\mathrm{d}\omega\end{aligned} \tag{4}$$

式中，N 为自由度数，M 为加载点数，φ_{ij} 为第 i 振型在第 j 自由度的分量，R_{ab} 为自由度 a 在加载点 b 上的法向分量。该积分可采用闭路积分原理进行解析计算。

将上述方法应用于某体育场悬挑屋盖的计算，计算效率精度结果如表 1 所示。

表 1　不同算法针对某体育场悬挑屋盖风振响应分析精度效率指标

计算方法	精度指标		效率指标
	平均误差/%	最大误差/%	计算耗时/s
传统时域	—	—	6860
传统频域	0.60	0.69	5730
本文 20 - mode - CQC	0.93	0.95	62.7
本文 20 - mode - SSRS	18.30	45.97	15.3
本文 3 - mode - CQC	1.64	2.35	16.2

由表可知，在选取相同数量的模态时，CQC 组合较 SRSS 组合精度大为提升，但计算效率随模态数量呈平方比例增加。合理选取并考虑少量耦合模态的情况下能够在工程计算精度要求保证下，使得计算效率大为提升。

参考文献

[1] Spanos P D. Filter Approaches to Wave Kinematics approximation [J]. Applied Ocean Research, 1986, 8(1): 2 -7.

[2] Roberts J B, Spanos P D. Random Vibration and Statistical Linearization [M]. New York: Dover Publications, INC, 2003: 108 -111.

[3] Su N, Sun Y, Wu Y, Shen S. Three - parameter auto - spectral model of wind pressure for wind - induced response analysis on large - span roofs [J]. Journal of Wind Engineering and Industrial Aerodynamics, 2016, 158: 139 - 153.

拱形屋盖结构风致雪漂移的模拟研究

肖艳，杨易，谢壮宁
（华南理工大学亚热带建筑科学国家重点实验室 广东 广州 510641）

1 引言

大跨轻钢屋盖结构具有质量轻、阻尼小、刚度较柔等特点，属于风、雪荷载敏感结构。本文首先设计制作了一拱形屋盖风洞试验模型，通过风洞实验并结合 CFD 数值模拟分别确定风速大小和风速方向；再基于 FAE 方法利用风速 - 雪通量经验公式计算得到屋面的积雪分布系数。同时，分析风速大小及风向角对积雪分布系数和不平衡雪荷载的影响；总结屋面积雪分布荷载规律，根据分析结果对这类大跨结构的雪荷载设计提出一些建议。

2 风洞试验模拟

用 FAE 方法[1]计算拱形屋面上的积雪漂移率，需要知道屋面 1 m 高度上的速度大小和方向。为获得大跨度屋盖表面风速大小，设计了缩尺比为 1∶100 的拱形网壳模型，在华南理工大学大气边界层风洞实验室进行刚性模型测速风洞试验。风洞试验模型如图 1 所示。屋盖表面布置 81 个改进型 Irwin 风速探头，如图 2 所示。

图 1 拱形屋盖风洞实验

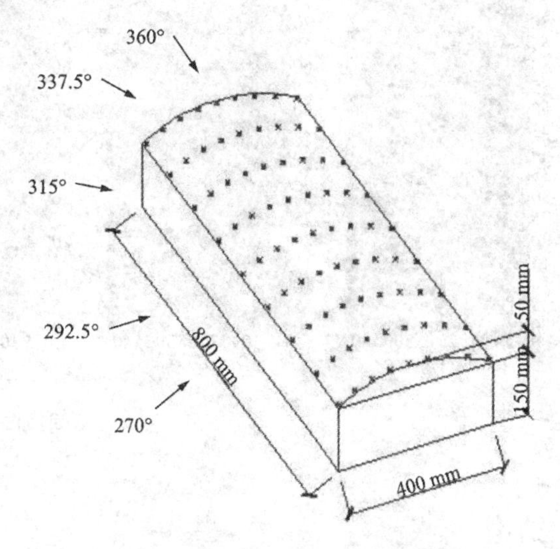

图 2 拱形屋盖试验模型测点布置

3 FAE 计算结果分析

3.1 风速对积雪分布系数的影响

为分析不同风速对积雪分布系数的影响，以 270°风向角为例，分别取 $U_{10}=2$ m/s、3.8 m/s、7 m/s、9.5 m/s、12 m/s。不同风速下的积雪分布系数云图如图 3 所示，图中相同的颜色代表相同的数值。图 3(a)所示为整个屋面不发生侵蚀，参考文献[2]的求得的积雪分布系数云图。从图 3 可以看出积雪分布系数随风速增大而增大。

3.2 风向角对积雪分布系数的影响

来流风的方向是影响积雪分布系数及不平衡荷载的重要因素，为分析来流风的方向对拱形屋盖结构表面积雪分布系数及不平衡雪荷载的影响，现对同一风速、不同风向角下拱形屋盖表面积雪分布系数展开研究，风速取 $U_{10}=11\ \mathrm{m/s}$。

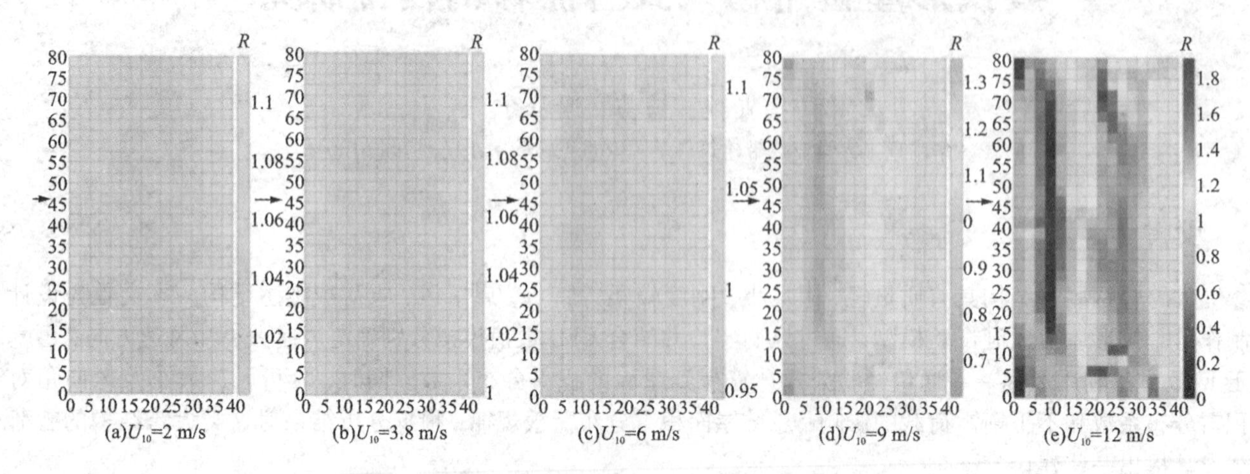

图3　屋面积雪分布系数随风速的变化(270°风向角)

图4为5个风向角下拱形屋面的积雪分布系数云图，图中相同颜色代表相同的数值。从图4可以看出：积雪分布系数整体上从270°到360°随风向角的增大而先增大后逐渐减小，在292.5°～337.5°范围内在屋盖表面右上角区域会出现较大沉积，此处沉积先增大后减小，且都超过规范规定。

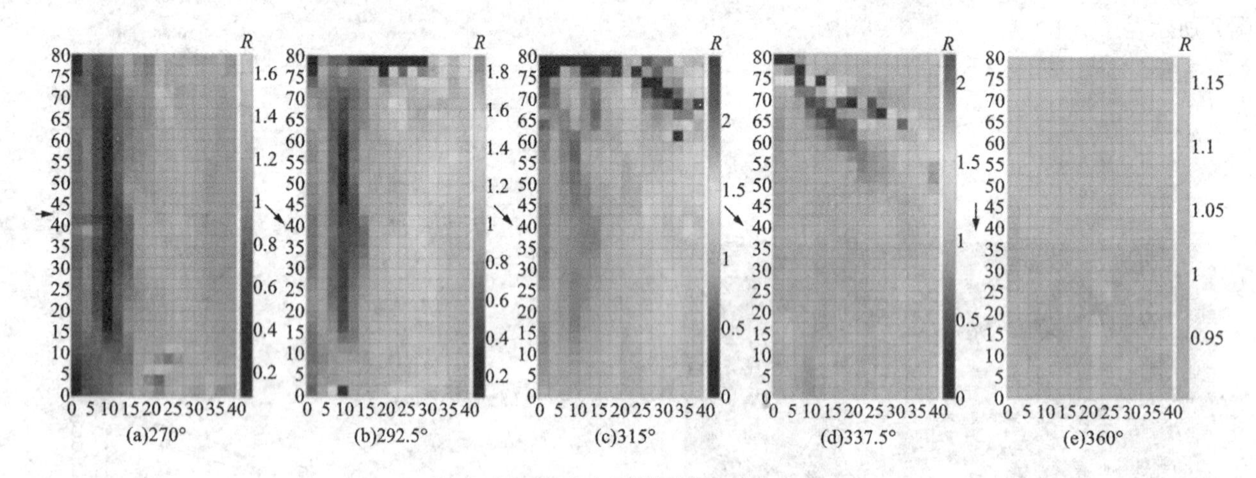

图4　不同风向角下屋面积雪分布系数

4　结论

(1)当风向角一定时，拱形屋面的积雪分布系数及屋面两侧不平衡雪荷载随风速增大而增大。

(2)对于拱形屋盖而言风向角对建筑物表面的积雪分布系数及不平衡雪荷载具有重要影响，总体上来看，积雪分布系数和不平衡雪荷载随风向角的增大(270°～360°)而先增大后减小；风向角在270°～315°范围时，该类屋盖结构易出现不利的雪荷载分布。

参考文献

[1] Irwin P A A G. Prediction of Snow Loading on the Toronto SkyDome[M]. Santa Barbara: publ. by CRREL, Hanover NH, 1988.

[2] 李跃，袁行飞. 大跨度球壳屋盖风致积雪数值模拟及雪荷载不均匀分布系数研究[J]. 建筑结构学报，2014(10)：130－136.

大跨屋盖围护结构风荷载极值的广义极值模型参数优化*

张雪，李寿科，杨进伟
（湖南科技大学土木工程学院 湖南 湘潭 411201）

1 引言

国内外统计资料表明，在所有自然灾害中，风灾造成的损失为各种灾害之首。在风灾中处于大气边界层中剪切风速变化大、湍流度高的近地区域，造成屋盖表面的瞬时风荷载往往过大，这样导致屋盖局部围护结构破坏的事件时有发生，为此研究低矮建筑围护结构的抗风设计具有重要的科学意义。

围护结构设计风荷载取决于结构表面具有一定保证率的极值风荷载。广义极值分布是极值理论中最基本的分布，为一渐近的经典模型。在1979年，英国学者Cook和Mayne[1]采用广义极值分布中的Gumbel分布估计了当地极值风速。Harris[2-3]采用加权最小二乘法估计Gumbel分布的参数，改进了Gumbel分布模型，认为选择极值I型分布可能会导致保守的极值风速结果。Simiu和Heckert[4]则发现R-Weibull分布更适合估计极值来流动压。段忠东等[5-6]对广义极值分布的经典参数估计方法和最优概率模型进行了研究，结果表明不同的参 数估计方法对样本容量有不同的适用性，认为极值III型分布为年最大风速的普遍最优概率模型，极值I型分布次之。Holmes[7]基于多达5100次、足尺时长30分钟的独立重复的风洞试验采样数据，研究了不同的概率绘点位置参数、不同的极值分布、以及不同的参数估计方法对极值风荷载结果的影响，结果表明采用概率加权矩方法和Landwehr绘点位置参数确定的广义极值分布具有更好的适用性。以上的研究表明，广义极值模型使用时需要有较大的样本容量，而风荷载的明显非高斯特征，会导致其极值分布具有厚尾特征，使得错误的概率绘点位置，不合适的渐近极值分布类型，以及不恰当的极值分布参数估计方法均会得到不恰当的极值结果。当前广义极值分布的概率绘点位置没有唯一适用性，在风工程领域也缺乏明确的选择标准。而模型参数估计的准确性，直接决定极值外推结果的准确性，是广义极值模型建模的关键。

2 广义极值分布模型参数优化

不同的绘点位置计算设计值差别较大，为此本文选取多个概率绘点位置，引入统计学中的归一化绝对误差、均方根误差、预测精度、确定系数4个评价指标，针对不同容量大小的样本，不同极值模型，确定最佳无偏概率绘点位置。对极值最优概率分布的选择，本文将对多次独立重复采样的大跨屋盖风荷载极值进行拟合，采用概率曲线相关系数法（PPCC）进行拟合优度检验测试，针对不同位置的测点确定最优极值模型。对广义极值分布参数的Bayes方法估计将分别采用Jeffreys先验分布法确定参数的先验分布；采用数学中的Markov Chain Monte Carlo（MCMC）方法计算后验分布积分，确定模型参数；采用估计偏差和均方误差作为评价指标，与经典参数估计方法进行精度比较，总结各参数估计方法优缺点。

对于大容量样本风荷载极值的广义极值分布模型估计及结果不确定性研究，采用广义极值分布模型估计，将风洞采样时长5 min划分为30s、1 min、1.5 min、2 min、3 min、4 min和5 min共7种，将采样次数1000次划分为20次、40次、80次、100次、150次、200次、300次、500次、700次和1000次共10种，以1000次5 min钟采样的试验结果作为基准极值，比较采样次数和采样时长对极值结果的影响，确定出一个较经济的采样次数和时长，引入修正系数，补偿数据不足给极值估计带来的不确定性。

3 结论

（1）研究广义极值分布概率绘点位置确定方法，确定了适合大跨屋盖风荷载极值分布的最优概率绘点位置，提高了模型精度；

* 基金项目：国家自然科学基金（5150081873）

(2)引入 Bayes 理论估计模型参数，考虑了参数估计的不确定性，确定了恰当的广义极值分布类型；

(3)针对大容量样本的风荷载极值，采用上述改进的广义极值分布模型进行估计，进一步研究极值结果的不确定性，提出了相应的修正方法。

参考文献

[1] Cook N J, Mayne J R. A novel working approach to the assessment of wind loads for equivalent staticdesign[J]. Journal of Wind Engineering and Industrial Aerodynamics, 1979, 4(2): 149 - 164.

[2] Harris R I. Gumbel re - visited - a new look at extreme value statistics applied to windspeeds[J]. Journal of Wind Engineering and Industrial Aerodynamics, 1996, 59(1): 1 - 22.

[3] Harris R I. Extreme value analysis of epoch maxima - convergence, and choice of asymptote[J]. Journal of Wind Engineering and Industrial Aerodynamics, 2004, 92(11): 897 - 918.

[4] Simiu E, Heckert N. Extreme wind distribution tails: a_peaks overthreshold' approach[J]. Journal of Structure Engineering, 1996, 122(5): 539 - 547.

[5] 段忠东，欧进萍，周道成.极值风速的最优概率模型[J].土木工程学报，2002, 35(5): 11 - 16.

[6] 段忠东，周道成.极值概率分布参数估计方法的比较研究[J].哈尔滨工业大学学报，2004, 36(12): 1605 - 1609.

[7] Holmes J D, Cochran L S. Probability distributions of extreme pressurecoefficients[J]. Journal of Wind Engineering and Industrial Aerodynamics, 2003, 91(7): 893 - 901.

超大型冷却塔施工全过程风振系数演化规律研究*

朱鹏，柯世堂

（南京航空航天大学土木工程系 江苏 南京 210016）

1　引言

目前我国在建和拟建的火/核电厂超大型冷却塔高度远超规范高度限值[1]（190 m）、突破世界纪录（200 m），此类超大型冷却塔与中小型常规冷却塔相比有两个鲜明特点：表面三维动态风荷载效应更加显著、主体结构施工周期更长且难度更大，整体结构施工进度通常需要12～16月。因此，现有设计中采用成塔单一风振系数与强度控制目标来指导结构抗风并不能真实反应超大型冷却塔施工过程中动态风荷载特性与结构实际受力性能的演化，而探究施工全过程风振机理问题正是目前此类超大型冷却塔抗风研究的关键和瓶颈[2-3]。

鉴于此，以西北地区某在建超大型冷却塔（210 m）为背景，结合有限元方法对比分析超大型冷却塔施工全过程子午向轴力响应风振实时变化特性，系统探讨了超大型冷却塔施工全过程风振系数沿高度和环向角度的演化规律，最终提出了以施工高度为函数的超大型冷却塔施工全过程风振系数计算公式。

2　算例介绍

本工程在建超大型冷却塔塔高210 m，喉部标高157.5 m，进风口标高32.5 m，X型柱采用矩形截面，截面尺寸为1.2 m×1.8 m，环板基础宽12.0 m，高2.5 m。为系统分析施工全过程超大型冷却塔风振系数演化规律，综合考虑工程施工进度与数值计算精度，按塔筒施工模板层数划分了八个典型施工工况，各工况参数如表1所示。

表1　超大型冷却塔施工全过程典型工况参数列表

结构示意图								
工况编号	工况一	工况二	工况三	工况四	工况五	工况六	工况七	工况八
模板层数	10	30	50	70	90	105	120	139
高度/m	44.1	69.8	94.9	120.4	146.2	165.7	185.2	210.0

3　风荷载数值模拟

为保证数值计算中超大型冷却塔雷诺数与实际工程中相似，数值计算中按足尺建模。计算模型塔高$H=210$ m，塔底直径$D=180$ m，流体计算域长×宽×高=6000 m×4000 m×1000 m，模型阻塞率小于1%，满足要求。计算模型中心距离计算域入口10D，出口位置距离模型20D。

4　施工全过程风振系数分析

图2给出了不同工况下子午向轴力风振系数三维分布图。对比分析发现单个冷却塔不同位置的风振系数并不统一，数值沿环向起伏较大，在平均风压较小的区域，风振系数数值往往偏大，但是由于风压绝对值较小的原因，导致该区域的风振响应对整体结构响应影响较小。

* 基金项目：江苏省优秀青年基金（BK20160083），国家自然科学基金（51208254），南京航空航天大学基本科研业务费（56XAA16018），博士后科学基金（2013M530255，1202006B）

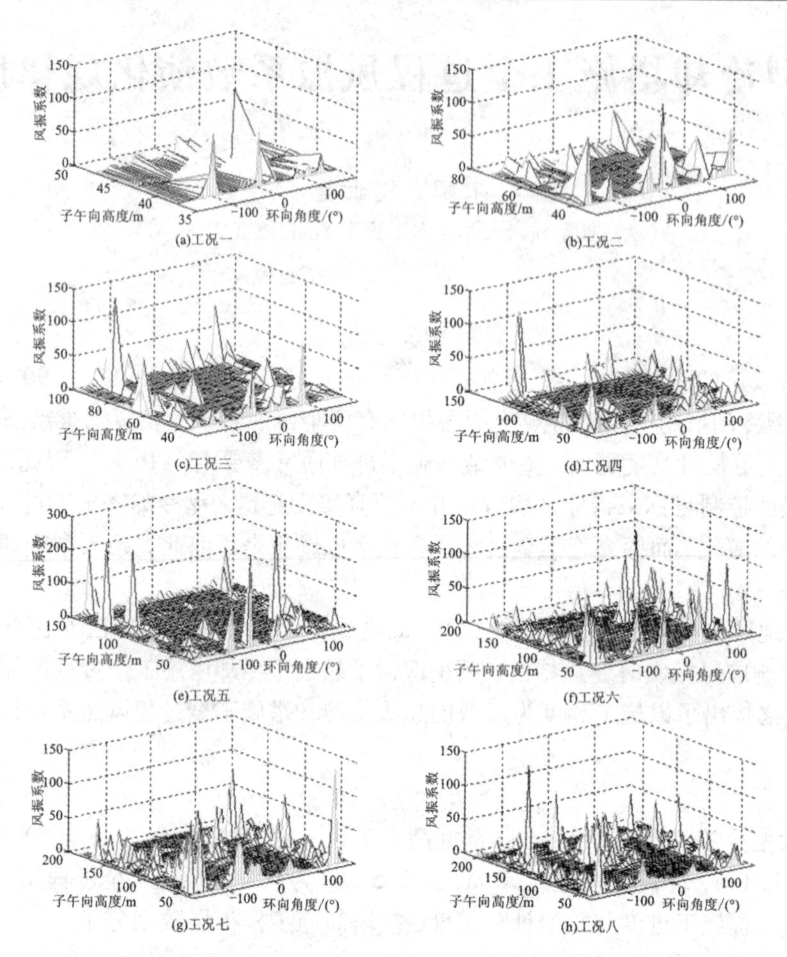

图 2　超大型冷却塔施工全过程子午向轴力风振系数示意图

提出超大型冷却塔施工全过程以子午向轴力为目标时风振系数的计算公式：

$$y=\frac{m-\beta_0}{1+\left(\frac{x}{n}\right)^k}+\beta_0 \tag{1}$$

式中：β_0为成塔风振系数数值，$\beta_0=1.74$；m、n与k为计算参数；x为施工模板层数；y为模板层数对应的风振系数取值。经过多次迭代计算得到超大型冷却塔施工全过程风振系数拟合公式中计算参数分别为：$m=2.526$，$n=116.511$，$k=1.320$。图 3 给出了风振系数拟合曲线与多种等效目标下的风振系数对比图。

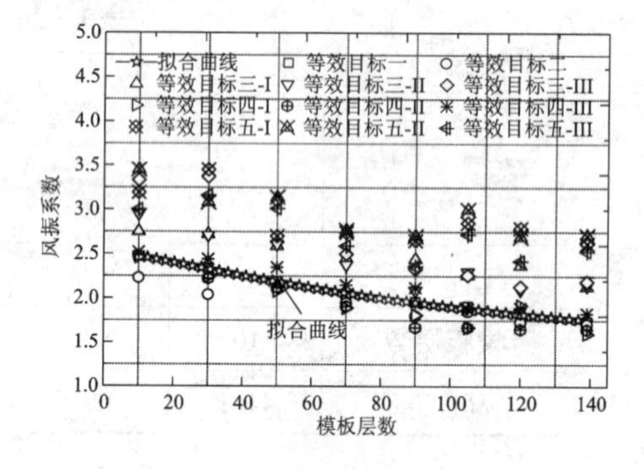

图 3　冷却塔风振系数拟合曲线对比图

5　结论

本文系统研究了超大型冷却塔施工全过程风振系数演化规律，表面不同施工工况风振系数沿子午向和环向变化较大，施工全过程冷却塔风振系数沿塔高均呈现逐渐减小的趋势；同时提出了超大型冷却塔施工全过程以子午向轴力为目标的整体风振系数计算公式，简化公式能很好地体现以子午向轴力为目标时施工全过程风振系数差异化取值。

参考文献

[1] GB/T 50102—2014，工业循环水冷却设计规范[S].北京：中国计划出版社，2014.

[2] Shitang Ke, Jun Liang, Lin Zhao, et al. Influence of ventilation rate on the aerodynamic interference for two IDCTs by CFD[J]. Wind and Structures, An International Journal, 2015, 20(3): 449 -468.

[3] 周旋，牛华伟，陈政清，等. 大型冷却塔风荷载干扰系数的取值方法[J]. 中南大学学报(自然科学版)，2014，45(10)：3637 -3644.

五、低矮房屋结构抗风

殿堂式古建筑屋面风荷载特性

单文姗[1]，李波[1,2]，杨庆山[2,3]，田村幸雄[1]
（1. 北京交通大学土木建筑工程学院 北京 100044；2. 结构风工程与城市风环境北京市重点实验室 北京 100044；
3. 重庆大学土木工程学院 重庆 400044）

1 引言

中国古建筑是世界上历史最悠久、体系最完整的建筑体系之一，从单体建筑到院落组合、城市规划、园林布置在世界建筑史中都占有重要地位。屋盖是我国古代建筑中最具特色的部分，同时也是中式建筑的重要标志。并且，在中国古代，建筑屋盖的形式和社会等级密切相关，有着深厚的文化底蕴，是重要的世界文化遗产[1]。但是，受建造材料耐久性的影响，我国现存的古建很少，尤其是制式最高的殿堂式古建筑更是稀罕，对其进行科学保护是必须履行的历史使命。风致破坏是屋盖的主要破坏形式，风致古建屋盖破坏事故也时有发生。从风工程角度，中国古建筑可以看作是采用特殊屋盖形体的低矮房屋，拥有着自己独特的体型特征，决定着其表面风压特性会受到该体型特征的影响。

在空间尺度范围上讲，殿堂式古建筑仍属低矮房屋的范畴。关于低矮房屋的研究，目前国内外许多学者开展了较为系统的讨论。陶玲等[2]对无屋脊硬山屋面、有屋脊硬山屋面、无屋脊出山屋面及有屋脊出山屋面这四种屋面进行了刚醒模型测压试验，着重研究了屋脊和出山对低矮房屋屋面风荷载的影响，并得出了屋脊和出山的共同作用可以减小屋面的局部峰值风吸力，同时也会减小屋面的整体升力。对于我国古建筑风荷载特性的研究，我国一些学者给出他们的研究成果，包括风洞试验和数值模拟两个方面。赵雅丽[3]针对中国东南沿海地区特色民居的风荷载进行了系统的研究，包括双坡屋面、平屋面、四坡屋面等中国特色典型低矮房屋的刚性模型风洞试验概况，讨论了各种屋面的风压平均值和脉动值的分布特征，分析了湍流度和挑檐、女儿墙等附属结构对屋面风压分布的影响以及屋面典型测点的风压系数随风向角的变化规律。

但是需要指出的是目前对古建筑风荷载特性的研究仍倾向少数，还远不足以为保护古建筑提供完整的抗风依据。

2 风洞试验

在上述研究背景下，本文选取殿堂式古建屋盖庑殿顶建筑为研究对象，采用风洞试验的方法，对其风荷载特性进行研究，为制定古建抗风保护措施提供科学依据。

我国古建筑的构件众多，名称和尺寸取值都比较繁杂，本研究就确定古建筑尺寸这一目标参考了专业的古建筑专著[4-5]。

本节测点布置中，屋檐区为上、下表面测压点双面布置。图中“－ － － －”为挑檐根部，位置同墙体一致。由于本次试验的模型为双轴对称模型，所以测点布置选取为四分之一加密，详见下图。图1(c)中，$B=22180$ mm，$D=10560$ mm，$H=10090$ mm。

本试验由尖塔和粗糙元对风洞大气边界层风场进行模拟，如图2所示。本文采用的风场为我国《建筑结构荷载规范》(GB 50009—2012)中规定的B类风场，平均风速剖面满足幂指数 的指数率变化，综合考虑风洞阻塞率以及边界层高度，取风场缩尺比为1:50。通过调整尖塔和粗糙元，本试验在模型的试验区域得到了《建筑结构荷载规范》(GB 50009—2012)中B类风场所要求的平均风速和相应湍流度随高度变化的风速剖面，Z_r 为参考高度，在风洞试验中为屋盖高度25 cm处，相对于原型高度为12.5 m。参考风速为10.5 m/s，模型长度缩尺为1/50，风速缩尺为1/3，可得时间缩尺为3/50，所以对应到实际10 min持时的

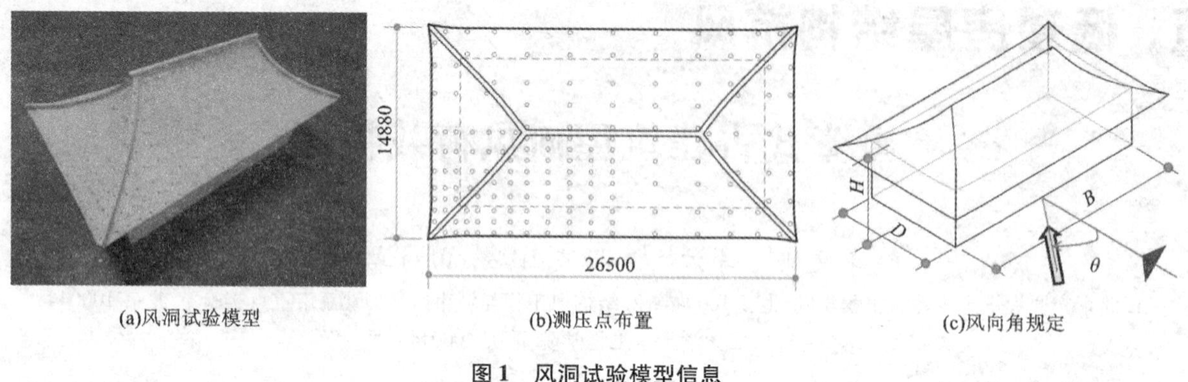

(a)风洞试验模型　　(b)测压点布置　　(c)风向角规定

图1　风洞试验模型信息

采样时长为 40 s；又扫描阀采集系统的采样频率为 312.5 Hz，所以一个样本长度为 12500。

图2　尖劈和粗糙元布置图

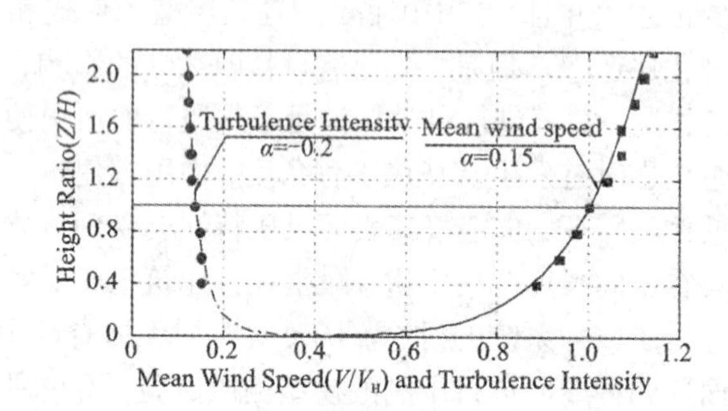

图3　大气边界层风场模拟

3　结论

本文研究了殿堂式古建筑屋顶的平均风压特性、脉动风压特性、极值风压特性以及上下表面的相关特性。根据极值风压特性可知，翼角区是庑殿顶屋盖最不利风压区域，应重点加强该部分的围护结构。

参考文献

[1] 李允鉌. 华夏意匠[M]. 天津：天津大学出版社，2014.
[2] 陶玲，黄鹏，全涌，等. 屋脊和出山对低矮房屋屋面风荷载的影响[J]. 工程力学，2012，29(4)：113－121.
[3] 赵雅丽. 中国东南沿海地区特色民居的风荷载特性研究[D]. 上海：同济大学，2011.
[4] 梁思成. 清工部《工程做法则例》图解[M]. 北京：清华大学出版社，2006.
[5] 梁思成. 清式营造则例[M]. 北京：清华大学出版社，2006.

名义封闭建筑内压系数的风洞试验研究*

冯帅，余先锋，谢壮宁
（华南理工大学亚热带建筑科学国家重点实验室 广东 广州 510641）

1 引言

多年来风致内压作为高层建筑、大跨空间以及低矮民居结构均不可避免的一个问题，风工程研究者在该领域进行了大量的研究工作，但主要集中于墙面存在大开洞的空间[1-4]结构内压的理论和试验研究，而尚未系统研究名义封闭结构的风致内压。对于大跨异型空间结构和低矮民居抗风设计，结构表面外压通常由风洞试验确定，结构名义封闭时的内压一般按《建筑结构荷载规范》（GB 50009—2012）取值而不会单独进行内压风洞试验。然而，《建筑结构荷载规范》中的平均体型系数（±0.2）和考虑阵风影响的内压系数（GC_{pi}）是否合理，直接影响到结构的安全性和经济性。为此，本文在确保建筑模型气密性绝对良好的情况下，研究不同背景孔隙率下的内压水平，可为荷载规范的修订和工程应用提供重要的参考。

2 风洞试验概况

试验在华南理工大学大气边界层风洞中进行，模型上游地貌按 GB 50009—2012 模拟了 B 类流场的风速剖面和湍流强度分布。

为提高试验的测量精度，参考风压和平均内压的测量采用具有校准级别精度的三个 PSI903X 传感器进行测量，其采样频率为 10 Hz，脉动风压则由采样频率 330 Hz 的 PSI 的压力扫描器测量获得。试验建筑采用单空间结构模型，模型几何缩尺比为 1/100。为模拟背景孔隙的影响，按照均匀分布的原则在迎风和背风墙面各开了 39 个小圆孔，在两侧墙面各开了 18 个小圆孔，每个小圆孔的直径为 3 mm，模型内部布置了一个测点，具有足够的刚度和强度，保证气密性绝对良好。模型展开图如图 1 所示。

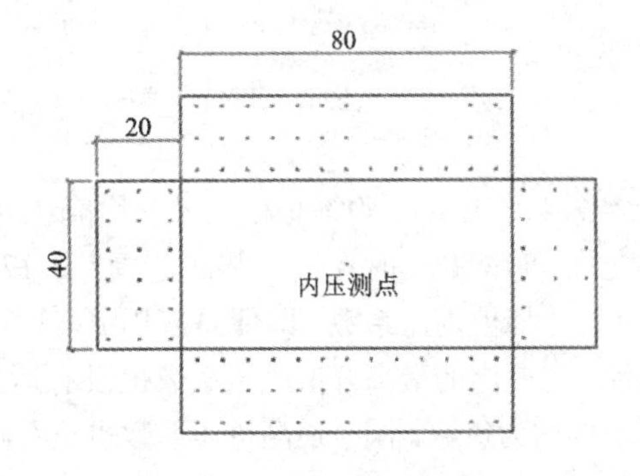

图 1 模型展开图

为全面研究不同背景孔隙组合下的内压水平，主要进行了 6 种工况下的风洞试验，试验工况见表 1。工况 1 考虑 0 度风向角下，各个墙面开孔孔隙率相同时对结构内压的影响；工况 2～4 考虑 0°风向角下迎风墙面或背风墙面孔隙率相对其他墙面变化时对结构内压的影响；工况 5～6 考虑孔隙率一定时，风向角对结构内压的影响。

表 1 试验工况

工况编号	迎风墙	背风墙	两侧墙	风向角/(°)
1	0～100%			0
2	50%	0～100%	0	0
3	0～100%	50%	0	0
4	0～100%	100%	100%	0
5	100%			0～90
6	50%			0～90

* 基金项目：国家自然科学基金项目（51408227）

3　试验结果分析

图 2 给出了均值和峰值内压系数随均匀孔隙率的变化，从图中可知：在不同的均匀背景孔隙率下，平均内压系数基本保持不变，仅在 -0.15 ~ -0.14 范围内变化，当峰值因子 $g=2.5$ 和 3.5 时，内压系数的峰值的最大值分别为 -0.063 和 -0.033，最小值分别为 -0.224 和 -0.255 范围内变化，峰值的变化幅度也不明显。按照规范方法取屋盖高度处阵风系数 1.63($g=2.5$) 和平均内压系数 -0.15 计算得到峰值内压系数为 -0.245，结果接近于采用 $g=3.5$ 的试验结果，这说明名义封闭建筑内部的阵风系数比规范值小。

图 3 给出了工况 2 均值和峰值随相对孔隙率(j = 变化孔隙墙面孔隙率/固定孔隙墙面孔隙率)的变化。当 j 为 0 即背风面完全封闭时，均值最大值为 0.51，随后随 j 的增大而减小，在 $j=1.25$ 时接近于 0，模型内部压力从压力变为吸力并缓慢减小，在背风面全部孔均开启也即 $j=2.0$ 时，均值为 0.07。由于两个侧墙封闭，这个负压值远没有达到四个墙面孔隙均匀分布的情况。

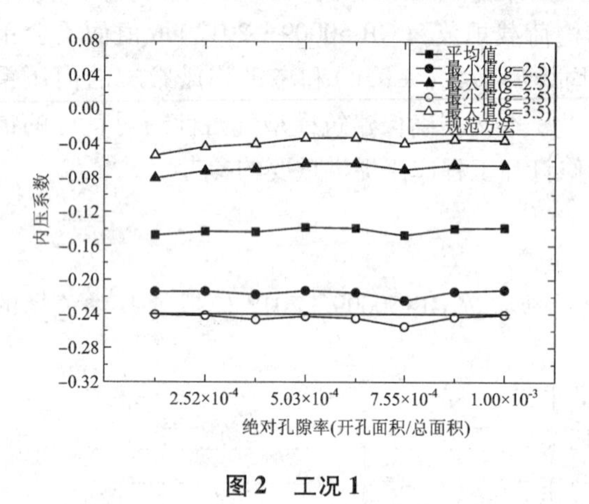

图 2　工况 1

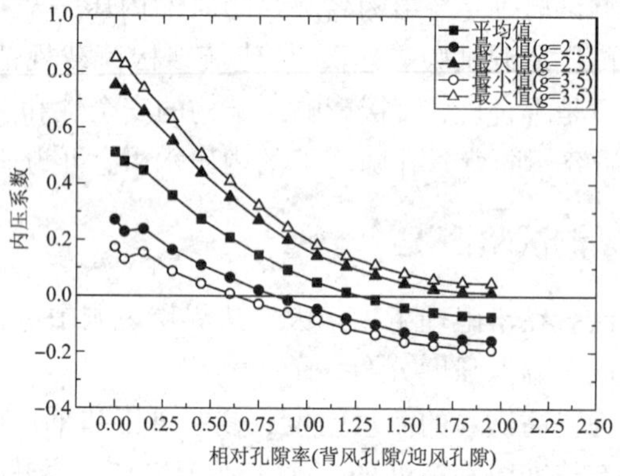

图 3　工况 2

图 4 给出了在 50% 开孔工况下均值和内压系数随风向角的变化，50% 开孔时在更大些的范围 -0.17 ~ -0.11 之间变化；对于峰值内压系数，即便是采用 $g=3.5$ 的峰值因子进行估计，房屋内的最高峰值风压系数也没有达到 0，也即峰值内压系数均为负数，同时最高负压系数也没有超过 -0.26。

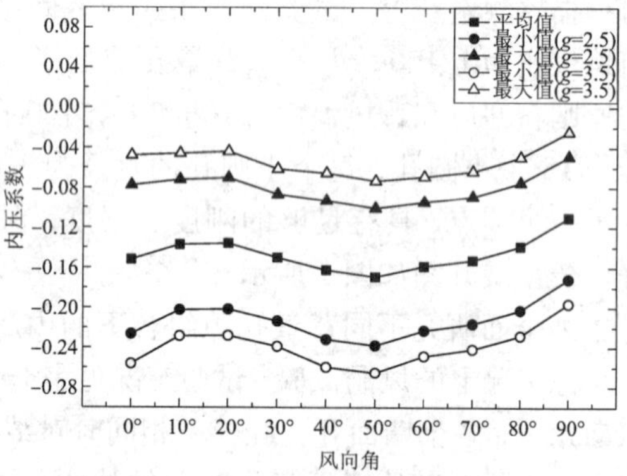

图 4　工况 6

4　结论

通过分析可以得到以下结论：

(1) 不同的均匀背景孔隙率下，平均内压系数变化不明显，内压系数均为负数，考虑到风向的影响，建议最高的平均内压系数为 -0.17，《建筑结构荷载规范》对于封闭结构所给出内压系数 ±0.2 可能便于保守；

(2) 名义封闭建筑的内压阵风系数小于规范建议结果，且峰值内压系数也均为负值，建议最高负压系数可取 -0.26。

参考文献

[1] Guha T K, Sharma R N, Richards P J. Internal pressure dynamics of a leaky building with a dominant opening[J]. Journal of Wind Engineering and Industrial Aerodynamics, 2011, 99(11): 1151 - 1161.

[2] Oh J H, Kopp G A, Inculet D R. The UWO contribution to the NIST aerodynamic database for wind loads on low buildings: Part 3. Internal pressures[J]. Journal of Wind Engineering and Industrial Aerodynamics, 2007, 95(8): 755 - 779.

[3] Sharma R N, Richards P J. Computational modelling of the transient response of building internal pressure to a sudden opening [J]. Journal of Wind Engineering and Industrial Aerodynamics, 1997, 72(1 - 3): 149 - 161.

[4] Sharma R N. Internal Pressure Dynamics withInternalPartitioning[C]//11th International Conference on Wind Engineering, 2003.

低矮双坡房屋大比例尺风洞试验与现场实测对比研究

李建成[1]，胡尚瑜[2]，李秋胜[3]
（1. 湖南大学土木工程学院 湖南 长沙 410083；2. 桂林理工大学土建学院 广西 桂林 541000；
3. 香港城市大学 香港 九龙 999077）

1 引言

目前，低矮房屋风荷载的研究手段主要有全尺寸现场实测、风洞试验、数值模拟及理论分析等。尽管，现场实测存在采集测点少、成本巨大等弊端，但其可以真实反映结构风荷载，对于验证和改进风洞试验、数值模拟技术有着不可替代的作用。受限于风洞尺寸及洞内风速等因素，风洞中难以满足雷诺数相似条件一直是造成实验与实测结果的主要原因之一。近年，随着实验技术的发展和大截面风洞的出现，使开展大比例尺甚至足尺低矮房屋模型风洞试验成为现实。下文主要对现场实测和大比例尺风洞实验研究现状及进展进行论述。

20 世纪 70 年代开始，相继出现了艾尔斯伯里实验房[1]、TTU 平坡实测房[2]、西尔索结构房[3]及西尔索立方体[4]等著名的足尺实测系统。1999 年，美国三所高校联合启动了佛罗里达州海岸监测计划，致力于获得台风风场近地面风场特性以及典型民居的风压数据[5]。国内，李秋胜教授团队[6]研制的平坡屋面实验房和双坡屋面实验房及台风测试系统。Morrison 等[7]以 TTU 实测房为原型，在加拿大西安大略大学建筑安全研究保险中心开展了足尺风洞试验。

2 实测与试验介绍

2.1 现场实测

双坡实测系统由双坡房屋和 10 m 高气象塔组成。实验房长 12.32 m、宽 6 m、高 3.2 m，屋面坡度为 11.3°，如图 1 所示。气象塔布置在离房屋 6.0 m 处。在实验房屋面、墙面等处设置了 164 个风压测点，针对屋面不同区域预估荷载的大小选用相应量程的微差压传感器。

2.2 风洞试验

以低矮双坡台风实测房为原型，采用木材制作了 1∶4 试验模型，管道孔径同样以相应缩尺比选择，并采用与实测相同的测压系统，以最大限度地减少由于测压系统带来的影响。

图 1 双坡实测系统及周边地貌

图 2 低矮双坡房屋 1∶4 风洞试验

分别在中南大学风洞试验室和西南交通大学 XNJD－3 风洞实验室开展了海岸地貌和开阔地貌两种风场条件的风洞试验，采用尖塔、格栅及粗糙元来模拟相应地貌风场，如图 2 所示。采样频率为 200 Hz，样本时长为 5 min 和 10 min。

3 结果分析

图3给出了双坡低矮房屋屋面角部测点Tap 50701风压系数实测与试验结果的比较。除了给出了1∶4的风洞试验结果外，同时还给出了缩尺比为1∶20的风洞试验结果。由图3可知，相比较于1∶20的风洞试验结果，1∶4的风洞试验结果与实测结果更为吻合。

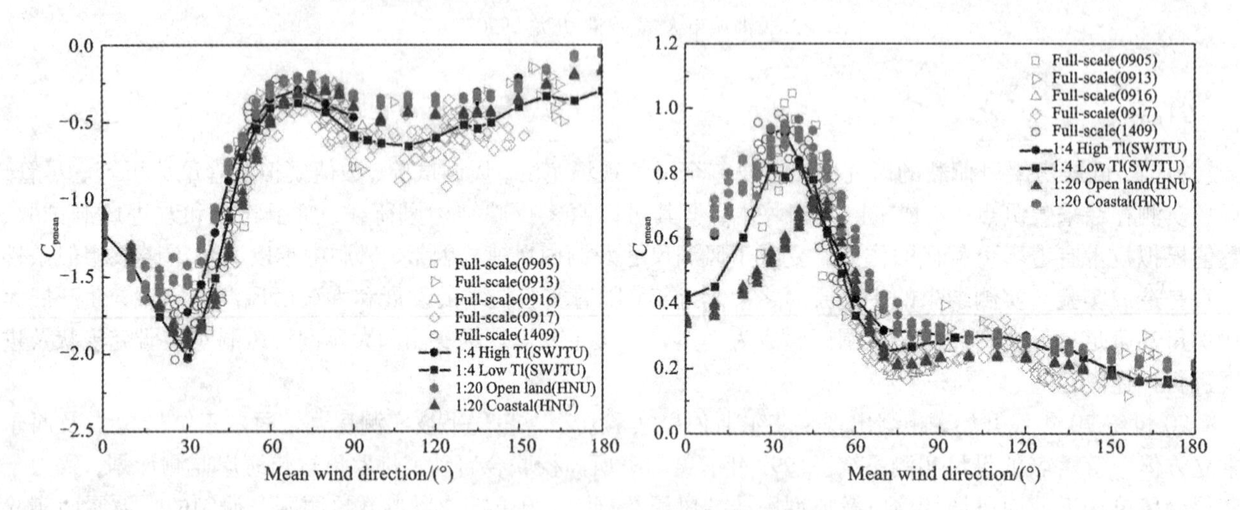

图3 屋面角部测点Tap 50701实测与试验风压系数比较

4 结论

(1)缩尺比为1∶4的风洞试验结果比1∶20的风洞试验结果与实测结果吻合得更好；

(2)斜风向下，1∶4的风洞试验结果与实测结果吻合较好，说明大比例尺风洞试验能够较好的模拟迎风前缘的气流分离、锥形涡等现象。

参考文献

[1] Eaton K J, Mayne J. The Measurement of Wind Pressures on Two - Storey Houses at Aylesbury[J]. Journal of Wind Engineering and Industrial Aerodynamics, 1975, 1: 67 - 109.

[2] Levitan M L, Mehta K C. Texas Tech Field Experiments for Wind Loads Part 1: Building and Pressure Measuring System[J]. Journal of Wind Engineering and Industrial Aerodynamics, 1992, 43(1): 1565 - 1576.

[3] Robertson A, Glass A. The Silsoe Structures Building: Its Design, Instrumentation and Research Facilities[R]. AFRC Institute of Engineering Research, 1988.

[4] Richards P, Hoxey R, Short L. Wind Pressures on a 6 m Cube[J]. Journal of Wind Engineering and Industrial Aerodynamics, 2001, 89(14): 1553 - 1564.

[5] Ayed S B, Aponte - Bermudez L, Hajj M, et al. Analysis of Hurricane Wind Loads on Low - Rise Structures[J]. Engineering Structures, 2011, 33(12): 3590 - 3596.

[6] Li Q S, Hu S Y, Dai Y M, et al. Field Measurements of Extreme Pressures on a Flat Roof of a Low - Rise Building during Typhoons[J]. Journal of Wind Engineering and Industrial Aerodynamics, 2012, 111: 14 - 29.

[7] Mooneghi M A, Irwin P, Chowdhury AG. Partial Turbulence Simulation Method for Small Structures[C]//The 14th International Conference on Wind Engineering, 2015.

低矮房屋屋面风压概率特性与极值估计方法研究

苗傲东，黄鹏，顾明
（同济大学土木工程防灾国家重点实验室 上海 200092）

1 引言

我国是风灾活动频繁且受风灾影响很大的国家之一，开展针对我国沿海地区低矮建筑屋盖风压概率特性及极值计算方法的研究，是风工程研究的一项重要课题。目前研究低矮房屋屋盖风压极值(最大值和最小值)的估计方法主要是基于假定表面风压服从某一特定分布和基于假定表面风压极值服从某一特定分布而建立，但很多情况下，低矮房屋脉动风压及脉动风压极值并不服从特定的分布规律。为了减少风灾对低矮房屋的破坏所带来的损失，有必要开展针对低矮房屋在不同风场下风压特性及极值估计方法的现场实测和风洞试验研究

2 研究方法与结果

同济大学浦东实测基地依托同济大学土木工程防灾国家重点实验室，根据东南沿海地区民用房屋建筑外形调查，建造于上海浦东国际机场附近的空旷场地。

基于实测基地的数据，研究了季风气候下，同济大学实测基地低矮房屋现场实测得到的屋盖测点风压时程概率分布特性。

并基于近两年夏季同济大学实测基地所测得的台风数据，绘制迎风屋檐前沿、屋脊区域和背风面靠近屋脊的边缘测点的时程概率密度及脉动风压系数与其他几种概率分布的拟合值比较。选取 82 号测点 0°坡角及 15°坡角拟合得到图 1 所示结果。

图 1　实测基地概况

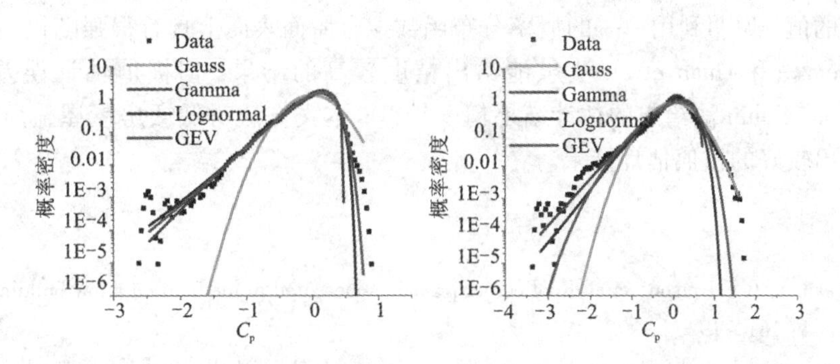

图 2　0°及 15°坡角概率密度及脉动风压系数与其他几种概率分布的拟合值比较

对于实测基地的季风和台风风压时程数据数据，经过处理后可以得到一组风压极值序列，采用概率权矩法对序列进行广义极值分布参数估计，将单段时程样本划分成若干短时距样本，通过对若干个短时距样

本的观察极值拟合广义极值分布，得到拟合参数，并计算标准时距样本服从广义极值分布的拟合参数，然后基于广义极值理论来估计屋面风压的极值，并且与常用的几种极值估计方法得到的结果一同与标准极值进行了比较。结果如图3和图4所示。

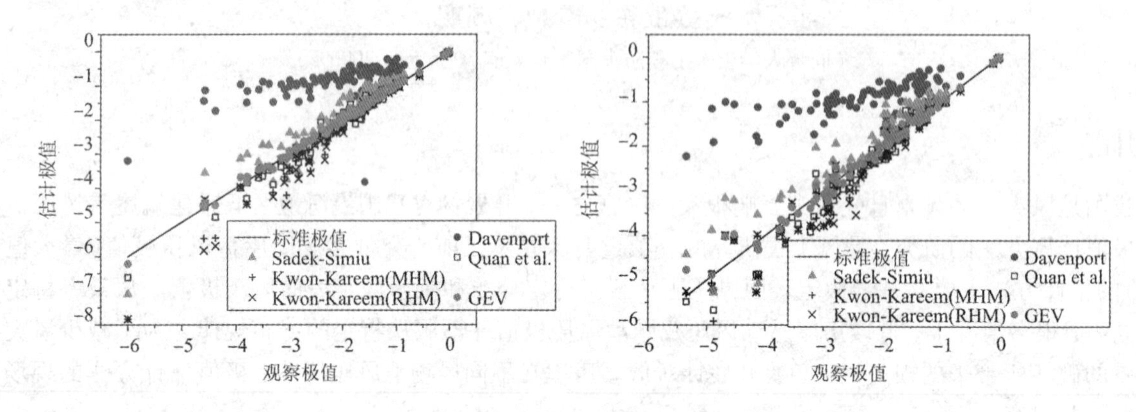

图3　季风0°坡角和季风5°坡角

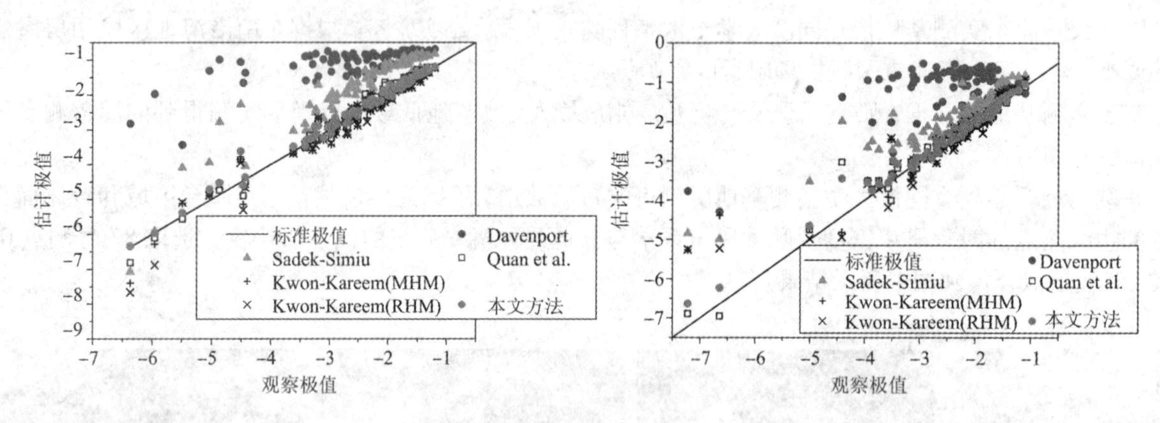

图4　台风0°坡角和台风15°坡角

3　结论

通过上述研究得到如下结论：①由于屋面风压非高斯性，基于高斯假定Davenport法给出的极值估计结果不能准确估计低矮建筑屋面风压极值。②三参数Lognormal分布、三参数Gamma分布和广义极值分布(GEV)拟合测点脉动风压系数的概率分布均比高斯分布好，但这三种概率分布形式都无法很好地拟合概率分布两边尾部区域的值，说明利用单一的概率分布函数拟合屋面表面上具有很强随机性的风压系数是困难的。③Kown－Kareem法和Quan et al.法虽能给出精度较高的结果，但极值估计误差值离散程度较大；Davenport法和Sadek－Simiu法给出的估计结果精度较差；本文方法对低矮房屋屋盖所有测点的实测脉动风压时程数据能给出较好的极值估计结果。

参考文献

[1] K C Mehta, M L Levitan, R E Iverson, et al. Roof corner pressures measured in the field on a low building[J]. J. Wind Eng. Ind. Aerodyn. 1992, 41/44: 181－192.

[2] T Stathopoulos. Computational wind engineering: Past achievements and future challenges[J]. J. Wind Eng. Ind. Aerodyn, 1997, 67/68: 509－532.

[3] 王飞. 建筑表面风压的概率统计特性及极值估计方法研究[D]. 上海：同济大学土木工程学院，2012.

台风影响下低矮建筑屋面风致雨压时频特性研究*

彭炜，黄鹏，顾明
（同济大学土木工程防灾国家重点实验室 上海 200092）

1 引言

我国东南沿海地区极易遭受台风的袭击，其登陆过程往往伴随着强降雨过程，该强降雨在风的作用下共同撞击建筑结构受风面，将对建筑结构产生显著的风荷载和雨荷载，造成极大的经济损失。在风工程的研究领域中，低矮建筑屋面风致雨压信号里含有雨荷载成分，其信号表现了显著的非平稳性。而对于这种非平稳信号的分析，只有了解其在某一时间的频率成分或者某一频率成分的时间分布情况（即时频特性），风致雨压非平稳信号的分析才有较高的精度。目前，在台风作用下，国内外对于风致雨压非平稳信号时频特性这方面的研究仍相对缺乏。因此，对风致雨压这种非平稳信号进行时频分析具有很大的意义。

本文基于由上海浦东国际机场附近的同济大学实测基地得到的台风“海葵”作用下的实测数据，利用希尔伯特－黄变换（HHT）方法对三种不同工况下典型测点风致雨压信号进行了分析，研究低矮建筑屋面风致雨压的时频特性。

2 台风“海葵”与实测基地

2012 年第 11 号台风“海葵”于 8 月 3 日 08 时在西北太平洋洋面上生成，于 8 月 7 日升级为强台风，8 月 8 日 3 时 20 分在我国浙江宁波登陆，登陆中心气压为 960 百帕。下图为其路径图及降雨强度与风向角变化图。实测房和测风塔位于北纬 31°11′46.36″；东经 121°47′8.29″，紧邻浦东机场临海泵站入海口，相应的实物照片如下图所示：

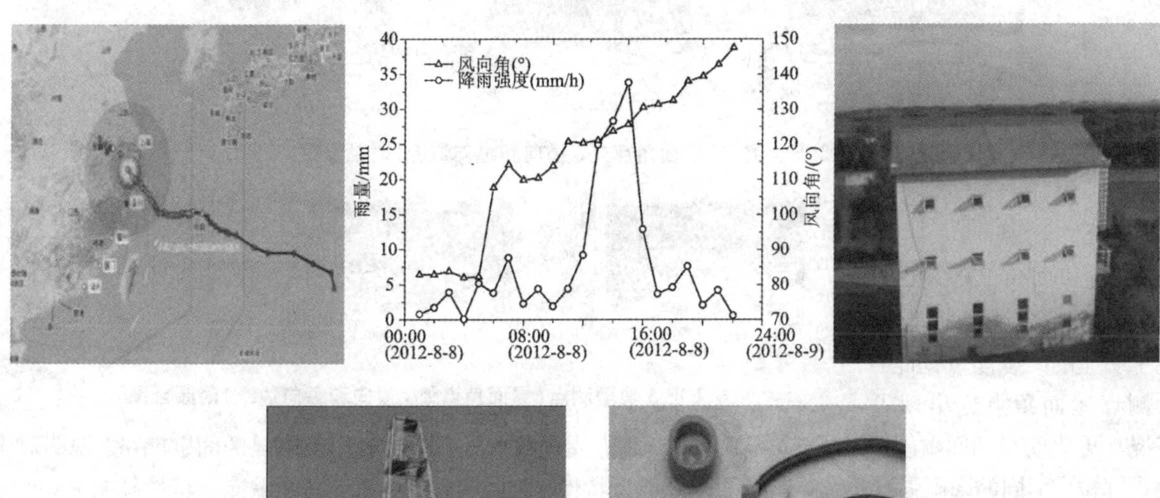

图 1　台风“海葵”与实测基地基本情况

* 基金项目：国家自然科学基金项目（51378396，51678452）

3　时频特性分析

3.1　希尔伯特－黄变换(HHT)

HHT由EMD分解及Hilbert变换两部分组成，其从本质上来讲是对一个信号进行平稳化处理，用经验模态分解方法(即EMD方法，将信号分解为固有模态函数IMF)将信号中真实存在的不同尺度波动或趋势逐渐分解出来，产生一系列具有不同特征尺度的数据序列。

3.2　风致雨压时频云图试验结果分析

表1　试验工况

工况	试验类型	降雨强度/($mm \cdot h^{-1}$)	平均风速/($m \cdot s^{-1}$)	风向角/(°)
工况1	实测	28.3	10.4	120
工况2	实测	33.8	9.5	120
工况3	实测	3.7	8.2	130

通过对典型测点的风致雨压信号进行希尔伯特黄变换得到希尔伯特时频谱，如下图所示，给出了工况1～3迎风面屋面典型测点风致雨压希尔伯特黄变换时频云图。

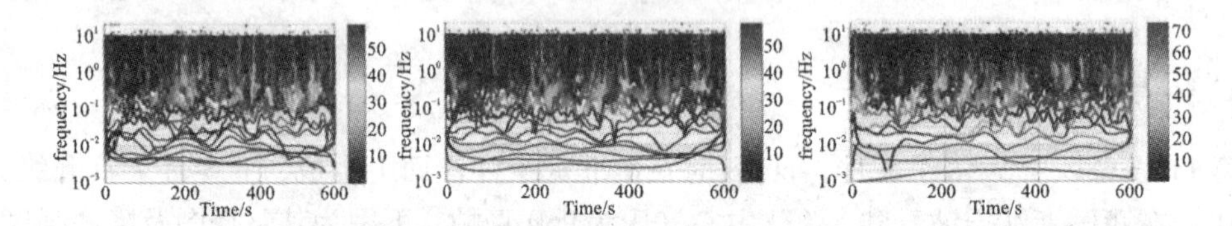

工况1典型测点(屋面角点处、横向和纵向边缘)时频云图

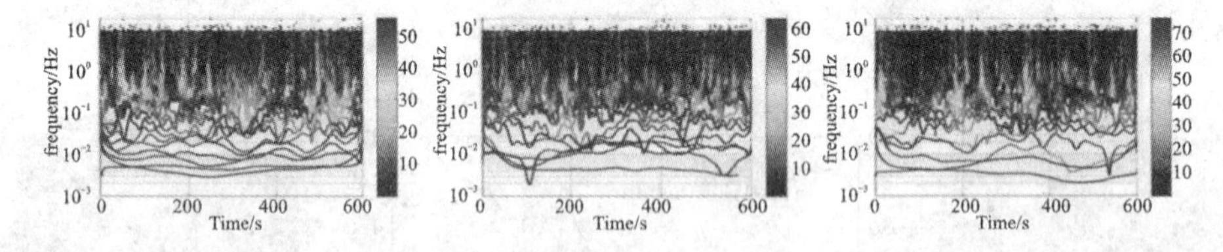

工况2典型测点(屋面角点处、横向和纵向边缘)时频云图

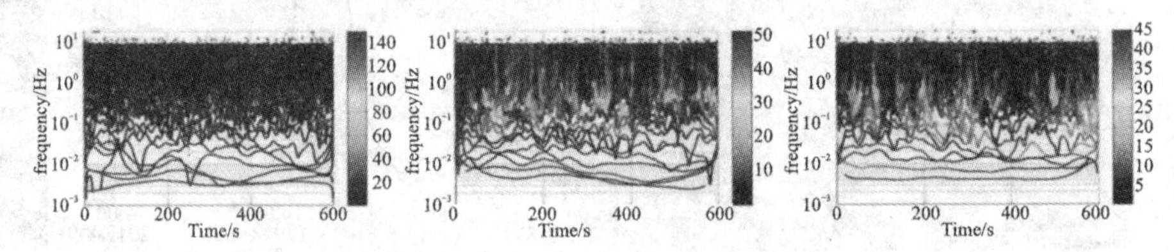

工况3典型测点(屋面角点处、横向和纵向边缘)时频云图

4　结论

(1)在风向角120°～130°之间，工况1测点屋面角点处出现了明显的间歇能量；而工况2测点屋面角点处出现了较工况1更为明显的间歇能量；对于工况3来说，测点屋面角点处几乎没有出现明显的间歇能量，说明对于屋面角点部位，不同的降雨强度将影响信号的间歇能量特性，且降雨强度越大，其间歇能量特性越明显。

(2)在风向角120°～130°之间，由风致雨压时频云图可知，对于横向和纵向边缘测点来说，在工况1～3下其间歇能量特性基本没有太大的区别，说明对于屋面横向和纵向边缘部位，不同的降雨强度对其间歇能量特性影响比较小。

参考文献

[1] 于淼.低矮建筑风雨作用效应的数值与实测研究[D].杭州：浙江大学出版社，2013.

[2] 黄鹏，周海根，顾明.建筑结构风雨作用效应的研究进展[C]//全国随机动力学学术会议，2012.

[3] 王宏禹.非平稳随机信号分析与处理[M].北京：国防工业出版社，1999.

[4] 李关防.希尔伯特黄变换在瞬态信号处理中的应用[M].哈尔滨：哈尔滨工程大学出版社，2008.

自攻螺钉金属屋面板抗风承载力研究

汪明波，宣颖，谢壮宁
（华南理工大学亚热带建筑科学国家重点实验室 广东 广州 510641）

1 引言

金属屋面系统广泛应用于大跨空间结构中，而近几年金属屋面围护系统风灾现象严重。国内外学者对自攻螺钉型金属屋面围护系统做了大量研究[1-3]，主要针对螺钉的受力性能，而对自攻螺钉型金属屋面整个系统的抗风承载力的研究欠缺，同时金属板截面形式及施工质量对其抗风承载力影响较大，在这方面我国相关规范未做具体要求说明。本文通过物理试验与有限元数值模拟方法，在利用物理试验数据验证有限元模型结果的可靠性的基础上，针对自攻螺钉 YX 27－745 金属屋面板的承载力进行了规模性的参数分析，考虑了截面形式、初始安装缺陷及各板型参数对金属板承载力的影响。定义屋面板正常使用状态下的破坏准侧，根据大量的计算结果进行回归总结给出正常使用状态下抗风承载力的建议公式。

2 试验与有限元对比

试验在密闭风箱内进行，通过发动机在金属板上面产生吸力模拟实际的风吸力，试验图如图 1 所示，试验测点分为三类测点布置。图 2 所示为单波宽两跨模型，图 3 所示为 B 类测点物理试验与有限元对比结果。结果显示利用单波宽模型分析该类金属屋面板是合理可靠的。

图 1 试验图

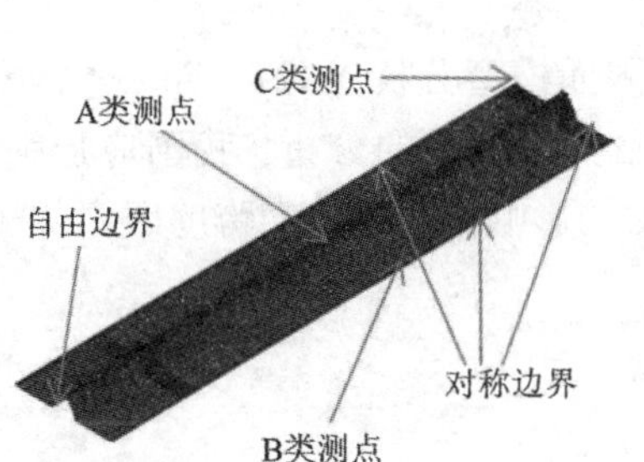

图 2 单波宽有限元模型

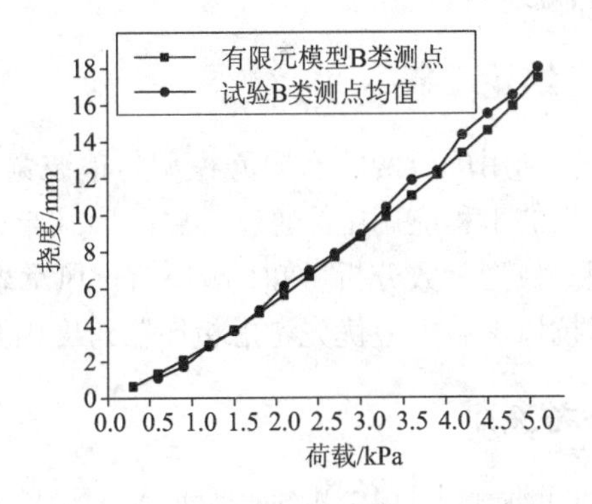

图 3 测点结果对比

3 参数影响分析

3.1 截面形式

研究屋面板截面形式对金属板极限状态下承载力的影响，建立如图 4 所示的三种截面形式的模型，形式 1 为截面简化模型，形式 2 为 YX27－745 板型理想化截面形式，将形式 3 中不同弯折处理想为同半径的弧线，取半径 $R=3$ mm、$R=4$ mm、$R=5$ mm 建立模型 3－1、模型 3－2 和模型 3－3。形式 1 的极限承载力为 5.29 kPa，形式 2 的极限承载力为 6.30 kPa，形式 3 的极限承载力分别为为 5.83 kPa、5.67 kPa、5.41 kPa，可知随着弧度的增大，板的极限承载力越小。

3.2 初始安装缺陷

研究安装缺陷对金属屋面极限状态下承载力的影响，安装施工中会出现螺钉拧得过紧，导致金属屋面板在未加载前已产生变形，横向螺钉之间金属板已起拱。有限元模拟中施加螺钉一个向下的位移荷载 d，d = 0.5 mm、1 mm、1.5 mm、2 mm。随着 d 的增大，在螺钉处金属板最大等效应力越大，变形越大，同时横向螺钉之间位移越大，金属板在螺钉处已屈服。初始最大变形值分别为 0.62 mm、0.68 mm、0.89 mm、1.77 mm。

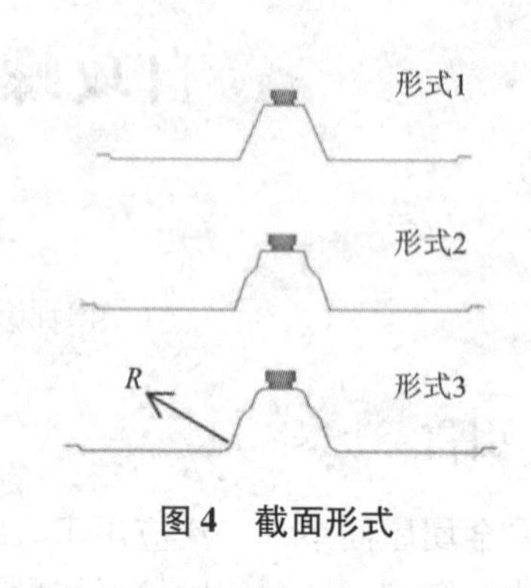

图4 截面形式

3.3 板型参数

自攻螺钉屋面系统因其连接特点，为保证台风过后，金属屋面还有一定的防水性能，能继续使用。定义其正常使用状态下的破坏准则。屋面板卸载后屋面板的局部等效应变超过 0.05 为屋面的失效准则。在此准则的基础上研究屋面板的各参数对金属板正常使用极限承载力的影响，利用单波宽模型，分析跨度、金属板板厚、金属板材料强度对其抗风承载力的影响。结果显示板的抗风承载力随着跨度增大而减小，且随着厚度变小，抗风承载力随跨度增大而减小的趋势变缓；板的抗风承载力随着板厚增大而增大，且随着跨度变大，抗风承载力随厚度增大而增大的趋势变缓；板的抗风承载力随着板材料轻度增大而增大，且随着跨度变大，抗风承载力随材料强度增大而增大的趋势变缓。图 5 为三组板厚不同的模型随跨度增大承载力变化趋势图。

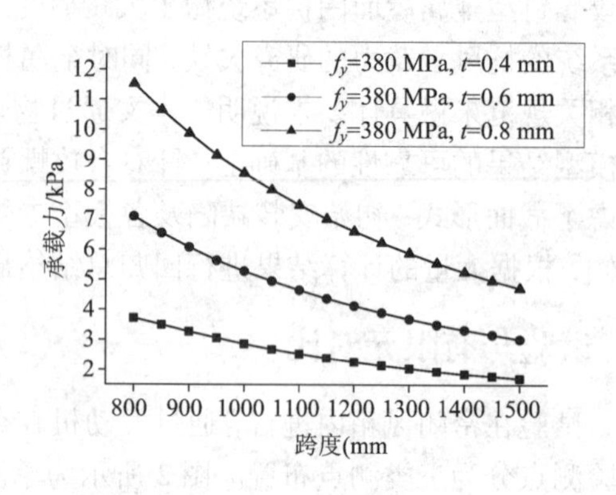

图5 板跨对抗风承载力的影响

通过一千多组模型数据结果分析，拟合出正常使用状态下抗风承载力与上述三种影响因素的关系：

$$Q = 1175.11 t^{1.625} l^{-1.339} f_y^{0.789} \tag{1}$$

式中：Q 为屋面板抗风承载力，单位为 kPa；t 为屋面板厚度，单位为 mm；L 为屋面板跨度，单位为 mm；f_y 为金属板板材强度，单位为 MPa。

4 结论

利用单板两跨有限元模型与单波宽有限元模型分析 YX27 - 745 金属屋面板是合理可靠的。在金属屋面板的工程应用中，通过对截面形式与初始安装缺陷的分析，我国应加强对板型生产商与施工质相关管理。板型参数分析可知，板厚对抗风承载力的影响优于跨度，跨度因素优于材料强度。在工程应用中，提高抗风承载力应优先考虑板厚与跨度因素。

参考文献

[1] Mahaarachchi D, M Mahendran. Wind uplift strength of trapezoidal steel cladding with closely spaced ribs[J]. Journal of Wind Engineering & Industrial Aerodynamics, 2009, 97(3): 140 - 150.

[2] 李元齐，等. 冷弯薄壁型钢自攻螺钉连接抗拉性能试验研究[J]. 建筑结构学报, 2015, 36(12): 143 - 152.

[3] 曾祥新. 自攻螺钉固定压型板金属屋面抗风承载力及风致疲劳破坏研究[D]. 广州: 华南理工大学土木与交通学院, 2015.

台风“莎莉嘉”的风特性及低矮房屋风压研究*

王相军[1]，李秋胜[1,2]
（1. 湖南大学土木工程学院 湖南 长沙 410083；2. 香港城市大学建筑学及土木工程系 香港 999077）

1 引言

我国东南沿海是台风多发地区，每年台风的登陆给当地带来重大的经济和财产损失。低矮房屋结构在居民建筑中占有较大的比例，其中低矮轻钢结构的屋盖部分因其具有结构柔、材料轻等特点，在台风作用下极易发生破坏，而且很多低矮房屋具有悬挑结构，该结构的风荷载诱发的轻钢屋盖的风致破坏是控制结构安全性的主要因素，因此深入研究台风条件下的低矮房屋结构的抗风设计显得尤为重要。

目前，研究低矮房屋结构抗风的主要方法有现场实测、风洞试验以及数值模拟，其中现场实测是获得真实、可靠数据的有效手段。国外已经到开展可很多的实测研究工作，对二层钢框架结构，坡度为10°的双坡屋面，6 m的立方体模型，平屋面等低矮结构开展了很多的研究工作[1-4]。为了监测台风风场中的低矮房屋的风致风压，李秋胜等[5-6]分别建造平坡屋面和双坡屋面的低矮房屋进行台风的实测研究，并取得了很多的成果。同济大学[7]在上海浦东国际机场附近建造一个的屋盖坡度可调节的低矮房屋研究建筑结构表面风压。本文基于典型的轻钢屋面低矮实测房，研究10 m以下近地面台风风场的风特性及的屋面风压分布规律。

2 现场实测

2.1 实测房介绍

实测房的具体尺寸为24.5 m(长)×9.5 m(宽)×4.4 m(高)，挑檐长度为1.3 m，挑檐高度为3.5 m，房屋坡度为17°。考虑当地风向和地理位置，本文对重点研究区域布置50个风压测点，屋檐和屋脊附近布置量程较大的风压传感器。同时建造10 m高的气象塔，在10 m，7 m，4 m三个高度处安装三维超声风速仪、机械风速仪对台风的风速和风向进行观测，风速、风向以及风压同步采集，采样频率20 Hz。

2.2 台风介绍

台风“莎莉嘉”(201621)于2016年10月13日20时在菲律宾以东洋面上生成，以每小时10 km左右的速度向偏西方向移动，强度缓慢加强，17日进入南海中北部海面。2016年10月18日上午9点50分前后第21号台风“莎莉嘉”在海南省万宁市和乐镇沿海登陆，登陆时中心附近最大风力有14级(45 m/s)，中心最低气压为955百帕，台风“莎莉嘉”路径图如图1。台风风眼区域距实测房距离接近120.08 km，十级风圈壁擦过实测房所在位置。

3 结果分析

图1所示为10 m高度处的10 min平均风速风向，在平均风向角为40.14°时，最大平均风速为23.75 m/s，风速在10级风圈壁经过前后呈现不对称的M形，说明实测房位置的台风强度在风圈壁经过前后有所降低。图2给出了典型测点的实测风压谱的变化，由图2可知，不同区域测点的风压谱的变化形式较为相似，在低频段风压谱较为平缓，高频段衰减较快，脉动风压在0～1 Hz有明显峰值，其中屋檐区域测点A1的风压谱值大于屋脊区域测点E1的风压谱值，表明对于该房屋结构迎风屋檐的脉动能量大于屋脊的脉动能量，挑檐区域测点(K1)的风压谱的峰值接近屋檐区域，但折减频率要小。挑檐区域测点的K1的风压峰值因子概率密度分布如图3所示，测点的风压系数概率分布都偏离高斯分布且向负向偏离，具有很强的非高斯分布，表明气流分离在该区域较为严重，产生较大的峰值风压。

* 基金项目：国家自然科学基金项目(51478405，51278439)

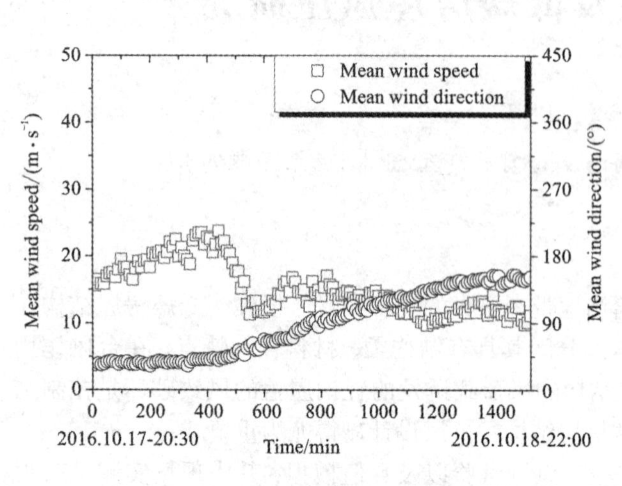

图 1　10 min 平均风速风向

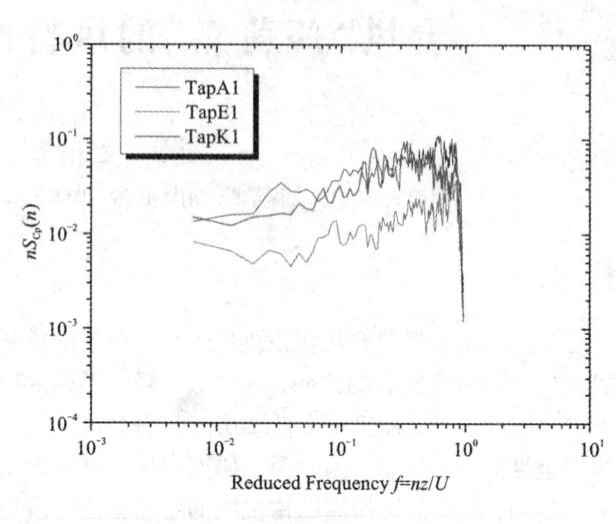

图 2　典型测点风压谱

4　结论

(1)湍流强度、湍流尺度和阵风因子在 EMD 去除趋势项提取趋势项之后数值变小，湍流积分尺度在提取趋势项稳定性更好；湍流强度、阵风因子和湍流积分尺度随着台风眼距离实测点位置不同而发生变化，主要受脉动风速的影响较大。

(2)不同屋面区域测点的风压峰值因子的概率密度分布不同，其中挑檐测点的风压系数概率密度分布偏离高斯分布且向负向偏离，表明气流分离在该区域较为严重，产生较大的峰值负压。

(3)低矮房屋屋面脉动风压在 0.1 ~ 1.5 Hz 之间有明显峰值，不同台风风速段的风致屋面风压脉动能量较为接近，背风情况下挑檐测点的风压谱的峰值接近屋檐区域。

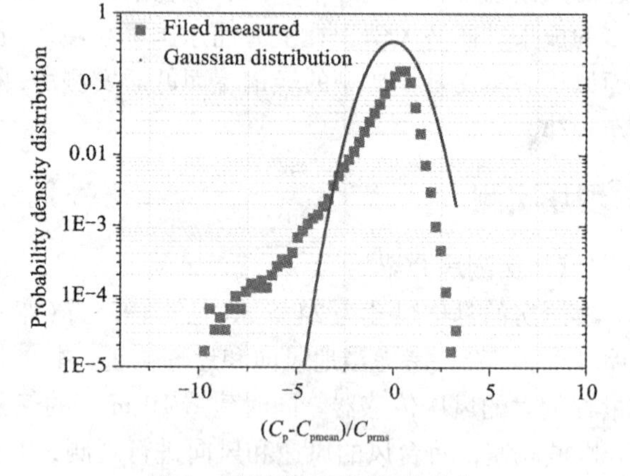

图 3　风压峰值因子概率分布

参考文献

[1] Eaton K J, Mayne J R. The measurement of wind pressures on two - storey houses at Aylesbury[J]. Journal of Industrial Aerodynamics, 1975, 1(1): 67 - 109.

[2] Richards P J, Hoxey R P, Short L J. Wind pressures on a 6 m cube[J]. Journal of wind Engineering& Industrial Aerodynamics, 2001, 89(14 - 15): 1553 - 1564.

[3] Levitan M L, Mehta K C. Texas tech field experiments for wind loads part II. Meteorological instrumentation and terrain parameters[J]. Journal of Wind Engineering and Industrial Aerodynamics 1992, 43(s1 - 3): 1577 - 1588.

[4] A P Robertson, A G Glass. The Silsoe structures building its design, instrumentation and research facilities[R]. AFRC Institute of Engineering Research, Silsoe, UK, 1988: 1 - 59.

[5] 李秋胜，戴益民，李正农，等. 强台风“黑格比”登陆过程中近地风场特性[J]. 建筑结构学报，2010，31(4)：54 - 61.

[6] 李秋胜，胡尚瑜，李正农. 低矮房屋风荷载实测研究——双坡屋面风压特征分析(II)[J]. 土木工程学报，2012，45(4)：1 - 8.

[7] 王旭，黄鹏，顾明. 上海地区近地台风实测分析[J]. 振动与冲击，2012，31(20)：84 - 89.

湍流积分尺度影响低矮房屋屋面局部风压特性试验研究*

许德，戴益民，宋思吉，陶林，李永贵，李寿科
（湖南科技大学风工程研究中心 湖南 湘潭 411201）

1 引言

研究表明，国内外对湍流积分尺度影响低矮房屋风载特性研究尚未成熟，而湍流积分尺度是衡量风压特性重要参数之一，湍流积分尺度的大小决定了脉动风对结构的影响范围，因此湍流积分尺度影响低矮房屋风压特性研究具有十分重要的意义。Haan 等[1]研究成果表明，湍流积分尺度对柱体模型的平均风压系数和脉动风压系数都有很大的影响。肖仪清等[2]研究了近地台风的湍流积分尺度和脉动风速谱等脉动特性。戴益民等[3]研究结果表明湍流度对低矮房屋屋面平均风压系数系数影响不明显，对脉动、极值风压系数影响较大。Chen 等[4]研究发现低矮房屋屋面风压与矢跨比具有相关性。为此，本次风洞试验研究湍流积分尺度影响低矮房屋屋面局部风压分布特征和风压变化规律。

2 研究方法

本文试验在湖南科技大学风工程研究中心的大气边界层风洞中进行。刚性试验模型均采用 ABS 板制作而成，模型缩尺比为 1∶20，模型尺寸长 600 mm，宽 400 mm，高 400 mm，屋面坡角 9.6°（图 1）。为研究湍流积分尺度影响低矮房屋屋面易损区的表面风压分布规律，将屋面局部区域测点进行分区，其中屋面测点布置了 130 个（图 2）。利用水平和竖直挡板组成格栅装置调试出湍流度相同，湍流积分尺度不同的三种均匀流场。以湍流积分尺度为变量，研究湍流积分尺度影响低矮房屋屋面风压分布特征和风压变化规律，试验工况如表 1 所示。

图 1 试验模型图

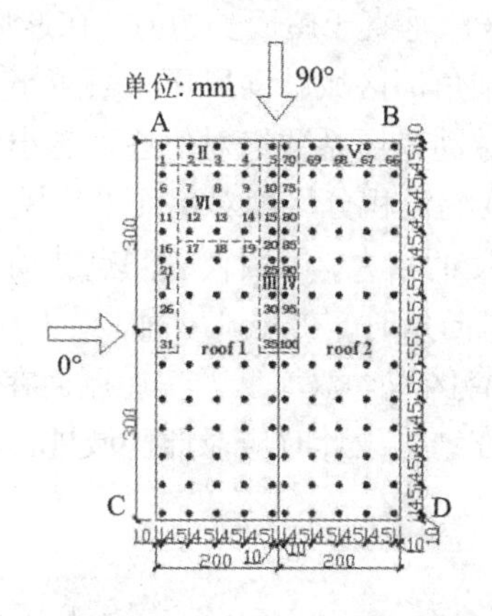

图 2 屋面测点布置图

表 1 试验工况

模型尺寸	缩尺比	屋面坡角	风向角	湍流度	湍流积分尺度
600 mm × 400 mm × 400 mm	1∶20	9.6°	0°	10%	0.339 m 0.446 m 0.605 m

* 基金项目 5：国家自然科学基金（51578237），国家自然科学基金青年科学基金项目（51508184，51508183）

3　研究内容

本文研究内容主要包括两个部分，第一部分分析了湍流积分尺度影响低矮房屋迎风屋面、背风屋面风压特性和风压变化规律；第二部分是通过对低矮房屋屋面局部测点进行分区，研究了湍流积分尺度影响低矮房屋屋面局部区域风压分布特征和风压变化规律；其中湍流积分尺度对低矮房屋屋面风压影响如图3、图4所示。

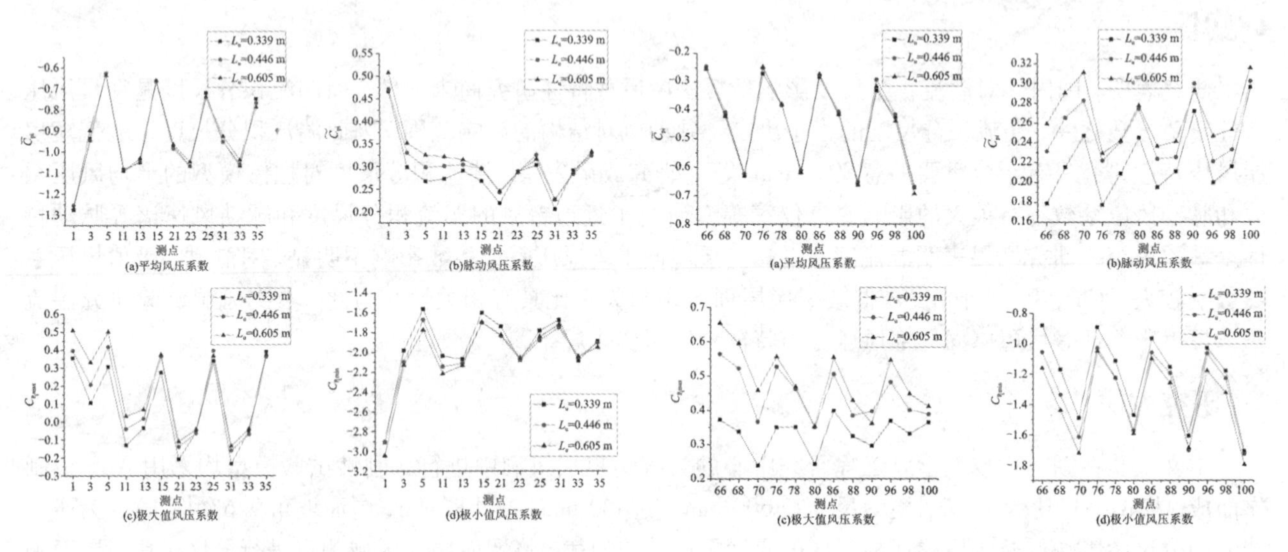

图3　迎风屋面测点风压系数　　　　**图4　背风屋面测点风压系数**

4　结论

(1)当来流垂直于屋面长边时，在迎风屋面，距迎风屋沿距离越远，代表测点的平均风压系数绝对值越小，山墙和角部区域脉动风压系数越小，而屋面中心区域脉动风压越大。在背风屋面，远离屋脊的代表测点平均、脉动风压系数绝对值逐渐越小。

(2)改变湍流积分尺度对屋面平均风压系数影响不明显，对脉动、极大、极小风压系数影响较大，且随湍流积分尺度的增大，屋面代表测点脉动、极大、极小值风压系数绝对值增大。

(3)0°风向角时，在迎风屋面，最不利风压系数出现在靠近迎风屋沿区域；在背风屋面，最不利风压系数出现在屋脊区域。双坡低矮房屋屋面在迎风屋沿、山墙区域测点风压相对较大，在这些局部区域最容易发生破坏，在结构设计时应对此区域进行适当的加强。

参考文献

[1] Haan F L, Kareem A. Anatomy of turbulence effects on the aerodynamics ofoscillating prism[J]. Journal of Engineering Mechanics, 2009, 135(9): 987-999.

[2] 肖仪清，孙建超，李秋胜. 台风湍流积分尺度与脉动风速普[J]. 自然灾害学报，2006，15(15)：45-53.

[3] 戴益民，彭旺. 考虑地貌影响平屋面低矮建筑屋面局部风压特性[J]. 建筑结构学报，2017，38(2)：134-142.

[4] Chen J H. a study on the selection of optimal roof type for low-rise buildings group in a view of windpressures action[J]. Procedia Engineering, 2012, 31(16): 1149-1154.

基于 TTU 标模的低矮建筑风效应大涡模拟多尺度验证研究*

刘康康[1]，闫渤文[1]，晏致涛[1,2]，鄢乔[1]
（1. 重庆大学山地城镇建设教育部重点实验室土木工程学院 重庆 400030；
2. 重庆科技学院建筑工程学院 重庆 404100）

1 引言

随着全球气候变化加剧，极端风灾对人类的影响日趋严重。我国是受风灾影响最严重的国家之一，其中大部分的人员伤亡和财产损失主要是由风灾所造成的居民房屋等低矮建筑的破坏甚至倒塌。目前，针对低矮房屋风荷载的研究主要包括现场实测、风洞试验和数值模拟三个方面。而针对低矮房屋风荷载的风洞试验和数值模拟还存在诸多不足，在进行缩尺模型风洞实验时，低矮房屋风洞实验结果受雷诺数效应和近地边界层风特性不能完全模拟等因素的影响，存在较大的不确定性。另一方面，基于现场实测和风洞试验的低矮房屋风荷载大涡模拟的对比验证研究局限于较小的几何缩尺比和较低的雷诺数，缺乏系统和严谨的对比研究。

本文的主要目的是基于 TTU 标模[1]，结合现场实测和风洞试验，开展低矮建筑风荷载大涡模拟的多尺度验证研究。首先，本文进行了缩尺比为 1∶3 的高雷诺数 TTU 风洞试验研究；其次，基于 TTU 模型现有的不同缩尺比风洞试验数据，构建了 TTU 标模表面风荷载的多尺度试验数据库，为表面风荷载的数值模拟对比验证研究提供了基础；随后，开展了缩尺比为 1∶50、1∶10 及 1∶3 和足尺的大涡模拟研究，对比分析了包括平均、脉动、极值风压系数以及风压功率谱和风压相关系数等多个方面的关键参数。通过开展多尺度的低矮房屋风荷载大涡模拟研究，一是能够对比验证和改进低矮房屋风荷载大涡模拟的准确性和可靠性；二是可以定量地阐明低矮房屋表面风压的雷诺数效应。因此，本研究对提高低矮建筑风荷载模拟方法的有效性有重要的意义，并能进一步推进计算风工程在建筑表面风荷载模拟方面的不断发展。

2 数值模拟与风洞试验

TTU 标模表面风荷载特性风洞试验在四川绵阳气动中心低速所 8 m×6 m 大型低速风洞第一试验段中进行，TTU 建筑模型缩尺比取为 1∶3（如图 1 所示）。这是迄今为止在风洞试验中采用的最大尺度的缩比模型。模型长 4.572 m×宽 3.048 m×高 1.352 m。在数值模拟中，依据不同的缩尺比，分别建立缩尺比为 1∶50、1∶15、1∶3 以及全尺寸的网格模型。其中，0°风向角下 TTU 全尺寸数值模拟网格划分情况（如图 2 所示）。

图 1 缩尺比 1∶3 的 TTU 风洞试验

3 结果分析和讨论

图 3 对比了不同几何缩尺比的风洞试验结果和 TTU 现场实测结果在中轴线处的平均及脉动风压系数。结果表明发现几何缩尺比为 1∶3 的风洞试验能更好地模拟现场实测的平均和脉动风压结果，而几何缩尺比为 1∶50 的风洞试验则明显低估了 TTU 标模的表面脉动风压。

* 基金项目：国家自然科学基金资助项目（51608075），中央高校基本科研业务费（106112016CDJXY200010），Environment and Conservation Fund (ECF) of Hong Kong (9211097)

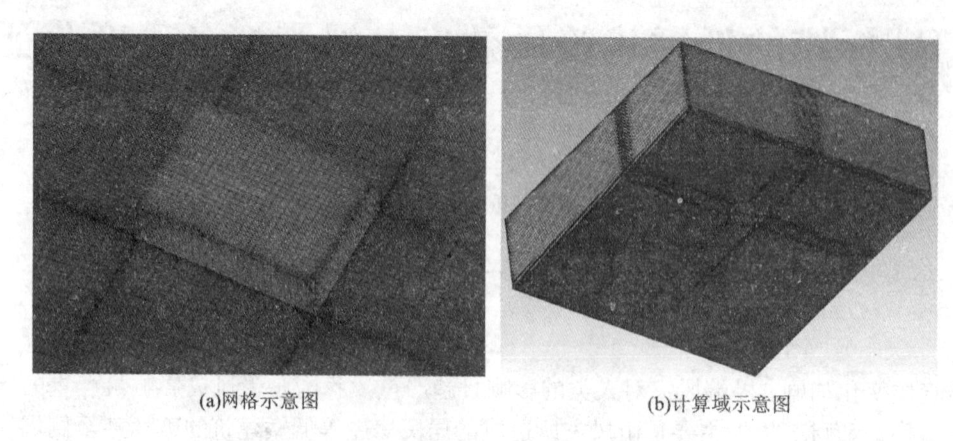

(a)网格示意图　　　　(b)计算域示意图

图 2　网格及计算域示意图

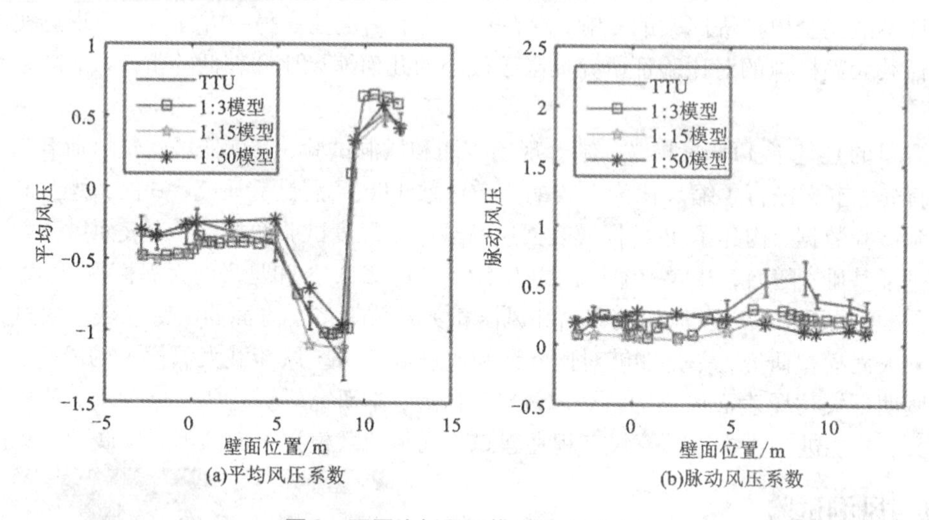

(a)平均风压系数　　　　(b)脉动风压系数

图 3　不同比例风洞模型及实测对比

4　结论

本文通过 TTU 建筑的大比例尺风洞试验，研究了典型的低矮建筑物表面平均、脉动以及峰值风压系数分布规律，得到大尺度模型在屋角、屋檐等重要的典型位置测点试验结果更接近于实测，在排除了测点测压管直径不匹配的影响后，考虑到湍流度模拟与实际的差异，大尺度模型体现出了相对小尺度模型的显著优势。结果表明基于风洞试验的低矮房屋表面风压模拟必须要考虑雷诺数效应的影响，同时也说明亟需对低矮房屋表面风压的数值模拟开展多尺度的验证研究。

参考文献

[1] Levitan M L, Mehta K C. Texas tech field experiments for wind loads part I. Building and pressure measuring system[J]. Journal of Wind Engineering and Industrial Aerodynamics, 1992, 43(1－3): 1565－1576.

湍流影响双坡低矮建筑局部风压特性试验研究*

杨梦昌，戴益民，高阳，许德，于友良，李永贵，李寿科
（湖南科技大学风工程试验研究中心 湖南 湘潭 411201）

1 引言

国内外风灾统计表明，由风灾造成的损失为各类自然灾害之首，其中低矮房屋损毁所带来的损失占我国风灾损失的50%以上[1]。研究表明，台风的风场湍流度变化较大，而来流湍流对建筑结构风载特性和风致响应影响明显。近年来，国内外学者对地貌和湍流强度影响低矮房屋风载特性开展了一定研究，Tieleman[2]等声称模型表面峰值压力和峰值负载随湍流强度明显变化。Nakamura 等[3]得出湍流可以显着影响钝体的平均流量。李正农等[4]得出随着湍流度的增大，建筑平均弯矩系数、脉动弯矩系数分别呈减少、增大趋势。李秋胜(Q. S. L1)[5]等通过大量风洞试验展现了结构表面风压受湍流影响的复杂现象。综上，上述有关单独考虑湍流度影响低矮建筑易损区风载特性的研究尚且较少。

本文采用格栅法模拟均匀湍流场，开展格栅湍流场下低矮模型的测压试验，基于三类不同湍流度，以风向角为变量，研究双坡低矮建筑模型屋面局部风压分布规律。

2 主要研究方法和内容

1)主要研究方法

本次风洞试验在湖南科技大学大气边界层风洞中进行(图1)。该风洞试验段宽×长×高为4.0 m×21.0 m×3.0 m，中心转盘直径3.0 m。采用横纵挡板组合方案获取湍流变化的均匀格栅湍流场，湍流积分尺度的值控制在0.3[3]。试验模拟出3种格栅湍流场(湍流度 I_a、I_b、I_c 对应的湍流度分别为7.0%、13.0%、18.0%)。

图1　风洞试验模型

风洞试验双坡低矮房屋原尺寸为8 m×12 mm×8 m(宽×长×高)、体型比为1∶1.5∶1(长：宽：高)、坡度 α 为9.6°。风洞试验模型缩尺比为1∶20，其尺寸为400 mm×600 mm×400 mm(宽×长×高)，模型材料由ABS板制作而成。试验模型屋面上表面布置130个测点，低矮房屋屋面迎风区域、角部区域及屋脊区域(易损区域)为易损典型区域，将模型屋面易损区域测点划分Ⅰ~Ⅵ区(如图2所示)。

2)主要研究内容

论文针对三种风场与5种风向，论文试验工况见表1。

限于篇幅，本文取 $\beta=0°$ 风向角下屋面局部测点平均、脉动风压系数随 $I=7.0\%$、13.0%、18.0% 三种湍流度的变化规律(图3、图4)。

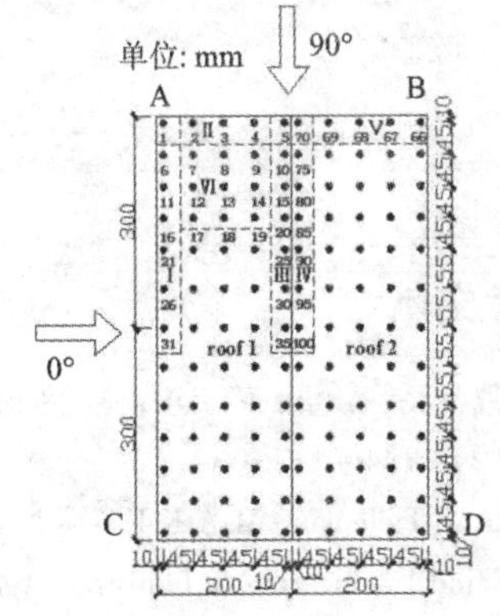

图2　模型屋面测点布置详图

3 结论

双坡低矮房屋迎风屋面屋沿及角部测点风压相对较大形成易损区，且风向角影响风压分布明显。斜风向下角部迎风屋沿区域受锥形涡影响测点平均、脉动、极值风压系数最大，尤其45°。

湍流度影响双坡低矮房屋屋面尤其迎风屋面角部脉动风压显著，屋面脉动与极值风压系数绝对值随着湍流度增大而增大。

湍流度与屋面脉动风压系数呈现一定线性递增相关性，局部脉动风压随湍流度增大呈阶梯性增长。

* 基金项目：国家自然科学基金面上项目(51578237)，国家自然科学基金青年科学基金项目(51508184，51508183)

表1　试验工况

低矮建筑模型尺寸/mm	屋面坡角 α	缩尺比	风向角 β	湍流度 I
400 mm×600 mm×400 mm ($B_0 \times D_0 \times H_0$)	9.6°	1∶20	0°、30°、45°、60°、90°	7.0%、13.0%、18.0%

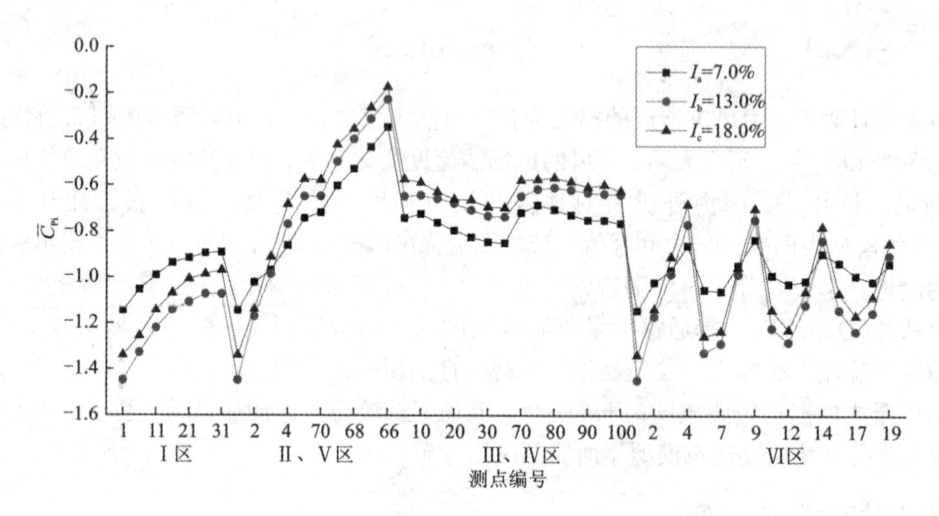

图3　风向角0°平均风压系数

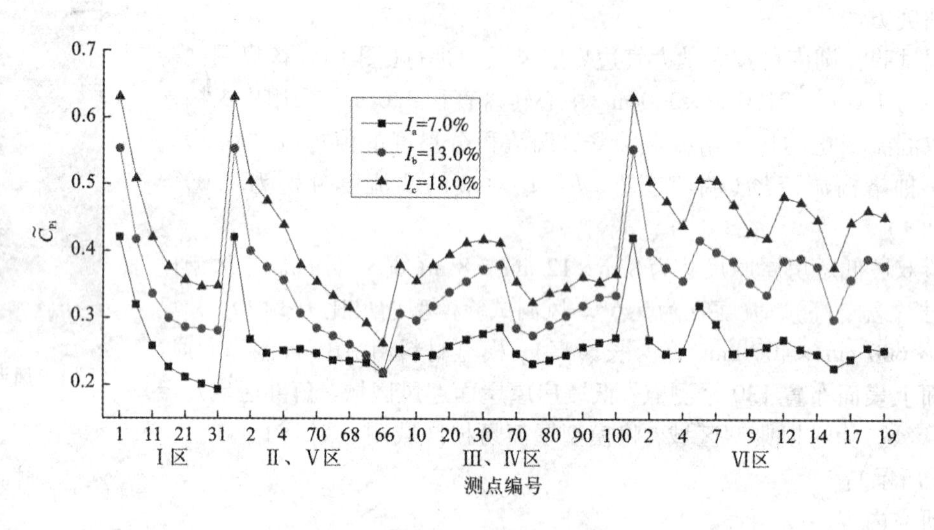

图4　风向角0°脉动风压系数

参考文献

[1] 戴益民，彭望，蒋荣正，等. 考虑地貌影响平屋面低矮建筑屋面局部风压特性试验研究[J]. 建筑结构学报，2017，38(2)：134－142.

[2] H W Tieleman，M A K Elsayed，Z Ge，et al. Extreme value distributions for peak pressure and load coefficients[J]. Journal of Wind Engineering & Industrial Aerodynamics，2008，96(6－7)：1111－1123.

[3] Y Nakamura，Y Ohya，S Ozono. The effects of turbulence on bluff－body mean flow[J]. Journal of Wind Engineering & Industrial Aerodynamics，1988，28(1－3)：251－259.

[4] 李正农，苏万林，罗叠峰. 湍流对高层建筑风致响应影响的风洞试验研究[C]// 袁驷. 全国结构工程学术会议. 济南：工程力学杂志，2010：123－128.

[5] Q S Li，W H Melbourne. The effects of large scale turbulence on pressure fluctuations in separated and reattaching flows[J]. Journal of Wind Engineering and Industrial Aerodynamics，1999，83(1)：159－169.

锯齿形房屋屋面风压特性风洞试验研究

张记，李春光，晏聪
（长沙理工大学土木与建筑学院 湖南 长沙 410083）

1 引言

锯齿型屋盖建筑一般常见于轻工业厂房，能定向采光且采光均匀，多为单层多跨建筑，是一种比较特殊的屋盖形式，通常情况下，作用在建筑物表面的风压分布并不均匀，通过锯齿型屋盖表面的空气流则会变得更加紊乱。目前国内文献对于屋面风压的研究主要集中对平屋顶、单坡、双坡和四坡屋面，房屋分风压分布都有了较多分析与深入的研究[1]，但对锯齿形屋面风压研究却几乎没有。根据近年来国外对锯齿屋盖的研究显示，锯齿型屋面风压分布较为复杂，峰值风压主要分布在屋面角部、檐口和边棱处；Holmes[2-3]对20°坡面5跨锯齿形屋盖风压系数进行研究，得出局部风压系数最值出现在迎风跨的高屋角处，低屋檐和屋盖中间部分的风压系数明显低于相应跨的高屋角、高屋檐部位的风压系数；Sathoff and Stathopoulos[4]研究多跨锯齿形屋盖的基础上，增加了屋盖风压系数与屋盖跨数的的关系，以15°坡面的锯齿形屋盖进行研究，面上平均风压系数与测压点的从属面积有明显的关系，即提高测压点布置密度，能够减少过高估计峰值荷载。国内规范[5]对锯齿形屋盖屋面取相同的值有一定的局限性。且对锯齿形屋盖表面风压的分布规律的研究还很少，本文将按国内低湍流强度的情况下研究锯齿形屋盖的屋面风压分情况与锯齿跨数和坡度的影响。研究的结果可作为锯齿形屋盖风荷载抗风设计的依据。

2 试验布置

本文对1跨、2跨、3跨、4跨和变高度的4跨不同跨数的锯齿型屋盖进行风洞测压试验。模型的尺寸布置图如图1所示。参照国内规范相关参数，在风场摆放尖劈和粗糙元的被动模拟形式，模拟出规范给定的B类风场环境。模型采取1∶200缩尺比的刚性模型；屋面坡度为15°；屋面布置共布置14×28 = 392个测点，在角部和边棱处局部加密布置；0°~180°范围内进行11个不同的风向角。试验采取风速风压的的同步采集，采样频率为312.5 Hz，采样时间为60 s。试验工况如表1所示。

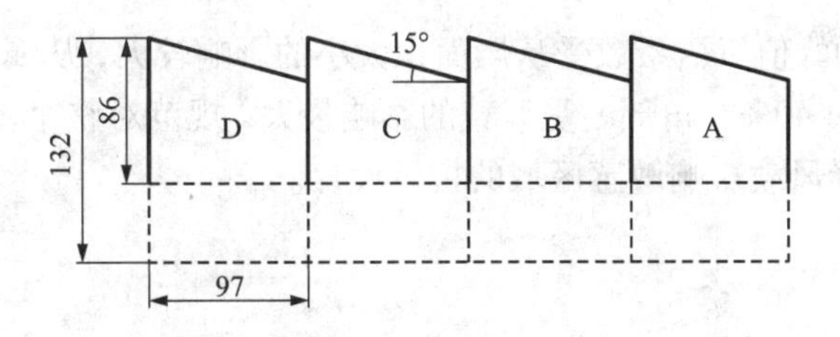

图1 模型尺寸布置图(单位：mm)

表1 实验工况

模型	跨数	模型平均高度	风向角
单坡屋盖	SP1	73 mm	0°，30°~150°/15°，180°
锯齿屋盖	SP2		
	SP3		
	SP4		
	SP4 +	119 mm	

3　试验结果和分析

本文参照 ASCE7－02[6]对锯齿形屋面区域划分的规定并结合 Cui Bo[7]的试验结果将屋面划分成六个区域，分别为：HC（High Corner），SE（Sloped Edge），LC（Low Corner），HE（High Edge），IN（Interior），LE（Low Edge）。峰值吸力较主要集中在屋盖表面的角部和边棱处，HC 是峰值吸力风压系数最值出现的区域；屋面角部受风载影响大于其他屋面区域 LE、IN 两个分区的受吸力影响较小，峰值吸力明显小于其他相应的区域。锯齿屋面边跨的不同分区的峰值风压系数与 Sathoff and Stathopoulos 试验结果对比如图 2 所示。

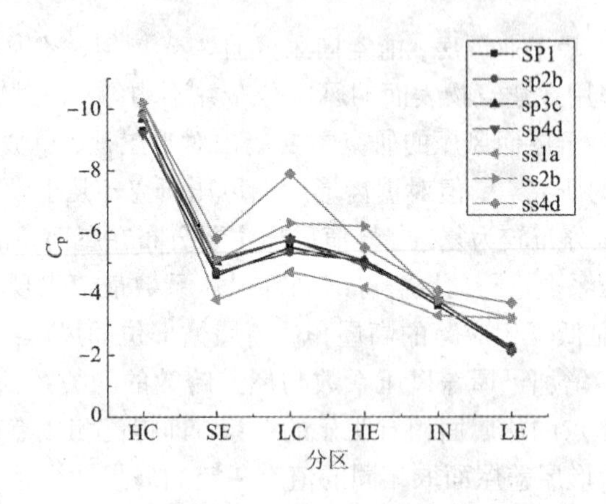

图 2　屋面不同分区峰值风压系数

4　结论

本文通过单、多跨锯齿屋盖的风洞测压试验，获得锯齿屋盖在不同工况下的屋面风压分布规律。主要结论如下：

（1）锯齿形屋盖表面受风压影响的最大区域为屋面的角部和边棱处，在屋面的中部收到的风压影响明显减小；

（2）锯齿形屋盖表面风压随着跨数的增多，多跨屋盖 A 跨风压影响减小，D 跨的峰值吸力增大且超过单坡屋盖的峰值吸力；

（3）屋面角部和边棱处的峰值风压系数受从属面积大小的影响较大，从属面积达到 10 m^2左右时，角部和边棱处的风压系数减小超过 40%，角部的受风载的影响最大，规范对整个屋面风压系数取平均值，有一定的局限性，应注意对屋面受风载影响敏感区域的抗风设计。

参考文献

[1] 戴益民，邹思敏. 檐口构造对四坡低矮房屋屋面风压分布影响规律的数值模拟研究[J]. 动力学与控制学报，2015，13（5）：394－399.

[2] Holmes J D. Wind Loading of Saw－Tooth Buildings. Part 1：Point Pressure . International Report Number：83/17，Division of Building Research[C]//CSIRO，Melbourne，Australia，1983：83.

[3] Holmes J D. Wind Loading of Multi－Span Building[R]. First National Structural Engineering Conf. Melbourne，Australia，1987：26－28.

[4] Saathoff P，Stathopoulos T. Wind Loads on Buildings with Sawtooth Roofs[J]. Journal of Structural Engineering，1992，118（2 Feb）：429－446.

[5] GBJ 50009—2012，建筑结构荷载规范[S].

[6] American Society of Civil Engineers（ASCE）. Minimum Design Loads for Buildings and Structures[C]//ASCE，2002，7－02.

[7] Cui Bo. Wind Effects on Monosloped and Sawtooth Roofs[D]. Clemson：Clemson Univ，S. C. 2007.

六、大跨度桥梁抗风

串列斜拉索尾流驰振及其抑振措施研究*

蔡畅[1,2]，何旭辉[1,2]，敬海泉[1,2]，盖永斌[1,2]，高宗余[3]，曹洪武[3]
(1. 中南大学土木工程学院 湖南 长沙 410075；2. 高速铁路建造技术国家工程实验室 湖南 长沙 410075；
3. 中铁大桥勘测设计院有限公司 湖北 武汉 430050)

1 引言

随着铁路桥梁不断发展，对斜拉桥跨度和承载能力的要求越来越高，作为主要承载构件的斜拉索也越来越多采用串列布置，而串列布置形式可能会导致下游拉索尾流驰振[1]，在拉索各种风致振动中，尾流驰振危害很大，严重影响桥上行车安全性和舒适性[2]，因此有必要对串列拉索尾流驰振及其抑振方法进行系统的研究。此次研究以实际工程为背景，设计了一套串列拉索风洞试验装置，对多种工况进行了风洞试验，试验中观测到下游拉索大幅尾流驰振现象，并选取最不利工况研究了几种抑振措施的抑振效果。

2 实验介绍

试验在中南大学风洞高速试验段进行，根据实际工程斜拉索布置形式，本文试验拉索模型采用变间距非平行布置，拉索梁端、塔端间距分别为5.7D和9.4D，如图1。为充分考虑垂度效应的影响，根据模型索和实索垂跨比一致设计了模型索的索力。在风偏角范围 $-30° \leqslant \beta \leqslant 30°$和风攻角 $\alpha = 0°$、5°下进行了串列拉索尾流驰振试验，试验最大风速达50 m/s，相当于实桥104 m/s。

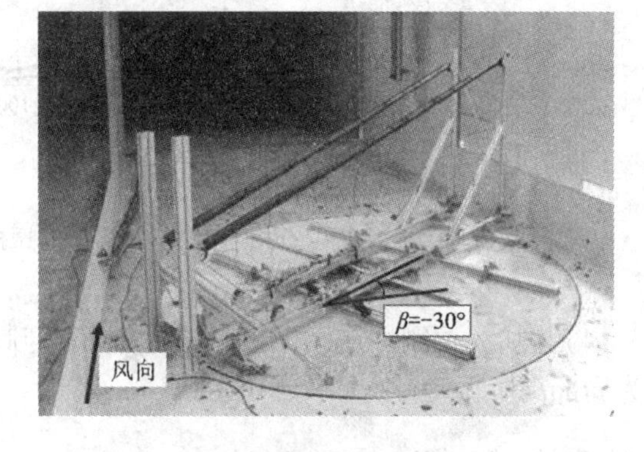

图1　串列拉索模型

3 结果分析

通过布置在拉索上的加速度传感器采集加速度信号，对采得的信号按频率带宽分解，分解成不同带宽频率的信号的叠加，然后对每个带宽的响应进行积分得到各阶位移响应。对比分析各个工况得到风偏角为10°、风攻角为5°为最不利组合工况，此时下游拉索起振风速最低、振动幅度最大，该工况各阶模态位移RMS值随风速变化及风速 $V = 37.4$ m/s时下游拉索第一阶振动模态振动轨迹如图2。针对此工况进行了刚性连接杆连接、柔性连接杆连接、增加阻尼三种抑振措施试验研究并进行了对比分析，加刚性连接杆和增加阻尼后下游拉索1/4跨前三阶模态位移RMS值如图3所示。

4 结论

(1)采用变间距非平行布置的串列斜拉索下游拉索在一定风向来流下同样会发生大幅尾流驰振，在某些工况下，下游拉索可能会在较低的风速下发生尾流驰振，而后随着风速增加尾流驰振消失。

(2)单纯增加阻尼可能不能抑制尾流驰振，甚至可能有不利影响，例如此试验中增加阻尼到0.4838%时起振风速反而提前了，当继续增加阻尼到0.6529%，起振风速延后。

(3)横向刚性和弹性连接杆具有较好的控制效果，刚性连接杆相比弹性连接杆抑制效果更加好，这可能由弹性连接杆约束作用不如刚性连接杆导致。

* 基金项目：风雨作用下高速铁路车－轨－桥时变系统横向稳定性基础理论研究(U1534206)

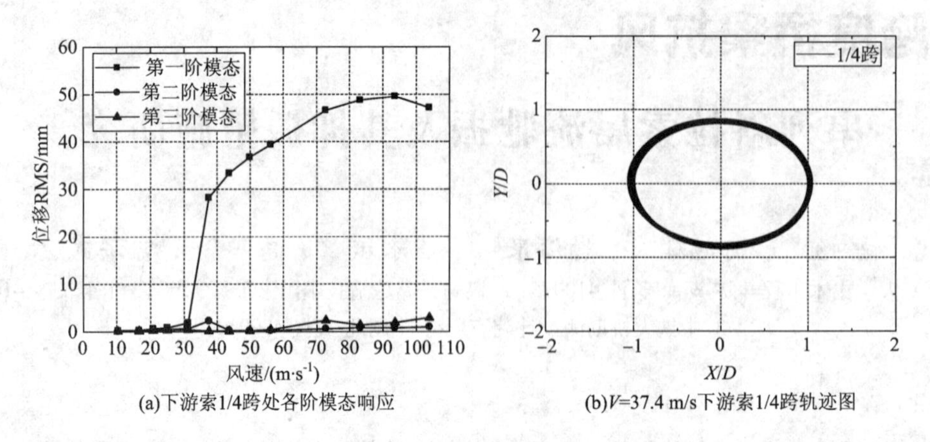

(a)下游索1/4跨处各阶模态响应　(b)V=37.4 m/s下游索1/4跨轨迹图

图2　下游拉索振动响应

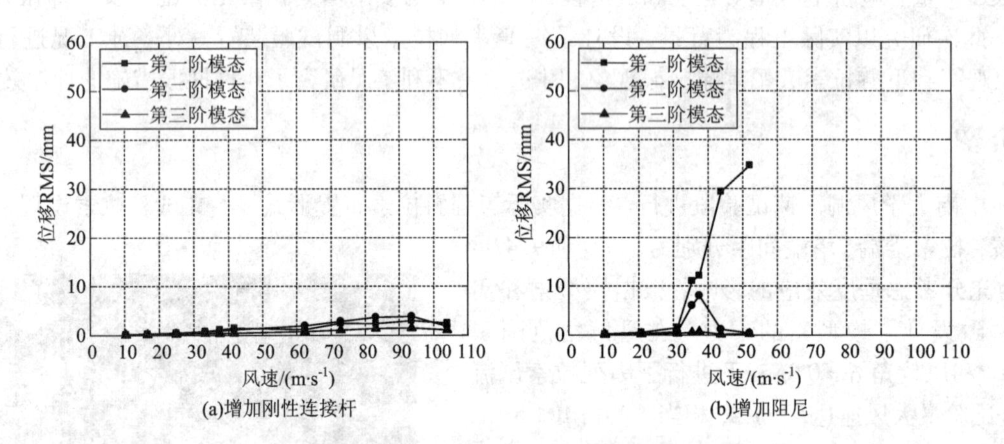

(a)增加刚性连接杆　(b)增加阻尼

图3　增加抑振措施后下游索位移RMS值

(4)与加一根刚性连接杆相比，加多根时抑制效果会更好，但可能会导致拉索振动形式从整体低阶转向为局部高阶振动。

参考文献

[1] Hiroshi Tanaka. Aerodynamics of cables [C]//Fifth international Symposium on Cable Dynamics, Italy, 2003: 11 - 21.
[2] Laursen E, Bitsch N, Andersen J E. Analysis and Mitigation of Large Amplitude Cable Vibrations at the Great Belt East Bridge [C]// IABSE Symposium Report, 2006.

拉索风雨激振 Scruton 数影响效应*

常颖，陈兵，赵林，葛耀君
（同济大学土木工程防灾国家重点实验室 上海 200092）

1 引言

自1986年日本学者在名港西大桥上首次观察到拉索风雨激振以来[1]，各国学者对该现象的研究已经取得了一定成果[2-3]。至今，针对拉索发生风雨激振时的模态组成、风雨条件以及空间姿态的研究已经在较大程度上达成共识，然而对风雨激振的激励解释方面仍然存在不足，没有能完善解释风雨激振的理论模型。并且，在如何确定能够抑制风雨激振的临界阻尼、阻尼与风雨激振稳定振幅之间是否存在一个确定的函数关系这两个问题上，依旧没有准确答案。而这两个问题是对拉索风雨激振建立理论模型的前提条件。

以往风雨激振实验没有准确地模拟原型拉索的质量，放弃了对 *Sc* 参数的模拟，原型拉索的 *Sc* 数为模型的3~10倍。本文通过风洞实验，选取表征质量和阻尼大小的 *Sc* 参数，在总结前人实验结果的基础上，对振幅与 *Sc* 参数之间的定量关系进行了研究。研究表明，质量和阻尼单独影响着系统的最大振幅，仅用 *Sc* 参数作为评价依据是不足的。

2 风洞实验及结果分析

人工降雨实验在TJ-1号风洞射流段进行，采用高精度自动降雨模拟系统，能精确地模拟不同雨强下的降雨。拉索模型长2 m，直径139 mm，模型的Re数和St数与原型拉索一致。模型质量的改变[3.2 kg/m、(3.2+1)kg/m、(3.2+2)kg/m]通过外加砝码实现，模型阻尼的改变(0.8‰，2.0‰，4.0‰，6.0‰，7.5‰，1.0%)通过在弹簧上缠绕防水胶带实现。试验通过调节风速、雨强、风向角、风偏角等参数，首先确定原始质量阻尼的光索模型产生最不利风雨激振的再现条件，然后在同等条件下，研究了质量和阻尼对拉索最大振幅的影响。

实验得到了拉索最大振幅随质量、阻尼以及 *Sc* 数的变化曲线，如图1、2所示。由图2可知，质量增加导致振幅减小的幅度比阻尼增大导致振幅减小的幅度大，即质量对振幅的影响较大。而将质量和阻尼相结合表征系统特征的Sc数，不能分别考虑二者对振幅的影响。

3 与已有成果的对比

本文总结前人风洞实验以及现场实测结果，得到量纲为一的振幅(*A/D*)随 *Sc* 数的变化曲线，如图3所示。由图可知，现场实测给出的 *Sc* 数较大，且对应的量纲为一的振幅也高于风洞实验的结果，这可能与实际拉索发生振动的三维特性有关，在此暂不深入探究。不同学者在风洞实验中得到的振幅-*Sc* 数关系不同，难以建立相关的函数。导致这一结果有两种可能的原因，一是不同实验环境、实验系统之间本身存在一定的差异，另一原因是振幅与 *Sc* 数之间本身不具有单独建立函数的关系。

图4总结了三位学者及本文实验结果中有关振幅随阻尼变化的部分，曲线初始值的差异很可能由质量的不同引起。由图可知，振幅随阻尼近似呈线性变化的关系，且靠上的三条曲线在最初的范围内，斜率十分接近。由此推测，阻尼与风雨激振的稳定振幅很可能存在一个确定的函数。

* 基金项目：科技部国家重点基础研究计划项目(973计划，2013CB036300)，国家自然科学基金项目(51323013)

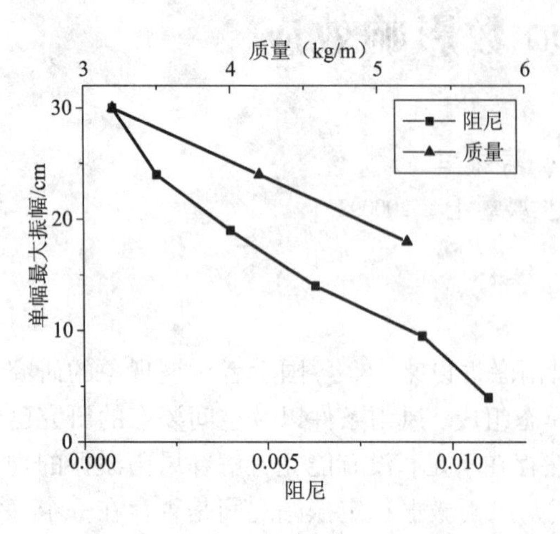

图 1 振幅随质量、阻尼的变化曲线

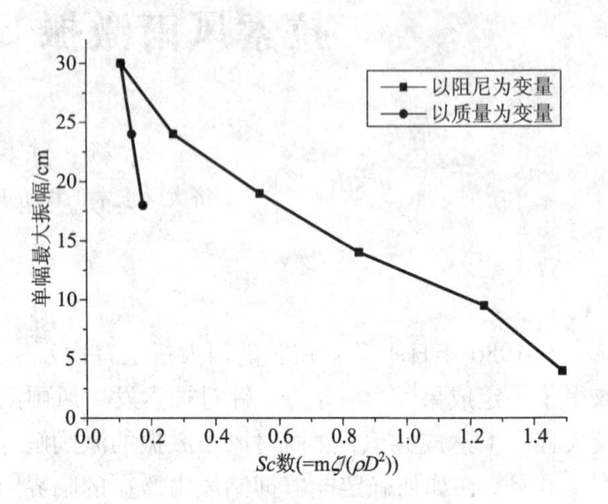

图 2 振幅随 Sc 数的变化曲线

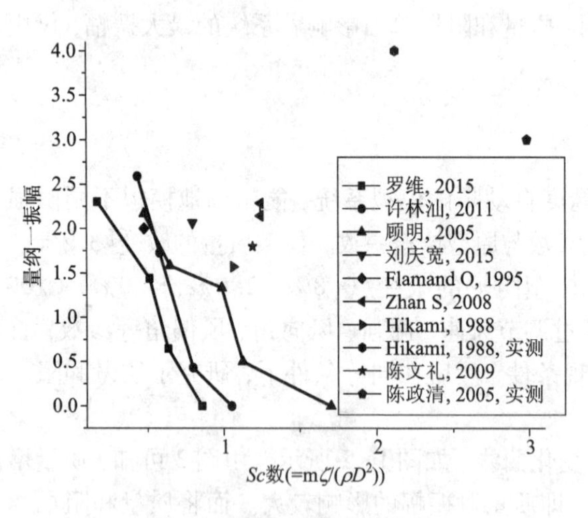

图 3 振幅 - *Sc* 数变化曲线

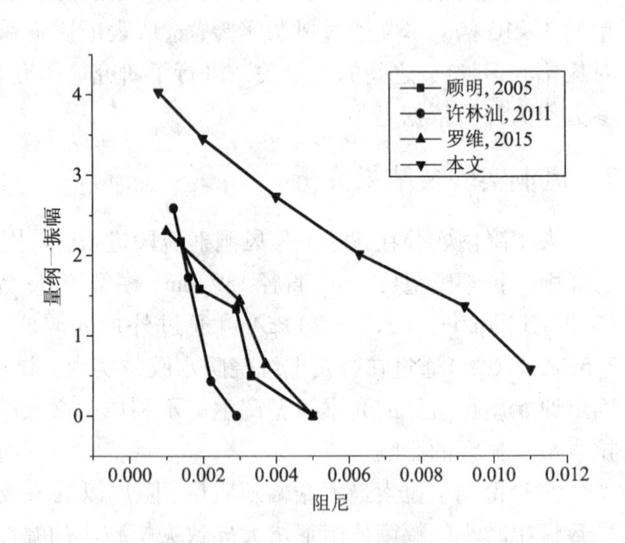

图 4 振幅 - 阻尼变化曲线

4 结论

质量、阻尼均是振动系统的决定性参数。通过拉索风雨激振实验，研究了质量和阻尼对拉索最大振幅的影响。与阻尼的增大相比，质量的增加对拉索振幅的影响更大。对于不同质量、阻尼的拉索系统，不能简单用 *Sc* 数作为评价依据。

拉索最大振幅随阻尼近似呈线性变化，结合不同学者针对阻尼的研究成果可知，阻尼与拉索稳定振幅之间很可能存在一个确定的函数。若此假定成立，那么可以此为依据，建立相应的理论模型。对比现有风洞试验结果，在接近原型拉索 *Sc* 数条件难于再现大幅风雨激振，表明实际结构风雨激振的复杂性和现有对此现象机理认识的非准确性，后期工作拟继续针对此问题展开必要的探索工作。

参考文献

[1] Hikami Y, Shiraishi N. Rain - wind induced vibrations of cables stayed bridges[J]. Journal of Wind Engineering and Industrial Aerodynamics, 1988, 29(1): 409 - 418.

[2] 许林汕，葛耀君，赵林. 高精度风雨模拟环境下拉索风雨激振试验研究新发现[J]. 土木工程学报，2011，44(5)：86 - 93.

[3] 陈政清. 斜拉索风雨振现场观测与振动控制[J]. 建筑科学与工程学报，2005，22(4)：5 - 10.

单箱梁静风荷载被动吸吹气流动控制研究*

陈冠斌[1]，陈文礼[2]，张亮泉[1]，高东来[2]
（1. 东北林业大学土木工程学院 黑龙江 哈尔滨 150040；2. 哈尔滨工业大学土木工程学院 黑龙江 哈尔滨 150090）

1 引言

随着桥梁结构跨度的变大，刚度会越来越小，阻尼跟随降低。风效应成为大跨度桥梁设计中的重要控制因素，因此，多种被动控制方法被提出来，如悬臂水平分离板[1]、中央稳定板[2]等。被动控制方法不需要能量的输入，不用过分的依赖于控制机械等优点。本文应用被动自吸吹气流动控制措施到大跨度单箱梁中，主要特点是利用吸气孔所吸的气通过吹气孔吹出来改变单箱梁桥梁周围的流场，使得脉动升力系数脉、动阻力系数和脉动力矩系数有所减小。

2 模型与实验介绍

试验以丹麦的大海带桥（此桥在低风速下有很强的旋涡脱落而产生涡激振动[3]，桥宽为 31 m，桥高为 4.34 m）为对象采用 1∶125 的几何缩尺比制作模型［如图 1（a）］，跨度方向的长度为 480 mm，模型忽略了单箱梁桥上的附属构件，考虑了行车面的坡度。试验模型分为五种不同的开孔数量及位置的方案和一种无控制措施的方案（图 1），吸吹气孔的高度为 3.472 mm（模型高度的十分之一），展向长度为 20 mm。试验中的雷诺数（$Re = UB/\nu$）为 $Re = 1.98 \times 10^5$（B 为桥梁模型的宽度 248 mm，U 为来流风速 12 m/s，ν 为运动黏性系数 1.5×10^{-5} m²/s）。试验在哈尔滨工业大学闭合回流式小型精细化风洞实验室进行。首先用 ATI DAQ F/T USB 模式的六分量天平测量模型整体所受到的气动力，再用电子压力扫描阀系统测量模型表面压力分布特性，最后采用粒子图像测速技术（简称 PIV）可以获得流场的流动特性。

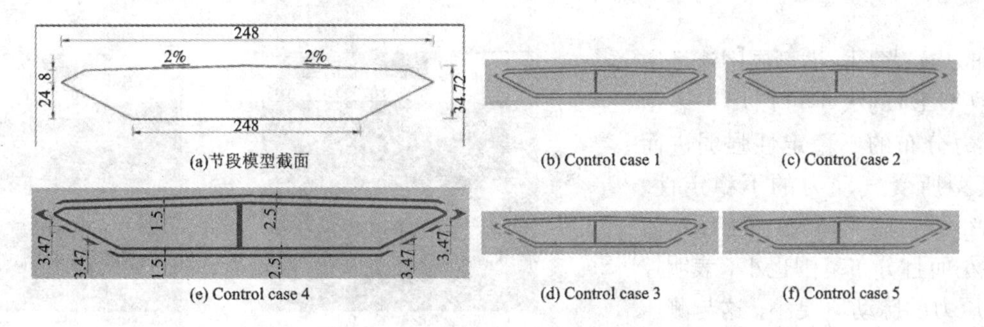

图 1 节段模型截面的几何信息和五个控制方案截面（单位：mm）

3 结果与分析

图 2 中为测力实验风攻角为 0°时的结果其中 C_{d_mean}、C_{d_rms}、C_{l_mean}、C_{l_rms}、C_{m_mean}、C_{m_rms} 分别为气动力系数的平均值和均方根值。本次试验所测的 C_{d_mean} 的值为 0.061，这与试验结果值为 0.064[4] 很接近。气动力的脉动值越小流场就越稳定，图 2（b）中可知五种工况对 C_{d_rms}，C_{l_rms}，C_{m_rms} 的控制效率分别为 10.84%，34.21%，37.81%，46.20%，40.90%；14.40%，45.89%，51.33%，54.12%，

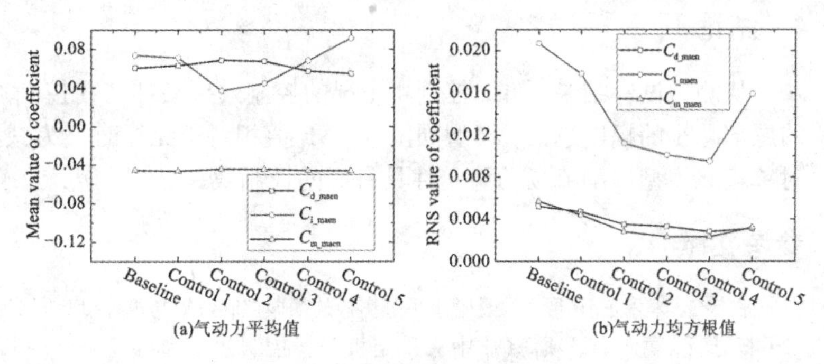

图 2 气动力系数（风攻角为 0°）

* 基金项目：国家自然科学基金（NSFC51578188，51378153）

23.36%；24.67%，51.39%，59.98%，59.81%，45.19%。图2(a)得到工况和无控气动力平均值接近，综合考虑五种控制工况的控制效率可知控制4的控制效果最佳。

图3中为控制4和无控工况的表面压力分布图，从图中可知：上下表面的压力分布平均值极为接近，图3(a)与图3(c)所示上下表面的压力梯度都由正值变为负值，流体在表面产生了流动分离。由图3(b)与图3(d)可知上下表面的脉动值在模型的前半部分比较接近，在模型的后半部分控制4比无控工况的值要小很多，因此可得模型整体所受到气动力的脉动值降低，这与测力结果相一致，表明了被动自吸吹气可以使单箱梁模型周围的流场更稳定。

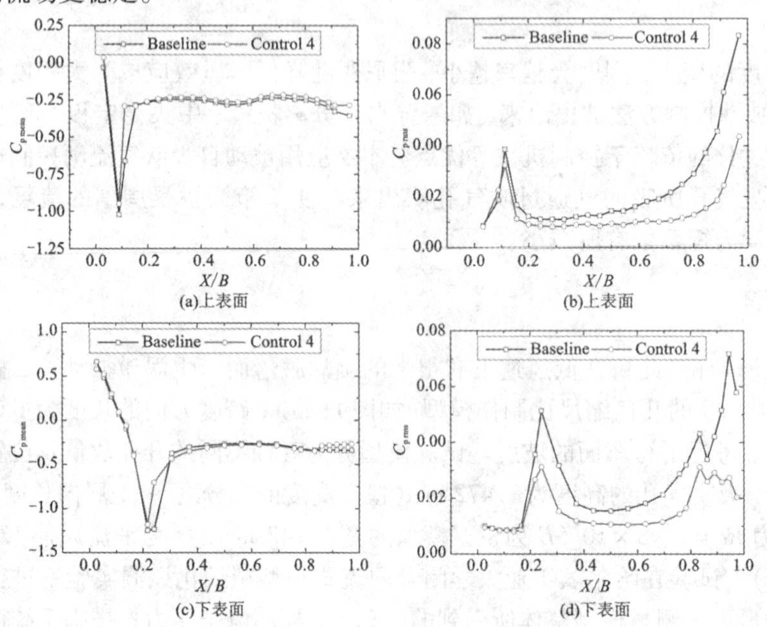

图3 表面压力分布系数(风攻角为0°)

图4为时均流场图，模型周围流场中的湍流动能(TKE)的大小可以用于表示模型表面压力分布的不稳定性强弱进而可以表示模型所受气动力的不稳定性。从图中可以得到控制4尾流中的TKE值比无控时要小而且分布范围也小，表明控制4的表面压力的脉动值要小，这与测压实验结果相同。证明了控制4的有效性。

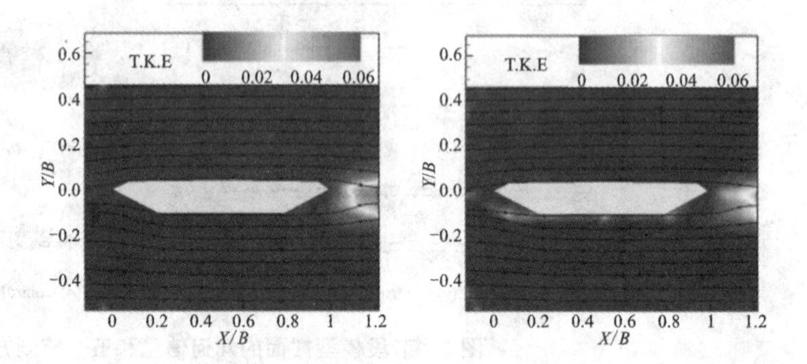

图4 时均流场图 Baseline(左) control 4(右)

4 结论

从测力试验结果可知，控制4工况的控制效果最佳。在控制4工况下模型表面压力脉动值越靠近模型的尾部减小的幅度越大，模型周围的TKE值相对于无控时大为减小，这些试验结果都验证了被动自吸吹气对单箱梁模型周围流场的稳定性具有好的控制效果。

参考文献

[1] 张宏杰，朱乐东. 箱形主梁悬臂水平分离板的颤振控制效果与机理[J]. 同济大学学报(自然科学版)，2011，39(11)：11-16.

[2] 杨詠昕，葛耀君，项海帆. 中央稳定板颤振控制效果和机理研究[J]. 同济大学学报(自然科学版)，2007，35(2)：149-155.

[3] Larsen A，Esdahl S，Andersen J E，et al. Storebaelt suspension bridge - vortex shedding excitation and mitigation by guide vanes[J]. J. Wind Eng. Ind. Aerodyn，2000，88(2)：283-296.

[4] Taylor Z，Gurka R，Kopp G A. Geometric effects on shedding frequency for bridge sections[C]//Proceedings of the 11th Americas conference on wind engineering. San Juan，Puerto Rico，2009.

基于 PIV 技术的闭口箱梁桥梁气动性能优化*

陈仕国，颜宇光，杨詠昕，葛耀君

（同济大学土木工程防灾国家重点实验室 上海 200092）

1　引言

由于风嘴角度及斜腹板倾角对闭口箱梁断面的气动性能有较大的影响[1]，特别是颤振和涡振性能，为了获得气动性能最优的主梁断面，需要开展这两个重要的几何外形参数对闭口箱梁气动性能影响的研究。基于 PIV 技术[2]和测振试验，针对风嘴角度为 50°、具有常用斜腹板倾角的一组节段模型进行了 PIV 试验。首先获取其颤振性能数据，与 CFD 计算结果进行对比，然后进行断面涡振的数值模拟，最后综合优化选择。PIV 测振试验模型采用 1∶180 缩尺比的节段模型，风速比取 1∶13，给出试验的模型尺寸，数值计算采用 LES 大涡模拟。

2　颤振性能优化

三个风攻角 -3°，0°和 +3°下各个斜腹板倾角下的最低颤振临界风速曲线如图 1 所示。

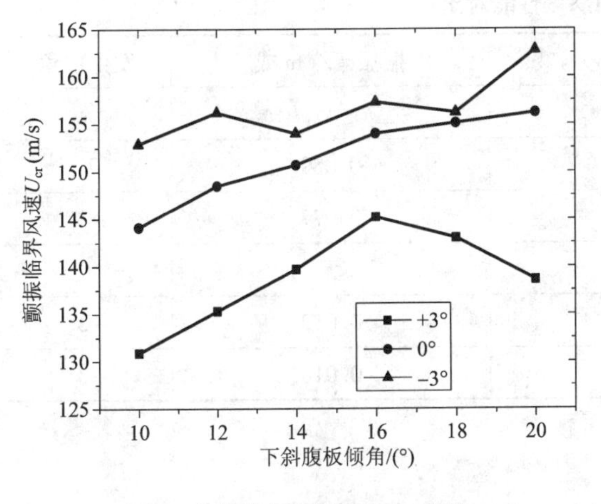

图 1　颤振临界风速 $U-\beta$ 曲线

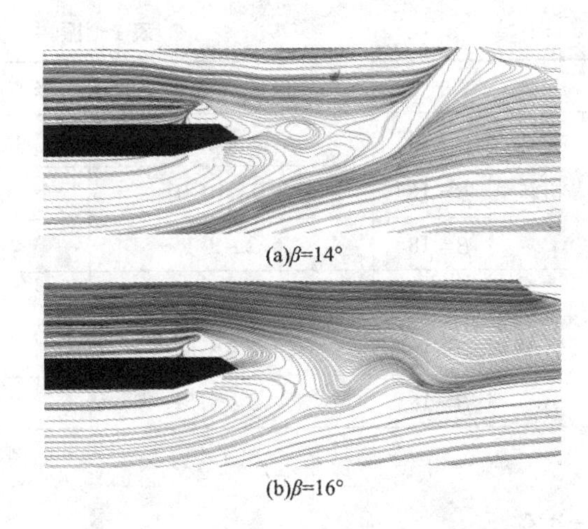

图 2　0.8U 伽利略分解时的断面流线图

然后利用 PIV 技术对流场进行可视化处理，得出不同工况流场对应的流线图和断面涡度图[3]。采用数值计算[4]结果对 PIV 技术进行补充，对比断面不同相位的流场，包括模型位移变化、漩涡生成移动变化和气动力[5]之间的对比，从流场的角度来解释说明在斜腹板倾角变化过程中气动性能变化的机理。

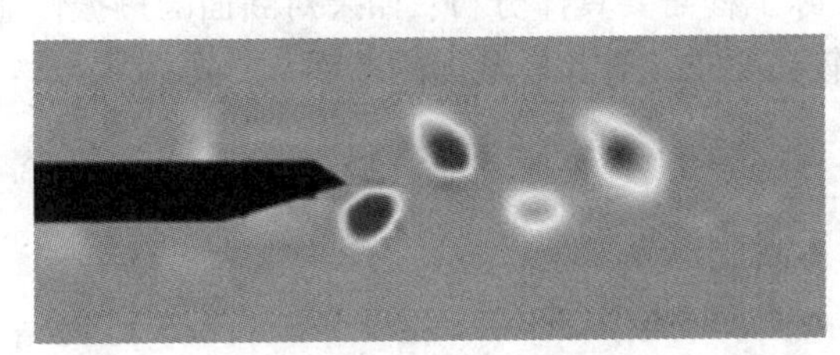

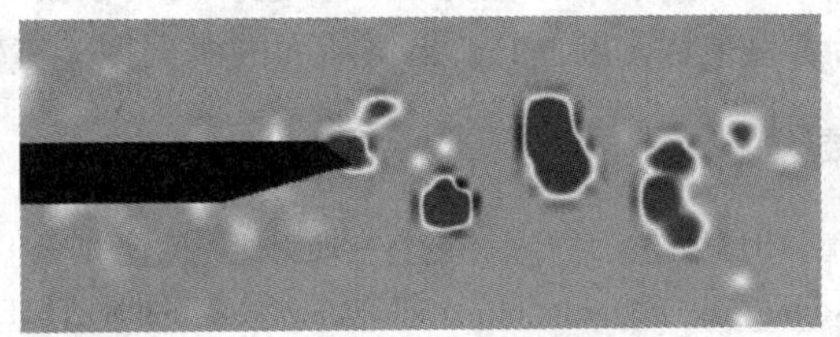

图 3　$\beta=16°$颤振前后断面涡度对比

* 基金项目：国家自然科学基金项目(51678436，51323013)

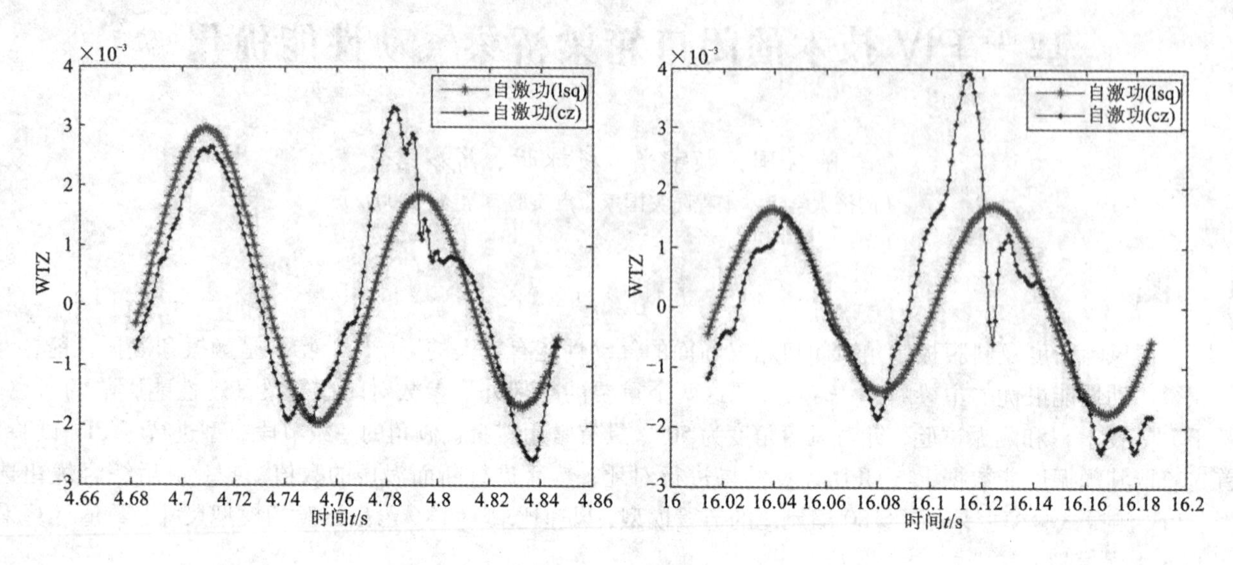

图4 $\beta=10°$和$\beta=16°$断面气动力做功总和

3 涡振性能优化

表1 振幅最大时断面涡振性能对比

		锁定区间/(m·s⁻¹)	峰值风速/(m·s⁻¹)	涡振振幅/(m或°)	发生攻角
扭转	$\beta=14°$	无	无	无	无
	$\beta=16°$	8.9~10.0	9.5	0.089	0°
	$\beta=18°$	6.2~8.1	7.5	0.077	+3°
竖弯	$\beta=14°$	无	无	无	无
	$\beta=16°$	4.7~5.8	5.1	0.012	+3°
	$\beta=18°$	4.3~5.5	5.0	0.018	+3°

4 结论

对于50°风嘴下六种斜腹板倾角闭口箱梁断面的气动性能进行优化对比，结果表明，$\beta=14°$断面涡振性能最好，而$\beta=16°$颤振性能最优。流态结果进一步表明：在同一参考速度下颤振临界风速越高的断面尾流处的漩涡越不明显，总体漩涡尺度和平均漩涡尺度越小；竖向气动力和扭转气动力做功均呈正弦周期变化，断面气动性能越好时，气动力做功越少。综上，在本文的气动选型范围内，整体性能最好的两个断面是14°和16°斜腹板倾角断面，而具体选择需要依据实际工程需要具体分析：如果对断面的颤振性能有较高要求，后者是最优的断面；如果对断面的涡振性能有较高要求，前者是最优的断面。

参考文献

[1] 王德智.闭口钢箱梁几何外形的空气动力性能优化[D].上海：同济大学，2013：18－22.
[2] R J Adrian，Twenty years of particle image velocimetry[J].Exp. Fluids，2005，39(2)：159－169.
[3] 李震，张锡文，何枫.基于速度梯度张量的四元分解对若干涡判据的评价[J].物理学报，2014，63(5)：54704.
[4] 刘祖军，杨詠昕，葛耀君.箱梁颤振过程中旋涡的演化规律及气动力的变化特性[J].实验流体力学，2013，27(2)：1－7.
[5] 张璋.基于流固耦合的叶片结构动力学稳定性研究[D].南京：南京航空航天大学，2011：3－15.

气动干扰对分离双钝体箱梁阻力系数的影响

陈帅[1]，刘小兵[2, 3]，杨群[1]，刘庆宽[2, 3]

（1. 石家庄铁道大学土木工程学院 河北 石家庄 050043；

2. 石家庄铁道大学大型结构健康诊断与控制研究所 河北 石家庄 050043；

3. 河北省大型结构健康诊断与控制重点实验室 河北 石家庄 050043）

1　引言

近年来由于交通量的迅速膨胀与分离上、下行交通的需要，双幅式桥梁断面被越来越多的应用于工程实践。桥梁断面的三分力系数不仅直接关系到其所受静力风荷载[1]，而且还是分析其风致振动的重要参数。在风的作用下，上、下桥梁的三分力系数肯定不同于单幅桥梁，气动干扰不容忽视[2-3]。由于目前的研究大多针对实际桥梁工程，参数变化不多，所得研究结果尚难以准确、系统地揭示分离式双幅桥梁气动干扰规律，故有必要进行进一步的研究。本文通过刚性节段模型测压风洞试验研究了一系列不同间距下变截面分离双钝体箱梁阻力系数的干扰效应。

2　研究内容

本文主要针对不同高宽比 H/B 分别为 0.3、0.4、0.6、0.8、1（宽度相同但高度变化）的钝体箱形截面，通过改变梁间距 Dv，研究不同工况上、下游箱梁断面在 0°风攻角下的阻力系数 Cv_D，共进行了 D/B 等于 0.025、0.05、0.075、0.1、0.2、0.3、0.4、0.6、0.8、1、1.5、2.0、2.5、3、4、5、6 共 17 个间距比的工况研究，并与单幅箱梁的阻力系数作比较，进而得到干扰因子随梁间距比（D/B）、梁的高宽比（H/B）的变化规律。试验模型各部分尺寸及高宽比 H/B =0.3 时的测点布置示意如图 1。

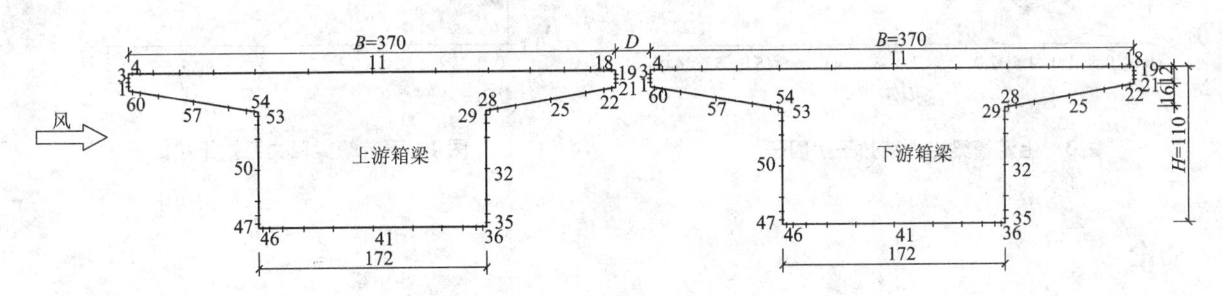

图 1　试验模型示意图

3　研究结果

3.1　单幅钝体箱形截面阻力系数

单幅钝体箱形断面阻力系数随高宽比（H/B）变化规律如图 2 所示。从图 2 中可以明显的看出随着高宽比的增加，阻力系数随之增大。

3.2　双幅状态时上、下游箱梁阻力系数干扰因子

$$\text{定义干扰因子 } IF = \text{双幅状态下上、下游的阻力系数/单幅阻力系数} \tag{1}$$

双幅状态时上、下游箱梁阻力系数干扰因子变化规律如图 3、图 4 所示，从图 3 中可以看到：在小间距比（D/B 在 0.025 ~1 内）时，上游箱梁阻力系数干扰因子在 1 ~1.2 之间，并且随着 H/B 的增加，干扰因子变大，表明干扰效应增强。当量纲为一的间距比 $2 < D/B < 6$ 时，干扰因子趋于稳定，略大于 1。从图 3 中可以看下游箱梁阻力系数干扰因子随量纲为一的间距比（D/B）的增加而变大，并且当 D/B 相同时，干扰因子随 H/B 的增加而减小。

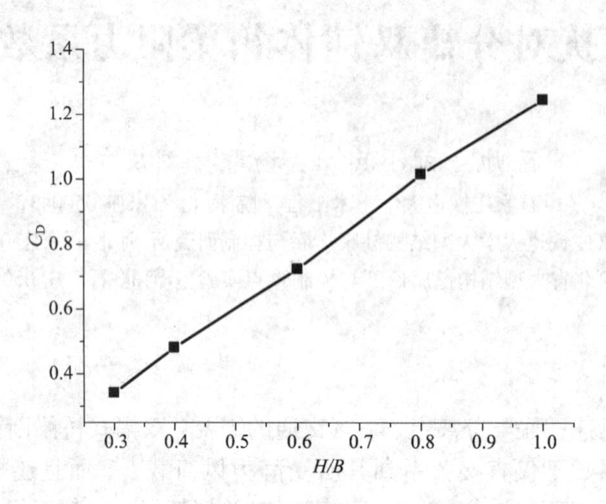

图2　单幅箱梁阻力系数

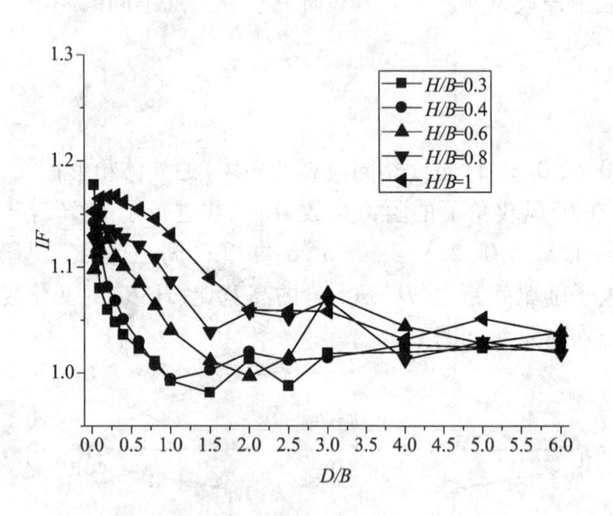

图3　上游箱梁阻力系数干扰因子

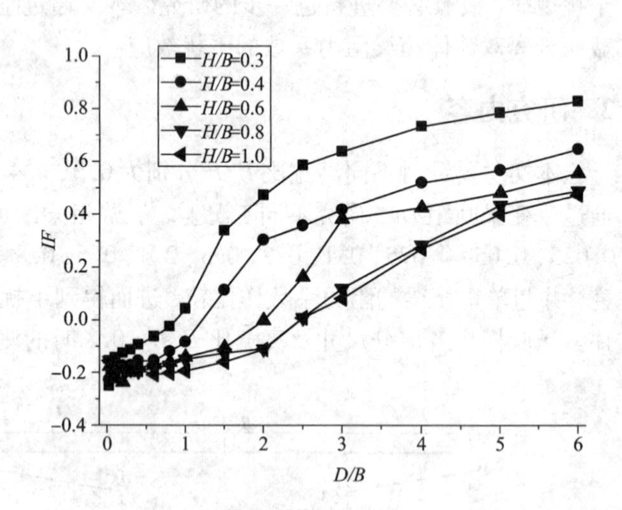

图4　下游箱梁阻力系数干扰因子

4　结论

(1)单幅箱梁阻力系数随高宽比 H/B 的增大而变大；

(2)上游箱梁阻力系数的干扰因子随 D/B 增大先减小、后趋于平稳，D/B 在0.025 ~0.6 之间时 $IF>1$，$D/B>0.6$，IF 趋近于1；

(3)下游断面阻力系数干扰因子随 D/B 增大而变大，D/B 在0.025 ~1 时为负值，表明此时阻力方向与单幅相比发生了变化，且 $D/B=6$ 时仍存在不可忽视的干扰效应。

参考文献

[1] 刘志文，陈政清，刘高，等.双幅桥面桥梁三分力系数气动干扰效应试验研究[J].湖南大学学报(自然科学版)，2008，35 (1)：16 –20.

[2] 陈政清，刘小兵，刘志文.双幅桥面桥梁三分力系数的气动干扰效应研究[J].工程力学，2008，25 (7)：87 –93.

[3] 郭震山，孟晓亮，周奇，等.既有桥梁对临近新建桥梁三分力系数气动干扰效应[J].工程力学，2010，27 (9)：181 –186.

不对称截面钢桁架曲线人行桥抗风性能试验研究*

陈以荣，刘志文，谢普仁，王林凯
（湖南大学风工程与桥梁工程湖南省重点实验室 湖南 长沙 410082）

1 引言

城市人行桥设计在满足技术要求的前提下往往比较注重景观效果，其结构外形一般比较新颖、美观。当人行桥跨度较大时，则需要关注其人致振动与风致振动问题。目前关于人行桥风致振动的研究多侧重于悬索桥、斜拉桥等桥型，由于人行桥的宽度一般较窄，导致其抗风性能可能存在不安全的隐患。许福友等以宿迁黄河公园景观桥为背景进行了人行悬索桥抗风性能的试验研究[1]。白桦等分别以日本九重梦人行悬索桥和国内某人行悬索桥为背景，进行了抗风性能改善措施研究，总结了人行悬索桥各种可行的抗风性能改善措施[2]。需要指出的是，这些研究均重点关注人行悬索桥的静风稳定性与颤振稳定性等问题。本文以一座曲线钢桁架人行桥为工程背景，研究不对截面钢桁架曲线人行桥的抗风性能，重点关注其风荷载和涡激振动等抗风性能。

图1　浏阳河景观桥效果图

在建的长沙市浏阳河景观人行桥是一座不对称截面曲线桁架人行桥，该桥桥跨布置为 49.54 m + 120 m + 54.46 m = 224 m，平面为曲线形，桥轴线曲线半径为 R = 200 m，图 1 所示为该桥方案效果图，主梁断面如图 2 所示。考虑到该桥主跨跨径达 120 m，且主梁断面内侧矮外侧高、主梁桁架外侧弦杆之间设置了文化墙，这些因素均有可能对主梁断面的气动性能产生不利的影响，为此需要通过风洞试验对该桥的抗风性能进行研究，以进一步认识不对称桁架主梁断面的气动性能。

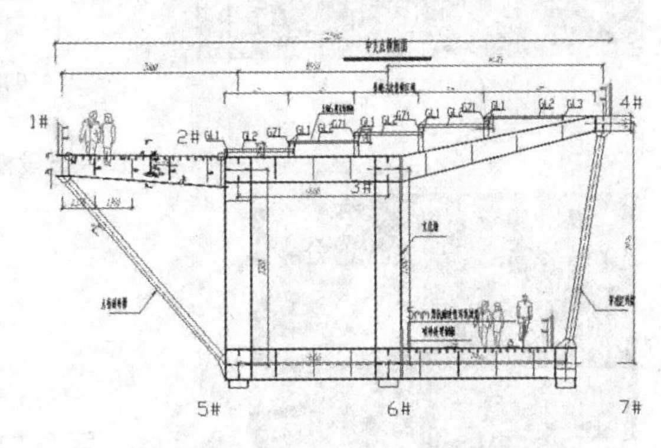

图2　浏阳河景观桥主梁横截面图

2 主梁节段模型试验

分别采用有限元软件 ANSYS 和 MIDAS/CIVIL 对该桥进行动力特性分析，结果表明：该桥一阶对称竖弯频率为 0.88 Hz，一阶对称扭转频率为 1.81 Hz。在此基础上设计并制作了几何缩尺比为 $\lambda_L = 1:50$ 的主梁节段模型。考虑到本桥的结构特点，分别进行了风从矮侧(内弧侧)吹和高侧(外弧侧)吹两个试验工况下测振试验和测力试验，重点考察主梁断面的涡振性能与三分力系数，试验工况见表 1。考虑到该桥将采用 TMD 进行人致振动控制，故试验时针对高侧(外弧侧)迎风工况分别进行了低阻尼比和高阻尼比两种情况的测振试验，试验扭弯频率比为 $\varepsilon = f_t/f_b = 2.0789$，风速比为 $\lambda_V = 1:5.928$。图 3(a) 为测振试验照片，图 4(a) 为测力试验照片。

表 1　节段模型测振试验工况

工况	来流方向	阻尼比/%	风攻角/(°)
1	矮侧(内弧侧)迎风	$\xi_h = 0.13$；$\xi_t = 0.28$	α = +3、0、-3
2	高侧(外弧侧)迎风	$\xi_h = 0.13$；$\xi_t = 0.28$	
3	高侧(外弧侧)迎风	$\xi_h = 0.43$；$\xi_t = 0.33$	

* 基金项目：国家自然科学基金(51478180)

3　试验结果

将试验数据汇总绘制成图表，如图 3(b)、(c)及图 4(b)、(c)所示。其中图 3(b)、(c)所示分别为风从矮侧吹与风从高侧吹时的竖向风致振动响应随风速的变化曲线，从图 3(b)中可以看出，风从矮侧吹时，风攻角为 0、+3 度且风速较高时均出现了一个较为明显的锁定区。从图 3(c)中可以看出，风从高侧吹且阻尼比较小时，在较高风速下三个风攻角均出现了较为明显的锁定区；当阻尼比增大时，风攻角为 0、+3 度的锁定区消失，风攻角为 -3 度的锁定区仍然存在但振幅有所减小。与传统桁架断面不同，本桥由于在外侧弦杆之间设置了不透风的文化墙，导致主梁断面的气动外形“钝化”，气动性能与典型钝体钢箱梁断面相似，最终导致该柱梁断面出现了较为明显的涡激共振现象。考虑到该桥会安装 TMD 阻尼器，且锁定区风速范围已超过该桥的设计基准风速，故可不采取其他措施来控制涡振振幅。图 4(b)、(c)为主梁节段模型测力试验在两种迎风状态下，其三分力系数随风攻角的变化曲线，从图 4(b)、(c)中可以看出，风从矮侧与高侧吹时，主梁断面的三分力系数存在较为明显的差异，特别是升力系数差异较大。根据主梁断面三分力系数试验结果进行了风荷载计算。

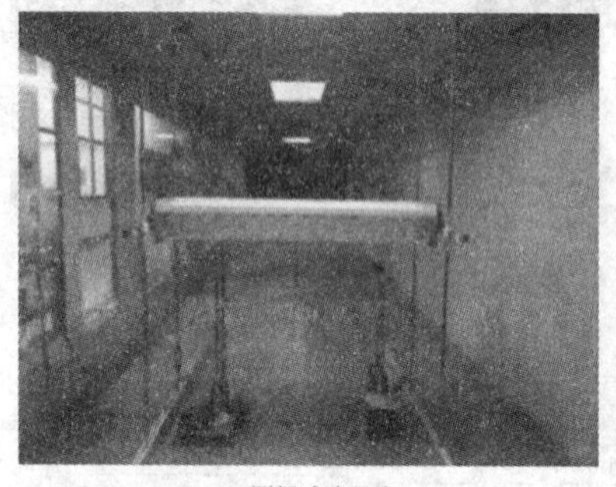

(a)测振试验照片

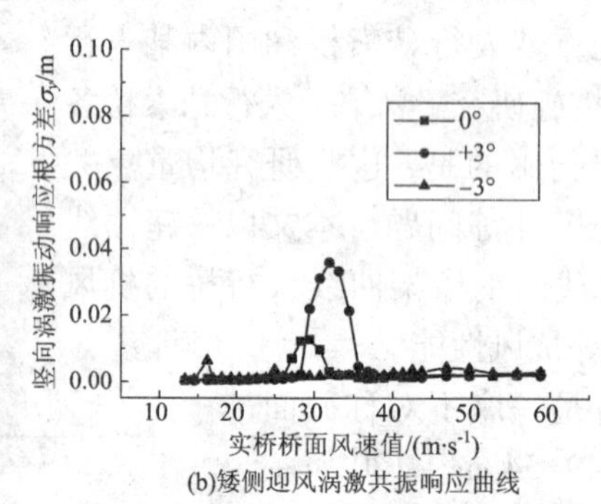

(b)矮侧迎风涡激共振响应曲线

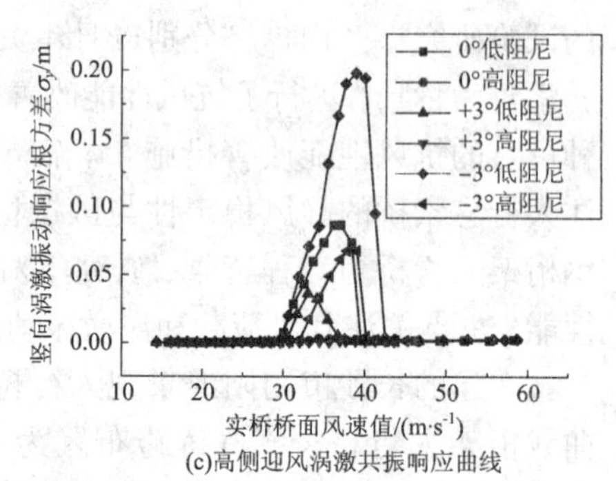

(c)高侧迎风涡激共振响应曲线

图 3　节段模型测振试验照片及结果图

(a)测力试验照片

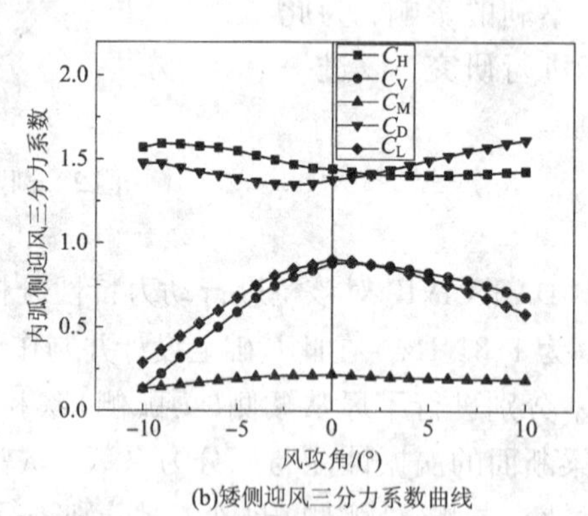

(b)矮侧迎风三分力系数曲线

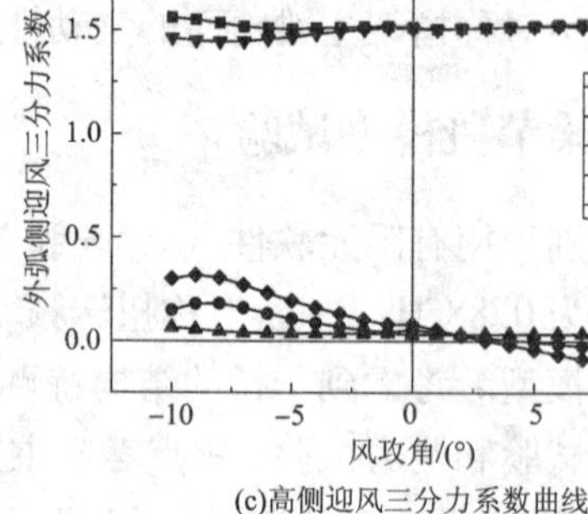

(c)高侧迎风三分力系数曲线

图 4　节段模型测力试验照片及结果图

4　结论

(1)人行景观桥梁设计时往往追求景观造型，由此可能会引起桥梁结构主梁断面的气动性能恶化，当桥梁跨度较大时，其抗风性能值得关注。

(2)不对称钢桁架主梁断面风从不同侧吹时，其涡振性能与三分力系数均存在较大的差异。

参考文献

[1] 许福友，谭岩斌，张哲，等. 某人行景观悬索桥抗风性能试验研究[J]. 振动与冲击，2009，28(7)：143 - 144.

[2] 白桦，李德锋，李宇，等. 人行悬索桥抗风性能改善措施研究[J]. 公路，2012，12：1 - 6.

山区钢拱架施工阶段抗风性能分析

邓春华[1]，刘仕茂[2]，王小松[2]
（1. 重庆交通大学河海学院 重庆 400074；2. 重庆交通大学土木工程学院 重庆 400074）

1 引言

随着山区桥梁的大量修建，山区桥梁的抗风性能研究日益重要。山区桥梁通常跨越峡谷，桥址区的风特性异常复杂[1]，目前抗风规范中的相关规定不再适用。布拖县冯家坪村溜索改桥工程钢拱架位于四川省凉山州布拖县，跨越金沙江，桥址区属于西南山区典型的峡谷地貌，有阵风强烈、端流强度大、风攻角大、风速沿桥轴线分布不均匀等特点，对桥梁主体和临时结构产生很大的不利影响。因此，桥址区的风参数研究是开展钢拱架施工阶段抗风性能分析的关键[2]。

2 风环境和风荷载参数的确定

2.1 风环境参数的确定

钢拱架跨径 260 m，拱顶高程 765.69 m，水面高程 580 m，桥位所处地形为典型山区峡谷地形。由于本桥未开展地形模型风洞试验、实地风速观测和数值风洞计算，因此，钢拱架顶部设计基准风速和其他相关风荷载参数的取值依据国内同类型桥梁的参数拟定[2-4]。将国内典型峡谷地形桥位且开展过地形模型试验或 CFD 计算的桥梁风参数取值列于表 1 中。为使钢拱架在施工阶段具有较高的安全储备，钢拱架拱顶设计基准风速取表中最大值 34.9 m/s；考虑 10 年风速重现期，设计风速取 29.32 m/s；参考表 1，基于峡谷跨度类似的原则，布拖县溜索改桥工程所处场地类别取与水盘高速北盘江特大桥相同，为 D 类场地，静阵风系数取 1.45，则静阵风风速为 42.51 m/s。

表 1 国内部分峡谷桥位的风参数

桥梁名称	桥型	主跨/m	桥面距水面高度/m	设计基准风速/($m\cdot s^{-1}$)	粗糙度系数	粗糙高度/m
湘西矮寨大桥	悬索桥	1176	340	34.9	0.16	0.05
四渡河峡谷大桥	悬索桥	900	560	26.6	0.16	0.05
水盘高速北盘江特大桥	预应力混凝土斜腿连续刚构	290	320	33.0	0.30	1.00
保腾高速龙江特大桥	悬索桥	1196	280	32.4	0.30	1.00
镇胜高速坝陵河大桥	悬索桥	1088	370	28.2	—	—

2.2 风荷载的确定

受当前的计算条件限制，无法获得足够的钢拱架断面气动参数，因此，作用于钢拱架上的风荷载主要考虑静风力和抖振力。由于桥梁结构的主跨纵向为线形结构，其不利风荷载主要体现在横向，主梁（桁架）上的静阵风荷载仅考虑横桥向风荷载[5]。

3 结构分析

基于所确定的风环境和风荷载参数，对钢拱架各施工阶段有限元模型开展结构分析。模型包括全焊接模型和半焊接模型（上弦杆焊接上缘一半，下弦杆焊接下缘一半），结构分析包括静阵风响应分析、风振响应分析、稳定分析等。分析时，考虑了结构自重、扣索拉力、风缆初拉力、风荷载和温度荷载，其中，风缆初拉力经试算取 80 kN，温度荷载取整体升温 20℃。结构响应分析部分结果如表 2 和表 3 所示，钢拱架各构件最不利应力均来自最大悬臂施工阶段 6 和合龙阶段。从表 2 可知，静风响应结果相近于风振响应结果，全焊接状态下各构件应力极值整体比半焊接状态下的大；从表 3 可知钢拱架各施工阶段具有一定的稳定性能。

表 2　钢拱架各构件最不利应力表(MPa)

构件		弦杆(508×16)	弦杆(508×24)	腹杆(2 L)	腹杆(4 L)	风缆
全焊接	静风响应	-160.970	-45.820	-73.981	-61.022	179.491
	风振响应	-151.649	-46.209	-67.188	-53.672	199.337
半焊接	静风响应	91.883	-99.247	-51.296	-45.266	153.897
	风振响应	100.448	-105.385	-52.843	-52.212	180.833

表 3　全焊接状态下结构在各施工阶段发生整体失稳的屈曲系数

施工阶段	1	2	3	4	5	6	合龙
屈曲系数	21.707	32.361	33.701	34.930	36.628	37.849	38.914

4　结论

(1)当无条件开展地形模型风洞试验、实地风速观测和数值风洞计算时，山区桥梁结构设计基准风速和其他相关风荷载参数可以依据国内同类型桥梁参数拟定；

(2)当钢拱架拱顶设计基准风速取 34.9 m/s、静阵风系数取 1.45 并考虑 10 年风速重现期时，对钢拱架各施工阶段有限元模型开展结构分析，确定出了风缆最优初拉力，此时的钢拱架应力响应较小且都满足设计强度要求和稳定性能要求。

参考文献

[1] 陈政清，李春光，张志田，等. 山区峡谷地带大跨度桥梁风场特性试验[J]. 实验流体力学，2008，22(3)：54-59.
[2] 徐洪涛. 山区峡谷风特性参数及大跨度桁梁桥风致振动研究[D]. 成都：西南交通大学，2009.
[3] 胡朋. 深切峡谷桥址区风特性风洞试验及 CFD 研究[D]. 成都：西南交通大学，2013.
[4] 庞加斌，宋锦忠，林志兴. 山区峡谷桥梁抗风设计风速的确定[J]. 中国公路学报，2008，21(5)：39-44.
[5] 胡峰强. 山区风特性参数及钢桁架悬索桥颤振稳定性研究[D]. 上海：同济大学，2006.
[6] 金磊. 山区峡谷地形风特征及大跨悬索桥静风响应分析[D]. 湘潭：湖南科技大学，2011.

横向紊流风作用下桁架梁上列车抖振力空间相关性试验研究*

段青松[1,2,3]，马存明[1,2,3]

（1. 西南交通大学桥梁工程系 四川 成都 610031；2. 风工程四川省重点实验室 四川 成都 610031；
3. 西南交通大学风工程试验研究中心 四川 成都 610031）

1 引言

横风对高速列车的运行安全和舒适性有很重要的影响，而横风作用下的抖振力是影响列车横向振动和安全性的关键荷载。Baker[1-2]通过频域、幅值域和时域三种方法分析了横风作用下列车受到的非定常气动，同时，他 2004 年[3]通过全尺寸实测和风洞试验测量了横风作用下列车受到的定常和非定常气动力。列车作为细长的结构物对来流湍流十分敏感，简单的认为其与来流湍流的空间相关性一致或不考虑其相关性都是不严谨的。同时，列车受到的抖振力不仅与其自身的气动外形有关而且与基础设施（如：桥梁，路堤）的影响有关。钢桁梁截面较钝，透风率高，对风作用敏感，高速铁路列车周围的流场极易受钢桁梁的影响，其气动力特性也会发生改变，故十分有必要研究钢桁梁悬索桥上高速铁路列车的抖振力相关性。试验在西南交通大学 XNJD－3 风洞试验室进行，该实验室尺寸较大，相对小尺寸的风洞试验室而言，可以模拟与实际情况更为符合的大气紊流场。

2 试验概况

2.1 车桥模型

列车的缩尺比为 1:29.7，模型尺寸（长×宽×高）为 2.095 m×0.114 m×0.118 m。在列车模型中部布置了 11 列横向等间距分布的测压断面，间距为 50 mm，每一断面布置 26 个测压孔。桥梁断面为钢桁架形式（图 1(b)、图 1(c)），其缩尺比与列车模型相同，桥梁模型尺寸（长×宽×高）为 2.095 m×0.741 m×0.404 m。

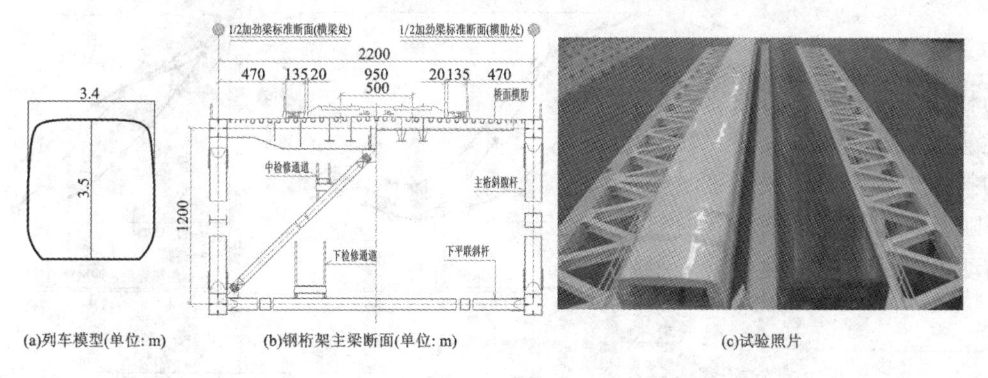

(a)列车模型(单位: m)　(b)钢桁架主梁断面(单位: m)　(c)试验照片

图 1　试验模型

2.2 大气紊流场

在西南交通大学 XNJD－3 试验室建立了两种不同的紊流场，表 1 给出了具体的风场数据。

表 1　大气紊流场特性

流场类型	紊流积分尺度			紊流强度		
	L_u/m	L_v/m	L_w/m	I_u/%	I_v/%	I_w/%
低紊流场	0.65	0.29	0.22	7.95	7.28	6.03
高紊流场	0.98	0.35	0.33	11.00	9.20	8.30

注：L_u 为纵向积分尺度；L_v 为横向积分尺度；L_w 为竖向积分尺度；I_u 为纵向紊流度；I_v 为横向紊流度；I_w 为竖向紊流度。

* 基金项目：铁道部科技研究开发计划项目（2010G004－I）

3　试验结果

在频域中，分析紊流场、风攻角、列车位置及展向间距等因素对列车抖振力空间相关性的影响，限于篇幅只列出了部分结果。

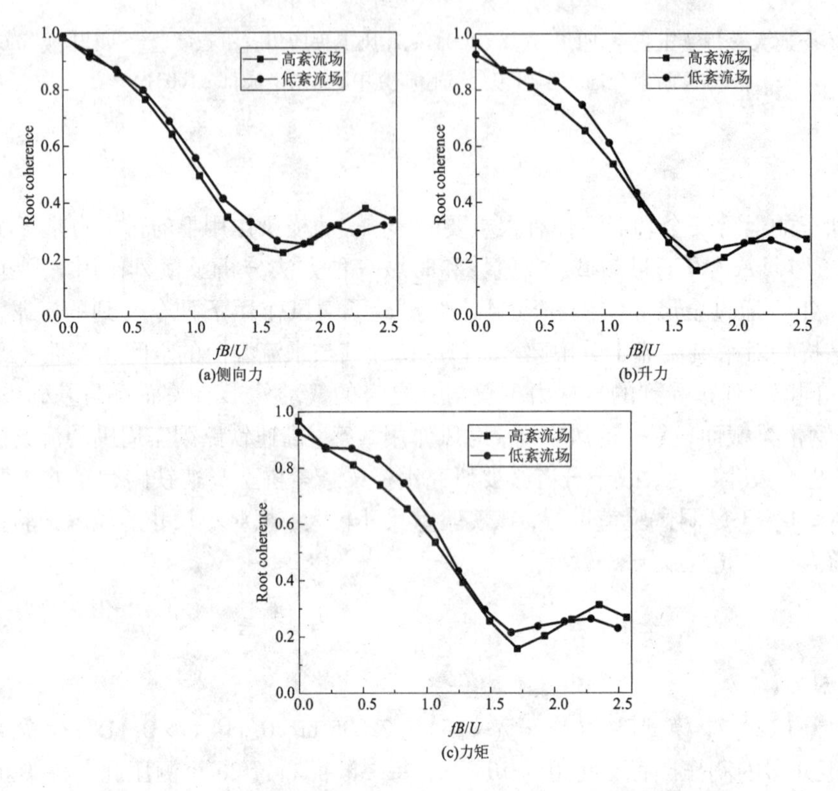

图 2　不同紊流场时列车抖振力空间相关性（迎风侧，0°风攻角，截面间距 0.05 m）

4　结论

紊流场和风攻角对列车抖振力的相关性影响较小；列车位置对其受到的抖振力的跨向相关性影响较大，随着展向间距逐渐增大，列车气动力的跨向相关性逐渐减弱。

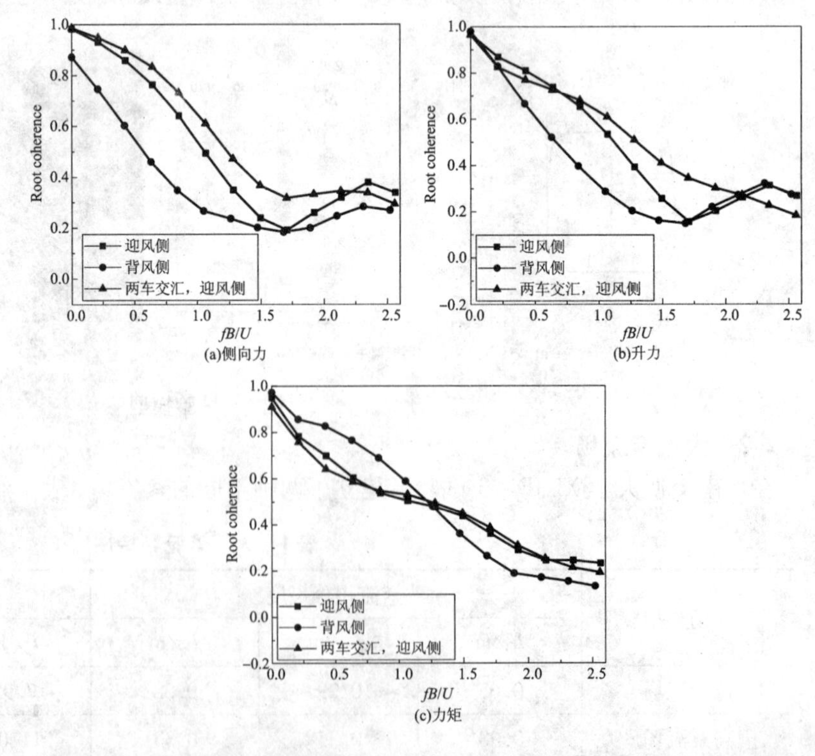

图 3　列车位于不同位置时抖振力空间相关性（0°风攻角，高紊流场，间距 0.05 m）

参考文献

[1] Baker C J. Ground vehicles in high cross winds part I: Steady aerodynamic forces [J]. Journal of Fluids & Structures, 1991, 5(1): 69 - 90.

[2] Baker C J. Ground vehicles in high cross winds part II: Unsteady aerodynamic forces [J]. Journal of Fluids & Structures, 1991, 5(1): 91 - 111.

[3] Baker C J. Measurements of the cross wind forces on trains [J]. Journal of Wind Engineering and Industrial Aerodynamics, 2004, 92: 547 - 563.

扁平流线型桥梁断面气动耦合颤振的准定常特性探究

冯博文[1,2]，丁泉顺[1,2,3]

（1. 同济大学土木工程学院桥梁工程系 上海 200092；2. 同济大学土木工程防灾国家重点实验室 上海 200092；
3. 同济大学桥梁结构抗风技术交通行业重点实验室 上海 200092）

1 引言

颤振是一种气动失稳现象，是破坏最为严重的桥梁风致振动现象之一，不允许在桥梁中发生，必须通过抗风设计加以避免。大跨度桥梁的颤振易出现在扁平的桥梁断面，表现为扭转自由度的振动，对于流线型断面，颤振的扭转振动常常还会耦合竖弯自由度的振动。目前研究桥梁颤振的方法通常基于非定常理论，已经能得到较为精准的结果。然而对于扁平流线型断面桥梁，在高折减风速吹过桥梁断面情况下，气流没有脱离再附等复杂的气动现象，为了探究扁平流线型桥梁断面气动耦合颤振本质，本文从准定常角度出发，提出对此类断面的颤振临界风速的求解方法，并与传统非定常求解方法、实验解进行类比分析。

2 研究方法与结果

（1）本文探讨了桥梁断面在准定常假设下颤振分析的可行性。

（2）本文研究了在准定常假设下，提出扁平流线型桥梁断面的颤振临界风速的求解方法：在高折减风速下，扁平流线型桥梁断面气动力的风场可视为稳定的，在准定常假设下，桥梁气动力可以用静三分力系数以及他们的导数表示如下[1-2]：

$$L = -\frac{1}{2}\rho U^2 B\left[\dot{C}_l\alpha + (\dot{C}_l + C_d)\frac{m_1 b\dot{\alpha} + \dot{h}}{U}\right] \tag{1}$$

$$M = \frac{1}{2}\rho U^2(2b^2)\left[2\dot{C}_m\alpha + 2\dot{C}_m\frac{m_1 b\dot{\alpha} + \dot{h}}{U}\right] \tag{2}$$

将上式代入颤振方程可整理得如下结果，颤振发生时其系数矩阵行列式为0：

$$\begin{pmatrix} 2\zeta_h\omega_h \mathrm{i}\omega + \dfrac{\rho Ub(\dot{C}_l + C_d)}{\bar{m}}\mathrm{i}\omega - \omega^2 + \omega_h^2 & -\dfrac{\rho Ub^2(\dot{C}_l + C_d)}{2\bar{m}}\mathrm{i}\omega + \dfrac{\rho U^2 b\,\dot{C}_l}{\bar{m}} \\ -\dfrac{2\rho Ub^2\,\dot{C}_m}{\bar{I}}\mathrm{i}\omega & \omega_\alpha^2 + 2\zeta_\alpha\omega_\alpha\mathrm{i}\omega + \dfrac{\rho Ub^3\,\dot{C}_m}{\bar{I}}\mathrm{i}\omega - \omega^2 - \dfrac{2\rho Ub^2\,\dot{C}_m}{\bar{I}} \end{pmatrix}\begin{pmatrix} h \\ \alpha \end{pmatrix} = 0 \tag{3}$$

其中 L 为气动自激力升力；B 为桥宽；b 为半桥宽；ρ 为空气密度；M 为气动自激力升力距；α 为扭转振动坐标；h 为竖弯振动坐标；U 为（颤振临界）风速；ω 为颤振频率；ω_α、ω_h 分别为结构自有一阶扭转频率和一阶竖弯频率；$\bar{m}$ 为每延米质量，$\bar{I}$ 为每延米质量距；ζ_h、ζ_α 分别为竖弯和扭转阻尼比，C_l，C_m，C_d 分别为升力系数，升力矩系数，阻力系数。

（3）本文基于同济大学2号风洞所测得的南京长江二桥节段模型相关静分力数据，使用本文提出的颤振求解方法进行分析得到结果[3]。以下表1结果分别是0°、3°风攻角下施工状态、成桥状态本文方法计算结果与颤振实验、传统非定常理论解。

表1 颤振计算结果(单位：m/s)

	准定常解	非定常解	实验值
施工状态(0)	203	247	263
施工状态(3)	183	198	205
成桥状态(0)	159	171	175
成桥状态(3)	184	116	120

(4)本文对扁平流线型桥梁断面的传统非定常解、本文的准定常解与试验结果进行了比较，探究了准定常方法的可靠性[4]。

3 结论

通过上述研究得到如下结论：(1)由于在高折减风速下，扁平流线型桥梁断面在施工状态下具有很好的流体特性，非定常解结果能较准确估计颤振临界风速。(2)当气流流过成桥状态下扁平流线型桥梁断面时，附属结构对桥梁断面气流气场的影响不容忽视，很多时候此类桥梁断面不能被认为理想流体，准定常假设并不能适用，由于非定常效应已经非常明显，本文提出的非定常解结果对颤振临界风速的估计并不理想。(3)本文所提出方法主要参数为升力系数的导数，升力系数的导数，阻力系数，其中阻力系数对结果影响不大。大多数扁平流线型桥梁断面在施工状态下，升力系数的导数在4左右，升力距系数的导数在1左右，得到了较好的预期结果，同一类断面升力系数导数和升力距系数导数的高度相似性与非定常理论中颤振导数只与断面形状有关的假定相互印证吻合，同时为本文方法的合理性提供了一定的佐证。(4)由于本方法的解对升力系数导数、升力距系数导数极为敏感，而桥梁断面在实际振动中攻角时刻变化，零攻角风速的准定常特性表现更为明显，故此方法宜评估零攻角临界风速。(5)对于抗风系列设计，要进行大量昂贵费时的风洞试验，而准定常的优点恰恰在于能够通过少量典型断面静力试验计算桥型临界风速并达到一定工程精度，这无疑是有一定理论魅力和工程指导意义的。

参考文献

[1] 徐旭，曹志远. 柔长结构气固耦合的线性与非线性气动力理论[J]. 应用数学和力学，2001，22(12)：1299－1308.
[2] 方成. 基于静三分力系数的大跨径桥梁气动稳定性的评价及其应用[D]. 西安：长安大学，2014.
[3] 南京长江二桥斜拉桥抗风性能试验研究(二)[D]. 上海：同济大学土木工程学院，1999.
[4] 常大民. 按准定常空气力理论计算大跨度吊桥颤振临界风速[J]. 工程兵工程学院学报，1988(03)：17－26.

佛山奇龙大桥涡激共振及减振试验研究

何其丰，胡晓红，周志勇
（同济大学土木工程防灾国家重点实验室 上海 200092）

1 引言

涡激共振是一种易于在低风速下发生的风致振动现象。大幅的涡激共振不仅对结构的疲劳产生不利影响，也会对桥面行车安全性带来较大隐患。在影响涡激共振的众多因素中，主梁断面的气动外形直接决定了气流遇到断面以后流动的分离和形成旋涡的特点，对涡激共振的发生及振幅至关重要。本文以佛山奇龙大桥为工程背景，对该桥的涡激共振进行了节段模型试验研究，结果表明原设计方案存在明显的涡激共振响应。为此进一步对栏杆、检修轨道和风嘴等进行了优化比较试验，讨论了不同气动措施条件下的涡激共振减振效果。最后根据试验，针对大桥提出了降低栏杆基座高度、增设风嘴的涡激共振减振措施。

2 试验概况

佛山奇龙大桥设计方案为空间双索面独塔斜拉桥，跨径布置为 66 + 69 + 260 = 395（m），边中跨比 0.52。中跨主梁采用钢箱梁，梁高 3.5 m，桥面宽 40.5 m，标准断面如图 1 所示。主梁节段模型采用支撑悬挂，模型几何缩尺比为 1∶70，主要设计参数如表 1 所示。

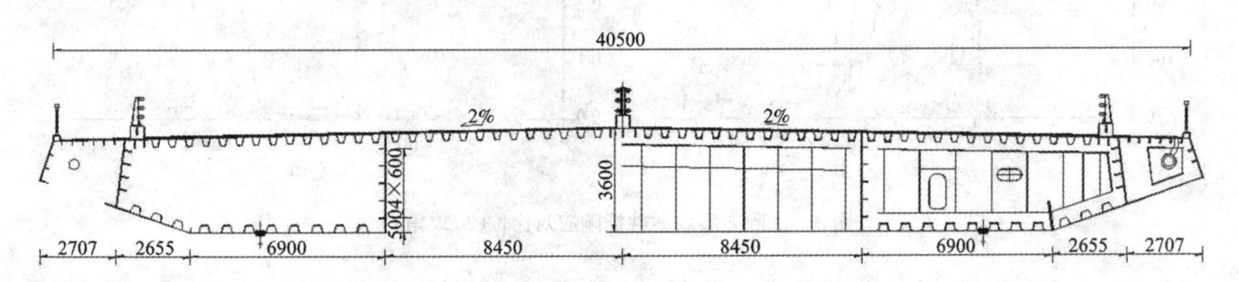

图 1　佛山奇龙大桥主梁标准断面图（单位：mm）

表 1　节段模型试验主要设计参数

	质量/（$kg \cdot m^{-1}$）	质量惯矩/（$kg \cdot m^2 \cdot m^{-1}$）	竖弯频率/Hz	扭转频率/Hz	竖弯阻尼比	扭转阻尼比
实桥	36249	5895120	0.4258	0.916	0.5%	0.5%
模型	7.398	0.2455	5.9245	12.9365	0.26%	0.24%

3 试验结果

风洞试验结果表明，原型断面在均匀流场下发生了大幅涡激共振，其中在 +3°风攻角下尤为明显，出现了 3 阶竖弯涡振，低风速下的实桥竖弯振幅达到 0.62 m，扭转振幅达到 0.49°。竖弯振幅超过了允许值 0.094 m，扭转振幅超过了允许值 0.120°的规范要求。

为了对涡激共振原因和控制效果进行研究，试验针对人行道栏杆、检修轨道和风嘴的影响，共设计了 6 个方案，如图 2 所示。试验工况主要针对 +3°风攻角进行。涡激共振试验结果如图 3 所示。

方案一和方案二分别研究了人行道栏杆和检修道对涡振振幅的影响。试验结果表明，去除人行道栏杆，竖弯振幅减小到原来的 1/3，效果明显；而去除检修道，竖弯振幅仅减小了 9.7%，可见检修道对涡激共振影响很小。有研究表明栏杆基座高度对涡激共振有较大影响，因此方案三比较了人行道栏杆基座高度的影响，发现涡振振幅仍为 0.6 m，说明尽管人行道栏杆基座是影响涡激共振的重要因素，但不是涡激共

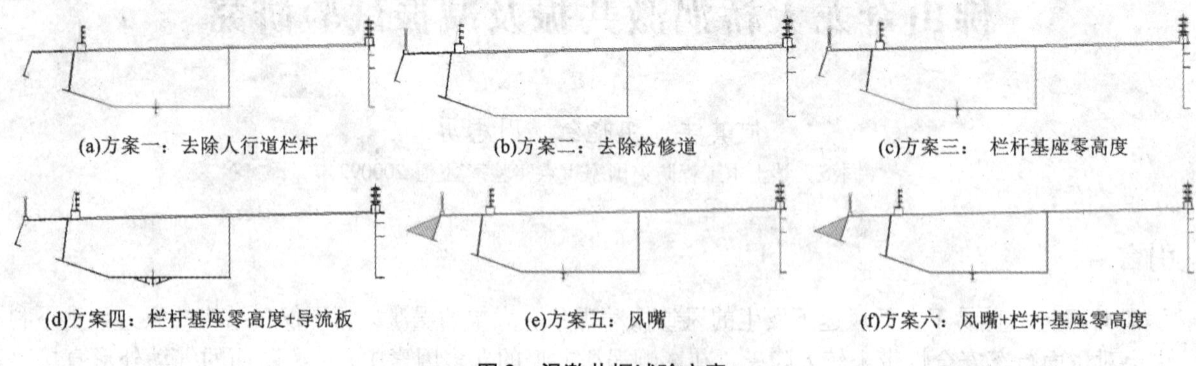

图 2　涡激共振试验方案

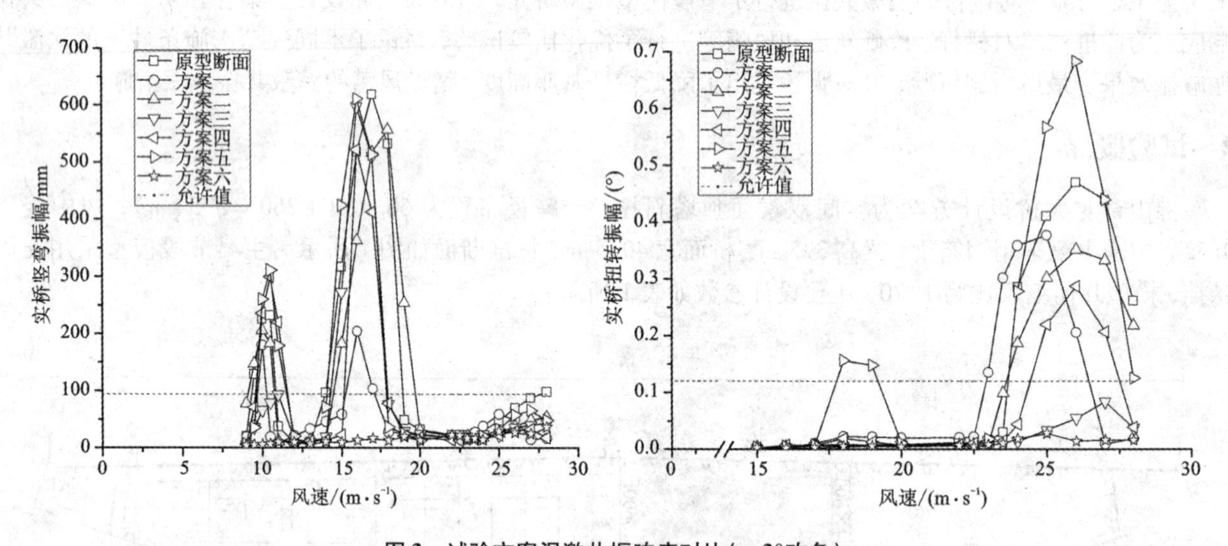

图 3　试验方案涡激共振响应对比(+3°攻角)

振的控制因素。方案四在方案三的基础上，在检修轨道增设导流板，涡振振幅降低了 16%，但竖弯振幅和扭转振幅仍旧超出规范允许值。方案五为安装风嘴的气动措施，但涡激共振也未能被完全抑制，低风速下的涡振振幅仍旧很大。方案六综合了风嘴和栏杆基座零高度措施，试验表明未发现涡激共振现象，说明该措施可以有效抑制涡激共振。

4　结论

(1)本文针对佛山奇龙大桥的涡激共振特性进行了试验研究，结果表明原设计方案存在明显的涡激共振现象。

(2)针对大桥的涡激共振开展了气动措施减振试验研究，提出了增设风嘴并降低人行道栏杆基座高度的气动措施方案，涡激共振得到了很好的抑制。

参考文献

[1] 曹丰产，葛耀君，吴腾. 钢箱梁斜拉桥涡激共振及气动控制措施研究[C]//第十三届全国结构风工程学术会议论文集，2007：668 -673.

双幅矩形断面（$H/D=1:5$）涡振气动干扰效应*

胡传新，周志勇，赵林

（同济大学土木工程防灾国家重点实验室 上海 200092）

1 引言

涡激振动是大跨度桥梁在低风速下很容易发生的一种风致振动现象。多幅主梁断面之间的气动干扰效应是影响结构涡振性能的重要因素之一。目前，涡振气动干扰效应研究主要基于风洞试验，从宏观意义上的涡振响应来探究气动干扰效应对涡振的影响，而忽视了其内在机理。POD 方法的最大优点是可采用较少的本征模态重构特定物理现象或过程的气动力荷载，通常这些模态与机理密切相关。本文以高宽比为 1:5 的双幅矩形断面为研究对象，采用测压与测振风洞试验相结合的方法，针不同扭转涡振区，发挥气动力本征模态便于提取占主导脉动能量分布的特点，从涡振响应特征、涡激力特性及基于 POD 方法的主导本征模态特征等方面深入研究了气动干扰对双幅矩形断面扭转涡振性能影响机理。

2 主要方法和结果

2.1 试验概况

为了研究上下游矩形断面之间气动干扰效应，设计两个断面尺寸完全相同的矩形断面（长300 mm，高60 mm）主梁节段模型，通过弹性悬挂系统，分别进行单幅和双幅主梁节段模型测振和测压试验。双幅主梁断面之间水平净间距为 360 mm，竖向净间距为 0 mm。每个矩形断面分别布置 54 个测压点，角部测点加密。试验在均匀流场下进行。零风速下，单幅矩形断面、上游断面和下游断面的竖向和扭转阻尼比相同。

2.2 涡振响应

图 1 给出了 0°初始攻角下，双幅矩形断面的扭转涡振响应。研究发现：上下游断面之间干扰效应不可忽视，导致上游断面（下游断面）涡振性能与单幅断面明显不同。干扰效应不仅体现为上游断面对下游断面遮挡效应和下游断面对上游断面尾部流场的改变，同时还体现为上下游断面振动效应对各自断面周围流场特性的变化。该振动效应抑制了上游断面涡振，却导致下游断面在低折减风速下产生了新的扭转涡振区。当上下游断面均自由悬挂时，气动干扰效应则更为复杂，表现为上述效应的非线性叠加。

取 $V^*=1.50$ 和 2.08 分别为第一、二扭转涡振区典型风速，并对之进行涡激力特性及 POD 分析。

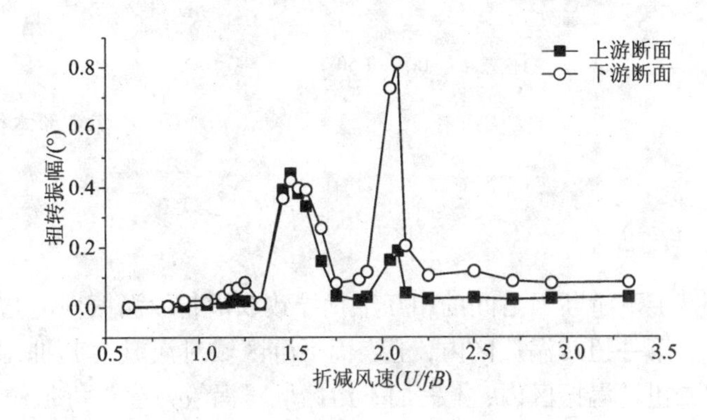

图 1 涡激振动响应

2.3 涡激力特性

图 2 给出了不同扭转锁定区双幅断面测点区域分布气动力对涡激力贡献值空间分布对比。不同涡振区内，下游断面的上表面上游和下表面上游区域贡献值均较大，其中上表面上游区域对涡激力起正贡献作用，而下表面游下游区域对涡激力起抑制作用；不同涡振区内，上游断面的上表面下游和下表面下游区域贡献值均较大。第一扭转涡振区内，上表面下游区域对涡激力起抑制作用，下表面下游区域对涡激力起正贡献作用。第二扭转涡振区与之刚好相反，上表面下游区域对涡激力起正贡献作用，下表面下游区域对涡激力起抑制作用。以上表明两扭转涡振区产生机理明显不同。

* 基金项目：科技部国家重点基础研究计划（973 计划，编号 2013CB036300），国家自然科学基金项目（91215302，51178353，51222809），新世纪优秀人才支持计划联合资助

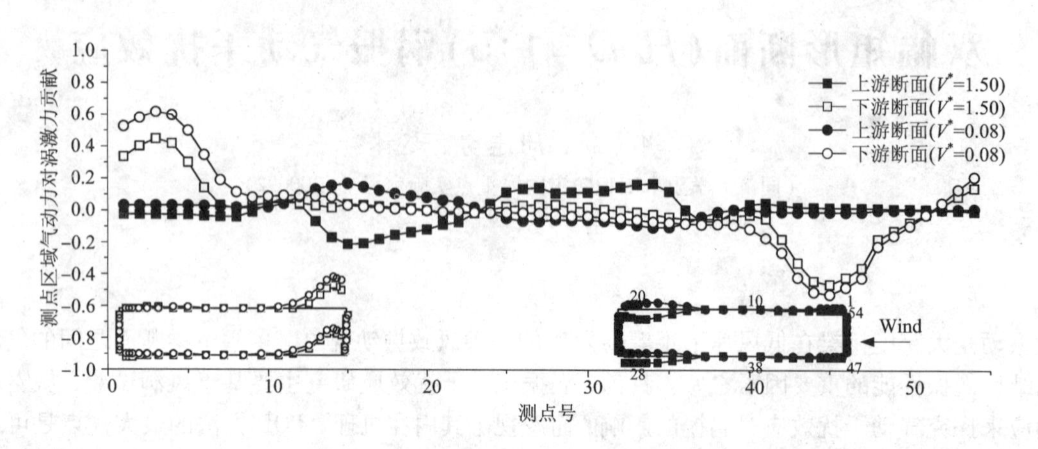

图 2　测点区域分布气动力对涡激力贡献

2.4　本征模态特征

图 3 和图 4 分别给出了 $V^*=1.50$ 和 2.08 时第 1、2 阶本征模态对比图。由本征模态的物理意义，可知同一阶模态下断面各部分的涡激力完全相关。第 1 阶模态表征上游断面对下游断面涡激力的影响，本征模态图代表与下游涡激力强关联区域，第 2 阶模态表征下游断面对上游断面涡激力的影响，本征模态图代表与上游涡激力强关联区域。不同涡振锁定区，与上、下游断面涡激力强关联区域有所不同。由第 1 阶模态对涡激力贡献远大于第 2 阶模态，可推断上游断面对下游断面涡激力影响较大，而下游断面对上游断面涡激力影响较小。

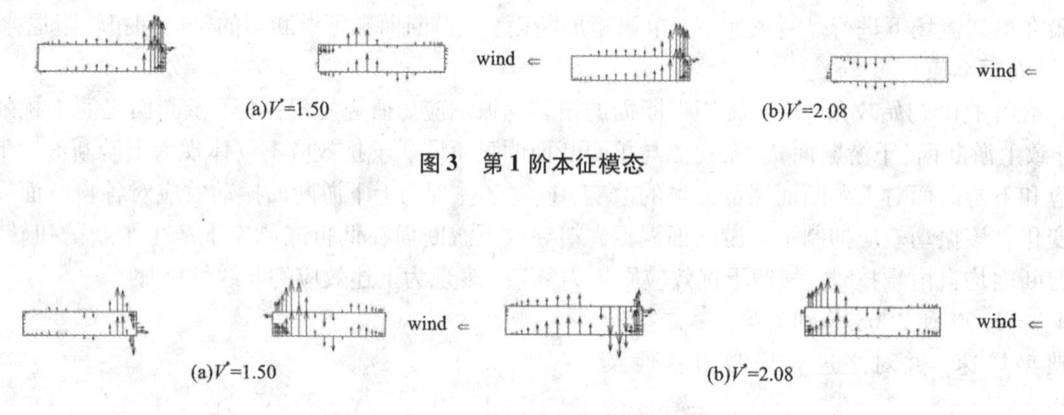

图 3　第 1 阶本征模态

图 4　第 2 阶本征模态

3　结论

上下游断面之间的相互干扰导致双幅断面涡振性能与单幅断面明显不同，直接导致双扭转涡振区的产生。第一扭转涡振区内，上表面下游区域对涡激力起抑制作用，下表面下游区域对涡激力起正贡献作用。第二扭转涡振区内，上表面下游区域对涡激力起正贡献作用，下表面下游区域对涡激力起抑制作用。两扭转涡振锁定区内，分别选取典型风速，实施 POD 分解发现：前 2 阶本征模态对应干扰形态，第 1、2 阶模态分别表征涡振时与下游断面、上游断面涡激力强关联区域，不同扭转涡振区内，强关联区域明显不同；上游断面对下游断面涡激力干扰影响较大，下游断面对上游断面涡激力影响较小。

参考文献

[1] 胡传新，杨立坤，周志勇. 动态测压与 POD 方法相结合对桥梁涡振的分析[J]. 力学季刊，2013，34(4)：591 - 598.

开槽率对大跨斜拉桥静风稳定性影响研究

黄德睦，周志勇
（同济大学土木工程防灾国家重点实验室 上海 200092）

1 引言

在静风荷载作用下，大跨度斜拉桥的主梁会发生弯曲和扭转变形。当来流风速超过临界风速时，随着结构变形的增大，结构抗力的增加速度小于静风荷载增加速度，此时结构发生静风失稳。一般认为大跨度桥梁的静风失稳风速在颤振临界风速之上。而对于跨度增大至千米及以上的桥梁，由于结构刚度的降低，有可能在未发生颤振破坏时便已发生静风失稳现象。桥梁主梁断面的三分力系数与其结构外形密切相关，而断面三分力系数特征对桥梁的静风稳定性能有很大的影响。对此，本文以 2×1500 m 三塔两跨分离双箱斜拉桥结构为基础，设计一个可变槽宽的节段测力模型，通过实验获得不同开槽率下的断面三分力系数，并用 ANSYS 有限元分析软件研究气动三分力系数与静风稳定性能的关系。

2 主要方法和结果

2.1 试验概况

为了研究不同开槽率对断面三分力系数的影响，设计了一个可通过拆卸横梁改变槽宽的主梁节段模型。主梁节段模型风洞试验共完成了 125 个试验工况，其中包括成桥状态的五种开槽率的断面形式，-12°到 +12°共 25 种风攻角。试验结果包括在不同风攻角下，主梁成桥状态的静风三分力系数。

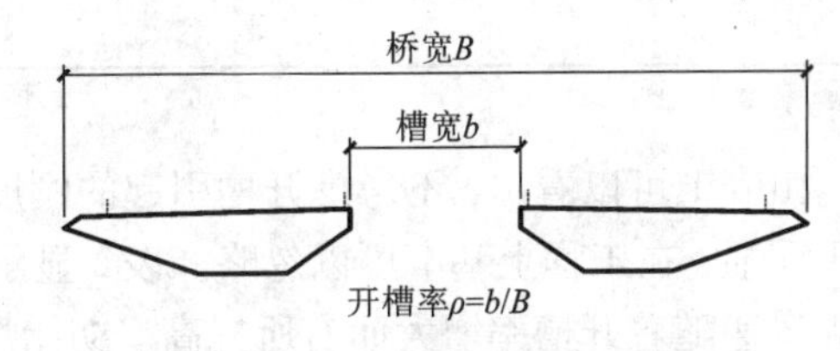

图1 开槽率示意图

2.2 不同风攻角下试验主要结果

通过主梁节段模型的横风向测力试验获得了在不同风攻角下，成桥状态不同开槽率的静力三分力系数，研究选取了 14.0%、18.8%、23.1%、27.0%、30.5% 等 5 个开槽率进行实验。为方便比较，将不同开槽率的同一种系数放在一起比较，如图 2 所示：

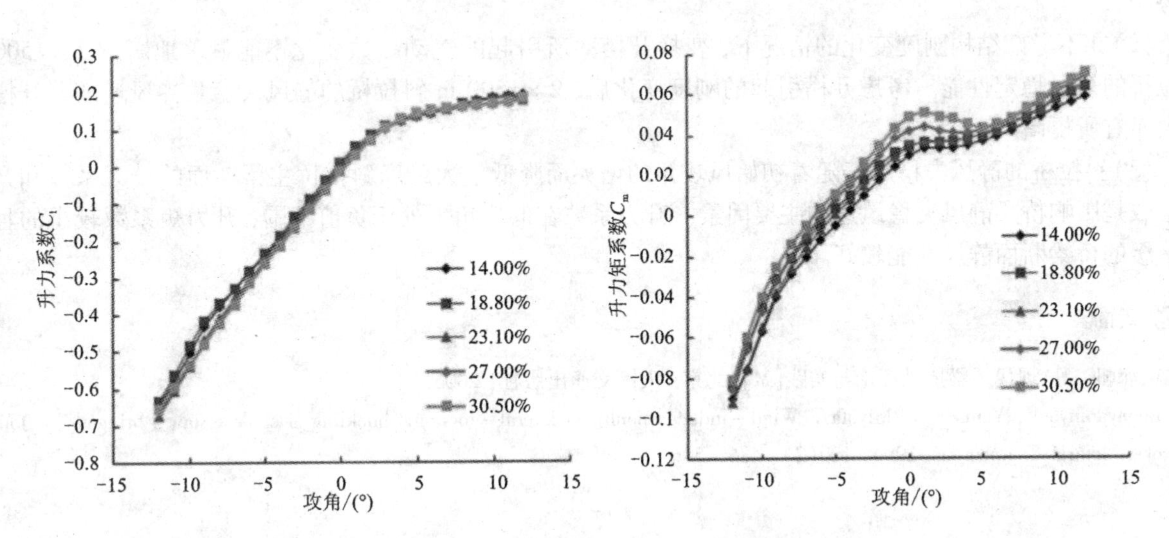

图2 不同开槽率的升力及升力矩系数对比

由图 1 可以看出，不同开槽率的三分力系数曲线趋势仍然是一致的，但随着开槽率的增大，升力矩系数 C_m 逐渐增大，而升力系数 C_l 的变化幅值很小。

2.3 不同开槽率的静风稳定性能分析

通过测力实验得到了 2 ×1500 m 斜拉桥不同开槽率的断面的三分力系数，并以此具体地分析了2 ×1500 m 斜拉桥在主梁不同开槽率下的静风稳定性能。表 1 给出了不同开槽率下，不考虑开槽引起的刚度变化，不同初始攻角时时 2 ×1500 m 斜拉桥的静风失稳风速。

表 2 给出了不同开槽率下，考虑开槽引起的刚度变化，不同初始攻角时时 2 ×1500 m 斜拉桥的静风失稳风速。

表 1 不同开槽率下 2 ×1500 m 斜拉桥的静风失稳风速(同刚度)

失稳风速/($m \cdot s^{-1}$)	开槽率	14.00%	18.80%	23.10%	27.00%	30.50%
攻角	-3°	163	166	163	164	157
	0°	149	145	146	145	143
	3°	140	140	139	138	137

表 2 不同开槽率下 2 ×1500 m 斜拉桥的静风失稳风速(变刚度)

失稳风速/($m \cdot s^{-1}$)	开槽率	14.00%	18.80%	23.10%	27.00%	30.50%
攻角	-3°	158	161	162	166	162
	0°	143	143	146	148	148
	3°	134	137	139	141	142

由表 1 可以看出，不考虑开槽引起的刚度变化时，2 ×1500 m 斜拉桥的静风失稳风速随着开槽率的变化不明显，在工程上基本可以忽略。表 2 显示，考虑开槽引起的刚度变化后，2 ×1500 m 斜拉桥的静风失稳临界风速随着开槽率增大而有所提高。初始风攻角对静风稳定性能影响较大，3°初始风攻角下的失稳风速较 -3°时降低了 20 m/s 左右。

3 结论

(1)分离双箱断面的升力矩系数随着开槽率的增大而增大，但升力系数和阻力系数则不呈单调变化的趋势。

(2)在不考虑结构刚度变化的情况下，变换开槽率所引起的气动参数变化不能显著地影响 2 ×1500 m 斜拉桥的静风稳定性能。考虑开槽引起的刚度变化后，2 ×1500 m 斜拉桥的静风失稳临界风速随着开槽率增大而有所提高。

(3)斜拉桥的静风失稳风速随着初始风攻角的增大而降低。大跨度斜拉桥主梁断面的升力系数和升力矩系数是影响桥梁静风失稳风速的主要因素。升力系数在低攻角下处于负值范围，升力矩系数较小的且变化平缓的桥梁断面静风性能较好。

参考文献

[1] 项海帆，等. 现代桥梁抗风理论与实践[M]. 北京：人民交通出版社，2005.

[2] Boonyapinyo V, Yamada H, Miyata T. Wind - induced nonlinear lateral - torsional buckling of cable - stayed bridges[J]. Journal of Structural Engineering, 1994, 120(2): 486 - 506.

中央开槽箱梁断面涡激振动及 TMD – CFD 耦合分析

姜保宋，周志勇，胡传新
（同济大学土木工程防灾国家重点实验室 上海 200092）

1 引言

对超大跨度桥梁，为提高桥梁的颤振稳定性及静风稳定性，主梁常常采用中央开槽开槽断面形式：如西堠门大桥($B/H\approx10$)、香港昂船洲大桥($B/H\approx13.5$)、南京右汉大桥($B/H\approx13.5$)、杭州湾嘉绍大桥($B/H\approx14$)、青岛海湾大桥大沽河航道桥($B/H\approx13$)、港珠澳大桥江海直达船航道桥($B/H\approx10$)等。但开槽之后随之而来的上游断面尾部变钝，常常是诱发涡振的原因。2009 年，我国的西堠门大桥在 6 ~ 10 m/s 的风速下观察到数次显著的涡激振动。因此有必要对该类桥梁的涡振特性展开详细的风洞试验和数值模拟研究。

本文以一主跨 2 × 1500 m 三塔两跨斜拉桥桥(中央开槽双箱梁)为研究背景，从风洞试验结果、CFD 数值模拟分析、TMD 参数设计、TMD – CFD 数值模拟验证等方面，进行 TMD 抑振系统的设计，验证了 TMD 系统的有效性及可靠性。

2 节段模型风洞试验介绍

主梁结构尺寸参见图 1。对应的节段模型风洞试验在 TJ – 2 风洞中进行，模型比例为 1∶80，涡振试验风速比为 1∶3。模型由航空板和薄钢板模拟结构外形；由钢管框架提供刚度；桥面栏杆和检修轨道选用 ABS 材料及木材，由电脑雕刻而成。模型位移信号采用激光位移传感器测量。悬挂测振系统的主要设计参数参见表 1。

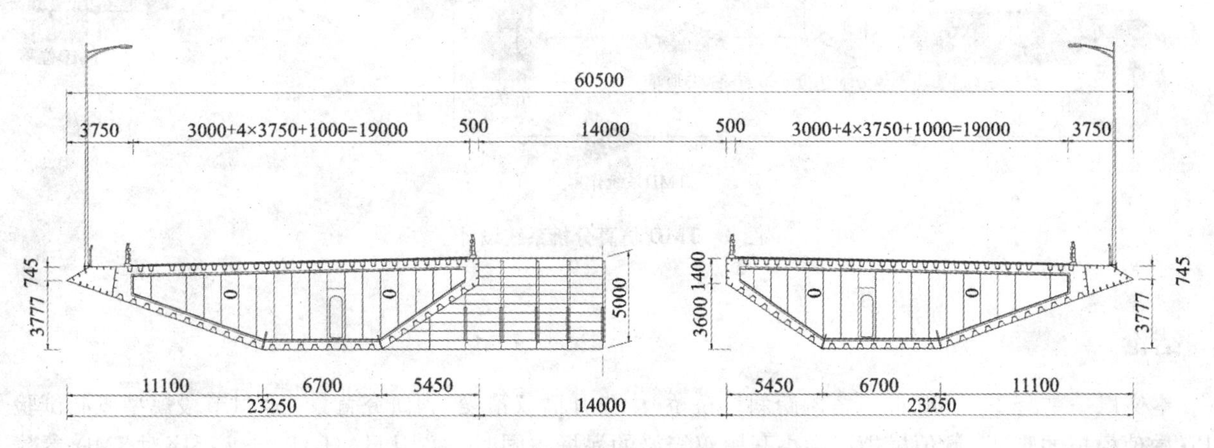

图 1　主梁结构尺寸(单位：mm)

表 1　主梁节段模型涡振试验主要设计参数

$m/(\mathrm{kg\cdot m^{-1}})$	$I_m/(\mathrm{kg\cdot m^2\cdot m^{-1}})$	f_h/Hz	f_t/Hz	ξ_h	ξ_t	U_{rat}
8.495	0.383	3.294	9.397	0.32%	0.42%	1∶3

3 CFD 数值模拟分析

本文涡振 CFD 模拟，采用自由振动法计算，风速比取为 1∶4。利用 FLUENT 软件中的 UDF 功能，编制 UDF 程序进行系统验证，结构响应计算采用 Newmark – β 法进行计算，结构所受的气动力采用 FLUENT 软件内部宏获取。

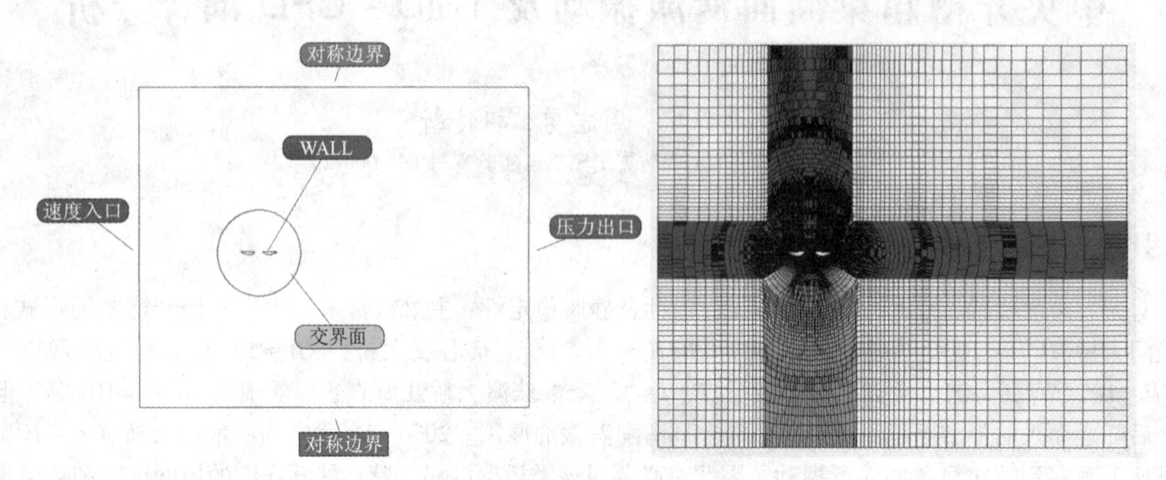

图2　计算域划分及边界条件处理

4　TMD参数设计及验证

本文中的TMD参数，主要针对成桥状态原型断面在0°风偏角及0°风攻角下的竖弯涡振进行设计(与第3节中的数值结果对应)。TMD设计目标是将结构的竖弯涡振振幅减小到原始振幅的50%，试验中结构竖弯阻尼比为0.32%，激振力采用第3节中的数值计算结果进行仿真分析。

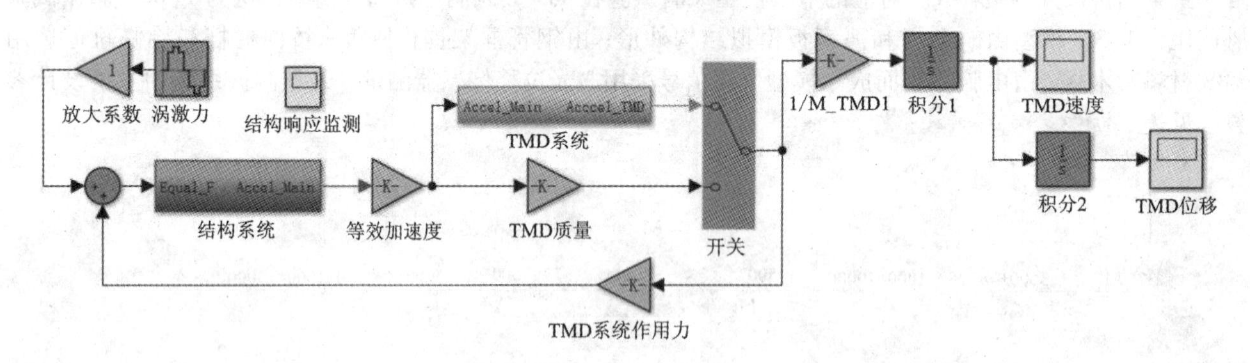

图3　TMD仿真分析系统设计

5　结论

本文以一主跨2×1500 m三塔两跨斜拉桥桥(中央开槽双箱梁)为研究背景，通过节段模型风洞试验及CFD数值模拟的验证，数值模拟了中央开槽双箱梁的涡振。同时，采用MATLAB自编程序对TMD参数进行优化设计，结合SIMLINK仿真软件进行验证，进一步的，利用FLUENT软件中的UDF功能，采用TMD-CFD耦合分析的方法，对系统进行了进一步的验证，通过上述分析，验证了TMD在涡振控制上的有效性。

参考文献

[1] Larose G L, Larsen S V, Larsen A, et al. Sectional Model Experiments at High Reynolds Number for the Deck of a 1018 m Span Cable - stayed Bridge[C]//Proceedings of 11th International Conference on Wind Engineering, USA: Lubbock, TX, 2003: 373 - 380.

[2] 汪正华，杨詠昕，葛耀君. 分体式钢箱梁涡激振动控制试验[J]. 沈阳建筑大学学报(自然科学版)，2010，26(3)：433 - 438.

基于分布荷载的大跨悬索桥抖振应力分析*

李浩，韩艳，黄静文，张记，郑刚
（长沙理工大学土木与建筑学院 湖南 长沙 410004）

1 引言

大跨度桥梁的风致振动，通常情况下主要有四种，分别是抖振、涡振、颤振和驰振[1]。在大跨度桥梁结构设计阶段，通过风动试验对主梁横截面的气动外形进行改进和优化，可以有效地抑制住涡振、颤振和驰振。但是自然界中的脉动风引起的抖振却是不可避免的。而抖振却是导致大跨度缆索承重体系桥梁的疲劳损伤的主要因素[2]。因此进行更为精准的抖振应力分析对于现代大跨度缆索支承体系桥梁显得至关重要。

传统的抖振分析方法，而且都是将主梁横断面上的气动力以集中荷载加载的，但是这样不考虑抖振力在横截面上的分布就会影响抖振应力响应分析的准确性。因此，对于大跨桥梁抖振疲劳的分析，很有必要考虑气动力在横截面上的分布问题，而分布式气动力与风压及其分布形式密切相关。Q Zhu，Y L Xu 和 K M Shum[3]在前人研究的基础上以香港的昂船洲大桥为工程背景，用商用有限元分析软件 ANSYS 建立了昂船洲大桥的全桥有限元模型，其主梁及其细部构件均用壳单元建立的而非传统的将主梁质量分布和截面特性都等效到一根梁单元上的“鱼骨刺”模型，根据风压系数在主梁横断面上的分布将气动力分布加载到横截面上的各节点上，进行了抖振应力分析，并且成功将这种算法应用到了香港昂船洲大桥上。然而，由于是将主梁的所有构件都用壳单元进行模拟的，因为单元和节点数目太大，造成了计算上的一定困难，一般的普通计算机根本没办法计算。

鉴于以上总结的不足和难点，本文以正在设计阶段的太洪长江大桥为工程背景，基于 Q Zhu 等[3]提出的方法进行了相应的改进，没有将主梁所有的构件都利用壳单元进行模拟，而是将主梁按照一定的等效原则等效成正交异性的壳单元记性模拟，以便于减少自由度数从而达到简化计算的目的。

2 不同加载方式下的主梁应力分析

利用 ANSYS 对太洪长江大桥进行有限元模拟，分别建了传统的脊骨梁模型和本文的等效正交异性板壳单元模拟的板壳单元模型，并且进行了动力特性分析，验证了板壳单元模型的正确性。

由于在前面建模的过程中，主梁所有的质量和刚度都集中在横截面的质心上即是用梁单元来模拟的，故将之前计算好的风荷载包括静风荷载和脉动风荷载都以集中力的形式直接加载在梁单元的节点上，相对于脊骨梁模型，等效正交异性板壳单元模型的加载就显得比较复杂，不能按照脊骨梁模型那样将全部荷载都按集中力加载在某一个节点上，而是按照一定的分配原则将传统的脊骨梁模型上某一个节点上的全部荷载分布加载到板壳单元模型上相应截面上的每个节点上，即按照一定的假设进行分布式加载到板壳单元模型各截面上。

分别对脊骨梁模型和板壳单元模型进行风荷载的集中加载和分布式加载[4]，分别对两种模型进行风荷载作用下的应力分析，主梁跨中截面风嘴位置应力时程对比如图 1 和 2 所示。

由图 1 知，两者差别较大，证明了传统的脊骨梁模型不适用于局部应力分析。再对板壳单元模型进行抖振应力分析，结果如图 3 和图 4 所示。

从图 3 中可以看出，不同截面上的应力都是随着风速的增大而增大。当风速较低为 10 m/s 和36.2 m/s 时，1/4 跨截面上的应力普遍大于跨中截面，而当风速继续增大到 55 m/s 时，则恰好相反。从图 3 还可以看出，在主梁不同的横截面上，应力最大值都出现在风嘴角点处。从图 4 中可以看出，桥跨结构上风嘴角点和底板中点的应力随风速的增大都在不断的增大，并且再跨中位置达到最大值。风嘴角点处的应力在主

* 基金项目：国家自然科学基金(51678079)

梁端部与桥塔横梁约束处比较大。

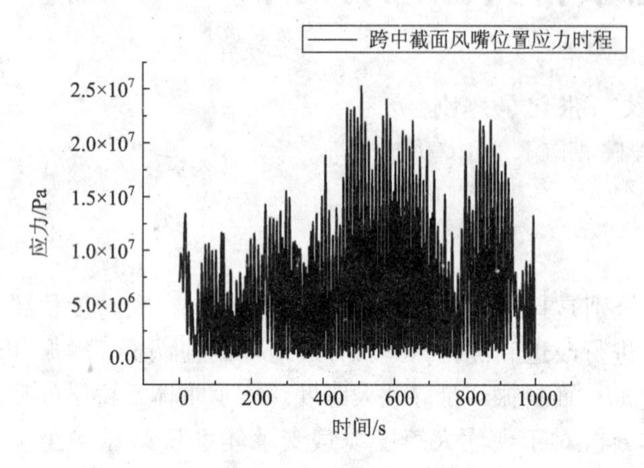

图 1 脊骨梁模型跨中应力时程

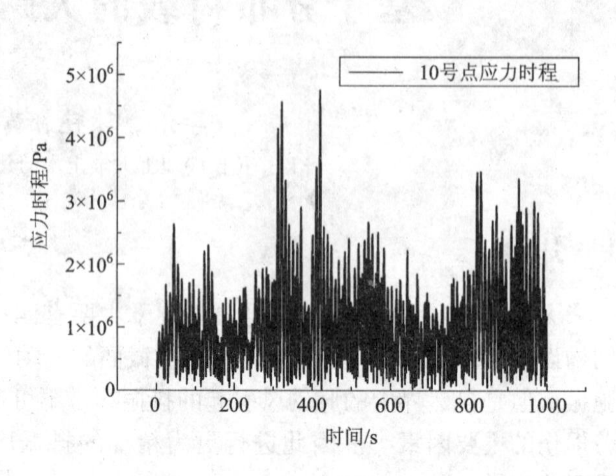

图 2 壳单元模型应力时程

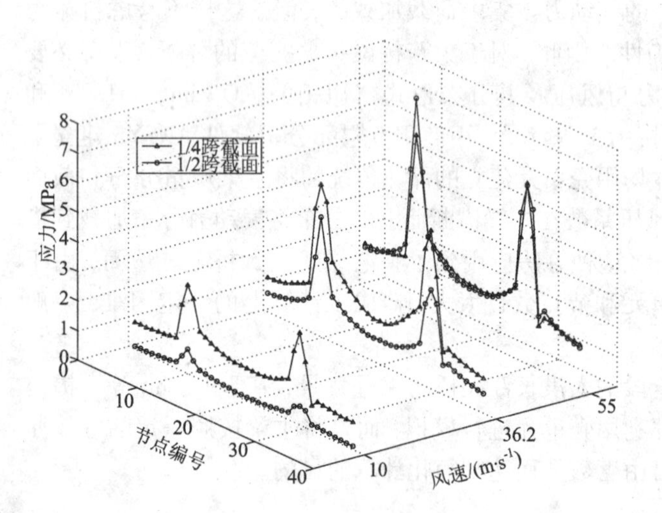

图 3 不同风速下不同截面的应力分布

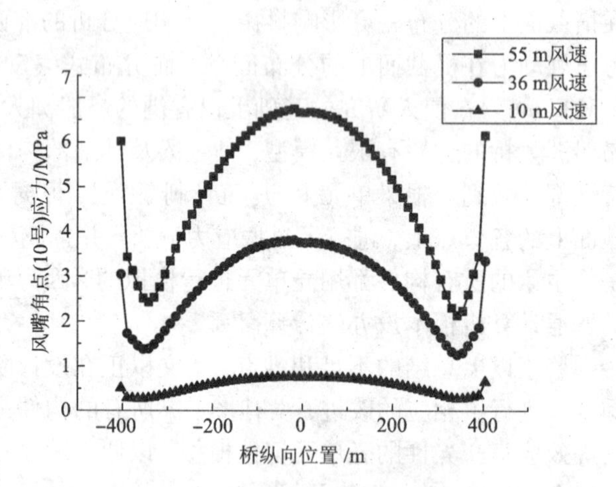

图 4 风嘴角点应力随跨径变化情况

3 结论

(1)通过动力特性分析，两种模型的主要振型和频率对比较好，验证了等效的正交异性板壳单元模型及相关等效方法的正确性。

(2)在风荷载作用下，两种模型的应力对比结果差别较大，说明了利用传统的脊骨梁模型进行应力分析的局限性。

(3)对板壳单元模型进行抖振和应力分析，主梁跨中应力较大；应力最大值出现在跨中截面风嘴处，最小值出现在底板中点处；风速较低时 1/4 跨截面应力大于 1/2 跨截面应力，风速较高时则相反。充分说明了利用板壳单元进行应力分析的优势及其准确性。并且为大跨度钢箱梁悬索桥的设计和疲劳分析提供了依据。

参考文献

[1] 陈政清. 桥梁风工程[M]. 北京：人民交通出版社，2005：55 - 104.

[2] Xu Y L, Guo W H. Dynamic analysis of coupled road vehicle and cable - stayed bridge systems under turbulent wind[J]. Eng Struct., 2003, 25(4): 473 - 486.

[3] Q Zhu, Y L Xu, K M Shum. Stress - level buffeting analysis of a long - span cable - stayed bridge with a twin - box deck under distributed wind loads[J]. Engineering Structure, 2016, 127: 416 - 433.

[4] 张志田，葛耀君. 悬索桥静动力特性分析的有限板壳单元法[J]. 结构工程师，2003，67(4)：21 - 25.

宽高比对大跨度扁平箱梁气动特性的影响*

李欢[1,2]，何旭辉[1,2]，王汉封[1,2]，刘梦婷[1,2]

（1. 中南大学土木工程学院 湖南 长沙 410075；2. 高速铁路建造技术国家工程实验室 湖南 长沙 410075）

1 引言

桥梁断面宽高比（B/D）是桥梁风工程研究的一个重要几何参数，其对扁平箱梁断面的气动特性及周围流场具有重要的影响。Sarwar 和 Ito 研究均发现扁平箱梁的气动特性与宽高比更大的矩形断面更为接近；同时，Ito 还发现宽高比是断面展向相关性经验公式中的重要组成部分。Larose 通过风洞试验研究了宽高比为 5.5 的流线型扁平箱梁桥（HOGA KUSTEN）和宽高比为 16 的矩形断面的颤振响应，结果表明两者十分相似。Shiraishi 指出主梁气动外形在满足桥梁颤振稳定的同时也应满足涡激振动的要求，其中宽高比对涡振的影响较大，并根据断面涡振响应、周围流场形式和压力分布随高宽比变化的规律将涡振分为三类：①涡振最大振幅对应的锁定风速与约化风速一致；②涡振起振风速和断面高宽比（2～7.5）呈线性关系，并且对风攻角为 −7°～7°的大多数桥梁断面均属于这一类别；③涡振起振风速基本上保持为一个常数或者随宽高比缓慢变化。

扁平箱梁可以看成是安装了风嘴的矩形断面，断面流线性更好，风荷载减小；断面周围旋涡结构受到抑制，气动性能更优。为详细研究宽高比对流线型扁平箱梁气动特性的影响，对全世界范围内大跨度扁平箱梁桥主梁断面宽高比进行了详细统计，实际工程中该型主梁断面宽高比的变化为 4.9～11.2。本文根据以上统计结果，采用控制变量法对宽高比为 6、9 和 12 的典型流线型扁平箱梁的气动特性进行风洞试验研究。分析了断面的气动力，断面周围流场形态和 St 数的变化规律等，并采用 POD 分析的方法对多 St 数生成的机理进行了分析。

2 试验设置

试验在中南大学风洞试验室高速试验段完成，其几何尺寸为长×宽×高＝15.0 m×3.0 m×3.0 m，试验风速在 2～94 m/s 范围内连续可调，湍流度小于 0.5%。试验装置和模型截面尺寸及测压孔布置如图 1 所示，并采用模型高宽比进行编号。模型两端设置长×高＝2500 mm ×1200 mm 的大端板。为防止气流分离，将大端板前缘加工成光滑的椭圆形。从而有效避免了流场的三维效应及支撑系统所带来的影响。

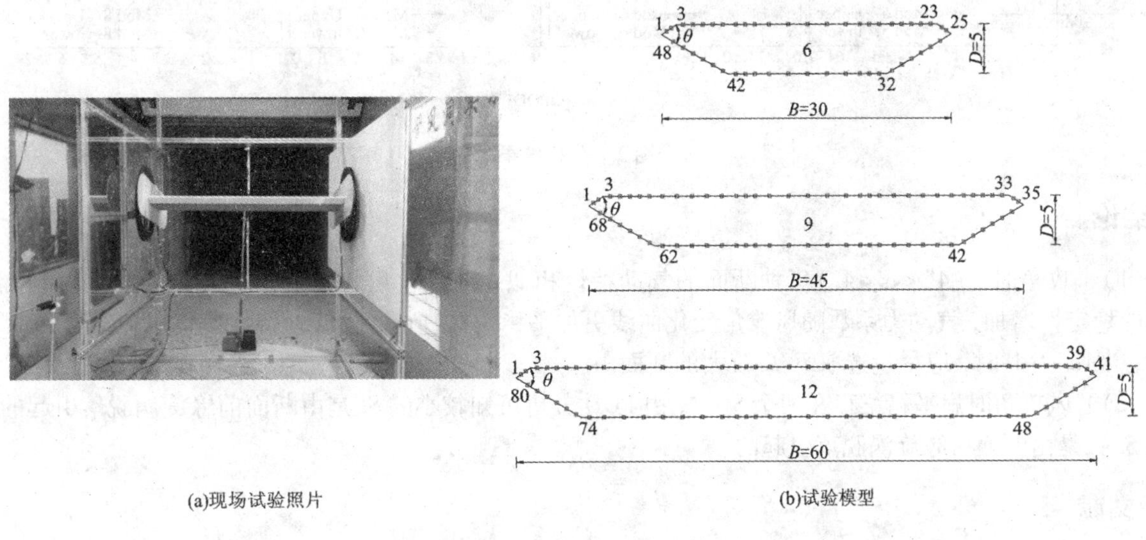

(a)现场试验照片 (b)试验模型

图 1 试验设置

* 基金项目：国家自然基金资助项目（51508580，51508574，U153420035），中南大学“创新驱动计划”项目（2015CX006）

3　结果分析与讨论

由于篇幅限制，本文仅给出不同高宽比断面的 St 数生成的机理的 POD 分析结果。所有断面的升力功率谱如图 2(a)所示。由图可知，升力功率谱存在两个明显的峰值，相应的 St 数风别为 0.14 和 0.25 ~ 0.28。其中较低的 *St* 数(0.14)和 Larsen 采用数值模拟计算的宽高比为 8.4 的扁平箱梁的结果相一致；另外，较大的 *St* 数(0.25 ~ 0.28)与 Zhu 对宽高比为 11.99 的扁平箱梁的模拟结果吻合得很好。由第 3、7 和 8 节模态分析结果我们可以推断较小的 *St* 是由断面前缘旋涡脱落引起的，较大的 *St* 数是由断面后缘旋涡脱落引起的。

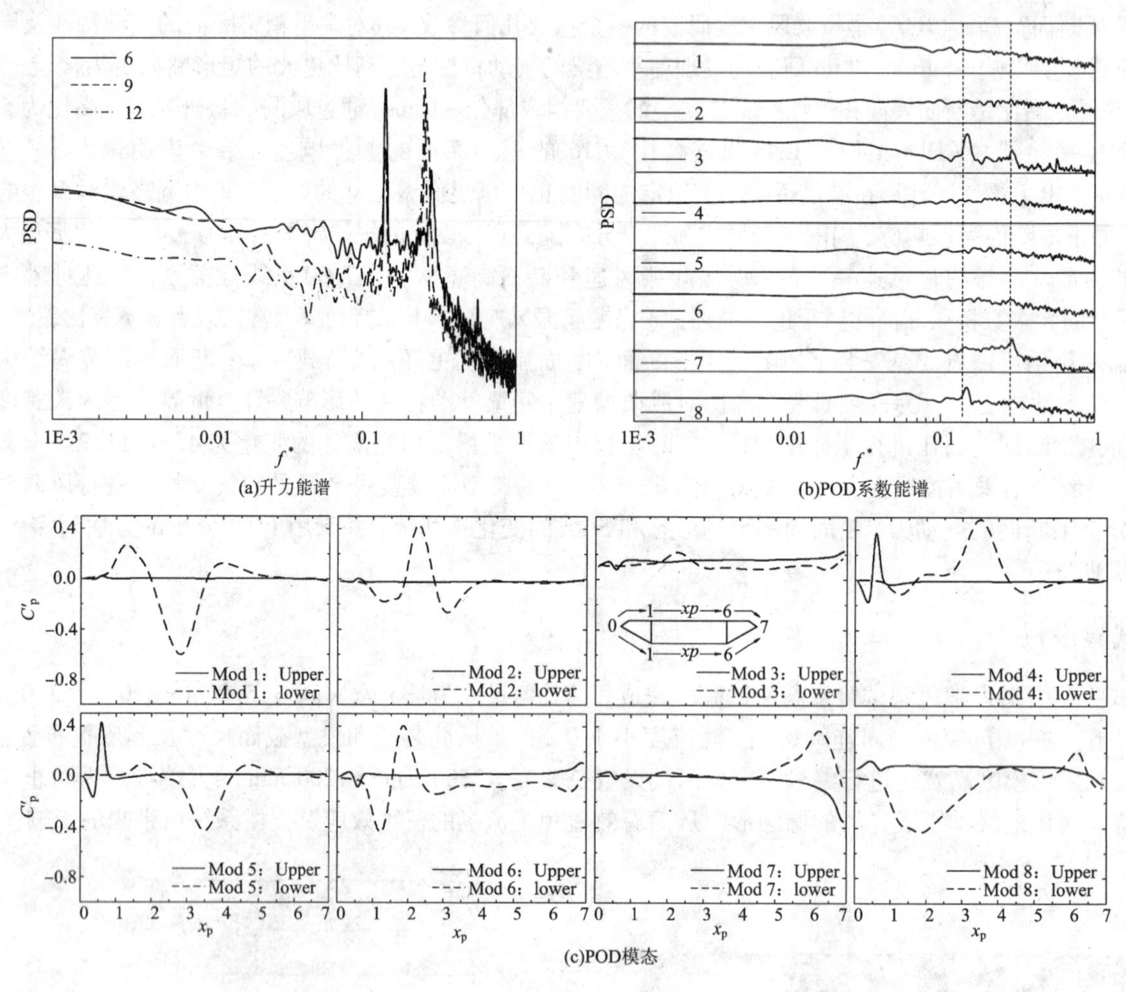

图 2　分析结果

4　结论

(1)小攻角时(-4° < α < 4°)三种断面的气动特性相似。随风攻角的增大，*B/D* 较大的箱梁周围流场形态的稳定性增加，气动力系数随风攻角变化曲线更加平稳。在进行主梁气动特性优化时应结合当地风场特性，当|α| > 4°时，应尽量选取 *B/D* 较大的断面。

(2)0°风攻角时扁平箱梁存在两个 *St* 数，由 POD 分析可知较小的 *St* 是由断面前缘旋涡脱落引起的，较大的 *St* 数是由断面后缘旋涡脱落引起的。

参考文献

[1] Sarwar M W, Ishihara T, Shimada K, et al. Prediction of aerodynamic characteristics of a box girder bridge section using the LES turbulence model[J]. Journal of Wind Engineering & Industrial Aerodynamics, 2008, 96(10): 1895 - 1911.

[2] Ito Y, Shirato H, Matsumoto M. Coherence characteristics of fluctuating lift forces for rectangular shape with various fairing decks [J]. Journal of Wind Engineering & Industrial Aerodynamics, 2014, 135: 34 - 45.

基于气动翼板的超大跨度悬索桥颤振主动控制风洞试验*

李珂[1,2,3]，葛耀君[1]，赵林[1]，郭增伟[4]
（1. 同济大学土木工程防灾国家重点实验室 上海 200092；
2. 山地城镇建设与新技术教育部重点实验室(重庆大学) 重庆 400045；
3. 重庆大学土木工程学院 重庆 400045；4. 重庆交通大学 重庆 400074）

1 引言

超大跨度桥梁作为跨海连岛工程的重要组成部分，保证其结构安全是建设的前提。然而，超大跨度桥梁结构自身刚度低，且处于海上高风速区域，如何避免桥梁在其生命周期内因颤振而破坏成为了设计的重点和难点。在诸多颤振控制方法中，基于气动翼板的主动控制方法由于控制效果优秀，可作为超大跨度桥梁颤振控制的一种手段。但是，当前世界范围内的相关研究主要集中于理论分析，风洞试验的内容非常缺乏。为此，本文设计、开发了包含气动翼板的桥梁二维节段模型以及配套软件、硬件，并通过风洞试验对理论方法进行了试验验证，实现了从数学模型到风洞试验的重要过渡。试验结果表明，气动翼板主动控制方法在均匀流和湍流下均能有效提高颤振临界风速，所采用的控制算法也表现出优秀的鲁棒性。

2 试验装置设计、开发

模型方面，一对气动翼板被安装于模型上方。翼板通过支撑顶部的铰与模型相连，可以沿铰独立转动，转动轴为各自的中轴线。为了不影响模型的气动外形，控制翼板转动的舵机安装于主梁内部，通过连杆操纵翼板的转动角度。该模型的设计与风洞试验照片见图1。

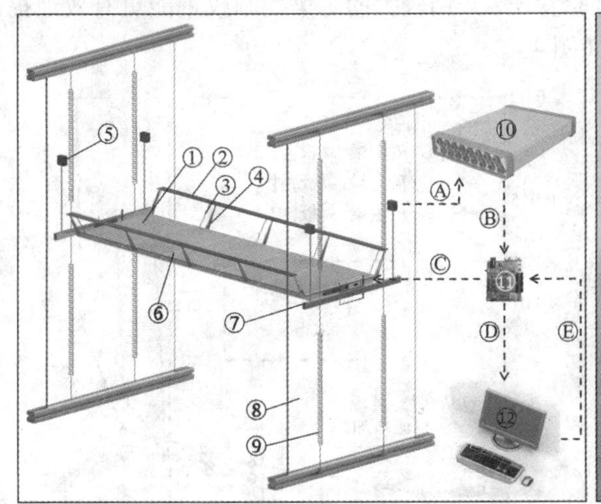

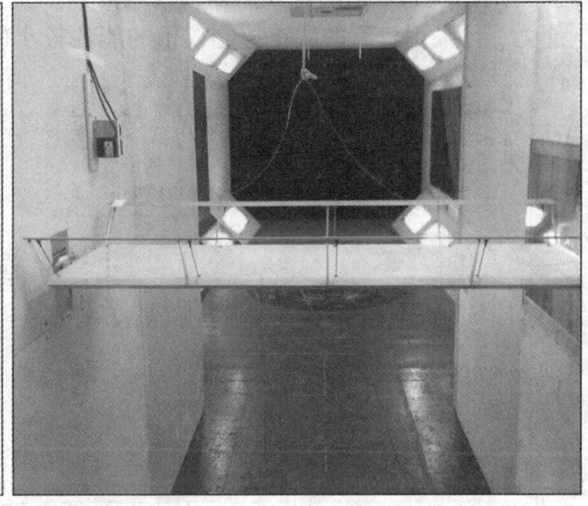

图1 包含可控气动翼板的桥梁二维节段模型

开发了相应的控制软件。电脑可以通过软件对芯片组中的控制参数进行实时调整，实现多种控制模式。此外，软件也用于存储由芯片组发送而来的控制信息，包括采样时间、主梁振动状态、控制算法关键参数、翼板振动状态等(图2)。

3 颤振控制效果

试验在均匀流和湍流两种来流条件下进行了测试。在开启控制设备后，振动翼板迅速抑制了主梁的颤振发展。当风速超过原始颤振临界风速后，主梁动力稳定(图3)。

* 基金项目：国家重点基础研究973计划项目(2013CB036300)，国家自然科学基金重大研究计划集成项目(91215302)，交通运输部应用基础研究项目(2013319822070)

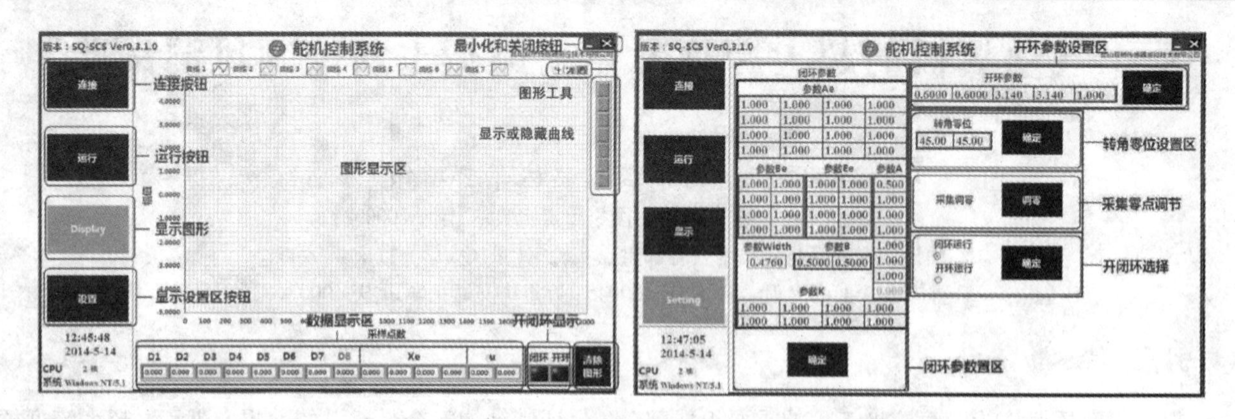

图2 控制软件界面

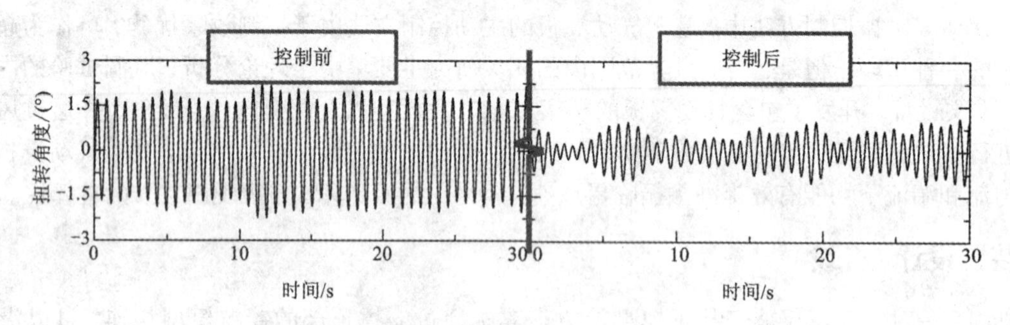

图3 控制前后主梁扭转位移时程对比

检验了不同控制权重的设计参数的控制效果。试验发现，采用较大的主梁控制权重能更有效地提高颤振控制能力，且采用较高的主梁控制权重的能耗较小(图4)。

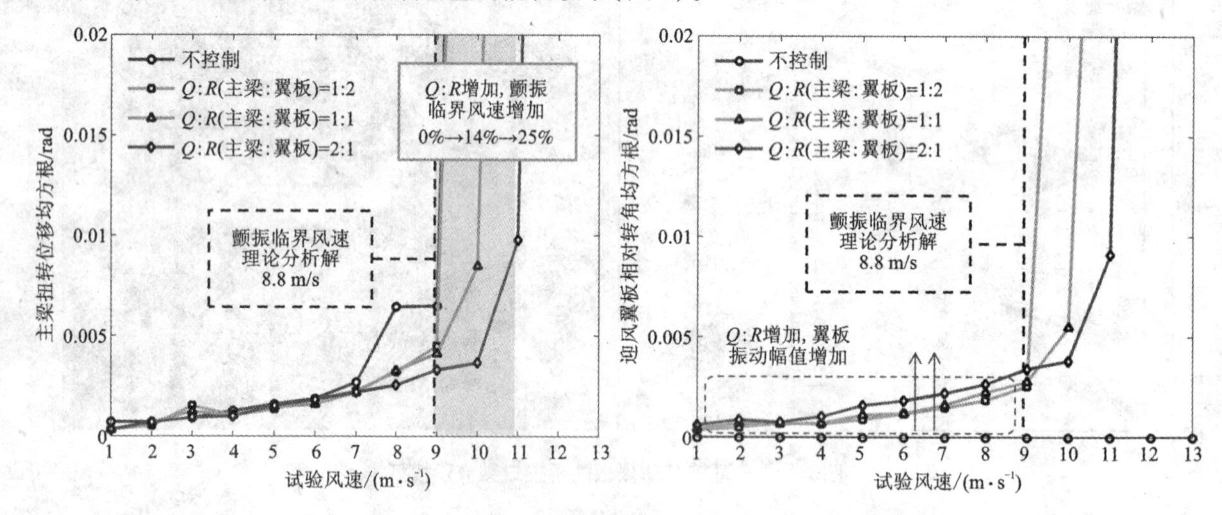

图4 不同控制权重下的主梁和翼板 RMS 响应

4 结论

通过闭环控制风洞试验检验了主动翼板控制方法在均匀流和湍流两种来流条件下的抑振效果：低风速情况下不会对主梁振动产生明显的影响，不会劣化主梁风致振动性能；高风速情况下能有效抑制主梁在扭转自由度方向的抖振，同时大幅提高颤振临界风速。

参考文献

[1] 郭增伟. 大跨度悬索桥涡振和颤振主动控制原理与方法[D]. 上海：同济大学，2013.

中央稳定板及封槽板提高桁架梁颤振稳定性试验研究*

李明[1,2]，李明水[2]，孙延国[1,2]
(1. 西南交通大学桥梁工程系 四川 成都 610031; 2. 风工程四川省重点实验室 四川 成都 610031)

1 引言

桁架加劲梁作为大跨度桥梁常用的断面形式，在我国大跨度桥梁建设中(特别是山区跨越峡谷时)应用广泛。对于大跨度钢桁梁悬索桥，加劲梁的颤振稳定性是确保大桥气动安全的控制性因素。为了研究在不同气动措施组合的情况下，不同参数变化时对主梁颤振稳定性的敏感程度，本文以赤水河大桥为研究背景，对不同尺寸及封隔率的上中央稳定板、下中央稳定板以及中央封槽在单独作用以及联合使用的情况下，进行了一系列的风洞试验研究。

2 工程概况及桥位风参数

赤水河大桥是一座跨越深谷(谷深 314 m)主跨为 1200 m 的特大悬索桥，加劲梁采用板－桁组合体系，桁宽 27.0 m，桁高 7.0 m，中央开槽宽 0.67 m。桥位处基本风速为 24.7 m/s，大桥的颤振检验风速为 42.8 m/s。

3 主梁颤振稳定性试验

在西南交通大学 XNJD－1 风洞第二试验段对赤水河大桥进行了主梁动力节段模型风洞试验。试验测得大桥在 +5°、0°、－3°以及－5°攻角下，颤振临界风速高于颤振检验风速，但是当风攻角为 +3°时，主梁颤振临界风速仅为 27.6 m/s，不满足抗风设计要求，需对主梁进行气动优化，从而改善大桥的气动稳定性。

4 稳定措施试验研究

分别对不同尺寸的上中央稳定板、下中央稳定板以及封槽板三种稳定措施在单独作用以及联合使用的情况下，进行了一系列的风洞试验研究。拟采用的稳定措施如图 1 所示，为了改变稳定板及封槽板的封隔率，图中还示出了上中央稳定板及封槽板的的三种布置形式。

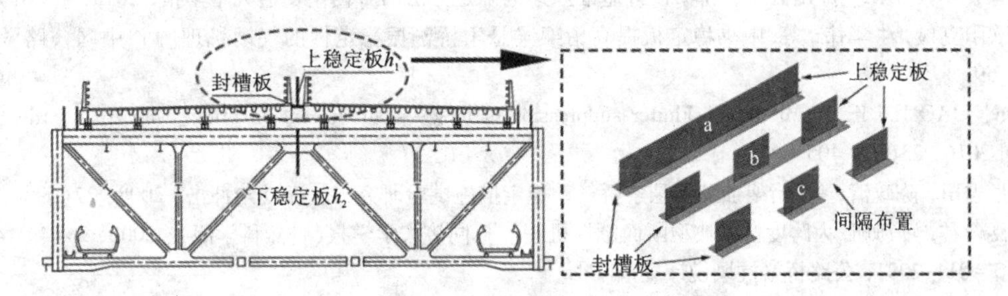

图 1 颤振稳定措施示意图

定义颤振临界风速增长率为：

$$\beta = (U_{cr} - U_{co})/U_{co}$$

式中：U_{cr}为设置颤振稳定措施后桁架梁的颤振临界风速，U_{co}为原始断面的颤振临界风速。在不同工况下(稳定措施单独作用及联合使用)，试验测得的颤振临界风速增长率随稳定措施参数(稳定板高度与桁梁高度比及封隔率)的变化规律如图 2 所示(h 为稳定板高度，H 为桁高)。

* 基金项目：国家自然科学基金项目(51478402)，贵州省重大科技专项(20156001)

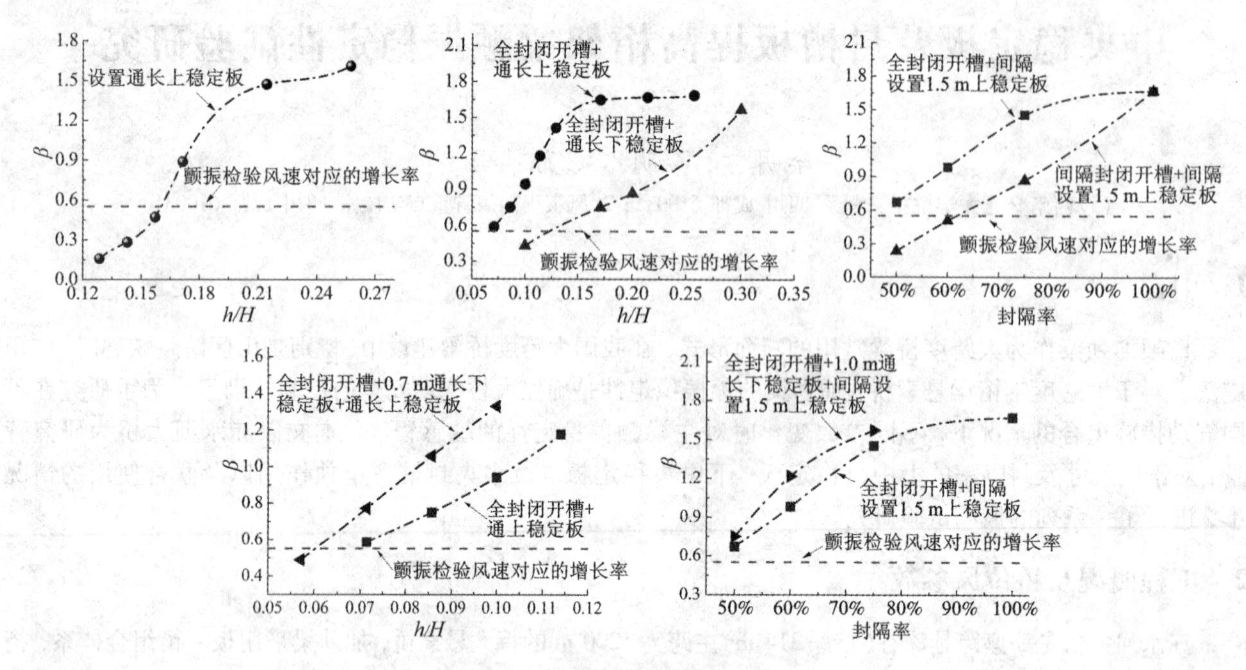

图2　颤振性能优化试验结果

5　结论

本文通过节段模型风洞试验对钢桁梁悬索桥的颤振稳定措施进行了研究，并得出以下结论：①单独设置上中央稳定板时，主梁颤振临界风速随着上稳定板高度的增加成非线性变化，并存在一个较为敏感的区间。②当封闭中央开槽后，联合上中央稳定板的制振效果明显优于联合下中央稳定板；封槽板以及上稳定板的封隔率均对颤振临界风速具有一定的影响。③当三种稳定措施联合使用时，下中央稳定板的加入较大程度地提高了主梁的颤振稳定性，同时在一定程度上削弱了上稳定板封隔率对主梁颤振稳定性的影响。

参考文献

[1] 王凯，廖海黎，李明水，等. 山区峡谷桥梁设计基准风速的确定方法[J]. 西南交通大学学报，2013，48(01)：29－35.

[2] 陈政清，欧阳克俭，牛华伟，等. 中央稳定板提高桁架梁悬索桥颤振稳定性的气动机理[J]. 中国公路学报，2009，22(6)：53－59.

[3] WANG Kai, LIAO Hai li, Li Ming shui. Flutter suppression of long－span suspension bridge with truss girder[J]. Wind and Structures, 2016, 23(5): 405－420.

[4] 李春光，张志田，陈政清，等. 桁架加劲梁悬索桥气动稳定措施试验研究[J]. 振动与冲击，2008，27(09)：40－43.

[5] 杨詠昕，葛耀君，项海帆. 大跨度桥梁典型断面颤振机理[J]. 同济大学学报(自然科学版)，2006，34(4)：455－460.

[6] JTG/T D60－01—2004，公路桥梁抗风设计规范[S].

流线型箱梁表面风压分布研究

梁新华[1]，郑云飞[1]，刘庆宽[2,3]，马文勇[2,3]，刘小兵[2,3]
(1. 石家庄铁道大学土木工程学院 河北 石家庄 050043；
2. 河北省大型结构健康诊断与控制重点实验室 河北 石家庄 050043；
3. 石家庄铁道大学大型结构健康诊断与控制研究所 河北 石家庄 050043)

1 引言

目前大跨度桥梁的发展日益迅速，桥梁断面向扁平化趋势发展。桥梁的抗风设计要求不断提高。许多学者对桥梁断面的雷诺数效应进行了大量的研究[1-2]。但是，设计之初所依靠的风洞试验由于不能满足雷诺数相似的条件，往往不能提供精确的风荷载及动力性能计算参数。本文通过常规低速风洞试验，研究了流线型箱梁在不同雷诺数下的风压分布及流场情况，为揭示流线型断面的雷诺数效应发生机理提供参考。

2 风洞试验

2.1 试验对象

本文以刚性流线型箱梁节段模型为试验对象，模型内部骨架使用型钢和木板构成，表面用 ABS 板覆盖。此外为实现二维流动，在模型两端设置端圆角矩形端板。模型及测点示意图如图 1 所示。

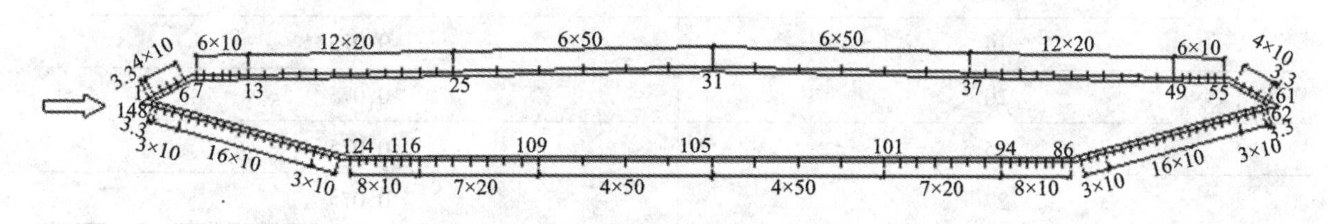

图 1　模型测点及编号

2.2 试验设备及应用

箱梁节段模型静力测压试验在石家庄铁道大学风工程研究中心的双试验段回/直流大气边界层风洞内进行，高速试验段宽 2.2 m，高 2.0 m，长 5.0 m，最大风速大于 80.0 m/s，背景湍流度 $I \leqslant 0.2\%$[3]。

3 雷诺数对表面风压分布的影响分析

3.1 雷诺数对下表面平均风压系数的影响

图 2 和图 3 所示是流线型箱梁下表面的两个位置在不同雷诺数下平均风压系数的变化情况，图中的尖点分别是下表面平均风压系数的两个最小值，称之为第一最小值点和第二最小值点。可以发现，以雷诺数为 10 万和 16 万为界限，高低雷诺数表现出两种不同变化趋势。低雷诺数下最小值点以后平均风压系数回升较高雷诺数时平缓。而雷诺数的增加对两个最小值点的平均风压系数值影响显著。表 1 中为雷诺数对下表面平均风压系数零值点的影响，发现零值点的位置随雷诺数的增加往风嘴的方向移动，但是在雷诺数为 16 万之后零值点位置就不再变化。

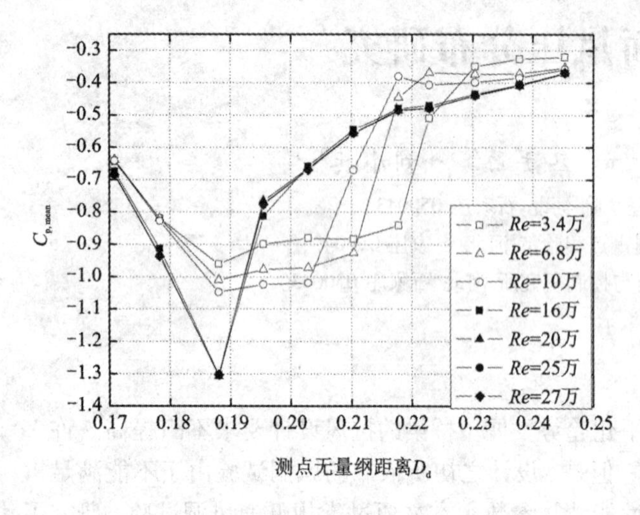

图2　第一最小值随雷诺数变化情况

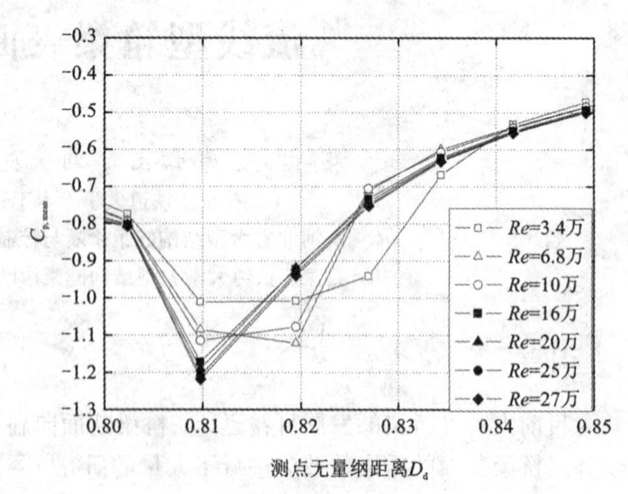

图3　第二最小值随雷诺数变化情况

表1　雷诺数对下表面平均风压系数零值点的影响

Re/万	上表面 D_d
3.4	0.081
6.8	0.081
10	0.078
16	0.075
20	0.075
25	0.075
27	0.075

4　结论

流线型箱梁表面风压分布具有明显的雷诺数效应，其最小风压系数、特征点附近压力分布受雷诺数效应影响变化明显。本文发现表面风压系数的变化及最小值点的改变可以在一定程度上反映模型周围流场的变化情况。且通过对两个风压系数最小值点的变化情况进行分析，可以得出雷诺数对此流线型箱梁表面风压分布的主要影响集中在其上下表面的平均风压系数最小值上，且雷诺数效应对该箱梁周围流场的影响也主要集中于最小值点附近区域。并且认为最小值点附近风压系数随雷诺数的变化规律与阻力系数随雷诺数的变化有着内在联系。

参考文献

[1] 顾明，王新荣. 工程结构雷诺数效应的研究进展[J]. 同济大学学报，2013，41(7)：961－969.
[2] 李加武，林志兴，项海帆. 扁平箱形桥梁断面静气动力系数雷诺数效应研究[J]. 公路，2004，9：43－47.
[3] 刘庆宽. 多功能大气边界层风洞的设计与建设[J]. 实验流体力学，2011，25(3)：72－76.

大跨桥梁静风稳定后屈曲极限承载效应*

刘涛维，赵林，葛耀君
（同济大学土木工程防灾国家重点实验室 上海 200092）

1 引言

大跨桥梁发生静风失稳后，主梁位形会发生急剧改变，但桥梁仍具备继续承载的能力。研究静风失稳后屈曲阶段，对于揭示桥梁静风失稳本质、利用屈曲后强度具有重要意义。现行静风稳定规范方法采用线性理论，会过高估计结构的稳定性，而常用的三维牛顿－拉夫孙法两重迭代仅能得到临界风速，无法追踪到结构的后屈曲阶段。

本文比较分析了牛顿－拉夫孙法与弧长法用于跳跃式极值点失稳计算时的异同与优劣。为了得到桥梁结构失稳的全过程，追踪极值点附近及后屈曲阶段的荷载位移平衡路径，本文借助 ANSYS 有限元计算软件，考虑结构几何非线性和气动荷载非线性，采用弧长法计算大跨桥梁静风稳定性能，分析了大跨桥梁发生静风失稳后发生的回跃效应，及其发生机理。

2 ANSYS 非线性分析方法

分别用牛顿－拉夫孙法和弧长法对一平面刚架结构进行非线性屈曲分析得到荷载位移平衡路径曲线图。两种方法在屈曲极值点之前计算结果相同，但牛顿－拉夫孙法仅能得到屈曲荷载，无法越过极值点追踪结构的后屈曲状态，得到完整的荷载－位移路径，而弧长法则很好地追踪到荷载－位移路径的阶跃和回跃段。

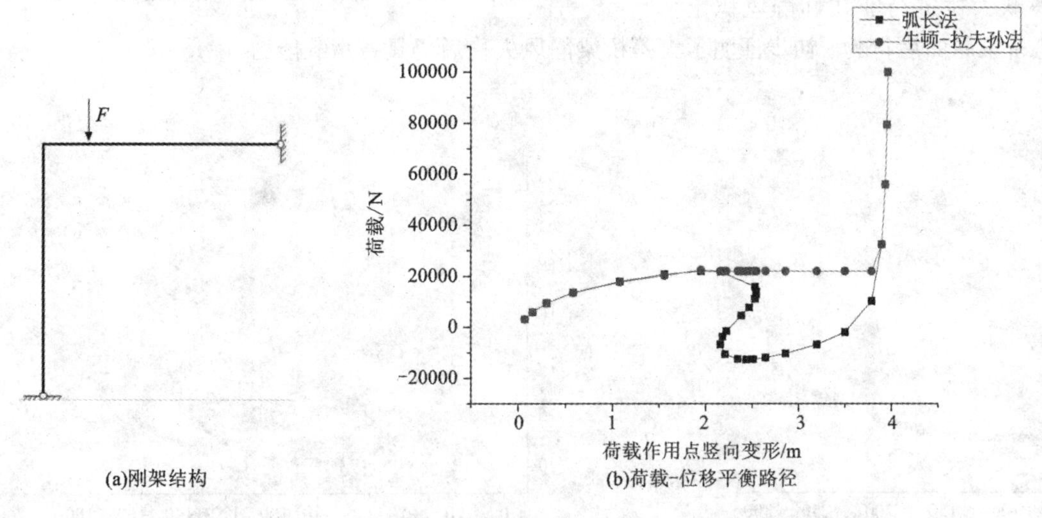

图 1 弧长法与牛顿－拉夫孙法计算得到的荷载位移曲线

3 大跨桥梁非线性静风失稳计算

东海大桥是主跨 420 m，全长 830 m 的双塔单索面结合箱梁斜拉桥，琼州海峡大桥是 2 × 1500 m 的三塔双索面钢箱梁斜拉桥。本文考虑桥梁结构几何非线性以及风荷载的非线性，分别采用牛顿－拉夫孙法和弧长法计算东海大桥与琼州海峡大桥静风稳定，初始攻角为 0°。分析流程如图 2 所示，计算结果如图 3、图 4 所示。

* 基金项目：科技部国家重点基础研究计划（973 计划，编号 2013CB036300），国家自然科学基金项目（91215302，51178353，51222809），新世纪优秀人才支持计划联合资助

从上面的图中可以看出，当达到临界风速时，荷载－位移路径达到极值点，刚度矩阵奇异，采用常切线刚度矩阵迭代的牛顿－拉夫孙法已无法进行迭代求解，计算终止；弧长法可以在荷载和位移增量均不确定的情况下，生成变化的增量值，继续追踪桥梁发生静风屈曲后的位移变化。

对于大跨度缆索承重桥梁，主梁在升力和升力矩的作用下，随着风速的增加，竖向弯曲变形增加，使斜拉索的拉力不断减小，从而导致斜拉索提供的刚度不断减小。若不考虑材料非线性与拉索失效的影响，达到临界风速后，若继续增大风速，主梁位形发生跳跃变化，竖向位移骤增，使得拉索索力急剧减小，主梁在重力作用下会发生回跃，从而使拉索索力增加，主梁又会在升力与升力矩作用下发生失稳，如此往复循环。采用弧长法能完整地追踪失稳后主梁的位形变化。

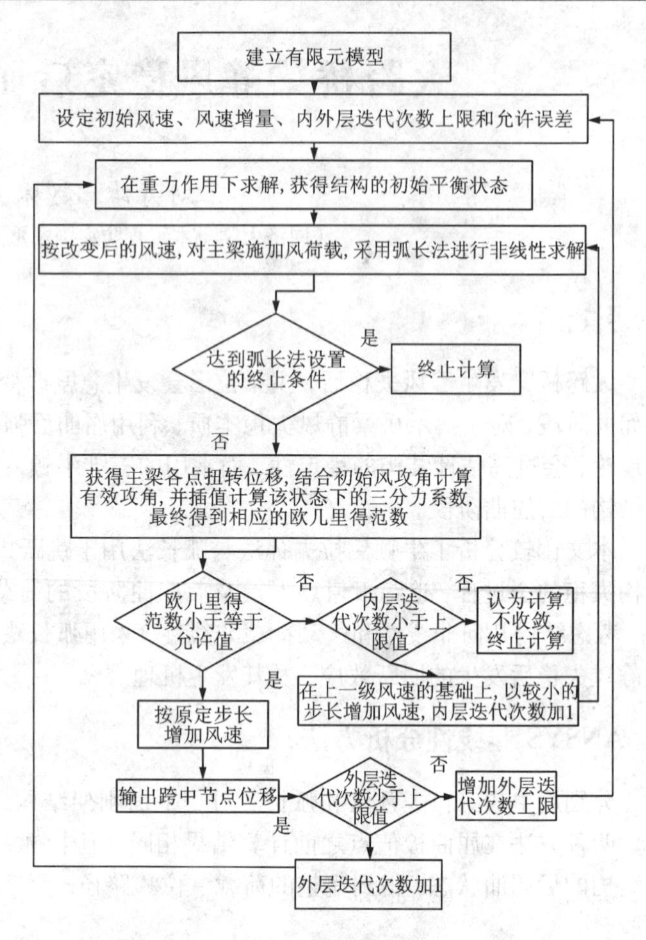

图2　弧长法分析非线性空气静力稳定流程

4　结论

本文分析了牛顿－拉夫孙法和弧长法在解决跳跃式极值失稳问题的异同。利用弧长法对东海大桥、琼州海峡大桥进行非线性静风稳定分析，探究了大跨桥梁屈曲后行为，初步证明了大跨桥梁静风失稳后仍具备承载能力。

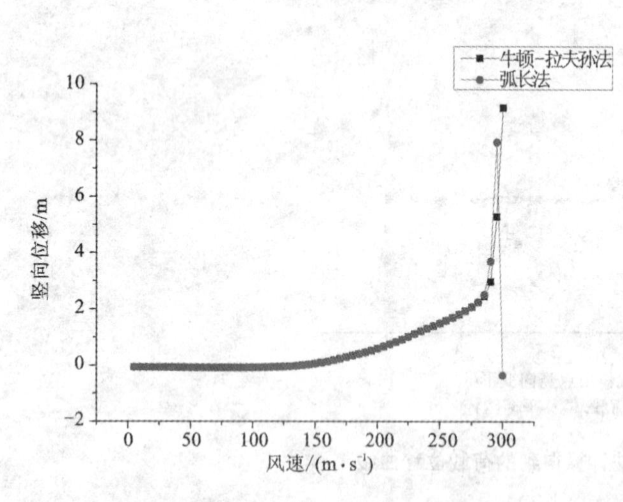

图3　东海大桥风速－竖向位移变化图

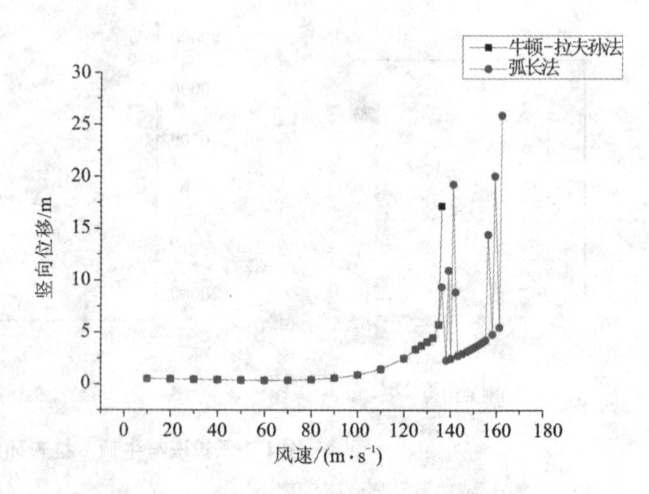

图4　琼州海峡大桥风速－竖向位移变化图

参考文献

[1] 罗建辉，陈政清，刘光栋. 大跨度缆索承重桥梁非线性静风扭转失稳机理的研究[J]. 工程力学，2007(S2)：145－154.
[2] 方明山，项海帆，肖汝诚. 大跨径缆索承重桥梁非线性空气静力稳定理论[J]. 土木工程学报，2000(02)：73－79.

基于主动翼板的桥梁颤振控制风洞试验研究*

刘一枢[1]，廖海黎[1,2]，王骑[1,2]，闫雨轩[1]
（1. 西南交通大学土木工程学院 四川 成都 610031；2. 风工程四川省重点试验室 四川 成都 610031）

1 引言

传统的被动气动措施在提升超大跨度悬索桥的气动稳定性有很大的限制，而主动气动措施在超大跨度桥梁颤振抑制上的应用，将能缓解未来桥梁在设计上面临的困难[1]。本研究针对两种主动气动措施——风嘴翼板与主动控制面的颤振控制律进行了风洞试验研究。根据试验需求设计并制作出一套适用于两种气动措施的硬件系统和梁段模型。该系统可主动调节风嘴翼板和平板控制面组件扭转运动状态（相位、振幅、频率）以及平板控制面离梁体的距离，以测试不同状态下的颤振稳定性和气动力。研究采用风洞试验的方式，基于平板和扁平箱梁的节段模型颤振试验，验证了该系统在颤振主动上的有效性，并分别得出翼板和平板控制面两种气动措施的最优控制律，给出了桥梁主动气动控制策略选择上的建议。

2 试验模型和控制系统

2.1 测试模型

风洞试验包括自由振动试验和强迫振动试验。主要试验装置分为平板模型、扁平箱梁模型以及主动控制系统、强迫振动装置。平板模型长 1.1 m、宽 0.4 m、厚 0.01 m，宽高比 40:1，满足工程意义上的薄平板尺寸，均采用玻璃钢制作。扁平箱梁断面按照南京四桥主梁按 1:70 缩尺比制作，长 1.1 m，采用碳纤维管作为梁骨架，采用航空层板作为横隔板，采用巴西轻木板作为外模；外模内侧使用玻璃钢进行加强，外侧采用热缩蒙皮。模型内部如图 1 所示，悬挂在风洞中的测试模型如图 2 所示。

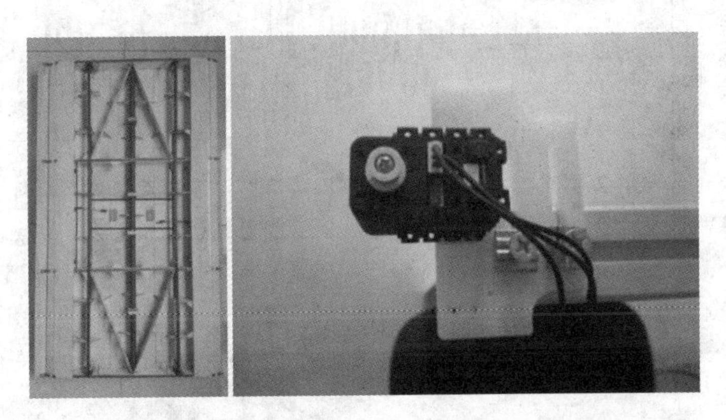

图 1　扁平箱梁模型内部构造图和翼板电机连接图

2.2 主动控制系统

主动控制系统由可编程控制电路板 STM32F407、可编程运动控制板 OpenCM9.04、伺服电机 MX－12、激光位移计及指令计算机等组件构成。2 个伺服电机 MX－12 置于模型内侧，通过拉杆传动达到控制翼板的目的[2]，如图 1 所示。主动控制系统通过可编程控制电路板 STM32F407 实现试验模型梁体运动信号、主动控制面（或风嘴翼板）运动信号的数字采集，采集频率为 500 Hz。同时通过该电路板进行实时数据处理，对伺服电机进行控制从而实现对主动控制面运动的控制。运动控制板 OpenCM 9.04 通过接收 STM32F407 的运动控制信号实现对伺服电机 MX－12 的运动控制。

* 基金项目：国家自然科学基金面上项目（51378442）

图 2　悬挂在风洞中带翼板的扁平箱梁模型

伺服电机通过支架安装在平板端部，控制电路板集成为微控制系统与上位机 PC 端进行数据通信，可实时获取运动信号和实施控制。

3　主要测试结果

对于扁平箱梁的翼板，采用 1.6 Hz 的扭转频率，运动状态与控制梁体一致的策略，可实现颤振的有效控制。如图 3 所示，蓝色曲线为未采取控制措施的梁体振动曲线，红色曲线为施加控制措施后的振动曲线。从中可以看出，未施加控制的梁体位移急速增大(在 15.64 s 后关闭风扇，以避免模型失稳，因此位移迅速减小)，而采用控制措施后，梁体位移值保持稳定，未出现发散迹象。

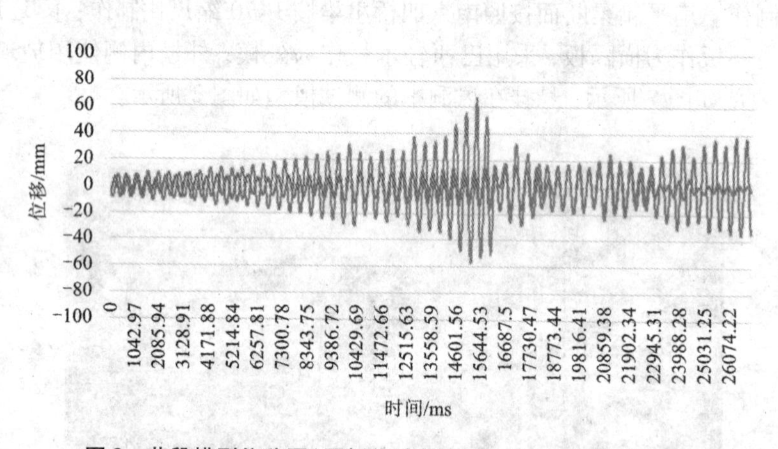

图 3　节段模型位移图(翼板作动频率：1.6 Hz，相位 0 rad)

参考文献

[1] 赵林，葛耀君，郭增伟，等. 大跨度缆索承重桥梁风振控制回顾与思考——主梁被动控制效果与主动控制策略[J]. 土木工程学报，2015，48(12)：91－100.

[2] 于明礼. 基于超声电机作动器的二维翼段颤振主动抑制[D]. 南京：南京航空航天大学，2006.

强台风非稳态演变过程对桥梁动力作用*

潘晶晶[1]，赵林[1]，宋丽莉[2]，葛耀君[1]
(1. 同济大学土木工程防灾国家重点实验室 上海 200092; 2. 中国气象局公共气象服务中心 北京 100081)

1 引言

东南沿海大跨度桥梁、高耸结构以及大跨空间结构发展迅速，由于结构柔性的增加，使其对风荷载的敏感性增加，风荷载甚至成为结构设计的重要因素之一。我国沿海区域东临西北太平洋，台风频发，已有实测研究表明台风风环境下存在大攻角、高风速和高紊流效应等特征，风环境特征明显异于良态风环境参数，使用良态风气候条件下的风参数来研究台风气候条件下风致响应的合理性有待验证，因此，基于实测台风的大跨度桥梁风致响应合理评估日益迫切。本文根据东南沿海一实测强台风(黑格比 Hagupit 0814)风速数据对台风气候条件下风场特征进行分析，并对实测强台风风场条件下大跨桥梁断面的风致抖振行为进行初步研究。

2 实测强台风过程风特性

本次风速记录的观测塔位于广东省茂名市峙仔岛，观测高度60 m，周边地形属于A类场地。观测塔记录了强台风黑格比登陆过程2008 -9 -23T18 ~9 -24T18 的三维瞬时风速数据。

2.1 平均风特性

三维脉动风速经风向分解按平均风时距计算可得顺风向(图1)、横风向及竖向平均风速及风攻角。台风黑格比水平向平均风速时程呈“M”形双峰分布，双峰之间底部的风速小于11 m/s，同时，台风登陆时刻附近，风向角呈连续的180°左右的大幅转换，表明观测塔记录的此次台风具有明显的中心对穿特征，风速记录范围覆盖台风眼区至外围大风区。水平向平均风速的“M”形双峰分布表明强台风过境期，当地风速具有强烈的非平稳特征。

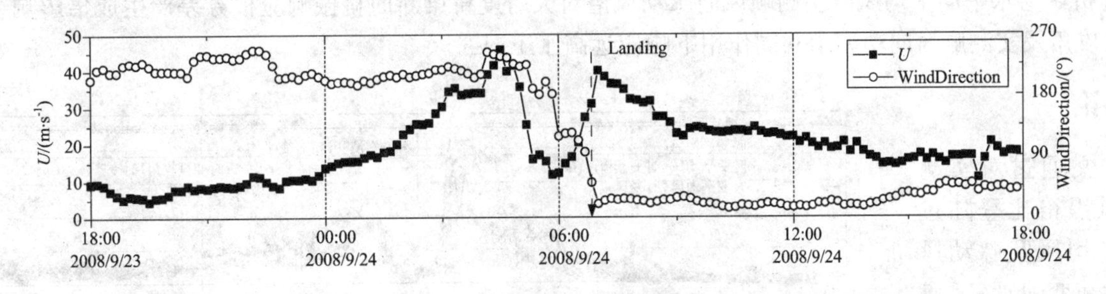

图1 台风黑格比平均风速时程

2.2 脉动风特性

台风气候条件下的各向脉动风速功率谱采用 Von Karman 谱进行拟合，分析认为在台风外围区脉动风功率谱与 Von Karman 谱拟合较好。随着台风登陆，风速与风向变化加剧，功率谱在频率上的分布逐渐向高频区转移(图2)，频谱形状逐渐偏离 Von Karman 谱，风谱的变化表明过境强台风显著的非平稳特性；台风登陆后，功率谱重新趋向于 Von Karman 谱。

3 桥梁风致响应

为研究强台风非稳态演变过程对大跨桥梁的风致抖振响应，本文基于实测台风登陆全过程风特性的变化特征，对比规范中对良态风风特性的规定，对跨海工程超大跨度桥梁常采用的分体双箱梁断面形式进行

* 基金项目：科技部国家重点基础研究计划(973 计划，2013CB036300)，国家自然科学基金项目(91215302，51178353，51222809)，新世纪优秀人才支持计划联合资助

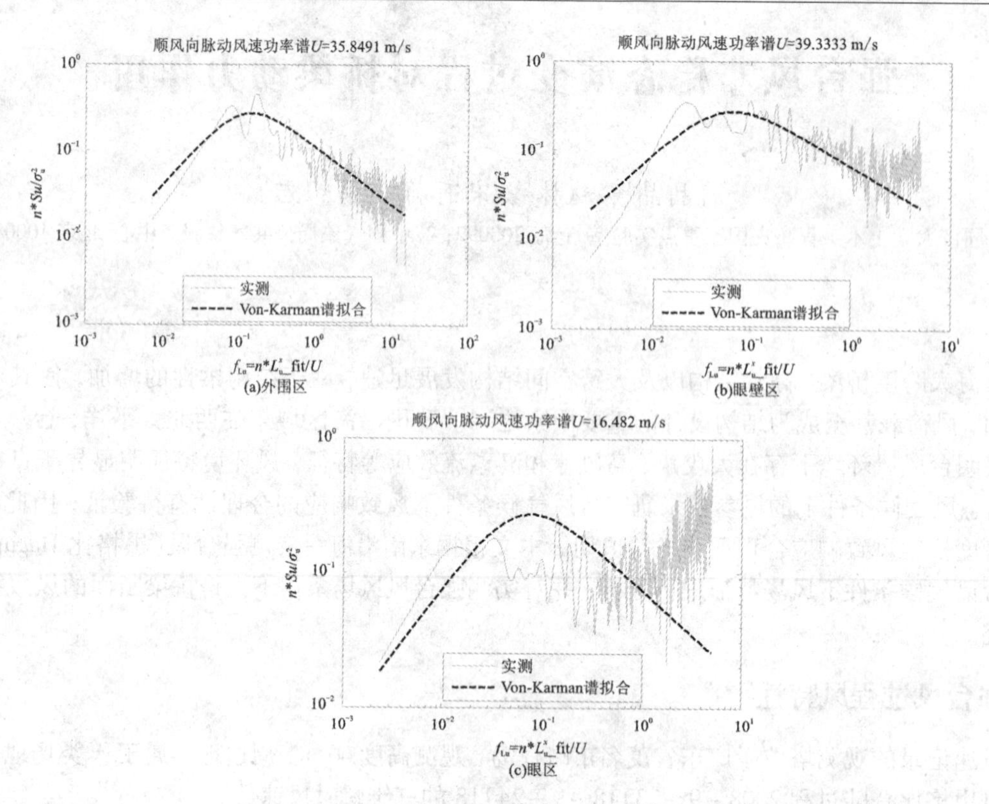

图 2　台风登陆全过程顺风向脉动风速功率谱

两自由度的抖振响应频域分析。首先，计算桥梁断面在规范规定的平均风速、紊流度及 Simiu、Panofsky 谱工况一）和 Von Karman 谱（工况二）的竖向位移和扭转位移响应根方差，在此基础上按照实测强台风风特性依次改变顺风向平均风、顺风向紊流度、竖向平均风（即风攻角）、竖向紊流度及实测脉动风速功率谱，比较台风各个风特性参数对桥梁断面风致抖振竖向位移（图 3）和扭转位移（篇幅所限，省略）响应根方差的影响。分析认为水平向平均风及实测顺风向脉动风谱对大跨度桥梁断面抖振响应根方差产生成倍影响，高风速、大攻角及实测顺风向功率谱共同作用下响应远高于工况二。

4　结论

本文通过对实测强台风黑格比登陆过程中平均风及脉动风风特性演变的研究，以及基于此的桥梁断面抖振响应分析，认为：

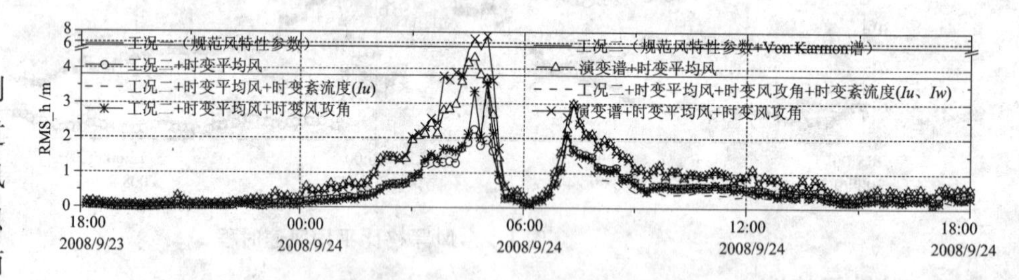

图 3　竖向位移响应根方差演变时程

（1）台风气候条件下风特性随台风登陆呈现强烈的非平稳特性，随着台风的登陆，平均风速明显增加，脉动风速功率谱从开始的与 Von Karman 谱符合良好逐渐偏离，表现为功率谱在频带上的分布逐渐向高频区迁移；台风登陆后，其风特性又重新趋于良态风风特性。

（2）台风气候条件下风特性演变对大跨桥梁抖振响应竖向和扭转位移根方差影响显著，高风速、大攻角及实测顺风向功率谱共同作用下的抖振响应根方差远高于规范建议结果。

参考文献

[1] Wang H, Wu T, Tao T Y, et al. Measurements and analysis of non – stationary wind characteristics at Sutong Bridge in Typhoon Damrey[J]. J WEA, 2016, 151: 100 – 106.

[2] Tao T Y, Wang H, He X H, et al. Evolutionary power spectral density analysis on the wind – induced buffeting responses of Sutong Bridge during Typhoon Haikui[J]. Advances in Structural Engineering, 2016, 20(2): 214 – 224.

中央开槽主梁斜拉桥的有限元模拟和全桥气弹模型设计方法*

钱程[1]，朱乐东[1,2,3]

（1. 同济大学土木工程学院桥梁工程系 上海 200092；2. 同济大学土木工程防灾国家重点实验室 上海 200092；
3. 同济大学桥梁结构抗风技术交通行业重点实验室 上海 200092）

1 引言

超大跨度桥梁通常是跨海工程中的关键工程[1]。中央开槽双箱梁，因其相比传统闭口箱梁更为优越的颤振稳定性能，在超大跨度桥梁建设中开始得到越来越多的应用。

准确模拟桥梁主要模态的有限元模型是抗风分析的重要基础之一，采用中央开槽主梁的斜拉桥通常采用双主梁有限元模型进行固有模态分析。但是由于该类模型中横梁的长度与实际桥梁不符，因此在双主梁模型中合理模拟横梁刚度是该类斜拉桥有限元模拟的关键。

全桥气弹模型风洞试验是风研究中至关重要的研究手段。受到模型加工手段和精度的限制，全桥气弹模型无法像有限元模型那样反映实桥纵、横梁断面的复杂变化，需要进行简化。

本文针对中央开槽箱梁的有限元模拟问题和气弹模型设计方法进行了研究，为该截面桥梁的有限元模拟和气弹模型设计提供方法和借鉴。

2 有限元模拟

本文以一座1400 m主跨中央开槽主梁斜拉桥作为研究对象，利用ANSYS软件分别建立了壳单元模型和梁单元模型。壳单元模型中，主梁全部采用壳单元模拟，获得了该桥较为准确的固有模态信息（包括频率和振型），作为双主梁模型的基准。

在双主梁模型中，将横梁分为3段进行了细致的模拟，如图1。通过对横梁不同梁段参数的改变，探究横梁模拟对全桥模态的影响。表1列出了双主梁模型（1）和双主梁模型（2）的刚度设置。表2为壳单元模型与双主梁模型的主要模态的频率比较[2]。

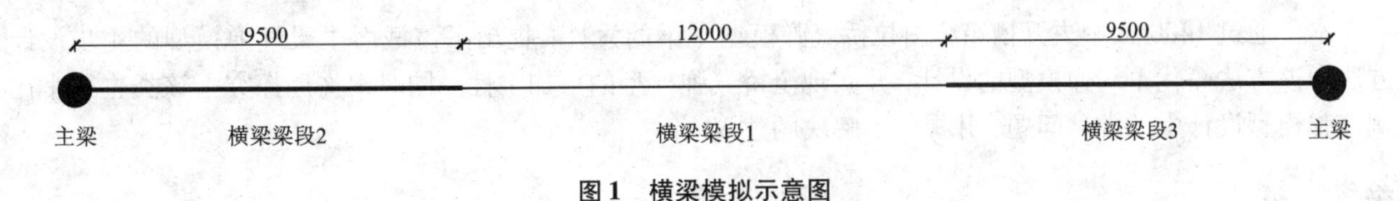

图1 横梁模拟示意图

表1 双主梁模型横梁参数设置

模型编号	梁段2、3 侧弯刚度	梁段2、3 竖弯刚度	梁段2、3 扭转刚度	梁段1 侧弯刚度	梁段1 竖弯刚度	梁段1 扭转刚度
双主梁（1）	无穷大	无穷大	无穷大	真实	真实	真实
双主梁（2）	无穷大	无穷大	0	无穷大	无穷大	0

* 基金项目：科技部国家重点实验室基础研究资助项目－团队重点课题（SLDRCE15－A－03）

表2 不同有限元模型主要模态频率对照表

振型\模型	壳单元模型①	双主梁模型(1)②	双主梁模型(2)③	(②-①)/①	(③-①)/①
一阶侧弯	0.0877	0.0928	0.0961	5.82%	9.58%
一阶竖弯	0.1568	0.1540	0.1541	-1.79%	-1.72%
一阶扭转	0.3864	0.3977	0.3839	2.92%	-0.65%

3 气弹模型设计方法[3]

为了获得可实际加工的气弹模型，需要对双主梁有限元模型进行简化。

本文利用等效线刚度的原则和瑞利能量法提出了主梁和横梁的简化方法，并比较了不同简化方法的效果。之后利用相似理论获得气弹模型的设计参数。在芯梁设计中，尝试了多种材料和芯梁截面的选择，发现对于中央开槽箱梁截面，其芯梁选择应以截面面积最小为原则。同时发现小比例气弹模型的芯梁截面选择有限，即使是芯梁采用空心截面，也避免不了横向刚度过大的问题。基于此，本文探究了调整横梁刚度的不同方法，并进行了模拟效果比较。

本文按照以上步骤，最终完成了1400 m中央开槽箱梁斜拉桥气弹模型主梁的设计，并提出分4步进行中央开槽箱梁气弹模型设计的方法，步骤如下：

(1)双主梁模型的主梁和横梁进行简化；

(2)气弹模型的设计参数的获取；

(3)按照芯梁面积最小原则进行芯梁截面的设计；

(4)通过调整横梁刚度以同时满足侧弯频率相似的要求。

4 结论

本文通过对中央开槽主梁斜拉桥壳单元有限元模型和双主梁模型的建立，探究了双主梁模型横梁刚度选取对模态频率的影响规律。研究发现一般双主梁模型中放松扭转自由度并将横梁设为刚臂的做法会给侧弯频率和扭转频率带来5%左右的误差，建议该类主梁形式大跨度斜拉桥有限元建模时，将横梁分为3段模拟，每段按照实际刚度模拟。

本文通过1400 m中央开槽箱梁斜拉桥气弹模型主梁的设计，提出了该截面主梁气弹模型的4步设计方法。该方法简化了气弹模型的设计，并实现全桥气弹模型的可加工性。同时本文还探究了该类主梁小比例气弹模型设计中的常见问题，并提供了解决的建议。

参考文献

[1] 项海帆. 21世纪世界桥梁工程的展望[J]. 土木工程学报, 2000, 33(3): 1-6.

[2] 苏成，韩大建，王乐文. 大跨度斜拉桥三维有限元动力模型的建立[J]. 华南理工大学学报(自然科学版), 1999, 27(11): 51-56.

[3] 朱乐东. 结构抗风试验(讲义)[M]. 上海：同济大学土木工程防灾国家重点实验室, 2007.

芜湖长江公铁大桥最大双悬臂施工状态风洞试验研究*

秦红禧[1,2]，何旭辉[1,2]，邹云峰[1,2]，张兵[1,2]，易伦雄[3]，高宗余[3]
(1. 中南大学土木工程学院 湖南 长沙 410075；2. 高速铁路建造技术国家工程实验室 湖南 长沙 410075；
3. 中铁大桥勘测设计院有限公司 湖北 武汉 430050)

1 引言

在建中的商合杭铁路芜湖长江公铁大桥是目前世界首座高低矮塔公铁两用斜拉桥，采用(99.3 + 238 + 588 + 224 + 85.3)m 高低塔钢箱桁结合梁斜拉桥方案。由动力特性分析可知，本桥施工阶段北塔最大双悬臂状态基频较低，为更详细了解其风致振动响应特性，选取大桥在该状态下的气弹模型风洞试验来检验[1]其风致振动响应，以确保大桥在施工阶段的抗风安全。

2 气动弹性模型的设计与制作

2.1 气弹模型设计基本原则

根据力学相似理论，用于风洞试验的气动弹性模型除满足几何外形相似之外，尚应保持原型(实桥)和模型之间量纲为一的参数的一致性条件，即

弹性参数：$\frac{EA}{\rho U^2 B^2}$；$\frac{EI}{\rho U^2 B^4}$；$\frac{GK}{\rho U^2 B^4}$；惯性参数：$\frac{m}{\rho B^2}$；$\frac{I_m}{\rho B^4}$；阻尼参数：ξ；黏性参数：$\frac{\rho BU}{\mu}$。

其中，U 为风速；B 为结构特征尺度；m 为单位长度质量；I_m 为单位长度质量惯矩；ρ 为空气密度；μ 为空气动黏性系数；EA、EI、GK 分别为拉压刚度、弯曲刚度和自由扭转刚度；ζ 为结构阻尼比。在气弹模型设计中，弹性参数、惯性参数的一致性条件均需要严格满足，才能保证模型的结构动力特性、位移、内力等力学参量与原型相似。综合考虑，确定模型的缩尺比 $C_L = 1:144$，风速比 $C_V = \sqrt{1:144} = 1:12$，频率比为 $C_f = \sqrt{144:1} = 12:1$。

2.2 模型各部分构造模拟

(1)主梁模拟。选用“U”形脊骨芯梁来模拟主梁的刚度，外衣选用 ABS 板材料，通过螺钉将其固定在脊骨梁上。为满足一期恒载和质量惯矩的要求，在外衣内侧放置铅块配重。

(2)桥塔模拟。选用矩形脊骨芯梁模拟桥塔刚度，桥塔芯梁采用 A3 钢材料制作脊骨梁，芯梁采用焊接方式连接，外衣采用 ABS 板来模拟，相邻节段外衣之间间隙为 2 mm 左右。

(3)斜拉索模拟。拉索材料和配重根据气动力相似原则进行设计。

3 气弹模型模态测试

实测得到各主要振型频率和阻尼比测试值与设计值对比结果如表 1 所示。从表中可以看出模型实测频率与理论要求误差均在 4% 以内，满足规范[2]要求。模型主梁竖摆、横摆和主塔侧弯位移时程曲线及频谱图如图 1 ~ 图 4 所示，根据时程曲线可求出模型振动的阻尼比，其中前三阶模态分别为 0.672%、0.783% 和 0.688%，满足规范及风洞试验误差的要求。

表 1 芜湖长江公铁大桥施工阶段最大双悬臂状态气弹模型动力特性测试结果

模态	振型描述	实桥频率/Hz	模型频率/Hz			阻尼比/%
			目标值	实测值	误差/%	
1	主梁竖摆	0.125	1.502	1.47	−2.13	0.672
2	主梁横摆	0.208	2.499	2.56	2.44	0.783
3	主梁侧弯	0.413	4.959	5.10	2.88	0.688

* 基金项目：国家自然基金资助项目(51508580，51508574，U153420035)，中南大学“创新驱动计划”项目(2015CX006)

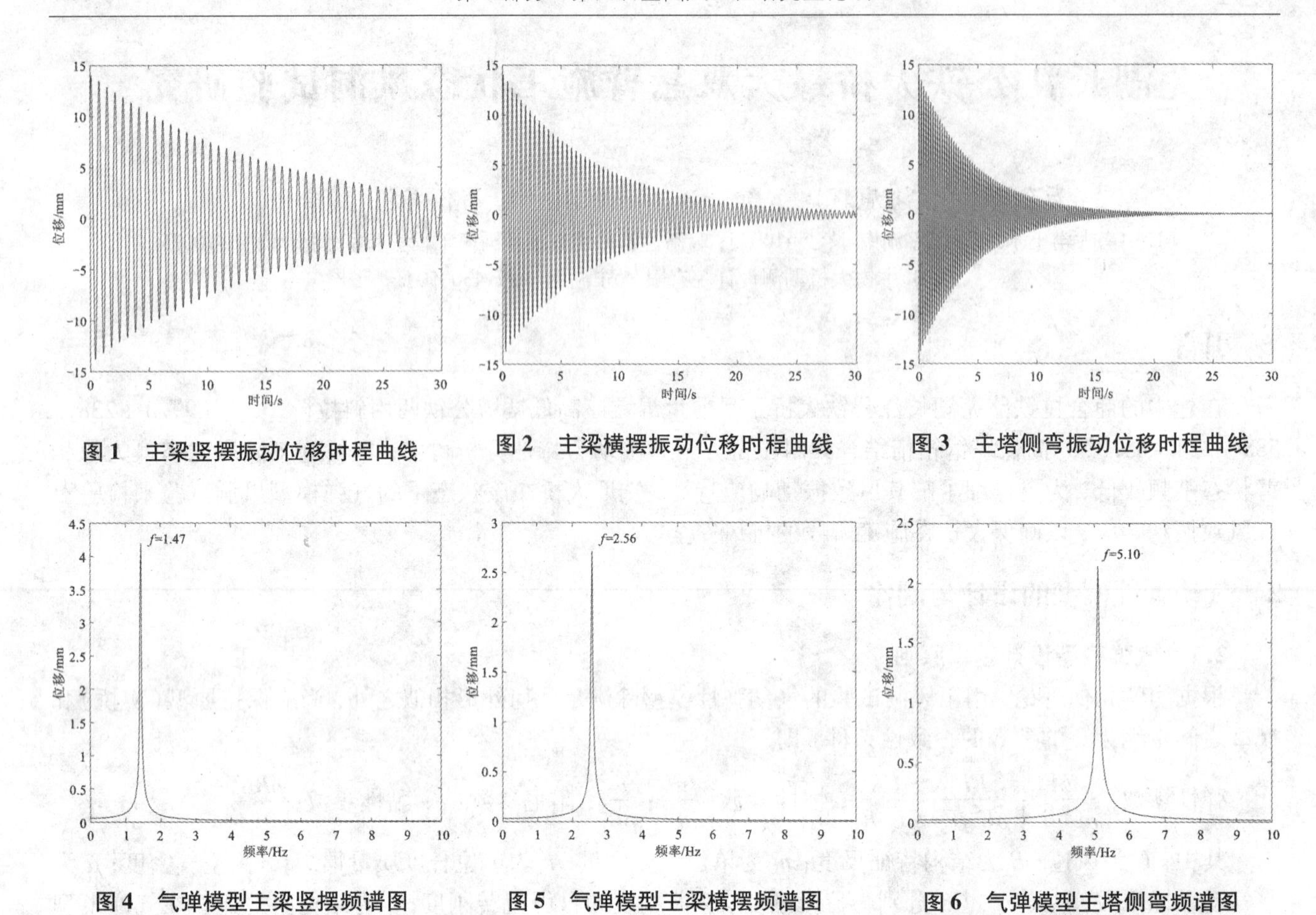

图1 主梁竖摆振动位移时程曲线

图2 主梁横摆振动位移时程曲线

图3 主塔侧弯振动位移时程曲线

图4 气弹模型主梁竖摆频谱图

图5 气弹模型主梁横摆频谱图

图6 气弹模型主塔侧弯频谱图

4 塔顶及主梁悬臂端风振响应

分别对均匀流场及紊流场中的大桥施工阶段最大双悬臂状态在7种风偏角($\beta=0°$、15°、30°、45°、60°、75°和90°)下的塔顶与主梁悬臂端风振响应进行测试。限于篇幅，本摘要中仅给出紊流场0°风攻角情况下的实验结果，详细研究内容将在全文中予以阐述。

图7 紊流流场气弹模型试验现场

5 结论

试验结果表明，试验过程中未观测到桥塔和主梁明显的涡激共振现象和驰振现象，芜湖长江公铁大桥施工阶段最大双悬臂状态结构风致响应振动位移均未超过相应限值，满足要求。

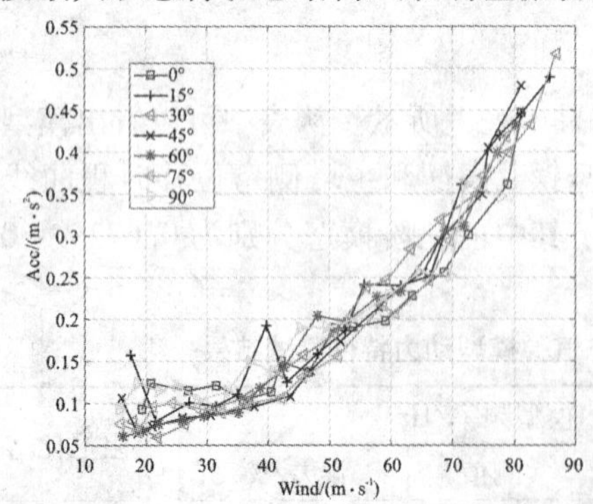

图8 紊流场0°风攻角不同风偏角塔顶横桥向加速度均方根

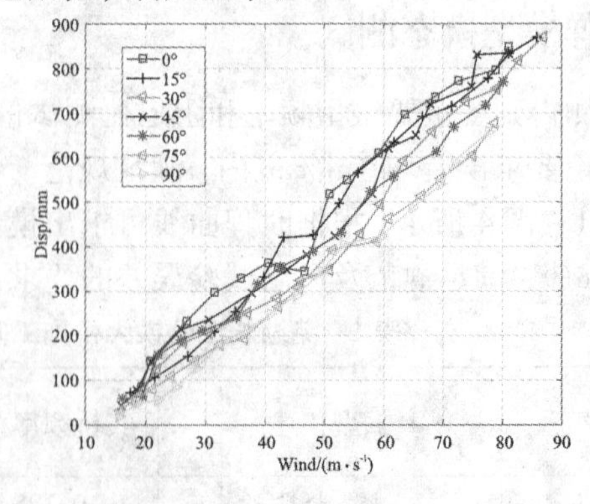

图9 紊流场0°风攻角不同风偏角悬臂端竖向位移均方根

参考文献

[1] 项海帆. 现代桥梁抗风理论与实践[M]. 北京：人民交通出版社，2005.

[2] JTG/T D60-01—2004，公路桥梁抗风设计规范[S].

下腹板倾角对流线形断面气动性能影响的数值模拟研究

秦鹏，周志勇
（同济大学土木工程防灾国家重点实验室 上海 200092）

1 引言

本文针对大跨桥梁中常用的流线形闭口箱梁断面，通过改变其下腹板倾角角度，采用 CFD 数值模拟方法，首先研究了不同下腹板倾角的流线形箱梁断面在多个攻角下的静气动力特征及流场分布的变化，然后通过数值方法模拟强迫振动，分析了不同下腹板倾角的流线形箱梁在不同折算风速下的动力性能。

2 数值模拟

2.1 模型网格及计算条件

闭口箱梁计算模型基于苏通长江大桥断面，按 1/70 几何缩尺比建立，无栏杆等附属物，如图 1 所示，下倾角角度改变分别为 6.5°，13°和 26°，如图 2 所示。计算域布置及局部网格[1]如图 3 和图 4 所示，并在计算中验证了网格无关性及时间无关性。

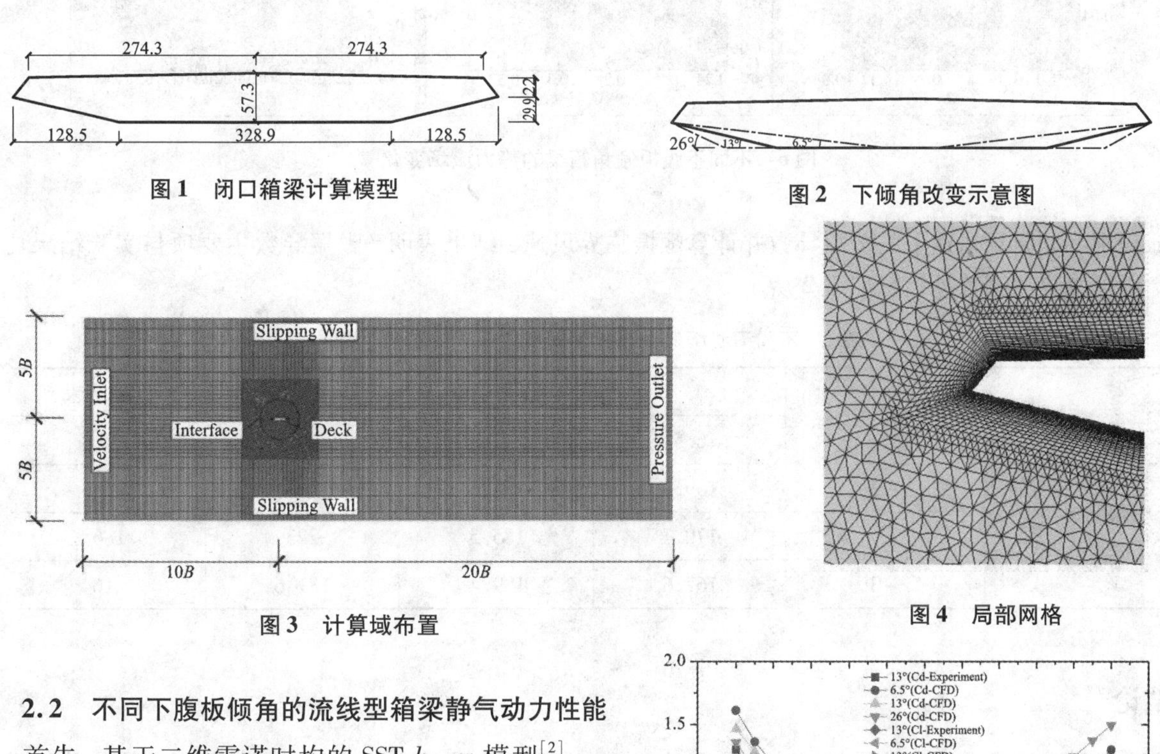

图 1 闭口箱梁计算模型

图 2 下倾角改变示意图

图 3 计算域布置

图 4 局部网格

2.2 不同下腹板倾角的流线型箱梁静气动力性能

首先，基于二维雷诺时均的 SST $k-w$ 模型[2]，分别计算了上述断面 -10° ~10°共 21 个风攻角下的三分力系数，并与流线形断面下腹板倾角为 13°时的试验结果[3]进行对比，结果表明数值结果能较好的模拟实验结果，如图 5 所示。其中 0°攻角下的不同下腹板倾角箱梁的静力压力场、局部流动情况如图 6 所示。

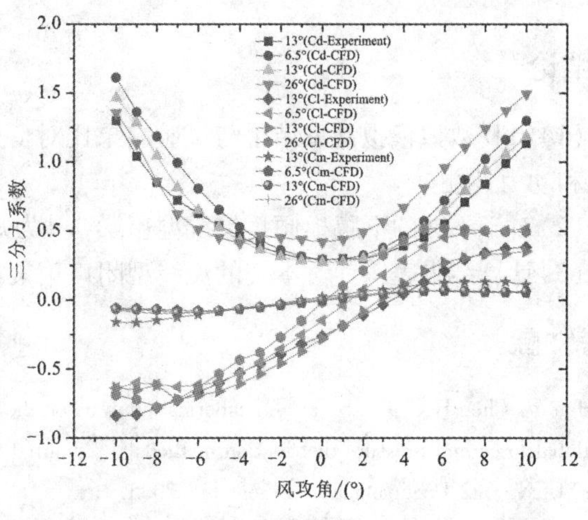

图 5 不同下腹板倾角箱梁的三分力变化曲线

2.3 不同下腹板倾角的流线型箱梁动力性能

通过二维数值方法模拟强迫振动，令三种不同下腹板倾角箱梁断面做单自由度的竖弯和扭转强迫

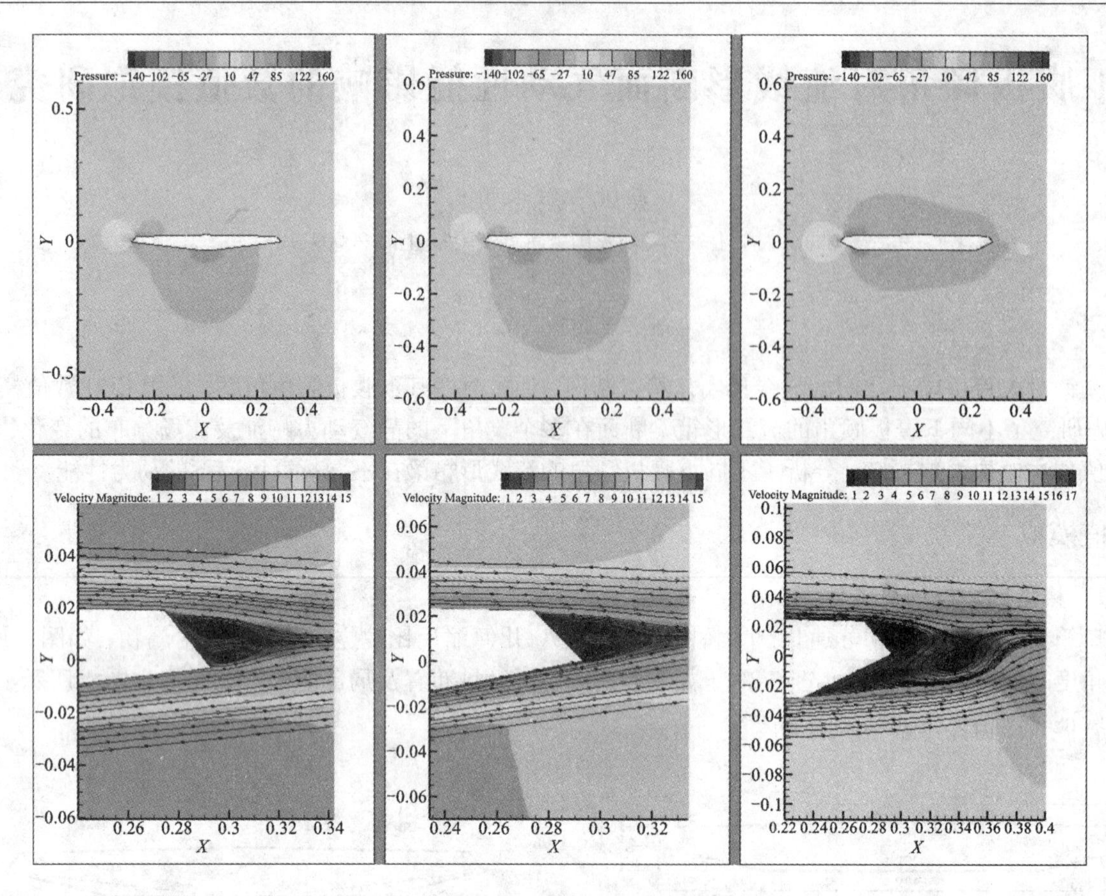

图 6 不同下腹板倾角箱梁的静力流场变化

振动，识别不同折算风速下的颤振导数并计算颤振临界风速，结果表明，颤振导数主要项与实验结果比对良好，颤振临界风速计算结果如表 2 所示。

表 2 不同下腹板倾角箱梁不同风攻角下的颤振性能

下腹板倾角/(°) 攻角/(°)		数值模拟			试验结果
		6.5	13	26	13
颤振临界风速 /(m·s⁻¹)	-3	159.8	188.6	205	>165
	0	170.7	185.5	223	186
	+3	167.6	189.4	181.6	>164

3 结论

(1)CFD 数值模拟计算结果与试验结果比对良好，说明 CFD 方法能较好地模拟流线型箱梁的静气动力特征和动力性能。

(2)对于不同的下腹板倾角流线型箱梁，升力矩系数变化较小，阻力系数与升力系数变化较大。

(3)计算结果表明针对本文的流线型闭口箱梁，当下腹板倾角角度增大时，颤振临界风速有增大趋势。

参考文献

[1] Han Y, Chen H, Cai C S, et al. Numerical analysis on the difference of drag force coefficients of bridge deck sections between the global force and pressure distribution methods[J]. Journal of Wind Engineering & Industrial Aerodynamics, 2016, 159: 65 – 79.

[2] FLUENT 6.2 Documentation. Fluent Inc. 2005.

[3] 苏通长江公路大桥主桥结构抗风性能研究[D]. 上海：同济大学土木工程防灾国家重点实验室，2012.

大跨度多幅桥涡激振动影响的数值分析

商敬淼[1,2,3]，廖海黎[1,2,3]，马存明[1,2,3]，周强[1,2,3]
（1. 西南交通大学桥梁工程系 四川 成都 610031；2. 风工程四川省重点实验室 四川 成都 610031；
3. 西南交通大学风工程试验研究中心 四川 成都 610031）

1　引言

近年来随着我国经济的快速发展，为满足急剧增加的交通量，具有更大通行能力的双幅、甚至多幅桥面桥梁得以建造。然而当双幅及多幅桥面横向距离较近时，主梁相互间的气动干扰效应是其抗风设计最关键的问题之一，不容忽视。刘志文[1]等针对双幅桥面桥梁三分力系数气动干扰效应进行了试验研究。Meng[2]等采用风洞试验和CFD数值模拟相结合的方法，对天津海河上两座双幅桥梁的三分力系数的气动干扰效应以及抑振措施进行了研究。Honda A.[3]于采用风洞节段模型实验，研究了关西国际机场联络线上的一座三幅桥面桥梁的气动干扰现象。实验发现由于干扰效应的存在，使三幅主梁的涡振振幅增大，并且采用全桥气动弹性模型风洞试验给予了验证。曾华林[4]以 Fluent 软件为平台，以奉化江特大桥为工程背景，研究了多幅桥风场的气动干扰效应及其对行车风环境的影响。目前对双幅主梁的干扰效应或多幅桥之间风场的研究还较少，为此本文采用数值模拟的方法，分析在干扰效应下多幅桥面之间的流场特性以及对其涡激振动的影响。

2　工程背景

福州至厦门客运专线(以下简称福厦客专)位于福建省沿海地区，北起福州市，途经莆田市、泉州市，南至厦门市和漳州市。线路北端衔接合福铁路、温福铁路，南端衔接厦深铁路、龙厦铁路，与东南沿海铁路福厦段共通道，既可构建京福厦高速铁路客运通道，也是东南沿海铁路客运通道的重要组成部分。福厦客运专线泉州湾特大桥(下文均简称泉州湾铁路桥)，跨越泉州湾，桥位处于我国东南沿海高风速带，热带气旋频发，气象条件复杂，并与建成通车的高速公路泉州湾跨海大桥(下文均简称泉州湾公路桥)对孔并行，两桥结构中心距85 m，多幅桥面之间存在明显启动干扰，两桥主梁断面位置关系见图1。

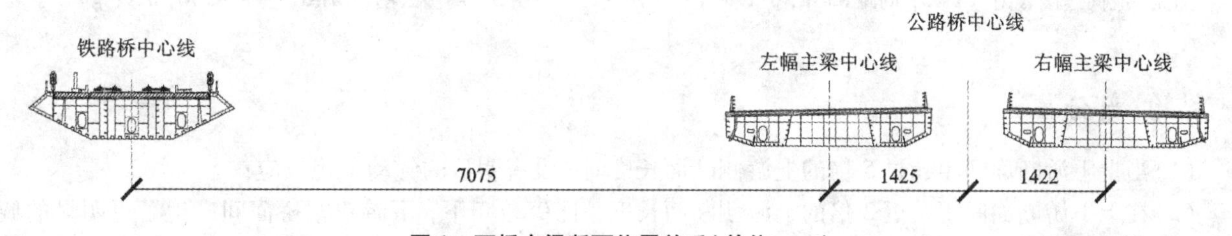

图1　两桥主梁断面位置关系(单位：cm)

泉州湾铁路桥主桥拟采用双塔双索面叠合梁斜拉桥，桥跨布置为(70＋70＋130＋400＋130＋70＋70)m，半漂浮体系，主桥长940 m。主梁全长采用砼桥面板＋槽形钢箱梁的叠合梁结构，梁宽(不含风嘴)16 m，梁高4.5 m。桥面板标准厚度中室为35 cm，边室为30 cm，在腹板、边板、横隔板顶附近加厚至0.55 cm。叠合梁的钢梁部分由平底板、斜底板、中纵腹板及边板围封而成。泉州湾铁路桥结构体系及截面形式见图2(略)。

＊ 基金项目：国家青年科学基金项目(51408505)

3 多桥面涡激振动影响因素的数值分析(部分)

3.1 计算工况

本文以 Fluent 软件为平台，对并行的泉州湾公路桥和泉州湾铁路桥的风环境进行数值模拟，分析了双幅桥断面及三幅桥断面在0°和+3°攻角下两座桥梁的流场特性，其中三幅桥断面又分别考虑了45 m和85 m两种不同间距。

3.2 网格划分

数值计算的雷诺数为 $Re = 6.67 \times 10^5$。利用 CFD 前处理软件 ICEM，根据选取的计算域划分网格如图5~图6所示，其中最小网格厚度0.0012，采用结构化网格，网格尺寸变化率控制在1.08以内，双幅桥计算网格数约45万，三幅桥计算网格数约60万。

3.3 计算结果分析

图9和图10分别给出了在85 m间距、0°攻角情况下，断面周围流向速度分布云图和涡量云图。由图可以发现，由于间距较大，上游的铁路桥断面对下游的公路双幅桥断面的影响较小，即对下游侧双幅断面的涡振性能的影响较小。

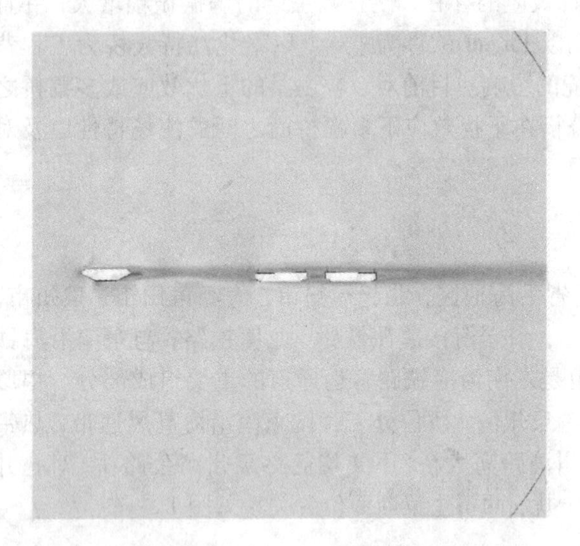

图2 流向速度云图(Case3，间距85 m，0°攻角)

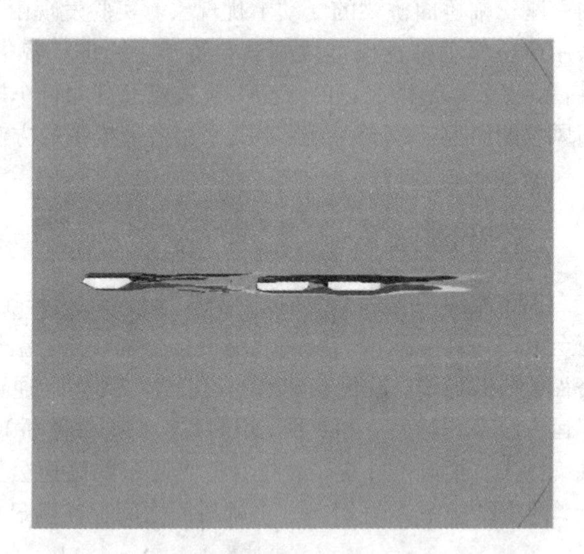

图3 涡量云图(Case3，间距85 m，0°攻角)

4 结论(部分)

(1)当上下游断面间距超过5倍的上游侧断面长度时，没有明显的气动干扰效应；

(2)在上下游断面间距接近2倍的上游侧断面长度，且0°攻角下，下游双幅桥面间产生了更明显的旋涡脱落现象，会引起下游桥梁断面更容易产生涡激振动。

参考文献

[1] 刘志文，陈政清，刘高，等. 双幅桥面桥梁三分力系数气动干扰效应试验研究[J]. 湖南大学学报，2008，35(01)：16-20.

[2] Meng X, Zhu L, Guo Z. Aerodynamic interference effects and mitigation measures on vortex-induced vibrations of two adjacent cable-stayed bridges [J]. Frontiers of Architecture and Civil Engineering in China, 2011, 5(4): 510-517.

[3] Honda A, Shiraishi N, Matsumoto M, et al. Aerodynamic stability of Kansai International Airport access bridge[J]. Journal of Wind Engineering and Industrial Aerodynamics, 1993, 49(1-3): 533-542.

[4] 曾华林. 并行桥梁气动干扰及行车风环境[D]. 成都：西南交通大学土木学院，2014：25-60.

吊杆倾角对悬索桥气动稳定性影响研究

宋族栏，回忆，袁珂
（湖南大学风工程实验研究室 湖南 长沙 410083）

1 引言

桥梁颤振是大跨桥梁设计研究的主要关注对象之一。张新军[1]等对比内收式与外张式吊杆倾角对悬索桥扭转特性的影响，但并未对吊杆倾角的大小对桥梁扭转的影响做出具体探究。本文以在建的主跨430米的某人行桥为研究背景，通过数值分析和全桥气弹模型实验的方法，研究吊杆倾角对悬索桥气动特性的影响。研究表明，随着外张式吊杆倾角的加大，该桥的抗扭刚度，横向抗弯刚度均有显著提高，显现出良好的动力特性。

2 工程概况及动力特性

该桥位于风景区内，横跨峡谷，采用主缆跨度430 m、垂跨比为1/14的空间主缆形式单跨简支地锚式悬索桥结构，桥长385 m，桥面宽度从跨中区域（长285 m）的6 m线性变化到两端支撑点处的15 m，吊索间距为5 m。采用外张式吊杆倾角时，主缆横向间距在桥塔处最大，由于桥面宽度的变化，吊杆倾角各不相同，位于跨中位置处最大，向桥梁两端逐渐减小，这样由间距变化的主缆与不同倾角的吊杆组成了三维空间体系[1]，下面均以跨中吊杆倾角的变化为基准，本文共考虑了45种吊杆倾角，其范围从0°变化到45.9°，步长1°。

(a)模型桥塔间距布置图

(b)模型全图

图1 全桥气弹模型图

采用ANSYS软件进行动力特性分析，得到横弯基频、竖弯基频和扭转基频的变化如图2所示。其中的横弯基频随吊杆间距的增大从0.115 Hz逐渐增大到0.201 Hz，增加74.8%。竖弯基频有所下降，正对称竖弯基频从0.270 Hz逐渐降低到0.254 Hz，降低5.9%，反对称竖弯基频从0.154 Hz逐渐降低到0.145 Hz，降低5.8%，降低幅度均很小。扭转基频逐渐增大，正对称扭转基频从0.563 Hz增加到0.650 Hz，提高15.5%，反对称扭转基频从0.839 Hz增加到0.916 Hz，提高9.2%。从结果可得，外张式吊杆可以在较小的减小竖向刚度的前提下较大幅度地提高桥梁的扭转刚度，极大幅度地提高桥梁的横向刚度。

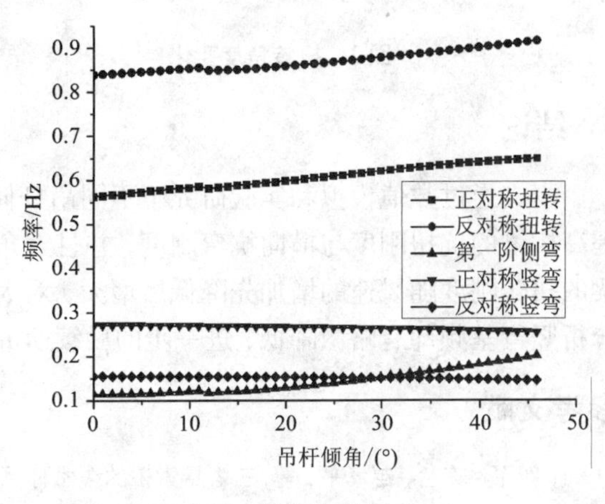

图2 基频变化图

3　气弹模型实验研究

为验证数值模拟结论的准确性，制作了缩尺比为1∶55.07的全桥气弹模型来评价该桥的抗风性能，气弹模型风洞试验必须满足的相似性条件可以用Reynolds数、Froude数、Strouhal数、Cauchy数、密度比、阻尼比这些量纲为一的参数来表示。主缆和吊杆分别采用不锈钢丝和康铜丝来模拟，加劲梁采用特种锌材料模拟，实验模型如图1所示。该实验研究了与ANSYS模型相对应的10.9°和30.9°两种工况，气动特性如表1所示。

表1　数值模型与实验模型气动特性

吊杆倾角	振型	数值模型频率/Hz	模型目标频率/Hz	模型实测值/Hz	误差/%
10.9°	第一阶对称侧弯	0.12288	0.912	0.876	3.93
	第一阶对称竖弯	0.26959	2.001	1.93	3.53
	第一阶对称扭转	0.58546	4.345	4.475	2.99
30.9°	第一阶对称侧弯	0.1562	1.159	1.196	3.18
	第一阶对称竖弯	0.26147	1.940	1.855	4.40
	第一阶对称扭转	0.62227	4.618	4.414	4.40

可得，各项参数均满足要求，说明气弹模型实验数据具有一定的可靠性。取各个工况下0°风攻角的实验数据进行处理，得到跨中扭转角度变化，如图3。从图中可得增大吊杆倾角可对桥梁的扭转起较大的抑制作用。进一步分析各工况下扭转刚度随风速的变化，如图4。可得，按30.9°吊杆倾角布置的桥梁的扭转刚度会随风速的增加在后期会逐渐上升，存在刚度硬化效应，提高了桥梁的抗扭稳定性。

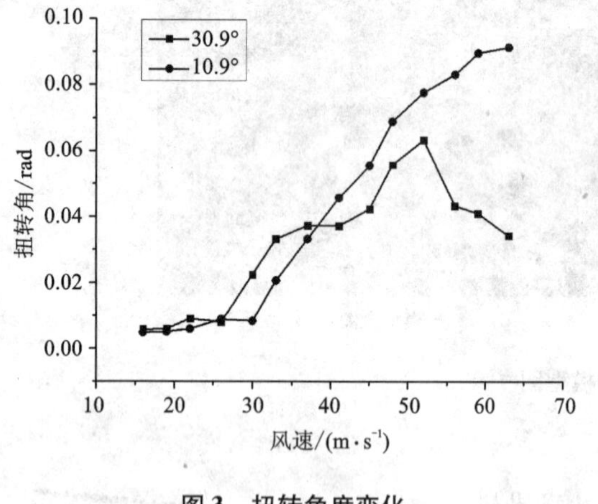

图3　扭转角度变化

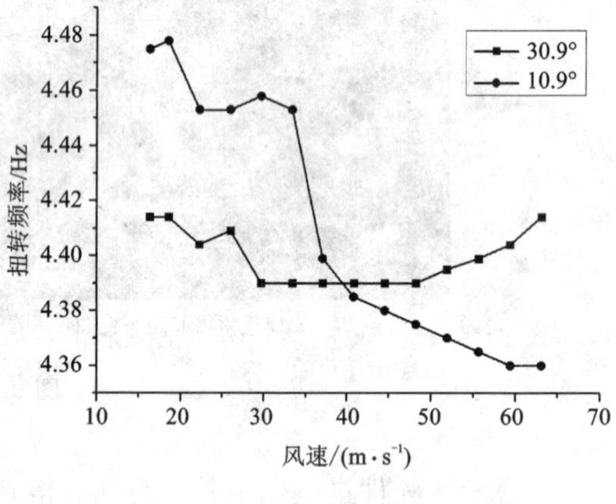

图4　扭转刚度变化

4　结论

本文通过数值模拟和实验研究了不同吊杆倾角对大跨悬索桥动力特性的影响，发现增大吊杆倾角能够提高桥梁的抗扭刚度与横向抗弯刚度，并且大角度吊杆倾角的桥梁在大风速下具备扭转刚度硬化效应，桥梁的扭转刚度随风速的增加先降低后增大，对大风速下桥梁的扭转起到很好的抑制作用。需要指出，经过分析竖弯基频却有略微降低，进一步的后续研究还在进行中。

参考文献

[1] 张新军，陈兰，赵孝平，等.三塔悬索桥的缆索体系及其抗风稳定性[J].浙江工业大学学报，2010，38(2)：437－441.

[2] 王晓明，郝宪武，石雪飞，等.特大跨悬索桥的缆索体系优化[J].昆明理工大学学报，2008，33(6)：59－60.

基于新奇检测技术的加劲梁涡激共振自动识别研究*

孙瑞丰，华旭刚，温青，陈政清
（湖南大学风工程与桥梁工程湖南省重点实验室 湖南 长沙 410083）

1 引言

已在多座大跨度桥梁加劲梁观察到涡激共振病害，涡激共振涉及结构与流固耦合问题，机理极为复杂。结构在线监测技术[1]可为研究涡激共振问题提供大量数据。针对如何从海量数据中识别涡激共振信号的问题，提出了应用基于 BP 神经网络的新奇检测技术[2]进行涡激共振自动识别的方法。涡激共振与随机振动（环境振动或抖振）的各频段归一化能量分布特征有着明显的差别，以随机振动信号各频段归一化的能量作为训练网络的输入，建立了基于新奇检测技术的随机振动模式的神经网络模型，当涡激共振数据输入网络时，求得的结果将有显著的差异，并应用实测数据进行检验，结果表明本方法具有可行性。

2 基于新奇检测技术的自动识别

新奇检测技术与一般的神经网络分类方法相比，新奇检测具有明显的差异，它是从一个输入数据中提取新的、非正常的或不熟悉的特性的系统。本系统利用前馈 BP 神经网络来实现，通常是一个含颈缩隐含层的多层网络。结构是否发生涡激共振就是根据训练阶段和检测阶段的新奇指标[2]之间的比较来实现的，如果结构发生涡激共振，则检测阶段的新奇指标就会偏离训练阶段的新奇指标。当这种偏离总体上超过所定义的门槛值时，则判断发生了涡激共振。现将具体步骤归纳如下：

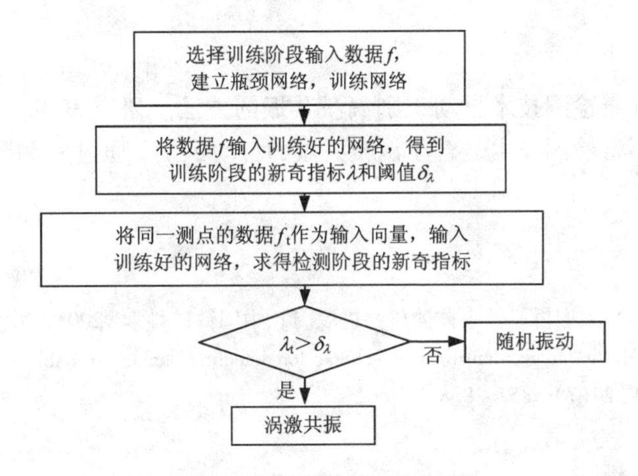

图 1 自动识别方法流程图

3 实测数据验证

本文选取西堠门大桥 2015 年 5 月 13 日 00：00—24：00，共计 24 h 的加劲梁加速度信号，信号的测点位于桥塔处的加劲梁上，加速度信号如图 3 所示，信号的采样频率为 10 Hz，从图中可以看出，在 17 时至 18 时之间发生了涡激共振，涡激共振频率为 0.3789 Hz。使用自动识别方法进行分析判断，首先求得归一化能量分布特征，其中一段的随机振动能量分布特征和涡激共振能量分布特征如图 2 所示，然后按照图 1 所示流程图处理数据，得到的结果如图 3 所示，比较图 3 左右图可知，本方法较准确地识别了涡激共振发生时刻。

* 基金项目：国家自然科学基金项目（51278189）

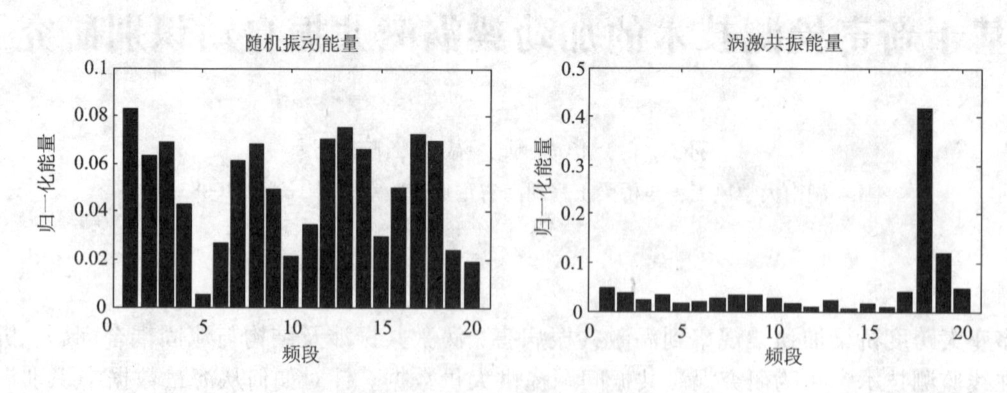

图 2　某段信号的能量分布特征

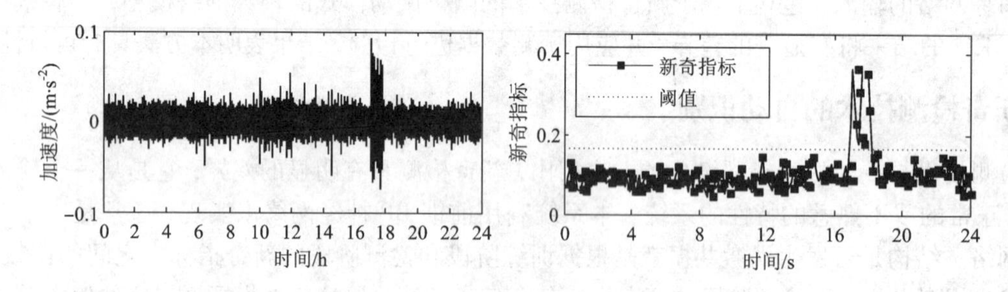

图 3　西堠门大桥加劲梁加速度信号及检测阶段的新奇指标

4　结论

本文讨论了一种基于新奇检测技术自动识别涡激共振的方法。研究表明，将随机振动作为正常状态，涡激共振作为异常状态的新奇检测技术适合于涡激共振的自动识别，通过实测数据检验，该方法可以较准确地识别出涡激共振事件。

参考文献

[1] 黄方林，王学敏，陈政清，等. 大型桥梁健康监测研究进展[J]. 中国铁道科学，2005，26(2)：1-7.

[2] Ko J M, Sun Z G, Ni Y Q. Multi-stage identification scheme for detecting damage in cable-stayed Kap Shui Mun Bridge[J]. Engineering Structures, 2002, 24(7): 857-868.

大跨拱桥主拱肋涡激振动随拱肋内倾角度变化的大涡模拟

王光崇，李翊鸣
（长安大学公路学院 陕西 西安 710000）

1 引言

现代桥梁结构越来越往长、细、轻、柔与低阻尼方向发展，随之对风作用更加敏感，桥梁结构的风振稳定性成为大跨拱桥安全的控制因素之一。采用钝体截面形式的拱肋易发生涡激振动，涡振发生的风速较低、振幅较大，会影响结构的强度和疲劳，因此大跨度拱桥主拱肋的涡振响应研究具有重要的意义。主拱的前后两拱肋存在遮挡效应，使得其周围流场变得非常复杂。此外对于大跨度拱桥，两拱肋的间距宽度是随着跨径方向变化的。因此需要根据实际结构设计建立三维模型，准确地模拟拱肋的绕流场和气动干扰效应。

2 湍流模型

本文采用大涡模拟进行 CFD 数值模拟计算，大涡模拟的控制方程为结合了。大涡模拟的控制方程为结合 Smagorinsky 亚格子尺度模型的 Navier – Stokes 方程。

$$\frac{\partial u_i}{\partial x_i}=0 \tag{1}$$

$$\frac{\partial \overline{u_i}}{\partial t}+u_j\frac{\partial \overline{u_i}}{\partial x_j}=-\frac{1}{\rho}\frac{\partial \overline{p}}{\partial x_i}+(v_0+v_{\mathrm{SGS}})\frac{\partial \overline{s_{ij}}}{\partial x_j} \tag{2}$$

式中：$v_{\mathrm{SGS}}=(c_{\mathrm{S}}\Delta)^2\left(\frac{1}{2}\overline{S_{ij}S_{ij}}\right)^{\frac{1}{2}}$；$\overline{S_{ij}}=\left(\frac{\partial \overline{u_i}}{\partial x_j}+\frac{\partial \overline{u_j}}{\partial x_i}\right)$；$u$ 为流体速度；p 为流体压力；ρ 为流体密度；v_0 为流体的黏性系数；v_{SGS}为湍流黏性系数；Δ 为亚格子湍流尺度，定义为 $\Delta=(Dx_1Dx_2Dx_3)^{\frac{1}{3}}$；$\overline{S_{ij}}$为应变率张量；$c_s$ 是量纲为一的的常数。

3 数值计算

数值计算模型按 1∶1 实体尺寸、分别按拱肋内倾角度为 0°、5°、10°建立 3D 实体模型，如图 1 所示。基于 Gambit 进行计算区域的规划，计算网格的划分以及边界条件的设置。拱肋模型放置于顺计算域入口方向高度、宽度皆为四分之一处，在拱肋的上侧及后侧预留出充分的空间，以方便观察旋涡的产生、脱离等钝体现象。并对计算域进行分块处理，在原计算域中心模型附近分割一个长方体内域，如图 2 所示。使用加密的四面体非结构化网格进行离散；内域和原流域的外边界之间称为外域，采用较稀疏的四面体非结构化网格进行离散。采用 3D 分离式求解器，采用非定常二阶格式和标准 SIMPLE 算法，计算足够多的时间步。

4 结论

本文建立三维模型对不同倾角的矩形断面钢拱肋进行涡激振动响应的大涡模拟，对矩形断面钢拱肋进行涡激振动响应计算。基于数值计算结果提取三维模型气动力效应以及旋涡脱落信息进行分析，对矩形断面钢拱肋涡激振动机理进行探讨。

(1)计算结果表明：来流方向上游拱肋的迎风面主要受正压作用，在其他条件不变的前提下，随着拱肋倾角的增大，相应的阻力系数有增大的趋势，且阻力系数变化小

(2)拱肋内倾角导致两拱肋间距随空间变化，内倾角 5°时在某一间距处下游拱肋迎风面受漩涡逆流向的压力梯度作用强于主流影响，阻力系数发生跳跃现象，展现为负值。

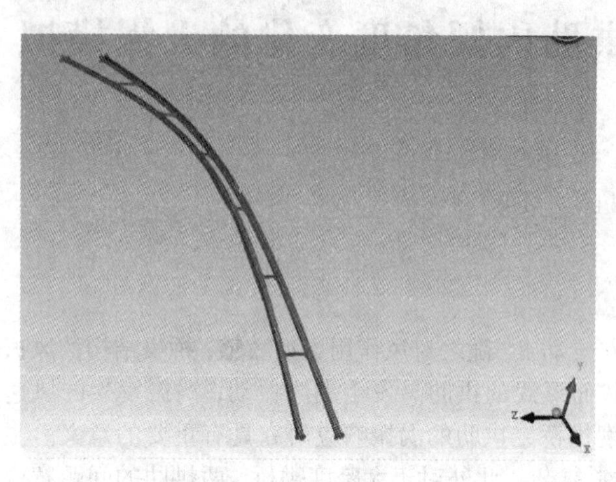

图1 主拱肋三维模型及坐标体系

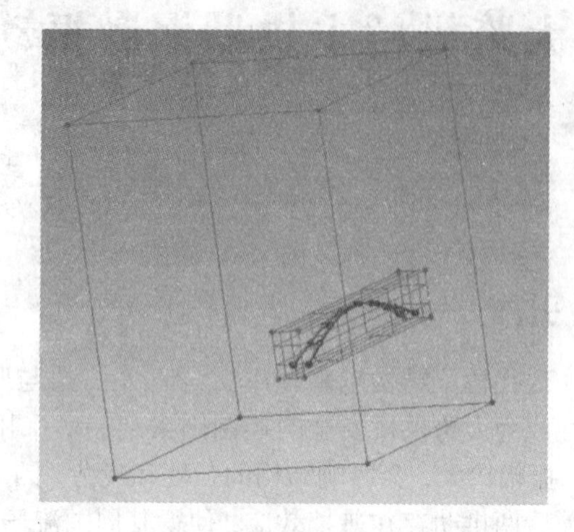

图2 风场整体布置

参考文献

[1] 应旭永，许福友，张哲.大跨度拱桥主拱肋风载系数的大涡模拟[J].武汉理工大学学报(交通科学与工程版)，2016(05)：809-814.

[2] 杨詠昕，周锐，葛耀君.大跨度拱桥的等效风荷载[J].同济大学学报(自然科学版)，2015(04)：490-497，505.

[3] 祝志文，陈魏，向泽，等.大跨度斜拉桥主梁气动力特性的大涡模拟[J].湖南大学学报(自然科学版)，2013(11)：26-33.

[4] 晏致涛.大跨度中承式拱桥风致振动研究[D].重庆：重庆大学，2006.

[5] 邓宇.大跨度拱桥涡致振动试验研究[D].重庆：重庆大学，2005.

中央开槽箱型梁悬索桥涡振抑制方法及其机理研究*

王俊鑫[1]，马存明[1,2]，廖海黎[1,2]
（1. 西南交通大学风工程试验研究中心 四川 成都 610031；2. 风工程四川省重点实验室 四川 成都 610031）

1 引言

风致振动已经成为了大跨度桥梁的一个重点问题[1-2]。本文针对中央开槽箱梁断面较易出现的涡激共振现象，进行了动力节段模型风洞试验研究，探讨了中央格栅透风率、格栅条宽度、格栅布置方式、格栅设置位置对中央开槽箱梁断面涡振性能的影响；并基于 CFD 方法，分析了中央开槽箱梁断面周围的流场特性，揭示了主梁断面产生涡激共振的原因，以及格栅对中央开槽箱梁主梁断面涡激共振的抑振机理。

2 工程背景及试验概况

主桥全长 2720 m，跨径布置为(530 + 1660 + 530)m，主跨采用中央开槽箱梁截面，梁宽 64.1 m，开槽宽 16.6 m，横隔梁按 12.8 m 等间距布置。动力节段模型试验在 XNJD－1 风洞中完成，主梁动力节段模型采用 1∶70 的几何缩尺比，模型长 $L = 2.1$ m，宽 $B = 0.9173$ m，高 $H = 0.065$ m。主梁节段模型由 8 根拉伸弹簧悬挂在支架上，以构成二自由度振动系统。

3 气动措施优化

经风洞试验发现，原始断面成桥态在 0°、±3°、±5°攻角下均发生了竖向涡激共振现象，其中 －3°为最不利攻角。对带中央开槽的箱梁，中央开槽对流场会产生较大的影响，在中央开槽处设置一定透风率的格栅来可以抑振效果[3-5]。在针对原始断面的涡振优化试验中，分别对格栅透风率与格栅设置位置进行了研究。部分优化结果如图 1 和图 2 所示。

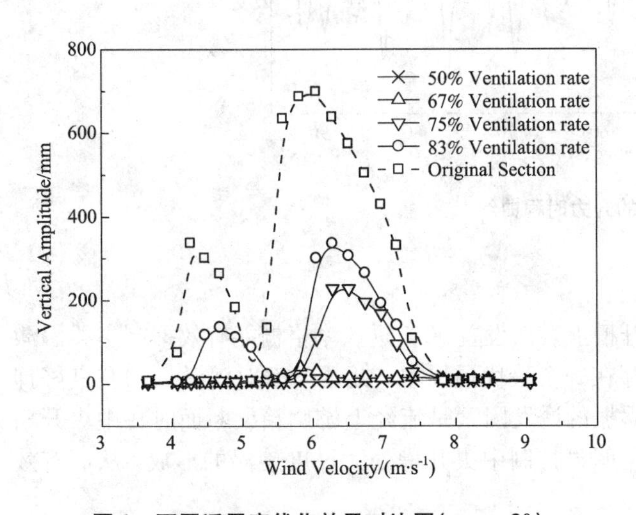

图 1 不同透风率优化效果对比图（$\alpha = -3°$）

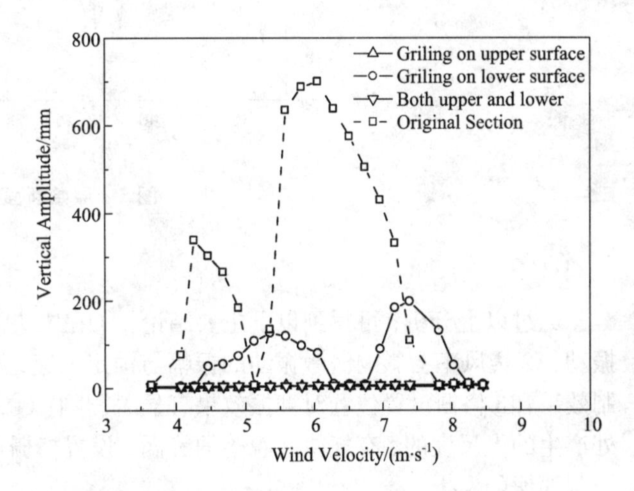

图 2 不同设置位置优化效果对比图（$\alpha = -3°$）

4 基于 CFD 的抑振机理分析

结果如图 3 ~ 5 所示。图 3 显示，流体经过原始主梁断面上游侧箱梁后产生分离，并在上下两侧产生交替脱落的大尺度旋涡。当这些旋涡漂移后流经下游侧箱梁时，在其表面产生简谐变化的气动力，即在下游

* 基金项目：国家自然科学基金(51278435，51408505)

侧箱梁上产生振幅较大的升力(如图5所示)，从而导致涡振的发生。图4显示，设置50%透风率格栅后，上游侧箱梁产生的尾流旋涡被中央格栅打碎，即明显的大尺度旋涡被打碎成细小的旋涡。当这些细小旋涡经过下游侧箱梁时，未能在其表面形成振幅较大的升力。因此，在增加设置50%透风率格栅后，涡振被明显抑制。图5显示，下游侧箱梁升力振幅远大于上游侧的升力振幅，说明中央开槽箱梁产生涡振的气动力主要来自于下游侧箱梁。

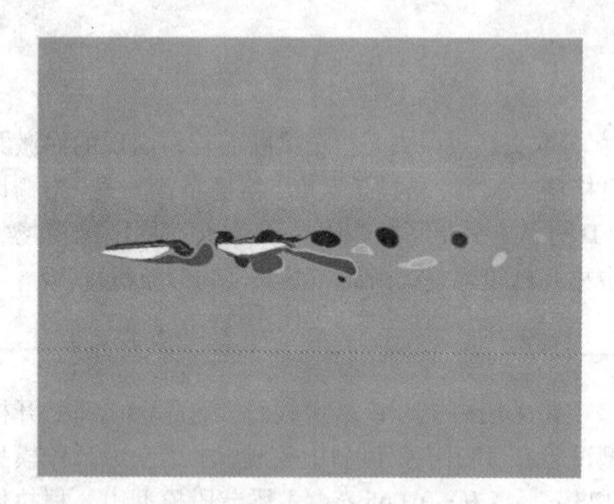

图3　原始断面周围流场涡量云图

图4　增设50%透风率格栅后断面周围流场涡量云图

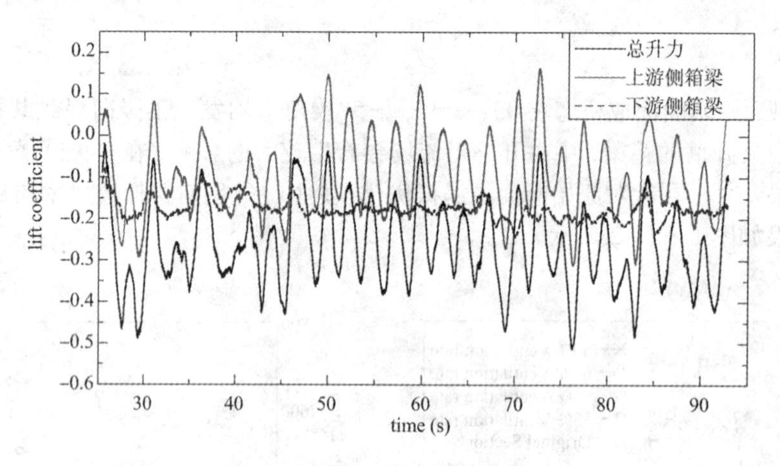

图5　原始断面的升力时程曲线

5　结论

经过以上分析，可得到以下主要结论：①在中央开槽上表面设置50%透风率格栅能有效抑制主梁涡激振动；②透风率会影响涡激振动的振幅与锁定风速，存在一个最优透风率，此透风率对涡激振动有良好抑制效果；③格栅设置位置对抑振效果有显著影响；④涡振的诱发因素是流经上游侧箱梁断面时在中央开槽处产生的大尺度的、有规律性脱落的旋涡，设置格栅可明显抑制中央开槽处大尺度旋涡的形成，从而有效控制涡振的发生。

参考文献

[1] Larsen A, Savage M, Lafreniere A, et al. Investigation of vortex response of a twin box bridge section at high and low Reynolds numbers[J]. Journal of Wind Engineering and Industrial Aerodynamics, 2008, 96(6): 934 - 944.

[2] 鲜荣，廖海黎. 不同尺度扁平箱梁节段模型涡激振动风洞试验[J]. 桥梁建设，2010(2)：9 - 13.

[3] 徐洪涛，廖海黎，李明水，等. 坝陵河大桥节段模型风洞试验研究[J]. 世界桥梁，2009，30(4)：30 - 33.

[4] 刘君，廖海黎，万嘉伟，等. 检修车轨道导流板对流线型箱梁涡振的影响[J]. 西南交通大学学报，2015，50(5)：1 - 7.

[5] Larsen A. Aerodynamic aspects of the final design of the 1624 m suspension bridge across the Great Belt[J]. Journal of Wind Engineering and Industrial Aerodynamics, 1993, 48(2): 261 - 285.

桥梁颤振临界风速的半波更新识别法*

王林凯，易志涛，刘志文
（湖南大学风工程与桥梁工程湖南省重点实验室 湖南 长沙 410082）

1 引言

基于Scanlan线性颤振理论，考虑到桥梁主梁断面颤振导数与其运动频率有关，提出一种使用半波更新法来确定桥梁主梁断面运动频率和气动力的方法，采用Newmark－β法求解桥梁颤振运动方程，实现桥梁颤振临界风速的计算。分别以薄平板和一座拟建大跨度悬索桥为例进行了桥梁颤振临界风速的计算，与已有文献和试验结果进行了比较。研究表明，本文提出的颤振临界风速识别方法其精度与已有算法相当，能够满足工程应用的精确要求，并且能够获取确定风速下的位移时程曲线。

2 计算方法

针对运动过程中的频率变化，本文采用半波更新的方式，选取竖向运动示意，如图1所示。

当来流风速确定时，从A点(给予初始位移和初始加速度)开始计算，运动频率采用结构初始频率并且进行折算风速、颤振导数以及气动力计算，当遇到一个位移峰值状态B点时，通过半波更新运动频率，下一个半波中(BC段)则采用更新后的运动频率进行相关计算。更新频率算法按$f=2/(T_A-T_B)$进行计算，平板颤振导数用Theodorson解，桥梁断面颤振导数用试验获取的拟合多项式。

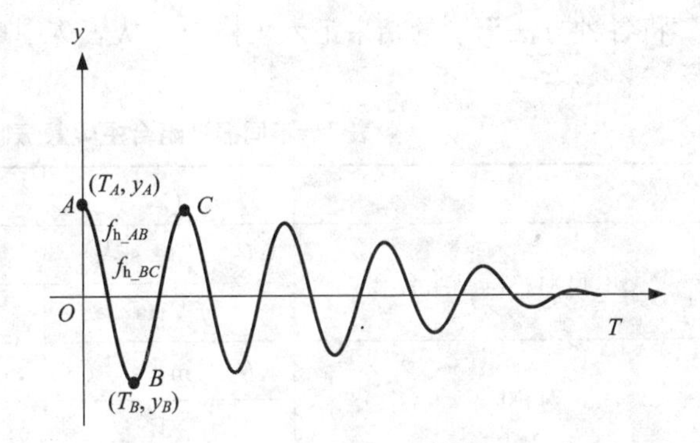

图1 半波更新法确定频率示意图

3 平板算例的实现与检验

取平板算例[1]，宽度$B=0.6$ m，质量$m=16.82$ kg/m，质量矩为$I_m=0.5856$ kg·m²/m，竖弯运动圆频率$\omega_h=10.22$ rad/s，扭转运动圆频率$\omega_\alpha=18.68$ rad/s，竖弯阻尼比$\xi_h=0.005$，扭转阻尼比$\xi_\alpha=0.008$，计算结果如表1所示。

表1 不同计算方法的结果对比

计算方法	颤振临界风速/(m·s^{-1})	临界圆频率/(rad·s^{-1})
半逆解法	19.10	13.832
张若雪法[2]	19.35	13.990
许福友法	19.21	13.700
本文方法($\Delta t=0.01$)	20.00	13.069
计算方法	颤振临界风速/(m·s^{-1})	临界圆频率/(rad·s^{-1})
本文方法($\Delta t=0.001$)	19.20	13.660

* 基金项目：国家自然科学基金(51478180，51178181)

4　工程实例应用

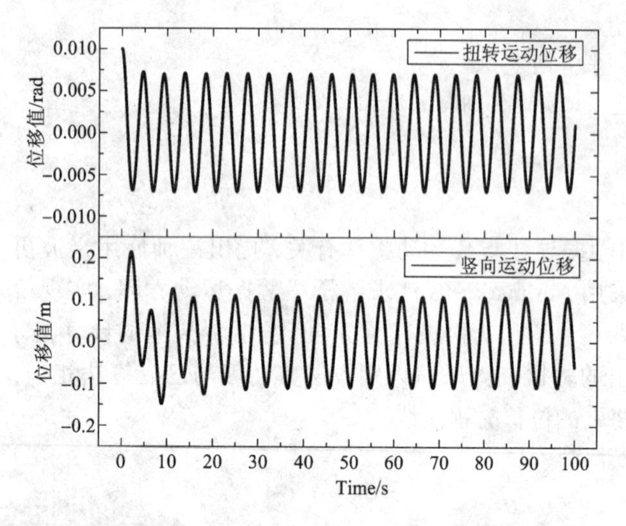

图 2　$2U = 76.15$ m/s 时主梁反对称阵型组合位移时程曲线

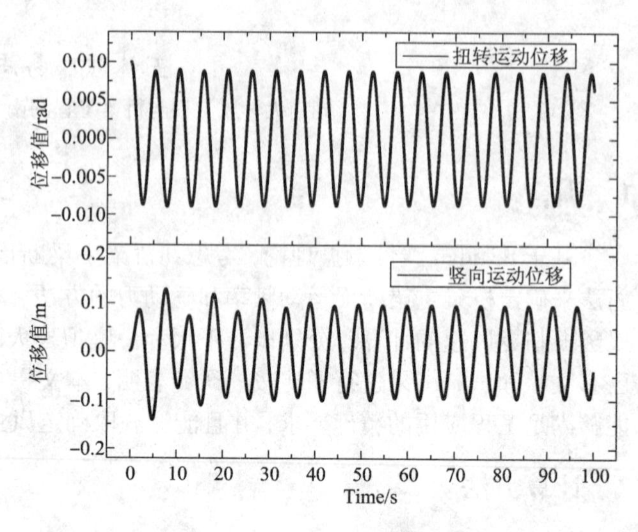

图 3　$2U = 84.45$ m/s 主梁反对称阵型组合位移时程曲线

将各种方法识别的结果汇入表格中。从表 2 中可以得出，本文的计算结果与风洞试验吻合较好。

表 2　不同振型组合主梁颤振临界风速和临界运动频率识别结果

	方法	追赶	本文	试验
反对称阵型组合	$U_{cr}/(\mathrm{m\cdot s^{-1}})$	76.18	76.15	76.50
	f_{cr}/Hz	0.1912	0.1912	0.1981
正对称阵型组合	$U_{cr}/(\mathrm{m\cdot s^{-1}})$	84.48	84.45	84.30
	f_{cr}/Hz	0.2179	0.2179	0.2204

注：试验中的颤振临界频率是以 FFT 变换获得的卓越频率，然后进行换算到实桥中。

5　总结

本文从气动导数中的参考折减频率的选取问题出发，提出了一种基于半波更新运动频率进而更新颤振导数的显式计算颤振临界状态的方法，并且通过平板算例以及工程算例的验证，从中得出的结论主要有：

(1)采用半波更新法可确定结构当前振动频率，进而计算出相应的气动力和结构振动响应时程，实现桥梁结构颤振临界风速和颤振频率的确定。

(2)采用该方法计算得到的桥梁颤振临界风速与已有算法的计算结果和试验结果均较接近，且该方法可以给出桥梁结构不同风速下的风致振动响应时程曲线。

参考文献

[1] 牛华伟. 气动导数识别的三自由度强迫振动法及颤振机理研究[D]. 长沙：湖南大学，2008：168－180.
[2] 张若雪. 桥梁结构气动参数识别的理论和试验研究[D]. 上海：同济大学，1998：13－73.

基于现场实测风场特性对桥梁响应的影响*

王守强，赵林，葛耀君
（同济大学土木工程防灾国家重点实验室 上海 200092）

1 引言

抖振是一种重要的风致振动现象，主要是由自然风固有的紊流特性以及风流经钝体结构而产生的特征紊流所致，从而表现为一种随机的强迫振动。显然，任何暴露在自然紊流风场中的桥梁都会不可避免地出现随机的抖振现象，而且随着风速的增加，抖振的响应幅度也将超线性地增加。大跨度桥梁抖振响应分析理论是目前国内外在科研和实际应用中进行大跨度桥梁抖振响应分析的基础，然而这一方法得出的结果却与现场实测结果存在一定差距。

结合西堠门大桥桥梁健康监测系统从 2009 年 12 月到 2016 年 3 月共 76 个月的数据 58 场强风条件下实测数据，分析了桥梁响应均方值随风场参数变化情况；结合风洞试验得出参数，利用 Ansys 模型进行了计算，并得出造成实测与计算结果差别的一种原因。

2 传感器布置及实测结果

2.1 传感器布置

桥梁健康监测系统主梁上布置 6 个三维超声风速仪和 12 个单向加速度传感器，布置如图 1 所示。三维超声风速仪的采样频率为 32 Hz，监测项传感器标识列正北方向为其监测 X 向风，以 X 方向逆时针旋转 90°(正西方向)为该项监测 Y 向风，以垂直向上为该项监测 Z 向风。加速度传感器的采样频率为 100 Hz，后改为 50 Hz；对于每个截面上第一、三个为竖向加速度传感器，第二个为侧向加速度传感器。

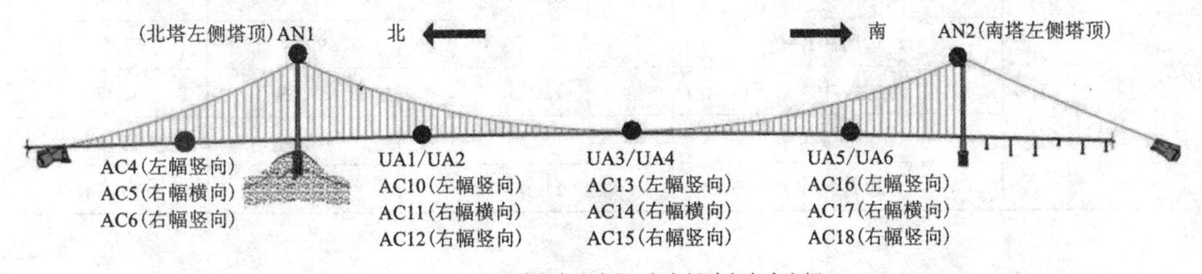

图 1 传感器布置图

2.2 实测结果

结合西堠门大桥桥梁健康监测系统 58 场强风条件下实测数据，分析了桥梁响应均方值随风场参数变化情况，如图 2 所示，其中 a 表示加速度响应随风速变化，b 表示不同偏角下加速度响应随风速变化，c 表示不同风速下加速度响应随紊流积分尺度变化。由图 2 可以看出桥梁加速度响应随着风速的增加成二次曲线形式增加；风速相同时，偏角为 5°时桥梁加速度均方值比垂直来流要大，这也说明在斜风条件下桥梁响应有可能增大；风速相同时，桥梁加速度响应随紊流积分尺度的增大先减小后增大。

3 Ansys 计算结果对比

结合风洞试验得出参数，根据实测风谱利用 Deodatis 方法模拟出加载点风速时程，进行了 Ansys 计算，

* 基金项目：科技部国家重点基础研究计划(973 计划，2013CB036300)

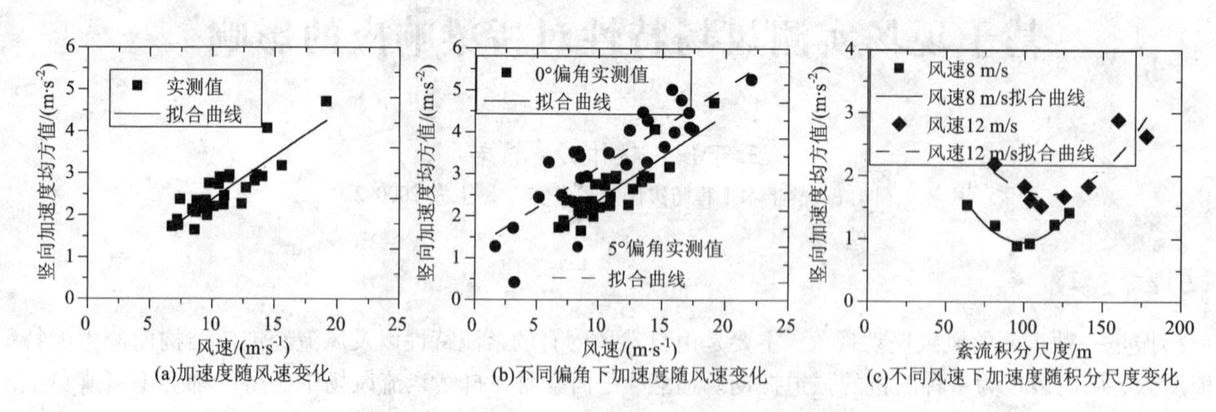

(a)加速度随风速变化　(b)不同偏角下加速度随风速变化　(c)不同风速下加速度随积分尺度变化

图2　桥梁响应均方值随风场参数变化情况

得出结果如表1所列。由表1可以看出气动导纳采用Sears函数得出的结果比气动导纳函数取1得出的结果更接近与实测结果，从而为了得出更加精确的计算结果，需要进行桥梁断面气动导纳函数识别。

表1　实测结果与计算结果对比

分析方法		实测结果	计算结果	
气动导纳			1	Sears
15 m/s	跨中	6.601	12.67	—
	1/4跨	5.475	9.96	—
	边跨跨中	7.325	8.28	—
20 m/s	跨中	8.241	16.16	12.11
	1/4跨	6.803	11.88	9.36
	边跨跨中	6.47	9.74	7.19
25 m/s	跨中	12.25	21.59	15.79
	1/4跨	12.28	16.84	14.97
	边跨跨中	11.02	14.83	11.74

4　结论

桥梁加速度响应随风速的增加成二次曲线形式增加，斜风条件下桥梁响应有可能增大，桥梁加速度响应随紊流积分尺度的增大先减小后增大。从而为了计算的更加精确，需要进行桥梁断面气动导纳函数识别。

参考文献

[1] Xu Y L, Zhu L D. Buffeting response of long - span cable - supported bridges under skew winds. Part 2: case study[J]. Journal of Sound and Vibration, 2005, 281(3): 675 - 697.

栏杆封闭形式对大跨人行悬索桥涡振特性影响的数值分析

王鉴志，吴拓，段永锋
（长安大学实验室 陕西 西安 710064）

1 引言

大跨人行悬索桥作为现代景区桥梁的主要构造形式，具有刚度低、桥面窄、质量低、阻尼小等特点，易于引发结构风致振动。涡激共振是一种常见的低风速下的风致振动，长期会引起结构的疲劳破坏，同时，涡振振幅较大时会影响行人的安全性和舒适性，因此进行大跨人行悬索桥涡振特性研究具有十分重要的意义。大跨人行悬索桥桥面窄，围栏高度和行人高度相当，很大程度上改变了断面形式，减小了宽高比。本文利用 CFD 建立三维计算模型，对不同栏杆封闭形式下的主梁断面进行流迹线分析，从而给出合理的栏杆封闭形式建议。

2 风洞试验

2.1 工程背景

本文以南充市自然风景区凤垭山孝心桥为工程背景，该桥主跨为 369 m，为单跨双塔加劲梁人行悬索桥。桥梁总宽为 3.66 m，桥面净宽为 2.5 m。栏杆高度分别为 0.8 m 和 14.4 m。

2.2 工况设置

为了研究栏杆封闭形式对桥梁共断面流场分布的影响，本文设置了四种工况，见表 1。图 1 为四种工况的模型效果图。

表 1 工况设置

工况	栏杆情况	行人情况
1	不封闭	无
2	间隔封闭	无
3	间隔封闭	随机分布
4	全部封闭	无

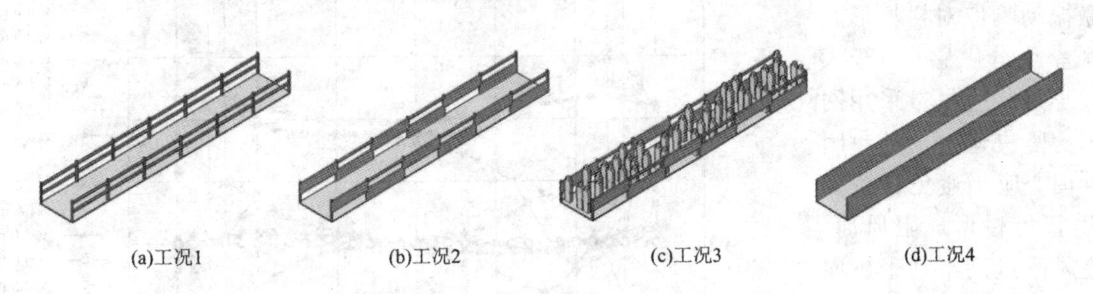
(a)工况1 (b)工况2 (c)工况3 (d)工况4

图 1 各工况模型效果图

2.3 风洞试验模拟

采用加劲梁节段模型进行风洞试验。图 2 为工况 1 节段模型示意图。图 2 给出了工况 4 在不同风攻角下的涡振响应，可以看出在 0°、－3°与－5°风攻角均发生了较大振幅的竖弯涡振，而且涡振锁定风速区间都在 5.0～10.1 m/s，由此可见，加劲梁两侧栏杆全部封闭时，在较低的风速区间内就能发生较大振幅的涡振。

3 CFD 数值模拟

数值模拟基于商用 Ansys15.0 中的 CFD 网格划分模块和 Fluent 流场模拟模块，采用对钝体外部扰流模

拟结果较好的 $k-\varepsilon$ 湍流模型，使用定常流计算。截取全桥长度的1/20(18 m)建立三维模型，计算域网格划分采用棱柱形网格。在主梁断面周围网格节点密集，以一定渐变率向四周发散，远离主梁断面位置网格渐疏。计算流场尺寸为：长120 m，高90 m。

图2 风洞试验模型示意图

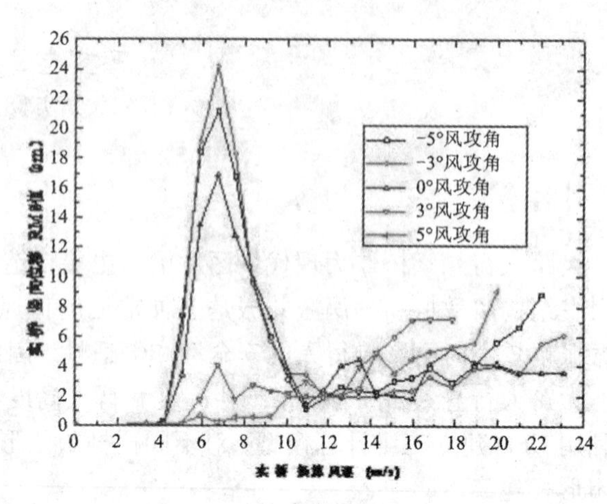

图3 竖弯涡激振动响应

图4 网格划分图

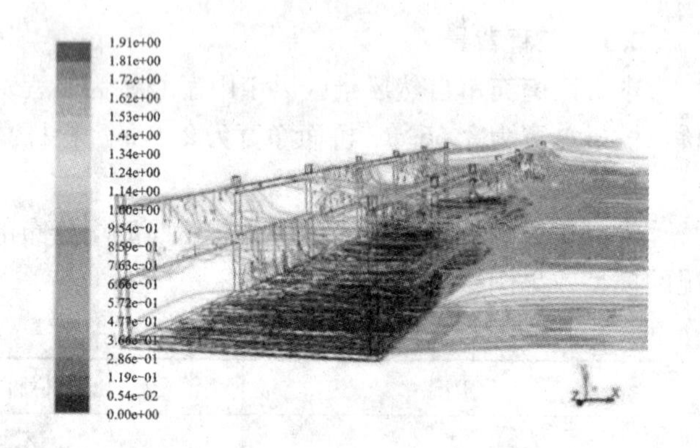

图5 工况2风速流线图

4 结论

涡激振动响应对栏杆形式及其透风率十分敏感，对于大跨人行悬索桥，应尽量采用网格式栏杆，坚决避免全部封闭栏杆，同时，应当避免在桥梁两侧布满宣传栏形成阻风面，此外，透风率过高不利于桥面风速的控制，故大跨人行悬索桥应当选择具有恰当透风率的栏杆形式来有效控制桥面风速并减小涡振发生的可能性。

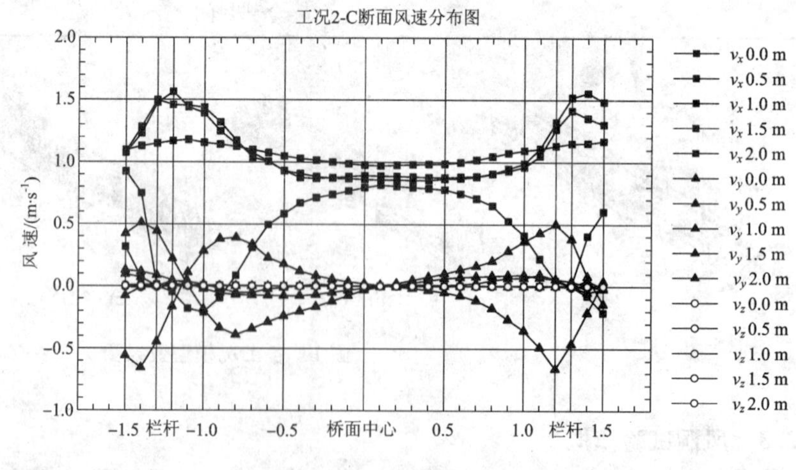

图6 工况2C断面风速分布图

参考文献

[1]《中国公路学报》编辑部. 中国桥梁工程学术研究综述[J]. 中国公路学报，2014(05)：1-96.
[2] 管青海，李加武，胡兆同，等. 栏杆对典型桥梁断面涡激振动的影响研究[J]. 振动与冲击，2014(03)：150-156.
[3] 管青海. 大跨加劲梁人行悬索桥风致稳定性研究[D]. 长安：长安大学，2016.

开口薄壁式斜拉桥模型对比和非线性静风响应分析

吴桂楠，付曜，李宇
（长安大学公路学院 陕西 西安 710064）

1 引言

风效应不仅会引起斜拉桥的动力失稳，也会导致非线性静风失稳。早在 1967 年日本东京大学 Hirai 教授就在悬索桥的全桥风洞试验中观察到了静力扭转发散的现象[1]，开口式截面的自由扭转刚度较小，约束扭转刚度影响不可忽略[2]，此时采用不同方法建立桥梁模型所得动力特性差异较大。采用等代单主梁模型作为静风计算模型。利用 CFD 试验测得的静力三分力系数，针对该开口薄壁式斜拉桥进了非线性静风稳定响应分析。

2 开口薄壁式斜拉桥的计算模型建立和动力特性对比

某斜拉桥为一座拟建的双塔三跨式斜拉桥，桥梁跨径布置为 165 m + 350 m + 165 m，主梁采用开口薄壁钢混叠合梁，纵向为五根通长的工字梁和钢桥面板。板梁模型用三维壳单元 SHELL63 模拟桥面板，用 BEAM4 行模拟工字梁，工字梁与桥面板共节点，工字梁之间以刚臂连接，为精确模型；等代单主梁模型采用鱼骨式模型，用 BEAM4 模拟主梁，主梁与拉索通过刚臂连接，在设计时考虑约束扭转刚度的贡献，对等代单主梁模型的主梁扭转刚度进行了修正；五主梁模型采用五根独立主梁，并将桥面板的质量、质量惯性矩分配到五根工字梁，工字梁之间通过短钢臂连接。

表 1 三种计算模型频率对比

振型模态	板梁/Hz	等代单主梁/Hz	五主梁/Hz	与板梁模型相比	
纵飘	0.1277	0.1258	0.1229	-1.5%	-3.8%
一阶正对称竖弯	0.3126	0.3251	0.281	4.0%	-10.1%
一阶反对称竖弯	0.4029	0.3848	0.3319	-4.5%	-17.6%
一阶正对称侧弯	0.5449	0.5446	0.4624	-0.1%	-15.1%
一阶正对称扭转	0.7344	0.6863	0.6889	-6.6%	-6.2%
一阶反对称扭转	0.7486	0.7322	0.7035	-2.2%	-6.0%
一阶反对称侧弯	0.6645	0.6625	0.6567	-0.3%	-1.2%

从表 1 可看出，以板梁模型为基准进行横向比较发现，等代单主梁模型的竖弯与侧弯最大误差低于 5%，扭转频率稍低但是偏差不大，动力特性模拟较好。五主梁模型动力特性误差加大。等效单主梁模型的动力特性误差小精确度较高，直接采用等代单主梁进行动力特性分析，外荷载作用与结果输出均只针对该主梁，计算简洁且结果精确度高。

3 开口薄壁式斜拉桥非线性静风稳定性分析

对该开口薄壁式斜拉桥在最大单、双悬臂状态和成桥状态下的斜拉桥进行静风稳定性分析，从 v = 20 m/s逐级进行加载，并绘制不同风速下主梁扭转角、竖向位移和水平位移图。

在达到临界风速前主梁的空间变形，即扭转位移、竖向位移和侧向位移，它们随着风速的增大呈现非线性递增，并且随着风速的增大，非线性关系在增强。但是但风速达到失稳风速时，主梁变形急剧增大，发生静风失稳，并且变化形态呈现明显的空间弯扭耦合的特征。

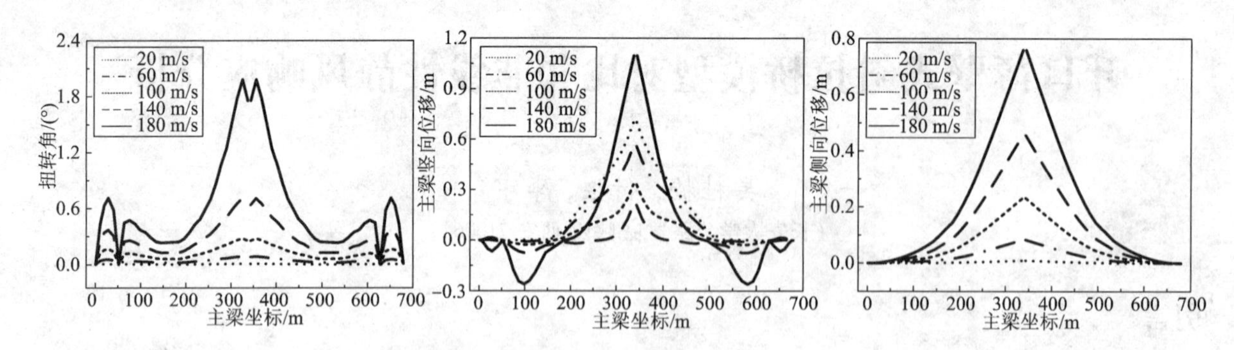

图 1　最大单悬臂状态不同设计风速下主梁扭转变形、竖向位移和水平位移

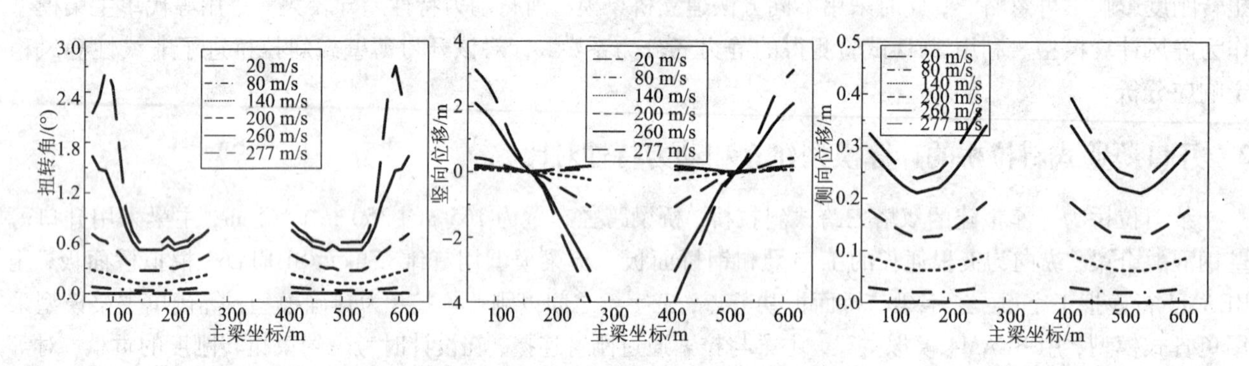

图 2　最大双悬臂状态不同设计风速下主梁扭转变形、竖向位移和水平位移

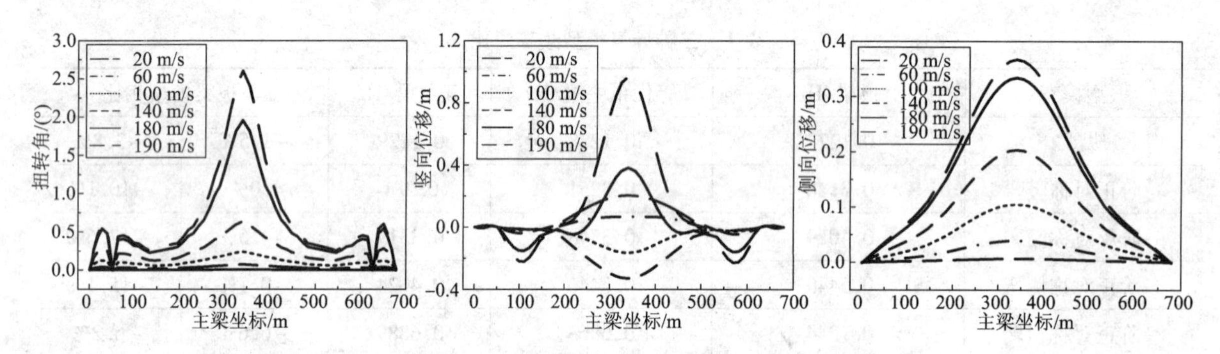

图 3　全桥状态不同设计风速下主梁扭转变形、竖向位移和水平位移

4　结论

根据计算分析可知：

(1)采用修正了主梁扭转刚度的等代单主梁模型进行动力特性分析，计算过程方便简洁，结果精确度高；

(2)静风荷载作用下的大跨度斜拉桥，主梁的空间变形与风速大小呈现明显的非线性关系，随着风速增大结构空间变形的非线性趋势在增强。并且，主梁的失稳呈现明显的空间弯扭耦合姿态。

参考文献

[1] Hirai A, Okauchi I, Ito M, et al. Studies on the criticalwind velocity for suspension bridges[C]//ProcInt. Res. Semi - nar on Wind Effects on Buildings and Structures, University of Toronto Press, Ontario, Canada, 1967, 14(3): 81 - 103.

[2] 项海帆，朱乐东. 考虑约束扭转刚度影响的斜拉桥动力分析模型[C]//全国桥梁结构学术大会，武汉，1992.

基于健康监测数据的悬索桥动力特性和涡振响应

吴昊，曹丰产，葛耀君
（同济大学土木工程防灾国家重点实验室 上海 200092）

1　引言

大跨度悬索桥的涡振响应不仅取决于结构的气动外形和动力特性，还受到风场特性的影响。随着桥梁健康监测技术的发展，桥梁涡振的现场实测研究越来越普遍。本文以某大跨度悬索桥为研究对象，选取了2010年4月和2012年8月两个月的加速度和风速数据。加速度传感器用于采集加速度数据，并主要布置在主梁的四分点和边跨中点处；三向风速仪风速用于采集梁体周围风速，并布置在主梁的四分点处。本文剔除了异常的实测数据，然后根据实测数据分析了该桥的动力特性、风场特性以及涡振响应，以研究风场特性对桥梁涡振的影响。

2　动力特性识别

本文的研究对象为两塔两跨非对称悬索桥，主梁采用分离式双箱梁截面。由于动力特性直接影响桥梁的涡振响应，在进行现场实测分析和风洞实验前首先需要对实际结构进行动力特性分析。本桥在加速度传感器采样频率为50 Hz，选取了其中未发生涡振的10 min样本，并采用频域分解法[1]对主跨1/4点处竖向加速度响应时程进行动力特性分析，采用半功率宽带法计算对应模态阻尼。分析得到的结果见表1。

表1　实测竖弯频率及阻尼比

竖弯模态阶数	1	2	3	4	5	6
竖弯频率/Hz	0.0946	0.1326	0.1831	0.2289	0.2747	0.3250
阻尼比/%	1.34	0.88	0.60	0.45	0.39	0.31

3　实测涡振分析

从桥梁健康监测桥面加速度时程中，选取了38个发生涡振的10 min样本。其涡振频率主要为0.1831 Hz和0.3281 Hz。图1所示为某个典型的10 min涡振时程分析，从时程图可以看出桥面竖向涡振现象十分明显。

本文对搜集到的所有涡振样本进行统计分析，由于跨中风速容易受到主缆影响[2]，风速变化剧烈，此时风速仪测得的数据不是自由场数据，因此本文主要分析1/4跨风速数据。图2显示了涡振位移均方根值随平均风速分布情况，可以看出，$f=0.1831$ Hz对应最大竖向位移均方根值为0.108 m，涡振风速区间为[5.14 m/s，7.29 m/s]，$f=0.3281$ Hz对应最大竖向位移均方根值为0.011 m，涡振风速区间为[9.89 m/s，13.48 m/s]。从图3可以看出，在涡振发生期间，风向角主要集中在[120°，150°]和[300°，330°]范围内，占总数的92.5%，近似垂直于桥轴方向。从图4可以看出，随着桥梁风场展向不均匀性增强，桥梁涡振呈减弱趋势。

4　结论

通过实测涡振响应分析来看，在发生涡振时，风向角近似于桥轴垂直，说明风向角垂直于桥轴线有利于涡振的形成；桥梁展向风场不均匀性也会影响涡振的位移响应，涡振位移响应随风速不均匀性增强呈减弱趋势。

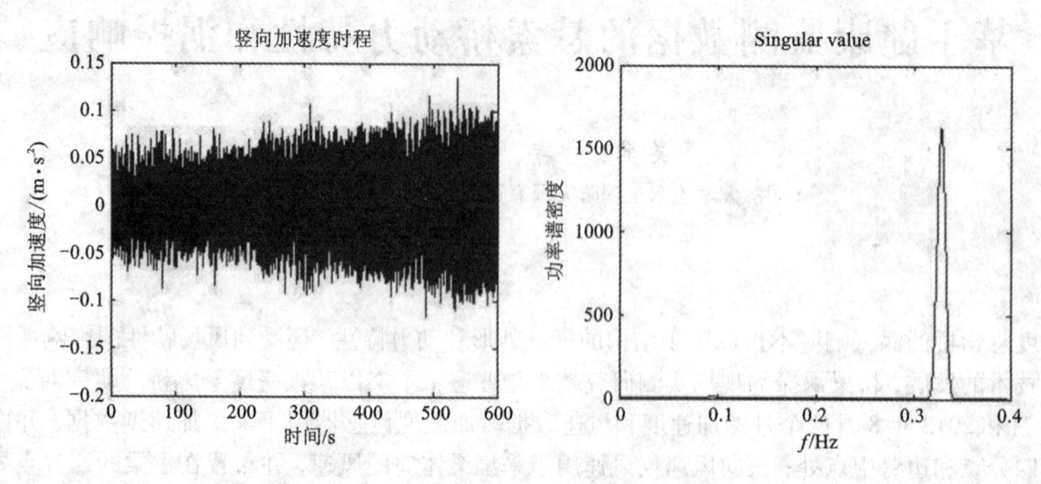

图1　某典型样本桥面1/4跨竖向加速度时程

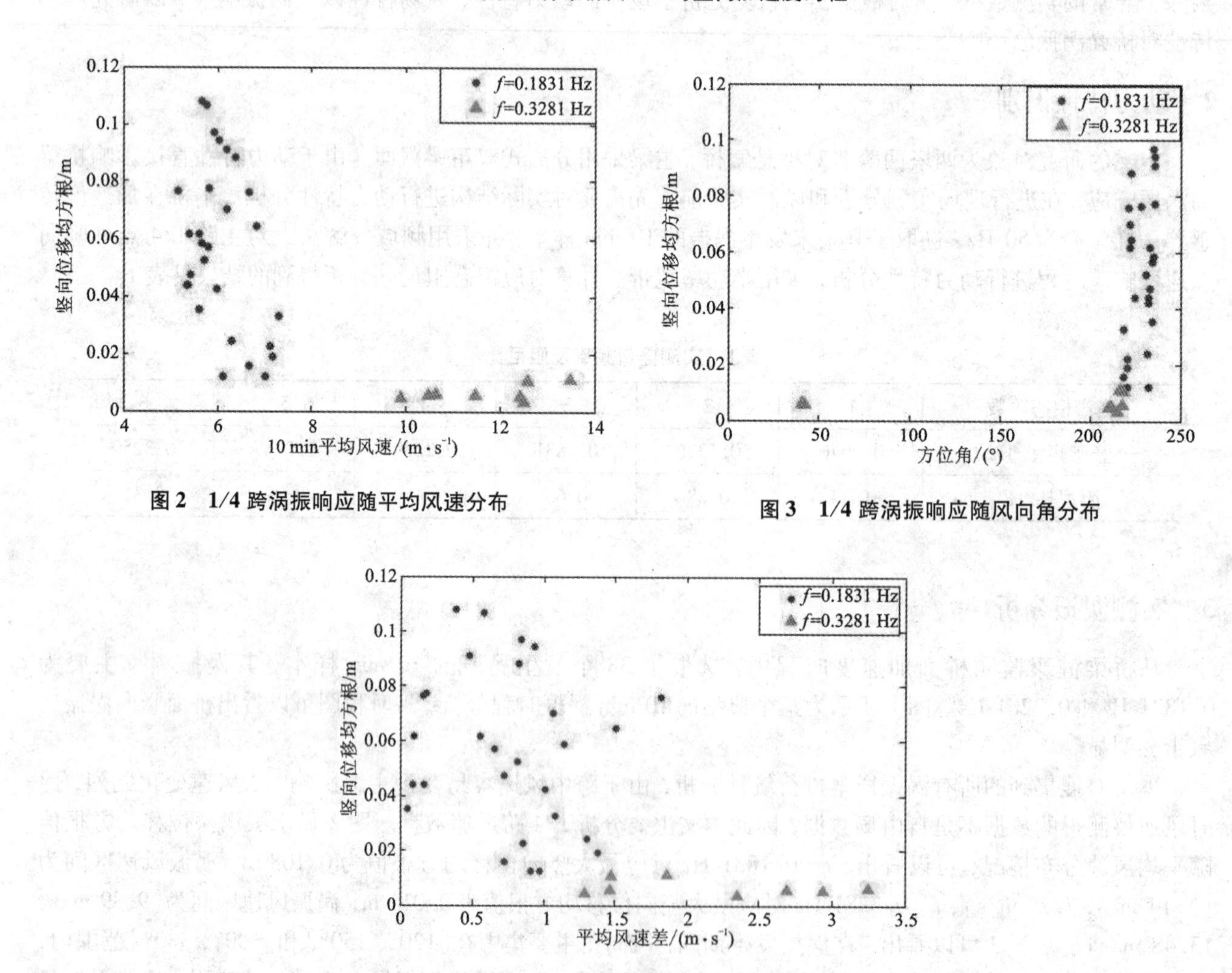

图2　1/4跨涡振响应随平均风速分布

图3　1/4跨涡振响应随风向角分布

图4　主跨1/4跨与3/4跨平均风速差异

参考文献

[1] Brincker R, ZhangL M, Andersen P. Output – onlymodalanalysisFrequencyDomainDecomposition [C]//Proc. of 25th Int. Seminaron Modal Analysis(ISMA25), Leuven, Belgium, 2000.

[2] 赖马树金. 大跨度悬索桥分离式双箱梁涡激振动研究[D]. 哈尔滨：哈尔滨工业大学，2013.

基于能量方法的拉索尾流驰振风洞试验研究*

吴其林，刘岗，华旭刚
（湖南大学风工程与桥梁工程湖南省重点实验室 湖南 长沙 410082）

1 引言

拉索尾流驰振是指并列拉索沿风向斜列布置时，流经上游拉索后的尾流激起下游拉索振动的一种风致振动现象[1]。根据尾流驰振发生区域，可分为近距失稳区、稳定区和远距失稳区[2-3]。大多数学者都是通过风洞试验或数值模拟方法得到作用在拉索上的静气动力系数后采用理论分析方法对下游拉索的起振风速与失稳区域进行预测，或者通过气弹模型试验对下游拉索的起振风速与失稳区域进行直观判断，但两者并未把发生尾流驰振时作用在拉索上的动态风荷载和动态位移有效联系起来。因此，本文通过强迫振动风洞试验模拟了并列双圆柱索典型尾流驰振（近距失稳）现象，从气动力对拉索做功的角度出发，利用时域积分方法计算和分析得到下游拉索的运动方向及驰振失稳区域，并对尾流驰振的机理展开了研究，最后探讨了拉索振动幅值、来流风速以及频率对尾流驰振性能的影响。

2 尾流驰振能量判断法

拉索能量的输入或耗散可以通过时域积分方法分别计算平均单个振动周期内阻力和升力对拉索所做的功，采用量纲为一的形式表示如下：

$$E_{\mathrm{D}} = \left(\frac{1}{n}\int_{0}^{nT} F_{\mathrm{D}} \cdot x\mathrm{d}t\right) \Big/ (0.5\rho U^{2} H D^{2}) \tag{1}$$

$$E_{\mathrm{L}} = \left(\frac{1}{n}\int_{0}^{nT} F_{\mathrm{L}} \cdot y\mathrm{d}t\right) \Big/ (0.5\rho U^{2} H D^{2}) \tag{2}$$

式中：F_{D}和F_{L}分别为t时刻拉索所受的阻力与升力；x、y分别为拉索在直角坐标系中的位移；n为计算周期数并取整（$n=26$）；T为下风向圆柱强迫振动的周期（$T=2.174$ s）；H为节段模型长度（$H=1.54$ m）；D为拉索直径（$D=0.12$ m）；ρ为空气密度；U为来流风速。

平均单个周期内气动力对下游拉索输入的总能量$E=E_{\mathrm{D}}+E_{\mathrm{L}}$，如果$E>0$，则表明气动力对拉索做正功，拉索在运动中吸收能量，其振动状态能够保持，且振幅有增大趋势；反之如果$E<0$，则表明拉索运动中消耗能量，拉索现有振动状态不能维持，振幅会逐渐衰减。

3 强迫振动风洞试验

试验中分别取水平间距$L/D=2$、4.3、6、8；取竖向间距$T/D=0\sim4$，间隔为$0.5D$振动频率为0.46 Hz，来流风速为20 m/s，得到不同位置下气动力对下游拉索平均单个周期内输入的能量如图1所示。

4 尾流驰振机理研究

影响尾流驰振的因素有并列拉索的相对位置、振幅、来流风速及振动频率，因此在研究并列拉索相对位置及尾流驰振机理的基础上，对影响尾流驰振性能的因素进行了参数化研究。

5 结论

本文采用强迫振动装置重现了尾流驰振现象，基于能量判断方法，对拉索节段模型进行了尾流驰振风洞试验研究，从气动力对下游拉索做功的角度，利用时域积分方法计算了阻力和升力对拉索输入的能量，研究了尾流驰振的运动轨迹、不稳定区域及其振动机理，分析了下游拉索不同振幅、来流风速以及频率对尾流驰振性能的影响。通过以上研究得到以下结论：

* 基金项目：国家自然科学基金优秀青年基金资助项目（51422806）

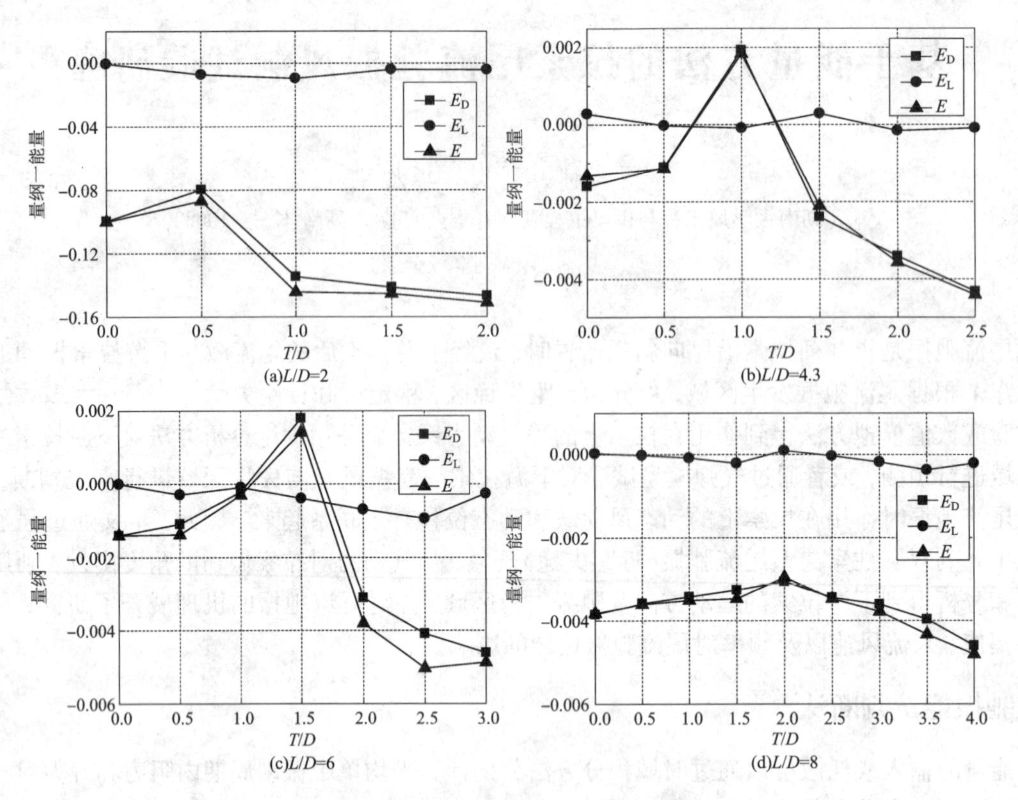

图1　不同位置下气动力输入的能量

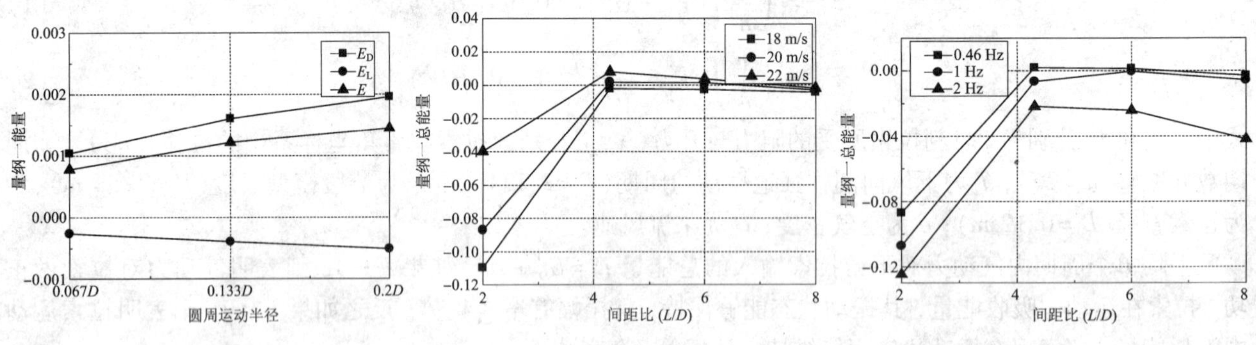

图2　不同圆周半径时输入的能量　　**图3　不同来流风速时输入的总能量**　　**图4　不同频率时输入的总能量**

(1)并列拉索尾流驰振与其相对位置密切相关，当两索中心间距确定且其连线与来流方向的风攻角处于一定范围内时，尾流驰振才可能发生，且尾流驰振具有明确的方向性。

(2)尾流驰振发生过程中，阻力对拉索做正功，使得其在该方向上的振动加剧；而升力做功很小，且基本为负，表现为抑制下游拉索在竖直方向的振动。

(3)尾流驰振发生时，与阻力做功相比，升力做功表现出一定的抵抗效应，两者做功时程曲线与其截面位移时程曲线一样存在明显一致的正负部分，两者相位差几乎均为90°。

参考文献

[1] 陈政清. 桥梁风工程[M]. 北京：人民交通出版社，2005：1－8.

[2] Wardlaw R L, Cooper K R, Ko R G, et al. Wind tunnel and analytical investigations into the aeroelastic behavior of bundled conductors [J]. IEEE Transactions on Power Apparatus and Systems, 1975, 94(2): 642－654.

[3] Tokoro S, komatsu H, Nakasu M, et al. A study on wake－galloping employing full aeroelastic twin cable model [J]. Journal of Wind Engineering and Industrial aerodynamics, 2000, 88(2): 247－261.

[4] 唐浩俊，李永乐，廖海黎. 基于能量方法的塔周长吊索尾流驰振性能研究[J]. 中国公路学报，2014，27(8)：42－52.

非线性后颤振极限环特性研究*

吴长青，张志田
(湖南大学风工程试验中心 湖南 长沙 410082)

1 引言

近年来，航空领域的相关研究表明，机翼断面的后颤振行为表现为限幅的极限环振动(LCO)，且这种现象强烈依赖于结构振动体系的非线性特性，如结构的几何非线性、阻尼非线性与气动力非线性等[1-2]。由于LCO的幅值受限，它不会致使结构直接破坏但会引起结构的疲劳问题，降低结构的使用寿命，因此有效地预测LCO特性非常重要。

在航空领域中，通常引入半经验模型来考虑机翼结构的气动力非线性，如Tran和Petot提出的著名的ONERA模型[3]。Leishman等和Larsen等也分别提出了研究机翼气弹问题的半经验模型[4-5]。然而以上模型均是基于机翼断面的气动力学建立起来的，很难适用于钝体断面的桥梁结构。

本文致力于实现考虑气动力非线性的结构后颤振时域分析算法。如果结构足够多的离散运动状态(以幅值表征)对应的颤振导数获得，那么各组颤振导数对应的阶跃函数均可拟合得到，每组阶跃函数均可被用来描述断面某一运动状态下的气弹特性。这样一来，随振幅演变的气动力非线性特性即可近似确定。在颤振时域分析中，根据断面的实时运动状态计算得到与之匹配的气动力并参与下一时刻的计算。通过数值算例验证本文方法的可行性与有效性，并探究气动力非线性对结构后颤振极限环特性的影响。

2 非线性颤振时域分析

2.1 气动力非线性

SCANLAN自激力模型只适合结构微小振动的情形。随着运动幅值的增加，结构断面的颤振导数将会改变，体现了气动力非线性特性。在颤振时域分析中，阶跃函数常被应用于模拟结构的自激力时程[6]，为了考虑这种非线性，应建立与运动振幅相关的阶跃函数，表达如下：

$$\varphi_{xy}(s, A_k) = 1 - \sum_{1}^{i} a_{xyik} e^{-d_{xyik} \cdot s} \tag{1}$$

式中：下标x表示气动升力L或升力矩M，下标y分别表示结构的运动h或α；A_k为扭转运动或竖向运动的一组离散运动振幅α_k或$h_k(k=1, 2, \cdots, n)$。每组阶跃函数均代表一种运动状态(幅值)下的气动特性。

考虑气动力非线性的颤振时域求解策略及思路如下：在时域分析中，采用所有组的阶跃函数分别计算得到它们各自对应的自激力，然后判断各断面的运动状态分别处于哪两个相邻离散运动状态之间，因此各断面的自激力可通过对这两个离散运动状态对应的两组自激力进行线性插值得到，如公式(2)与(3)所示。

$$L_{se}(s, \alpha^*, h^*) = \eta_{\alpha, k} \cdot L_{se\alpha}(s, \alpha_k) + \eta_{\alpha, k+1} \cdot L_{se\alpha}(s, \alpha_{k+1}) + \eta_{h, m} \cdot L_{seh}(s, h_m) + \eta_{h, m+1} \cdot L_{seh}(s, h_{m+1}) \tag{2}$$

$$M_{se}(s, \alpha^*, h^*) = \eta_{\alpha, k} \cdot M_{se\alpha}(s, \alpha_k) + \eta_{\alpha, k+1} \cdot M_{se\alpha}(s, \alpha_{k+1}) + \eta_{h, m} \cdot M_{seh}(s, h_m) + \eta_{h, m+1} \cdot M_{seh}(s, h_{m+1}) \tag{3}$$

式中：$\alpha_k \leqslant \alpha^* \leqslant \alpha_{k+1}$，$h_m \leqslant h^* \leqslant h_{m+1}$；$\eta_{\alpha, k} = \dfrac{\alpha_{k+1} - \alpha^*}{\alpha_{k+1} - \alpha_k}$，$\eta_{\alpha, k+1} = \dfrac{\alpha^* - \alpha_k}{\alpha_{k+1} - \alpha_k}$，$\eta_{h, m} = \dfrac{h_{m+1} - h^*}{h_{m+1} - h_m}$，

$$\eta_{h, m+1} = \frac{h^* - h_m}{h_{m+1} - h_m} \tag{4}$$

公式(2)与(3)分别表示某一运动状态(扭转振幅α^*和竖向振幅h^*)所对应的自激升力和升力矩时程。

* 基金项目：国家自然科学基金项目(51578233，51178182)

2.2　分析结果

根据2.1节的求解思路，基于ANSYS软件实现了平板结构的后颤振时域分析，以此验证本文求解方法与思路的可行性与有效性。部分成果如图1所示。当仅考虑结构的几何非线性时，后颤振扭转响应最终演变为具有稳定幅值的LCO，这表明几何非线性可触发平板的后颤振LCO现象，这与一些文献[2]报道的结论是一致的。当同时考虑几何及气动力非线性时，平板的后颤振扭转响应也呈现LCO现象，但LCO幅值与同一风速下仅考虑几何非线性情形的相比要大得多，且进入LCO状态的时间明显缩短，这表明气动力非线性显著地影响了平板的后颤振LCO特性。此外，随着风速的增加，结构达到LCO状态所需要的时间有所缩短。

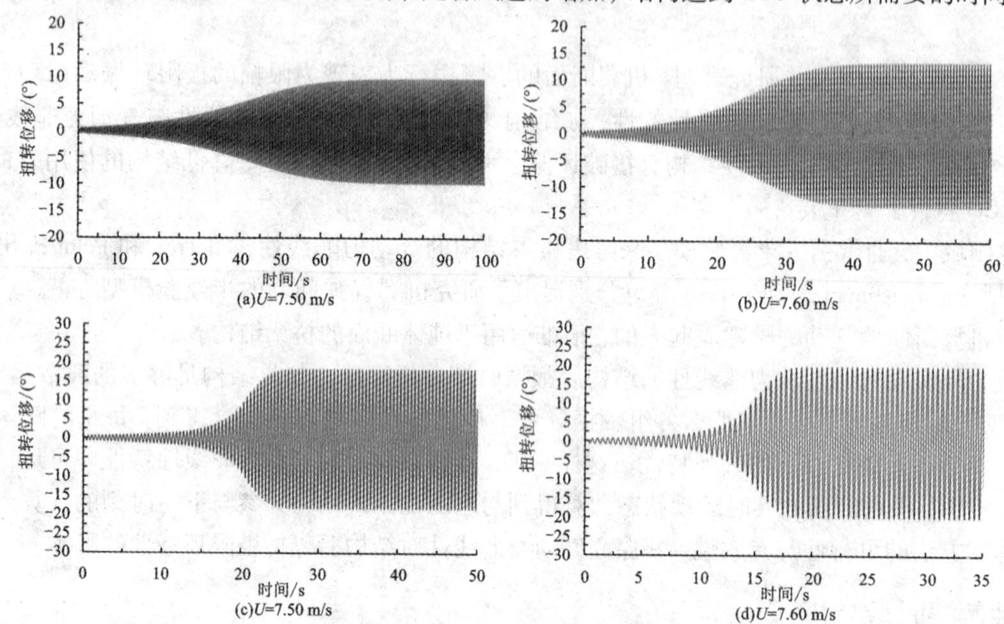

图1　结构的后颤振响应时程曲线

(a)、(b)仅考虑几何非线性；(c)、(d)考虑几何非线性与气动力非线性

3　结论

基于本文分析，总结如下结论：①基于断面若干离散运动状态对应的颤振导数拟合得到的若干组阶跃函数，可近似地确定断面的气动力非线性特性；②提出了一种考虑气动力非线性的后颤振时域求解方法，定性地揭示了气动力非线性对后颤振性能的影响。数值分析表明，与只考虑几何非线性的情形相比，气动力非线性效应明显地提高了后颤振LCO的幅值，缩短了结构进入LCO的时间；③LCO将会引起结构的疲劳问题，降低结构的使用寿命。本文提出的方法为全面评估大跨度结构的后颤振性能提供了一种思路，即可在后颤振分析中进一步考虑结构的材料非线性，构件的薄弱环节以及结构强健性来评估LCO状态下结构的稳定性和安全性。

参考文献

[1] Attar P J, Dowell E H, Tang D M. A theoretical and experimental investigation of effects of a steady angle of attack on the nonlinear flutter of a delta wing plate model[J]. Journal of Fluids and Structures, 2003, 17(2): 243 - 259.

[2] Dowell E H, Clark R, et al. A modern course in aeroelasticity: Fifth Revised and Enlarged Edition[M]. Dordrecht: Springer international Publishers, 2015.

[3] Tran C T, Petot D. Semi - empirical model for the dynamic stall of airfoils in view of the application to the calculation of responses of a helicopter blade in forward flight[J]. Vertica, 1981(5): 35 - 53.

[4] Leishman J G, Beddoes T S. A semi - empirical model for dynamic stall[J]. Journal of the American Helicopter Society, 1986, 34(3): 3 - 17.

[5] Larsen J W, Nielsen S R K, Krenk S. Dynamic stall model for wind turbine airfoils[J]. Journal of Fluids and Structures, 2007, 23(7): 959 - 982.

[6] Farsani H Y, Valentine D T, Arena A, et al. Indicial functions in the aeroelasticity of bridge deck[J]. Journal of Fluids and Structures, 2014, 48: 203 - 215.

大型桥梁风相关多灾害作用及效应分析

夏青，葛耀君
（同济大学土木工程防灾国家重点实验室 上海 200092）

1 引言

大型桥梁是关系国计民生的国家经济大动脉和公共交通承载体，我国通过自主科研、设计和施工，已经建成和运行着占世界总量一半以上、长度和跨度保持世界记录或名列前茅的大型桥梁，在未来 10 到 20 年里还将继续建设数量更多、尺度更大的桥梁，大型桥梁建设和运行已经成为我国国民经济和社会发展的重大战略需求[1-2]。大型桥梁面临各种自然灾害和人为灾害的威胁，主要包括地震、飓风、风暴潮、冰雪、洪水、冲刷、海啸、船撞、车撞、爆炸、火灾、超载、恐怖袭击以及次生灾害等，尤其以地震、强风及其次生灾害为主。2005 年美国 Katrina 飓风及其引发的风暴潮[3]、2008 年我国汶川地震及其引发的泥石流、2011 年日本 Tohoku - Oki 地震及其引发的海啸、2013 年菲律宾“海燕”台风及其引发的风暴潮[4]等极端灾害都严重破坏和损害了当地桥梁结构，造成了巨大的损失。

2 桥梁多灾害作用破坏

2009 年，在美国联邦公路局（FHWA）的资助下，布法罗大学极端事件多学科研究中心（Multidisciplinary Center for Extreme Events Research，即 MCEER）George C. Lee 教授等开始针对公路桥梁进行多灾害理论的研究，同时还对美国在 1980—2012 年间的桥梁事故进行了统计研究[5]。该研究中共统计了 1091 起桥梁事故，其中 1084 起事故原因清晰，余下 7 起事故未给出原因。在给出事故原因的 1084 起桥梁事故中，有 895 起事故是由于灾害作用引起的，包括冲刷导致的 200 起，船撞、车撞等撞击导致的 163 起，洪水导致的 301 起，风灾导致的 46 起，火灾导致的 30 起，地震导致的 20 起，超载导致的 135 起。Lee 教授等人将桥梁结构在灾害作用下的破坏分为 3 类，即整体破坏、局部破坏以及承载力下降，并在统计中给出了各种灾害作用下桥梁结构的破坏情况，如表 1 所示。

表 1 1980—2012 年间美国桥梁多灾害作用下破坏情况

破坏情况	冲刷	船撞/车撞	洪水	风灾	火灾	地震	超载
整体垮塌	50%	39%	75%	78%	50%	62%	76%
部分垮塌	50%	60%	25%	22%	50%	38%	24%
承载力下降	—	1%	—	—	—	—	—

从已经报道的研究成果中可以看出，研究人员的多灾害研究大多针对地震与其他极端荷载组合的情况，并未涉及风与其他极端灾害组合的情况，而实际上强风直接影响并未造成桥梁结构的显著破坏，强风的次生灾害才是桥梁破坏的主要原因，因此，飓风和台风等引起的风相关灾害问题更需要考虑多灾害作用的影响。

3 风相关多灾害效应

Katrina 飓风 2005 年 8 月 29 日从墨西哥湾登陆美国密西西比河口沿岸，飓风中心最大风速 56 m/s、强风半径 200 km，掀起巨浪 7.6 m，风暴潮影响海岸线纵深 320 km，造成死亡 1836 人，直接经济损失 750 亿美元，是美国历史上最严重的飓风灾害。飓风对桥梁结构的破坏作用主要有撞击、风暴潮、冲刷与侵蚀[6]。飓风影响到路西斯安娜州、密西西比州和阿拉巴马州沿海地区 44 座桥梁，经调查 7 座桥梁完好无损，37 座桥梁存在不同程度的破坏现象，其中 18 座桥梁占 48.6% 发生了桥跨落梁或移位（包括墩台冲毁和沉降引起)，如表 2 所示。分析飓风导致的桥梁破坏原因无外乎气、液两种介质的几种作用，包括风、雨、浪、流引起的水下浪流作用和水上风雨作用、风浪作用及风雨流作用等，体现了风相关多种灾害耦合作用的特点。

表 2 美国 Katrina 飓风导致桥梁破坏现象及原因

破坏现象	墩台冲毁	墩台沉降	桥跨落梁	桥跨移位	桥跨被撞	无法通行	设施受损	不详
破坏原因	浪流	浪流	风雨流	风雨流	风浪	风雨流	风雨	不详
桥梁数量	2	2	10	4	3	6	8	2
百分比/%	5.4	5.4	27.0	10.8	8.1	16.2	21.6	5.4

"海燕"台风 2013 年 11 月 8 日在菲律宾中部萨马省登陆，台风中心最大风速 75 m/s(10 min 平均)和 105 m/s(瞬时阵风)，是全世界有风速记录以来最强的登陆台风，其猛烈风力及掀起的超级风暴潮对菲律宾中部地区造成毁灭性破坏，官方确认超过 7900 人死亡，不仅成为菲律宾历史上最严重的台风灾害，而且在所有灾害中也是最致命的。灾后调查显示，造成人员伤亡和财产损失的最直接原因并不是超强台风本身，而是由台风引发的风暴潮冲击[4]。虽然几乎找不到菲律宾"海燕"台风导致的桥梁破坏资料，但是仍能可以肯定，桥梁破坏主要是风暴潮的浪流作用，还是风相关多灾害作用耦合的结果。

4 结论

随着世界人口的迅速增加和社会经济的迅猛发展，人口、资源与环境的矛盾日益加深。全球气候变暖，多种自然灾害发生的频度和强度都明显增加，大型桥梁结构(特别是跨江跨海桥梁)所面临的环境条件变得更加复杂，受到多种灾害作用的威胁。超强台风及其次生灾害趋频变强，风相关的多灾害是大型桥梁结构面临的两种最为严重的多灾害之一。为了将大型桥梁工程在尽可能短的时间内建成、在尽可能长的时间内使用、用尽可能方便的方式养护，实现未来桥梁工程的目标，研究人员需要重视风相关多灾害耦合作用及其效应的新研究。

参考文献

[1] 项海帆，葛耀君，肖汝诚. 中国桥梁(2003—2013 年)[M]. 北京：人民交通出版社，2013.

[2] 葛耀君. 特大跨桥梁全寿命灾变控制与性能设计的基础研究[R]. 国家重点基础研究计划(973 计划)项目申请书，2012.

[3] National Institute of Standards and Technology. Performance of Physical Structures of Hurricane Katrina and Hurricane Rita：A Reconnaissance Report[R]. NIST Technical Note 1476，Gaithersburg，MD，2006.

[4] Jeff Masters. Haiyan's Storm Surge：A Detailed Look[R]. WunderBlog，News & Blogs，December 2013.

[5] G C Lee，S B Mohan，C Huang，et al. AStudy of U. S. BridgeFailures(1980—2012 年)[R]. Technical Report MCEER - 13 - 0008. Multidisciplinary Centerfor Earthquake Engineering Research，Buffalo. 2013.

[6] J S O'Connor，P E McAnany. Damage to Engineered Bridges from Wind，Storm Surge and Debris in the Wake of Hurricane Katrina[R]. Technical Report MCEER - 08 - SP05. Multidisciplinary Center for Earthquake Engineering Research，Buffalo，November 2008.

开口叠合梁断面气动性能试验及气动措施研究

向丹，牛华伟，王嘉兴
（湖南大学风工程试验研究中心 湖南 长沙 410082）

1　引言

近年来，钢－混叠合梁断面在许多大跨度桥梁中得到了广泛的应用，比如缆索承重桥梁，连续钢梁桥及大跨度拱桥等，但对于这些大跨度叠合桥梁[1]，气动稳定性很差。因此对开口梁桥断面气动性能以及气动措施的研究显得尤为重要。本文选取了两组不同高宽比的边主梁作为研究对象，通过节段模型风洞试验研究了不同高宽比下开口叠合边主梁的气动性能（涡振和颤振性能[2]），对比研究了不同气动措施对不同高宽比叠合边主梁气动作用效果，并寻找合理有效的抑制振动措施。

2　风洞试验

本文选取了两组不同高宽比的叠合梁边主梁形式（肋板式和分离箱式）作为研究对象，在湖南大学 HD－2 风洞通过节段模型风洞试验研究了不同高宽比下开口叠合梁边主梁的气动性能，并比较研究了不同气动措施对不同高宽比叠合边主梁的气动作用效果。大量的调查研究表明跨度在 300～600 m 的开口叠合梁斜拉桥中，肋板式断面的叠合梁桥高宽比多在 1/14～1/9.5 范围内，分离箱式高宽比主要在 1/16～1/10 范围内。因此本文分别选取了肋板式断面模型高宽比为 1∶9.5、1∶11.5、1∶13，分离箱式模型的高宽比为 1∶10、1∶12、1∶17.6。保持桥宽和桥梁的其他尺寸不变，通过改变主梁高度来改变模型高宽比。

3　气动措施的影响

本文通过节段模型风洞试验测试了在不同的风攻角下，三种不同的措施分别附加在不同高宽比节段模型上后的振动相应，所设置的三种常用气动措施分别是导流板、风嘴、稳定板。

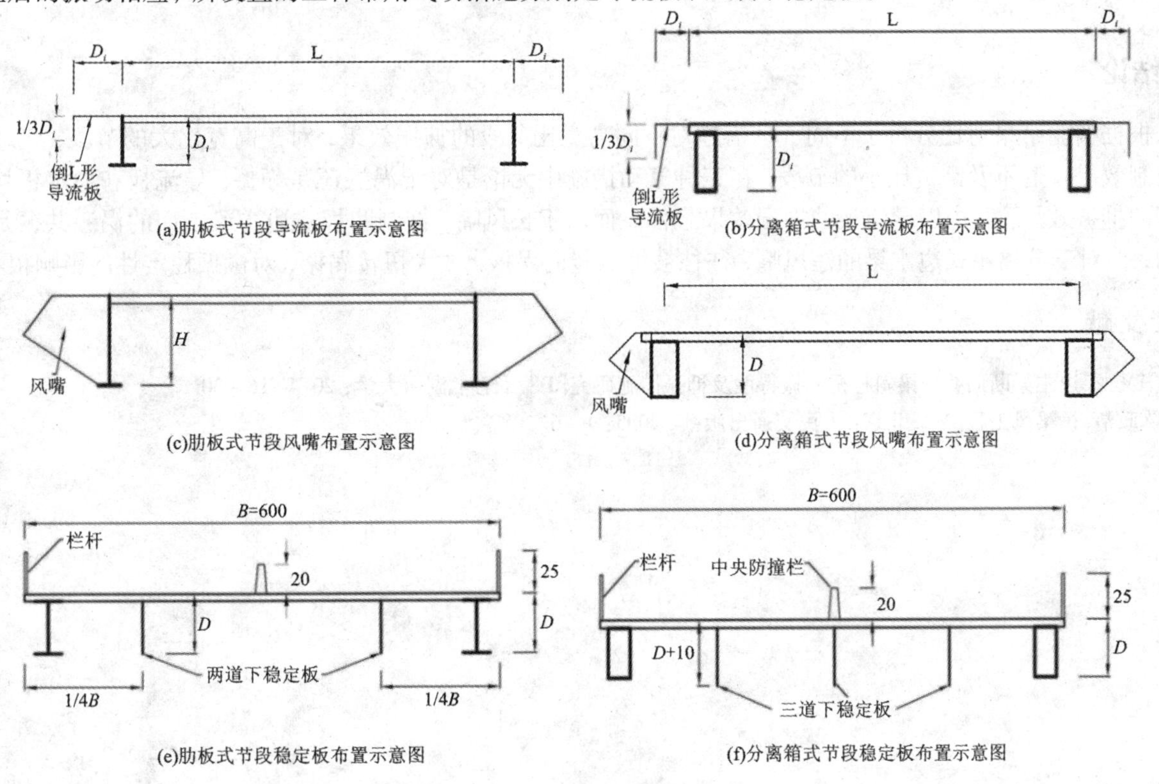

图 1　不同气动措施布置示意图

经过风洞实验，最后的试验结果以肋板式断面高宽比 1∶11.5 在附加导流板、风嘴后的气动性能图示为例说明，由于篇幅问题其他结果在后续的论文中补充说明。

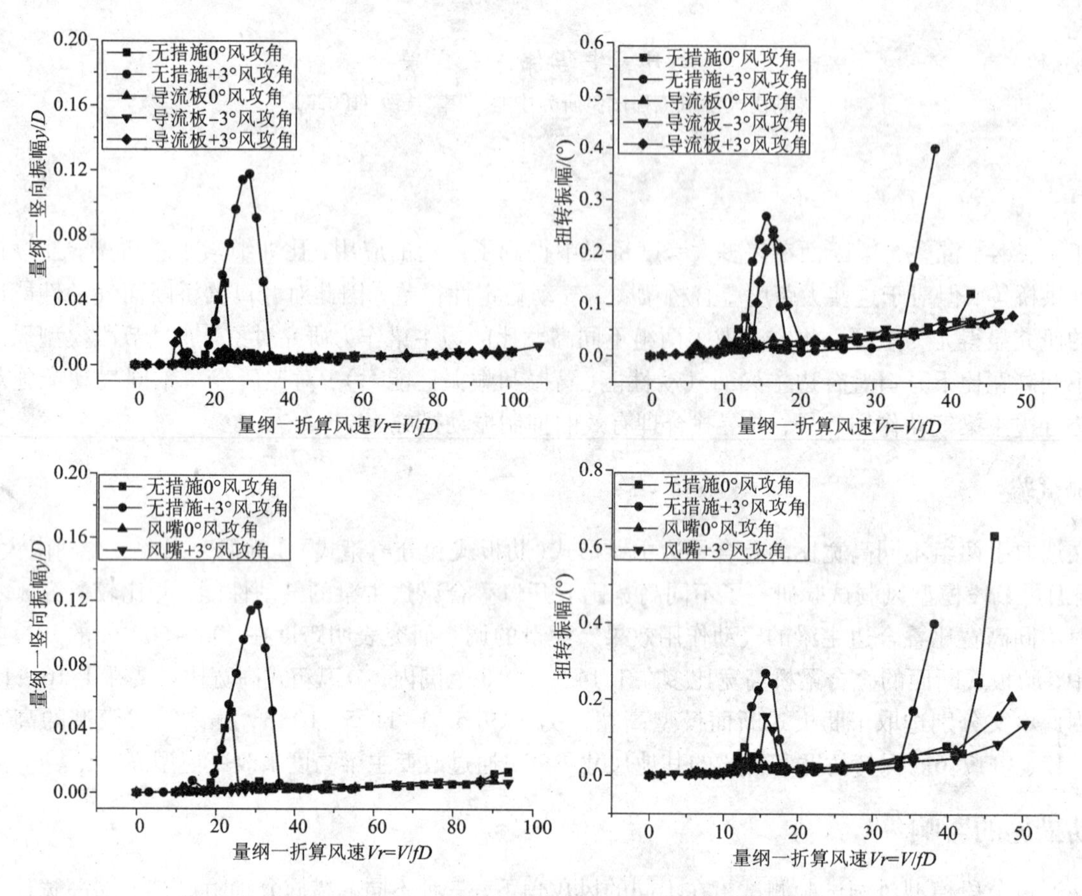

图 2　不同边主梁形式附加气动措施后的气动性能

4　结论

根据实验结果对比分析了不同气动措施对不同高宽比节段的抑振效果，对于高宽比大的节段，气动措施控制效果普遍不及高宽比小的节段，在三种气动措施中无论是对于涡振还是颤振，导流板和稳定板均有很好的抑振效果，其中以导流板的抑振效果最佳。而对于长风嘴，抑制肋板式边主梁断面的涡激共振是有效的，但对于分离箱式边主梁的短风嘴，往往会抑制竖向涡振，放大扭转涡振，对颤振稳定性的影响很小。

参考文献

[1] 华文龙. 边主梁断面叠合梁斜拉桥涡振特性及抑振措施研究[D]. 长沙：湖南大学，2014：16－30.
[2] 陈政清. 桥梁风工程[M]. 北京：人民交通出版社，2005：1－6.

山区大跨桥梁下击暴流风致响应分析*

辛亚兵[1,2]，刘志文[1]，邵旭东[1]
（1. 湖南大学风工程与桥梁工程湖南省重点实验室 湖南 长沙 410082；
2. 现代投资股份有限公司怀化分公司 湖南 怀化 418000）

1 引言

山区是下击暴流的多发区，下击暴流破坏力大，建筑结构在下击暴流强风作用下会发生严重破坏，甚至垮塌[1-2]。与常规大气边界层风场相比，下击暴流风场有显著不同[3]。然而，现行绝大数荷载规范和准则没有纳入下击暴流这一强风类型，下击暴流风荷载尚无相应条文以供设计参考，因此下击暴流风荷载对结构的影响研究显得十分重要。

湖南赤石特大桥为四塔双索面预应力混凝土斜拉桥，其主跨为165 m+3×380 m+165 m，桥址位于山区地形。湖南大学风工程与桥梁工程湖南省重点实验室在赤石大桥施工期进行二年多时间现场风观测，建立了风观测数据库。2013 年 3 月 20 日桥址突发 11 级大风，瞬时最大风速为 32.0 m/s，大风引起工棚和临时设施破坏。另外统计分析 2014 年实测数据，一年间有 17 天出现下击暴流天气。本文以一个典型下击暴流实测风记录为例，采用非线性最小二乘法拟合出实测风速功率谱，并分别以该实测谱和规范谱[4]（Kaimal 谱）为目标谱模拟了该桥址区下击暴流脉动风场和大气边界层脉动风场。在此基础上，对桥梁在两种风场下的抖振响应进行了对比分析。

2 下击暴流风模拟及响应分析

下击暴流时程 $U(z, t)$ 可表示为：

$$U(z, t) = \overline{U}(z, t) + u(z, t) \tag{1}$$

式中，$\overline{U}(z, t)$ 为时变平均风，$u(z, t)$ 为零均值脉动风。z 是高度参数，t 为时间参数。时变平均风 $\overline{U}(z, t)$ 采用小波变换法提取。下击暴流脉动风速 $u(z, t)$ 可以表示为一个以时变平均风速为基准且随时间变化的幅值调制函数和一个给定功率谱的稳态高斯过程乘积：

$$u(z, t) = \alpha(z, t)k(z, t) \tag{2}$$

式中，随时间变化的幅值调制函数 $\alpha(z, t) = \eta\overline{U}(z, t)$，参数 $\eta = 0.08 \sim 0.11$；$k(z, t)$ 为服从标准正态分布且频谱特性不随时间变化的高斯平稳随机过程，采用非线性最小二乘法拟合实测脉动风功率谱函数，获得实测谱曲线；桥址脉动风采用谐波叠加法模拟并加以调制获得。图 1 所示为赤石大桥桥位实测风速和平均风，其中时变平均风采用离散 Daubechies（DB10）小波函数提取，分解层数取 12 层。图 2 所示为下击暴流模拟风速时程与实测风速时程对比，由图 2 可以得到，模拟下击暴流风速时程与实测风速时程吻合较好。图 3 所示为主梁节点静风响应计算结果，由图 3 可以得到在静风荷载作用下的位移响应与平均风时程变化趋势一致；由时变平均风计算的位移响应与 10 min 常值平均风计算位移存在较大差别。图 4 所示为主梁节点在下击暴流风场和大气边界层风场竖向抖振位移计算结果，由图 4 可以得到，由下击暴流计算得到抖振位移曲线与由大气边界层计算得到的抖振位移曲线存在较大差别。

3 结论

通过对实测下击暴流风模拟及对桥梁在下击暴流作用下响应分析，得到如下主要结论：

（1）实测下击暴流时变平均风采用小波变化法描述，脉动风采用谐波叠加法模拟并加以调制获得，通过对实例模拟的结果表明，模拟风速时程与实测风速时程吻合较好，说明模拟方法是合理的。

（2）采用时变平均风计算的主梁梁端静风响应最大值均大于采用 10 min 常值平均风计算的主梁梁端静

* 基金项目：国家自然科学基金（51478180，51178181）

风响应最大值，最大比值为1.20。

(3)主梁节点由下击暴流计算竖向、侧向和扭转抖振位移峰峰值分别比由大气边界层计算竖向、侧向和扭转抖振位移峰峰值大，最大比值为2.53。

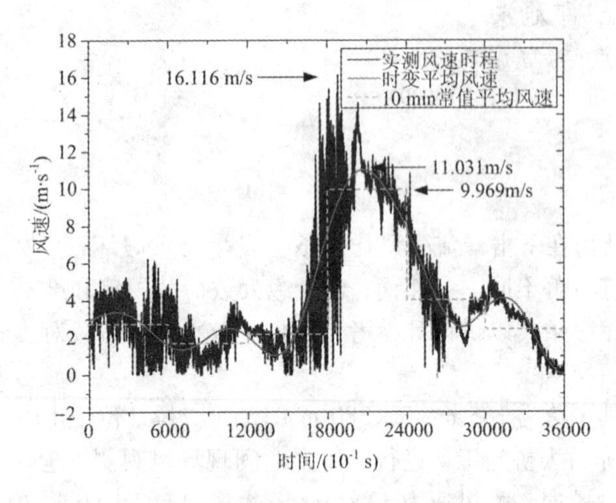

图1 实测风速记录和平均风

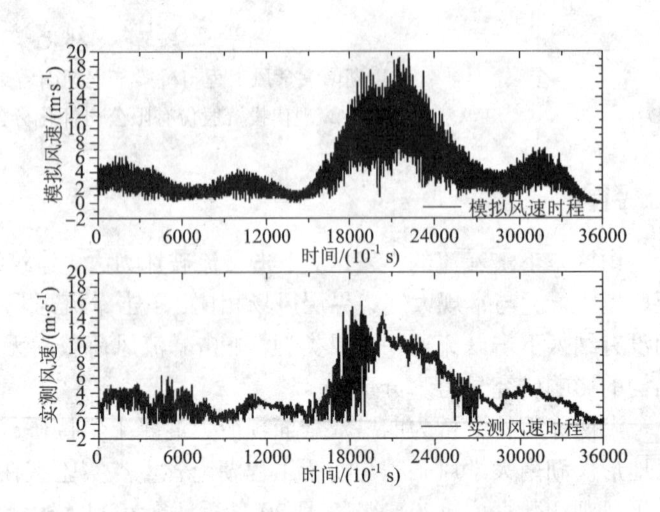

图2 模拟风速时程与实测风速时程对比

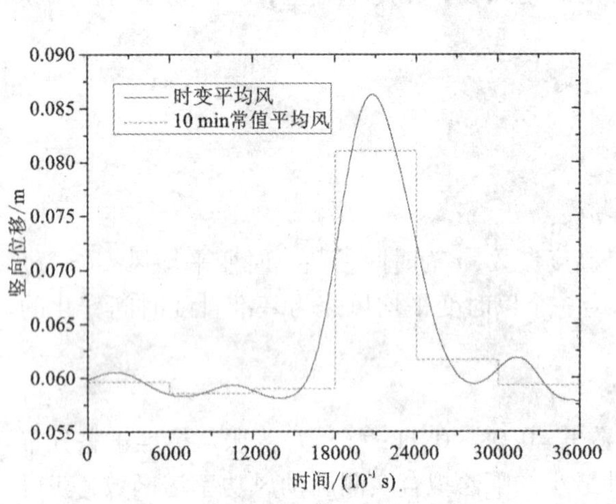

图3 主梁节点静风位移响应对比

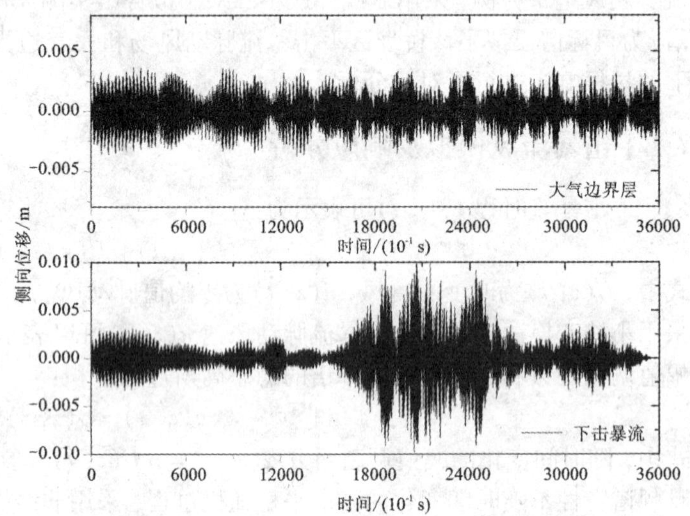

图4 主梁节点在两种风场下抖振位移时程曲线对比

参考文献

[1] 瞿伟廉，吉柏锋. 下击暴流的形成与扩散及其对输电线塔的灾害作用[M]. 北京：科学出版社，2012.

[2] 黄国庆，苏延文，彭留留，等. 山区风作用下大跨悬索桥响应分析[J]. 西南交通大学学报，2015，50(4)：610－616.

[3] C W Letchford，C Mans，M T Chay. Thunderstorms－their importance in wind engineering (a case for the next generation wind tunnel)[J]. Journal of Wind Engineering and Industrial Aerodynamics，2002，90：1415－1413.

[4] JTG/T D60－01—2004，公路桥梁抗风设计规范[S]. 北京：人民交通出版社，2004.

风车作用下大跨度桥梁构件可靠性修正*

徐鹏飞，武隽，丁彬元
（长安大学桥梁与隧道陕西省重点实验室 陕西 西安 710064）

1 引言

大跨桥梁柔度大，是一种对风、车等动力荷载较为敏感的结构形式[1]，桥梁构件性能在长久的受力过程中会发生变化，有必要对桥梁的可靠性修正，使得桥梁安全评估更加准确。

目前对于桥梁构件可靠性修正的研究主要有多项式回归分析法、自回归滑动平均模型法、灰色模型法[2]以及贝叶斯方法。前三种方法不能较为充分地考虑桥梁构件性能的变化问题。而贝叶斯方法作为一种新的统计学方法，其优势中最重要的一点就是能够结合少量的试验数据对结构已有信息进行修正更新，使得结构统计分布更加符合实际。在桥梁方面的已有研究中，贝叶斯方法已经被应用于车辆荷载作用下的桥梁构件可靠性修正[3]。但是，此方法还尚未应用于风环境下的大跨度桥梁的可靠性修正问题，因此本文将考虑桥梁构件性能变化这一时变的随机过程，采用贝叶斯更新的方法对风、车作用下桥梁构件可靠性进行修正。

2 桥梁构件可靠性修正系统

本文建立的桥梁构件可靠性修正系统具体步骤如下。

（1）验证荷载试验与数据处理。

本文对风荷载和随机车流荷载下桥梁振动进行模拟，获得桥梁构件的极值应力数据，对数据进行平滑处理和 k－s 检验，获得其分布特征，并选取数据的趋势分量建立一阶多项式趋势模型，即为本文中的贝叶斯动态模型。

（2）贝叶斯动态模型。

极值应力：

$$y_t = x_t + v_t,\ v_t \sim N[0,\ V] \tag{1}$$

参数方程：

$$x_t = x_{t-1} + a + \omega_t,\ \omega_t \sim N[0,\ W_t] \tag{2}$$

初始信息：

$$x_0 | D_0 \sim N[\mu_0,\ \sigma_0^2] \tag{3}$$

式中，y_t 为 t 时刻的极值应力数据；x_t 为 t 时刻的参数值；v_t 为极值应力数据误差；V 为极值应力数据误差方差；a 为平滑处理后的极值应力数据的一阶线性回归系数；ω_t 为参数误差；W_t 为参数误差方差；D_0 为初始信息；μ_0，σ_0^2 为初始分布参数。

（3）贝叶斯动态模型参数递推估计和可靠性修正。

通过对极值应力数据并结合贝叶斯动态模型对荷载效应先验分布修正，其概率递推过程如图 1 所示。然后采用基本的盐酸点法计算可靠度。

3 结论

本文建立了一套采用贝叶斯原理并考虑桥梁性能变化的桥梁可靠性修正方法。通过与只采用可靠性分析的方法进行了对比，如图 2 所示。所得结论如下：

（1）通过对桥梁随机荷载和桥梁性能变化的考虑，从预测的曲线可知，贝叶斯动态线性模型随着应力数据对其的不断修正，使得在计算桥梁可靠度指标，评估桥梁结构安全性能的精度越来越高。

* 基金项目：国家自然科学基金（51408053），中国博士后特别资助（2015T80996），长安大学中央高校基金（310821171002）

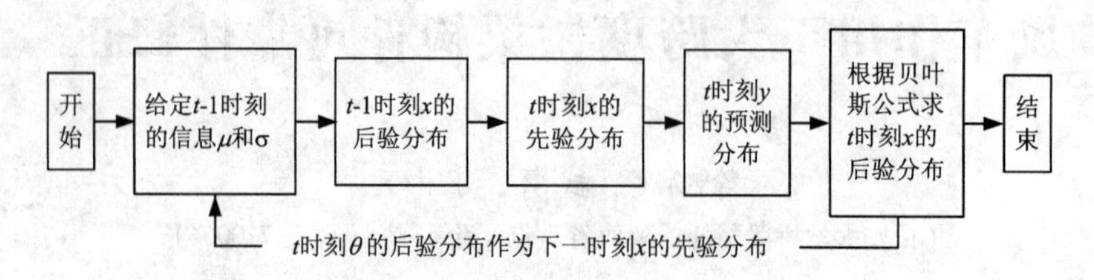

图1 贝叶斯动态模型修正过程

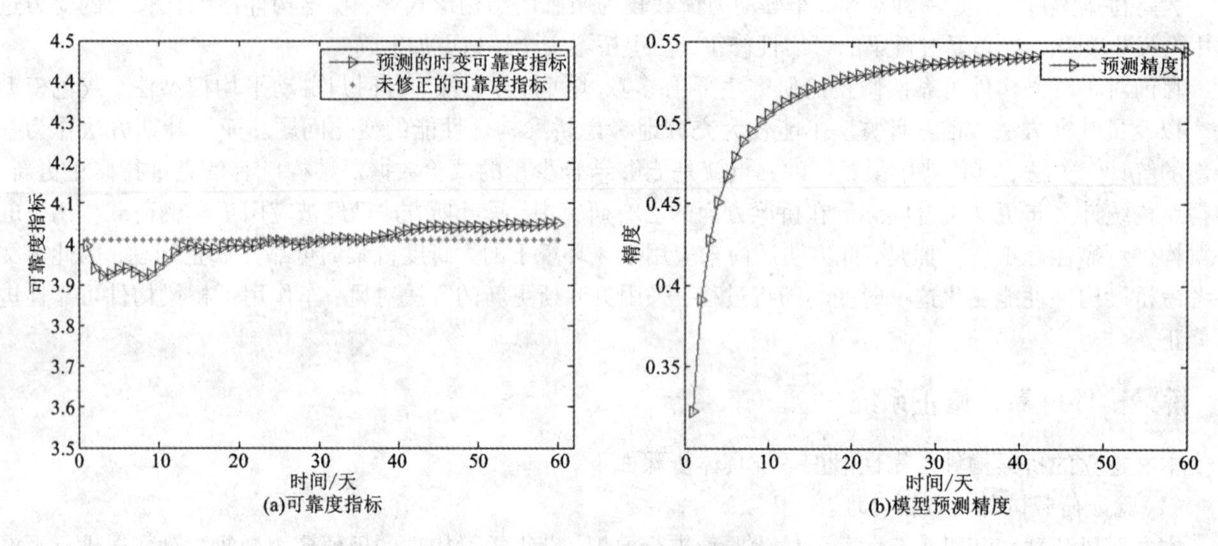

图2 可靠性修正系统计算结果

(2)预测精度随着时间的变化，其值越来越大，表明了随着应力数据的不断加入修正模型，使得先验概率模型的主观不确定性逐渐降低。

(3)通过与确定性可靠指标对比，本文所得到的修正后的时变可靠度指标更能反映桥梁在使用过程中外加荷载和结构性能随时间变化的特性。

参考文献

[1] 夏禾，张楠，郭薇薇，等. 车桥耦合振动工程[M]. 北京：科学出版社，2014：4 - 7.

[2] 杨叔子，吴雅，轩建平，等. 时间序列分析的工程应用[M]. 2 版. 湖北：华中科技大学出版社，2007：227 - 270.

[3] Barbara Heitner, Eugene J OBrien, Franck Schoefs, et al. Probabilistic modelling of bridge safety based on damage indicators [J]. Procedia Engineering, 2016, 156: 140 - 147.

风攻角和斜腹板倾角对带栏杆扁平箱梁颤振临界风速的影响*

闫雨轩[1]，王骑[1,2]，廖海黎[1,2]，刘一枢[1]
（1. 西南交通大学土木工程学院 四川 成都 610031；2. 风工程四川省重点实验室 四川 成都 610031）

1 引言

颤振稳定性是大跨度桥梁抗风设计中的重要控制因素。对于不同的桥梁，其气动稳定性存在较大差异。其中，气动敏感构件及斜腹板倾角对桥梁颤振性能的影响早已在实验中被观察到和证实，如 Miyata[1] 研究了不同主梁外形对箱梁颤振稳定性的影响。主梁气动外形的细部构造，如斜腹板倾角对扁平箱梁颤振的影响，也在风洞试验中获得了证实[2]。

为了研究斜腹板倾角对有栏杆的扁平箱梁颤振性能影响，试验中以斜腹板倾角作为单个参数，并借助节段模型风洞试验予以实现。最后采用颤振因子[3]，量化了不同斜腹板倾角、带有栏杆的扁平箱梁断面的颤振性能，为颤振临界风速计算公式提供了细化的折减系数。

2 试验模型

风洞试验在西南交通大学 XNJD－2 风洞进行。模型断面如图 1 所示。以南京四桥扁平箱梁断面为原型（断面尺寸缩尺比为 1∶97），首先保持宽度和高度不变，并保留风嘴形式，分别设置了 21°、18°，15°和 12°四种不同斜腹板倾角的模型，命名为 FA1～FA4，其宽高比约为 11；再在此四个模型基础上，仅缩减宽度到 250 mm，保持断面的其他尺寸参数不变，命名为 FB1～FB4，其宽高比约为 7，模型如图 1 所示。

同时，考虑成桥态下气动敏感构件对颤振性能的影响，模型均带有栏杆。

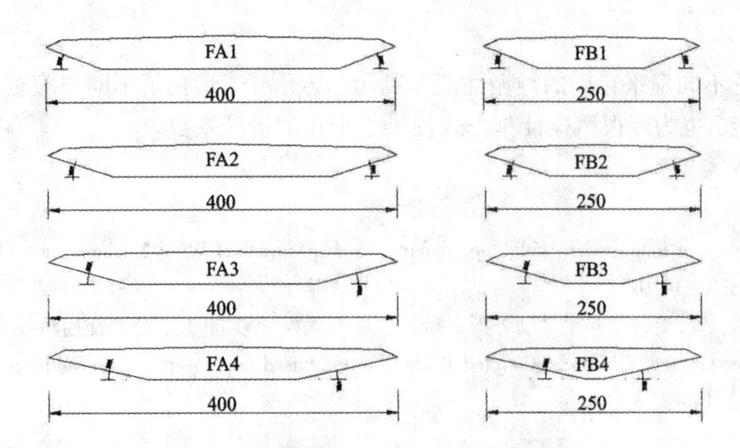

图 1　不同宽度的两组试验模型断面

3 风洞试验结果

试验时选取了 0°，+3°，+5°，－3°，－5°五种风攻角开展相关研究，对 FA 组模型，斜腹板倾角对其在 0°下的颤振性能影响较小；而随着斜腹板倾角的减小，在正攻角下，颤振临界风速趋于提高，在负攻角下，颤振临界风速趋于减小。对 FB 组模型，斜腹板倾角的减小会略微提高其在 0°和正攻角下的颤振性能，但同时也会减小其在负攻角下的颤振临界风速。

4 斜腹板倾角对颤振影响的量化

引用 Chen[3] 关于颤振临界风速计算的解析公式：

* 基金项目：国家自然科学基金项目（51308478），国家 973 计划项目（2013CB036301）

图 2　风洞中的试验模型

$$U_{cr} = \gamma\omega_{s2} b\sqrt{\left(1-\frac{\omega_{s1}^2}{\omega_{s2}^2}\right)\frac{mr}{\rho b^3}} \tag{1}$$

其中表征颤振导数对颤振风速大小的影响因子 γ 由下式表示：

$$\gamma = 1/\sqrt{F_1 + F_2} \tag{2}$$

$$F_1 = (r/b)D^2(-k^2H_3^*)(kA_1^*)/[(-kA_2^*) + 2k\xi_{s2}(1+\upsilon A_3^*)^{\frac{1}{2}}/\upsilon] \tag{3}$$

$$F_2 = (b/r)(k^2A_3^*) \tag{4}$$

采用公式(1)并结合相关参数，即可反算出带有栏杆的不同梁体在不同攻角下的颤振因子，即获得考虑形状系数(如斜腹板倾角，宽高比)和攻角系数作用下的折减系数。

5　结论

获得了带有栏杆的不同扁平箱梁的颤振性能。利用颤振因子，量化了不同斜腹板倾角的扁平箱梁在不同风攻角下的颤振性能，也为颤振风速计算公式提供了细化的折减系数。

参考文献

[1] MIYATA T. Historical view of long - span bridge aerodynamics [J]. Journal of Wind Engineering and Industrial Aerodynamics, 2003, 91(12 - 15): 1393 - 1410.

[2] 王骑, 廖海黎, 李明水, 等. 流线型箱梁气动外形对桥梁颤振和涡振的影响[J], 公路交通科技, 2012, 29(8): 44 - 50.

[3] Chen X. Improved Understanding of Bimodal Coupled Bridge Flutter Based on Closed - Form Solutions [J]. Journal of Structural Engineering, 2007, 133(1): 22 - 31.

抗风缆和人群荷载对大跨人行悬索桥非线性静风响应的影响

杨赐，付曜，李宇
（长安大学公路学院 陕西 西安 710064）

1 引言

对于大跨人行悬索桥，桥梁结构刚度低，且自重小，对风的敏感度较高，静风稳定性可能低于动力失稳风速成为大桥控制性因素。且人行悬索桥的主要荷载形式为人群荷载，故本文以某人行悬索桥为工程背景，着重讨论并分析了人群荷载的大小和布置形式以及有无抗风缆对人行悬索桥的非线性静风稳定性的影响。

2 人行悬索桥非线性静风失稳分析

2.1 人群静载作用下人行悬索桥静风稳定分析(有无抗风缆)

(1)人群静载分为四种工况，即全桥无人群荷载、全桥布满人群荷载、全桥横向一侧布满人群荷载和全桥纵向一半布满人群荷载。针对有无抗风缆，探讨了人群静荷载的大小、布置方式等因素对人行悬索桥非线性静风稳定性的影响，如图 1 和图 2 所示。

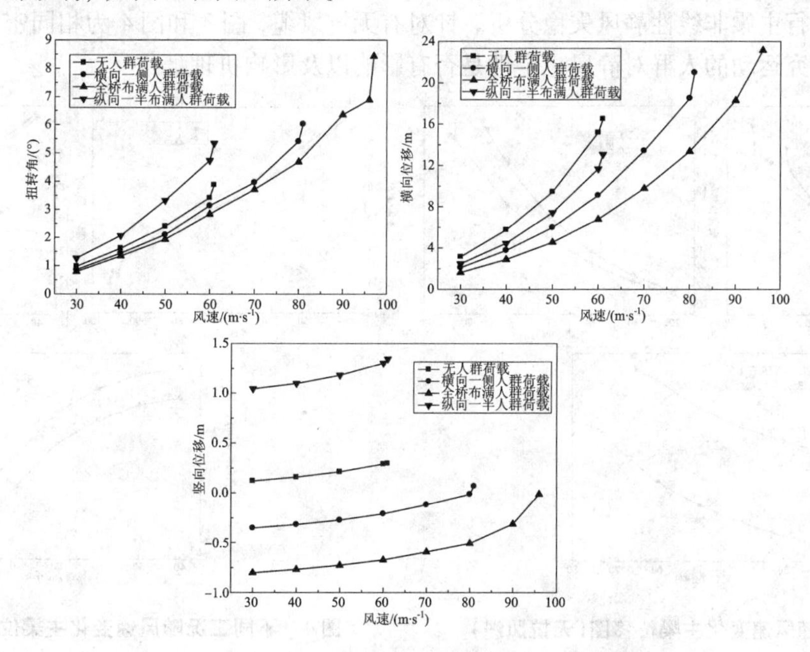

图 1 不同工况随风速变化主梁位移图(无抗风缆)

(2)抗风缆作为一种有效的抗风措施，可以提高主梁的稳定性，广泛地应用在人行悬索桥上。表 1 给出了不同的人群静荷载工况，抗风缆的加入对人行悬索桥的非线性静风临界失稳风速的影响。

表 1 不同人群荷载工况下有无抗风缆失稳风速值

不同人群荷载工况	全桥布满人群	横向一侧布满人群	纵向一半布满人群	全桥无人群
无抗风缆失稳风速	97 m/s	81 m/s	61 m/s	61 m/s
有抗风缆失稳风速	103 m/s	101 m/s	85 m/s	88 m/s
失稳风速提高比率	6.2%	24.7%	41.7%	46.7%

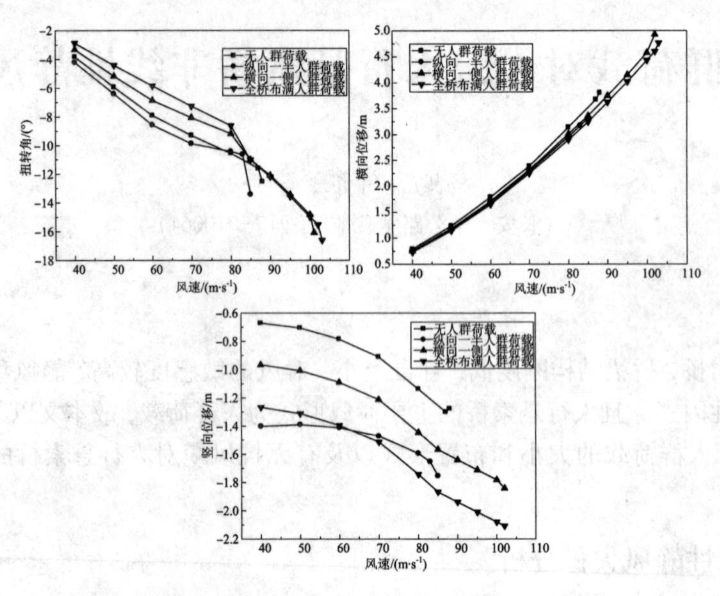

图 2　不同工况随风速变化主梁位移图(有抗风缆)

2.2　人群动载作用下人行悬索桥静风稳定性分析(有无抗风缆)

在实际工程中，人群在桥上很少是静止不动的，而是在运动的。因此，我们有必要对人行悬索桥在人群动荷载情况下进行主梁非线性静风失稳分析。针对有无抗风缆，图 3 和图 4 为相同密度的人群静载与动载对比结果。以探究运动的人群对静风稳定性是否有影响以及影响机理。

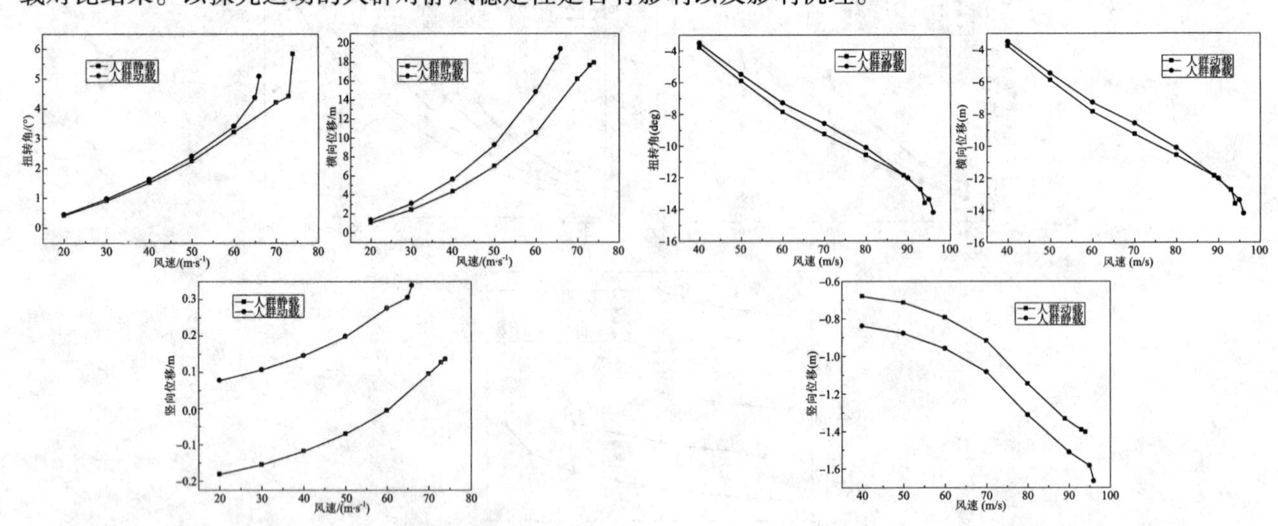

图 3　不同工况随风速变化主梁位移图(无抗风缆)　　　　**图 4　不同工况随风速变化主梁位移图(有抗风缆)**

3　结论

(1)全桥布满人群荷载及横向一侧布满人群荷载可以有助于提高结构的整体刚度，从而提高人行悬索桥主梁失稳临界风速。纵向一半布置人群荷载对整个桥梁结构变形不利。

(2)抗风缆的增设固定了主梁，增加了整体的刚度，提高了主梁临界风速，并且可有效限制主梁横向位移。

(3)人群竖向动荷载引起主梁振动，增大了主梁变形，同时降低了主梁临界失稳风速。但是，增设抗风缆之后，结构刚度提高，使人群动荷载效应不明显，性质接近人群静力效应。

参考文献

[1] 方明山. 超大跨径缆索承重桥梁非线性空气静力稳定理论研究[D]. 上海：同济大学桥梁工程系，1997.

[2] 肖汝诚，贾丽君，程进，等. 静风荷载引起的超大跨度桥梁关键问题研究[J]. 公路交通科技，2001，18(6)：34 – 38.

[3] 陈政清，华旭刚. 人行桥的振动与动力设计[M]. 北京：人民交通出版社，2009：57.

悬索桥钢桁梁断面质量惯性矩简化计算方法*

杨坤，李龙龙，华旭刚
（湖南大学风工程与桥梁工程湖南省重点实验室 湖南 长沙 410082）

1 引言

钢桁梁具有刚度大、用钢量小、适应双层桥面、抗风性能良好等优点，在国内外大跨度悬索桥中得到广泛应用。钢桁梁断面的扭转质量惯性矩（下文简称质量矩）是建立等效单主梁模型的一个重要参数，其计算的精确与否将直接影响等效单主梁模型的扭转频率、振型等参数。然而，钢桁梁断面杆件众多，其质量矩计算过程繁琐、精度低，华旭刚、于永帅[1]提出了一种简化算法：通过在钢桁梁上沿桥跨方向均匀附加质量矩，利用附加质量矩前后两次动力特性的变化反算钢桁梁自身质量矩。本文对该方法作了进一步的研究，详细地讨论了钢桁梁断面质量矩的计算方法，给出了该方法的理论说明和适用条件，并以工程实例验证了该方法的有效性。

2 简化算法

该方法采用质量矩沿梁跨均匀分布的悬臂梁模型，通过在钢桁梁上沿桥跨方向均匀附加质量矩，然后根据附加质量矩前后悬臂梁扭转频率的变化反算钢桁梁自身的质量矩，得到质量矩 I_m 计算公式如下：

$$I_m = \frac{\Delta I_m (f_1^*)^2}{(f_1)^2 - (f_1^*)^2} \tag{1}$$

式中，I_m 表示钢桁梁各节段质量矩大小，ΔI_m 表示钢桁梁各节段附加的质量矩大小，f_1、f_1^* 分别表示质量矩附加前后的悬臂钢桁梁的一阶扭转频率。

需要说明的是：①可以证明，附加质量矩前后，结构特征值矩阵即弹性矩阵 $\boldsymbol{K}$ 未发生变化，因此特征向量不变，即附加质量矩前后，结构的扭转振型不变。②公式（1）的适用条件为：结构的质量矩满足其沿梁跨均匀分布，且沿梁跨方向在各节段施加的附加质量矩大小相同。常见的大跨度悬索桥的钢桁梁，各杆件截面沿梁跨变化不大，其质量分布沿梁长可近似看做均匀分布，满足该方法的适用条件（图 1）。

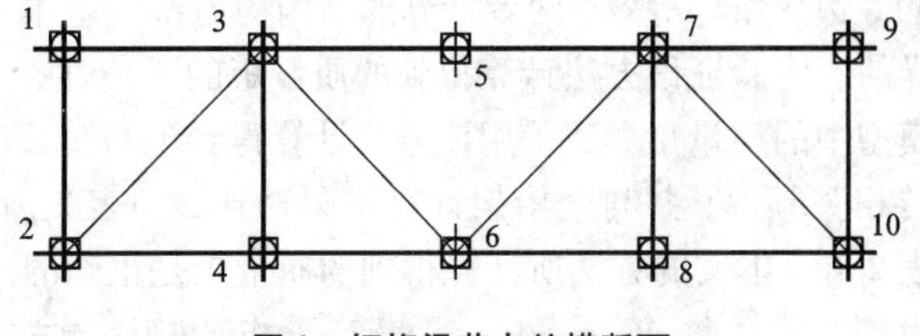

图 1 钢桁梁节点处横断面

3 数值仿真及结果分析

仿真时，结构的质量矩、附加质量矩可采用集中质量单元模拟，附加质量矩大小自行取适当数值即可。影响钢桁梁质量矩计算结果的主要因素有两个：一是钢桁梁的长细比 L/D（L 表示钢桁梁的长度，D 表示钢桁梁宽度和高度的较大值），二是附加质量矩的施加位置。通过 Ansys 对影响钢桁梁质量矩计算结果的因素进行分析，计算结果如图 2 ~ 4 所示。

由图 2 ~ 4 知：①随着 L/D 的增加，质量矩计算误差减小。原因是 L/D 较小时，悬臂钢桁梁在扭转时会发生翘曲，造成同一横截面各节点扭转角有明显差异，平截面假定不再满足，故附加质量矩前后，很难保证其一阶扭转振型严格不变。②上下弦杆（4 节点）加载或全截面（10 节点）加载与 1、2 节点加载相比，质量矩计算误差更小。原因是附加质量矩施加位置不当（如 1、2 节点加载），可能导致结构一阶扭转时发生局部变形，从而造成较大的计算误差。

* 基金项目：国家自然科学基金资助项目（51278189）

表 1　附加质量矩施加位置

工况	一	二	三	四
加载节点个数	1	2	4	10
加载位置(节点号)	5	5、6	1、2、9、10	1 ~ 10

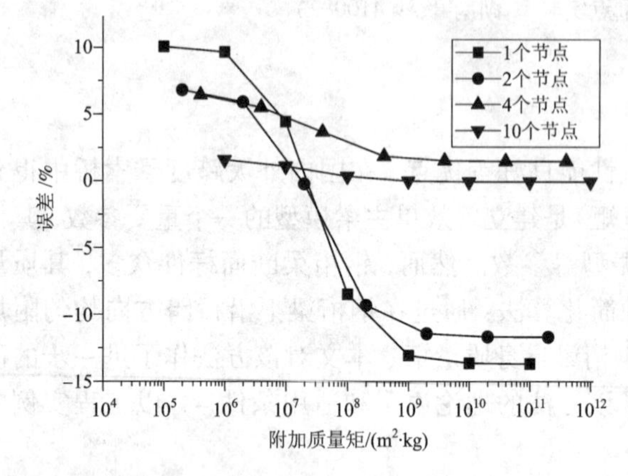

图 2　$L/D = 10$ 时质量矩计算误差

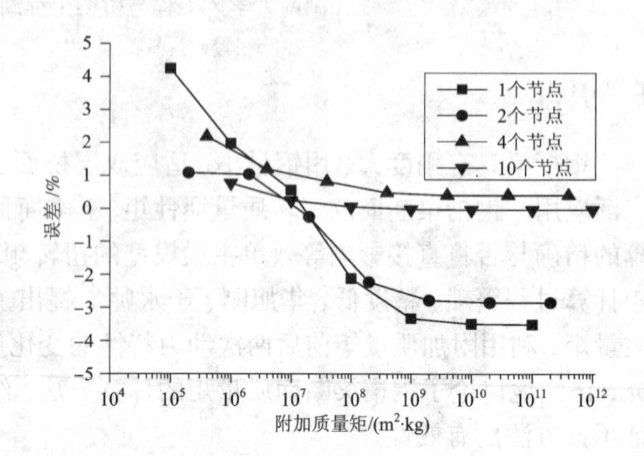

图 3　$L/D = 20$ 时质量矩计算误差

4　工程应用实例

本文以在建的洞庭湖二桥和矮寨大桥为例，验证该方法的有效性。钢桁架各杆件及桥面板的质量矩不再采用 mass21 单元施加，而是按实际密度加以考虑。为减小计算误差，采用全截面加载，悬臂梁跨度取原桥主梁全长。

理论上，若全桁架模型和单主梁模型满足刚度、质量(矩)、边界条件等效，两者计算的结构动力特性基本上是一样的。为验证该方法计算得到的质量矩的正确性，单主梁模型中的质量矩参数采用该方法计算得到的数值，计算扭转相关频率，并与全桁架计算结果对比，如表 2 所示。由表 2 知，本文的方法所计算得到的质量矩是正确的。

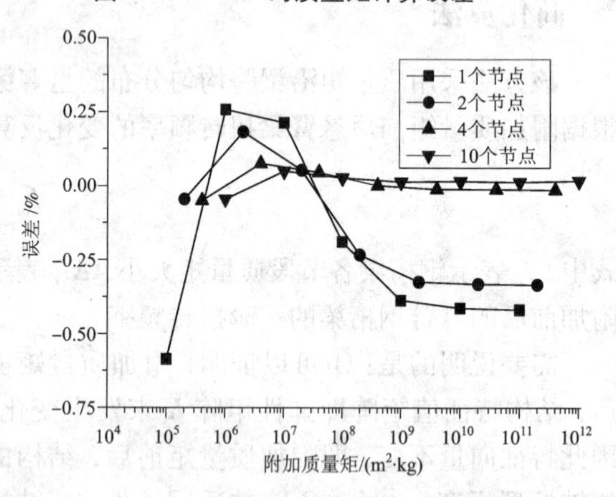

图 4　$L/D = 55$ 时质量矩计算误差

表 2　全桁架模型和单主梁模型扭转有关频率对比

大桥名称	有限元模型	对称扭转频率	误差	反对称扭转频率	误差/%
洞庭湖二桥	全桁架模型	0.2185	—	0.2500	—
	单主梁模型	0.2195	0.46%	0.2579	3.16
矮寨大桥	全桁架模型	0.2992	—	0.3486	—
	单主梁模型	0.3010	0.47%	0.3504	0.56

5　结论

(1)钢桁架悬臂加劲梁的长细比 L/D 对质量矩的计算有较显著的影响，$L/D \geqslant 20$ 时，该方法计算的质量矩有较高的精度；

(2)附加质量矩的施加位置对质量矩的计算结果有较显著影响，全截面加载和上、下弦杆加载计算精度更高。

参考文献

[1] 于永帅. 钢桁架悬索桥抖振响应及其影响参数分析[D]. 长沙：湖南大学，2011.

[2] R 克拉夫. 结构动力学[M]. 北京：高等教育出版社，1997：160 - 171.

刚性分隔器下并列吊索尾流激振研究*

杨维青，华旭刚，吴其林
（湖南大学风工程与桥梁工程湖南省重点实验室 湖南 长沙 410082）

1 引言

近距离并列索在大跨度缆索承重桥中应用广泛。多索股吊索相比单索股吊索其风致振动形式主要表现为索股间相互碰撞（相对运动）与索股的同步运动[1-2]。Tokoro 等[3]采用足尺气弹模型风洞试验，在拉索间距 4.3D、风攻角为 -15°时观测到下游拉索发生了明显的尾流驰振。杜晓庆等[4]通过风洞试验研究了风攻角、雷诺数和阻尼比等参数对尾流涡激振动和尾流驰振的影响。但以往研究者都是以下游索为研究对象，对并列索股的整体运动研究较少。

本文以刚性分隔器下并列吊索尾流驰振为研究对象，通过十字弹性悬挂风洞试验，在不同索间距、风攻角、雷诺数和阻尼比等条件下，研究并列吊索整体摆动的起振条件、振动幅度、振动轨迹及其随折减风速的变化规律。

2 试验模型和试验设备

试验模型示意图见图 1，采用十字弹性悬挂，两个方向的振动频率几乎相同。试验风速为 3～30 m/s（相应雷诺数为 8844～88440）。吊索中心间距 P 为 3D，4.3D，5.1D，7.7D，10D，12D，风攻角 α 为 0°，5°，10°，15°，20°。中心间距 P 和风攻角 α 的定义见图 2。

图 1 试验模型示意图

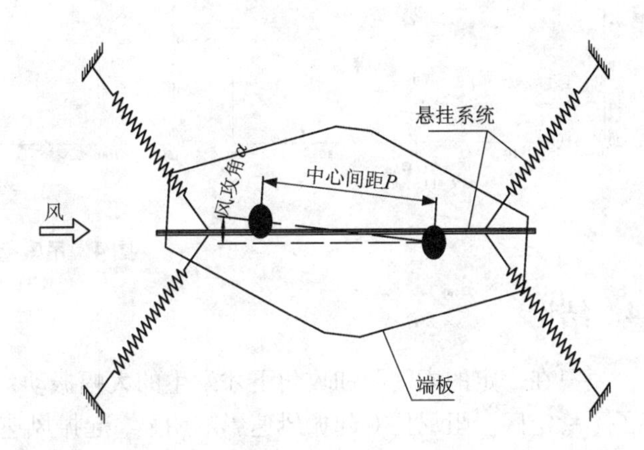

图 2 索间距与风攻角示意图

试验在湖南大学 HD-2 风洞边界层高速试验段进行，该风洞试验段长 17 m、宽 3 m，高 2.5 m，风速范围为 0～60 m/s。振动位移时程信号由激光位移计采集。

3 实验结果与分析

图 3 给出了 3D 间距下不同攻角的尾流激振振幅随折减风速的变化曲线，模型的结构阻尼比为 ζ = 0.15%（相应的 Scruton 数为 Sc = 5.6）。只有索间距为 3D，风攻角等于 10°时出现了大幅尾流驰振现象，其余工况下无明显振动。

研究了阻尼比对吊索整体振动特征的影响（限于篇幅，仅给结论）。起振风速随着阻尼比的增加而增

* 基金项目：国家自然科学基金优秀青年基金资助项目（51422806）

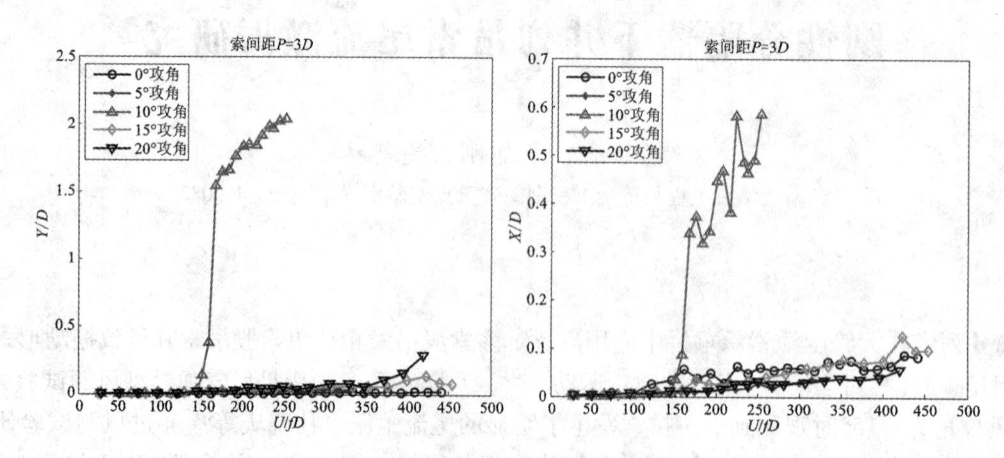

图 3 3D 间距不同攻角位移响应图

大，阻尼比 $\zeta=1\%$ 时相比阻尼比 $\zeta=0.15\%$ 时，吊起振风速提高了 2.5 倍。同时阻尼比对振幅影响不明显。

图 4 给出了三种雷诺数（风速）下吊索整体运动轨迹，运动均呈现椭圆形轨迹，且运动方向是一致的，说明雷诺数效应不明显。一旦风速超过驰振临界风速后，最大振幅随着折减风速的增大而增大，当振幅增大到一定程度时趋于稳定，与经典的非线性驰振理论吻合。

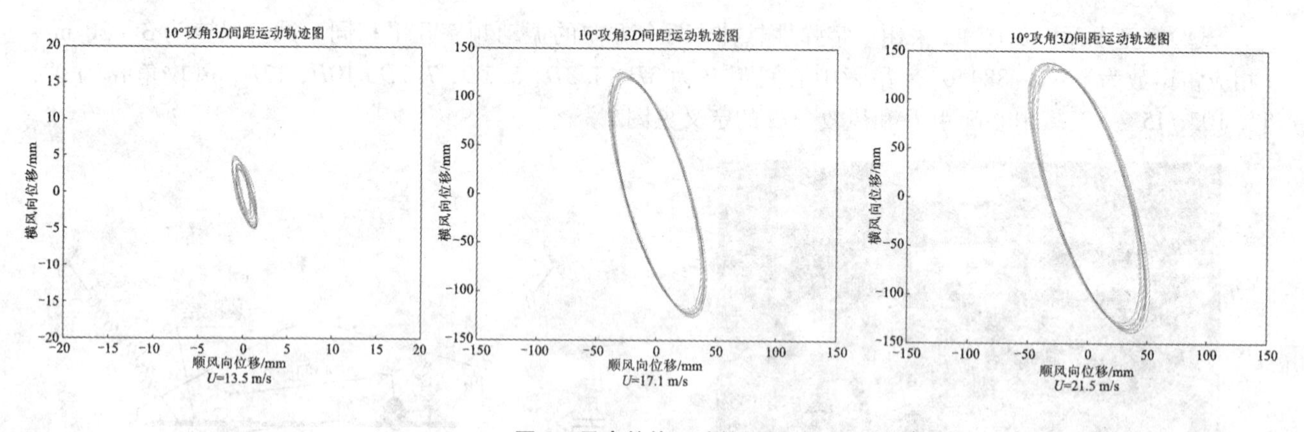

图 4 吊索整体运动轨迹图

4 结论

只在一定的索间距和攻角下才发生的大幅振动，证实了并列吊索整体发生尾流驰振的可能性，并得到了不稳定区。阻尼比对起振风速影响明显，起振风速随着阻尼比的增大而增加；阻尼比阻尼比对振幅影响不明显。并列吊索整体振动无明显雷诺数效应，与经典的非线性驰振理论吻合。

参考文献

[1] 陈政清. 桥梁风工程[M]. 北京：人民交通出版社，2005：1－200.

[2] 雷旭. 大跨度桥梁柔细构件风（雨）作用及其振动控制研究[D]. 长沙：湖南大学，2016，117－142.

[3] Tokoro S, et al. A study on wake－galloping employing full aeroelastic twin cable model[J]. Journal of Wind Engineering and Industrial Aerodynamics, 2000, 88(2－3): 247－261.

[4] 杜晓庆，蒋本建，等. 大跨度缆索承重桥并列索尾流激振研究[J]. 振动工程学报，2016，29(5)：843－849.

基于节段模型试验的 π 型梁涡振研究*

于可辉[1,2]，何旭辉[1,2]，李欢[1,2]
(1. 中南大学土木工程学院 湖南 长沙 410075; 2. 高速铁路建造技术国家工程实验室 湖南 长沙 410075)

1 引言

大跨度桥梁主梁的涡激共振是由气流分离以及尾流漩涡脱落引起的，虽然涡激振动不像颤振、驰振一样是发散性的振动，不会导致桥梁发生毁灭性破坏，但是由于涡激振动起振风速低、频度大，长时间振动会影响行车的舒适性，并造成结构的疲劳[1]。日本东京湾联络桥[2]、丹麦 Great Belt East 桥[3]、巴西 Rio - Niterói 桥[4]，均出现了明显的主梁涡激振动现象。

节段模型风洞试验是研究大跨度桥梁主梁涡激振动响应的主要方法。目前减振措施主要分为三类，即结构措施、阻尼措施和气动措施[5]。结构措施复杂且实施难度大而较少采用；阻尼措施造价高、实际工程中维护困难也较少采用；气动措施工作稳定可靠、维护简单和安装方便已成为目前抑制涡振最常用的方法[6]。本文针对某拟建山区大跨度 π 型主梁断面斜拉桥，通过节段模型风洞试验，研究了其成桥状态的涡激振动性能，研究了不同的减振措施对涡振控制的有效性。

2 节段模型涡激振动试验

2.1 试验设置

某拟建山区大跨度超高斜拉桥为三塔双索面叠合梁斜拉桥。桥梁跨径布置为(249.5 + 550 + 550 + 249.5)m，全桥总长为 1599 m。节段模型试验采用的缩尺比为 1∶40，节段模型严格模拟了实桥的气动外形，主梁断面如图 1 所示。

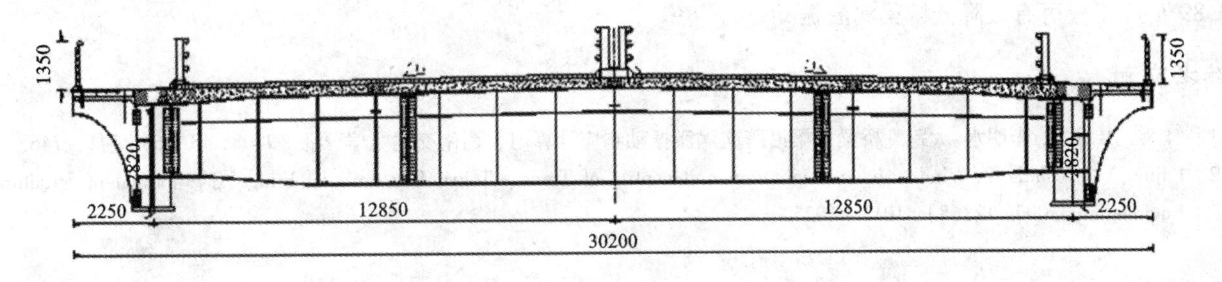

图 1　标准主梁断面图

2.2 试验结果

图 2 所示分别为 -3°、0°及 +3°风攻角下，最大双悬臂状态实桥主梁竖向位移的均方根值(RMS 值)与扭转角的均方根值(RMS 值)随风速的变化情况。对于最大双悬臂状态，各攻角都有发现明显的竖向和扭转涡激振动，但扭转涡激振动振幅并没有超过规范限定值。

3 气动控制措施

节段模型涡激共振试验在 -3°、0°及 +3°三个风攻角均匀流场中进行。为使涡振振幅降低到规范允许范围之内，在试验过程中采用气动控制措施获得涡振振幅对不同气动措施的敏感性。主要包括在主梁底部设置不同宽度的水平隔流板、不同透风率的栏杆、两道不同长度的下稳定板、三道下稳定板以及三道下稳定板结合观光通道栏杆上方设置不同长度抑流板以实现最佳控制效果。

* 基金项目：高铁联合基金重点项目(U1534206)，中南大学“创新驱动计划”项目(2015CX006)

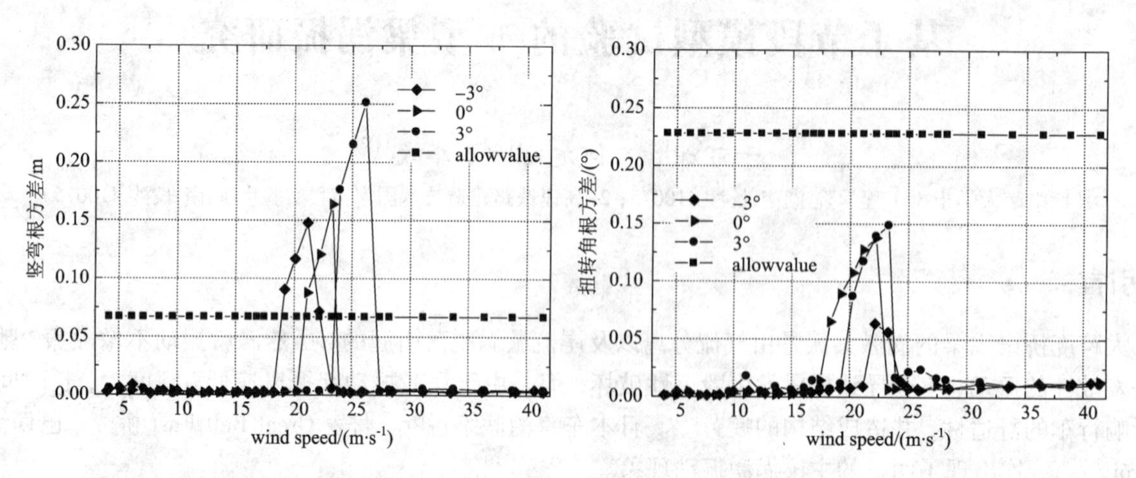

图 2　各风攻角下桥面扭转振动位移根方差 - 风速 U 的关系曲线

4　结论

在 -3°、0°、+3°三个攻角下的节段模型试验观察到明显的涡激共振现象；最大双悬臂状态，竖向最大振幅的 RMS 值换算到实桥为 0.251 m，超过规范允许值(0.067 m)320.90%；扭转最大振幅的 RMS 值换算到实桥为 0.149°，稍小于规范允许值 0.244°。成桥状态，竖向最大振幅的 RMS 值换算到实桥为 0.357 m，超过规范允许值(0.134 m)266.42%，扭转最大振幅的 RMS 值换算到实桥为 0.277°，超过规范允许值 0.219°。

采用不同的气动控制措施对主梁涡振的影响效果不同。采用隔流板可降低桥梁涡激振动响应，但是效果不明显。采用不同遮挡率的栏杆对竖弯涡振具有放大作用，对扭转涡振响应影响较复杂。采用两道不同长度的下稳定板或者三道不同长度的下稳定板对主梁的涡振控制有利。采用三道 1.1H 下稳定板结合 0.89 h 抑流板可有效降低桥梁涡激振动。

参考文献

[1] 鲜荣，廖海黎，李明水. 大跨度桥梁主梁沿跨向涡激振动响应计算[J]. 西南交通大学学报，2008，43(06)：741 - 746.

[2] Fujino Y, Yoshida Y. Wind - induced vibration and control of Trans - Tokyo Bay crossing bridge [J]. Journal of Structural Engineering, 2002, 128(8): 1012 - 1025.

悬索管道桥静气动力特性风洞试验研究*

余海燕，弓佩箭，许福友

（大连理工大学桥梁与隧道技术国家地方联合工程实验室 辽宁 大连 116024）

1　引言

管道悬索桥因其跨越能力大、受力合理、抗震性能好，而被广泛应用于油气输运管道工程[1]。与公路悬索桥相比，悬索管道桥窄、柔、轻、钝等特点更为突出，因而对风荷载更敏感，存在风致大位移和大幅振动现象，抗风问题更为严重[2]。桥梁空气静力系数的准确测量对于量化桥梁上的风荷载是必要的，精确估计静三分力系数是桥梁抗风设计的关键因素[3]。由已有研究可知，主梁截面尺寸、附属设施布置等对静三分力系数具有显著的影响，且雷诺数效应不可忽略。为确定悬索管道桥结构的断面风荷载，本文以悬索管道桥两种双管断面为研究对象，通过节段模型测力试验，研究在不同攻角、不同雷诺数、不同管道尺寸、不同篦子板形式等条件下的静三分力系数，为悬索管道桥梁抗风设计提供指导。

2　模型制作

悬索管道桥双管断面形式有双层单排管道断面和单层双排管道断面两种（图 1），测力节段模型几何缩尺比分别为 1∶6.4、1∶10。模型桁架部分采用角铝制作，管道采用钢管或 PVC 管制作，栏杆外形采用有机玻璃板雕刻桁架构件模拟，篦子板透孔率采用固定铁丝网或在铁丝网上粘胶带来模拟。双层单排管道断面试验工况：篦子板选择封闭、部分封闭和不封闭，竖向净间距分别选取 11 cm、24 cm，将以上工况进行组合，共计 6 种工况。单层双排管道断面试验工况：管道直径分别选取 9 cm 和 11 cm，横向净间距分别选取 5 cm、10 cm，管道数量分别为 1 根、2 根，将以上工况进行组合，共计 6 种工况。

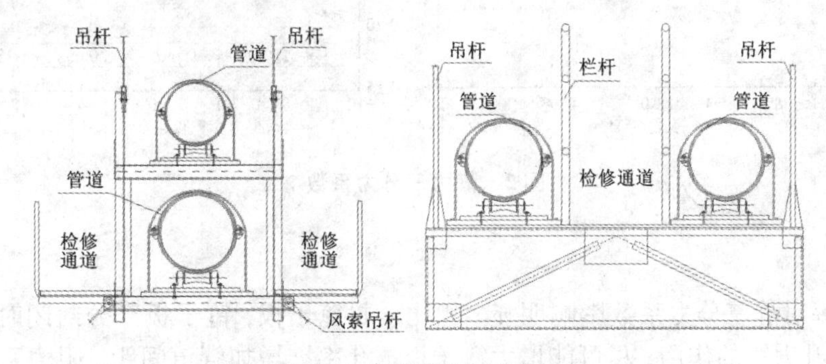

图 1　双管断面示意图

3　风洞试验

桥梁节段模型测力试验在大连理工大学 DUT－1 风洞实验室中进行。该风洞的试验段尺寸为长18 m×宽 3 m×高 2.5 m，空风洞最大设计风速为 50 m/s。测力天平系统采用日本 NITTA 公司 IFS－75E20A－100I－125EX 六分量高频测力天平系统。试验攻角范围(－12°，＋12°)，步长 1°。采样频率 100 Hz，采样时间 30 s，试验在均匀流条件下进行，试验风速分别为 10，15，20，25(m/s)。

4　典型试验结果

由试验得知：管道布置位置、管道直径、篦子板透风率对静三分力系数影响非常明显；双管道断面气动特性存在明显的双管气动干扰和桁架气动干扰效应；管道桥静三分力系数均存在雷诺数效应（图 2）。由于篇幅有限，更多试验结果详见正文。

* 基金项目：国家自然科学基金(51678115)

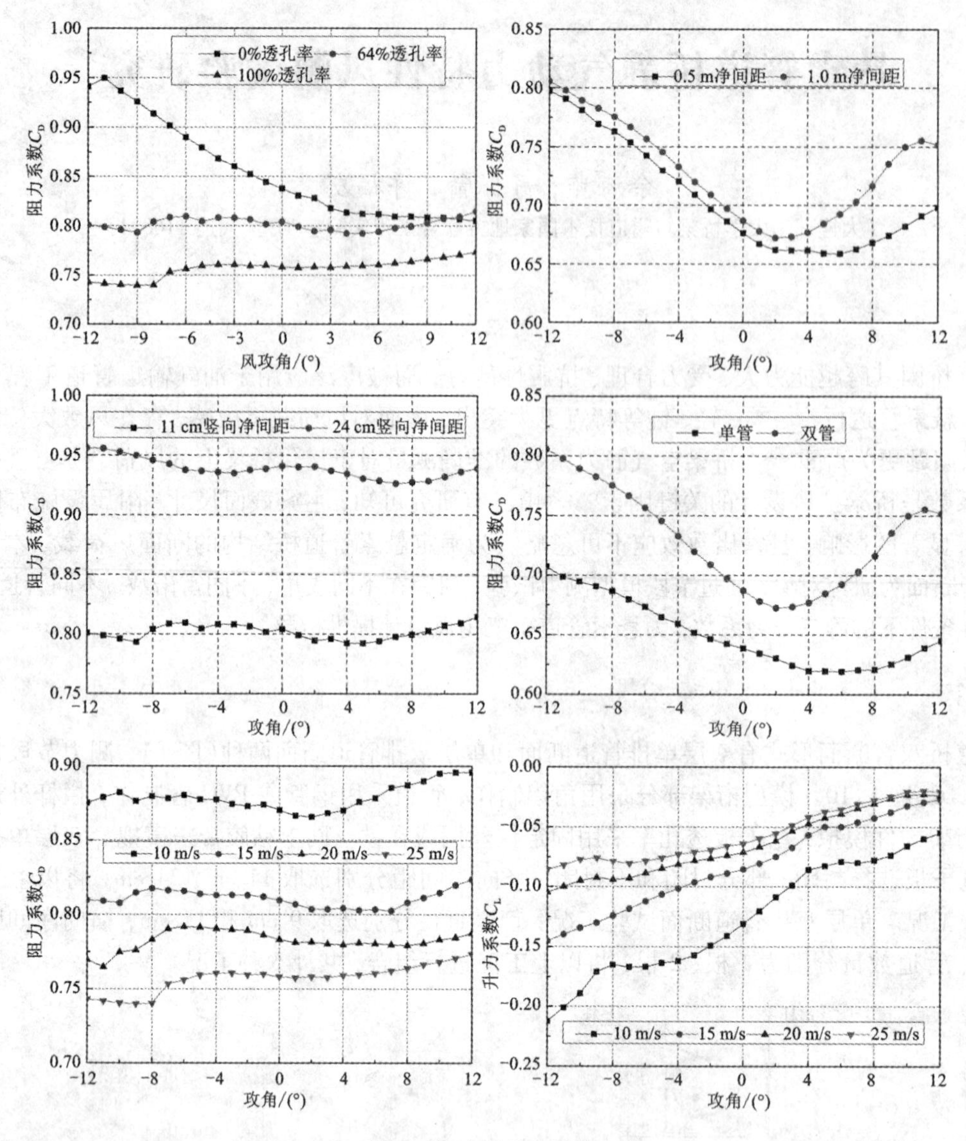

图2　静力三分力系数

5　结论

(1)篦子板透孔率对静三分力系数影响明显，相比全封篦子板，篦子板部分封闭时的影响小很多，设计时必须考虑升力和升力矩的作用，尽可能增大篦子板透孔率。增加管道间距，阻力系数和升力矩系数增大明显，升力系数相对较小。增大管道直径，阻力系数和升力矩系数增加，升力系数减小。

(2) 由于管道之间、管道与桁架之间的相互影响，悬索管道桥静三分力系数与单圆柱断面有很大的差异性。双管悬索管道桥断面气动特性存在明显的双管气动干扰和桁架气动干扰，但是其详细机理还有待进一步研究。

(3) 在$0.61\times10^5\sim2.42\times10^5$的雷诺数范围内，管道桥静三分力系数均存在雷诺数效应，升力系数和升力矩系数随雷诺数增加变化明显，阻力系数变化相对较小；静三分力系数的雷诺数效应不仅与管道布置方式有关还与风攻角有关。相关断面在更高雷诺数下的静三分力系数还有待进一步研究。

参考文献

[1] 段银龙. 油气输送工程管道悬索桥静动力分析及设计优化研究[D]. 成都：西南交通大学，2014.

[2] Dusseau R A, El - Achkar R, Haddad M. Dynamic Responses of Pipeline Suspension Bridges[J]. Journal of Transportation Engineering, 1991, 117(1): 3 - 22.

[3] Xu F Y, Li B B, Cai C S, et al. Experimental Investigations on Aerostatic Characteristics of Bridge Decks under Various Conditions[J]. Journal of Bridge Engineering, 2014, 19(7): 27 - 35.

大跨公铁两用桁架梁桥塔区风环境研究*

袁达平，郑史雄，洪成晶
（西南交通大学风工程四川省重点实验室 四川 成都 610031）

1 引言

跨江跨海大桥常处于不利风环境中，桥面高度处风速远远大于地面常遇风速，而桥塔区风环境由于桥塔遮挡折减及加速效应变得十分复杂。使得高速列车及汽车在通过桥塔影响区域过程中所受风荷载发生突变，严重影响车辆行驶安全性及舒适性[1-2]。本文以某超千米大跨公铁两用长江大桥为工程背景，采用大尺度桥塔－主梁刚性局部模型风洞试验，测得桥塔区域公路桥面各种典型车辆中心高度处及铁路桥面列车中心高度处风速分布，引入风速系数 λ、风速突变率 ξ 和风速波动率 η，讨论了上风侧与下风侧车道，桥塔遮挡效应对附近区域桥面流场分布的影响。节段模型风洞试验

1.1 试验概况

某主跨为1092 m的双塔三索面公铁两用桁架梁桥，主梁宽36 m，高16 m，设四线铁路和六车道高速公路。桥塔为人字形结构，塔高325 m，主梁高度处塔柱沿纵桥向宽度达20 m，双肢间距40 m，风洞试验现场照片如图1所示。

图1 风洞试验现场

1.2 试验结果与分析

引入风速系数 λ、风速突变率 ξ 和风速波动率 η，以表征桥面目标位置处平均风速及瞬时风速在平均风速附近的变化，三变量定义如下：

$$\lambda = U_{mean}/U_{come} \tag{1}$$

$$\xi = (U_{max} - U_{min})/U_{max} \tag{2}$$

$$\eta = \sum_{i=1}^{n} (\lambda_i - \lambda)^2/n \tag{3}$$

式中：λ 为风速系数，U_{mean} 为测点平均风速，U_{come} 为来流风速。U_{max} 和 U_{min} 分别为各车道上进出桥塔过程中平均风速最大值和最小值。由于篇幅限制，只给出公路桥面三种典型车辆中心高度处风速系数 λ 分布关系，如图2和图3所示。

由图3可知：①在离桥塔边缘约1倍塔柱迎风面尺寸距离时风速系数 λ 明显增大，说明在该区域存在风速加速。这是因为桥塔迎风面来流受到塔柱阻挡作用，在塔柱边缘产生分离绕流，并与附近区域来流发生挤压，流速增大。②进入桥塔影响区域，塔柱对风速有明显的折减效应，这点在下风侧中型客车中心高

* 基金项目：国家自然科学基金项目（51378443），国家自然科学基金高铁联合基金重点项目（U1434205）

度处表现最为明显，风速系数 λ 最小达 0.089。车辆在进出桥塔区域过程中所受风荷载会经过加速放大随即急剧减小，达到最低点后又快速增大这一过程，从而致使车辆可能发生侧滑甚至侧翻，严重影响行车安全。③虽然各典型车辆中心高度处下风侧风速较上风侧风速要小，但车辆在通过桥塔区域过程中所受风荷载在下风侧突变更为剧烈，尤其是中型客车，其风速突变率达 86.8%。而该类车所承载运行的乘客较多，应当予以高度重视。

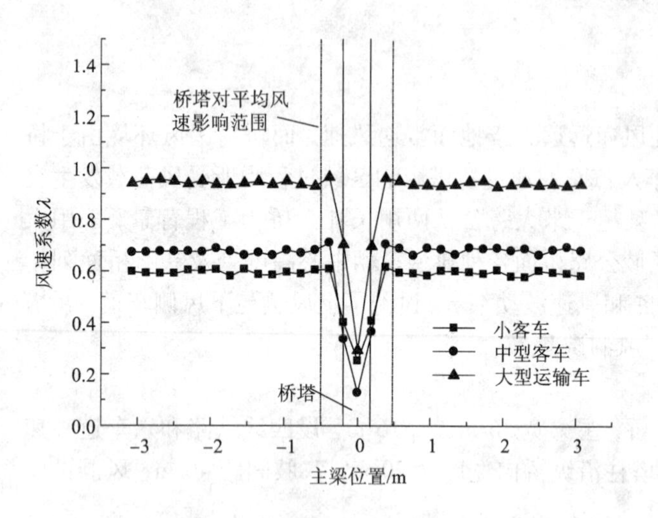

图 2　上风侧车辆中心高度风速系数 λ

图 3　下风侧车辆中心高度风速系数 λ

2　结论

基于大尺度公铁两用桁架梁桥桥塔 - 主梁刚性局部模型风洞试验，针对各车道公路桥面几种面典型车辆及铁路列车中心高度处风速进行测量，引入风速系数 λ、风速突变率 ξ 和风速波动率 η，并结合 CFD 数值模拟计算，对比分析各空间位置处流场，可得如下结论：

(1)桥塔的存在对附近区域流场存在一定的风速加速及折减效应，车辆在通过桥塔过程中所受风荷载突变将影响行车安全性及舒适性。

(2)公路桥面不同车辆中心高度位置处风速变化程度不同，相较而言，中型客车中心高度度处流场变化最为剧烈。

(3)上风侧风速较下风侧风速大，且上风侧风速波动比下风侧也更加强烈，但下风侧风速梯度更大。

(4)桥塔遮风效应对桥面平均风速影响范围约为 3 倍塔柱迎风面尺寸宽度，而风速波动范围约为 4 倍塔柱迎风面尺寸宽度。

参考文献

[1] 陈晓冬. 大跨桥梁侧风行车安全分析[D]. 上海：同济大学，2007.

[2] R K Cooper. The Effect of Cross - winds on Trains[J]. Journal of Fluids Engeering, Transactions of the ASME, 1981, 103: 170 - 238.

基于涡扰流方式的桥梁主梁风振流动控制*

张洪福[1]，辛大波[2]，欧进萍[1]
（1. 哈尔滨工业大学土木工程学院 黑龙江 哈尔滨 150090；
2. 东北林业大学土木工程学院 黑龙江 哈尔滨 150040）

1 引言

颤振与涡振是桥梁主梁典型的风致振动，都具有自激振动特性。桥梁颤的发生可直接导致主梁发生整体坍塌破坏；涡激共振在低风速下易发生，且易引起结构疲劳，过大的振幅还会影响结构与行车安全。针对颤振与涡激振动的控制一直也是桥梁抗风领域中热点的问题。在众多控制措施中，基于流动控制的桥梁风振控制措施是最为直接的控制方法，它可以通过改善主梁流场特性改善主梁结构气弹稳定性。本文提出了基于涡扰流方式的桥梁风致涡振、颤振被动流控制方法，以大贝尔特东桥为研究对象，在主梁展向方向以一定间隔布设旋涡发生器，通过风洞试验验证了定常吸气方法对于控制桥梁涡振、颤振的有效性，并初步揭示了该流动控制方法的机理。

2 基于涡扰流的主梁涡振与颤振控制试验研究

2.1 实验模型及环境

涡振与颤振试验模型均采用丹麦大贝尔特东桥（Great Belt East Bridge），模型缩尺比分别为 1∶40 与 1∶80。该试验在哈尔滨工业大学风洞与浪槽联合实验室小试验段中进行。涡振试验模型竖向频率为 $f_v = 5.25$ Hz，竖向阻尼比为 0.39%。颤振模型扭转频率为 $f = 1.741$ Hz，扭转阻尼比为 0.384%。旋涡发生器安装位置及尺寸如图 1 所示，图中 $h/H = 0.2$，$l_a/H = 0.3$，$l_b/H = 0.7$，$l_c/H = 0.5$，H 为桥梁高度，λ 为展向布置间距。

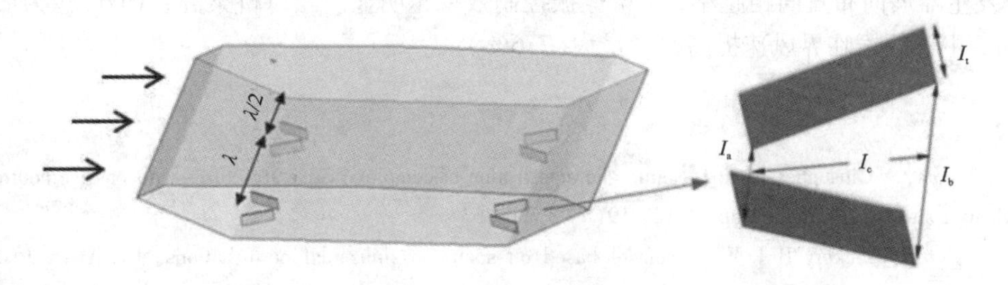

图 1 旋涡发生器安装方式及尺寸示意图

2.2 实验结果及讨论

不同展向间距下旋涡发生器对竖向涡振的控制效果如图 2 所示，图中 y 为竖向位移，U/f_vB 为折减风速；不同展向间距下旋涡发生器对桥梁主梁颤振的控制效果如图 3 所示，图中 α 为竖向位移，U/fB 为折减风速。

由图 2 可知，当在主梁展向位置布设旋涡发生器时，桥梁主梁涡激振动振幅显著降低，所有展向间距的旋涡发生器对涡振均有明显的控制效果，并且控制效果对其设置间距比较敏感，随着展向间距的增大控制效果逐渐减弱。展向扰动可能激发了尾流不稳定性，抑制了展向涡的生成及发展，从而削弱了涡振振幅。另外，当展向间距为 5H 时，控制效果有所减弱，同时提高了主梁涡振的起振风速并减小了锁定区间。

* 基金项目：国家自然科学基金（51378163）

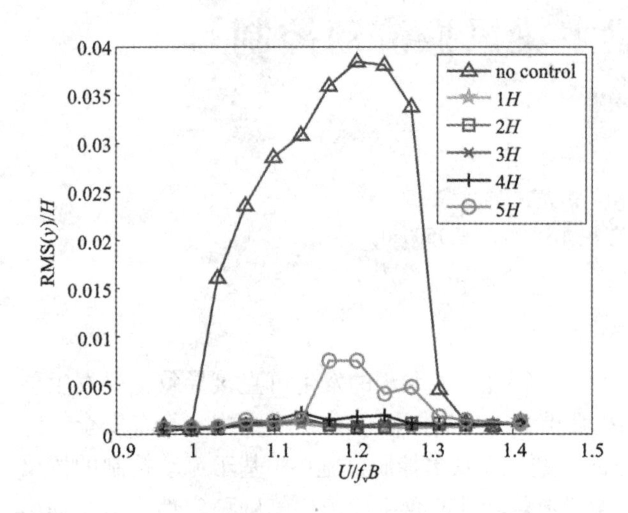

图2 不同展向间距下竖向涡振的均方根值

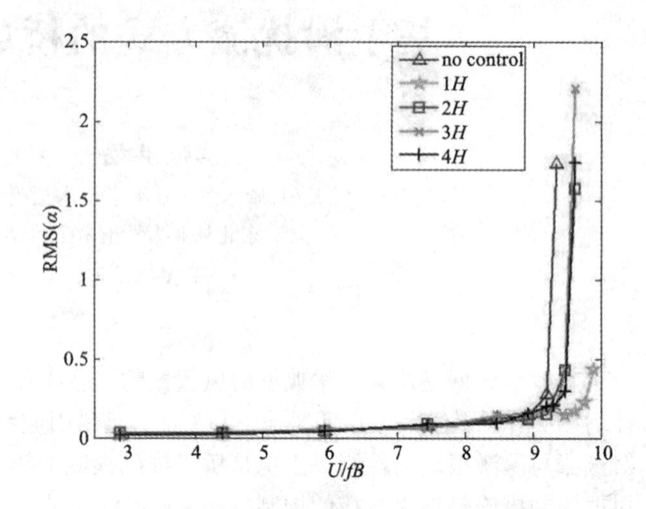

图3 不同展向间距下主梁扭转均方根值

由图3可知，当以2～4倍桥梁高度(2～4H)的展向间距布设旋涡发生器时，主梁颤振临界风速略微提高了2.2%（$U/fB=9.4$）。当以1倍桥梁高度(1H)的展向间距布设旋涡发生器时，主梁颤振临界风速可提高7.6%（$U/fB=9.9$）。实验结果表明旋涡发生器展向布置间距越小，颤振控制效果越明显。

3 结论

本文采用在桥梁主梁展向布设旋涡发生器的方式激发顺流向涡，以大贝尔特东桥(Great Belt East Bridge)桥梁模型为研究对象，探究涡扰流控制方法对主梁涡振与颤振的控制效果，通过节段模型风洞试验的研究得到以下结论：

(1)以一定间隔布设旋涡发生器可以完全抑制桥梁主梁涡激振动，这可能是由于在特定间距下的展向扰动激发了尾流的不稳定性，抑制了展向涡的生成及发展，从而大幅削弱了涡振振幅。

(2)旋涡发生器展向布置间距越小，主梁颤振控制效果越明显。当以桥梁高度(1H)作为展向间距布设旋涡发生器时，主梁颤振临界风速提高幅度最大(7.6%)。

参考文献

[1] C Rosario, T Nicola, A Giuseppe, et al. Dynamic characterization of complex bridge structures with passive control systems [J]. Structural Control and Health Monitoring, 2012, 19(4): 511-534.

[2] Dobre A, Hangan H, Vickery B J. Wake control based on spanwise sinusoidal perturbations[J]. AIAA J, 2006, 44(3): 485-490.

[3] Larsen A, Walther J H. Aeroelastic analysis of bridge girder sections based on discrete vortex simulations[J]. Journal of Wind Engineering & Industrial Aerodynamics, 1997, 67(97): 253-265.

两种桥梁风障的抗风性能研究

张辉，汤陈皓，李加武
（长安大学风洞实验室 陕西 西安 710064）

1 引言

在沿海地区由于桥面风速过大，会影响桥面车辆行车安全。侧风对车辆行车安全的影响主要表现为侧滑和倾覆事故。为避免类似事故的发生，许多桥梁采取交通管制的方法，但这降低了桥梁的使用效率；为提高桥梁使用效率，保障行车安全，设计师们常采用桥梁风障，英国赛文桥、赛文二桥、香港青马大桥、法国 Millau Viaduct 桥等都设置了部分风障或全桥风障，为桥梁风障设计提供了成功的实例[1]。但风障的降风效果取决于风障的型式以及风障高度、障条阻挡率等诸多因素，如果设置不当，将达不到预期效果并带来安全隐患。本文以某跨海大桥风障研究为工程背景，通过节段模型风洞试验和 CFD 数值模拟技术对不同型式、不同高度以及不同挡风率的风障降风效果进行了研究，并针对传统曲线风障基底弯矩较大等问题，本文提出了一种新型全包围式风障。

2 风洞试验与数值模拟

风洞试验采用方案一、方案二型式风障，风障高度分别为 3.45 m、10.3 m，障条阻风率为 60%。试验风攻角：-5°、-3°、0°、3°。5°，试验风速采用 10 m/s，车道中心位置处每 0.5 m 采集一次风速数据，计算车道有效风速。试验模型如图 1 和图 2 所示。

图 1 方案一

图 2 方案二

CFD 数值模拟基于 Fluent 软件，采用 ICEM 软件划分网格，实桥模型建模，无缩尺比。计算域的网格划分采用对形状适应性较好的三角形网格。基于标准的 $k-\varepsilon$ 湍流模型，对风洞试验方案及其余拟采用方案进行数值模拟。数值模拟简化模型如下：

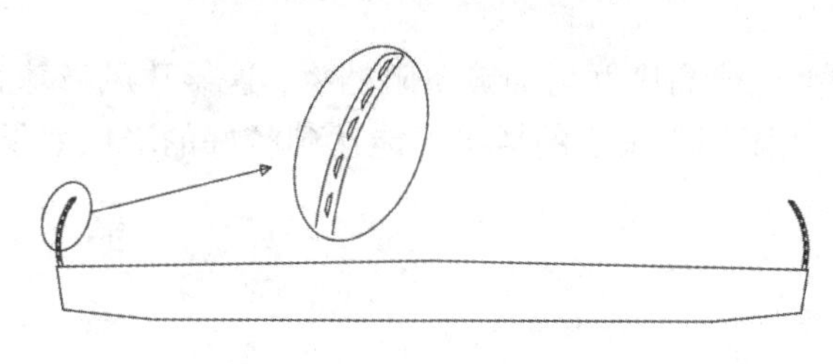

图 3 方案一

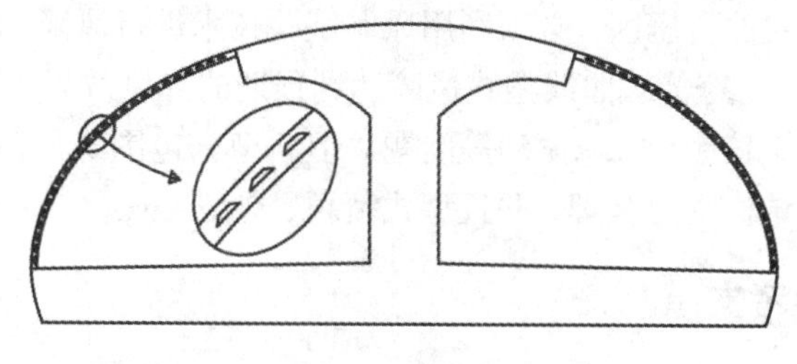

图 4 方案二

3 结果分析

方案一，0°风攻角时，各车道等效风速处于最小值，但随着风攻角的变化，各车道等效风速呈线性增加，由于车道一处于来流方向的风障后侧，受到涡团影响，所以车道等效风速不符合此规律。方案二，各个车道的等效风速均比方案一车道等效风速低。

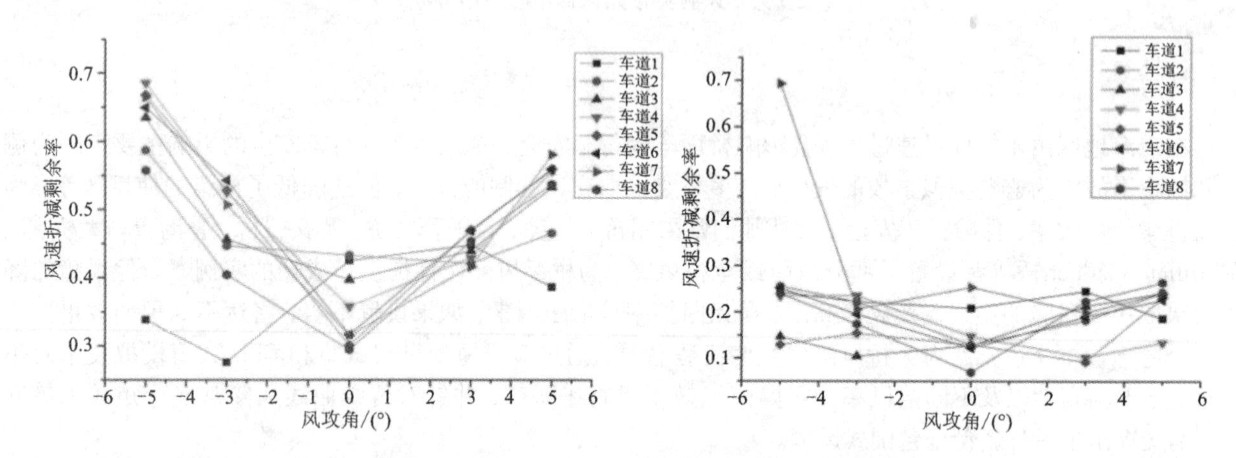

图5 不同风攻角下方案一与方案二不同车道上的风速折减剩余率

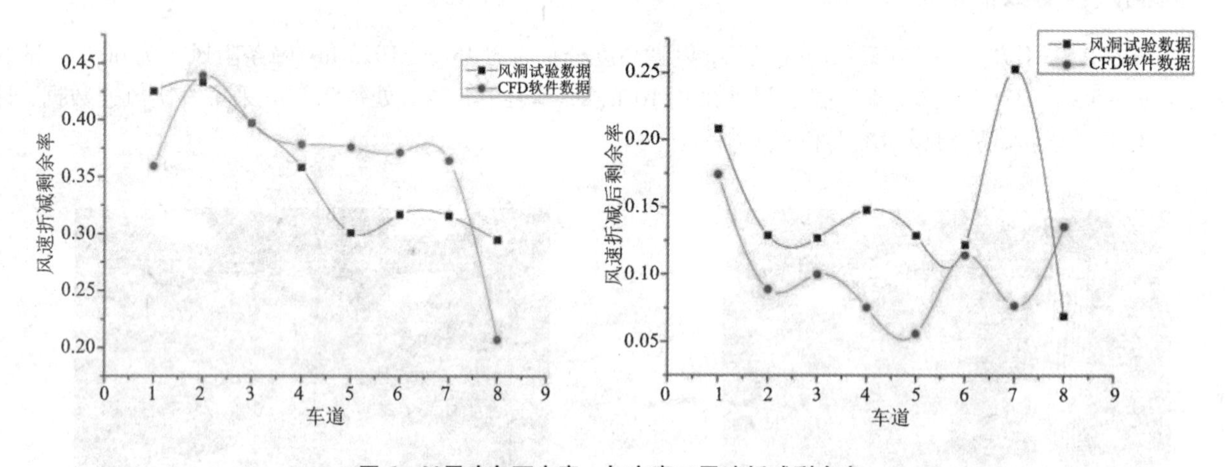

图6 0°风攻角下方案一与方案二风速折减剩余率

根据CFD数据和风洞试验数据对比，方案一CFD数值模拟结果与风洞试验数据相差较小，而方案二数据相差较大。

4 结论

(1)传统曲线型式风障，风洞试验结果和数值模拟结果比较吻合，且具有一定的安全储备，可以利用数值模拟技术进行风障的参数确定。但新型全包围式风障，由于其车道位置处流场迹线图较复杂，且存在较大的负压区，必须利用风洞试验技术进行风障的参数确定。

(2)传统曲线型式风障达到预期的降风效果，需要加高风障高度并增加障条阻挡率，这导致风障基底弯矩较大，风障振动等问题。但新型全包围式风障，在障条阻挡率很小的情况下能达到较好的降风效果，且结构受力合理，并且型式新颖、造型美观。

参考文献

[1] 周奇，朱乐东，郭震山. 曲线风障对桥面风环境影响的数值模拟[J]. 武汉理工大学学报，2010(10)：38－44.
[2] 李波，张剑，杨庆山. 桥梁风障挡风性能的试验研究[J]. 振动与冲击，2016(08)：78－82.
[3] 孟晓晔. 风障对大跨桥梁挡风性能的研究[D]. 北京：北京交通大学，2013.

柔性拱最大悬臂状态静风内力及稳定性*

张景钰，李永乐，汪斌
（西南交通大学土木工程学院桥梁工程系 四川 成都 610031）

1 引言

随着经济的发展，社会对交通运量的需求日益增大，各类桥梁的跨度也在不断增大，拱桥亦然。拱肋为压弯构件，因为柔性拱结构刚度小、柔度大、质量轻，其具有低频和低阻尼的特性，所以柔性拱肋对风的作用更加敏感，拱肋上的风荷载对结构稳定性往往起到控制性作用[1]。在施工阶段，钢拱肋常采用吊装悬臂拼装法施工，此时，拱肋仅依靠悬吊拱肋的钢缆维持面外稳定，结构的面外刚度较低。在风荷载的强烈作用下，拱肋结构、吊塔、缆索所受内力及形态均会变化，拱肋可能发生大幅度的振动，并导致缆索断裂和结构破坏，因此应该对静风荷载下的悬臂拱肋进行内力及稳定性研究。由于柔性拱拱桥的修建及施工阶段的研究均较少，因此本文选取一座拟建的下承式连续钢桁梁柔性拱拱桥为研究对象，对该桥的柔性拱肋施工阶段最大悬臂状态进行了静风内力以及稳定性研究。

2 拱肋气动力

本文中，研究对象为一两跨连续钢桁梁柔性拱拱桥，主跨 360 m，拱肋矢高 65 m，矢跨比 1/4.67。拱肋采用箱型截面，拱肋平联采用 X 型横撑联接，X 撑为工字型截面。采用 CFD 分析软件建立模型并计算不同风攻角下的拱肋气动力系数，计算中采用拱肋顶部的截面进行计算。由于拱肋存在 X 型横撑，因此需要对拱肋进行截面简化。在简化过程中，需要遵循以下三个原则：①挡风面积相同；②构建断面形状相似；③各构件相互气动影响相似。简化后的截面如图 1 所示。由于短接杆件附近流动复杂，网格划分密集，以保证模拟精度要求，随着距离断面杆件的距离增大，网格尺寸逐渐增大，网格密度逐步减小，拱肋网格共计 14.3 万个。对拱肋计算了 -9°，-6°，-3°，0°，+3°，+6°，+9°风攻角下的三分力系数，风轴坐标系下的三分力系数计算结果如图 2 所示。

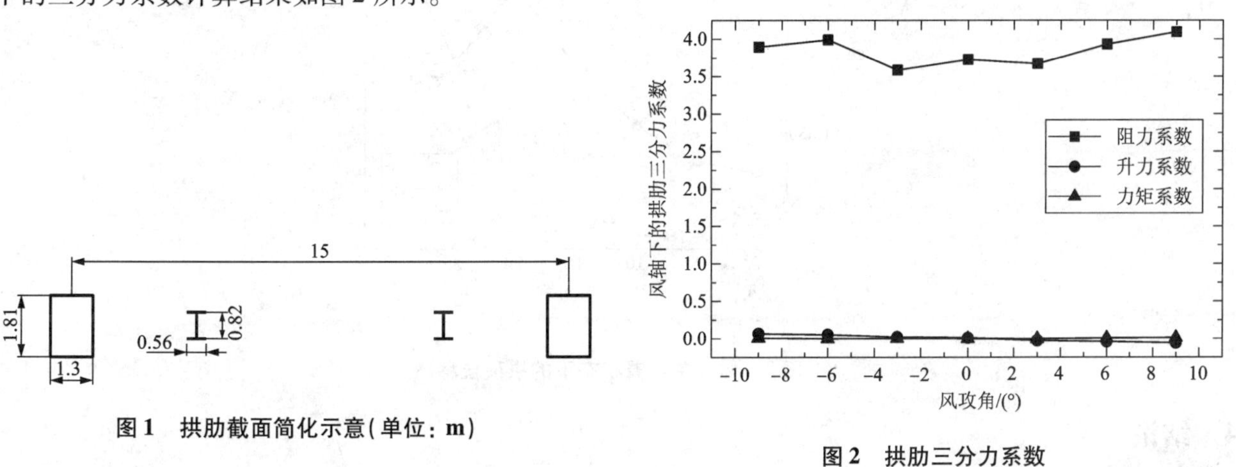

图 1 拱肋截面简化示意（单位：m）

图 2 拱肋三分力系数

3 静风荷载下施工稳定性及内力分析

3.1 分析方法

施工阶段的整个结构为柔性结构，静风状态下的结构形态是非线性的，并且考虑由于静风荷载导致的荷载非线性以及几何非线性，因此采用三维非线性全过程增量法计算。其非线性方程如下：

$$[K_e(u)+K_g^{G+W}(u)]U=F[F_H(\alpha),F_V(\alpha),F_M(\alpha)] \tag{1}$$

* 基金项目：四川省创新研究团队（2015TD0004）

式中，K_e和K_g分别为结构的线弹性和几何刚度矩阵；α为有效风攻角；F_H，F_V，F_M分别为体轴下的风阻力、升力和升力矩；上标G和W分别代表重力和风力；U为结构位移[2]。

计算使用ANSYS编制计算程序，计算过程使用风速增量法跟踪计算结构变形发展的全过程。在风速作用下的稳定分析，需要设置双重迭代循环，内层使用Newton－Raphson迭代法进行几何非线性计算，外层这通过循环，判定三分力系数的欧几里得范数小于预设值来判定结构时候出现失稳[3]。

3.2　计算结果

通过3－1节描述的方法，计算了施工设计基准风速下最大双悬臂状态和最大单悬臂状态的拱顶转角位移、横向位移、竖向位移。因为双悬臂状态为对称结构，其稳定性较单悬臂更好，因此，仅列出最大单悬臂状态下，不同风攻角下的位移随风速变化的计算结果，如图3所示。通过提取杆件内力，可以得知，最大轴力出现在拱脚的背风侧，而弯矩和剪力最大值出现在迎风侧，且无论是最大单悬臂状态还是最大双悬臂状态，均会有拉索松弛的情况出现。

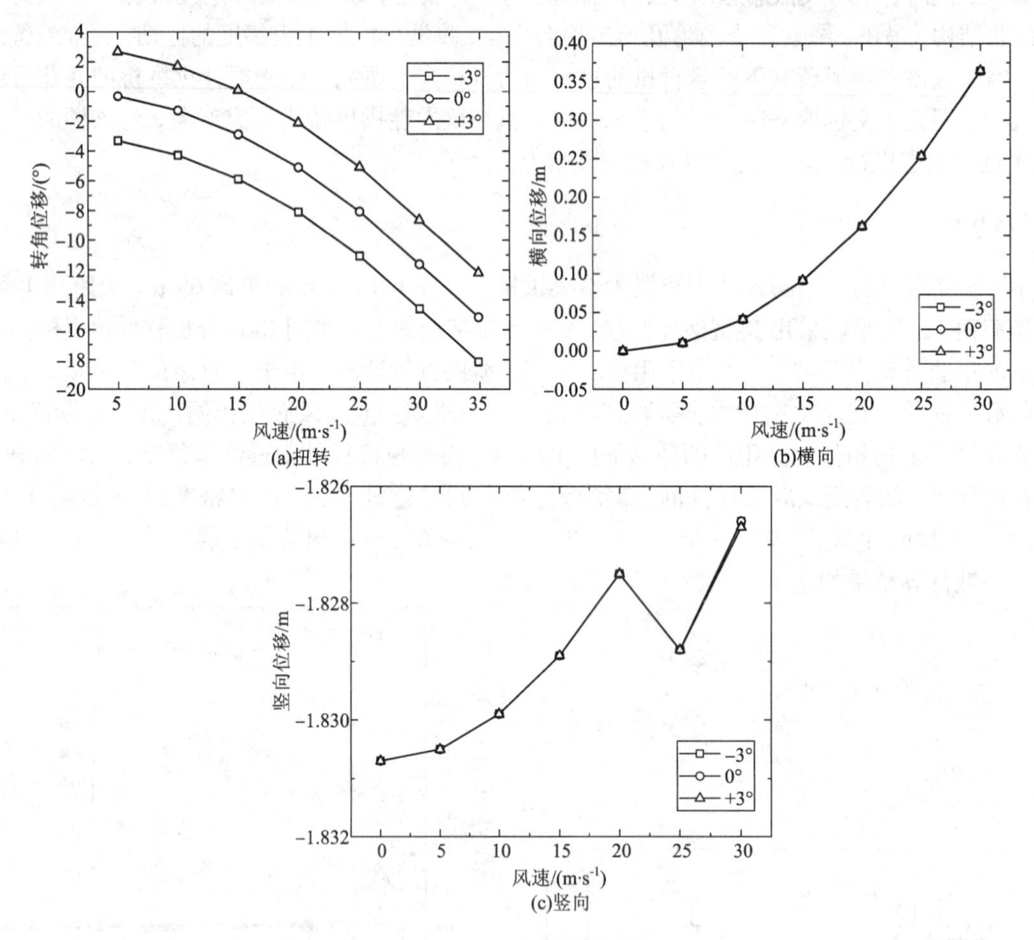

图3　最大单悬臂状态下的拱顶位移

4　结论

在最大悬臂状态下，横向位移和扭转角位移随着风速的增大而增大。在低风速的情况下，位移增大较慢。当风速增加，位移的增量随之增大。竖向位移则是先小幅度增大后减小再大幅度增大。在施工设计基准风速的条件下，缆索会出现松弛现象。失稳的主要原因均为拱肋上抬及扭转所导致拉索得松弛引起的，双悬臂结构的稳定性优于单悬臂结构。

参考文献

[1] 熊辉，晏致涛，李正英，等.大跨度中承式拱桥静风稳定性分析[J].重庆大学学报，2012(10)：51－56.

[2] 程进，肖汝诚，项海帆.大跨径悬索桥非线性静风稳定性全过程分析[J].同济大学学报(自然科学版)，2000(06)：717－720.

[3] 李永乐，侯光阳，乔倩妃，等.超大跨径悬索桥主缆材料对静风稳定性的影响[J].中国公路学报，2013(04)：72－77.

钝体桥梁断面非定常气动力本质特性研究*

张伟峰，张志田，谭卜豪
（湖南大学土木工程学院 湖南 长沙 410082）

1 引言

桥梁跨径不断飞跃，其主要原因之一正是钝体桥梁空气动力学以及大气边界层风特性方面的研究积累。然而，钝体桥梁空气动力学中一些棘手的问题也越来越明显地在工程实践中暴露出来。在桥梁抗风发展的今天，随着一大批大跨度桥梁建设的同时，应该对现有的理论进行认真的检视，以促进桥梁抗风理论的不断完善并指导大跨度桥梁的抗风实践。本文从经典机翼非定常理论出发，研究薄机翼非定常气动力的形成机理以及假设前提，再结合机翼非定常气动力理论中一些基本假定在桥梁风工程中的应用现状，讨论桥梁颤抖振理论中多年来存在的问题。在充分了解现有桥梁颤抖振理论及其气动导纳存在的问题后，针对钝体桥梁断面展开一系列的风洞试验及 CFD 数值模拟研究，对不同断面形式的非定常气动力可叠加性及其可叠加程度进行系统的研究。

2 经典非定常气动力理论及适用条件

由 Von Karman 和 Sears 关于薄机翼非定常气动力理论，可以归纳出经典非定常气动力理论的适用条件：①流场有势，总存在一个解析函数用来描述断面周围的流场；②断面后缘的涡量呈一维直线分布，尾涡对断面的诱导环量可以描述成从 1 至∞ 的积分；③尾流区的漩涡强度不随时间改变，即来流是理想不可压流动。这些条件是各种运动模式引起的气动力可叠加的充分条件。

经典非定常气动力理论不再适用于钝体的桥梁断面，因此桥梁风工程中一些沿用经典非定常气动力理论的处理方法也存在不同程度的不合理性。在经典非定常气动力理论不再适用时，现有理论存在如下的问题：①用来描述桥梁断面在脉动风作用下非定常特性的气动导纳函数不再仅是折算频率的函数，还与来流的风场特性有关；②利用 Wagner 函数和 Küssner 函数等效建立的气动导纳与颤振导数的关系式以及通过“等效”的 Theodorsen 函数表示的气动导纳函数在逻辑上都是不合理的；③描述断面刚体运动的气动自激力和脉动风作用下的抖振力也不具备可叠加性。限于篇幅，本文仅对问题①和问题②进行简要的讨论。

3 钝体断面非定常气动力特性研究

3.1 气动导纳唯一性研究

利用 CFD 数值模拟和风洞试验对气动导纳与风场关系进行了研究。图 1 所示分别为利用 CFD 数值模拟计算的平板断面和长宽比为 4∶1 矩形断面在三种不同湍流场中的气动导纳函数。可以看出平板断面的气动导纳在三类风场中差别不大，而矩形断面的气动导纳表现出了明显的差异。这说明钝体断面的气动导纳并不是折算频率的单值函数，它还与风场有关。

3.2 颤振导数与气动导纳关系研究

图 2 所示分别为在风洞试验中，利用 Küssner 函数替代法得到的平板和矩形断面的气动导纳。可以看到，即使对于平板断面在较高频率范围内气动导纳也趋于一个错误的极限值。对于等效 Theodorsen 法同样可以证明它的不合理性。

4 结论

通过对钝体断面非定常气动力的试验与数值研究，本文可以得到以下结论：

(1) CFD 数值模拟和风洞试验验证了钝体断面的气动导纳依赖于风场特性。

* 基金项目：国家自然科学基金（51178182，51578233）

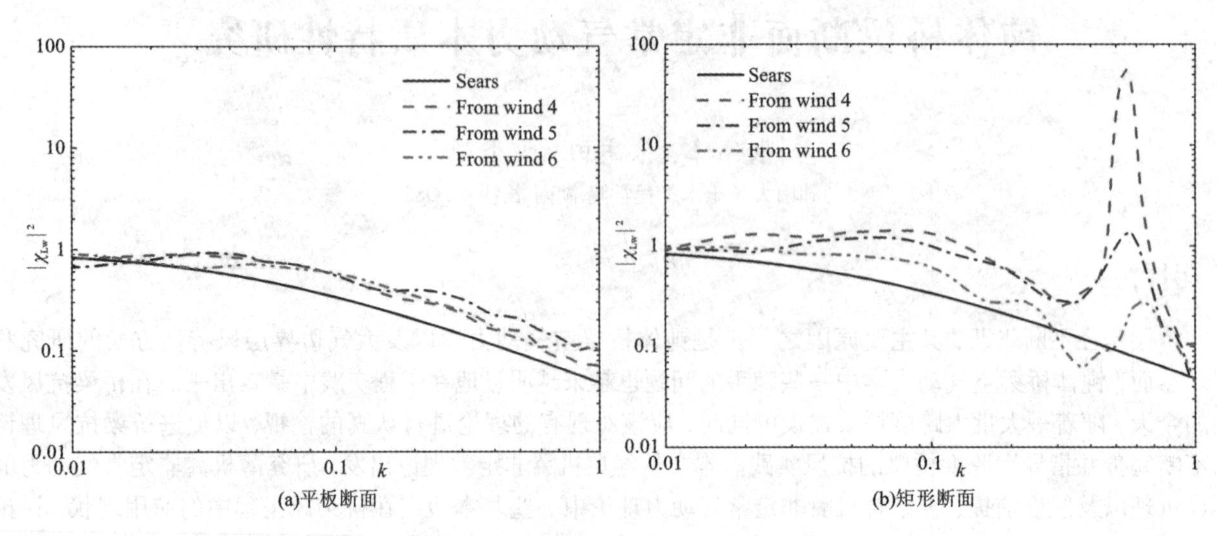

图 1　三种湍流场中的升力气动导纳

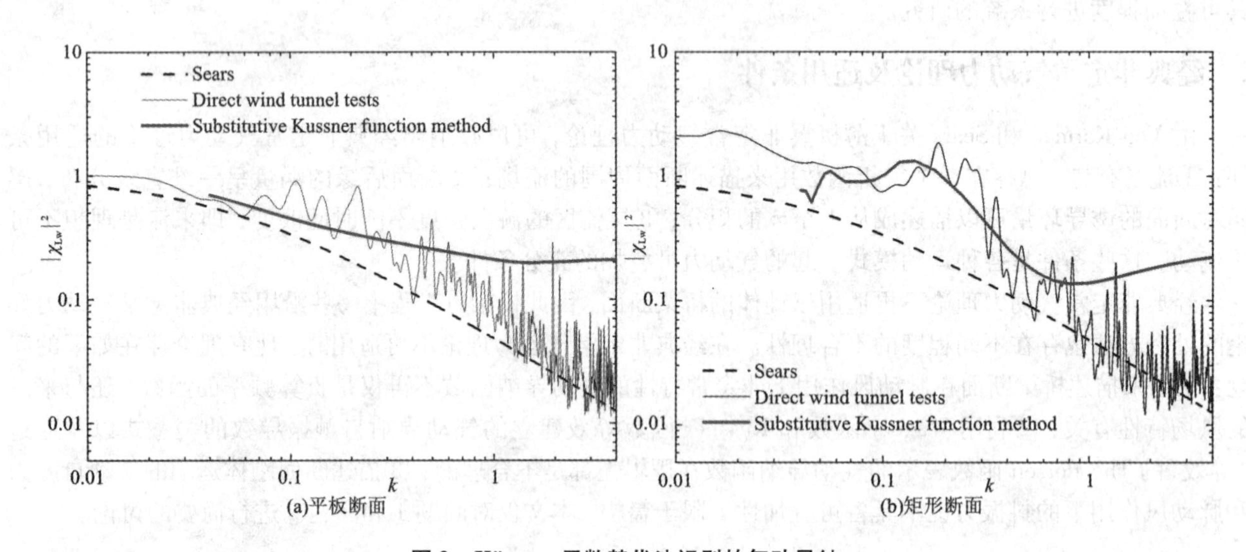

图 2　Küssner 函数替代法识别的气动导纳

(2)对于钝体断面，两种气动导纳的间接识别方法，Küssner 函数替代法和 Theodorsen 法都是不合理的。

参考文献

[1] Karman T V, Sears W R. Airfoil theory for non - uniform motion[J]. Journal of the Aeronautical Sciences, 1938, 5(10): 379 - 390.

[2] 张志田, 陈政清. 桥梁断面几种气动导纳模型的合理性剖析[J]. 土木工程学报, 2012, 45(8): 104 - 113.

[3] Zhang Z T, Ge Y J, Zhang W F. Superposability of unsteady aerodynamic loads on bridge deck sections[J]. Journal of Central South University, 2013, 20: 3202 - 3215.

桁架几何参数对典型大跨度高速铁路钢桁架桥气动力的影响*

张裕名[1,2]，马赛东[3]，何旭辉[1,2]，周旭[1,2]
(1. 中南大学土木工程学院 湖南 长沙 410075；2. 高速铁路建造技术国家工程实验室 湖南 长沙 410075；
3. 同济大学土木工程防灾国家重点实验室 上海 200092)

1 引言

随着我国高速铁路的快速发展，高速铁路桁架桥梁跨径进一步增大，桥梁刚度、阻尼下降，抗风敏感性增加。几何参数优化是提高桥梁抗风性能经济高效的措施之一。因此，有必要开展桁架几何参数对典型大跨度高速铁路钢桁架桥气动力的影响相关研究。近年来，国内外学者对桁架桥主梁气动参数进行了大量研究。高亮[1]等利用风洞试验方法针对桁架梁断面的主梁截面形式进行了气动措施和附属设施对主梁三分力系数的影响分析。毛文浩[2]等以洞庭湖二桥为工程背景，通过节段模型风洞试验研究了桁架主梁在不同风攻角和不同风偏角下的静气动力系数。陈原[3]通过桁架节段模型试验，总结了钢桁架主梁断面在宽度、高度、宽高比、主桁片数量、主桁片实度比以及边主桁片倾斜度发生变化时静力三分力系数的变化趋势。由以上文献综述可知桁架结构形式十分复杂，各构件的几何参数变量较多，相互之间往往存在耦合作用。而且相关研究常常基于某一实际桥梁，研究参数尚未量纲为一的化，导致研究成果通用性较差，并且受多参数耦合作用的影响。本文根据高速铁路实际工程中大跨度钢桁架桥桁架形式的统计结果，重点研究腹杆实面积比和腹杆形式对主梁气动力的影响，同时还就静力三分力系数对不同规范中风荷载大小进行了初步的比对分析。

2 风洞试验设置

本次试验结合中南大学高速铁路风洞试验系统高速试验段截面尺寸，模型采用1∶60的几何缩尺比，节段模型为两榀桁架模型，长度为1.5 m，桁架形式采用N形和三角形，实面积比为28%，34%，40%，试验过程均采用控制变量法，保持单一变量。为保证模型处于二维流场中，在支架上设置了分流板，本次试验均是采用均匀流形式，并未添加格栅和粗糙元等装置，试验风速为10 m/s，试验风攻角范围为 -12° ~12°，攻角间隔为2°。模型安装布置图见图1、图2。

图1 试验现场布置图

图2 模型端部安装图

3 试验结果分析

限于篇幅，仅给出不同实面积比下不同桁架形式的阻力系数和三角形桁架在不同实面积比下的三分力系数，如图3所示、图4所示。根据图3，可以发现桁架实面积比为28%时，N形和三角形桁架的阻力系数几乎一致，当实面积比为34%时，在攻角为 -5° ~5°时三角形桁架的阻力系数略低于N形桁架，当实面积比为40%时，在攻角为 -12° ~ -5°时，三角形桁架的阻力系数稍高于N形桁架，而在攻角为 -5° ~12°时，三角形则稍低于N形。在桁架实面积比一致的情况下，N形桁架和三角形桁架的阻力系数基本一致，不受桁架形式的影响。根据图4，可以发现升力系数在0°攻角附近变化较为复

* 基金项目：国家自然基金资助项目(51508580，51508574)，中南大学“创新驱动计划”项目(2015CX006)

杂，有先下降再上升的趋势；当升力系数全为负或正时，随着实面积比的增加升力系数变小；阻力系数随着实面积比的增加而增大，趋势非常明显；扭矩系数随实面积比变化的波动较小，变化不明显。

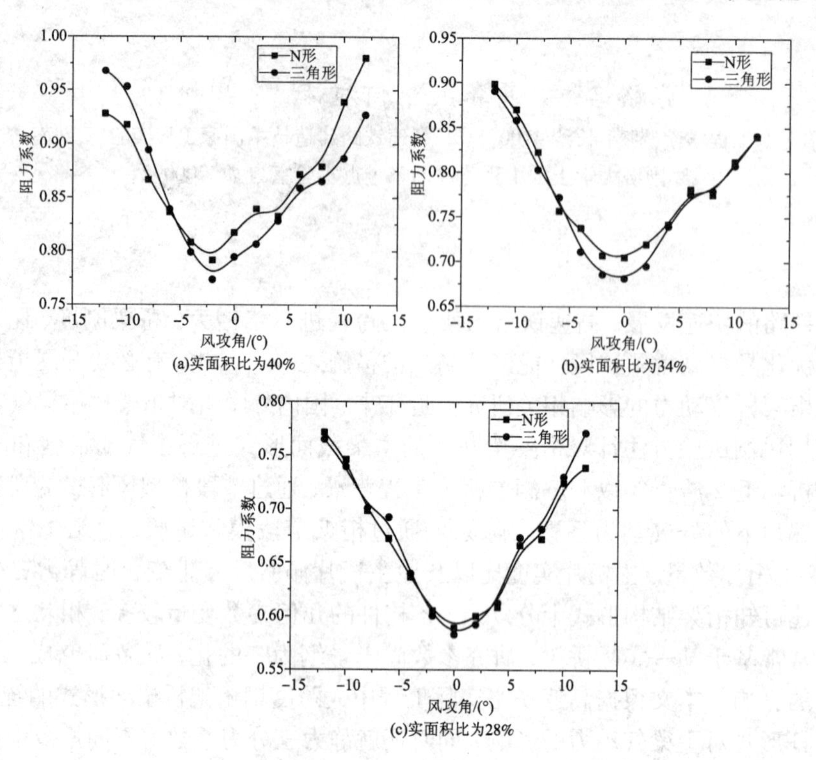

图3 不同实面积比下不同桁架形式的阻力

4 结论

本文通过采用控制变量法，研究桁架几何参数对典型大跨度高速铁路钢桁架桥气动力的影响，结果表明：桁架腹杆实面积比对桁架桥气动力影响较大，腹杆实面积越大，桁架桥阻力系数越大；在负攻角和正攻角区域，腹杆实面积比越大，升力系数越小；扭矩系数值较小，受腹杆实面积比的影响不大。在腹杆实面积相同的情况下，不同桁架形式的桁架桥气动力差别不大，几乎不受桁架形式的影响。

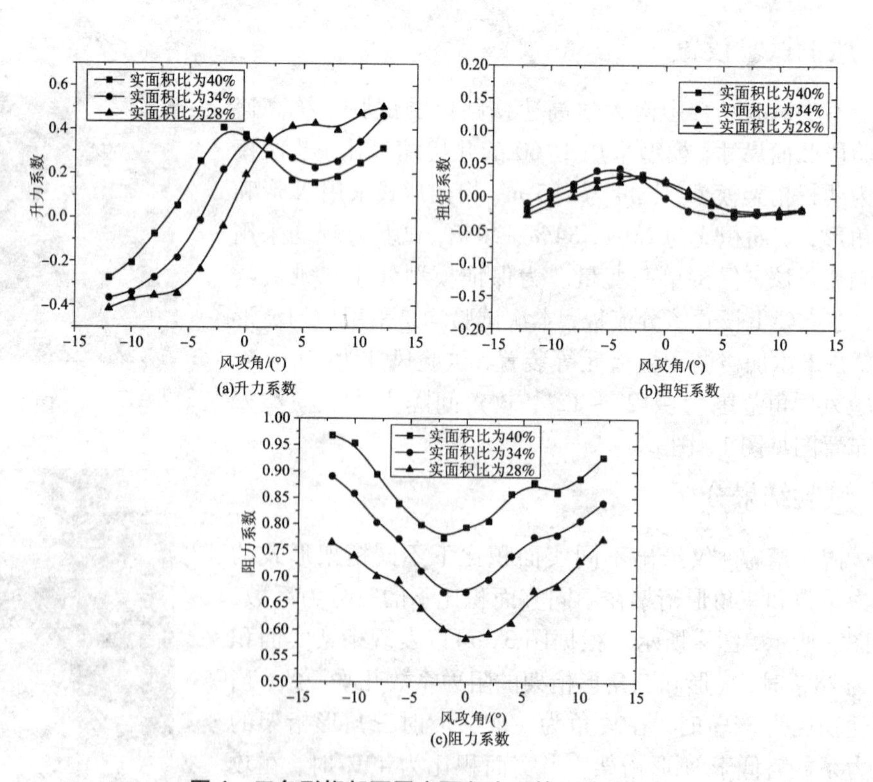

图4 三角形桁架不同实面积比下的三分力系数

参考文献

[1] 高亮，刘健新，张丹. 桁架桥主梁三分力系数试验[J]. 长安大学学报自然科学版，2012，32(1)：56－60.
[2] 毛文浩，周志勇. 桁架结构桥梁静气动系数试验研究[J]. 结构工程师，2015，31(1)：118－126.
[3] 陈原. 大跨度铁路桥梁钢桁架主梁气动参数研究[D]. 成都：西南交通大学，2012.

大跨悬索桥猫道静风稳定参数分析及静风位移控制*

赵方利，刘磊，毛毳，管青海
（天津市土木建筑结构防护与加固重点实验室 天津 300384）

1 引言

猫道是架设在主缆之下，平行于主缆布置，供操作人员进行施工的高空脚手架，是大跨度极端柔性结构及典型的风敏感结构。研究表明，由于实际猫道结构侧网和底网的透风率很高，气动导数很小，颤振稳定性一般较好，所以其抗风稳定性主要取决于静风稳定性[1]。鉴于此，本文针对一座主跨 856 m 的大跨悬索桥施工猫道，究析猫道结构静风失稳发展过程与主要影响因素，并对静风位移控制展开试研究。

2 非线性静风稳定分析方法

在综合考虑结构几何非线性和静风荷载非线性的基础上，基于 ANSYS 采用内外增量双重迭代方法[2-3]编制猫道结构非线性静风稳定分析程序。内外增量的迭代具体实现步骤如下：

(1)求出给定初始风速下猫道的静力三分力，形成初始风荷载沿桥轴方向的扭转角向量；

(2)采用全 Newton - Raphson 方法解出结构位移，并从中提取出扭转角向量；

(3)以本级与上级扭转角向量的差值作为扭转角增量向量，并检查其是否小于收敛范数；

(4)若满足(3)，则本级风速收敛，调整风速进入下一级风速计算；若不满足(3)，则根据猫道结构新状态修正三分力重复以上步骤(1)~(3)。

3 静风稳定参数分析及静风位移控制

3.1 有限元精细模型与简化模型的建立

基于结构合理等效简化原则[4]，建立符合实际猫道结构力学特性的有限元模型。在保证各构件对猫道整体质量和刚度贡献与实际结构一致的前提下进行适当简化。猫道有限元离散模型如图 1 所示。

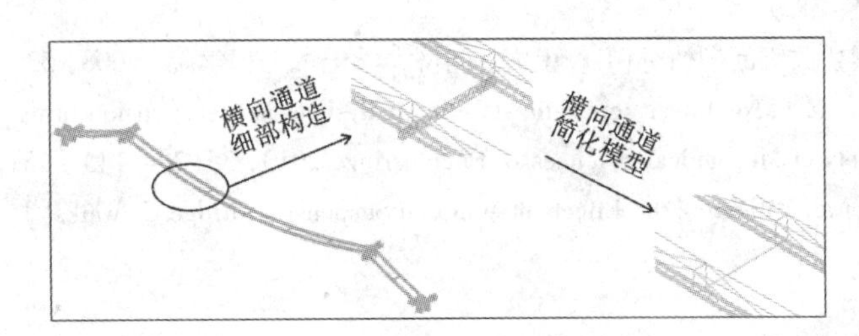

图 1 猫道结构有限元精细与简化模型

3.2 参数分析

猫道静风稳定问题实质上是非线性的，将分析中考虑的主要影响因素及其特点列举如表 1 所示。

表 1 静风稳定主要影响参数及其说明

影响参数	参数说明
静风荷载非线性	静风荷载是结构位移的函数，必须考虑扭转角对有效风攻角的贡献
几何非线性	由猫道结构产生的大变形及承重索的垂度效应引起，其影响不可忽略
初始风攻角	不同初始风攻角对应的静风响应发展路径不同
风速的空间非均匀性	应用参考文献[5]中公式考虑风速空间分布的影响，$V=\mu V_0$，μ 是分布系数

* 基金项目：天津市土木建筑结构防护与加固重点实验室开放课题基金(12030504)

3.3　静风位移控制措施

猫道在风荷载作用下产生的静风大位移会影响主缆施工精度与安全性[6]，施工精度对后续施工甚至成桥后的受力状态都会有影响。提出斜向拉索的结构措施，来加强猫道承重索与桥塔之间的联系，设计两种不同的布置方案，具体如图2所示，红色虚线为措施一，绿色虚线为措施二。研究分析表明，两种措施都可有效抑制横风向位移，措施二效果更优。

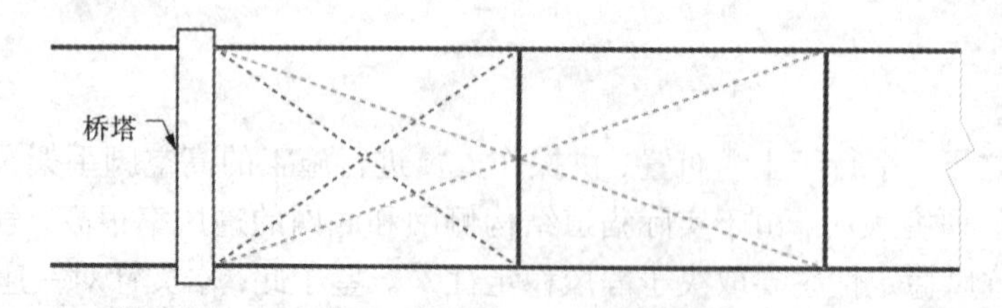

图2　猫道静风位移控制的斜向拉索

4　结论

(1)对比复杂横向通道结构精确模型与基于等效刚度原则建立的简化模型的动力特性分析结果，得知文中所做的简化符合其力学特性，可提高建模分析的效率。

(2)参数分析表明，静风荷载非线性与几何非线性会降低猫道的静风稳定性，正攻角的静风稳定性更差，不考虑风速空间非均匀分布会放大猫道的静风稳定性。

(3)设置斜向拉索可提高猫道系统的整体刚度，因而可有效抑制横风向位移，确保其抗风安全性，且斜向拉索具有构造简单的特点，可广泛应用于此类结构抗风。

参考文献

[1] 李胜利，欧进萍.大跨径悬索桥猫道非线性静风稳定性分析[J].中国铁道科学，2009，30(6)：19-26.

[2] 谢佳利.大跨悬索桥非线性静风失稳形态机理分析及参数研究[D].成都：西南交通大学土木学院，2015：14-19.

[3] Zheng S，Liao H，Li Y. Stability of suspension bridge catwalks under a wind load[J]. Wind & Structures An International Journal，2007，10(4)：367-382.

[4] 滕小竹.大跨度钢桁梁悬索桥关键问题研究[D].上海：同济大学土木工程学院，2008：53-54.

[5] Zhang W M，Ge Y J，Levitan M L. Nonlinear aerostatic stability analysis of new suspension bridges with multiple main spans[J]. Journal of the Brazilian Society of Mechanical Sciences & Engineering，2013，35(2)：143-151.

[6] Kwon S D，Lee H，Lee S，et al. Mitigating the Effects of Wind on Suspension Bridge Catwalks[J]. Journal of Bridge Engineering，2013，18(7)：624-632.

矮寨大桥风致疲劳分析的风速风向联合分布研究

郑刚[1]，韩艳[1]，薛繁荣[1]，蔡春声[2]

（1. 长沙理工大学土木工程学院 湖南 长沙 410014；2. 美国路易斯安那州立大学 美国路易斯安那州 巴吞鲁日 70803）

1 引言

随着桥梁向更大、更柔方向发展，风荷载对桥梁结构往往起着控制性作用。就以往桥梁而言，风荷载谱仅仅考虑某个风向下的风速，而没有考虑全风向下的风荷载谱，有必要探讨全风向下风荷载作用下斜拉桥拉索的疲劳问题。故风速风向的联合分布对于大跨度斜拉桥的疲劳寿命分析具有重要意义。利用附近气象台的风速资料来估计风速风向联合分布是一种有效方法。概率模型用于近似风速的分布主要有 Gumbel 分布[1]、Frechet 分布[2]、Weibull[3] 分布、以往模型对于地表粗糙度系数都是采取直接取规范值，不能精确地模拟具体的地形地貌，对于实际应用有待完善。

本文利用统计学方法计算出本地区的风速风向联合概率密度函数值，然后用曲线拟合的方法得到每个风向下风速的概率密度函数表达式。采用谐波函数拟合风向区间间隔的频度函数以及分布函数中的参数；通过实际观测的数据拟合出桥址处实际的地表粗糙度系数，再由气象站位置的风速风向联合分布函数得到建筑物位置的联合分布函数，得到的数据具有更加真实。对于矮寨大桥的疲劳寿命的分析具有更加现实的指导意义。

2 风速风向联合分布的统计分析

根据不同的子样划分方法，抽样方法主要有三种，即年最大值方法、月最大值方法和阶段极值方法。本文根据结构风振疲劳分析的要求，对吉首气象站测得的资料进行风速风向联合分布分析。对比这些抽样方法，如图 1，可知抽样的时间间隔越短，其低风速所占比重越大。风向趋势基本不变，但各风向比重差异较大。

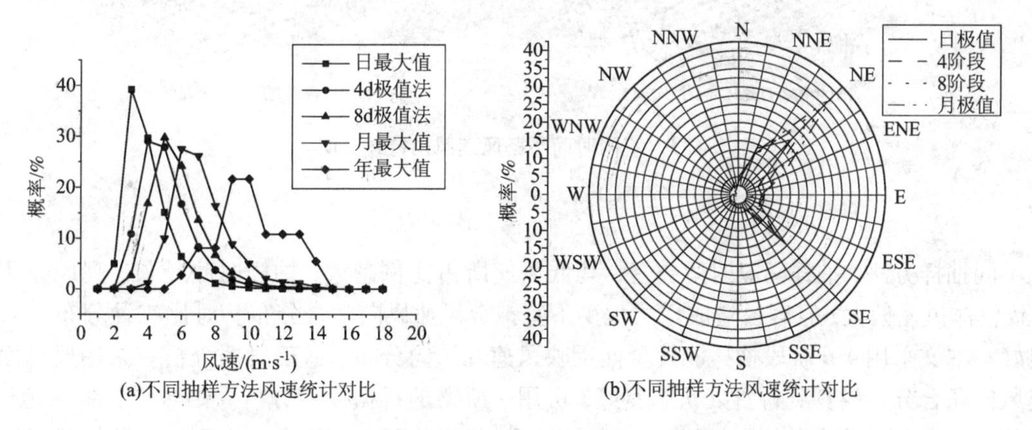

(a)不同抽样方法风速统计对比　　(b)不同抽样方法风速统计对比

图 1　不同抽样方法风速、风向统计对比

3 风速风向联合概率模型的参数估计

在得到极值风速样本在各风速和风向内发生的概率后，就需要由统计结果来拟合出极值风速分布概率模型，极值风速分布概型采用较多的有三种极值分布：极值Ⅰ型（Gumble）分布、极值Ⅱ型（Ferehet）分布和极值Ⅲ型（Wiebull）分布，对比发现 Gumbel 分布拟合效果更好。

4 桥址处联合分布函数及各风速风向持续时间

在得到气象站位置处风速风向联合分布概率函数以后，根据气象站风速风向联合分布概率函数可以得到建筑物位置处联合分布函数。从而得到不同风速风向下的持续时间，如图 3 所示，以此作为疲劳分析的基础。

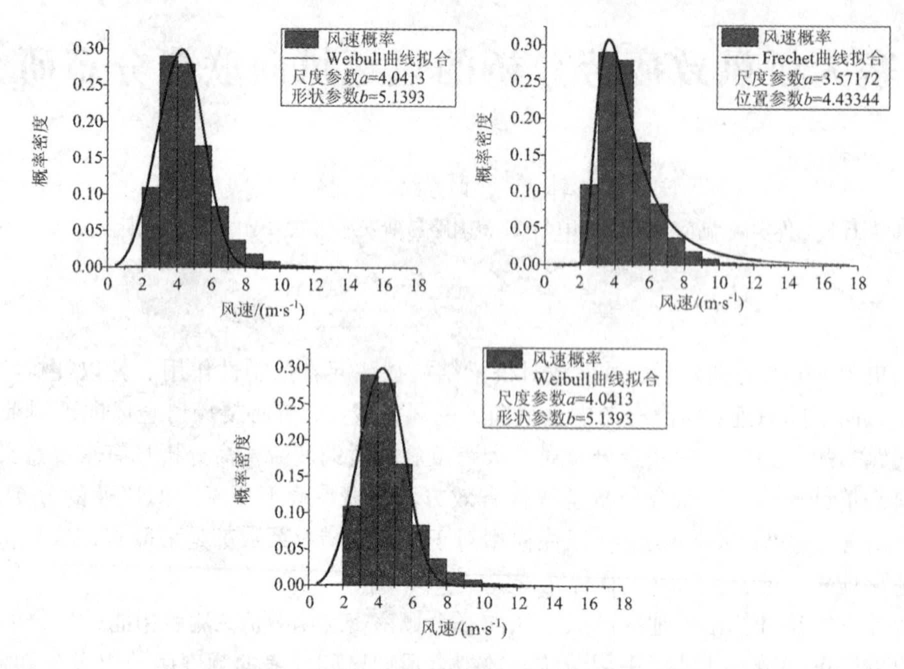

图2 全风向下速度概率密度函数拟合曲线

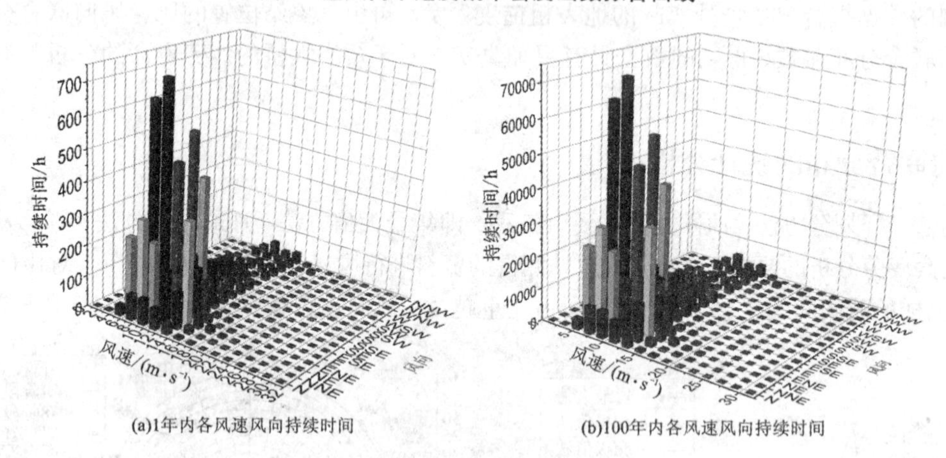

图3 不同时间下各风速风向持续时间

5 结论

对比不同抽样方法，抽样间隔时间越短，其低风速所占比例越大，抽样时间越长，高风速所占比例越大，会导致整体风速偏大，且容易造成样本太少不宜拟合风速风向联合分布。对比三种分布，Gumbel 分布相关性更好。本文采用 4 d 阶段抽样能较全面反映风速和风向分布，适于抖振分析。采用风剖面描述将气象站风速风向联合分布换算到桥置处状态良好，可用于桥梁的抖振疲劳分析。山区峡谷地区地形复杂，为非标准地貌。风场与规范中各向同性风场有较大不同，但是为了将观测成果方便的表达并且可以为其他工程应用所参考，仍采用规范中的指数率来简化描述山区风剖面，但地表粗糙度系数采用现场实测数据模拟。对比不同重现期，随着重现期增大，即概率的降低，则最大风速的速度也随之增大，则大风速度出现的时间也相应的增长。对于长时间的疲劳分析应该采用相应的总时间来抽样。

参考文献

[1] Coles S G, Powell E A. Bayesian methods in extreme value modeling: a review and new developments[J]. International Statistical Review, 1996, 64(1): 119 - 136.

[2] Mayne J R. The estimation of extreme winds [J]. Journal of Wind Engineering and Industrial Aerodynamics, 1979, 5(1/2): 109 - 137.

[3] Ulgen K, Hepbasli A. Determination of Weibull parameters for wind energy analysis of Izmir, Turkey [J]. International Journal of Energy Research, 2002, 26(6): 495 - 506.

Π型叠合梁弯扭耦合涡振特性研究*

周强，郑史雄，郭俊峰
（西南交通大学土木工程学院 四川 成都 630031）

1 引言

Π型断面叠合梁因其经济性好、施工方便、受力性能较好等被广泛的应用于主梁设计中。但由于其截面外形较钝，此类桥在风的作用下，易发生涡振、颤振现象。涡激振动不像颤振、驰振是毁灭性的发散振动，但由于发生的风速低，持续的往复振动会引起桥梁构件的疲劳破坏，以及影响行车的安全。华文龙[1]对叠合梁的涡振进行实验及涡脱仿真研究，主要讨论Π型断面单频涡振特性。Xu K[2]文中对单一频率的涡激非线性特性进行分析，并且建立了涡激力模型。Nakamura 和 Nakashima[3]通过对H形断面分析，认为H形断面、“⊢”形断面涡激共振是由迎风端分离漩涡导致。本文基于弯扭频率比为1∶2.1的Π型断面模型风洞实验，分析其弯扭耦合涡激共振特性，并风嘴及中央稳定板对此特性的影响并评估了风嘴及中央稳定板对耦合涡振的影响，然后利用CFD方法，对截面弯扭耦合运动状态下的自激力进行分析。

2 节段模型试验

Π型叠合梁节段模型根据实桥尺寸采用1∶60的几何缩尺比制作。主梁模型高为0.058 m、宽为0.593 m对应的主梁实际尺寸高为3.5 m、宽35.6 m，其模型横截面尺寸见图1。模型边主梁、横梁和风嘴采用木材制作，桥面板采用木板制作，桥面附属设施及中央稳定板采用硬质塑料制作以保证几何外形的相似性。节段模型通过8根对拉弹簧悬挂在风洞内。截断模型的第一阶竖弯频率为2.97 Hz，第一阶对称扭转频率为6.41 Hz。实验室测试设置三种风嘴，三种风嘴的角度大小不一致。中央稳定板的截面尺寸为19 mm ×1.5 mm，桥面栏杆为方截面栏杆。

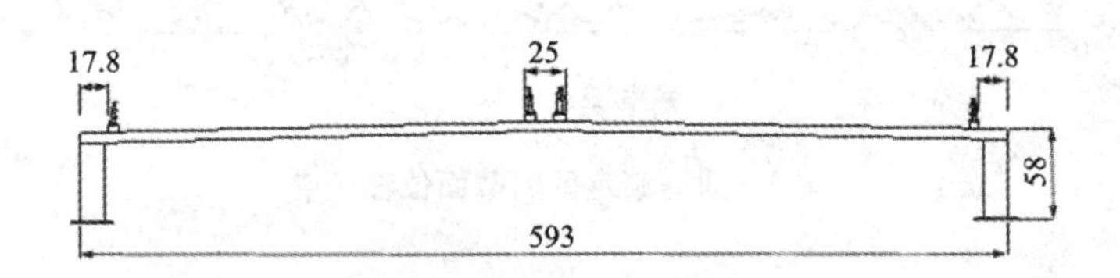

图1 Π型叠合梁节段模型横截面图（单位：mm）

3 涡激共振特性

测量不同风速条件下结构稳定振动位移，可以获得结构涡振响应曲线。通过结构涡振响应曲线可以给出结构涡振锁定风速区间及结构涡振响应最大值。图2给出了无风嘴情况下竖弯及扭转位移响应曲线。其中垂弯及扭转的风速锁定区一致，但是最大幅值分别出现于3.8 m/s及4.6 m/s，学者通常将垂弯作为涡振评判的标准[1]。为此我们将分析实验风速在3~5 m/s下垂弯及扭转对位移频谱。如图3所示，可以看到：锁定区外结构振动频率成分较多，斯特罗哈频率引起的结构响应并不明显；随着风速的增加，锁定区内分别出现3 Hz和6.62 Hz的结构特征频率，此时锁定区内结构显弯扭耦合振动。由于实验Π型节段模型第一节扭转频率近似于第一阶弯曲频率的两倍，涡脱产生的二次倍频涡激力激发结构的第一阶扭转频率，产生6.62 Hz的结构特性响应。论文下文中将会继续对不同风嘴及中央稳定板进行分析，研究此时Π型节段模型的涡振特性。

---

* 基金项目：国家自然科学基金(51378433)

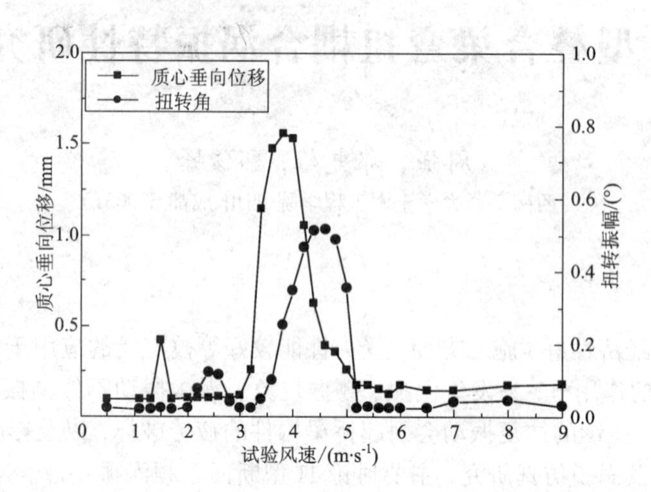

图 2　Π 型叠合振动随风速变化规律

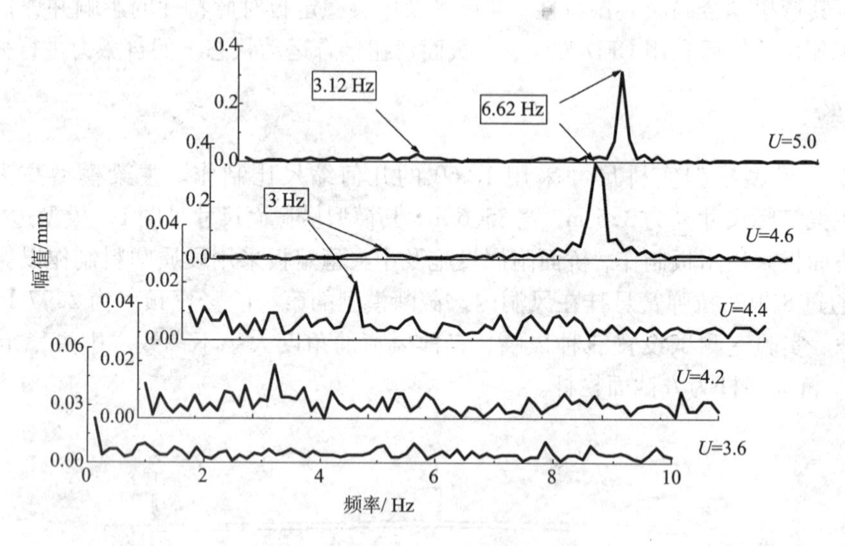

图 3　风速锁定区的截面位移频谱

4　结论

(1)节段模型垂弯及扭转风速锁定区一致，弯扭耦合涡振与垂弯的斯托哈数相同

(2)由于垂弯自激力的二次谐波与扭转频率较接近，导致扭转自由度发生共振，扭转变形进一步产生扭转频率的自激力，使得Π型断面具有明显的弯扭耦合涡振。

参考文献

[1] 华文龙.边主梁断面叠合梁斜拉桥涡振特性及抑振措施研究[D].长沙：湖南大学，2013.

[2] Xu K, Ge Y, Zhang D. Wake oscillator model for assessment of vortex - induced vibration of flexible structures under wind action [J]. Journal of Wind Engineering & Industrial Aerodynamics, 2015, 136: 192 - 200.

[3] Nakamura Yasuharu, Nakashima Masamichi. Vortex excitation of prisms with elongated rectangular, H and [vertical, dash] cross - sections[J]. Journal of Fluid Mechanics, 1986, 163: 149 - 169.

大跨度斜拉桥三维风致效应的非线性全过程分析*

周锐，杨詠昕，葛耀君，刘十一
（同济大学土木工程防灾国家重点实验室 上海 200092）

1 引言

传统的风致振动分析方法主要是基于叠加原理的频域方法，难以考虑气动力和结构的非线性效应的影响，也难以同时计入真实桥梁的多种气动力作用效应[1]。为了更精确地模拟在风速从小变到大时实际大跨度桥梁三维风致效应的演变规律和非线性运动特性，基于统一的非线性非定常气动力时域模型[2]，首先建立了三维桥梁风致振动数值模拟平台，然后选取了一座斜拉桥（苏通长江大桥）为算例，对比分析了该桥在均匀流和紊流下的颤振响应全过程。

2 三维桥梁风致效应的数值模拟平台

统一的非线性非定常气动力模型中二维桥梁断面的非线性气动力输入量如图1所示[2]。

主梁中心处的瞬时相对风速大小 u 和瞬时相对风攻角 θ 及其导数可以表示成：

$$u=\sqrt{\left(u_x-\dot{x}-\dot{\alpha}*\frac{H}{2}\right)^2+\left(u_y-\dot{y}-\dot{\alpha}*\frac{B}{2}\right)^2},$$

$$\theta+\alpha=\arctan\frac{u_y-\dot{y}-\dot{\alpha}*\dfrac{B}{2}}{u_x-\dot{x}-\dot{\alpha}*\dfrac{H}{2}} \tag{1}$$

$$\dot{u}=\dot{u}_m+\dot{u}_a+\dot{u}_w,\ \dot{\theta}=-\dot{\alpha}+\dot{\theta}_m+\dot{\theta}_a+\dot{\theta}_w \tag{2}$$

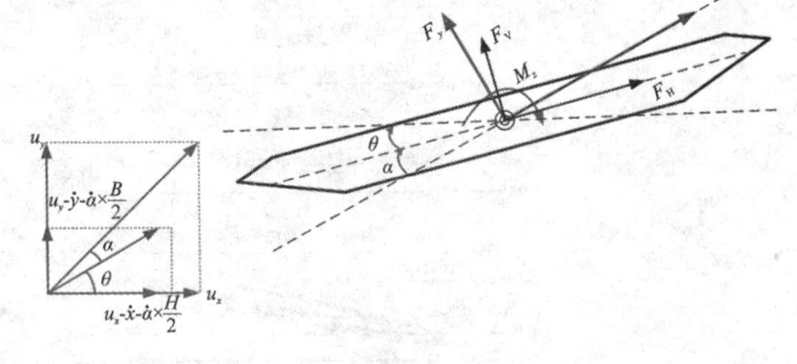

图1 气动力模型的输入变量

为了模拟任意输入下的气动力，非线性非定常气动力时域模型的表达为如下形式：

$$\begin{cases}\boldsymbol{F}=(F_H\quad F_V\quad F_M)^T=\boldsymbol{f}_{st}(u,\theta)+\boldsymbol{f}_m(\ddot{p},\ddot{h},\ddot{\alpha})+\boldsymbol{f}_{dyn}(\dot{\alpha},\dot{\theta},\dot{u})+\boldsymbol{f}_{lag}(u,\theta,\boldsymbol{\varphi})\\ \dot{\boldsymbol{\varphi}}=g(u,\theta,\dot{\alpha},\dot{\theta},\dot{u},\boldsymbol{\varphi})\end{cases} \tag{3}$$

上式中，$\boldsymbol{f}_{st}$表示定常气动力分量：当输入保持静止一段时间后，最终达到的稳定气动力状态，它与 u，θ 有关；$\boldsymbol{f}_m$表示气动惯性力分量（附加质量）：由气动附加质量引起，与结构运动加速度 $\ddot{p}$，$\ddot{h}$，$\ddot{\alpha}$ 有关；$\boldsymbol{f}_{dyn}$表示气动状态分量：由结构运动状态和来流风速引起，受到瞬时相对风速 u 和瞬时相对风攻角 θ 的影响，与结构运动状态有关的 $\dot{\theta}$，$\dot{u}$ 是 $\dot{\theta}_m$，$\dot{u}_m$，$\dot{\theta}_a$，$\dot{u}_a$，$\dot{\alpha}$，与来流风速有关的 $\dot{\theta}$，$\dot{u}$ 是 $\dot{\theta}_w$，$\dot{u}_w$；$\boldsymbol{f}_{lag}$表示记忆效应分量的非定常部分，模拟过去的输入对当前气动力的影响，它与附加气动力状态量 $\boldsymbol{\varphi}$ 有关，式3b对流场运动系统的非线性缩阶建模，内部自由度 $\boldsymbol{\varphi}$ 反映了流场运动状态。基于该气动力模型，构造了任意姿态下的三维非线性气动力单元，其中一个气动力单元的自由度包括：6个节点自由度、一组自激力子系统自由度、和一组抖振力子系统自由度、一组竖向涡振力子系统自由度一组扭转涡振力子系统自由度。

然后采用计算机符号运算进行非线性有限单元属性矩阵自动推导和源代码生产程序[1]，将自主研发的非线性有限元求解器对非线性气动力单元和桥梁有限元模型的结构单元进行耦合求解，从而建立了大跨度桥梁的三维风致效应数值模拟平台。

3 大跨度斜拉桥的风致响应全过程

利用CFD强迫振动模拟了六种折减风速和五种振幅的组合，用以拟合气动力模型参数。结果表明，气

* 基金项目：国家重点基础研究发展计划（973计划，2013CB036300），国家自然科学基金（51678436，51323013）

动力模型拟合出来的三分力系数和风洞试验结果基本吻合，如图2所示。还模拟了苏通长江大桥桥址区的紊流风场，如图3所示。基于三维全桥气弹模型试验结果[3]，三维非线性有限元数值模拟的颤振临界风速和位移响应随风速变化曲线跟试验结果比较接近。

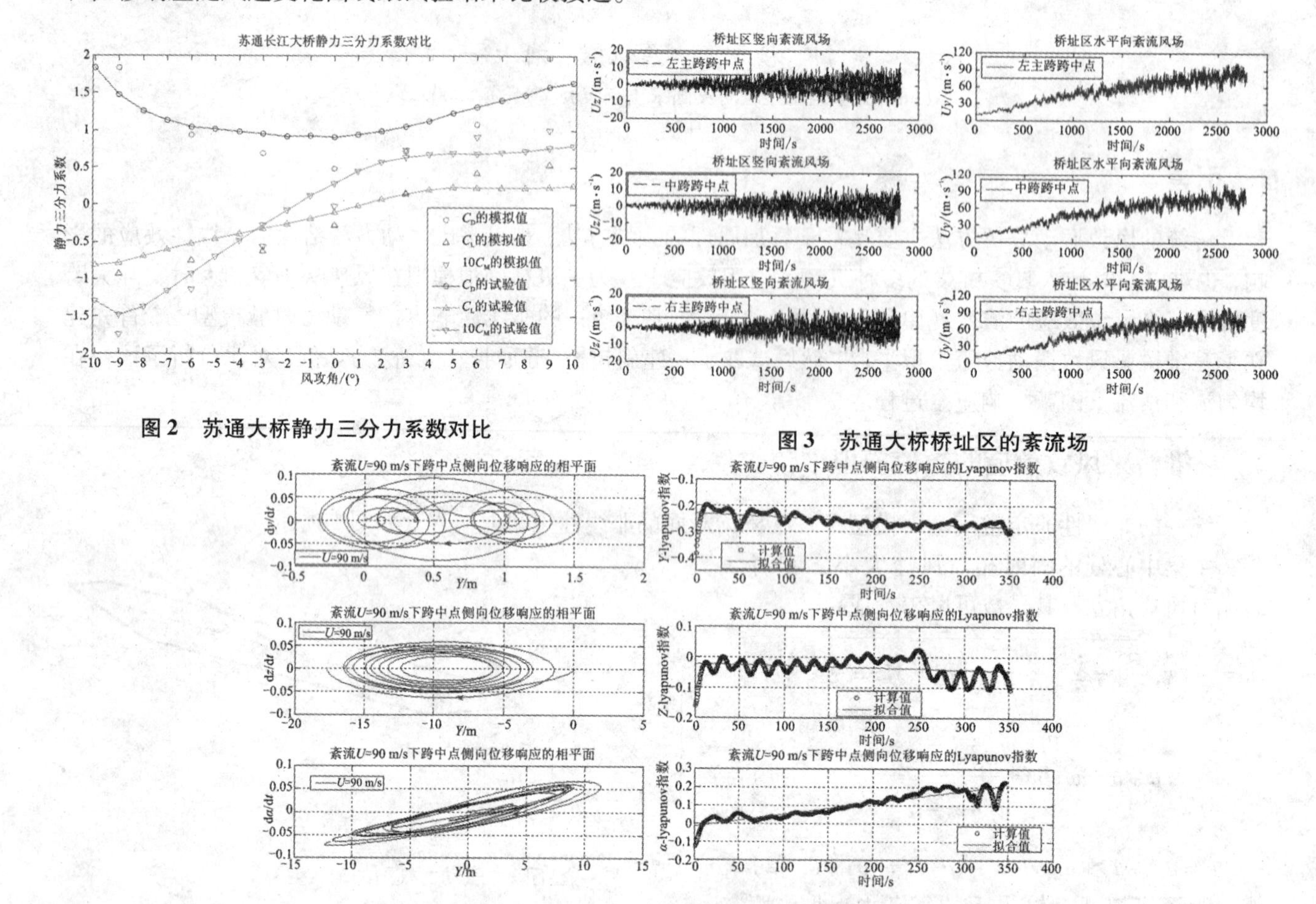

图2 苏通大桥静力三分力系数对比

图3 苏通大桥桥址区的紊流场

图4 $U=90$ m/s 时三个位移响应相平面和 Lyapunov 指数

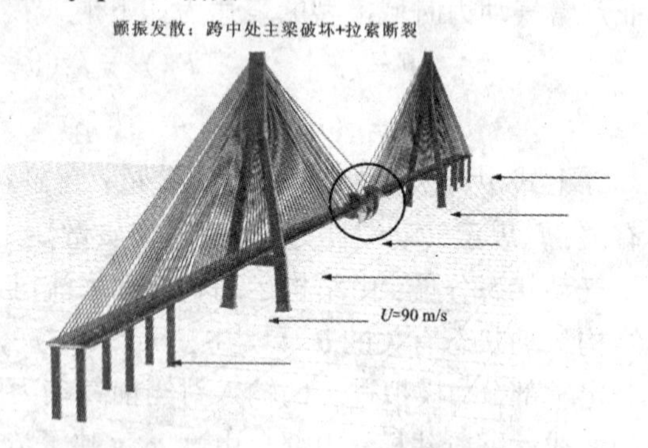

图5 紊流下苏通大桥的破坏模式

如图4所示，在均匀流下的软颤振的起始风速约为$0.87U_{cr}$，三个位移响应的最大Lyapunov指数(λ_y, λ_z, λ_α) = (−, +, +)，系统运动判定为不稳定的极限环[5]。在紊流下的大振幅软颤振的起始风速约为$0.91U_{cr}$，三个位移响应的最大Lyapunov指数(λ_y, λ_z, λ_α) = (−, 0, +)，系统运动表现为混沌，此时破坏模式为主梁跨中处的主梁破坏，拉索断裂，如图5所示。因此，均匀流下系统从稳定的状态走向不稳定的极限环(发散破坏)，而紊流下系统从稳定状态经过几次概周期分岔走向发散，即属于拟周期走向混沌。

4 结论

三维全桥试验结果表明三维有限元模拟计算结果较为准确；均匀流下桥梁系统从稳定极限环(软颤振现象)变为不稳定极限环，由于竖向自由度参与度更大使得紊流下的颤振临界风速低于均匀流的，系统由概周期分岔走向混沌，颤振发散时主梁跨中处拉索断裂和主梁破坏。

参考文献

[1] 刘十一. 大跨度桥梁非线性气动力模型和非平稳全过程风致响应[D]. 上海：同济大学，2014.
[2] 周锐. 大跨度桥梁三维风致效应的非线性全过程分析方法[D]. 上海：同济大学，2017.
[3] 马鞍山长江公路大桥悬索桥抗风性能研究[R]. 上海：同济大学土木工程防灾国家重点试验室，2009.

高宽比对 π 型梁静风荷载风洞试验研究*

周旭[1,2]，何旭辉[1,2]，李欢[1,2]，张裕名[1,2]
（1. 中南大学土木工程学院 湖南 长沙 410075；2. 高速铁路建造技术国家工程实验室 湖南 长沙 410075）

1 引言

“十三五”规划的提出，预示着我国高速公路网将得到进一步的完善，因此在时空上无法完全避免中西部山区峡谷等恶劣地理条件。π 型梁由于其双主梁的结构特点，设计制作简单、施工运输方便和经济性良好等优点，在近几年山区峡谷公路大跨桥梁建设中的运用越来越普遍。然而，π 型梁属于开口钝体截面，抗扭刚度小，抗风性能较差，且山区峡谷风环境复杂。因此，为保证桥梁施工运营的安全，有必要对其进行相应的抗风研究。

为避免静风失稳，静风荷载往往是大跨度桥梁的控制设计荷载，同时也是颤振稳定性分析和抖振力拟静力理论建立的基础。因此，静风荷载是桥梁抗风最基本的研究内容。国内外对 π 型梁已有研究主要是针对风洞试验、数值模拟结果和典型抗风措施的总结讨论，如华文龙[1]和庄欠国[2]通过风洞试验的方法，分别研究了 π 型梁斜拉桥和悬索桥的涡激振动和颤振稳定性能，并讨论了增设稳定板的改善效果。屈东洋[3]利用 CFD 数值模拟，研究了风嘴、栏杆和中央稳定板对 π 型桥梁抗风稳定性的影响。他们的研究成果均基于某一桥梁截面，不具有普适性，且附加气动措施极大的增加了工程造价、施工难度和运营维护成本。Kubo[4-5]研究发现，通过将 π 型梁两片边主梁向截面中心线移动，可以从静风荷载和风致振动响应等多个方面显著地改善其抗风性能，提出了通过优化几何外形，提高桥梁气动性能的可能性。高宽比是结构最基本的几何外形参数，决定了气流的分离和再附情况。

本文在已有相关研究成果的基础上，基于风洞试验，通过参数统计确定参数范围，严格按照控制变量法，详细讨论了高宽比对 π 型截面静风荷载、流场结构和漩涡脱落的影响规律，为进一步深入的研究和实际工程中截面的设计选用提供基本的参考。

2 风洞试验及测试方法

本实验在中南大学闭口回流式风洞实验室高速试验段中进行，该试验段宽和高均 3 m，长 15 m。风速范围 0 ~ 94 m/s，湍流度小于 0.5%。π 型梁采用组合式节段模型，由桥面板和两个边主梁三部分组成，边主梁可拆卸替换。其中，桥面板的尺寸大小固定，高 3 cm，宽 60 cm，长 150 cm，采用优质松木和层板制作。根据统计资料，实际工程中 π 型梁高宽比应用范围为 0.078 ~ 0.136，因此采用 1 cm、2 cm、3 cm、4 cm、5 cm 和 6 cm 六种边主梁模型高度，对应于高宽比 H/B 变化范围为 0.067 ~ 0.150，采用亚克力有机玻璃板制作，实现参数范围的完全包络，保证试验完备性。节段模型的长宽比 $L/B = 2.5 > 2$。节段模型在风洞实验室中刚性固定，但可通过绕轴旋转调整风攻角的大小，如图 1 所示。模型沿跨中截面布置测压孔，内径为 0.6 mm，外孔径为 1.8 mm。在模型前方 2 m、壁面 0.5 m 和地面 1 m 处固定一皮托管，用橡胶管与压力扫描阀(Scanivalve, ZOC33/64PxX2)连接，用以测量参考静压。模型表面各测压孔和参考静压通过两台电子高频压力扫描阀同步测得。

3 试验结果分析

利用节段模型风洞试验中电子压力扫描阀的测压时程数据，得到不同高宽比下，π 型梁节段模型表面的压力分布。通过压力积分法，得到各工况下的静力三分力系数，分析总结相应规律，并从模型表面压力分布的角度进行适当的解释。限于篇幅，仅给出 −12° ~ +12°风攻角(变化步长为 2°)范围内，不同高宽比下，π 型梁节段模型静力三分力系数，如图 2 所示。

* 基金项目：国家自然基金资助项目(51508580, 51508574, U153420035)，高铁联合基金重点项目(U1534206)

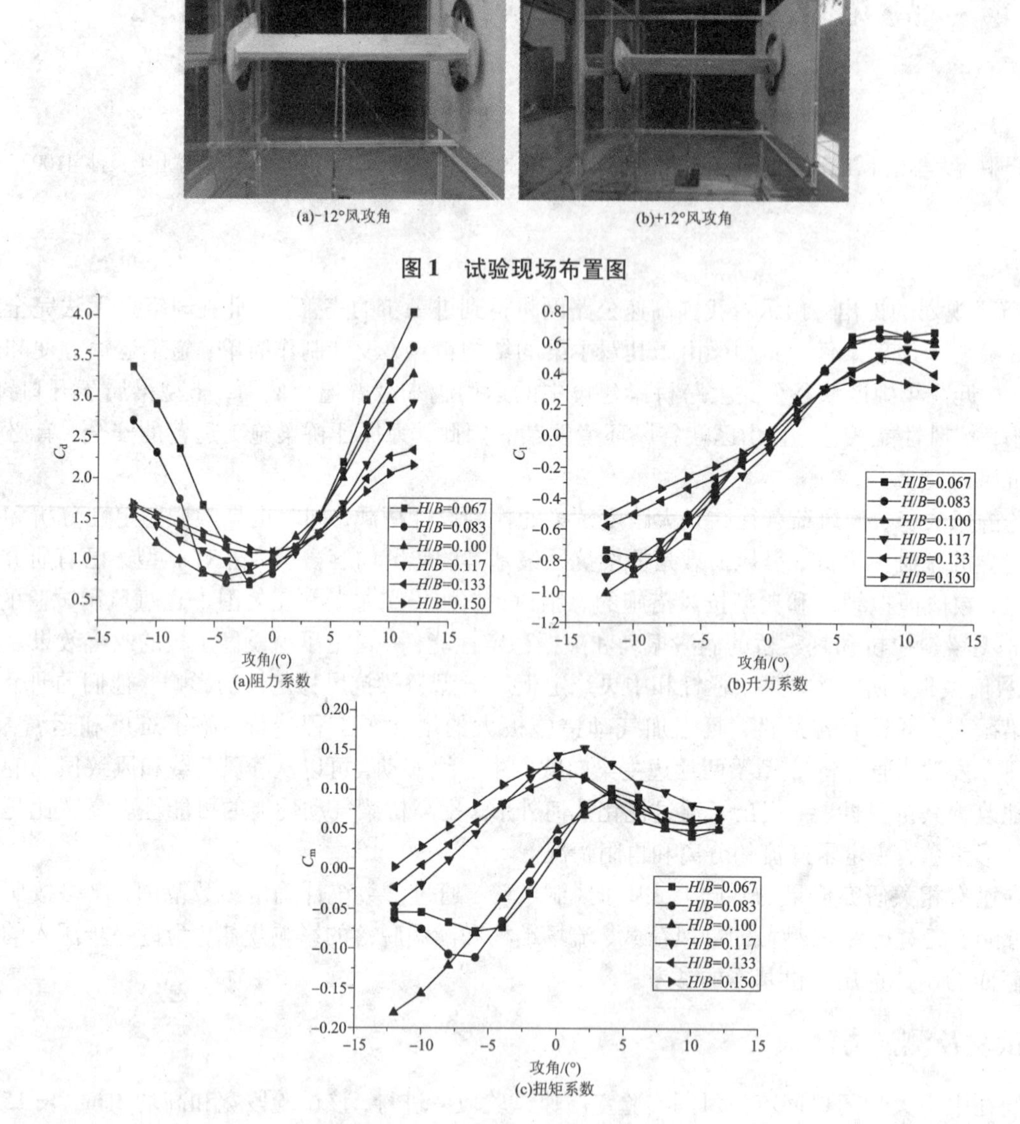

图1　试验现场布置图

图2　不同风攻角和不同高宽比下的三分力系数

4　结论

通过对试验数据的处理和分析，得到以下几点主要结论：

(1)高宽比的大小对 π 型梁三分力系数影响显著，且在大攻角下差异性更加明显。

(2)正攻角下，π 型梁的阻力系数和升力系数随高宽比增大而减小，主要原因是由于边主梁下表面的负压区范围随高宽比的增大而增大。

(3)小高宽比(H/B = 0.067 和 0.083)π 型梁在大负攻角下，静力三分力系数的变化规律表现出明显的非一致性。

参考文献

[1] 华文龙. 边主梁断面叠合梁斜拉桥涡振特性及抑振措施研究[D]. 长沙：湖南大学土木工程学院，2013.

[2] 庄欠国. 叠合梁悬索桥的抗风性能研究[D]. 长沙：湖南大学土木工程学院，2014.

[3] 屈东洋. 基于数值模拟下 π 型断面气动选型[D]. 西安：长安大学土木工程学院，2015.

[4] Kubo Y, Sadashima K, Yamaguchi E. Improvement of aeroelastic instability of shallow π section[J]. Journal of Wind Engineering and Industrial Aerodynamics, 2001, 89(14 - 15): 1445 - 1457.

[5] Kubo Y, Kimura K, Sadashima K. Aerodynamic performance of improved shallow π shape bridge deck[J]. Journal of Wind Engineering and Industrial Aerodynamics, 2002, 90(12 - 15): 2113 - 2125.

基于遗传混合算法的二维耦合颤振方法*

朱进波[1]，郑史雄[1]，唐煜[2]，郭俊峰[1]
（1.西南交通大学土木工程学院 四川 成都 610031；2.西南石油大学土木工程与建筑学院 四川 成都 610500）

1 引言

桥梁颤振研究领域中，在 Scanlan 建立的经典桥梁颤振自激力模型框架下，先后提出了不同的二维颤振分析方法。本文针对其中的二维二自由度耦合颤振分步分析方法，将二维颤振分析转变为求解非线性方程组的问题。引入具有自组织、自适应和自学性能的遗传混合算法，不需要人为选取初始频率，自动搜索每级风速下全局最优的各自由度的振动频率解，避免了迭代算法陷入局部收敛甚至不收敛的情况。

2 求解二维耦合颤振问题的传统数值方法

为深入了解颤振机理，分析颤振导数在颤振过程中的贡献，Matsumot 等提出了另一种求解方法即颤振分步分析法，之后项海帆和杨咏昕[1]提出用不同自由度间的激励－反馈原理来解耦系统方程的方法。分步分析法求解时，每级风速下的各自由度振动频率都需要经过迭代求得，以此得到启发，将颤振问题的分析转变为求解下列二元非线性方程组[2]的问题：

$$\begin{cases} \omega_{\alpha0}^2 - \omega_\alpha^2\left[1 + \dfrac{\rho B^4}{I}A_3^* + \dfrac{\rho B^4}{I}\dfrac{\rho B^2}{m_h}\Omega_{h\alpha}(A_1^* H_2^* \sin\theta_1 + A_4^* H_2^* \cos\theta_1 + A_1^* H_3^* \sin\theta_2 + A_4^* H_3^* \cos\theta_2)\right] = 0 \\ \omega_{h0}^2 - \omega_h^2\left[1 + \dfrac{\rho B^2}{m_h}H_4^* + \dfrac{\rho B^4}{I}\dfrac{\rho B^2}{m_h}\Omega_{\alpha h}(H_2^* A_1^* \sin\theta_5 + H_3^* A_1^* \cos\theta_5 + H_2^* A_4^* \sin\theta_6 + H_3^* A_4^* \cos\theta_6)\right] = 0 \end{cases} \tag{1}$$

方程组(1)中，m_h、I 分别代表结构竖向广义质量和扭转广义质量惯矩；ω_{h0}、$\omega_{\alpha0}$ 分别代表结构竖向和扭转两个自由度运动的结构固有频率；ρ 为空气密度；B 为桥梁实际断面宽度；H_i^*、A_i^*（$i=1, \cdots, 4$）为颤振导数；$\Omega_{i,j}$（$i, j=a, h$）为量纲为一的系数；θ_1、θ_2、θ_5、θ_6 为不同耦合运动间的相位差角。

求解上述形式的非线性方程组时，有基于不动点迭代的简单迭代法，即原始耦合分析方法中使用的迭代法，有为了增加方程组求解收敛速度而提出的牛顿法等。对于非线性方程组而言，最为重要的是迭代的收敛性与所取的闭区域有关。本文将通过一个较简单的非线性方程组算例，分别从迭代初始值、迭代格式等方面来说明传统方法的收敛性问题。

3 遗传混合算法

遗传算法[3]具有群体搜索和全局收敛性，不需要人为选取初始点，具有自行适应性，克服了传统算法对初始点的敏感性问题。同时引入 L－M 算法对遗传算法计算结果下的优良个体进行局部搜索，克服遗传算法局部搜索缓慢的问题。将二者优点结合并成遗传混合算法，引入二维耦合问题的求解过程中，计算流程做出相应调整。传统分步分析法与本文方法的流程图分别如图 1、2 所示。

为验证本文颤振分析方法的可靠性和适用性，分别用遗传混合算法和传统不动点迭代法对某公路桥梁断面的耦合颤振问题进行计算分析，颤振时分析结果如表 1 所示，随风速变化的系统振动圆频率与系统牵连阻尼比如图 3、图 4 所示，二者分析结果完全一致。而本文建立的遗传混合算法，由于具有全局收敛的先天优势，故建议在今后的颤振分析中推广使用。

表 1 桥梁断面颤振时分析结果对比

分析方法	颤振临界风速/($m \cdot s^{-1}$)	系统扭转圆频率	系统竖弯圆频率
传统不动点迭代法	65.7	1.7272	1.05166
本文遗传混和算法	65.7	1.7272	1.05167

* 基金项目：国家自然科学基金(51378443)，中国铁路总公司科技开发项目(2015G002－A)

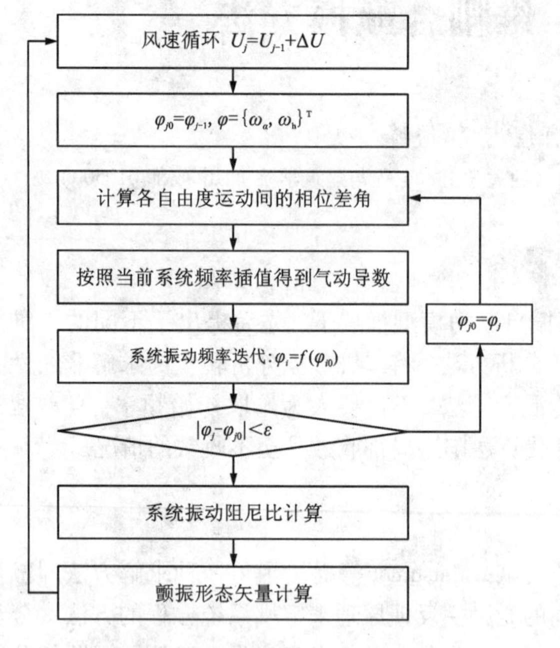

图1 传统的分步分析法流程图

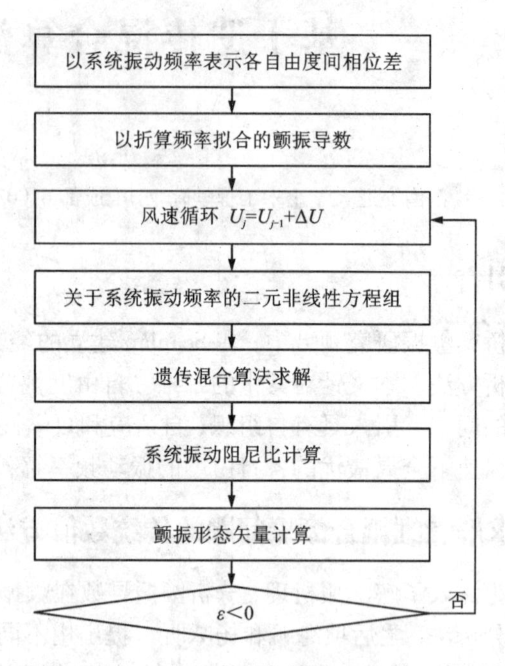

图2 本文分步分析法流程图

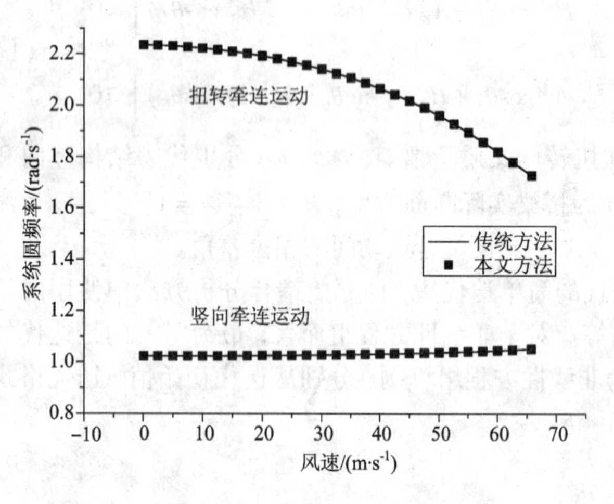

图3 随风速变化的系统振动圆频率比较

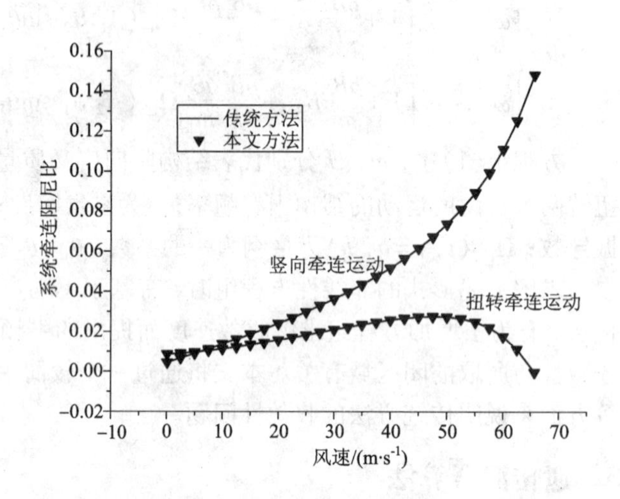

图4 随风速变化的系统牵连阻尼比比较

4 结论

通过对传统的二维二自由度耦合分步分析方法中数学问题的研讨，发现应用其中的数值迭代方法存在局部收敛性的问题。将二维二自由度耦合颤振分析转变为求解关于系统振动频率的非线性方程组问题，使得求解的方式多元化。引入了不需要自行选取初始值的遗传混合算法进行全局搜索和局部精细收敛运算，建立基于遗传混合算法的二维耦合颤振分步分析方法。理论推导与算例分析均表明，本文所提出的方法具有精度高、无条件收敛的优点。

参考文献

[1] 项海帆，葛耀君，朱乐东，等. 现代桥梁抗风理论与实践[M]. 北京：人民交通出版社，2005：206－217.
[2] 晁玉翠. 求解非线性方程组的修正牛顿法研究[D]. 哈尔滨：哈尔滨工业大学数学系，2007：4－7.
[3] 张晓贵，戴冠中. 一种新的优化搜索算法—遗传算法[J]. 控制理论与应用，1995，12(3)：265－273.

大跨度公铁两用倒梯形断面钢桁梁气动参数研究*

邹明伟[1]，郑史雄[1]，唐煜[2]，郭俊峰[1]
（1. 西南交通大学土木工程学院 四川 成都 610031；2. 西南石油大学土木工程与建筑学院 四川 成都 610500）

1 引言

桥梁气动参数的获取主要有现场实测、风洞试验和数值模拟三种方法，相对于现场测试和风洞试验，数值模拟的成本低、效率高，具有很好的重复性。目前关于桁架梁桥气动参数的数值研究较为少见，主要集中主梁静力三分力系数识别方面，如戴伟[1]、李永乐[2]、沈自力[3]等开展的 CFD 数值工作。对于桁架梁桥气动导纳的数值研究则未见报道，仅有 Uejima[4] 和唐煜[5] 等研究者对一些简单断面（如平板、矩形、扁平六边形和流线型箱梁）气动导纳数值识别的尝试。

本文在前人研究的基础上，以外轮廓和实面积比作为控制条件，对某公铁两用悬索桥倒梯形桁架主梁建立不同位置斜腹杆的二维模型，通过气动仿真计算它们的静力三分力系数，然后与风洞试验结果对比，选取最接近试验结果的二维模型为二维等效模型。然后对二维等效模型在单一频率的竖向简谐脉动风速下进行气动导纳数值识别。

2 静力三分力系数的 CFD 计算

2.1 计算模型、计算工况

由于桁架梁无法像箱梁、主梁那样直接获得对称的二维截面，此时断面的获取可采取近视的方法，以外轮廓和实面积比作为控制条件。具体做法为全桥通长部分的结构直接截取，对于处于节间的斜腹杆，将上弦杆和下弦杆之间等距分为 10 份，斜腹杆放置在不同位置，对不同二维模型编号为 1# ~ 10#。对这些二维模型的静力三分力系数进行数值识别，将结果与风洞试验数据进行对比，选取误差最小的二维模型视为二维等效截面。同时也将不考虑斜腹杆的二维模型作为一种工况进行计算。5#模型断面如图 1 所示。

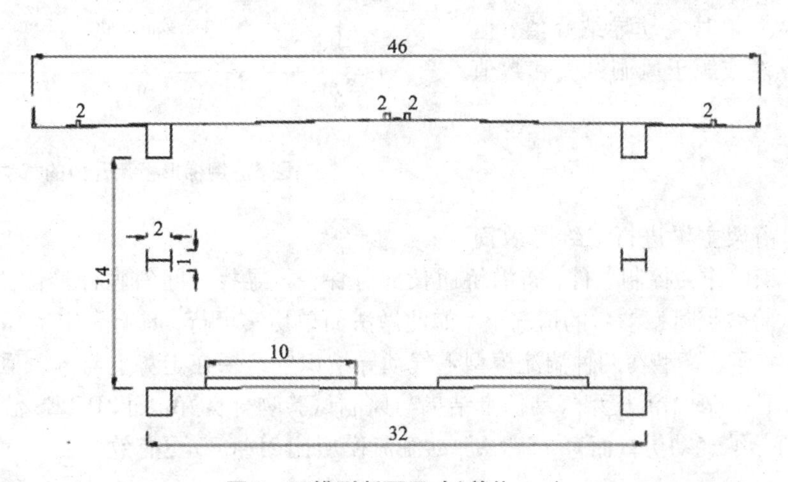

图 1 5#模型断面尺寸（单位：m）

2.2 计算域、网格划分、边界条件

计算域选择 $21B \times 14B$ 的矩形，B 为主桁梁断面模型宽度。网格采用四边形结构化网格，在截面周围附近进行网格加密。计算域边界条件为：入口为速度进口，湍流强度取 0.5%；出口为压力边界条件，参考压力为零；上下侧采用对称边界；主桁梁断面表面采用无滑移壁面条件。

---

* 基金项目：国家自然科学基金(51378443)

2.3　计算结果

二维等效截面、无腹杆模型和风洞试验的阻力系数变化曲线如图 2 所示。

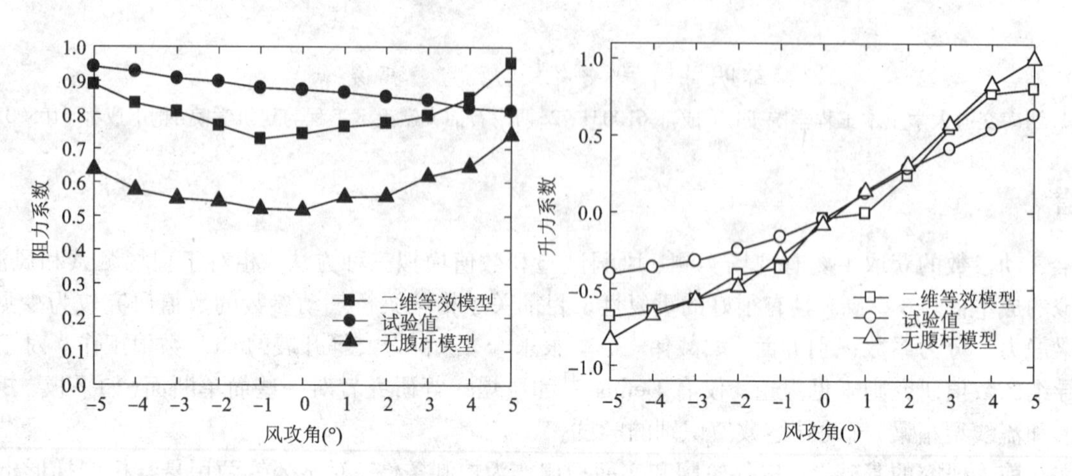

图 2　阻力系数变化曲线

3　气动导纳数值识别

升力气动导纳识别结果如图 3 所示。从图中可以看出，桁架主梁升力气动导纳在两种湍流模型下识别结果从低折算频率到高折算频率总体呈下降趋势，与 Sears 函数基本保持一致。低频时，两种模型气动仿真结果与风洞试验数据吻合，低于 Sears 函数。在高频范围，2D LES 模型导纳值急剧下降，而 SST $k-\omega$ 模型在 Sears 函数上下波动，同时在 $k=1.4$ 时出现极大值，捕捉到了试验高频时气动导纳峰值，但是有差异。这种差异性或源于风洞试验和数值模型风场的不同。

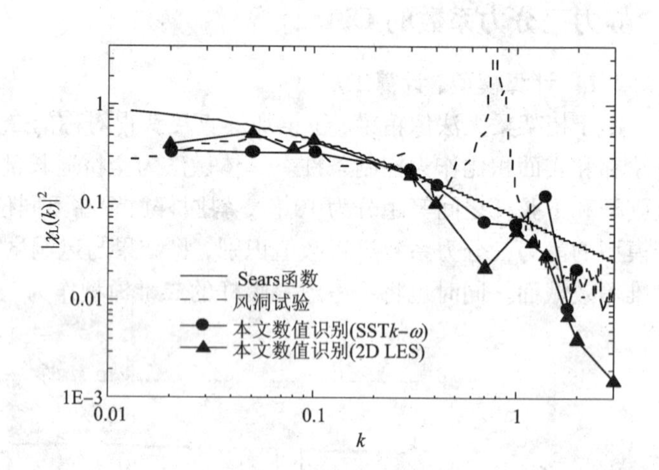

图 3　倒梯形桁架升力的气动导纳

4　结论

(1)对公铁两用桁架主梁进行二维等效简化，以外轮廓和实面积比作为控制条件，将沿桥通长部分保留，寻找节间斜腹杆最佳位置，并视为二维等效断面。在有风洞试验数据可以参考的情况下，如此做法简单切实可行，具有一定实际应用价值。

(2)桁架主梁二维等效模型在两种湍流模型下气动导纳识别结果在走势上与 Sear 函数基本一致，但在数值上相差较大。SST $k-\omega$ 湍流模型气动仿真结果与风洞试验吻合良好，而 2D LES 湍流模型与 Sear 函数更接近。所以就气动导纳气动仿真而言，SST $k-\omega$ 湍流模型比 2D LES 更有效。

参考文献

[1] 戴伟. 桥梁桁架构件气动力参数研究[D]. 上海：同济大学土木工程学院，2007：1-101.
[2] 李永乐，安伟胜，蔡宪棠. 倒梯形板桁主梁 CFD 简化模型及气动特性研究[J]. 工程力学，2011，28(1)：103-109.
[3] 沈自力. 基于 CFD 的桁架桥气动参数研究[J]. 铁道科学与工程学报，2015，12(4)：852-858.
[4] Uejima H, Kuroda S, Kobayashi H. Estimation of aerodynamic admittance by numerical computation[C]//BBAA Ⅵ International Colloquium on Bluff Bodies aerodynamics and Applications, Milano, Italy, July, 2008：20-24.
[5] 唐煜，郑史雄，张龙奇，等. 桥梁断面气动导纳的数值识别方法研究[J]. 空气动力学学报，2015，33(5)：706-713.

侧风作用下行车对桥气动特性数值模拟研究*

邹思敏[1,2]，何旭辉[1,2]，左太辉[1,2]，刘雄杰[1,2]，彭益华[1,2]，于可辉[1,2]
(1. 中南大学土木工程学院 湖南 长沙 410075；2. 高速铁路建造技术国家工程实验室 湖南 长沙 410075)

1 引言

随着计算机技术逐步提高，且数值模拟有成本低，周期短，模型变化灵活等优点。岳澄、张伟[1]通过建立桥梁单体模型、车辆单体模型和车桥耦合体系模型在不同风向角下研究了车桥耦合体系气动力特性和风压分布。李爱飞[2]研究了横风作用下列车自身的气动性能，并且考虑了列车对桥梁抗风性能的影响。黄林等[3]针对横风作用以及横风与列车风联合作用下的车桥系统绕流特性进行了分析。目前绝大多数针对车桥系统气动性能的研究，均通过设置来流风向角模拟车辆运动的影响，这种方法计算量小，便于参数化研究，广受欢迎。而实际上这种方法显然与真实情况不符，另有滑移网格技术可以真实模拟列车在桥梁上的实际运行，得到更加符合实际的列车风。本文通过不同数值模拟手段，分析侧风作用下合成风向角与动态车－桥系统气动特性的差异，研究结论可为风－车－桥系统研究提供参考。

2 数值模拟

高速铁路桥梁中，使用最广泛的是简支箱梁(图1)，研究中桥梁几何模型采用京沪高速铁路中 32 m 双线简支箱梁桥。拟模拟桥墩 10 m 高，由于本文采用滑移网格模拟车辆运动(图2)，为了减少影响因素，便于结果分析，模型中不建立桥墩，只取相应的底部到地面距离为 10 m。对于双线简支箱梁桥，现有研究表明，列车在迎风侧的安全性较在背风侧差，本文只正对列车在迎风侧情况进行分析。研究中车辆几何模型选用 CRH2 型高速列车。同时针对当列车速度为 350 km/h，侧风速度为 15 m/s 进行分析。

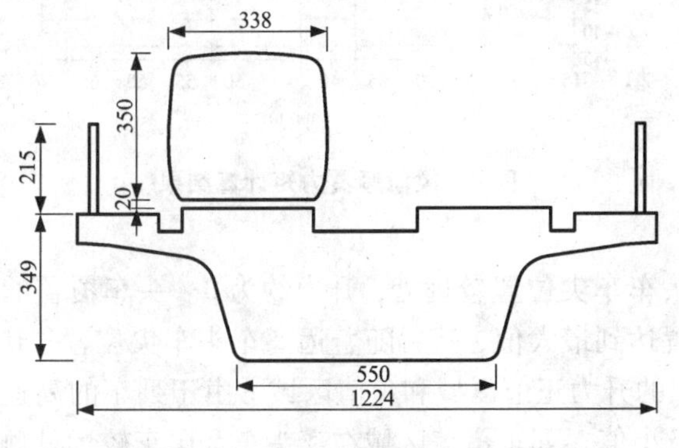

图1 简支梁桥横截面见图(cm)

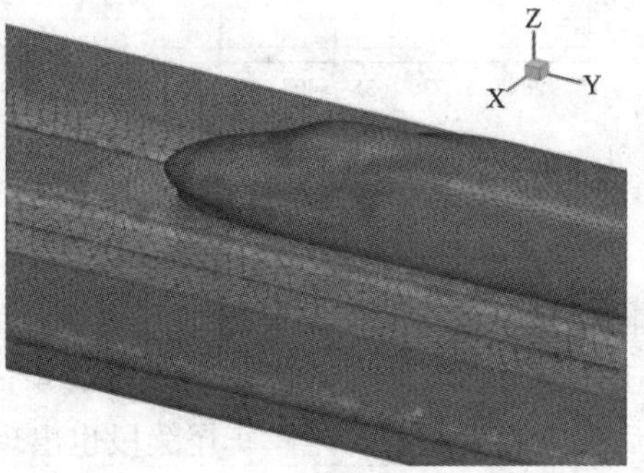

图2 车桥组合网格划分

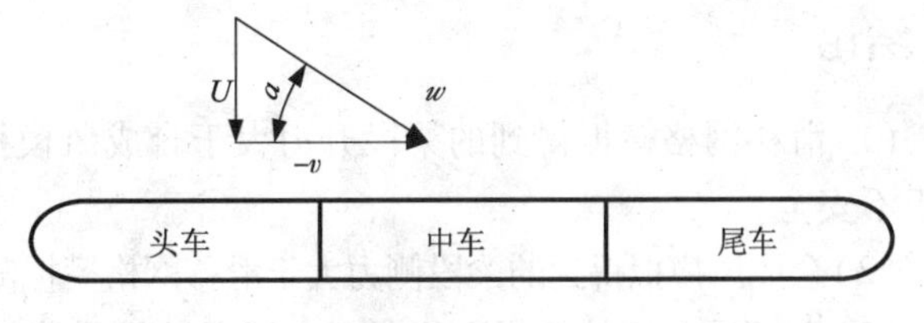

图3 合成风向角法的基本原理

文中数值模拟针对低湍流强度的车－桥外绕流场，数值模型中入口和出口的湍流强度取为一般风洞来流湍流度 0.5%。将高速列车、桥梁和风屏障表面、设为无滑移壁面边界条件。横风马赫数小于 0.3，计算时按不可压缩定常流动问题处理。本文研究采用雷诺时均模拟方法(RANS)，仅考虑湍流分量对流场平均流动贡献，得到平均意义下的流场与气动力特性。为较为有效的反映车－桥体系流动分离与再附的绕流特征，计算中选用对复杂边界层分离流模拟比较有效的 SSTk－ω 两方程湍流模型。图 3 所示为合成风向角法，图 4 给出了滑移网格方法计算区域及边界条件定义。

* 基金项目：国家自然基金资助项目(51508580，51508574，U153420035)，中南大学“创新驱动计划”项目(2015CX006)

3 结果与分析

结果如图4～7所示。

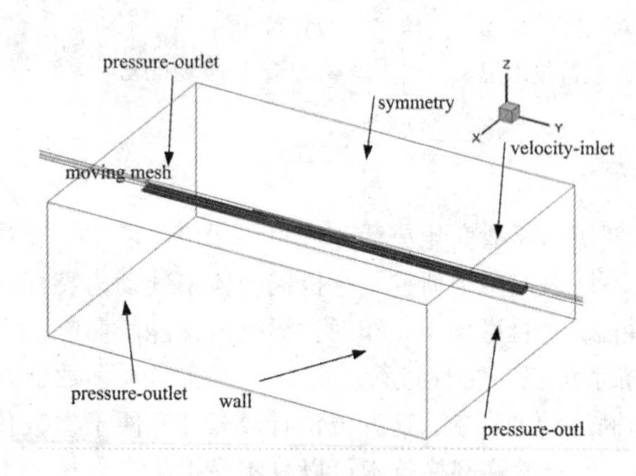

图4 计算区域及边界条件定义

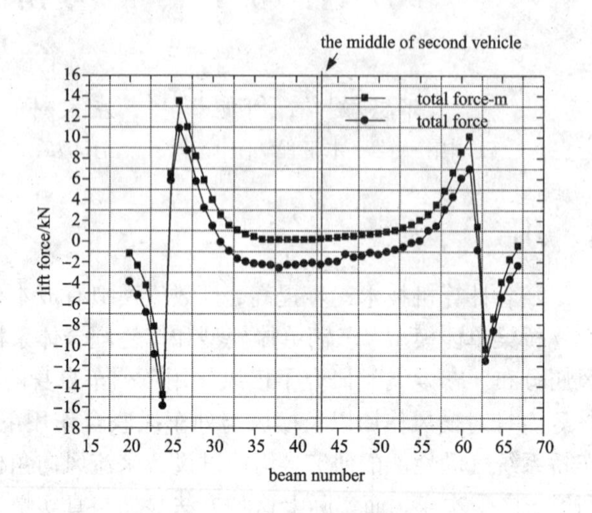

图5 梁段升力计算结果

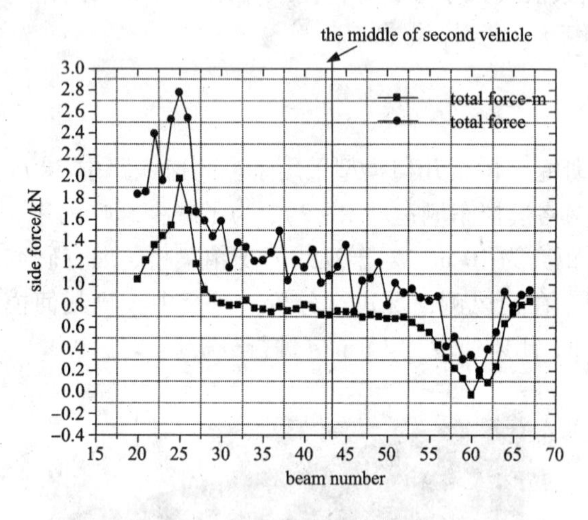

图6 梁段阻力计算结果

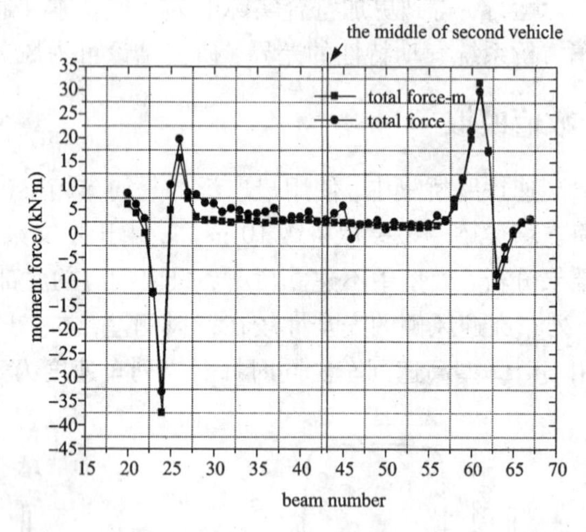

图7 梁段倾覆力矩计算结果

由图可知，头车车前梁段出现升力为负的区域，离头车车尖位置较远处，升力约为0。头车覆盖的区域出现升力为正的区域。在距离头车车尖4 m左右的位置达到最大值，其后随着远离车头车尖位置，升力下降，后逐渐趋于平稳。尾车车尾梁段也出现与头车类似的升力正值区域和负值区域。由于列车的高速运行，头车附近梁段出现侧力极大值，尾车附近出现侧力极小值。列车覆盖区域在离头车及尾车较远处侧力趋于平稳。两种不同模拟方法得到的桥梁截面的侧力、升力和倾覆力矩规律基本一致，但是数值差异明显。

4 结论

(1)滑移网格模拟得到的梁段升力大于合成风模拟升力，利用合成风向角的方法研究梁段升力，结果偏于不安全。

(2)合成风模拟得到的梁段侧力大于滑移网格模拟侧力，合成风向角的方法研究梁段侧力，结果偏于安全。

(3)由倾覆力矩的结果可以发现，两者的结果非常的一致，力矩受侧力、升力及矩心影响，各工况中矩心一定，力矩系数由侧力和升力共同决定。

参考文献

[1] 岳澄，张伟. 车桥耦合气动力特性和风压分布数值模拟[J]. 天津大学学报，2007，40(1)：68－72.

[2] 李爱飞. 横风作用下高速列车车－桥系统气动性能分析[J]. 电子世界，2014(14)：124－125.

[3] 黄林，廖海黎. 横向风作用下高速铁路车桥系统绕流特性分析[J]. 西南交通大学学报，2005，40(5)：585－590.

七、输电线塔抗风

结构参数变化对特高压输电导线风偏响应的影响分析*

白航[1]，楼文娟[1]，杨晓辉[2]，罗罡[1]

（1. 浙江大学建筑工程学院结构工程研究所 浙江 杭州 310058；2. 国网河南省电力公司电力科学研究院 河南 郑州 450052）

1 引言

风偏是架空输电导线在风荷载作用下偏离其垂直位置的现象。过于严重的风偏会引起闪络，导致线路跳闸[1-4]，研究并准确计算导线风偏已成为电网正常运行的迫切需求。对于输电线路风偏问题，国外的研究起步较早，日本和部分北美国家率先开展了对实际输电线路的风偏观测[5-6]。Li 对线路风偏在线检测结果进行分析，发现恶劣气象条件是导致风偏闪络事故的直接外在原因[7]。国外学者对风偏问题早期的研究多将导线－绝缘子串简化为刚性杆－质量点的静力学单摆模型[8-10]，具有简洁方便的优点，而我国现行电力行业标准采用的刚性直棒法[11-12]与此类似。与其它电压等级的输电线路相比，由于特高压线路的重要性等级更高，风偏闪络事故的危害更大，因此风偏响应的精细化分析更为必要。本文以某实际 1000 kV 特高压线路[13]为例，建立导线－悬垂绝缘子串模型，通过非线性静力分析方法计算导线的平均风偏响应，并以平均风偏状态下的导线构型与刚度作为计算初始条件，通过线性动力方法计算导线的脉动风响应。计算并对比不同档距、支座高差、张力工况下导线的风偏响应，研究这些参数变化对特高压线路风偏响应的影响，并从单摆模型的角度解释悬垂绝缘子串风偏角随上述参数的变化规律。

2 计算方法

导线是一种具有显著的几何非线性特征的结构，其风致响应需要采用非线性动力分析方法进行计算，运算代价较高。然而，通常情况下导线高度处的大气湍流度较小，导线风致响应的脉动部分可视为小变形[14]。若通过有限元非线性静力分析计算导线的平均风偏响应，并以平均风偏状态下导线的构型和刚度作为初始计算条件，则导线在脉动风荷载作用下的运动方程可表示为

$$\bar{\boldsymbol{k}}\tilde{\Delta} + \boldsymbol{c}\dot{\tilde{\Delta}} + \boldsymbol{m}\ddot{\tilde{\Delta}} = \boldsymbol{f} \tag{1}$$

其中导线的阻尼矩阵 $\boldsymbol{c}$ 包含结构阻尼与气动阻尼的贡献。式(1)为线性微分方程，可改用频域法进行求解。根据振型分解法，在主坐标系下，有

$$\boldsymbol{S}_{\mathrm{q}}(\omega) = \boldsymbol{H}(\omega)\boldsymbol{S}_{\mathrm{p}}(\omega)[\boldsymbol{H}^{*}(\omega)]^{\mathrm{T}} \tag{2}$$

式中：$\boldsymbol{S}_{\mathrm{p}}(\omega)$ 和 $\boldsymbol{S}_{\mathrm{q}}(\omega)$ 分别为脉动风荷载谱和响应谱；$\boldsymbol{H}(\omega)$ 为频响函数矩阵。

3 结构参数变化对风偏响应的影响分析

以曾经发生风偏跳闸故障的某 1000 kV 特高压输电线路为例，建立 110#～118#区段的导线－悬垂绝缘子串有限元模型，如图 1 所示。通过不同线路结构参数工况的风偏响应对比，研究这些参数变化对导线及悬垂绝缘子串风偏响应的影响，并从单摆模型的角度解释悬垂绝缘子串风偏角随结构参数的变化规律，以验证其合理性。

4 计算结果

图 2 给出了 113#～114#档档距 L 为 300 m～1000 m 等工况下，114#悬垂绝缘子串最大风偏角 $\varphi_{\max}$ 的计算结果。上述工况下，113#塔的呼称高设为 140 m，114#塔的呼高为 125 m。可以看出，随着 L 的增大，$\varphi_{\max}$ 逐渐减小。

* 基金项目：国家自然科学基金资助项目(51378468)，国家电网公司重大科技指南项目(52170215000C)

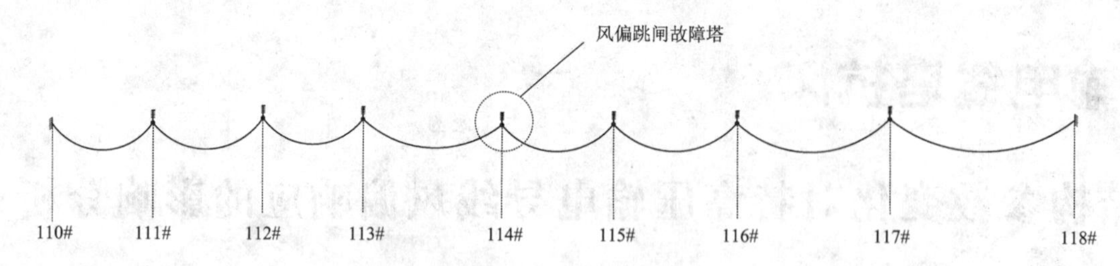

图1　某 1000 kV 特高压输电线路 110#~118#区段模型

由于113#塔的导线挂点比114#塔更高，113#~114#档导线最低点偏向114#塔一侧，从而导致113#塔分担的导线重量比例高于114#塔。而随着该档档距的增大，导线最低点位置更加趋近于跨中，使得114#塔分担的导线重量比例增大，即114#塔的垂直档距增大。另一方面，档距增大会导致导线弧垂增大，从而单位长度导线上的风荷载有所减小。而从单摆模型的角度来看，上述两种因素均会导致114#悬垂绝缘子串的风偏角减小。

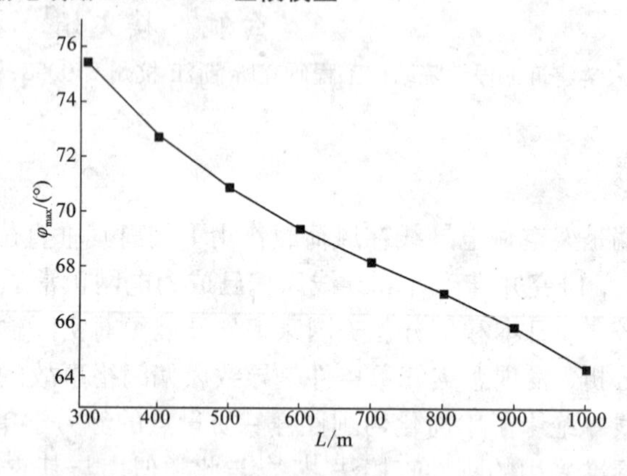

图2　114#悬垂绝缘子串最大风偏角随113#~114#档档距的变化规律

5　结论

本文以某实际1000 kV 特高压线路为例，研究了线路结构参数变化对特高压线路风偏响应的影响，并从单摆模型的角度解释悬垂绝缘子串风偏角随这些参数的变化规律，得出的主要结论如下：①线路结构参数的变化不仅会引起导线风荷载的变化，也会改变各基杆塔分担的导线自重比例，还会使导线的动力特性以及气动阻尼特性发生变化，从而使导线以及悬垂绝缘子串的风偏响应特性发生不同程度的改变。②当某档导线两端存在高差时，档距越大，挂点较低侧的悬垂绝缘子串风偏角越小。③单摆模型可以准确预测悬垂绝缘子串风偏角随线路结构参数的变化趋势。

参考文献

[1] 张禹芳. 我国500 kV 输电线路风偏闪络分析[J]. 电网技术，2005，29(7)：65-67.

[2] 胡毅. 影响送电网安全运行的有关问题及对策[J]. 高电压技术，2005，31(4)：77-78.

[3] 胡毅. 输电线路运行故障的分析与防治[J]. 高电压技术，2007，33(3)：1-8.

[4] 李黎，肖林海，罗先国，等. 特高压绝缘子串的风偏计算方法[J]. 高电压技术，2013，39(12)：2924-2932.

[5] Hiratsuka S, Matsuzaki Y, Fukuda N, et al. Field test results of a low wind-pressure conductor[C]//Proceedings of IEEE Region 10 International Conference on IEEE, 2001, 2: 664-668.

[6] St Clair J G. Clearance calculations of conductors to buildings[C]//Transmission and Distribution Conference, IEEE, 1996: 493-498.

[7] Li N, Lv Y, Ma F, et al. Research on overhead transmission line windage yaw online monitoring system and key technology[C]// Computer and Information Application (ICCIA), 2010 International Conference on. IEEE, 2010: 71-74.

[8] Tsujimoto K, Yoshioka O, Okumura T, et al. Investigation of conductor swinging by wind and its application for design of compact transmission line[J]. Power Apparatus and Systems, IEEE Transactions on, 1982 (11): 4361-4369.

[9] Allen L. Calculation of horizontal displacement of conductors under wind loading toward buildings and other supporting structures [C]//Papers Presented at the 37th Annual Conference, IEEE, 1993: A1/1-A1/10.

[10] Rikh V N. Conductor spacings in transmission lines and effect of long spans with steep slopes in hilly terrain[J]. IE (I) Journal, 2004, 85(5): 8-16.

[11] 邵天晓. 架空送电线路的电线力学计算[M]. 2版. 北京：中国电力出版社，2003：33-99.

[12] 张殿生. 电力工程高压送电线路设计手册[M]. 2版. 北京：中国电力出版社，2002：166-191.

[13] 李勇伟，袁骏，赵全江，等. 中国首条1000 kV 单回路交流架空输电线路的设计[J]. 中国电机工程学报，2010，30(1)：117-126.

[14] Aboshosha H, Damatty A E. Dynamic response of transmission line conductors under do[illegible] and synoptic winds[J]. Wind and Structures, 2015, 21(2): 241-272.

考虑节点半刚性的输电塔风荷载模式研究*

钱程，沈国辉，姚剑锋，孙炳楠，楼文娟
（浙江大学结构工程研究所 浙江 杭州 310058）

1 引言

在输电塔风致响应的有限元研究中，普遍将一根杆上的风荷载等效为这根杆两端节点上的集中力荷载模式来进行计算，但在实际中，风荷载作用在输电塔杆件上时为分布力荷载模式，如图1所示。同时杆件位移响应与杆端约束有一定的关系，因此需要考虑节点的半刚性。本文在建立考虑节点半刚性的有限元基础，进行输电塔风荷载的分布力作用模式和集中力作用模式的研究，获得杆件在两种模式下的差异。

2 考虑节点半刚性的有限元建模和计算

节点半刚性连接的有限元建模方法是在现有的输电塔有限元模型基础上（如输电塔空间钢架模型[1]、桁梁混合模型等），在梁单元节点位置的连接中加入弹簧单元，使其具有一定的转动刚度而模拟出半刚性节点连接。本文采用的输电塔如图2所示，方形框内为半刚性连接节点，弹簧刚度 K 随节点连接形式而变化。针对不同的连接刚度，计算输电塔的前两阶自振频率 f，其中横坐标 $K_0=\ln K$，图3所示为不同 K 值情况下输电塔的振型频率，可以发现振型频率最大相差接近4%。

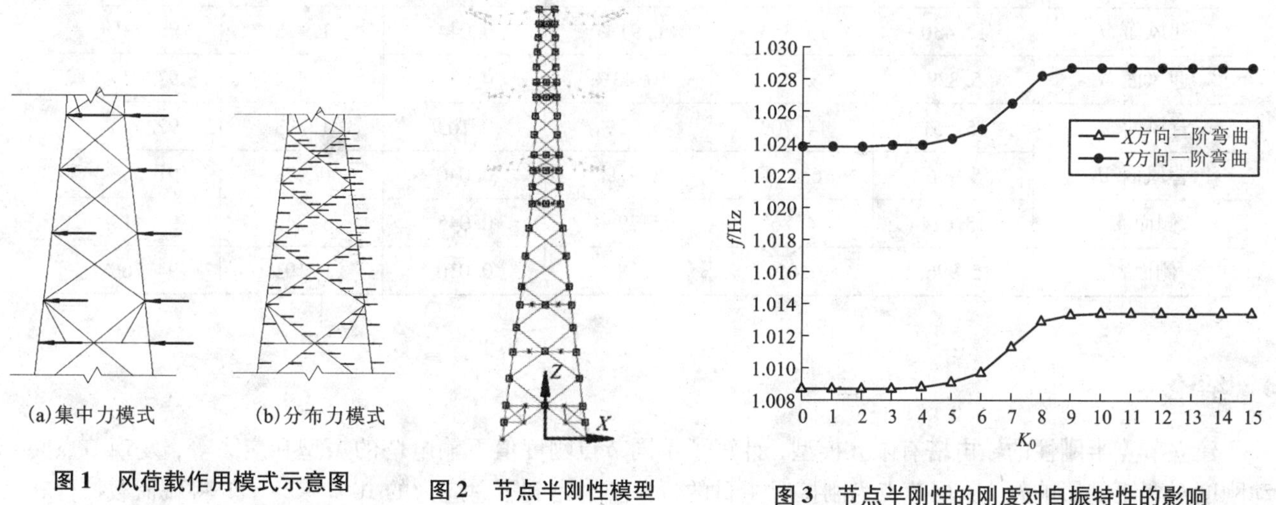

图1 风荷载作用模式示意图

图2 节点半刚性模型

图3 节点半刚性的刚度对自振特性的影响

图4所示为65 m高度处主材和斜材的弯曲应力、轴向应力及总应力。由图可知，半刚性节点的转动刚度对输电塔杆件的应力有较大影响，随着节点转动刚度的增大，由弯矩产生的应力占据的比重也随之增大并最后达到一个定值，因此对于具有半刚性和刚性连接的节点，在对主杆进行应力计算时应充分考虑节点半刚性的影响。

3 输电塔的风荷载作用模式研究

将图2所示的刚度 K 取为无穷大，主材和斜材在两种风荷载作用模式下的弯矩及偏差如表1所示。对于主材来说，集中力荷载作用下的弯矩和分布力结果差距不大；对于斜材来说，集中力荷载作用下的弯矩和分布力结果差距极大。变化输电塔的节点刚度，可以计算得到不同刚度情况下的杆件风致响应，可以发现对输电塔斜材的影响均较大。

* 基金项目：国家自然科学基金资助项目(51178425)

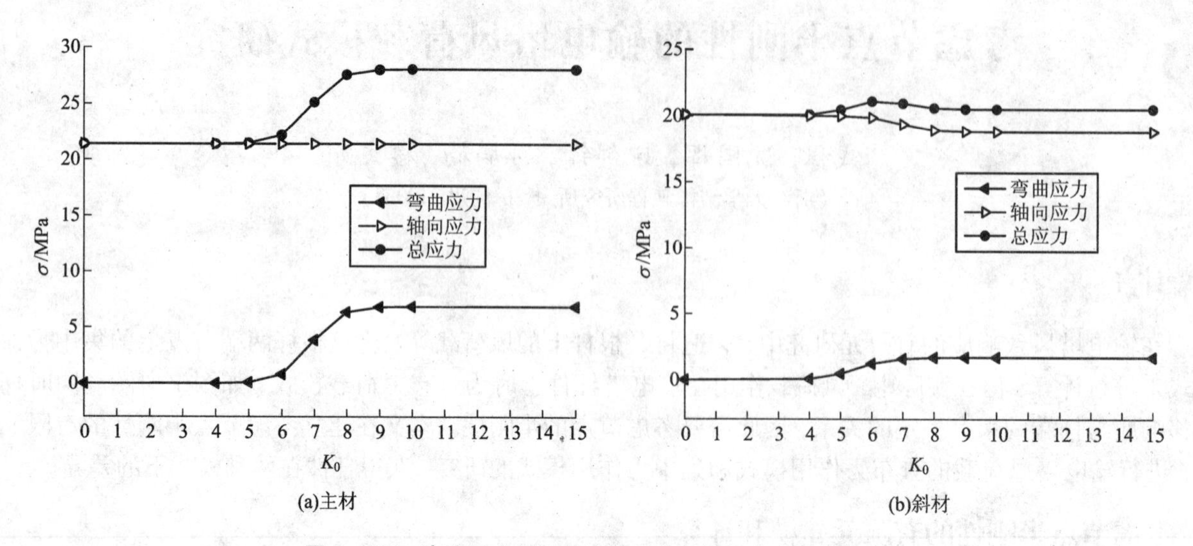

图 4　65 m 高度处主斜材的弯曲应力、轴向应力和总应力

表 1　主、斜材最大弯矩

	主材			斜材		
	集中力	分布力	偏差	集中力	分布力	偏差
迎风面 M_y	12.430	13.353	6.91%	0.044	1.428	96.92%
迎风面 M_z	5.829	6.508	10.43%	0.031	0.514	93.97%
背风面 M_y	15.551	14.709	5.72%	0.103	1.393	92.61%
背风面 M_z	5.996	6.558	8.57%	0.040	0.478	91.63%
侧面 M_y	15.614	14.760	5.79%	0.045	1.740	97.41%
侧面 M_z	5.996	6.617	9.38%	0.010	0.191	94.76%

4　结论

建立节点半刚性的输电塔有限元模型，计算了不同节点刚度值下输电塔的振型和应力等，发现节点转动刚度对弯矩的影响较大；当节点为刚接时主材的弯曲应力占到了总应力的 10% ~25%。将风荷载按分布力和集中力施加，发现两种荷载作用模式下输电塔位移、轴力的计算结果无明显差别，但输电塔的斜材构件中分布风荷载会产生较大的附加弯矩。

参考文献

[1] SHEN G H, CAI C S, SUN B N, et al. Study of dynamic impacts on transmission - line systems attributable to conductor breakage using the finite element method[J]. ASCE, Journal of Performance of Constructed Facilities, 2011, 25(2): 130 - 137.

基于改进多质点模型的输电塔－线体系平面内与扭转向动力特性评估方法*

施天翼[1]，陈寅[2]，邹良浩[1]，梁枢果[1]，石敦敦[1]

（1. 武汉大学土木建筑工程学院 湖北 武汉 430072；
2. 中国电力工程顾问集团中南电力设计院有限公司 湖北 武汉 430071）

1　引言

输电塔与线之间相互作用，相互影响，使得输电塔体系成为十分复杂的耦合体系，输电导线对输电塔动力特性[1-3]的影响不仅表现为质量效应、刚度效应，还表现为能量的耗散效应。本文通过分析既有的输电塔－线体系动力特性简化计算多质点模型存在的不足，推导建立了输电导线、输电塔以及塔－线耦合体系三维耦合动力简化计算的改进多质点模型，可以同时考虑结构在平面和扭转向的各阶振型频率。最后，通过具体算例验证了该动力简化计算模型的可靠性。

2　改进的多质点模型

2.1　多质点模型简述与分析

输电塔作为典型的线性结构体系，其本身平动和扭转向均可以简化为“糖葫芦串”的方式得到其质量矩阵和刚度矩阵。对于输电导(地)线，考虑导线抗拉刚度对输电塔－线体系动力特性的影响，可以简化为由连杆和集中质量铰接组成的悬索自由振动多自由度体系，由连杆和集中质量铰接组成的悬索自由振动多自由度体系如图1所示。在进行塔－线耦合体系计算时，刚度矩阵不耦合，质量矩阵耦合。在合成整体质量矩阵时，需要在相应的自由度位置考虑耦合项，通过整体刚度矩阵和质量矩阵计算得到整体体系的振型与频率。

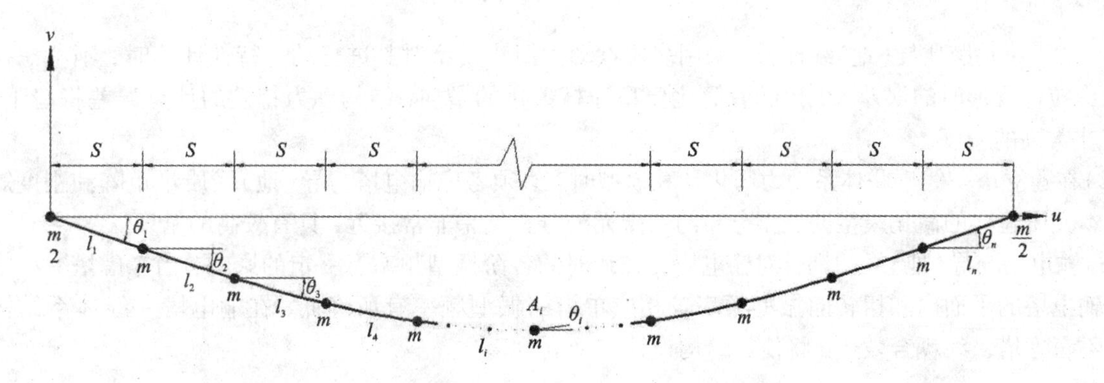

图1　悬索纵向自由振动多自由度计算模型

2.2　改进多质点模型

在进行塔线耦合时，导地线端点A随着输电塔对应质点运动，文献通过相对速度叠加方式认为其中质点亦随着端点A的运动而运动。然而，实际上，当端点A存在水平运动时，导线将增加一个自由度整体进行平面内运动，采用上述的耦合方法进行整体刚度矩阵耦合项的计算存在一定的问题，再者，上述的方法没有考虑扭转向动力特性，若将平动和扭转一起考虑，则只需要考虑端点A的水平运动 $\dot{u}_A + l_d\dot{\theta}_A$，即在进行导线刚度矩阵和质量矩阵计算时，在端点A考虑 $\dot{u}_A + l_d\dot{\theta}_A$ 的平动。其约束方程如下：

* 基金项目：国家自然科学基金项目(51478369)

$$\begin{cases} \xi_1 = \sum_{i=2}^{n-1} \dfrac{\partial \theta_1}{\partial \theta_i}\xi_i + \sum_{i=1}^{n} \dfrac{\partial \theta_1}{\partial l_i}\delta_i + \dfrac{\partial \theta_1}{\partial \theta_A}\theta_A + \dfrac{\partial \theta_1}{\partial u_A}u_A \\ \xi_n = \sum_{i=2}^{n-1} \dfrac{\partial \theta_5}{\partial \theta_i}\xi_i + \sum_{i=1}^{n} \dfrac{\partial \theta_5}{\partial l_i}\delta_i + \dfrac{\partial \theta_n}{\partial \theta_A}\theta_A + \dfrac{\partial \theta_n}{\partial u_A}u_A \end{cases} \tag{1}$$

式中 ξ_i、δ_i 为体系振动微分方程广义坐标，θ_i 为杆件的位置角 u_A 和 θ_A 分别为端点 A 的位移和转角。

根据方程(1)，由拉格朗日方程建立体系微分振动方程，求得耦合体系导线的动能后，分别对塔架顶部在平面平动速度 $\dot{u}_A$ 和扭转角速度 $\dot{\theta}_A$ 求导，即可得到耦合质量矩阵。将输电塔、输电导线质量矩阵和刚度矩阵合成整体矩阵，在相应的自由度位置考虑耦合项。最后通过整体刚度矩阵和质量矩阵计算得到整体体系的振型与频率。

3 算例与分析

以某实际工程应用中的酒杯塔为例，建立简化模型，该输电塔型号为 ZBV63 - 75，其塔身高度为 80.5 m，呼高 75 m。将该输电塔线体系简化为多质点模型，采用本文提出的计算方法，求得塔—线体系平面内和扭转向的频率，将简化模型动力特性的计算结果与有限元模型的分析结果进行对比，平面内与扭转向自振频率分别如表 1 所示。

表 1 输电塔自振频率

模型	平面内自振频率			扭转向自振频率		
	输电塔挂线/Hz	输电塔不挂线/Hz	相对误差/%	输电塔挂线/Hz	输电塔不挂线/Hz	相对误差/%
简化模型	1.344	1.476	6.7	1.658	2.522	34.2
有限元模型	1.414	1.491	5.2	1.779	2.685	33.7

4 结论

(1)对于小垂跨比导(地)线而言，采用多质点动力简化模型对其进行动力特性计算时，不考虑拉伸变形比考虑拉伸变形时的误差大，但随着简化模型连杆数量的增加，结构动力特性的计算误差将趋于稳定，并具有非常高的精度。

(2)在建立塔—线耦联体系动力简化计算模型时，必须考虑输电塔与导(地)线质量矩阵和刚度矩阵的耦合，本文所建立的简化模型的振型分布与有限元的分析结果非常接近，具有较高的精度。

(3)输电塔与导(地)线的耦合对输电塔在挂线时的各阶振型频率有一定的影响，当考虑塔 - 线耦合振动时，输电塔的平面内和扭转向振型频率较相应单塔的振型频率有所降低，在输电塔 - 线体系结构设计时，若不考虑塔 - 线耦合效应，将使得结构设计偏于危险。

参考文献

[1] S Ozono, J Maeda. In - plane dynamic interaction between a tower and conductors at lower frequencies[J]. Eng. Struct., 1992, 14(4).

[2] Liang Shuoguo, Wang Lizheng, Ma Zhenxin. An analysis of wind induced responses for Dashengguan electrical transmission towen - line system across the Yangtze River[C]//Wind Engineering into the 21st century. Proceedings of the 10th International Conference on Wind Engineering, Published by Balkema, June 1999, Copenhagen.

[3] 梁枢果，朱继华，王力争. 大跨越输电塔 - 线体系动力特性分析[J]. 地震工程与工程振动，2003，23(6)：63 - 69.

输电塔顺风向气动阻尼比经验解析模型及参数分析

谭彪[1]，晏致涛[2]，赵林[1]，葛耀君[1]
（1. 同济大学土木工程防灾国家重点实验室 上海 200092；2. 重庆大学土木工程学院 重庆 400045）

1 引言

特高压输电线路中的输电塔结构是典型的风敏感结构，在计算其风振响应时，气动阻尼效应不可忽略。近年来，国内外学者对格构式输电塔结构的气动阻尼效应进行了大量研究。Holmes[1] 在 1996 年基于准定常理论，推导了自立式格构塔的顺风向一阶气动阻尼比计算公式。田唯[2]通过对格构式塔架气弹模型的风洞试验的分析，认为结构的风振响应受高阶振型的影响较小，可忽略高阶振型的影响；通过分析实验所得的加速度响应信号，验证了基于 HHT 和随机减量法所识别结构阻尼比的可靠性。段成荫[3]采用特征系统实现算法(ERA)对输电塔气弹模型风洞试验的结果进行了模态参数识别；通过比较准定常理论与试验结果的异同，讨论了气动阻尼比与平均风速和风向的关系；结果表明气动阻尼和比平均风速分量之间存在非线性关系。

输电塔结构的塔头形式通常比较固定，给出考虑横担影响的气动阻尼比公式对工程应用有实际的意义。本文将基于准定常理论推导输电塔考虑横担影响的顺风向一阶气动阻尼比公式，并在此基础上进行气动阻尼比的参数分析，为工程设计提供指导。

2 阻尼比解析模型

在计算结构顺风向风振响应时，自立式输电塔结构的高阶响应贡献较小，通常只考虑结构的一阶响应。假定来流平均风剖面按指数率分布 $v(z)=v_h z/h)^{\alpha}$，式中 h 为结构高度，v_h 为结构顶点处的平均风速，α 为地面粗糙度系数；输电塔一阶振型也为指数函数 $u_1(z)=(z/h)_y^{\beta}$，式中 β_y 为结构沿导线方向的一阶振型系数；塔身宽度沿高度线性变化 $w(z)=(w_b-(w_b-w_t)(z/h))$，式中 w_b 和 w_t 分别为塔身的塔底和塔顶宽度；横担的高度和宽度分别为 h_c 和 w_c；质量分布沿高度满足 $m(z)=m_0*(1-k(z/h)^{\gamma})$，式中 m_0 为塔底的单位高度质量；结构的一阶频率为 n_1；体型系数为 C_d，填充率为 δ，空气密度为 ρ。基于准定常理论，可以推导出结构的沿导线方向的顺风向一阶气动阻尼比公式，如式(1)所示。

$$\xi_{a,y}=\frac{\delta\rho C_d}{4\pi n_1}*\frac{\left(\frac{h_c\left(h+(-h+h_c)\left(1-\frac{h_c}{h}\right)^{\alpha+2\beta_y}\right)v_h w_c}{1+\alpha+2\beta_y}+\frac{hv_h(w_b+w_t(1+\alpha+2\beta_y))}{(1+\alpha+2\beta_y)(2+\alpha+2\beta_y)}\right)}{(\frac{\left(h+(-h+h_c)\left(1-\frac{h_c}{h}\right)^{2\beta_y}\right)m_1}{1+2\beta_y}+2h\,\mathrm{m}_0\left(\frac{1}{1+2\beta_y}-\frac{k}{1+\gamma+2\beta_y})\right)} \tag{1}$$

3 模型参数分析

由式(1)可知，质量分布和刚度分布将会影响结构的动力特性，也即是改变结构的振型系数，从而改变结构的气动阻尼比；风速将直接影响结构的气动阻尼比，不同的风速将会引起结构不同的动力响应，因而实际作用在结构上的相对风速也有所不同。本文以特高压输电线路中常用的一种直线塔为例，通过施加作用在结构上的相对风速的方式来考虑结构的顺风向气动阻尼效应，采用有限元软件 ANSYS 进行风振时程分析。在得到结构的动力响应信号后，基于 HHT 和 RDT 方法，识别结构的气动阻尼比。并将识别得到的气动阻尼比与模型计算的理论值进行对比。此外，为了分析风速、塔高等因素对输电塔气动阻尼比的影响，分别计算了输电塔在平均风速为 10 m/s、20 m/s、30 m/s、40 m/s 以及 50 m/s 的时的气动阻尼比，计算结果如图 1 所示；另外，也计算了高度为 48.8 m、66.8 m 和 84.8 m 的三个塔型在平均风速为 30 m/s 的风场作用下的气动阻尼比，计算结果如图 2 所示。

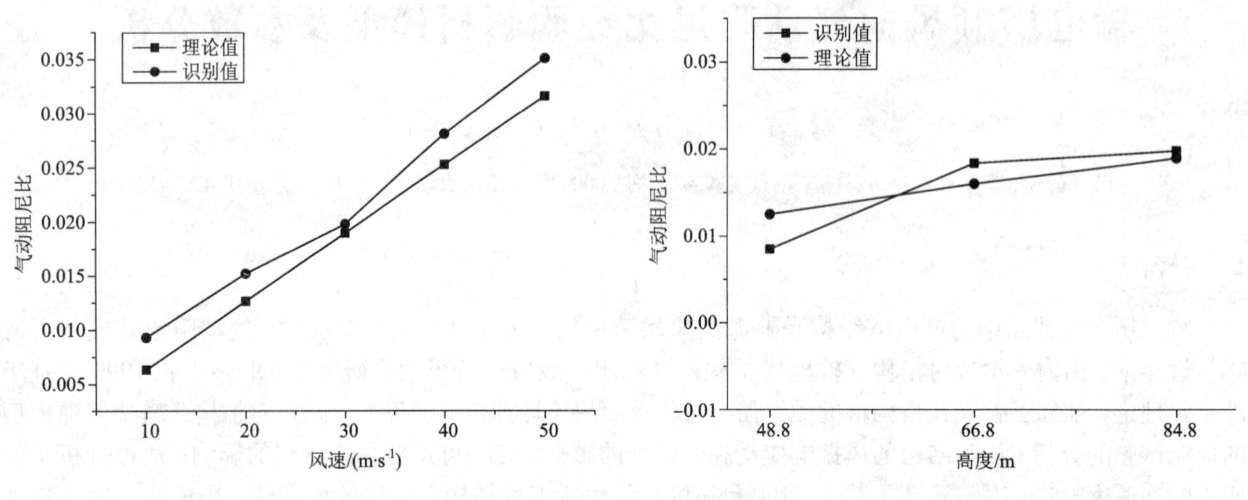

图 1 风速对杆塔结构气动阻尼比的影响

图 2 塔高对杆塔结构气动阻尼比的影响

由图 1 可知，风速对杆塔结构气动阻尼比有着明显的影响，随着风速增大杆塔结构的气动阻尼比也相应的增大；识别结果表明两者存在一定非线性关系，这与段成荫、邓洪州在文献[3]中的实验结果是相吻合的；而理论值则只能反应出气动阻尼比与风速之间的线性关系。由图 2 可知，随着塔高的增加杆塔结构的气动阻尼比也会增加，同样识别值呈现出一定的非线性。此外，从图 1 和图 2 中都可以看出由解析模型计算的理论值与基于结构响应的识别值吻合较好。因此，本文构建的输电塔气动阻尼比解析模型是准确的和有实用价值的。

4 结论

本文基于准定常理论，推导了特高压输电线路中常用的一种自立式输电塔的一阶气动阻尼比计算公式；并通过数值模拟的结果验证了公式的正确性。参数分析的结果表明：杆塔结构的气动阻尼比会随着风速的增大和塔高的增加而增大。

参考文献

[1] Holmes J D. Along wind response of lattice tower: part II - aerodynamic damping and deflections[J]. Engineering Structures, 1996, 18: 483 - 488.

[2] 田唯. 格构式塔架气弹模型风洞试验研究[D]. 武汉：武汉大学, 2005.

[3] 段成荫, 邓洪洲. 基于特征系统实现算法的输电塔气动阻尼风洞试验研究[J]. 振动与冲击, 2014, 21: 131 - 136, 147.

输电塔及塔线体系风振响应研究*

谭谨林[1]，黄文锋[1]，张延[2]
(1. 合肥工业大学宣城校区建筑工程系 安徽 宣城 242000；2. 安徽水利水电职业技术学院 安徽 合肥 231603)

1 引言

风荷载是输电塔塔－线体系结构所承受的主要外部动力荷载之一。由于风的作用极为频繁，且具有很高的不可预知性，对于这类跨度大、柔度高的结构，其振动频率较低，十分接近风的卓越频率，因此在脉动风的激励作用下，动力响应十分敏感[1]。故风荷载是一种极其重要的设计荷载，起着极为关键的作用。

目前我国在输电线路的设计中，一般是将输电塔和输电线分开独立设计，最后进行拼接组合建造，这样的设计模式忽略了塔线之间的耦合作用。在实际工程中，在风荷载的作用下，导线会随之产生变化的张拉力，并通过绝缘子传递到输电塔上产生相应的响应，与输电塔在风荷载下产生的响应叠加；反之输电塔的振动又会导致输电线内产生相应的张拉力变化。同时，工程上为了实现经济利益最大化，这就需要从中选择合理可靠且较为经济的计算模型。

本文首先根据华东电网某型 110 kV 输电塔基于 ANSYS 有限元软件建立了单塔有限元模型及一塔两线、三塔两线两种塔－线体系有限元分析模型，并分别对三者进行了动力特性分析。接着利用 MATLAB 软件采用 Davenport[2] 风速谱模拟近地面脉动风，对单塔与两种塔线体系模型进行了不同风攻角下的动力时程分析，以获得输电线对于输电塔的影响，同时验证了工程中可用的较为经济合理的计算模型，为输电线路设计提供更为科学的设计依据。

2 有限元模型的建立及动力特性分析

在工程实际中，输电塔杆件会承受不同大小的剪力和弯矩，具有几何非线性，因此在建立输电塔杆件有限元模型时采用梁—杆混合模型。塔身主材采用 3D 线性有限应变梁单元 beam188，横隔及其他辅材采用 3D 杆单元 link8，每个杆件作为一个单元[3]。输电线是具有大柔度的悬索结构，在重力的作用下，固定于两个不同点的导线将形成一条悬链曲线[4]，以只受张拉力的 link10 单元模拟。模型建立之后，约束输电塔及两端输电线位移，采用求解速度较快且对单元质量要求不高的 Block Lanczos 法进行模态分析，提取结构的固有频率并观察振型结果。

3 脉动风模拟及动力响应分析

基于 MATLAB 数学软件采用谐波合成法生成以 Davenport 风速谱为目标谱的脉动风，塔顶脉动风速时程结果如图 1 所示。为验证模拟所得脉动风速时程的有效性和可靠性，对模拟脉动风速的功率谱特征与目标风速谱（Davenport 谱）进行比较，考察模拟风场与目标函数的吻合程度。

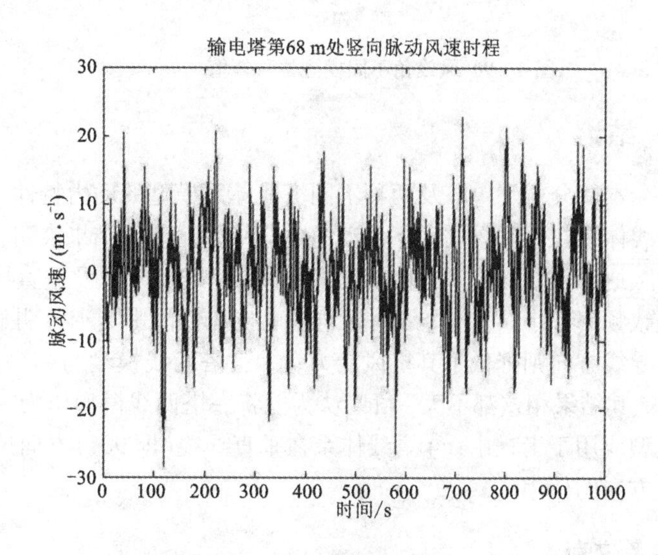

图 1 塔顶脉动风速时程

利用以上模拟得到的脉动风，根据图 2 计算得到在不同风攻角脉动风作用下输电线的风荷载，分别对单塔及两种线体系进行了顺线向和垂线向的风振响应分析，并特别对一塔两线体系进行了 30°和 60°风攻

* 基金项目：国家自然科学基金（51408174），安徽高校自然科学研究重点项目（KJ2016A294），中国博士后科学基金（2015T80652）

角下的响应分析，得到对应的响应结果。图3、图4结果分别表明在0°风攻角下两种塔线体系响应小于单塔，而在90°风攻角下则相反，且一塔两线及三塔两线风振响应结果相差不大，图5结果表明在90°风攻角下一塔两线体系的响应值最大。

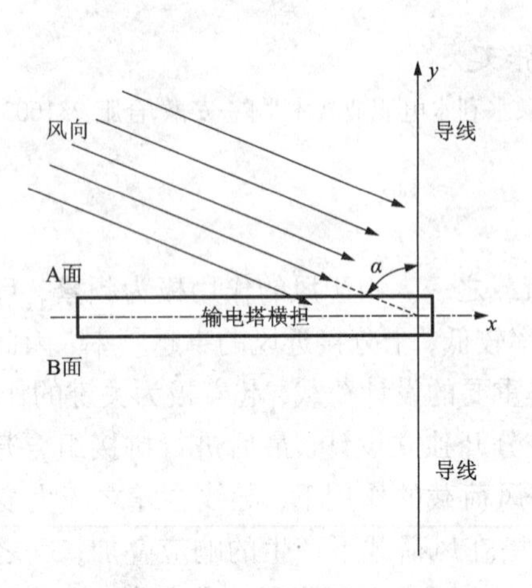

图2　塔线体系角度风荷载示意图

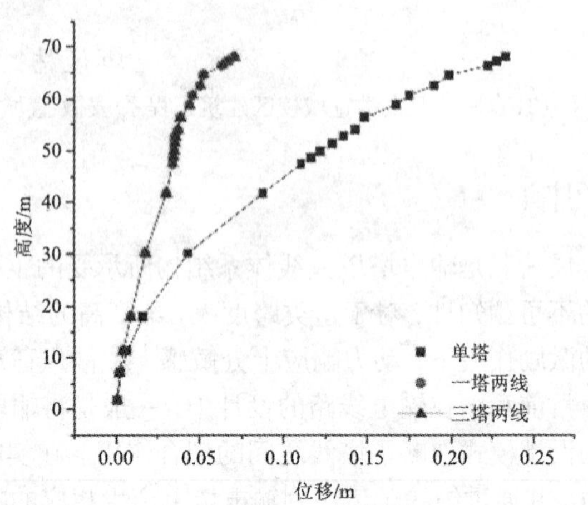

图3　0°风攻角不同模型位移峰值

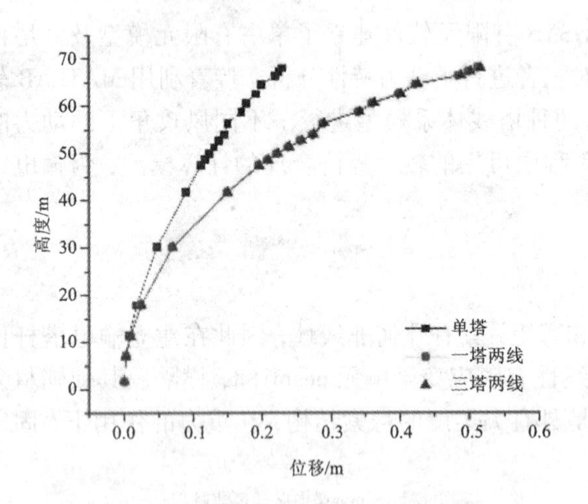

图4　90°风攻角不同模型位移峰值

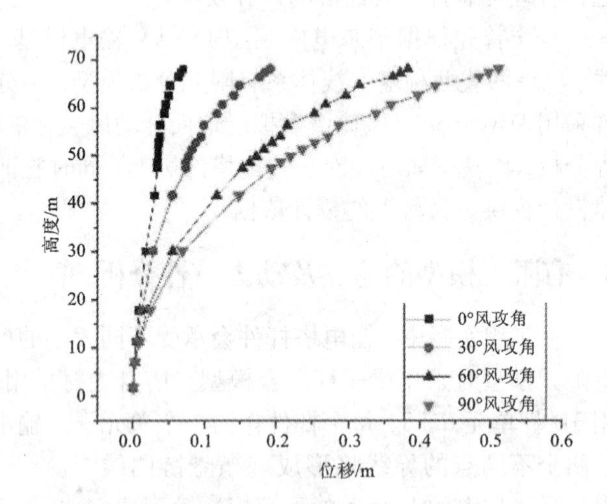

图5　不同风攻角一塔两线体系位移峰值

4　结论

本文分析了单塔及两种不同塔线体系模型的动力特性，以模拟的脉动风速为基础，对比研究了单塔及塔线体系在不同风攻角下的动力响应结果。研究结果表明：①输电线对于输电塔的作用主要表现为顺线向的阻尼作用增加了顺线向的刚度导致频率增大，以及垂直导线方向的质量作用增大了垂直导线方向的柔度导致频率减小；②输电线对输电塔的抗风性能影响十分明显，在顺线向增强了输电塔的抗风能力，而在垂直导线方向则降低了其抗风能力；③三塔两线模型与一塔两线模型无论从动力特性还是风振响应结果来看，其结果相差都不大，可以认为能将一塔两线模型作为一种计算简单、较为经济且具有足够精度的计算模型应用于工程中；④塔线体系在垂直导线(即90°)方向风作用下响应最大，故在工程中可只计算垂直导线方向的作用。

参考文献

[1] 李宏男，李雪，等. 覆冰输电塔-线体系风致动力响应分析[J]. 防灾减灾工程学报，2008，28(2)：127-134.

[2] Davenport A G. The spectrum of horizontal gustiness near the ground in highwinds[J]. Quarterly Journal of the Royal Meteorological Society，1961，87(312)：194-211.

[3] 王新敏. Ansys 工程结构数值分析[M]. 北京：人民交通出版社，2007：6-248

[4] DL/T 5154—2012，架空输电线路杆塔结构设计技术规定[S].

台风作用下大跨越输电塔的风致响应研究*

翁文涛，钱程，沈国辉
（浙江大学结构工程研究所 浙江 杭州 310058）

1 引言

近年来，随着我国沿海地区经济快速发展，大量输电线路被建造于东南沿海地区，但是沿海地区频发的台风对电网所造成的破坏较为严重。本文以在建的舟山某大跨越输电塔为工程背景，应用 Yan Meng 模型以及 Monte Carlo 模拟方法，对塔址所在地的台风风场进行了研究，获得了台风的风场参数，建立输电塔的有限元模型，研究输电塔在良态风场和台风风场下的平均和脉动风振响应，为大跨越输电塔的抗台风设计提供指导。

2 台风风剖面系数的确定

本文基于 1949—2015 年间影响西北太平洋海域的热带气旋每 6 小时间隔的中心位置和强度观测记录，提取台风、强台风和超强台风记录作为台风关键参数统计的数据基础。根据 Monte Carlo 模拟圆法，以舟山市定海区册子岛上的 K9538 自动气象站为中心，取 250 km 为半径做模拟圆，提取进入圆内的台风实测记录，每组记录包括台风中心经纬度位置和台风中心气压。模拟点的风速由台风总体强度、模拟点与台风中心距离以及台风整体移动的速度和方向等众多因素决定，因此需要对各台风关键参数进行具体分析，其中台风移动速度和台风移动方向如图 1 和图 2 所示，台风风场的关键参数如表 1 所示。

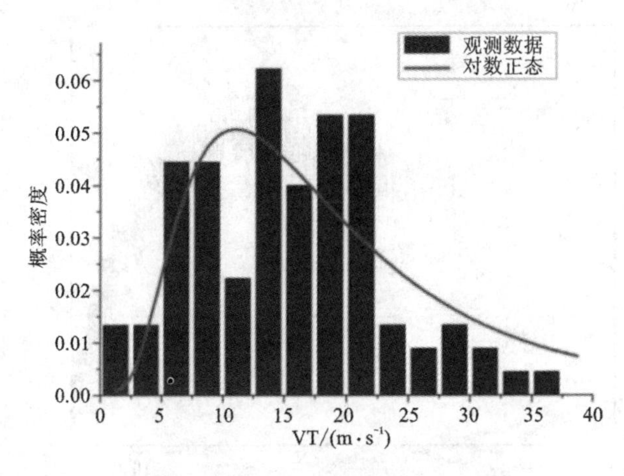

图 1 台风移动速度

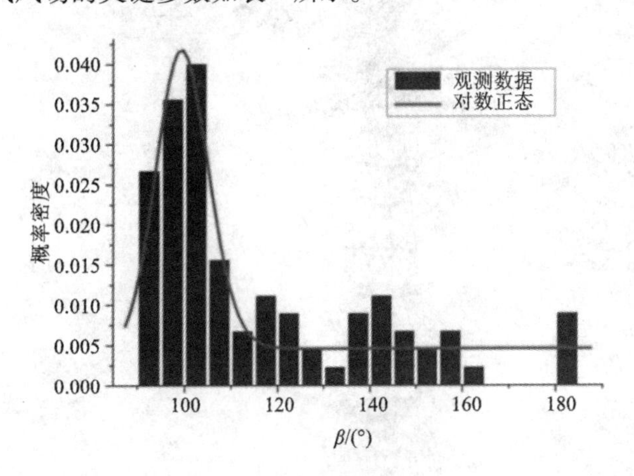

图 2 台风移动方向

表 1 台风最优概率模型

关键参数名称	最优概率分布	参数分布
$L_o/(°)$	高斯正态分布	$\mu=123.26$；$\sigma=2.71$
$L_a/(°)$	对数正态分布	$\mu=28.98$；$\sigma=0.018$
Δp/hPa	对数正态分布	$\mu=45.57$；$\sigma=0.23$
$V_T/(m\cdot s^{-1})$	对数正态分布	$\mu=15.21$；$\sigma=0.48$
$\beta/(°)$	高斯正态分布	$\mu=94.79$；$\sigma=34.99$
R_{max}/km	高斯正态分布	$\mu=57.99$；$\sigma=26.16$

* 基金项目：国家自然基金面上项目(51178425)

利用 Monte Carlo 数值模拟方法，拟合确定台风关键参数概率分布之后，根据概率分布抽样产生足够多的台风关键参数数据代入 Yan Meng 模型[1]，按照不同的"等效粗糙长度 Z_0"，与 K9538 自动气象站的 50 年一遇最大设计风速(36.3 m/s)进行拟合，以此确定该地区的 Z_0值，拟合结果如表 2 所示，得到该地区的等效粗糙长度 $Z_0=0.02$，风剖面系数 $\alpha=0.096$。

表 2 不同 Z_0 取值对应的最大风速模拟结果比较

Z_0/m	V/ms^{-1}(50 年一遇)	相对误差/%	平均风剖面系数 α
0.01	37.1	+2.2%	0.092
0.02	36.0	-0.8%	0.096
0.04	34.8	-4.1%	0.104

3 台风风场下输电塔的风致响应

以舟山地区某大跨越输电塔为研究对象，输电塔总高 380 m，塔身的截面形状为正方形，输电塔主要构件采用薄壁钢管，基底处的部分主材采用钢管混凝土。输电塔由两种类型的截面构成，杆塔部分主材、斜材、横隔及横担采用薄壁钢管，基底处的部分主材采用钢管混凝土。在 ANSYS 软件中建立相应的输电塔模型，有限元模型如图 3 所示，薄壁钢管及钢管混凝土采用空间梁单元模拟，斜撑采用杆单元模拟。有限元建模完成后，在 B 类风场和台风风场下，对输电塔的风振响应进行时域计算，塔身的加速度功率谱如图 4，计算结果显示台风风场的风致响应比 B 类地貌风场的响应大。

图 3 输电塔的有限元模型

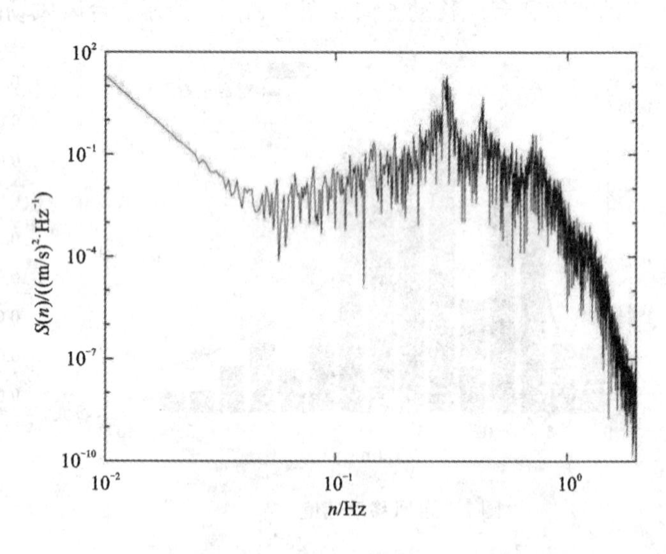

图 4 输电塔塔身的加速度功率谱密度

4 结论

本文基于西北太平洋的台风实测数据，利用 Monte Carlo 数值模拟方法和 Yan Meng 模型，建立了影响舟山地区的台风关键参数的最优概率模型，并拟合获得该地区的等效粗糙长度以及台风风剖面参数；台风风场的高湍流度特征导致台风风场作用下，输电塔的横担风振响应比 B 类风场下更为剧烈，因此设计中必须考虑台风风场高湍流引起的风振增大效应。

参考文献

[1] Yan Meng, Masahiro Matsui, Kazuki Hibi. An analytical model for simulation of the wind field in a typhoon boundary layer[J]. Journal of Wind Engineering and Industrial Aerodynamics, 1995, 56(2-3): 291-310.

四分裂大跨输电线风振响应的标准气弹性试验*

徐康[1]，汪大海[1]，李志豪[1]，陈念[1]，李志国[2]
（1.武汉理工大学土木工程与建筑学院 湖北 武汉 430070；2.西南交通大学土木工程学院 四川 成都 611756）

1 引言

高压输电线路是典型的风敏感结构。输电线抖振响应产生的端部的动张力荷载，是输电线支撑杆塔结构设计的控制荷载。大量风洞实验和实测均表明，输电线在强风荷载下的响应具有大位移非线性的特征。通过气动弹性模型的风洞试验测定风致振动响应仍是目前最常用的方法[1-5]。

2 模型设计

本次试验导线型号为JL/G3A－1250/125，考虑到导线、风洞的尺寸等要求，模型几何相似比定为λ_l＝1∶50。本次试验风速相似比$\lambda_U=\sqrt{\lambda_l}$，频率相似比$\lambda_f=1/\sqrt{\lambda_l}$，拉伸刚度相似比$\lambda_{EA}=\lambda_l^3$，通过配重满足模型质量相似比$\lambda_m=\lambda_l^2$。导线模型有关的参数如下表所示。导线由铜丝和套管组成，铜丝为康铜丝，套管为低密度塑料软管，模型铜丝直径为0.089 mm、长为10 m，铜丝上套有外径为1.02 mm、线密度为1.1 g/m的塑料软管，软管每50 cm一段，配重采用每米一个0.5 g铅丝缠绕于软管上，间隔棒每米一个。

表1 模型参数表

	参数	跨度 /m	外径 /mm	弧垂 /m	线密度 /(g·m^{-1})	拉伸刚度 EA/N	面外频率 f_{v1}/Hz	面内频率 f_{a1}/Hz	面内频率 f_{s1}/Hz
原型	原始值	500	47.3	16.67	3999	81840000	0.1356	0.2711	0.3354
模型	相似比	λ_l	λ_l	λ_l	λ_l^2	λ_l^3	$\lambda_l^{-1/2}$	$\lambda_l^{-1/2}$	$\lambda_l^{-1/2}$
	目标值	10	0.95	0.33	1.60	654.5	0.9588	1.9170	2.3716
	实际值	10	1.00	0.33	1.62	684.3	0.9355	1.8700	2.4390

3 试验工况

试验在西南交通大学XNJD－3风洞中进行，本次试验选取了B类地貌作为试验风场。风洞试验的主要内容为导线的动力特性标定和风振响应测力试验。具体工况如下，边界条件为铰接、I型绝缘子、V型绝缘子三种，风向角为30°、60°、90°三种，对应实际风速为20 m/s、30 m/s、40 m/s、50 m/s共36种工况，每个工况采样时间为90 s，采样频率为1000 Hz。

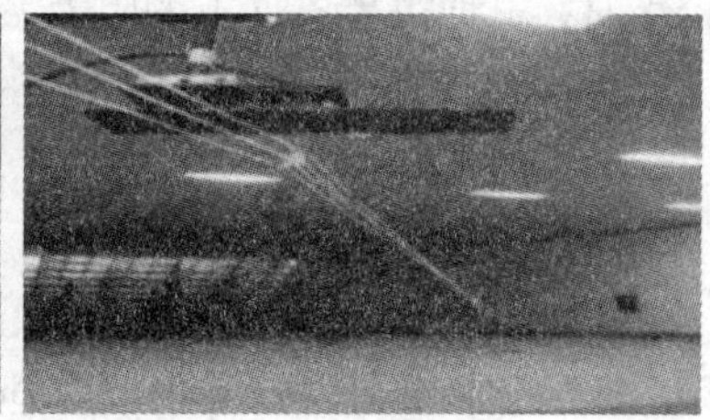

图1 试验模型以及风洞布置

* 基金项目：国家自然科学基金课题(51478373，51578434)

4 结论

对试验所得到的数据进行处理，得出各边界条件下的横风向动张力的均值，极值，均方根和功率谱以及顺风向张力的背景、共振响应，如图2所示。

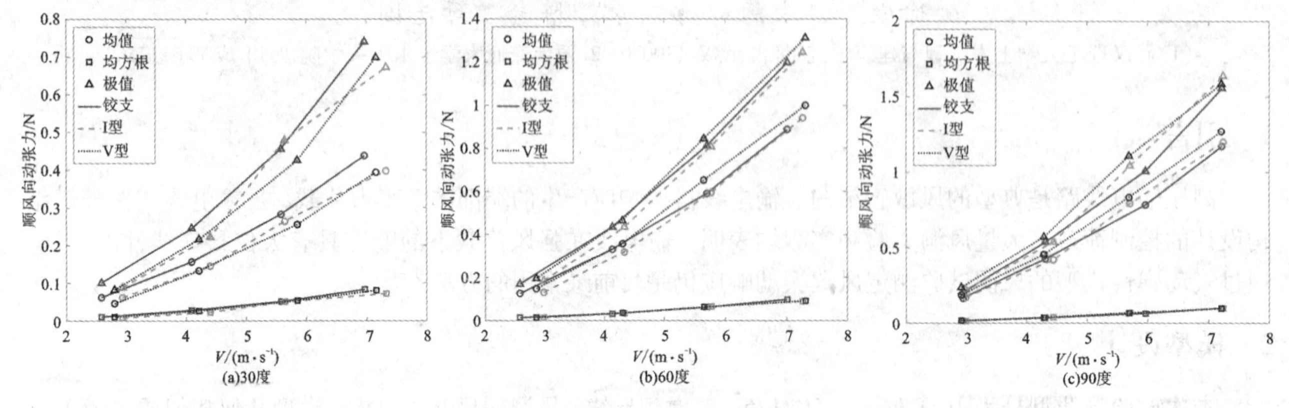

图2 不同风向角时顺风向动张力响应

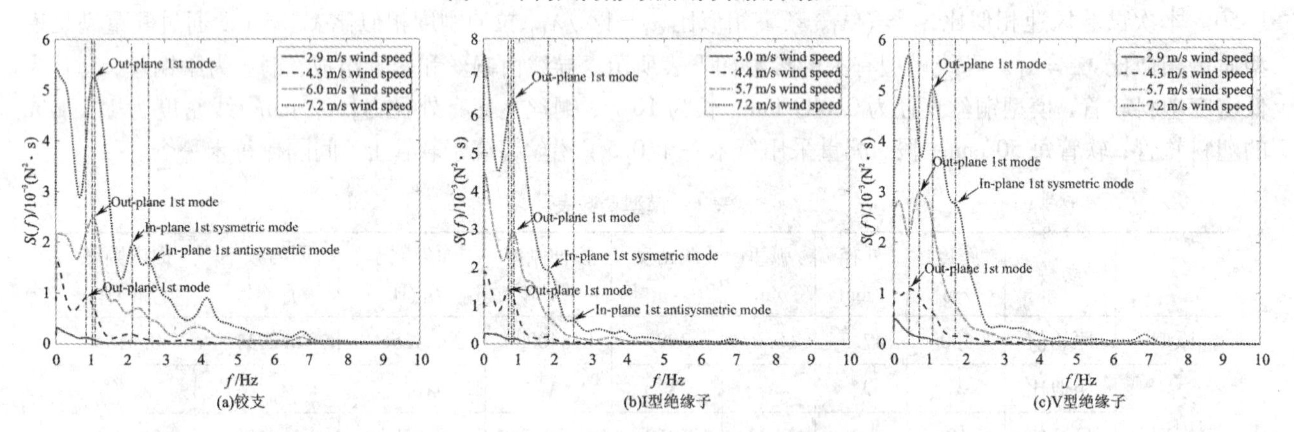

图3 不同边界条件的顺风向动张力功率谱

表2 顺风向张力的背景、共振响应

边界条件	总响应 $\sigma_r^2/10^{-3}$	背景响应 $\sigma_{rB}^2/10^{-3}$	共振响应 $\sigma_{rR}^2/10^{-3}$	背景比例/%
铰支	10.30	6.067	4.233	58.9
I型绝缘子	9.773	6.981	2.792	71.4
V型绝缘子	9.476	7.042	2.434	74.3

顺风向动张力的均值、极值、均方根都随风速的增大而增大；V型绝缘子条件下的均值、极值都比I型绝缘子条件下的大；风振系数大部分处在1.2~1.4之间，变异系数大部分稳定在0.08~0.11之间。风偏角较小时，三种边界条件下的阻力系数C_D都随风偏角的增大而增大，当风偏角比较大时，随着风偏角的增大，阻力系数C_D变化不大；在不同的连接方式下，脉动风引起的背景分量贡献都比较大，但是一阶面外振动引起的共振响应不可忽略。

参考文献

[1] Loredo-Souza A M, Davenport A G. The effects of high winds on transmission lines[J]. J. Wind Eng. Ind. Aerodyne, 1998, 74: 987-994.

[2] 梁枢果，邹良浩，等. 输电塔-线体系完全气弹模型风洞试验研究[J]. 土木工程学报 2010, 71-78(9): 1482-1486.

[3] 楼文娟，孙珍茂，等. 输电导线扰流防舞器气动力特性风洞试验研究[J]. 浙江大学学报(工学版)，2011, 45(1): 93-98.

[4] 李正良，任坤，肖正直，等. 特高压输电塔线体系气弹模型设计与风洞试验[J]. 空气动力学学报，2011 (2): 102-113.

[5] 汪大海，梁枢果. 大跨度输电线气弹性动力响应的风洞试验方法研究[C]//第十六届全国结构风工程学术会议，成都，2013(7): 159-164.

单双山风场特性和输电塔风致响应研究*

姚剑锋，沈国辉，钱程，孙炳楠，楼文娟
（浙江大学结构工程研究所 浙江 杭州 310058）

1 引言

我国是一个以山丘地形为主的国家，因此输电塔在山丘地形风场下的响应研究具有重要意义意。以往的研究[1]大都针对山体某个区域风场特征对输电塔风致响应，本文针对某输电塔通过 CFD 计算得到的两种典型山体的平均风速结果进行风致响应的计算，分析输电塔不同位置风致响应的增大效应并得出其分布规律。最后给出了输电塔在山丘地形中的选址建议。

2 输电塔建模与风场概况

本文研究的输电塔总高 115 m，呼称高 72 m，根开 22.32 m，塔头有上中下三层横担，塔身平面形状为正方形。由于本文只研究单个输电塔在复杂地形下的静力风致响应，故不考虑输电线对其影响。本文采用 Ansys 有限元分析软件进行计算，用梁单元和杆单元对输电塔进行有限元建模，节点数 318，单元数 930，有限元模型如图 1 所示。本文的单双山风场来源于 CFD 计算结果。两种工况的山体高度 H 均取 100 m，底部直径 D 取 300 m，山体均取余弦型。

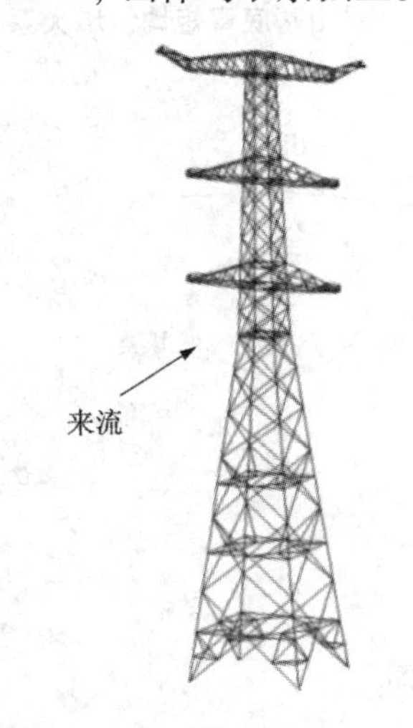

图 1 输电塔有限元模型

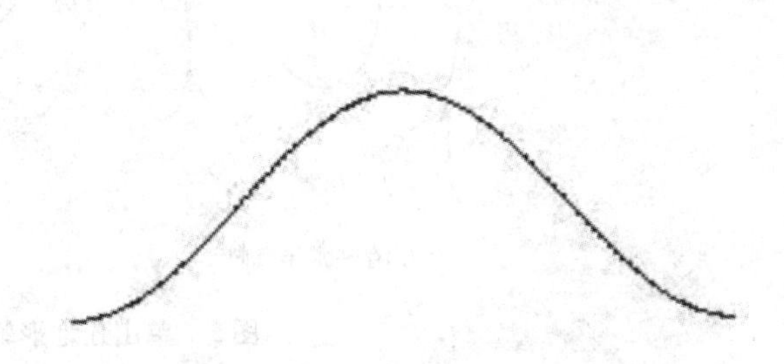

图 2 余弦形山体单山模型剖面图

3 典型山体风场下输电塔的风致响应分析

从图 3、图 4 可知：半坡以上区域和侧风面山坡的增大系数均大于 1，在山顶位置达到最大值；在山顶及附近区域，输电塔在双山地形下的增大系数大于等于 1.3 的区域大于在单山地形下的区域；在山体后方区域，双山的响应增大系数要大于单山。

4 结论

把单山和双山范围分成三类区域：Ⅰ类、Ⅱ类和Ⅲ类。Ⅰ类对应的基底弯矩增大系数大于 1.3，在输电塔结构设计时需要特别注意，Ⅱ类对应的基底增大系数在 1.0 到 1.3 之间，在设计时需要引起注意，Ⅲ类则对应弯矩增大系数小于 1.0 在设计时可按平地场地设计。对单个山体而言，由于“孤峰绕流效应”的存

* 基金项目：国家自然科学基金资助项目(51178425)

在，山顶和侧风面风速存在明显的加速效应，导致响应显著增大，对输电塔抗风不利，分别归为Ⅰ类和Ⅱ类区域。山后存在较大的尾流区，风速很小，山前半山坡以下风速减小，都对输电塔抗风有利，归为Ⅲ类区域。对于双山而言：由于“狭缝效应”的存在，两山之间的风速存在较明显的加速效应，对输电塔抗风不利，归为Ⅱ类区域；单个山丘的弯矩增大系数分布特点在两个山丘的情况中依然成立。

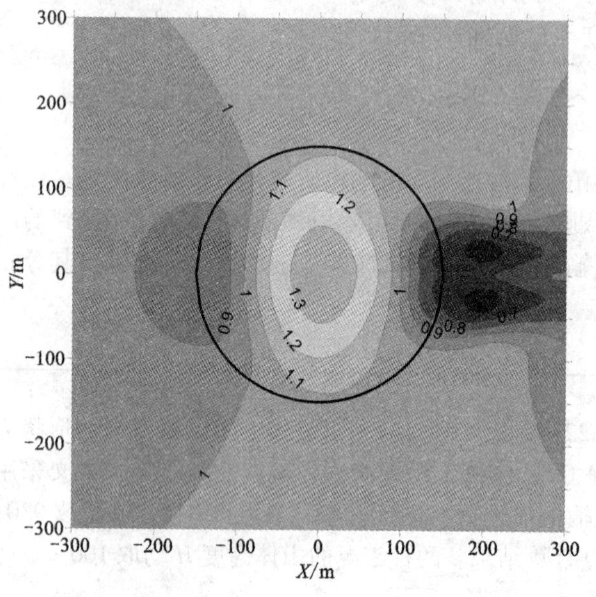

图3　单山基底弯矩均值增大系数

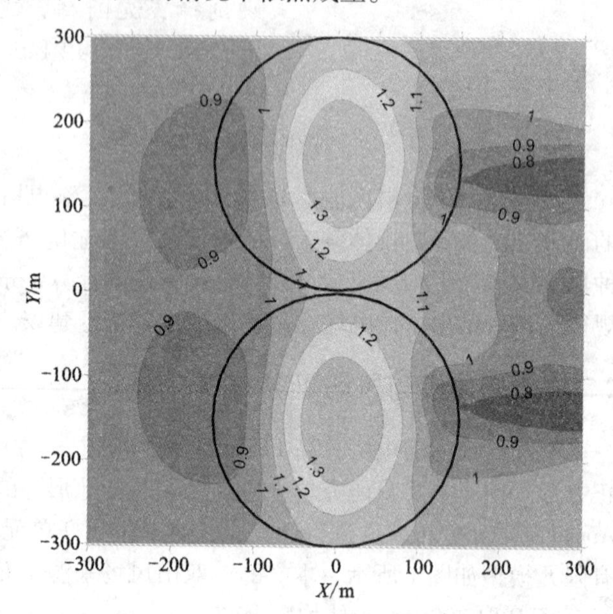

图4　双山基底弯矩均值增大系数

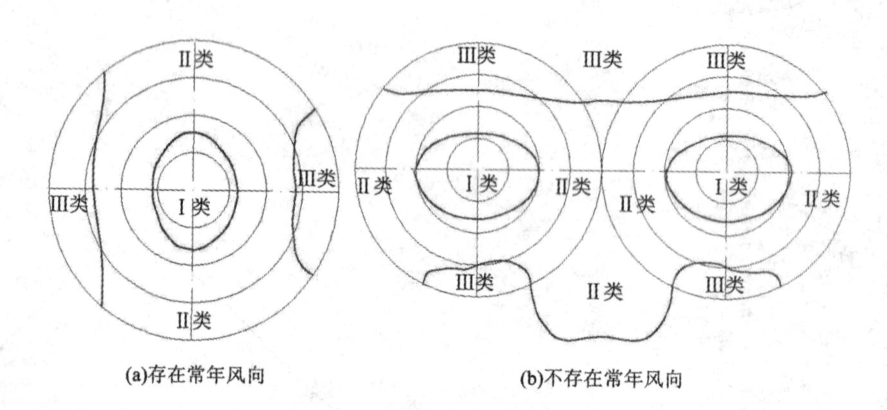

图5　单山丘地形输电塔选址建议示意图

参考文献

[1] 李正良，魏奇科，孙毅. 山丘地形对输电塔风振响应的影响[J]. 电网技术，2010，34(11)：214－220.

钢管输电塔气弹模型的风振响应测试与分析*

张柏岩，黄铭枫，楼文娟
（浙江大学结构工程研究所 浙江 杭州 310058）

1 引言

输电线路是国民经济发展的命脉，在我国东南沿海台风区和其他强风地区的输电塔抗风设计显得尤为重要。当前，许多学者选用了基于相似理论的气动弹性模型在风洞试验中研究输电塔的抗风性能[1]。试验中常用的位移测量手段可以分为接触式测量（LVDT 等）和非接触式测量（计算机视觉方法[2]、激光位移传感器等）。此外，在其他领域也有一些学者提出过基于加速度二次积分的位移测量方法[3]。为研究不同方法在风洞试验中的适用性，本文分别采用了计算机视觉技术、激光位移传感器以及加速度积分这三种位移测量方法对风洞试验中钢管输电塔气弹模型的风致振动响应进行了测量。通过综合对比分析试验结果，对三种风振响应测试方法在输电塔气弹模型试验中的适用性进行了讨论与总结。

2 位移测量方法

2.1 加速度积分方法

理论上，位移和加速度存在着二次微分的关系，然而在实际情况中，环境中的噪声导致直接积分得到的原始位移与真实位移之间具有较大的偏差。本文基于 Berg 和 Housner 提出的假设[4]，通过利用二阶多项式拟合误差项并消去的方法，来修正原始的位移时程数据：

$$P(t) = c_0 + c_1 t + c_2 t^2 \tag{1}$$

$$d_0(t) = d(t) - P(t) \tag{2}$$

式中：$P(t)$ 为运用最小二乘法拟合原始位移时程得到的二阶多项式，其中 c_0，c_1，c_2 为多项式的系数；$d(t)$ 为加速度直接进行二次积分得到的原始位移时程；$d_0(t)$ 为修正后的位移时程。

2.2 计算机视觉技术

本文采用了 Ye 等人提出的基于灰度图像的模板匹配算法，通过 CCD 相机采集每一时刻的图像，利用最优归一化系数方法确定每个时刻图像上目标的最优匹配，与最初目标区域进行比对获取图像上的位移时程之后，再通过坐标转换得到实际的位移时程[5]：

$$\beta(i,j) = \frac{\sum_{x=0}^{m-1}\sum_{y=0}^{n-1}(f(x,y)-\bar{f})(g_t(x+i,y+j)-\bar{g}_t)}{\sqrt{\left[\sum_{x=0}^{m-1}\sum_{y=0}^{n-1}(f(x,y)-\bar{f})\right]\left[\sum_{x=0}^{m-1}\sum_{y=0}^{n-1}(g_t(x+i,y+j)-\bar{g}_t)\right]}}$$

$$(i=0,1,\cdots,M-1;\ j=0,1,\cdots,N-1) \tag{3}$$

式中：β 为匹配点的归一化系数；M 和 N，m 和 n 分别为匹配域和初始模板的长和宽；$f(x,y)$ 为模板上一点的灰度值，$\bar{f}$ 为模板的平均灰度；$g_t(x,y)$ 为时刻 t 匹配域上一点的灰度值，$\bar{g}_t$ 为时刻 t 匹配域的平均灰度。

3 输电塔气弹模型风洞试验与结果

3.1 试验布置

试验在浙江大学 ZD－1 边界层风洞中进行，试验中模拟了 B 类风场和某一台风风场[6]。制作了某钢管输电塔的 1∶45 气动弹性模型，模型高 1.66 m。试验中加速度传感器与激光位移传感器采样频率为 2048 Hz，CCD 相机平均采样频率为 150FPS。

* 基金项目：国家自然科学基金项目（51578504）

3.2 试验结果对比

通过三种测量方法得到了输电塔气弹模型的自振位移时程以及功率谱如图1所示。三种方法在动力特性标定试验中基本上均能满足模型位移测试的要求。

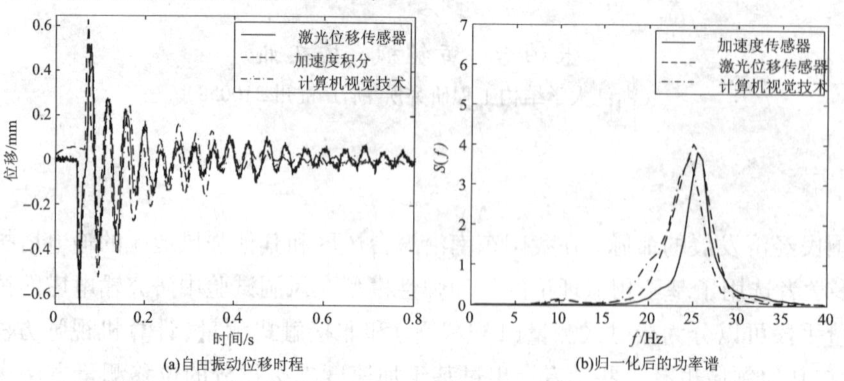

图1 动力特性标定试验的对比结果

而在两类风场下的输电塔测振试验中，受试验条件的限制，积分方法所需的初始位移和初始速度需利用位移传感器的数据获取。结果表明，环境中的噪声对积分方法的精度影响较大；而激光位移传感器与计算机视觉方法的结果较为接近，前者测得的位移均值略小于后者。

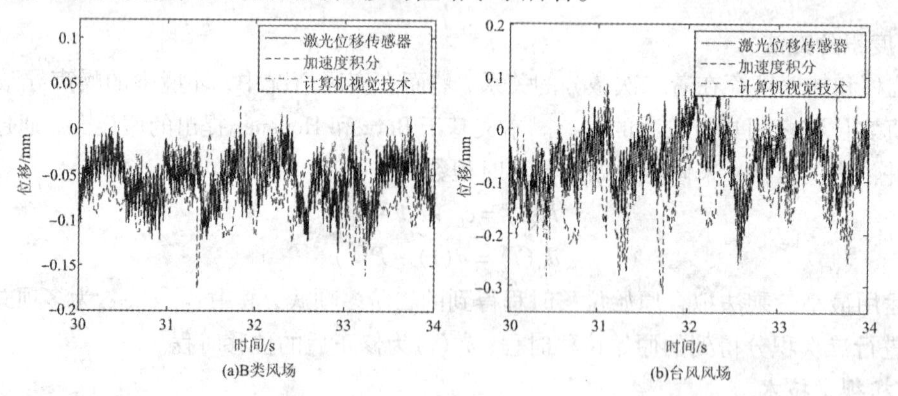

图2 两类风场下的对比结果

4 结论

试验表明，文中三种位移测量方法均能够实现输电塔气弹模型的动力特性标定工作。然而在风场测振试验中，环境中未知噪声对加速度积分的方法有较大的干扰，导致其结果误差过大；另外两种方法则能够准确的记录风致位移数据。综上所述，在输电塔气弹模型风洞试验中计算机视觉方法较为简便、精确；激光位移传感器具有较好的精度，但受风的影响较大；加速度积分方法若能满足精度要求，则有助于控制成本和提高效率，值得进一步研究。

参考文献

[1] 郭勇，孙炳楠，叶尹，等.大跨越输电塔线体系气弹模型风洞试验[J].浙江大学学报(工学版)，2007，41(9)：1482－1486.

[2] C C Chang, Y F Ji. Flexible Videogrammetric Technique for Three－Dimensional Structural Vibration Measurement[J]. Journal of Engineering Mechanics ASCE, 2007, 133(6): 656－664.

[3] Hung－Chie Chiu. A Compatible baseline Correction Algorithm for Strong－Motion Data[J]. Terrestrial Atmospheric & Oceanic Sciences, 2012, 23(2): 171－180.

[4] G V Berg, G W Housner. Integrated Velocity and Displacement of Strong Earthquake Ground Motion[J]. Bulletin of the Seismological Society of America, 1961, 51(2): 175－189.

[5] X W Ye, Ting Hua Yi, C Z Dong, et al. Vision－based structural displacement measurement: System performance evaluation and influence factor analysis[J]. Measurement, 2016, 88: 372－384.

[6] 楼文娟，夏亮，蒋莹，等.B类风场与台风风场下输电塔的风振响应和风振系数[J].振动与冲击，2013，32(6)：13－17.

基于内力等效的输电塔顺风向等效静力风荷载的研究*

祝曦晨，邹良浩，宋杰，梁枢果
（武汉大学土木建筑工程学院 湖北 武汉 430072）

1 引言

采用“串联多质点系”力学模型建立了输电塔多自由度动力简化计算模型，基于刚性模型测力天平风洞试验得到的输电塔风荷载解析模型[1]，得到输电塔顺风向风致响应[2]。在此基础上提出了基于内力响应等效的输电塔顺风向等效静力风荷载计算方法。并以某实际工程应用中的酒杯塔为例，采用上述方法计算得到输电塔结构基于内力等效的顺风向等效静力风荷载。

2 输电塔简化模型

将输电塔有限元模型简化成具有9个集中质量的多自由度模型，简化模型如图1所示简化模型的计算得到的固有频率与有限元模型的固有频率如表1所示：

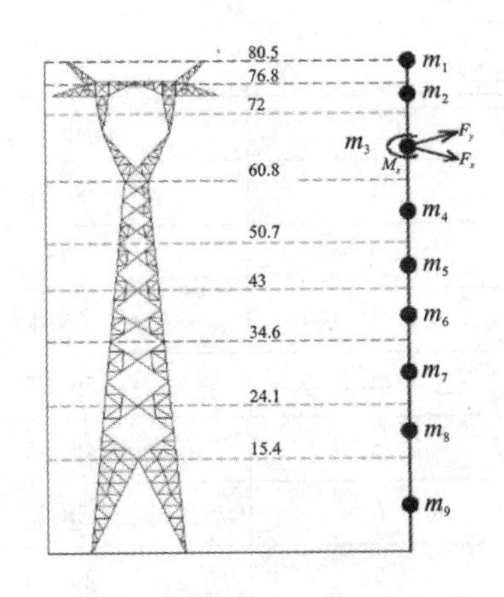

图1 输电塔简化模型示意图

表1 输电塔简化模型及有限元模型各阶频率

振型阶数	简化模型/Hz			有限元/Hz		
	X	Y	扭转向	X	Y	扭转向
1阶频率	1.477(2%)	1.476(1%)	2.522(6.1%)	1.477(2%)	1.476(1%)	2.685
2阶频率	4.204(12.7%)	4.032(3.8%)	9.902(—)	4.204(12.7%)	4.032(3.8%)	—

3 输电塔等效静力风荷载计算方法

利用邹良浩等[2]提出的内力等效静力风荷载计算方法来计算输电塔等效静力风荷载

$$P_E(z_n) = \bar{P}(z_n) + \mu\sqrt{P_B^2(z_n) + P_R^2(z_n)} \tag{1}$$

式中，$P(z_n)$为结构第n层平均风荷载，$P_B(z_n)$为结构第n层背景分量等效静力风荷载，$P_R(z_n)$为结构第n层共振分量等效静力风荷载，μ为峰值因子。其中，平均风荷载按照规范方法来计算：

$$\bar{P} = \mu_s(z)\mu_z(z)w_0S(z)R(z) \tag{2}$$

式中$\mu_s(z)$为各层高度处的体型系数，$\mu_z(z)$为各层高度处风压变化系数，w_0为基本风压，$S(z)$为塔架各层高度处轮廓面积，$R(z)$为塔架各层高度处挡风系数。

根据A. G. Davenport提出的风速谱的经验公式，在忽略振型之间的相关性情况下，输电塔结构脉动风荷载互谱密度函数可表示为：

$$S_{Fj}(n,z,z') = \rho^2\mu_s(z)\mu_s(z')v_H^2\left(\frac{zz'}{H}\right)^{\alpha}\gamma(n,z,z')\int_0^{B(z)}\int_0^{B(z')}\mathrm{d}x\mathrm{d}x' \tag{3}$$

进而可以得到输电塔顺风向风荷载背景响应均方。

根据梁枢果[3]等基于输电塔刚性模型测力天平试验的得到的顺风向无量纲一阶广义荷载谱以及计算位移响应的简化计算方法，在只考虑一阶振型贡献的情况下，得到输电塔结构一阶加速度均方根沿高分布

* 基金项目：国家自然科学基金项目(51478369)

的计算公式(4)，进而可以求得惯性力项。

$$\sigma_R(z)=\frac{\varphi_1(z)\sigma}{(2\pi)^2M_1^*}\left[1+\frac{\pi S_f(n_1)}{4\xi_1}\right]^{1/2} \tag{4}$$

4 实例计算

按上述计算静力等效风荷载的方法，输电塔顶部风速为14.99 m/s，得到输电塔简化模型顺风向静力等效风荷载沿高分布规律如图2所示。

表2 输电塔实际结构参数

层数	高度 z/m	体型系数 u_s	轮廓面积 A/m^2	挡风系数 R
1	80.5	2.25	17.12	0.3
2	75	2.21	79.3	0.21
3	66.4	2.19	98.6	0.1
4	55.75	2.45	49.6	0.24
5	46.85	2.34	51.52	0.21
6	38.8	2.5	69.72	0.17
7	29.35	2.53	107	0.13
8	19.75	2.56	105.36	0.11
9	7.664	2.6	223.61	0.09

5 结论

(1)采用本文的简化方法得到的输电塔简化模型的一阶固有频率与有限元模型的一阶固有频率非常接近，一阶振型频率的最大误差为6.1%，验证了简化模型的精确性。

(2)通过算例计算了实际输电塔结构基于内力等效的顺风向等效静力风荷载，计算结构表明在简化模型对应的第二层(高度75 m)处，等效静力风荷载达到最大值。

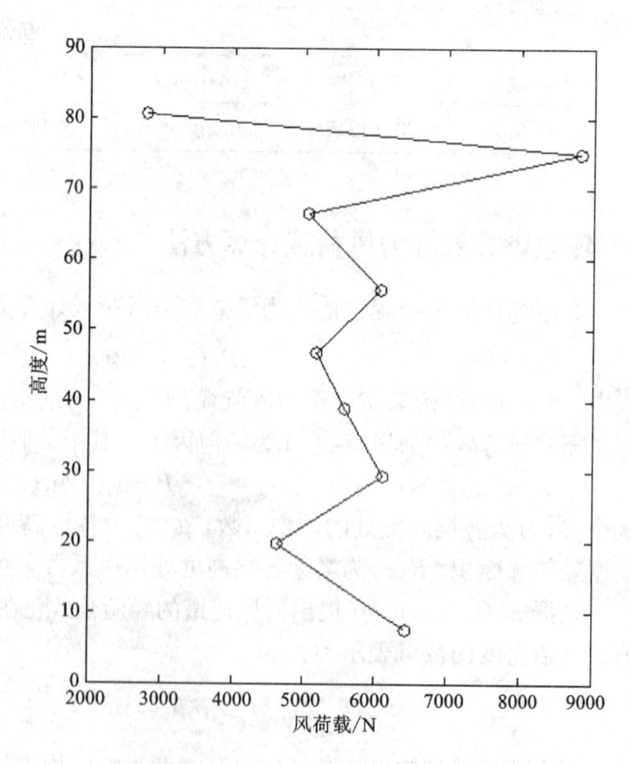

图2 输电塔简化模型顺风向静力风荷载

参考文献

[1] 梁枢果，等.格构式塔架动力风荷载解析模型[J].同济大学学报(自然科学版)，2008(02)：166-171.

[2] 邹良浩，等.基于风洞试验的对称截面高层建筑三维等效静力风荷载研究[J].建筑结构学报，2012(11)：27-35.

[3] 梁枢果，邹良浩，赵林，等.格构式塔架三维动力风荷载的风洞试验研究[J].空气动力学学报，2007(03)：311-318.

八、特种结构抗风

300T门座式起重机格构式臂架的风洞试验研究*

车旭彬，全涌，顾明

（同济大学土木工程防灾国家重点实验室 上海 200092）

1 引言

《起重机设计规范》规定对于露天工作的起重机应考虑风荷载的作用[1]。国内外学者采用风洞试验对格构式塔架（输电塔、通讯塔和电视塔）进行了大量深入的研究，但对重型起重机格构式臂架尚缺乏相应的研究。Bayar[2]通过刚性模型高频天平测力试验研究了格构式塔架的静力风效应；Eden[3]对移动式格构臂架起重机进行了风洞试验研究，提出了臂架风力的计算方法。本文对某300T门座式起重机的格构式臂架的风荷载参数进行了刚性模型高频天平测力风洞试验研究。该起重机臂架仰起时总高约112 m，最大起升高度77 m，属于国内自主研发并制造的同类机型中最大的门座式起重机。

2 研究方法与结果

本文HFFB风洞试验，在同济大学土木工程防灾国家重点实验室风洞实验室的TJ-2大气边界层风洞中进行的。该风洞的试验段尺寸为3 m宽、2.5 m高、15 m长。风洞测力试验模型为刚体模型，模型几何缩尺比为1/100，全部用小钢管锡焊而成。该模型外形与原结构完全相似，具有足够小的质量和足够高的刚度。风洞阻塞率为0.6%。参考高度处（70 cm）的试验风速取8.65 m/s，数据采样频率为1 kHz，采样时间60 s。臂架倾角、风向角及坐标系定义如图1所示，其中臂架倾角$\alpha_1=22°$、$\alpha_2=55°$和$\alpha_3=73°$。

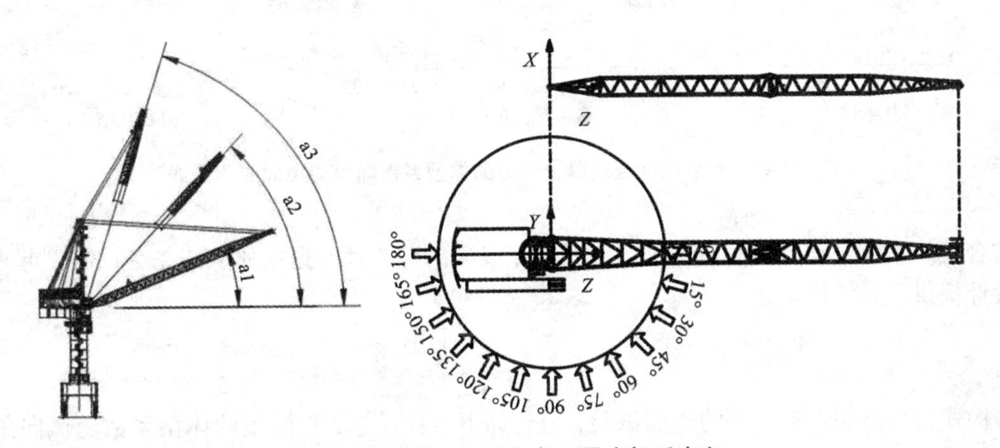

图1 臂架倾角α、风向角β及坐标系定义

本文处理试验数据采用如下方法：将试验臂架划分成24个节段，则其x方向基底弯矩平均值$\overline{M}_x$可表达为：

$$\overline{M}_x = \sum_{i}^{N}\left(A_{Fyi}d_i u_{Fy} u_{zi}\ \frac{1}{2}\rho_a \nu_{zi}^2\right) \tag{1}$$

式中，μ_{Fy}为节段上y方向的分力F_y对应的体型系数，假定各节段的值一致；A_{Fy}为节段上y方向分力的名义作用面积，μ_{zi}为风速高度变化系数，ρ_a为空气密度，ν_{zi}为节段高度处的来流平均风速，d_i为节段到结构基底

* 基金项目：自然科学基金面上项目（51278367）

的力臂。y 方向和 z 方向基底弯矩也可以基于上述方法给出。根据上述等式可反推得到结构物的体型系数 μ_{Fx}，μ_{Fy} 和 μ_{Tz}。

本文对三种臂架倾角下体型系数随风向角的变化做了对比分析，图 2 表示不同倾角下 X 向、Y 向及 Z 向体型系数随风向角的变化曲线。

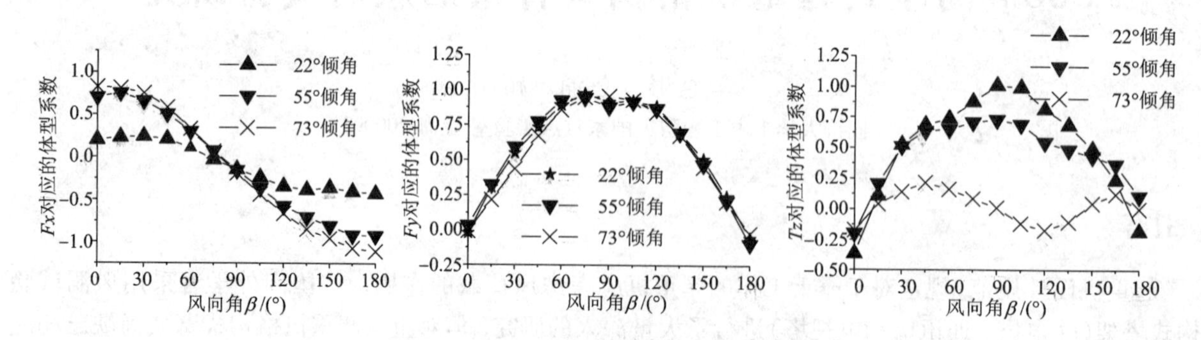

图 2 X 向、Y 向及 Z 向体型系数随风向角的变化曲线

此外本文还进行了对比试验：去掉试验模型中起重机平台及以上部分，研究该部分对起重机臂架风力的影响情况。图 3 表示有无起重机平台及以上部分时体型系数随风向角的变化曲线，其中"X 有"和"X 无"分别表示有和无起重机平台及以上部分时 Fx 对应的体型系数变化曲线，同理可知"Y 有"和"Y 无"所表示的含义。

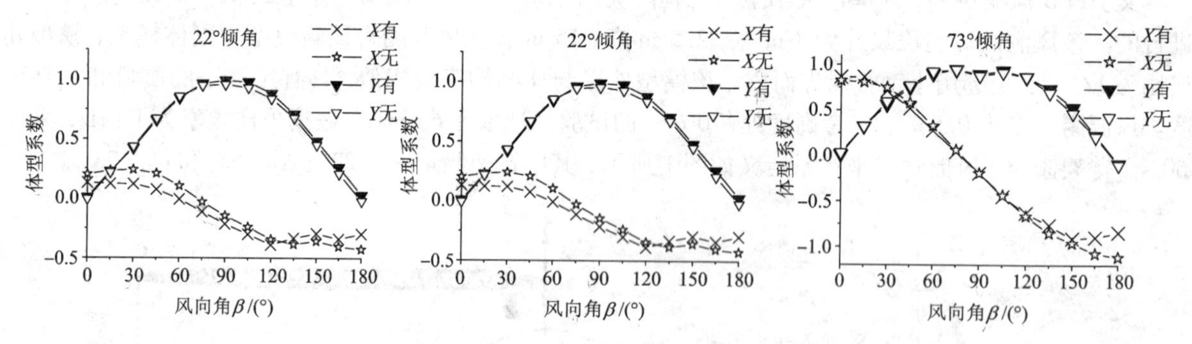

图 3 有无起重机平台及以上部分的体型系数随风向角的变化曲线

同时结合臂架整体气动力功率谱讨论了涡激共振发生的可能性。这些研究成果为同类型起重机格构式臂架抗风设计提供了参考依据。

3 结论

通过格构式臂架高频动态天平的风洞试验，得到如下结论：①试验模型的体型系数随风向角 β 变化而变化。倾角的变化对 Fx 和 Tz 向体型系数影响非常明显，但对 Fy 向体型系数影响不明显；②不论臂架倾角在什么位置，有无起重机平台及以上部分对 Fy 向体型系数的影响不明显，对 Fx 向体型系数有一定的影响作用；③通过研究三分力频谱发现该结构的气动力功率谱均为宽带谱，表明该结构不存在风致涡激共振问题。

参考文献

[1] GB 3811—2008，起重机设计规范[S]. 北京：中国标准出版社，2008.

[2] Bayar D C. Drag coefficients of latticed towers[J]. Journal of Structral Engineering, 1986, 112(2): 417－430.

[3] J F Eden, A J Butler, J Patient. Wind tunnel tests on model crane structures[J]. Engineering Structures, 1983, 5(4): 289－298.

大型户外单立柱广告牌风荷载的试验研究*

李志豪[1]，汪大海[1]，李杰[2]
（1. 武汉理工大学土木工程与建筑学院 湖北 武汉 430070；
2. 同济大学土木工程防灾国家重点实验室 上海 200092）

1 引言

常见的广告牌结构形式有双面和三面两种，此类悬臂体系结构，高耸轻柔、体型巨大，已成为一种典型的城市风易损性结构近年来，有关其强风作用下的破坏及次生灾害的相关报道屡见不鲜。国内外有关户外广告牌结构风荷载特性研究已经有初步进展。最早，Letchford 等通过风洞试验研究了单面板广告牌的阻力和表面法向风压系数，并被多个国家规范的抗风设计所采纳。Warnitchai 等对单面板和"V 形"双面板广告牌进行了风洞测力试验，详细讨论了阻力系数、偏心距随风向角变化[1]。Douglas 等首先进行了双面液晶面板广告牌的现场实测，通过面板测压试验得到顺风向力和扭矩概率分布特性，并将力系数与风洞试验结果进行了对比。顾明等进行了大型双面和三面广告牌风洞测压试验研究，给出了面板内外两侧的风压分布特性[2]；基于测压风洞试验数据分析了双、三面广告牌风荷载特性，并通过有限元模拟计算了广告牌的风振响应[3]。Wang 等基于双、三面广告牌刚性模型测压试验，详细讨论了各面板净风压力分布特性以及单个面板和结构整体风力系数[4]。

关于广告牌风灾后的大量调查表明，巨型广告牌的破坏形式有面板铁皮被撕裂、钢桁架局部屈曲，结构整体从中间薄弱部位或根部倒塌。总结此类双面、三面广告牌风致破坏可分为三种情况：广告牌整体倾覆、面板剥离、上部支撑钢桁架屈曲。鉴于此，本文选取了具有代表性的双、三面广告牌为研究对象，开展了其刚性测压及气弹动力响应的风洞试验，对两类广告牌结构风荷载及风振响应特性作深入研究。研究为大型广告牌结构的风荷载计算和抗风设计提供理论依据。

2 广告牌风洞试验

根据《户外钢结构单立柱广告牌》[15]选则具有代表性的双面 G2－5×14 和三面 G3－6×18 广告牌，为了考虑最不利的情况，本次试验研究的双面、三面独立柱广告牌的高度分别为 18 m 和 21 m。广告牌结构立面和平面图如图 1 所示。试验分刚性模型测压和气弹模型天平测力试验两个阶段。

3 荷载功率谱分析

按照准定常理论，0°风向角下的最大顺风向风力系数功率谱可表示为：

$$S_{C_{F_y}}(n) = (4C_{F_y\,\mathrm{mean}}^2/U_{\mathrm{ref}}^2)\chi_a^2(n)S_u(n) \tag{1}$$

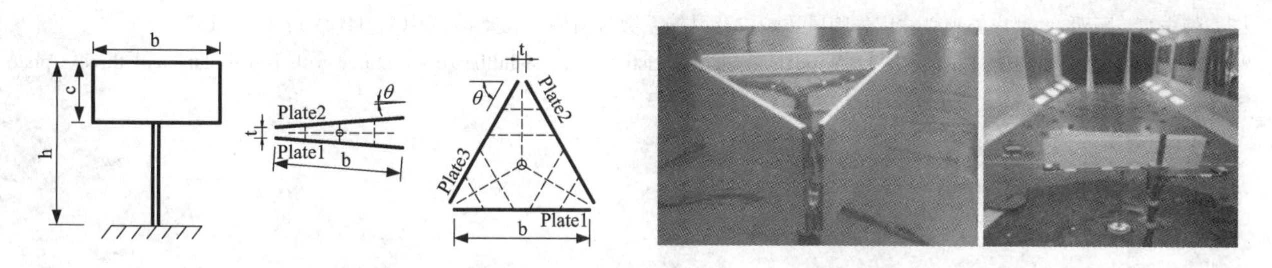

图 1　广告牌结构示意及刚性测压模型和气弹测力模型

* 基金项目：土木工程防灾国家重点实验室开放课题（SLDRCE13－MB－04），国家自然科学基金课题（51478373，51578434）

针对最大扭矩荷载均方根出现在0°风向角，其扭矩功率谱可拟合为：

$$\frac{nS_{\mathrm{T}}(n)}{\sigma_{\mathrm{T}}^{2}}=\frac{(n/n_{\mathrm{f}})^{\alpha}}{[1-(n/n_{\mathrm{f}})^{2}]^{2}+\beta(n/n_{\mathrm{f}})^{2}}+\frac{\gamma}{\sqrt{\pi}}\exp\left(-\left[\frac{\delta^{2}-\ln(n/n_{\mathrm{S}})}{\delta}\right]^{2}\right) \tag{2}$$

广告牌顺风向响应和扭转响应谱的背景分量与共振分量列表1和表2。

表1　双、三面0°风向角时顺风向力系数 C_{Vy} 均方根

均方根	双面			三面		
	RMS	Background	Resonant	RMS	Background	Resonant
理论计算	0.26	0.10	0.24	0.27	0.09	0.25
实测	0.24	0.09	0.22	0.20	0.06	0.20

表2　扭矩系数 C_{Tr} 均方根

均方根	双面			三面		
	RMS	Background	Resonant	RMS	Background	Resonant
实测荷载谱理论值	0.0493	0.0235	0.0434	0.0971	0.0253	0.0937
拟合荷载谱理论值	0.0582	0.0202	0.0546	0.0877	0.0253	0.0797
气弹实测响应值	0.0558	0.0202	0.0520	0.0783	0.0280	0.0731

4　结论

（1）基底水平剪力和扭矩的风振气弹测力响应的均值与风荷载测力试验的结果一致。对于双面广告牌，顺风向及扭转风荷载最不利风向角分别出现在0°和60°；对于三面广告牌，基底水平风合力系数均值随风向角几乎不变。顺风向及扭转风荷载最不利风向角分别出现在0°和30°

（2）气弹性动力试验显示，风振响应的共振分量显著。顺风向理论荷载谱需考虑气动导纳的影响；拟合扭转理论荷载谱需考虑低频湍流和高频漩涡脱落激励的共同贡献。结果表明，考虑气动阻尼后，利用准定常理论计算的风振响应与气弹动力试验的结果能很好吻合。

参考文献

[1] Warnitchi P, Sinthuwong S, Poemsantitham K. Wind tunnel model test of large billboards[J]. Advance in Structural Engineering, 2009, 12(1): 103-109.

[2] 顾明，陆文强，韩志惠，等. 大型户外独立柱广告牌风压分布特性[J]. 同济大学学报(自然科学版)，2015，03: 337-344.

[3] 韩志惠，顾明. 大型户外独立柱广告牌风致响应及风振系数分析[J]. 振动击，2015，34(19): 131-137.

[4] Dahai Wang, Xinzhong Chen, Jie Li. Wind load characteristics of large billboard structures with two-plate and three-plate configurations[J]. Wind and Structures, 2016, 22(6): 703-721.

台风作用下格构式塔架风致响应分析*

刘聪，黄鹏，张文超
（同济大学土木工程防灾国家重点实验室 上海 200092）

1 引言

格构式塔架作为一种镂空结构，其受风荷载的作用机理比较复杂，并且台风的结构与良态风的结构有所不同，在风洞实验中很难对其进行模拟，因此通过现场实测开展对格构式塔架在风荷载作用下的响应进行研究，有利于更真实地了解格构式塔架的风致响应。

虽然前人基于现场实测对格构式塔架的风致响应进行了研究，但大部分研究集中在平动方向的响应研究[1]，而关于格构式塔架在扭转方向响应的研究也较少，本文基于同济大学上海浦东国际机场附近的现场实测研究基地，以基地内部 40 m 高格构式塔架为研究对象，对其在台风"天鹅"影响下格构式塔架 X 向、Y 向和扭转向的风致响应进行研究。

2 实测加速度响应分析

2.1 实测基地

为了研究浦东机场附近地区的风特性以及格构式塔架的风致响应，同济大学土木工程防灾国家重点实验室与上海机场建设指挥部合作建立了风荷载现场实测基地。该基地位于北纬：31°11′46.36″；东经：121°47′8.29″，临近长江入海口，此处强风出现的频率较高。在实测基地内，有一座高度为 40 m 的圆截面格构式塔架，如图 1 所示。

2.2 加速度响应随平均风速变化

图 2 给出了 10 min 分析时距[2]内 X 向、Y 向加速度响应均方根随 10 m 高度处平均风速的变化，由图可以看出，加速度响应均方根均随平均风速的增大而增大。从图中还可以发现，在台风"天鹅"影响下，在较低风速段也有较高的加速度响应，这是由于台风"天鹅"在影响前期具有较高的脉动性，导致此时的风致加速度响应要比台风影响后相同风速下的加速度响应大。

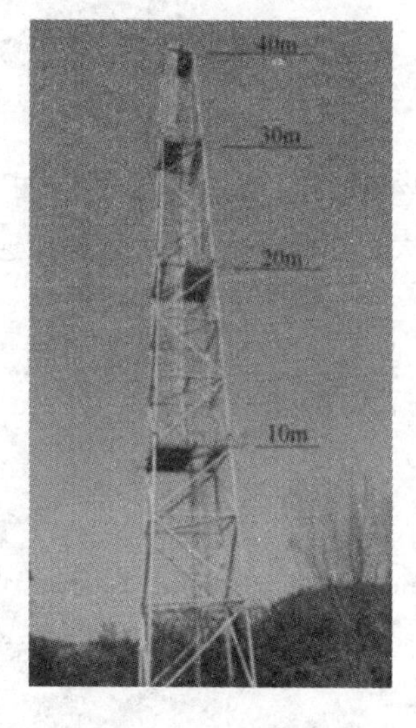

图 1 格构塔模型

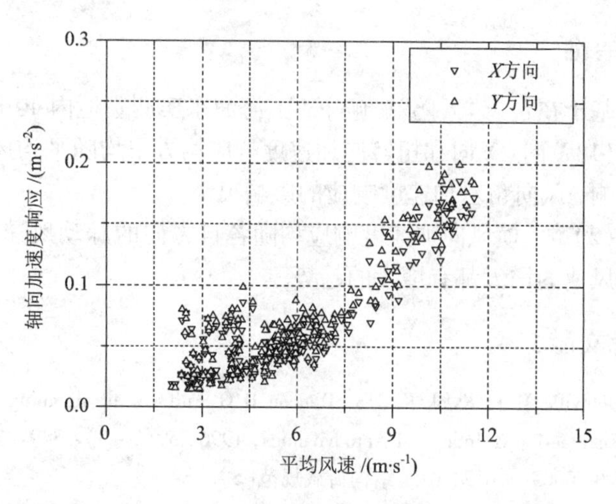

图 2 台风"天鹅"影响下加速度响应均方根随平均风速变化

* 基金项目：国家自然科学基金面上项目(51378396，51678452)

2.3　加速度响应随脉动风速变化

图 3 给出了在台风"天鹅"影响下顺向、横向和扭转向加速度响应与脉动风速的变化，我们可以看到，顺、横风向加速度响应均随各自方向的脉动风速的增大而增大，扭转向加速度响应随顺、横风向脉动风速的增大都有增大的趋势。

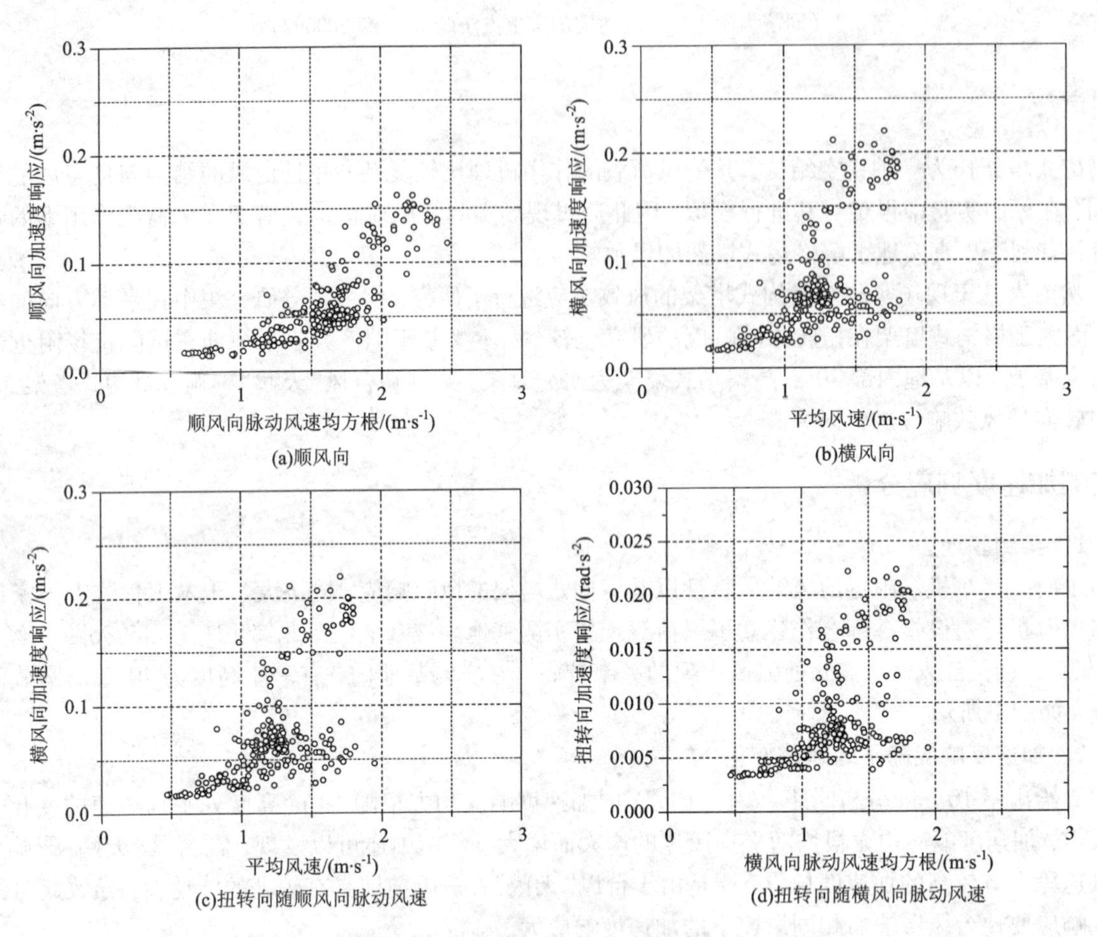

图 3　台风"天鹅"影响下加速度随脉动风速的变化

3　结论

基于在台风"天鹅"影响下，上海浦东实测基地内 40 m 高格构式塔架结构的实测数据，得出如下结论：

(1) X 向、Y 向和扭转向加速度响应均方根均随平均风速的增大而增大，相对于平均风速对加速度响应的影响，风向角对加速度响应的影响很小。

(2) 顺、横风向加速度响应均随各自方向的脉动风速的增大而增大，扭转向加速度响应随顺、横风向脉动风速的增大都有增大的趋势。

参考文献

[1] Glanville M J, Kwok K C S, Denoon R O. Full - scale damping measurements of structures in Australia[J]. Journal of Wind Engineering & Industrial Aerodynamics, 1996, 59(2 - 3): 349 - 364.

[2] GB 50009—2012, 建筑结构荷载规范[S].

纵荡运动下海上浮式垂直轴风力机气动特性数值模拟研究*

魏学森[1]，周岱[1,2,3]，雷航[1]，韩兆龙[1]，包艳[1]
(1. 上海交通大学船舶海洋与建筑工程学院 上海 200240；2. 高新船舶与深海开发装备协同创新中心 上海 200240；
3. 上海交通大学海洋工程国家重点实验室 上海 200240)

1 引言

开发海上风力机是开发利用海洋清洁能源的重要方式，鉴于垂直轴风力机的优势，海上浮式垂直轴风力机(Offshore Floating vertical Axis Wind Turbine，OF－VAWT)近年来受到越来越多的关注。OF－VAWT 在风荷载和波浪荷载的共同作用下会产生六自由度(6－DOF)运动。其中，纵荡运动是 6－DOF 运动的主要形式之一，它对 OF－VAWT 的气动特性影响较大[1]。

2 数值模拟

2.1 模型建立与网格划分

本文针对典型 OF－VAWT 的缩尺模型构建计算流体动力学(CFD)模型[2]，采用重叠网格方法模拟风力机平台的纵荡运动(Surge Motion)。图 1 为 OF－VAWT 的 6－DOF 运动示意图，图 2 为 OF－VAWT 模型网格划分示意图，网格总数为 4714020。

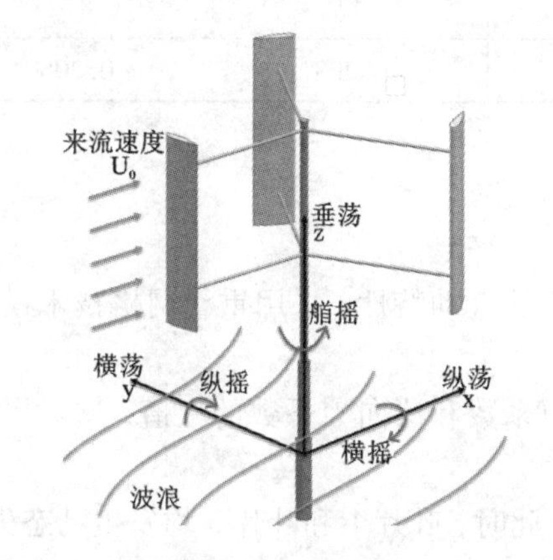

图 1 OF－VAWT 的 6－DOF 运动示意图

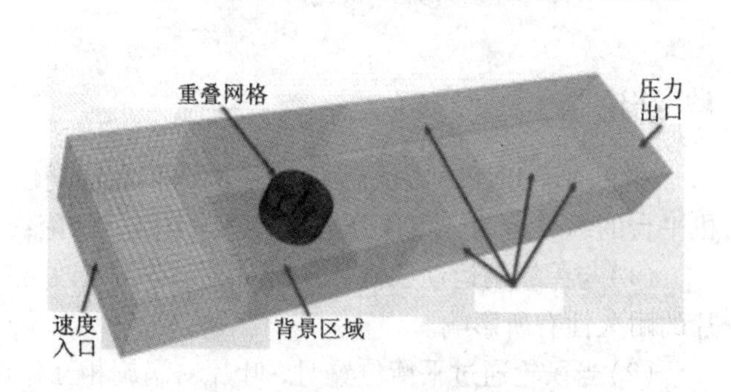

图 2 OF－VAWT 模型网格划分示意图

2.2 纵荡运动的模拟

采用用户自定义函数为重叠网格区域设置运动规律，引入位移随时间正弦变化的纵荡运动函数，纵荡运动下的位移(S)和诱导速度(V_S)分别表示为：

$$S = A_S \cdot \sin(2\pi f t) \tag{1}$$

$$V_S = 2\pi f A_S \cdot \cos(2\pi f t) \tag{2}$$

其中，A_S、f 和 t 分别是纵荡运动下的振幅，角频率和时间。

3 结果与讨论

采用计算流体动力学模型研究 OF－VAWT 在不同振幅和不同周期下纵荡运动的变化规律。引入假设：(1)转子的角速度恒定($\omega = 14.56$ rad/s)；(2)自由流采用速度为 8 m/s 的均匀流；(3)纵荡运动周期(Ts)

* 基金项目：国家自然科学基金(51679139)

是转子旋转周期($T=0.432$ s)的整数倍；(4)在不同时间下纵荡运动的产生的位移(S)和诱导速度(Vs)满足公式(1)和(2)。分析结果见图3、表1和表2。

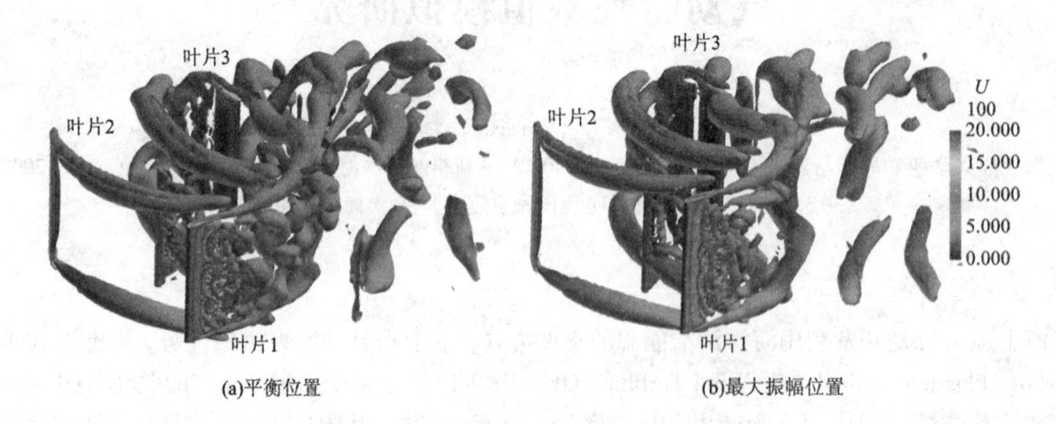

(a)平衡位置　　(b)最大振幅位置

图3　OF－VAWT在纵荡运动下叶片的涡量图

表1　不同振幅条件下风力机功率系数表

振幅/m	0	0.20	0.14	0.08
功率系数	0.202	0.203	0.205	0.207

表2　不同周期条件下风力机功率系数表

周期/s	0	$2T$	$4T$	$8T$
功率系数	0.201	0.194	0.203	0.206

4　结论

本文基于IDDES方法研究OF－VAWT在周期性纵荡运动下的气动特性，采用重叠网格技术模拟风力机平台的纵荡运动。综合分析结果，得出以下结论：

(1)与无纵荡运动条件相比，纵荡运动可以改变叶片切向力系数和法向力系数的幅值，这对风力机叶片的耐久性有所影响。

(2)当风轮通过平衡位置时，叶片－涡旋相互作用最剧烈。此时，叶片1和叶片3均发生动态失速。

(3)风轮的气动响应和叶片的气动响应均随着振幅的减小而减小，随着周期的增大而减小；同时，风力机的功率系数随着振幅的减小而增大，随着周期的增大而增大。采用较小的振幅和较大的周期有利于提高风力机平台的稳定性、叶片的耐久性和风力机的输出功率。

参考文献

[1] Tran T T, Kim D H. A CFD study into the influence of unsteady aerodynamic interference on wind turbine surge motion[J]. Renewable Energy, 2016, 90: 204－228.

[2] Li Q, Maeda T, Kamada Y, et al. Effect of number of blades on aerodynamic forces on a straight－bladed Vertical Axis Wind Turbine[J]. Energy, 2015, 90(1): 784－795.

鱼腹式索桁架支撑光伏体系风振响应分析

谢忠[1]，何艳丽[1]，徐志宏[2]
（1. 北京工业大学建工学院 北京 100124；2. 中清能绿洲科技股份有限公司 北京 102600）

1 引言

在光伏发电系统发展初期，国内外多采用刚性钢框架作为支撑结构的光伏组件阵列安装支架具有显著缺陷，无论是刚性构件刚度与截面面积及结构自重之间难以调和的矛盾，导致光伏支架结构高度和跨度受限的不适用性，还是支架基础数量多、材料量大、造价高导致的不经济性以及以螺栓连接为主的钢框架结构开孔薄弱点多、防腐要求高的不安全性，均限制了刚性支撑结构在光伏支架发展中的应用。

基于此，将民用建筑、桥梁结构常用的单层悬索体系引入到光伏发电项目中，发展而成的柔性支撑结构在光伏支架设计中逐渐得以应用。其相较于传统的刚性支撑结构表现有明显的优势，不仅对于复杂地形条件有更强的环境适用性，还克服了大跨度刚性支架存在的用钢量大、结构自重大的缺陷，提升了环境空间利用率。且柔性支撑结构光伏支架预装性较强，具有更强的经济适用性。

然而，采用柔性支撑结构的光伏支架由于其风敏感性仍然有其局限性。工程实际中，对于大跨柔性结构体系的设计，保证其在风荷载作用下不会由于刚度不足产生过大的变形很重要，尤其是在受随机脉动风这样复杂的情况下，控制柔性结构体系的摇摆以及出平面的扭转变形更是重中之重。本文即以一种新型的刚架结构和预应力拉索相结合的光伏支架——鱼腹式索桁架空间结构为模型，计算以鱼腹式索桁架结构为柔性支撑的光伏支架整体结构在风荷载作用下的风振响应，分析说明柔性支撑结构在光伏支架设计应用上的性能优越性，并提出适当改进措施。

2 计算方法

计算分析采用以预应力鱼腹式拉索作为柔性支撑结构的光伏支架模型，鱼腹式索结构与刚架结构结合组成索桁架空间结构，桁架悬索上满铺太阳能电池板。本文采用的风振响应分析方法为随机模拟时程计算方法：首先根据风荷载的统计特性人工生成具有特定频谱密度和空间相关性的风速时程（激励样本），再转化为风压时程作用到结构上，通过运算求解得每一时间步的节点反应，包括节点位移的应力，最后针对选取的响应样本进行统计分析，计算风振各值时程的均方差，得出结构的风振响应结果。

3 ABAQUS 计算分析

3.1 建立模型

利用 ABAQUS 数值模拟软件，取左半跨建立光伏组件索桁架空间结构计算模型。索桁架部分采用杆单元模拟，其中撑杆选择 beam 单元，拉索选择 truss 单元，且定义所有拉索为只受拉不受压类型；光伏板以及板索间连接件采用壳单元模拟；整体模型示意图如图 1 所示。

3.2 Load 与 Step

计算分析采用五个分析步。其中在 Step1 对拉索施加预应力，预应力施加方法采用最为符合实际工程情况的降温法；在 Step2 中施加整体模型的重力荷载（Gravity）；Step3 中，在光伏板面施加等效静风均布荷载（Pressure）；在 Step4 中以重力和静风荷载作用下的变形状态作为初始状态进行模态分析；在 Step5 中施加四条风压时程进行动态分析，时程时间增量 0.02 s，总时程 160 s，如图 2 所示。动态分析中定义结构阻尼为 0.020。最后选择节点或者单元输出时程曲线，分别计算位移风振系数和应力风振系数进行对比选择。

4 数值模拟结果

图 3 和图 4 分别为索单元 95 和板单元 302 应力时程曲线。两者对应的风振响应计算如表 1 所示。

图 1 模型示意图

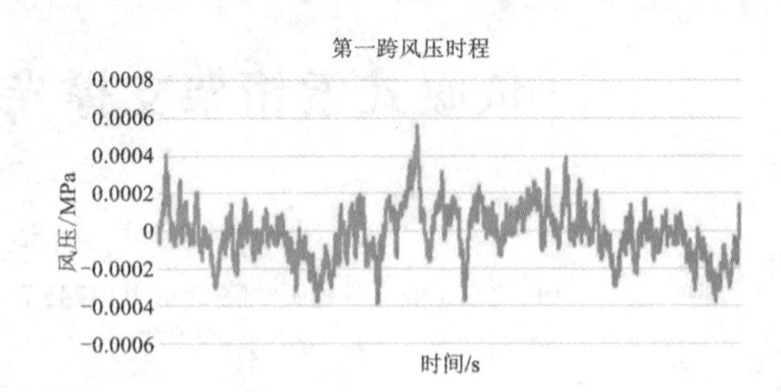

图 2 第一跨风压时程

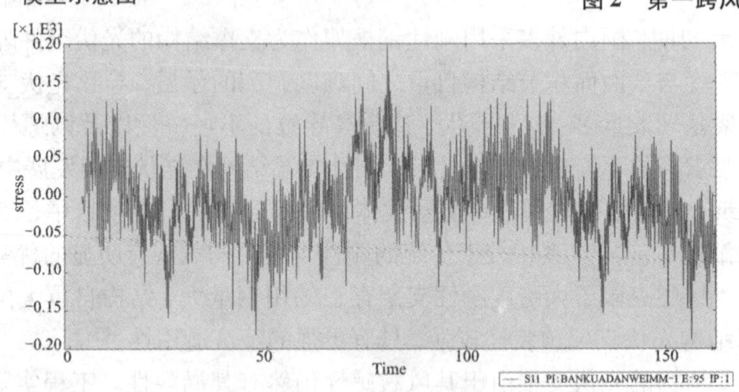

图 3 动风下索单元 95 应力时程曲线

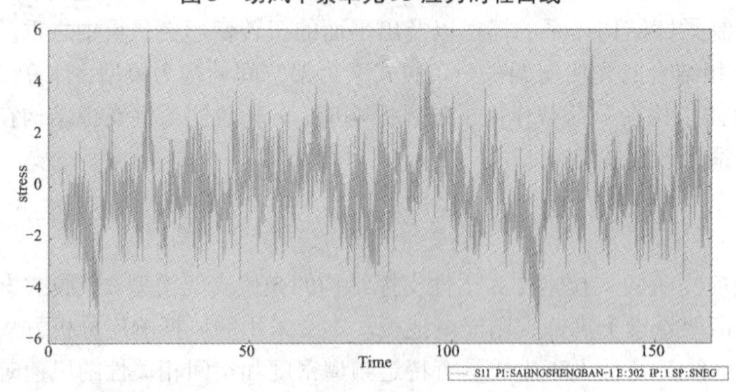

图 4 动风下板单元 302 应力时程曲线

表 1 所选单元应力风振响应计算表

序号	重力下应力/MPa	静风加重力和应力/MPa	静风荷载应力绝对值/MPa	时程下应力均方差 σ/MPa	风振系数
Unit-95	115.87	259.32	143.45	42.26	1.73
Unit-302	-1.22	-5.14	3.92	1.21	1.77

5 结论

本文以鱼腹式索桁架作为光伏支架的柔性支撑结构，若合理布置约束，则结构变形在可控范围内，跨度较大时亦不会发生过大的出平面扭转变形；由计算结果得，在脉动风作用下，结构索桁架风振系数取1.73，光伏板风振系数取1.8，而支座反力风振系数可取为1.7。

参考文献

[1] 吴剑国，何健，张建胜，等.光伏组件及其支撑框架风振响应分析[J].浙江建筑，2013，30(1)：16-19.

[2] 杨涛，范久臣，刘荣辉，等.基于有限元法的太阳能光伏支架结构设计与优化[J].吉林化工学院学报，2016，33(3)：39-44.

[3] 王晔，程梁民，徐俊.一种预应力拉索结构和刚架结构相结合的光伏支架[P].中国，20429949.8.2016-11-23.

不同停机位置下塔架－叶片耦合体系屈曲稳定性能分析*

徐璐，柯世堂
（南京航空航天大学土木工程系 江苏 南京 210016）

1 引言

塔架－叶片耦合体系丧失稳定性倒塌是风力机风毁事故频发的重要原因之一。在高风速下风力机体系处于停机状态，叶片处于何种停机状态使风力机体系受到最小的冲击却尚未得出一致结论。而现行风力机稳定性分析的相关设计规范和研究成果均未考虑停机状态下叶片位置的影响，因此探究不同叶片停机位置对整个塔架－叶片耦合体系的稳定性具有重要的工程和理论意义。

针对不同叶片停机位置塔架－叶片耦合体系抗风性能分析，国内外学者等基于大涡模拟获得的结果进行了一系列研究，其中包括不同叶片停机位置下遮挡效应对风力机体系表面风压和绕流特性的影响，不同停机状态下风力机塔架表面压力系数、整体升阻力系数、绕流和尾流特性，以及塔架－叶片耦合体系的动力特性和风致响应分析。已有研究均未对不同叶片停机位置对塔架－叶片耦合体系稳定性能的影响进行定性及定量研究，不同叶片停机位置塔架－叶片耦合体系屈曲稳定性能研究在国内外也尚属空白。鉴于此，本文以南京航空航天大学自主研发的某 3 MW 水平轴三叶片风力机为研究对象，进行不同停机位置大型风力机体系稳定性能分析，相关结论对大型风力机抗风的精细化设计具有参考意义。

2 算例介绍

该风力机体系塔架高 85 m，顶部直径 2.0 m，底部直径 2.5 m，塔架为通长变厚度结构，顶壁厚30 mm，底壁厚 60 mm；机舱长 12.0 m，宽 4.0 m，高 4.0 m；风轮切入风速 3.5 m/s，额定风速 12.5 m/s，切出风速 25 m/s，风轮倾角 5°，风轮转速范围为 9～19 r/min，偏航速度为 0.5°/s；各叶片之间成 120°夹角，沿周向均匀分布，叶片长度为 44.5 m。根据叶片与塔架的相对位置，并考虑到三叶片体系旋转过程中存在的周期性，以叶片与竖直方向夹角为 0°作为初始状态，依次顺时针旋转 15°设置八个计算工况。不同工况有限元模型如图 1 所示。

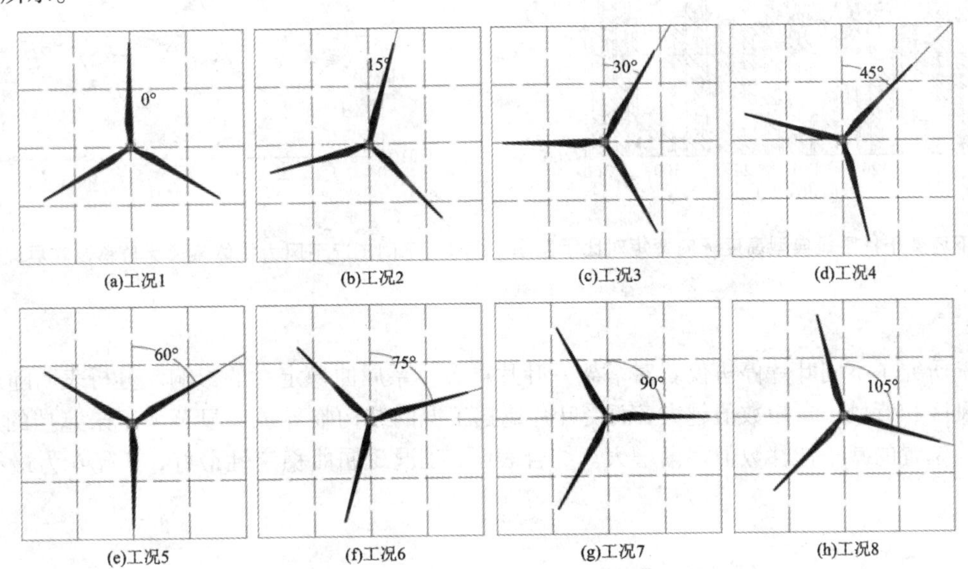

图 1　不同工况有限元模型示意图

* 基金项目：江苏省优秀青年基金（BK20160083），国家自然科学基金（51208254），南京航空航天大学基本科研业务费（56XAA16018），博士后科学基金（2013M530255，1202006B，2015T80551）

3　数值模拟

为保证流动能够充分发展，计算域取 $12D\times5D\times5D$(流向 $X\times$展向 $Y\times$竖向 Z，D 为风轮直径)。风力机置于距离计算域入口 $3D$，从而保证为尾流的充分流动。由于叶片表面扭曲复杂故采用混合网格离散形式，将整个计算域分为内外两个部分：核心区域采用四面体网格，并对风力机周围局部网格进行加密，外围区域采用高质量六面体结构网格，网格总数为 867 万，如图 2 所示。

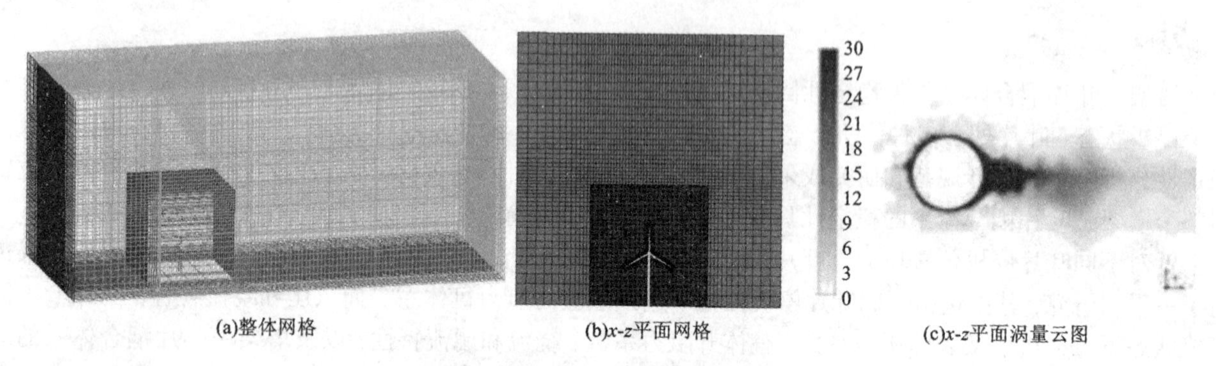

(a)整体网格　　(b)x-z平面网格　　(c)x-z平面涡量云图

图 2　计算域和加密网格划分示意图

4　屈曲稳定性分析

图 3 给出了各工况下塔架干扰区段典型高度环向弯矩对比图，对比可知：叶片对塔架的遮挡效应显著影响塔架侧风区和背风区弯矩数值的大小，随遮挡面积的减小数值越大，未受叶片遮挡的工况 6 变化幅度尤为显著。图 4 给出了不同工况下风力机体系最大位移及临界风速对比示意图，对比可知随叶片对塔架遮挡位置的减小位移数值逐渐增大；受叶片遮挡工况的结构临界风速显著大于未遮挡的工况。

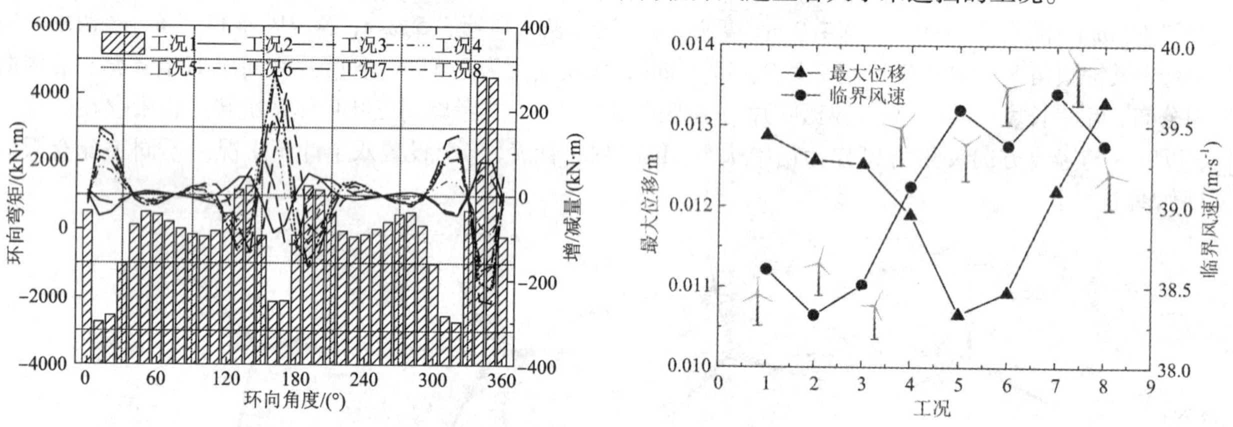

图 3　各工况下塔架干扰区段典型高度环向弯矩对比示意图　图 4　不同工况下风力机体系最大位移及临界风速对比示意图

6　结论

本文系统研究了不同叶片停机位置对塔架－叶片耦合体系屈曲稳定性的影响。分析表明随遮挡面积的减小塔架侧风区和背风区弯矩数值越大，而受叶片遮挡工况的结构临界风速显著大于未遮挡的工况，随叶片对塔架遮挡位置的减小位移数值逐渐增大。综合表明，工况 3 屈曲稳定性最好，工况 6 为最易屈曲失稳的停机位置。

参考文献

[1] Shitang Ke, Wei Yu, Tongguang Wang, et al. Wind loads and load－effects of large scale wind turbine tower with different halt positions of blade[J]. Wind and Structures, An International Journal, 2016, 23(6): 559－575.

[2] Shitang Ke, Wei Yu, Tongguang Wang, et al. The effect of blade positions on the aerodynamic performances of wind turbine systerm[J]. Wind and Structures, An International Journal, 2016, 24(3): 205－221.

基于叶片-塔架耦合体系大型风力机塔架风振系数研究*

余玮，柯世堂，王法武
（南京航空航天大学航空宇航学院土木工程系 江苏 南京 210016）

1 引言

风力机体系朝着大功率柔性化发展同时带来风敏感性突出的问题，国内外学者已展开了考虑叶片旋转、离心力效应和土-结相互作用等风振机理分析[1]。由于作用在风力机的外部载荷主要是由风况条件决定，高风速条件下风力机将处于停机状态[2]，叶片不同停机位置将引起风力机塔架-叶片干扰程度不同，导致塔架表面气动力分布的差异，因此针对不同停机状态下风力机塔架风振系数分布规律及取值亟待研究。

鉴于此，本文基于大涡模拟方法对停机状态下风力机体系八种计算工况（由叶片旋转全过程状态下和塔架的相对位置确定）进行了数值模拟，然后结合有限元方法对考虑叶片不同停机位置的风力机塔架-叶片耦合模型进行了风振响应时域分析，基于不同等效目标对比研究了不同停机位置对于塔架风振系数的影响。

2 几何模型及计算工况

以某3 MW风力发电机组为研究对象，其中塔架高85 m，各叶片之间成120°夹角，沿周向均匀分布，叶片长度为44.5 m。根据叶片与塔架的相对位置，并考虑到三叶片体系旋转过程中存在的周期性，以叶片与竖直方向夹角为0°作为初始状态，依次顺时针旋转15°设置八个计算工况，具体位置如图1所示。

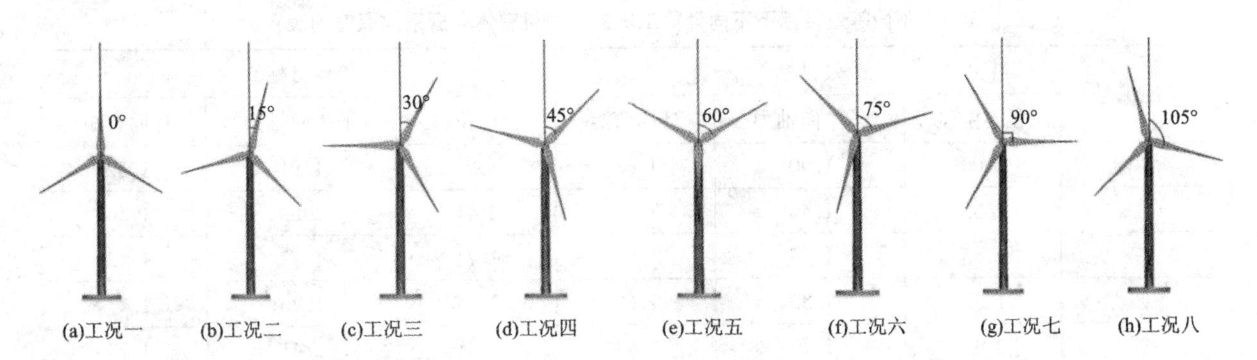

图1 不同计算工况有限元模型示意图

3 风荷载数值模拟

为保证流动能够充分发展，计算流域取$12D\times5D\times5D$（流向$X\times$展向$Y\times$竖向Z，D为叶片旋转直径）。考虑到由于叶片表面扭曲复杂故采用混合网格离散形式，将整个计算域分为内外两个部分。数值计算采用3D单精度、分离式求解器，由于风力机所处流场属于非定常且扰流情况复杂，基于大涡模拟方法能够对风力机复杂的流场进行更好地模拟。图2给出了计算域与边界条件设置、网格划分以数值模拟有效性验证曲线。

4 风振系数

采用大涡模拟得到的风压系数作为风荷载时程输入参数，基于风力机塔架-叶片耦合模型进行风振完全瞬态分析。选取响应目标分别为径向位移、子午向轴力和环向弯矩，分别以响应均值绝对值的平均值、

* 基金项目：江苏省优秀青年基金（BK20160083），国家自然科学基金（51208254），南京航空航天大学基本科研业务费（56XAA16018），博士后科学基金（2013M530255，1202006B，2015T80551）

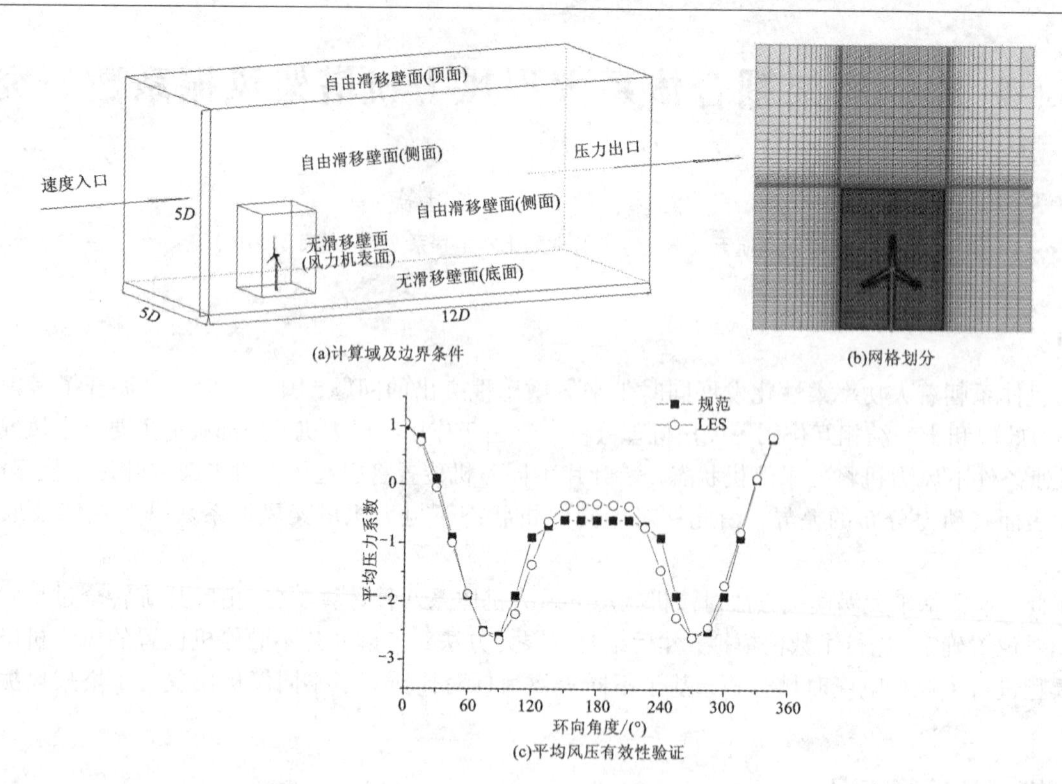

图 2　计算域与边界条件设置、网格划分及数值模拟有效性验证示意图

响应均值绝对值的最大值为等效目标计算得到不同工况下风力机塔架风振系数。表 1 给出了不同停机位置下不同等效目标计算得到的风力机塔架风振系数。

表 1　不同等效目标下不同计算工况的风力机整体风振系数取值列表

工况编号	等效目标①			等效目标②		
	径向位移	子午向轴力	环向弯矩	径向位移	子午向轴力	环向弯矩
一	2.00	1.90	1.68	1.91	1.91	1.52
二	2.51	1.46	1.58	2.41	2.82	1.54
三	1.85	1.76	1.61	1.71	1.72	1.42
四	1.35	1.33	1.68	2.25	1.26	1.41
五	2.45	1.79	1.84	2.41	2.41	1.79
六	1.43	1.38	1.53	1.33	1.33	1.37
七	1.25	1.23	1.60	1.16	1.17	1.43
八	1.73	1.68	1.69	1.64	1.65	1.50

5　结论

本文基于大涡模拟和有限元方法，对叶片不同停机位置下叶片－塔架耦合体系大型风力机塔架风振系数进行系统研究，研究表明叶片不同位置下塔架－叶片干扰程度呈现显著差异，进而影响风振系数分布，选取不同等效目标计算风振系数，以工况二和工况五较为有利。

参考文献

[1] Shitang Ke, Tongguang Wang, Yaojun Ge, et al. Aeroelastic Responses of ultra Large Wind Turbine tower - blade coupled structures with SSI Effect[J]. Advances in Structural Engineering, 2015, 18(12): 2075 - 2087.

[2] Shitang Ke, Wei Yu, Tongguang Wang, et al. The effect of blade positions on the aerod performances of wind turbine system[J]. Wind and Structures, An International Journal, 2016, 24(3): 205 - 221.

大型漂浮式海上风力机塔筒风致响应及稳定性能研究*

余文林，柯世堂，王法武
（南京航空航天大学土木工程系 江苏 南京 210016）

1 引言

伴随着风能的广泛开发和有效利用，海上风力发电受到国内外的高度关注。相比其它海上风力机，漂浮式海上风力机具有建造成本低、安装耗时少和控制能力强等优势。然而因受到海上强风、浮筒浮力以及自重等多种荷载的影响，作为容易产生失稳破坏的风力机塔筒的安全问题日益突出。已有研究主要针对漂浮式海上风力机进行概念设计和动力学仿真计算，而针对塔筒风致响应和稳定性的分析是此类漂浮式海上风力机安全性研究的关键和瓶颈。

鉴于此，以某3 MW大型漂浮式海上风力机为工程背景，通过数值模拟方法提炼出风力机结构表面风荷载分布规律，然后结合有限元方法系统分析了考虑结构自重荷载、风荷载和浮力荷载的大型漂浮式海上风力机塔筒的风致响应与稳定性能。主要研究结论可为此类海上风力机结构的抗风设计提供参考依据。

2 工程概况

本文研究对象为某3 MW三叶片水平轴漂浮式海上风力机，浮筒整体吃水，拉索锚固深度100.5 m，绕浮筒环向每120°上下各布置一根拉索，主要参数如表1所示。

表1 大型漂浮式海上风力机主要参数列表

参数名称	数值	参数名称	数值	模型示意图
额定功率	3 MW	浮筒半径	4 m	
叶片长度	44.5 m	浮筒高度	25 m	
风轮直径	89 m	风轮倾角	5°	
切入风速	3.5 m/s	塔筒高度	85 m	
额定风速	12.5 m/s	塔顶半径	1.85 m	
切出风速	25 m/s	塔底半径	3.2 m	

3 风荷载数值模拟

为保证风力机尾流充分发展和捕捉大尺寸叶片引起的大范围漩涡尾迹特征，计算域尺寸设置为$12D \times 5D \times 5D$（流向$X \times$展向$Y \times$竖向Z，D为风轮直径），风力机置于距离计算域入口$3D$处。为了兼顾计算效率与精度，将整个计算域划分为局部加密区域和外围区域。核心区最小网格尺寸为0.1 m，总网格数量超过850万。计算域及网格划分如图1所示。

4 塔筒风致响应与稳定性分析

建立一体化有限元模型并进行多点耦合约束，分析发现漂浮式海上风力机基频很低，仅为0.10 Hz，显著低于同尺寸陆地风力机（基频约为0.2 Hz）。图2分别给出了风力机塔筒典型位移与内力响应分布和屈曲模态变形图。由图2可知，塔筒径向和环向位移均随着高度增加而逐渐增大，最大值分别可达到0.26 m

* 基金项目：江苏省优秀青年基金（BK20160083），国家自然科学基金（51208254），南京航空航天大学基本科研业务费（56XAA16018），博士后科学基金（2013M530255，1202006B，2015T80551）

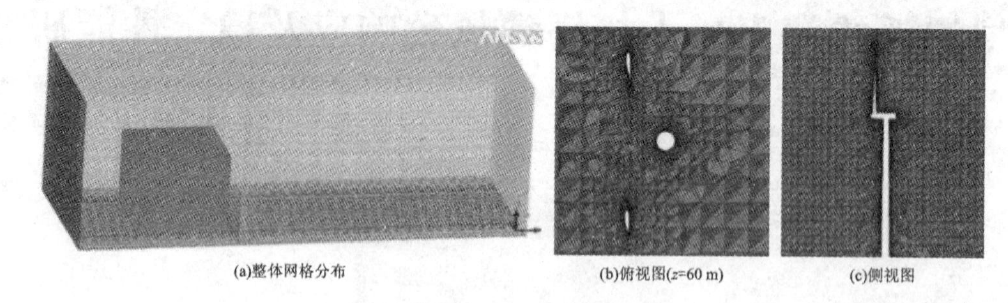

(a)整体网格分布 (b)俯视图(z=60 m) (c)侧视图

图1 计算域及网格划分示意图

和0.18 m；塔筒与浮筒的耦合交界处出现局部应力集中现象，此现象显著区别于陆地风力机；塔筒屈曲强度满足设计要求，但其顶部与机舱连接部位易发生局部屈曲，会导致风力机整体失稳；局部变形主要集中在靠近叶片的塔筒上部。

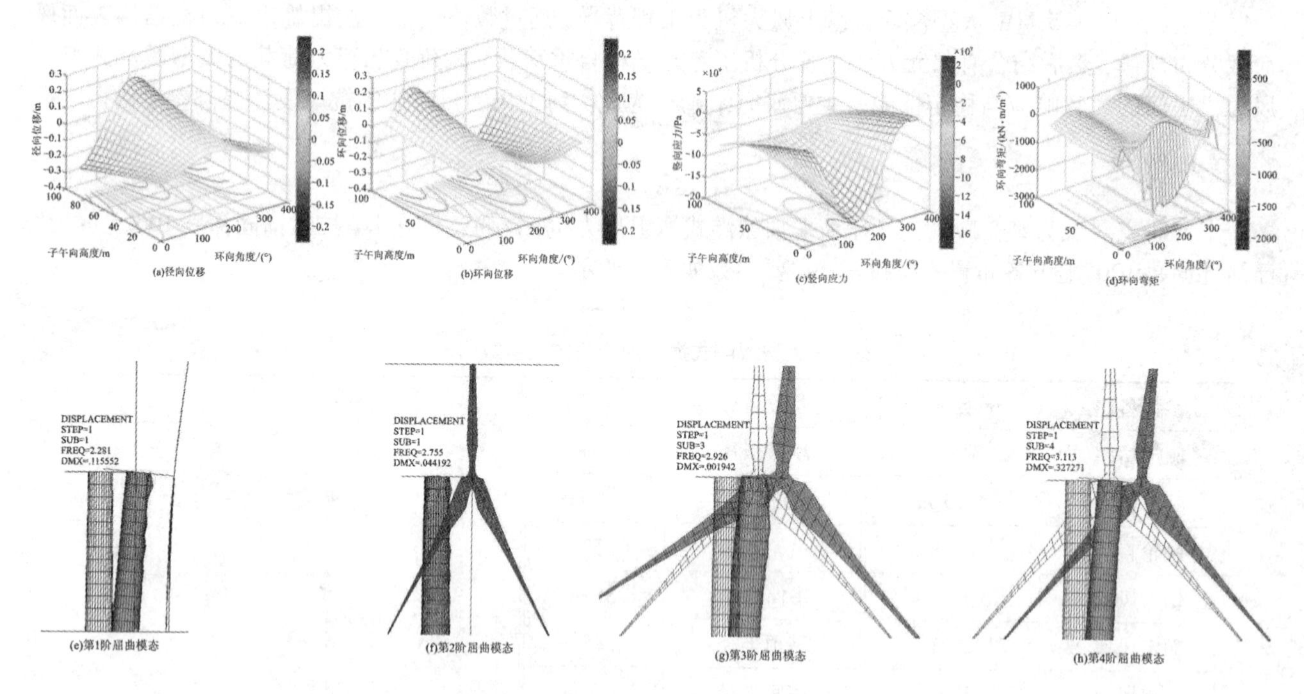

(a)径向位移 (b)环向位移 (c)竖向应力 (d)环向弯矩

(e)第1阶屈曲模态 (f)第2阶屈曲模态 (g)第3阶屈曲模态 (h)第4阶屈曲模态

图2 大型漂浮式海上风力机塔筒典型位移与内力响应分布和屈曲模态变形图

5 结论

本文基于数值模拟和有限元结合的方法系统研究了大型漂浮式海上风力机塔筒的风致响应与稳定性能。分析发现，塔筒与浮筒的耦合交界处出现局部应力集中现象，为设计关键部位；塔筒局部变形主要集中在靠近叶片位置的中上部，其顶部与机舱连接部位易发生局部屈曲，进而会导致风力机整体失稳，因此亦为设计关键部位。

参考文献

[1] 穆安乐，张玉龙，由艳萍，等. 系泊参数对漂浮式风力机稳定性的影响规律研究[J]. 中国电机工程学报，2015，35(1)：151－158.

[2] Ke S T, Yu W, Wang T G, et al. Wind loads and load－effects of large scale wind turbine tower with different halt positions of blade[J]. Wind and Structures, An International Journal, 2016, 23(6): 559－575.

九、计算风工程

基于 FLUENT 的山区地形过渡段曲线研究

程旭，秦刚，黄国庆，李明水
（西南交通大学土木工程学院风工程试验研究中心 四川 成都 610031）

1　引言

针对目前山区复杂地形风环境数值模拟中普遍采用直接截断地形边界生成计算域的建模方式所存在的问题，基于几种风洞收缩段曲线，提出了一种优化的地形过渡段曲线。本文采用 CFD 计算软件 Fluent 对比了梯度风经过几种不同山区地形过渡段曲线过渡后的流动特性变化，给出了合适的过渡曲线形式。

2　过渡段曲线的提出

本文改变了风洞收缩段曲线的形式，并提出了一种优化的维式过渡段曲线，并且与理想流线[1]进行了对比，如图 1 所示。

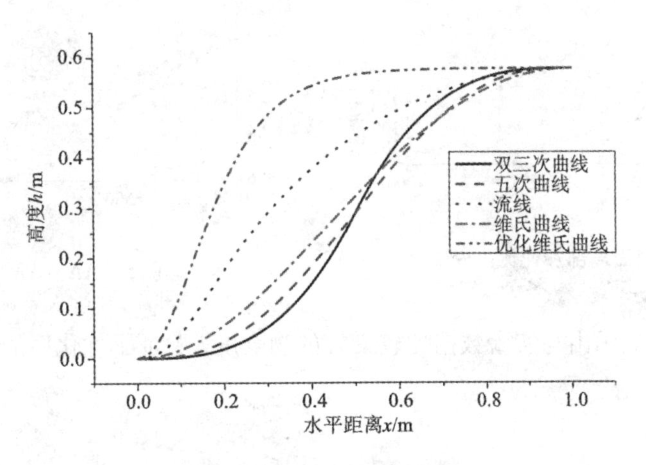

图 1　几种过渡段曲线比较

3　气流经过过渡段曲线后的流动特性对比

本节考察梯度风经过以上五种过渡曲线过渡后的流动特性。图 2 ~ 3 是气流经过二维平台过渡后的平均加速比和沿程最大风攻角分布，表明优化后的维式曲线均最先趋于稳定。

4　实际地形算例

本节通过 STRM 数据提取了 Askerverin 山区域的三维高程地形图，将过渡段曲线应用于该实际地形的 CFD 风场模拟，并将结果与实测及风洞试验[2]进行了对比，用以验证过渡曲线的合理性。为了便于计算域底面与山区地形对接，本文将实际地形模型人为地抬升 50 m，使得地形模型边界处于同一高程。通过 CFD 风场数值模拟模拟，得到如图 4 和图 5 所示的 A – A 线及 AA – AA 线 10 m 高度处的局部加速比剖面与实测和风洞数据的对比，对比表明数值模拟的结果与试验数据吻合比较好，气流还未达到小孤山时，数值模拟在 A – A 剖面的结果表现出明显的偏大，可能是由于抬升山区地形导致气流不稳定引起的畸变，故而，在进行数值模拟山区风场时，应尽可能增大实际地形模型范围，从而减小人为截断地形导致的气流不稳定。

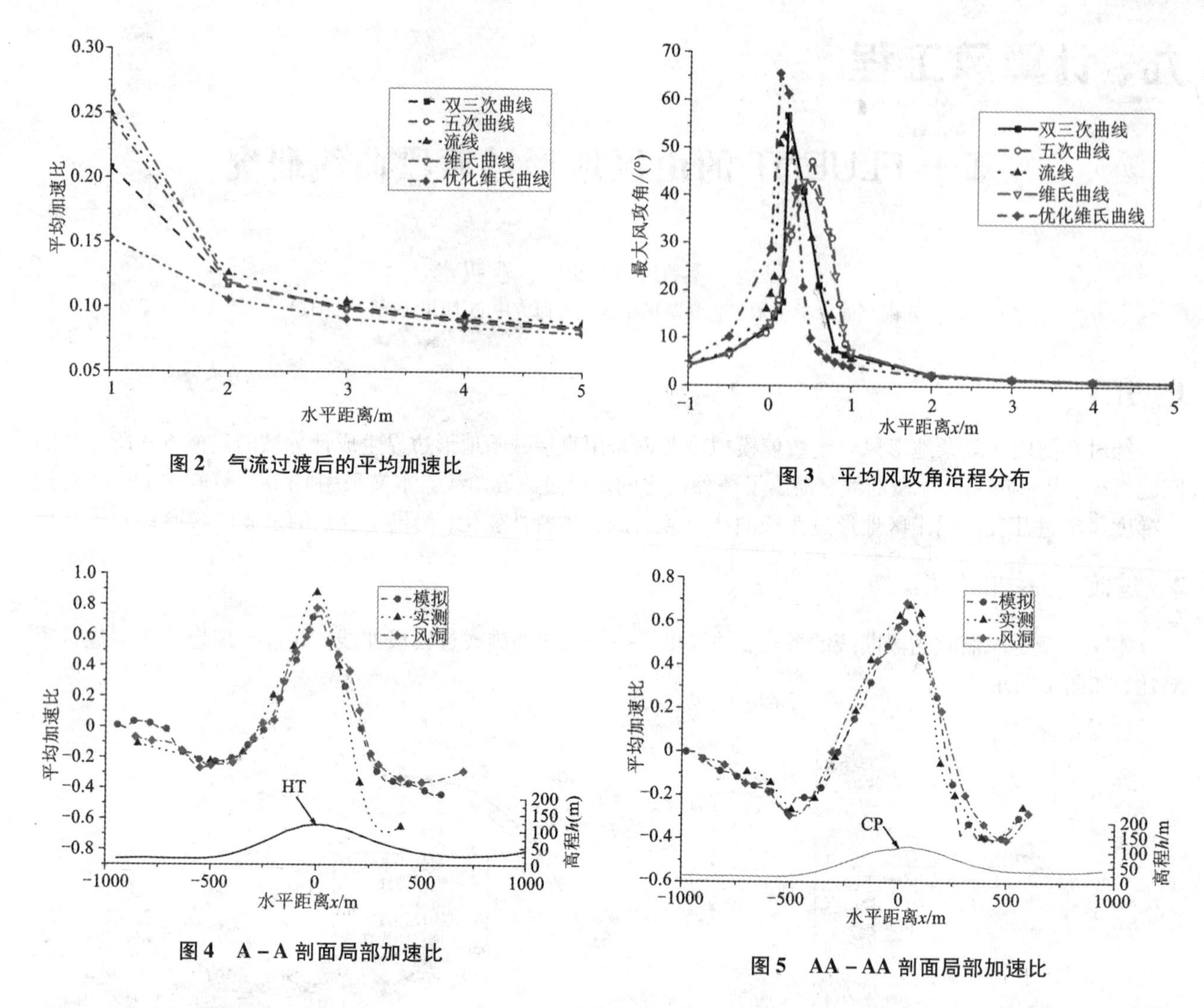

图2　气流过渡后的平均加速比

图3　平均风攻角沿程分布

图4　A－A 剖面局部加速比

图5　AA－AA 剖面局部加速比

算例的数值模拟结果显示出与实验数据比较良好的吻合度，验证了优化后的维式过渡段曲线应用于实际山区地形的适用性。

5　结论

本文基于风洞收缩段曲线，通过对比五种不同过渡段曲线气流过渡后的流动特性，得出以下结论：

(1)气流在经过五种曲线过渡段时，都没有在终点处发生分离且优化维氏曲线的壁面剪切应力最先趋于稳定。

(2)经过优化维氏曲线过渡的气流，平均加速比改变是五种过渡曲线中最小的。

(3)经过优化维氏曲线过渡的气流，风攻角是最小的并且也更快的趋于平缓。

(4)通过实际地形算例计算结果与实测数据的对比，验证了优化后的维式曲线的工程适用性。

参考文献

[1] 胡朋，李永乐，廖海黎. 山区峡谷桥址区地形模型边界过渡段形式研究[J]. 空气动力学学报，2013，31(2)：231－238.

[2] Teunissen H W，Bowen A J，et al. The Askervein hill project：wind－tunnel simulations at three length scales[J]. Boundary－Layer Meteorology，1987(40)：1－29.

基于 CFD 模拟的斜向风作用下箱梁静气动力系数的研究*

郭俊峰[1]，郑史雄[1]，朱进波[1]，唐煜[2]
（1. 西南交通大学土木工程学院 四川 成都 610031；2. 西南石油大学土木工程与建筑学院 四川 成都 610500）

1 引言

现代桥梁在进行抗风设计时，往往仅针对横向风作用下的桥梁进行抗风计算分析。但在实际确定桥位和桥轴走线时，桥跨法向往往与强风方向有一定的偏角。已有研究表明，对于某些主梁形式，并非垂直于桥轴的法向风为最不利工况，其最不利工况往往出现在斜向风作用下。朱乐东[1]、常光照[2]通过风洞试验发现，大跨度桥梁的最小颤振临界风速出现在与法向风成一定偏角的斜向风工况下。郑史雄[3]通过风洞试验，研究了斜向风作用下倒梯形桁梁桥的气动力参数，发现横桥向力系数的最大值发生在风偏角 15°左右，而顺桥向力系数的最大值发生在风偏角 60°左右。

本文在前人研究的基础上，首先分析得到不同风偏角下主梁的气动外形及计算风攻角，然后借助 CFD 进行数值计算，得到不同风偏角下主梁的气动三分力，经坐标系变换，得到主梁法向风坐标系下的气动三分力，进而求得主梁法向风坐标系下的三分力系数。

2 斜向风作用下箱梁气动外形的差异

2.1 斜向风作用下主梁外形的变化

选取某山区大跨度拱桥为研究对象。来流风以一定偏角流经主梁时，其实际边界已经发生改变。根据投影原理可得不同风偏角下的主梁断面图，见图 1。

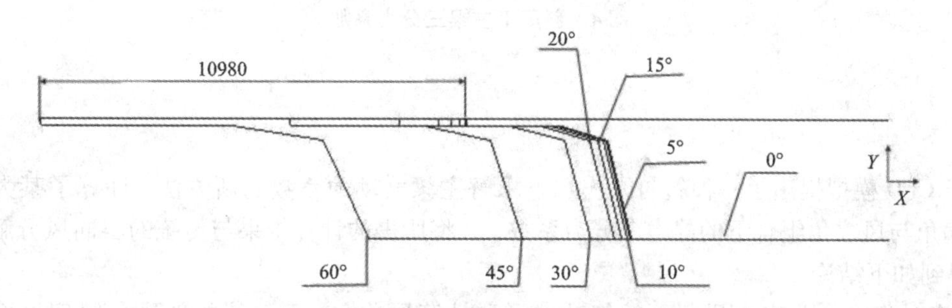

图 1 不同风偏角下主梁断面气动外形示意图

2.2 斜向风作用下主梁风攻角的变化

风工程中，定义风攻角为主梁平面与风平面之间的夹角（即风偏角为 0°时，主梁横断面与风平面之间的夹角）。当存在风偏角时，用于数值计算的风攻角（下文简称计算风攻角）不等于风工程定义中的风攻角，见图 2。

3 基于 CFD 的斜向风作用下箱梁三分力系数的求解

在获得了不同风偏角下主梁断面的气动外形（包括主梁断面外形及计算风攻角）后，以 1:100 的几何缩尺比建立主梁模型并进行数值计算。图 3 给出了斜向风坐标系与横向风坐标系下气动力示意图。

通过坐标变换可得斜向风作用下箱梁的气动力系数，如图 4 所示。

* 基金项目：国家自然科学基金(51378443)

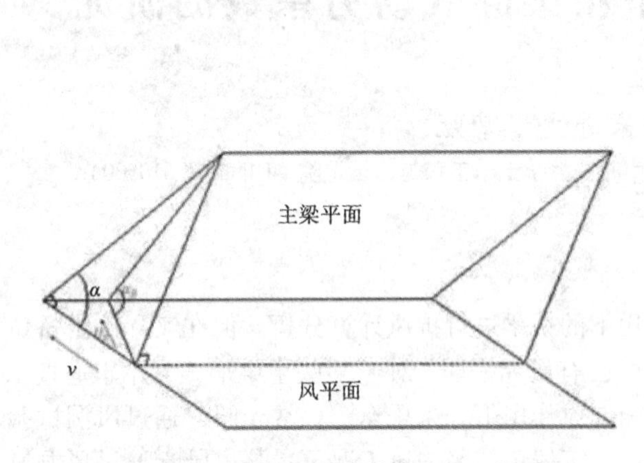

图2　斜向风作用下计算风攻角示意图

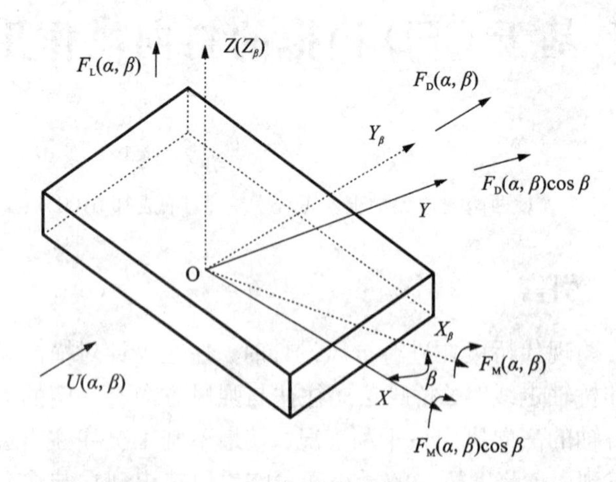

图3　斜向风坐标系与横向风坐标系下气动力示意图

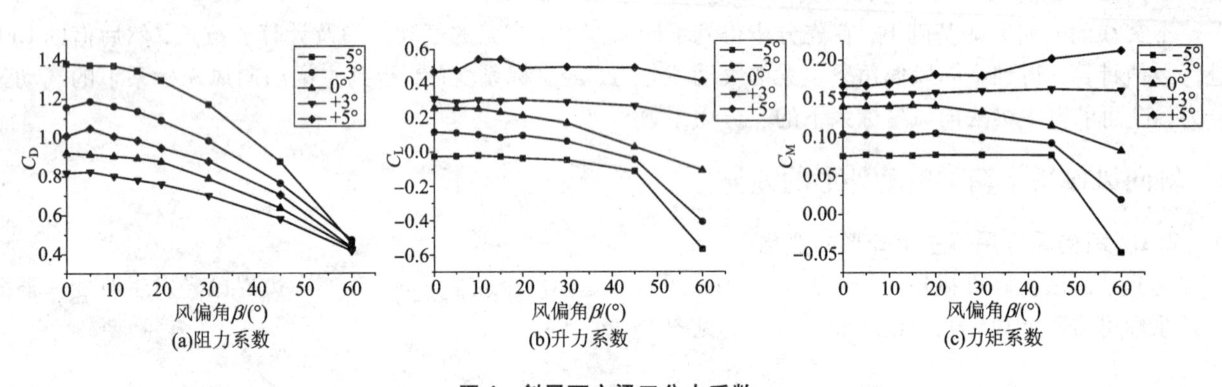

图4　斜风下主梁三分力系数

4　结论

本文基于CFD模拟提出了一种斜向风作用下求解主梁气动力系数的新方法，计算了某大跨度箱梁拱桥在不同风偏角与风攻角组合下的静力三分力系数，并将所得的计算结果与传统的斜向风分解法计算结果进行对比，得到如下结论。

(1)风偏角的存在会改变主梁断面的气动外形和计算风攻角，而传统的斜风分解理论不能考虑这些因素。

(2)横向来流并不总是最不利工况。

(3)综合分析阻力系数、升力系数和升力矩系数的曲线，对于文中箱形主梁，当风攻角为+3°时，其气动力系数受风偏角的影响最小。

参考文献

[1] Zhu L D, Xu Y L. Tsing ma bridge deck under skew winds – part I: aerodynamic coefficient[J]. Journal of Wind Engineering and Industrial Aerodynamics, 2002, 90(7): 781 – 805.

[2] 常光照. 斜风作用下大跨度桥梁颤振性能研究[D]. 上海: 同济大学, 2006.

[3] 郑史雄, 张龙奇, 张向旭, 等. 斜向风作用下倒梯形桁梁桥气动力参数研究[J]. 桥梁建设, 2015, 45(4): 19 – 25.

基于雷诺应力模型的平衡大气边界层模拟

李维勃，王国砚
（同济大学航空航天与力学学院 上海 200092）

1 引言

给定满足平衡大气边界层的来流边界条件是结构风工程领域内一个重要的问题，当前研究满足边界层自保持要求而又与试验比较符合的边界条件主要集中在标准 $k-\varepsilon$ 模型[1]和 SST $k-\omega$ 模型[2]，而对于雷诺应力模型(简称 RSM 模型)却很少提及这个问题。因此本文对 RSM 模型满足边界层自保持要求的边界条件进行了研究。

2 本文的研究动机

取一个二维算例，矩形计算域的大小为 12 m×1.8 m($x \times y$)，流域内不放置任何障碍物，来流条件采用近似来流边界条件，即：平均风速剖面取对数律风速剖面，湍动能剖面取经验公式。采用 FLUENT 对二维空流场进行数值模拟分析，湍流模型选择 RSM 模型。结果如下图所示：

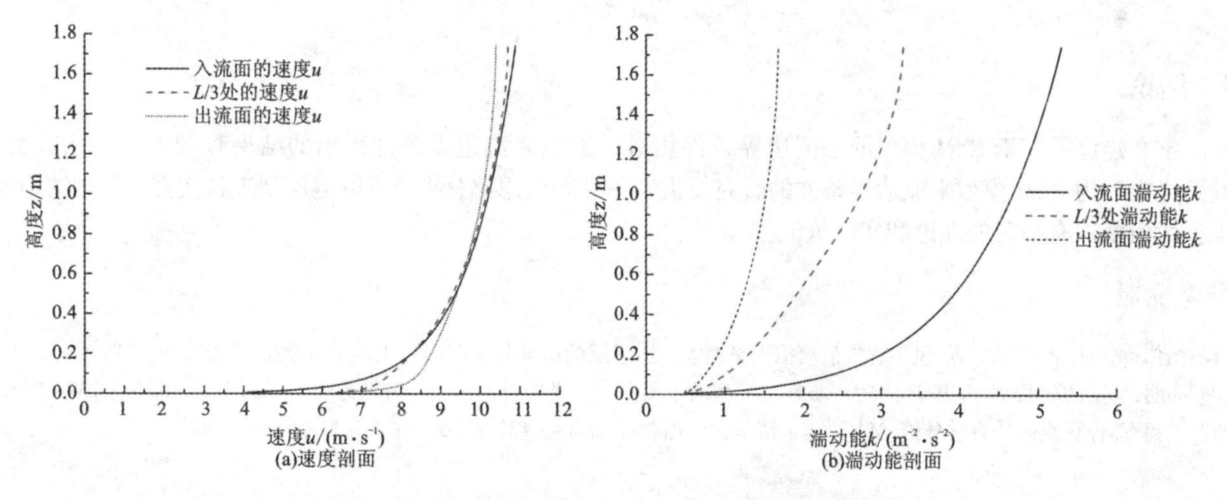

图1 近似来流边界条件作用下平均速度与湍动能剖面

从图 1 可看出，速度剖面在接近地面和模型顶部误差较大；湍动能剖面的差异十分明显。这就意味着当前 RSM 模型采用近似来流边界条件的模拟是失真的。

3 本文的研究方法及内容

如果将 RSM 模型只用于没有系统转动的不可压流动，则雷诺应力输运方程是由瞬态项、对流项、湍流扩散项、分子黏性扩散项、剪应力产生项、应力应变项、黏性耗散项组成的[3]。从未知项的简化计算中，可以看到主要的未知项(湍流扩散项、压力应变项、黏性耗散性)在推导简化计算式中都采用了标准 $k-\varepsilon$ 模型中关于湍动耗散率 ε 的假定。两个湍流模型虽然存在明显的差别，但是不可否认在对雷诺应力输运方程简化过程中，为了解出这六个微分方程，研究者们有意把 RSM 模型的流动部分地近似为各向同性流动。这样简化的结果很可能就使得两个湍流模型之间存在着紧密的联系。这反映在来流边界条件上，就意味着两个模型来流边界条件的形式很可能是极其相似的，它们最简单的关系就是常系数的倍数关系。因此本文建议在进行基于 RSM 模型的数值模拟时，湍动能剖面和湍动耗散率剖面采用如下形式：

$$k = \alpha u_*^2 \left[C_1 \ln\left(\frac{z+z_0}{z_0}\right) + C_2 \right]^2 \tag{1}$$

$$\varepsilon = \frac{\alpha^2 C_\mu u_*^3}{K(z+z_0)}\left[C_1 \ln\left(\frac{z+z_0}{z_0}\right)+C_2\right]^4 \tag{2}$$

式中 α 是关联系数，u_* 是摩擦速度，C_μ、C_1、C_2 是常参数，z_0 是粗糙长度，K 是卡门常数。通过计算可以近似得到基于 RSM 模型的自保持平衡边界层，如下图所示：

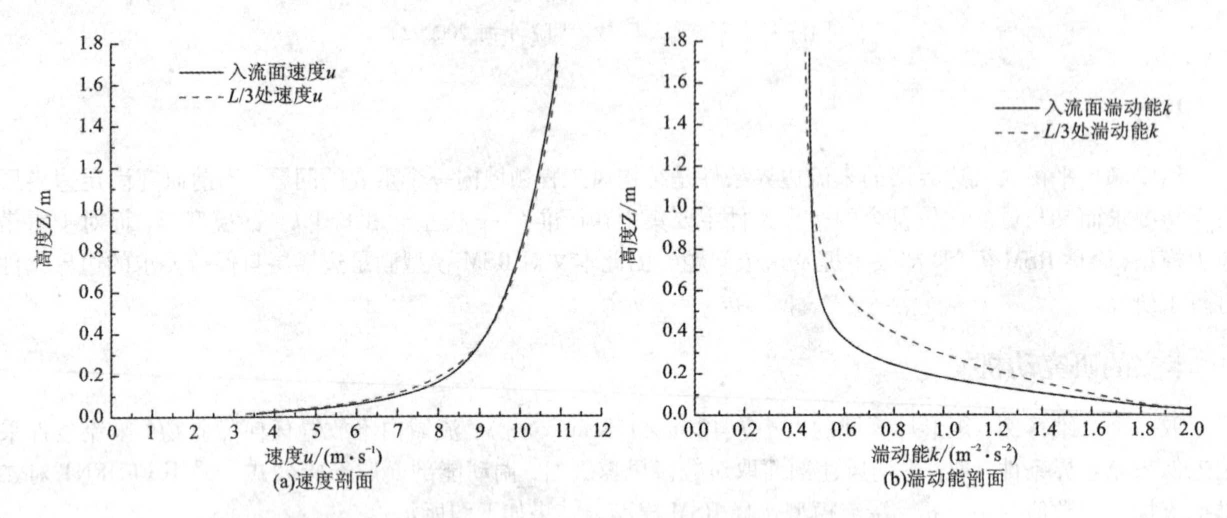

图 2 本文建议边界条件作用下平均速度与湍动能剖面

4 结论

本文建议的基于 RSM 模型的来流边界条件相对于近似来流边界条件得出的结果有较大程度的改善。其意义在于为 RSM 模型来流边界条件的研究提供了一种新的思路，并且可以运用到工程实践中，对结构风工程数值模拟有一定的理论和实用价值。

参考文献

[1] 杨伟，金新阳，顾明，等. 风工程数值模拟中平衡大气边界层的研究与应用[J]. 土木工程学报，2007，40(2)：1－5.

[2] 胡朋，李永乐，廖海黎. 基于 SST k－ω 湍流模型的平衡大气边界层模拟[J]. 空气动力学学报，2012，30(6)：737－743.

[3] 王福军. 计算流体动力学分析[M]. 北京：清华大学出版社，2004：132－136.

栏杆对桥梁断面气动力数值识别的影响*

李业展[1]，操金鑫[1,2,3]，曹曙阳[1,2,3]
(1. 同济大学土木工程学院桥梁工程系 上海 200092; 2. 同济大学土木工程防灾国家重点实验室 上海 200092;
3. 同济大学桥梁结构抗风技术交通行业重点实验室 上海 200092)

1 引言

为了使数值计算能够应用到实际桥梁的抗风设计中，数值计算应达到与风洞试验同等的预测精度。其中，栏杆等附属构件对模拟结果的影响不容忽视。Jones 和 Scanlan 等[1]针对日本 Tsurunmi 桥进行风洞试验，比较了无栏杆桥梁断面、有渗透栏杆桥梁断面和无渗透栏杆桥梁断面在均匀流下的气动特性，发现有无栏杆会对风洞试验结果产生很大的影响。Ishihara 等[2]运用 LES 模型模拟了南京长江第三大桥主梁断面并计算其定常空气动力系数，结果表明，对于存在附加构件的情况，数值计算结果比实验值稍小。因此，为了提高数值计算的精度，有必要对栏杆等附属构造进行模拟。

本文基于大涡模拟利用 OpenFOAM 软件对不带栏杆的箱梁断面进行了二维和三维模拟，对带有栏杆的箱梁断面进行了二维模拟，得到了不同风速不同攻角下的带栏杆和不带栏杆的箱梁断面的静三分力系数。

2 研究方法

2.1 计算平台 OpenFOAM

OpenFOAM 是一个支持自主编译的开源 CFD 软件包。本文采用求解非定常不可压缩流体的 PISO 算法，分别计算了 Smagorinsky 模型和一方程模型下的结果。本文使用前处理软件 Pointwise 完成网格的绘制，使用 ParaView 软件对数据进行后处理。

2.2 桥梁断面工况与设置

本文计算区域的设置与风洞试验条件匹配，断面尺寸按照风洞试验取值，取 1:80 几何缩尺比。原点设置为箱梁中心，入口处距离原点 1 m，出口处距离原点 2 m，上下表面的距离为 1.8 m，展向长度 0.1 m。计算区域上下表面的边界条件为滑移边界，入口处为均匀风速 10 m/s，出口为压力固定，主梁表面采用固壁无滑移边界条件。雷诺数取 3×10^5。对栏杆的处理采用等效模拟。

3 计算结果分析

图 1 所示为不带栏杆和带栏杆断面的阻力系数随攻角的变化结果，图中还包含 Larsen 等[3]所得的大海带桥带栏杆风洞试验的结果。对于裸梁断面，风洞实验的阻力系数结果比数值模拟的结果普遍小的多，仅 0 攻角时大于数值模拟。对于带栏杆的断面，风洞实验与数值模拟的结果在 $-5°$ 到 $10°$ 范围内相差不大。

图 2 和图 3 为计算中裸梁和带栏杆断面周围流场的速度场示意图。两种情况在桥梁表面都会产生流体分离再附着的现象，其中不带栏杆的断面在风嘴附近的上表面形成分离泡，而带栏杆的断面分离区域从栏杆位置开始，其大小较不带栏杆时有显著增加。

4 结论

本文利用 OpenFOAM 平台，研究了栏杆等附属构件对桥梁断面气动力数值模拟结果的影响，以探索进一步改善桥梁断面气动力数值识别精度的可能性。计算结果表明，带栏杆的数值模拟结果比不带栏杆结果更接近风洞实验结果。

论文全文将包含不同桥梁断面考虑栏杆作用下的数值模拟结果，得出栏杆模拟对桥梁静三分力系数影响的基本规律。此外，还将探讨不同量级的网格数量等计算参数设置对模拟结果精度的影响，对带栏杆桥

* 基金项目：土木工程防灾国家重点实验室自主课题(SLDRCE14 – B – 01)，国家自然科学基金项目(51323013)

梁断面气动力数值模拟参数设置提供建议。

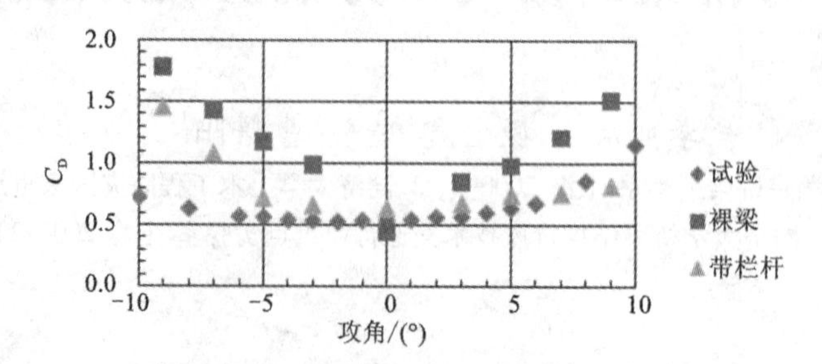

图1 大海带桥阻力系数随攻角的变化

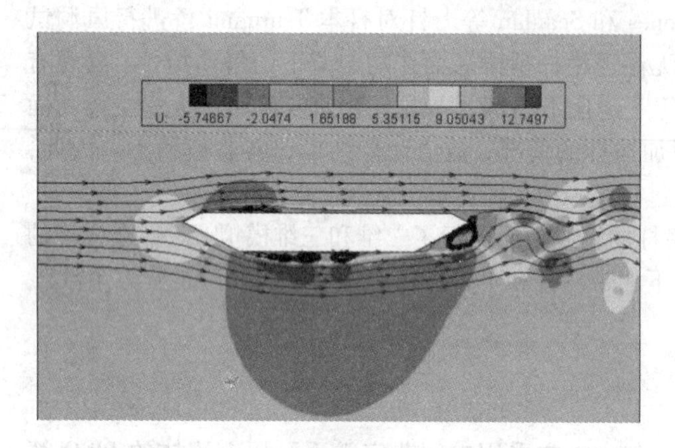

图2 不带栏杆断面的速度示意图

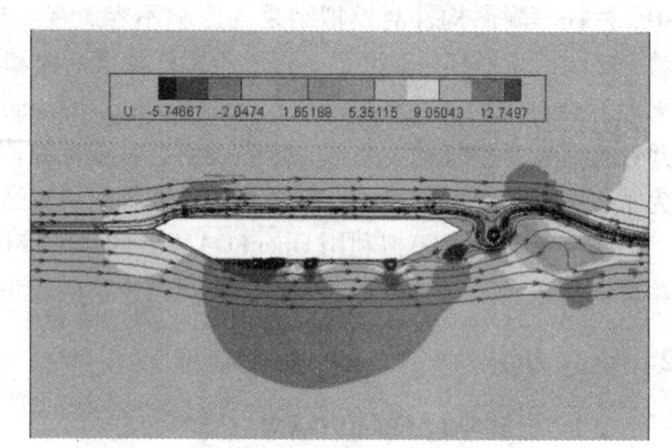

图3 带有栏杆断面的速度示意图

参考文献

[1] Jones N P, Scanlan R H, et al. The effect of section model details onaeroelastic parameters[J]. J. Wind Eng. Ind. Aerodyn., 1995, 54/55: 45 -53.

[2] Ishihara T, Oka S, Fujino Y. Numerical prediction of aerodynamic characteristics of rectangular prism under uniform flow[J]. J. Struct. Earthquake Eng., 2006, 62A: 78 -90.

[3] Larsen A. Aerodynamic aspects of the final design of the 1624 m suspension bridge across the Great Belt[J]. Journal of Wind Engineering and Industrial Aerodynamics, 1993, 48(2): 261 -285.

基于 CFD 的相邻大跨度桥梁气动干扰研究*

林震云，李永乐，汪斌
（西南交通大学土木工程学院桥梁工程系 四川 成都 610031）

1 引言

当已建造桥梁不满足日益增加的交通需求时，在已有桥梁附近修建一座新桥或者同时修建两座相邻的桥梁已成为越来越普遍的选择。在气流作用下，当相邻两桥相距较近时，上游主梁与下游主梁间存在一定的相互影响，该影响被称气动干扰效应[1]。相邻桥梁之间的气动干扰效应是抗风设计中最为关键的问题之一[2]。随着计算流体力学（CFD）应用的不断发展，CFD 数值模拟方法已经成为一种重要的抗风研究方法，能够在较短的时间内为抗风提供可靠数据，为工程前期设计提供重要依据。CFD 数值模拟可以有效的分析邻近桥梁三分力系数的气动干扰效应，为大跨度邻近桥梁气动干扰效应提供研究捷径。目前绝大部分双幅桥梁或相邻桥梁跨度不是很大，桥梁的气动稳定性问题相对显得不是非常突出。本文基于 CFD 数值模拟方法，以两座相邻大跨度桥梁为研究对象，研究相邻桥梁的气动干扰效应。本文围绕大跨度相邻的桥梁气动干扰效应，研究了不同间距比对静力三分力及颤振导数的影响。

2 CFD 数值模型

以相邻两座大跨斜拉桥为研究对象，主梁中心水平距离 67 m。上游桥梁主梁宽 41 m，高 4 m，为混凝土箱梁。下游桥梁主梁为钢箱梁，宽 21 m，高 4.5 m。CFD 数值模拟采用软件 FLUENT 进行。根据挡风面积相同原则将主梁简化为二维模型[3]，如图 1 所示。分析区域采用合适的大小，如图 2 所示，左侧边界为计算入口，右侧边界为计算出口，计算入口距桥面 $7B$，计算出口距主梁断面 $12B$，左右边界尺寸为 $11B$，保证顺风向的阻塞率不大于 5%。计算入口采用风速入口条件，计算出口采用压力出口条件，上、下边界根据风攻角的正负调整边界类型，主梁采用壁面边界。雷诺应力项选用 SST $\kappa-\omega$ 湍流模型来模拟。采用放射性网格进行网格划分，主梁断面附近空气流动复杂，压力梯度大，网格划分足够密集保证计算精度，远离断面区域适当放大，平板边界层附近流动应用标准壁面条件进行模拟。为识别主梁截面颤振导数，编制 UDF 让截面做单自由度强迫振动，假设模型分别作纯竖向或纯扭转运动并且认为梁截面刚性，竖向振动单峰幅值设置 $0.025B_2$，扭转振动的单峰幅值设置为 3°，通过动网格实现强迫振动。截面周边网设定变形网格区域，并应用局部网格重划与弹簧光顺法协调控制网格的变形[4]。动网格区域采用非结构化三角形网格，将风场区域分为刚性边界网格 + 动网格 + 静止网格三个区域，刚性边界网格区域和静止网格区域采用结构化四边形网格。

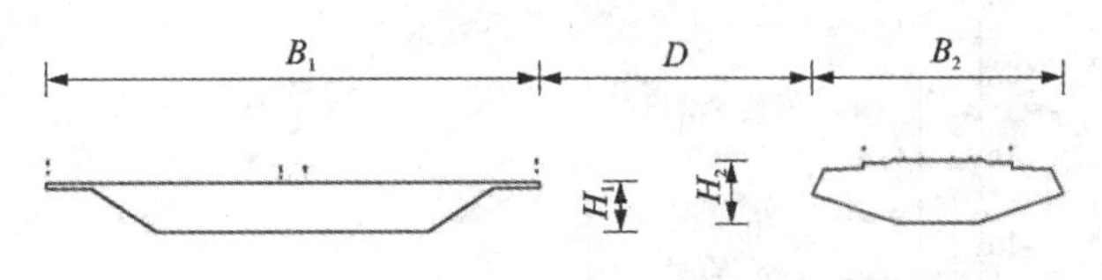

图 1 主梁 2D 简化分析模型

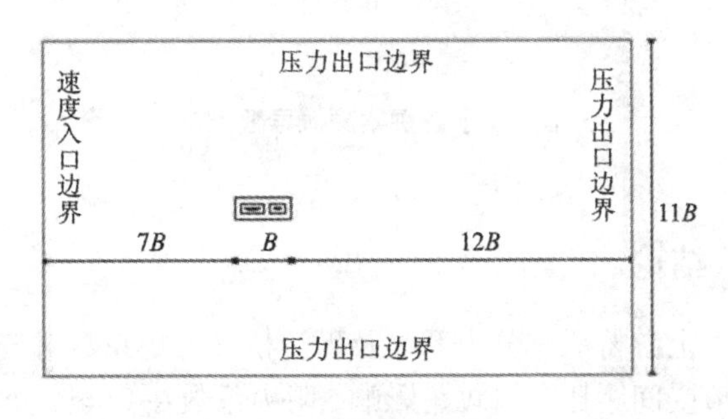

图 2 风场区域尺寸

3 静力三分力和颤振导数气动干扰效应

采用定常计算，模拟得到 −7°到 7°风攻角下单独上游桥梁、单独下游桥梁及不同间距比（$D/B_1=1$、3、

* 基金项目：四川省创新研究团队（2015TD0004），国家自然科学基金（51525804，51508480）

6、9)上、下游桥梁主梁断面的气动力，根据得到的气动力时程曲线，分析三分力系数气动干扰效应。采用非定常分析模拟0°攻角下，单独上游桥梁主梁、单独下游桥梁及假定上游桥面刚性、静止的条件下计算不同间距比(D/B_1=1、3、6、9)下游桥面的气动导数，同时假定下游桥面刚性、静止条件下计算不同间距比上游桥面的气动导数。根据得到的气动力时程曲线，通过最小二乘法拟合各工况不同折算风速对应下的颤振导数。

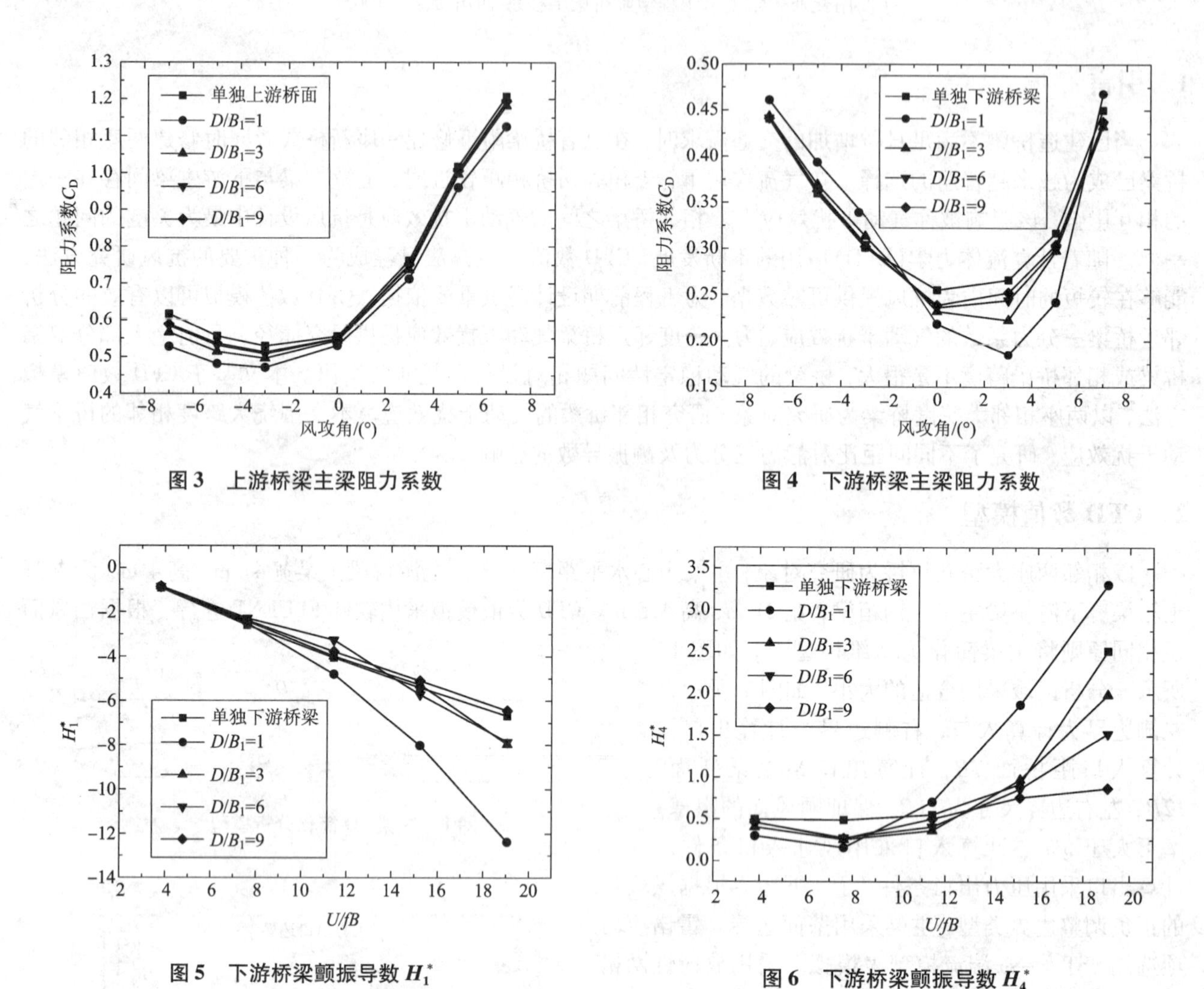

图3 上游桥梁主梁阻力系数

图4 下游桥梁主梁阻力系数

图5 下游桥梁颤振导数 H_1^*

图6 下游桥梁颤振导数 H_4^*

4 结论

上游桥梁三分力系数及下游桥梁力矩系数对气动干扰效应不敏感，下游桥梁阻力系数和升力系数干扰效应受间距比和风攻角影响，阻力系数在0°至5°风攻角之间表现出遮挡效应，间距比越小降低幅度越大，升力系数在-5°至3°风攻角之间，间距比越小降低幅度越大。下游桥梁颤振导数 H_1^*、H_2^*、H_4^*、A_1^*、A_4^* 受气动干扰效应影响大且与间距比和风速相关。

参考文献

[1] 刘志文，陈政清，胡建华. 大跨度双幅桥面桥梁气动干扰效应[J]. 长安大学学报，2008，28(6)：55-59.

[2] Rowan A I, Stoyan S, Jiming X, et al. Tacoma narrows 50 years later - wind engineering investigations for parallel bridges[J]. Bridge Structures: Assessment, Design and Construction, 2005, 11(1): 3-17.

[3] 李永乐，安伟胜，蔡宪棠. 倒梯形板桁主梁CFD简化模型及气动特性研究[J]. 工程力学，2011，28(1)：103-109.

[4] 李永乐，汪斌，黄林等. 平板气动力的CFD模拟及参数研究[J]. 工程力学，2009，26(3)：207-211.

传统同心绞导线气动特性数值模拟*

刘成，刘慕广
（华南理工大学土木与交通学院 广东 广州 510641）

1 引言

国内外学者对导线在风环境下的细部流场的研究已经取得很多成果。党朋等[1]通过风洞试验测试了同心绞导线在单根、双分裂、四分裂时的风阻力系数；孙启刚等[2]采用 CFD 数值模拟方法，验证了 Eguchi Y 等[3]对 LP810 导线的研究结论。本文采用 ANSYS 15.0 Fluent 软件，对 JL/G1A－400/50、JL/G1A－630/45 及 JL/G1A－900/40 圆线同心绞导线截面（以下简称绞线截面）及其缩尺 1/25 截面（以下简称绞线模型截面）进行二维数值模拟。并分别对各导线的等直径圆截面（以下简称等圆截面）、缩尺 1/25 圆截面（以下简称等圆模型截面）进行数值模拟。探究导线原状截面与等直径圆截面的气动力差异、表面粗糙度对同心绞绕流的影响以及这两类截面缩尺后的气动力特性。

2 数值模型

选取计算区域如图 1 所示，D 为导线直径，导线质心置于原点，来流方向沿 x 轴正向。块 5 采用 O 形结构网格进行划分，其中绞线截面半径 0.6D 范围内采用三角形非结构网格进行划分而等圆截面采用 O 形结构网格进行细化；其余块均采用结构网格进行划分。根据经验公式 $y_1 = Dy^+ \times \sqrt{74}Re^{-13/14}$ 粗估首层网格厚度，SST $k-\omega$ 湍流模型要求 $y^+ \leqslant 1$。网格沿各截面的壁面按 1.009 的比例增长，同时对尾流区域进行网格细化。网格划分如图 1 所示。

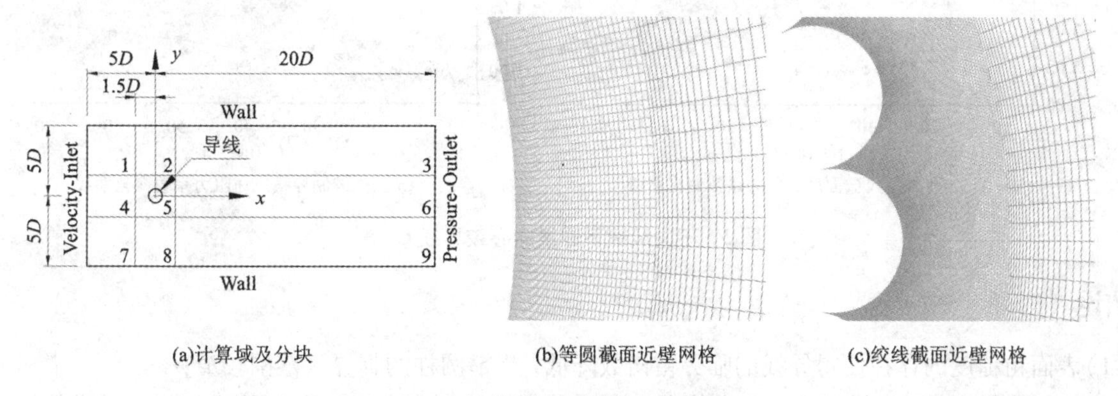

(a)计算域及分块　(b)等圆截面近壁网格　(c)绞线截面近壁网格

图 1 计算域及网格划分示意图

表 1 网格无关性检查

网格	y^+_{max}	y_1/mm	近壁面网格总数 N_1	非壁面网格总数 N_2	C_D	St	C_D[1]
型线粗网格	0.91	0.012	31208	21688	1.216	0.221	1.30
型线中网格	0.88	0.012	37448	21688	1.189	0.218	1.30
型线细网格	0.88	0.012	41608	25168	1.176	0.218	1.30
圆线粗网格	—	0.050	145405	17688	0.934	0.265	1.00
圆线中网格	—	0.030	445493	21688	0.975	0.271	1.00
圆线细网格	—	0.013	698721	25168	1.017	0.278	1.00

* 基金项目：国家自然科学基金（51208213），中央高校基本科研业务费专项资金（2015ZZ018）

湍流模型采用 SST $k-\omega$ 两方程模型，时间离散格式为二阶隐式，压力离散为 PRESTO！格式，动量离散采用 QUICK 格式，湍动能和湍动能耗散率均采用二阶迎风格式。边界条件为速度入口、压力出口、导线壁面及计算域两侧均为无滑移壁面。时间步长经试算后对绞线截面取 0.00001 s，对等圆截面取 0.0001 s，各工况在此范围内做适当调整以减小计算耗时。分别采用粗、中、细三套网格对来流 16.75 m/s 的均匀流场中 JLX/G1A－505/65－281 型线同心绞、JL/G1A－630/45 圆线同心绞导线进行数值模拟，网格无关性检查结果列于表 1。本文取均匀流场中 10 m/s、15 m/s、20 m/s、25 m/s、30 m/s、40 m/s、50 m/s、60 m/s、70 m/s 共 9 个风速进行模拟。

3 数值计算结果

3.1 阻力系数雷诺数效应、两类模型截面与绞线截面的气动力差异

从图 2 可以看出，低风速时，绞线的 C_D值有一个下降区段，风速达到 15 m/s 左右出现一个最小值，此后，C_D值随风速的增加有缓慢的增长，基本趋于稳定。本文三类导线的这一变化趋势与 ESDU80025 规范给出的变化趋势基本符合。绞线截面的阻力系数明显小于等圆截面的，并且在较高风速区段相对差值较大，但 10～70 m/s 范围内相对差值不超过 20%。两类模型截面明显高估了 C_D值。高风速区绞线模型截面相对差值较小；而等圆模型截面的 $U-C_D$曲线与绞线截面的基本相似，二者稳定段相对误差在 25% 以内。

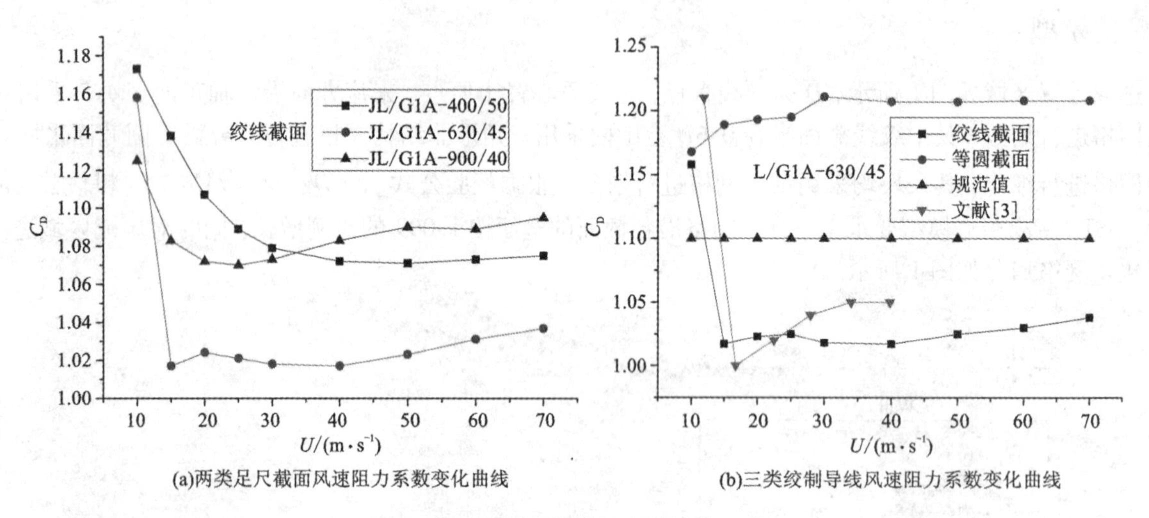

(a)两类足尺截面风速阻力系数变化曲线　(b)三类绞制导线风速阻力系数变化曲线

图 2 不同风速下圆线同心绞导线 C_D值

4 结论

(1)表面粗糙度的存在使得导线的临界雷诺数降低，粗糙圆柱的临界区范围较窄；

(2)均匀流场中，两类模型截面都高估了 C_D值，等圆模型和绞线截面的 C_D值有相似的雷诺数效应；绞线模型在高风速下对升力系数均方根有较好的模拟能力，等圆模型对阻力系数均方根的模拟能力优于绞线模型。这对塔线体系的缩尺试验有一定的借鉴意义。

参考文献

[1] 党朋，吴细毛，刘斌，等. 新型同心绞导线风阻力系数风洞试验[J]. 电线电缆，2014，4(4)：30－33.

[2] 孙启刚，谢强，宋卓彦. 新型低阻导线气动特性数值模拟[J]. 国网技术学院学报，2014，17(6)：12－18.

[3] Eguchi Y，Kikuchi N，et al. Drag reduction mechanism and aerodynamic characeristics of a newly developed overhead electric wire [J]. Journal of Wind Engineering and Industrial Aerodynamics，2002，90：293－304.

典型桥梁断面三维风驱雨数值模拟研究*

刘漫[1]，李秋胜[2]，黄生洪[3]

（1. 湖南大学土木工程学院 湖南 长沙 410083；2. 香港城市大学建筑学与土木工程学系 香港 999077；
3. 中国科学技术大学工程科学学院 安徽 合肥 230026）

1 引言

风驱雨是桥梁工程中较为常见的现象，也是一种相对极端的受力工况，特别针对台风多发地区的大跨度桥梁[1]。风驱雨对桥梁有许多潜在的负面效应，如：梁体开裂、骨料侵蚀、钢筋锈蚀、桥面积水等。随着气候变化，桥梁处在更加恶劣的环境中，然而，经济的发展对桥梁的安全性和耐久性有着更加严格的要求。因此，准确模拟风驱雨对桥梁影响十分重要。本文主要采用欧拉－欧拉模型[2]，利用商业软件 FLUENT，结合用户自定义函数(User Defined Functions，UDF)对矩形桥梁断面进行三维风驱雨的数值模拟研究，并重点分析了风相和雨相双向耦合作用和来流湍流变化对桥面体积分数、特定捕获率、捕获率、雨荷载以及静力三分力系数的影响。

2 研究方法

在风驱雨模拟过程中一般将不同粒径大小的雨滴按不同的相来处理，将雨滴按等效直径分为 N 相。各雨相的运动应满足的连续方程和 N－S 方程分别为：

$$\frac{\partial \rho_l a_k}{\partial t}+\frac{\partial(\rho_l a_k u_{kj})}{\partial x_j}=0 \tag{1}$$

$$\frac{\partial \rho_l a_k u_{ki}}{\partial t}+\frac{\partial(\rho_l a_k u_{ki} u_{kj})}{\partial x_j}+\frac{\partial(\rho_l a_k \overline{u'_{ki} u'_{kj}})}{\partial x_j}=\rho_l a_k g_i+\rho_l a_k \frac{18\mu C_D Re_p}{24\rho_l D_k^2}(u_i-u_{ki}) \tag{2}$$

式中：ρ_l 为雨滴密度，a_k 为雨滴第 k 相体积分数，u_{ki}为第 k 相雨滴速度分量，g_i 为雨滴重力加速度，Re_p为相对雷诺数，C_D为雨滴阻力系数，μ 为空气黏性系数，u_i 表示风相的速度分量。

$$\frac{\partial u_j}{\partial x_j}=0 \tag{3}$$

$$\frac{\partial \rho u_i}{\partial t}+\frac{\partial(\rho u_i u_j)}{\partial x_j}=-\frac{\partial p}{\partial x_i}+\frac{\partial \tau_{ji}}{\partial x_j}+S_{li} \tag{4}$$

式中：ρ 表示空气的密度，S_{li}为雨相对气相的动量贡献，由下述方程计算得到：

$$S_{li}=-\sum_{k=1}^{N}\rho_l a_k \frac{18\mu C_D Re_p}{24\rho_l D_k^2}(u_i-u_{ki}) \tag{5}$$

3 结果与分析

本文的主要研究对象为高宽比为 6∶1 的矩形断面节段模($B\times D\times L=0.72\ \mathrm{m}\times 0.12\ \mathrm{m}\times 1.54\ \mathrm{m}$)，风速 7.5 m/s，降雨强度 120 mm/h 条件下风相和雨相单向作用和双向作用，以及不同来流湍流强度(0%，5%，10%)作用时的工况，采用 3D RANS SST $k-\omega$ 进行求解计算。

4 结论

(1)通过对比风相和雨相单向作用和双向耦合作用，双向耦合作用能增加小尺寸雨滴体积分数和特定捕获率，能更准确模拟风驱雨现象。

(2)小粒径雨滴体积分数、特定捕获率最大值随来流湍流增加而增加，大粒径雨滴风驱雨参数不随来

* 基金项目：国家自然科学基金(51478405)

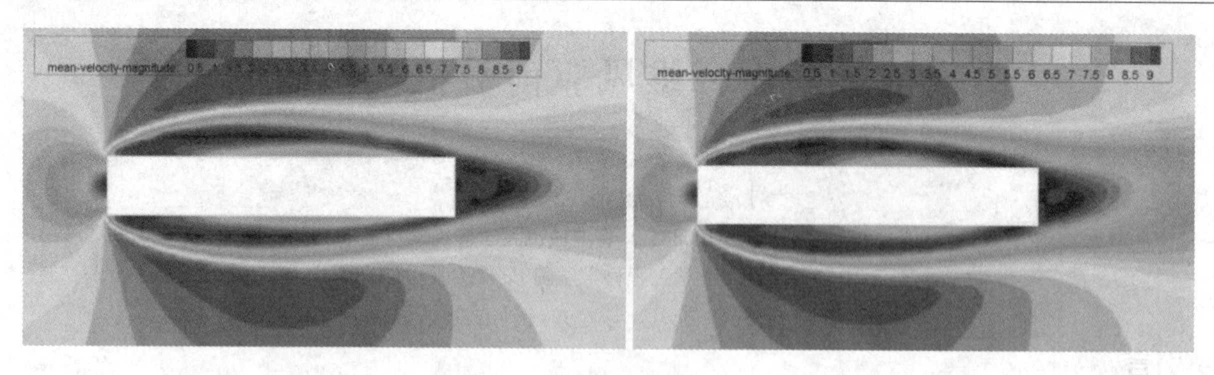

图1 速度云图

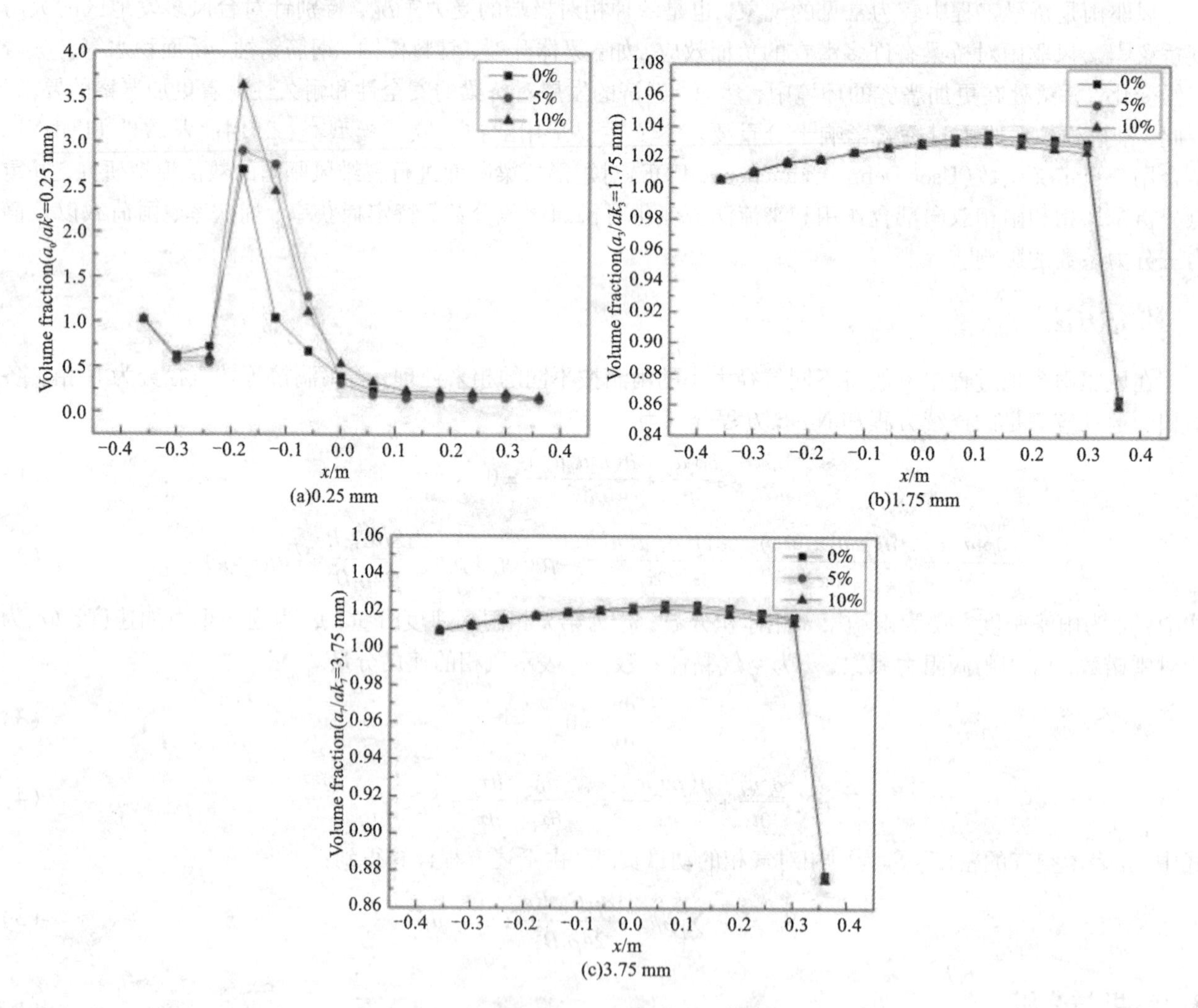

图2 不同来流湍流条件雨滴体积分数分布

流湍流变化而变化。

(3)雨滴捕获率和荷载不随风相和雨相作用方式和来流湍流强度变化而变化。

(4)风驱雨主要影响桥梁升力系数和扭矩系数。

参考文献

[1] Li H C, Hsieh L S, Chen L C, et al. Disaster investigation and analysis of Typhoon Morakot [J]. Journal of the Chinese Institute of Engineers, 2013, 37: 558 - 569.

[2] Huang S H, Li Q S. Large Eddy Simulations of Wind - Driven Rain on Tall Building Facades [J]. Journal of Structural Engineering, 2012, 138: 967 - 983.

基于 RANS 模型的下击暴流风场以及其作用下构筑物风压数值模拟*

刘威展，黄国庆，周强
（西南交通大学土木工程学院、风工程试验研究中心 四川 成都 610031）

1 引言

随着全球气候变暖，以下击暴流等为代表强对流天气逐渐增多，使得对其的研究成为目前国际风工程领域的热点问题之一。下击暴流的风速剖面与大气边界层有着显著的差异，因此关于其风场的研究就显得至关重要。本文通过应用大型 CFD 商业软件 FLUENT 进行下击暴流数值模拟分析，重点分析了距离风场中心不同距离水平风速剖面特点，边界层的非线性发展特点，以及距离下击暴流发生的核心区不同位置的构筑物风压模拟。在缺乏实测资料的情况下，利用 FLUENT 软件进行数值模拟将有助于更好地研究下击暴流来进一步了解这种极端风场的特点。

2 数值模拟

下击暴流是一种自然界的瞬时现象，采用稳态的壁面射流模型可以模拟出它在最大强度时的主要特征。考虑到计算资源的消耗以及计算时间的长短，本文采用稳态的雷诺时均中的 SST - kw 模型分析风场。在进行构筑物风压模拟时，将构筑物分别置于距离核心区 $r=0D$、$1.0D$、$1.5D$、$2.0D$ 四个不同位置，来模拟距离下击暴流核心不同位置处构筑物表面风荷载特征。

3 数值分析

3.1 结果分析与讨论

基于冲击射流模型所得的下击暴流风场模拟结果与 Chay[1]、Wood[2] 以及徐挺[3] 的实验值很吻合，证明定常的 RANS 模型能很好地再现下击暴流的风场特征。利用 SST - kw 湍流模型计算分析了距离下击暴流核心不同位置 r 处的沿高度变化的水平风速风剖面，下击暴流冲击壁面压力系数分布图，沿水平距离变化的风速曲线，射流管下方不同高度处竖向风速，边界层的非线性发展，并讨论了不同湍流模型对水平风剖面以及边界层的非线性发展的影响（图 1、图 2）。

3.2 构筑物表面风压结果分析

下击暴流的风速剖面与大气边界层剖面有着显著的不同。不同位置处的风速剖面也不同。分析构筑物在 $r=0D$、$1.0D$、$1.5D$、$2.0D$ 四个不同位置处构筑物表面风压。随着距离下击暴流射流中心的距离变大，模型迎风面的风压系数峰值变小，峰值出现高度变低。侧面与背面受径向距离 r 影响较小，整体趋势一致。模型位于 $r=1.5D$ 位置处，三个面风压系数分布如图 3 ~ 5 所示。迎风面峰值风压系数出现在 $0.25H$ 的高度，峰值风压系数为 0.9 左右。在侧面的压力系数图中可以看出，在侧面的上部，前端的负压绝对值较大，后端附近的负压绝对值较小这是因为流动在侧面的前端发生分离，在后端再附造成的。在模型的背面下半部分背面风压系数分布比较均匀，在 -0.14 附近，上半部分压力绝对值在中间部分向两侧逐渐变大。

4 结论

基于冲击射流模型的 CFD 数值模拟能比较好地模拟下击暴流的风场特征。本文通过对下击暴流风的三维数值模拟研究得到如下结论：

（1）在水平风速模拟中，得到了沿高度和沿水平距离变化的风速曲线。研究表明由冲击风引起的风速剖面曲线与规范规定的单调递增的大气边界层风速曲线不一致。

* 基金项目：国家自然科学基金（51578471）

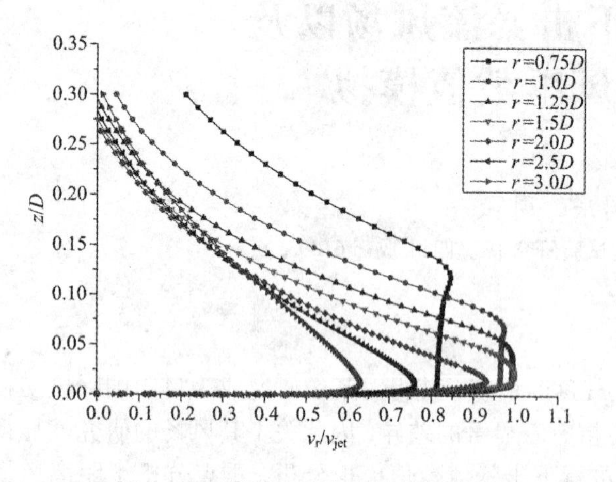

图1 不同位置 *r* 处水平风速剖面图

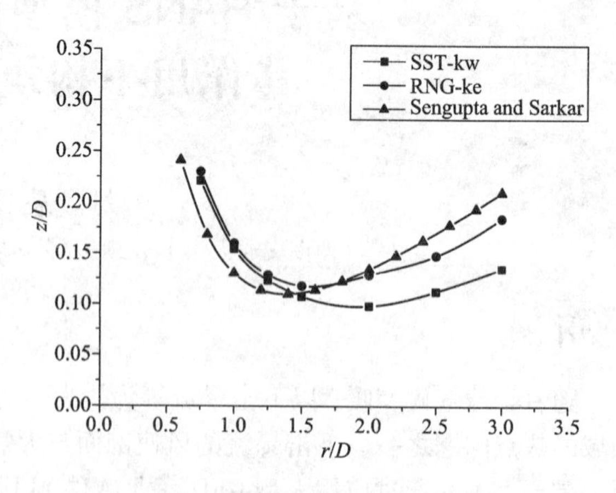

图2 不同湍流模型边界层的非线性发展

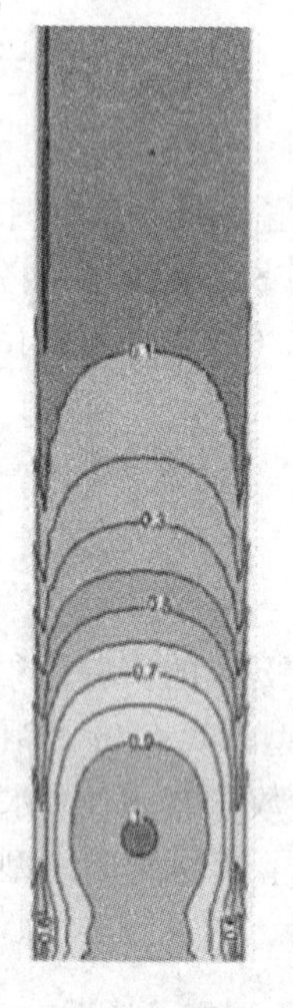

图3 迎风面风压系数

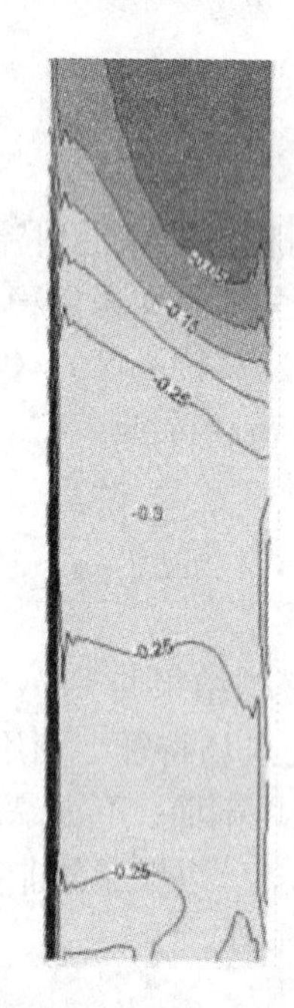

图4 侧面风压系数

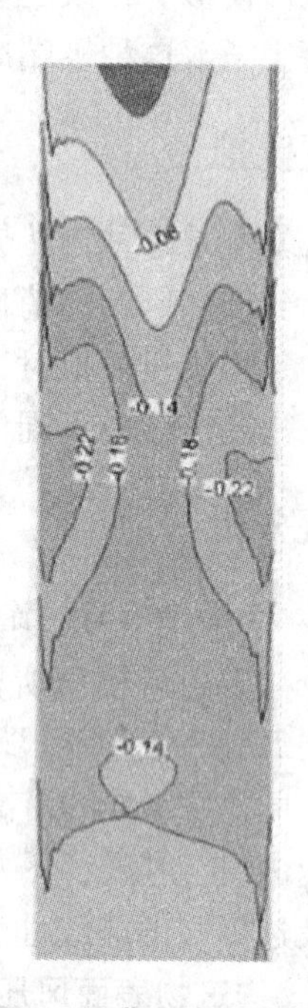

图5 处背面风压系数

(2)得到了距离下击暴流不同位置处的构筑物表面荷载特征，为结构设计人员在关于下击暴流这种极端风作用下构筑物表面风荷载特征给出了参考。

参考文献

[1] Chay M T. Physical modeling of thunderstorm downbursts for wind engineering applications[D]. Lubbock (TX, USA): Texas Tech University, 2001.

[2] Wood G S, Kwok K C S, Motteram N A, et al. Physical and numerical modeling of thunderstorm downbursts[C]//In: Wind engineering into the 21st century: Proceedings of the 10th international conference on wind engineering, 1999, 3: 1919 - 1924.

[3] 徐挺，陈勇，彭志伟，等. 雷暴冲击风风洞设计及流场测试[J]. 实验力学，2009，24(6)：505 - 512.

实尺龙卷风风场结构数值模拟与验证*

马杰，徐枫
（哈尔滨工业大学深圳研究生院 广东 深圳 518055）

1 引言

近年来，随着日益恶劣的全球环境，龙卷风袭击高人口密度地区次数也有所增加，而我国乡镇低矮房屋由于无法抵抗龙卷风作用而发生的损坏或倒塌是造成人员死伤的重要原因。因此，在土木工程的建筑结构设计中要重视和探讨龙卷风的作用，对提高龙卷风易发地区的防灾减灾能力、保护人民的生命财产安全有重大意义。目前，研究者主要采用现场实测、试验室模拟与数值模拟方法研究龙卷风的生成机制与风场特性。Wurman[1]通过移动多普勒雷达观测 Spencer 龙卷风，得到龙卷风不同高度与不同径向位置处的径向速度和切向速度，为试验与数值模拟提供了现场实测数据。本文通过分析现有龙卷风的实验室模拟装置，采用 CFD 方法建立了龙卷风发生装置的数值模型，基于柱坐标的流场计算域包括三个子区域：底部入流区、中部对流区及上部出流区，以 Spencer 龙卷风的雷达实测数据作为入口边界条件生成实尺龙卷风风场，将模拟结果与实测结果进行对比分析，验证本文方法模拟龙卷风风场的可行性，为进一步研究龙卷风风场中建筑物的破坏机制奠定基础。

2 数值模型

2.1 龙卷风风场数值模型

首先建立全尺度龙卷风数值模型，生成柱坐标下的三维龙卷风风场，包括底部入流区、中部对流区及上部出流区，如图 1 所示。采用不同的湍流模型和网格划分方案分析其对计算结果的影响。入流区周围表面设置为速度入口边界条件，将 Spencer 龙卷风的雷达实测数据作为入口的径向速度和切向速度，忽略轴向速度；出流表面为自由出流边界条件，其余边界设置为壁面。

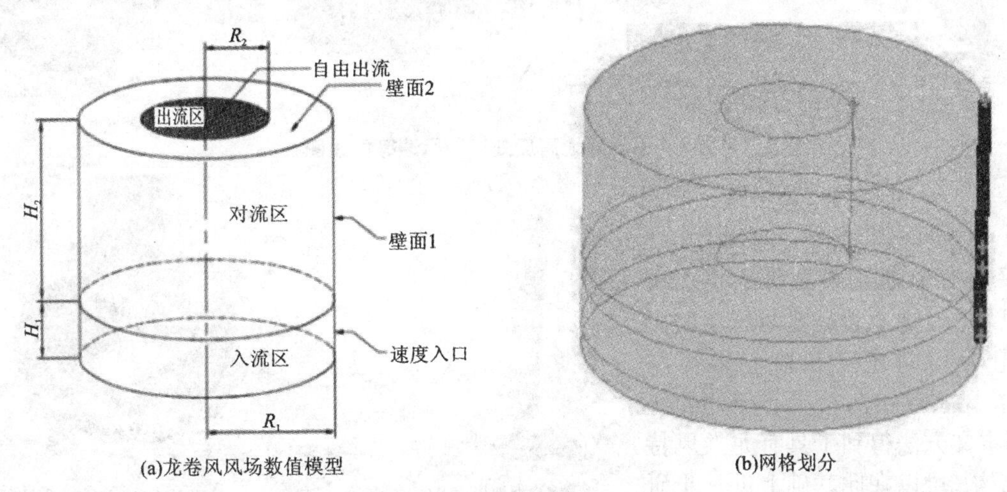

(a)龙卷风风场数值模型　　(b)网格划分

图 1　龙卷风风场 CFD 数值模型

2.2 地表粗糙模型

依据 Mochida 推荐的树冠模型[3]考虑地表粗糙，推导出本文数值模拟粗糙度源项表达式：

$$S_u = -\eta C_f \alpha U\sqrt{U^2},\ S_k = US_u - 4\eta C_f \alpha\sqrt{U^2}k,\ S_\omega = \eta C_f \alpha (C_{p\varepsilon 1} - 1)\frac{\omega}{k}U^3 - \eta C_f \alpha k (C_{p\varepsilon 2} - 1)\frac{\omega}{k}U \quad (1)$$

* 基金项目：国家重点研发计划(2016YFC0701107)，深圳市基础研究计划项目(JCYJ20150625142543453)

3 结果与分析

3.1 风场尺度与强度的对比验证

通过模拟得到不同离地高度处、沿着径向的切向风速，进一步分析得到最大切向风速及其对应核心半径，将本文结果与 Spencer 龙卷风雷达实测结果对比分析如图 2 所示。从图中可见，本文模拟结果与实测结果非常一致，较好地再现了 Spencer 龙卷风的风场结构特性。

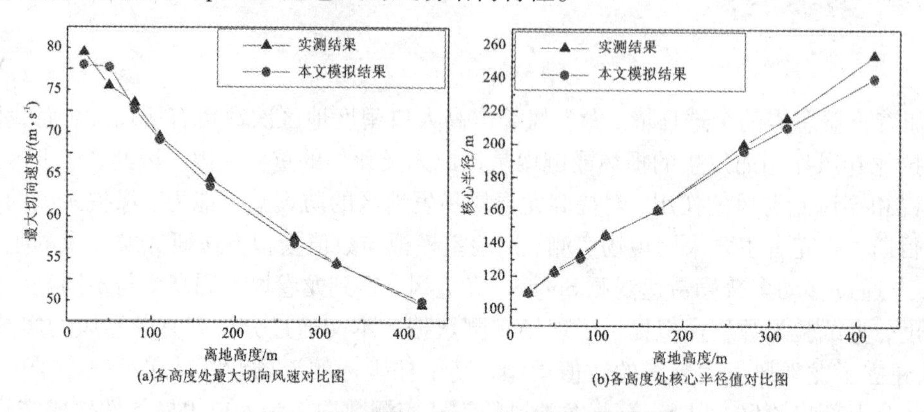

图 2 数值模拟与雷达实测数据对比图

3.2 风场涡结构

图 3 给出不同离地高度处风场切向速度剖面等值线图，从图中可以看出，从风场中心到核心半径区域切向速度逐渐增加，从核心半径到远场区域逐渐减小；龙卷风最大切向速度随高度的增大而减小，核心半径逐渐增大。图 4 所示为龙卷风风场涡结构图与速度矢量图，从中可以明显看出漏斗状单涡结构和地面附近的旋转风速矢量。

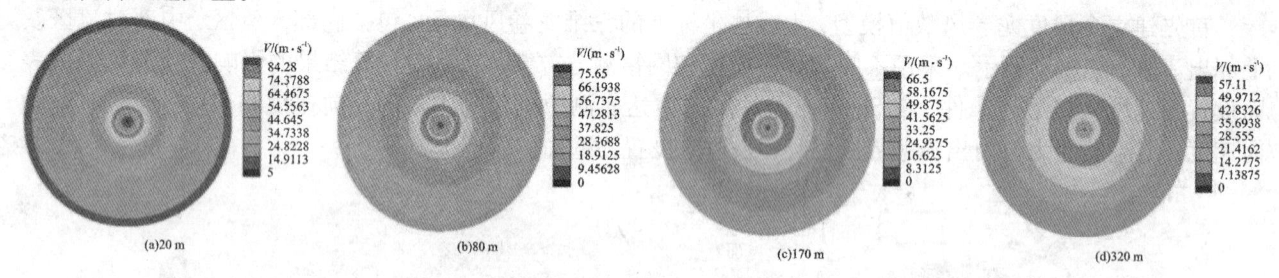

图 3 不同离地高度处切向风速等值线图

4 结论

本文采用 CFD 数值模拟方法生成实尺龙卷风风场，考虑地表粗糙对风场的影响，得到最大切向速度和核心半径与 Spencer 龙卷风雷达实测结果有很好的一致性，说明本文方法得到了具有龙卷风特性的风场结构，可以在此基础上进一步研究风场中建筑物的荷载特性与破坏机制。

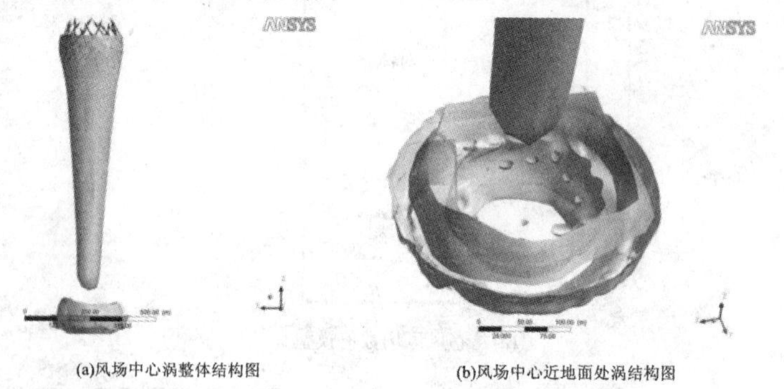

图 4 龙卷风风场涡结构图

参考文献

[1] Wurman J, Straka J M, Rasmussen E N. Fine - Scale Doppler Radar Observations of Tornadoes[J]. Science New York Then Washington, 1996, 272: 1774 - 1776.

[2] Gallus Jr W A, Sarkar P, Haan F, et al. A Translating Tornado Simulator for Engineering Tests: Comparison of Radar, Numerical Model, and Simulator Winds[C]//22nd Conference on Severe Local Storms, 2004.

[3] Mochida A, et al. Examining Tree Canopy Models for CFD Prediction of Wind Environment at Pedestrian Level[J]. Journal of Wind Engineering and Industrial Aerodynamics, 2008, 96(10 - 11): 1667 - 1677.

2.5D 圆柱振荡尾流控制的大涡模拟*

任晓鹏，徐枫
（哈尔滨工业大学深圳研究生院 广东 深圳 518055）

1 引言

圆柱型结构是实际工程中常见的一种结构形式，如桥梁拉索、烟囱、冷却塔、近海工程结构和海洋输油立管等。圆柱绕流场涉及流动分离、旋涡生成与脱落，诱发结构产生振动。涡激振动不仅表现为对结构的长期疲劳损耗，严重时能产生共振效应使结构瞬间毁坏。Chen[1] 提出采用开孔套环方法抑制圆柱尾流的方法，本文在此方法研究的基础上，采用大涡模拟方法重点研究各开孔参数对圆柱尾流控制效果的影响规律。首先通过 CFD 数值模拟分析 $Re=3900$ 的圆柱绕流场，并与试验进行对比确定网格模型方案；然后通过考虑开孔方向、开孔角度和开孔高度三种因素，研究被动吹气控制套环对圆柱气动力的影响规律；最后对比圆柱气动力系数脉动值的变化程度，找到最优的抑制圆柱振荡尾流的开孔套环方案。

2 数值模型与计算工况

2.1 控制方程

流体流动的控制方程：

$$\nabla \cdot \boldsymbol{u}=0 \tag{1}$$

$$\frac{\partial u_i}{\partial t}+\nabla \cdot (\boldsymbol{u}u_i)=\nabla \cdot (\nu \nabla u_i)-\frac{1}{\rho} \cdot \frac{\partial p}{\partial x_i} \tag{2}$$

2.2 计算模型与边界条件

圆柱直径 $D=0.1$ m，计算域尺寸 $16D\times 28D\times 0.5D$，核心加密区尺寸为 $4D\times 4D$。前侧设为速度入口(velocity - inlet)；后侧设置为压力出口(pressure - outlet)；上下左右边界为对称边界条件(symmetry)；圆柱和套环表面为壁面(wall)；气孔为内部边界条件(interior)。计算域网格采用结构化网格，并保证大部分 y^+ 值小于1。

在圆柱周围套有中空套环，在套环的外表面设置等角度分布的气孔，套环表面至圆柱表面距离为 $0.05D$。通过分析开孔方向、开孔高度 H_h 和开孔角度 $\alpha(\alpha=\beta)$ 三种可控措施找出最优化的套环方案。图1和图2给出了平面和立面套环参数图，表1给出了各工况下气孔设置。

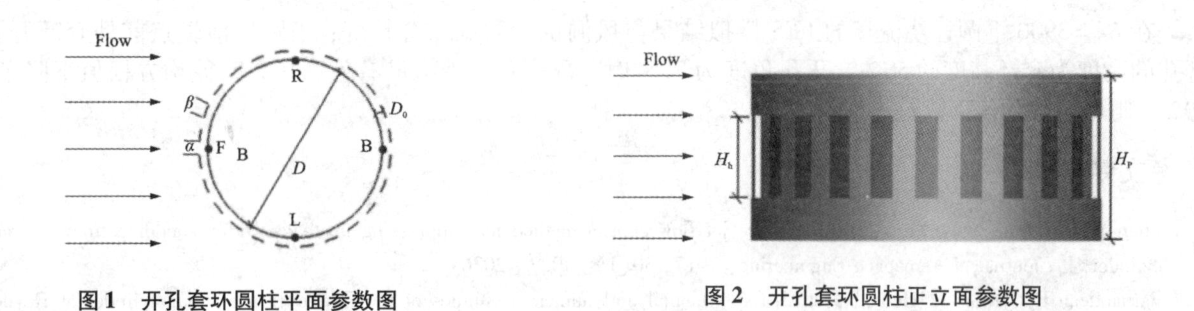

图1 开孔套环圆柱平面参数图

图2 开孔套环圆柱正立面参数图

3 计算结果

在典型亚临界雷诺数 $Re=3900$ 的情况下，许多学者 Parnaudeau[2]、Lourenco[3]、Norberg[4]、Ong[5] 采用风洞试验方法研究了圆柱的绕流场，JinYao[6] 采用 LES 方法对圆柱绕流场进行了数值模拟。通过对比 $Re=3900$ 经典试验来验证网格划分和求解参数设置的正确性，为后续研究提供基础，圆柱尾流中心线顺流向速

* 基金项目：国家重点研发计划(2016YFC0701107)，深圳市基础研究计划项目(JCYJ20150625142543453)

度变化和表面平均压力系数分别如图3和图4所示。

表1 各工况下气孔设置参数

工况	A1	F - OFF	H25	H75	H100	A3.75	A5.625	A11.25	A15	A22.5
圆柱前端点 F 前处	开孔	不开孔	开孔	开孔	开孔	开孔	开孔	开孔	开孔	开孔
开孔角度 α/(°)	7.5	7.5	7.5	7.5	7.5	3.75	5.625	11.25	15	22.5
开孔高度	$0.5H_p$	$0.5H_p$	$0.25H_p$	$0.75H_p$	H_p	$0.5H_p$	$0.5H_p$	$0.5H_p$	$0.5H_p$	$0.5H_p$

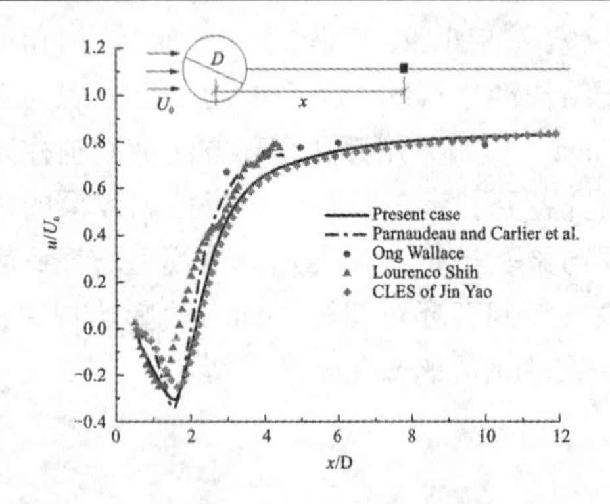

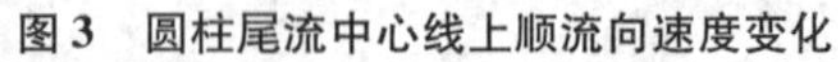
图3 圆柱尾流中心线上顺流向速度变化

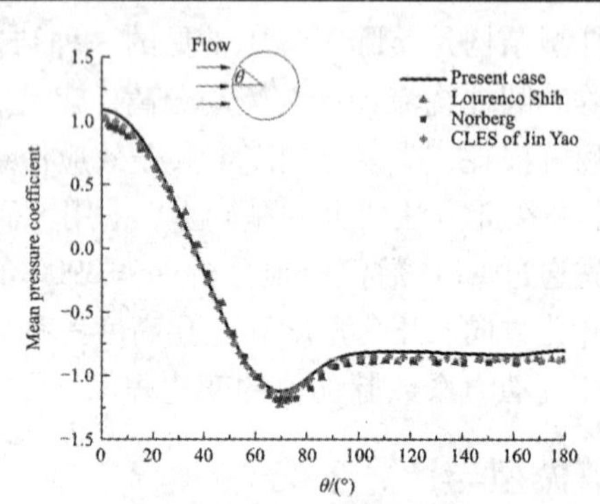

图4 圆柱表面时均压力系数分布

对附有开孔套环的圆柱进行大涡模拟，重点分析套环对圆柱振荡尾流的控制效果。通过升力系数均方根值的变化程度 E_{C_l} 和阻力系数均值的变化程度 E_{C_d} 两个指标来判断影响控制效果并确定最优控制参数。

a) 升力系数均方根值的变化程度 E_{C_l}：

$$E_{C_l} = (C_{l\_rms\_origin} - C_{l\_rms\_fullhole})/C_{l\_rms\_origin} \tag{3}$$

b) 阻力系数均值的变化程度 E_{C_d}：

$$E_{C_d} = (C_{d\_mean\_origin} - C_{d\_mean\_fullhole})/C_{d\_mean\_origin} \tag{4}$$

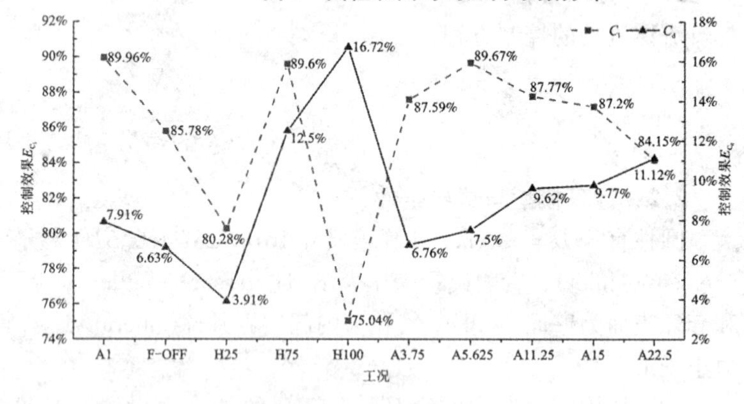

图5 各工况控制效果

4 结论

在 $Re=3900$ 下圆柱绕流场的LES模拟结果与风洞试验数据吻合较好；当圆柱前端点前处套环开孔，开孔的高度为套环高度的50%，开孔角度为7.5°时，开孔套环措施最有效，升力系数均方根值下降了约90%，阻力系数均值下降约7.9%。

参考文献

[1] Chen W L, Wang X J, Xu F, et al. Passive jet flow control method for suppressing unsteady vortex shedding from a circular cylinder[J]. Journal of Aerospace Engineering, 2017, 30(1): 2027 - 2036.

[2] Parnaudeau P, Carlier J, Heitz D, et al. Experimental and numerical studies of the flow over a circular cylinder at Reynolds number 3900[J]. Physics of Fluids, 2008, 20(8): 85101.

[3] Lourenco L M, Shih C. Characteristics of the plane turbulent near wake of a cylinder[R]. A Particle image velocimetry study, 1993.

[4] Norberg C. Effects of Reynolds number and low - intensity freestream turbulence on the flow around a circular cylinder[R]. Publikation Nr 87/2, 1987.

[5] Ong L, Wallace J. The velocity field of the turbulent very near wake of a circular cylinder[J]. Experiments in Fluids, 1996, 20: 441 - 453.

[6] Jin Y, Cai J S, Liao F. Comparative numerical studies of flow past a cylinder at Reynolds number 3900[J]. Applied Mathematics and Mechanics, 2016, 37(12): 1282 - 1295.

高雷诺数下串列圆柱绕流的大涡模拟研究*

施春林[1]，杜晓庆[1,3]，孙雅慧[1]，代钦[2,3]
（1. 上海大学土木工程系 上海 200072；2. 上海大学上海市应用数学和力学研究所 上海 200072；
3. 上海大学风工程和气动控制研究中心 上海 200072）

1 引言

双圆柱结构在工程中有广泛应用，其抗风性能得到广泛研究，但由于影响因素众多，干扰流态多样，尚有不少值得研究的问题[1]。以往对串列圆柱的研究主要采用风洞试验，尚未见到在高雷诺数（Re 大于 10^5）下的大涡模拟研究[2]。本文采用大涡模拟方法，在雷诺数为 1.4×10^5 条件下，研究了串列双圆柱的气动性能和绕流场流态随圆柱间距的变化规律，探讨了小间距时下游圆柱出现负阻力的流场机理，分析了上下游圆柱气动力之间的相关性。

2 计算模型

图 1 为计算模型示意图，两串列圆柱的圆心间距为 $P/D=1.5$、2、3、3.5、4。计算采用结构化网格，O 形计算域，计算域直径 $46D$，阻塞率约为 2%。计算前针对单圆柱验证了周向网格、量纲为一的时间步、展向长度等参数对计算结果的影响，并与文献中的结果进行结果验证。本文采用的展向尺寸为 $2D$，周向×径向×展向的网格数为 $400\times180\times20$，量纲为一的时间步长为 0.005，圆柱近壁面 $y^+\approx1$。模型网格如图 2 所示，模型网格单元数从 266 万至 334 万不等。

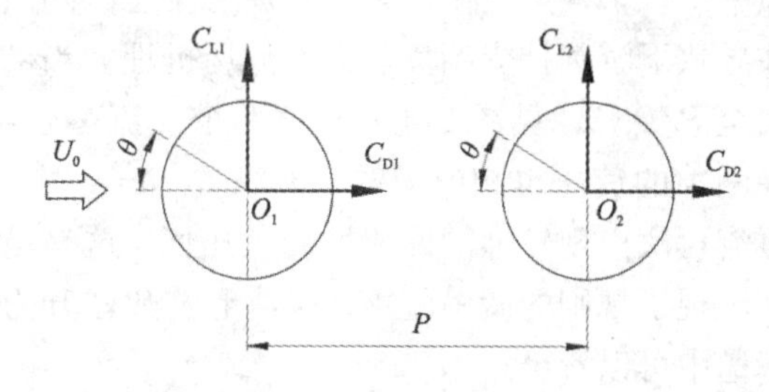

图 1 计算模型示意图

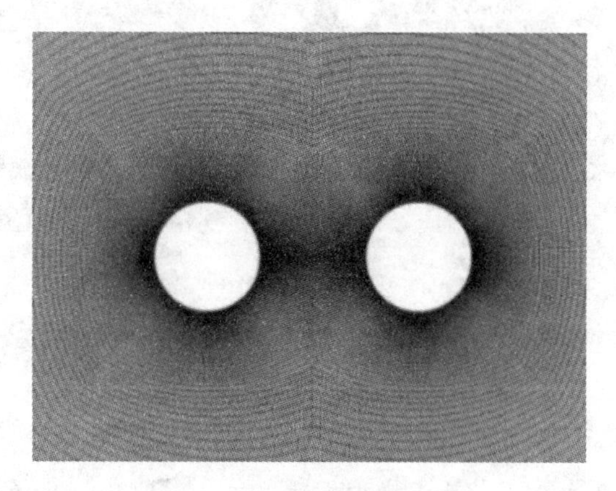

图 2 计算模型近壁面网格

3 计算结果及分析

3.1 平均风压系数

图 3 是上、下游圆柱的表面平均风压系数，图中也列出了单圆柱的计算结果。下游圆柱对上游圆柱的干扰随着圆柱间距的增大而减小，当 $P/D=4$ 时上游圆柱和单圆柱的风压系数很接近，说明上游圆柱已基本不受下游圆柱的影响。而当 $P/D<3.5$ 时，由于下游圆柱干扰，上游圆柱的表面风压与单圆柱有明显差异。与上游圆柱相比，下游圆柱的表面风压分布与单圆柱差异更大。在四种工况下，下游圆柱的表面平均风压系数均为负值，并且当 $P/D=1.5$ 和 2 时，下游圆柱的迎风侧的最大负压比背风侧更强，这会导致下游圆柱受到负阻力的作用。

3.2 平均阻力系数

图 4 所示为下游圆柱平均阻力系数随间距的变化。由图可见，本文的计算结果和文献[2]的风洞试验结果吻合较好，而与文献[3]大涡模拟结果在较小间距时（$P/D<3.5$）有一定的差异。这可能是因为文献[3]没有准确模拟两圆柱间的间隙流造成的。当 $P/D=1.5$ 和 2 时的下游圆柱会受到负平均阻力的作用，即下游圆柱会受到上游圆柱的吸力，其原因将在下文继续分析。当 $P/D=3.5$ 和 4 时，下游圆柱的平均阻力均为正值，这与图 3(b) 中所示的平均风压分布一致。

* 基金项目：国家自然科学基金资助（51578330），上海市自然科学基金（14ZR1416000），上海市教委科研创新项目（14YZ004）

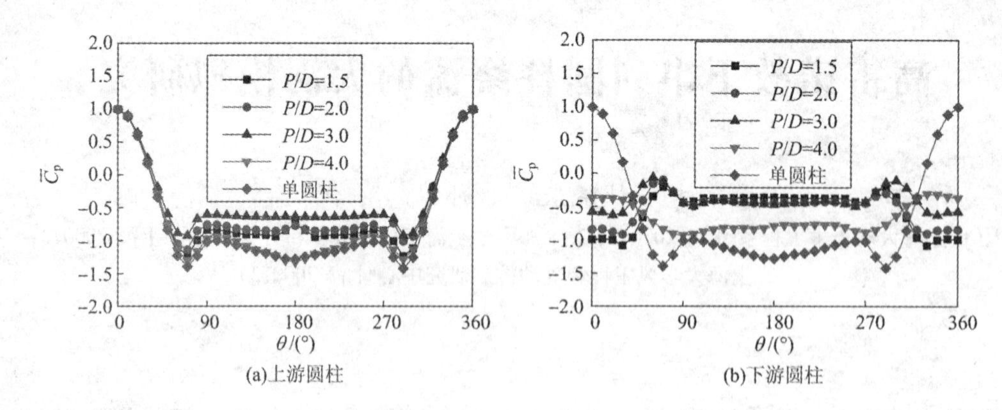

图 3　平均风压系数

3.3　平均流场

图 5 所示为三种不同间距下串列双圆柱的平均流场特性。当 $P/D=1.5$ 时，从图 5(a)的流线图可以看出上下游圆柱之间有上下两个对称的强回流区，两个圆柱的间隙中出现很强的负压，这是下游圆柱迎风侧出现强负压并导致下游圆柱受到负阻力的流场机理。当圆心间距增大至 $P/D=3$[见图 5(b)]，这两个回流区强度减弱，圆柱间隙的负压也相应减弱。而当 $P/D=4$ 时，上游圆柱尾流再次出现较强的回流区和负压区，这是由于上游圆柱出现了规则的漩涡脱落，这从上游圆柱升力时程的功率谱中可以看出。

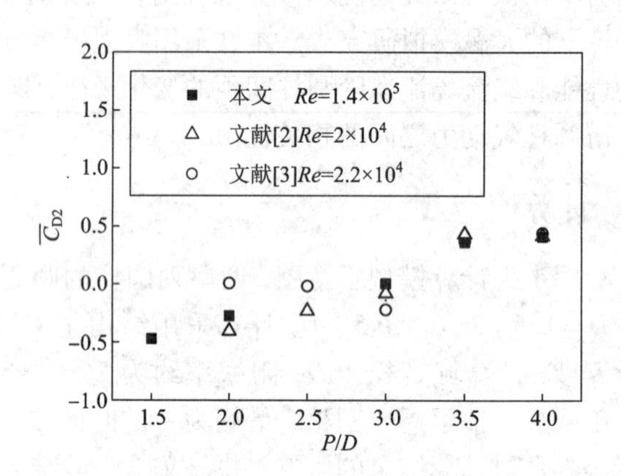

图 4　下游圆柱平均阻力系数

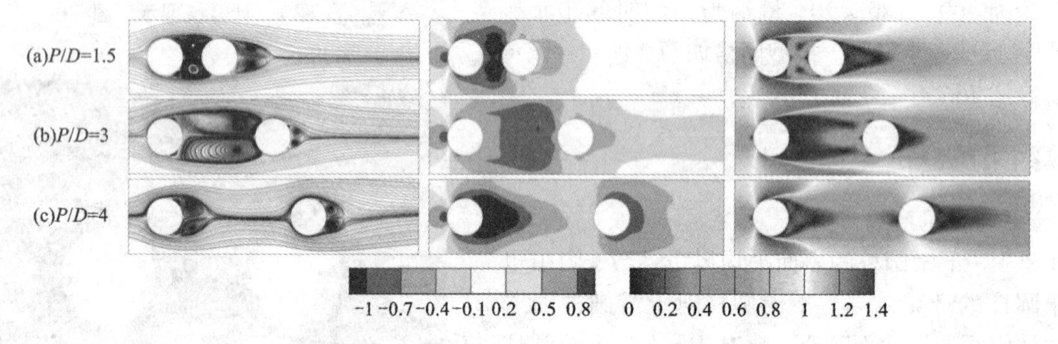

图 5　平均流线、平均风压系数、平均风速比

4　结论

本文采用大涡模拟方法，在 $Re=1.4\times10^5$ 时对间距为 1.5～4D 的串列双圆柱进行了研究。研究表明：在高亚临界雷诺数下，采用大涡模拟可以较为准确地模拟串列双圆柱的绕流流态；当圆柱间距 $P/D=1.5$ 和 2 时，上下游圆柱之间会出现上下对称的两个强回流区，两圆柱间隙中出现很强的负压，导致下游圆柱会受到负阻力的作用；当圆柱间距增大至 $P/D=4$ 时，上游圆柱受下游圆柱的干扰基本消失，其气动性能和绕流场特性与单圆柱相似。

参考文献

[1] Sumner D. Two circular cylinders in cross－flow: A review[J]. Journal of Fluids and Structures, 2010, 26(6): 849－899.

[2] Ljungkrona L, Norberg C H, Sunde'n B. Free－stream turbulence and tube spacing effects on surface pressure fluctuations for two tubes in an in－line arrangement[J]. Journal of Fluids and Structures, 1991, 5: 701－727.

[3] Kitagawa T, Ohta H. Numerical investigation on flow around circular cylinders in tandem arrangement at a subcritical Reynolds number[J]. Journal of Fluids and Structures, 2008, 24: 680－699.

钝体绕流表面气动噪声源特性研究

王笑寒[1,2]，郑朝荣[1,2]，武岳[1,2]
(1. 哈尔滨工业大学结构工程灾变与控制教育部重点实验室 黑龙江 哈尔滨 150090;
2. 哈尔滨工业大学土木工程智能防灾减灾工业和信息化部重点实验室 黑龙江 哈尔滨 150090)

1 引言

钝体绕流产生交替性的旋涡脱落导致垂直于流动方向的升力及平行于流动方向的阻力产生剧烈变化，从而诱发气动噪声。这个问题在高速列车[1]、航空航天[2]、超高层建筑[3]等重要的实际工程中广泛存在。研究钝体绕流产生的气动噪声源特性是工程设计中降低气动噪声强度的基础和依据，具有重要的学术意义和实用价值。

ANSYS Fluent 中提供的宽频带噪声源模型不需要任何控制方程的瞬态求解，所有的源模型参数都可以由稳态的 RANS 方程直接提供，有助于快速确定噪声源的主要区域。本文采用基于 Realizable $k-\varepsilon$ 湍流模型的宽频带噪声源模型方法模拟了具有不同截面形式(圆形、圆角方形、方形)及截面尺寸(0.03 m、0.0343 m、0.04 m、0.048 m、0.06 m)的柱体在不同来流风速(10 m/s、20 m/s、30 m/s、40 m/s)下气动噪声源的分布情况，比较并分析来流风速、柱体截面形式及截面尺寸对气动噪声源强度及其分布的影响规律。通过对简单模型气动噪声源特性的研究，为加强各领域对气动噪声的认识奠定基础。

2 数值模拟及结果分析

建立准二维钝体绕流模型(计算模型高度与计算域高度相等)，并通过网格相关性分析确定计算域横截面尺寸及网格划分情况。以直径 $D=0.06$ m、长度 $L=0.24$ m、$Re=160000$ 的圆形截面柱体为例，划分了网格数分别为 130 万、250 万及 500 万的三套网格。当网格数达到 250 万时，计算收敛后相应监测点处的风压系数(C_{P1} 和 C_{P2})、x 方向速度(V_{X3} 和 V_{X4})，以及声功率级最大值(L_A)、表面声功率级最大值(L_S)均基本保持不变，故采用此套网格进行后续计算。图 1 所示为计算域在 xoy 平面($-20D<x<40D$，$-20D<y<20D$)的网格划分，第一层网格大小为 0.001 m，网格增长率为 1.07，计算域在 z 轴方向($-L/2<z<L/2$)的网格划分完全相同。柱体中心位于坐标原点(0, 0, 0)，来流方向沿 x 轴正向。

图 2、图 3 分别为 $z=0$ 截面处不同截面柱体外轮廓线的声功率级分布图及表面声功率级分布图。其中，0°对应前驻点，180°对应后驻点，其他角度以此类推。比较图 2、图 3 可知，无论是圆形、圆角方形还是方形截面柱体，其主要的噪声源区域均位于迎风面及侧面，即湍流运动比较剧烈、气流容易分离的地方；不同截面柱体的最大噪声源位置有所不同，这是由于柱体截面形式引起气流分离点位置不同导致的，且圆形截面柱体表面噪声源强度在气流分离点处的变化相较于圆角方形和方形截面柱体更为平缓；背风面区域的噪声源强度均较小；声功率的分布情况和表面声功率很相似，但在数值上声功率远小于表面声功率，也就是说，四极子噪声源对总噪声的贡献比偶极子噪声源的贡献要小得多。

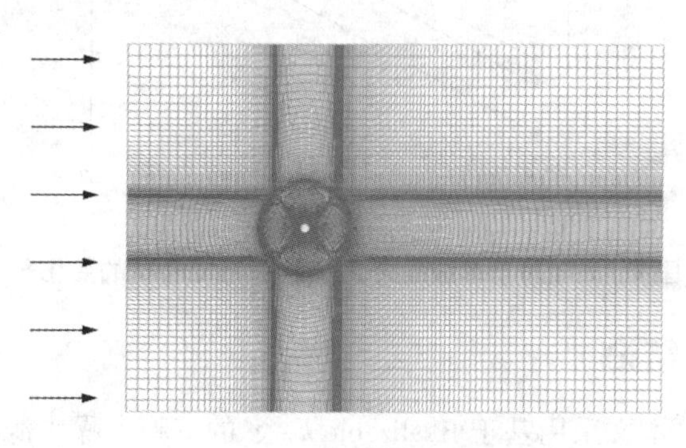

图 1 计算域网格划分(xoy 平面)

图 4 给出了柱体表面声功率级最大值 L_S 随来流风速 U 的变化情况。由图可知，三种截面形式的柱体表面声功率级最大值 L_S 与来流风速的对数 $\lg U$ 之间均符合很好的线性增长关系，且增长速率基本相同。

图 5 给出了柱体表面声功率级最大值 L_S 随截面尺寸 D 及截面形式的变化情况。由图可知，当截面尺寸由 0.03 m 增至 0.06 m 时，圆形截面、圆角方形截面及方形截面柱体的表面声功率级最大值分别降低了约 4.2 dB、4.7 dB 和 3 dB；三种截面形式的柱体表面声功率级最大值 L_S 与截面尺寸 D 之间均呈线性变化趋

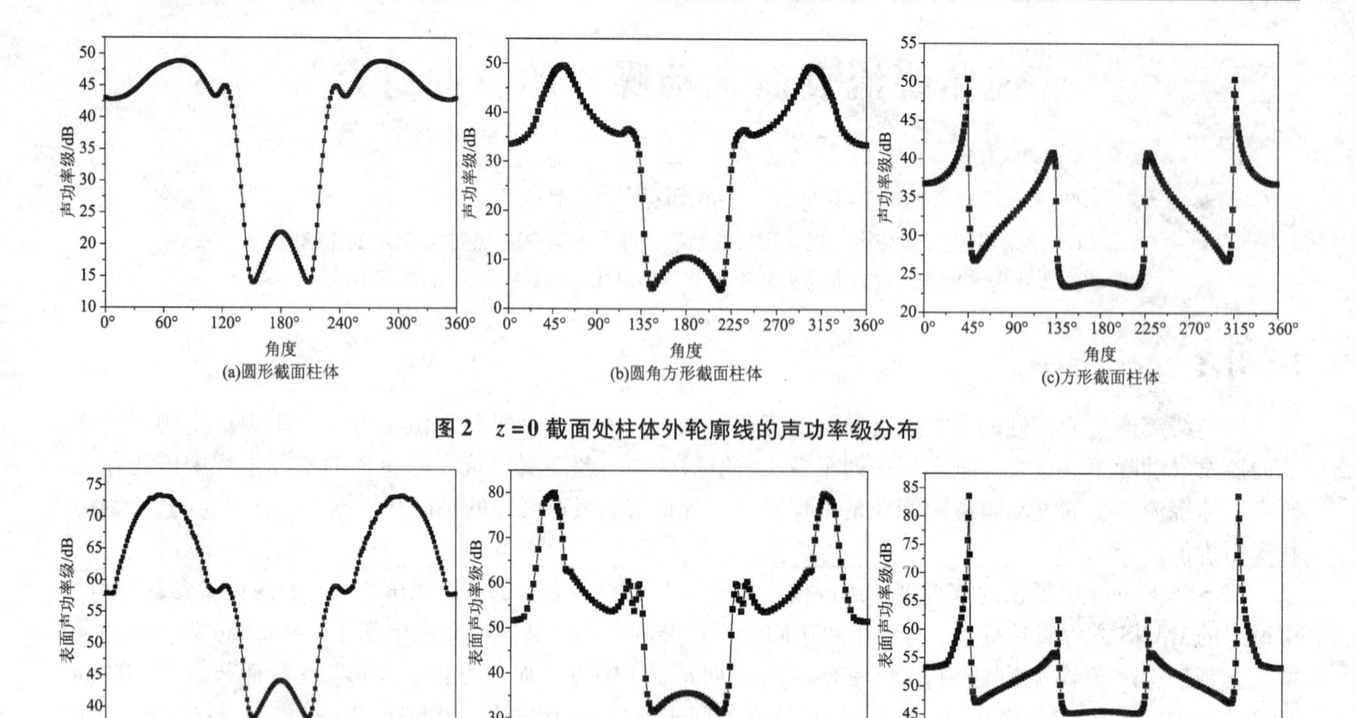

图 2　$z=0$ 截面处柱体外轮廓线的声功率级分布

(a)圆形截面柱体　(b)圆角方形截面柱体　(c)方形截面柱体

图 3　$z=0$ 截面处柱体外轮廓线的表面声功率级分布

势，但下降速率稍有不同；当来流风速与柱体截面尺寸均相同时，柱体表面声功率级最大值 L_S 有如下规律：方形截面柱体 > 圆角方形截面柱体 > 圆形截面柱体。

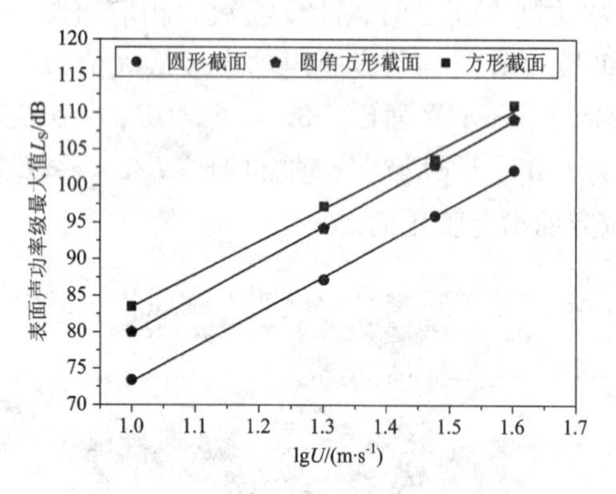

图 4　表面声功率级最大值 L_S 随来流风速 U 的变化

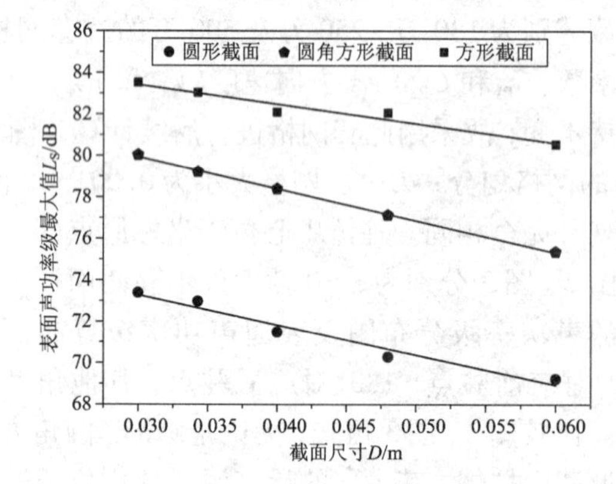

图 5　表面声功率级最大值 L_S 随截面尺寸 D 的变化

3　结论

本文采用基于 Realizable $k-\varepsilon$ 的宽频带噪声源模型方法研究了钝体绕流表面气动噪声源特性。结果表明：主要的气动噪声源区域位于湍流运动比较剧烈、气流容易分离的地方；四极子噪声源对总噪声的贡献比偶极子噪声源的贡献小得多；表面声功率级最大值 L_S 与来流风速的对数 lg$U$ 之间符合线性正相关的变化规律；表面声功率级最大值 L_S 与截面尺寸 D 之间符合线性负相关的变化规律；外形趋近于流线型的柱体气动噪声源强度较低。

参考文献

[1] 刘加利. 高速列车气动噪声特性分析与降噪研究[D]. 成都：西南交通大学，2013.
[2] 薛彩军，许远，龙双丽，等. 某型飞机前起落架结构件气动噪声试验[J]. 空气动力学学报，2012，30(3)：307－311.
[3] 卢春玲，李秋胜，黄生洪，等. 超高层建筑中应用风机发电的噪声模拟与评估[J]. 振动与冲击，2012，31(6)：5－9.

错列双圆柱气动性能的大涡模拟研究*

王玉梁[1]，杜晓庆[1,3]，孙雅慧[1]，代钦[2,3]
（1. 上海大学土木工程系 上海 200072；2. 上海大学上海市应用数学和力学研究所 上海 200072；
3. 上海大学风工程和气动控制研究中心 上海 200072）

1 引言

多圆柱结构存在强烈的气动干扰。以往研究主要采用风洞试验方法，数值模拟则多集中在低雷诺数下，尚未见到在高雷诺数($Re>10^5$)下对错列双圆柱的大涡模拟研究[1]。目前对两个圆柱气动力相关性的研究较少[2]，气动性能与流场机理的内在联系尚未完全澄清。本文在 $Re=1.4\times10^5$时，采用大涡模拟方法研究了小间距错列双圆柱的气动性能和平均流场特性随风攻角的变化规律，验证了高雷诺数下大涡模拟的有效性，分析了两个圆柱气动力相关性以及流场机制，揭示了流场特性与气动性能之间的内在关系。

2 计算模型

图 1 与图 2 分别为双圆柱布置及整体网格示意图，圆柱间距为 2D，风攻角 β 为 0°至 90°，共 12 种工况。计算前针对单圆柱验证了周向网格、量纲为一的时间步、展向长度等参数的影响，并与文献结果进行比较验证。计算选用 O 型计算域，计算域直径为 46D，最大阻塞率为 4.3%，模型展向长度为 2D，圆柱近壁面 $y^+\approx1$，量纲为一的时间步长为 0.005，雷诺数为 1.4×10^5。

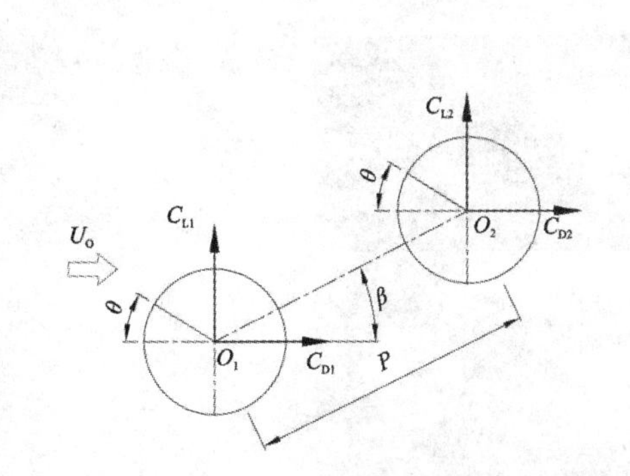

图 1 圆柱布置示意图

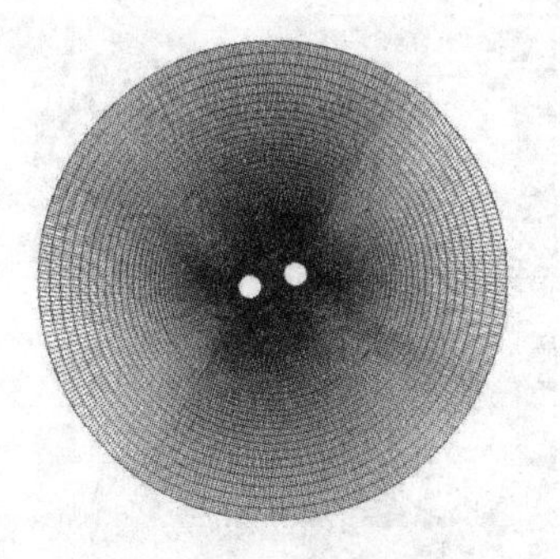

图 2 整体网格示意图

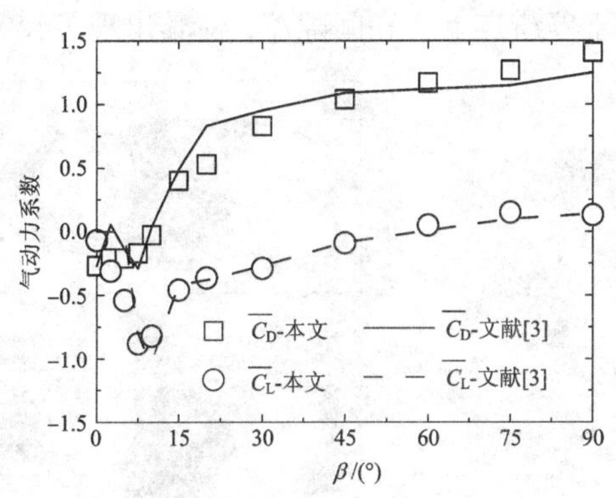

图 3 下游圆柱平均气动力系数

3 计算结果及分析

图 3 所示为下游圆柱的平均气动力系数，图中也列出了风洞试验结果[3]。可见，本文结果与风洞试验值吻合较好。随着风攻角增大，上游圆柱的气动力系数变化平缓，而下游圆柱则变化非常剧烈。下游圆柱在 $\beta=5°\sim10°$之间会出现很大的平均升力系数，此时其还会受到负阻力的作用，表明大涡模拟很好地捕捉到下游圆柱出现很大升力和负阻力现象。

图 4 为风攻角 $\beta=5°$和 20°时上下游圆柱的表面平均风压系数分布图。由图可见，风攻角对上游圆柱影响较小，风压分布始终较为对称。下游圆柱的风压随风攻角变化很大，$\beta=0°$时，其风压较为对称且全为负压；当 $\beta=5°$时，表面 $\theta=40°$处出现停滞点，下游圆柱不再完全浸润在上游圆柱尾流，且 $\theta=300°\sim360°$范围内出现负压，因此其受到向下的升力作用。随着 β 继续增大，下游圆柱受上游圆柱的影响减小，风压分布的对称性增强，停滞点逐渐靠近 $\theta=0°$。

图 5 为两个圆柱升力系数相关性变化图。由图可得，其随风攻角的变化先增大后减小，且对风攻角的改变较为敏感。升力相关系数在 $\beta=7.5°$时达到极值 0.70，下游圆柱此时也受到了最大升力作用；当 $\beta=$

* 基金项目：国家自然科学基金资助(51578330)，上海市自然科学基金(14ZR1416000)，上海市教委科研创新项目(14YZ004)

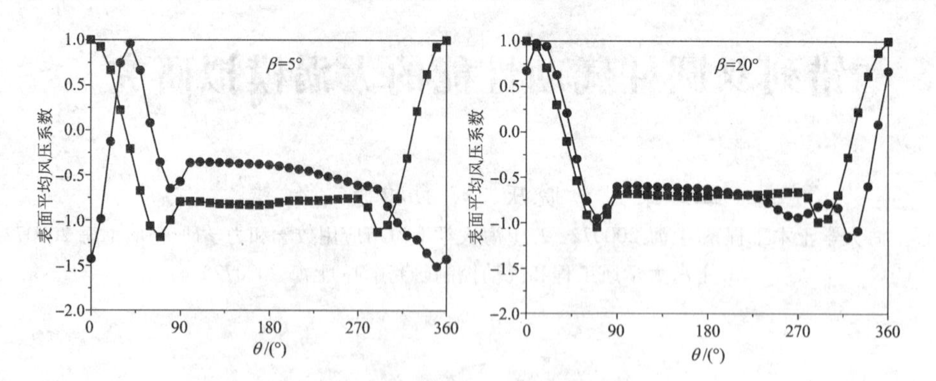

图4　上下游圆柱表面平均风压系数分布

90°时，其达到了负极值 -0.77，这是由于两个圆柱相邻侧的剪切层分离会互相促进影响，所以升力时程表现出反对称性。

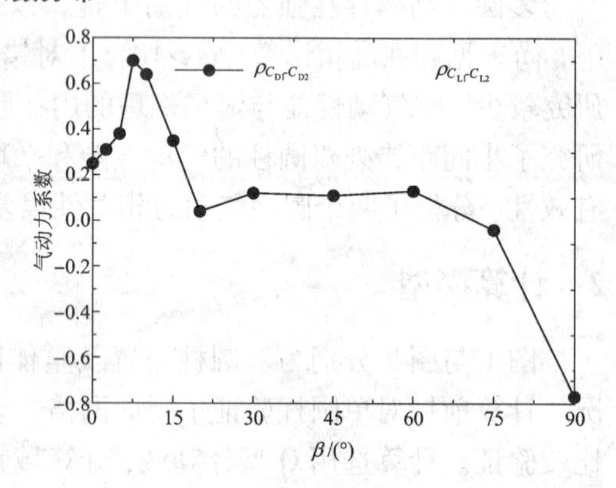

图5　气动力系数的相关性变化图

图6为风攻角 $\beta=0°$ 和5°时的平均流线图、平均风速比图以及平均风压系数图。当 $\beta=0°$ 时，流场呈现良好的对称性，下游圆柱完全浸润在上游圆柱的尾流中，两者中间存在回流区，靠近下游圆柱前表面处的流体流速较高，所以圆柱出现了负阻力。当风攻角为5°时，由于下游圆柱的干扰以及间隙流的影响，上游圆柱尾流出现了偏斜。下游圆柱在 $\theta=40°$ 出现风压停滞点，其不再完全浸润在上游圆柱尾流中。下游圆柱 $\theta=330°$ 至360°存在流速较高的间隙流，因此该位置出现约为 -1.5 的负压，由于停滞点上移和间隙流，使其出现了较大的平均升力。

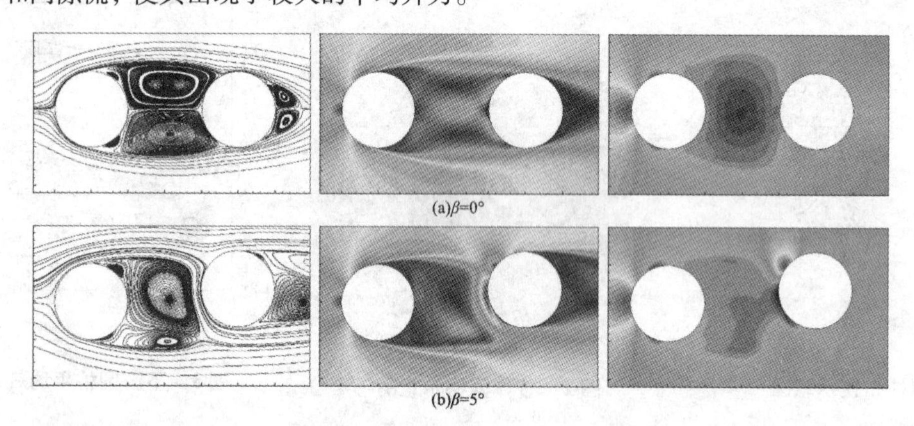

图6　平均流线图、平均速度比图和平均风压系数图

4　结论

本文大涡模拟得到的小间距错列双圆柱的气动性能与风洞试验结果吻合较好，表明了大涡模拟对高雷诺数下错列双圆柱绕流问题研究的有效性；升阻力系数相关性随风攻角的变化趋势相反，升力相关系数对风攻角变化更为敏感；流场特性决定了气动性能的变化，中间回流区使得下游圆柱出现负阻力，风压停滞点以及间隙流的影响使得下游圆柱出现很大负升力，而尾流的长度与强度则会对背风侧的风压分布产生影响。

参考文献

[1] Zhou Y, Alam M M. Wake of two interacting circular cylinders: A review [J]. International Journal of Heat and Fluid Flow, 2016, 62: 1-28.

[2] Jie Song, K T Tse, Yukio Tamura, et al. Aerodynamics of closely spaced building: With application to linked buildings [J]. Journal of Wind Engineering and Industrial Aerodynamics, 2016, 149: 1-16.

[3] Sumner D, Richards M D, Akosile O O. Two staggered circular cylinders of equal diameter in cross-flow [J]. Journal of Fluids and Structures, 2005, 20: 255-276.

基于 Open FOAM 的 TTU 标模表面风压模拟与低矮建筑干扰效应研究*

文博，周晅毅，顾明
（同济大学土木工程防灾国家重点实验室 上海 200092）

1 引言

随着科学计算技术的发展，风工程研究中数值模拟技术正在扮演越来越重要的角色。而 OpenFOAM 作为一款开源 CFD 软件，具有良好的扩展性能，并且开源代码对于研究者来说可以方便地根据自己的需求实现对于理论知识的理解与应用。本文基于 OpenFOAM 对 TTU 标准模型进行表面风压的模拟，与风洞的试验结果对比。在此基础上研究低矮建筑之间风致干扰效应。

2 研究方法与内容

本文风场模拟采用 RANS 模型中的标准 $k-\varepsilon$ 模型，用 OpenFOAM 先对 TTU 标准模型进行表面风压模拟，然后进行低矮建筑干扰效应建模计算。

计算模型为实尺模型，模型尺寸 $L\times B\times H=9.1\ \mathrm{m}\times 13.7\ \mathrm{m}\times 4.0\ \mathrm{m}$，计算域根据来流方向确定大小，模型上游来流区域为 $5L$，下游尾流区为 $10L$，侧向流域 $9B$，高为 $10H$。边界条件设置如表 1 所示。

表 1 边界条件设置

边界条件	选取项目
入流面	速度入口(velocity inlet)
出流面	压力出口(pressure outlet)
顶面及两侧	自由滑移壁面(symmetry)
地面及建筑物表面	无滑移壁面(wall)
近壁面处理	标准壁面函数(standard wall functions)
算法设置	SIMPLE
收敛标准	量纲为一的残差降至 10^{-6} 以下且控制点风速稳定

3 模型计算及结果

3.1 TTU 标模表面风压模拟

根据 OpenFOAM 的计算结果，以模型顶部高度 H 处来流风压作为量纲为一的参考风，可得平均风压系数的 OpenFOAM 模拟结果，见图 1。从中可见，在屋檐尖角处平均风压系数出现较大负值，气流发生较强烈的分离现象。风压系数在屋盖中后部为正值，气流在此处发生了再附现象。比较计算结果与风洞试验数据，OpenFOAM 计算结果与其相当接近。这与文献[1-2]中的结论基本相同。

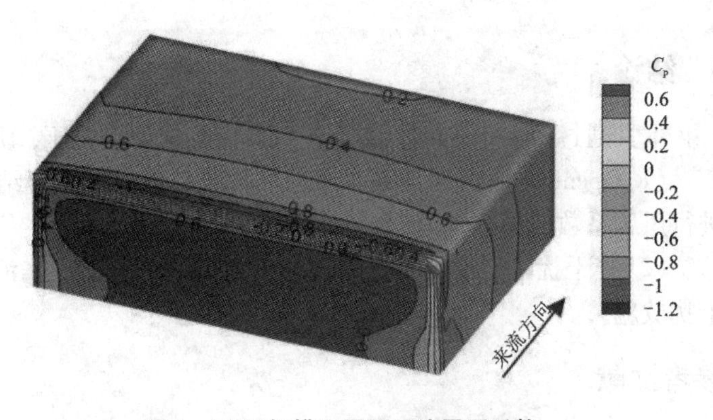

图 1 TTU 标模迎风面平均风压系数

* 基金项目：国家自然科学基金面上项目(51478359)

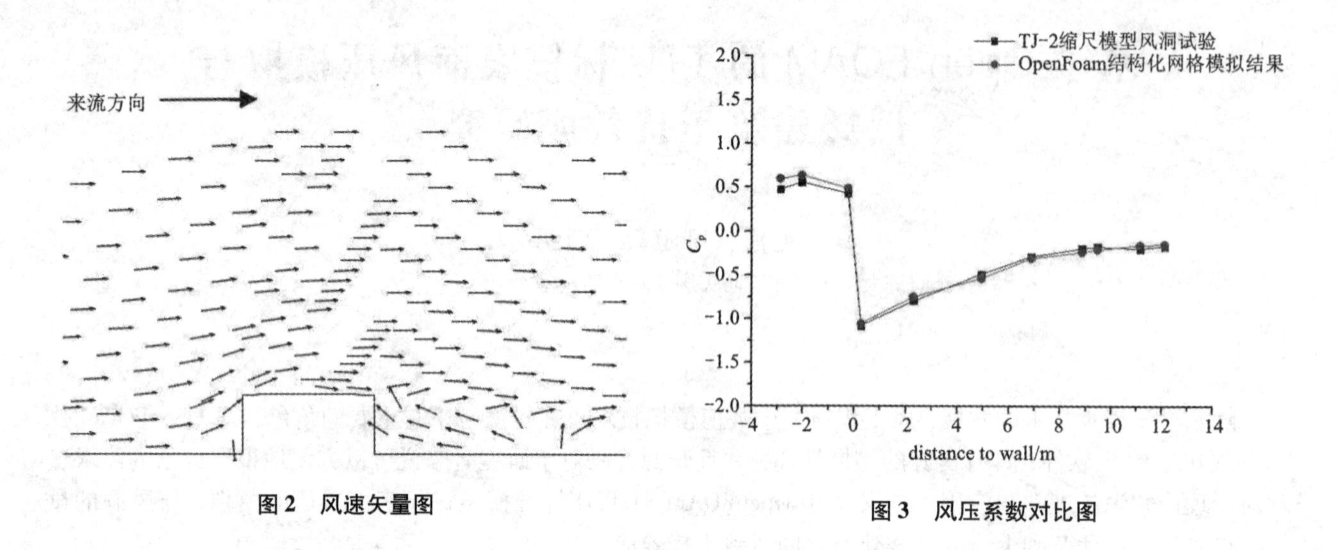

图2 风速矢量图

图3 风压系数对比图

3.2 低矮建筑间干扰效应

干扰因子定量描述低矮建筑的干扰效应[3]，其计算式为：

$$\mu_{\mathrm{I}}=\frac{C_{\mathrm{pI}}}{C_{\mathrm{pA}}} \tag{1}$$

其中：C_{pI}和C_{pA}分别为建筑物受扰后和无干扰时屋面的平均风压系数。

计算可以得出迎风面$\mu_{\mathrm{I}}=-0.16$，背风面$\mu_{\mathrm{I}}=0.95$，受扰建筑背风面与迎风面相比受到干扰效应较小。从图4、图5可以看出受扰建筑迎风面存在干扰时，平均风压系数比不受干扰时小很多，说明受扰建筑迎风面受到遮挡效应明显。受扰建筑的平均风压系数相对受扰前建筑均有一定程度的减小。

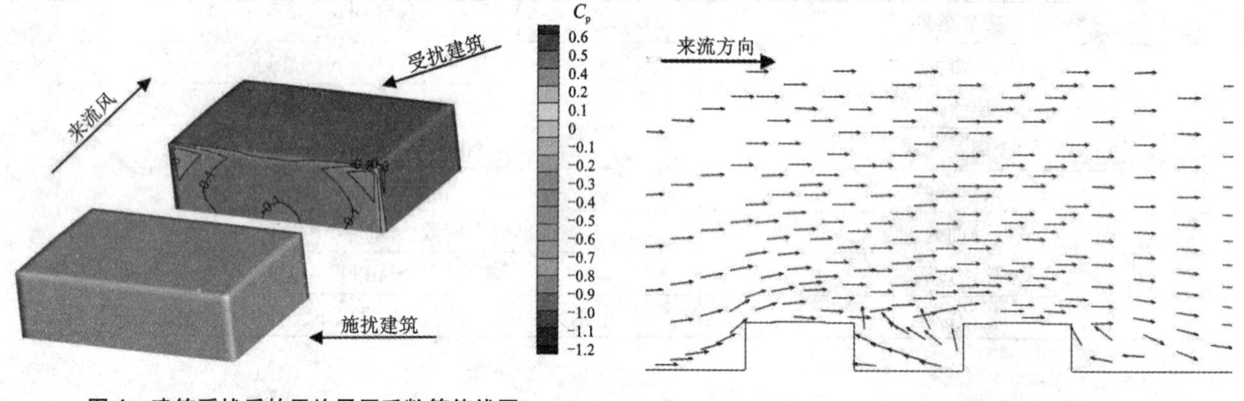

图4 建筑受扰后的平均风压系数等值线图

图5 建筑受扰后的速度矢量图

4 结论

本文通过OpenFoam数值模拟TTU标准模型表风压，研究低矮建筑的干扰效应，可以得出如下结论：

(1)OpenFOAM的风压系数数值模拟结果与风洞试验结果较为接近，说明可用OpenFOAM对TTU标模进行风压系数的模拟计算；

(2)当干扰建筑位于受扰建筑的正前方时，由于对来流风的阻挡，风压系数降低较多，产生了明显的干扰效应。

参考文献

[1] 顾明，杨伟，黄鹏，等. TTU标模风压数值模拟及试验对比[J]. 同济大学学报自然科学版，2006，34(12)：1563-1567.
[2] 周晅毅，祖公博，顾明. TTU标准模型表面风压大涡模拟及风洞试验的对比研究[J]. 工程力学，2016，33(2)：104-110.
[3] 全涌，顾明，田村幸雄，等. 周边建筑对低矮建筑平屋盖上风压的干扰效应[J]. 同济大学学报(自然科学版)，2009，37(12)：1576-1580.

基于 WRF 跨尺度方法模拟实际风场功率谱的研究*

袁瀚泉[1]，曹曙阳[1]，操金鑫[1]，田村哲郎[2]，陶韬[2]
(1.同济大学土木工程防灾国家重点实验室 上海 200092；2.东京工业大学建筑系 日本 横滨 226－8502)

1 引言

利用 WRF 或 WRF－LES 模式进行跨尺度计算模拟风场时可以使用多种多样的六小时或三小时再分析资料作为解析区域的边界条件和初值，因此相比于传统的 CFD 方法具有很大的优越性。目前，利用 WRF 或 WRF－LES 模拟大气湍流的研究大部分集中在理想计算条件。如 Domingo Muñoz－Esparza 等[1]在 WRF 理想模式下利用 WRF 到 WRF－LES(NBA 模型)测试了单向均匀流在多种扰动方案下的湍流发展情况，并在小尺度下得到了在全域较为均匀统一的湍流。也有少数研究针对实际区域，如陶韬[2]在降低格子尺度的过程中发现当格子从 111 m 尺度降到 37 m 时，WRF－LES 得到的风速功率谱没有改善，其原因可能是计算区域太小，湍流没有得到发展。因此，有必要进行小尺度计算区域下的 WRF－LES 模拟能力研究。在这个问题上采用传统的扰动方法有可能改善风场功率谱的模拟结果。本论文针对此开展研究，关于 WRF 的理论基础，参见 Skamarock 等[3]编写的技术报告。

2 算例设置

2.1 基本算例

气象资料使用日本气象局提供的 GPV 文件，提供最外层区域的边界条件和初始条件。地点选择为日本成田机场，共设置 4 层嵌套。竖向网格尺度统一从地面开始递增，共 83 层，最小尺度约为 7 m。对外三层区域不做过多描述。最里层采用 3D－Smagorinsky 模型做 WRF－LES 计算，水平方向网格大小为 66.7 m×66.7 m，网格数量为 500×500，边界条件和初始条件由外层区域提供。最内层计算时间为格林威治时间(GMT)2013 年 10 月 22 日 9：00 到 12：00。

2.2 扰动方案算例

扰动方案算例是基本算例基础上在边界往里 24 个水平网格厚度的区域添加位温场的均匀分布随机扰动。方案来自 Domingo Muñoz－Esparza 等[2] cell perturbation scheme 的修改。具体为在每个时间步的龙格库塔迭代的第一步中对其每个 cell 的位温趋势值额外加上一个服从均匀分布的随机变量。这里的 cell 为水平方向 8×8 网格，垂直方向为 40 层网格的方柱(由于对垂直所有层进行扰动在高层产生数值发散，只对下部 40 层进行扰动)。

3 计算结果

如图 1 左为最内层计算区域垂直方向第七层水平横截面基本算例的某时刻风速大小图，风向大致为图中大箭头所示。三个监测点位于标示的对角线上，N 为监测点到边界的格子数量。标出的三个监测点上的数字即为 N。后面功率谱均为正风向的功率谱，图 1 中为基本算例和扰动算例的监测点功率谱密度，图 1 右为按照 Kolmogorov 假说得到的各向同性紊流的约化风自功率谱的形式规格化后的功率谱，直线为 Kolmogorov 假说风谱频率高于惯性子区下限的部分。其中 n 为频率，S 为功率谱密度，u^2 为方差，z 为离地面高度，U 为平均风速 μ^2。

4 结论

WRF－LES 所得功率谱末尾直线以及波动迅速的部分是数值不稳定成分得到的无效能量。比较有效部分的结果可以看到，在没有扰动的情况下，在 400 监测点到 250 监测点之间，功率谱高频成分在风向上是

* 基金项目：国家自然科学基金面上项目(51278366)，高等学校博士学科点专项科研基金(20130072110007)

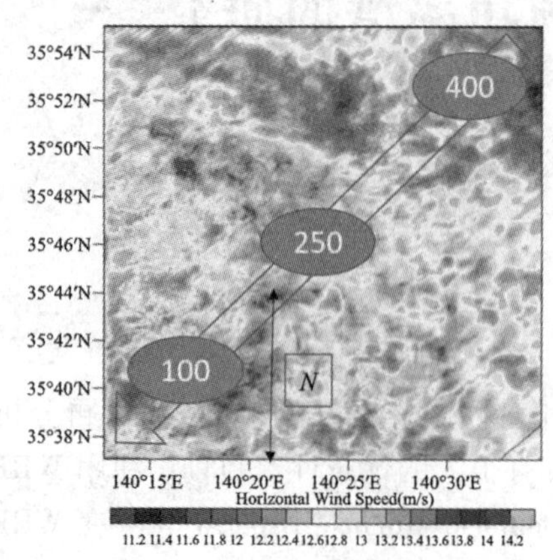

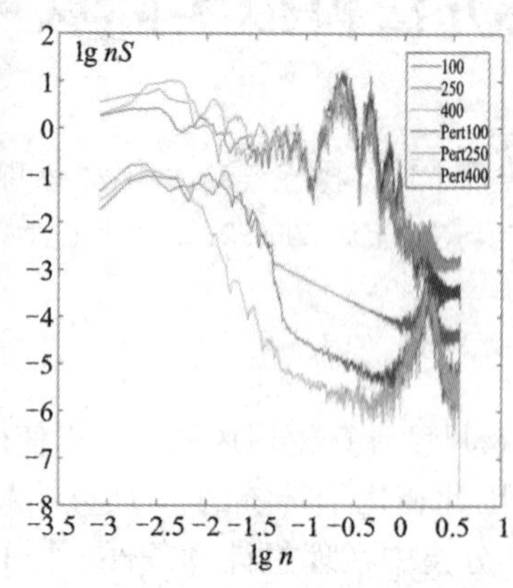

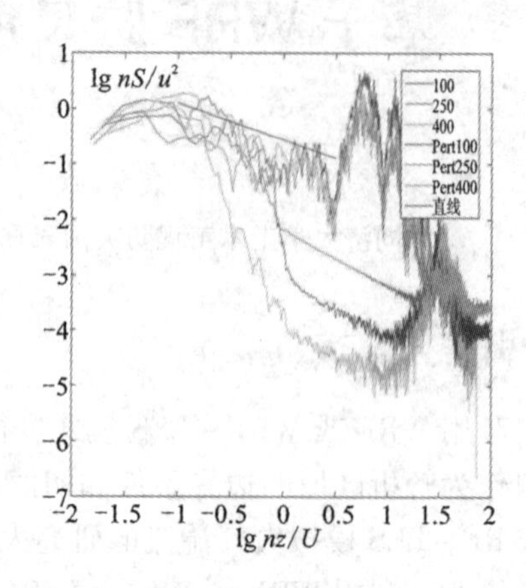

图1　三监测点及其功率谱密度

增加的，而250到100之间没有增加。这说明，随着风从入流处流经计算区域，随着湍流发展，高频成分不断增多。而在下游高频能量没有增加则可能是由于下游边界的影响，也有可能当湍流发展到一定程度以后，发展会变得很缓慢。

扰动方案得到的功率谱不仅在高频能量上高于基本算例，在低频成分上同样如此。但经过上文所述的规格化后，发现有无扰动得到的量纲为一的功率谱在低频成分是接近的，而在高频部分，扰动方案的结果明显多于无扰动，且在高频成分上，扰动方案更接近 Kolmogorov 假说得到的各向同性紊流的约化风自功率谱。但是，由于缺少实测数据，难以判断扰动方案低频能量也较高这一结果是否合理。建议后续研究更改扰动强度，观察是否得到同样的稳定的脉动风场，结果类似则很可能该扰动得到的湍流状态收敛于真实状态。

参考文献

[1] Domingo Muñoz - Esparza, Branko Kosovi'c, Jeff Mirocha, et al. Bridging the Transition from Mesoscale to Microscale Turbulence in Numerical Weather Prediction Models[J]. Boundary - Layer Meteorol, 2014, 153: 409 - 440.

[2] 陶韬. 基于中尺度气象模式的强风特性跨尺度数值模拟研究[D]. 上海：同济大学土木工程学院，2015：1 - 138.

[3] Skamarock, W. C., J. B. Klemp, J. Dudhia, et al. A description of the advanced research WRF version 3[R]. NCAR Technical Note NCAR/TN. 475 + STR, National Center for Atmospheric Research, 2008: 1 - 88.

无变形网格求解扭转运动的流固耦合问题*

战庆亮，周志勇，葛耀君
（同济大学土木工程防灾国家重点实验室 上海 200092）

1 引言

为模拟平动涡激振动，通过运动参考系模拟整个求解域的运动，结合本文作者开发的非结构网格下高精度流体计算程序，成功模拟了平移运动的流固耦合问题[1-2]。然而对桥梁断面等实际振动问题，扭转运动也很常见，如涡激振动和颤振等。因此有必要对平动涡激振动方法进行扩展，使其能够求解扭转振动问题。本文采用了无变形网格的方法，构造合理的求解域并使用了滑动网格的方法，完成了扭转流固耦合问题的求解。

2 控制方程及求解策略

2.1 控制方程

当进行求解包含扭转运动的参考系方程时，流体微团的加速度要考虑扭转运动的影响，控制方程可以表达为如下形式：

$$\begin{aligned}&\frac{\partial\rho}{\partial t}+\nabla\cdot\rho\boldsymbol{v}_{\mathrm{r}}=0\\&\frac{\partial}{\partial t}\rho\boldsymbol{v}+\nabla\cdot(\rho\boldsymbol{v}_{\mathrm{r}}\boldsymbol{v})+\boldsymbol{F}_{rot}=-\nabla p+\nabla\cdot\boldsymbol{\tau}+\boldsymbol{F}\end{aligned}\tag{1}$$

其中包含绝对速度、相对速度以及由于参考系扭转运动产生的科氏力和离心力，这是与惯性系下控制方程最主要的区别。本文采用如下离散方法对科氏力和离心力进行模拟：

$$\boldsymbol{F}_{\mathrm{rot}}=-\omega_z v\boldsymbol{i}+\omega_z u\boldsymbol{j}+0\boldsymbol{k}\tag{2}$$

2.2 求解流程

本文对扭转运动的参考系中流体计算采用如图1所示的求解策略。

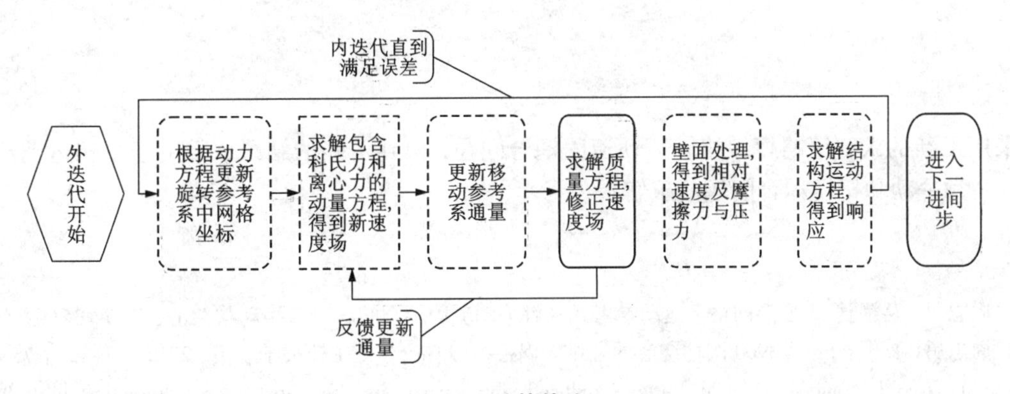

图1 计算策略

3 计算域构造方法和算例分析

本文计算域构造方法如图2(a)所示，左边和上下为速度入口边界条件，右边为压力出口边界条件。在远离结构一定距离处增设可滑移的边界，在此边界两侧的网格可以互相滑动，对两侧的单元进行平均插值

* 基金项目：国家自然科学基金重大研究计划集成项目(91215302)，国家重点基础研究发展计划(973 计划)(2013CB036300)

各物理场。划分好的总体网格如图 2(b)所示，其中局部网格设置如图 2(c)所示，采用了正交性好的四边形底层边界层网格模拟其壁面湍流。

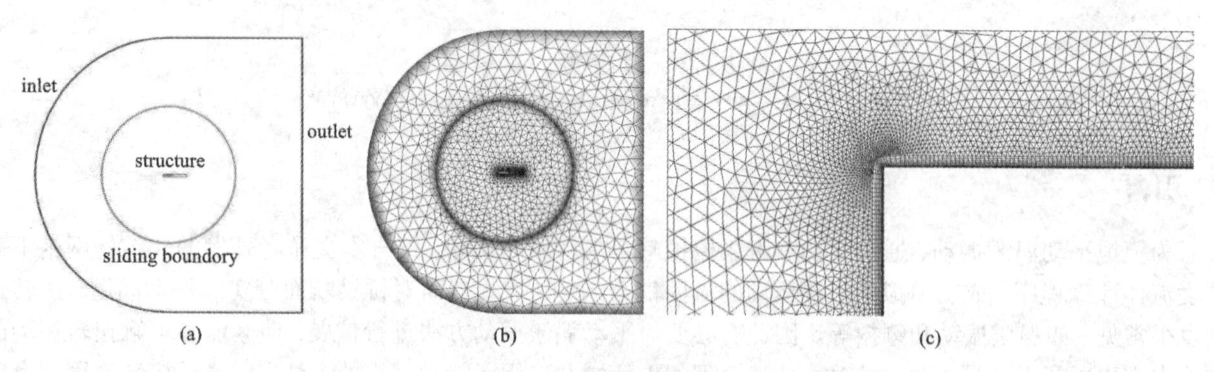

图 2　求解域构造、总体网格布置和边界层网格

本文算例选取了宽高比为 4 的矩形柱断面，文献[3]发现其在一定折减风速下会发生扭转涡激振动。图 3 所示分别为折减风速为 5.5 时网格运动和流场速度云图，以及扭转涡振的时程曲线，与试验一致性较好。

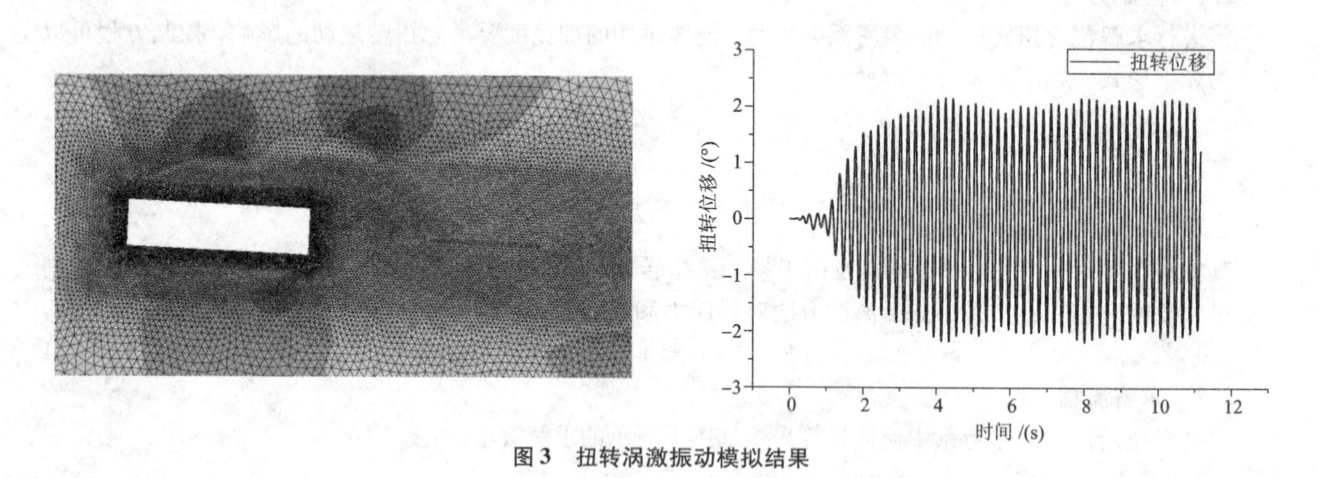

图 3　扭转涡激振动模拟结果

4　结论

本文采用了新的求解策略模拟扭转运动流固耦合问题，得到了好的结果，适用于扭转运动流固耦合问题的模拟，并为平动和扭转耦合问题的求解提供参考。

参考文献

[1] 战庆亮，周志勇，葛耀君. 无变形网格下运动参考系求解平动流固耦合问题[J]. 振动与冲击，2017，36(6)：114 – 121.

[2] 战庆亮，周志勇，葛耀君. *Re* = 3900 圆柱绕流的三维大涡模拟[J]. 哈尔滨工业大学学报，2015，47(12)：75 – 79.

[3] Matsumoto M，Yagi T，Tamaki H，et al. Vortex – induced vibration and its effect on torsional flutter instability in the case of *B/D* = 4 rectangular cylinder[J]. Journal of Wind Engineering & Industrial Aerodynamics，2008，96(6 – 7)：971 – 983.

龙卷风作用下冷却塔周围流场特性研究*

张冲，刘震卿
（华中科技大学土木工程与力学学院 湖北 武汉 430074）

1 引言

大型冷却塔是电力、石油、核能、采矿等工业中水冷却的重要结构，目前针对冷却塔的风洞试验来流条件大多为直线型边界层来风，如柯世堂[1]、鲍侃袁[2]、李鹏飞[3]等相关试验研究。而在核电站等大型冷却塔的设计中需考虑极端微气象条件下(如龙卷风)结构的安全性，龙卷风是大气中最强烈的漩涡现象，在接近地面处，有很强的风加速，在漩涡核心有较强负压，风场特性较一般直线型风有明显不同，其作用在冷却塔上的气动力较一般直线型风也将有诸多特点，目前龙卷风作用下冷却塔的流场研究以试验为主，曹曙阳[4]等通过试验模拟龙卷风风场，对冷却塔模型进行了研究，但试验难以获得全流域流场信息，从机理上对此做出解释比较困难，而数值模拟方法可以获得全流域详细信息，因此本研究将采用数值模拟的方法再现龙卷风作用下冷却塔的气动特性，并对其气动特点做出机理性分析。

2 研究方法和内容

本研究采用 CFD 数值模拟的方法对龙卷风作用下冷却塔周围风场特性进行分析，建立了龙卷风发生装置数值计算模型，图 1 给出了龙卷风发成装置模型的网格划分以及尺寸：入口高度 $h=200$ mm，上升气流孔的半径 $r_0=150$ mm，收敛区域的半径 $r_s=1000$ mm，由此发生装置模拟龙卷风风场，将冷却塔置于龙卷风中不同位置，如图 2 所示，位置分别为 $r=kr_c$，$k=0$、0.5、1.0、1.5、2.0、2.5、3.0、3.5，r_c为没有放冷却塔时龙卷风风场中获得最大切向速度的位置。

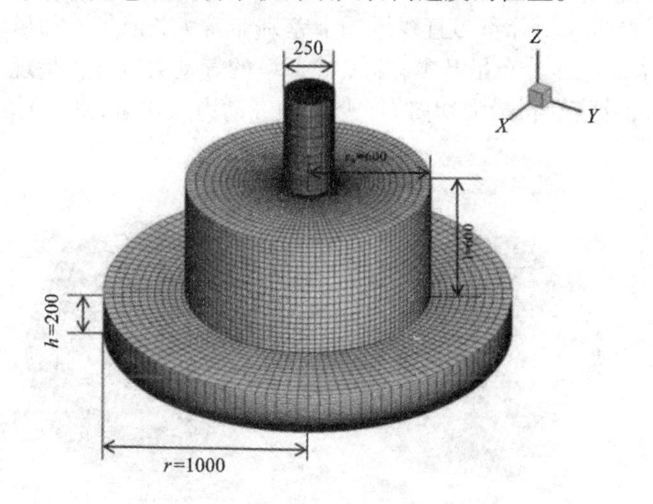

图 1 龙卷风生成器网格(mm)

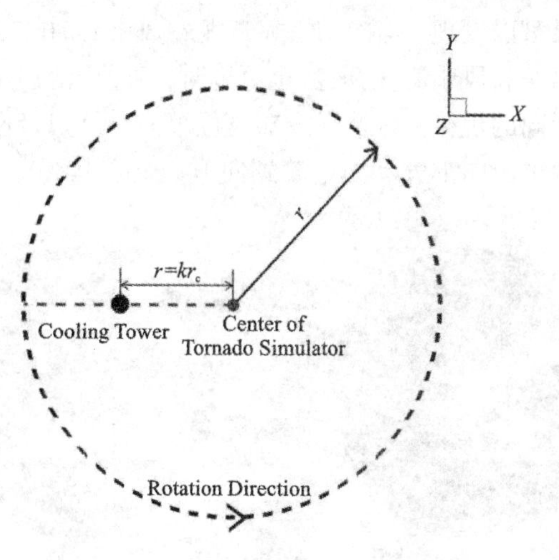

图 2 冷却塔在龙卷风中的位置

塔高 1.18 m，喉部直径 0.52 m，底部直径 0.91 m，壁厚 1 m，表面网格厚度 0.5 mm。通过数值模拟得到龙卷风作用下冷却塔气的动力特性，将其和一般边界层风场下的冷却塔气动力特性进行比对，并运用微观流场可视化技术探明气动力不同的根本原因。采用大涡(LES)模拟的方法，控制方程通过过滤亚格子涡旋后的时间依赖 Navier－Stokes 方程，采用笛卡尔坐标系。Fluent6.3 被用于求解三维非稳态 Navier－Stokes 方程，其中空间离散采用有限体积法，二阶中心差分格式用于对流项与黏性项，二阶隐式格式用于非稳态项的时间推进，SIMPLE 算法用于压强速度解耦。

* 基金项目：国家自然科学基金青年科学基金项目(51608220)，国家重点研发计划(2016YFE0127900)

在进行上述模拟之前，为了确保本网格系统的准确性，在冷却塔周围采用相同的网格分布，并选取一致的计算参数，计算域长宽高分别为 14 m、15 m、2 m，冷却塔表面网格和计算域尺寸见图 3 和图 4。

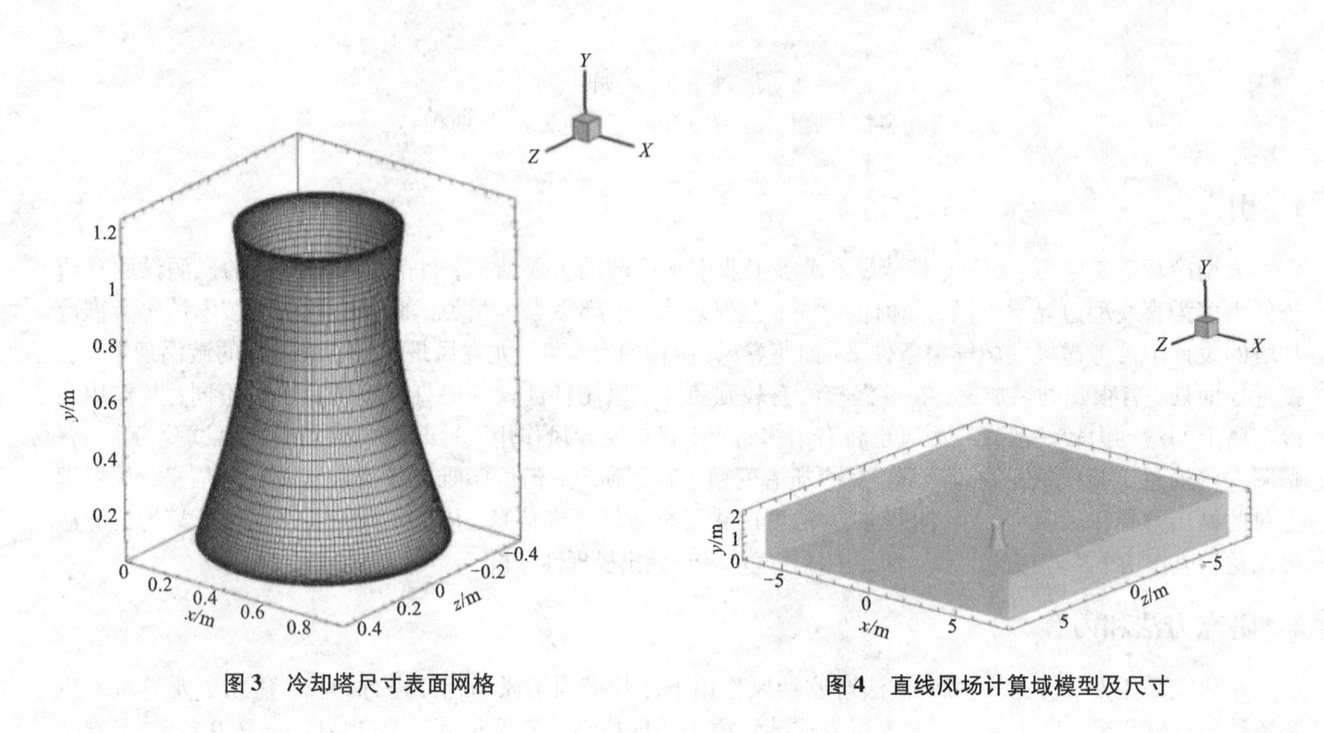

图 3　冷却塔尺寸表面网格　　　　图 4　直线风场计算域模型及尺寸

3　结论

图 5 给出了冷却塔在两种风场中典型位置处冷却塔外表面压力展开云图，根据两种风场下的数值模拟结果可以发现，当冷却塔靠近龙卷风中心时，冷却塔表面风压分布与直线风场下差别非常大，但当冷却塔距离龙卷风中心 $3.0r_c$ 甚至更远时，两种风场下冷却塔的风压分布呈基本相同，冷却塔的气动力特性也呈现出相同的规律；另外当冷却塔位于 $1.0r_c$ 和 $1.5r_c$ 时，冷却塔获得最大切向力，竖向的气动力从 $0.5r_c$ 和 $1.0r_c$ 呈现出由向上气动力过渡到向下。

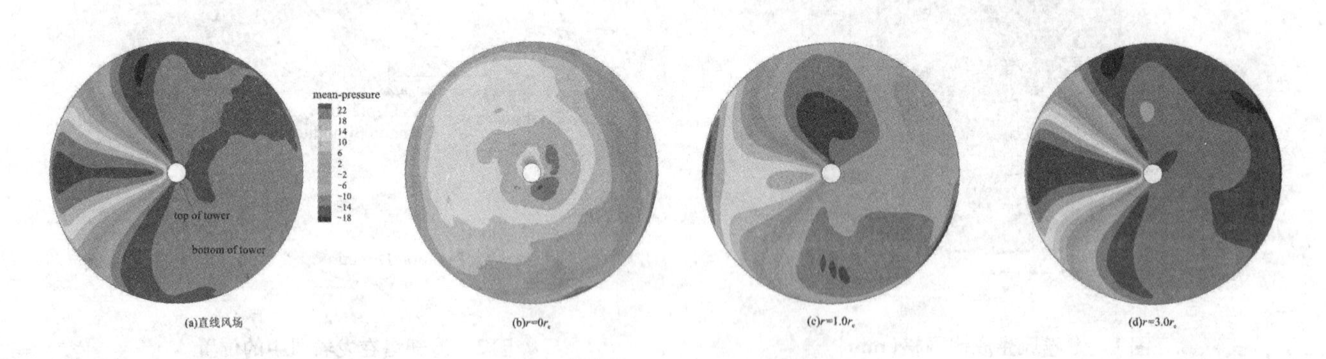

图 5　冷却塔外表面压力展开云图

参考文献

[1] 柯世堂，等. 超大型冷却塔风荷载和风振响应参数分析：自激力效应[J]. 土木工程学报，2012，45(12)：45－53.
[2] 鲍侃袁，等. 双曲冷却塔风致响应的理论研究[C]//第十三届全国结构风工程学术会议，辽宁，大连，2007.
[3] 李鹏飞，等. 超大型冷却塔风荷载特性风洞试验研究[J]. 工程力学，2008，25(6)：60－67.
[4] Shuyang Cao. Wind－load characteristics of a cooling tower exposed to a translating tornado－likevortex[J]. Journal of Wind Engineering and Industrial Aerodynamics，2016，158：26－36.

双圆柱尾流致涡激振动的大涡模拟*

赵燕[1]，杜晓庆[1,3]，施春林[1]，杨骁[1]，代钦[2,3]
（1. 上海大学土木工程系 上海 200444；2. 上海大学上海市应用数学和力学研究所 上海 200444；
3. 上海大学风工程和气动控制研究中心 上海 200444）

1 引言

多圆柱结构在实际工程中有广泛应用，圆柱之间存在气动干扰现象，并可能引发尾流激振[1-2]。与风洞试验相比，数值模拟方法更利于研究多圆柱风致振动的流固耦合机理。对于串列双圆柱的尾流激振问题，尚未见到雷诺数在10000以上的大涡模拟研究[3]。本文采用大涡模拟方法，在雷诺数为10000～40000之间对串列双圆柱尾流致涡激振动现象进行了研究，分析了下游圆柱的动力响应、流场特性以及气动力之间的耦合关系，探讨了尾流致涡激振动的发生机理。

2 计算模型

图1为串列双圆柱的计算模型示意图，上游圆柱固定、下游圆柱可在横风向和顺风向作两自由度振动。上、下游圆柱之间的圆心间距为4D（D为圆柱直径）。雷诺数在1×10^4～4×10^4之间，折减风速$U_r=U/(f_nD)=3\sim10$（U为来流风速，$f_n=1.73$ Hz为圆柱的自振频率），质量比$m^*=m/(0.25\rho\pi D^2)=40$（$m$为圆柱的单位长质量，$\rho$为空气密度）。由于大涡模拟的计算量大，为了减小起振时间，降低计算量，阻尼比取为0。

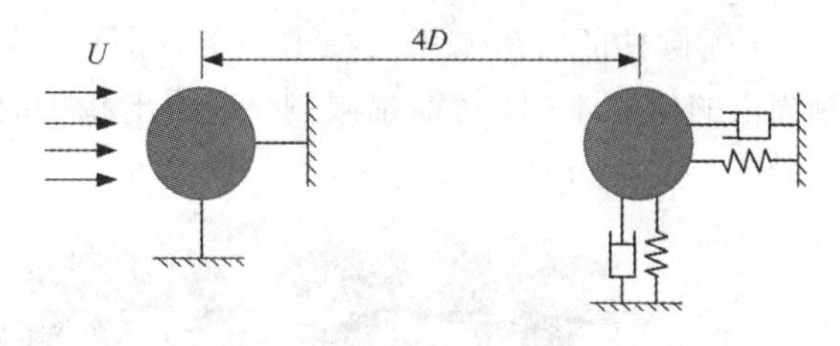

图1　串列双圆柱尾流激振计算模型

3 计算结果及分析

图2为下游圆柱的最大振幅随折减风速的变化曲线，从图中可见：振动主要发生在横风向，顺风向的振幅较小，这与文献[2]的风洞试验结果相似。在图2观察到的振动"锁定"在折减风速为$U_r=4\sim7$，当折减风速$U_r=5.8$时，横风向的振幅达到了0.47D，振幅比文献[2]的风洞试验结果大。这些可能是因为本文所采用的质量比和阻尼比较小导致的。

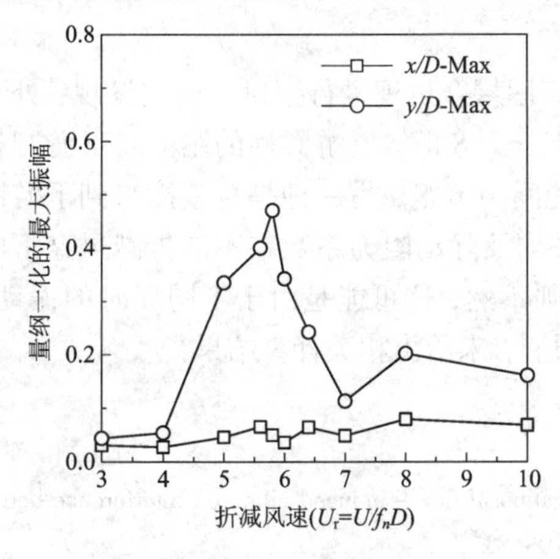

图2　下游圆柱的最大振幅

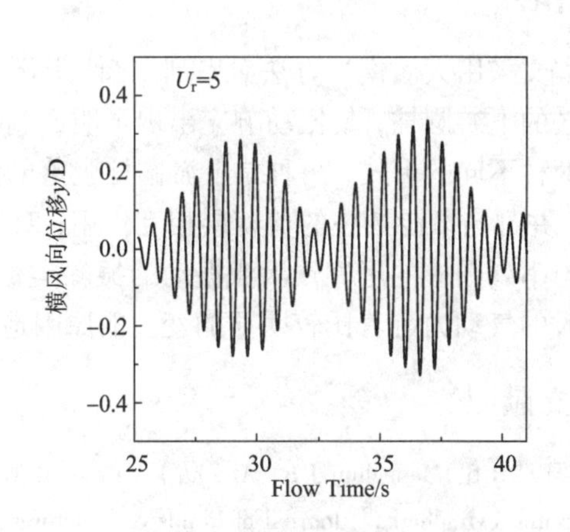

图3　横风向的位移时程曲线

* 基金项目：国家自然科学基金资助(51578330)，上海市自然科学基金(14ZR1416000)，上海市教委科研创新项目(14YZ004)

图3为折减风速为5时的横风向的位移时程曲线，在尾流致涡激振动的锁定区域折减风速 $U_r=5$ 时的圆柱的横向振动过程所观察到"拍"的现象(受篇幅限制，未给出其他工况的计算结果)。

为了进一步研究串列圆柱尾流致涡激振动的流固耦合机理，取图2振幅达到最大的工况，即在 $U_r=5.8$ 时的在横风向的振动达到最大的时刻附近，选取两个振动周期，并在这两个周期内取10个典型时刻来分析整体流场的风压及涡量图(受篇幅限制，仅给出 $U_r=5.8$ 的6个时刻的涡量图，时刻的选择如图4所示)，即图5中T1～T6的六个典型时刻的瞬态风压及涡量图。

从图5的涡量中可以看出，在来流的作用下，上游圆柱的上下两侧会形成交替脱落的漩涡，并与运动的下游圆柱发生相互作用。在振幅较大的振动周期，上游圆柱的脱落漩涡没有再附在下游圆柱上。上游圆柱的脱落漩涡从两圆柱体之间的间隙中流走[见图4、图5(a)和5(b)]，并与下游圆柱的下侧的剪切层相互作用；上游圆柱的脱落漩涡从下游圆柱的上侧[见图4、图5(c)和图5(d)]流走。上游圆柱脱落的漩涡与下游圆柱脱落的漩涡相互消耗并逐渐合并成一个漩涡[见图5(c)－图5(f)的虚线部分]。在振幅较小的时刻，上游圆柱的脱落漩涡会撞击到下游圆柱，不同时刻撞击的位置不同(受篇幅限制，未给出相关时刻的涡量图)。

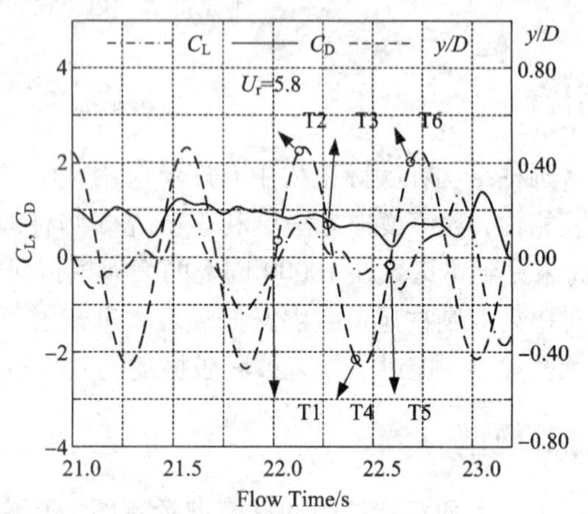

图4　位移及气动力时程

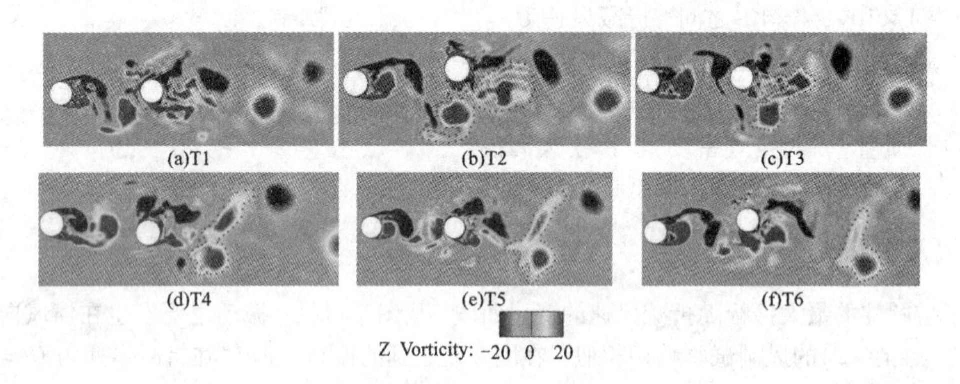

图5　下游圆柱的瞬态涡量图

4　结论

本文采用大涡模拟方法对串列双圆柱尾流致涡激振动的流固耦合机理进行探讨。研究发现：处于振动锁定区的下游圆柱，其振动响应出现了明显"拍"的现象；在 $U_r=5.8$ 时，上游圆柱的尾流对下游圆柱的影响有两种不同的形式，一种是上游圆柱脱落的漩涡从两圆柱的间隙流走，另一种是直接撞击到下游圆柱的表面，并都与下游圆柱的剪切层相互作用；对于下游圆柱的平均及脉动阻力系数在不同折减风速下的变化趋势与串列圆柱的尾流致涡激振动的振幅类似，而升力系数则不然，这可能是由于不同瞬时的振动响应，其瞬时的气动力有着比较明显的变化的原因造成的(受篇幅限制，未给出相关计算结果)。

参考文献

[1] Assi G R S, Meneghini J R, Aranha J A P, et al. Experimental investigation of flow－induced vibration interference between two circular cylinders[J]. Journal of Fluids & Structures, 2006, 22(6): 819－827.

[2] 杜晓庆，蒋本建，代钦，等. 大跨度缆索承重桥并列索尾流激振研究[J]. 振动工程学报，2016，29(5)：842－850.

[3] Mysa R C, Kaboudian A, Jaiman R K. On the origin of wake－induced vibration in two tandem circular cylinders at low Reynolds number[J]. Journal of Fluids & Structures, 2016, 61: 76－98.

复杂地形下基于NWP/CFD方法的长期风能评估与短期风速预报*

赵子涵，范喜庆，黎静，李朝，肖仪清
（哈尔滨工业大学深圳研究生院 广东 深圳 518000）

1 引言

作为大气运动的一种产物，风的不确定性会给风电场选址和短期电力调度带来诸多困难，进而影响电力系统的稳定运行。就风能评估和预测而言，目前主要有统计分析和数值模拟两大类方法，但计算结果会受到观测资料不足、地形条件复杂、极端天气预测不精确的影响。基于此，本文主要讨论了复杂地形下，风速比数据库在风能评估和风速预测方面的应用，主要包括以下两个方面。首先结合已有3处测风塔的长期观测资料，反推出模拟区域的年平均风功率密度，其次结合数值天气预报（NWP）提供的边界条件，快速计算出良态风条件下的风速分布情况，并依次分析了WRF/CFD单向嵌套模式，风速比快速预报（WRF/WSR）模式的计算效率及误差。一致性指数（IOA）和均方根误差（RMSE）对比结果表明，本文所提及的方法能够有效地应用于模拟区域的短期风速预报。

2 模拟区域概况

该模拟区域位于广东省沿海，南侧低，北侧高，属于典型的丘陵地貌［图1（a）］。CFD地形建模部分采用USGS提供的30 m精度SRTM高程数据，网格划分采用结构化六面体网格方案。中尺度WRF模式采用两层嵌套方案［图1（b）］，并使用FNL和GFS数据作为初始场条件。将提取到的WRF模式格点计算结果，在时间和空间上分别以线性和双线性插值的方式获得CFD的边界入口。

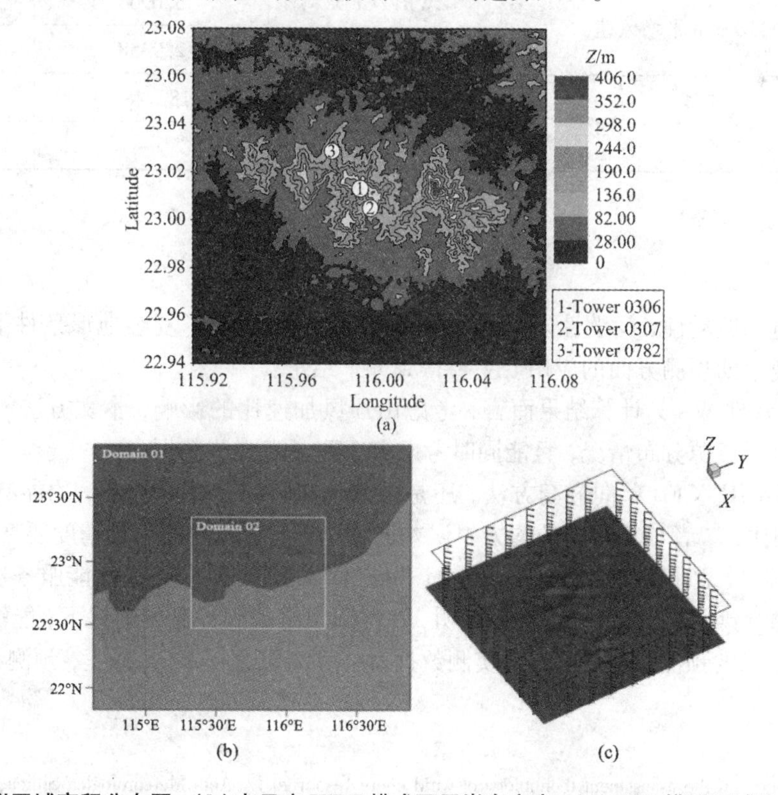

图1 （a）模拟区域高程分布图；（b）中尺度WRF模式两层嵌套方案；（c）CFD模拟区域边界条件示意图

* 基金项目：国家自然科学基金资助项目（51278161）

3　长期风能评估模型

本部分首先计算出12个风向下，模拟区域的不同位置处的风速比 $S_\theta(x_p, y_p, z_p)$，然后结合观测站点实测资料，采用式(1)计算出模拟区域的年平均风功率密度 $\overline{\omega}$，式中 ρ 表示空气密度，a_{in}、b_{in} 分别表示威布尔分布的尺度参数和形状参数，x_p，y_p，z_p 表示模拟点坐标。

$$\overline{\omega} = 0.5\rho a_{in}^{\ 3}\Gamma(3/b_{in}+1)S_\theta(x_p, y_p, z_p)^3 \quad (1)$$

4　短期风速预报模型

以降尺度的WRF模式输出结果作为CFD模拟区域的边界条件，分别采用风速比快速预测方法(WRF/WSP)，精细化WRF/CFD耦合计算方法，得到一次大风过程未来30 h的10 min平均风速、风向预测结果(图2)。与实测结果相比，IOA、RMSE计算结果如表1所示。

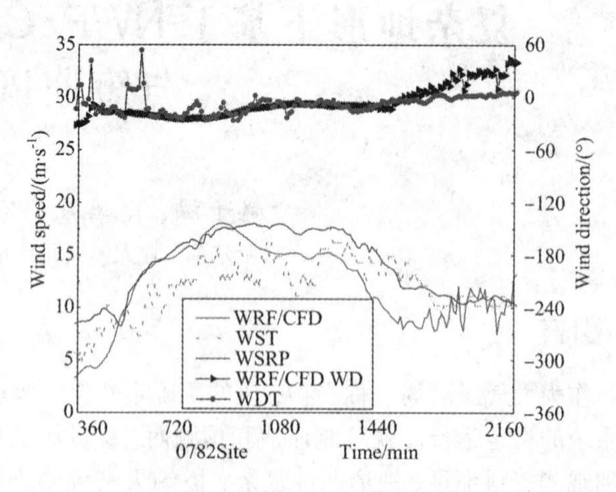

图2　0782站点风速、风向预测结果

表1　RMSE与IOA误差计算结果对比

站点	变量	方法	RMSE	IOA
0306	10 min平均风速	WRF/CFD	4.4792	0.6814
		WRF/WSR	3.7252	0.8086
	10 min平均风向	WRF/CFD	20.4622	0.9958
		WRF/WSR	—	—
0782	10 min平均风速	WRF/CFD	3.0964	0.8196
		WRF/WSR	2.9358	0.8173
	10 min平均风向	WRF/CFD	18.7486	0.9959
		WRF/WSR	—	—

5　分析结论

为避免风力发电的波动性、间歇性以及不可控性，本文主要研究了复杂地形条件下，风速比数据库在风能长期评估和风速短期预测方面的应用。主要得到如下结论：

(1)较风能评估软件WAsP计算结果而言，考虑山顶风加速比的影响，本文方法能较为精细地刻画出复杂地形环境下的风能资源分布情况，且能同时考虑多个测风塔观测数据。

(2)无论是采用WRF/CFD单向嵌套方法，还是采用WRF/WSR耦合方法，均能有效地实现风速短期预报，与实测结果相比，二者计算得到的均方根误差比较接近，且风向的预测精度要高于风速。

(3)短期风速预测模型计算在课题组基于Intel Xeon E7－8891架构的高性能服务器上完成，该服务器具有40线程的强大并行计算能力。计算过程表明，在网格数量得到控制的前提下，能够在当日实现对次日24 h模拟区域风速结果的预测，若基于长期实测数据对计算结果进行MOS修正，预测结果将更加可信。

参考文献

[1] LI ZC Z, HE X F. Study on the assessment technology of wind energyresource[J]. Acta Meteorologica Sinica, 2007, 65(5): 708－717.

[2] Palma J. Linear and nonlinear models in wind resource assessment and wind turbine micro－siting in complexterrain[J]. Journal of Wind Engineering and Industrial Aerodynamics, 2008, 96(12): 2308－2326.

[3] 肖仪清，李朝，欧进萍，等. 复杂地形风能评估的CFD方法[J]. 华南理工大学学报(自然科学版)，2009(09)：30－35.

声屏障及车桥耦合对桥梁气动三分力的数值模拟研究*

周蕾[1,2]，何旭辉[1,2]，邹云峰[1,2]，邹思敏[1,2]，彭益华[1,2]
（1.中南大学土木工程学院 湖南 长沙 410075；2.高速铁路建造技术国家工程实验室 湖南 长沙 410075）

1 引言

静三分力系数在桥梁抗风设计中是一组非常重要的风特性参数，准确研究可能因素对桥梁三分力的影响规律，对抗风设计十分必要。相对于风洞试验，CFD 数值模拟具有可重复性，耗费较少的人力、物力，以及能显示可视化的流场风压图等特点。

2 工程背景

南纪门长江大桥是重庆轨道交通十号线的重要枢纽，该桥采用高低塔斜拉桥方案，跨径布置为(39.5 +180.5 +480 +205 +105)m，主梁采用钢箱梁，桥塔采用混凝土桥塔。

3 计算模型

3.1 数值模拟方法

南纪门主桥断面桥宽 19.6 m，主梁高度 3 m，宽高比为 6.53 m，风嘴角度为 75°，在 CFD 中建立计算模型、划分网格、给定边界条件等。计算中采用 1∶40 节段模拟的几何尺寸。为了确保流动与边界的独立性和湍流尾流的充分发展，计算域上游入口距主梁截面为 5B(B 为主梁的宽度)，下游出口距离主梁断面为 10B，在满足阻塞率小于 5% 的前提下及节约计算资源的条件下，上下壁面距主梁断面均为 5B。入口采用速度入口边界，出口采用压力出口边界，相对压力为零，上下避免采用对称边界条件，主梁表面采用无滑移壁面边界条件，根据 $y^+ =1$ 计算第一层网格高度为，近壁面网格增长因子为 1.1，在距离主梁 2B 区域内，网格适当加密，增长因子为 1.15，整个计算域网格约为 20 万，本文采用 SST 湍流模型进行数值计算，来流风速为 10 m/s[1]。

3.2 主桥断面三分力系数随风攻角的变化

利用上述方法划分网格和确定边界条件，得到主梁三分力系数随风攻角变化可知，在攻角为 0°时，主桥的阻力系数为 0.650，升力系数为 -0.439，升力矩系数为 0.01。阻力系数在较大范围内均为正，这说明主梁断面具备气动稳定性。升力系数从负攻角到正攻角一直变大，由负值变成正值，在攻角为 -6°时绝对值取最大值为 0.727，升力矩系数从正攻角到负攻角一直缓慢变小，由正值变为负值；阻力系数先减小后增大，但始终为正值，在攻角为 0°时取得最小值 0.650。

3.3 声屏障对主梁断面三分力系数的影响

南纪门大桥安装了全封闭的声屏障，在 CFD 模拟声屏障计算 0°攻角下的三分力系数。风屏障会影响主桥的气动特性，因为声屏障增加了高度，改变了桥梁截面的气动外形，使气体绕钝体流动时的扰流现象更加明显。从而使得阻力系数增加，升力系数由负值变为正值，升力矩系数一直为正值且变化不明显。

3.4 栏杆等桥面附属设施对主梁断面三分力系数的影响

成桥状态都有栏杆等附属设施，它们的存在会影响桥梁结构上气流的分离和绕流，因此，很有必要对比成桥状态和施工状态的主桥三分力系数，探讨栏杆等桥面附属设施对主梁断面三分力系数的影响。由分析可知，主梁断面有栏杆时的阻力系数大于施工状态时主梁的阻力系数，主梁断面有栏杆时的升力系数大于施工状态时主梁的升力系数，主梁断面有栏杆时升力矩系数由负值变为正值，这是因为栏杆等的存在增大了侧向的挡风面积。由图可以知道，气流在主梁断面的前端点分离，然后穿过栏杆，并在人行道上形成

* 基金项目：国家自然科学基金项目(U1534206)，中南大学“创新驱动计划”资助项目(2015CX006)

漩涡，而其余大部分气流又继续流经防撞栏杆，并在主梁断面上方形成一片回流区。正是由于栏杆扰乱了气流，才导致成桥状态的三分力系数产生了变化。

3.5 车桥耦合作用对主梁的气动三分力的影响

南纪门主桥为三车道，讨论图2情况下车桥耦合对桥梁气动三分力的影响[2]。布置单列车时，考虑车桥耦合对流场风压的影响，在迎风侧布置单车和中间布置单车时，阻力系数分别增加9.6%和7.5%，背风侧布置单车使阻力系数减少8.9%，原因可能是在背风侧布置单车时，列车处于空气负压区，迎风面高压区减少，使得前后压力差减小。车桥耦合中桥梁和车辆的升力系数的增长幅度比0°风攻角时都要大，说明桥梁体顶部和和车体底部的流场干扰效应变大，致使二者上下表面压力差大大增加。升力矩系数从负值变为正值，是由于单列车队桥梁的流场的干扰。

4 结论

本文研究以南纪门大桥的主桥断面为对象，采用数值计算的方法，在验证数值模拟精度的前提下，研究主桥断面的三分力系数随着风攻角的变化规律，针对南纪门大桥为三线列车桥且设置有声屏障的特点，分析了声屏障、栏杆等附属设施以及车桥耦合作用对桥梁气动三分力的影响。结果显示，由于声屏障通过增加高度改变了桥梁截面的气动外形，使气体绕钝体流动时的扰流现象更加明显，从而阻力系数增加；由于栏杆等附属设施的存在扰乱了气流，导致桥梁结构上气流的分离和绕流，使得阻力系数和升力系数均增加；三列车布置时，列车对桥梁断面三分力系数影响最大，阻力系数和升力矩系数显著减小，布置单列车和双列车时，阻力系数均减小，这是因为车辆的存在干扰气流，但是列车具有流线型外形，致使车体前后压力差减小。本文研究显示在风－车－桥耦合振动分析中，车辆对桥梁气动力的影响不容忽视，在桥梁设计中应重点考虑，避免车体发生倾覆。风攻角、声屏障以及栏杆等附属设施对主梁的三分力系数均有影响，研究结果可以为之后类似车桥设计提供参考，便于改进和优化。

参考文献

[1] 韩艳，陈浩，胡朋，等. 典型桥梁断面阻力系数测力与测压结果差异的数值模拟研究[J]. 振动工程学报，2016，29(4)：746－754.

[2] 王贵春，李武生. 基于车桥耦合振动的车辆舒适性分析[J]. 振动与冲击，2016，35(8)：224－230.

带三根绊线圆柱绕流的大涡模拟*

周杨[1]，杜晓庆[1,3]，李大树[1]，代钦[2,3]
（1. 上海大学土木工程系 上海 200072；2. 上海大学上海市应用数学和力学研究所 上海 200072；
3. 上海大学风工程和气动控制研究中心 上海 200072）

1 引言

为了减小或抑制圆柱型结构的漩涡脱落和涡激振动，实际工程中常在圆柱表面缠绕螺旋线来破坏圆柱旋涡脱落[1]，然而螺旋线减振的流场机理尚未被澄清[2]。由于缠绕螺旋线圆柱的绕流场呈现非常复杂的三维特性，研究者常将其简化为带直绊线圆柱的二维问题进行研究[2-3]，但以往对带三绊线圆柱的研究很少。本文采用大涡模拟方法，在雷诺数为 4×10^4时研究了均匀来流作用下带三根绊线圆柱的气动性能和流场特性，重点分析绊线对流场结构的影响。

2 数值方法和计算模型

图 1 所示为三根绊线的圆柱计算模型，三根绊线互呈 120°并紧贴圆柱表面。利用模型的对称性，计算风攻角 β 为 0°～60°，圆柱与绊线的直径比为 $D/d=30$。采用 O 形计算域，计算域直径为 $50D$（D 为圆柱直径），阻塞率约为 2%，模型的展向长度为 $2D$。计算域平面网格如图 2 所示。

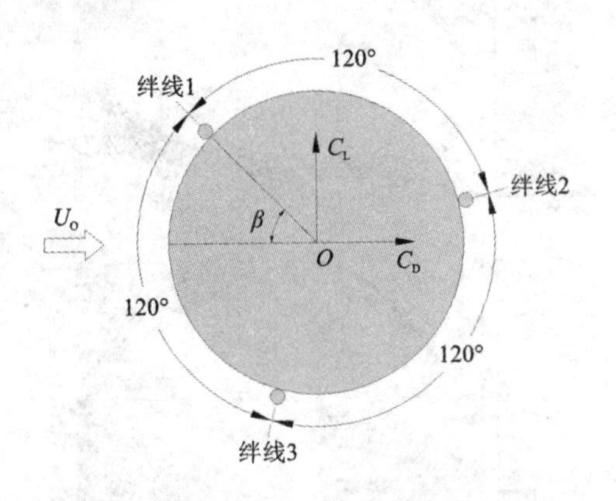

图 1 带绊线圆柱示意图

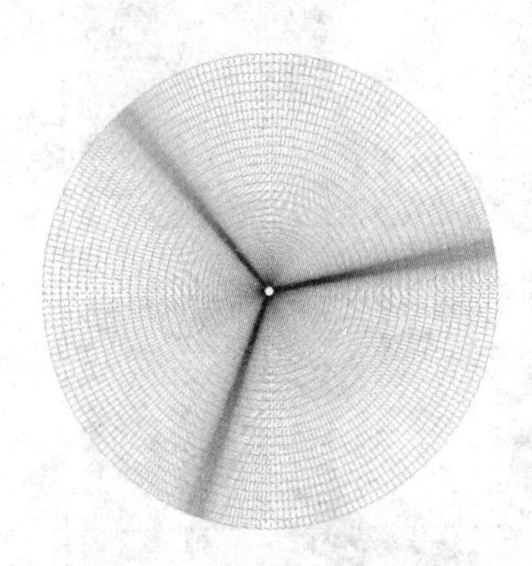

图 2 计算域平面网格

3 计算结果及分析

图 3 所示为圆柱的平均气动力系数随绊线位置的变化曲线。在图中列出了与文献[3]带单根绊线圆柱的风洞试验值进行比较。对于单绊线圆柱，本文的计算值与文献[3]的试验结果的总体变化趋势是相同的，不过本文的最大气动力系数低于试验值，发生最大阻力和升力的绊线位置也不同。这很可能是因为本文的圆柱与绊线直径比（D/d）远大于文献[3]。对于带三根绊线圆柱，绊线位置角 β 在 0°～60°范围内的情况，平均阻力系数整体呈递增的趋势。当 β 位于 30°～50°时，三根绊线圆柱的平均阻力系数较光圆柱开始增大；$\beta=60°$时，平均阻力系数发生较大突变，圆柱的平均阻力系数在此刻取得最大值。三绊线圆柱的平均升力系数在 $\beta=0°\sim60°$之间的变化趋势与单绊线圆柱相似。当 $\beta=40°$时，升力系数的增幅较为明显，其值达到 0.232；当 $\beta=50°$时，平均升力系数有一较大增幅并达到峰值，且此时圆柱上下表面风压系数呈显著的不对称性，从而导致其平均升力系数达到 0.812；当 β 达到 60°时，由于绊线对称布置，平均升力系数重新归于 0 左右。

* 基金项目：国家自然科学基金资助（51578330），上海市自然科学基金（14ZR1416000），上海市教委科研创新项目（14YZ004）

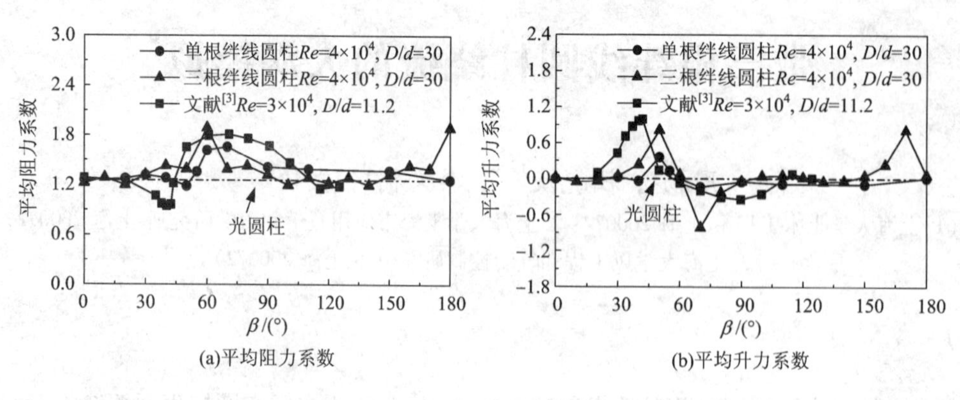

图3　平均气动力系数

图4为带三根绊线圆柱的平均风压、平均流线及局部流线放大图。当β转至50°时，在上侧迎风面绊线后侧有一个小范围的回流区，流场在绊线处发生层流分离湍流再附，即为分离泡在平均压力场中对应的一个强负压区，会对圆柱的气动性能产生重大的影响。当$\beta=60°$时，从平均风压系数图中可以看出，圆柱尾流区的风压再次呈现上下对称分布，且由于上下两侧的绊线对称分布，拓宽了尾流区的范围，使得该角度下的平均阻力系数达到最大值。尾流中也再次出现了上下两个较为对称的回流区，故圆柱的平均升力系数较小。

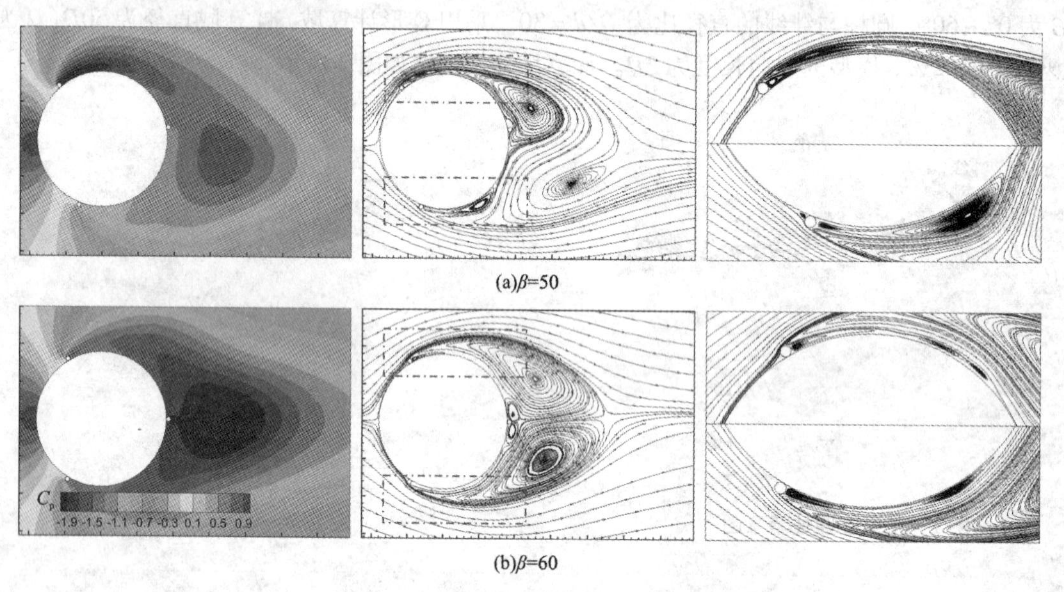

图4　带三绊线圆柱平均风压、流线、流线局部放大图

4　结论

本文在亚临界雷诺数下采用大涡模拟重点研究了带三根绊线圆柱的气动性能和流场特性，发现三绊线圆柱的平均气动力系数与单绊线圆柱有很大差异，平均阻力系数随着风攻角的变化波动剧烈，圆柱受到的最大升力也远大于单绊线圆柱。当$\beta=50°$时，在上侧绊线上分离的剪切层会再附到圆柱表面形成分离泡，分离泡会引起圆柱表面出现局部强负压，从而导致圆柱受到很大的平均升力作用。

参考文献

[1] Zdravkovich M M. Flow around Circular Cylinders (Volume 2)[M]. Oxford Science Publications, New York, 2003.

[2] Aydin T B, Joshi A, Ekmekci A. Critical effects of a span - wise surface wire on flow past a circular cylinder and the significance of the wire size and Reynolds number[J]. Journal of Fluids and Structures, 2014, 51: 132 - 147.

[3] Nebres J, Batill S. Flow about a circular cylinder with a single large - scale surface perturbation [J]. Experiments in Fluids, 1993, 15: 369 - 379.

流固耦合数值模拟中的 HOPE 网格变形方法

祝卫亮，刘十一，周志勇，葛耀君
（同济大学土木工程防灾国家重点实验室 上海 200092）

1 引言

在流固耦合 CFD 数值模拟中，固体的运动造成流体边界的变化，流体域网格也将发生变化。处理网格的变化有两种思路，一是根据当前的边界情况重新生成网格，二是在前一时刻网格的基础上采用变形的方式生成新的网格。每一步重新生成网格计算代价较大，所以网格变形的做法被广泛接受。网格变形方法可以分为两大类：一是采用物理模型模拟的方法，如线性弹簧法、线性连续体法；二是采用插值的方式，如径向基函数法 RBF（Radial Basis Function）、Delaunay 背景网格法[1-2]。变形后的网格要求稳定性好，不出现网格重叠现象，同时网格质量需要保证（如不应出现过于狭长的网格，网格角度过大或过小等），另外计算消耗要控制在合理的程度。

本文提出了一种新的网格变形算法——HOPE（High - order Potential Energy）网格变形算法，有效提高了网格质量和稳定性，并与线性弹簧法、线性连续体法、径向基函数法（Radial Basis Functions）RBF、Delaunay 背景网格法四种方法进行了比较。

2 HOPE 网格变形算法

线性连续体法是将网格视为连续的弹性体网格，流体的网格变形视为弹性体的变形。但采用这种完全等效的线性物理模型的网格变形容易出现变形集中的情况，就这一问题本文在弹性连续体的基础上对势能表达式进行优化。本文连续体势能采用的表达式如下：

$$\Pi = \int_{\Omega} (W_{st} + \beta W_{vol} + \gamma)^{\alpha} \mathrm{d}\Omega \tag{1}$$

式中，Ω 是整个动网格计算域，势能函数直接采用节点坐标 x_i，y_i 来表达；W_{st}是基于格林 - 拉格朗日有限应变的弹性应变势能；W_{vol}是与体积应变有关的弹性应变势能；α、β 和 γ 是模型的参数，本文选择 $\alpha = 8.0$，$\beta = 1.0$，$\gamma = 0.01$，此处 α 大于 1，称为高次势能（HOPE）算法。

要求变形后势能最小，即求解变形后的平衡方程为：

$$\frac{\partial \Pi}{\partial x_i} = 0,\ \frac{\partial \Pi}{\partial y_i} = 0 \tag{2}$$

这里 i 为各个节点编号。方程（2）为非线性方程组，本文通过 Newton - Raphson 方法迭代求解。

本文高次势能表达式（1）确定的基本思路为：

（1）设 $E_i = W_{st} + \beta W_{vol} + \gamma$ 为单元 i 的弹性势能，较大的 α 会提高较大的 E_i（即变形较大）对总的高次势能的贡献程度，从而在要求 Π 最小时，太大的 E_i（即变形太大）是不被允许的，从而参数 α 防止了变形集中。

（2）高次势能存在极小值的充分条件为方程（2）的系数矩阵（即刚度矩阵）正定，β 的存在有利于刚度矩阵正定性，从而提高此优化问题的数值求解稳定性。

（3）选取（1）式为势能表达式时，当 $\Pi = 0$ 时，刚度矩阵 $\boldsymbol{A}$ 也为 0，γ 的存在防止在未变形时刚度矩阵奇异。

3 网格变形算法比较

本文选取图 1 所示的原始网格，内部箱型梁旋转 60°时网格变形情况作为验证新算法的算例。计算结果如图 2 所示，网格所示颜色为自定义的网格畸变指数 I_{tw} 描述网格变形质量。

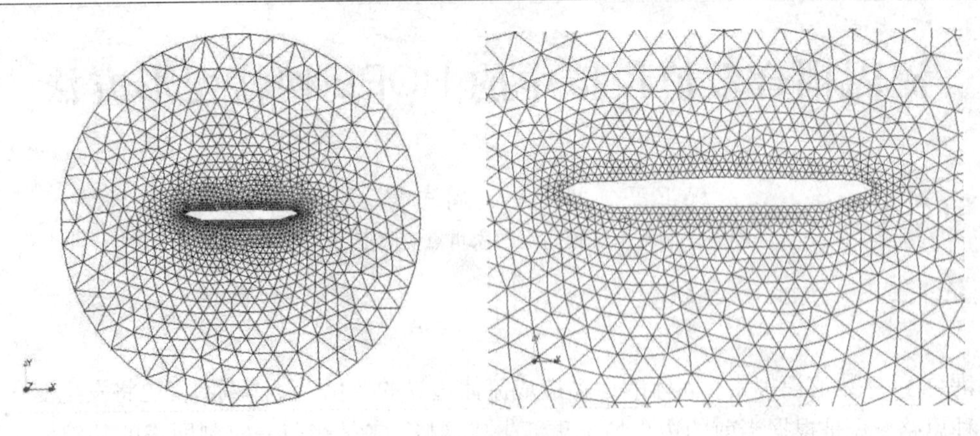

图 1　算例原始网格

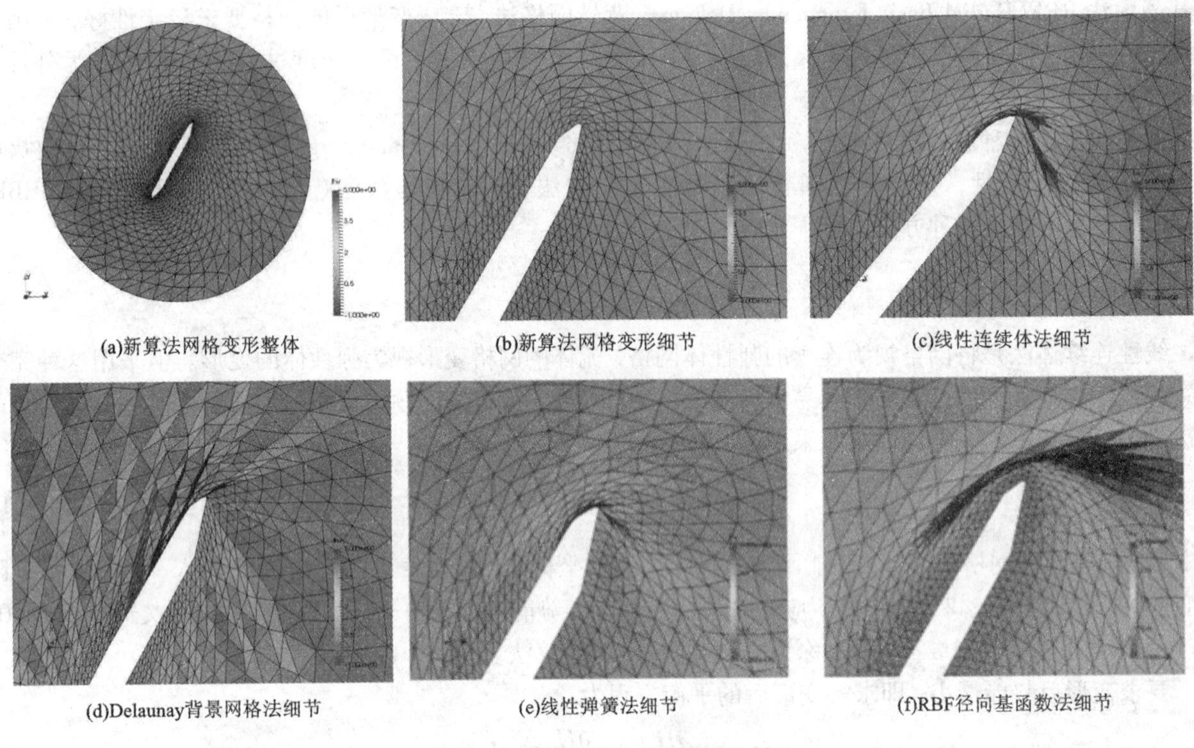

(a)新算法网格变形整体　(b)新算法网格变形细节　(c)线性连续体法细节

(d)Delaunay背景网格法细节　(e)线性弹簧法细节　(f)RBF径向基函数法细节

图 2　各种算法网格变形效果比较

4　结论

本文提出了 HOPE 网格变形算法，并与其他网格变形算法进行了效果的对比。四种常见的网格变形算法在大的扭转变形情况下局部都出现了局部畸变严重，甚至出现网格交叉现象，而新算法在生成的网格质量和稳定性上具有明显的优势。但 HOPE 算法需要求解非线性方程，在变形速度上稍逊于四种常见网格变形算法。

参考文献

[1] A Kashi. Techniques for Mesh Movement and Curved Mesh Generation for Computational Fluid Dynamics[M]. Carolina: Mechanical Engineering of North Carolina State University, 2016.

[2] 王勖成. 有限单元法[M]. 北京：清华大学出版社，2003：105 - 107.

[3] 周璇，李水乡，陈斌. 非结构动网格生成的弹簧 - 插值联合方法[J]. 航空学报，2010，(07)：1389 - 1395.

十、风洞及其试验技术

非均匀地形风场模拟及特性研究*

杜坤[1]，陈波[1]，杨庆山[1,2]
(1. 北京交通大学结构风工程与城市风环境北京市重点实验室 北京 100044；2. 重庆大学土木工程学院 重庆 400015)

1 引言

在城市化建设推进过程中，城市郊区兴建了大量建筑物。对于来自于城市中心方向的强风，这些建筑所处的地貌将由城市中心的粗糙地形转变为郊区的平坦地形，大气边界层呈现非均匀地形流场特性。因此对非均匀地形风场的风洞试验模拟和特性研究具有重要意义。

Logan[1]指出当地貌由粗糙地形转变为平坦地形时，大气边界层会随着下游平坦地形的发展逐渐分为三个子边界层，依次为外边界层、过渡边界层和平衡边界层，其中过渡边界层受到上下游地形共同影响。Wang[2]利用边界层梯度高度随地形发展距离公式，提出多种复合地形下的风速剖面及湍流度剖面模型。Mahdi[3]提出引用加权系数，综合考虑上游和下游地形对目标位置处平均风剖面的影响。Cao[4]研究了二维山体地形下的平均风速及湍流度，指出山后气流分离区域的风场特性与山体坡度直接相关，同时还受山体表面粗糙度和来流湍流影响。刘熙明[5]对目前非均匀大气边界层的研究进展和问题进行了探讨，指出地表的非均匀性会以多种方式对大气边界层产生影响，引起地表湍流变化。目前国内对非均匀地形边界层模拟及非均匀地形风场特性的相关研究较少。本文利用风洞试验方法，模拟了由城市粗糙地形转为郊区平坦地形的非均匀地形大气边界层，并对该类非均匀地形风场特性进行分析。最后在该非均匀地形下对单体平屋盖结构进行测压试验，分析非均匀地形风场对结构风荷载的影响。

2 非均匀地形风场模拟方案及风场特性

文献[1]指出，当来流风由粗糙地形经过平坦地形时，大气边界层会发展为三个子边界层，如图1所示。最下层为平衡边界层，仅受到下游平坦地形影响；中间层为过渡边界层，受到粗糙地形和平坦地形的共同影响；最外层为外边界层，仅受到上游粗糙地形影响。平衡及过渡边界层高度均随着下游地形发展逐渐增大。当下游地形发展距离足够长即地形发展充分时，大气边界层风场特性仅由该地形决定。结合上述理论，利用尖劈、挡板及粗糙元模拟了由粗糙地形转为平坦地形的非均匀地形风场。在模拟过程中，应确保地形改变点位置处，上游粗糙地形风场已充分发展，即平均风速剖面和湍流度剖面保持稳定。粗糙地形及平坦地形风场的平均风速剖面指数律指数分别为0.228和0.108。非均匀地形风场布置如图2所示。

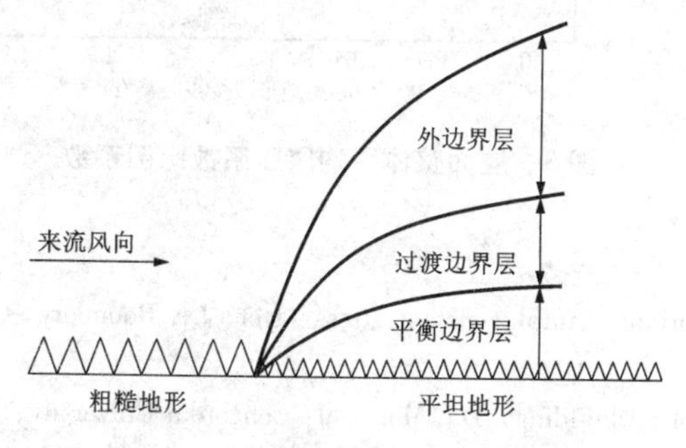

图1 非均匀地形边界层示意图

图2 非均匀地形风场模拟风洞试验

* 基金项目：国家自然科学基金项目(51378059)，北京市科技新星计划(Z151100000315051)

沿顺风向监测距离地形改变点 0 ~ 3.4 m 范围内，7 个位置的平均风速剖面和湍流度剖面变化情况，结果如图 3 所示。可以看出：各位置处，上部高度范围（约 0.2 m 以上）主要受上游粗糙地形影响，风速和湍流度基本保持不变，下部高度范围（约 0.2 m 高度以下）受地形粗糙度变化的影响，平均风速逐渐增大，湍流度逐渐减小。

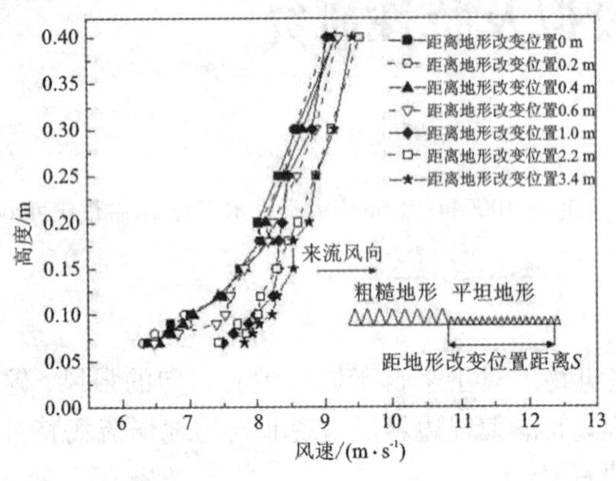

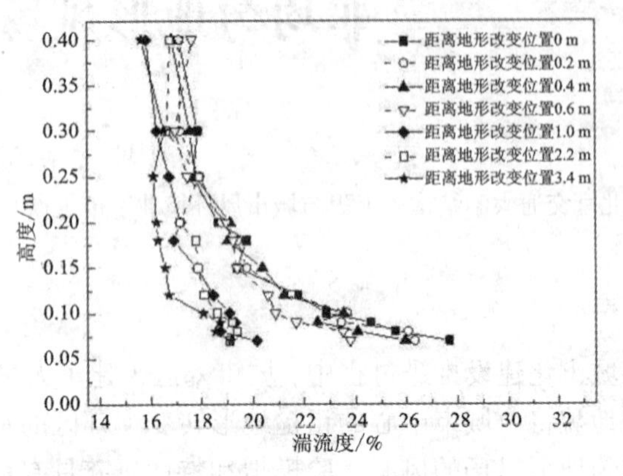

图 3　非均匀地形平均风速和湍流度

图 4 给出了 0.1 m 和 0.4 m 两个代表性高度处平均风速和湍流度随地形发展的变化规律，该图给出的是上述参数与上游粗糙地形下对应高度位置处平均风速及湍流度的比值结果，可以看出：0.4 m 高度处的数值基本在 1.0 左右，说明该高度始终处于仅受上游粗糙地形影响的外边界层内。0.1 m 高度处，在距离地形改变点 0.4 m 之内，平均风速及湍流度变化较小，说明处于外边界层范围内；距地形变化点 0.4 ~ 1.2 m 内，平均风速及湍流度随着离地形变化点的距离改变发生明显变化，表明处于非均匀地形风场过渡边界层内；离地形变化点距离大于 1.2 m 之后，平均风速和湍流度变化缓慢并趋于稳定，说明处于由下游平坦地形控制的平衡边界层内。图 5 为非均匀地形下不同位置处屋面整体风压系数比例系数变化规律，可以看出非均匀地形对屋面整体平均风荷载影响较小。

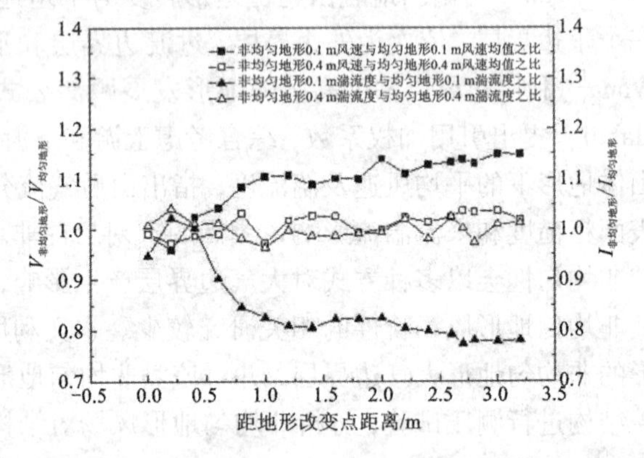

图 4　非均匀地形典型高度处平均风速和湍流度

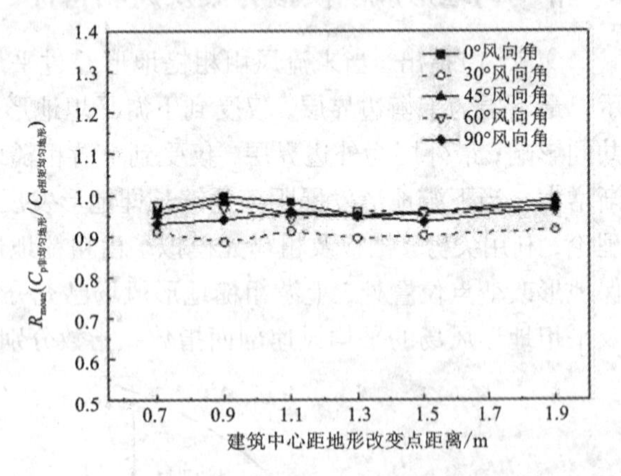

图 5　屋面整体平均风压系数比例系数

3　结论

本文利用风洞试验方法模拟了由城市粗糙地形转为郊区平坦地形的非均匀地形大气边界层，确定该边界层内存在的三类子边界层的边界发展过程，并对各子边界层内的流场特性进行了分析。过渡边界层内，平均风速逐渐增大，湍流度逐渐减小，且离地形改变点越近，流场特性变化越剧烈，当建筑物位于该流场条件下，应对其风荷载特性给予关注。

参考文献

[1] Logan E, Fichtl G H. Rough - to - smooth transition of an equilibrium neutral constant stress layer[J]. Boundary - Layer Meteorology, 1975, 8(3): 525 - 528.

[2] Wang K. Modeling terrain effects and application to the wind loading of lowbuildings[D]. Montreal: Concordia University, 2005.

[3] Porté - Agel M A F. A new boundary condition for large - eddy simulation of boundary - layer flow over surface roughness transitions[J]. Journal of Turbulence, 2012, 13(23): 1 - 18.

[4] Cao S, Tamura T. Effects of roughness blocks on atmospheric boundary layer flow over a two - dimensional low hill with/without sudden roughnesschange[J]. Journal of Wind Engineering and Industrial Aerodynamics, 2007, 95(8): 679 - 695.

[5] 刘熙明，胡非. 大气边界层的研究——从均匀到非均匀[J]. 气象与减灾研究，2007，30(2)：44 - 51.

基于自适应高斯滤波算法预处理信号的桥梁颤振导数识别

段永锋，李翊铭，李加武
（长安大学风洞试验室 陕西 西安 710064）

1 引言

颤振导数识别是桥梁颤振分析的基本途径，基于风洞试验采集信号的识别方法广泛应用于解决实际的工程问题。然而，受试验环境、测试系统以及试验方法的影响，试验采集信号不可避免地受到噪声信号的污染，往往使采集信号与真实信号之间存在较大偏差，进而影响了颤振导数的识别精度。因此，在颤振导数识别之前有必要对采集信号进行预处理以提高其信噪比。本文尝试通过高斯滤波的方法对试验采集信号进行预处理以期提高其信噪比从而提高颤振导数识别精度。

2 尺度自适应调整高斯滤波算法

高斯滤波是通过高斯函数选择权值的线性滤波器，高斯函数也即是正态分布的概率密度函数。

$$f(x)=\frac{1}{\sigma\sqrt{2\pi}}\exp\left(-\frac{(x-\mu)^2}{2\sigma^2}\right) \tag{1}$$

高斯滤波实质上就是通过高斯权值窗函数对含噪信号卷积。设信号 $x(i)=s(i)+n(i)$，$i\in(1,N)$，$x(i)$ 指采集信号，$s(i)$ 指真实信号，$n(i)$ 指干扰信号。对于 t 时刻的采集信号 $x(t)$，高斯权值窗函数为 $f_i=\frac{1}{\sigma\sqrt{2\pi}}\exp\left(-\frac{(i-t)^2}{2\sigma^2}\right)$，依据高斯函数 3σ 原则，窗口半径设定为 3σ，即 $i\in(t-3\sigma,\ t+3\sigma)$，卷积后信号为

$$y(t)=\sum_{i=(t-3\sigma)}^{t+3\sigma}\left((x(i)*f_i)/\sqrt{\sum f_i^2}\right) \tag{2}$$

对采集信号的每个数据点滑动加权平均即可得到滤波后信号。高斯滤波的核心在于尺度参数 σ 的选取，本文对采集信号中的干扰成分进行估计，以目标数据邻域内干扰信号均方差作为该数据点加权平均的尺度参数，从而实现信噪比较高的信号选用较小的尺度函数以尽可能地保留原始信号，信噪比较低的信号选用较大的尺度函数以尽可能地滤除高频干扰，达到提高信号信噪比的目的。

3 高斯滤波预处理信号颤振导数识别

3.1 仿真含噪信号高斯滤波

由于试验采集信号的有用成分无法获得，因此通过仿真试验对高斯滤波的效果进行说明。通过 MATLAB 仿真生成一个振幅为 3 的正弦信号，然后加入指定强度的高斯白噪声，通过前述高斯滤波算法对含噪仿真信号处理，得到滤波后高斯信号，如图 1 所示。滤波前含噪信号信噪比为 4.7783，滤波后信噪比提升为 16.6753，信噪比提升显著。

3.2 风洞试验加速度信号高斯滤波

以节段模型风洞试验风速 7 m/s 时采集到的加速度信号为例，图 3 所示为其处理前后的时程曲线，显然，加速度信号经处理后时程曲线“毛刺”显著减少。通过频谱分析，其高频部分幅值显著降低，主要频段幅值与处理前信号相比变化不大。可见高斯滤波是一种低通滤波器，对高频干扰信号的滤除有显著的作用。

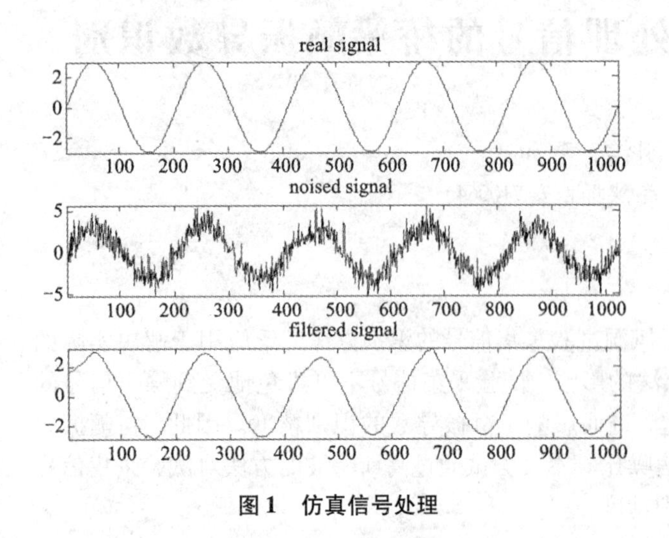

图1 仿真信号处理

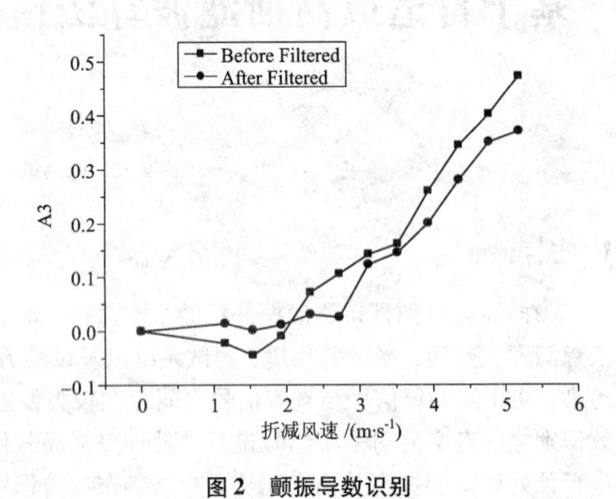

图2 颤振导数识别

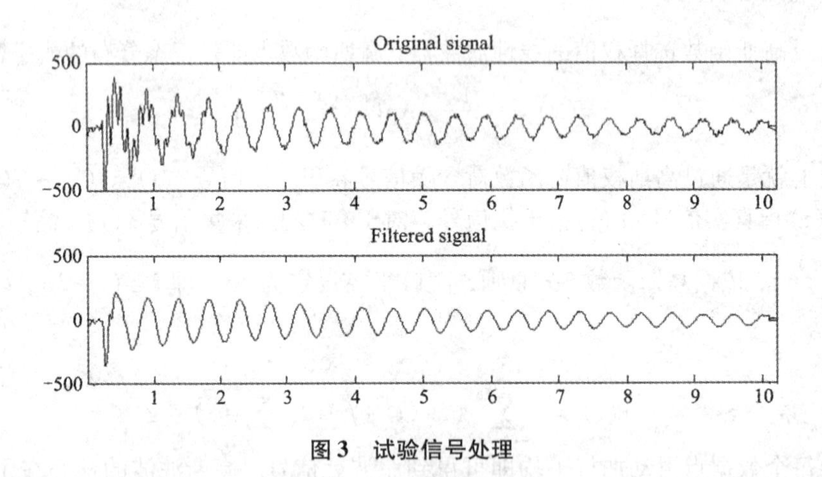

图3 试验信号处理

3.3 预处理信号颤振导数识别

以风洞试验0°风攻角时采集加速度信号为例，采用加权最小二乘迭代法进行颤振导数识别，识别结果如图2所示(限于篇幅本文仅给出 A_3^* 的识别结果)。信号处理前后的识别结果在趋势上一致，然而在不同风速下仍有不同程度的差异。

4 结论

风洞试验所采集加速度信受到各种因素引起干扰信号的影响，这些干扰信号严重影响了颤振导数识别的精度。尺度自适应调整高斯滤波算法能有效地滤除信号中的干扰成分，从而提高颤振导数识别精度。对于不同信噪比的信号，高斯滤波算法在滤除干扰信号的同时会对信号有用成分产生不同程度的影响，通过优化尺度参数的选择可以尽可能地减小这种不利的影响，有待进一步研究。

参考文献

[1] 胡广书. 数字信号处理[M]. 北京：清华大学出版社，2001.
[2] 王济，等. MATLAB 在振动信号处理中的应用[M]. 北京：中国水利水电出版社，2006.
[3] 王振华，窦丽华，陈杰. 一种尺度自适应调整的高斯滤波器设计方法[J]. 光学技术，2007，32(03)：395 - 397.
[4] 钱晓亮，郭雷，余博. 基于目标尺度的自适应高斯滤波[J]. 计算机工程与应用，2010，46(12)：14 - 16.

利用汽车行驶风测试结构驰振的跑车试验方法*

郭攀，李胜利，王东炜
（郑州大学土木工程学院 河南 郑州 450001）

1 引言

目前国内外桥梁抗风研究已经得到了快速发展，风洞试验室数量达到几十家。桥梁抗风的研究手段主要有三种：现场实测、数值模拟、风洞试验。其中风洞试验是目前为止学者们研究抗风的主要手段。W. H. MELBOURNE 对 6 家风洞机构测得的 CAARC 标准模型风压数据进行了对比分析，6 家研究机构数据差异较小，并分析了出现数据差异的原因，成为以后新建风洞实验室风场校核的参考。杨高丰等对运牛车在行驶过程中车厢内的风速、风向进行了研究，得出了车顶周围不同位置的风速、风向规律，说明汽车行驶可以产生风的作用，并且风速、风向有一定的规律分布[1]。基于以上文献，利用汽车行驶能够产生风的特点（这种风场与风洞试验风机产生风原理基本一致），因此可利用汽车试验方法进行结构驰振研究具有一定可行性。S. Tokoro、An 等[1-3]学者通过风洞试验，研究了索结构的驰振性能。风洞试验花费昂贵，且不能避免阻塞效应，相对而言利用汽车行驶产生风测试结构驰振的方法具有明显的优点：能较真实反映测试结构的风场，能有效避免阻塞效应，试验装置简单，试验成本较低，试验便利。基于此本文采用汽车试验方法对结构的驰振进行试验，验证此种方法是否可行，对风洞试验方法进行新的探索。

2 试验设备和内容

2.1 跑车试验设备

本试验装置主要包括一辆 2011 款大众宝来汽车，汽车配备有定速巡航功能以及汽车顶部放置在天窗上的试验平台，如图 1 所示。

试验平台固定与汽车天窗上部，长 0.8 m，宽 0.7 m，厚 0.2 cm，平台中心位置切割直径 15 cm 圆孔，中心孔用于将试验模型检测导线从孔中穿入车内。平台由钢板切割和焊接而成，由于钢板刚度大，在汽车行驶过程中产生振动很小，保持试验平台稳定性较好。结构模型固定在单自由度约束系统上，单自由度约束系统通过支架固定在试验平台上。采集装置采用非接触式位移传感器。试验平台上根据需要设置多个钻孔，风速仪、振动测量仪采用螺栓固定在支架上。

2.2 试验程序

汽车试验选择平整度良好且车流量较少的路面进行，其目的是减小因路面不平整对车身振动的影响和汽车行驶来流干扰，保证整个试验过程中试验条件的稳定性。当汽车行驶到一定车速且风速仪显示为试验风速时准备进行驰振试验，同时汽车开启定速巡航模式。当一个工况采集完成后，继续进行下一个工况采集，直到采集完所有试验工况时汽车停止行驶，并将试验平台和车内仪器设备拆卸完毕。由于试验条件局限且本试验主要强调验证跑车试验方法测试结构驰振的可行性，暂时不考虑模拟风场平均风剖面和湍流强度剖面，代之以模拟同一风速下测结构驰振，待试验较完善后再继续研究风场的影响。

* 基金项目：国家自然科学基金资助项目（51208471），河南省自然科学基金资助项目（162300410255），郑州大学优秀青年教师发展基金（1421322059），河南省交通运输厅科技项目（2016Y2 -2）

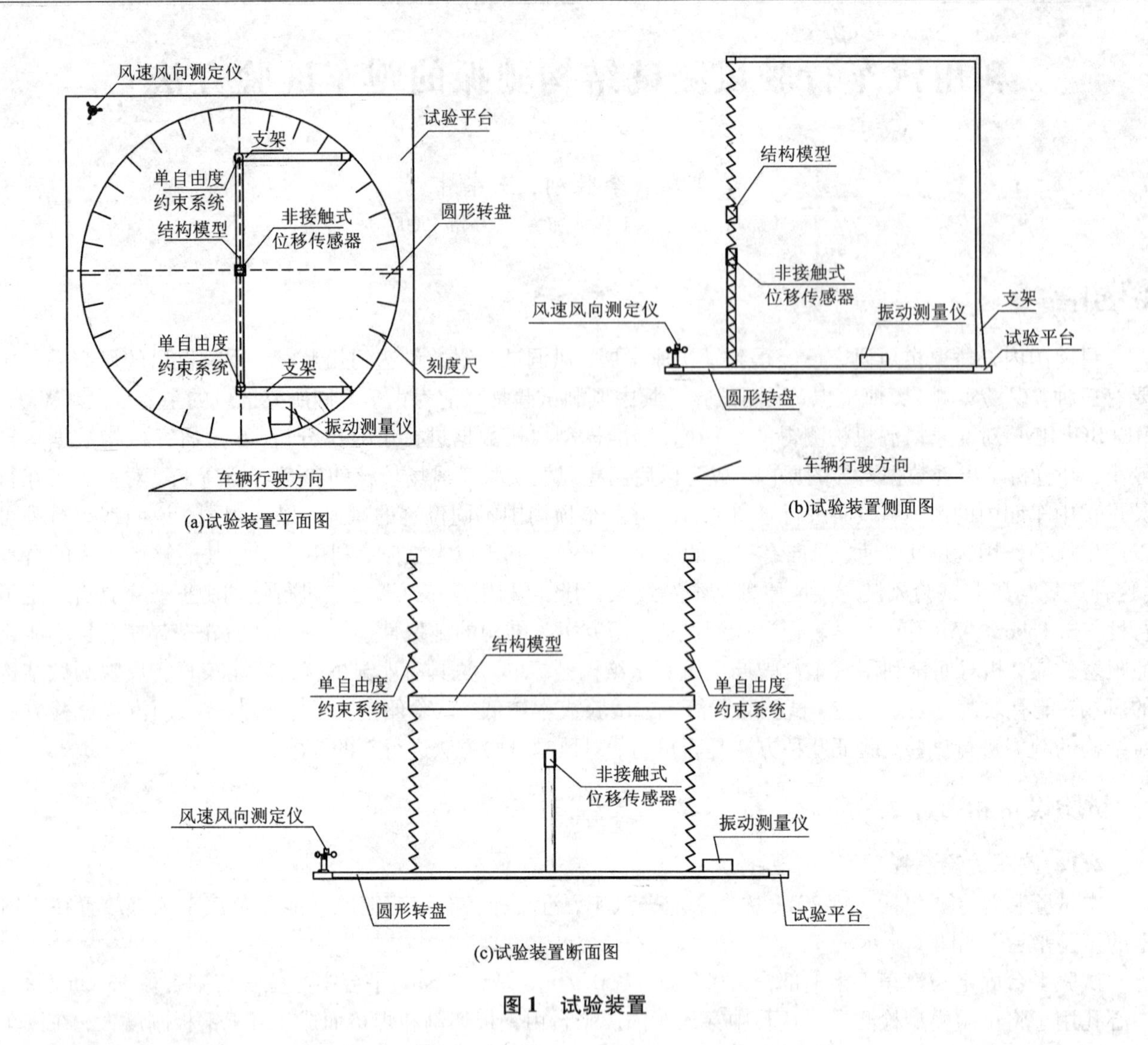

图1　试验装置

参考文献

[1] 杨高丰，张凯韩，韩瑾瑾，等. 运牛车车厢内风速风向及温湿度变化的监测[J]. 安徽农业大学学报，2011(03)：486－490.

[2] Melbourne W H. Comparison of Measurements on the CAARC Standard Tall Building Model in Simulated Model Wind Flows[J]. Journal of Wind and Industrial Aerodynamics，1980，6：73－88.

[3] An Y，Wang C，Li S，et al. Galloping of steepled main cables in long－span suspension bridges during construction[J]. Wind and Structures，2016：595－613.

[4] Tokoro S，Komatsu H，Nakasu M，et al. A study on wake－galloping employing full aeroelastic twin cable model[J]. Journal of Wind Engineering and Industrial Aerodynamics，2000，88：247－261.

[5] Hung，Hiroshi，KATSUCHI，et al. A wind tunnel study on control methods for cable dry－galloping[J]. Frontiers of Structural and Civil Engineering，2016，10(1)：1－9.

三维气弹斜拉索模型风雨激振水线识别*

李文杰，程鹏，高东来，陈文礼，李惠
（哈尔滨工业大学土木工程学院 黑龙江 哈尔滨 150090）

1 引言

斜拉索风雨激振是指拉索在风和雨共同作用下产生的剧烈振动现象。Hikami 等[1] 观测到风雨激振发生时斜拉索表面会形成水线，并随着索的振动而振荡；Flamand[2] 通过风洞试验发现只有在水线发生振荡的前提下拉索才会发生风雨激振。风洞试验是研究水线对斜拉索风雨激振影响机理的最常用手段之一，然而受限于水线尺寸，传感器布置困难等不利因素，水线识别一直是风雨激振的热点与难点之一。本文提出了一种基于颜色差异比较与最小二乘法拟合的水线识别方法，并在柔性索风雨激振风洞试验所获得水线照片中精确识别出水线运动，进而对水线分布及动力特性进行了分析。

2 实验概况

斜拉索风雨激振风洞试验是在哈尔滨工业大学风洞与浪槽联合实验室封闭式回流风洞大试验段完成的，试验段尺寸为6 m×3.6 m×50 m。实验采用柔性索模型，长8.31 m，直径98.358 mm，风偏角45°，倾角23.39°。索模型横风向基频为2.35 Hz，顺风向基频为2.14 Hz。为了测量索的振动响应，在距索底端六分之一位置和索中间位置布置两组加速度传感器。

索模型顶部附有直径为5 mm的圆管持续供水，水中掺有红色染料，从而在索表面形成红色水膜。为了记录水线运动，在索表面设置测量区域并绘制网格。试验中采用800×1200分辨率的高速CCD摄像机对测量区域进行拍摄，为了满足捕捉索高频振动的精度要求，拍摄频率设置为200帧/s。当风速达到11.26 m/s时，固定的索被释放后发生风雨激振，通过对索加速度时程积分两次得到的位移时程分析可知，索被释放后中间位置最大位移可达4.64 cm，距索底端六分之一索长位置最大位移为4.10 cm；频谱上前两阶频率较为显著，一阶频率为2.387 Hz，与索基频2.35 Hz接近，二阶频率为4.495 Hz。

3 水线识别方法

高速CCD摄像拍摄了索表面附着水线的照片，如图1(a)所示。为了识别水线的运动，可以分三步来处理水线照片：(1) 从初始照片中识别水线；(2)识别测量区域的网格并采用方程来描述网格线；(3)在步骤(2)建立的坐标系中确定水线位置。

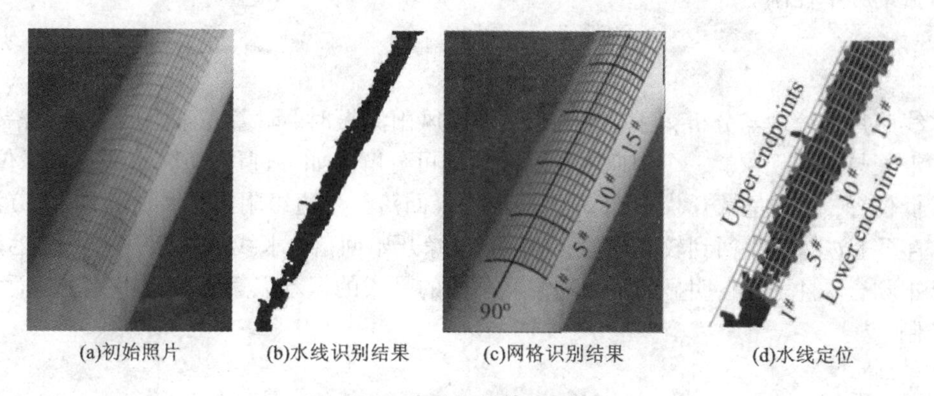

(a)初始照片 (b)水线识别结果 (c)网格识别结果 (d)水线定位

图1 水线识别算法示例

* 基金项目：国家自然科学基金项目(51378153，51638007，51578188)

考虑到水线是红色而索表面为黄色，可以通过比较颜色差异来识别水线。初始照片采用 RGB 色彩模型，定义颜色差值 $\varepsilon = 2R(x, y) - G(x, y) - B(x, y)$，其中 $R(x, y)$，$G(x, y)$ 与 $B(x, y)$ 分别为初始照片中红色通道、绿色通道与蓝色通道的亮度阶数。当 ε 大于某个阈值(可由初始照片测试得到)时，则认为该像素点有水线存在。水线识别结果见图 1(b)。

水线测量区域的网格可以认为是由一系列纵向直线和环向曲线构成。对于纵向直线，考虑到 90°轴线较其他轴线更长，首先采用 Hough 变换识别出 90°轴线的方程，然后以其为参考轴线依次分割出其它轴线，并采用最小二乘法线性拟合出 50°～125°的轴线方程。对于环向曲线，亦采用相似手段，依次分割然后通过最小二乘法进行二次拟合得到曲线方程。通过网格线方程即可建立水线测量区域的坐标系。网格识别结果见图 1(c)。

环向网格线将水线分割成多个片段，采用片段两边端点的运动来描述水线的整体运动，如图 1(d)所示。则水线定位就是确定水线片段上下端点在索环向上的角度大小。首先计算出端点到各角度对应纵向轴线的距离，然后通过按距离插值的方法可以得到其所在角度。

4　结果与分析

为了研究水线振动与斜拉索风雨激振之间的关系，当试验风速为 11.26 m/s 即索发生风雨激振时，在索模型固定和被释放发生振动这两种情况下各取时长为 5 s 的水线照片，采用前文所述方法进行处理。

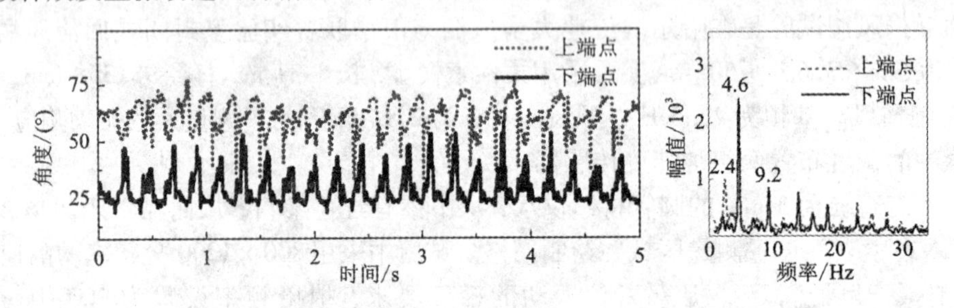

图 2　水线片段 15# 端点角度变化曲线与对应频谱

由图 2 可以看出，一个周期内的水线运动可以分为以下过程：首先水线上端点位于 65°左右，与此同时，下端点位于 20°左右；然后水线汇聚，上端点回落至下端点附近；紧接着汇聚的水线整体向上方移动，当上端点再次达到较高位置后，水线停止运动继而散开，下端点位置回移。分析频谱可知，水线运动与索振动类似，存在着明显的倍频现象，前两阶频率分别为 2.4 Hz 和 4.6 Hz，其中以第二阶频率 4.6 Hz 为主。与索振动的主要频率成分为一阶频率 2.387 Hz 相比，水线运动频谱存在明显差异。造成这一差异的主要原因是索往复运动的频率对应其第二阶振动频率，而水线运动与索的往复运动具有同步性，因此水线运动主要受第二阶振动频率控制。

5　结论

通过对水线照片的处理与分析，可知当斜拉索发生风雨激振时，附着在索上的水线会沿环向运动，并产生周期性的汇聚与散开现象。一个周期内的水线运动可分解为如下过程：(1)水线上边缘位于较高位置，下边缘位于较低位置，水线呈散开状态；(2)水线上边缘回落至下边缘附近，水线汇聚；(3)汇聚的水线整体向上移动，直至上边缘再次回到较高位置；(4)下边缘开始回落，水线重新散开。水线运动与索的振动前两阶频率基本吻合，且均存在明显的倍频现象。不同的是索的振动以第一阶频率为主，而水线运动则受第二阶频率控制。

参考文献

[1] Y Hikami, N Shiraishi. Rain - wind - induced vibrations of cables in cable stayed bridges[J]. Journal of Wind Engineering and Industrial Aerodynamics, 1988, 29: 409 - 418.

[2] O Flamand. Rain - wind - induced vibration of cables[J]. Journal of Wind Engineering and Industrial Aerodynamics, 1995, 57: 353 - 362.

方截面高层建筑风洞试验平均风压阻塞效应研究*

王泽康[1]，王磊[1,2]，梁枢果[2]
（1. 河南理工大学土木工程学院 河南 焦作 454003；2. 武汉大学土木建筑工程学院 湖北 武汉 430072）

1 引言

阻塞效应可能对风洞试验结果造成显著影响，目前单体建筑阻塞效应有较多的研究成果[1]，而群体建筑阻塞效应研究的成果较少。既有研究表明[2-4]，群体建筑的阻塞效应更为显著，影响因素复杂，当周边模型的摆放位置不同时，阻塞效应对主体建筑迎风面、侧面和背风面风压系数的影响有较大差别。在实际工程中，周边建筑与主体建筑未必等高，且相对位置也不尽相同。既有研究对群体建筑阻塞效应涉及较少，且并未充分考虑周边建筑的高度、主体建筑和周边建筑的相对位置对阻塞效应的影响，因而研究非等高周边群体以及其摆放位置对阻塞效应的影响是有现实意义的。

2 风洞试验概况

试验在武汉大学风洞试验室进行，试验流场为均匀流场。试验主体模型为高宽比为4的方体，周边模型与主体模型断面尺寸相同，高度为主体的模型的1/2。共设置了三种缩尺比的模型，分别称之为大模型、中模型和小模型。图1为测点布置图，图2为周边与主体模型布置示意图，其中 B 为模型的迎风面宽度。表1给出各工况的投影阻塞比的情况。本实验通过对不同尺寸模型的调整风速来试实现雷诺数相同。

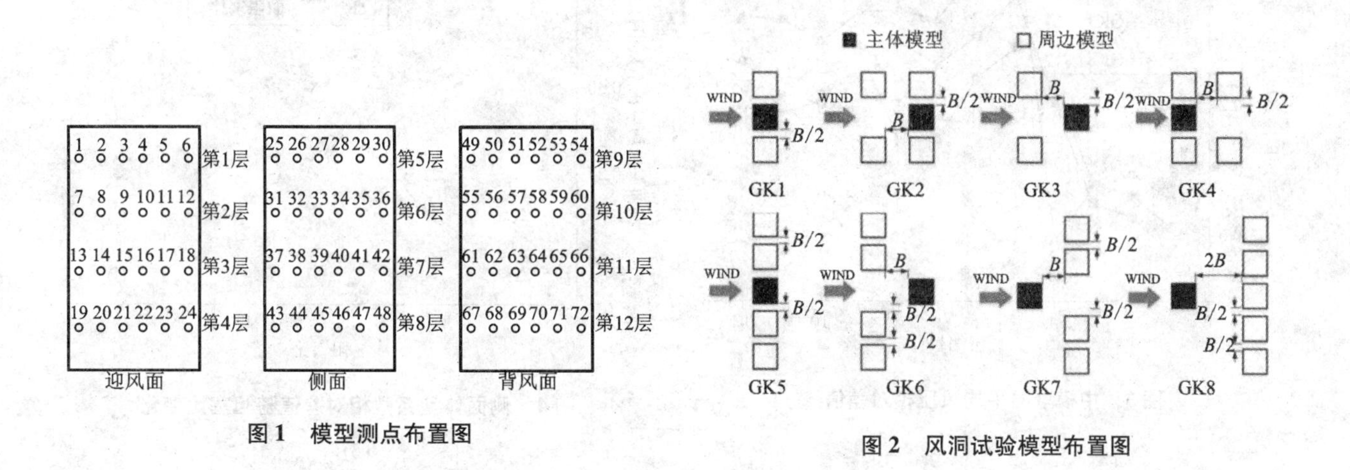

图1 模型测点布置图

图2 风洞试验模型布置图

表1 试验工况投影阻塞比

工况号	小模型	中模型	大模型
GK1～4	1.19%	4.76%	10.71%
GK5～8	1.79%	7.14%	16.07%

3 结果分析

鉴于小模型的阻塞比较小，本文以小模型层平均风压系数为基准，将大中模型和小模型层平均风压系数之差与小模型层平均风压系数的比值称为相对差值。为方便分析投影阻塞比与断面阻塞比对阻塞效应严

* 基金项目：国家自然科学基金（51178359，51308195），河南理工大学博士基金（B2016－62）

重程度的衡量效果，现以中模型的为例，并取侧面体型系数(侧面各测点平均风压系数的均值)的相对差值进行分析。表2所示为中模型的断面阻塞比。

表2　中模型断面阻塞比

工况号	断面阻塞比
GK3、GK6、GK7、GK8	2.38%
GK1、GK2、GK4	4.76%
GK5	7.14%

图3所示为中模型在工况1、工况3、工况8下的层平均风压系数相对差值。结合表1、表2可以看出，工况1、工况3投影阻塞比相同，但工况1受阻塞效应影响小于工况3。工况8断面阻塞比小于工况1、工况3，但图3中工况8的阻塞效应明显大于工况1、工况3。图4所示为工况1~8侧面体型系数相对差值随阻塞比的变化趋势。从图中可以看出，相同阻塞比下的阻塞效应并不相同，且没有随着阻塞比的增加而变得显著。上述分析说明，由于没有考虑周边群体摆放位置的影响，投影阻塞比和断面阻塞比在衡量阻塞度的严重程度时存在缺陷。在衡量阻塞度对试验的影响时，应提出考虑周边群体摆放位置及周边建筑高度的衡量指标。

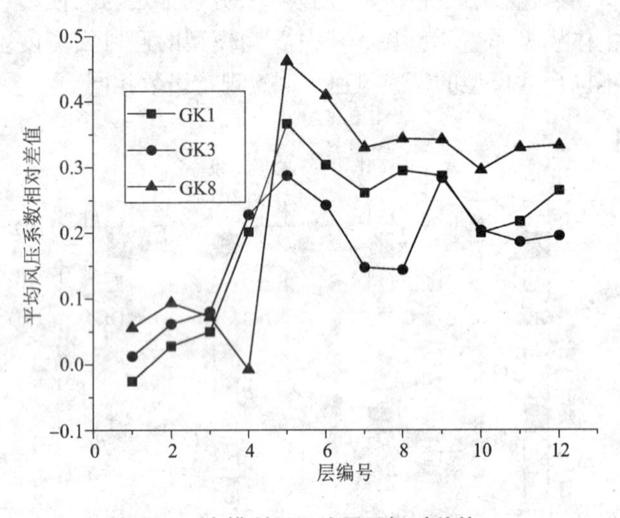

图3　中模型层平均风压相对差值

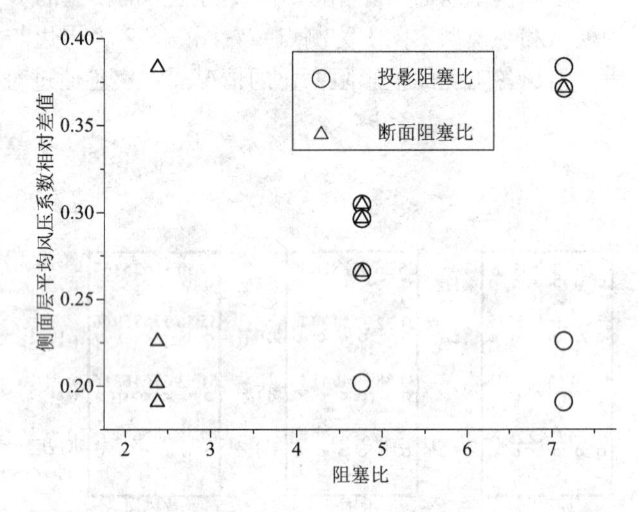

图4　侧面体型系数相对差值随阻塞比变化

4　结论

迎风面阻塞效应不可忽略。在周边模型摆放位置相同时，侧面与背风面风压受阻塞效应影响较大，且风压系数随阻塞比增大而增大，其相对差值普遍超过20%。但在周边模型摆放位置不同时，即便投影阻塞比相同，侧面与背风面的层平均风压系数的相对差值也有很大差别。既有的投影阻塞比与断面阻塞比不能准确衡量阻塞效应的影响程度。

参考文献

[1] 顾明，黄剑. 均匀风场中矩形高层建筑脉动风力阻塞效应试验研究[J]. 建筑结构学报，2014，35(10)：122－129.
[2] 王磊，梁枢果，邹良浩，等. 阻塞效应对高层建筑风洞试验的影响分析[J]. 实验力学，2013，28(2)：261－268.
[3] 黄剑，顾明，全涌. 等高双方柱平均风压的阻塞效应[J]. 同济大学学报自然科学版，2015，43(6)：816－824.
[4] 张建军，王磊，彭晓辉，等. 方截面超高层建筑风洞试验阻塞效应研究[J]. 武汉理工大学学报，2015，37(2)：69－75.

基于多风扇主动控制风洞的特殊气流模拟*

赵祖军[1]，操金鑫[1,2,3]，曹曙阳[1,2,3]，葛耀君[1,2,3]
(1. 同济大学土木工程学院桥梁工程系 上海 200092；2. 土木工程防灾国家重点实验室 上海 200092；
3. 桥梁结构抗风技术交通行业重点实验室 上海 200092)

1 引言

大气边界层湍流实验模拟技术有被动模拟和主动模拟两类。被动模拟方法常采用尖劈和粗糙元等，但其对功率谱和湍流积分尺度的模拟存在较大不足；主动模拟方法则依靠运动机构[1]或风扇变频调速运转[2]向来流中注入适当频率的机械能，以改善对功率谱和积分尺度等的模拟效果。新建同济大学多风扇主动控制风洞采用了10列×12行变频调速风扇阵列，通过主动调控来流特性，可以模拟多种传统风洞无法模拟的复杂气流。本文基于主动风洞，模拟得到了高湍流度、超大积分尺度湍流以及强剪切流、突变风等自然界中常见的特殊气流，为进一步开展特殊气流作用下桥梁断面气动力研究奠定了坚实基础。

2 主动风洞

同济大学主动风洞由多风扇段、收缩段、稳定段及组合式试验段组成(图1)，120台风扇可实现任意数目风扇组合的同步同速、同步异速、异步同速、异步异速等运行驱动控制。可以模拟出多种传统风洞无法模拟的自然界常见特殊气流的非平稳、非定常特性。本文利用该主动风洞模拟产生了水平及垂直方向的强剪切气流、急加减速突变气流以及超大积分尺度、超高湍流度湍流等自然界内常见的，并且对桥梁断面气动力具有重要影响的特殊气流。

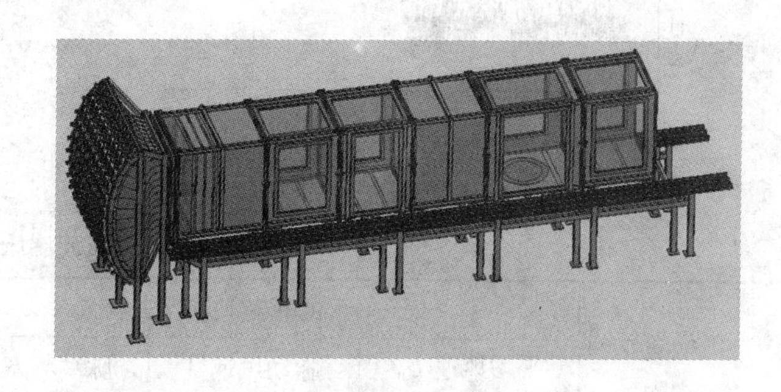

图1 多风扇主动控制风洞

3 主动风洞流场

以线性风速梯度作为加载信号，分别控制风扇阵列不同列以及不同行的风扇同步异速运行，产生了水平方向(图2)以及垂直方向强剪切流(图3)。结果表明，除靠近风洞壁区域外，剪切流的线性度均达到了预期模拟效果，剪切强度也达到了自然界常见剪切流的水平。

相比传统被动风洞而言，主动风洞具有单个风扇小、惯性力小、反应快的优势，可以控制风扇阵列的急加减速运转，进而得到具有急加减速特性的突变气流。以13 m/s和18 m/s分别作为气流加速和减速的起止风速，得到了急加速气流(图4)以及急减速气流(图5)。可以看出，风速阶跃响应时间很短，较好地模拟出了自然界内常见突变风的急加减速特性。

传统被动风洞只能通过格栅和粗糙元等来粗略模拟宽带湍流，而主动风洞可以定向地、准确地模拟宽带湍流以及窄带湍流。分别采用窄带单频正弦波以及von Kármán谱[3]作为加载信号，控制风扇阵列的变速变频运转，并实测湍流风场主要特性。模拟结果表明，大积分尺度、高湍流度的宽带以及窄带湍流在主动风洞内均可实现，并且积分尺度和湍流度均连续可调。部分正弦波湍流风场特性如表1所示。

* 基金项目：国家自然科学基金项目(51323013)，科技部重点实验室项目(SLDRCE09－A－01)

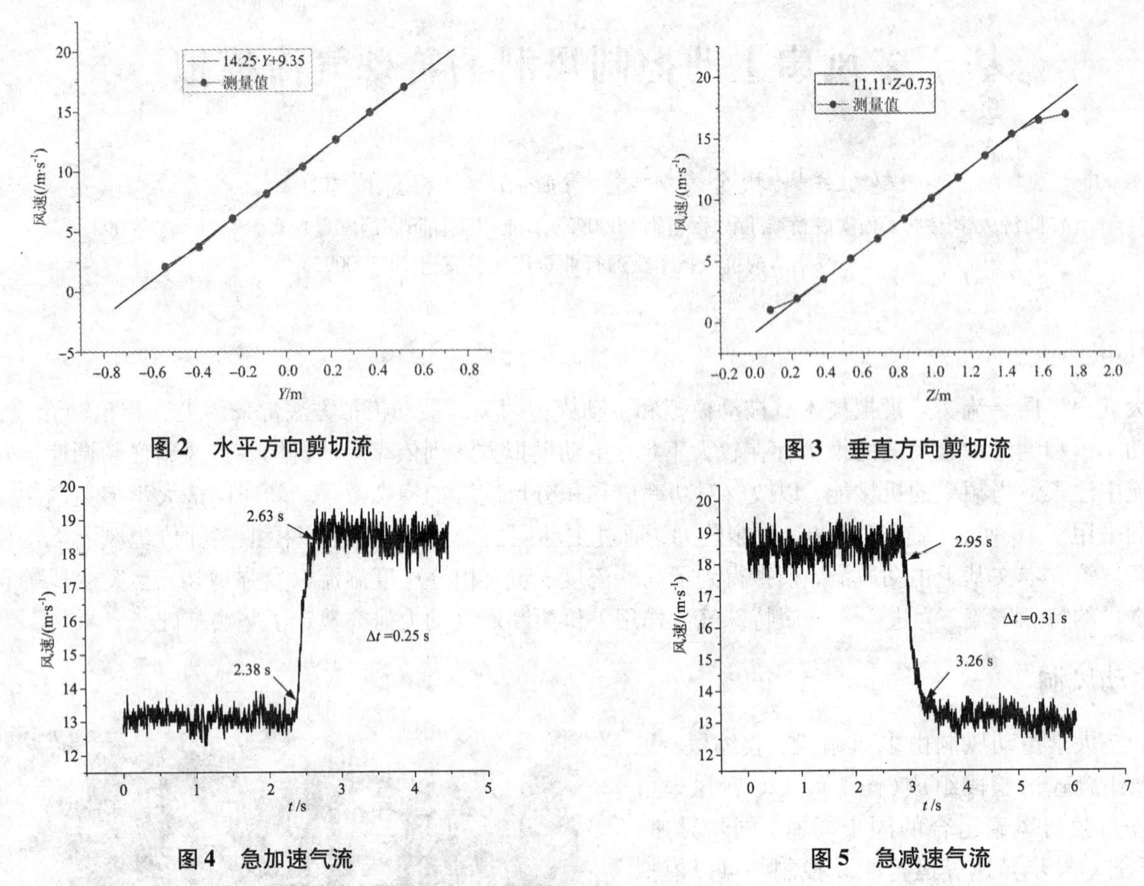

图2 水平方向剪切流 **图3 垂直方向剪切流**

图4 急加速气流 **图5 急减速气流**

表1 正弦波湍流风场特性

风场编号	输入的正弦波信号			实测湍流特性		
	平均风速 U_0	脉动风速 A	脉动频率 f	平均风速 U	湍流度 Iu	积分尺度 Lu
Sin_1	8.0 m/s	2.0 m/s	0.1 Hz	8.03 m/s	17.1%	75.33 m
Sin_2	8.0 m/s	2.0 m/s	0.2 Hz	8.19 m/s	14.6%	38.33 m
Sin_3	8.0 m/s	4.0 m/s	0.5 Hz	8.56 m/s	18.2%	16.02 m
Sin_4	8.0 m/s	4.0 m/s	1.0 Hz	8.58 m/s	10.5%	7.887 m

4 结论

同济大学主动风洞是当前世界上最先进的主动风洞，通过控制任意风扇组合的变频变速运转，可以模拟出多种传统被动风洞无法模拟的特殊气流。研究表明，该主动风洞对强剪切气流的模拟非常精准，且剪切强度以及风速梯度均连续可调；对急加减速气流的模拟较为准确，满足目前桥梁结构风洞试验对自然界突变风的模拟要求；该主动风洞还可以准确地产生湍流积分尺度和湍流度均连续可调的大积分尺度、高湍流度风场。后续可利用同济大学主动风洞开展大积分尺度湍流、强剪切流、突变风等自然界常见特殊气流条件下，桥梁节段模型测力、测振、测压等试验研究，进而系统、全面、准确地探讨特殊气流作用下桥梁断面的抖振、涡振等气动性能。

参考文献

[1] Cermak J E. Progress in physical modeling for wind engineering[J]. Journal of wind engineering and industrial aerodynamics, 1995, 54: 439 - 455.

[2] Nishi A, Miyagi H, Higuchi K. A computer - controlled wind tunnel [J]. Journal of Wind Engineering and Industrial Aerodynamics, 1993, 46: 837 - 846.

[3] Von Karman T. Progress in the statistical theory of turbulence[J]. Proceedings of the National Academy of Sciences, 1948, 34 (11): 530 - 539.

端板对节段模型气动特性的影响*

郑云飞[1]，刘庆宽[2,3]，马文勇[2,3]，刘小兵[2,3]
(1. 石家庄铁道大学土木工程学院 河北 石家庄 050043；
2. 石家庄铁道大学大型结构健康诊断与控制研究所 河北 石家庄 050043；
3. 河北省大型结构诊断与控制重点实验室 河北 石家庄 050043)

1 引言

在桥墩、桥塔、斜拉索等细长结构抗风研究中，二维节段模型试验是一种常用的方法。为了消除端部效应的影响，保证结构周围为二维流动状态，在模型端部设置端板是一种常用手段。《公路桥梁抗风设计规范》中要求在进行节段模型试验时，需要在模型两端设置端板或者补偿模型保证模型周围的二维流动。

端板尺寸是影响模型二维流动的一个重要参数，为了明确有、无端板及端板尺寸对结构气动特性的影响，选取常见的圆形、方形断面为代表，通过刚性模型测压试验开展了研究，得到了结构阻力系数、风压分布随端板尺寸的变化规律，为今后相关参数的选取提供了依据。

2 试验装置及模型

本研究在石家庄铁道大学风工程研究中心的大气边界层风洞完成。该试验段宽 2.2 m，高 2.0 m，长 5.0 m，最大风速大于 80.0 m/s。试验模型所在区域在 40 m/s 和 65 m/s 时的湍流度不大于 0.16%。

研究中考虑了两种断面形式：圆形、方形。两种断面模型的长度均为 1.7 m，模型与风洞壁间为一段长 25 cm，直径为 33 mm 的钢管。圆形断面模型的直径为 120 mm，方形模型的边长为 100 mm，在模型中间位置的周向分别布置了 36 和 28 个测压孔。端板采用圆形断面，并对其边缘进行了 45°倒角处理。

3 端板尺寸对阻力系数的影响

圆形断面阻力系数随端板尺寸的变化规律如图 1 所示。是否设置端板及端板尺寸的改变对圆形断面阻力系数的影响较大。例如未设置端板时，圆形断面的阻力系数为 0.81，设置端板时($D > 4d$)阻力系数为 1.17，阻力系数增大了 44%。设置端板后的测试结果与《公路桥梁抗风设计规范》中圆形断面阻力系数的建议值的误差为 2.5%，说明端部流体分离的影响被有效抑制。

方形断面阻力系数随端板尺寸的变化规律如图 2 所示。方形断面的研究结果表明，是否设置端板对其阻力系数的影响较大，未设置端板时阻力系数为 1.52，设置端板时阻力系数为 1.99，阻力系数增大了 31%。与圆形断面的结果相比，端板尺寸的改变对方形断面阻力系数的影响不是十分明显。

4 端板尺寸对风压分布的影响

风压分布随端板尺寸的变化规律如图 3、4 所示。端板尺寸的改变对圆形断面迎风区风压系数的影响较小，对背风区风压系数的影响较大，模型背风区风压系数随端板尺寸的变化规律与阻力系数的变化规律基本一致。方形断面的试验结论与圆形断面的结论基本一致。

* 基金项目：国家自然科学基金资助项目(51378323，51108280，51308359)，河北省杰出青年基金项目(E2014210138)

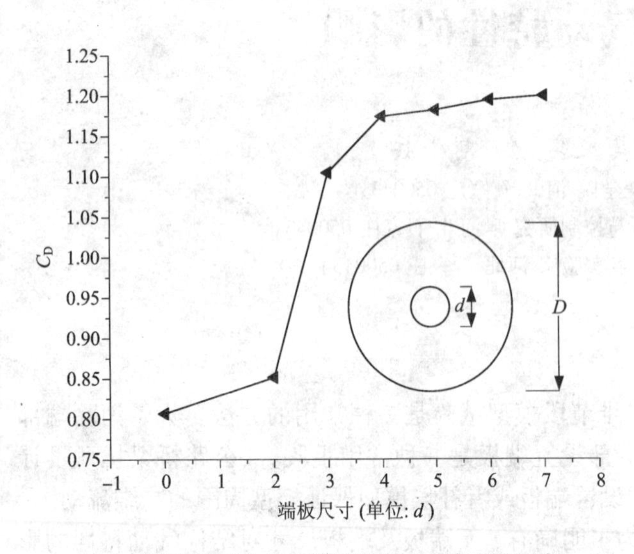

图1 圆形断面阻力系数随端板尺寸的变化规律

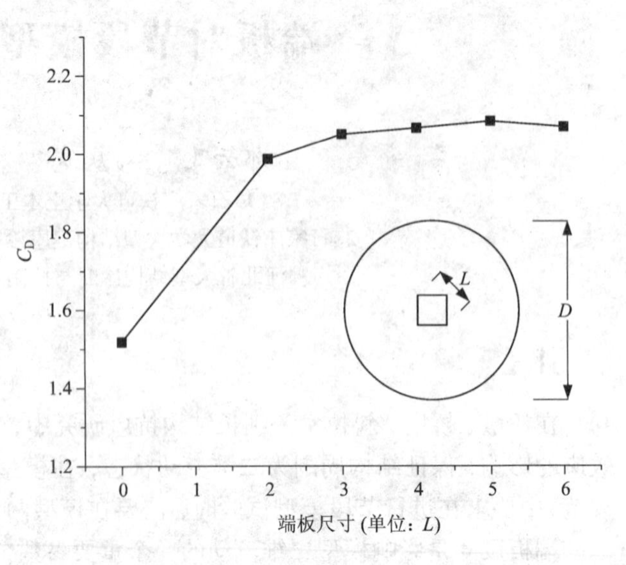

图2 方形断面阻力系数随端板尺寸的变化规律

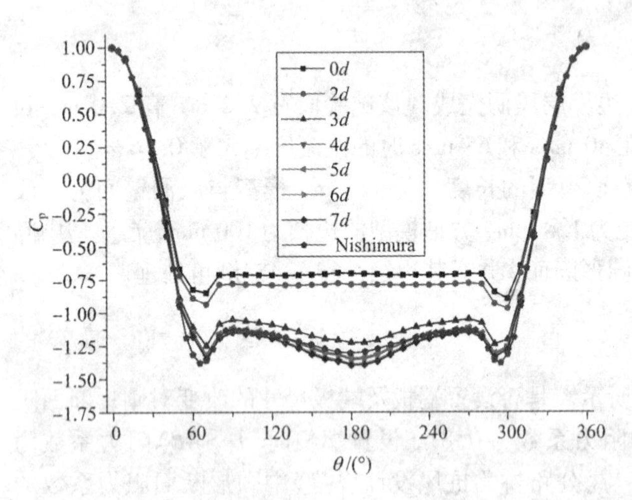

图3 圆形断面风压分布随端板尺寸的变化规律

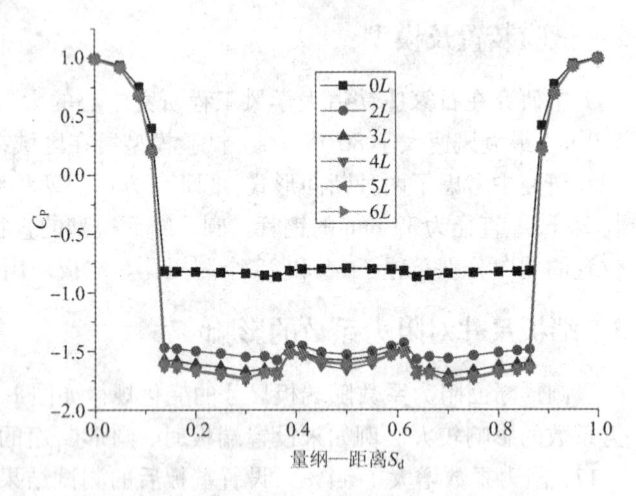

图4 方形断面风压分布随端板尺寸的变化规律

5 结论

通过刚性模型测压试验，研究了端板尺寸对圆形、方形断面节段模型阻力系数、风压分布的影响，得到了如下结论：

(1)未设置端板时，端部效应对模型中间位置阻力系数、风压分布有较大影响。

(2)设置适当尺寸端板后，圆形断面、方形断面的阻力系数与《公路桥梁抗风设计规范》中的建议值基本一致，说明适当尺寸的端板能够抑制端部效应的影响。

参考文献

[1] JTG/T D60－01—2004.公路桥梁抗风设计规范[S].北京：人民交通出版社，2004.

[2] Slaouti A, Gerrard J H. An experimental investigation of the end effects on the wake of a circular cylinder towed through water at low Reynolds number[J]. Journal of Fluid Mechanics, 1981, 112: 297－314.

十一、风-车-桥耦合振动

泸州市长江六桥(邻玉)主桥风-车-桥耦合振动性能研究

陈建峰，王小松

(重庆交通大学土木工程学院 重庆 400074)

1 引言

大跨度斜拉桥结构柔性大，在路面粗糙度和车辆行车速度效应的激励下，车辆与桥梁会产生耦合的振动响应，当车辆与桥梁位于强风环境中时，侧向风会使车辆受到横向力和倾覆力矩的作用，从而显著改变车辆的振动特性，柔性桥梁受风的脉动成分的影响，也将产生风致桥梁振动，这三种振动模式的叠加及耦合效应将会强化桥梁与车辆的振动响应，其响应幅值随着风速的增大成非线性增大的趋势，对桥梁结构的安全、桥上车辆的运行安全以及乘客乘坐舒适度产生不利影响[1]。本文以泸州长江六桥(邻玉)主桥(60+55+425+55+60)=1080(m)的三塔斜拉桥为工程实例，开展风-车-桥耦合振动性能研究，评价桥梁和车辆的耦合振动性能。

2 风-汽车-桥梁耦合动力学分析

数值生成的风场的长度范围为1200 m，覆盖泸州市长江六桥(邻玉)主桥为(60+55+425+425+55+60)=1080(m)。考虑到大桥的重要性和桥面养护实际状况，桥面的不平整度取国标A级，风场的平均风速分别取0 m/s、5 m/s、10 m/s、15 m/s、20 m/s和25 m/s。本文以车辆的随机车流分布为车辆荷载形式[2]。风场内汽车-桥梁耦合体系中桥梁左主跨跨中竖向位移时程图及不同风速的RMS曲线如图1所示。桥梁横向位移及扭转有着类似的RMS曲线变化趋势。

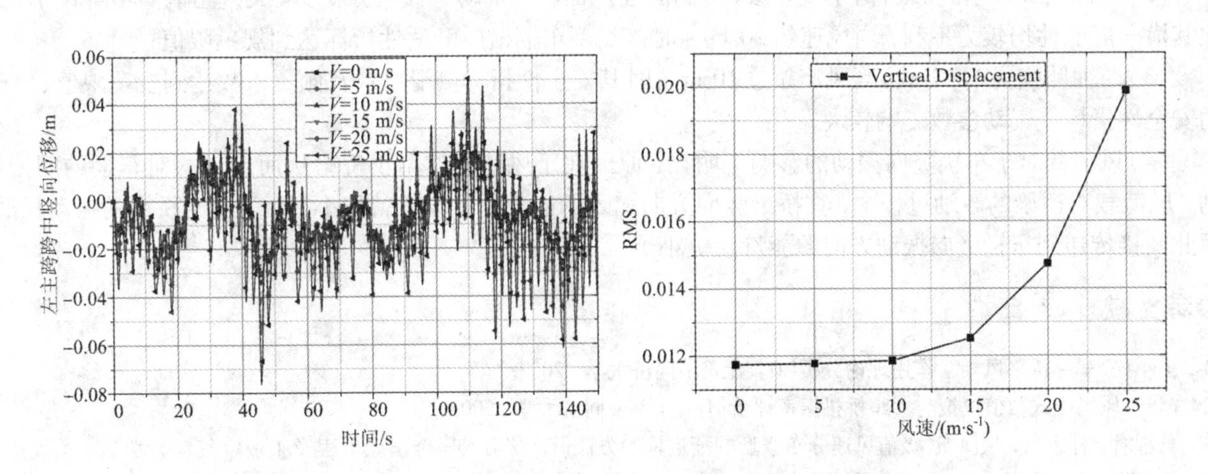

图1 左主跨跨中竖向位移时程图及不同风速的RMS曲线图

由在不同风速作用下桥梁的动力响应可知，桥梁跨中的竖向、横向和扭转角位移均与风速大小成非线性递增关系；桥梁跨中竖向位移和扭转角位移体现为车辆与风荷载共同作用点效果，在低风速(20 m/s及以下)时，车辆的作用效应占主导；在高风速(大于等于25 m/s)时风荷载的作用效应占主导；桥梁跨中横向位移完全由风荷载的作用效应控制；作为外部激励，风荷载对于桥梁振动的能量输入主要体现在横向，然后是竖向，最后是扭转角位移方向。

风场内汽车-桥梁耦合体系中汽车的运行安全性，主要通过各工况下各辆汽车的最大侧滑系数和最大倾覆系数进行评价[3]。突加侧向风荷载作用下的安全性评价，采用0.5 s的突加自然风荷载，安全性指标采用迎风侧车轮和路面接触力为零，车体侧向位移0.5 m和车体的车头摇头角位移0.2 rad作为评价突加风荷载作用下汽车行驶安全性的限值；持续风荷载作用下当侧滑系数 v 大于车辆轮胎和地面的摩擦因数 μ 时，车辆将发生侧向滑动，对于两轴车，只要有一个轴侧滑系数大于摩擦因数就发生危险。倾覆系数 D 应小于0.8，当汽车所有车轴的倾覆系数 D 均达到或超过0.8时，方认为会发生侧翻事故。

汽车运行舒适性采用1/3 倍舒适性频谱评价标准[4]。本文在随机车流中选取各种类型车辆中的典型车辆，分析其舒适度评价指标。图2展示两轴厢式货车(满载)典型车辆的竖向和横向1/3 倍舒适性频谱图。

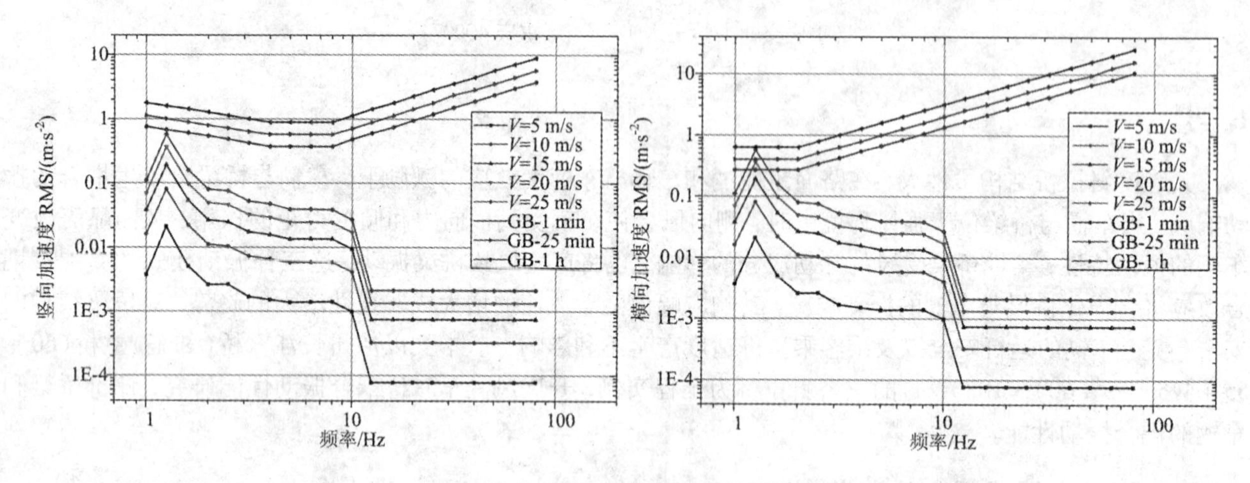

图2　竖向和横向1/3 倍舒适性频谱图

3　结论

(1)车辆和桥梁的动力响应在总体上随风速的增大而逐步急速增大，且风荷载对于车辆的直接激励主要体现在横向，车辆横向振动响应与风速大小成非线性递增关系；

(2)两轴厢式货车(满载)由于气动参数(侧向迎风面积、气动力参数)综合较大，且车重相对较小，因此其横向舒适性均较为不利，当风速约20 m/s时该类型车辆横向舒适性指标达到规范限值；

(3)两轴厢式货车(空载)当风速超过10 m/s时其安全性指标侧滑系数及倾覆系数达到规范限值，车辆的安全性指标受气动参数影响较大；

(4)风荷载对于车辆竖向振动的影响不明显，原因在于风荷载作用于桥梁从而形成的对车辆的间接激励，风荷载对桥梁的激励过程中，往桥梁竖向方向输入的能量比重本来就较小，而又由于桥梁的振动耗散，因此间接传递到车辆竖向振动方向的能量就更小了。

参考文献

[1] 王小松. 车－桥－风相互作用理论分析[D]. 上海：同济大学，2007.

[2] 赵林. 风场模式数值模拟与大跨桥抖振率评价[D]. 上海：同济大学，2003.

[3] 葛耀君，林志兴，项海帆. 极值风速分布概型的渐进检验方法[C]//第五届全国风工程及工业空气动力学学术会议论文集，湖南，张家界，1998：30－38.

[4] 赵凯. 风－汽车－桥梁系统耦合振动分析及程序设计[D]. 成都：西南交通大学，2007.

百叶窗风屏障叶片姿态对车－桥气动力影响*

方东旭[1,2]，何旭辉[1,2]，史康[1,2]，李欢[1,2]
(1.中南大学土木工程学院 湖南 长沙 410075；2.高速铁路建造技术国家工程实验室 湖南 长沙 410075)

1 引言

强风常导致列车发生脱轨倾覆事故，其诱发与控制机理仍是待解决难题，然而随着高速铁路网的进一步完善，公交化运行的高速列车在时空上无法完全避开台风、山区峡谷风等强风袭击。并且我国高速铁路桥梁占线路总里程比例高(平均达到58.5%)，其中京沪高铁达到80.5%，广珠城际铁路达到94.2%，且车桥动力相互作用和气动干扰进一步加剧强风下列车运行安全风险。许多研究者总结设置风屏障可以为列车提供一个相对低风速运行环境，保证列车全天候运行，目前在日本新干线[1]、我国兰新线[2]等铁路线上得到了实现。近些年，国内外学者对风屏障进行了大量研究，但所研究的风屏障型式大多为栅栏型或网格型。在安装使用中，这些传统风屏障的气动外形和透风率通常是不能改变的，使其较难适应复杂地形的风场特性。本文依据提出的可调整气动外形和透风率的百叶窗型风屏障对车－桥系统防风效果开展了一系列研究，为百叶窗型风屏障的工程应用提供参考。

2 实验描述

如图1(a)所示，实验在中南大学高速铁路建造技术国家工程实验室－风洞实验室高速段(高3 m，宽3 m，长15 m)进行，试验采用自由来流风速 $U_\infty=10$ m/s。模型固定于1 m高支架上，利用眼镜蛇探针测量实际来流风速，利用六分量高频动态测力天平测试列车、桥梁的气动力。图1(b)为实验模型示意图，包括列车、桥梁和风屏障，其中风屏障包括栅栏型、网格型和百叶窗型，模型整体尺寸均相同。百叶窗型风屏障依据百叶窗通风遮光的原理设计，可以通过旋转轴旋转叶片来调整透风率和导流方向。模型按照1∶40缩尺比进行设计，长度均为2 m。值得注意的是，为了更好地反映列车抗倾覆稳定性，将测得的列车力矩的扭心由形心转换到列车背风侧轨道处。

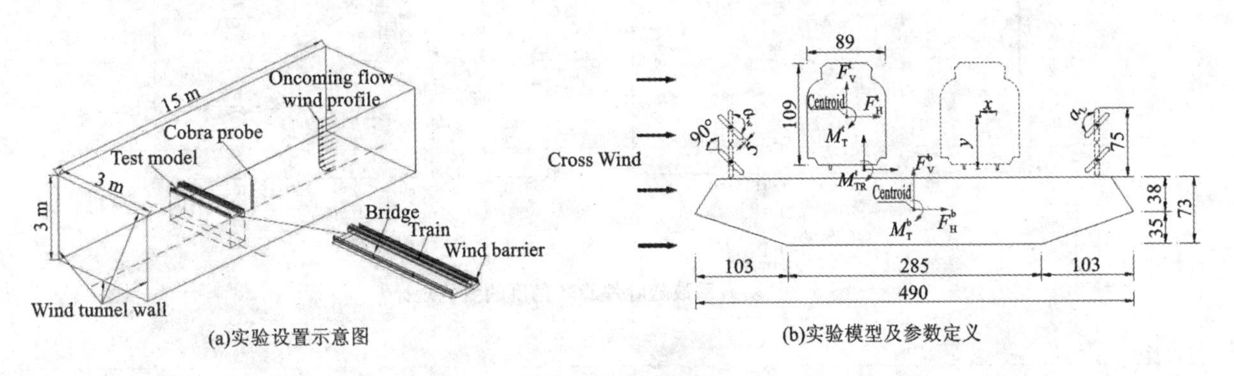

(a)实验设置示意图 (b)实验模型及参数定义

图1 实验说明

3 结果与讨论

3.1 三种风屏障对比

图2所示为设置三种类型风屏障时列车与桥梁气动力系数的结果对比，包括无风屏障情况下的试验结果。相比传统风屏障，百叶窗型风屏障极大程度地减小了桥梁的阻力系数和扭矩系数，列车升力系数和扭矩系数。相比不设置风屏障时的列车扭矩系数，网格型风屏障最大降幅45.2%，栅栏型风屏障最大降幅

* 基金项目：国家自然科学基金资助项目(U1534206)，中国铁路总公司科技计划重点项目(2015G002－C)，中南大学中央高校基本科研业务费专项资金资助(2017zzts521)

53.6%，百叶窗型风屏障最大降幅58.0%，在试验研究的透风率范围内考虑列车行车安全性可知，百叶窗型风屏障优于栅栏型，栅栏型优于网格型。并且整体而言，设置风屏障有利于减小车－桥系统的主要风荷载。

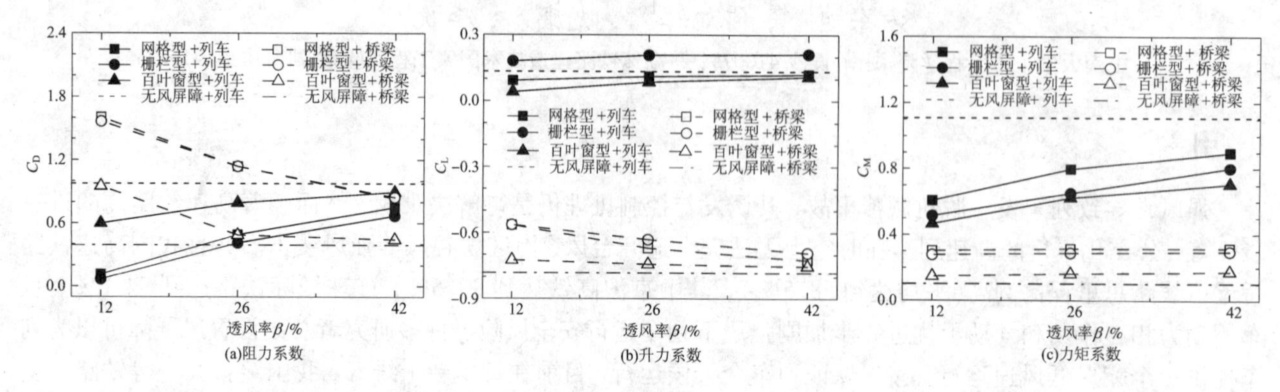

图2　设置风屏障时列车与桥梁气动力系数

3.2　叶片旋转影响

图3所示为百叶窗叶片旋转不同角度下桥梁和列车的气动力系数，同时给出了无风屏障时的结果。可以看出桥梁和列车的气动力系数随叶片角度的旋转变化非常明显，特别地，由于叶片旋转的对称性，叶片旋转角度在0°～90°与90°～180°存在透风率一一对应的关系，但气动力系数却不对称，这是由于叶片倾斜方向的不同引起的。整体来看，叶片旋转角度在90°～180°时更利于列车运行安全。同时，对比升力系数和力矩系数，阻力系数对旋转形式（对称旋转 $\alpha_w = \alpha_L$ 和反对称旋转 $\alpha_w = 180° - \alpha_L$）更加敏感。并且针对列车阻力系数，反对称旋转时总大于正对称旋转，所以正对称旋转更利于车－桥系统下列车安全。

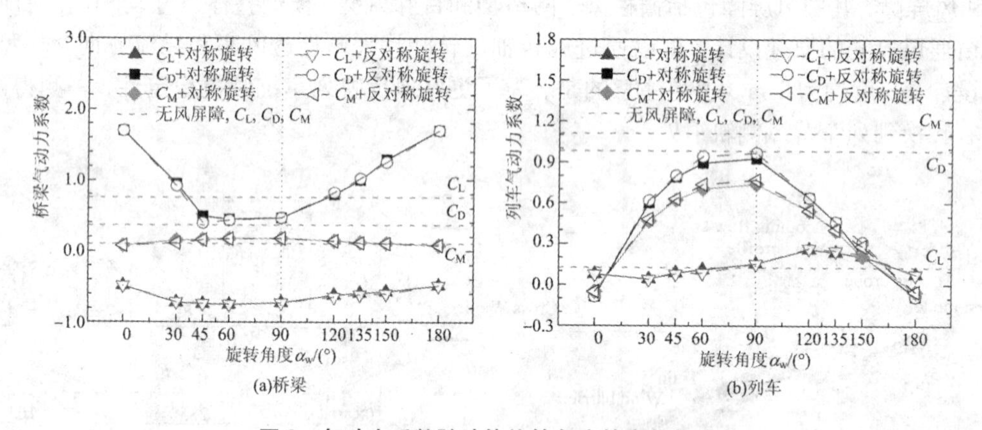

图3　气动力系数随叶片旋转角度的变化规律

4　结论

本文通过风洞试验围绕可调整气动外形和透风率的百叶窗型风屏障对车－桥系统的防风效果展开了一系列研究。由实验结果表明：设置风屏障可以明显减少车－桥系统的主要风荷载；百叶窗型风屏障优于栅栏型和网格型；百叶窗型风屏障的叶片旋转角度范围在90°～180°更利于列车运行安全；叶片旋转形式为正对称时更优。

参考文献

[1] Fujii T, Maeda T, Ishida H, et al. Wind－Induced Accidents of Train/Vehicles and Their Measures in Japan[J]. Quarterly Report of Rtri, 1999, 40(1): 50－55.

[2] Guo W, Xia H, Karoumi R, et al. Aerodynamic effect of wind barriers and running safety of trains on high－speed railway bridges under cross winds[J]. Wind & Structures An International Journal, 2015, 20(2): 213－236.

扁平箱梁中央开槽对气动力和行车安全的影响*

何华[1]，黄东梅[1,2]，何世青[1]，欧俊伟[1]
(1. 中南大学土木工程学院 湖南 长沙 410075；2. 高速铁路建造技术国家工程实验室 湖南 长沙 410075)

1 引言

为了提高大跨度桥梁的颤振临界风速，1977 年 Brown[1] 提出桥梁断面开孔的概念。随后有学者对中央开槽气动控制进行了研究[2]。研究成果表明：扁平闭口箱梁断面进行中央开槽气动控制一般能提高桥梁的颤振稳定性能，并且中央开槽气动控制措施对颤振稳定性能的提升效果同开槽宽度紧密相关。因此本文将研究中央开槽扁平箱梁的不同开槽宽度分别在施工状态和成桥状态时对三分力系数的影响。对于中央开槽的扁平箱梁断面的行车安全性能的分析也极其缺乏，而这非常重要。因此本文探讨了车辆的倾覆力矩随开槽宽度的变化影响。

2 风洞实验及结果分析

桥梁节段刚体模型测力试验(图 1)在中南大学风洞实验室高速试验段中进行，本次试验采取 7 种不同的开槽率，具体尺寸见表 1。开槽率 D/B_s 如图 2 所示，所得结果如图 3～5 所示。从图 3、4 可以看出，扁平箱梁中央开槽后的阻力系数、升力系数、扭矩系数开槽后都增大了。当开槽率为 100% 时，阻力系数和扭矩系数最大；阻力系数当桥梁处于成桥状态时明显比处于施工状态时要大。从图 5 可以看到，栏杆形式的不同对小车倾覆力矩的影响较大。

图 1 风洞实验

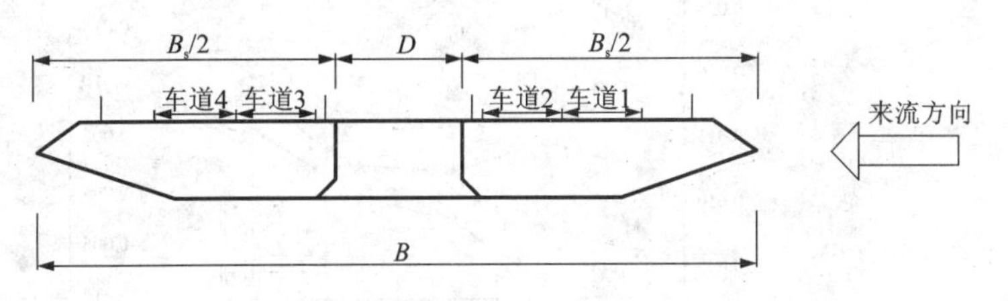

图 2 开槽率 D/B_s

表 1 不同开槽率几何尺寸表

开槽率	开槽宽度 D/m	梁净宽 B_s/m	梁总宽 B/m
0%	0	0.622	0.622
20%	0.124	0.622	0.746
30%	0.187	0.622	0.809
40%	0.249	0.622	0.871
50%	0.311	0.622	0.933
60%	0.373	0.622	0.995
100%	0.622	0.622	1.244

* 基金项目：国家自然科学青年基金(51208524)，桥梁结构抗风技术交通行业重点实验室开放课题(KLWRTBMC10－03)，湖南省高校创新平台开放基金(14K104)，湖南省自然科学基金面上项目(2017JJ2318)，中南大学首批“创新驱动计划”项目(2015CX006)，高铁联合基金重点项目(U1534206)

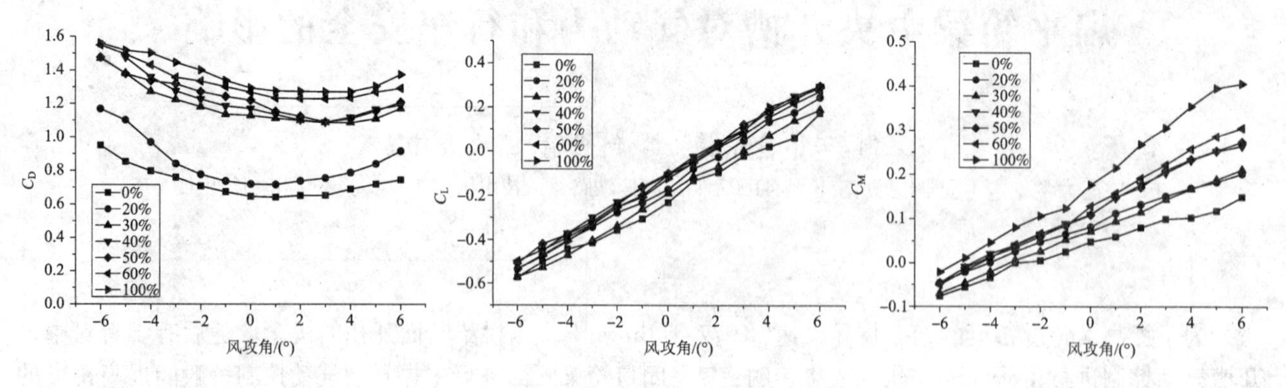

图 3　施工状态三分力系数

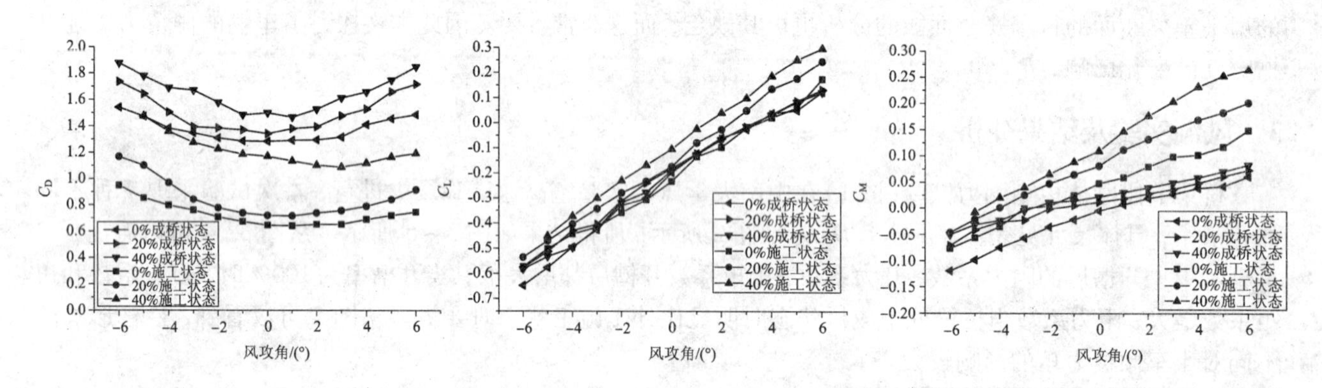

图 4　成桥状态和施工状态三分力系数

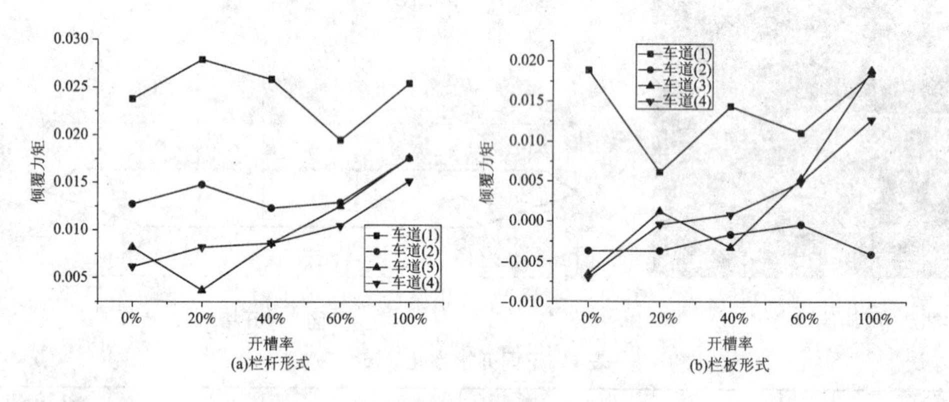

图 5　公交车倾覆力矩

3　结论

本文研究了开槽箱梁三风力系数和公交车倾覆力矩随开槽率的变化影响，得出以下结论：

(1)阻力系数、扭矩系数施工状态比成桥状态要小。

(2)公交车倾覆力矩绝对值在有栏板时比有栏杆时小，说明栏板对行车安全是更有利的。

(3)公交车倾覆力矩在第二车道随开槽影响最小，第三车道变化幅值最大。

参考文献

[1] Walshe D E, Twidle G G, Brown W C. Static and dynamic measurements on a model of a slender bridge with perforated deck [C]//Proc., Int. Conf. Behaviour of Slendern Stuctures, City Univ., London, 1977: 1 -23.

[2] Yang Y X, Zhou R, Ge Y J. Aerodynamic Instability Performance of Twin Box Girders for Long - span Beidges[J]. Wind Eng Ind Aerodyn, 2015: 196 -208.

考虑车桥间气动影响的桥上车辆行驶安全性分析*

黄静文[1]，韩艳[1]，蔡春声[1,2]，陈甦人[1,3]

（1.长沙理工大学土木与建筑学院 湖南 长沙 410114；2.美国路易斯安那州立大学美国路易斯安那州 巴吞鲁日 70803；
3.美国科罗拉多州立大学美国科罗拉多州 柯林斯堡 80523）

1 引言

我国公路交通进入了高速时代和跨海连岛时代，长大桥梁对风更加敏感。在横风作用下，风-车-桥相互作用更加复杂，车辆和桥梁间存在着相互的气动影响。考虑车桥间相互气动影响可以更准确地分析桥梁上的车辆动力响应，从而更准确地进行车辆安全性评估，在强风条件能够做出更合适的应急措施和疏散计划。

过去国内外学者对车辆在桥面上通行的事故分析方面进行了大量研究并取得了丰富的研究成果。Cai和Chen[1]将风-汽车-桥梁耦合整体振动分析中得到的的动力响应用在局部事故分析模型中，通过局部分析计算出车辆侧滑位移、偏转位移和车轮反力。Guo[2]、韩万水[3]为能直接计算车辆侧滑位移，将车辆模型中轮胎与路面接触点定义一个独立的侧向自由度，轮胎的摩擦力表达为轮胎竖向力和侧滑速率的函数，以位移量作为车辆事故判断标准。李永乐[4]针对车辆侧倾事故和侧滑事故的评判准则，采用概率统计方法提高了风致车辆事故分析的可靠性。在以往的研究中，车辆上的气动力都是基于车辆在公路上行驶的经验公式计算或从风洞实验中获得，并没有考虑车辆和桥梁之间相互气动影响。韩艳[5]等采用数值计算和风洞试验方法对风-车-桥耦合系统的车辆和桥梁气动特性进行了研究，研究结果发现，车桥间相互气动干扰对车辆和桥梁的气动力有较大的影响。因此考虑车辆和桥梁气动相互影响对桥梁上行车安全性评估很有必要。

基于上述研究现状，分别计算了考虑与不考虑车桥气动相互影响的风-车-桥耦合系统的动力响应，得出事故临界风速。计算结果分析表明：车桥间气动相互影响对风-车-桥动力响应和行车安全性分析影响较大。

2 计算及对比

本文分析从汽车突然受到风的作用开始，并分析汽车突然受到风后汽车在驾驶员行为的控制下的稳定过程。本文采用路况为“好”的路面粗糙度样本。根据Baker[6]提出的交通事故评判准则，当侧滑位移超过0.5 m时发生侧滑事故，或当某个轮胎的地面支反力为0时发生侧倾事故。在一定车速的作用下，通过逐级增加风速，求出发生事故的临界风速。

图1可以看出若考虑车桥气动相互影响车辆，在车辆前进过程中某些时间段侧滑位移大于0.5 m，车辆已经发生侧滑事故，但不考虑车桥气动相互影响的车辆侧滑位移却没达到侧滑事故标准。图2表明在车辆前进过程中已经出现车轮反力比小于0的情况，车轮与路面瞬时“脱空”，发生侧翻事故，但考虑车桥气动相互影响不会发生侧翻事故。

表1 mira小车不同车速下考虑和不考虑车桥气动相互影响临界风速对比

车速/($m\cdot s^{-1}$)	10	20	30	40	50
不考虑车桥气动相互影响临界风速/($m\cdot s^{-1}$)	45(侧翻)	44(侧翻)	39(侧翻)	7(侧翻)	0(侧翻)
考虑车桥气动相互影响临界风速/($m\cdot s^{-1}$)	44(侧翻)	50(侧翻)	31(侧翻)	19(侧翻)	6(侧翻)

* 基金项目：国家重点基础研究计划(973计划)项目资助(2015CB057706)，国家自然科学基金资助项目(51678079)

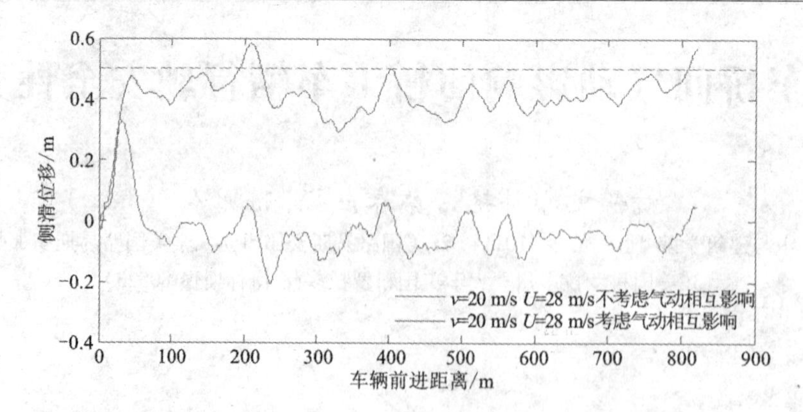

图1 厢式货车考虑与不考虑车桥气动相互影响车辆侧滑位移($v=20$ m/s, $U=28$ m/s)

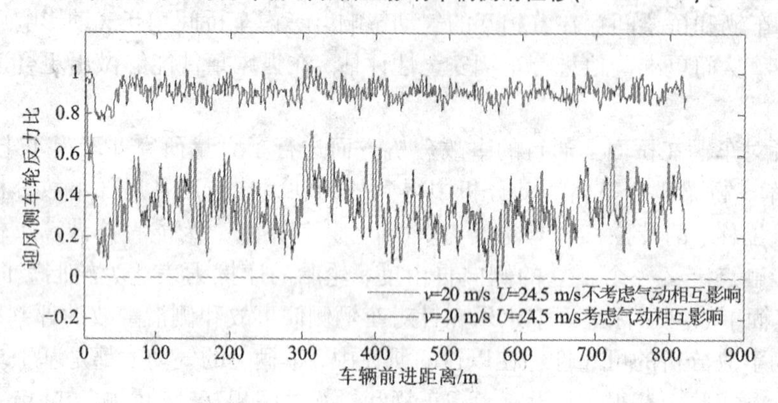

图2 厢式货车考虑与不考虑车桥气动相互影响迎风侧车轮反力比($v=20$ m/s, $U=24.5$ m/s)

表2 厢式货车不同车速下考虑和不考虑车桥气动相互影响临界风速对比

车速/($m\cdot s^{-1}$)	10	20	30	40	50
不考虑车桥气动相互影响临界风速/($m\cdot s^{-1}$)	25(侧翻)	24.5(侧翻)	21(侧翻)	11(侧翻)	2(侧翻)
考虑车桥气动相互影响临界风速/($m\cdot s^{-1}$)	23(侧滑)	28(侧滑)	31(侧滑)	31(侧滑)	29(侧滑)

3 结论

考虑车桥间气动相互影响不仅影响临界风速的大小，还会影响车辆发生事故的类型。综合考虑更能有效避免事故的发生。对比考虑车桥间气动相互影响和不考虑车桥间气动相互影响的临界风速发现不考虑相互影响的临界风速偏安全。对于不同车型，考虑车桥气动影响对临界风速的影响程度不同，对小型车辆的影响更大。考虑车桥间气动相互影响对于评判行车安全性很有意义，综合考虑更能有效避免事故的发生。

参考文献

[1] Chen S R, Cai C S. Accident assessment of vehicles on long - span bridges in windy environments[J]. Journal of Wind Engineering & Industrial Aerodynamics, 2004, 92(12): 991 - 1024.

[2] Guo W. Dynamic analysis of coupled road vehicle and long span cable - stayed bridge systems under cross winds[D]. Hongkong: Hong Kong Polytechnic University, 2003.

[3] 韩万水, 陈艾荣. 风-汽车-桥梁系统空间耦合振动研究[J]. 土木工程学报, 2007, 40(9): 53-58.

[4] 李永乐, 赵凯, 陈宁, 等. 风-汽车-桥梁系统耦合振动及行车安全性分析[J]. 工程力学, 2012, 29(5): 206-212.

[5] 韩艳, 胡揭玄, 蔡春声, 等. 横风作用下考虑车辆运动的车桥系统气动特性的数值模拟研究[J]. 工程力学, 2013, 30(2): 318-325.

[6] Baker C J. The quantification of accident risk for road vehicles in cross winds[J]. Journal of Wind Engineering & Industrial Aerodynamics, 1994, 94: 93-107.

大跨钢桁悬索桥风－车－桥分析系统建立*

刘焕举，韩万水，赵越
（长安大学公路学院 陕西 西安 710064）

1 引言

目前风环境下大跨桥梁结构响应分析，多采用等效集中力和弯矩的方法对桥梁风作用进行模拟加载[1-3]，把作用于主梁上的风荷载等效为主梁截面弹性中心的等效集中力和弯矩，该方法简便易行，但用于钢桁架结构时存在两个不足之处：1）作用于主梁上风荷载与气动风压的空间分布息息相关，尤其对于主梁为钢桁架结构形式的桥梁，忽略气动风压的空间分布和风荷载的传递效率，对桥梁响应计算的精确性会产生较大影响；2）采用等效集中力和弯矩的方法无法直接获得作用于钢桁架主梁断面荷载横向分布，对桥梁结构局部构件响应进行精确分析。

在钢桁梁细化分析研究过程中，依据合力不变原则，对静风力和抖振力进行细化加载，而对于自激力，由于自激力是桥梁结构自身振动对空气产生的反馈，采用响应不变原则，获取各节点的自激力进行加载。

2 风－车－桥分析系统建立及动态可视化

2.1 静风力与抖振力

等效静风荷载可根据阶段模型风洞试验获得的静力三分力系数确定，等效抖振力荷载则可依据 Scanlan 的准定常气动公式计算[4]。

假设 i 梁段表面气动风压分布规律可以通过风洞试验或现场实测获得，则在 i 截面内 j 单元两端节点上由气动风压产生的静风力和抖振力之和可通过高斯积分方法对气动风压进行积分获取。采用合力等效的计算方法进行求解，即：通过确保任意时刻 i 截面内所有节点所受静风力与抖振力的合力与作用在截面弹性中心的等效集中静风力和抖振力相等的方法进行计算，实现 i 截面静风力和抖振力等效细化分解。同理，作用于全桥的静风力和抖振力均可采用本方法进行细化分析。

2.2 自激力

自激力是桥梁结构自身振动对空气产生的一种反馈作用，故而自激力分解理论主要围绕主梁结构运动状态（位移和速度）展开研究。首先，基于刚体运动学相关理论（忽略桥梁结构振动过程中截面变形），建立截面节点与截面弹性中心位移和速度的等代关系表达式。然后，分别代入由 Y K Lin[5] 提出的基于“时域”的自激力计算公式中，计算得到截面各节点所受自激力。在自激力分解过程中，本分析方法采用刚体运动学理论，可确保任意时刻钢桁梁运动状态和整体自激力均未改变。

2.3 梁格法风－随机车流－桥梁分析系统建立

采用插值技术和杠杆原理分别建立汽车和钢桁梁系统的几何和力学关系[6]，并同时考虑风荷载对汽车和钢桁梁两个子系统的影响，构筑适合多梁格模型分析的风－随机车流－钢桁梁耦合分析方法。并基于 OpenGL 技术，开发了风和随机车流联合作用下车辆过桥的动态可视化功能，实现动力响应可视化。

2.4 实例分析

依托四渡河特大桥，采用建立的大跨钢桁悬索桥风－随机车流－桥梁分析系统，对不同风荷载、车流密度与风和随机车流共同作用下的钢桁梁响应（横向桁架内力、迎风侧腹杆内力和短吊杆内力）进行研究。

3 结论

（1）本文基于钢桁梁自身结构特性，采用合力等效、响应不变的原则，分别对静风力、抖振力和自激力加以分解，得到适用于钢桁梁受力分析的风荷载计算方法。在已有的风－车－桥分析系统研究基础上，集

* 基金项目：国家自然科学基金项目（51278064）

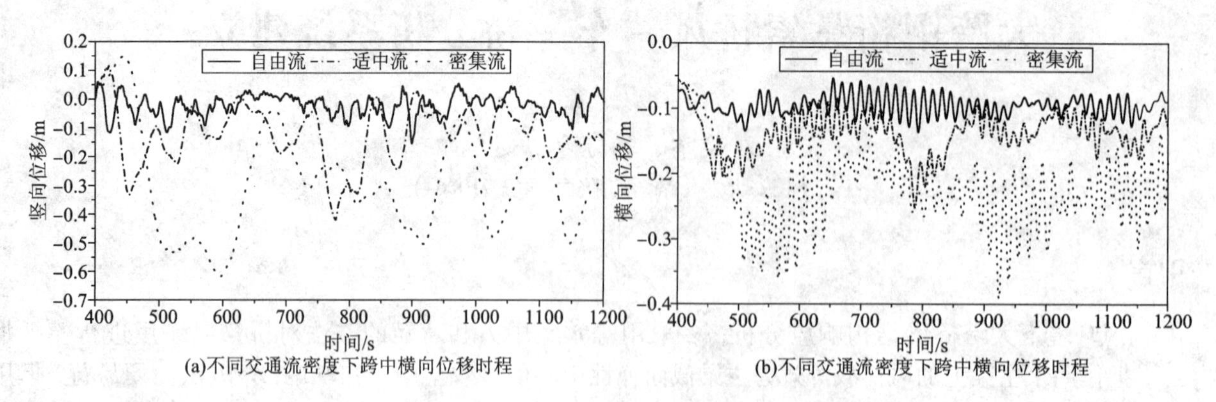

(a)不同交通流密度下跨中横向位移时程

(b)不同交通流密度下跨中横向位移时程

图1　大桥运营条件下跨中位移响应时程

成为适合于钢桁梁的风 - 汽车 - 桥梁分析系统。本分析方法的提出进一步丰富了风 - 车 - 桥耦合分析理论，并为复杂主梁形式的大跨桥梁在风和随机车流共同作用下响应分析提供一种可行的途径。

(2)桥梁的横向响应同时受到车流密度和风荷载共同影响，且在高风速环境下，车流密度的侧向阻风效应更明显。因此在对该类大桥进行抗风设计时，在考虑风对大桥的动力作用的同时还需考虑桥上车辆侧向阻风效应影响。

参考文献

[1] Yongle Li, Shizhong Qiang, Haili Liao, et al. Dynamics of wind - rail vehicle - bridge systems[J]. Journal of Wind Engineering and Industrial Aerodynamics, 2005(93): 483 - 507.

[2] Han Yan, Cai C S, Zhang Jianren, et al. Effects of aerodynamic parameters on the dynamic response of road vehicles and bridges under cross winds[J]. Journal of Wind Engineering and Industrial Aerodynamics, 2014(134): 78 - 95.

[3] Cai C S, Chen Suren. Framework of vehicle - bridge - wind dynamic analysis[J]. Journal of Wind Engineering and Industrial Aerodynamics, 2004, 92: 579 - 607.

[4] R H Scanlan. The action of flexible bridges under wind: Ⅱ buffeting theory[J]. Journal of Sound and Vibration, 1978, 60(2): 201 - 211.

[5] Y K Lin, Q C Li. New stochastic theory for bridge stability in turbulentflow[J]. Journal of Engineering Mechanics, 199, 119(1): 113 - 127.

[6] Wanshui Han, Lin Ma, C S Cai, et al. Nonlinear dynamic performance of long - span cable - stayed bridge under traffic and wind [J]. Wind and Structures, 2015, 20(2): 249 - 274.

桁式铁路桥不同桥面形式对车－桥系统气动性能的影响*

任森，李永乐，汪斌
（西南交通大学土木工程学院桥梁工程系 四川 成都 610031）

1 引言

钢桁梁具有受力明确、跨越能力强的特点，是铁路桥梁常用的主梁形式。随着国内铁路桥梁跨度的不断增加，大跨度桁架桥的抗风性能开始成为其设计的关键因素[1]。铁路桥梁车辆运行时构成车－桥系统共同承受侧向风的作用，车辆和桥梁间存在着显著的相互气动影响，为此有必要对桁架断面车－桥系统的气动性能进行研究[2]。车辆和桥梁的气动力是风－车－桥系统耦合振动研究的重要参数，通常可由风洞试验或数值模拟的方法得到。风洞实验通常适用于特定桥梁设计方案的实验研究，在桥梁方案比选、初步设计和结构参数化研究阶段，一般使用计算流体力学方法（CFD）模拟数值风洞来获取车辆和桥梁的气动参数。李永乐等[1]提出了倒梯形板桁主梁CFD简化分析模型，通过二维数值模拟研究了倒梯形板桁主梁的气动特性。沈自力[3]建立了桁架桥三维仿真模型进行气动性能研究，对比了三维仿真模型和二维等效模型的计算结果，分析表明二维等效模型的计算精度满足规范要求。明桥面和正交异性板桥面是铁路桁式桥梁的2种形式，前者上下透风，而后者不透风，桥面是否透风对车辆和桥梁气动绕流可能产生较大影响。在已有研究中，针对钢桁主梁桥面形式对车－桥系统气动性能影响的研究较为少见。由此本文针对桁式铁路桥两种桥面形式开展车－桥系统气动性能的比较研究，采用CFD进行了数值模拟，分析了2种桥面形式下车辆和桥梁附近空间扰流场结构，车辆位于迎风侧、背风侧以及并行时车－桥系统静风气动力系数的差异。

2 CFD数值分析

由于桁架主梁杆件繁多、结构复杂，在CFD中建立精确的三维结构模型非常困难，且计算周期较长。针对这种情况，根据文献[1]提出的桁架主梁二维简化原则，将该桥简化为CFD二维结构模型，如图1～2所示。为了满足计算精度，并减少计算量，参照文献[1]的设置过程，确定计算区域设置如图3所示。图中b、h分别代表主梁的宽度与高度，流场区域取$L_1=7b$，$L_2=12b$，$B=11b$。采用该尺寸保证了顺风向的阻塞率不大于5%，满足数值风洞计算要求。边界条件视情况将迎风边界设为速度入口，背风边界设置为压力出口。

3 气动力系数比较

为分析不同桥面形式下车－桥系统静态气动力特性，分别计算明桥面主梁和正交异性板桥面主梁在来流风速为15 m/s，风攻角为 －3°、0°、＋3°时车－桥系统的静力气动力系数。在计算车－桥系统气动特性时，同时考虑桥梁单体、单线车辆位于迎风侧和背风侧以及双线车辆并行的情况，相关计算结果如图4～7所示。

4 结论

在相同的风条件下，无车辆运行时，明桥面主梁较正交异性板桥面主梁承受较小的静风荷载，特别是竖向静风荷载有明显降低。有车辆运行时，无论车辆位于迎风侧还是背风侧，单线还是双线，明桥面主梁车辆较正交异性板桥面主梁车辆承受较大的阻力和升力，且车辆位于正交异性板桥面主梁迎风侧时出现了负升力，对于行车是偏于安全的。双线行车时，背风侧车辆的各项指标均小于单线，在以后的研究中可减少对双线行驶时背风侧车辆的考虑。

* 基金项目：四川省创新研究团队（2015TD0004），国家自然科学基金（51525804，51508480）

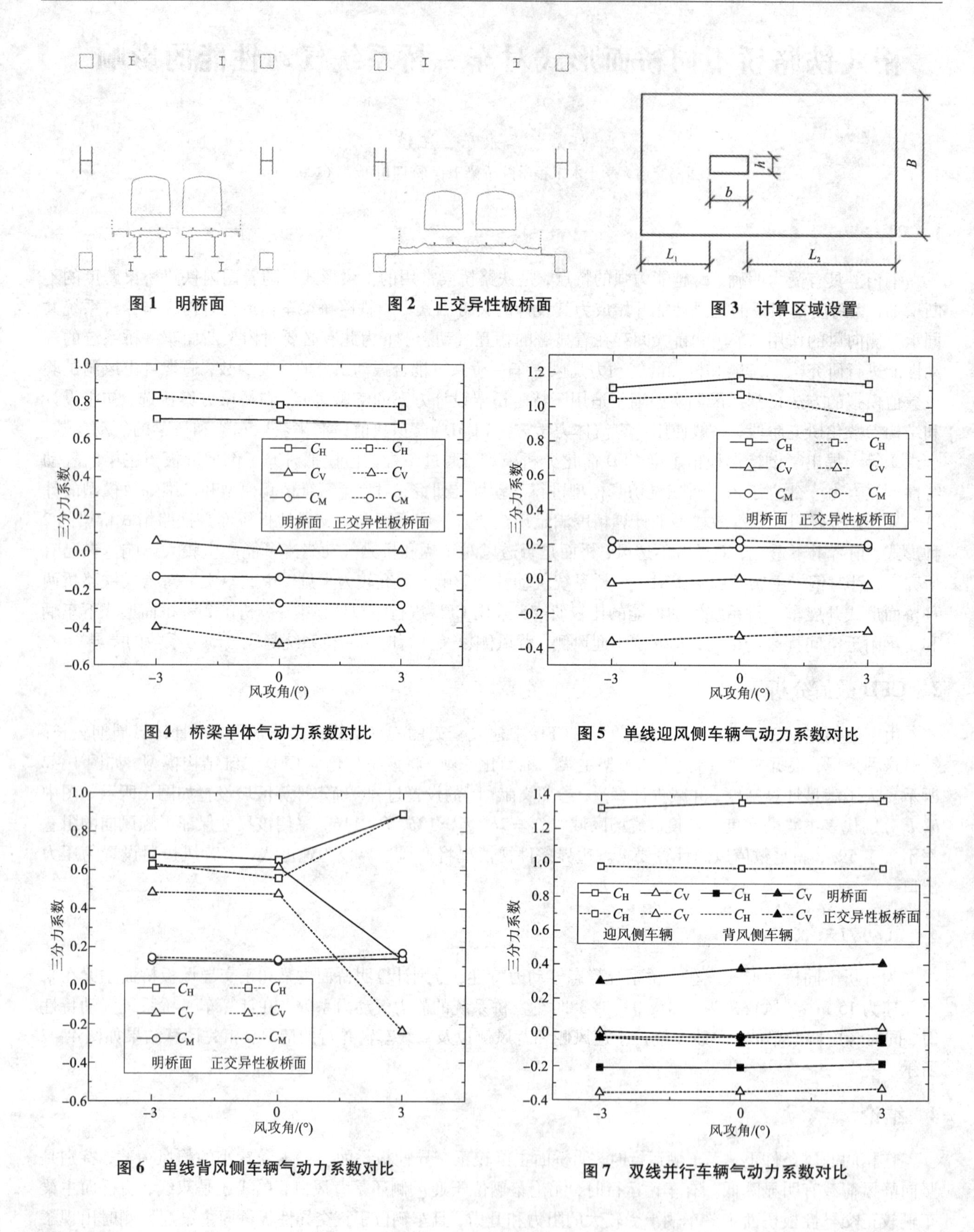

图1　明桥面

图2　正交异性板桥面

图3　计算区域设置

图4　桥梁单体气动力系数对比

图5　单线迎风侧车辆气动力系数对比

图6　单线背风侧车辆气动力系数对比

图7　双线并行车辆气动力系数对比

参考文献

[1] 李永乐，安伟胜，等. 倒梯形板桁主梁 CFD 简化模型及气动特性研究[J]. 工程力学，2011，28(1)：103 - 109.

[2] Li YL，Qiang S Z，Liao H L，et al. Dynamics of wind - rail vehicle - bridge system[J]. Journal of Wind Engineeringand Industrial Aerodynamics，2005，93：483 - 507.

[3] 沈自力. 基于 CFD 的桁架桥气动参数研究[J]. 铁道科学与工程学报，2015(4)：852 - 858.

变高度双层钢桁结合梁风 - 车 - 桥耦合振动性能研究*

舒鹏，李永乐
（西南交通大学土木工程学院桥梁工程系 四川 成都 610031）

1　引言

随着我国铁路的建设的飞速发展，车桥耦合研究得到很大发展。研究强风作用下的车桥耦合振动特点是保证高铁高效率运行的必要条件，李永乐[1]等考虑了车辆位置对风 - 车 - 桥系统耦合振动影响研究；葛盛昌[2]等通过现场实测验证了设置风屏障时列车在 11 级以上大风条件下的运行安全性；虽然风 - 车 - 桥研究是个热点，但目前对变高度双层钢桁结合梁对风 - 车 - 桥耦合振动性能研究还是很少，因此在设计中应以重视。本文以某大桥为工程背景，采用自行研发的桥梁结构分析软件 BANSYS(Bridge Analysis System) 对比分析了风 - 车 - 桥系统中风速、车速、车辆位置及车辆荷载情况下对车桥振动性能的影响，以此评价变高度双层钢桁结合梁风 - 车 - 桥耦合振动特点。

2　车桥气动力特性分析

本桥梁结构断面为钢桁架形式，因此，要做横断面气动参数分析，必须将这些间断布置的构件等效为沿纵向全桥布置的截面。考虑到腹杆的简化形式会对车辆的气动特性造成影响，在分析车辆气动特性时采用无腹杆截面形式进行计算，简化计算模型如图 1 所示。

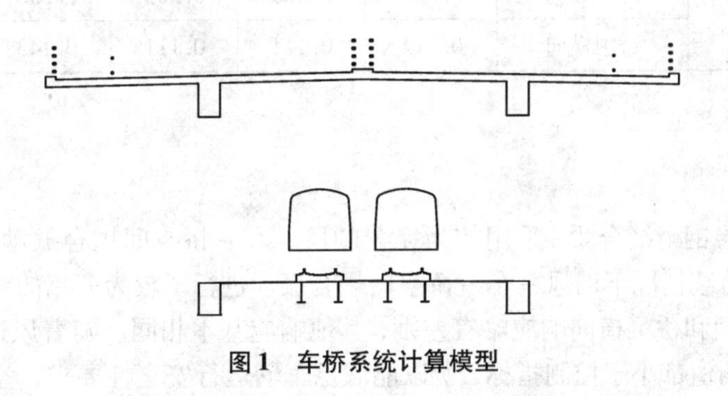

图 1　车桥系统计算模型

3　风 - 车 - 桥系统耦合振动分析

为考察不同风速下车辆位置对风 - 车 - 桥系统耦合振动特点的影响，共进行了 12 种工况的分析，进行了较为完整的对比研究。表 1 和表 2 所示为 12 种工况相关的计算结果。

由表 1 ~2 可以看出，列车在迎风侧和背风侧运行时桥梁的竖向响应相差非常小，桥梁横向响应略有差别。当风速为 15 m/s 时，桥梁响应总体上是随车速增加而增大。当车速为设计车速 100 km/h 时，侧向风对桥梁的横向位移影响较大，随着风速的增加桥梁的横向位移增大明显，竖向位移却随风速增加，位移减少，对风速变化不敏感，这与侧向风引起的升力作用有关。竖向位移受车载状态影响较大，在空载情况下桥梁最大竖向位移约为 3.1 cm，在满载情况下最大竖向位移约为 5.4 cm。桥梁横向加速度总体随风速增加而减小，而竖向加速度主要取决于车载状态和车辆运行速度。

* 基金项目：四川省创新研究团队（2015TD0004），国家自然科学基金（51525804）

表 1　桥梁的响应(AW0，风速 15 m/s)

工况		1	2	3	4	5	6	7	8
车道位置		迎风侧				背风侧			
车速/(km·h^{-1})		40	60	80	100	40	60	80	100
最大位移/mm、扭转角/10^{-3} rad	跨中竖向	29.510	30.428	30.647	31.103	29.513	30.193	30.371	31.083
	跨中横向	1.980	1.857	2.064	1.936	1.924	1.776	1.992	1.916
	跨中扭转角	0.364	0.434	0.462	0.493	0.367	0.426	0.454	0.482
最大加速度/(m·s^{-2})	跨中竖向	0.183	0.221	0.236	0.266	0.183	0.224	0.244	0.268
	跨中横向	0.052	0.062	0.074	0.114	0.051	0.063	0.074	0.115

表 2　桥梁的响应(设计车速 100 km/h)

工况		9	10	11	12	13	14
车辆荷载		AW0(空载)			AW3(满载)		
风速/(m·s^{-1})		15	20	25	15	20	25
最大位移/mm、扭转角/10^{-3} rad	跨中竖向	31.103	29.971	25.115	54.113	52.199	47.713
	跨中横向	1.936	3.482	4.291	2.204	3.738	4.464
	跨中扭转角	0.493	0.473	0.413	0.828	0.809	0.650
最大加速度/(m·s^{-2})	跨中竖向	0.266	0.266	0.303	0.350	0.354	0.378
	跨中横向	0.114	0.114	0.111	0.143	0.135	0.135

4　结论

本文针对变高度双层钢桁结合梁，采用较为完善的风-车-桥空间耦合振动分析方法，对不同风速、车速、车辆位置及车辆荷载情况下的风-车-桥空间耦合振动进行了较为完整的对比研究。列车分别在迎风侧和背风侧运行时车辆和桥梁横向响应略有差别，其他响应基本相同。随着风速增加，桥梁和车辆的响应也逐步增大，但相应的值都小于控制指标，所以能满足车辆运行安全性要求。空载下的车辆响均应大于满载下的车辆响应，但空载下的桥梁竖向位移均小于满载下的桥梁竖向位移。桥梁响应发生最大的位置在第二跨跨中，因为第二跨跨度较边跨长，刚度相对较小，所以会产生较大的位移。25 m/s 风速作用下列车分别在迎风侧和背风侧运行时机车车辆的倾覆系数较大，而其他指标则较为接近。当车辆驶入变高处时，横向位移、竖向位移及扭转角开始趋于平稳，远离变高处，振幅又有较大的变化，说明变高式桁架桥能局部减弱车辆与桥梁之间的相互作用。

参考文献

[1] 李永乐，强士中，廖海黎. 风-车-桥系统空间耦合振动研究[J]. 土木工程学报，2005(07)：61-64，70.
[2] 葛盛昌，蒋富强. 兰新铁路强风地区风沙成因及挡风墙防风效果分析[J]. 铁道工程学报，2009(05)：1-4.

考虑驾驶随机性的公路车辆过桥塔侧风安全可靠性

于和路，汪斌，李永乐，廖海黎
（西南交通大学土木工程学院桥梁工程系 四川 成都 610031）

1 引言

以斜拉桥和悬索桥为代表的大跨度桥梁多用于跨江、跨海工程中。由于大跨度桥梁的桥塔沿桥跨方向较宽，其存在会改变桥面周围的风环境。当有强风吹向桥塔时，桥塔的遮风效应使得桥塔后方的风场变得十分紊乱，在桥塔区域行驶的车辆的气动力系数及受力也会发生明显的变化。此时如果驾驶员未能及时采取正确的操纵行为，则车辆将会出现侧滑、侧翻的危险[1]。为分析驾驶员的随机性对侧风作用下公路车辆过桥塔安全可靠性的影响，利用状态空间方法建立了三自由度车辆模型；基于预瞄跟随理论建立了参数可变的随机驾驶员模型并与车辆模型组成人车闭环系统。根据桥塔附近侧风变化规律施加相应的风荷载于建立的人 - 车闭环系统中，计算出车辆模型的横向位移及车辆横向荷载传递率，基于响应面方法建立可靠性分析过程。同时还研究了不同车速及风速对车辆可靠性安全指标的影响。

2 计算模型

首先，根据达朗贝尔原理建立了考虑汽车侧向运动、横摆运动及侧倾运动的三自由度车辆模型，模型输入为前轮转角和风荷载，输出为车辆响应。基于预瞄跟随理论建立了单点预瞄驾驶员模型，通过假设驾驶员参数服从截尾正态分布来考虑驾驶员的操纵随机性。利用 MATLAB/Simulink 将驾驶员模型与车辆模型组成人 - 车闭环系统模型(图 1)，其中风荷载通过数值模拟方法得到。

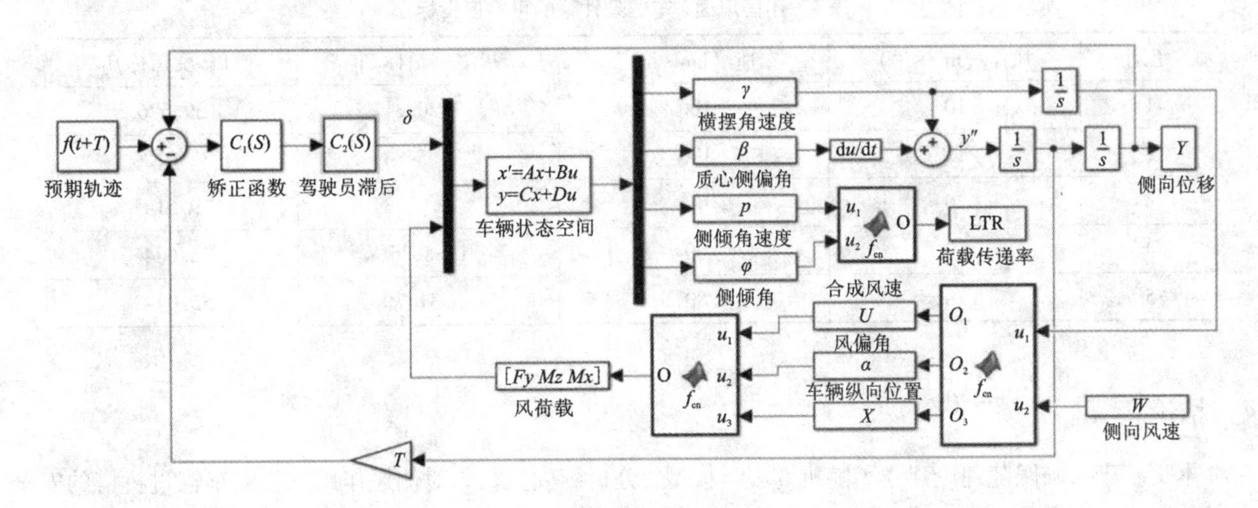

图 1 人 - 车 - 风闭环系统模型

3 安全行车标准及可靠性评价

为了定量分析车辆发生侧滑及侧翻安全事故的危险性，对于侧滑采用文献[2]中量化标准：当车辆侧向位移超过 0.5 m，认为发生侧滑事故；对于侧翻，则用侧偏角及侧偏角速度表示的车辆横向荷载传递率(1)作为标准：当 LTR 大于 0.9 时，认为可发生侧翻事故。

$$LTR(\varphi, p) = \frac{2t}{mg}\left| K_Z\varphi + C_Z p \right| \tag{1}$$

假设车辆过桥塔过程中最大侧滑位移为 y_1，最大荷载传递率为 y_2，则 y_1、y_2 均可视为驾驶员参数 T、

T_d、T_h的函数。为构建车辆响应与驾驶员参数之间的函数表达式，首先需要确定合理的驾驶员参数样本值和实验设计方法。考虑到驾驶员参数服从截尾正态分布，可基于均匀抽样理论确定驾驶员参数水平；为了合理减少仿真试验次数，可利用均匀设计方法进行仿真实验。根据仿真结果，将计算得到的车辆气动力及车辆响应绘于图2和图3中(限于篇幅，此处仅给出一组驾驶员样本参数的仿真结果)。利用响应面法[3]可得到车辆响应关于驾驶员参数的响应面函数及评价车辆过桥塔安全可靠性的功能函数，基于改进一次二阶矩迭代方法可计算可靠度指标。为了研究不同风速及车速条件下可靠度指标的变化规律，又分别设置了4组风速、车速组合值来重复上述仿真及可靠度分析过程，并将可靠度指标计算结果列于表1中。结果表明：风速及车速的增大均会造成可靠度指标的降低，即增加车辆安全事故的发生概率。

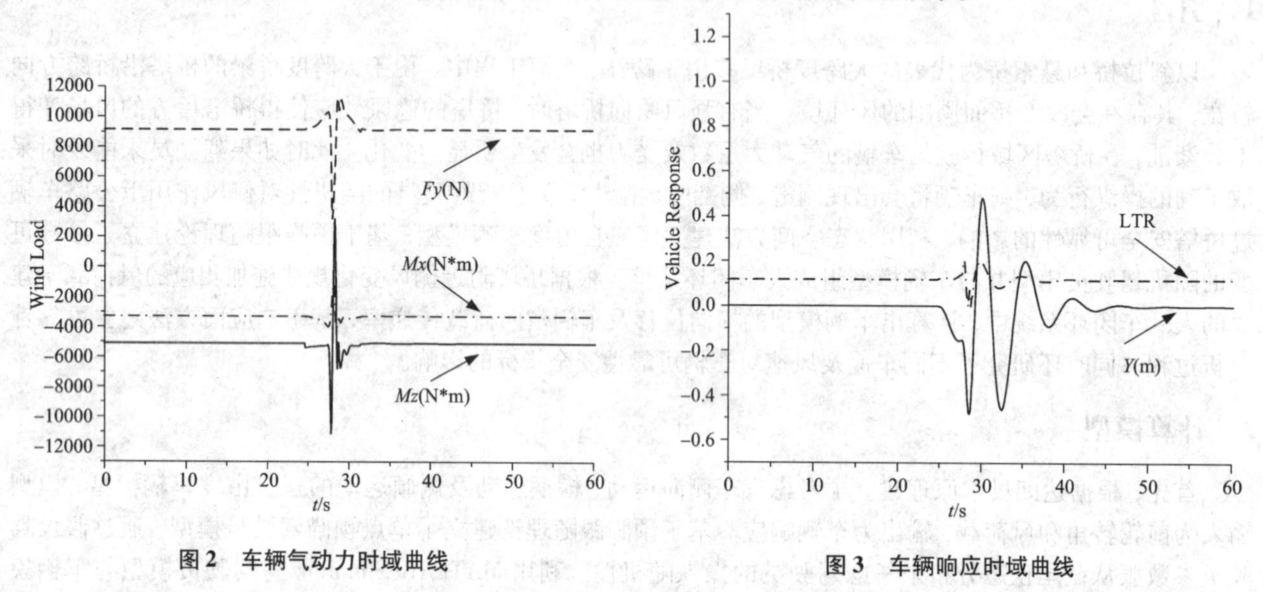

图2 车辆气动力时域曲线 **图3 车辆响应时域曲线**

表1 不同风速、车速条件下的可靠度指标

组别	风速/(m·s^{-1})	车速/(km·h^{-1})	可靠度指标β_1	可靠度指标β_2
1	10	100	1.2028	39.576
2	15	100	-4.5484	32.0126
3	20	100	-5.0933	19.5137
4	10	60	11.8626	75.6046
5	10	80	5.3147	55.0472

4 结论

本文基于预瞄跟随理论建立了随机驾驶员模型，分析驾驶员行为对侧风作用下公路车辆过桥塔的安全行驶的影响。基于响应面方法得到车辆响应关于驾驶员参数的函数表达式，进而可以求得评价车辆过桥塔安全可靠性的功能函数，并可计算出其可靠度指标。通过不同风速及车速条件下的仿真计算及可靠性分析过程可发现：随着车速及风速的增加，可靠度指标降低，车辆过桥塔发生侧滑及侧翻事故的概率增加。

参考文献

[1] 李永乐，陈宁，蔡宪棠，等. 桥塔遮风效应对风-车-桥耦合振动的影响[J]. 西南交通大学学报，2010，45(6)：875-876.

[2] Baker C J. A simplified analysis of various types of wind-induced road vehicle accidents[J]. Journal of Wind Engineering and Industrial Aerodynamics, 1986, 22(1): 69-85.

[3] 隋允康，宇慧平. 响应面方法的改进及其对工程优化的应用[M]. 1版. 北京：科学出版社，2011：4-7.

十二、其他风工程和空气动力学问题

基于 DWT - LSSVM 模型的短时风速预测研究*

范骏鹏，姜言，黄国庆，李永乐
（西南交通大学土木工程学院 四川 成都 610031）

1 引言

风速预测在风能利用、高铁预警等方面都是十分重要的[1-2]，其不仅能够保证能源的有效利用，而且对保障列车运行安全性、舒适性与稳定性具有重要意义。

本文基于 DWT - LSSVM 模型对分解的预测方法进行了研究。首先，比较两种传统分解预测方法，说明了一次分解预测方法的不合理性，并发现实时分解预测方法不能得到满意的预测精度。其次，提出了一种改进预测方法，即优化选择分解分量的预测值进行叠加组合以完成风速的预测。最后，得出研究结论。

2 传统 DWT - LSSVM 预测模型

一次分解预测模型在分解时利用了未知的数据，即对所有原始风速数据$\{v_1, v_2, \cdots, v_N\}$只进行一次 DWT 分解，然后将分解后的子序列数据划分为训练集和预测集，并进行建模预测。因此，模型具有一定的不合理性。然而，实时分解预测模型是将原始数据分为训练集和预测集，分解只针对训练样本，然后对分解后的子序列进行建模预测。由于分解是实时的，并没有利用未来的数据，因此模型是合理的。

3 传统分解预测模型的评估

3.1 实例数据及评价指标

本文选取某测风站 2014 年 3 月 5 日某段连续 5 h 共计 300 个风速作为风速样本序列（采样间隔为 1 min），为了评价各模型的预测性能，本文采用三个常用评价指标进行综合比较，即平均绝对误差（Mean Absolute Error，MAE）、均方根误差（Root Mean Square Error，RMSE）和平均相对百分比误差（Mean Relative Percentage Error，MRPE）。

3.2 传统分解模型预测结果比较

对实测风速数据分别采用上述两种传统的 DWT - LSSVM 模型进行超前一步预测并考虑分解层数的影响（分解层数选取为 3 ~ 9 层），发现一次分解预测模型的预测结果与实际风速非常接近，相比于实时分解预测模型，其预测精度提高了大约 86%。该预测模型虽然预测精度高，但是存在着明显的不合理性。

4 DWT - LSSVM 改进模型

本文根据数据的实时反馈结果提出了一种选择分量叠加方式的方法，即将前一时刻的理想叠加方式作为当前时刻的组合方式。基于该方法的预测模型的预测结果如图 1 所示，误差分析如表 1 所示。由表 1 可知，上述改进预测模型的预测精度相比于实时分解 DWT - LSSVM 模型和单模型 LSSVM 都有一定的提高，其平均绝对误差、均方根误差和平均相对百分比误差相比前者分别提高了 13.68%、10.84% 和 11.58%，相比 LSSVM 则分别提高了 6.55%、13.08% 和 4.76%。

* 基金项目：高铁联合基金（U1334201），四川省青年基金项目（2016JQ0005）

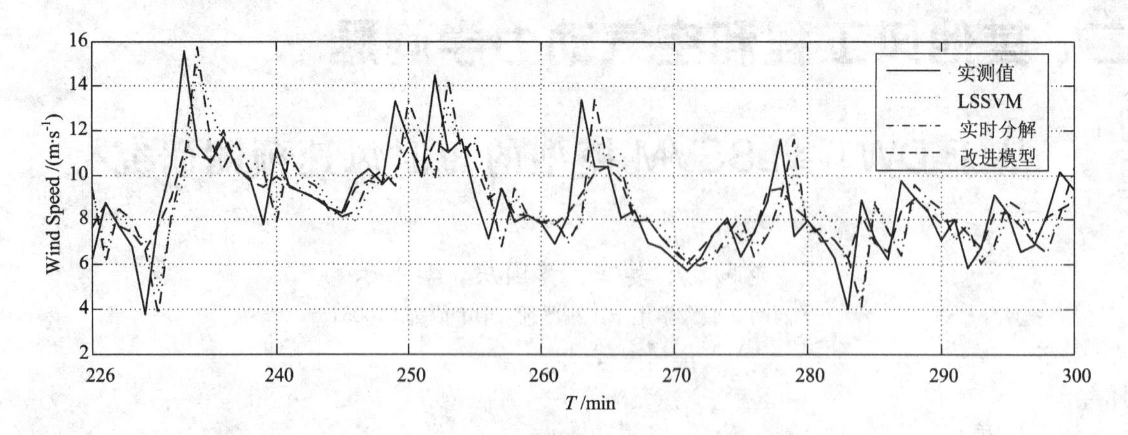

图1　基于 DWT - LSSVM 改进模型的预测结果

表1　基于 DWT - LSSVM 改进模型的预测误差分析

误差指标	改进模型	LSSVM			实时分解的预测模型		
		结果	绝对比较	相对比较	结果	绝对比较	相对比较
MAE	1.456	1.558	0.102	6.55%	1.687	0.231	13.68%
RMSE	1.913	2.201	0.288	13.08%	2.146	0.233	10.84%
MRPE/%	17.41%	18.28	0.87%	4.76%	19.69%	2.28%	11.58%

5　结论

本文基于实时分解 DWT - LSSVM 模型，提出了一种改进模型，即基于分解分量预测值的优化叠加的改进方法，并采用实例数据进行了验证，以此得到了以下结论：

(1)一次分解 DWT - LSSVM 预测模型虽然预测精度较高，但是其在分解时利用了未来数据，这在实际情况中并不合理。然而，采用实时分解 DWT - LSSVM 预测模型，虽然合理，但可能得不到满意的预测结果。虽然该方法降低了数据的非平稳、非线性，但同时也可能大大增加了子序列的波动性，进而增加了预测难度，最终导致较差的预测结果。

(2)基于分解分量预测值优化叠加的改进方法具有较高的预测精度。该方法是根据数据的实时反馈结果优化选择叠加方式的，其预测平均绝对误差、均方根误差和平均相对百分比误差相比于 LSSVM 分别提高了 6.55%、13.08% 和 4.76%，相比于实时分解的 DWT - LSSVM 预测模型则分别提高了 13.68%、10.84% 和 11.58%。

参考文献

[1] Landberg L. Short - term prediction of the power production from wind farms[J]. Journal of Wind Engineering & Industrial Aerodynamics, 1999, 80(1 - 2): 207 - 220.

[2] Liu H, Tian H Q, Li Y F. An EMD - recursive ARIMA method to predict wind speed for railway strong wind warning system[J]. Journal of Wind Engineering & Industrial Aerodynamics, 2015, 141: 27 - 38.

[3] Hu J, Wang J, Zeng G. A hybrid forecasting approach applied to wind speed time series[J]. Renewable Energy, 2013, 60(4): 185 - 194.

不同地区风速变化对人体舒适度的影响*

胡汉实，周晅毅，顾明
（同济大学土木工程防灾国家重点实验室 上海 200092）

1 引言

随着经济和社会的发展，以人体舒适度为基础的应用研究逐渐成为现代化城市建设中重要的一部分。影响人体舒适度的主要因素包括气温、空气相对湿度、风速等，但目前诸多人体舒适度指数计算模型对风速变化影响的研究仍有欠缺。本文采用数值模拟的方法，通过 Fluent 模拟不同方向来流在某一街区内风速的变化，并利用不同的人体舒适度指数计算模型计算不同地区、不同季节、不同时段街区内不同位置的舒适度指数。

2 计算方法

本文风场模拟采用 RANS 模型中的可实现 $k-\varepsilon$ 模型，针对 0°方向和 90°方向来流情况分别建模计算。计算模型为实尺模型，模型尺寸 $L \times B \times H = 140\ \mathrm{m} \times 100\ \mathrm{m} \times 15\ \mathrm{m}$，计算域大小为 $15L \times 5B \times 10H$，模型上游来流区域为 $5L$，下游尾流区为 $10L$。模型网格采用结构化的渐进网格，总数 1700000 个，网格增长因子不超过 1.05，此处采用的网格划分方案保证了结果不随网格大小的改变而发生显著的变化。Fluent 中模型边界条件设置如表 1 所示。

表 1 边界条件设置

边界条件	选取项目
入流面	速度入口（velocity inlet）
出流面	压力出口（pressure outlet）
顶面及两侧	自由滑移壁面（symmetry）
地面及建筑物表面	无滑移壁面（wall）
近壁面处理	标准壁面函数（standard wall functions）
离散格式	二阶迎风（second order upward）
压力速度耦合	SIMPLEC
收敛标准	量纲为一的残差降至 10^{-6} 以下且控制点风速稳定

3 模型计算及舒适度

3.1 气象数据

模拟地区的气象数据来自中国气象数据网地面气象资料[4]，如表 2 所示。

表 2 不同地区气象数据

参数	季节	北京		南京		汕头	
		白天	夜晚	白天	夜晚	白天	夜晚
气温/℃	冬季	1.6	-7.8	6.7	-1.3	18.2	10.9
	夏季	31.3	22.3	31.8	24.5	32	25.7
相对湿度/%	冬季	41	49	67	76	71	78
	夏季	63	78	72	85	76	84
计算风速/($\mathrm{m \cdot s^{-1}}$)	冬季	5		5		5	
	夏季	5		5		5	

* 基金项目：国家自然科学基金面上项目（51478359）

冬季，北京与南京气温比汕头低得多，夏季，三地气温比较接近；三地夜晚的湿度均比白天高；计算风速由实际气象数据取 5 m/s。

3.2　模拟分析

根据不同地区冬夏两季昼夜风速的气象数据，设置 Fluent 分别运算 0°风向与 90°风向两种工况街区内风速的变化情况，得到人行高度 2 m 处的速度云图如图 2、图 3 所示。可见，由于街区建筑的阻挡效应，街区入口处风速有一定增大，街区内部风速较小，且不同位置处的风速也有较大差异。

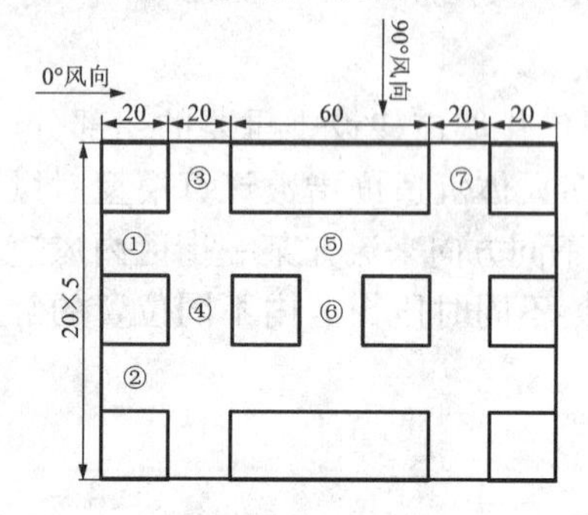

图 1　关键点布置图

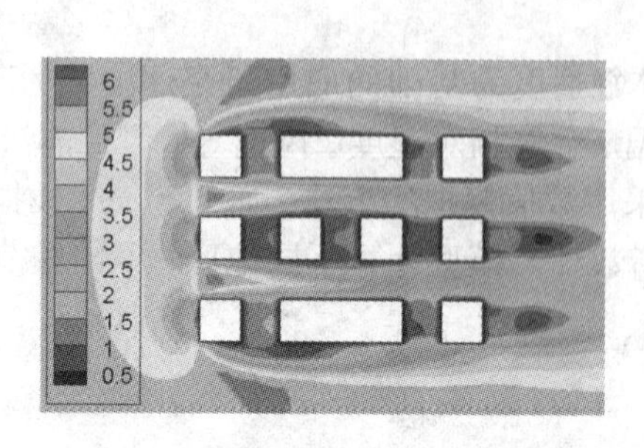

图 2　北京冬季白天 0°风向速度云图

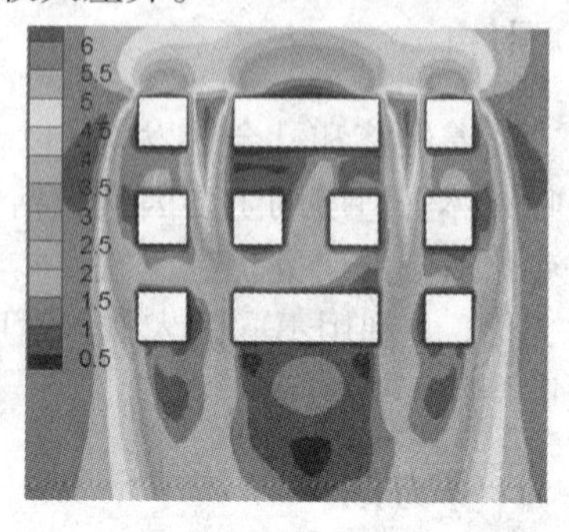

图 3　北京冬季白天 90°风向速度云图

3.3　舒适度

由选取的人体舒适度指数计算模型[1]求解可知，在同样气温与相对湿度的条件下，不同风速下舒适度指数会发生明显波动，给人不同的感受。随着风速的增大，在夏季会使人感到更舒适，在冬季则会加剧人的寒冷体验。以下列出 ssd[2]（人体舒适度指数）的计算结果，结果表明，在夏季，北京的夜晚相对舒适；在冬季，汕头的白天相对暖和。

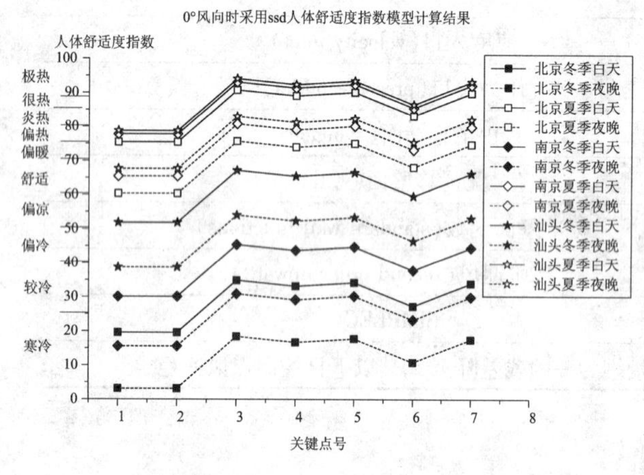

图 4　ssd 模型 0°风向时舒适度指数

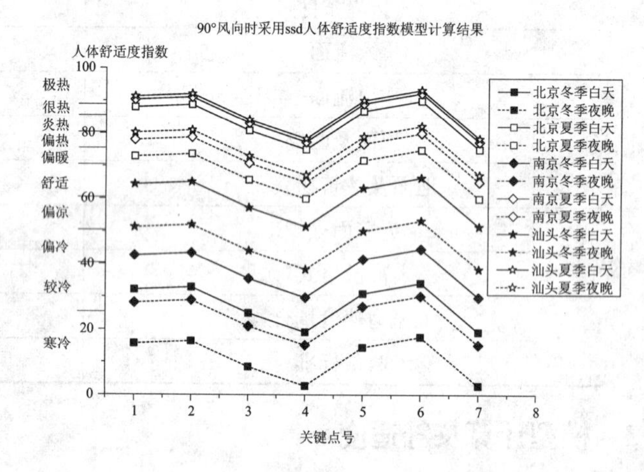

图 5　ssd 模型 90°风向时舒适度指数

4　结论

本文通过对比多个地区、不同季节及昼夜差别等情况，研究街区内风速变化对人体舒适度的影响，得出如下结论：

（1）在同样气温与空气相对湿度条件下，风速的变化对人体舒适度体验有明显的影响；

（2）不同地区，即使来流风速相等，但由于环境温度与相对湿度的差异，使得人的舒适度体验差异也较大；

（3）不同来流风向只影响街区内固定点位舒适度体验，不影响街区范围内的舒适度波动范围。

参考文献

[1] 吴兑. 多种人体舒适度预报公式讨论[J]. 气象科技，2003(06)：370 – 372.

[2] 杨成芳. 山东省人体舒适度的 REOF 分析[J]. 气象科技学，2006，26(1)：.

[3] 朱学玲，任健. 人体舒适度的分析与预报[J]. 气象与环境科学，2011(S1)：131 – 134.

[4] 中国气象数据网地面资料，http：//data. cma. cn/dataService/index/datacode/A. 0029. 0004. html.

风荷载效应的极值不确定性分析*

冀骁文，黄国庆
（西南交通大学土木工程学院风工程试验研究中心 四川 成都 610031）

1 引言

在结构抗风可靠度设计中，确定风荷载效应的极值十分重要。截至目前，国内外学者针对极值求解问题已经提出了许多研究方法。由于使用的便捷性及准确性，基于 Hermite 多项式模型（HPM）转换过程方法得到了广泛的应用[1]。然而在求解极值的过程中，许多因素（如：气动力效应、模型选取和校准误差等）的存在使得极值存在变异性或不确定性。极值因子（57% 分位点极值）的不确定性被许多专家学者研究，此外，78% 分位点极值经常用于设计规范中以考虑风载或风速的不确定性。因此，极值不确定性分析对结构抗风设计极具价值。基于超长风压数据，本文将对低矮房屋屋面风压及结构响应的任意分位点极值的不确定性进行研究。基于 HPM 转换过程方法，提出得到极值 I 型分布参数的经验公式；提供两种有效的分析方法估计任意分位点极值不确定性；通过两个案例对本文提出的分析方法进行展示；最后给出相关结论。

2 极值估计经验公式

2.1 基于 HPM 转换过程

风荷载效应通常具有或弱或强的非高斯性。本文采用 Hermite 多项式模型将归一化的非高斯过程 $X(t)$ 通过转换函数关联到标准高斯过程 $U(t)$ 用以估计风载效应的母分布，并通过转换过程得到其极值分布 $F_{X_p}(X_p)$。一般地，可认为风载效应极值服从极值 I 型分布。

2.2 经验公式

根据上述求解极值方法，建立两组数据（一组：过程 $X(t)$ 的偏度 r_3、峰度 r_4 和平均超零数 λ_0；一组：分布 $F_X(x)$ 的位置参数 δ_x、尺度参数 ψ_x）的直接对应关系。例如，位置参数 δ_x 的经验求解公式为（系数取值略）：

$$\begin{aligned}\delta_x &= \delta_x(r_3,\ r_4,\ \lambda_0)\\ &= a_1\ln r_4 + a_2 r_3^2 + a_3\ln^2 r_4 + a_4\ln^3 r_4 + a_5\ln\lambda_0 + a_6 r_3\ln r_4 + a_7 r_3^2\ln^2 r_4 + a_8\ln r_4\ln\lambda_0 + a_9 r_3^2\ln\lambda_0 + \\ &\quad a_{10} r_3^3\ln\lambda_0 + a_{11} r_3\ln r_4\ln\lambda_0 + a_{12} r_3^2\ln r_4\ln\lambda_0 + a_{13} r_3\ln^2 r_4\ln\lambda_0 + a_{14} r_3^2\ln^2 r_4\ln\lambda_0\end{aligned} \tag{1}$$

3 极值不确定性分析

根据文献[2]，对于同一风载效应变量，前四阶矩在不同样本间存在明显的变异性或不确定性，因此其极值分布也会存在不确定性。本文将通过两种方法对任意分位点极值的不确定性进行估计。方法一：建立前四阶矩的联合概率分布模型 $F_{R1R2}(r_1,\ r_2)$、$F_{R3R4}(r_3,\ r_4)$，通过经验公式以及借助蒙特卡洛模拟得到 δ_x 及 ψ_x 的样本，并建立其联合分布函数，通过 Jacobian 转换进一步得到规定分位点极值的概率分布。方法二：不同样本间的任意分位点极值满足独立同分布条件，故假设分位点极值近似服从正态分布；估计前四阶矩的均值、方程和协方差，通过对包括经验公式在内的一系列表达式的泰勒级数展开，可求得规定分位点极值的均值、方程，继而得到其概率分布。

4 实例展示

风压系数数据来自 UWO 大气边界层风洞试验室，选用模型 FL30 作为研究对象。30 h 的超长数据被分成 180 段 10 min 数据进行不确定性研究。展示案例共有两组，第一组：对屋面上 Tap A 处风压极值不确定性进行分析[图 1(a)]；第二组：基于 FL30 建立其框架结构有限元模型，分析 Column B 基底弯矩极值不确

* 基金项目：国家自然科学基金（51578471，51478401），四川省青年基金（2016JQ0005）

定性[图1(b)]。图2中给出了两组风荷载效应极值在78%分位点处通过两种分析方法得到的不确定性估计结果。

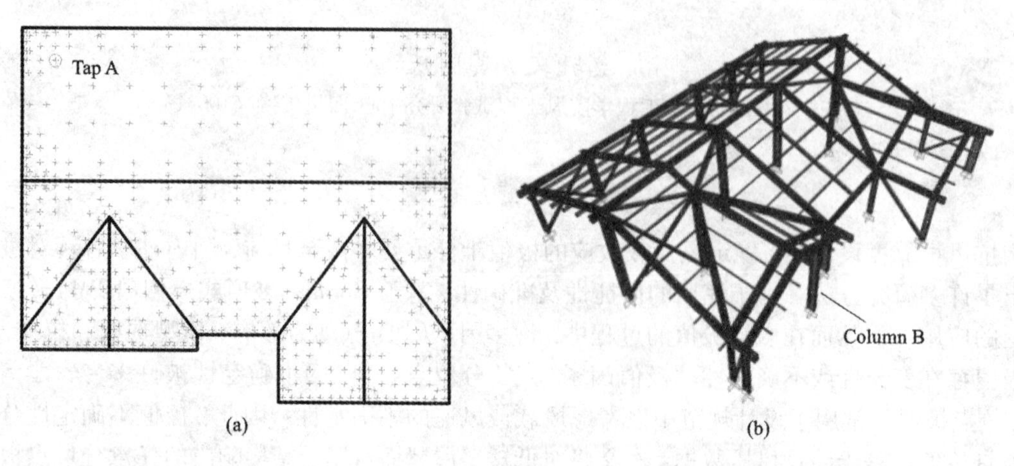

图1　FL30房屋模型(a)屋面测点布置;(b)框架结构有限元建模

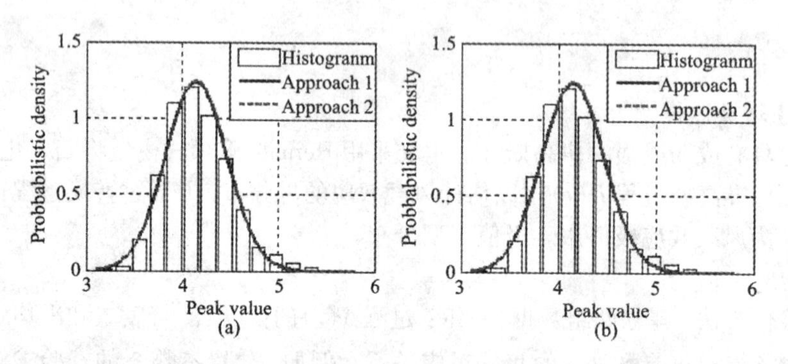

图2　78%分位点极值概率密度分布(a)Tap A风压;(b)Column B基底弯矩

5　结论

(1)利用基于Hermite转换过程方法的经验公式对极值进行估计十分高效。

(2)采用文中提供的两种分析方法可以较为精准地得到任一分位点极值的概率分布。

参考文献

[1] Peng X, Yang L, Gavanski E, et al. A comparison of methods to estimate peak wind loads on buildings[J]. Journal of Wind Engineering & Industrial Aerodynamics, 2014, 126(1): 11-23.

[2] Yang Q, Tian Y. A model of probability density function of non-Gaussian wind pressure with multiplesamples[J]. Journal of Wind Engineering & Industrial Aerodynamics, 2015, 140: 67-78.

基于三种致动模型的风机尾流模拟*

李秋明，刘震卿，张冲
（华中科技大学土木工程与力学学院 湖北 武汉 430074）

1 引言

风机尾流的研究方法主要有风洞试验和 CFD 数值模拟。1979 年，瑞典科学家 Alfredsson[1] 利用热线测速仪，进行了风力机尾流风速分布规律的研究，并以此换算出风力机出力比，揭示了尾流对风力机出力的影响。然而，实验存在着不足，风速仪无法获得全域瞬时流场信息。闫海津[2] 基于 RNG 湍流模型，对单风力机进行了简单的全模型化数值模拟，得到了整个流场区域风速分布，压强分布，以及流动分离等结果，但未考虑叶片旋转效应和风速梯度等因素对流场的影响，且进行全模型化数值模拟时，叶片贴体网格划分较为困难。李少华[3] 结合 CFD 数值模拟方法和风机尾流模型，开展了两台风力机组在串列、并列、错列布置情况下，风力机功率以及其尾流分布的研究。定性分析出在串列布置条件下，上风向机组的尾流效应导致下风向机组的功率，然而，其同样采用了全模型化贴体网格，网格数量大。杨瑞[4] 利用致动盘模型，开展了风力机尾流的数值模拟。该方法以致动盘代替风轮，可以简化网格，无需对复杂的风机叶片进行贴体网格划分。在致动盘上施加压力跃阶来以近似模拟风机的气动阻力，很好地模拟出上风向与下风向风力机之间的功率损失，但仅考虑了轴向诱导力，忽略了切向诱导力，故无法捕捉近尾流场信息。

本文将基于三种致动方法进行风力机尾流模拟，分析了在湍流来流，叶尖风速比 $\lambda=5.52$、9.69 两种条件下的流场信息，并将数值模拟结果与实验[5] 对比，研究各自计算特点，为风机优化布置提供理论依据。

2 研究内容与方法

本文基于大涡模拟的方法采用三种风机尾流模式对风机尾流进行数值模拟，计算域尺寸如图 1 所示，长宽高分别为 13.5 m、1.5 m、1.8 m，通过直接几何建模在风洞上游设置 3 个尖劈，以模拟有湍流的大气边界层条件，尖劈间距 0.5 m，高为 1.5 m，距风机放置位置 6 m。在计算域底面，风轮以及尖劈处，考虑到速度变化梯度较大，需要更小的网格捕捉其流场特点，故须对其进行局部加密。靠近底面处，Z 的方向网格尺寸为 5 mm，网格沿着 Z 方向的增长率为 1.2；在风轮平面处，X 方向网格尺寸为 5 mm，沿着纵向增长率为 1.1；在尖劈表面，最大网格尺寸为 15 mm，最小网格尺寸为 3 mm，网格总数约 250 万。

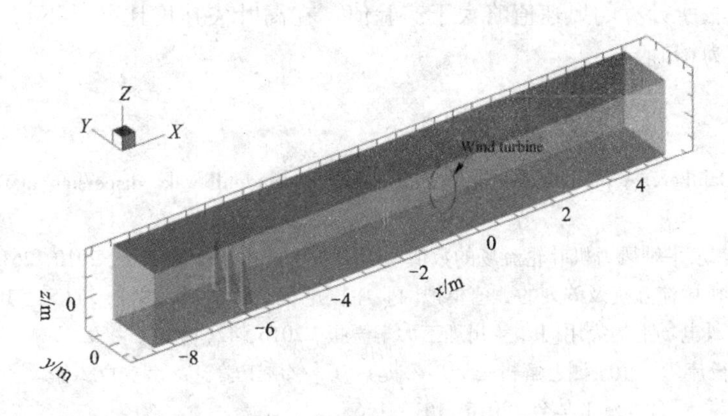

图 1 计算模型尺寸示意图

（1）标准致动盘方法（ADM），$F_x=\rho u_0^2/2A_f C_T$，该方法仅计算轴向诱导力，并把它均匀分配到叶片旋转

* 基金项目：国家自然科学基金青年科学基金项目（51608220），国家重点研发计划（2016YFE0127900）

区域。

(2)带旋转的致动盘方法(ADM－R)，$\boldsymbol{F}=\rho V_{rel}^2/2c\Delta r(C_L\boldsymbol{e}_L+C_D\boldsymbol{e}_D)$，该方法基于BEM理论，由于该理论假设翼展方向无穷大，且动量理论仅适用于轴向诱导因子较小的情况，在本文中引入普朗特损失因子和葛劳渥特损失因子加以修正诱导因子[9]。根据各位置翼形计算轴向诱导力和切向诱导力，并将所计算的诱导力沿着翼展方向微小圆环内计算平均值。

(3)致动线方法(ALM)，该方法同样基于BEM理论，舍弃ADM－R方法中，诱导力在翼展方向微小圆环上均匀分布的假设，直接求解叶片所扫过网格上的诱导力。

以此计算出阻力项，通过用户自定义函数(UDF)修改Navier－Stokes动量控制方程加以实现。最后将三种方法的数值模拟结果与风洞实验结果进行对比，并研究三种风机尾流模型的各自计算特点以及适用条件，为风机合理布局以获得最优风能产出提供一定依据。

3 计算结果与结论

在距风机中心2D、8D处，提取出其轴向速度，绘制归一化后的风剖面，如图2所示：

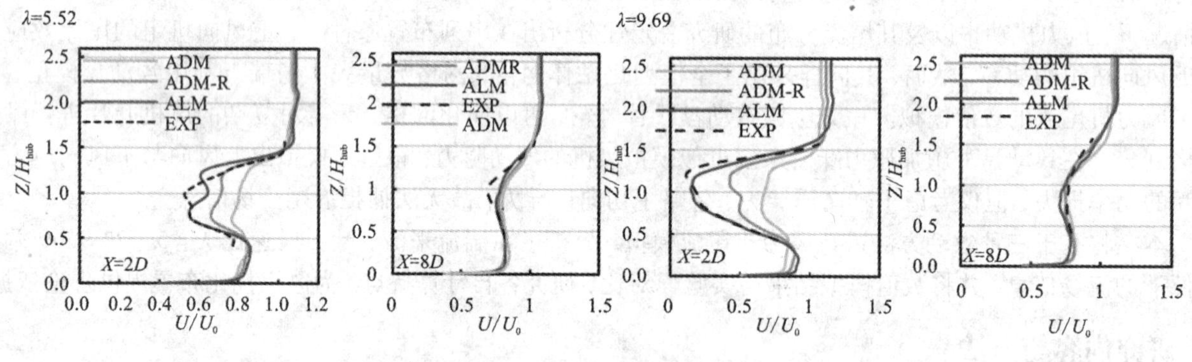

图2 归一化后的平均风剖面

4 结论

(1)在近尾流场区域，ADM方法与实验值误差较大，ADM－R方法次之，两者都无法捕捉近尾流场信息。ALM方法与实验值基本吻合，可以很好地捕捉近尾流场信息。

(2)在远尾流场区域，三种方法相近，都与实验值基本吻合。由于没考虑机舱对风场的影响，故在靠近风机中心处，三种方法所计算的风速值略大于实验值。在高叶尖速度比条件下，风机对流场的扰动效果更为明显，计算结果更为精确。

参考文献

[1] Alfredsson P H, J A Dahlberg. A preliminary wind tunnel study of windmill wake dispersion in various flow conditions, part 7. 1979.

[2] 闫海津，胡丹梅，李佳.水平轴风力机叶轮流场的数值模拟[J].上海电力学院学报，2010，26(2)：123－126.

[3] 李少华等.双机组风力机尾流互扰及阵列的数值模拟[J].中国电机工程学报，2011，31(5)：101－107.

[4] 杨瑞等.致动盘模型在风电场上的应用[J].兰州理工大学学报，2016，42(1)：66－69.

[5] 石原孟，銭国偉.風車後流の数值予測と解析モデルの提案[C]//風工学シンポジウム論文集 第24回風工学シンポジウム論文集.一般社团法人 日本風工学会，2016：151－156.

[6] Martin O L H. Aerodynamics of Wind Turbines [M].肖劲松，译.北京：中国电力出版社，2009.

多点非平稳随机过程的快速模拟*

刘瑞莉，赵宁，黄国庆，彭留留
（西南交通大学土木工程学院、风工程试验研究中心 四川 成都 610031）

1 引言

尽管非平稳随机过程的快速模拟已经取得了较大的进步，但是现有模拟方法的效率和适用性还有望进一步提高。本文基于POD时频分解技术，提出一种更加通用、更加高效的非平稳快速模拟算法。相比现有算法的效率，该方法在Cholesky分解、POD的使用、FFT的应用三个方面进行了提升，而且它可以适用于任意的多点非平稳过程的模拟。

2 模拟算法

设$\boldsymbol{x}(t)=[x_1(t), x_2(t), \cdots, x_n(t)]^{\mathrm{T}}$为零均值的多点非平稳随机过程，T表示转置。基于非平稳过程的谱表示模拟方法[1]，给定的功率谱矩阵首先应该被分解成三角矩阵的形式$\boldsymbol{S}(\omega, t)=\boldsymbol{H}(\omega, t)\boldsymbol{H}^{\mathrm{T}*}(\omega, t)$。考虑到相干函数矩阵的时不变特性，时变功率谱矩阵的Cholesky分解可以被替换成时不变相干函数矩阵的分解，这样可以大大提高分解的效率。那么，相应的分解结果如下：

$$H_{jk}(\omega, t)=\sqrt{S_{jj}(\omega, t)}\beta_{jk}(\omega), j=1, 2, \cdots, n; j\geqslant k \tag{1}$$

式中：$H_{jk}(\omega, t)$是分解后的下三角矩阵$H(\omega, t)$的元素；$S_{jj}(\omega, t)$是第j个随机过程的自演化功率谱；$\beta_{jk}(\omega)$是相干函数矩阵进行分解之后的矩阵的元素。

然后，上式中的时频耦合项可以通过POD进行如下分解[2]：

$$\sqrt{S_{jj}(\omega, t)} \approx \sum_{q=1}^{N_q^{jj}} a_q^{jj}(t)\Phi_q^{jj}(\omega) \tag{2}$$

根据以上两式，非平稳的模拟公式可以被改写为

$$x_j(t) = \mathrm{Re}\Big\{2\sum_{k=1}^{j}\sum_{q=1}^{N_q^{jj}} a_q^{jj}(t)\sum_{l=1}^{N}\Phi_q^{jj}(\omega_l)\beta_{jk}(\omega_l)\sqrt{\Delta\omega}\mathrm{e}^{-\mathrm{i}(\omega_l t+\varphi_{kl})}\Big\} \tag{3}$$

式中：φ_{kl}是相互独立且均匀分布于$[0, 2\pi]$的随机相位角。很明显，FFT可以被用于上次的模拟中。

进一步，通过改变上次的求和顺序，FFT的使用次数还可以被减少，最终的模拟公式表达如下：

$$x_j(t) = \mathrm{Re}\Big\{2\sqrt{\Delta\omega}\sum_{q=1}^{N_q^{jj}} a_q^{jj}(t)\sum_{l=1}^{N}\Phi_q^{jj}(\omega_l)\mathrm{e}^{-\mathrm{i}\omega_l t}\sum_{k=1}^{j}\beta_{jk}(\omega_l)\mathrm{e}^{-\mathrm{i}\varphi_{kl}}\Big\} \tag{4}$$

3 数值算例

取空间呈直线分布的301个模拟点，前后100个点的相邻间距为10 m，中间101个点的相邻间距为20 m。模拟点的自演化功率谱来自于实测台风的估计谱，中间101点和两边200个点分别采用1.0和0.8的调制系数。两点之间的相干函数采用Davenport模型。图1所示为由10000个模拟样本估计出的点96和点106的自相关和互相关函数与目标值在$\tau=0$, 4和8 s三个时间延迟上的对比。可以看出，本算法具有很高的模拟精度。

4 结论

基于POD的时频分解，本文提出了一种高效的、通用的非平稳随机过程模拟算法。该方法不仅能方便地借助FFT来加快模拟的效率，而且在矩阵的Cholesky分解、时频耦合项的POD分解和FFT的使用等三

* 基金项目：国家自然科学基金(51578471)

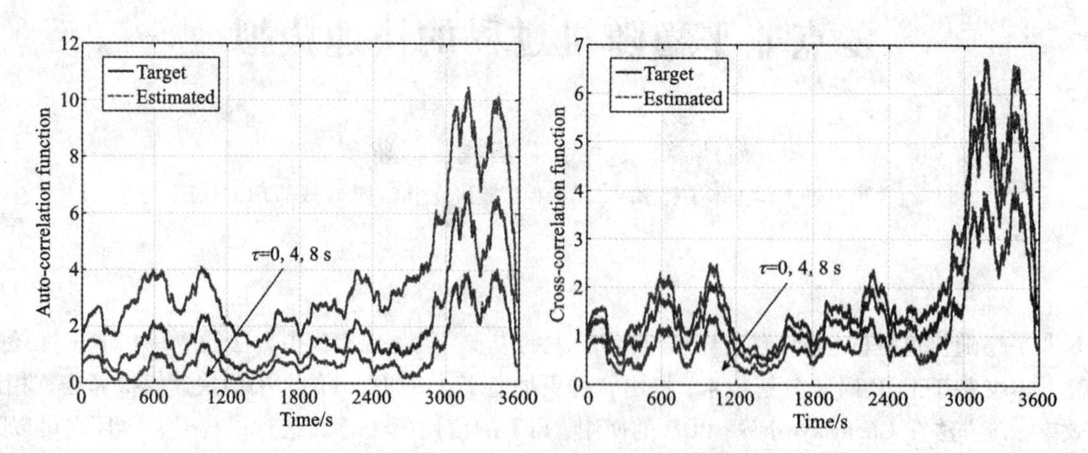

图 1 自相关和互相关函数与目标值的对比

大方面进行改进，最终达到更快的模拟。数值算例分析表明，本算法具有适用范围广、精度高以及模拟效率高的特点。

参考文献

[1] Deodatis G. Non - stationary stochastic vector processes: seismic ground motion applications[J]. Prob. Eng. Mech., 1996, 11: 149 - 168.

[2] Huang G. Application of Proper Orthogonal Decomposition in Fast Fourier Transform - Assisted MultivariateNonstationary Process Simulation[J]. J. Eng. Mech., 2015, 141(7): 04015015.

一种基于 DWT – LSSVM – GARCH 混合方法的风速预测模型*

宋淳宸，姜言，黄国庆，李永乐
（西南交通大学土木工程学院风工程试验研究中心 四川 成都 610031）

1 引言

风能作为一种可再生，无污染的能源，在低碳能源科技中起着重要作用。因此准确地预测风速时间序列具有重要的意义。然而由于风速时间序列的随机性，阻碍着风能的利用。为了提高风速预测的准确性，发展了大量预测的方法，大体包括三种方法：物理方法、时间序列方法和基于人工智能的方法。

为了进一步提高风能预测准确性，本文基于大量的研究提出一种结合了相关性辅助的离散小波变换（discrete wavelet transform，DWT）、最小二乘支持向量机（Least Squares Support Vector Machine，LSSVM）[1] 和广义自回归条件异方差模型（generalized auto – regressive conditionally heteroscedastic，GARCH）实时分解的风速预测方法。

2 模型简述

（1）基于 DWT 的混合模型

DWT 用于分析非平稳非线性数据，其将 $x(t)$ 宽带信号分解成若干频率带分量，

$$x(t) = \sum_{i=1}^{M+1} c_i(t) \tag{1}$$

其中：M 是总的分量层数，$c_i(t)$（$i = 1, 2, \cdots, M$）表示第 i 层分量，$c_{M+1}(t)$ 表示近似分量。

作为 SVM 变异模型，LSSVM 在保证准确性的同时减少模型学习时间[1]。这里不再详述。

（2）相关性分析

引入相关系数剔除分解产生的虚假成分。第 i 个子序列和原始数据的相关系数表达式为：

$$\rho_i = \frac{\sum_{j=1}^{n} x(j) c_i(j)}{\sqrt{\sum_{j=1}^{n} x^2(j) \sum_{j=1}^{n} c_i^2(j)}} \tag{2}$$

其中：$x(j)$，$j = 1, 2 \cdots n$ 为原始数据点；$c_i(j)$ 是第 i 个子序列数据点。

基于残差的异方差性测试，用剩余的子序列建立 LSSVM 或 LSSVM – GARCH 模型。

（3）误差补偿

引入 GARCH 模型[2] 来模拟和评估波动。基于异方差性测试，用剩余的子序列建模。

3 方法流程

步骤 1：划分原始数据为训练集（$\{x(1), \cdots, x(n)\}$）和预测集（$\{x(n+1), \cdots, x(n+N)\}$）。

步骤 2：对训练集建立 DWT 模型分解其为若干子序列（$\{c_i(1), \cdots, c_i(n)\}$，$i = 1 \cdots M+1$）。

步骤 3：根据相关系数识别虚假子序列。如果相关系数小于阈值，剔除相应的子系列。

步骤 4：用拉格朗日乘数检验残差的异方差性。根据结果对剩余子序列建立 LSSVM 或 LSSVM – GARCH 的模型，预测第 $n+1$ 个数据，$c_i(n+1)$。叠加子序列得预测结果，$x(n+1)$。

步骤 5：获取新数据并更新训练集。如更新训练集为 $\{x(2), \cdots, x(n+1)\}$，重复步骤 2 ~ 4，可以获得相应的预测结果 $x(n+2)$。继续进行超前一步预测直到完成预测。

---

* 基金项目：高铁联合基金（U1334201），国家自然科学基金面上项目（51578471）

步骤6：评估预测数据的误差。

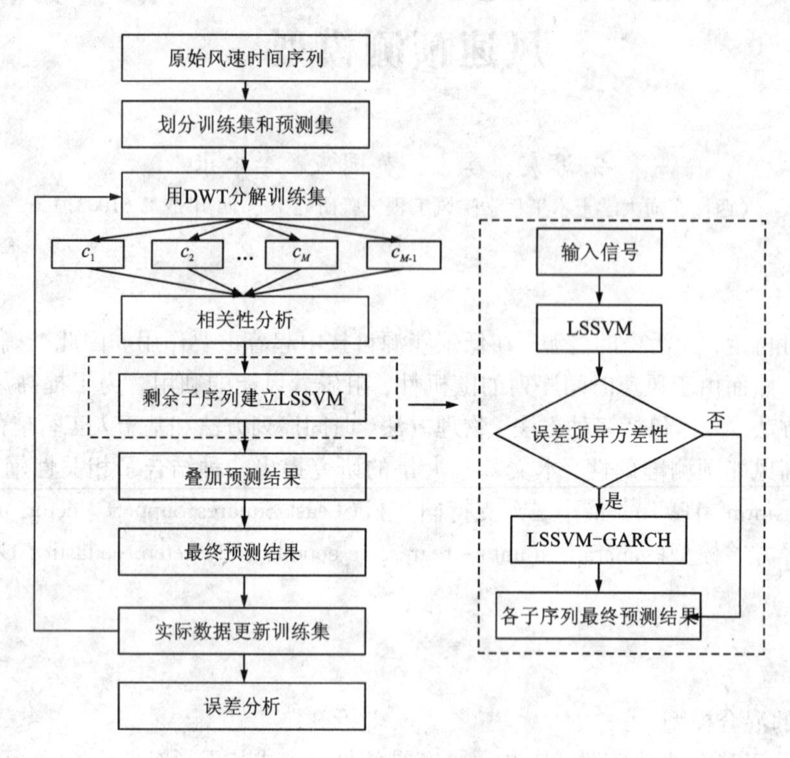

图1 方法流程图

4 结论

本文比较了两种预处理方案，即一次性分解和实时分解，并提出了一种新的相关性辅助的 DWT，LSSVM 和 GARCH 相结合的混合方法，得出结论如下：

(1)如王和吴[3]指出的那样，一次性分解预测方法显示出很大的优越性，但假设未来数据为已知，在应用于实际中是不合理的。

(2)本文通过分析各个子序列与原始序列的相关性来降低子序列虚假成分的影响，建立 GARCH 模型用模拟子序列的波动性。本文方法在准确性和稳定性方面都有良好的表现。

参考文献

[1] Zhou J Y, Jing S, Gong L. Fine tuning support vector machines for short－term wind speed forecasting[J]. Energy Conversion and Management, 2011, 52(4): 1990－1998.

[2] Liu H, Tian H Q, Li Y F. An EMD－recursive ARIMA method to predict wind speed for railway strong wind warning system. Journal of Wind Engineering and Industrial Aerodynamics, 2015, 141: 27－38.

[3] Wang Y M, Wu L. On practical challenges of decomposition－based hybrid forecasting algorithms for wind speed and solar irradiation[J]. Energy, 2016, 112: 208－220.

乌鲁木齐地区风与降雨的相关性分析和降雨产生的雪荷载附加荷载研究*

孙富磊，周晅毅，顾明
（同济大学土木工程防灾国家重点实验室 上海 200092）

1 引言

降雨对建筑的影响不可忽视。冬春之交时，北方地区的屋面尚有一定厚度的积雪，若此时有降雨事件发生，雨水在雪层中的渗透或重新冻结，会使屋面单位面积的荷载明显增大。本文利用乌鲁木齐地区的降水和风速资料，首先对风速和降雨的相关性作了分析，并估计了平屋面上因降雨产生的雪荷载的附加荷载。

2 风速和降雨的相关性

2.1 数据处理

本文选取了乌鲁木齐（台站号51463）1951年到2013年共63年的降水和风速数据，全部数据均来自中国气象科学数据共享服务网的中国地面气候资料日值数据集。当空气温度 T_a 低于 -1℃时所有的降水即为降雪，当空气温度高于3℃时所有降水即为降雨，当空气温度在 -1℃与3℃之间时降雪量与降雨量进行线性插值[1]，从而分别得到降雨和降雪数据。

2.2 分析过程与结果

将降雨数据和气温数据作为原始样本，可以得到其频率分布直方图和二元频数直方图，如图1～图3所示。

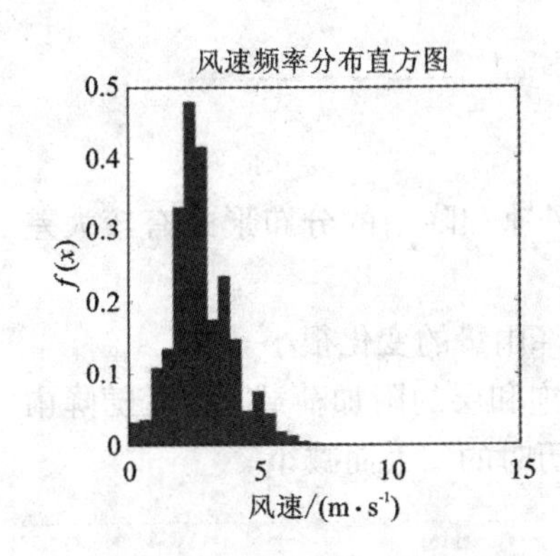

图1 风速频率分布直方图

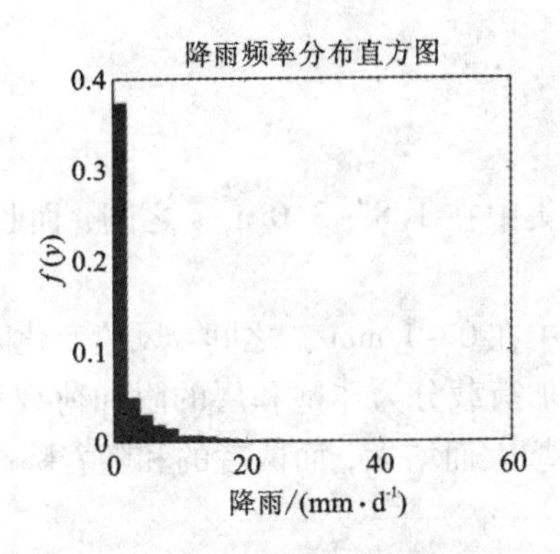

图2 降雨频率分布直方图

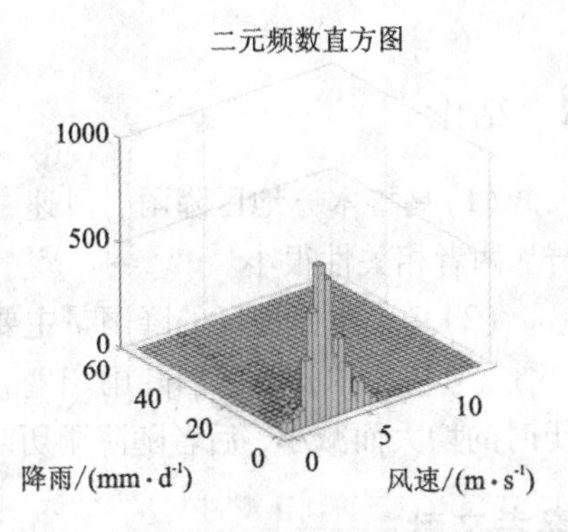

图3 风速与降雨量二元频数直方图

由图1和图2可见，乌鲁木齐地区降雨时风速主要集中在1.8～3.0 m/s之间，只是偶尔会有大风天气出现，而且风速和降雨的分布形式有较大差异，可以初步认为两者相关性很小。又因为该地区大部分时间降雨量都在1 mm/d以下，并且由图3可以看出在风速变化时降雨量几乎没有变化，所以可以认为乌鲁木齐地区出现大雨伴随大风天气的可能性很小，即风和降雨的共同作用对建筑物的影响较小。

3 降雨产生的雪荷载的附加荷载

乌鲁木齐地区的降雨强度和降雨历时的关系为[2]：

* 基金项目：国家自然科学基金面上项目（51478359）

$$i=\frac{4.15(1+1.123\lg P)}{(t+15)^{0.841}} \tag{1}$$

其中：i 为降雨强度（mm/min），P 为重现期，t 为降雨历时（min）。

降雨时认为雪层分为非饱和层和饱和层，非饱和层中的雨水在雪层中发生竖向流动，饱和层中的雨水沿着屋面流动。当降雨强度稳定后，两部分的附加荷载也随之稳定，此时对于平屋面两者的和为[3]：

$$W=h\rho_w\varphi\left[\left(\frac{i}{\alpha k_u}\right)^{\frac{1}{3}}(1-S_{wi})+S_{wi}\right]+0.5\pi d_0\varphi\rho_w \tag{2}$$

其中：h 是雪的厚度；ρ_w是水的密度；φ 是积雪的孔隙率，α 是常数（5.47×10^6 m/s）；k_u是积雪渗透率；d_0是饱和层厚度。图4所示为根据暴雨强度公式计算得到的降雨强度，从而得到图5中的饱和层厚度和附加荷载。由图4可见，降雨强度随着降雨历时的增大而减小，降雨历时增大时降雨强度迅速减小；随着降雨历时的增大，降雨强度趋于平缓。当降雨历时为75963 s时，饱和层的厚度达到最大，为0.0559 m，而降雨强度越小附加荷载也越小。

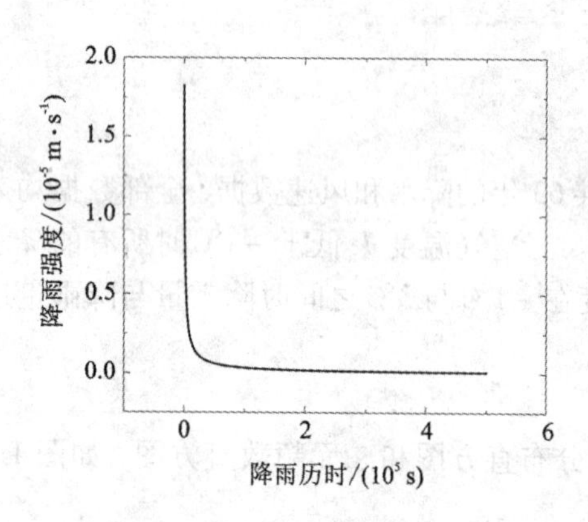

图4 降雨强度随历时的变化

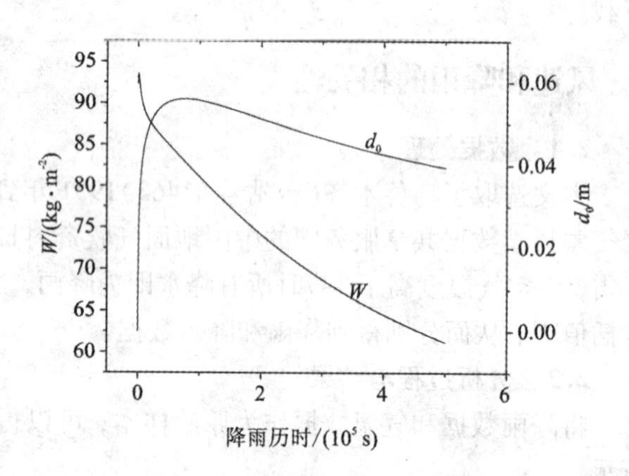

图5 饱和层厚度和附加荷载

4 结论

（1）乌鲁木齐地区降雨时风速主要集中在1.8～3.0 m/s之间，而且风速和降雨的分布形式有较大差异，两者相关性很小。

（2）乌鲁木齐地区的降雨量主要集中在0～1 mm/d之间，风速变化时降雨量的变化很小。

（3）乌鲁木齐地区因降雨产生的附加荷载分为非饱和层的附加荷载和饱和层的附加荷载，前者随降雨历时的增大而减小，后者随降雨历时的增大而增大，而两者的和随着降雨历时的增大而减小。

参考文献

[1] 孙鲁鲁. 基于多层融雪模型的地面雪荷载模拟研究[D]. 上海：同济大学土木工程学院，2016：17－18.

[2] 廖新亮，孙辉. 乌鲁木齐地区暴雨强度公式编制中降雨资料选样方法探讨[J]. 城市道桥与防洪，2014(4)：120－124.

[3] S C Colbeck. Roof loads resulting from rain－on－snow[R]. Hanover：Cold Regions Research and Engineering Laboratory，1977：1－26.

利用跑车试验方法在城市道路对 CAARC 标模风压系数试验研究*

武昊，李胜利，郑舜云，张欣
（郑州大学土木工程学院 河南 郑州 450001）

1 引言

CAARC 标准模型常用于检验新建风洞流场品质，保证风洞试验数据的可靠性。参照风洞试验方法的原理，结合车辆行驶能产生风的特点，提出了一种利用汽车行驶风测试 CAARC 标准模型风压系数的跑车试验方法。采用理论推导和现场试验的方法，构建了跑车试验的基本理论，设计和组装了跑车试验的物理试验平台，运用该方法在城市道路对 CAARC 标模的测点平均风压系数进行测试，并与已有文献风洞试验数据进行对比。

2 跑车试验方法

本文提出的跑车试验方法所需装置主要由硬件设备和测试设备两部分组成。其中硬件设备主要由带定速巡航功能的小汽车、车顶平台、笔记本电脑等组成；测试设备主要由高频压力传感器、皮托管、同步数据采集卡等组成。如图 1 所示，试验汽车为带定速巡航功能的 2011 款大众宝来汽车，车顶平台通过螺栓固定在汽车天窗上部，并保证水平，CAARC 缩尺模型安装在平台上，皮托管固定在平台上模型右上方且距车顶一定高度处。车顶平台由钢板切割和焊接而成，平台长 90 cm，宽 60 cm，厚0.5 cm，平台中心位置切割直径 3 cm 圆孔，用于将 CAARC 模型测压管穿入车内。供电设备由蓄电池和逆变器组成，保证为笔记本电脑等设备持续供电。

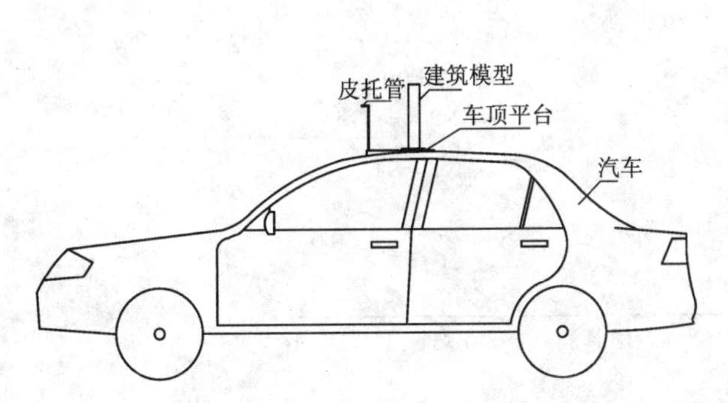

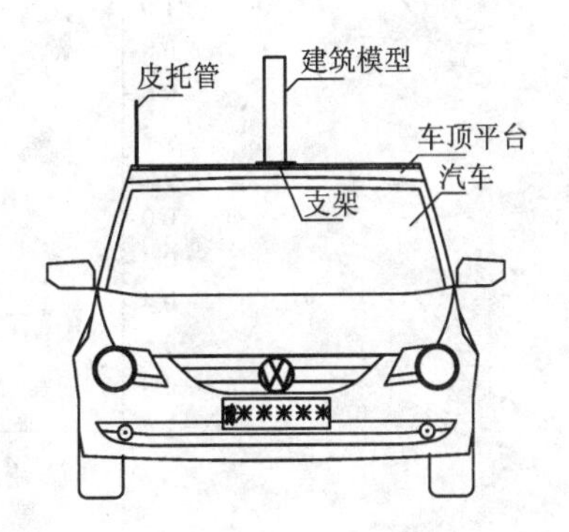

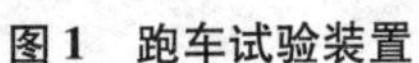
图 1　跑车试验装置

CAARC 高层建筑标准模型是原尺寸为 30.48 m×45.72 m×182.88 m 的矩形柱体，表面平整，模型外部无任何附属物[1]。如图 2(a)所示，通常规定在 CAARC 模型 $2/3H$ 高度水平面处布置 20 个测点作为标准的压力测点。如图 2(b)所示，跑车试验中 CAARC 刚性模型采用 1：300 的几何缩尺比，模型制作材料采用 5 mm 厚有机玻璃，刚性模型上各个测压孔用 PVC 软管与压力传感器气嘴连接。PVC 软管长度为 90 cm，以防止过长软管导致信号发生畸变，影响试验数据准确性[2]。

经过前期观察，郑州市郊某新修城市道路车流量较少，路面平整，适合进行跑车试验，试验选择在天气状况良好，自然风很小时进行。CAARC 模型标准风压测点编号从迎风面开始按顺时针顺序编号，跑车试验选择迎风面 3#测点、侧风面 10#测点、背风面 13#测点对试验结果验证，这三个测点具有典型的代表性，

* 基金项目：国家自然科学基金资助项目(51208471)，河南省自然科学基金资助项目(162300410255)，郑州大学优秀青年教师发展基金(1421322059)，河南省交通运输厅科技项目(2016Y2－2)

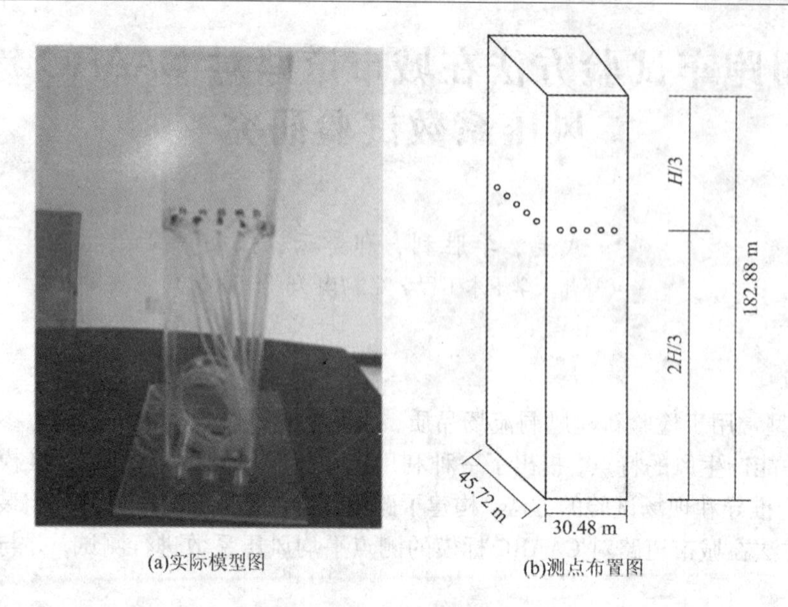

(a)实际模型图　　(b)测点布置图

图 2　CAARC 标准模型图

能很好地反映模型平均风压系数变化规律。本试验采样频率设为 1000 Hz，采样时间为 9 s，每个测点采样数据达到 9000 个，试验车速定为 43 km/h(约为 12 m/s)。跑车试验定义车向前行驶来流方向为 0°风向角，本试验先选择 0°风向角对试验结果进行验证。如图 3 所示，0°风向角下在城市道路利用跑车试验测得 CAARC 标准模型典型测点平均风压系数与相关文献风洞试验结果符合良好。

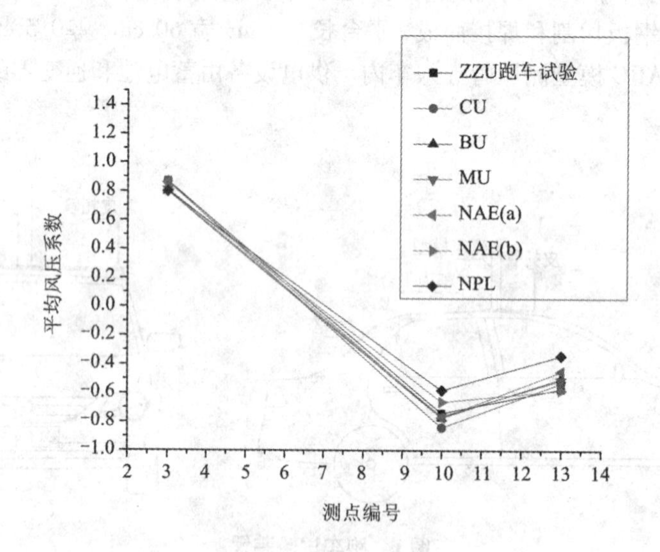

图 3　0°风向角下跑车试验典型风压测点与相关风洞机构结果对比

3　结论

在城市道路条件下，利用跑车试验方法测试 CAARC 标准模型典型测点平均风压系数所得结果与相关机构风洞试验结果符合良好，说明在合适城市道路下利用汽车行驶风测试建筑模型风压系数的跑车试验方法可行。

参考文献

[1] W H MELBOURNE. Comparison of measurements on the CAARC standard tall building model in simulated model wind flows[J]. Journal of Wind Engineering and Industrial Aerodynamics, 1980, 6: 73 - 78.

[2] 陈政清. 工程结构的风致振动、稳定与控制[M]. 1 版. 北京：科学出版社, 2013.

山地地形下的下击暴流风剖面试验研究*

尹旭[1]，吉柏锋[1,2]，瞿伟廉[1,2]，柳广义[1]，张旭[1]
（1. 武汉理工大学土木工程与建筑学院 湖北 武汉 430070；
2. 武汉理工大学道路桥梁与结构工程湖北省重点实验室 湖北 武汉 430070）

1 引言

下击暴流是雷暴天气中强下沉气流猛烈冲击地面后形成并且沿着地面进行传播的极具突发性和破坏性的近地面短时强风[1]。自从下击暴流被定义以来，国内外学者采取多种研究方法对这种灾害性强风开展了大量的研究，这些研究的开展有助于人们从各个角度认识和理解下击暴流的风场特性[2]。但是，现阶段人们对于下击暴流的研究主要集中在平地地形下的风场特性上，对于山地地形下的下击暴流风场特性研究却很少。本文通过研究比较山地地形下的下击暴流不同位置水平风速的竖向风剖面来研究下击暴流风场的变化规律。

2 试验研究方法

本文通过物理试验的方法来研究山地地形下的下击暴流风场特性，试验是在浙江大学的冲击射流装置上进行的，试验的几何缩尺为1:3000，速度缩尺为1:3，冲击射流装置喷口直径 $D_{jet}=400$ mm，喷口距底板的距离 $H_{jet}=1200$ mm，出流速度 $V_{jet}=9$ m/s。试验中采用基于压力扫描阀的排管风速仪采集风速信息，其原理是通过收集多次风压数据后利用电脑处理程序将其转换为风速数据，排管沿高度方向下密上疏分布，测量范围为3～19 mm。

3 风剖面研究

为了研究山体距出流中心的径向距离 R 和出流速度 V_{jet} 对山地地形下的下击暴流风场的影响，设置了六种实验工况。提取物理试验中如下七个位置竖向的水平风速：1为山前 H 处，2为迎风面山脚处，3为迎风面半坡高度处，4为山顶处，5为背风面半坡高度处，6为背风面山脚处，7为山后 H 处，H 表示山体的高度。为了验证物理试验的准确性和有效性，试验中增添了一个没有放置山体模型的空场工况，并选取了径向位置 $r=D_{jet}$、$r=2D_{jet}$ 和 $r=3D_{jet}$ 处的风剖面与下击暴流经验风剖面模型和实测数据进行对比，r 表示测点距出流中心的径向距离。

由图1可以看出，物理试验的无山体工况下击暴流风剖面与国外学者的研究结果吻合较好，实验流场品质较好。由于本文是基于冲击射流模型的实验结果，所以和同是基于冲击射流模型的物理实验得出的Wood和Kwok[3]模型基本一致。

以山体距出流中心的径向距离 R 为例，分别提取物理试验中七个位置的水平风速数据，做出两个工况中各个位置水平风速的竖向风剖面，比较风剖面曲线，可以研究山地地形下的下击暴流风场的变化规律和山体距出流中心的径向距离对下击暴流风场的影响。图2所示为山体距出流中心两个不同径向距离工况中各个位置水平风速的竖向风剖面。

当 $R=1D_{jet}$ 时，位置1处受到下沉气流的影响较大，水平风速的数值和高度较 $R=2D_{jet}$ 时要小；位置2由于已经距出流中心较远，受竖向气流的影响相对较小，DX1中该位置的风速数值和高度都比DX2中的大；位置3处气流由于在上升时受到山体的挤压抬升作用，风压为正，该处水平风速随着 R 的增大而减小；山体对气流的抬升作用会在背风面位置5和位置6的距地面较低处形成一定高度的负压区，所使用的标定曲线插值法对负压的处理是将所测的负压数据处理为0风速，位置5和位置6两条曲线中0风速的高度就是两处对应的负压区高度，可以看出位置5处的负压区高度比位置6处的要高，而且，负压区高度会随着

* 基金项目：国家自然科学基金青年科学基金(51308430)

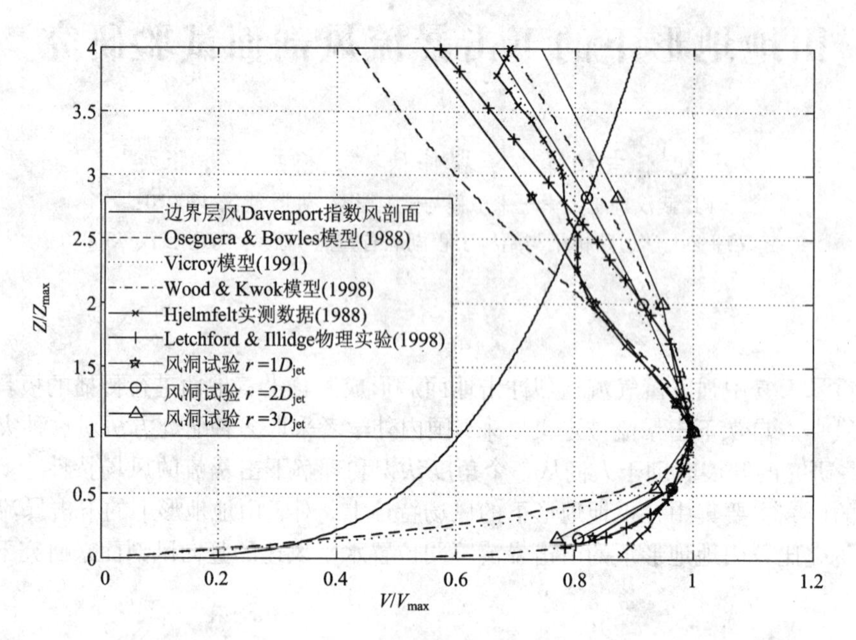

图1 下击暴流风剖面比较

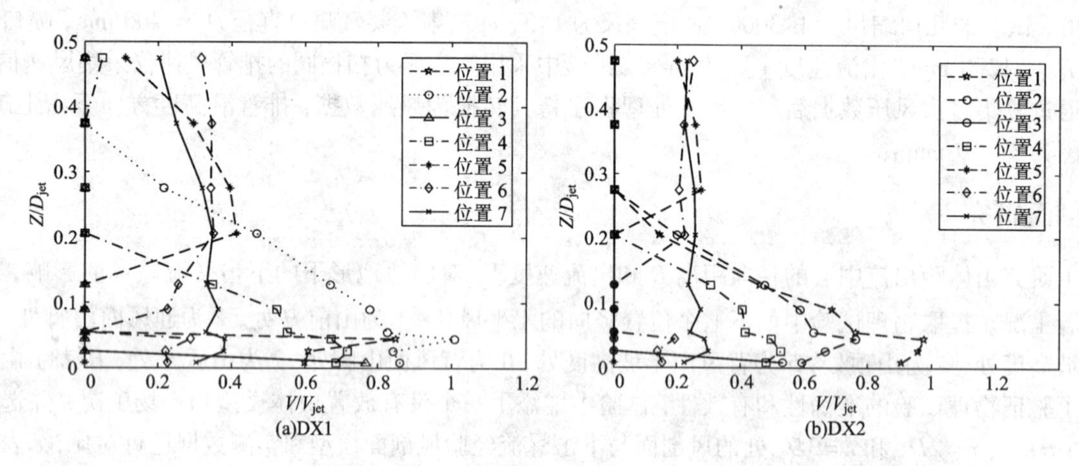

图2 各个位置水平风速的竖向风剖面

R 的增大而增大；位置 7 处山体的影响正在逐渐减小，这种影响不仅表现为负压区的削弱和水平风速的减小，而且表现为水平风速沿高度方向不再发生变化的趋势，这种趋势随着 R 的增加变得越来越明显。

4 结论

通过对山地地形下的下击暴流风场分析可以看出，山地地形会对下击暴流风场产生明显的影响，主要变现为山地地形会在迎风面对气流产生明显的挤压抬升作用，这种影响在一定程度上会随着下击暴流距山体距离的变化而变化，但是在山体后面随着距离的不断增加，这种影响会逐渐消失。

参考文献

[1] Fujita T T. The downburst：microburst and macroburst：report of projects NIMROD and JAWS[D]. Chicago：Mesometeorology Research Project，Dept. of the Geophysical Sciences，University of Chicago，1985.

[2] 瞿伟廉，吉柏锋. 下击暴流的形成与扩散及其对输电线塔的灾害作用[M]. 北京：科学出版社，2013.

[3] Holms J D. Physical modeling of thunderstorm downdrafts by wind tunnel jet[C]//Proceedings of the second of the second AWES Workshop，Monash University，1992：29－32.

一种基于 EEMD－特征选择－误差补偿混合方法的风速预测模型*

张超凡，姜言，黄国庆，李永乐
（西南交通大学土木工程学院风工程试验研究中心 四川 成都 610031）

1 引言

风能，作为全球关注的清洁能源，其发展却面临一系列的挑战，如产能计划和风机维护等[1]。因此，提高短时风预测的准确性以及减少不确定性是亟待解决的重要问题。在过去几十年中，诸多方法被提出，以求提高风速预测的准确性。如适合于长期风速预测的物理方法[2]、线性时间序列模型方法、非线性智能模型方法等，但这些方法都存在效率低或过度拟合等问题。为了进一步提高风速风能预测的准确性，基于优化参数与误差补偿，基于分解的混合模型方法发展了起来。例如，胡等[3]将 EEMD 和 SVM 结合，刘等用 GARCH 来改善 ARMA 模型的预测结果。这些方法在一定程度上优化了原有方法，有益于预测结果的准确性。但是，进一步提高风速预测的准确性，建立更加高效的新方法，仍是一个十分重要的课题。

本文结合 EEMD，特征选择和误差补偿的实时分解，发明了一种更加准确和稳定的风速预测方法。并通过对比和举例展示了此方法的准确性和稳定性。

2 风速预测的新方法

本方法是一种结合了 EEMD，特征选择和误差补偿的实时分解的风速预测方法。首先，提出训练样本的风速均值，再用 EEMD 将减去均值后的训练样本分解为若干子序列。第二，为了降低虚假成分的影响，引入了两种特征选择的方法，包括从统计学角度出发基于核密度估计(KDE)的 K－L 散度(KLD)和从能量角度出发度量信号强弱的两种方法。第三，利用最小支持向量机法(LSSVM)对余下的子序列建立超前一步风速预测模型。第四，利用 LSSVM－GARCH 模型来模拟模型训练和特征选择所产生的总误差以对第三步的预测结果进行修正，如图 1 所示。

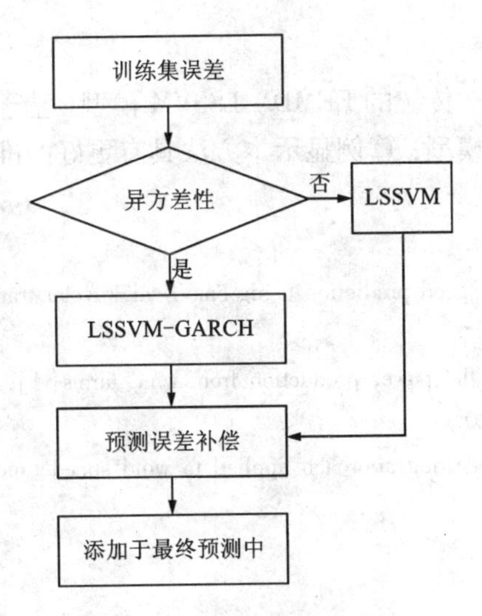

图 1 LSSVM－GARCH 修正

最后，将风速均值和剩余子序列的预测值以及误差预测值相加起来得到最终预测结果。

* 基金项目：国家自然科学基金(U1334201, 51578471)

3　量化比较新方法的准确性和稳定性

为了量化模型的准确性和稳定性，本方法中采用平均绝对误差(MAE)，平均相对百分比误差(MRPE)，均方根误差(RMSE)，均方根相对误差(RMSRE)，即：

$$\mathrm{MAE} = \frac{1}{\ }\sum_{t=1} \left| x'(t) - \hat{x}(t) \right| \qquad \mathrm{MRPE} = \frac{1}{\ }\sum_{t=1} \left| \frac{x'(t) - \hat{x}(t)}{x'(t)} \right|$$
$$\mathrm{RMSE} = \sqrt{\frac{1}{N'}\sum_{t=1} \left(x'(t) - \hat{x}(t) \right)^2} \qquad \mathrm{RMSRE} = \sqrt{\frac{1}{N'}\sum_{t=1} \left(\frac{x'(t) - \hat{x}(t)}{x'(t)} \right)^2} \tag{1}$$

其中：$x'(t)$和$\hat{x}(t)$分别表示t时刻的测量数据和预测数据；N'表示所评估数据的个数(对于超前一步预测，N'等于预测样本数据个数N)。

与本方法对比而建立的三种模型如表1，本方法准确性提高程度如表2：

表1　其他三种模型

模型1	EEMD－LSSVM
模型2	基于EEMD－LSSVM和LSSVM－GARCH误差补偿
模型3	EEMD－LSSVM和特征选择

表2　本方法与其他方法的对比

指数	对比LSSVM	对比模型1	对比模型2	对比模型3
MAE/%	13.269	22.491	19.905	13.297
RMSE/%	13.931	21.660	17.305	5.663
MRPE/%	13.499	22.662	17.723	14.015
RMSRE/%	14.526	21.727	15.385	6.798

4　结论

相较于他法，包括LSSVM模型，传统的EEMD－LSSVM模型，基于特征选择的EEMD－LSSVM模型以及基于误差补偿的EEMD－LSSVM模型，算例显示本方法具有更好的准确性和稳定性。

参考文献

[1] Hu J M, Wang J Z. Short－term wind speed prediction using empirical wavelet transform and Gaussian process regression[J]. Energy, 2015, 93: 1456－1466.

[2] Landberg L. Short－term prediction of the power production from wind farms[J]. Journal of Wind Engineering and Industrial Aerodynamics, 1999, 80(1): 207－220.

[3] Hu J, Wang J, Zeng G. A hybrid forecasting approach applied to wind speed time series[J]. Renewable Energy, 2013, 60: 185－194.

基于随机波和POD的非平稳随机过程的快速模拟*

赵宁[1]，彭留留[1]，黄国庆[1]，陈新中[2]，Ahsan Kareem[3]
（1. 西南交通大学土木工程学院、风工程试验研究中心 四川 成都 610031；
2. 德州理工大学 美国 德克萨斯州 TX 79409；3. 圣母大学 美国 印第安纳州 IN 46556）

1 引言

目前，非平稳随机过程的模拟仍然需要进一步提高模拟效率。1989年，Deodatis 和 Shinozuka 提出了基于谱表示法的非平稳随机波的模拟方法[1]。然而，由于需要将多点非平稳随机过程转化到非平稳随机波，所以该模拟方法并不能直接应用于非平稳随机过程的模拟。本文采用平稳均质随机波的模拟方法去模拟多点非平稳随机过程。由于避免了谱矩阵的分解和使用了二维FFT，这种方法可极大地提高模拟效率。

2 模拟算法

设$\boldsymbol{p}^0(t) = [p_1^0(t), p_2^0(t), \cdots, p_n^0(t)]^{\mathrm{T}}$为零均值的多点非平稳随机过程，T表示转置。若所有模拟点沿着空间轴x呈直线分布，那么多点非平稳随机过程$\boldsymbol{p}^0(t)$可以被看作沿着空间轴$x_1, x_2, \cdots, x_n$分布的一维离散非平稳随机波$[f^0(x_1, t), f^0(x_2, t), \cdots, f^0(x_n, t)]^{\mathrm{T}}$。该随机波的二维演化功率谱密度是

$$S_{\mathrm{ff}}^0(\kappa, \omega, x_j, t) = S^0(x_j, \omega, t)\beta(\kappa, \omega) \tag{1}$$

式中：$S^0(x_j, \omega, t)$表示随机过程$p_j^0(t)$的演化功率谱密度；$\beta(\kappa, \omega)$是$p_j^0(t)$和$p_k^0(t)$之间相干函数$\gamma(\xi, \omega)$的傅里叶变换，ξ表示两点间距。通过矩阵的POD分解方法[2]，随机波的二维演化功率谱可以被分解为：

$$\sqrt{S_{\mathrm{ff}}^0(\kappa, \pm\omega, x, t)} \approx \sum_{q=1}^{N_q} a_q(x, t)\Phi_q(\omega)\sqrt{\beta(\kappa, \pm\omega)} \tag{2}$$

因此，二维演化功率谱密度$S_{\mathrm{ff}}^0(\kappa, \pm\omega, x, t)$的一维非平稳随机波的模拟可以转化为一系列平稳均质随机波的模拟[1]。非平稳随机波的样本$f(x, t)$由下式确定：

$$f(x, t) \approx \sqrt{2}\sum_{q=1}^{N_q} a_q(x, t)\sum_{n_1=0}^{N_1-1}\sum_{n_2=0}^{N_2-1}\{\sqrt{2\Delta\kappa\Delta\omega}[\Phi_q(\omega_{n_2})\sqrt{\beta(\kappa_{n_1}, \omega_{n_2})}\cos(\kappa_{n_1}x + \omega_{n_2}t + \Phi_{n_1n_2}^{(1)}) + \Phi_q(-\omega_{n_2})\sqrt{\beta(\kappa_{n_1}, -\omega_{n_2})}\cos(\kappa_{n_1}x - \omega_{n_2}t + \Phi_{n_1n_2}^{(2)})]\} \tag{3}$$

式中：$\Phi_{\bar{n}_1\bar{n}_2}^{(1)}$和$\Phi_{\bar{n}_1\bar{n}_2}^{(2)}$是相互独立且均匀分布于$[0, 2\pi]$的随机相位角。明显地，二维FFT可以被用来加快模拟速度。

3 数值算例

取空间呈直线分布的401个模拟点，两个相邻模拟点的距离为10 m。模拟点的自演化功率谱采用不可分离形式，如下所示：

$$S_{\mathrm{jj}}^0(\omega, t) = (\omega/2\pi C_j)^2 \mathrm{e}^{-D_j t^2} t^2 \mathrm{e}^{-(\omega/2\pi C_j)^2 t};\ j = 1, 2\cdots, 401 \tag{4}$$

对于模拟点$j=1, 2\cdots, 200$，参数$C_j = 2.5$和$D_j = 0.15$。对于模拟点$j = 201, 202\cdots, 401$，参数$C_j = 4$和$D_j = 0.2$。两点之间的相干函数采用考虑行波效应的Harichandran - Vanmarcke模型。图1所示为由2000个模拟样本估计出的模拟点200和201的自相关和互相关函数与目标值在$\tau = 0$, 0.1和0.2 s三个时间延迟上的对比。可以看出，本算法具有很高的模拟精度。

---

* 基金项目：国家自然科学基金(51578471)

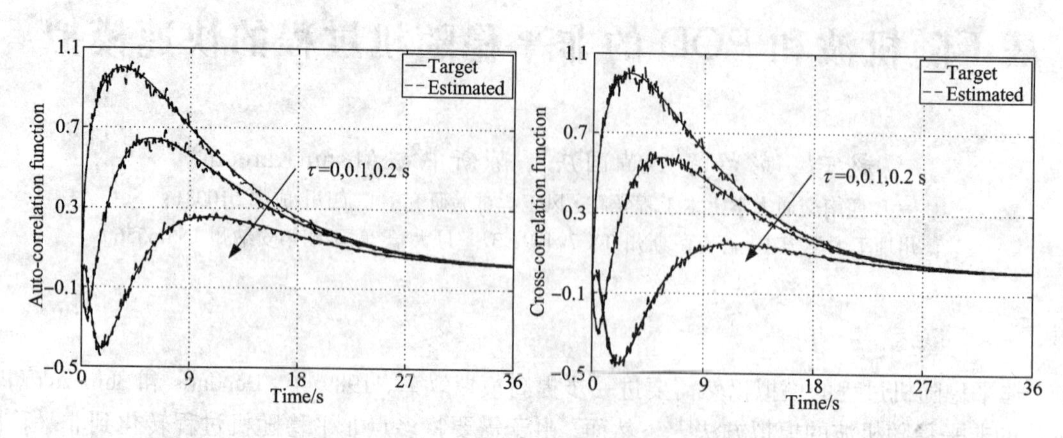

图 1 自相关和互相关函数与目标值的对比

4 结论

基于随机波，本文提出一种非平稳过程的快速模拟算法。该算法不需要传统方法中经常使用的 Cholesky 分解，且基于 POD 解耦的时间也得到一定程度的减少。另外，还可以使用二维 FFT 技术极大地提高模拟效率。数值算例分析表明，本算法具有易于使用、精度较高以及模拟效率很高的特点。

参考文献

[1] Deodatis G, Shinozuka M. Simulation of seismic ground motion using stochastic waves[J]. J. Eng. Mech., 1989, 115(12): 2723 -2737.

[2] Huang G. Application of Proper Orthogonal Decomposition in Fast Fourier Transform - Assisted MultivariateNonstationary Process Simulation[J]. J. Eng. Mech., 2015, 141(7): 04015015.

附 录

风工程委员会历届全国结构风工程学术会议一览表

<table>
<tr><th>№</th><th>会议名称</th><th>时间</th><th>地点</th><th>出席人数</th><th>出版或交流论文数</th><th>承办单位</th><th>主办单位</th></tr>
<tr><td>1</td><td>全国建筑空气动力学实验技术讨论会(第一届)</td><td>1983.11</td><td>广东新会</td><td>35</td><td>约30篇(无论文集)</td><td>广东省建筑科学研究所</td><td>中国空气动力研究会工业空气动力学专业委员会</td></tr>
<tr><td>2</td><td>全国结构风振与建筑空气动力学学术讨论会(第二届)</td><td>1985.05</td><td>上海</td><td>63</td><td>(论文集)</td><td>同济大学</td><td>中国空气动力研究会工业空气动力学专业委员会</td></tr>
<tr><td>3</td><td>第三届全国结构风效应学术会议</td><td>1988.05</td><td>上海</td><td>57</td><td>53(论文集)</td><td>同济大学</td><td rowspan="3">中国空气动力研究会工业空气动力学专业委员会风对结构作用学组
中国土木工程学会桥梁及结构工程分会风工程委员会</td></tr>
<tr><td>4</td><td>第四届全国结构风效应学术会议</td><td>1989.12</td><td>广东顺德</td><td>98</td><td>39(论文集)</td><td>广东省建筑科学研究所</td></tr>
<tr><td>5</td><td>第五届全国结构风效应学术会议</td><td>1991.10</td><td>浙江宁波</td><td>51</td><td>38(论文集)</td><td>镇海石油化工设计所</td></tr>
<tr><td>6</td><td>第六届全国结构风效应学术会议</td><td>1993.10</td><td>福建福州</td><td></td><td>40(论文集,同济大学出版社)</td><td>福州大学</td><td rowspan="6">中国土木工程学会桥梁及结构工程分会风工程委员会
中国空气动力学会风工程与工业空气动力学专业委员会建筑与结构学组</td></tr>
<tr><td>7</td><td>第七届全国结构风效应学术会议</td><td>1995.09</td><td>重庆</td><td></td><td>38(论文集,重庆大学出版社)</td><td>重庆大学</td></tr>
<tr><td>8</td><td>第八届全国结构风效应学术会议</td><td>1997.10</td><td>江西庐山</td><td>71</td><td>41(论文集,同济大学出版社)</td><td>江西省建筑学会</td></tr>
<tr><td>9</td><td>第九届全国结构风效应学术会议</td><td>1999.10</td><td>浙江温州</td><td></td><td>43(论文集)</td><td>温州市建筑学会</td></tr>
<tr><td>10</td><td>第十届全国结构风工程学术会议</td><td>2001.11</td><td>广西龙胜</td><td>71</td><td>67(论文集)</td><td>同济大学</td></tr>
<tr><td>11</td><td>第十一届全国结构风工程学术会议</td><td>2003.12</td><td>海南三亚</td><td>112</td><td>90(论文集)</td><td>同济大学</td></tr>
<tr><td>12</td><td>第十二届全国结构风工程学术会议</td><td>2005.10</td><td>陕西西安</td><td>133</td><td>131(论文集)</td><td>长安大学</td><td rowspan="3">中国土木工程学会桥梁及结构工程分会风工程委员会</td></tr>
<tr><td>13</td><td>第十三届全国结构风工程学术会议</td><td>2007.10</td><td>辽宁大连</td><td>169</td><td>185(论文集)</td><td>大连理工大学</td></tr>
<tr><td>14</td><td>第十四届全国结构风工程学术会议</td><td>2009.08</td><td>北京</td><td>185</td><td>164(论文集)</td><td>中国建筑科学研究院,同济大学</td></tr>
</table>

续上表

№	会议名称	时间	地点	出席人数	出版或交流论文数	承办单位	主办单位
15	第十五届全国结构风工程学术会议暨第一届全国风工程研究生论坛	2011.08	浙江杭州	120+70	80+64（论文集）	浙江大学 同济大学	中国土木工程学会桥梁及结构工程分会风工程委员会 中国空气动力学会风工程和工业空气动力学专业委员会
16	第十六届全国结构风工程学术会议暨第二届全国风工程研究生论坛	2013.07-08	四川成都	143+115	95+114（论文集）	西南交通大学 同济大学	
17	第十七届全国结构风工程学术会议暨第三届全国风工程研究生论坛	2015.08	湖北武汉	165+176	107+130（论文集）	武汉大学 同济大学	

风工程委员会其他结构风工程全国性会议一览表

№	会议名称	时间	地点	出席人数	出版或交流论文数	承办单位	主办单位
1	全国结构风工程实验技术研讨会	2004.11	湖南长沙	64	32（论文集）	湖南大学	中国土木工程学会桥梁及结构工程分会风工程委员会 中国空气动力学会风工程与工业空气动力学专业委员会建筑与结构学组
2	全国结构风工程基础研究研讨会	2008.08	黑龙江哈尔滨	62	基金重大计划项目交流	哈尔滨工业大学	中国土木工程学会桥梁及结构工程分会风工程委员会
3	中国结构风工程研究30周年纪念大会	2010.06	上海	68	16（纪念册）	同济大学 上海建筑科学研究院	